Anlagenmechanik

für Sanitär-, Heizungs- und Klimatechnik

Tabellen

Christoph Günther
Wolfgang Miller
Otmar Patzel
Prof. Dr. Hubertus Richter
Helmut Wagner

Volumenstrom/Massenstrom 39
Wasserinhalt 9
Kupferrohr 161
Stahlrohr 148
PE-Rohr 169

Wärmeausdehnung/Längenausdehnung 210
Befestigungsabstände 205
Fließgeschwindigkeit 34
Elektrisch "Sicherheitsregeln" 127
elektrische Leistung 126
Elektrotechnik 125
Prüfdruck 242

Wärmeenergie 338
Gasgleichung 37;38
Gasfamilien 334
[Brennwert ↑; Heizwert ↓]
314

westermann

Diesem Buch wurden die bei Manuskriptabschluss vorliegenden neuesten Ausgaben der DIN-Normen, VDI-Richtlinien und sonstigen Bestimmungen zu Grunde gelegt. Verbindlich sind jedoch nur die neuesten Ausgaben der DIN-Normen, VDI-Richtlinien und sonstigen Bestimmungen selbst.

Die DIN-Normen wurden wiedergegeben mit Erlaubnis des DIN Deutsches Institut für Normung e.V. Maßgebend für das Anwenden der Norm ist deren Fassung mit dem neuesten Ausgabedatum, die bei der Beuth-Verlag GmbH, Burggrafenstraße 6, 10787 Berlin, erhältlich ist.

Auf verschiedenen Seiten dieses Buches befinden sich Verweise (Links) auf Internet-Adressen. Haftungshinweis: Trotz sorgfältiger inhaltlicher Kontrolle wird die Haftung für die Inhalte der externen Seiten ausgeschlossen. Für den Inhalt dieser Seiten sind ausschließlich deren Betreiber verantwortlich. Sollten Sie bei dem angegebenen Inhalt des Anbieters dieser Seite auf kostenpflichtige, illegale oder anstößige Inhalte treffen, so bedauern wir dies ausdrücklich und bitten Sie, uns umgehend per E-Mail unter www.westermann.de davon in Kenntnis zu setzen, damit der Verweis beim Nachdruck gelöscht wird.

5. Auflage, 2009

Westermann Schroedel Diesterweg Schöningh Winklers GmbH,
Braunschweig
www.westermann.de

Redaktion:	Wolfgang Rund
Verlagsherstellung:	Harald Kalkan
Satz und Layout:	deckermedia GbR, Vechelde
Druck und Bindung:	westermann druck GmbH, Braunschweig

ISBN 978-3-14-**22 5039-7**

DIN 4701 hydraulische Abgleich

! Maximal zulässiger Betriebsdruck gemäß Sicherheitsventil: normalerweiße 3 bar !

Prüfdruck: 1,5-facher maximaler Betriebsdruck

Inhaltsverzeichnis

1 Allgemeine Grundlagen

2 Betriebliche Grundlagen

3 Technische Grundlagen

4 Rohrleitungs- und Verbindungstechnik

5 Trinkwasserinstallation

6 Entwässerungstechnik

7 Brennstoffe und Feuerungstechnik

8 Gasinstallation

9 Heizungstechnik

10 Raumlufttechnik

11 Feinblechbearbeitung

12 Apparatetechnik

Allgemeine Grundlagen *general basis*

Größen und Einheiten *quantities and units*

SI-Basisgrößen und Einheiten

DIN 1304-1: 1994-03; -2: 1989-09; -3: 1989-03

SI-Basisgröße	Formelzeichen DIN 1304	SI-Basis-einheit	SI-Einheiten-zeichen	Ausgewählte Teile und Vielfache der SI-Basiseinheit
Länge	l	Meter	m	nm; µm; mm; cm: dm; km
Masse	m	Kilogramm	kg	µg; mg; g; Mg
Zeit	t	Sekunde	s	ns; µs; ms; ks
elektrische Stromstärke	I	Ampère	A	pA; nA; µA; mA; kA; MA
thermodynamische Temperatur	T	Kelvin	K	mK
Stoffmenge	n	Mol	mol	µmol; mmol; kmol
Lichtstärke	I	Candela	cd	

Vorsätze für dezimale Teile und Vielfache von Einheiten

DIN 1301-1: 1993-12

	Vorsatz	Vorsatz-zeichen	Faktor	Teil bzw. Vielfaches	Beispiel		
0							
↑	Piko	p	10^{-12}	Billionstel	1 Pikometer	= 1 pm	= 0,000 000 000 001 m
	Nano	n	10^{-9}	Milliardstel	1 Nanometer	= 1 nm	= 0,000 000 001 m
	Mikro	µ	10^{-6}	Millionstel	1 Mikrometer	= 1 µm	= 0,000 001 m
	Milli	m	10^{-3}	Tausendstel	1 Millimeter	= 1 mm	= 0,001 m
	Zenti	c	10^{-2}	Hundertstel	1 Zentimeter	= 1 cm	= 0,01 m
	Dezi	d	10^{-1}	Zehntel	1 Dezimeter	= 1 dm	= 0,1 m
1			$10^{0} = 1$	EINS	1 Meter	= 1 m	= 1 m
	Deka	da	10^{1}	Zehnfaches	1 Dekameter	= 1 dam	= 10 m
	Hekto	h	10^{2}	Hundertfaches	1 Hektometer	= 1 hm	= 100 m
	Kilo	k	10^{3}	Tausendfaches	1 Kilometer	= 1 km	= 1 000 m
	Mega	M	10^{6}	Millionenfaches	1 Megameter	= 1 Mm	= 1 000 000 m
	Giga	G	10^{9}	Milliardenfaches	1 Gigameter	= 1 Gm	= 1 000 000 000 m
↓	Tera	T	10^{12}	Billionenfaches	1 Terameter	= 1 Tm	= 1 000 000 000 000 m
∞							

Größen, Formelzeichen, Einheiten

DIN 1304-1: 1994-03

Physikalische Größe	Formel-zeichen	SI-Einheiten-zeichen	Einheitenname	Bemerkungen	
Längen und ihre Potenzen, Winkel					
Länge	l	m	Meter	1 inch (Zoll)	= 25,4 mm
Breite	b	m		1 Seemeile	= 1852 m
Höhe, Tiefe	h	m			
Radius, Halbmesser	r	m			
Durchmesser	$d; D$	m			
Durchbiegung, Durchhang	f	m			
Weglänge, Kurvenlänge	s	m			
Wellenlänge	λ	m			
Fläche, Flächeninhalt Oberfläche	$A; S$	m^2	Quadratmeter	1 a	= 100 m^2
Querschnitt Querschnittsfläche	$S; q$	m^2		1 ha	= 10 000 m^2
Volumen, Rauminhalt	V	m^3	Kubikmeter	1 l	= 1 dm^3
ebener Winkel	$\alpha; \beta; \gamma \ldots$	rad	Radiant	1 rad	= 1 m/m = 1
				360°	$= 2 \cdot \pi \cdot$ rad
		°	Grad	1°	= (π/180) rad
		′	Minute	1′	$= (1/60)^{\circ} = 60''$
		″	Sekunde	1″	$= (1/60)' = (1/3600)^{\circ}$

Größen und Einheiten *quantities and units*

Größen, Formelzeichen, Einheiten DIN 1304-1: 1994-03

Physikalische Größe	Formelzeichen	SI-Einheitenzeichen	Einheitenname	Bemerkungen
Mechanik				
Masse, Gewicht als Wägeergebnis	m	kg	Kilogramm	1 kg = 1000 g 1 t = 1000 kg = 1 Mg
längenbezogene Masse	m'	kg/m		1 kg/m = 1 g/mm
flächenbezogene Masse	m''	kg/m^2		1 kg/m^2 = 0,1 g/cm^2
Dichte	ϱ	kg/m^3		1000 kg/m^3 = 1 t/m^3 = 1 kg/dm^3
Kraft	F	N	Newton	1 N = 1 (kg · m)/s^2
Gewichtskraft	F_G	N		
Kraftmoment, Drehmoment	M	N · m		
Biegemoment	M_b	N · m		
Torsionsmoment	M_t	N · m		
Druck	p	Pa bar	Pascal Bar	1 Pa = 1 N/m^2 1 bar = 100000 Pa = 10^5 Pa = 10 N/cm^2
absoluter Druck	p_{abs}	Pa		
umgebender Atmosphärendruck	p_{amb}	Pa		
Überdruck (atmosphärische Druckdifferenz)	p_e	Pa		
Normalspannung, Zug- oder Druckspannung	σ	N/m^2		auch N/mm^2
Schubspannung (Scherspannung)	τ	N/m^2		auch N/mm^2
Arbeit	W	J	Joule	1 J = 1 N · m = 1 W · s
Energie	E	J		
Leistung	P	W	Watt	1 W = 1 N · m/s = 1 J/s
Widerstandsmoment	W	m^3		
Flächenmoment 2. Grades	I	m^4		
Elastizitätsmodul	E	N/m^2		
Reibungszahl	μ	–		
Wirkungsgrad	η	–		
Zeit und Raum				
Zeit, Zeitspanne, Dauer	t	s	Sekunde	min, h (Stunde), d (Tag), a (Jahr)
Frequenz	f	Hz	Hertz	1 Hz = 1 s^{-1}
Umdrehungsfrequenz	n	s^{-1}		s^{-1} = 1/s = 60 min^{-1} = 60/min
Winkelgeschwindigkeit	ω	rad/s		
Geschwindigkeit	v	m/s		1 m/s = 60 m/min = 3,6 km/h
Beschleunigung	a	m/s^2		
Fallbeschleunigung	g	m/s^2		g ≈ 9,81 m/s^2
Elektrizität, Magnetismus				
elektrische Stromstärke	I	A	Ampère	
elektrische Ladung	Q	C	Coulomb	1 C = 1 A · s
elektrische Spannung	U	V	Volt	1 V = 1 W/1 A = 1 J/C
elektrischer Widerstand	R	Ω	Ohm	1 Ω = 1 V/1 A
spezifischer elektr. Widerstand	ϱ	Ω · m		1 Ω · m = 1 Ω · m^2/m
elektrische Kapazität	C	F	Farad	1 F = 1 C/V
Frequenz	f	Hz	Hertz	1 Hz = 1 s^{-1}
Energie, Arbeit	W	J	Joule	
Wirkleistung	P	W	Watt	1 W = 1 V · 1 A = 1 J/s = 1 N · m/s
Scheinleistung	S	W, (VA)	Watt, Voltampère	
Leistungsfaktor	$\cos \varphi$	–		$\cos \varphi$ = P/S
Windungszahl	N	–		

Größen und Einheiten *quantities and units*

Größen, Formelzeichen, Einheiten — DIN 1304-1: 1994-03

Physikalische Größe	Formelzeichen	SI-Einheitenzeichen	Einheitenname	Bemerkungen
Thermodynamik, Wärmeübertragung				
thermodynamische Temperatur	T	K	Kelvin	T = 0 K = –273,15 °C
Celsius – Temperatur	ϑ	°C	Grad Celsius	0 °C = 273,15 K
Temperaturdifferenz	ΔT; $\Delta\vartheta$	K	Kelvin	
Längenausdehnungszahl	α	1/K		1/K = 1 m/(m · K)
Volumenausdehnungszahl	γ	1/K		1/K = 1 $m^3/(m^3 \cdot K)$
Wärme, Wärmemenge	Q	J	Joule	1 J = 1 N · m = 1 W · s
spezifische Wärmekapazität	c	Wh/(kg · K)		auch kJ/(kg · K)
spezifischer Brennwert	H_s	kWh/kg / kWh/m^3		auch MJ/kg; MJ/m^3,
spezifischer Heizwert	H_i	kWh/kg / kWh/m^3		3,6 MJ = 1 kWh
Wärmestrom	$\dot{Q}$, ϕ	W	Watt	
Wärmeleitfähigkeit	λ	W/(m · K)		
Wärmeübergangszahl	α	W/(m^2 · K)		
Wärmedurchgangszahl	k, U	W/(m^2 · K)		

Verwendete Indizes
Zur Unterteilung von Oberbegriffen und zur Kennzeichnung besonderer Zustände können Formelzeichen mit Indizes (Einzahl: Index = Tiefzeichen rechts vom Grundzeichen) versehen werden.

Index	Bedeutung	Index	Bedeutung	Index	Bedeutung
0	null; leerer Raum; Leerlauf	geo	geodätisch	R	Reibung
1	eins; primär; Eingang; Anfangszustand	ges	gesamt	rad	radial
2	zwei; sekundär; Endzustand	i	unterer (frz.: inférieur); innen	rel	relativ
a	außen	ing	Eingang	s	oberer (frz. supérieur)
ab	abgegeben	int	innen	st	statisch
abs	absolut	kin	kinetisch	tan	tangential
amb	umgebend (ambient)	max	maximal	v	Verlust
Ap	Apparat	mec	mechanisch	verf	verfügbar
ax	axial	med	mittel	Z	Zusatz
b	Biegung	mes	gemessen	zu	zugeführt
e	überschreitend (extens)	min	minimal	zul	zulässig
exi	Ausgang	N	Normal	Δ	Differenz
G	Gewicht	pot	potenziell	Σ	Summe

Griechisches Alphabet *Greek alphabet* — DIN ISO 3098-3: 2000-11

α Α Alpha	ε Ε Epsilon	ι Ι Jota	ν Ν Ny	ρ Ρ Rho	φ Φ Phi
β Β Beta	ζ Ζ Zeta	κ Κ Kappa	ξ Ξ Ksi	σ Σ Sigma	χ Χ Chi
γ Γ Gamma	η Η Eta	λ Λ Lambda	ο Ο Omnikron	τ Τ Tau	ψ Ψ Psi
δ Δ Delta	ϑ Θ Theta	μ Μ My	π Π Pi	υ Υ Ypsilon	ω Ω Omega

Mathematische Zeichen *mathematical symbols* — DIN 1302: 1999-12

Zeichen	Bedeutung	Zeichen	Bedeutung	Zeichen	Bedeutung	Zeichen	Bedeutung
≈	ungefähr gleich	≥	größer oder gleich	n!	n Fakultät	sin	Sinus
≙	entspricht	+	plus	∞	unendlich	cos	Kosinus
…	und so weiter bis	–	minus	$\overline{AB}$	Strecke AB	tan	Tangens
=	gleich	·, (x)[1]	multipliziert mit (mal)	$\overset{\frown}{AB}$	Bogen AB	cot	Kotangens
≠	ungleich	:, /, –	durch	∢	Winkel	Δx	Delta x (Differenz der Werte x_1; x_2)
~	proportional	Σ	Summe	lg	dekadischer Logarithmus	%	Prozent
≅	kongruent	π	Pi	ln	natürlicher Logarithmus		
<	kleiner als	x^n	x hoch n	lb	binärer Logarithmus		
≤	kleiner oder gleich	$\sqrt{\ }$	Quadratwurzel aus				
>	größer als	$\sqrt[n]{\ }$	n-te Wurzel aus				

[1] nur bei Flächen- und Raummaßen

Römische Zahlzeichen *Roman numerals*

I = 1	II = 2	III = 3	IV = 4	V = 5	VI = 6	VII = 7	VIII = 8	IX = 9	X = 10
X = 10	XX = 20	XXX = 30	XL = 40	L = 50	LX = 60	LXX = 70	LXXX = 80	XC = 90	C = 100
C = 100	CC = 200	CCC = 300	CD = 400	D = 500	DC = 600	DCC = 700	DCCC = 800	CM = 900	M = 1000
MC = 1100	MCC = 1200	MCCC = 1300	MCD = 1400	MD = 1500	MDC = 1600	MDCC = 1700	MDCCC = 1800	MCM = 1900	MM = 2000

Beispiel: MCMXCIX = 1999

Grundrechenarten *fundamental operations of arithmetic*

Vorzeichenregeln

1. Werden zwei Größen mit gleichem Vorzeichen multipliziert oder dividiert, so wird das Ergebnis positiv.

algebraische Beispiele		Zahlenbeispiele	
$a \cdot b = ab$;	$(-a) \cdot (-b) = ab$	$2 \cdot 3 = 6$;	$(-2) \cdot (-3) = 6$
$a/b = a/b$;	$(-a)/(-b) = a/b$	$2/3 = 2/3$;	$(-2)/(-3) = 2/3$

2. Werden zwei Größen mit verschiedenem Vorzeichen multipliziert oder dividiert, so wird das Ergebnis negativ.

algebraische Beispiele		Zahlenbeispiele	
$c \cdot (-d) = -cd$;	$(-c) \cdot d = -cd$	$4 \cdot (-5) = -20$;	$(-4) \cdot 5 = -20$
$c/(-d) = -c/d$;	$-c/d = -c/d$	$4/(-5) = -(4/5)$;	$(-4)/5 = -(4/5)$

3. Haben Größen gleiche Vor- und Rechenzeichen, so sind sie positiv.
Bei unterschiedlichen Vor- und Rechenzeichen sind sie negativ.

algebraische Beispiele		Zahlenbeispiele	
$+(+b) = +b$;	$-(-b) = +b$	$+(+3) = +3$;	$-(-3) = +3$
$+(-b) = -b$;	$-(+b) = -b$	$+(-5) = -5$;	$-(+5) = -5$

4. Punktrechnungen müssen **vor** Strichrechnungen ausgeführt werden.

algebraisches Beispiel	Zahlenbeispiel
$a \cdot b + c \cdot d = ab + cd$	$4 \cdot 3 + 2 \cdot 5 = 12 + 10 = 22$

Bruchrechnen *fractical arithmetic*

Rechenart	Regeln	Beispiele
Erweitern bzw. **Kürzen**	Brüche werden erweitert bzw. gekürzt, indem man Zähler und Nenner mit derselben Zahl multipliziert bzw. durch dieselbe Zahl dividiert. Der Wert des Bruches wird dabei nicht verändert.	$\frac{2}{3} = \frac{2 \cdot 4}{3 \cdot 4} = \frac{8}{12}$ $\frac{8}{12} = \frac{8 : 4}{12 : 4} = \frac{2}{3}$
Addition bzw. **Subtraktion**	Gleichnamige Brüche werden addiert bzw. subtrahiert, indem man die Zähler addiert bzw. subtrahiert und den Nenner nicht verändert. Ungleichnamige Brüche müssen zuerst gleichnamig gemacht werden. Dazu müssen sie so erweitert werden, dass für alle Brüche der gleiche Nenner entsteht. Dann werden sie wie gleichnamige Brüche behandelt.	$\frac{2}{8} + \frac{4}{8} - \frac{3}{8} = \frac{2 + 4 - 3}{8} = \frac{3}{8}$ $\frac{2}{3} + \frac{1}{5} = \frac{2 \cdot 5}{3 \cdot 5} + \frac{1 \cdot 3}{5 \cdot 3} = \frac{10 + 3}{15} = \frac{13}{15}$
Multiplikation	Brüche werden miteinander multipliziert, indem man die Zähler und die Nenner jeweils miteinander multipliziert. Ganze Zahlen werden dabei wie Scheinbrüche (Nenner = 1) behandelt.	$\frac{1}{4} \cdot \frac{3}{8} = \frac{1 \cdot 3}{4 \cdot 8} = \frac{3}{32}$ $4 \cdot \frac{2}{3} = \frac{4}{1} \cdot \frac{2}{3} = \frac{4 \cdot 2}{1 \cdot 3} = \frac{8}{3}$
Division	Brüche werden dividiert, indem man den ersten Bruch mit dem Kehrwert des zweiten Bruches multipliziert. Ganze Zahlen werden dabei wie Scheinbrüche (Nenner = 1) behandelt.	$\frac{5}{6} : \frac{1}{4} = \frac{5}{6} \cdot \frac{4}{1} = \frac{5 \cdot 4}{6 \cdot 1} = \frac{20}{6} = \frac{10}{3}$ $\frac{5}{6} : 3 = \frac{5}{6} : \frac{3}{1} = \frac{5}{6} \cdot \frac{1}{3} = \frac{5 \cdot 1}{6 \cdot 3} = \frac{5}{18}$

Klammerrechnen *parenthetical arithmetic*

Rechenart	Regeln	Beispiele
Addition von Klammerausdrücken	Steht vor einer Klammer ein Plus-Zeichen, so bleiben bei Auflösung der Klammer alle Vorzeichen dieses Klammerausdrucks unverändert.	$25 + (8 + 6) = 25 + 8 + 6$ $47 + (9 - 7) = 47 + 9 - 7$ $d + (e - f) = d + e - f$
Subtraktion von Klammerausdrücken	Steht vor einer Klammer ein Minus-Zeichen, so ändern sich bei Auflösung der Klammer alle Vorzeichen des Klammerausdrucks.	$47 - (9 - 7) = 47 - 9 + 7$ $d - (e - f) = d - e + f$
Multiplikation von Klammerausdrücken	Summen oder Differenzen werden mit einem Faktor multipliziert, indem jedes Glied des Klammerausdrucks mit dem Faktor multipliziert wird. Summen oder Differenzen werden mit Summen oder Differenzen multipliziert, indem jedes Glied der ersten Klammer mit jedem Glied der zweiten Klammer multipliziert wird.	$3 \cdot (25 + 7) = 3 \cdot 25 + 3 \cdot 7$ $5 \cdot (13 - 9) = 5 \cdot 13 - 5 \cdot 9$ $d \cdot (e - f) = de - df$ $(8 + 5) \cdot (7 + 4) = 8 \cdot 7 + 8 \cdot 4 + 5 \cdot 7 + 5 \cdot 4$
Division von Klammerausdrücken	Summen oder Differenzen werden durch einen Divisor dividiert, indem jedes Glied des Klammerausdrucks durch den Divisor dividiert wird. Summen oder Differenzen werden durch Summen oder Differenzen dividiert, indem jedes Glied der ersten Klammer durch den Ausdruck der zweiten Klammer dividiert wird.	$(36 + 10) : 4 = \frac{36}{4} + \frac{10}{4}$ $(a - b) : c = \frac{a}{c} - \frac{b}{c}$ $(36 + 10) : (9 - 5) = \frac{36}{9-5} + \frac{10}{9-5}$ $(a - b) : (c + d) = \frac{a}{c+d} - \frac{b}{c+d}$
Ausklammern	Ein gemeinsamer Faktor oder Divisor innerhalb von Summen oder Differenzen kann ausgeklammert werden.	$6 \cdot 5 + 6 \cdot 3 = 6 \cdot (5 + 3)$ $\frac{a+b}{c} - \frac{d-e}{c} = \frac{1}{c}(a + b - d + e)$

Potenzen *powers*

Rechenart	Regeln	Beispiele
$a^n = b$ a : Basis n : Exponent b : Potenzwert	Ein Produkt aus gleichen Faktoren kann in verkürzter Schreibweise als Potenz (Stufenzahl) geschrieben werden. Ein Faktor ist die Basis (Grundzahl). Der Exponent (Hochzahl) gibt an, wie oft die Basis als Faktor gesetzt wird. Der Potenzwert ist positiv, wenn die Basis positiv ist oder wenn der Exponent geradzahlig ist. Der Potenzwert ist negativ, wenn die Basis negativ und der Exponent ungerade ist.	$5 \cdot 5 \cdot 5 \cdot 5 = 5^4 = 625$ $10 \cdot 10 \cdot 10 = 10^3 = 1000$ $a \cdot a = a^2$ $\quad 4 \cdot x \cdot x \cdot x = 4x^3$ $(+a)^n = +a^n$ $\quad (+a)^{2n} = +a^{2n}$ $(-a)^{2n} = +a^{2n}$ $(-a)^{2n-1} = -a^{2n-1}$
Addition; Subtraktion	Nur Potenzen mit gleicher Basis und gleichem Exponenten können addiert bzw. subtrahiert werden.	$9x^3 + 12x^3 - 5x^3 = 16x^3$
Multiplikation; Division	Potenzen mit gleicher Basis werden multipliziert bzw. dividiert, indem man die Exponenten addiert bzw. subtrahiert und die Basis beibehält.	$3^3 \cdot 3^2 = 3^{3+2} = 3^5$ $\quad a^m \cdot a^n = a^{m+n}$ $7^3 : 7^2 = 7^{3-2} = 7^1$ $\quad a^m : a^n = a^{m-n}$
Potenzieren	Potenzen werden potenziert, indem man die Exponenten multipliziert und die Basis beibehält.	$(2^3)^4 = 2^{3 \cdot 4} = 2^{12}$ $\quad (a^m)^n = a^{m \cdot n}$
Potenzieren von Summen und Differenzen	Summen oder Differenzen werden potenziert, indem man Potenzen in Produkte umwandelt und nach den Regeln des Klammerrechnens multipliziert.	$(a + b)^2 = (a + b) \cdot (a + b)$ $= a^2 + ab + ab + b^2 = a^2 + 2ab + b^2$ $(a - b)^2 = (a - b) \cdot (a - b)$ $= a^2 - ab - ab + b^2 = a^2 - 2ab + b^2$
Potenzen mit dem Exponenten Null	Alle Potenzen mit dem Exponenten Null haben den Potenzwert 1 (Basis = 0) Ausnahme: $0^0 = 0$	$5^0 = 1;$ $\quad a^0 = 1;$ $\quad (a + b)^0 = 1$
Potenzen mit gebrochenem Exponenten	Potenzen mit einem Bruch als Exponent (gebrochener Exponent) können als Wurzel geschrieben werden.	$8^{\frac{1}{3}} = \sqrt[3]{8} = 2$ $\quad a^{\frac{m}{n}} = \sqrt[n]{a^m}$
Potenzen mit negativem Exponenten	Potenzen mit negativem Exponenten können als Kehrwert der Potenzen mit positivem Exponenten geschrieben werden.	$3^{-2} = \frac{1}{3^2} = \frac{1}{9}$ $\quad a^{-m} = \frac{1}{a^m}$
Zehnerpotenzen	Zahlen können als ein Vielfaches von Zehnerpotenzen geschrieben werden. Zahlen > 1 haben positive Exponenten. Zahlen < 1 haben negative Exponenten.	$25\,300 = 2{,}53 \cdot 10\,000 = 2{,}53 \cdot 10^4$ $0{,}005 = 5 : 1000 = 5 \cdot 10^{-3}$

Wurzeln *roots*

Rechenart	Regeln	Beispiele
$\sqrt[n]{a} = b$ n : Wurzelexponent a : Radikand b : Wurzelwert	Wurzelrechnung ist die Umkehrung der Potenzrechnung. Hierbei wird eine Zahl (Radikand) in eine Anzahl n (Wurzelexponent) gleicher Faktoren zerlegt. Der Wurzelexponent 2 wird meist nicht geschrieben. Der Wurzelwert ist positiv oder negativ, wenn der Wurzelexponent gerade und der Radikand positiv ist. Der Wurzelwert hat das Vorzeichen des Radikanden, wenn der Wurzelexponent ungerade ist.	$\sqrt[2]{16} = \sqrt{16} = \sqrt{4 \cdot 4} = 4$ $\sqrt[3]{125} = \sqrt[3]{5 \cdot 5 \cdot 5} = 5$ $\sqrt{25} = \pm 5$ $\sqrt[2n]{a} = \pm a$ $\sqrt[3]{27} = +3$ $\sqrt[3]{-27} = -3$ $\sqrt[2n-1]{a} = +b$ $\sqrt[2n-1]{-a} = -b$

Logarithmen *logarithms*

Rechenart	Regeln	Beispiele
$a^n = b$ $n = \log_a b$ n: Logarithmus a: Basis b: Numerus lg: dekadischer Logarithmus ln: natürlicher Logarithmus lb: binärer Logarithmus	Logarithmieren ist die 2. Umkehrung der Potenzrechnung. Hierbei wird der Potenzexponent (Logarithmus) gesucht, mit dem eine Basis potenziert werden muss, um einen bestimmten Potenzwert (Numerus) zu erhalten. Als Basis kann jede Zahl (außer 0 oder 1) genommen werden. Logarithmen zur Basis 10 heißen dekadische Logarithmen (lg). Logarithmen zur Basis e (e = 2,718281 …) heißen natürliche Logarithmen (ln). Logarithmen zur Basis 2 heißen binäre Logarithmen (lb).	$\log_2 32 = 5$ $2^5 = 32$ $\log_{10} 100 = 2$ $10^2 = 100$ $\log_{10} 1000 = 3$ $10^3 = 1000$ $\log_{10} x = \lg x$ $\log_e x = \ln x$ $\log_2 x = \text{lb}\, x$

Gleichungen *equations*

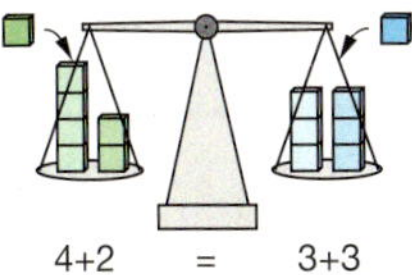

Eine Gleichung kann mit einer Waage verglichen werden. Wenn der Wert auf der einen Seite des Gleichheitszeichens verändert wird, so muss er auf der anderen Seite des Gleichheitszeichens in gleicher Weise verändert werden, damit das Gleichgewicht erhalten bleibt.

Regeln für das Umstellen von Gleichungen

Soll eine unbekannte Größe einer Gleichung ermittelt werden, so muss diese Größe allein auf einer Seite stehen und positiv sein. Dazu müssen alle anderen Größen auf dieser Seite beseitigt und auf die andere Seite gebracht werden, gemäß den folgenden Regeln:

Fall	Regeln	Beispiele	
Seitentausch	Die Seiten einer Gleichung können vertauscht werden.	$A_1 \cdot v_1 = A_2 \cdot v_2$ $A_2 \cdot v_2 = A_1 \cdot v_1$	$4 \cdot 3 = 2 \cdot 6$ $2 \cdot 6 = 4 \cdot 3$
Summen- bzw. Differenzgleichung	Einen Summanden beseitigt man durch Subtraktion, einen Subtrahenden durch Addition auf beiden Seiten der Gleichung. Beim Seitenwechsel wird aus „+“ „–“ und aus „–“ wird „+“.	$a + b = c \quad \vert -b$ $a + b - b = c - b$ $\underline{\underline{a = c - b}}$ $a - b = c \quad \vert +b$ $a - b + b = c + b$ $\underline{\underline{a = c + b}}$	$a + 2 = 5 \quad \vert -2$ $a + 2 - 2 = 5 - 2$ $\underline{\underline{a = 3}}$ $a - 2 = 1 \quad \vert +2$ $a - 2 + 2 = 1 + 2$ $\underline{\underline{a = 3}}$
Produkt- bzw. Quotientgleichung	Einen Faktor beseitigt man durch Division, einen Divisor durch Multiplikation auf beiden Seiten der Gleichung. Beim Seitenwechsel wird aus „·“ „:“ und aus „:“ wird „·“.	$F \cdot s = P \cdot t \quad \vert : s$ $\frac{F \cdot s}{s} = \frac{P \cdot t}{s}$ $\underline{\underline{F = \frac{P \cdot t}{s}}}$ $v = \frac{s}{t} \quad \vert \cdot t$ $v \cdot t = \frac{s \cdot t}{t}$ $v \cdot t = s \rightarrow \underline{\underline{s = v \cdot t}}$	$F \cdot 2 = 4 \cdot 4 \quad \vert : 2$ $\frac{F \cdot 2}{2} = \frac{4 \cdot 4}{2}$ $\underline{\underline{F = \frac{4 \cdot 4}{2} = 8}}$ $3 = \frac{s}{2} \quad \vert \cdot 2$ $3 \cdot 2 = \frac{s \cdot 2}{2}$ $3 \cdot 2 = \underline{\underline{s = 6}}$

Gleichungen *equations*

Regeln für das Umstellen von Gleichungen

Fall	Regeln	Beispiele	
Potenz- bzw. Wurzelgleichung	Eine Wurzel wird durch Potenzieren, eine Potenz durch Wurzelziehen auf beiden Seiten der Gleichung beseitigt.	$x^2 = a \quad \vert \sqrt{\ }$ $\sqrt{x^2} = \sqrt{a}$ $\underline{\underline{x = \sqrt{a}}}$ $\sqrt{x} = b \quad \vert ^2$ $(\sqrt{x})^2 = b^2$ $\underline{\underline{x = b^2}}$	$x^2 = 64 \quad \vert \sqrt{\ }$ $\sqrt{x^2} = \sqrt{64}$ $\underline{\underline{x = 8}}$ $\sqrt{x} = 3 \quad \vert ^2$ $(\sqrt{x})^2 = 3^2$ $\underline{\underline{x = 9}}$

Prozent-, Promille-, Zinsrechnung *percentage and mil calculation, calculation of interest*

Prozentrechnung

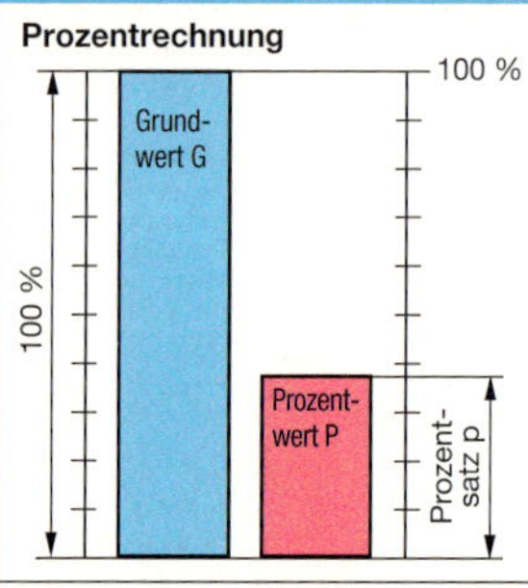

$$p = \frac{P \cdot 100\ \%}{G}$$

$$1\ \% = \frac{1}{100}$$

Die Prozentrechnung ist eine Rechnung mit Proportionen, bei der alle Größen auf 100 Teile bezogen werden.

Der Prozentsatz verhält sich zu 100 % wie der Prozentwert zum Grundwert.

p	: Prozentsatz	in %
P	: Prozentwert	
G	: Grundwert	

Promillerechnung

1000 ‰ — Grundwert G — Promillewert P* — Promillesatz p*

$$p^* = \frac{P^* \cdot 1000\ ‰}{G}$$

$$1\ ‰ = \frac{1}{1000}$$

Die Promillerechnung ist eine Rechnung mit Proportionen, bei der alle Größen auf 1000 Teile bezogen werden.
Der Promillesatz verhält sich zu 1000 ‰ wie der Promillewert zum Grundwert.

p^*	: Promillesatz	in ‰
P^*	: Promillewert	
G	: Grundwert	

Werden alle Größen auf 1.000.000 Teile bezogen, erfolgt die Angabe der einzelnen Teile in **ppm** (engl.: **p**arts **p**er **m**illion – Teile je Million).

$$1\ \text{ppm} = \frac{1}{1.000.000}$$

1.000.000	ppm = 100 %	1.000.000	ppm = 1000 ‰
10.000	ppm = 1 %	1.000	ppm = 1 ‰
1	ppm = 0,0001 %	1	ppm = 0,001 ‰

Zinsrechnung

100 % — Kapital K — Zinsen Z — Jahreszinssatz p

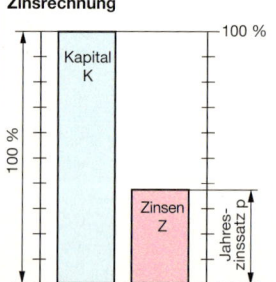

Die Zinsrechnung ist eine besondere Art der Prozentrechnung. Der Jahreszinssatz verhält sich zu 100 % wie die Zinsen (Zinswert) zum eingesetzten Kapital (Grundwert).

$$p = \frac{Z \cdot 100\ \%}{K}$$

$$Z = \frac{K \cdot p}{100\ \%} \cdot \frac{i_T}{360} \qquad Z = \frac{K \cdot p}{100\ \%} \cdot \frac{i_M}{12}$$

p	: Zinssatz	in %
Z	: Zinsen	in DM; €
K	: Kapital	in DM; €
i_T	: Zinszeitraum	in Tagen
i_M	: Zinszeitraum	in Monaten

Dreisatzrechnung *proportions*

Gleiches Verhältnis (direkte Proportionalität)

Beispiel: 3 m Rohr haben eine Masse von 4,74 kg. Wie groß ist die Masse von 5 m Rohr?

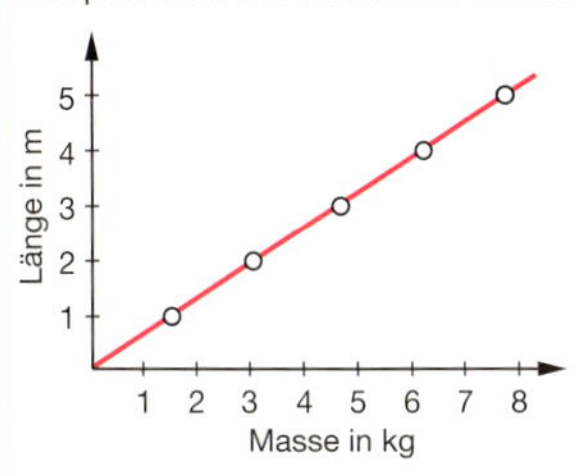

1. Behauptungssatz (Was ist gegeben?)
   3 m Rohr haben eine Masse von 4,74 kg.
2. Zwischensatz (Schluss auf **eine** Einheit durch Division)
   1 m Rohr wiegt $\frac{4{,}74\ \text{kg}}{3\ \text{m}} = 1{,}58\ \frac{\text{kg}}{\text{m}}$.
3. Schlusssatz (Schluss auf die neue Mehrheit durch Multiplikation)
   5 m Rohr wiegen $\frac{4{,}74\ \text{kg}}{3\ \text{m}} \cdot 5\ \text{m} = 7{,}9\ \text{kg}$.

Umgekehrtes Verhältnis (indirekte Proportionalität)

Beispiel: Zwei Pumpen füllen einen Behälter in 1,5 h. Wie lange dauert das Füllen des Behälters mit 3 Pumpen?

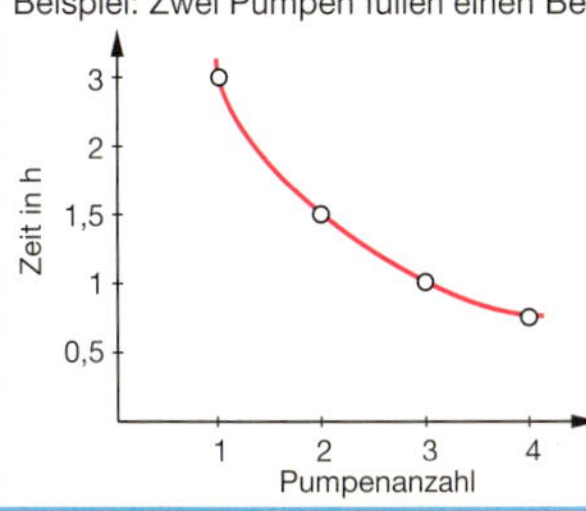

1. Behauptungssatz (Was ist gegeben?)
   Zwei Pumpen füllen einen Behälter in 1,5 h.
2. Zwischensatz (Schluss auf **eine** Einheit durch Multiplikation)
   Eine Pumpe füllt den Behälter in 1,5 h · 2 = 3 h.
3. Schlusssatz (Schluss auf die neue Mehrheit durch Division)
   3 Pumpen füllen den Behälter in $\frac{1{,}5\ \text{h} \cdot 2}{3} = 1\ \text{h}$.

Gefälleberechnung *gradient calculation*

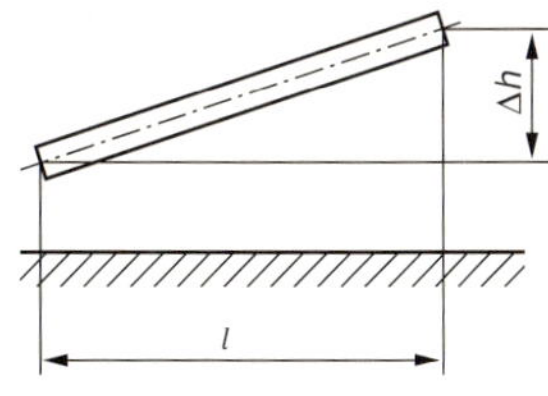

Bsp.: $l = 100$ cm, $\Delta h = 3$ cm

$I_r = 0{,}03$
$I_{\%} = 3\ \%$
$I_N = 1 : 33{,}3$

$$I_r = \frac{\Delta h}{l}$$

$$I_{\%} = \frac{\Delta h}{l} \cdot 100\ \%$$

$$n = \frac{l}{\Delta h}$$

$$I_N = 1 : n$$

$$I_N = 1 : \frac{l}{\Delta h}$$

I_r	: Relativgefälle	
$I_{\%}$	: Prozentuales Gefälle	in %
l	: Grundlänge	in m
Δh	: Höhenunterschied	in m

Das Gefälle kann auch als Neigungsverhältnis angegeben werden. Dabei wird nur die Verhältniszahl n berechnet. Die Angabe erfolgt dann als 1 : n.

n : Verhältniszahl
I_N : Neigungsverhältnis

Lehrsatz des Pythagoras *the theorem of Pythagoras*

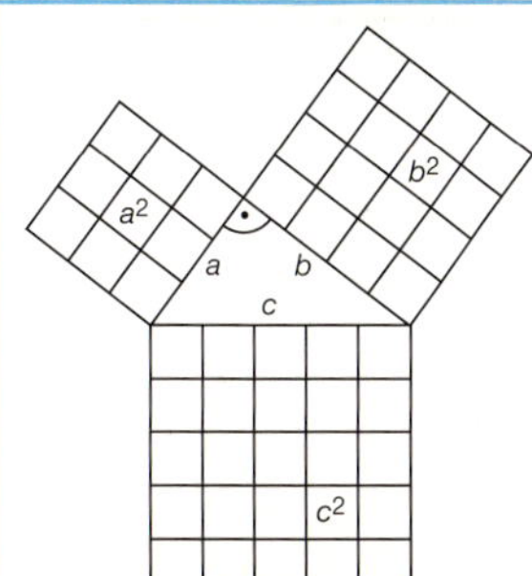

$$a^2 + b^2 = c^2$$

$$c = \sqrt{a^2 + b^2}$$

$$b = \sqrt{c^2 - a^2}$$

$$a = \sqrt{c^2 - b^2}$$

Im rechtwinkligen Dreieck ist das aus der Hypotenuse gebildete Quadrat flächengleich mit der Summe der beiden Quadrate, die aus den Katheten gebildet werden.

a	: Kathete	in m
b	: Kathete	in m
c	: Hypotenuse	in m

Winkelfunktionen *trigonometric functions*

Winkelfunktionen am rechtwinkligen Dreieck

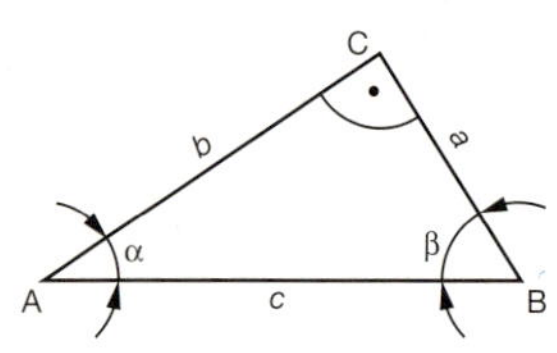

a : Kathete
Gegenkathete zum Winkel α
Ankathete zum Winkel β

b : Kathete
Ankathete zum Winkel α
Gegenkathete zum Winkel β

c : Hypotenuse
Rechter Winkel

		Winkel α	Winkel β
Sinus	$= \frac{\text{Gegenkathete}}{\text{Hypotenuse}}$	$\sin\alpha = \frac{a}{c}$	$\sin\beta = \frac{b}{c}$
Kosinus	$= \frac{\text{Ankathete}}{\text{Hypotenuse}}$	$\cos\alpha = \frac{b}{c}$	$\cos\beta = \frac{a}{c}$
Tangens	$= \frac{\text{Gegenkathete}}{\text{Ankathete}}$	$\tan\alpha = \frac{a}{b}$	$\tan\beta = \frac{b}{a}$
Kotangens	$= \frac{\text{Ankathete}}{\text{Gegenkathete}}$	$\cot\alpha = \frac{b}{a}$	$\cot\beta = \frac{a}{b}$

Seite	Beziehung			
a	$b \cdot \tan\alpha$	$b \cdot \cot\beta$	$c \cdot \sin\alpha$	$c \cdot \cos\beta$
b	$\frac{a}{\tan\alpha}$	$a \cdot \cot\alpha$	$c \cdot \sin\beta$	$c \cdot \cos\alpha$
c	$\frac{a}{\sin\alpha}$	$\frac{a}{\cos\beta}$	$\frac{b}{\cos\alpha}$	$\frac{b}{\sin\beta}$

Winkelfunktionen am schiefwinkligen Dreieck

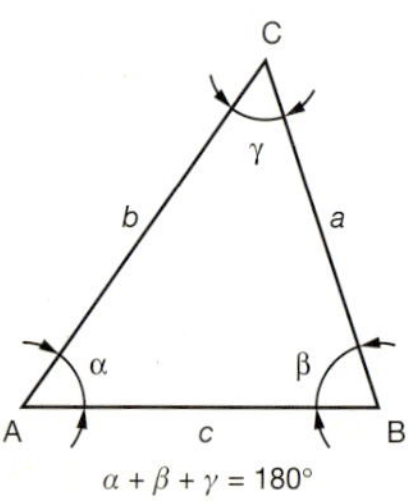

$\alpha + \beta + \gamma = 180°$

Sinussatz		Kosinussatz
$\frac{a}{\sin\alpha} = \frac{b}{\sin\beta} = \frac{c}{\sin\gamma}$		$a^2 = b^2 + c^2 - 2bc \cdot \cos\alpha$ $b^2 = a^2 + c^2 - 2ac \cdot \cos\beta$ $c^2 = a^2 + b^2 - 2ab \cdot \cos\gamma$
$a : b : c = \sin\alpha : \sin\beta : \sin\gamma$		$\cos\alpha = \frac{b^2 + c^2 - a^2}{2bc}$
$\frac{a}{b} = \frac{\sin\alpha}{\sin\beta}$	$\frac{b}{c} = \frac{\sin\beta}{\sin\gamma}$	$\cos\beta = \frac{a^2 + c^2 - b^2}{2ac}$
$\frac{a}{\sin\alpha} = \frac{b}{\sin\beta}$	$\frac{b}{\sin\beta} = \frac{c}{\sin\gamma}$	$\cos\gamma = \frac{a^2 + b^2 - c^2}{2ab}$

Längen *lengths*

Umrechnung von Längeneinheiten: Es gilt die Umrechnungszahl 10 von Einheit zu Einheit.

Einheit soll kleiner werden: **· 10** — Einheit soll größer werden: **: 10**

Beispiele: 1 m = 10 dm; 1 dm = 10 cm — 10 cm = 1 dm; 10 dm = 1 m

Kreisteilung

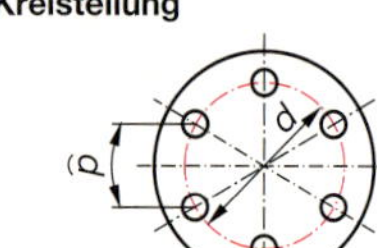

$$\widehat{p} = \frac{d \cdot \pi}{n}$$

$\widehat{p}$: Teilung (Bogenmaß) in mm
d : Teilkreisdurchmesser in mm
n : Anzahl der Bohrungen, Sägeschnitte, Anreißlinien

Teilung von Geraden

Randabstände = Teilung ($l_1 = l_2 = P$)

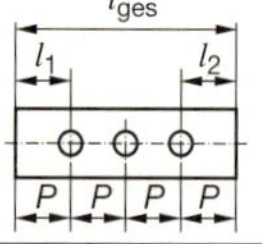

$z = n + 1$
$l = z \cdot P$
$l = (n + 1) \cdot P$

$$P = \frac{l}{n + 1}$$

Randabstände ≠ Teilung ($l_1 = l_2$ oder $l_1 \neq l_2$)

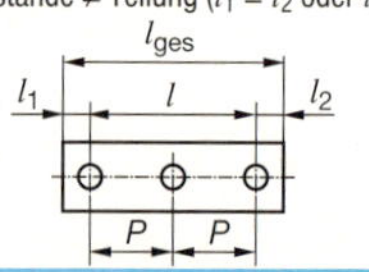

$z = n - 1$
$l = (l_1 + l_2) + z \cdot P$
$l = (l_1 + l_2) + (n - 1) \cdot P$

$$P = \frac{l - (l_1 + l_2)}{n - 1}$$

P : Teilung in mm
z : Anzahl der Teilungen
n : Anzahl der Bohrungen, Sägeschnitte, Anreißlinien
l : Gesamtlänge in mm
l_1 : Randabstand 1 in mm
l_2 : Randabstand 2 in mm

Längen *lengths*

Skizze	Formel	Größen
Gestreckte Längen 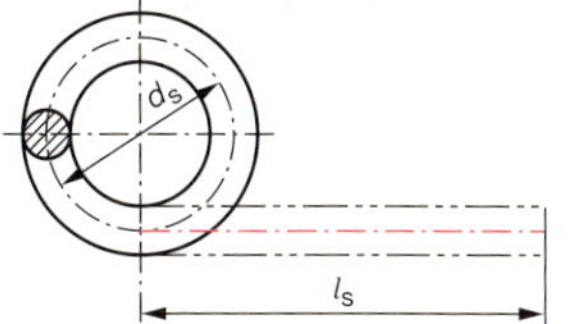	$l_s = d_s \cdot \pi$	l_s : gestreckte Länge in mm d_s : Durchmesser der neutralen Faser (Schwerpunktlinie) in mm α : Biegewinkel in °
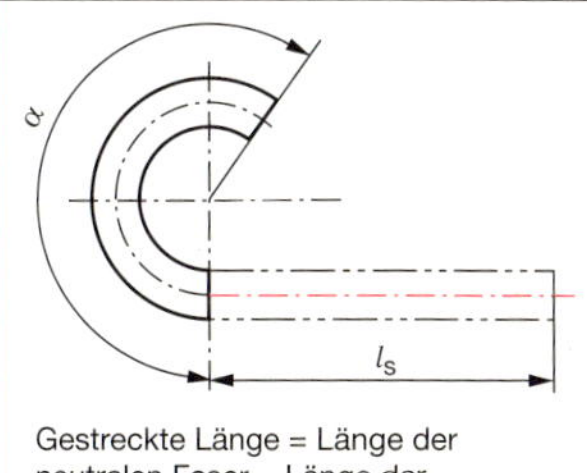 Gestreckte Länge = Länge der neutralen Faser = Länge der Schwerpunktlinie	$l_s = \frac{d_s \cdot \pi \cdot \alpha}{360°}$	Querschnittsminderung in Prozent $A = d^2 \cdot \frac{\pi}{4}$ $\Delta A = d_1 - d_2$ $\Delta A\% = \frac{\Delta A \cdot 100\%}{A_1}$ d_1 : in mm d_2 : in mm

Flächen *areas*

Umrechnung von Flächeneinheiten: Es gilt die Umrechnungszahl 100 von Einheit zu Einheit.

Einheit soll kleiner werden: **· 100** Einheit soll größer werden: **: 100**

Beispiele: 1 m² = 100 dm²; 1 dm² = 100 cm² 100 cm² = 1 dm²; 100 dm² = 1 m²

Skizze	Formel	Größen
Quadrat	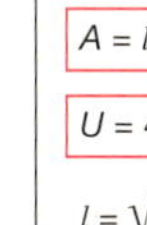 $A = l \cdot l$ $A = l^2$ $U = 4 \cdot l$ $l = \sqrt{A}$ $e = l \cdot \sqrt{2}$	A : Fläche in mm² l : Länge in mm U : Umfang in mm e : Eckenmaß in mm
Rhombus 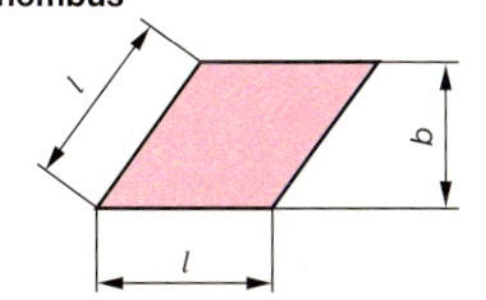	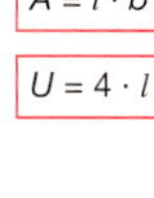 $A = l \cdot b$ $U = 4 \cdot l$	A : Fläche in mm² l : Länge in mm b : Breite in mm U : Umfang in mm
Rechteck 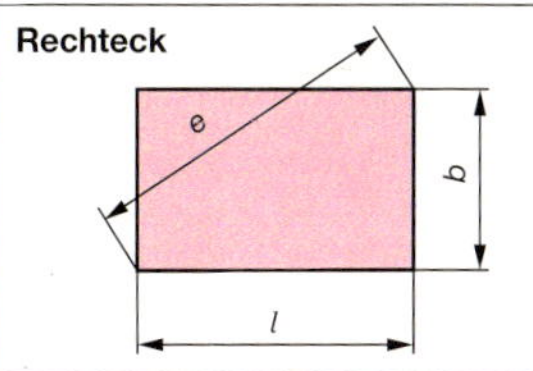	$A = l \cdot b$ $U = 2 \cdot (l + b)$ $e = \sqrt{l^2 + b^2}$	A : Fläche in mm² l : Länge in mm b : Breite in mm U : Umfang in mm e : Eckenmaß in mm
Parallelogramm 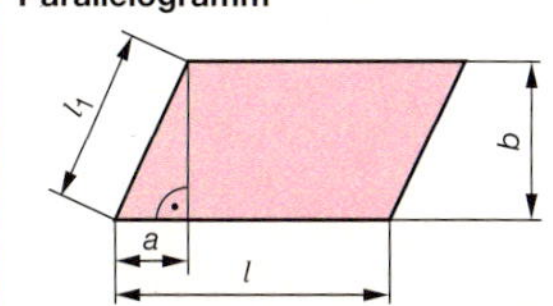	$A = l \cdot b$ $U = 2 \cdot (l + l_1)$ $l_1 = \sqrt{a^2 + b^2}$	A : Fläche in mm² l : Länge in mm l_1 : Seitenlänge in mm a : Versatz in mm b : Breite in mm U : Umfang in mm

Flächen *areas*

Dreieck

$$A = \frac{l \cdot h}{2}$$

$$U = l + l_1 + l_2$$

A	: Fläche	in mm²
l	: Länge	in mm
l_1	: Dreieckseite	in mm
l_2	: Dreieckseite	in mm
h	: Höhe	in mm
U	: Umfang	in mm

Trapez

$$A = \frac{l_1 + l_2}{2} \cdot b$$

$$A = l_m \cdot b$$

$$l_m = \frac{l_1 + l_2}{2}$$

A	: Fläche	in mm²
l_1	: große Seitenlänge	in mm
l_2	: kleine Seitenlänge	in mm
l_m	: mittlere Seitenlänge	in mm
b	: Breite	in mm

Regelmäßiges Vieleck

$$A = A_T \cdot n \qquad U = n \cdot l$$

$$A = \frac{l \cdot d \cdot n}{4} \qquad \alpha = \frac{360°}{n}$$

$$d = \sqrt{D^2 - l^2} \qquad l = D \cdot sin\left(\frac{180°}{n}\right)$$

A	: Fläche	in mm²
A_T	: Teilfläche	in mm²
n	: Eckenzahl	
l	: Seitenlänge	in mm
e	: Eckenmaß	in mm
U	: Umfang	in mm
d	: Inkreisdurchmesser	in mm
α	: Mittelpunktswinkel	in °

Tab. 18.1: Regelmäßige Vielecke

Eckenzahl n	Seitenlänge l	Inkreis-Ø d	Eckenmaß e	Fläche A	
3	0,867 · D	0,500 · e	2,000 · d	0,325 · D^2	1,299 · d^2
4	0,707 · D	0,707 · e	1,414 · d	0,500 · D^2	1,000 · d^2
5	0,588 · D	0,809 · e	1,236 · d	0,595 · D^2	0,908 · d^2
6	0,500 · D	0,866 · e	1,155 · d	0,649 · D^2	0,866 · d^2
8	0,383 · D	0,924 · e	1,082 · d	0,707 · D^2	0,828 · d^2
10	0,309 · D	0,951 · e	1,052 · d	0,735 · D^2	0,812 · d^2
12	0,259 · D	0,966 · e	1,035 · d	0,750 · D^2	0,804 · d^2

Unregelmäßiges Vieleck

$$A = A_1 + A_2 + \ldots + A_n$$

$$A = \frac{1}{2}(l_1 \cdot h_1 + l_2 \cdot h_2 + \ldots + l_n \cdot h_n)$$

A	: Fläche	in mm²
$A_1, A_2, \ldots$	: Teilflächen	in mm²
$l_1, l_2, \ldots$	: Längen der Teilflächen	in mm
$h_1, h_2, \ldots$	: Höhen der Teilflächen	in mm

Kreis

$$A = \frac{d^2 \cdot \pi}{4} \qquad U = d \cdot \pi$$

$$d = \sqrt{\frac{4A}{\pi}}$$

Näherungsformel:

$$A \approx 0{,}785 \cdot d^2$$

A	: Kreisfläche	in mm²
d	: Durchmesser	in mm
U	: Umfang	in mm
π	: Kreiszahl (π = 3,14159 …)	

Flächen *areas*

Kreisausschnitt (Kreissegment)

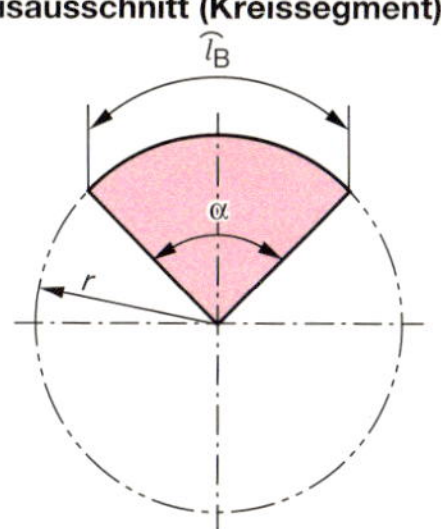

$$A = \frac{\pi \cdot r^2 \cdot \alpha}{360°}$$

$$A = \frac{\widehat{l}_B \cdot r}{2}$$

$$\widehat{l}_B = \frac{2r \cdot \pi \cdot \alpha}{360°}$$

A	: Fläche	in mm^2
r	: Radius	in mm
α	: Zentriwinkel	in °
$\widehat{l}_B$	: Bogenlänge	in mm

Kreisabschnitt

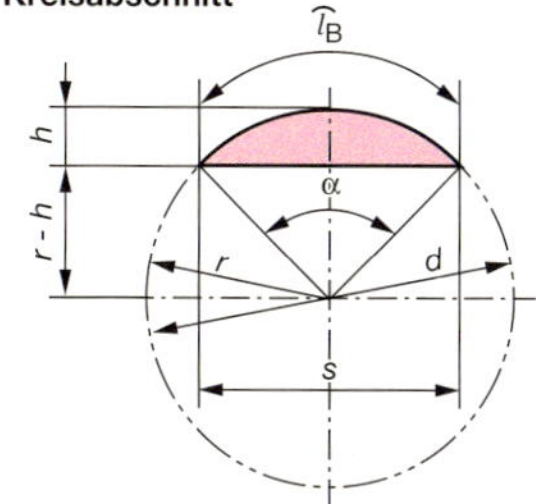

$$A = \frac{\widehat{l}_B \cdot r - s\,(r-h)}{2}$$

Näherungsformel:

$$A \approx \frac{2}{3} \cdot s \cdot h$$

$$\widehat{l}_B = \frac{d \cdot \pi \cdot \alpha}{360°}$$

$$s = 2 \cdot \sqrt{r^2 - (r-h)^2}$$

A	: Fläche	in mm^2
d	: Durchmesser	in mm
α	: Zentriwinkel	in °
$\widehat{l}_B$	: Bogenlänge	in mm
s	: Sehnenlänge	in mm
h	: Bogenhöhe	in mm
r	: Radius	in mm

Kreisring

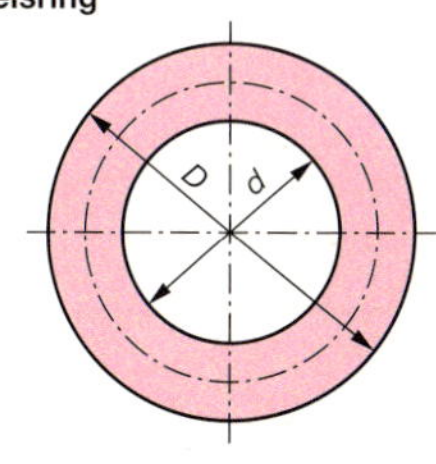

$$A = \frac{D^2 \cdot \pi}{4} - \frac{d^2 \cdot \pi}{4}$$

$$A = (D^2 - d^2) \cdot \frac{\pi}{4}$$

A	: Fläche	in mm^2
D	: Außendurchmesser	in mm
d	: Innendurchmesser	in mm

Kreisringausschnitt

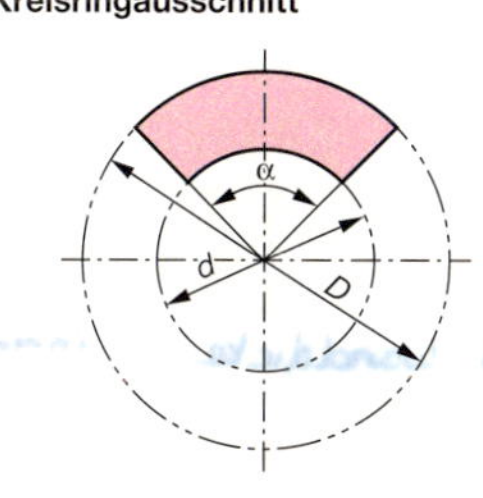

$$A = \left(\frac{D^2 \cdot \pi}{4} - \frac{d^2 \cdot \pi}{4}\right) \cdot \frac{\alpha}{360°}$$

$$A = (D^2 - d^2) \cdot \frac{\pi}{4} \cdot \frac{\alpha}{360°}$$

A	: Fläche	in mm^2
D	: Außendurchmesser	in mm
d	: Innendurchmesser	in mm
α	: Zentriwinkel	in °

Ellipse

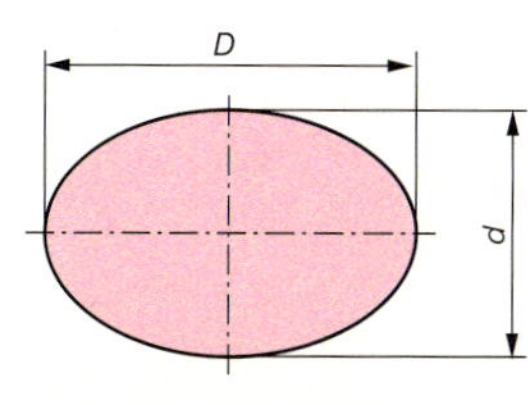

$$A = \frac{D \cdot d \cdot \pi}{4}$$

$$U = \pi \cdot \sqrt{\frac{D^2 + d^2}{2}}$$

Näherungsformel:

$$U \approx \frac{D + d}{2} \cdot \pi$$

A	: Fläche	in mm^2
D	: große Achse	in mm
d	: kleine Achse	in mm
U	: Umfang	in mm

Körper *solids (volumes)*

Umrechnung von Volumeneinheiten: Es gilt die Umrechnungszahl 1000 von Einheit zu Einheit.

Einheit soll kleiner werden: **· 1000** Einheit soll größer werden: **: 1000**

Beispiele: $1\ m^3 = 1000\ dm^3$; $1\ dm^3 = 1000\ cm^3$ $1000\ cm^3 = 1\ dm^3$; $1000\ dm^3 = 1\ m^3$

Würfel

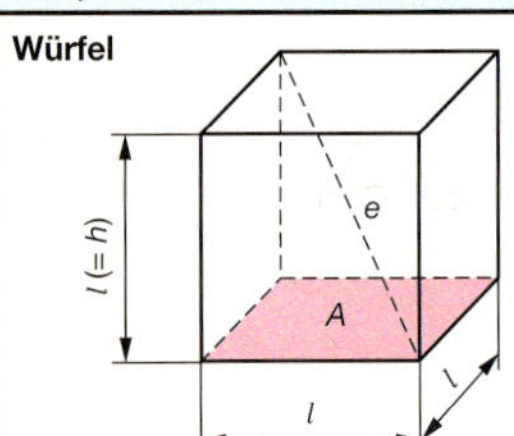

$V = A \cdot h$ $V = l^3$ $l = \sqrt[3]{V}$

$A_O = 6 \cdot l^2$ $l = \sqrt{\frac{A_O}{6}}$

$e = l \cdot \sqrt{3}$

V	: Volumen	in mm^3
A	: Grundfläche	in mm^2
l	: Kantenlänge	in mm
h	: Höhe (= l)	in mm
A_O	: Oberfläche	in mm^2
e	: Raumdiagonale	in mm

Prisma

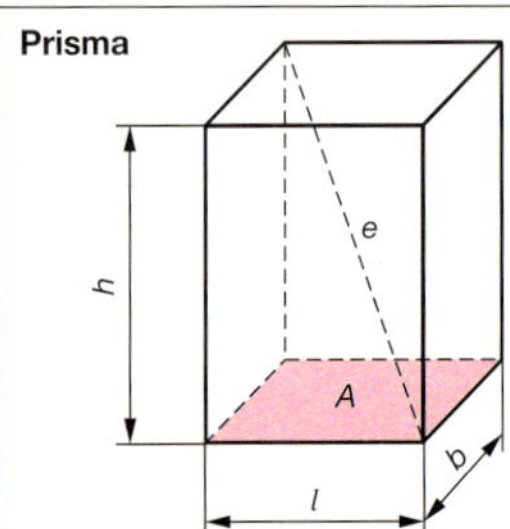

$V = A \cdot h$ $h = \frac{V}{l \cdot b}$

$V = l \cdot b \cdot h$

$A_M = 2 \cdot (l \cdot h + b \cdot h)$

$A_O = 2 \cdot (l \cdot h + b \cdot h + l \cdot b)$

$e = \sqrt{l^2 + b^2 + h^2}$

V	: Volumen	in mm^3
A	: Grundfläche	in mm^2
l	: Länge	in mm
b	: Breite	in mm
h	: Höhe	in mm
A_M	: Mantelfläche	in mm^2
A_O	: Oberfläche	in mm^2
e	: Raumdiagonale	in mm

Zylinder

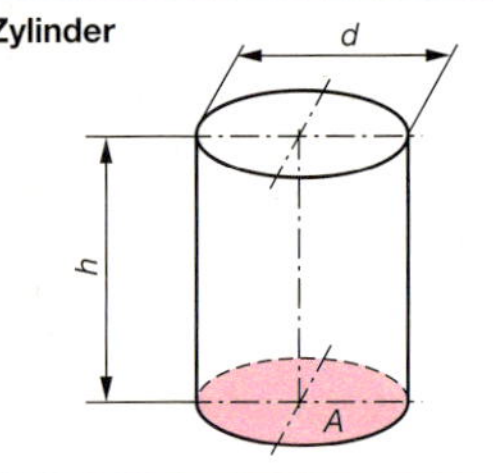

$V = A \cdot h$ $d = \sqrt{\frac{4 \cdot V}{\pi \cdot h}}$

$V = \frac{d^2 \cdot \pi}{4} \cdot h$ oder: $A = \frac{1}{4} \cdot \pi \cdot d^2$

$A_M = d \cdot \pi \cdot h$

$A_O = d \cdot \pi \cdot h + 2 \cdot \frac{d^2 \cdot \pi}{4}$

V	: Volumen	in mm^3
A	: Grundfläche	in mm^2
h	: Höhe	in mm
d	: Durchmesser	in mm
A_M	: Mantelfläche	in mm^2
A_O	: Oberfläche	in mm^2

Hohlzylinder

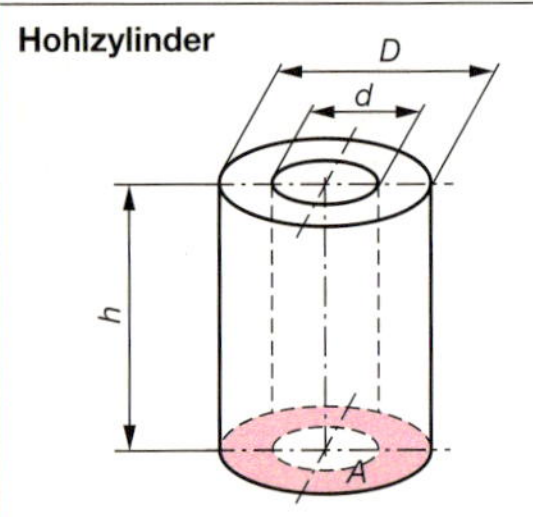

$V = A \cdot h$

$V = (D^2 - d^2) \cdot \frac{\pi \cdot h}{4}$

$A_M = D \cdot \pi \cdot h$

V	: Volumen	in mm^3
A	: Grundfläche	in mm^2
D	: Außendurchmesser	in mm
d	: Innendurchmesser	in mm
h	: Höhe	in mm
A_M	: Mantelfläche	in mm^2
s	: Wanddicke	in mm

Pyramide

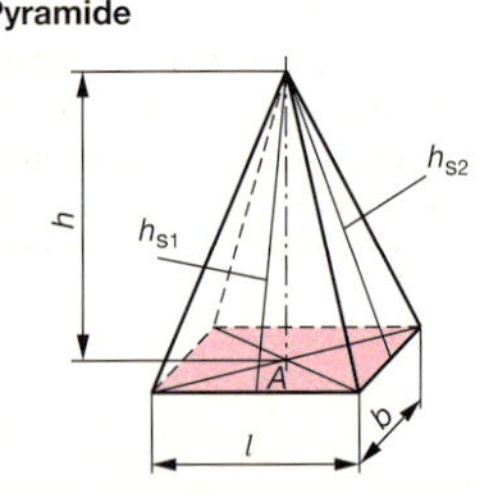

$V = \frac{A \cdot h}{3}$ $V = \frac{l \cdot b \cdot h}{3}$

$h_{S1} = \sqrt{h^2 + \frac{b^2}{4}}$ $h_{S2} = \sqrt{h^2 + \frac{l^2}{4}}$

$A_M = l \cdot h_{S1} + b \cdot h_{S2}$

$A_O = l \cdot h_{S1} + b \cdot h_{S2} + l \cdot b$

V	: Volumen	in mm^3
A	: Grundfläche	in mm^2
l	: Länge	in mm
b	: Breite	in mm
h_{S1}	: Seitenhöhe 1	in mm
h_{S2}	: Seitenhöhe 2	in mm
h	: Höhe	in mm
A_M	: Mantelfläche	in mm^2
A_O	: Oberfläche	in mm^2

Körper *solids (volumes)*

Körper	Formeln	Größen
Pyramidenstumpf 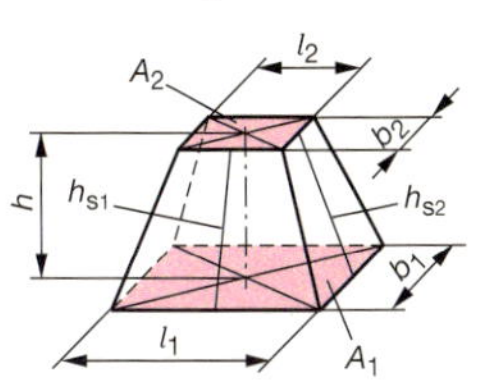 $l_1 \neq b_1$ $l_2 \neq b_2$	$V = \frac{h}{3} \cdot (A_1 + A_2 + \sqrt{A_1 \cdot A_2})$ $A_M = (l_1 + l_2) \cdot h_{s1} + (b_1 + b_2) \cdot h_{s2}$ $h_{s1} = \sqrt{\frac{(b_1 - b_2)^2}{4} + h^2}$ $h_{s2} = \sqrt{\frac{(l_1 - l_2)^2}{4} + h^2}$	V : Volumen in mm^3 A_1 : Grundfläche in mm^2 A_2 : Deckfläche in mm^2 h : Höhe in mm l_1 : untere Länge in mm l_2 : obere Länge in mm b_1 : untere Breite in mm b_2 : obere Breite in mm h_{S1}: Seitenhöhe 1 in mm h_{S2}: Seitenhöhe 2 in mm A_M : Mantelfläche in mm^2
Kegel 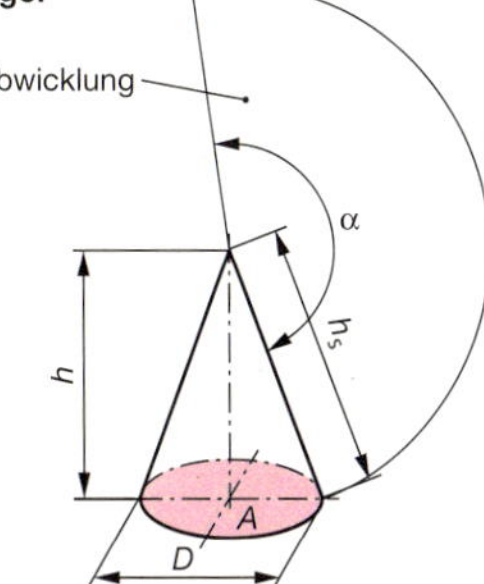	$V = \frac{A \cdot h}{3}$ $V = \frac{D^2 \cdot \pi \cdot h}{4 \cdot 3}$ $A_M = \frac{D \cdot \pi}{2} \cdot h_s$ $h_s = \sqrt{h^2 + \frac{D^2}{4}}$ $A_O = \frac{D \cdot \pi}{2} \cdot h_s + \frac{D^2 \cdot \pi}{4}$ $D = \sqrt{\frac{12 \cdot V}{\pi \cdot h}}$ $h = \frac{12 \cdot V}{\pi \cdot D}$ $\alpha = \frac{D \cdot 180°}{h_s}$	V : Volumen in mm^3 A : Grundfläche in mm^2 h : Höhe (= l) in mm D : Durchmesser in mm h_S : Seitenhöhe in mm A_M : Mantelfläche in mm^2 A_O : Oberfläche in mm^2 α : Winkel der Abwicklung
Kegelstumpf 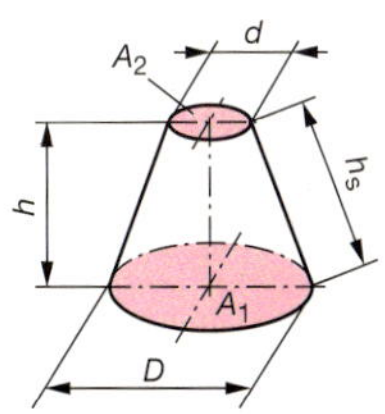	$V = \frac{h \cdot \pi}{12} \cdot (D^2 + d^2 + D \cdot d)$ Näherungsformel: $V \approx \frac{A_1 + A_2}{2} \cdot h$ $h_s = \sqrt{\frac{(D - d)^2}{4} + h^2}$ $A_M = \frac{(D + d)}{2} \cdot \pi \cdot h_s$	V : Volumen in mm^3 h : Höhe in mm D : unterer Durchmesser in mm d : oberer Durchmesser in mm A_1 : Grundfläche in mm^2 A_2 : Deckfläche in mm^2 h_S : Seitenhöhe in mm A_M : Mantelfläche in mm^2
Kugel 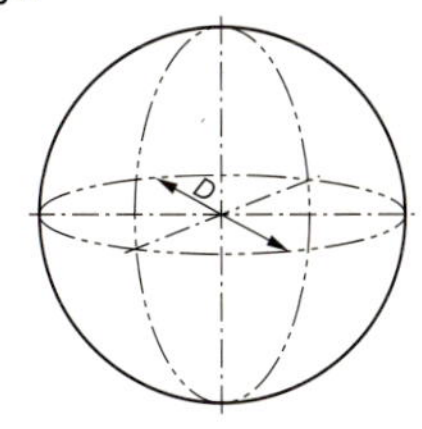	$V = \frac{D^3 \cdot \pi}{6}$ $A_O = D^2 \cdot \pi$ $D = \sqrt[3]{\frac{6 \cdot V}{\pi}}$ $D = \sqrt{\frac{A_O}{\pi}}$	V : Volumen in mm^3 D : Durchmesser in mm A_O : Oberfläche in mm^2
Kugelabschnitt (Kalotte) 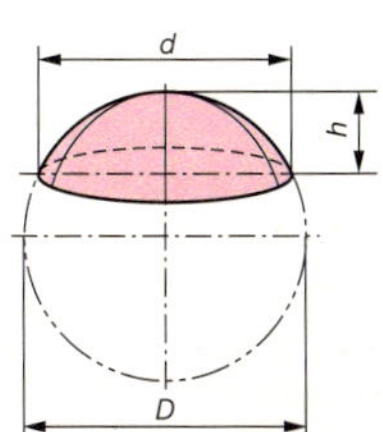	$V = h^2 \cdot \pi \cdot \left(\frac{D}{2} - \frac{h}{3}\right)$ $A_M = D \cdot \pi \cdot h$ $A_0 = D \cdot \pi \cdot h + \frac{d^2 \cdot \pi}{4}$	V : Volumen in mm^3 D : Kugeldurchmesser in mm d : Kalottendurchmesser in mm h : Kalottenhöhe in mm A_M : Mantelfläche in mm^2 A_O : Oberfläche in mm^2

Masse *mass*

Massenberechnung nach der Dichte

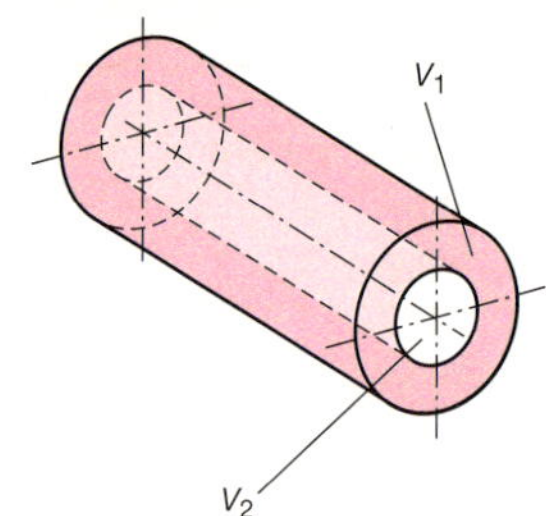

$$m = V \cdot \varrho \qquad \varrho = \frac{m}{V} \qquad V = \frac{m}{\varrho}$$

$$m = (V_1 - V_2) \cdot \varrho$$

Einheiten für die Berechnung			
V in	cm^3	dm^3	m^3
ϱ in	$\frac{g}{cm^3}$	$\frac{kg}{dm^3}$	$\frac{t}{m^3}$
m in	g	kg	t

m : Masse
V : Volumen
V_1 : Teilvolumen
ϱ : Dichte
(→ Tab. S. 44–51)

Massenberechnung nach der Länge

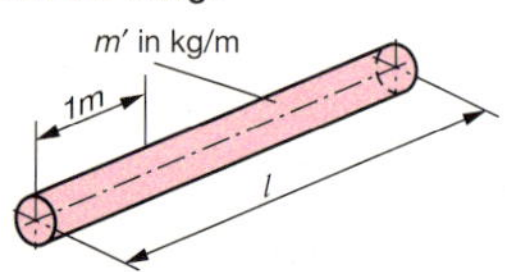

$$m = m' \cdot l \qquad m' = \frac{m}{l} \qquad l = \frac{m}{m'}$$

m	: Masse	in kg
l	: Länge	in m
m'	: längenbezogene Masse	in kg/m

(→ S. 148 ff.)

Massenberechnung nach der Fläche

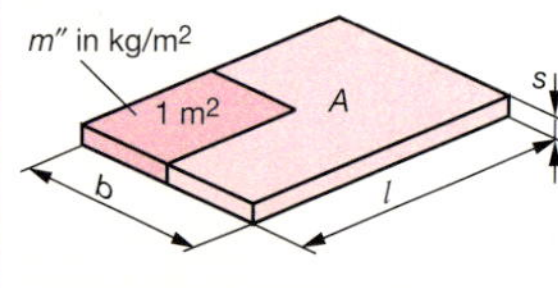

$$m = m'' \cdot A \qquad m'' = \frac{m}{A} \qquad A = \frac{m}{m''}$$

m	: Masse	in kg
A	: Fläche	in m^2
m''	: flächenbezogene Masse	in kg/m^2

(→ S. 195)

Bewegung *movement*

Umrechnung von Zeiteinheiten: Für die Einheiten Sekunde, Minute und Stunde gilt die Umrechnungszahl 60 von Einheit zu Einheit.

Einheit soll kleiner werden: **· 60** Einheit soll größer werden: **: 60**

Beispiele: 1 h = 60 min; 1 min = 60 s 60 s = 1 min; 60 min = 1 h

gleichförming – geradlinig

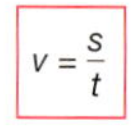

$$v = \frac{s}{t}$$

$$s = v \cdot t$$

$$t = \frac{s}{v}$$

v	: Geschwindigkeit	in m/s
s	: Weg	in m
t	: Zeit	in s

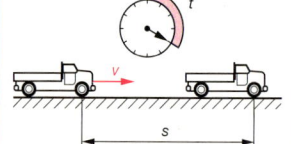

gleichförming – kreisförmig

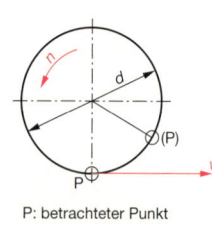

P: betrachteter Punkt

$$v = d \cdot \pi \cdot n \qquad d = \frac{v}{\pi \cdot n} \qquad n = \frac{v}{d \cdot \pi}$$

v	: Umfangsgeschwindigkeit	in m/s
d	: Durchmesser	in m
n	: Umdrehungsfrequenz (Drehzahl)	in 1/s

$$v = \frac{d \cdot \pi \cdot n}{1000 \cdot 60}$$

v	: Umfangsgeschwindigkeit	in m/s
d	: Durchmesser	in mm
n	: Umdrehungsfrequenz (Drehzahl)	in 1/min
1000	: Umrechnungszahl	in mm/m
60	: Umrechnungszahl	in s/min

Bewegung *movement*

Gleichmäßig beschleunigte bzw. verzögerte Bewegung
Eine Bewegung ist gleichmäßig beschleunigt bzw. verzögert, wenn die Geschwindigkeit in gleichen Zeiten um gleiche Beträge zu- bzw. abnimmt.

	Formeln	Größen
gleichmäßig beschleunigt ohne Anfangsgeschwindigkeit	Beschleunigung: $a = \frac{v}{t}$ Zeit: $t = \frac{v}{a}$ Geschwindigkeit: $v = a \cdot t$ Weg: $s = \frac{a}{2} t^2$	a : Beschleunigung in m/s² v : Geschwindigkeit in m/s t : Zeit in s s : Weg in m
gleichmäßig beschleunigt mit Anfangsgeschwindigkeit	Beschleunigung: $a = \frac{v_t - v_0}{t}$ Geschwindigkeit nach der Zeit t: $v_t = a \cdot t + v_0$ Weg nach der Zeit t: $s_t = \frac{a}{2} t^2 + v_0 \cdot t + s_0$	a : Beschleunigung in m/s² v_0 : Anfangsgeschwindigkeit in m/s v_t : Geschwindigkeit nach der Zeit t in m/s s_t : Weg nach der Zeit t in m s_0 : Anfangsweg in m t : Zeit in s
gleichmäßig verzögert	Beschleunigung mit negativem Wert (Verzögerung): $a = \frac{v_t - v_0}{t}$ Geschwindigkeit nach der Zeit t: $v_t = a \cdot t + v_0$ Weg nach der Zeit t: $s_t = \frac{a}{2} t^2 + v_0 \cdot t + s_0$	a : Beschleunigung (negativer Wert) in m/s² v_0 : Anfangsgeschwindigkeit in m/s v_t : Geschwindigkeit nach der Zeit t in m/s s_t : Weg nach der Zeit t in m s_0 : Anfangsweg in m t : Zeit in s
Freier Fall (ohne Berücksichtigung des Luftwiderstandes, d. h. Fall im Vakuum)	$v_t = g \cdot t$ $s = \frac{g}{2} t^2$ $t = \sqrt{\frac{2s}{g}}$ $v_s = \sqrt{2g \cdot s}$	v_t : Geschwindigkeit nach der Zeit t in m/s g : Fallbeschleunigung in m/s² s : zurückgelegter Weg in m t : Fallzeit in s v_s : Geschwindigkeit nach dem Fallweg s in m/s Fallbeschleunigung auf der Erdoberfläche: $g = 9{,}81$ m/s²

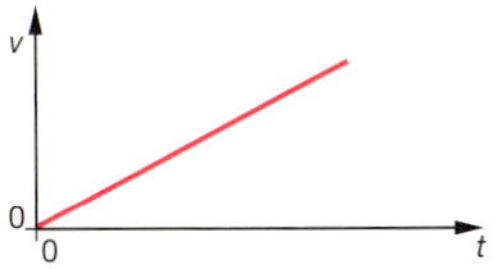

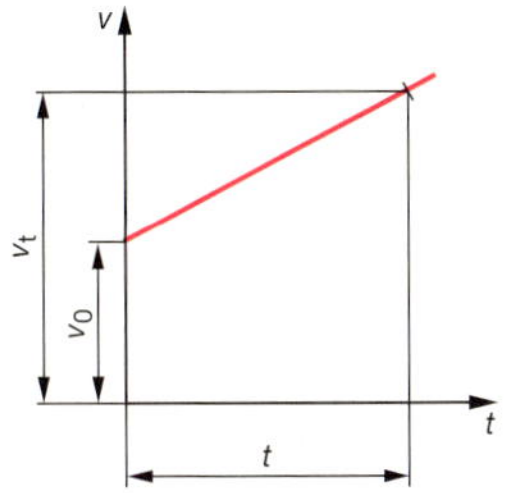

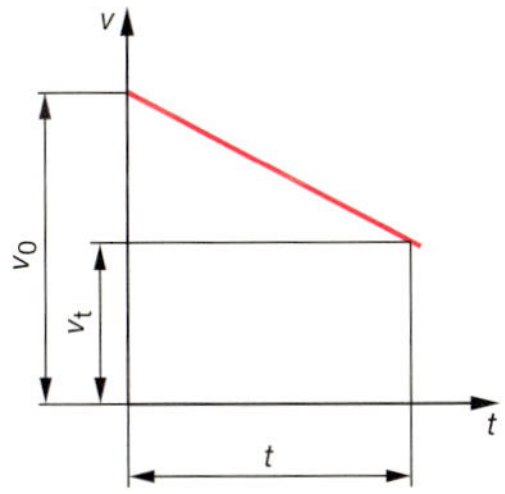

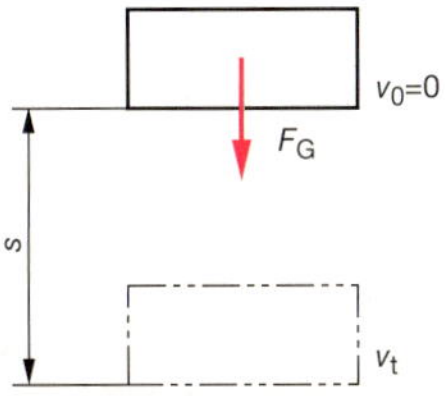

Kräfte *forces*

Darstellung von Kräften 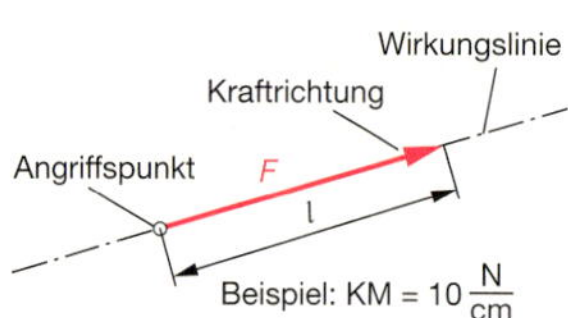	$F = l \cdot KM$ $l = \frac{F}{KM}$ $KM = \frac{F}{l}$	F : Kraft in N l : Pfeillänge in cm KM : Kräftemaßstab in N/cm
Kräfteparallelogramm 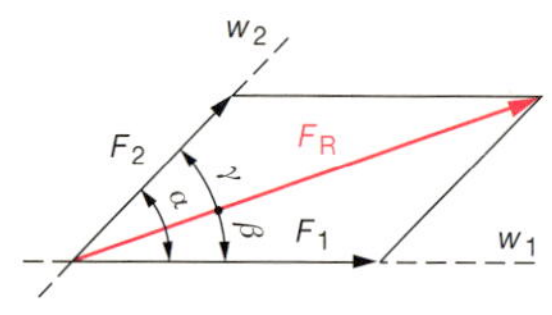	Zusammenfassen der Teilkräfte F_1 und F_2 zur Resultierenden F_R. Zerlegen der Resultierenden F_R in die Teilkräfte F_1 und F_2 bei vorgegebenen Wirkungslinien w_1 und w_2. $F_R = \sqrt{F_1^2 + F_2^2 + 2\,F_1 \cdot F_2 \cdot \cos\alpha}$ $\sin\beta = \frac{F_2}{F_R} \cdot \sin\alpha \quad \sin\gamma = \frac{F_1}{F_R} \cdot \sin\alpha$	F_1 : Teilkraft 1 in N F_2 : Teilkraft 2 in N F_R : Resultierende (Ersatzkraft) in N w_1 : Wirkungslinie der Teilkraft 1 w_2 : Wirkungslinie der Teilkraft 2 α, β, γ: Winkel zur Richtungsbeschreibung in °
Kräftepolygon (Krafteck) 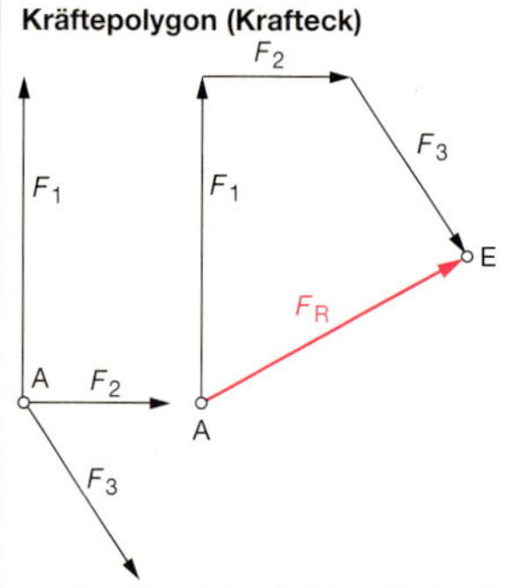	Die Teilkräfte F_1, F_2 … F_n werden maßstabgerecht in beliebiger Reihenfolge aneinander gereiht. Die Resultierende F_R ist die Verbindung vom Kraftangriffspunkt A der zuerst gezeichneten Kraft zum Endpunkt E der zuletzt gezeichneten Kraft.	F_1, F_2 … : Teilkräfte in N F_R : Resultierende (Ersatzkraft) in N A : Kraftangriffspunkt E : Endpunkt des Kraftecks
Kraft und Beschleunigung 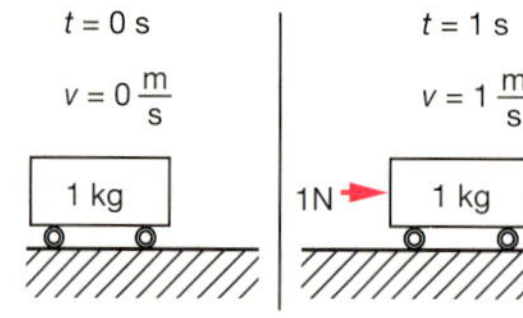	$F = m \cdot a \qquad m = \frac{F}{a} \qquad a = \frac{F}{m}$ Eine Kraft hat die Größe von 1 N, wenn sie eine Masse von 1 kg in 1 s auf eine Geschwindigkeit von 1 m/s beschleunigt. $1\,\text{N} = 1\,\text{kg} \cdot \frac{1\frac{\text{m}}{\text{s}}}{\text{s}} = 1\,\frac{\text{kg} \cdot \text{m}}{\text{s}^2}$	F : Kraft in N m : Masse in kg a : Beschleunigung in m/s²
Gewichtskraft 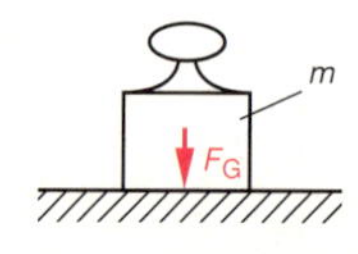	$F_G = m \cdot g$ $m = \frac{F_G}{g}$ $g = \frac{F_G}{m}$	F_G : Gewichtskraft in N m : Masse in kg g : Fallbeschleunigung in m/s² (g = 9,81 m/s²)

Kräfte *forces*

Federkraft

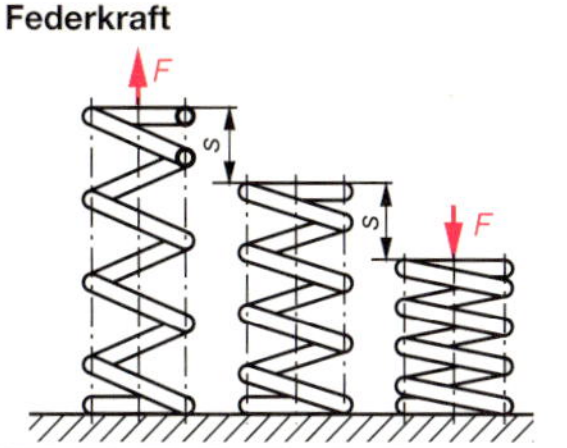

$$F = D \cdot s$$

$$D = \frac{F}{s}$$

$$s = \frac{F}{D}$$

F	: Federkraft	in N
D	: Federrate (Federkonstante)	in N/mm
s	: Federweg	in mm

Reibungskraft
Haft- und Gleitreibung

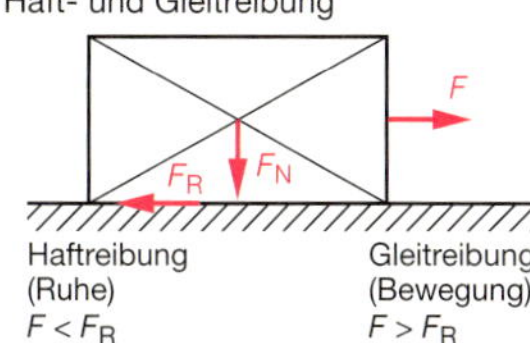

Haftreibung (Ruhe) $F < F_R$

Gleitreibung (Bewegung) $F > F_R$

Haftreibung:

$$F_R \leq \mu_0 \cdot F_N$$

Gleitreibung:

$$F_R = \mu \cdot F_N \qquad F_N = \frac{F_R}{\mu}$$

F	: Kraft	in N
F_R	: Reibkraft	in N
F_N	: Normalkraft	in N
μ_0	: Haftreibungszahl	
μ	: Gleitreibungszahl	

Tab. 25.1: Reibungszahlen für Haft- und Gleitreibung

Werkstoffpaarung	Haftreibung μ_0		Gleitreibung μ	
	trocken	geschmiert	trocken	geschmiert
Stahl auf Stahl	0,15 – 0,30	0,10 – 0,12	0,10 – 0,12	0,04 – 0,10
Stahl auf Gusseisen	0,18 – 0,24	0,10 – 0,20	0,15 – 0,24	0,05 – 0,20
Stahl auf Cu-Sn-Legierung	0,18 – 0,20	0,10 – 0,20	0,10 – 0,20	0,04 – 0,10
Stahl auf Polyamid	0,30 – 0,40	0,10 – 0,20	0,32 – 0,45	0,05 – 0,10
Gusseisen auf Cu-Sn-Legierung	0,3	0,2	0,2	0,08
Gusseisen auf Stahl	0,33	–	0,22	0,11
Gusseisen auf Cu-Zn-Legierung	–	0,18	0,18 – 0,20	0,15 – 0,18
Reifen auf griffigem Asphalt	–	–	0,60 – 0,80	–
Reifen auf nassem Asphalt	–	–	–	0,20 – 0,30[1)]
Bremsbelag auf Stahl	–	–	0,50 – 0,60	0,30 – 0,50

[1)] nur bei Wasser und Asphalt

Reibungskraft
Rollreibung

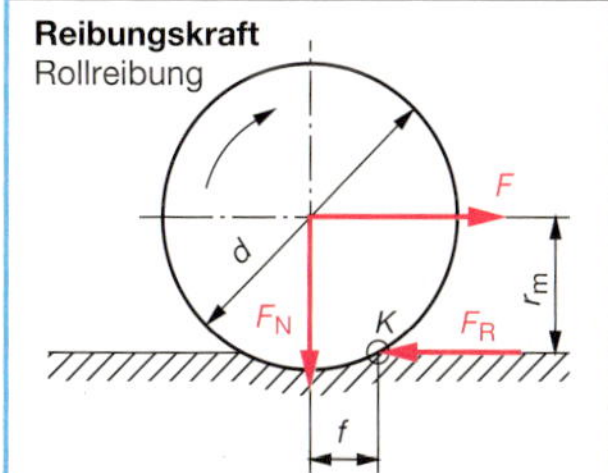

$$F > F_R$$

$$F_R \cdot r_m = F_N \cdot f$$

$$F_R = F_N \cdot \frac{f}{r_m}$$

$$F_R = F_N \cdot \mu_r \qquad \frac{f}{r_m} = \mu_r$$

F	: Kraft	in N
F_R	: Rollreibkraft	in N
F_N	: Normalkraft	in N
r_m	: Wirkradius	in cm
f	: Hebelarm der Rollreibung	in cm
μ_r	: Rollreibungszahl	

Tab. 25.2: Rollreibungszahlen

Werkstoffpaarung	Hebelarm der Rollreibung f in cm	Wirkradius r_m in cm	Rollreibungszahl μ_r
Stahl auf Stahl, weich	0,05	0,5 1,0 5,0 10,0	0,1 0,05 0,01 0,005
Stahl auf Stahl, hart	0,001	0,5 1,0 5,0 10,0	0,002 0,001 0,0002 0,0001
Reifen auf Asphalt	0,42 0,439	28,0 (14″) 29,27 (15″)	0,015 0,015

Kraftmoment, Hebel, Kraftwandler *moment of force, lever, force converter*

Kraftmoment (Drehmoment)

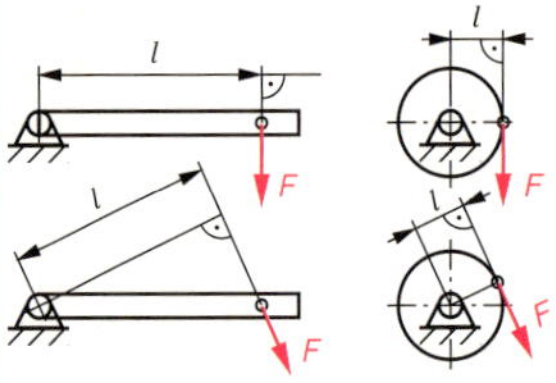

$$M = F \cdot l \qquad F = \frac{M}{l} \qquad l = \frac{M}{F}$$

Die wirksame Hebelarmlänge ist der im rechten Winkel zur Kraftwirkungslinie gemessene Abstand zwischen der Kraftwirkungslinie und dem Drehpunkt.

M	: Kraftmoment	in Nm
F	: Kraft	in N
l	: wirksame Hebelarmlänge	in m

Hebelgesetz

Einseitiger Hebel

Zweiseitiger Hebel

Mehrseitiger Hebel

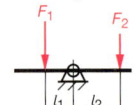

$$M_l = M_r$$

$$F_1 \cdot l_1 = F_2 \cdot l_2$$

$$F_1 = \frac{F_2 \cdot l_2}{l_1} \qquad l_1 = \frac{F_2 \cdot l_2}{F_1}$$

$$F_2 = \frac{F_1 \cdot l_1}{l_2} \qquad l_2 = \frac{F_1 \cdot l_1}{F_2}$$

$$\Sigma M_l = \Sigma M_r$$

$$F_1 \cdot l_1 + F_2 \cdot l_2 = F_3 \cdot l_3 + F_4 \cdot l_4$$

M_l	: linksdrehendes Kraftmoment	in Nm
M_r	: rechtsdrehendes Kraftmoment	in Nm
F_1, F_2	: Kräfte	in N
l_1, l_2	: wirksame Hebelarmlängen	in m
ΣM	: Summe der Kraftmomente	in Nm

Auflagerkräfte

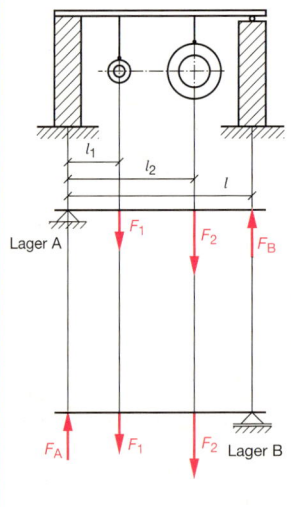

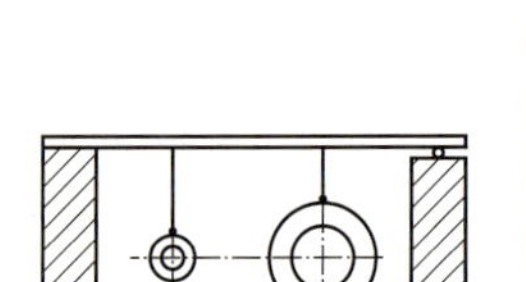

Lager A

Lager B

$$F_A + F_B = F_1 + F_2 + \ldots + F_n$$

$$\Sigma M_l = \Sigma M_r$$

Drehung um Lager A:

$\Sigma M_l = \Sigma M_r$

$M_B = M_1 + M_2$

$F_B \cdot l = F_1 \cdot l_1 + F_2 \cdot l_2$

$$F_B = \frac{F_1 \cdot l_1 + F_2 \cdot l_2}{l}$$

Drehung um Lager B:

$\Sigma M_l = \Sigma M_r$

$M_1 + M_2 = M_A$

$F_1 \cdot (l - l_1) + F_2 \cdot (l - l_2) = F_A \cdot l$

$$F_A = \frac{F_1 \cdot (l - l_1) + F_2 \cdot (l - l_2)}{l}$$

F_A	: Auflagerkraft im Lager A	in N
F_B	: Auflagerkraft im Lager B	in N
F_1, F_2	: Belegungskräfte	in N
ΣM_l	: Summe aller linksdrehenden Kraftmomente	in Nm
ΣM_r	: Summe aller rechtsdrehenden Kraftmomente	in Nm
l	: Abstand der Lager	in m
l_1, l_2	: wirksame Hebelarmlängen	in m
$(l - l_1)$, $(l - l_2)$	: wirksame Hebelarmlängen	in m

Kraftmoment, Hebel, Kraftwandler *moment of force, lever, force converter*

Feste Rolle

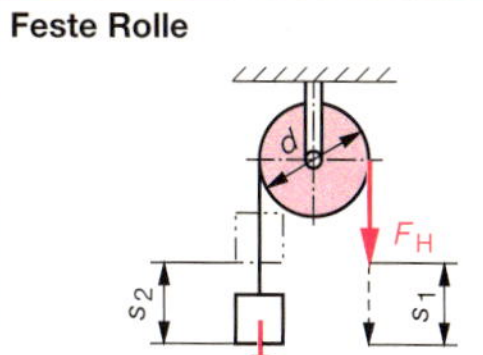

$$F_H = F_G$$

Bei Berücksichtigung der Reibungsverluste:

$$F_H = \frac{F_G}{\eta} \qquad F_G = F_H \cdot \eta \qquad \eta = \frac{F_G}{F_H}$$

$$s_1 = s_2$$

F_H	: Handkraft	in N
F_G	: Gewichtskraft	in N
s_1	: Kraftweg	in m
s_2	: Lastweg	in m
η	: Wirkungsgrad	

Lose Rolle

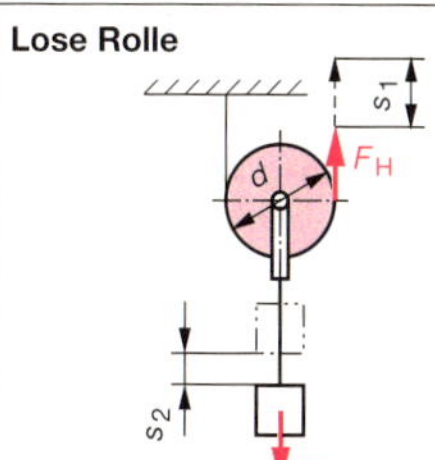

$$F_H = \frac{F_G}{2} \qquad F_G = 2 \cdot F_H$$

Bei Berücksichtigung der Reibungsverluste:

$$F_H = \frac{F_G}{2 \cdot \eta} \qquad F_G = 2 \cdot F_H \cdot \eta \qquad \eta = \frac{F_G}{2 \cdot F_H}$$

$$s_1 = 2 \cdot s_2$$

F_H	: Handkraft	in N
F_G	: Gewichtskraft	in N
s_1	: Kraftweg	in m
s_2	: Lastweg	in m
η	: Wirkungsgrad	

Rollenflaschenzug

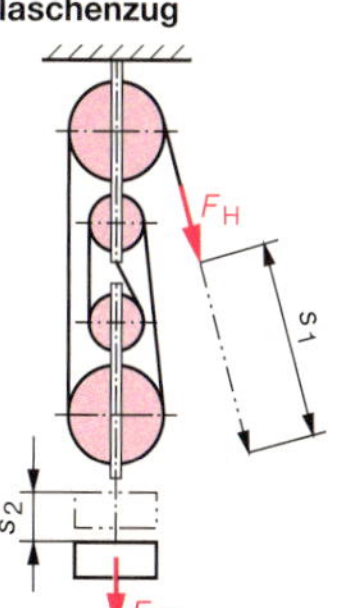

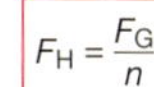

$$F_H = \frac{F_G}{n} \qquad F_G = n \cdot F_H$$

Bei Berücksichtigung der Reibungsverluste:

$$F_H = \frac{F_G}{n \cdot \eta} \qquad F_G = F_H \cdot \eta \cdot n$$

$$s_1 = n \cdot s_2 \qquad n = \frac{F_G}{F_H \cdot \eta}$$

$$\eta = \frac{F_G}{F_H \cdot n}$$

F_H	: Handkraft	in N
F_G	: Gewichtskraft	in N
n	: Anzahl der Rollen	
s_1	: Kraftweg	in m
s_2	: Lastweg	in m
η	: Wirkungsgrad	

Differentialflaschenzug

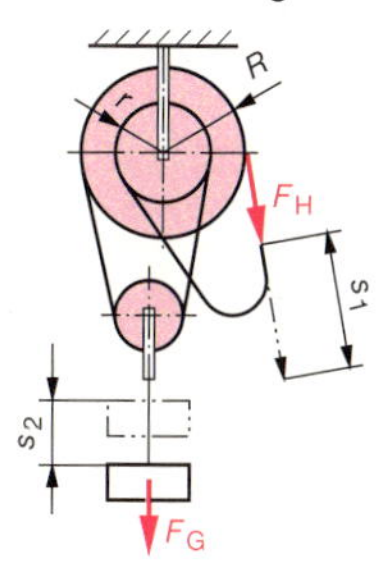

$$F_H = \frac{F_G \cdot (R - r)}{2 \cdot R} \qquad F_G = \frac{F_H \cdot 2 \cdot R}{R - r}$$

Bei Berücksichtigung der Reibungsverluste:

$$F_H = \frac{F_G \cdot (R - r)}{2 \cdot R \cdot \eta} \qquad F_G = \frac{F_H \cdot 2 \cdot R \cdot \eta}{R - r}$$

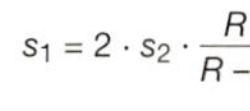

$$s_1 = 2 \cdot s_2 \cdot \frac{R}{R - r}$$

F_H	: Handkraft	in N
F_G	: Gewichtskraft	in N
R	: Radius der großen festen Rolle	in m
r	: Radius der kleinen festen Rolle	in m
s_1	: Kraftweg	in m
s_2	: Lastweg	in m
η	: Wirkungsgrad	

Schiefe Ebene

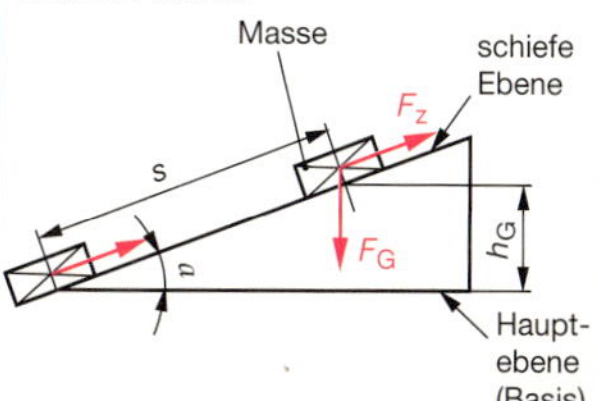

$$F_z \cdot s = F_G \cdot h_G \qquad F_z = \frac{F_G \cdot h_G}{s}$$

Bei Berücksichtigung der Reibungsverluste:

$$F_z \cdot s \cdot \eta = F_G \cdot h_G \qquad F_z = \frac{F_G \cdot h_G}{s \cdot \eta}$$

$$F_z = \frac{F_G \cdot \sin \alpha}{\eta}$$

F_z	: Kraft parallel zur schiefen Ebene	in N
s	: zurückgelegter Weg	in m
F_G	: Gewichtskraft	in N
h_G	: Hubhöhe der Masse	in m
η	: Wirkungsgrad	
α	: Winkel zwischen Hauptebene und schiefer Ebene	in °

Übersetzung *transmission ratios*

Einfacher Riemenantrieb

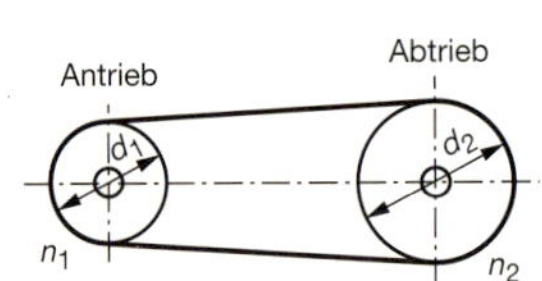

$d_1 \cdot n_1 = d_2 \cdot n_2$

$i = \dfrac{n_1}{n_2}$ $\quad i = \dfrac{d_2}{d_1}$

d_1	: Durchmesser der treibenden Scheibe	in mm
n_1	: Drehfrequenz der treibenden Scheibe	in 1/min
d_2	: Durchmesser der getriebenen Scheibe	in mm
n_2	: Drehfrequenz der getriebenen Scheibe	in 1/min
i	: Übersetzungsverhältnis	

Einfacher Zahnradantrieb

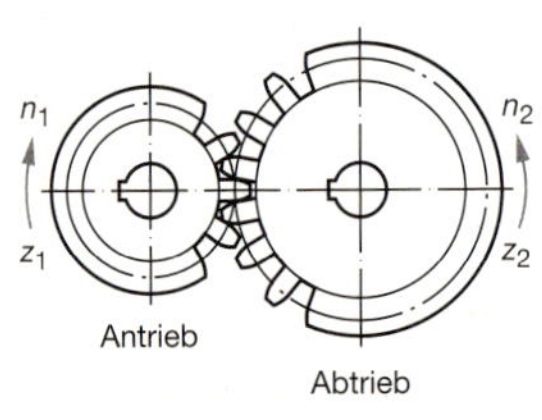

$z_1 \cdot n_1 = z_2 \cdot n_2$

$i = \dfrac{n_1}{n_2}$ $\quad i = \dfrac{z_2}{z_1}$

z_1	: Zähnezahl des treibenden Rades	
z_2	: Zähnezahl des getriebenen Rades	
n_1	: Drehfrequenz des treibenden Rades	in 1/min
n_2	: Drehfrequenz des getriebenen Rades	in 1/min
i	: Übersetzungsverhältnis	

Arbeit, Energie, Leistung *work, energy, power*

Arbeit, Energie (allgemein)

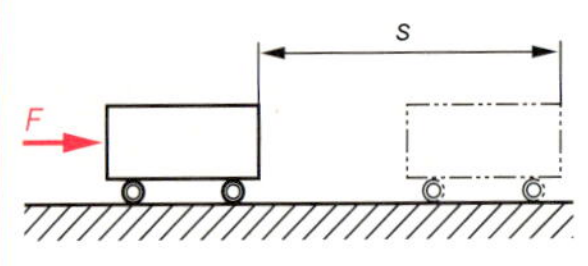

$W = F \cdot s$

$E = F \cdot s$

Die Energie E ist die Fähigkeit, Arbeit zu verrichten.

W	: Arbeit	in Nm
E	: Energie	in Nm
F	: Kraft	in N
s	: Weg	in m

1 Nm = 1 J = 1 Ws

Potenzielle Energie (Lageenergie)

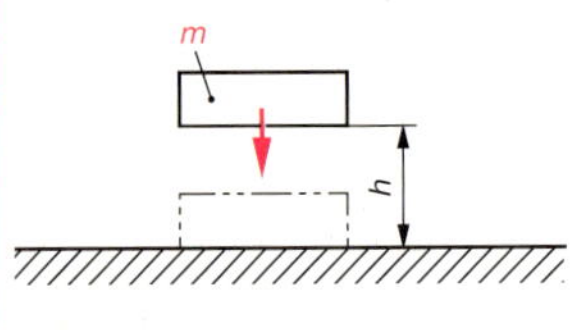

$E_{pot} = m \cdot g \cdot h$

E_{pot}	: potenzielle Energie	in Nm, J
m	: Masse	in kg
h	: Höhe	in m
g	: Fallbeschleunigung (g = 9,81 m/s²)	in m/s²
F_G	: Gewichtskraft	in N

Kinetische Energie (Bewegungsenergie)

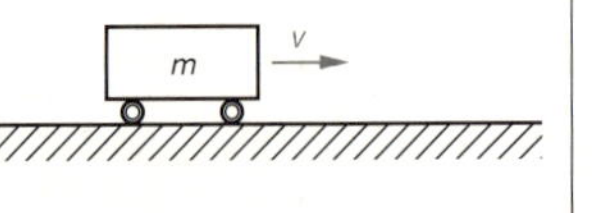

$E_{kin} = \dfrac{m \cdot v^2}{2}$

$m = \dfrac{2 \cdot E_{kin}}{v^2}$

$v = \sqrt{\dfrac{2 \cdot E_{kin}}{m}}$

E_{kin}	: kinetische Energie	in Nm, J
m	: Masse	in kg
v	: Geschwindigkeit	in m/s

Arbeit, Energie, Leistung *work, energy, power*

Mechanische Leistung

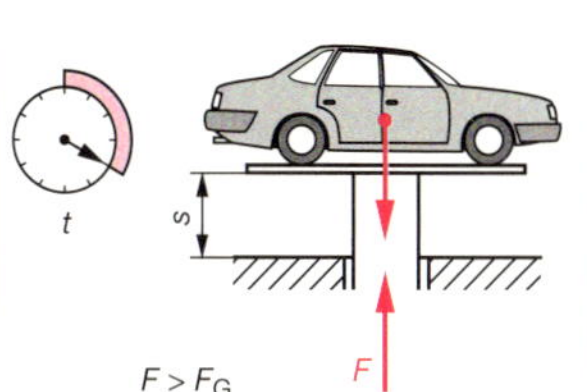

$$P = \frac{W}{t} \qquad F = \frac{P \cdot t}{s}$$

$$P = \frac{F \cdot s}{t} \qquad s = \frac{P \cdot t}{F}$$

$$P = F \cdot v \qquad t = \frac{F \cdot s}{P}$$

Einheiten: $1\,\frac{\mathrm{N} \cdot \mathrm{m}}{s} = 1\,\frac{W_s}{s} = 1W$

P	: Leistung	in J/s, Nm/s, W
W	: Arbeit	in Nm
s	: Weg	in m
t	: Zeit	in s
v	: Geschwindigkeit	in m/s
F	: Kraft	in N
F_G	: Gewichtskraft	in N

Wirkungsgrad

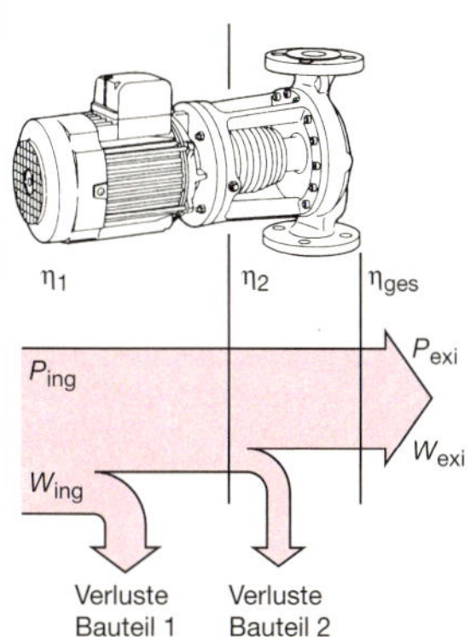

$$\eta = \frac{P_{exi}}{P_{ing}} < 1 \qquad P_{exi} = \eta \cdot P_{ing}$$

oder

$$P_{ing} = \frac{P_{exi}}{\eta}$$

$$\eta = \frac{W_{exi}}{W_{ing}} < 1$$

$$\eta_{ges} = \eta_1 \cdot \eta_2 \cdot \ldots$$

P_{exi}	: abgegebene Leistung	in W
P_{ing}	: zugeführte Leistung	in W
η	: Wirkungsgrad	
W_{exi}	: abgegebene Arbeit	in Nm
W_{ing}	: zugeführte Arbeit	in Nm
η_1	: Teilwirkungsgrad	
η_2	: Teilwirkungsgrad	
η_{ges}	: Gesamtwirkungsgrad	

Festigkeitslehre *science of strength of materials*

Normalspannung

(Kraftverlauf senkrecht zur Querschnittsfläche)

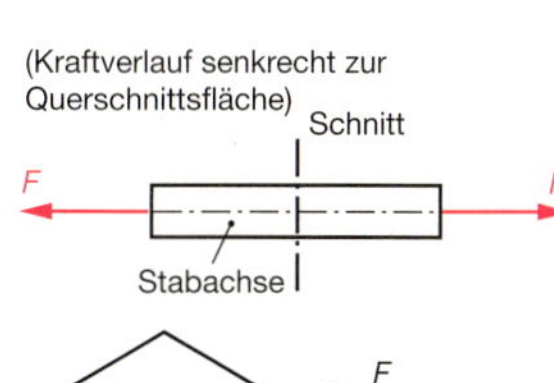

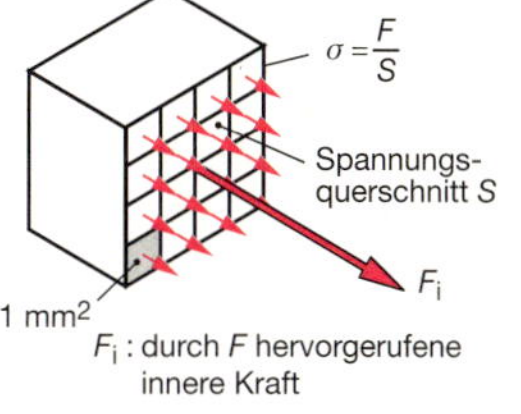

F_i : durch F hervorgerufene innere Kraft

$$\sigma = \frac{F}{S} \qquad F = S \cdot \sigma \qquad S = \frac{F}{\sigma}$$

Zulässige Spannung:

$$\sigma_{zul} = \frac{\sigma_{max}}{v}$$

σ	: Normalspannung	in $\frac{\mathrm{N}}{\mathrm{mm}^2}$
F	: Normalkraft	in N
S	: Spannungsquerschnitt	in mm^2
σ_{zul}	: zulässige Normalspannung	in $\frac{\mathrm{N}}{\mathrm{mm}^2}$
σ_{max}	: maximale Normalspannung	in $\frac{\mathrm{N}}{\mathrm{mm}^2}$
v	: Sicherheitszahl (→ Tab. 30.1)	
F_{zul}	: zulässige Normalkraft	in N

Tab. 29.1: Berechnung zulässiger Normalspannungen und zul. Kräfte

Auslegung des Bauteils gegen	Zerstörung	plastische Verformung	
wenn:	$\sigma_{max} = R_m$	$\sigma_{max} = R_e$	$\sigma_{max} = R_{p\,0,2}$
dann:	$\sigma_{zul} = \frac{R_m}{v}$	$\sigma_{zul} = \frac{R_e}{v}$	$\sigma_{zul} = \frac{R_{p\,0,2}}{v}$
wobei:	$F_{zul} = \sigma_{zul} \cdot S$ $F_{zul} = \frac{R_m}{v} \cdot S$	$F_{zul} = \sigma_{zul} \cdot S$ $F_{zul} = \frac{R_e}{v} \cdot S$	$F_{zul} = \sigma_{zul} \cdot S$ $F_{zul} = \frac{R_{p\,0,2}}{v} \cdot S$

Festigkeitslehre *science of strength of materials*

Scherspannung

(Kraftverlauf parallel zur Querschnittsfläche)

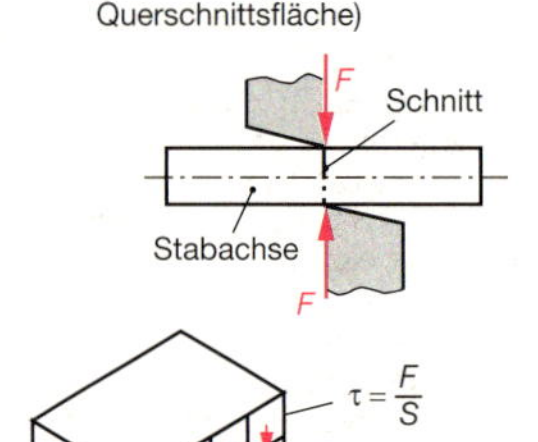

$\tau = \frac{F}{S}$

Spannungsquerschnitt S

1 mm²

F_i

F_i : durch F hervorgerufene innere Kraft

$$\tau = \frac{F}{S} \qquad F = S \cdot \tau \qquad S = \frac{F}{\tau}$$

Zulässige Spannung:

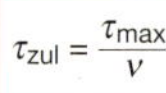

$$\tau_{zul} = \frac{\tau_{max}}{\nu}$$

τ	: Scherspannung	in N/mm²
F	: Querkraft	in N
S	: Spannungsquerschnitt	in mm²
τ_{zul}	: zulässige Scherspannung	in N/mm²
τ_{max}	: maximale Scherspannung	in N/mm²
ν	: Sicherheitszahl (→ Tab. 30.1)	

Aus Sicherheitsgründen darf ein Bauteil nur mit einem Bruchteil der zur plastischen Verformung bzw. zum Bruch führenden Spannung belastet werden. Dies wird durch die Sicherheitszahl ν berücksichtigt.

Tab. 30.1: Sicherheitszahlen ν (Anhaltswerte)

Werkstoffe	Lastfall I ruhende Last	Lastfall II schwellende Last[1)]	Lastfall III wechselnde Last[1)]
zähe Werkstoffe z. B. Stahl	1,2 … 1,8	1,8 … 2,4	3 … 4
spröde Werkstoffe z. B. Grauguss, Temperguss	2 … 4	3 … 5	5 … 6

[1)] Abhängig von Lastwechselzahl

Beanspruchung auf Zug

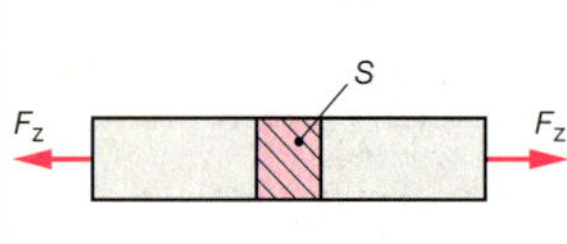

$$\sigma_z = \frac{F_z}{S} \qquad \sigma_{z\,max} = \sigma_{z\,zul} \cdot \nu$$

$$S_{erf} = \frac{F_{z\,max}}{\sigma_{z\,zul}} \qquad F_{zmax} = \sigma_{zzul} \cdot S$$

Je nach Auslegungsfall (→ S. 29) kann $\sigma_{z\,max}$ gleich R_m, R_e oder $R_{p0,2}$ sein.

R_m	: Zugfestigkeit	in N/mm²
R_e	: Streckgrenze	in N/mm²
$R_{p0,2}$	: 0,2 %-Dehngrenze	in N/mm²

σ_z	: Zugspannung	in N/mm²
F_z	: Zugkraft	in N
$F_{z\,max}$	: maximale Zugkraft	in N
S	: Spannungsquerschnitt	in mm²
S_{erf}	: erforderlicher Spannungsquerschnitt	in mm²
$\sigma_{z\,zul}$	: zulässige Zugspannung (→ Tab. 32.1)	in N/mm²
$\sigma_{z\,max}$	: maximale Zugspannung	in N/mm²
ν	: Sicherheitszahl (→ Tab. 30.1)	

Beanspruchung auf Druck

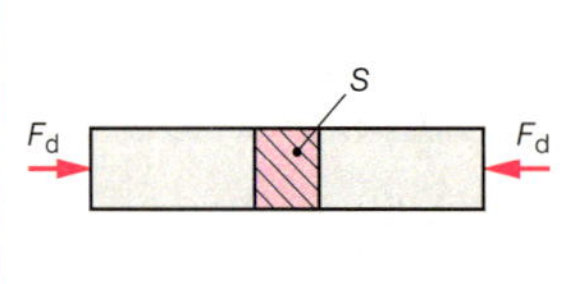

$$\sigma_d = \frac{F_d}{S} \qquad \sigma_{d\,max} = \sigma_{d\,zul} \cdot \nu$$

$$S_{erf} = \frac{F_{d\,max}}{\sigma_{d\,zul}} \qquad F_{dmax} = \sigma_{dzul} \cdot S$$

Je nach Auslegungsfall (→ S. 29) kann $\sigma_{d\,max}$ gleich σ_{dB}, σ_{dF} oder $\sigma_{d0,2}$ sein.

σ_{dB}	: Druckfestigkeit	in N/mm²
σ_{dF}	: Quetschgrenze	in N/mm²
$\sigma_{d0,2}$	: 0,2 %-Stauchgrenze	in N/mm²

σ_d	: Druckspannung	in N/mm²
F_d	: Druckkraft	in N
$F_{d\,max}$	: maximale Druckkraft	in N
S	: Spannungsquerschnitt	in mm²
S_{erf}	: erforderlicher Spannungsquerschnitt	in mm²
$\sigma_{d\,zul}$	: zulässige Druckspannung (→ Tab. 32.1)	in N/mm²
$\sigma_{d\,max}$	: maximale Druckspannung	in N/mm²
ν	: Sicherheitszahl (→ Tab. 30.1)	

Beanspruchung auf Scherung

(Auslegung gegen Abscherung)

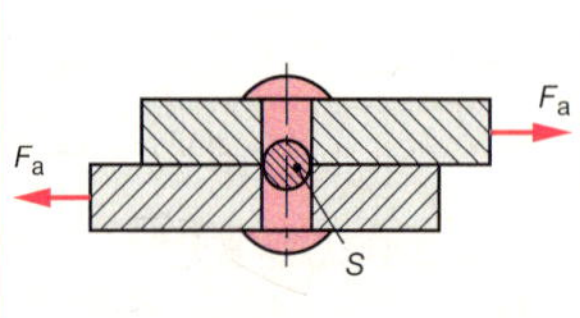

$$\tau_{a\,zul} = \frac{F_a}{S} \qquad \tau_{aB} = \tau_{a\,zul} \cdot \nu$$

$$S_{erf} = \frac{F_{a\,max}}{\tau_{a\,zul} \cdot n} \qquad F_{amax} = \tau_{azul} \cdot S \cdot n$$

Näherungsformel:

$$\tau_{aB} \approx 0{,}8 \cdot R_m$$

τ_a	: Scherspannung	in N/mm²
F_a	: Scherkraft	in N
$F_{a\,max}$	: maximale Scherkraft	in N
S	: Scherquerschnitt	in mm²
S_{erf}	: erforderlicher Scherquerschnitt	in mm²
$\tau_{a\,zul}$	: zulässige Scherspannung	in N/mm²
τ_{aB}	: Scherfestigkeit	in N/mm²
ν	: Sicherheitszahl (→ Tab. 30.1)	
n	: Anzahl der Scherquerschnitte	

Festigkeitslehre *science of strength of materials*

Beanspruchung auf Biegung

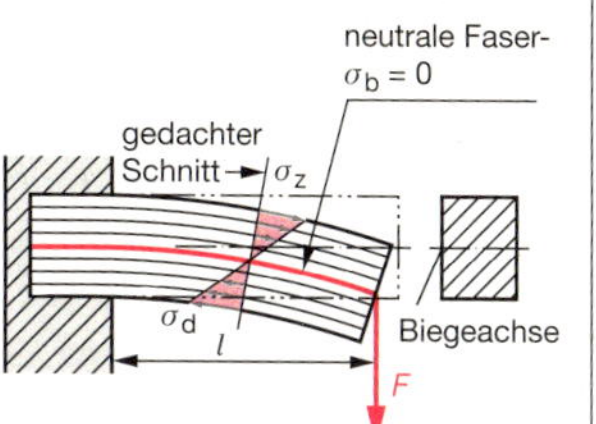

$$\sigma_b = \frac{M_b}{W}$$

$$\sigma_{b\,max} = \sigma_{b\,zul} \cdot \nu$$

$$W_{erf} = \frac{M_b}{\sigma_{b\,zul}}$$

$$M_b = F \cdot l$$

Je nach Auslegungsfall (→ S. 29) kann $\sigma_{b\,max}$ gleich σ_{bB}, oder σ_{bF} sein.

σ_{bB}	: Biegefestigkeit	in N/mm²
σ_{bF}	: Biegefließgrenze	in N/mm²

σ_b	: Biegespannung	in N/mm²
M_b	: Biegemoment	in Nmm
W	: axiales Widerstandsmoment	in mm³
F	: Kraft	in N
l	: Hebelarmlänge	in mm
W_{erf}	: erforderliches axiales Widerstandsmoment	in mm³
$\sigma_{b\,zul}$	: zulässige Biegespannung (→ Tab. 32.1)	in N/mm²
$\sigma_{b\,max}$	: maximale Biegespannung	in N/mm²
ν	: Sicherheitszahl (→ Tab. 30.1)	

Beanspruchung auf Verdrehung (Torsion)

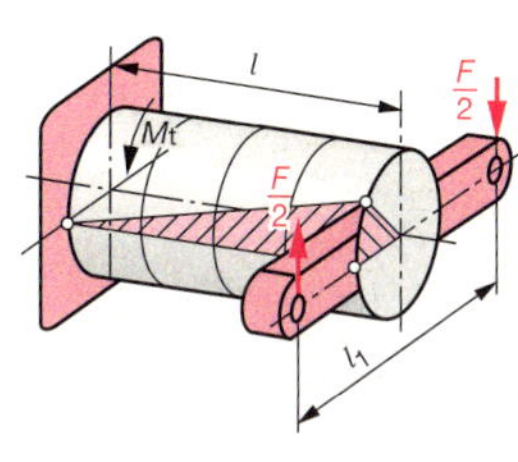

$$\tau_t = \frac{M_t}{W_p}$$

$$\tau_{t\,max} = \tau_{t\,zul} \cdot \nu$$

$$W_{p\,erf} = \frac{M_t}{\tau_{t\,zul}}$$

$$M_t = \frac{F \cdot l_1}{2}$$

Je nach Auslegungsfall (→ S. 29) kann $\tau_{t\,max}$ gleich τ_{tB}, oder τ_{tF} sein.

τ_{tB}	: Torsionsfestigkeit	in N/mm²
τ_{tF}	: Torsionsfließgrenze	in N/mm²

τ_t	: Torsionsspannung	in N/mm²
M_t	: Torsionsmoment	in Nmm
W_p	: polares Widerstandsmoment	in mm³
F	: Kraft	in N
l	: Hebelarmlänge	in mm
$W_{p\,erf}$	: erforderliches polares Widerstandsmoment	in mm³
$\tau_{t\,zul}$	: zulässige Torsionsspannung (→ Tab. 32.1)	in N/mm²
$\tau_{t\,max}$	: maximale Torsionsspannung	in N/mm²
ν	: Sicherheitszahl (→ Tab. 30.1)	

Tab. 31.1: Axiale und polare Widerstandsmomente

Querschnitt	axiales Widerstandsmoment		polares Widerstandsmoment
Quadrat (a)	$W_y = W_z = \frac{a^3}{6}$		$W_p = 0{,}208 \cdot a^3$
Rechteck (a, b)	$W_y = \frac{a \cdot b^2}{6}$	$W_z = \frac{b \cdot a^2}{6}$	–
Kreis (d)	$W_y = W_z = \frac{d^3 \cdot \pi}{32}$		$W_p = \frac{d^3 \cdot \pi}{16}$
Kreisring (D, d)	$W_y = W_z = \frac{(D^4 - d^4) \cdot \pi}{32 \cdot D}$		$W_p = \frac{(D^4 - d^4) \cdot \pi}{16 \cdot D}$
Dreieck (a, h, $\frac{2}{3}h$)	$W_y = \frac{a \cdot h^2}{24}$	$W_z = \frac{h \cdot a^2}{24}$	$W_p = \frac{a^3}{20}$
Hohlrechteck (A, B, a, b, t)	$W_y = \frac{A \cdot B^3 - a \cdot b^3}{6 \cdot B}$	$W_z = \frac{B \cdot A^3 - b \cdot a^3}{6 \cdot A}$	$W_p = \frac{t \cdot (A + a) \cdot (B + b)}{2}$

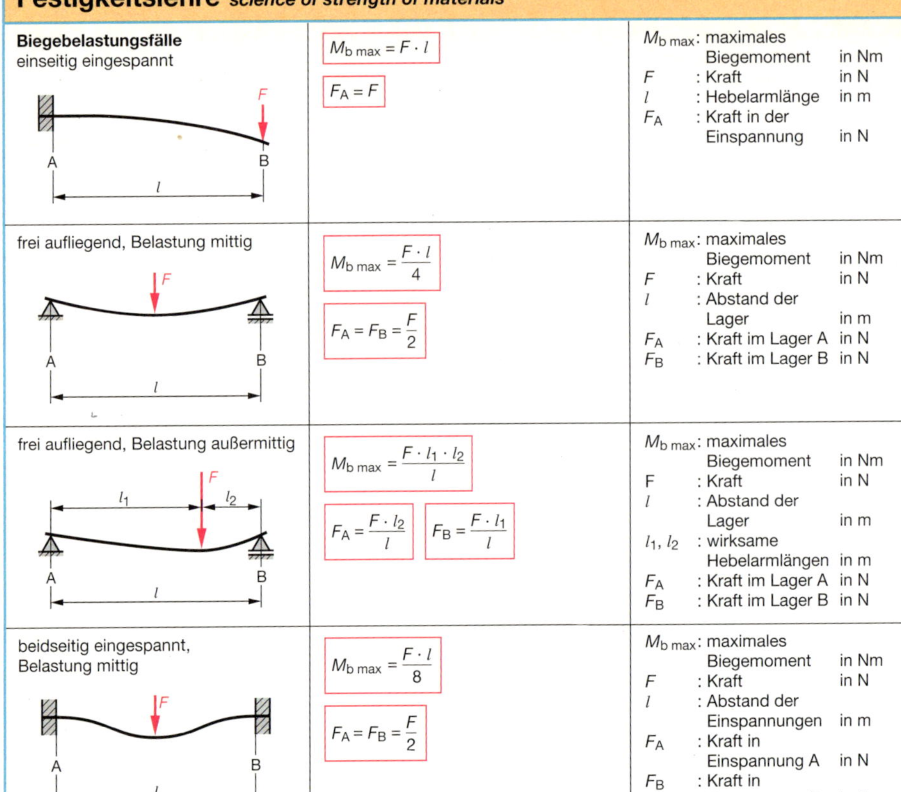

Festigkeitslehre *science of strength of materials*

Biegebelastungsfälle	Formeln	Formelzeichen
Biegebelastungsfälle einseitig eingespannt	$M_{b\,max} = F \cdot l$ $F_A = F$	$M_{b\,max}$: maximales Biegemoment in Nm F : Kraft in N l : Hebelarmlänge in m F_A : Kraft in der Einspannung in N
frei aufliegend, Belastung mittig	$M_{b\,max} = \frac{F \cdot l}{4}$ $F_A = F_B = \frac{F}{2}$	$M_{b\,max}$: maximales Biegemoment in Nm F : Kraft in N l : Abstand der Lager in m F_A : Kraft im Lager A in N F_B : Kraft im Lager B in N
frei aufliegend, Belastung außermittig	$M_{b\,max} = \frac{F \cdot l_1 \cdot l_2}{l}$ $F_A = \frac{F \cdot l_2}{l}$ $F_B = \frac{F \cdot l_1}{l}$	$M_{b\,max}$: maximales Biegemoment in Nm F : Kraft in N l : Abstand der Lager in m l_1, l_2 : wirksame Hebelarmlängen in m F_A : Kraft im Lager A in N F_B : Kraft im Lager B in N
beidseitig eingespannt, Belastung mittig	$M_{b\,max} = \frac{F \cdot l}{8}$ $F_A = F_B = \frac{F}{2}$	$M_{b\,max}$: maximales Biegemoment in Nm F : Kraft in N l : Abstand der Einspannungen in m F_A : Kraft in Einspannung A in N F_B : Kraft in Einspannung B in N

Tab. 32.1: Zulässige Spannungen in N/mm² des glatten, polierten Probestabs (Ø 16 mm, Sicherheitszahl $\nu = 1$)

Werkstoff	Belastungsart/Lastfall (→ Tab. 30.1)								
	Zug, Druck			Biegung			Verdrehung		
	I	II	III	I	II	III	I	II	III
S 235 JR	235	235	150	260	260	170	140	140	120
E 295	295	295	210	420	420	260	210	210	180
E 360	360	360	300	520	520	340	260	260	240
C 22; C 22 E	340	340	220	500	480	280	250	250	190
C 45; C 45 E	490	490	340	660	620	365	330	330	250
46 Cr 2	650	630	370	910	670	390	460	460	270
C 10; C 10 E	390	390	310	540	540	330	270	270	200
C 15; C 15 E	440	440	330	580	580	370	310	310	220
16 Mn Cr 5	635	635	430	860	840	440	430	430	270
GS-38	200	200	160	260	260	150	120	120	90
GS-45	230	230	180	300	300	180	140	140	100
GS-52	260	260	210	340	340	210	150	150	120
EN-GJS-400-15	250	240	140	350	340	220	200	195	115
EN-GJS-500-7	300	270	150	420	380	240	240	225	130
EN-GJS-600-3	360	330	190	500	470	270	290	275	160
EN AC-Al Si 12	100	70	50	120	70	50	80	50	30
EN AW-Al Cu 4 Mg Si	350	160	120	380	160	120	210	120	70
Cu Zn 40 Mn 1	300	210	150	350	240	240	200	140	140

Mechanik der Flüssigkeiten und Gase (Fluidtechnik)

properties of fluids and gases

Umrechnung von Druckeinheiten:

1 N/m² = 1 Pa; 10 N/cm² = 1 bar; 1 bar = 100.000 Pa; 1 mbar = 100 Pa = 1 hPa

Beispiele: 20.000 N/m² = 20.000 Pa; 2 N/cm² = 0,2 bar; 0,2 bar = 200 mbar = 20.000 Pa = 200 hPa

Druck

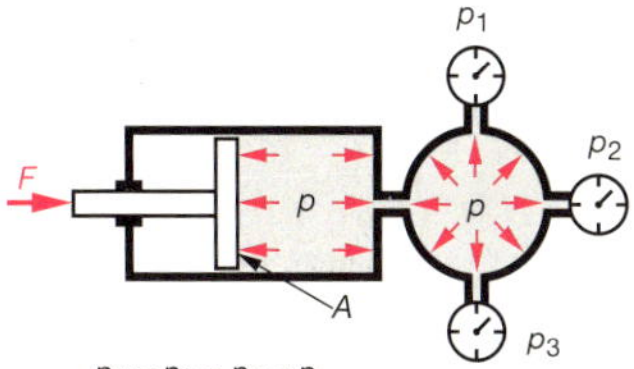

$p_1 = p_2 = p_3 = p$

$$p = \frac{F}{A} \qquad F = p \cdot A \qquad A = \frac{F}{p}$$

p	: Druck	in Pa (N/cm²)
F	: Kraft	in N
A	: wirksame Kolbenfläche	in m²

Absoluter Druck, Luftdruck, Überdruck

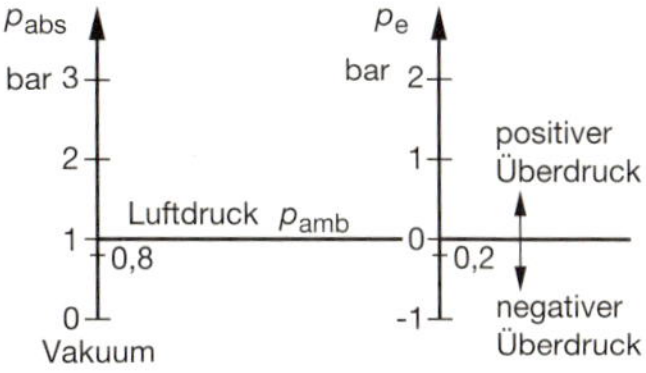

Luftdruck p_{amb}; Vakuum; positiver Überdruck; negativer Überdruck

$$p_{abs} = p_{amb} + p_e$$

$$p_e = p_{abs} - p_{amb}$$

Prüfen = 1,5 bar · pe
Prüfzeit = 10 min

p_{abs}	: absoluter Druck	in Pa, bar
p_{amb}	: Umgebungsdruck (ambienter Druck) bei NN: $p_{amb} = 1{,}013$ bar ≈ 1 bar	in Pa, bar
p_e	: Überdruck	in Pa, bar

Hydrostatischer Druck

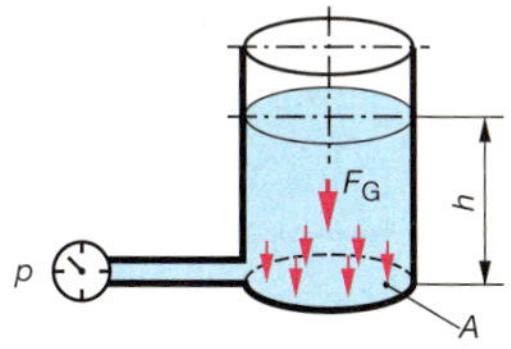

10 mWS ≈ 1 bar

$$p = \frac{F_G}{A}$$

$$p = \varrho \cdot g \cdot h$$

$$h = \frac{p}{\varrho \cdot g} \qquad \varrho = \frac{p}{h \cdot g}$$

p	: hydrostatischer Druck	in Pa
F_G	: Gewichtskraft	in N
A	: Fläche	in m²
ϱ	: Dichte der Flüssigkeit	in kg/m³
g	: Fallbeschleunigung	in m/s²
h	: Höhe der Flüssigkeitssäule	in m

Hydraulische Kraftübersetzung

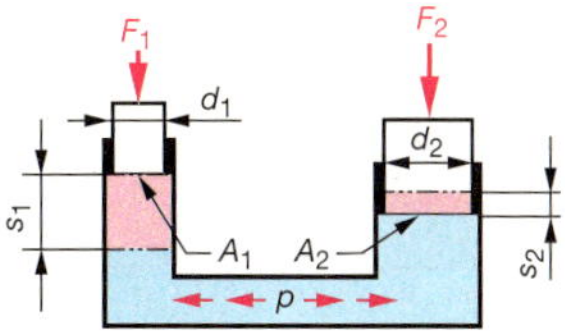

$$\frac{F_1}{F_2} = \frac{A_1}{A_2}$$

$$\frac{F_1}{F_2} = \frac{d_1^2}{d_2^2}$$

$$\frac{F_1}{F_2} = \frac{s_2}{s_1}$$

$$i = \frac{F_1}{F_2} = \frac{A_1}{A_2} = \frac{s_2}{s_1} = \frac{d_1^2}{d_2^2}$$

F_1	: Kolbenkraft 1	in N
A_1	: Kolbenfläche 1	in m²
d_1	: Kolbendurchmesser 1	in m
s_1	: Kolbenweg 1	in m
F_2	: Kolbenkraft 2	in N
A_2	: Kolbenfläche 2	in m²
d_2	: Kolbendurchmesser 2	in m
s_2	: Kolbenweg 2	in m
i	: Übersetzungsverhältnis	

Auftrieb

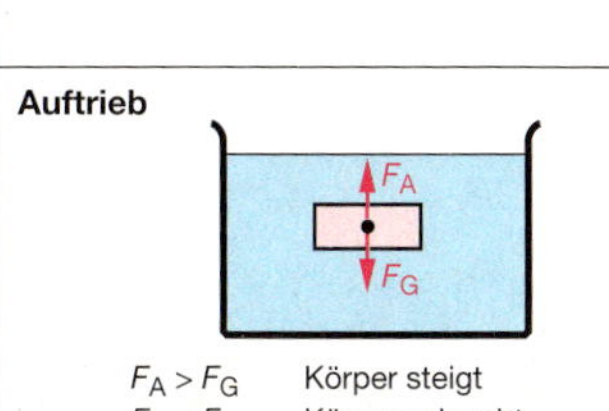

$F_A > F_G$ Körper steigt
$F_A = F_G$ Körper schwebt
$F_A < F_G$ Körper sinkt

$$F_A = V \cdot \varrho \cdot g$$

F_A	: Auftriebskraft	in N
F_G	: Gewichtskraft	in N
V	: eingetauchtes Volumen	in m³
ϱ	: Dichte der Flüssigkeit	in kg/m³
g	: Fallbeschleunigung	in m/s²

Mechanik der Flüssigkeiten und Gase (Fluidtechnik)

properties of fluids and gases

Volumenstrom

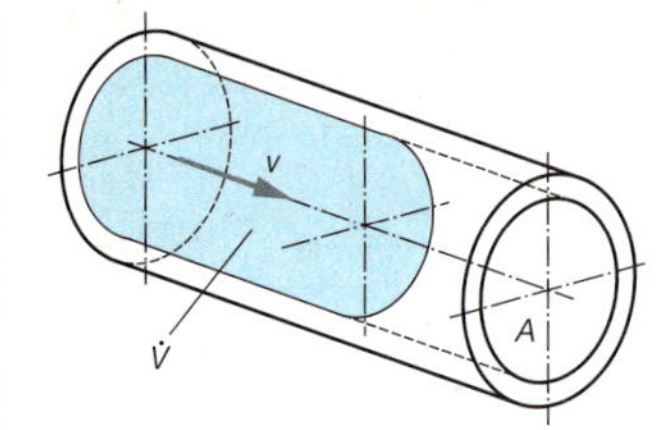

$$\dot{V} = A \cdot v \qquad A = \frac{\dot{V}}{v} \qquad v = \frac{\dot{V}}{A}$$

$\dot{V}$	: Volumenstrom	in m^3/s
A	: Strömungsquerschnitt	in m^2
v	: Strömungsgeschwindigkeit	in m/s

$$\dot{V} = A \cdot v \cdot 3600$$

$\dot{V}$	: Volumenstrom	in m^3/h
A	: Strömungsquerschnitt	in m^2
v	: Strömungsgeschwindigkeit	in m/s
3600	: Umrechnungszahl	in s/h

Kontinuitätsgesetz

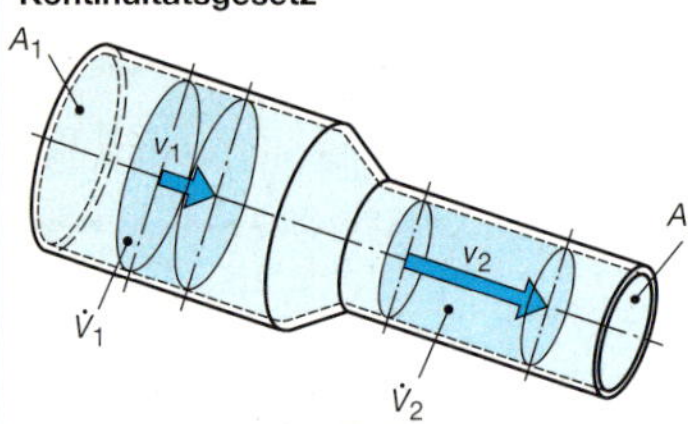

$$\dot{V}_1 = \dot{V}_2$$

$$A_1 \cdot v_1 = A_2 \cdot v_2$$

$$\frac{A_1}{A_2} = \frac{v_2}{v_1}$$

$$v_2 = \frac{A_1}{A_2} \cdot v_1$$

$$v_1 = \frac{A_2}{A_1} \cdot v_2$$

$\dot{V}_1$	: Volumenstrom 1	in m^3/s
$\dot{V}_2$	: Volumenstrom 2	in m^3/s
A_1	: Strömungsquerschnitt 1	in m^2
v_1	: Strömungsgeschwindigkeit 1	in m/s
A_2	: Strömungsquerschnitt 2	in m^2
v_2	: Strömungsgeschwindigkeit 2	in m/s

Ausflussvolumen

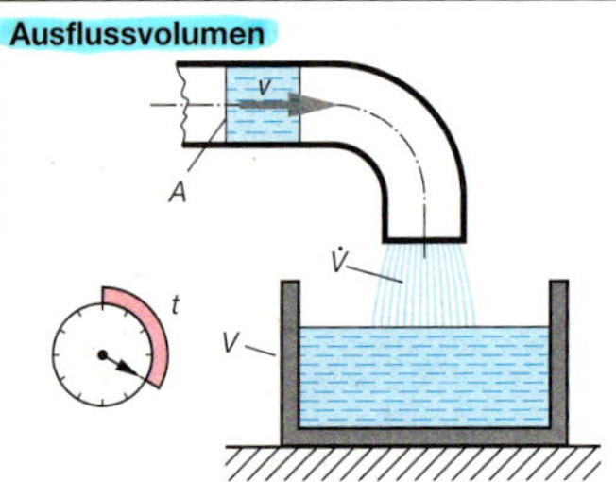

$$V = A \cdot v \cdot t$$

$$V = \dot{V} \cdot t$$

$$\dot{V} = \frac{V}{t}$$

$$t = \frac{V}{\dot{V}}$$

V	: Ausflussvolumen	in m^3
$\dot{V}$	: Volumenstrom	in m^3/s
t	: Zeit	in s
A	: Strömungsquerschnitt	in m^2
v	: Strömungsgeschwindigkeit	in m/s

Dynamischer Druck, Gesamtdruck

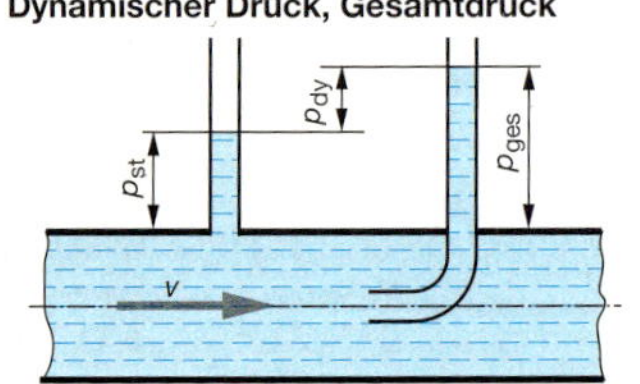

$$p_{ges} = p_{st} + p_{dy}$$

$$p_{dy} = \frac{\varrho \cdot v^2}{2}$$

$$v = \sqrt{\frac{2 \cdot p_{dy}}{\varrho}}$$

p_{dy}	: dynamischer Druck	in Pa
ϱ	: Dichte des strömenden Mediums	in kg/m^3
v	: Strömungsgeschwindigkeit	in m/s
p_{st}	: statischer Druck	in Pa
p_{ges}	: Gesamtdruck	in Pa

Gesetz von Bernoulli

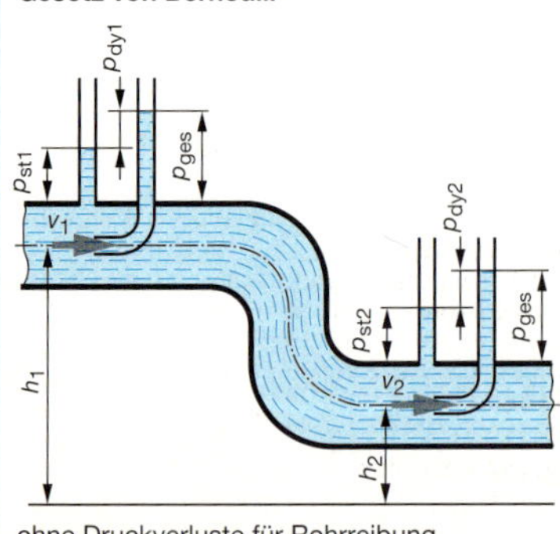

ohne Druckverluste für Rohrreibung

$$p_{st} + p_{dy} + \varrho \cdot g \cdot h = konstant$$

$$p_{st1} + p_{dy1} + \varrho \cdot g \cdot h_1 = p_{st2} + p_{dy2} + \varrho \cdot g \cdot h_2$$

$$p_{st1} + \frac{\varrho \cdot v_1^2}{2} + \varrho \cdot g \cdot h_1 = p_{st2} + \frac{\varrho \cdot v_2^2}{2} + \varrho \cdot g \cdot h_2$$

p_{st}	: statischer Druck	in Pa
p_{dy}	: dynamischer Druck	in Pa
ϱ	: Dichte des strömenden Mediums	in kg/m^3
g	: Fallbeschleunigung (g = 9,81 m/s^2)	in m/s^2
h	: geodätische Höhe	in m
p_{st1}	: statischer Druck 1	in Pa
v_1	: Strömungsgeschwindigkeit 1	in m/s
h_1	: geodätische Höhe 1	in m
p_{st2}	: statischer Druck 2	in Pa
v_2	: Strömungsgeschwindigkeit 2	in m/s
h_2	: geodätische Höhe 2	in m

Mechanik der Flüssigkeiten und Gase (Fluidtechnik)

properties of fluids and gases

Druckverlust in geraden Rohrstrecken

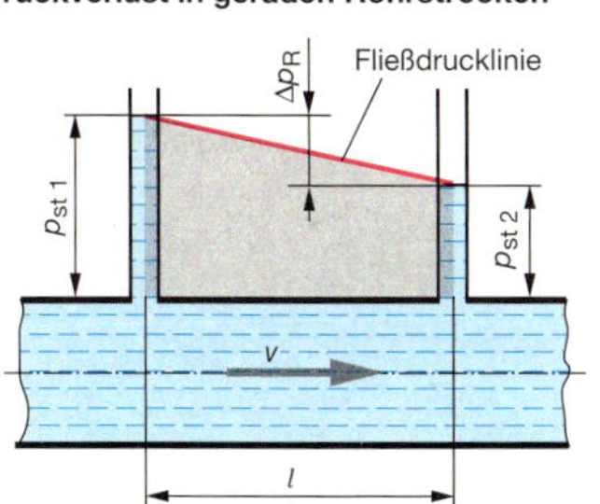

$$\Delta p_R = R \cdot l$$

Δp_R	:	Druckverlust	in Pa
R	:	Druckgefälle	in Pa/m
l	:	Länge zwischen den Messpunkten	in m
p_{st1}	:	statischer Druck Messpunkt 1	in Pa
p_{st2}	:	statischer Druck Messpunkt 2	in Pa

Druckverluste durch Einzelwiderstände

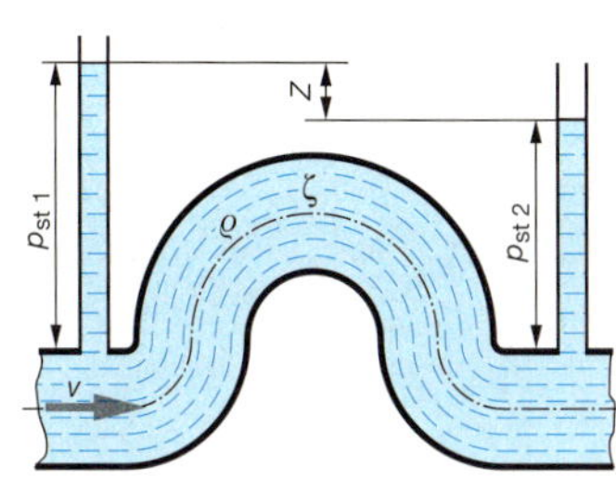

$$Z = \Sigma\zeta \cdot \frac{\varrho \cdot v^2}{2}$$

$$Z = \Sigma\zeta \cdot p_{dy}$$

$$Z = \Sigma\zeta \cdot z$$

Z	:	Druckverlust durch Einzelwiderstände	in Pa
$\Sigma\zeta$	:	Summe der Widerstandsbeiwerte	
p_{dy}	:	dynamischer Druck	in Pa
v	:	Strömungsgeschwindigkeit	in m/s
ϱ	:	Dichte des strömenden Mediums	in kg/m³
z	:	Druckverluste für $\zeta = 1$	in Pa
p_{st1}	:	statischer Druck Messpunkt 1	in Pa
p_{st2}	:	statischer Druck Messpunkt 2	in Pa

Gesamtdruckverluste

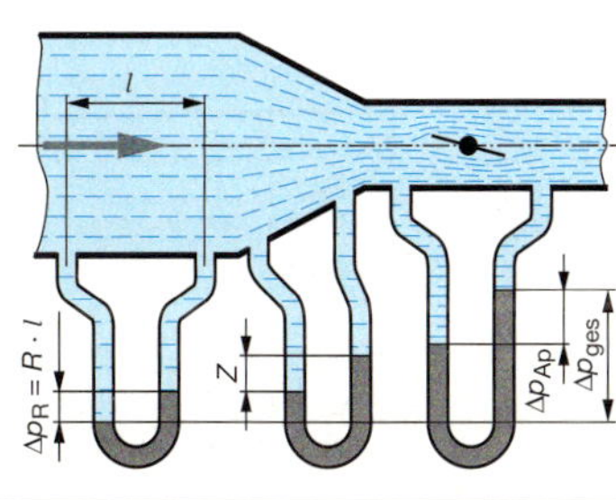

$$\Delta p_{ges} = R \cdot l + Z + \Delta p_{Ap}$$

Δp_{ges}	:	Gesamtdruckverlust	in Pa
R	:	Druckgefälle	in Pa/m
l	:	Rohrlänge	in m
Z	:	Druckverlust durch Einzelwiderstände	in Pa
Δp_{Ap}	:	Druckverlust durch Apparate	in Pa

Pumpenförderdruck

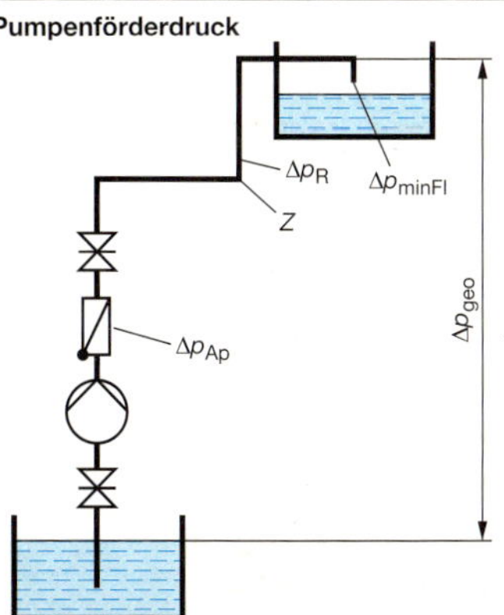

$$\Delta p_p = (\Delta p_{geo} + \Delta p_R + Z + \Delta p_{Ap} + p_{minFl}) \cdot v$$

$$H = \frac{\Delta p_P}{\varrho \cdot g}$$

Δp_P	:	Pumpenförderdruck	in Pa
Δp_{geo}	:	Druckverlust aus geodätischem Höhenunterschied	in Pa
Δp_R	:	Druckverlust durch Rohrreibung	in Pa
Z	:	Druckverlust durch Einzelwiderstände	in Pa
Δp_{Ap}	:	Druckverlust durch Apparate	in Pa
Δp_{minFl}	:	Mindestfließdruck an der Entnahmestelle (→ Tab. 218.1)	in Pa
H	:	Förderhöhe der Pumpe	in m
ϱ	:	Dichte der Flüssigkeit	in kg/m³
g	:	Fallbeschleunigung (g = 9,81 m/s²)	in m/s²
1,1	:	Sicherheitsfaktor (1 bis 1,2)	

Mechanik der Flüssigkeiten und Gase (Fluidtechnik)

properties of fluids and gases

Mindestzulaufhöhe im Pumpenansaugstutzen

Im Eintrittsquerschnitt (Saugstutzen) der Pumpe darf der Zulaufdruck abzüglich dem Dampfdruck einen bestimmten Mindestwert nicht unterschreiten, da sonst Kavitation auftritt. Dieser Mindestwert wird als **NPSH$_{erf}$** (**N**et **p**ositive **s**uction **h**ead) bezeichnet. Er ist vom Pumpenfabrikat und vom Förderstrom abhängig (siehe Herstellerangaben). Um Kavitation zu vermeiden, muss daher eine Mindestzulaufhöhe sichergestellt werden. Dieser Wert kann auch negativ sein. In diesem Fall spricht man von der **maximal zulässigen Saughöhe.**

Mindestzulaufhöhe

$$H_{erf} = NPSH_{erf} + \frac{p_D}{\varrho \cdot g} + \frac{\Delta p_v}{\varrho \cdot g} - \frac{p_{amb}}{\varrho \cdot g} + 0{,}5$$

H_{erf} : Mindestzulaufhöhe (kann auch negativ werden) in m
$NPSH_{erf}$: erforderliche Zulaufhöhe (NPSH-Wert der Pumpe) in m
p_D : Dampfdruck des Wassers in Pa (→ Tab. 36.1)
Δp_v : Druckverlust in der Saugleitung in Pa
p_{amb} : örtlicher, minimaler Luftdruck in Pa
ϱ : Dichte der Flüssigkeit in kg/m^3
g : Fallbeschleunigung (g = 9,81 m/s^2) in m/s^2
0,5 : Sicherheitszuschlag in m

Tab. 36.1: Dampfdruck des Wassers

ϑ_W in °C	5	8	12	15	18	21	25	30
p_D in Pa	872	1072	1401	1704	2062	2485	3166	4241

Zugeführte Pumpenleistung

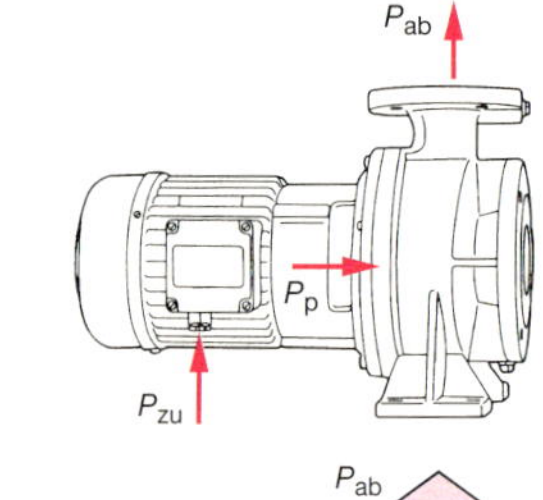

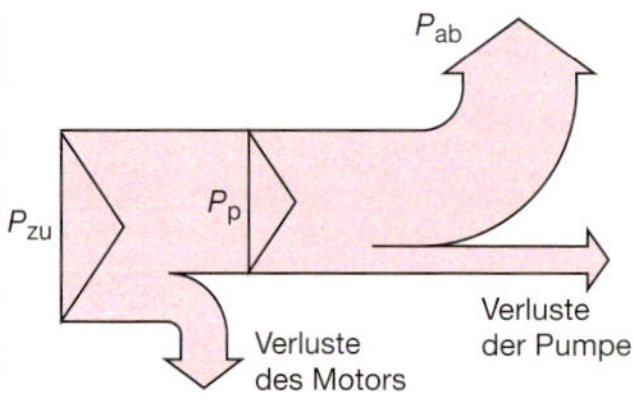

$$P_{zu} = \frac{\dot{V} \cdot \Delta p}{3600 \cdot \eta_{ges}}$$

$$P_{ab} = \frac{\dot{V} \cdot \Delta p}{3600}$$

$$P_P = \frac{P_{ab}}{\eta_P}$$

$$\eta_{ges} = \eta_M \cdot \eta_P$$

P_{zu} : Leistungsaufnahme des Motors in W
$\dot{V}$: Volumenstrom in m^3/h
Δp : Förderdruck in Pa
3600 : Umrechnungszahl in s/h
η_{ges} : Gesamtwirkungsgrad
P_{ab} : hydraulische Leistung in W
P_P : Leistungsbedarf an der Welle in W
η_P : Wirkungsgrad der Pumpe
η_M : Wirkungsgrad des Motors

Tab. 36.2: Wirkungsgrade von Pumpen

Pumpenart	Gesamtwirkungsgrad η in %
Kreiselpumpen (Trockenläufer)	50 … 83 (83 % nur bei sehr geringem Druck)
Kreiselpumpen (Nassläufer)	5 … 25 (bis 100 W)
Verdrängerpumpen	85 … 94 (bei hohen Drücken)

Volumenstrom bei Kolbenpumpen

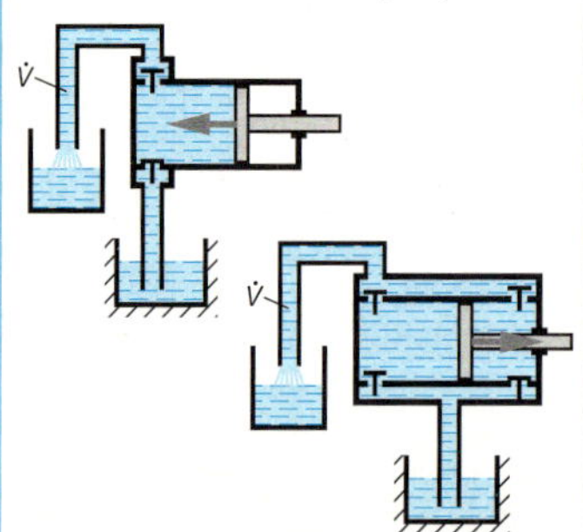

einfach wirkend:

$$\dot{V} = D^2 \cdot \frac{\pi}{4} \cdot s \cdot n \cdot \lambda_L$$

doppelt wirkend:

$$\dot{V} = \frac{\pi}{4} \cdot (2D^2 - d^2) \cdot s \cdot n \cdot \lambda_L$$

$\dot{V}$: Volumenstrom in m^3/min
D : Kolbendurchmesser in m
s : Kolbenhub in m
n : Drehfrequenz der Kurbelwelle in 1/min
λ_L : Liefergrad (0,95–0,98)
d : Durchmesser der Kolbenstange in m

Mechanik der Flüssigkeiten und Gase (Gasgesetze)

properties of fluids and gases

Gasdichte im Normzustand

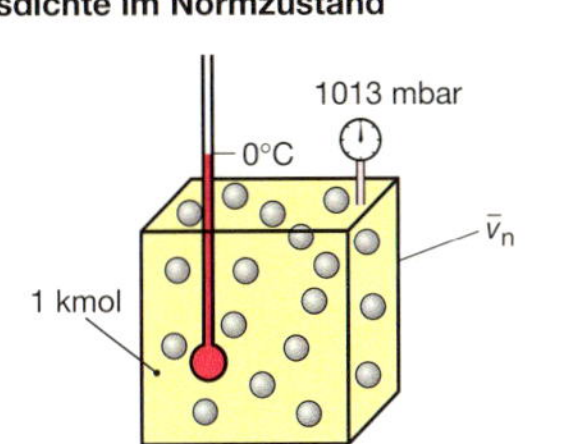

$$\varrho_n = \frac{M}{\bar{V}_n} = \frac{\text{(Mol-)Masse}}{\text{(Mol-)Volumen}}$$

$$\bar{V}_n = 22{,}4\ \frac{\text{m}^3}{\text{kmol}}$$

ϱ_n : Dichte des Gases im Normzustand (Normdichte) in kg/m^3_n

M : Molmasse des Gases in kg/kmol

$\bar{V}_n$: Molvolumen des Gases im Normzustand (gilt näherungsweise für alle Gase) in m^3/kmol

Tab. 37.1: Bestimmung der Normdichte von Gasen aus der atomaren Zusammensetzung

Gas	relative Atommasse (→ Tab. 41.1)	relative Molmasse	Molmasse M (Masse für 1 kmol)	Molvolumen $\bar{V}_n$ (Volumen für 1 kmol)	Dichte ϱ_n
CO	C = 12 O = 16	12 + 16 = 28	28 kg/kmol	22,4 $\text{m}^3{}_n$/kmol	$\frac{28\ \text{kg} \cdot \text{kmol}}{22{,}4\ \text{kmol} \cdot \text{m}_n{}^3} = 1{,}25\ \frac{\text{kg}}{\text{m}^3{}_n}$
SO_2	S = 32 $O_2 = 2 \cdot 16$	$32 + 2 \cdot 16 = 64$	64 kg/kmol	22,4 $\text{m}^3{}_n$/kmol	$\frac{64\ \text{kg} \cdot \text{kmol}}{22{,}4\ \text{kmol} \cdot \text{m}_n{}^3} = 2{,}86\ \frac{\text{kg}}{\text{m}^3{}_n}$

Allgemeine Gasgleichung

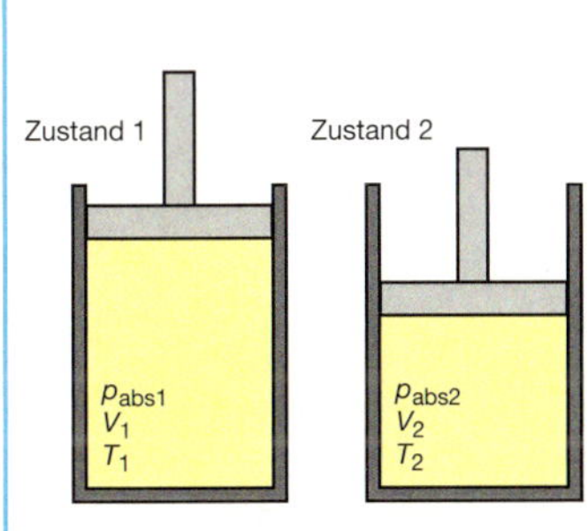

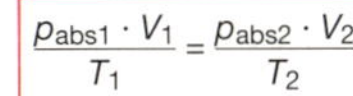

$$\frac{p_{abs1} \cdot V_1}{T_1} = \frac{p_{abs2} \cdot V_2}{T_2}$$

$$\frac{p_{abs} \cdot V}{T} = \text{konstant}$$

$$\frac{p_{abs} \cdot V}{T} = \bar{R}$$

$$\bar{R} = 8{,}314\ \frac{\text{kJ}}{\text{kmol} \cdot \text{K}}$$

bezogen auf die Molmasse:

$$R = \frac{\bar{R}}{M}$$

$$\frac{p_{abs} \cdot V}{T} = m \cdot R$$

p_{abs1} : absoluter Gasdruck im Zustand 1 in Pa

V_1 : Gasvolumen im Zustand 1 in m^3

T_1 : absolute Temperatur im Zustand 1 in K

p_{abs2} : absoluter Gasdruck im Zustand 2 in Pa

V_2 : Gasvolumen im Zustand 2 in m^3

T_2 : absolute Temperatur im Zustand 2 in K

$\bar{R}$: allgemeine Gaskonstante in $\frac{\text{kJ}}{\text{kmol} \cdot \text{K}}$

M : Molmasse des Gases in $\frac{\text{kg}}{\text{kmol}}$

R : spezifische Gaskonstante (→ Tab. 48.1) in $\frac{\text{kJ}}{\text{kg} \cdot \text{K}}$

m : Masse des Gases in kg

Gasgleichung bei konstantem Druck

(Isobare Zustandsänderung, Gesetz von Gay-Lussac)

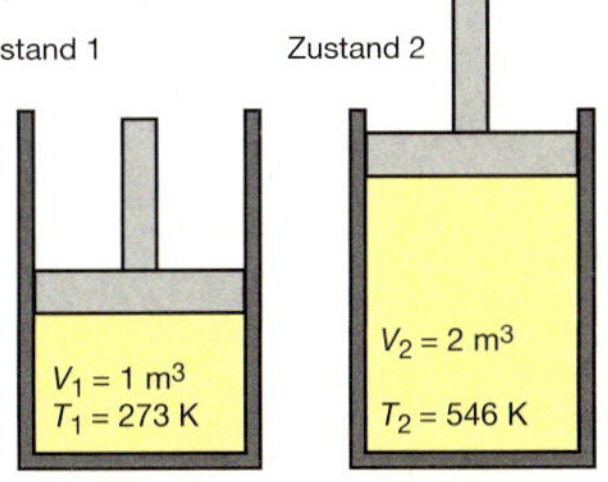

$$\frac{V_1}{T_1} = \frac{V_2}{T_2}$$

$$V_1 = \frac{T_1}{T_2} \cdot V_2$$

$$V_2 = \frac{T_2}{T_1} \cdot V_1$$

$$T_1 = \frac{V_1}{V_2} \cdot T_2$$

$$T_2 = \frac{V_2}{V_1} \cdot T_1$$

V_1 : Gasvolumen im Zustand 1 in m^3

T_1 : absolute Temperatur im Zustand 1 in K

V_2 : Gasvolumen im Zustand 2 in m^3

T_2 : absolute Temperatur im Zustand 2 in K

Mechanik der Flüssigkeiten und Gase (Gasgesetze)

properties of fluids and gases

Gasgleichung bei konstantem Volumen

(Isochore Zustandsänderung)

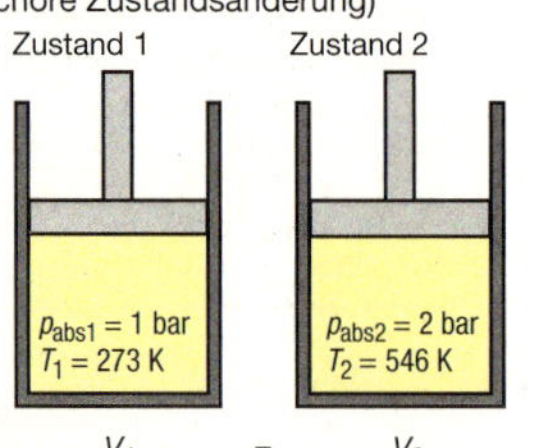

$$\boxed{\frac{p_{abs1}}{T_1} = \frac{p_{abs2}}{T_2}}$$

$$p_{abs1} = \frac{T_1}{T_2} \cdot p_{abs2}$$

$$p_{abs2} = \frac{T_2}{T_1} \cdot p_{abs1}$$

$$T_1 = \frac{p_{abs1}}{p_{abs2}} \cdot T_2$$

$$T_2 = \frac{p_{abs2}}{p_{abs1}} \cdot T_1$$

p_{abs1}	: absoluter Gasdruck im Zustand 1	in bar
T_1	: absolute Temperatur im Zustand 1	in K
p_{abs2}	: absoluter Gasdruck im Zustand 2	in bar
T_2	: absolute Temperatur im Zustand 2	in K

Gasgleichung bei konstanter Temperatur

(Isotherme Zustandsänderung, Gesetz von Boyle-Mariotte)

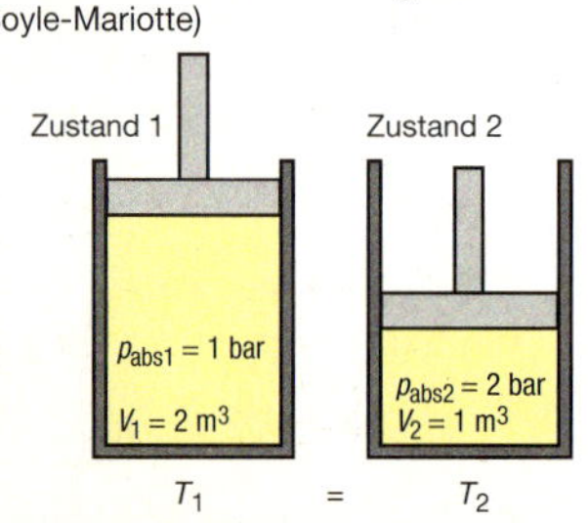

$$\boxed{p_{abs1} \cdot V_1 = p_{abs2} \cdot V_2}$$

$$p_{abs1} = \frac{V_2}{V_1} \cdot p_{abs2}$$

$$p_{abs2} = \frac{V_1}{V_2} \cdot p_{abs1}$$

$$V_1 = \frac{p_{abs2}}{p_{abs1}} \cdot V_2$$

$$V_2 = \frac{p_{abs1}}{p_{abs2}} \cdot V_1$$

p_{abs1}	: absoluter Gasdruck im Zustand 1	in bar
V_1	: Gasvolumen im Zustand 1	in m^3
p_{abs2}	: absoluter Gasdruck im Zustand 2	in bar
V_2	: Gasvolumen im Zustand 2	in m^3

Wärmetechnik *heat-engineering*

Temperaturskalen

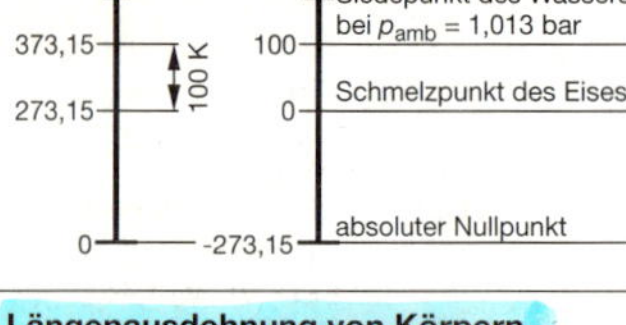

$$\boxed{T = \vartheta + 273{,}15\ K}$$

$$\boxed{\vartheta = T - 273{,}15\ K}$$

$$\Delta T = T_2 - T_1$$

$$\Delta\vartheta = \vartheta_2 - \vartheta_1$$

$$\Delta T = \Delta\vartheta$$

T	: thermodynamische Temperatur (absolute Temperatur)	in K
ϑ	: Celsius-Temperatur	in °C
ΔT, $\Delta\vartheta$	: Temperaturdifferenz	in K

Längenausdehnung von Körpern

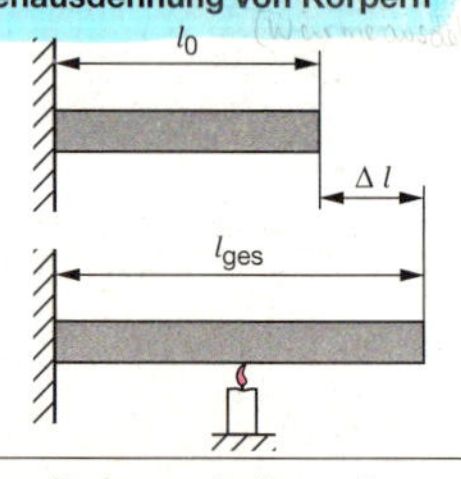

$$\boxed{\Delta l = l_0 \cdot \alpha \cdot \Delta\vartheta}$$

$$\boxed{l_{ges} = l_0 + \Delta l}$$

$$\Delta\vartheta = \frac{\Delta l}{l_0 \cdot \alpha}$$

Δl	: Längenänderung	in m
l_0	: Ausgangslänge	in m
α	: Längenausdehnungszahl (→ Tab. 44.1, 50.2, 70.1, S. 210 ff.)	in 1/K
$\Delta\vartheta$	: Temperaturdifferenz	in K
l_{ges}	: Gesamtlänge	in m

Volumenänderung fester und flüssiger Stoffe

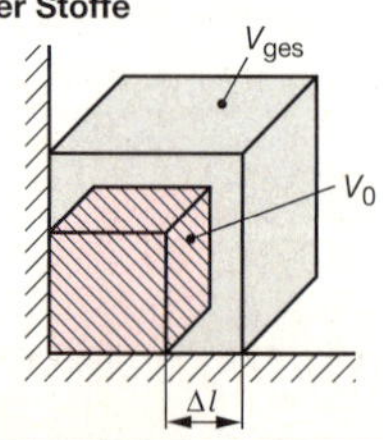

$$\boxed{\Delta V = V_0 \cdot \gamma \cdot \Delta\vartheta}$$

$$\boxed{V_{ges} = V_0 + \Delta V}$$

für feste Stoffe:

$\gamma \approx 3 \cdot \alpha$

Ausnahme:
Volumenänderung des Wassers (Anomalie des Wassers) Tab. 45.2

ΔV	: Volumenänderung	in m^3
V_0	: Ausgangsvolumen	in m^3
γ	: Volumenausdehnungszahl (→ Tab. 49.2)	in 1/K
$\Delta\vartheta$	: Temperaturdifferenz	in K
V_{ges}	: Gesamtvolumen	in m^3
α	: Längenausdehnungszahl (→ Tab. 44.1, 50.2, S. 210 ff.)	in 1/K

Wärmetechnik *heat and its effects*

Volumenänderung des Wassers

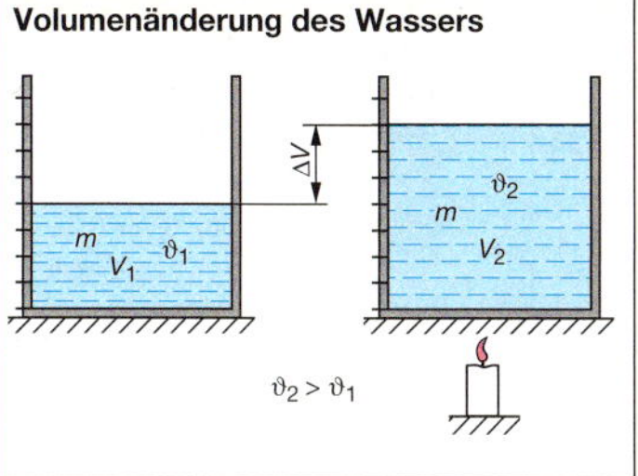

$$\Delta V = m \cdot \Delta v$$

$$\Delta v = v_2 - v_1$$

$$v = \frac{1}{\varrho}$$

- ΔV: Volumenänderung in dm^3
- m : Wassermasse in kg
- Δv spezifische Volumendifferenz in dm^3/kg
- v_1 : spezifisches Volumen vor Erwärmung in dm^3/kg (→ Tab. 45.2)
- v_2 : spezifisches Volumen nach Erwärmung in dm^3/kg (→ Tab. 45.2)
- ϱ : Dichte in kg/dm^3 (→ Tab. 45.2)

Wärmemenge

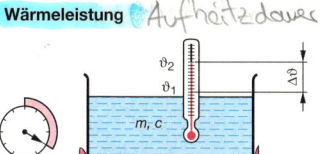

$$Q = m \cdot c \cdot \Delta\vartheta$$

3,6 kJ = 1 Wh

$$m = \frac{Q}{c \cdot \Delta\vartheta}$$

$$\Delta\vartheta = \frac{Q}{m \cdot c}$$

- Q : Wärmemenge in kJ; Wh
- m : Masse in kg
- c : spezifische Wärmekapazität in kJ/(kg K); Wh/(kg K) (→ Tab. 44.1, 49.1, 49.2, 50.1, 50.2)
- $\Delta\vartheta$: Temperaturdifferenz in K

Wärmeleistung

$$\dot{Q} = \frac{Q}{t}$$

$$\dot{Q} = \frac{m \cdot c \cdot \Delta\vartheta}{t}$$

$$\dot{Q} = \dot{m} \cdot c \cdot \Delta\vartheta$$

1 kJ/s = 1000 W

- $\dot{Q}$: Wärmeleistung in kJ/s; W
- Q : Wärmemenge in kJ; Wh
- c : spezifische Wärmekapazität in kJ/(kg K); Wh/(kg K) (→ Tab. 44.1, 49.1, 49.2, 50.1, 50.2)
- $\Delta\vartheta$: Temperaturdifferenz in K
- t : Zeit in s; h

Schmelzen und Verdampfen

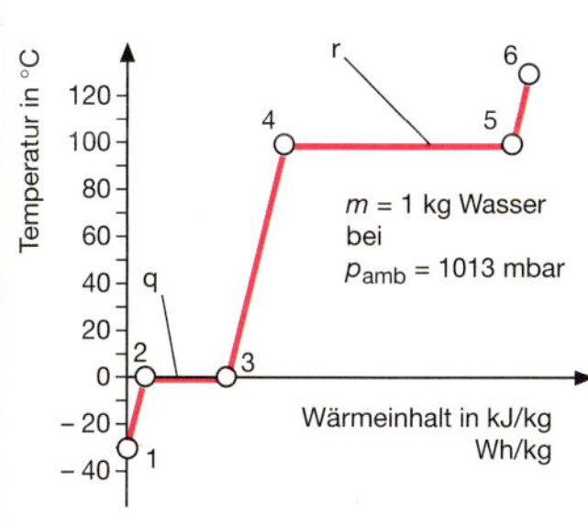

$$Q_s = m \cdot q$$

$$Q_v = m \cdot r$$

- Q_s: Schmelzwärme in kJ; Wh
- m : Masse in kg
- q : spezifische Schmelzwärme in kJ/kg; Wh/kg (→ Tab. 44.1)
- Q_v: Verdampfungswärme in kJ; Wh
- r : spezifische Verdampfungswärme in kJ/kg; Wh/kg (→ Tab. 39.1, 50.1)

Tab. 39.1: Zustand und spezifische Wärmewerte des Wassers

Bereich	Zustand des Wassers	Spezifische Wärme
1 – 2	fest (Eis)	c_{Eis} = 2,05 kJ/(kgK) = 0,57 Wh/(kgK)
2 – 3	fest – flüssig	q = 332 kJ/kg = 92,2 Wh/kg
3 – 4	flüssig	c_{Wasser} = 4,2 kJ/(kgK) = 1,163 Wh/(kgK)
4 – 5	flüssig – gasförmig	r = 2258 kJ/kg = 627,2 Wh/kg
5 – 6	gasförmig (Dampf)	c_{Dampf} = 2,05 kJ/(kgK) = 0,57 Wh/(kgK)

Wärmeleitung

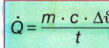

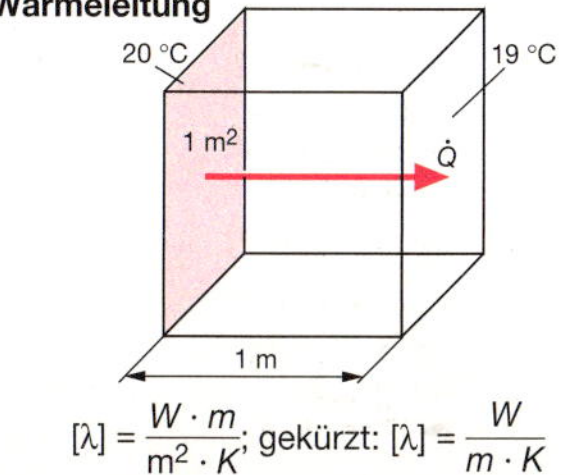

$$[\lambda] = \frac{W \cdot m}{m^2 \cdot K}; \text{ gekürzt: } [\lambda] = \frac{W}{m \cdot K}$$

$$\dot{Q} = A \cdot \frac{\lambda}{d} \cdot \Delta\vartheta$$

$$\dot{Q} = \frac{A \cdot \Delta\vartheta}{R_\lambda}$$

$$R_\lambda = \frac{d}{\lambda}$$

- $\dot{Q}$: Wärmestrom in W
- A : Fläche in m^2
- λ : Wärmeleitfähigkeit in W/(m · K) (→ Tab. 44.1, 49.1, 49.2, 50.1, 383.1)
- $\Delta\vartheta$: Temperaturdifferenz in K
- d : Bauteildicke in m
- R_λ: Wärmeleitwiderstand in m^2 K/W

Wärmetechnik *heat and its effects*

Wärmeabstrahlung

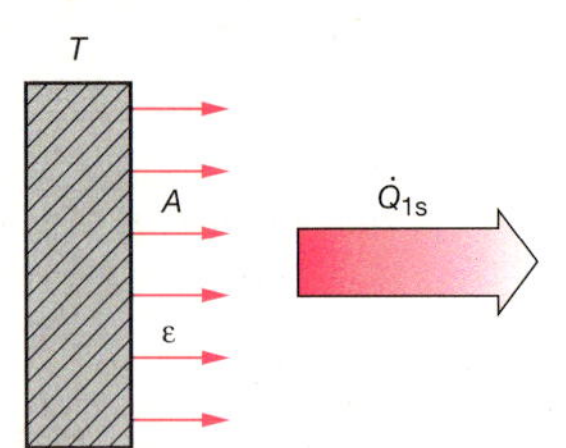

$$\dot{Q}_{1s} = \varepsilon \cdot C_s \cdot A \cdot \left(\frac{T}{100}\right)^4$$

$\dot{Q}_{1s}$: abgestrahlter Wärmestrom in W
ε : Emissionszahl des Strahlers (→ Tab. 51.2)
C_s : Strahlungskonstante in W/m²K⁴ $\left(C_s = 5{,}67 \frac{W}{m^2 \cdot K^4}\right)$
A : abstrahlende Oberfläche in m²
T : absolute Temperatur in K

Wärmeübergang durch Strahlung (Strahlungsaustausch)

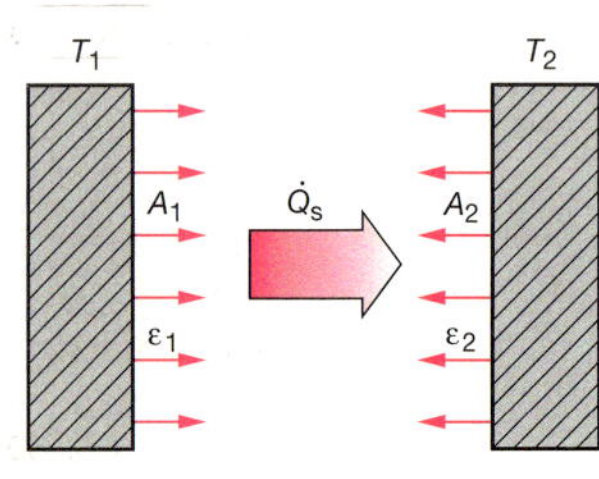

$$\dot{Q}_s = A \cdot \alpha_s \cdot \Delta\vartheta$$

$$\Delta\vartheta = T_1 - T_2$$

$$\alpha_s = C_{1,2} \cdot \frac{\left(\frac{T_1}{100}\right)^4 - \left(\frac{T_2}{100}\right)^4}{T_1 - T_2}$$

für parallele Flächen gilt:

$$C_{1,2} = \frac{C_s}{\frac{1}{\varepsilon_1} + \frac{1}{\varepsilon_2} - 1}$$

$\dot{Q}_s$: Wärmestrom in W
A : Fläche in m²
α_s : Wärmeübergangszahl durch Strahlung in W/(m²K)
$\Delta\vartheta$: Temperaturdifferenz in K
T_1, T_2: absolute Temperaturen in K
$C_{1,2}$: Strahlungsaustauschzahl in W/(m²K⁴)
Cs : Strahlungskonstante in W/(m²K⁴) $\left(C_s = 5{,}67 \frac{W}{m^2 \cdot K^4}\right)$
$\varepsilon_1, \varepsilon_2$: Emissionszahlen (→ Tab. 51.2)

Wärmeübergang durch Konvektion

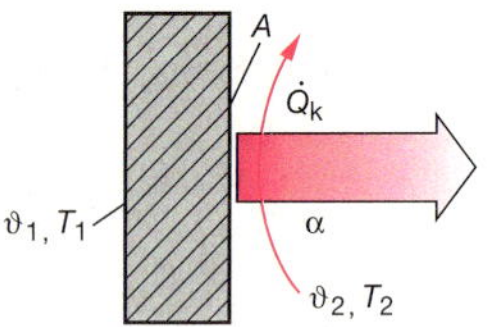

$$\dot{Q}_k = A \cdot \alpha \cdot \Delta\vartheta$$

$$\Delta\vartheta = \vartheta_1 - \vartheta_2$$

$$\Delta\vartheta = T_1 - T_2$$

$$R_\alpha = \frac{1}{\alpha}$$

$\dot{Q}_k$: Wärmestrom in W
A : Fläche in m²
α_s : Wärmeübergangszahl in W/(m²K) (→ Tab. 51.3, 51.4, S. 500)
$\Delta\vartheta$: Temperaturdifferenz in K
R_α : Wärmeübergangswiderstand in m²K/W

Mischtemperatur

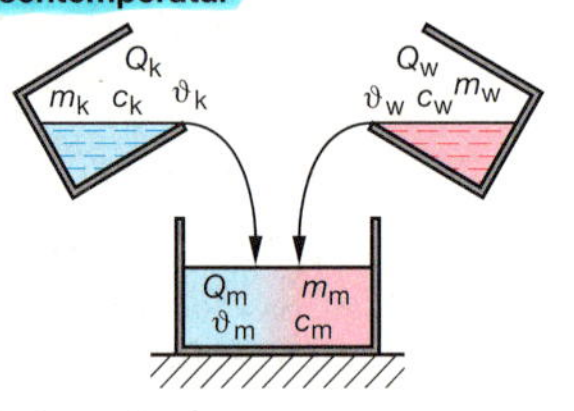

Mischungskreuz

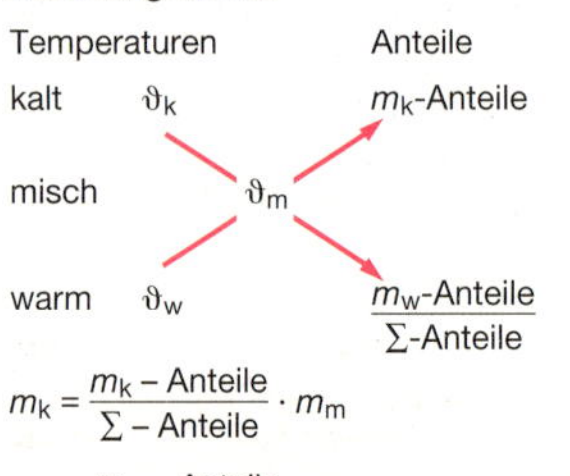

$$m_k = \frac{m_k - \text{Anteile}}{\Sigma - \text{Anteile}} \cdot m_m$$

$$m_w = \frac{m_w - \text{Anteile}}{\Sigma - \text{Anteile}} \cdot m_m$$

allgemein:

$$Q_m = Q_k + Q_w \qquad m_m = m_k + m_w$$

$$\vartheta_m = \frac{m_k \cdot c_k \cdot \vartheta_k + m_w \cdot c_w \cdot \vartheta_w}{m_k \cdot c_k + m_w \cdot c_w}$$

bei Mischung gleicher Stoffe:

$$\vartheta_m = \frac{m_k \cdot \vartheta_k + m_w \cdot \vartheta_w}{m_k + m_w}$$

$$\vartheta_w = \frac{m_m \cdot \vartheta_m - m_k \cdot \vartheta_k}{m_w}$$

$$m_w = m_k \cdot \frac{\vartheta_m - \vartheta_k}{\vartheta_w - \vartheta_m}$$

$$m_w = m_m \cdot \frac{\vartheta_m - \vartheta_k}{\vartheta_w - \vartheta_k}$$

$$\vartheta_k = \frac{m_m \cdot \vartheta_m - m_w \cdot \vartheta_w}{m_k}$$

$$m_k = m_w \cdot \frac{\vartheta_w - \vartheta_m}{\vartheta_m - \vartheta_k}$$

$$m_k = m_m \cdot \frac{\vartheta_w - \vartheta_m}{\vartheta_w - \vartheta_k}$$

Q_m : Wärmemenge der Mischung in Wh
Q_k : Wärmemenge kalter Stoff in Wh
Q_w : Wärmemenge warmer Stoff in Wh
ϑ_m : Mischtemperatur in °C
m_m: Mischungsmasse in kg
c_m : spezif. Wärmekapazität der Mischung in Wh/(kg · K)
ϑ_k : Temperatur kalter Stoff in °C
m_k : Masse kalter Stoff in kg
c_k : spezif. Wärmekapazität kalter Stoff in Wh/(kg · K)
ϑ_w : Temperatur warmer Stoff in °C
m_w: Masse warmer Stoff in kg
c_w : spezif. Wärmekapazität warmer Stoff in Wh/(kg · K) (→ Tab. 44.1, 49.2)

Schall/Akustik *sound/acustics*

Schallgeschwindigkeit

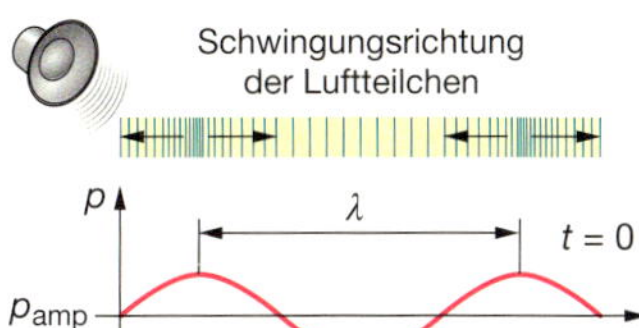

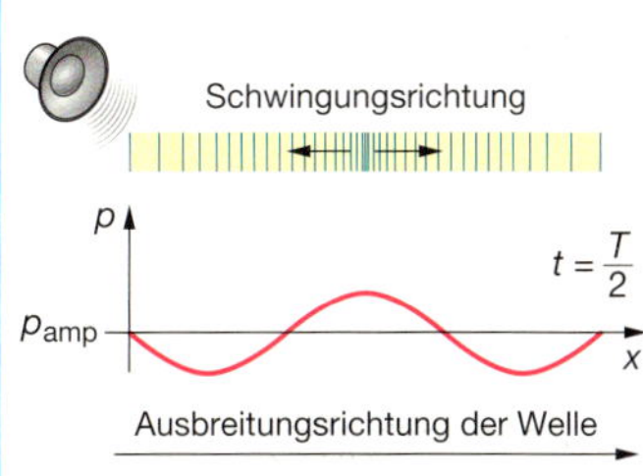

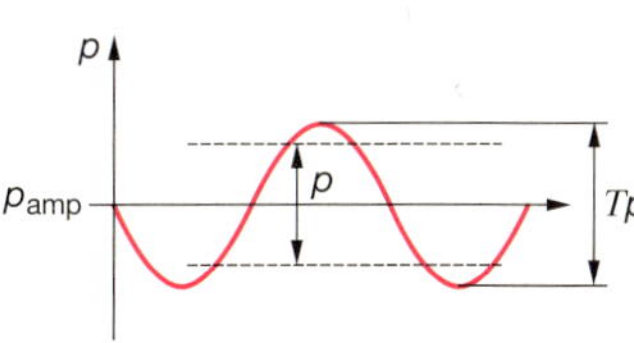

$$c = \lambda \cdot f \qquad f = \frac{1}{T}$$

$$\lambda = c \cdot T \qquad T = \frac{1}{f}$$

Die Schallgeschwindigkeit ist abhängig vom Stoff, dessen Aggregatzustand und Temperatur.

Für trockene Luft gilt:

$$c = (331{,}6 + 0{,}6 \cdot \vartheta)\ \frac{m}{s}$$

c	: Schallgeschwindigkeit	in m/s
λ	: Wellenlänge	in m
f	: Frequenz	in Hz = 1/s
T	: Schwingungsdauer	in s
p_{amb}	: Atmosphärendruck	in Pa
ϑ	: Lufttemperatur	in °C

Schallwellen sind Wellen in elastischen Medien. Nach dem Medium, in dem sich der Schall ausbreitet, unterscheidet man folgende Schallarten:

Schallart	Schallgeschwindig.
Luftschall	343 m/s (bei 19 °C)
Wasserschall	1400 … 1480 m/s
Körperschall	
• Mauerwerk	3000 … 4000 m/s
• Holz	3400 … 4100 m/s
• Kupfer	3500 m/s
• Stahl	5000 m/s
• Glas	5200 m/s

Schalldruck und Schalldruckpegel

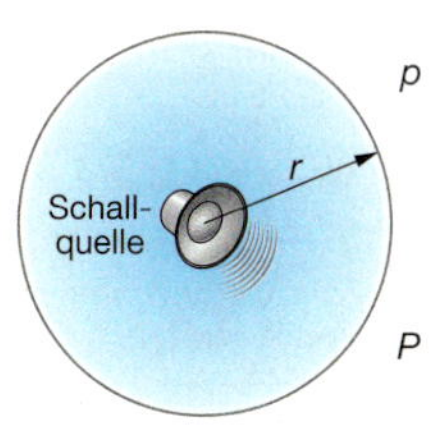

Ein Schalldruckpegel L_p in dB ohne Angabe der Messentfernung zur Schallquelle ist nutzlos.

$$p = \frac{\Delta p}{\sqrt{2}} \qquad p = p_0 \cdot 10^{0{,}05 \cdot L_p}$$

$$L_p = 20 \cdot \lg \frac{p}{p_0}$$

mit: $p_0 = 0{,}00002$ Pa $= 2 \cdot 10^{-5}$ Pa

p	: effektiver Schalldruck	in Pa
Δp	: Schallwechseldruck	in Pa
L_p	: Schalldruckpegel	in dB
p_0	: Bezugsschalldruck für Luft (Hörschwelle)	in Pa

Der Bezug für $L_p = 0$ dB ist die Hörschwelle mit $p_0 = 2 \cdot 10^{-5}$ Pa.

Der Schalldruck wird vom Trommelfell oder Mikrophon wahrgenommen.

Schallleistung und Schallleistungspegel

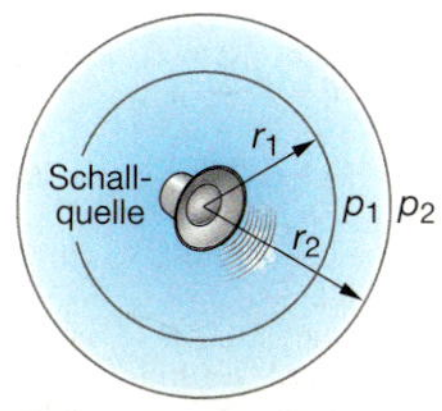

$$P = \frac{p_2 \cdot A_O}{Z} \qquad A_O = 4\,\pi\,r^2$$

$$L_P = 10 \cdot \lg \frac{P}{P_0}$$

mit: $P_0 = 1$ pW $= 10^{-12}$ W

P	: Schallleistung	in W
p	: effektiver Schalldruck	in Pa
A_O	: Kugeloberfläche	in m²
r	: Abstand von der Schallquelle	in m
Z	: Schallwellenwiderstand in der Luft; Z (t = 20 °C) = 413 N · s/m³	in N · s/m³
L_P	: Schallleistungspegel	in dB
P_0	: Bezugsschallleistung für Luft	in W

Abstandsdämpfung

Kugelförmige Schallausbreitung im akustischen Freifeld.

$$\Delta L = 20 \cdot \lg \frac{r_2}{r_1}$$

$$L_p(r_2) = L_p(r_1) - \Delta L$$

Der von einer Punktschallquelle stammende Schall fällt mit 6 dB pro Abstandverdopplung ab.

ΔL	: Schallpegeländerung	in dB
r_1	: Abstand bei Schalldruck p_1	in m
r_2	: Abstand bei Schalldruck p_2	in m
$L_p(r_1)$	: Schallpegel im Abstand r_1	in dB
$L_p(r_2)$	: Schallpegel im Abstand r_2	in dB

Schall/Akustik *sound/acustics*

Schallpegelzunahme ΔL bei n gleich lauten Schallquellen

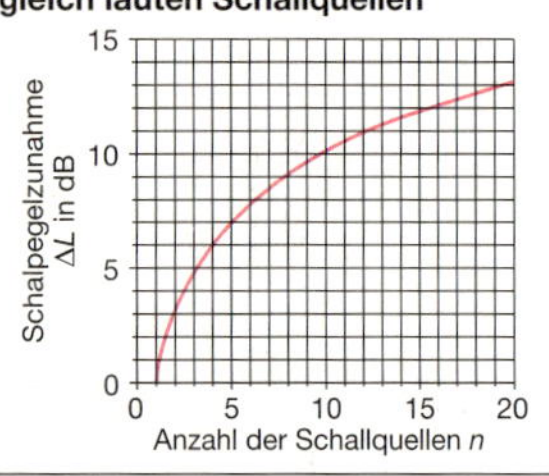

Anzahl n gleich lauter Schallquellen	Schallpegel ΔL in dB
1	0
2	3,0
3	4,8
4	6,0
5	7,0
6	7,8
7	8,5
8	9,0
9	9,5
10	10,0

Schallquellenarten

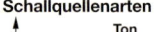

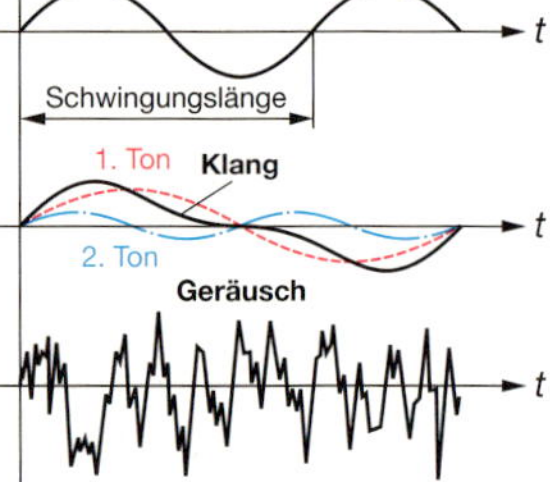

Lärm: störende Töne, Klänge und Geräusche

Summenschallpegel bei Schallquellen ungleicher Intensität

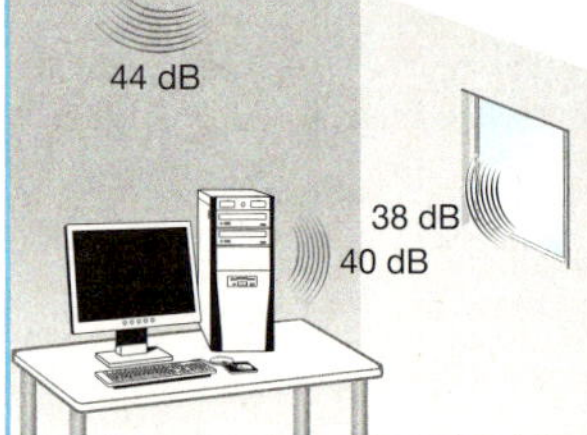

$$L_S = 10 \cdot \lg\left(10^{0,1 \cdot L_{p1}} + 10^{0,1 \cdot L_{p2}} + \ldots + 10^{0,1 \cdot L_{pn}}\right)$$

Beispiel für 3 Schallquellen:

$$L_S = 10 \cdot \lg\left(10^{0,1 \cdot 40} + 10^{0,1 \cdot 44} + 10^{0,1 \cdot 38}\right) = 46,2 \text{ dB}$$

L_S : Summenschallpegel in dB

L_{p1}, L_{p2}... : Schallpegel der einzelnen Schallquellen in dB

n : Anzahl der Schallquellen

Schallbereiche:

Infraschall	0 Hz … 16 Hz
Normalschall	16 Hz … 16 kHz
Ultraschall	16 kHz … 1 MHz

Kurven gleicher Lautstärke

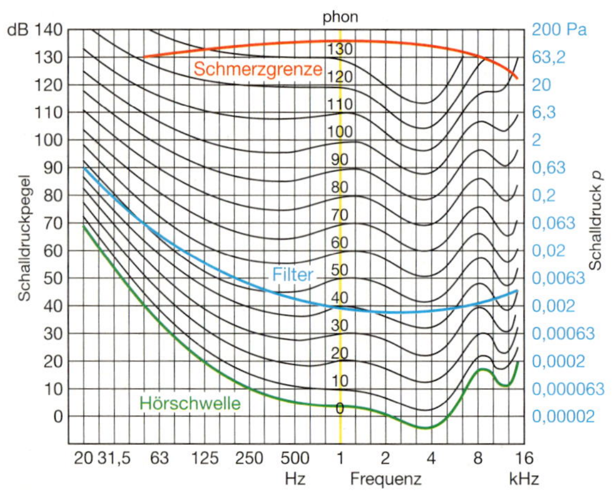

Schallstärke und Lautheit

Töne mit gleichem Schallpegel aber unterschiedlicher Frequenz werden als unterschiedlich laut wahrgenommen. Neben dem **Schalldruck** als physikalisch messbare Größe wurde daher auch eine rein subjektive Größe, die Lautstärke definiert. Die **Lautstärke** wird in [phon] angegeben. Ihre Definition beruht auf dem subjektiven Vergleich zweier Töne. Für den Vergleich wird der 1 kHz Ton als Referenzton verwendet.

Um die Messungen von Schall unserem Gehör anzupassen, wurden Filter entwickelt. Der **A-Filter** entspricht etwa der Empfindlichkeit des menschlichen Ohres. Daher hat ein A-bewertetes Messergebnis einen ähnlichen Verlauf wie eine phon-Kurve. Messergebnisse werden zumeist in dB(A) angegeben.

Einfügungsdämpfungsmaß für Schalldämpfer

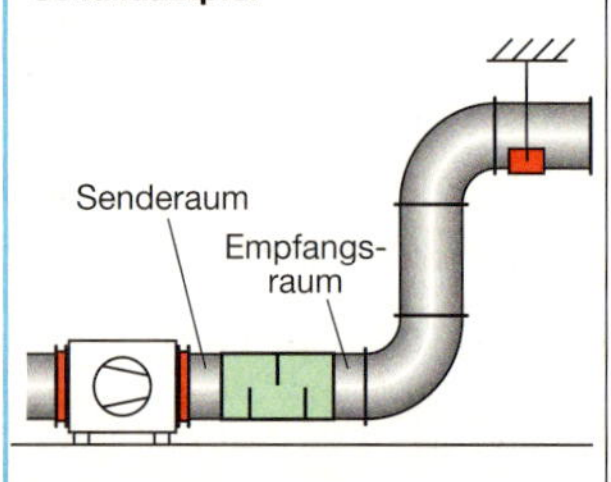

Schalldämpfung (= Schallenergie wird überwiegend absorbiert d. h. verschluckt)

$$D_E = L_2 - L_1$$

Der D_E-Wert ist frequenzabhängig. Er wird in den Oktavbändern 63, 125, 250, 500, 1000, 2000, 4000, 8000 Hz angegeben. (→ Schallschutz)

Schalldämmung (= Schallenergie wird überwiegend reflektiert) hierzu dienen Segeltuchstutzen, elastische Lagerungen und Schalldämmeinlagen.

D_E : Einfügungsdämpfungsmaß in dB

L_2 : Schallpegel im Empfangsraum ohne Einbau des Schalldämpfers in dB

L_1 : Schallpegel im Empfangsraum mit Einbau des Schalldämpfers in dB

(→ Tab. S. 488)

Schalldämmung (Gummipuffer)
Anhaltswerte Schalldämpfung
Segeltuchstutzen S. 488

Periodensystem der Elemente *periodic system of elements*

Legende (Beispiel): 29 – Protonenzahl Z (Ordnungszahl); Cu – Kurzzeichen, Zustand bei 0°C und 1,013 bar: fest; 63,546 – Atommasse A_r; Kupfer – Name des Elementes

* Elemente, von denen keine stabilen Nuklide existieren

Hintergrundfarbe: Nichtmetall, Halbmetall, Schwermetall, Leichtmetall, Edelmetall, Edelgas

Gruppe / Periode	Hauptgruppe I A	Hauptgruppe II A		Nebengruppe III A	IV A	V A	VI A	VII A	VIII A	VIII A	VIII A	I B	II B	Hauptgruppe III B	IV B	V B	VI B	VII B	VIII
1 K-Schale	1 H 1,008 Wasserstoff																		2 He 4,003 Helium
2 L-Schale	3 Li 6,941 Lithium	4 Be 9,012 Beryllium												5 B 10,811 Bor	6 C 12,011 Kohlenstoff	7 N 14,007 Stickstoff	8 O 15,999 Sauerstoff	9 F 18,998 Fluor	10 Ne 20,179 Neon
3 M-Schale	11 Na 22,990 Natrium	12 Mg 24,305 Magnesium												13 Al 26,982 Aluminium	14 Si 28,086 Silicium	15 P 30,974 Phosphor	16 S 32,066 Schwefel	17 Cl 35,453 Chlor	18 Ar 39,948 Argon
4 N-Schale	19 K 39,098 Kalium	20 Ca 40,078 Calcium		21 Sc 44,956 Scandium	22 Ti 47,880 Titan	23 V 50,942 Vanadium	24 Cr 51,996 Chrom	25 Mn 54,938 Mangan	26 Fe 55,847 Eisen	27 Co 58,933 Cobalt	28 Ni 58,690 Nickel	29 Cu 63,546 Kupfer	30 Zn 65,390 Zink	31 Ga 69,732 Gallium	32 Ge 72,590 Germanium	33 As 74,922 Arsen	34 Se 78,960 Selen	35 Br 79,904 Brom	36 Kr 83,800 Krypton
5 O-Schale	37 Rb 85,468 Rubidium	38 Sr 87,620 Strontium		39 Y 88,906 Yttrium	40 Zr 91,224 Zirconium	41 Nb 92,906 Niob	42 Mo 95,940 Molybdän	43 Tc* (98) Technetium	44 Ru 101,070 Ruthenium	45 Rh 102,906 Rhodium	46 Pd 106,420 Palladium	47 Ag 107,868 Silber	48 Cd 112,410 Cadmium	49 In 114,820 Indium	50 Sn 118,710 Zinn	51 Sb 121,750 Antimon	52 Te 127,600 Tellur	53 I 126,905 Iod	54 Xe 131,290 Xenon
6 P-Schale	55 Cs 132,905 Cäsium	56 Ba 137,330 Barium	Lanthanoide	71 Lu 174,967 Lutetium	72 Hf 178,490 Hafnium	73 Ta 180,948 Tantal	74 W 183,850 Wolfram	75 Re 186,207 Rhenium	76 Os 190,200 Osmium	77 Ir 192,200 Iridium	78 Pt 195,080 Platin	79 Au 196,967 Gold	80 Hg 200,590 Quecksilber	81 Tl 204,383 Thallium	82 Pb 207,200 Blei	83 Bi 208,980 Bismut	84 Po* (209) Polonium	85 At* (210) Astat	86 Rn* (222) Radon
Q-Schale	87 Fr* (223) Francium	88 Ra* 226,025 Radium	Actinoide	103 Lr* (260) Lawrencium	104 Rf* (261) Rutherfordium	105 Db* (262) Dubnium	106 Sg* (266) Seaborgium	107 Bh* (262) Bohrium	108 Hs* (263) Hassium	109 Mt* (268) Meitnerium	110 Ds* (271) Darmstadtium	111 Uuu* (272) Ununnium	112 Uub* (277) Ununbium	113 Uut* (284) Ununtrium	114 Uuq* (285) Ununquadium	115 Uup* (288) Ununpentium			

Lanthanoide	57 La 138,906 Lathan	58 Ce 140,120 Cer	59 Pr 140,908 Praseodymium	60 Nd 144,240 Neodym	61 Pm* (145) Promethium	62 Sm 150,360 Samarium	63 Eu 151,960 Europium	64 Gd 157,250 Gadolinium	65 Tb 158,925 Terbium	66 Dy 162,500 Dysprosium	67 Ho 164,930 Holmium	68 Er 167,260 Erbium	69 Tm 168,934 Thulium	70 Yb 173,040 Ytterbium
Actinoide	89 Ac* 227,028 Actinium	90 Th* 232,038 Thorium	91 Pa* 231,036 Protactinium	92 U* 238,029 Uran	93 Np* 237,048 Neptunium	94 Pu* (244) Plutonium	95 Am* (243) Americium	96 Cm* (247) Curium	97 Bk* (251) Berkelium	98 Cf* (252) Californium	99 Es* (252) Einsteinium	100 Fm* (257) Fermium	101 Md* (258) Mendelevium	102 No* (259) Nobelium

Schriftfarbe des Elements:

- fest
- flüssig
- gasförmig
- künstlich hergestellt

Stoffwerte und Stoffeigenschaften *physical properties of materials*

Tab. 44.1: Stoffwerte chemischer Elemente

Element	Symbol	Ordnungszahl	Stoffart bei Normalbedingungen 1)	relative Atommasse	Dichte fest/flüssig/ ϱ in kg/dm³ bei 20 °C 2)	Dichte gasförmig ϱ in kg/m³ bei 0 °C, 1,013 bar, trocken 2)	Schmelzpunkt ϑ_{FL} in °C 2)	Siedepunkt ϑ_G in °C bei 1,013 bar 2)	spezif. Schmelzwärme q in Wh/kg bei 1,013 bar	spezif. Wärmekapazität c in Wh/(kg K) bei 20° C 2)	spezif. elektr. Widerstand ϱ_{20} in Ωmm²/m bei 20 °C	Wärmeleitfähigkeit λ in W/(m K) bei 25 °C 2)	Längenausdehnungszahl α in 1/(K · 10⁶) bei 0 °C 2)
Aluminium	Al	13	M	26,982	2,7	–	660,37	2467	110,555	0,2488	0,028	237	23,9
Antimon	Sb	51	HM	121,750	6,69	–	630,74	1750	45,277	0,0538	0,39	24,4	10,5
Argon	Ar	18	G	39,948	–	1,783	–189,33	– 185,7	8,138	0,1441	–	0,017	–
Arsen	As	33	HM	74,922	5,72	–	817 3)	613 4)	–	0,0953	–	50,2	4,7
Barium	Ba	56	M	137,330	3,5	–	725	1640	15,555	0,0533	–	18,4	19,0
Beryllium	Be	4	M	9,012	1,85	–	1278	2970	386,111	0,4416	0,04	201	10,6
Bismut	Bi	83	M	208,980	9,8	–	271,44	1560	14,444	0,0344	1,25	7,92	13,3
Blei	Pb	82	M	207,200	11,34	–	327,50	1740	6,666	0,0358	0,208	35,3	29,3
Bor	B	5	NM	10,811	2,34	–	2300	2550	–	0,2897	–	27,4	8,3
Cadmium	Cd	48	EM	112,410	8,65	–	321,11	765	15,000	0,0641	0,077	96,9	29,8
Calcium	Ca	20	M	40,078	1,55	–	840	1484	60,000	0,1816	–	201	22,3
Cer	Ce	58	M	140,120	6,7	–	799	3257	25,555	0,0569	–	11,3	8,0
Chlor	Cl	17	G	35,453	–	1,56	–100,97	– 34,45	25,111	0,1350	–	0,0081	–
Chrom	Cr	24	M	51,996	6,9	–	1863	2672	87,222	0,1222	0,13	93,9	6,2
Eisen	Fe	26	M	55,847	7,87	–	1536	2750	76,666	0,1250	0,13	75,4	11,7
Fluor	F	9	G	18,998	–	1,698	–219,67	– 188,15	10,472	0,2288	–	0,024	–
Gold	Au	79	EM	196,967	19,29	–	1064,43	2600	18,611	0,0358	0,022	318	14,2
Helium	He	2	G	4,003	–	0,1784	–272,2	– 268,93	0,977	1,4419	–	0,146	–
Iod	I	53	NM	126,905	4,93	–	113,6	184,35	17,222	0,1188	–	449	93,0
Iridium	Ir	77	EM	192,220	22,42	–	2447	4130	37,500	0,0361	0,053	147	6,6
Kalium	K	19	M	39,098	0,86	–	63,2	760	16,111	0,2083	–	100,5	83,0
Kobalt	Co	27	M	58,933	8,9	–	1494	2870	67,500	0,1172	0,062	100	12,3
Kohlenstoff	C	6	NM	12,011	2,24	–	3836	4827	–	0,2000	–	23,9	–
Kupfer	Cu	29	M	63,546	8,92	–	1084,5	2567	56,944	0,1063	0,0179	401	16,5
Lanthan	La	57	M	138,906	6,15	–	920	3454	22,583	0,0511	–	13,4	–
Magnesium	Mg	12	M	24,305	1,74	–	649	1090	103,611	0,2825	0,044	156	24,5
Mangan	Mn	25	M	54,938	7,2	–	1246	1962	73,333	0,1322	0,39	78,1	22,0
Molybdän	Mo	42	M	95,940	10,21	–	2623	4612	75,833	0,0697	0,054	138	2,7
Natrium	Na	11	M	22,990	0,97	–	97,8	882,9	31,388	0,3388	0,04	102,5	72,0
Nickel	Ni	28	M	58,690	8,9	–	1455	2732	83,611	0,1244	0,095	90,0	13,3
Niob	Nb	41	M	92,906	8,55	–	2471	4927	80,000	0,0744	0,217	53,7	7,1
Phosphor	P	15	NM	30,974	1,82	–	44,15	280	5,833	0,2083	–	0,2	–
Platin	Pt	78	EM	195,080	21,45	–	1772	3827	27,777	0,0369	0,0980	71,6	9,0
Quecksilber	Hg	80	M	200,590	13,55	–	–38,86	356,58	3,138	0,0383	–	83	–
Rhodium	Rh	45	M	102,906	12,4	–	1963	3727	58,611	0,0688	–	150	8,3
Sauerstoff	O	8	G	15,999	–	1,429	–218,6	–182,96	3,838	0,2544	–	0,026	–
Schwefel	S	16	NM	32,066	1,96	–	115,21	444,67	10,555	0,2036	–	0,2	64,0
Selen	Se	34	HM	78,960	4,82	–	221	684,9	23,055	0,0888	–	0,5	37,0
Silber	Ag	47	EM	107,868	10,5	–	961,93	2212	29,166	0,0652	0,015	429	19,7
Silicium	Si	14	HM	28,086	2,42	–	1410	2355	39,444	0,1952	–	149	–
Stickstoff	N	7	G	14,007	–	1,251	–209,86	–195,8	7,153	0,2872	–	0,026	–
Tantal	Ta	73	M	180,948	16,6	–	2996	5425	47,777	0,0383	0,124	57,5	6,6
Thorium	Th	90	M	232,038	11,2	–	1750	4790	18,722	0,0327	–	54	11,0
Titan	Ti	22	M	47,880	4,52	–	1672	3287	24,444	0,1444	0,08	21,9	8,4
Uran	U	92	M	238,029	18,7	–	1133	3818	98,888	0,0319	–	27,5	–
Vanadium	V	23	M	50,942	5,96	–	1890	3380	95,277	0,1361	0,2	31	8,3
Wasserstoff	H	1	G	1,008	–	0,0899	–259,35	–252,35	16,277	4,0125	–	0,181	–
Wolfram	W	74	M	183,850	19,3	–	3387	5660	53,611	0,0372	0,055	173	4,6
Zink	Zn	30	M	65,390	7,13	–	419,58	907	27,777	0,1069	0,06	116	39,7
Zinn	Sn	50	M	118,710	7,28	–	231,97	2270	16,388	0,0630	0,114	66,8	23,0
Zirkonium	Zr	40	M	91,224	6,4	–	1852	4377	70,000	0,0763	–	22,7	5,8

1) EM: Edelmetall; G: Gas; HM: Halbmetall; M: Metall; NM: Nichtmetall
2) nach Jahrbuch Stahl 1996, Band 1, Verlag Stahleisen mbH, Düsseldorf
3) bei 28 bar
4) Sublimationspunkt

Stoffwerte und Stoffeigenschaften *physical properties of materials*

Tab. 45.1: Wichtige chemische Verbindungen

Technische Bezeichnung	Chemische Bezeichnung	Chemische Formel
Aceton	Propanon	$(CH_3)_2CO$
Acetylen	Ethin	C_2H_2
Borax	Natriumtetraborat	$Na_2B_4O_7 \cdot 10H_2O$
Butan	Butan	C_4H_{10}
Eisenrost	Eisenoxidhydrat	$FeO \cdot Fe_2O_3 \cdot H_2O$
Ethan	Ethan	C_2H_6
Gips	Calziumsulfat	$CaSO_4 \cdot 2H_2O$
Grünspan	basisches Kupferacetat	$Cu(OH)_2 \cdot (CH_3COO)_2Cu$
Kalk gebrannt	Calziumoxid	CaO
gelöscht	Calziumhydroxid	$Ca(OH)_2$
Kalkstein	Calziumkarbonat	$CaCO_3$
Calziumhydrogenkarbonat	Calziumhydrogenkarbonat	$Ca(HCO_3)_2$
Calziumsulfat	Calziumsulfat	$CaSO_4$
Kochsalz	Natriumchlorid	$NaCl$
Kohlensäure	Kohlensäure	H_2CO_3
Kohlenstoffdioxid	Kohlenstoffdioxid	CO_2
Kohlenstoffmonoxid	Kohlenstoffmonoxid	CO
Lötwasser	Zinkchlorid	$ZnCl_2$
Magnesiumkarbonat	Magnesiumkarbonat	$MgCO_3$
Magnesiumhydrogenkarbonat	Magnesiumhydrogenkarbonat	$Mg(HCO_3)_2$
Magnesiumsulfat	Magnesiumsulfat	$MgSO_4$
Methan	Methan	CH_4
Natriumacetat	Natriumacetat	CH_3COONa
Patina Kupfer	basisches Kupferkarbonat	$CuCO_3 \cdot Cu(OH)_2$
Blei	basisches Bleikarbonat	$PbCO_3 \cdot Pb(OH)_2$
Zink	basisches Zinkkarbonat	$ZnCO_3 \cdot Zn(OH)_2$
Propan	Propan	C_3H_8
Salzsäure	Salzsäure	HCl
Schwefeldioxid	Schwefeldioxid	SO_2
Schwefelsäure	Schwefelsäure	H_2SO_4
Schweflige Säure	Schweflige Säure	H_2SO_3
Stickstoffdioxid	Stickstoffdioxid	NO_2
Teflon	Polytetrafluorethen	$(F_2C\text{-}CF_2)_n$
Wasser	Wasser	H_2O

Tab. 45.2: Wassertemperatur ϑ, Dichte ϱ und spezifisches Volumen v

ϑ in °C	ϱ in kg/dm³	v in dm³/kg	ϑ in °C	ϱ in kg/dm³	v in dm³/kg	ϑ in °C	ϱ in kg/dm³	v in dm³/kg
–50 Eis	0,8900	1,1236	34	0,9944	1,0056	70	0,9777	1,0228
0 Eis	0,9167	1,0906	35	0,9940	1,0060	71	0,9770	1,0235
0 Wasser	0,9998	1,0002	36	0,9937	1,0063	72	0,9765	1,0241
1	0,9999	1,0001	37	0,9933	1,0067	73	0,9759	1,0247
2	0,9999	1,0001	38	0,9930	1,0070	74	0,9753	1,0253
3	0,9999	1,0001	39	0,9927	1,0074	75	0,9748	1,0259
4	**1,0000**	**1,0000**	40	0,9923	1,0078	76	0,9741	1,0266
5	1,0000	1,0000	41	0,9919	1,0082	77	0,9735	1,0272
6	1,0000	1,0000	42	0,9915	1,0086	78	0,9729	1,0279
7	0,9999	1,0001	43	0,9911	1,0090	79	0,9723	1,0285
8	0,9999	1,0001	44	0,9907	1,0094	80	0,9716	1,0292
9	0,9998	1,0002	45	0,9902	1,0099	82	0,9704	1,0305
10	0,9997	1,0003	46	0,9899	1,0103	84	0,9691	1,0319
11	0,9997	1,0003	47	0,9894	1,0107	86	0,9678	1,0333
12	0,9996	1,0004	48	0,9889	1,0112	88	0,9665	1,0347
13	0,9994	1,0006	49	0,9884	1,0117	90	0,9652	1,0361
14	0,9993	1,0007	50	0,9880	1,0121	92	0,9638	1,0376
15	0,9992	1,0008	51	0,9876	1,0126	94	0,9624	1,0391
16	0,9990	1,0010	52	0,9871	1,0131	96	0,9610	1,0406
17	0,9988	1,0012	53	0,9866	1,0136	98	0,9596	1,0421
18	0,9987	1,0013	54	0,9862	1,0140	100	0,9581	1,0437
19	0,9985	1,0015	55	0,9857	1,0145	105	0,9545	1,0477
20	0,9983	1,0017	56	0,9852	1,0150	110	0,9507	1,0519
21	0,9981	1,0019	57	0,9846	1,0156	115	0,9468	1,0562
22	0,9976	1,0022	58	0,9842	1,0161	120	0,9429	1,0606
23	0,9975	1,0024	59	0,9837	1,0166	130	0,9346	1,0700
24	0,9974	1,0026	60	0,9832	1,0171	150	0,9168	1,0908
25	0,9971	1,0029	61	0,9826	1,0177	170	0,8973	1,1145
26	0,9968	1,0032	62	0,9821	1,0182	190	0,8760	1,1415
27	0,9966	1,0034	63	0,9815	1,0188	200	0,8647	1,1565
28	0,9963	1,0037	64	0,9810	1,0193	220	0,8403	1,1900
29	0,9960	1,0040	65	0,9805	1,0199	250	0,7992	1,2513
30	0,9957	1,0043	66	0,9799	1,0205	300	0,7122	1,4041
31	0,9954	1,0046	67	0,9792	1,0211	325	0,6541	1,5289
32	0,9951	1,0049	68	0,9788	1,0217	350	0,5743	1,7411
33	0,9947	1,0053	69	0,9782	1,0223	374,15	0,3154	3,1700

Stoffwerte und Stoffeigenschaften *physical properties of materials*

Gase im Wasser

In jedem natürlichen Wasser sind Luft oder andere Gase gelöst. Der Gasanteil ist abhängig vom Druck und von der Temperatur des Wassers.

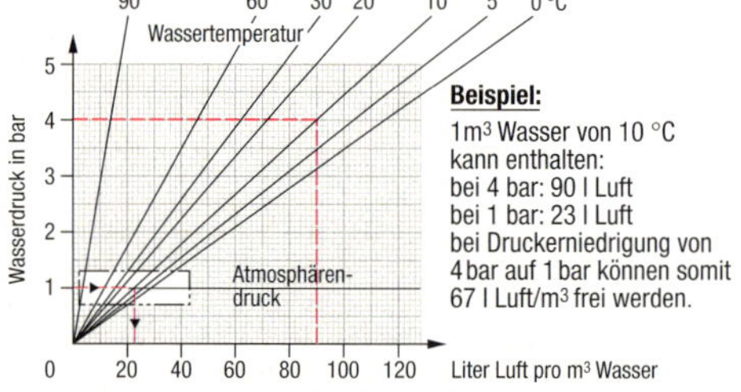

Beispiel:
1 m³ Wasser von 10 °C kann enthalten:
bei 4 bar: 90 l Luft
bei 1 bar: 23 l Luft
bei Druckerniedrigung von 4 bar auf 1 bar können somit 67 l Luft/m³ frei werden.

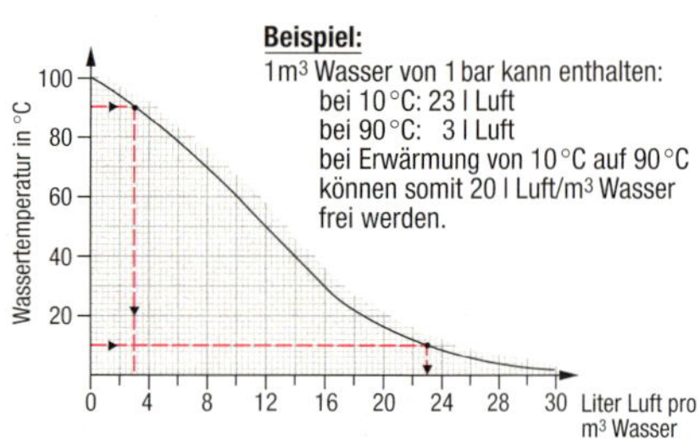

Beispiel:
1 m³ Wasser von 1 bar kann enthalten:
bei 10 °C: 23 l Luft
bei 90 °C: 3 l Luft
bei Erwärmung von 10 °C auf 90 °C können somit 20 l Luft/m³ Wasser frei werden.

pH-Werte verschiedener Flüssigkeiten

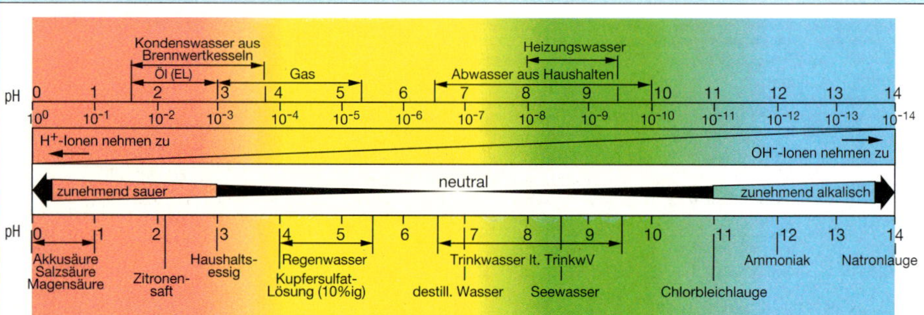

Wasserhärte

Die internationale Maßeinheit für die Härte des Wassers ist die Summe der Erdalkalien in mmol/l. Früher wurde die Härte des Wassers in Grad deutscher Härte (°dH) angegeben.

1 mmol/l = 5,6 °dH → 0,178 mmol/l = 1 °dH

Für die Karbonathärte gilt:

10 mg CaO/l = 0,178 mmol/l = 1 °dH
7,2 mg MgO/l = 0,178 mmol/l = 1 °dH

Der Begriff „Gesamthärte" (GH) wurde durch die Bezeichnung „Summe der Erdalkalien" ersetzt. Die Gesamthärte setzte sich aus der Karbonathärte (KH) und der Nichtkarbonathärte (NKH) zusammen. Da die Karbonathärte (KH) ein Maß für die Säurekapazität des Wassers ist, wurde der Begriff „Karbonathärte" (KH) durch die Bezeichnung „Säurekapazität bis pH 4,3" ersetzt.

1 mmol/l Säurekapazität bis pH 4,3 = 2,8 °dH (KH)
0,036 mmol/l Säurekapazität bis pH 4,3 = 1 °dH (KH)

Tab. 46.1: Gesamthärte *GH* und Karbonathärte *KH* in ausgewählten Städten 1)

Ort	Summe der Erdalkalien in mmol/l	Gesamthärte ***GH*** in °dH	Säurekapazität bis pH 4,3 in mmol/l	Karbonathärte ***KH*** in °dH	Ort	Summe der Erdalkalien in mmol/l	Gesamthärte ***GH*** in °dH	Säurekapazität bis pH 4,3 in mmol/l	Karbonathärte ***KH*** in °dH
Berlin	3,014	16,88	0,344	9,63	Leipzig	2,966	16,61	0,142	3,99
Braunschweig	0,836	4,68	0,073	2,04	Lübeck	2,873	16,09	0,551	15,42
Dresden	1,314	7,36	0,153	4,27	Ludwigshafen	3,284	18,39	0,627	17,56
Frankfurt/M.	2,105	11,79	0,334	9,35	Mainz	3,218	18,02	0,386	10,80
Freiburg	0,783	4,39	0,140	3,94	München	3,091	17,31	0,561	15,71
Hannover	2,248	12,59	0,191	5,33	Neuss	4,860	27,22	0,549	15,38
Karlsruhe	3,087	17,29	0,499	13,99	Regensburg	2,830	15,85	0,494	13,83
Kassel	2,320	12,99	0,332	9,29	Rostock	3,209	17,97	0,343	9,60
Köln	3,116	17,45	0,363	10,15	Tübingen	2,454	13,74	0,338	9,46
Landau/Pfalz	1,873	10,49	0,291	8,15	Viechtach	0,178	1,00	0,034	0,94

1) Für einen Ort können je nach Lage des Brunnens mehrere Werte möglich sein. Diese müssen im zuständigen Wasserwerk erfragt werden.

Stoffwerte und Stoffeigenschaften *physical properties of materials*

Tab. 47.1: Härtebereiche nach Waschmittelgesetz

Härte-bereich	Beurteilung	Gesamthärte in mmol/l	Gesamthärte in °dH	Auswirkungen auf Wäsche	Herz/Kreislauf	Geschmack	Küche	Körperpflege
1	weich	0 … 1,5	0 … 8,4	++	–	+	++	++
2	mittel	> 1,5 … 2,5	> 8,4 … 14	+	++	++	+	+
3	hart	> 2,5	> 14	o	++	–	o	–

++ = sehr günstig; + = geeignet; o = ungünstig; – = nicht empfehlenswert

Wirkung von Kohlendioxid im Wasser

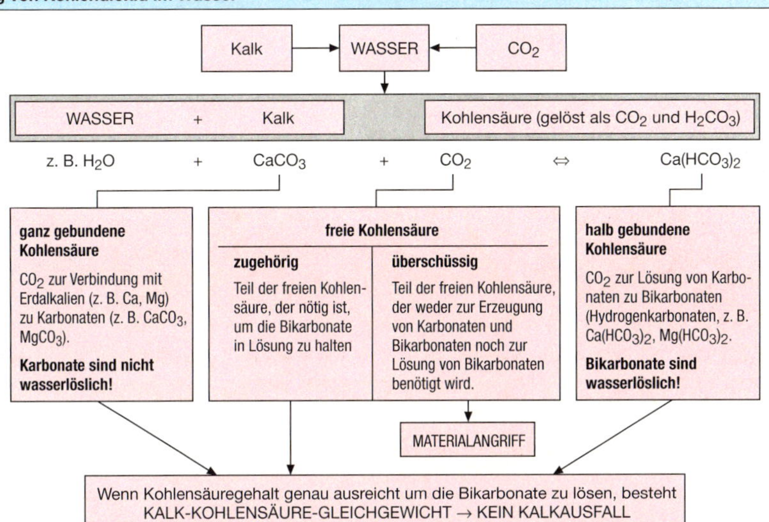

Kalksteinbildung bei Wassererwärmung (beginnt verstärkt ab ca. 55 °C)

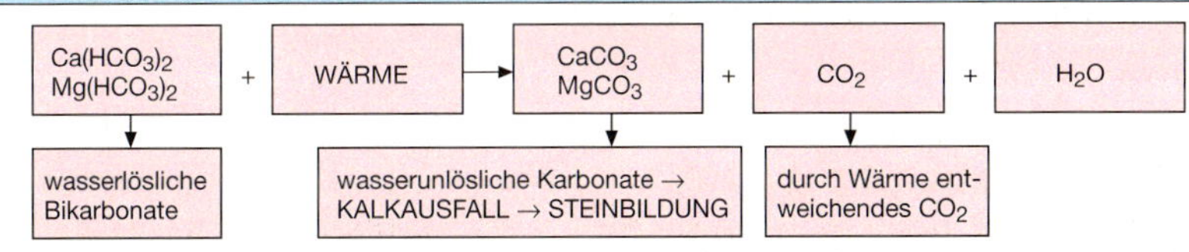

pH-Wert für Kalk-Kohlensäure-Gleichgewicht für Wasser von 20 °C

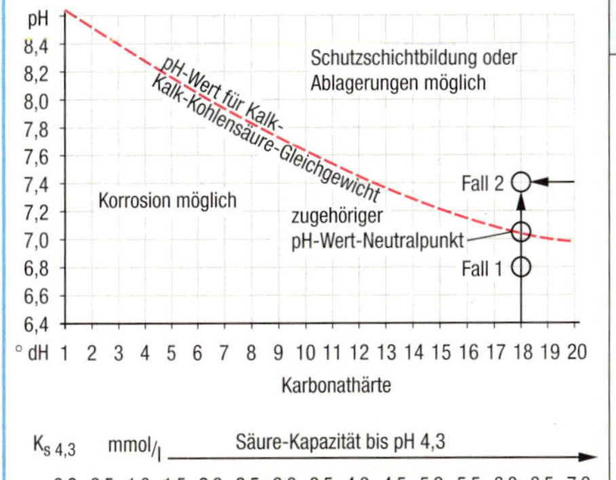

Fall 1: pH-Wert – Neutralpunkt unterschritten	Fall 2: pH-Wert – Neutralpunkt überschritten
Problem: Wasser ist aggressiv. Kupfer, Stahl und Zink werden angegriffen. Hohe Kupferkonzentration im Wasser, Entzinkung (Zinkgeriesel).	*Problem:* Wasser ist kalkabscheidend, Belagbildung
Ursachen: • geringer Karbonathärteanteil • vorhandene freie Kohlensäure, die nicht abgepuffert werden kann	*Ursachen:* • hoher Karbonathärteanteil bei zu wenig freier Kohlensäure • Temperaturerhöhung • Erhöhung des pH-Wertes
Lösung: Dosierung von Minerallösung zur Abbindung freier Kohlensäure (Orthophosphate zur Korrosionseindämmung, Silikate zur Schutzschichtbildung), zu große Rohrquerschnitte vermeiden	*Lösung:* Dosierung von Minerallösung (Polyphosphate) zur Resthärtestabilisierung bzw. Teilentärtung.

Stoffwerte und Stoffeigenschaften *physical properties of materials*

Tab. 48.1: Zustandsgrößen von Wasser und Dampf bei Sättigung in Abhängigkeit vom Druck (Dampfdrucktabelle)

p_{abs}	p_e	ϑ_s	v'	v''	ϱ''	h'		h''		r
in bar	in bar	in °C	in dm³/kg	in dm³/kg	kg/m³	kJ/kg	Wh/kg	kJ/kg	Wh/kg	Wh/kg
0,01	–0,99	6,98	1,0001	129200	0,00774	29,340	8,1500	2514,4	698,444	690,278
0,05	–0,95	32,9	1,0052	28190	0,03547	137,77	38,269	2561,6	711,555	673,278
0,1	–0,9	45,8	1,0102	14670	0,06814	191,83	53,286	2584,8	718,000	664,694
0,2	–0,8	60,1	1,0172	7650	0,1307	251,45	69,847	2609,9	724,972	655,111
0,3	–0,7	69,1	1,0223	5229	0,1912	289,30	80,361	2625,4	729,278	648,917
0,5	–0,5	81,3	1,0301	3240	0,3086	340,56	94,600	2646,0	735,000	640,389
0,7	–0,3	90,0	1,0361	2365	0,4229	376,77	104,658	2660,1	738,917	634,250
0,9	–0,1	96,7	1,0412	1869	0,5350	405,21	112,558	2670,9	741,917	629,333
1,0	0	99,6	1,0434	1694	0,5904	417,51	115,975	2675,4	743,167	627,194
1,013	**0,013**	**100**	**1,0437**	**1673**	**0,5977**	**419,06**	**116,405**	**2676,0**	**743,333**	**629,917**
1,1	0,1	102,3	1,0455	1549	0,6455	426,43	118,454	2678,3	743,959	625,470
1,2	0,2	104,8	1,0476	1428	0,7002	436,94	121,373	2682,0	745,006	623,609
1,3	0,3	107,1	1,0495	1325	0,7547	446,74	124,094	2685,8	746,052	621,981
1,4	0,4	109,3	1,0513	1236	0,8088	455,95	126,652	2688,7	746,866	620,237
1,5	0,5	111,4	1,0530	1159	0,8628	467,13	129,758	2693,4	748,167	618,389
1,6	0,6	113,3	1,0547	1091	0,9165	472,82	131,338	2694,9	748,611	617,214
1,7	0,7	115,2	1,0562	1013	0,9700	480,60	133,501	2697,9	749,424	615,935
1,8	0,8	116,9	1,0579	977	1,0230	488,09	135,582	2700,4	750,122	614,539
1,9	0,9	118,6	1,0597	929	1,076	495,21	137,559	2702,9	750,819	613,261
2,0	1,0	120,2	1,0608	885,4	1,129	504,70	140,194	2706,3	751,750	611,556
2,5	1,5	127,4	1,0675	718,4	1,392	535,34	148,705	2716,4	754,555	605,833
3,0	2,0	133,5	1,0735	605,6	1,651	561,43	155,952	2724,7	756,861	600,889
3,5	2,5	138,9	1,0789	524	1,908	584,27	162,297	2731,6	758,778	596,500
4,0	3,0	143,6	1,0839	462,2	2,163	604,67	167,963	2737,6	760,444	592,500
4,5	3,5	147,9	1,0885	413,8	2,417	623,16	173,100	2742,9	761,916	588,805
5,0	4,0	151,8	1,0928	374,7	2,669	640,12	177,811	2747,5	763,194	585,389
6,0	5,0	158,8	1,1009	315,5	3,170	670,42	186,227	2755,5	765,416	579,167
7,0	6,0	165,0	1,1082	272,7	3,667	697,06	193,627	2762,0	767,222	573,583
8,0	7,0	170,4	1,1150	240,3	4,162	720,94	200,261	2767,5	768,750	568,472
9,0	8,0	175,4	1,1213	214,8	4,655	742,64	206,288	2772,1	770,027	563,750
10,0	9,0	179,9	1,1274	194,3	5,147	762,61	211,836	2776,2	771,166	559,333
11,0	10,0	184,1	1,1331	177,4	5,637	781,13	216,980	2779,7	772,139	555,139
12,0	11,0	188,0	1,1386	163,2	6,127	798,43	221,786	2782,7	772,972	551,194
13,0	12,0	191,6	1,1438	151,1	6,617	814,70	226,305	2785,4	773,722	547,417
14,0	13,0	195,0	1,1489	140,7	7,106	830,08	230,577	2787,8	774,389	543,805
15,0	14,0	198,3	1,1539	131,7	7,596	844,67	234,630	2789,9	774,972	540,333
16,0	15,0	201,4	1,1586	123,7	8,085	858,56	238,488	2791,7	775,472	537,000
17,0	16,0	204,3	1,1633	116,6	8,575	871,84	242,177	2793,4	775,944	533,750
18,0	17,0	207,1	1,1678	110,3	9,065	884,58	245,716	2794,8	776,333	530,639
19,0	18,0	209,8	1,1723	104,7	9,555	896,81	249,113	2796,1	776,694	527,583
20,0	19,0	212,4	1,1766	99,54	10,05	908,59	252,386	2792,2	775,611	524,611
25,0	24,0	223,9	1,1972	79,91	12,51	961,96	267,211	2800,9	778,028	510,833
30,0	29,0	233,8	1,2163	66,63	15,01	1008,4	280,111	2802,3	778,416	498,305
40,0	39,0	250,3	1,2521	49,75	20,10	1087,4	302,055	2800,3	777,861	475,805
50,0	49,0	263,9	1,2858	39,43	25,36	1154,5	320,694	2794,2	776,166	455,472
60,0	59,0	275,6	1,3187	32,44	30,83	1213,7	337,139	2785,0	773,611	436,472
80,0	79,0	295,0	1,3842	23,53	42,51	1317,1	365,861	2759,9	766,639	400,778
100,0	99,0	311,0	1,4526	18,04	55,43	1408,0	391,111	2727,7	757,694	366,583
150,0	149,0	342,1	1,6579	10,34	96,71	1611,0	447,500	2615,0	726,389	278,889
200,0	199,0	365,7	2,0370	5,88	170,2	1826,5	507,361	2418,4	671,778	164,417
221,2	220,2	374,2	3,17	3,17	315,5	2107,4	585,389	2107,4	585,389	0

p_{abs}: absoluter Druck in bar
p_e : Überdruck in bar
ϑ_s : Siedetemperatur des Wassers in °C
v' : spezifisches Volumen des Wassers in dm³/kg
v'' : spezifisches Volumen des Dampfes in dm³/kg

ϱ'' : Dichte des Dampfes in kg/m³
h' : Wärmeenthalpie (Wärmeinhalt) des Wassers in kJ/kg; Wh/kg
h'' : Wärmeenthalpie des Dampfes in kJ/kg; Wh/kg
r : Verdampfungswärme in Wh/kg

Stoffwerte und Stoffeigenschaften *physical properties of materials*

Tab. 49.1: Stoffwerte gasförmiger Stoffe (ϑ = 0 °C; p_{abs} = 1,013 bar) (→ Tab. 44.1)

Stoff	chemische Formel	Dichte ϱ_n in $\frac{kg}{m^3}$	relative Dichte d	Siedetemperatur ϑ_G in °C	spezifische Wärmekapazität (p konstant) c_p in $\frac{Wh}{kgK}$	spezifische Wärmekapazität (V konstant) c_V in $\frac{Wh}{kgK}$	Wärmeleitfähigkeit λ in $\frac{W}{mK}$
Acetylen	C_2H_2	1,17	0,91	–84	0,4198	0,3372	0,019
Argon	Ar	1,78	1,38	–185,7	0,1454	0,0884	0,017
Helium	He	0,18	0,14	–268,93	1,4538	0,8780	0,143
Kohlenstoffdioxid	CO_2	1,98	1,53	–78,5	0,2279	0,1744	0,015
Kohlenstoffmonoxid	CO	1,250	0,97	–191,55	0,2896	0,2070	0,023
Luft (trocken)	–	1,293	**1,00**	–191,4	0,2791	0,1989	0,024
Methan	CH_4	0,72	0,56	–161,5	0,6001	0,4547	0,030
Sauerstoff	O_2	1,429	1,11	–182,9	0,2547	0,1826	0,024
Schwefeldioxid	SO_2	2,93	2,28	–10	0,1686	0,1326	0,086
Stickstoff	N_2	1,251	0,97	–195,8	0,2884	0,2059	0,024
Wasserstoff	H_2	0,0899	0,07	–252,8	3,9542	2,8086	0,171

Tab. 49.2: Stoffwerte flüssiger Stoffe (ϑ = 20 °C; p_{abs} = 1,013 bar) (→ Tab. 44.1)

Stoff	chemische Formel	Dichte ϱ in $\frac{kg}{dm^3}$	Schmelztemperatur ϑ_F in °C	Siedetemperatur ϑ_G in °C	Zündtemperatur ϑ_Z in °C	spezifische Wärmekapazität c in $\frac{Wh}{kgK}$	Volumenausdehnungszahl γ in $\frac{1}{K}$	Wärmeleitfähigkeit λ in $\frac{W}{mK}$
Aceton	C_3H_6O	0,80	–94,3	56,1	450	0,599	0,00149	0,160
Alkohol (Ethanol)	C_2H_5OH	0,79	–114	78	–	0,65	0,0011	0,173
Dieselkraftstoff/Heizöl EL	–	0,8 … 0,85	< –30	150 … 350	220	0,57	0,00095	0,15
Maschinenöl	–	0,91	–20	380 … 400	400	0,58	0,00093	0,14
Petroleum	–	0,81	–70	150 … 300	550	0,597	0,0010	0,13
Schwefelsäure (100 %)	H_2SO_4	1,84	–	325	–	0,384	0,00057	0,544
Spiritus (95 %)	C_2H_5OH	0,82	–114	78	520	0,675	0,0011	0,17
Wasser (destilliert)	H_2O	1,00 [1]	0	100	–	1,161	–	0,60

[1] bei 4 °C

Tab. 49.3: Frostschutzmittelkonzentrate

Handelsname	Basis	Dichte ϱ in $\frac{kg}{dm^3}$	Erstarrungspunkt ϑ_F in °C	Siedepunkt ϑ_G in °C	Dauertemperaturbeständigkeit in °C	pH-Wert (Konzentrat)	Einsatz/Eigenschaften
Glythermin® NF	Etyhylenglykol	1,120 … 1,125	< –15	> 165	ca. 140 [1)2)]	7 … 8	Heizungsanlagen/ schwach riechende Flüssigkeit
Tyfocor® L	1,2 Propylenglykol	1,055	< –50	> 150	ca. 150 [3)]	6,5 … 8,5	Solaranlagen/ farb- und geruchlose Flüssigkeit

[1] Flüssigkeit mit bis zu 58 Vol.-% Glythermin® NF. Es werden höhere Temperaturen vertragen, diese führen aber zu einer vorzeitigen Alterung der Wärmeträgerflüssigkeit.

[2] Im Heizungsbau übliche Dichtungsmassen und Kunststoffe sind gegen Glythermin® NF beständig.
Vor Einsatz des Mittels in Anlagen mit Membrandruckausdehnungsgefäßen empfiehlt sich eine Eignungsprüfung.

[3] bei p_e = 4 bar

Stoffwerte und Stoffeigenschaften *physical properties of materials*

Tab. 50.1: Kältemittel

Stoff	chemische Formel	Molmasse	Gefrierpunkt	normaler Siedepunkt			kritischer Siedepunkt			Verwendung/ Hinweis
		kg/kmol	°C	ϑ °C (flüssig)	ϱ kg/m³	r kJ/kg	ϑ_c °C	p_c MPa	ϱ_c kg/m³	
R 123	$CHCl_2–CF_3$	152,92	–107	27,6	1455	170	183,8	3,67	550	Ersatz für R 11
R 134a	$CH_2F–CF_3$	102,03	–101	–26,1	1378	217	101,1	4,06	512	Kfz-Klimaanlagen, zulässig bis 2007
R152a	$C_2H_4F_2$	66,05	–117	–24,7	1011	325	113,5	4,49	365	Ersatz für R134a, hochentzündlich
R 290 (Propan)	C_3H_8	44,1	–188	–42	582	430	96,7	4,25	220	brennbar, Einsatz nicht unter Erdgleiche
R 717 (Ammoniak)	NH_3	17,03	–77,7	–33,3	682	1369	132,3	11,34	234	giftig, stechender Geruch
R718 (Wasser)	H_2O	18,02	0,0	100	985,3	2258	374,2	22,12	314	
R744 (Kohlenstoffdioxid)	CO_2	44,01	–56,6	–78,5[1)]	1563[1)]	573,1[1)]	31,05	7,38	465	

[1)] sublimiert (direkter Wechsel vom gasförmigen in den festen Zustand und umgekehrt)

Tab. 50.2: Stoffwerte fester Stoffe (ϑ = 20 °C; p_{abs} = 1,013 bar) (→ Tab. 73.1)

Stoff	Dichte ϱ_n in $\frac{kg}{dm^3}$	Schmelztemperatur ϑ_F in °C	Siedetemperatur ϑ_G in °C	spezifische Schmelzwärme q in $\frac{Wh}{kg}$	spezifische Wärmekapazität c in $\frac{Wh}{kgK}$	Längenausdehnungszahl α in $\frac{1}{K}$	Wärmeleitfähigkeit λ in $\frac{W}{mK}$
Messing CuZn30 CuZn39Pb3	8,4 … 8,7 8,46	≈ 950 880 … 895	≈ 2300	46,4	0,108	0,0000185 0,0000214	105 113
Eis	0,88 … 0,92	0	–	92,2	0,57	–	2,3
Granit	2,3 … 3,0	–	–	–	0,21	0,000008 … 0,0000118	3,5
Graphit	2,25	≈ 3800	≈ 4200	–	0,198	0,000008	168
Gusseisen EN-GJL-150	≈ 7,25	1150 …1250	≈ 2500	34,7	0,15	0,0000105	50
Hartmetall (P20)	11,9	> 2000	≈ 4000	–	0,22	0,00006	81
Kesselstein	2,4 … 2,6	–	–	–	0,35	–	0,08 … 2,0
Konstantan	8,9	1280	≈ 2600	–	0,114	0,000014	23
Kunststoffe	siehe Tab. 73.1 und Tab. 74.1						
Marmor	2,5 … 2,8	–	–	–	0,22	0,000002 … 0,00002	2,5 … 3,5
Porzellan	2,3 … 2,5	1600	–	–	0,244	0,000004	1,6
Quarz	2,1 … 2,6	1480	2230	–	0,21	0,000008	9,9
Rotguss G-CuSn5ZnPb GC-CuSn7ZnPb	8,8 8,9	850	–	–	–	0,0000183 0,0000185	71 63
Sandstein	2,2 … 2,7	–	–	–	0,19	0,000005 … 0,000012	1,63 … 2,1
Schamottestein	1,7 … 2,1	–	–	–	0,23	–	0,5 … 1,3
Schneidkeramik, Korund (Al_2O_3)	4,0	2050	2700	73	0,21	0,0000065	12 … 23
Stahl C22 37MnSi5	7,85 7,85	1510 1490	≈ 2500 ≈ 2500	56,94 53,33	0,136 0,127	0,000 011 0,000 0111	48 … 58 25

Stoffwerte und Stoffeigenschaften *physical properties of materials*

Tab. 51.1: Molmasse M, Normdichte ϱ_n und spezifische Gaskonstante R verschiedener Gase

Gas	Chemische Formel	Molmasse M in $\frac{kg}{kmol}$	Normdichte p_{abs} = 1,013 bar, ϑ = 0 °C ϱ_n in $\frac{kg}{m^3_n}$	Spezifische Gaskonstante R in $\frac{kJ}{kg \cdot K}$
Argon	Ar	39,948	1,7834	0,2081
Butan	C_4H_{10}	58,124	2,5948	0,1430
Ethan	C_2H_6	30,07	1,3424	0,2765
Helium	He	4,003	0,1784	2,0769
Kohlenstoffdioxid	CO_2	44,011	1,9647	0,1889
Kohlenstoffmonoxid	CO	28,01	1,25	0,2969
Luft, trocken	–	28,965	1,293	0,2871
Methan	CH_4	16,043	0,716	0,5182
Propan	C_3H_8	44,097	1,9686	0,1885
Sauerstoff	O_2	31,998	1,4284	0,2598
Schwefeldioxid	SO_2	64	2,86	0,1299
Stickstoff	N_2	28,014	1,2506	0,2967
Wasserdampf	H_2O	18,015	0,8042	0,4615
Wasserstoff	H_2	2,016	0,0899	4,1240

Tab. 51.2: Emissionszahl ε verschiedener Stoffe

Stoff	Oberflächenbeschaffenheit	Temperatur des Stoffes ϑ in °C	Emissionszahl ε
absolut schwarzer Körper	**–**	**–**	**1**
Aluminium	walzblank	170	0,049
	nicht oxidiert	25	0,022
Aluminiumbronze	als Anstrich	100	0,2 … 0,4
Beton	rauh	0 … 93	0,94
Chrom	poliert	150	0,071
Dachpappe	–	20	0,93
Eichenholz	gehobelt	21	0,89
Emaille, Lacke	–	20	0,85 … 0,95
Eisen und	rot angerostet	20	0,61
Stahl	stark verrostet	20	0,85
Fliesen	weiß	–	0,87
Gips	–	20	0,82
Glas	glatt	22	0,93
Gold	poliert	130	0,018
Gusseisen	abgedreht	22	0,44
	Gusshaut	100	0,8
Heizkörperfarbe	–	100	0,925
Kupfer	poliert	20	0,03
	leicht angelaufen	20	0,037
	oxidiert	130	0,73
	schwarz	20	0,78
Marmor	hellgr., poliert	22	0,93
menschliche Haut	–	37	0,81
Messing	oxidiert	200	0,61
	nicht oxidiert	100	0,035
Ölfarbe	weiß	93	0,94
	schwarz	93	0,92
Porzellan	glasiert	22	0,92
Ruß	glatt	–	0,93
Schamottesteine	glasiert	1000	0,74
Silber	–	20	0,02
Tinox	als Beschichtung	100	≤ 0,05
Ton	gebrannt	70	0,86
Wasser, Eis	glatt	0	0,966
Ziegelstein, Mörtel, Putz	–	20	0,93
Zink	als Beschichtung	28	0,23
	grau oxidiert	20	0,23 … 0,28
	poliert	230	0,045

Tab. 51.3: Wärmeübergangszahlen α für vertikale ebene Wände

Luftgeschwindigkeit ≤ 5 m/s

v	0,1	0,5	1,0	1,5	2,0	2,5	3,0	3,5	4,0	4,5
α	6,6	8,3	10,4	12,5	14,6	16,7	18,8	20,9	23	25,1

Luftgeschwindigkeit > 5 m/s

v	6	7	8	9	10	12	14	16	18	20
α	31,9	38	40,1	44,1	48	55,5	62,8	69,8	76,7	83,5

v : Luftgeschwindigkeit in m/s
α : Wärmeübergangszahl in W/(m²K)

Tab. 51.4: Wärmeübergangszahlen α für vertikale Heizplatten in unbeeinflusster Umgebungsluft

ϑ_H \ ϑ_L	15	18	20	22	24	28
75	6,19	5,64	5,56	5,48	5,39	5,23
70	5,59	5,47	5,38	5,30	5,21	5,03
65	5,41	5,28	5,19	5,11	5,02	4,83
60	5,23	5,09	4,99	4,90	4,80	4,60
55	5,03	4,88	4,78	4,68	4,57	4,34
50	4,81	4,65	4,54	4,43	4,31	4,06

ϑ_L : Lufttemperatur in °C
ϑ_H : Heizplattentemperatur in °C
α : Wärmeübergangszahl in W/(m²K)

Bearbeiten von Kundenaufträgen/Qualitätsmanagement

processing of customer orders/quality management

Marktsituation und unternehmerisches Handeln

Der Unternehmer im SHK-Handwerk muss sich in der Regel sehr um mögliche Kunden bemühen.
(Angebot > Nachfrage)

Die Unternehmenspolitik im SHK-Handwerk muss daher an den Kunden und deren Wünschen ausgerichtet werden.
(Marketing)

Kundentypen (Beispiel)

- umweltbewusste
- fortschrittsbewusste
- konservative
- einkommensschwache

Kundenwünsche

- freundliche Behandlung
- rücksichtsvoller Umgang
- Qualität hinsichtlich Produkt, Mitarbeit und Service
- gute Auftragserfüllung mit hohem Nutzen für den Kunden
- individuelle Problemlösung
- nachvollziehbare Rechnung
- angemessener Preis
- keine lange Wartezeit
- termingerechte Abwicklung

Anforderungen an die Mitarbeiter

Handlungskompetenz

- **Fachkompetenz**
  - Kenntnisse (Fachwissen)
  - Fertigkeiten (Geschick)
- **Methodenkompetenz**
  - analytische Fähigkeiten
  - systematisches Denken und Handeln
  - Arbeitsweise (Fleiß, Ausdauer, Ordnungssinn, Genauigkeit)
- **Sozialkompetenz**
  - Gemeinsinn (Engagement)
  - Teamfähigkeit (Konfliktfähigkeit)
  - Kommunikationsfähigkeit
  - Kosten- und Umweltbewusstsein
  - Freundlichkeit (Fröhlichkeit)

Leistungs-, Informations- und Geldflüsse im betrieblichen Leistungsprozess

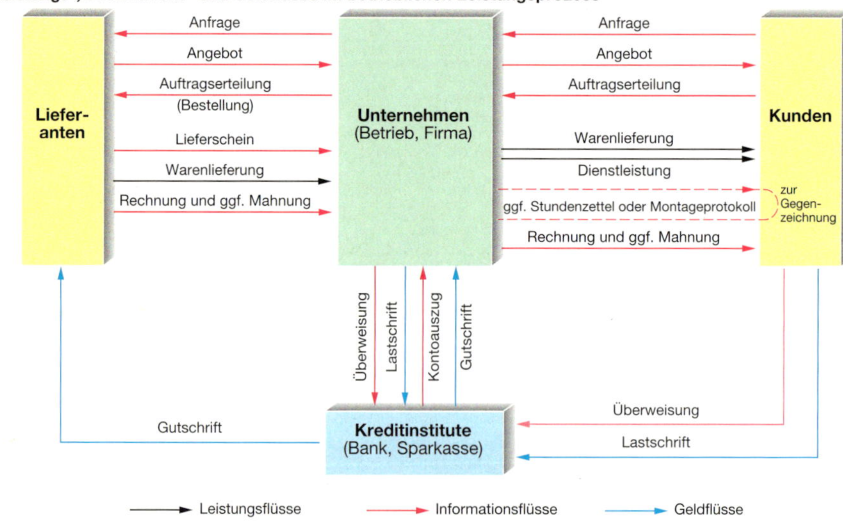

Innerbetriebliche Arbeitsteilung im SHK-Handwerk

Aufteilung nach Arbeitsbereichen (ggf. Abteilungsbildung)	**Zerlegung der Arbeitsabläufe**
Geschäftsleitung (Meister)	Aufträge beschaffen, Kundenkartei und -kontakte pflege, Marketingstrategien entwickeln, Personalbedarf planen, über Investitionen entscheiden.
Technisches Büro	Aufträge analysieren und planen (z. B. Zeichnungen und Berechnungen erstellen).
Einkauf	Anfragen versenden, Angebote vergleichen, Waren bestellen, Wareneingang überwachen, Rechnungen prüfen.
Lager	Bereitstellung von Kleinteilen in erforderlichen Mengen zum günstigen Preis.
Fertigung	Auftragsdurchführung (Terminabsprachen, Montage, Kontrolle, Inbetriebnahme).
Verkauf	Laufkundschaft beraten, Kleinteile verkaufen, Ladenkasse führen.
Finanzierung/ Rechnungswesen	Rechnungen ausstellen, Belege in Konto verbuchen, Löhne und Gehälter abrechnen, Liquidität überwachen, Kosten- und Leistungsrechnung erstellen, Jahresabschluss und Bilanz erstellen, Investitionsrechnung erstellen.

Bearbeiten von Kundenaufträgen/Qualitätsmanagement

processing of customer orders/quality management

Kundenorientierung

Kundenorientierung ist die Ausrichtung allen Denkens und Handelns auf

- den Kunden und seine Bedürfnisse sowie *auf*
- spezifische Bedingungen und Anforderungen des Marktes,

in dem ein Unternehmen tätig ist.
Kundenorientierung gilt für *alle* im Unternehmen, von der Unternehmensleitung bis zum Auszubildenden.
Kundenorientierung stellt eine Verpflichtung für jeden Einzelnen *dar*.

Um als Ziel den zufriedenen Kunden zu erreichen, ist ein Umdenken notwendig.

alt:
neu:
Wir haben ein prima Produkt entwickelt!
Welches Produkt braucht der Kunde?
Der Kunde müßte den Nutzen doch erkennen!
Wie können wir den Kunden überzeugen?
Was ist uns wichtig?
Was ist unserem Kunden wichtig?
Was wollen wir vom Kunden?
Was will der Kunde von uns?
Wie können wir uns die Arbeit erleichtern?
Wie können wir unserem Kunden nützlich sein?
heute
früher

Strukur eines Kundenauftrags

Erster Kontakt zwischen Kunde und Betrieb (Vorgespräch/Beratung)

Auftragsanalyse

- Gegebenheiten durch Ortstermin (Besichtigung) feststellen
- Vorgaben und Erwartungen klären
- Kundenberatung
- technische Voraussetzungen prüfen
- Kostenrahmen klären
- Festlegung der Produkt- und Systemauswahl/ggf. Alternativen anbieten
- Leistungsverzeichnis erstellen[1)]
- Kalkulation erstellen
- Kapazitäten und Termine planen

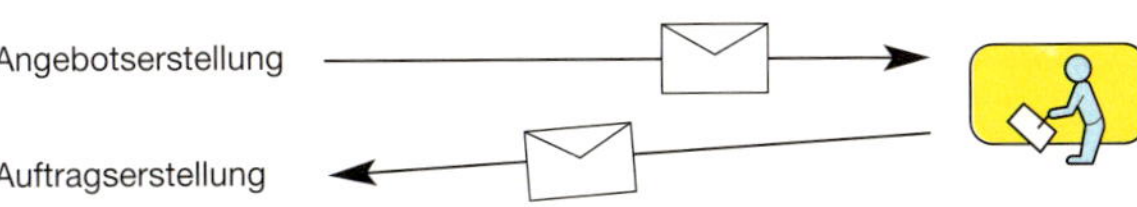

Auftragsplanung

- technische Berechnungen durchführen
- Zeichnungen erstellen
- Erstellung eines Arbeitsablaufplanes
- Absprache mit anderen Gewerken (z. B. Termine)
- Personaleinsatz planen
- Material-, Geräte- und Werkzeugliste erstellen
- Materialien bestellen

Auftragsdurchführung

- Zusammenstellen aller notwendigen Materialien, Werkzeuge, Maschinen, Werk- und Hilfsstoffe
- Transport zur Baustelle
- Baustellenbesprechung
- Arbeitsablaufplan erstellen bzw. bei Änderungen durch Kundenwunsch anpassen
- Bearbeitung des Auftrags gemäß des Arbeitsablaufplanes
- Kontrolle der fach-, sach-, umwelt- und kundengerechten Ausführung
- Inbetriebnahme und Übergabe an den Kunden mit allen notwendigen Unterlagen
- ggf. Nachbesserung

Auftragsauswertung

- Aufmaß vornehmen
- Rechnung erstellen
- Gutschrift auf Kontoauszug überprüfen und ggf. Mahnung erstellen
- nachkalkulieren
- Kundenkartei aktualisieren/Kundenzufriedenheit erheben
- Wartungs- und Serviceangebote regelmäßig dem Kunden zusenden

1) Bei größeren Aufträgen

Bearbeiten von Kundenaufträgen/Qualitätsmanagement

processing of customer orders/quality management

Kundenaufträge im SHK-Handwerk

Modell der vollständigen Handlung

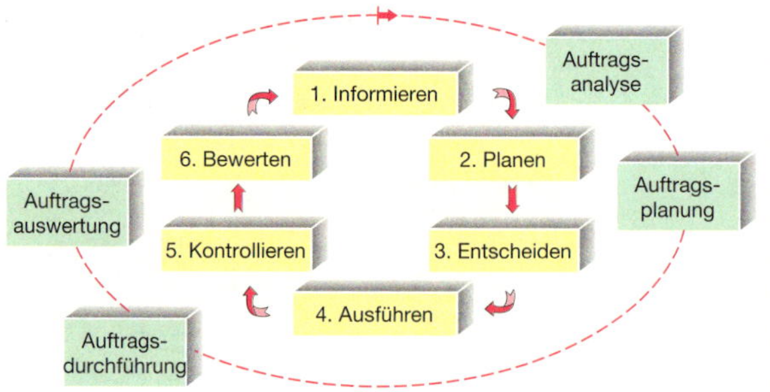

Auftragsarten

Neuinstallation

(Teil-)Sanierunng

(Teil-)Modernisierung

Instandhaltung
- **Wartung** (z. B. Prüfen, Nachstellen, Auswechseln, Schmieren, Reinigen)
- **Inspektion** (z. B. Prüfen, Messen, Bewerten)
- **Instandsetzung** (z. B. Reparatur, Störungsbehebung)

Zusammensetzung des Stundenverrechnungssatzes

Ausgangspunkt der Kalkulation im Handwerk ist der Stundenverrechnungssatz. Dieser wird wie folgt berechnet.

1. Alle im Unternehmen anfallenden Kosten (außer Materialkosten, die gesondert einzurechnen sind) werden zusammengerechnet.

Beispiel:

Kostenarten	€ pro Jahr
Personalkosten	170 000
Unternehmerlohn	70 000
Raumkosten mit Nebenkosten	32 000
Steuern	24 000
Versicherungsbeträge	7 000
Kfz-Kosten	15 700
Werbekosten	6 000
Reisekosten	2 000
Reparaturen	3 800
Instandhaltung	2 000
Abschreibungen	10 000
Sonstige betriebliche Aufwendungen	5 500
Zinsen (auch für eingesetztes Eigenkapital)	4 000
Kosten im Unternehmen	**352 000**

2. Berechnung der Anwesenheitstage im Betrieb.

Berechnung der Arbeitstage im Jahr

Tage im Jahr	365
– Samstage und Sonntage	103
– Feiertage	10
– Urlaubstage	30
– Ausfalltage durch Krankheit	13
= Arbeits- bzw. Anwesenheitstage	**209**

3. Berechnung der fakturierfähigen[1)] Stunden.

Arbeitstage 209 x 8 Stunden pro Tag
x 4,5 produktiv Beschäftigte
x 85 % Korrekturfaktor (= Zeitverlust z. B. für Fahrten, Leerlaufzeiten, usw.)

fakturierfähige Stunden = 6 395

4. Berechnung des Stundenverrechnungssatzes (SVS).

$$SVS = \frac{\text{Kosten}}{\text{fakturierfähige Stunden}} = \mathbf{55{,}04\ €/Std.}$$

[1)] fakturierfähig = abrechenbar

Bearbeiten von Kundenaufträgen/Qualitätsmanagement

processing of customer orders/quality management

Angebotskalkulation im SHK-Handwerk

	Beispiel:	
Materialeinkaufspreis für den betreffenden Auftrag	Materialpreis	1 800,00 €
+ Materialgemeinkosten (ca. 10 %)[1]	+ 10 % MGK	180,00 €
= Materialkosten	= MK	1 980,00 €
+ Stundenverrechnungssatz x Zeiteinheiten	+ 55,04 €/Std. x 12,5 Std.	688,00 €
= Selbstkosten	= SEKO	2 668,00 €
+ Gewinnaufschlag (10 %)[2]	+ 10 % Gewinn	266,80 €
= Angebotspreis (netto)	= Nettopreis	2 934,80 €
+ 19 % Mehrwertsteuer	+ 19 % Mwst.	557,61 €
= Angebotspreis (brutto)	= **Bruttopreis**	**3 492,41 €**

[1] Die Materialgemeinkostenzuschläge sind meist deutlich höher, weil Händlerrabatte nicht weitergegeben werden.

[2] Der Gewinnaufschlag wird zumeist nicht ausgewiesen. Zur Verschleierung wird er üblicherweise schon vorher auf den Materialpreis und auf den Stundenverrechnungssatz aufgeschlagen.

Angebots- und Rechnungserstellung

Angebot

Rechtliche Bedeutung des Angebotes

Ein **vollständiges** Angebot enthält:

- Anschrift des anbietenden Unternehmens,
- Angaben über Art, Güte und Beschaffenheit der Ware (z. B. Armaturen nach DVGW) bzw. angebotene Leistung (z. B. Ausführung und Gewährleistung nach VOB),
- Preis und Menge sowie ggf. Rabatt oder Skonto
- Liefer- und Zahlungsbedingungen
- Erfüllungsort (Ortsangabe, an dem der Schuldner seine Leistung zu erfüllen hat)
- Gerichtsstand (Sitz des Gerichtes, das im Streitfall zuständig ist)

Ein Angebot ist grundsätzlich **verbindlich**. Wenn ein Lieferant sich nicht binden will, kann er das Angebot **zeitlich befristen** oder mit dem Vermerk „unverbindlich" versehen.

Ein Abgebot kann auch **widerrufen** werden. Der Widerruf muss jedoch vor oder gleichzeitig mit dem Angebot eintreffen (z. B. E-Mail oder Fax).

Häufig wird im Angebot auf die **Allgemeinen Geschäftsbedingungen** (AGB) verwiesen. Sie regeln alles, was nicht ausdrücklich im Angebot steht. AGB sind nicht immer frei von unlauteren Klauseln.

Aufbau und Inhalt eines Angebots	Formulierungsvorschlag
1. Bezug auf Anfrage herstellen	Wir danken für Ihre Anfrage vom ... und bieten Ihnen für das Objekt: Musterstraße 4, 20409 Hamburg zum Termin: ... folgende Leistungen an:
2. Beschreibung der Artikel und ggf. der Leistung wie z. B. Montage, Entsorgung	Lieferung und Montage von: (siehe Tabelle unten)
3. Nennen der Angebotsbedingungen (Preise, Liefer- und Zahlungsbedingungen, Erfüllungsort, Gerichtsstand)	Die Arbeiten werden nach neuestem Stand der Technik ausgeführt. Die Gewährleistung erfolgt nach VOB. Der Endbetrag ohne Abzug ist zahlbar bis 30 Tage nach Zugang der Rechnung.
4. Freundlicher Abschlusssatz	Wir hoffen Ihren Auftrag zu erhalten.

Menge	Beschreibung	Einzelpreis	Gesamtpreis
		Netto-Summe	
		MwSt.	
		Endbetrag	

Betriebliche Grundlagen

Bearbeiten von Kundenaufträgen/Qualitätsmanagement

processing of customer orders/quality management

Rechnung

Rechnungen müssen für den Kunden nachvollziehbar sein (Übersichtlichkeit). Sie sollten unmittelbar nach Abnahme der Arbeiten gestellt werden

Verjährungsfrist bei Handwerkerleistung (BGB)

	Kunde ist	
	Privatperson	Geschäftsmann
Verjährungsfrist nach Abnahme	2 Jahre	4 Jahre

Liegt der Rechnung kein Angebot zugrunde, so empfiehlt es sich, bei der Auftragsdurchführung ein Montagebericht anzufertigen und diesen vom Auftraggeber prüfen und abzeichnen zu lassen. Im Montagebericht werden die installierten Komponenten, verbrauchtes Material, ausgeführte Arbeiten, Arbeitszeit und Entsorgungskosten erfasst.
Der Rechnung sollte eine Kopie des Montageberichtes beigefügt werden.
Bei Neukunden, deren Zahlungswillen noch nicht als sicher gelten, sollte der Montagebericht z. B. durch Fotos dokumentiert werden.

Aufbau und Inhalt einer Rechnung

1. Rechnungsdaten
2. Ansprechpartner
3. Bezug zum Auftrag herstellen
4. Beschreibung der Artikel und ggf. der Leistungen wie z. B. Montage, Entsorgung
5. Nennen des Endbetrages[1] und der Zahlungsbedingungen

[1] Die vereinbarte Vergütung entspricht dem Endbetrag des Angebotes. Höherer Aufwand rechtfertigt keine höhere Vergütung es sei denn, sie wurden dem Auftraggeber gemeldet und von ihm genehmigt.

6. Freundlicher Abschluss
7. Bankverbindung

Formulierungsvorschlag

+++ RECHNUNG +++
Rechnungsnummer: ....
Kundennummer: ....
Datum: ....
Auftragsnummer: ....
Bei Zahlung bitte angeben

Kundenberater: .... Tel.: ....

Wir danken für Ihren Auftrag und berechnen wie folgt:

Lieferung und Montage gemäß Montagebericht vom ... :

Menge	Beschreibung	Einzelpreis	Gesamtpreis
		Netto-Summe	
		MwSt.	
		Endbetrag	

Der Endbetrag ohne Abzug ist zahlbar bis 30 Tage nach Zugang der Rechnung.

Mit freundlichem Gruß

Kontonummer: ....
Bankleitzahl: ....
Kreditinstitut: ....

Rechnungsprüfung

Die Rechnungsprüfung umfasst die:

Rechnersiche Prüfung
Überprüfung der rechnerischen Daten (z. B. Listenpreis, Rabatt, Montagezeit)

Sachliche Prüfung
Überprüfung von Art und Menge der aufgeführten Artikel anhand des Angebotes und des Montageberichtes.

Die Güte der Leistungen wird zuvor bei der Abnahme überprüft. Sie umfasst die Vollständigkeits- und die Funktionsprüfung.

Geldschulden

Geldschulden sind Bring- oder Schickschulden (§270, BGB). Wo der Schuldner zu zahlen hat, richtet sich nach dem Erfüllungsort.
Wenn, wie üblich, als vertraglicher Erfüllungsort der Geschäftssitz des Verkäufers vereinbart ist, muss der Käufer:

- darauf achten, dass das Geld rechtzeitig auf dem Konto des Verkäufers eingeht.
- die Überweisungskosten übernehmen.
- das Transportrisiko für das Geld tragen.

Gilt nur der gesetzliche Erfüllungsort, reicht die rechtzeitige Absendung des Geldbetrages aus.

Qualitätsmanagementsysteme *quality management systems*

Grundlagen und Begriffe

DIN EN ISO 9000: 2000-12

Das erfolgreiche Führen und Betreiben einer Organisation, z. B. eines Betriebes, erfordert, dass sie in systematischer und klarer Weise geleitet und gelenkt wird. Ein Weg zum Erfolg kann die Einführung und Aufrechterhaltung eines Managementsystems sein, das auf ständige Leistungsverbesserung ausgerichtet ist. Dabei werden die Erfordernisse aller interessierten Parteien, z. B. Lieferant und Kunde, berücksichtigt.

> Qualitätsmanagementsysteme können Organisationen beim Erhöhen der Kundenzufriedenheit unterstützen.

Kunden verlangen Produkte oder Dienstleistungen, die ihre Erfordernisse und Erwartungen erfüllen. Diese Erfordernisse und Erwartungen werden in Produktspezifikationen oder Kundenanforderungen ausgedrückt.
Kundenanforderungen können vom Kunden vertraglich festgelegt werden oder von der Organisation selber ermittelt werden. In beiden Fällen befindet der Kunde über die Annehmbarkeit des Produktes.

Ansatz für Qualitätsmanagementsysteme (QM-Systeme)

Um ein Qualitätsmanagementsystem zu entwickeln und zu verwirklichen, müssen

- Erfordernisse und Erwartungen der Kunden ermittelt,
- Qualitätspolitik und Qualitätsziele festgelegt,
- erforderliche Prozesse und Verantwortlichkeiten, um die Qualitätsziele zu erreichen, festgelegt,
- erforderliche Ressourcen, um die Qualitätsziele zu erreichen, festgelegt und bereitgestellt,
- Methoden, die Wirksamkeit und Effizienz jedes einzelnen Prozesses gemessen,
- diese Messungen zur Ermittlung der aktuellen Wirksamkeit und Effizienz jedes einzelnen Prozesses angewendet,
- Mittel zur Verhinderung von Fehlern und zur Beseitung ihrer Ursachen festgelegt,
- Prozesse zur ständigen Verbesserung des Qualitätsmanagementsystems eingeführt und angewendet

werden.

Anforderungen

DIN EN ISO 9001: 2000-12

Die Kundenzufriedenheit wird durch die Erfüllung der Kundenanforderungen erhöht. Dieses erreicht man durch einen prozessorientierten Ansatz für die Entwicklung, Verwirklichung und Verbesserung der Wirksamkeit eines Qualitätsmanagementsystems.

Der prozessorientierte Ansatz bedeutet

- das Verstehen und Erfüllen der Anforderungen,
- die Notwendigkeit, Prozesse aus der Sicht der Wertschöpfung zu betrachten,
- das Erzielen von Ergebnissen bezüglich Prozessleistung und Prozesswirksamkeit und
- die ständige Verbesserung von Prozessen auf der Grundlage objektiver Messungen.

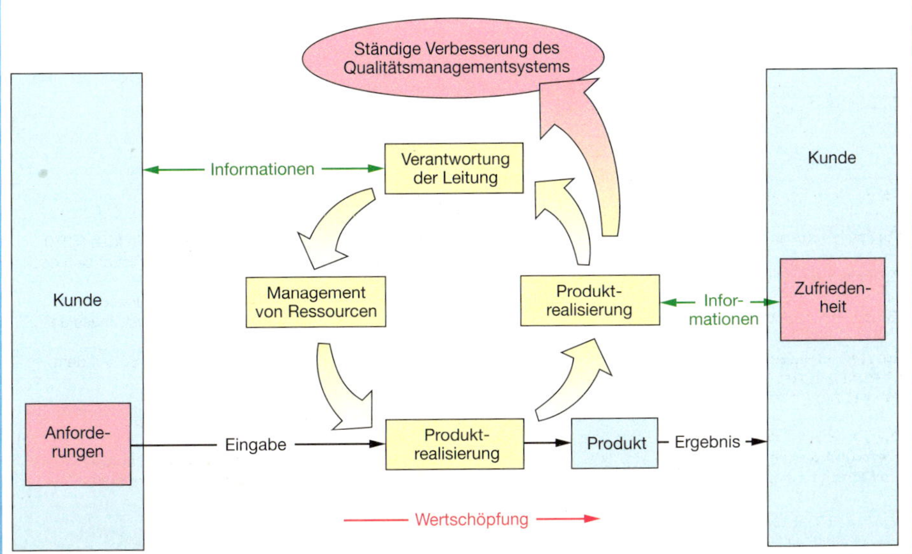

Qualitätsmanagementsysteme *quality management systems*

Leitfaden zur Leistungsverbesserung	DIN EN ISO 9004: 2000-12
Grundsätze des Qualitätsmanagements	
Kundenorientierung	Gegenwärtige und zukünftige Erwartung der Kunden verstehen, deren Anforderungen erfüllen und danach streben, die Erwartungen zu übertreffen.
Führung	Internes Umfeld schaffen und erhalten, in dem sich Personen voll und ganz für die Erreichung der Ziele einsetzen können.
Einbeziehung der Personen	Personen der Organisation (z. B. Betrieb) vollstänig einbeziehen, um ihre Fähigkeiten zu nutzen.
Prozessorientierter Ansatz	Tätigkeiten und dazugehöriger Ressourcen als Prozess leiten und lenken.
Systemorientierter Managementansatz	In Wechselbeziehung stehende Prozesse als System erkennen, verstehen, leiten und lenken.
Ständige Verbesserung	Permanentes Ziel der Organisation ist die ständige Verbesserung der Gesamtleistung.
Sachbezogener Ansatz zur Entscheidungsfindung	Notwendige Entscheidungen auf der Grundlage der Analyse der Daten und Informationen treffen.
Lieferantenbeziehungen zum gegenseitigen Nutzen	Organisation und Lieferanten sind voneinander abhängig. Beziehungen zum gegenseitigen Nutzen erhöhen die Wertschöpfungsfähigkeit auf beiden Seiten.
Verantwortung der Leitung	
Erfordernisse und Erwartungen interessierter Parteien	Die Erfordernisse und Erwartungen interessierter Parteien (Kunden, Personen der Organisation, Lieferanten u. a.) sind zu verstehen und zu erfüllen.
Qualitätspolitik	Die Qualitätspolitik umfasst u. a. die Art künftiger Verbesserungen, den gewünschten Grad der Kundenzufriedenheit, die Weiterentwicklung der Personen, die benötigten Ressourcen.
Planung	Die Qualitätsziele, die zur Verbesserung der Leistung führen, sind festzulegen. Die Ziele sollen messbar und beurteilbar und bekannt gemacht sein. Die Qualitätsplanung übernimmt die Leitung.
Verantwortung, Befugnis, Kommunikation	Die Verantwortungen und Befugnisse sind festzulegen, auf Personen in der Organisation zu übertragen und bekannt zu machen. Qualitätspolitik, Qualitätsziele und Ergebnisse sind zu veröffentlichen.
Managementbewertung	Das QM-System ist in Abständen auf Eignung, Angemessenheit und Wirksamkeit zu überprüfen und zu bewerten. Die Ergebnisse sollen zu Verbesserungen führen.
Management von Ressourcen	
Personen	Das Personal muss auf Grund der Ausbildung, Schulung, Fertigkeiten und Erfahrungen befähigt sein.
Infrastruktur	Die Organisation muss die Infrastruktur, z. B. Gebäude, Prozessausrüstung, Dienstleistungen ermitteln, bereitstellen und aufrechterhalten.
Arbeitsumgebung	Die Organisation muss die Arbeitsumgebung, z. B. Arbeitsmethoden, Sicherheitsbestimmungen, Ergonomie, ermitteln, bereitstellen und aufrechterhalten.
Informationen	Die Organisation muss den Informationsbedarf ermitteln, interne und externe Informationsquellen nutzen, Informationen in nützliches Wissen umwandeln.
Lieferanten und Partnerschaften	Die Organisation muss eine Wertsteigerung durch Zusammenarbeit mit Lieferanten und Partnern, z. B. durch Einrichtung eines Informationsaustausches oder durch Einbeziehung der Lieferanten in die Entwicklungstätigkeiten, erzielen.
Finanzielle Ressourcen	Finanzielle Ressourcen sind zum Erreichen der Qualitätsziele zu planen, bereitzustellen und zu lenken.
Produktrealisierung	
Planung der Prozessrealisierung	Die Organisation muss die Prozesse planen und entwickeln, die für die Prozessrealisierung notwendig sind, z. B. Festlegung der Qualitätsziele, Erstellen einer Dokumentation.
Prozesse bezüglich interessierter Parteien	Die Organisation muss die Kundenanforderungen in Bezug auf das Produkt ermitteln, die Bewertung der Anforderungen vornehmen und die Kommunikation mit dem Kunden aufrechterhalten.
Entwicklung	Die Organisation muss die Entwicklung eines Produktes planen und lenken. Es sind die Entwicklungsphasen, die Bewertung und Validierung und die Verantwortung festzulegen.
Beschaffung	Die Organisation muss sicherstellen, dass die beschafften Produkte die Beschaffungsanforderungen, z. B. Anforderungen an Qualität und Qualifikation des Personals, erfüllen.
Produktion und Dienstleistungserbringung	Die Organisation muss die Prozesse lenken, validieren, Kennzeichnung und Rückverfolgbarkeit sicherstellen, das Eigentum des Kunden schützen, die Konformität des Produktes erhalten.
Lenkung von Überwachungs- und Messmitteln	Die Organisation muss zum Nachweis der Konformität Überwachungs- und Messmittel festlegen und einsetzen. Messergebnisse sind zu bewerten und aufzuzeichnen.
Messung, Analyse und Verbesserung	
Messung und Überwachung	Die Organisation muss die Konformität des Produktes und die Kundenzufriedenheit messen und überwachen. Methoden zum Erlangen und zum Gebrauch dieser Informationen sind festzulegen.
Lenkung von Fehlern	Die Organisation muss sicherstellen, dss ein fehlerhaftes Produkt gekennzeichnet und gelenkt wird, um seinen unbeabsichtigten Gebrauch zu verhindern.
Datenanalyse	Die Organisation muss geeignete Daten ermitteln, erfassen und analysieren, um die Eignung und Wirksamkeit des Qualitätsmanagementsystems darzulegen und zu beurteilen.
Verbesserung	Die Organisation muss die Wirksamkeit des Qualitätsmanagementsystems durch Einsatz der Qualitätspolitik, Qualitätsziele, Auditerkenntnisse, Datenanalyse, Korrektur- und Vorbeugemaßnahmen sowie Managementbewertung ständig verbessern.

Technische Grundlagen *technical basics*

Werkstofftechnik *materials characteristics*

Einteilung der Werkstoffe

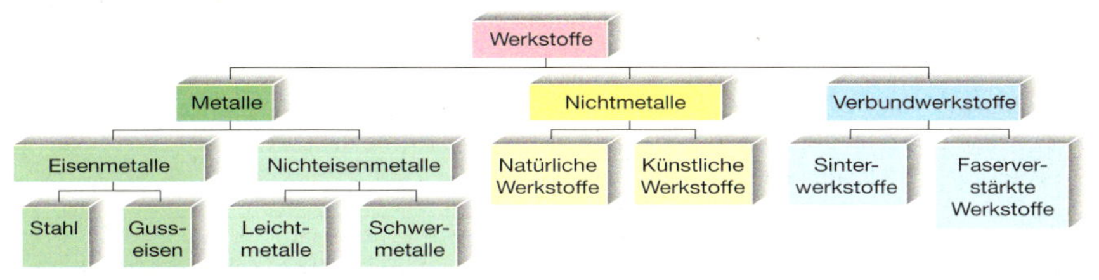

Technische Grundlagen

Eisenwerkstoffe – Stahl *ferrous metals – steel*

Einteilung der Stähle DIN EN 10 020: 2000-07

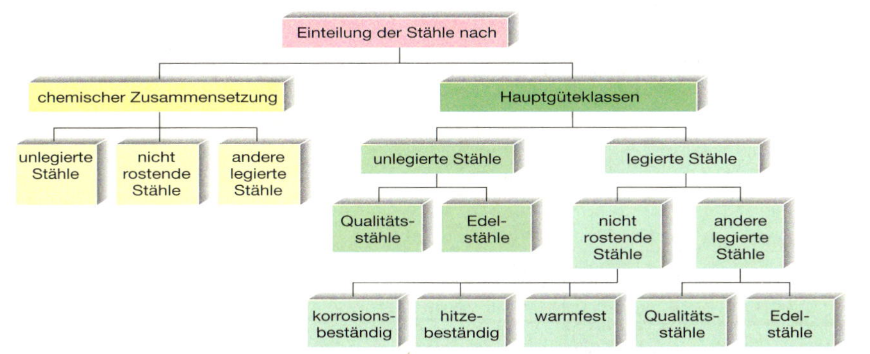

Tab. 59.1: Grenzgehalte für die Unterscheidung unlegierter und legierter Stähle DIN EN 10 020: 2000-07

Element	Al	B	Bi	Co	Cr	Cu	La	Mn	Mo	Nb
Massenanteil in %	0,10	0,0008	0,10	0,10	0,30	0,40	0,1	1,65	0,08	0,06
Element	Ni	Pb	Se	Si	Te	Ti	V	W	Zr	sonstige[1]
Massenanteil in %	0,30	0,40	0,10	0,60	0,10	0,05	0,10	0,30	0,05	je 0,1

[1] mit Ausnahme von C, P, S, N

Unlegierte Stähle sind Stahlsorten, bei denen keiner der Grenzwerte nach Tab. 59.1 erreicht wird.

Hauptgüteklassen der unlegierten Stähle DIN EN 10 020: 1989-09

Unlegierte Qualitätsstähle

- unlegierte Stähle, welche andere Eigenschaften besitzten als die unlegierten Edelstähle
- Stahlsorten, für die im Allgemeinen festgelegte Anforderungen wie z. B. an die Zähigkeit, Korngröße und/oder Umformbarkeit bestehen

Beispiele:
- Stähle für den Stahl- und Druckbehälterbau
- Stähle für Flacherzeugnisse zum Ziehen und Tiefziehen
- schweißbare Feinkornbaustähle
- Automatenstähle
- Einsatzstähle
- Vergütungsstähle
- Federstähle
- Stähle für Feinst- und Weißblech

Unlegierte Edelstähle

- für Vergüten von Oberflächenhärten bestimmt
- Kerbschlagarbeit im vergüteten Zustand $W_{kerb} > 27$ J bei $\vartheta = -50$ °C
- festgelegte Einhärtungstiefe oder Oberflächenhärte im gehärteten, vergüteten oder oberflächengehärteten Zustand
- festgelegter maximaler P- und S-Gehalt
  Schmelzanalyse ≤ 0,020 %
  Stückanalyse ≤ 0,025 %
- festgelegte elektrische Leitfähigkeit $> 9 \ \frac{S \cdot m}{mm^2}$

Beispiele:
- Stähle für den Stahl- und Reaktorbau
- Einsatzstähle
- Vergütungsstähle
- Federstähle
- Werkzeugstähle
- Schweißzusätze

Eisenwerkstoffe – Stahl *ferrous metals – steel*

Hauptgüteklassen der legierten Stähle — DIN EN 10 020: 2000-07

Nichtrostende Stähle

Nichtrostende Stähle sind Stähle mit einem Masseanteil von Chrom ≥ 10,5 % und ≤ 1,2 % Kohlenstoff.

Legierte Qualitätsstähle	Legierte Edelstähle
• im Allgemeinen nicht zum Vergüten oder Oberflächenhärten bestimmt • schweißgeeignete Feinkornbaustähle mit besonderen Anforderungen $W_{kerb} \le 27$ J bei $\vartheta = -50$ °C, $R_e < 380$ N/mm² **Beispiele:** • Stähle für den Stahl-, Rohrleitungs- und Druckbehälterbau • legierte Stähle für Schienen, Spundbohlen und Grubenausbau • Stähle für Flacherzeugnisse für schwierige Kaltumformarbeiten	• alle legierten Stähle außer nichtrostenden Stählen und legierten Qualitätsstählen **Beispiele:** • legierte Maschinenbaustähle • legierte Stähle für Druckbehälter • Wälzlagerstähle • Werkzeugstähle • Schnellarbeitsstähle • Stähle mit kontrolliertem Ausdehnungskoeffizienten • Stähle mit besonderem elektrischem Widerstand

Tab.60.1: Grenzgehalte für die Einteilung der legierten schweißbaren Feinkornbaustähle in Qualitäts- und Edelstähle — DIN EN 10 020: 2000-07

Element	Cr	Cu	La	Mn	Mo	Nb	Ni	Ti	V	Zr	nicht erwähnte Elemente
Massenanteil in %	0,5	0,5	0,06	1,8	0,1	0,08	0,5	0,12	0,12	0,12	(→ Tab. 59.1)

Ein Feinkornbaustahl gilt als Qualitätsstahl, wenn die maßgebenden Gehalte unter den angegebenen Grenzwerten liegen. Liegen die maßgebenden Gehalte darüber, ist es ein Edelstahl.

Tab. 60.2: Einfluss der Legierungselemente auf die Stahleigenschaften

beeinflusste Eigenschaften	Legierungselement												
	C	Si	S	P	Al	Co	Cr	Cu	Mn[1]	Mo	Ni[1]	V	W
Zugfestigkeit	+	+	0	+	0	+	+	+	+	+	+	+	+
Streckgrenze	+	+	0	+	0	+	+	+	+/–	+	+/–	+	+
Bruchdehnung	–	–	–	–	0	–	–	0	0/+	–	0/++	0	–
Kerbschlagarbeit	–	–	–	––	–	–	–	0	0	+	0/++	+	0
Warmfestigkeit	+	+	0	0	0	+	+	+	0	+	+/++	+	++
Warmumformbarkeit	–	–	––	–	–	–	–	––	+/––	–	–/––	+	–
Zerspanbarkeit	–	–	++	+	0	0	0	0	–/––	–	–/––	0	–
Härte	–	+	0	+	0	+	+	+	+/––	+	+/–	+	+
Nitrierbarkeit	/	–	0	0	++	0	+	0	0	+	0	+	+
Korrosionsbeständigkeit	0	0	–	0	0	0	++	+	0	0	0/+	+	0
Verschleißfestigkeit	/	––	0	0	0	++	+	0	–/0	+	0	+	++

++ = starke Erhöhung; + = Erhöhung; 0 = gleich bleibend oder ohne Bedeutung; – = Verminderung;
–– = starke Verminderung; / = ohne Angabe; [1] Angaben für ferritische/austenitische Stähle

Kurznamen von Stählen mit Hinweisen auf Verwendung und Stahleigenschaften — DIN EN 10 027-1: 2005-10

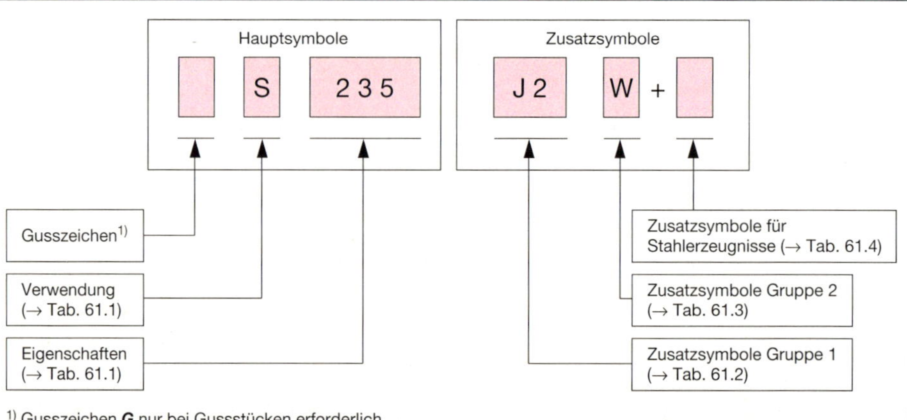

[1] Gusszeichen ***G*** nur bei Gussstücken erforderlich

Eisenwerkstoffe – Stahl *ferrous metals – steel*

Tab. 61.1: Haupt- und Zusatzsymbole für Stähle DIN EN 10027-1: 2005-10

mögliche Hauptsymbole			mögliche Zusatzsymbole für Stähle	
Verwendung		Eigenschaften	Gruppe 1	Gruppe 2
S, GS[1]	allgemeiner Stahlbau	Kennzahl: Mindeststreckgrenze R_e in N/mm² für die geringste Erzeugnisdicke	Kerbschlagarbeit (→ Tab. 61.2), A, G, H bei Feinkornbaustählen: M, N, Q	C, D, E, F, H, L, M, N, Q, T, W
P	Druckbehälterbau		G, S, B, T, bei Fernkornbaustählen: M, N, Q	H, L, R, X
E	Maschinenbau		G	C
L	Rohrleitungen		G, bei Feinkornbaustählen: M, N, Q	A, B
DC	Flacherzeugnisse kaltgewalzt	zweistellige Kennzahl	D, EK, ED, H, T, G	–
DD	Flacherzeugnisse warm gewalzt			
DX	Flacherzeugnisse warm oder kaltgewalzt			

[1] Gusszeichen ***G*** nur bei Gussstücken erforderlich

Tab. 61.2: Zusatzsymbole für Stähle, Gruppe 1 DIN EN 10027-1: 2005-10

Kerbschlagarbeit W_{kerb} in Joule			Prüftemperatur ϑ in °C		
				A	ausscheidungshärtend
				B	für Gasflaschen
				D	für Schmelztauchüberzüge
				ED	für direkte Emaillierung
				EK	für konventionelle Emaillierung
27	40	60		G	andere Güte, evtl. mit Ziffern (→ DIN EN 10025)
JR	KR	LR	+20	H	für Hohlprofile
J0	K0	L0	0	M	thermomechanisch gewalzt
J2	K2	L2	–20	N	normal geglüht oder normalisierend gewalzt
J4	K4	L4	–40	Q	vergütet
J5	K5	L5	–50	S	für einfache Druckbehälter
J6	K6	L6	–60	T	für Rohre

Tab. 61.3: Zusatzsymbole für Stähle, Gruppe 2
(nur in Verbindung mit Symbolen der Gruppe 1) DIN EN 10027-1: 2005-10

C	besondere Kaltumformbarkeit	Q	vergütet
D	für Schmelztauchüberzüge	R	für Raumtemperatur
E	für Emaillierung	T	für Rohre
F	zum Schmieden	W	wetterfest
H	für Hohlprofile	X	für Hoch- und Tieftemperatur
H	bei Verwendung P für hohe Temperaturen	A	Anforderungsklasse: Grundqualität, ohne besondere Eigenschaften
L	für tiefere Temperaturen		
M	thermomechanisch gewalzt	B	Anforderungsklasse: über Grundqualität hinausgehende Eigenschaften (z. B. besondere Zähigkeit)
N	normal geglüht oder normalisierend gewalzt		

Tab. 61.4: Zusatzsymbole für Stahlerzeugnisse DIN EN 10027-1: 2005-10

Behandlungszustand

+ A	weichgeglüht	+ M	thermomechanisch gewalzt
+ C	kaltverfestigt	+ N	normal geglüht oder normalisierend gewalzt
+ Cxxx	kaltverfestigt auf R_m = xxx N/mm²	+ QA	luftgehärtet
+ CR	kaltgewalzt	+ QT	vergütet
+ LC	leicht kalt nachgezogen bzw. leicht kalt nachgewalzt	+ QW	wassergehärtet
		+ T	angelassen

Art des Überzugs

+ AZ	mit Al-Zn-Legierung überzogen	+ T	schmelztauchveredelt mit Pb-Sn-Legierung
+ CE	elektrolytisch verchromt	+ TE	elektrolytisch mit Pb-Sn-Legierung überzogen
+ CU	Cu-Überzug	+ Z	feuerverzinkt
+ IC	anorganisch beschichtet	+ ZA	mit Zn-AL-Legierung überzogen
+ OC	organisch beschichtet	+ ZE	elektrolytisch verzinkt
+ S	feuerverzinnt	+ ZF	diffusionsgeglühter Zinküberzug (mit diffundiertem Fe)
+ SE	elektrolytisch verzinnt	+ ZN	Zn-Ni-Überzug

Besondere Anforderungen

+ H	mit Härtbarkeit
+ Z xx	Mindestbrucheinschnürung senkrecht zur Oberfläche von xx %

Mehrere Zusatzsymbole für Stahlerzeugnisse müssen jeweils durch ein Pluszeichen (+) voneinander getrennt werden!

Eisenwerkstoffe – Stahl *ferrous metals – steel*

Kurznamen von Stählen mit Hinweisen auf die chemische Zusammensetzung DIN EN 10 027-1: 2005-10

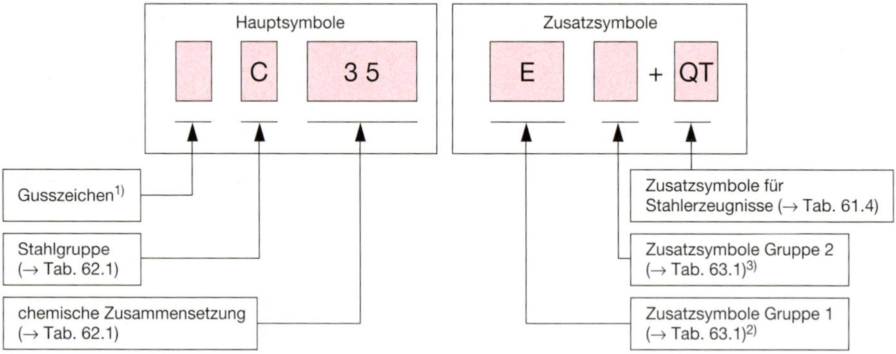

Hauptsymbole: [ ] C 3 5 — Zusatzsymbole: E [ ] + QT

- Gusszeichen[1)]
- Stahlgruppe (→ Tab. 62.1)
- chemische Zusammensetzung (→ Tab. 62.1)
- Zusatzsymbole für Stahlerzeugnisse (→ Tab. 61.4)
- Zusatzsymbole Gruppe 2 (→ Tab. 63.1)[3)]
- Zusatzsymbole Gruppe 1 (→ Tab. 63.1)[2)]

[1)] Gusszeichen ***G*** nur bei Gussstücken erforderlich
[2)] nur für unlegierte Stähle [3)] nur bei unlegierten Stählen und nur in Verbindung mit Gruppe 1

Tab. 62.1: Stahlgruppen und chemische Zusammensetzung für Stähle

Stahlgruppen		chemische Zusammensetzung	
		Kohlenstoffgehalt	Legierungselemente
C, GC[1)]	unlegierter Stahl, Mn-Gehalt < 1%		–
ohne Symbol, G[1)]	Legierter Stahl, Gehalt jedes einzelnen Legierungs-elementes < 5 %	Kohlenstoffkennzahl $\frac{\textit{Kennzahl}}{\textit{100}}$ = C-Gehalt in %	chemische Symbole für die charakteristischen Legierungselemente, geordnet nach abnehmendem Gehalt, Kennzahlen zur Ermittlung des prozentualen Gehaltes der Elemente $\frac{\textit{Kennzahl}}{\textit{Teiler des Elementes}}$ = Gehalt in % (→ Tab. 62.2), mehrere Kennzahlen durch Bindestriche getrennt, Anordnung in der Reihenfolge der Elemente
X, GX[1)]	Legierter Stahl, Gehalt mindestens eines Legierungs-elementes ≥ 5 %		chemische Symbole für die charakteristischen Legierungselemente, geordnet nach abnehmendem Gehalt, prozentualer Gehalt der Elemente, mehrere Kennzahlen durch Bindestriche getrennt, Anordnung in der Reihenfolge der Elemente
HS	Schnellarbeitsstähle	Angabe des prozentualen Gehalts der Legierungselemente, durch Bindestriche getrennt Reihenfolge: W – Mo – V – Co	

[1)] Gusszeichen ***G*** nur bei Gussstücken erforderlich

Tab. 62.2: Teiler (Multiplikatoren) für Legierungselemente

chemisches Symbol	Name	Teiler	chemisches Symbol	Name	Teiler
Cr	Chrom	4	Nb	Niob	10
Co	Cobalt		Ta	Tantal	
Mn	Mangan		Ti	Titan	
Ni	Nickel		V	Vanadium	
Si	Silizium		Zr	Zirkonium	
W	Wolfram		Ce	Cer	100
Al	Aluminium	10	P	Phosphor	
Be	Beryllium		S	Schwefel	
Pb	Blei		N	Stickstoff	
Cu	Kupfer		C	Kohlenstoff	
Mo	Molybdän		B	Bor	1000

Eisenwerkstoffe – Stahl *ferrous metals – steel*

Tab. 63.1: Zusatzsymbole für Stähle DIN EN 10 027-1: 2005-10

Gruppe 1	E	vorgeschriebener maximaler S-Gehalt	R	vorgeschriebener Bereich des S-Gehaltes
	C	mit besonderer Kaltumformbarkeit	D	zum Drahtziehen
	S	für Federn	U	für Werkzeuge
	W	für Schweißdraht	G	andere Güten, evtl. mit Ziffern (→ DIN EN 10 025)
Gruppe 2	zusätzliche Elemente	Angabe von zusätzlichen Elementen mit Symbol und Kennzahl (Teiler anwenden → Tab. 62.2)		

Tab. 63.2: Beispiele für die Anwendung des Kurznamensystems nach DIN EN 10 027-1: 2005-10

Stähle mit Hinweisen auf Verwendung und Stahleigenschaften (→ Tab. 61.1)	S 235 JR	Stahlbaustahl, Mindeststreckgrenze R_e = 235 N/mm², Kerbschlagarbeit W_{kerb} = 27 J bei 20 °C
	P 235G1TH	Druckbehälterstahl, Mindeststreckgrenze R_e = 235 N/mm², Güte 1, für Rohre, für hohe Temperaturen
	E 295GC	Maschinenbaustahl, Mindeststreckgrenze R_e = 295 N/mm², andere Gütegruppe, besondere Kaltumformbarkeit
Stähle mit Hinweisen auf die chemische Zusammensetzung (→ Tab. 62.1)	C 35E	Unlegierter Stahl, Mn-Gehalt < 1 %, 35/100 = 0,35 % C, vorgeschriebener maximaler S-Gehalt
	25 CrMo4	legierter Stahl, Gehalt jedes einzelnen Legierungselements < 5 %, 25/100 = 0,25 % C, 4/4 = 1 % Cr, etwas Mo
	X 12 CrNiS17-7	legierter Stahl, Gehalt mindestens eines Legierungselements ≥ 5 %, 12/100 = 0,12 % C, 17 % Cr, 7 % Ni, etwas S
	HS 10-4-3-10	Schnellarbeitsstahl mit 10 % W, 4 % Mo, 3 % V, 10 % Co

Nummernsystem zur Bezeichnung von Stählen DIN EN 10 027-2: 2005-10

Die Bezeichnung erfolgt durch siebenstellige Zahlen, die in 3 Gruppen unterteilt sind. Die 3. Gruppe (Zählnummer) enthält derzeit 2 Ziffern, eine Erweiterung um 2 Stellen wird aber für die Zukunft in Betracht gezogen.

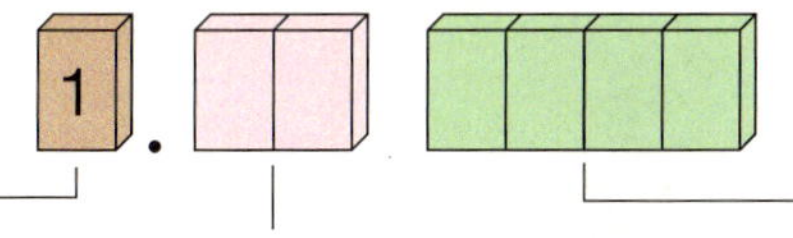

Werkstoffhauptgruppennummer Stahl

Stahlgruppennummer

Zählnummer (vergeben durch die Europäische Stahlregistratur) (z. Zt. nur 2 Stellen vorgesehen)

Tab. 63.3: Stahlgruppennummern DIN EN 10 027-2: 2005-10

00, 90	**Grundstähle**
	Qualitätsstähle
01, 91	Allgemeine Baustähle, R_m < 500 N/mm²
02, 92	Sonstige, nicht für Wärmebehandlung vorgesehene Baustähle, R_m < 500 N/mm²
03, 93	Stähle mit < 0,12 % C, R_m < 400 N/mm²
04, 94	Stähle mit 0,12 % ≤ C < 0,25 % oder 400 N/mm² ≤ R_m < 500 N/mm²
05, 95	Stähle mit 0,25 % ≤ C < 0,55 % oder 500 N/mm² ≤ R_m x 700 N/mm²
06, 96	Stähle mit ≥ 0,55 % C, R_m ≥ 700 N/mm²
07, 97	Stähle mit höherem P- oder S-Gehalt
	Edelstähle
10	Stähle mit besonderen physikalischen Eigenschaften
11	Bau-, Maschinenbau- und Behälterstähle mit C < 0,50 %
12	Maschinenbaustähle mit C ≥ 0,50 %
13	Bau-, Maschinenbau- und Behälterstähle mit besonderen Anforderungen
14	frei
15 … 18	Werkzeugstähle
19	frei

	Qualitätsstähle
08, 98	Stähle mit besond. physikalischen Eigenschaften
09, 99	Stähle für verschiedene Anwendungsbereiche
	Edelstähle
20 … 28	Werkzeugstähle
29	frei
30, 31	frei
32	Schnellarbeitsstähle mit Kobalt
33	Schnellarbeitsstähle ohne Kobalt
34	frei
35	Wälzlagerstähle
36, 37	Stähle mit besond. magnetischen Eigenschaften
38, 39	Stähle mit besond. physikalischen Eigenschaften
40 … 45	nichtrostende Stähle
46	chemisch beständige und hoch warmfeste Ni-Legierungen
47, 48	wärmebeständige Stähle
49	hoch warmfeste Werkstoffe
50 … 84	Bau-, Maschinenbau- und Behälterstähle geordnet nach Legierungselementen
85	Nitrierstähle
86	frei
87 … 89	nicht für Wärmebehandlung bestimmte Stähle, hoch feste schweißgeeignete Stähle

Eisenwerkstoffe – Stahl *ferrous metals – steel*

Nummernsystem zur Bezeichnung von Werkstoffen

DIN EN 10027-2: 1992-09

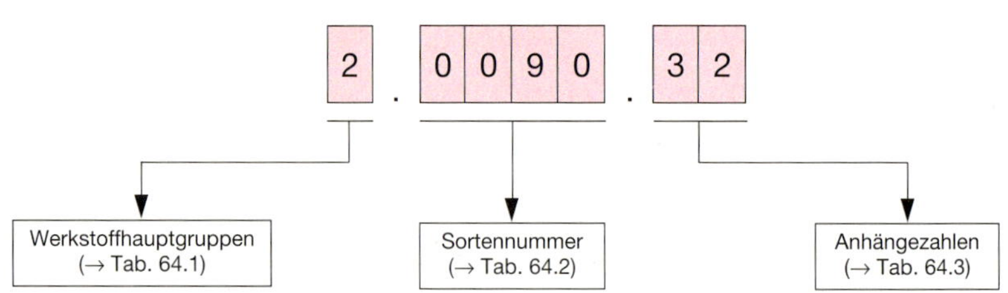

Tab. 64.1: Werkstoffhauptgruppen

0	Roheisen und Ferrolegierungen
1	Stahl, Stahlguss
2	NE-Schwermetalle
3	NE-Leichtmetalle
4 ... 8	nichtmetallische Werkstoffe
9	frei für interne Benutzung

Tab. 64.2: Sortennummern der Werkstoffhauptgruppe 2

0000 – 0199	Reinkupfer
0200 – 0449	Cu-Zn-Legierung (Messing)
0450 – 0599	Sondermessing
2000 – 2499	Zink, Cadmium und deren Legierungen
3400 – 3449	Weichlote auf Bleibasis
3610 – 3699	Sn-Pb-Weichlote

Tab. 64.3: Anhängezahlen der Werkstoffhauptgruppen 2 und 3

Gruppe		Beispiele aus den Gruppen	
0	unbehandelt	10	weich, ohne Korngrößenangabe
1	weich	20	gewalzt/gezogen ohne vorgeschriebene Festigkeit
2	kaltverfestigt (Zwischenhärten)	21	gewalzt/entspannt, gezogen/entspannt
3	kaltverfestigt (hart und darüber)	22	achtelhart
6	warmausgehärtet ohne mech. Nacharbeit	30	hart
7	warmausgehärtet, kalt nachbearbeitet	32	federhart
8	entspannt, ohne vorherige Kaltverfestigung	34	doppelfederhart
9	Sonderbehandlung	35	entspannt

Tab. 64.4: Frühere Normbezeichnungen von Eisenwerkstoffen DIN 17006: 1949-10[1)]

Gusszeichen	
G -	gegossen
GG -	Gusseisen mit Lamellengraphit (auch GGL -)
GGG -	Gusseisen mit Kugelgraphit
GS -	Stahlguss
GTS -	Temperguss, schwarz
GTW -	Temperguss, weiß
Besondere Eigenschaften durch Erschmelzung bedingt	
A	alterungsbeständig
R	beruhigter und halbberuhigter Stahl
Ro	zum Herstellen geschweißter Rohre
RR	besonders beruhigter Stahl
S	besonders zum Schmelzschweißen geeignet
U	unberuhigter Stahl
Angabe der Gebrauchseigenschaften	
St	allgemeine Baustähle, die nach ihrer Zugfestigkeit benannt werden. *Kennzahl* ·*10* = *Mindestzugfestigkeit* in N/mm^2
StE	Baustahl mit Angabe der Streckgrenze

Angabe der chemischen Zusammensetzung	
C	für unlegierte Stähle, $\frac{Kennzahl}{100}$ = C-Gehalt in %
Ck	unlegierter Edelstahl mit geringem P- und S-Gehalt
Cm	unlegierter Edelstahl mit unterer und oberer Begrenzung des S-Gehaltes
chem. Symbol + Kennzahl	für niedrig- und hochlegierte Stähle, Angabe der Legierungselemente + der Kennzahl der Massenanteile in der Reihenfolge der Legierungselemente niedriglegierte Stähle (Masseanteile der Legierungselemente < 5 %): Kennzahl durch Teiler teilen (→ Tab. 62.2)
X	Kennbuchstabe für hochlegierte Stähle (Masseanteil der Legierungselemente > 5%): Kennzahl = Masseanteil in %

Angaben zum Behandlungszustand			
A	angelassen	H	gehärtet
E	einsatzgehärtet	N	normal geglüht
G	weichgeglüht	NT	nitriert
S	spannungsarm geglüht	U	unbehandelt
V	vergütet	Z	feuerverzinkt

1) Die DIN 17006 ist durch die DIN EN 10027 und die DIN EN 1560 ersetzt worden. In Einzelnormen wird das System nach DIN 17006 noch verwendet.

Eisenwerkstoffe – Stahl *ferrous metals – steel*

Tab. 65.1: Übliche Stähle

Werkstoff-nummer	Kurzname nach DIN EN 10 027	DIN 17 006 ***alt***	R_m in N/mm² [1]	R_{eH} in N/mm² [2]	A in % [3]	Verwendung
1.0035	S185	St 33	290 … 510	185	18	allgem. Baustähle, geschweißte Rohre ohne bes. Anforderungen DIN EN 10 025
1.0036	S235JRG1	USt 37-2	340 … 470	235	26	
1.0037	S235JR	St 37-2	340 … 470	235	26	
1.0038	S235JRG2	RSt 37-2	340 … 470	235	26	
1.0319	L210GA	RRStE 210.7	335 … 475	210	25 [8]	Rohre für brennbare Medien, Anforderungsklasse A DIN EN 10 208-1
1.0458	L235GA	–	370 … 510	235	23 [8]	
1.0483	L290GA	–	415 … 555	290	21 [8]	
1.0499	L360GA	–	460 … 620	360	20 [8]	
1.0457	L245NB	StE 240.7	415	245 … 440	22 [8]	Rohre für brennbare Medien, Anforderungsklasse B DIN EN 10 208-2
1.0578	L360MB	StE 360.7 TM	460	360 … 510	20 [8]	
1.8955	L485QB	–	570	485 … 605	18 [8]	
1.0305	P235G1TH	St 35.8	360 … 480	235	23	warmfeste Stahlrohre
1.0315	P235G2TH	St 37.8	360 … 480	235	23	
1.0405	P255G1TH	St 45.8	410 … 530	255	19	
1.0498	P255G2TH	St 42.8	410 … 530	255	19	
1.0242	S250GD	StE 250-Z	330 … 470	250	19	verzinktes Blech zum Kaltumformen, DIN EN 10 147; 10 142
1.0226	DX51D+Z	St 02 Z	500	–	22	
1.0350	DX52D+Z	St 03 Z	420	300	26	
1.0482	P310GH	19 Mn 5	137 [4]	314 [5]	–	Kesselbau, Flansche bis 530 °C
1.0211	S215GSiT	St 30 Si	290 … 420 [6]	215 [6]	30 [6]	Präzisionsstahlrohre DIN EN 10 305-1 (DIN 2391-2)
1.0212	S215GAIT	St 30 Al	290 … 420 [6]	215 [6]	30 [6]	
1.0345	P235GH	H I	360 … 480	235	25	warmfeste Bleche DIN EN 10 028
1.0425	P265GH	H II	410 … 530	265	23	
1.4021	X20Cr13	X20Cr13	650 … 800 [7]	450 [7]	14 [7]	rost- und säurebest. Stähle, Rohre, Armaturen, chirurgische Instrumente, Haushaltsgeräte
1.4301	X5CrNi18-10	X 5 CrNi18 10	500 … 700	195	45	
1.4541	X6CrNiTi18-10	X6CrNiTi18 10	500 … 730	205	40	
1.4401	X5CrNiMo17-12-2	X5CrNiMo17 12 2	510 … 710	205	40	Präzisionsstahlrohre für Trinkwasserinstallation, Pressfittingsystem
1.4571	X6CrNiMoTi17-12-2	X6CrNiMoTi17 12 2	500 … 730	215	35	
1.7218	25CrMo4	25CrMo4	800 … 950	700	14	Rohre und Formst. bis 200 °C

R_m: Zugfestigkeit in N/mm² R_{eH}: Streckgrenze in N/mm² A: Bruchdehnung in %

[1] Werte für Erzeugnisdicken 3 mm ≤ s ≤ 100 mm
[2] Werte für Erzeugnisdicke s ≤ 16 mm
[3] Werte für Längsproben 3 mm ≤ s ≤ 40 mm
[4] Wert für 10.000 h bei ϑ = 450 °C (Zeitstandsfestigkeit)
[5] $R_{p0,2}$ bei ϑ = 200 °C
[6] für Lieferzustand normal geglüht
[7] Werte für vergüteten Zustand
[8] Werte für Querproben vom Rohrkörper

Eisenwerkstoffe – Gusseisen *ferrous metals – cast iron*

Kurznamen von Gusseisen mit Hinweisen auf mechanische Eigenschaften DIN EN 1560: 1997-08

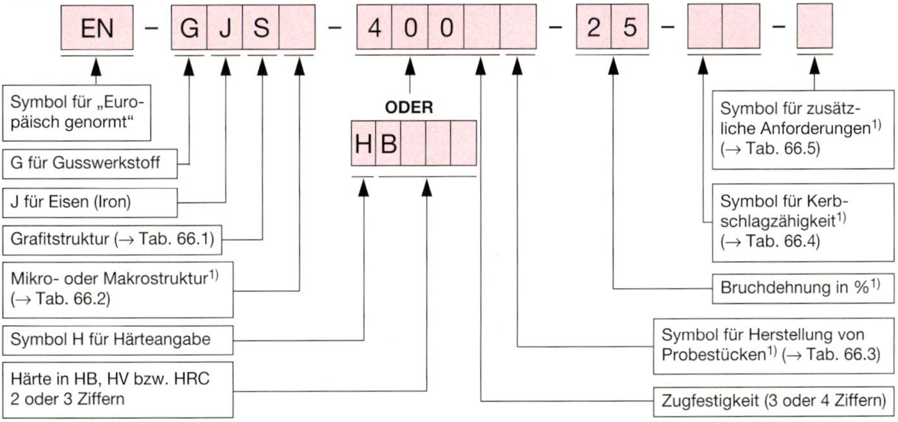

EN – G J S □ – 4 0 0 □ □ – 2 5 – □ □ – □

ODER H B □ □ □

- EN: Symbol für „Europäisch genormt“
- G für Gusswerkstoff
- J für Eisen (Iron)
- Grafitstruktur (→ Tab. 66.1)
- Mikro- oder Makrostruktur[1] (→ Tab. 66.2)
- Symbol H für Härteangabe
- Härte in HB, HV bzw. HRC 2 oder 3 Ziffern
- Zugfestigkeit (3 oder 4 Ziffern)
- Symbol für Herstellung von Probestücken[1] (→ Tab. 66.3)
- Bruchdehnung in %[1]
- Symbol für Kerbschlagzähigkeit[1] (→ Tab. 66.4)
- Symbol für zusätzliche Anforderungen[1] (→ Tab. 66.5)

[1] Angabe dieser Eigenschaften nur, wenn es für die Sortenunterscheidung unerlässlich ist.

Technische Grundlagen

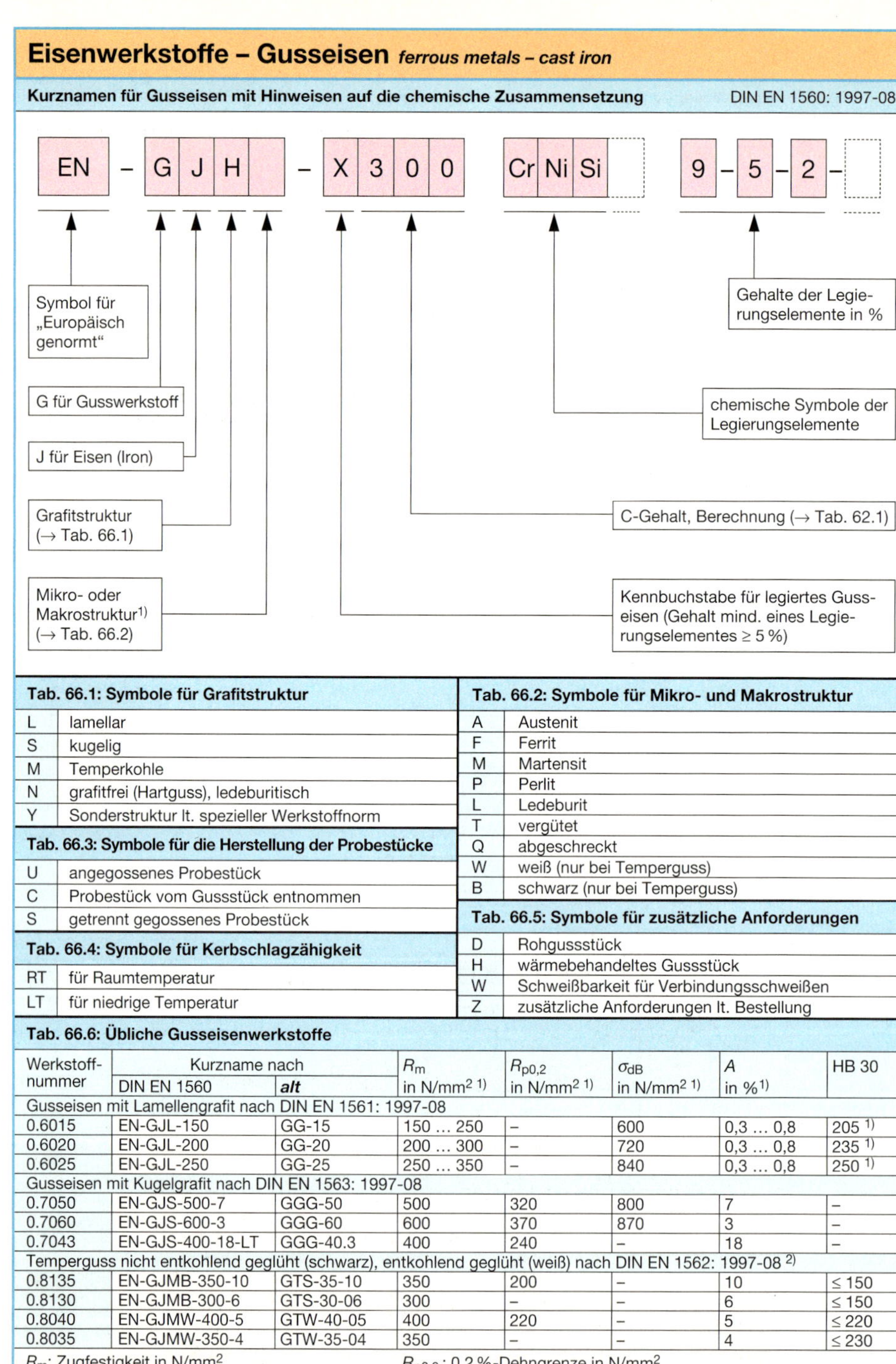

Technische Grundlagen

Eisenwerkstoffe – Gusseisen *ferrous metals – cast iron*

Kurznamen für Gusseisen mit Hinweisen auf die chemische Zusammensetzung DIN EN 1560: 1997-08

Tab. 66.1: Symbole für Grafitstruktur	
L	lamellar
S	kugelig
M	Temperkohle
N	grafitfrei (Hartguss), ledeburitisch
Y	Sonderstruktur lt. spezieller Werkstoffnorm

Tab. 66.2: Symbole für Mikro- und Makrostruktur	
A	Austenit
F	Ferrit
M	Martensit
P	Perlit
L	Ledeburit
T	vergütet
Q	abgeschreckt
W	weiß (nur bei Temperguss)
B	schwarz (nur bei Temperguss)

Tab. 66.3: Symbole für die Herstellung der Probestücke	
U	angegossenes Probestück
C	Probestück vom Gussstück entnommen
S	getrennt gegossenes Probestück

Tab. 66.4: Symbole für Kerbschlagzähigkeit	
RT	für Raumtemperatur
LT	für niedrige Temperatur

Tab. 66.5: Symbole für zusätzliche Anforderungen	
D	Rohgussstück
H	wärmebehandeltes Gussstück
W	Schweißbarkeit für Verbindungsschweißen
Z	zusätzliche Anforderungen lt. Bestellung

Tab. 66.6: Übliche Gusseisenwerkstoffe

Werkstoff-nummer	Kurzname nach		R_m in N/mm² [1]	$R_{p0,2}$ in N/mm² [1]	σ_{dB} in N/mm² [1]	A in %[1]	HB 30
	DIN EN 1560	*alt*					
Gusseisen mit Lamellengrafit nach DIN EN 1561: 1997-08							
0.6015	EN-GJL-150	GG-15	150 … 250	–	600	0,3 … 0,8	205 [1]
0.6020	EN-GJL-200	GG-20	200 … 300	–	720	0,3 … 0,8	235 [1]
0.6025	EN-GJL-250	GG-25	250 … 350	–	840	0,3 … 0,8	250 [1]
Gusseisen mit Kugelgrafit nach DIN EN 1563: 1997-08							
0.7050	EN-GJS-500-7	GGG-50	500	320	800	7	–
0.7060	EN-GJS-600-3	GGG-60	600	370	870	3	–
0.7043	EN-GJS-400-18-LT	GGG-40.3	400	240	–	18	–
Temperguss nicht entkohlend geglüht (schwarz), entkohlend geglüht (weiß) nach DIN EN 1562: 1997-08 [2]							
0.8135	EN-GJMB-350-10	GTS-35-10	350	200	–	10	≤ 150
0.8130	EN-GJMB-300-6	GTS-30-06	300	–	–	6	≤ 150
0.8040	EN-GJMW-400-5	GTW-40-05	400	220	–	5	≤ 220
0.8035	EN-GJMW-350-4	GTW-35-04	350	–	–	4	≤ 230

R_m: Zugfestigkeit in N/mm²
$R_{p0,2}$: 0,2 %-Dehngrenze in N/mm²
σ_{dB}: Druckfestigkeit in N/mm²
A : Bruchdehnung in %
HB 30: Brinellhärte

[1] Werte für getrennt gegossene Probe d = 30 mm
[2] R_m, R_e und A für Probendurchmesser 12 mm

Wärmebehandlung der Stähle *thermal treatment of steels*

Durch Wärmebehandlung werden Stählen Gebrauchseigenschaften gegeben, die dem jeweiligen Verwendungszweck entsprechen.

Tab. 67.1: Begriffe und Verfahren der Wärmebehandlung DIN EN 10 052: 1994-01

Begriff bzw. Verfahren	Ziel	Vorgang
Abschrecken	Erreichen von Gefügespannungen (Härte)	Abkühlen eines Werkstückes mit größerer Geschwindigkeit als an ruhender Luft, z. B. mit Wasser
Anlassen	Verringern der Härte auf Gebrauchsfähigkeit	Nach dem Härten Erwärmen auf 200 … 340 °C, nachfolgend langsames Abkühlen
Härten	Steigerung der Härte des Werkstoffes	Erwärmen und Halten auf einer Temperatur oberhalb der GSK-Linie mit anschließendem Abschrecken
Normalglühen	Ausgleich des Werkstoffgefüges z. B. nach dem Schweißen oder Schmieden	Erwärmen auf Temperatur oberhalb der GSK-Linie, Halten der Temperatur mit anschließendem Abkühlen in ruhender Luft
Rekristallisationsglühen	Kornneubildung in kalt umgeformten Werkstücken, Verringerung der Kaltverfestigung	Glühen über mehrere Stunden bei 450 … 550 °C
Spannungsarmglühen	Herabsetzung der Eigenspannungen z. B. nach dem Schweißen	Glühen bei 550 … 650 °C, Halten der Temperatur, langsames Abkühlen im Ofen
Vergüten	Erhöhung der Streckgrenze bei guter Zähigkeit	Härten und Anlassen bei höherer Temperatur (Anlasstemperatur 540 … 680 °C)
Weichglühen	Verminderung der Härte	Glühen bei 680 … 750 °C (je nach C-Gehalt) mit langsamem Abkühlen

Eisen-Kohlenstoff-Diagramm (EKD)

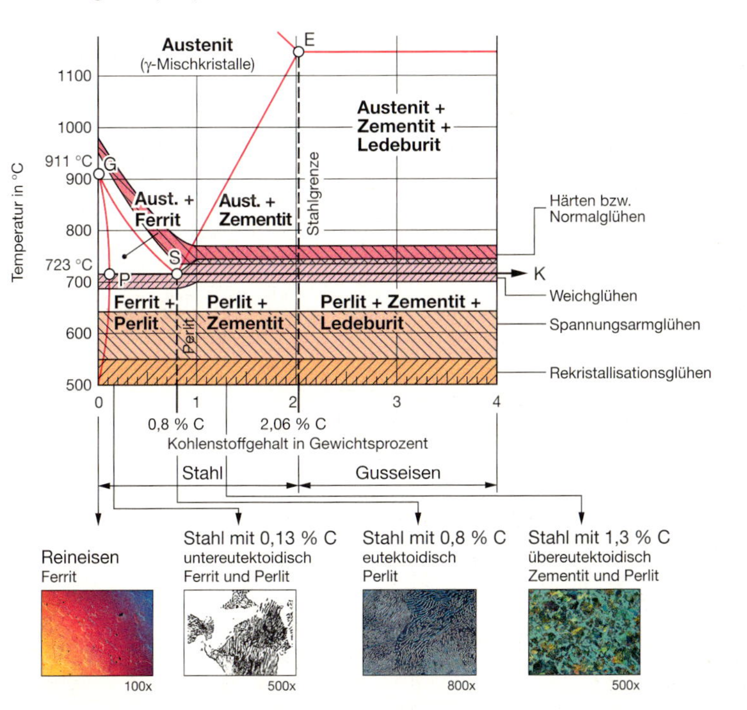

Wärmebehandlung der Stähle *thermal treatment of steels*

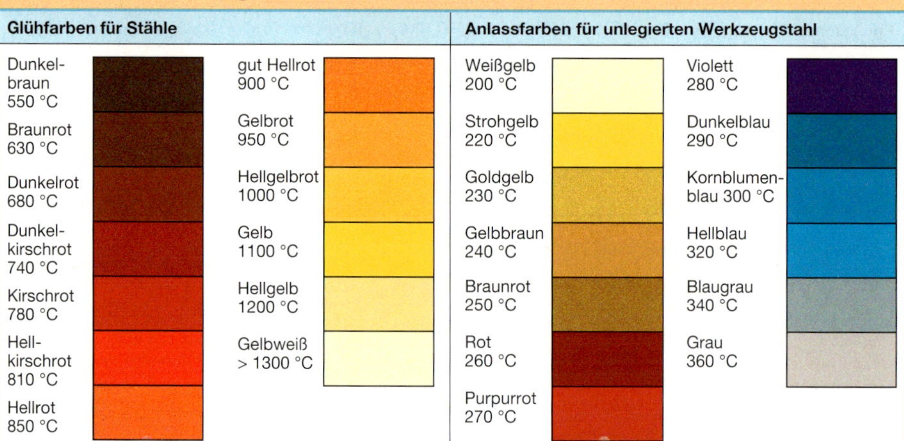

Glühfarben für Stähle
Dunkelbraun 550 °C
Braunrot 630 °C
Dunkelrot 680 °C
Dunkelkirschrot 740 °C
Kirschrot 780 °C
Hellkirschrot 810 °C
Hellrot 850 °C
gut Hellrot 900 °C
Gelbrot 950 °C
Hellgelbrot 1000 °C
Gelb 1100 °C
Hellgelb 1200 °C
Gelbweiß > 1300 °C
Anlassfarben für unlegierten Werkzeugstahl
Weißgelb 200 °C
Strohgelb 220 °C
Goldgelb 230 °C
Gelbbraun 240 °C
Braunrot 250 °C
Rot 260 °C
Purpurrot 270 °C
Violett 280 °C
Dunkelblau 290 °C
Kornblumenblau 300 °C
Hellblau 320 °C
Blaugrau 340 °C
Grau 360 °C

Tab. 68.1: Wärmebehandlung von Stählen für Flamm- und Induktionshärten

Werkstoffnummer	Kurzname	Warmformgebung bei °C	Normalglühen bei °C	Härten bei Abschrecken in Wasser bei °C	Härten bei Abschrecken in Öl bei °C	Anlassen bei °C	Oberflächenhärten bei °C	Oberflächenhärte HRC[1]
1.1183	Cf35	1100 … 850	860 … 890	840 … 870	850 … 880	550 … 660	860 … 890	51 … 57
1.1193	Cf45	1100 … 850	840 … 870	820 … 850	830 … 860	550 … 660	820 … 850	55 … 61
1.1249	Cf70	1000 … 800	820 … 850	790 … 820	–	550 … 660	780 … 810	60 … 64
1.7005	45Cr2	1100 … 850	840 … 870	820 … 850	830 … 860	550 … 660	820 … 850	55 … 61
1.7045	42Cr4	1050 … 850	840 … 880	820 … 850	830 … 860	540 … 680	820 … 850	54 … 60
1.7223	41CrMo4	1050 … 850	840 … 880	820 … 850	830 … 860	540 … 680	820 … 850	54 … 60
1.8161	58CrV4	1050 … 850	850 … 880	–	820 … 850	480 … 650	820 … 850	60 … 65

[1] erreichbare Härtewerte nach dem Vergüten und Oberflächenhärten

Tab. 68.2: Wärmebehandlung von Vergütungsstählen

Werkstoffnummer	Kurzname	Warmformgebung bei °C	Weichglühen bei °C	Brinell Härte weichgeglüht HB 30	Normalglühen bei °C	Härten bei Abschrecken in Wasser bei °C	Härten bei Abschrecken in Öl bei °C	Anlassen bei °C
1.0406	C25	1100 … 850	650 … 700	156	880 … 920	860 … 900	–	550 … 660
1.0503	C45	1100 … 850	650 … 700	207	840 … 880	820 … 860	820 … 860	550 … 660
1.1170	28Mn6	1100 … 850	650 … 700	223	850 … 890	830 … 870	830 … 870	540 … 680
1.6580	30CrNiMo8	1050 … 850	650 … 700	248	850 … 880	–	830 … 860	540 … 680
1.7006	46Cr2	1100 … 850	650 … 700	223	840 … 870	820 … 860	820 … 860	540 … 680
1.7034	37Cr4	1050 … 850	680 … 720	235	845 … 885	825 … 865	825 … 865	540 … 680
1.7218	25CrMo4	1050 … 850	680 … 720	212	860 … 900	840 … 880	840 … 880	540 … 680
1.7225	42CrMo4	1050 … 850	680 … 720	241	840 … 880	820 … 860	820 … 860	540 … 680

Tab. 68.3: Wärmebehandlung rost- und säurebeständiger Stähle

Werkstoffnummer	Kurzname	Weichglühen bei °C	Abkühlungsart Luft	Abkühlungsart Ofen	Abkühlungsart Wasser	Härten bei °C	Abschrecken in Luft[2]	Abschrecken in Öl	Abschrecken in Wasser	Anlassen bei °C
1.4000	X6Cr13	750 … 800	x	x	–	950 … 1000	x	x	–	750 … 650
1.4021	X20Cr13	730 … 780	x	x	–	980 … 1030	x	x	–	750 … 650
1.4120	X20CrMo13	750 … 850	–	x	–	950 … 1000	–	x	–	750 … 650
1.4301	X5CrNi18-10	–	–	–	–	1000 … 1080	x	–	x[3]	–
1.4512	X6CrTi12	750 … 850	x	–	–	–	–	–	–	–
1.4541	X6CrNiTi18-10	–	–	–	–	1020 … 1100	x	–	x[3]	–

[2] Abkühlung ausreichend schnell [3] bei Materialstärke $s > 2$ mm

Nichteisenmetalle *non ferrous metals*

Kurzzeichen für Nichteisenmetalle (alt, teilweise ersetzt) DIN 17 007-4: 1963-07

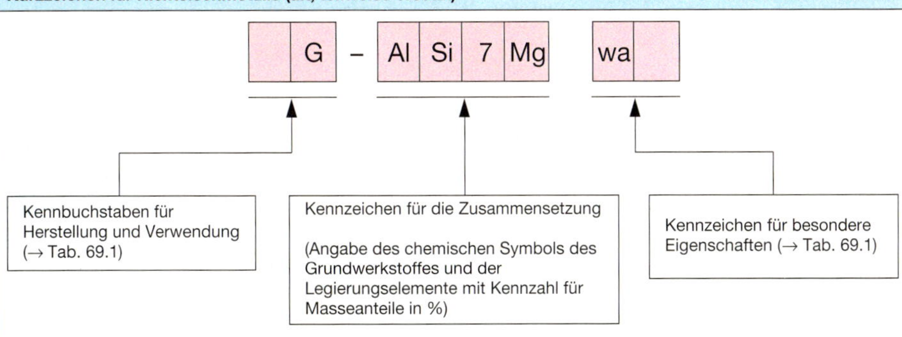

Tab. 69.1: Kennbuchstaben für Herstellung und Verwendung und Kennzeichen für besondere Eigenschaften

Kennbuchstaben für Herstellung und Verwendung		Kennzeichen für besondere Eigenschaften	
E-	Werkstoff für die Elektronik	EQ	Eloxalqualität
G-	Guss, Masseln	F	Mindestwert der Zugfestigkeit
GC-	Strangguss (C = Continuous)	H	Hüttenlegierung
GD-	Druckguss	R	Reinstlegierung
GK-	Kokillenguss	a	ausgehärtet
GL-	Gleitmetall (Lagermetall)	g	geglüht und abgeschreckt
GZ-	Schleuderguss (Zentrifugalguss)	ka	kaltausgehärtet
L-	Lot	p	gepresst
Lg	Lagermetall	pl	plattiert
R	Reduktionslegierung	ta	teilausgehärtet
S-	Schweißzusatzwerkstoff	wa	warmausgehärtet
V-	Vorlegierung	wh	gewalzt (walzhart)
VR-	Vorlegierung höheren Reinheitsgrades	zh	gezogen (ziehhart)

Beispiel: GK – CuZn37Pb F28: Kokillenguss – Grundmetall Cu, Massenanteil 61 %, Legierungsmetall Zn, Massenanteil 37 %, Legierungsmetall Blei, Massenanteil ohne Angabe, Mindestwert der Zugfestigkeit 28 · 10 = 280 N/mm²

Bezeichnungssysteme für Kupferwerkstoffe

Kupferwerkstoffe können durch ein Kurzzeichen und/oder durch eine Werkstoffnummer (→ S. 70) bezeichnet werden. Kurzzeichen und deren Erläuterungen finden sich in den jeweiligen Produktnormen und sind an das System der ISO 1190-1 bzw. der DIN 1700 angelehnt. Es gibt jedoch kein einheitliches, genormtes Kurzzeichensystem für Kupferwerkstoffe.

Tab. 69.2: Übersicht über Produktnormen für Kupferwerkstoffe (Stand 1999-10)

Norm: Ausgabedatum	Titel	Norm: Ausgabedatum:	Titel
DIN 1787: 1973-01	Kupfer: Halbzeug	DIN EN 1254-1: 1998-03	Fittings – Teil 1: Kapillarlötfittings für Kupferrohre
DIN 17 660: 1983-12	Kupfer-Zink-Legierungen (Messing), (Sondermessing): Zusammensetzung	DIN EN 1254-2: 1998-03	Fittings – Teil 2: Klemmverbindungen für Kupferrohre
DIN EN 1057: 2006-08	Nahtlose Rundrohre aus Kupfer für Wasser- und Gasleitungen für Sanitärinstallationen und Heizungsanlagen	DIN EN 1254-3: 1998-03	Fittings – Teil 3: Klemmverbindungen für Kunststoffrohre
DIN EN 1652: 1998-03	Platten, Bleche, Bänder, Streifen und Ronden zur allgemeinen Verwendung	DIN EN 12 449: 1999-10	Nahtlose Rundrohre zur allgemeinen Verwendung
DIN EN 1653: 2000-11	Platten, Bleche und Ronden für Kessel, Druckbehälter und Warmwasserspeicheranlagen	DIN EN 12 451: 1999-10	Nahtlose Rundrohre für Wärmeaustauscher
DIN EN 1976: 1998-05	Gegossene Rohformen aus Kupfer	DIN EN 12 452: 1999-10	Nahtlose, gewalzte Rippenrohre für Wärmeaustauscher
DIN EN 1982: 1998-12	Blockmetalle und Gussstücke	DIN V 17 900: 1999-03 (Vornorm)	Europäische Werkstoffe, Übersicht über Zusammensetzungen und Produkte

Nichteisenmetalle *non ferrous metals*

Kurznamen von Kupfer-Gusslegierungen

DIN EN 1982: 1998-12

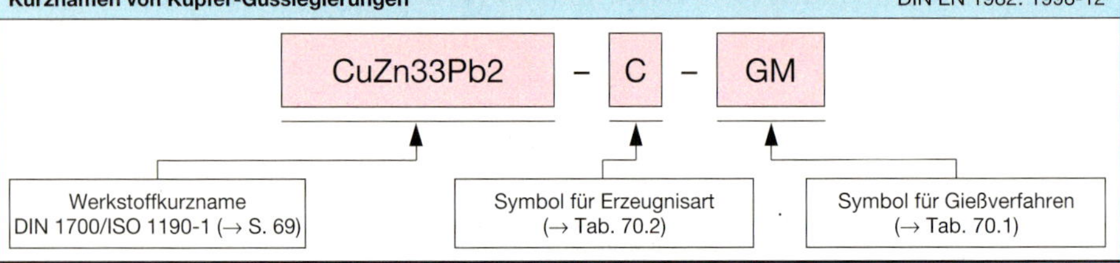

Tab. 70.1: Bezeichnung der Gießverfahren von Kupfer-Gusswerkstoffen DIN EN 1982: 1998-12

Symbol	Gießverfahren	Symbol	Gießverfahren
GM	Kokillenguss	GS	Sandguss
GP	Druckguss	GC	Strangguss
GZ	Zentrifugalguss (Schleuderguss)		

Werkstoffbezeichnung für Kupferwerkstoffe nach dem europäischen Werkstoffnummernsystem

DIN EN 1412: 1995-12; DIN EN 1173: 1995-12

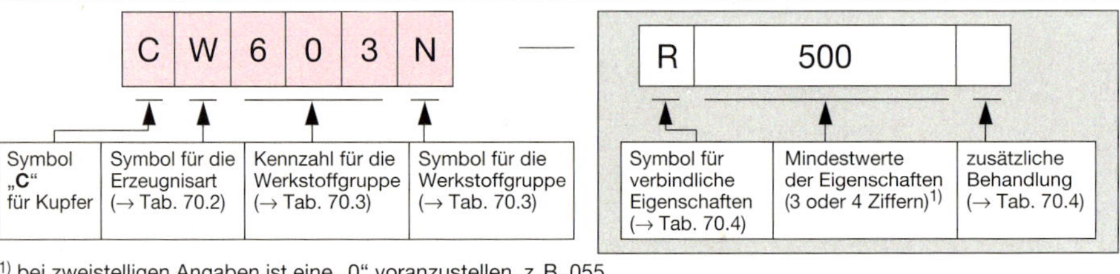

[1] bei zweistelligen Angaben ist eine „0" voranzustellen, z. B. 055

(grau hinterlegt) angehängte Zustandsbezeichnung nach DIN EN 1173 (→ Tab. 70.4), kann sowohl Kurzzeichen als auch Werkstoffnummern nachgestellt werden

Tab. 70.2: Symbole für die Erzeugnisarten

B	Werkstoffe in Blockform	R	raffiniertes Kupfer in Rohformen
C	Gusserzeugnisse	S	Werkstoffe in Form von Schrott
F	Schweißzusatzwerkstoffe und Hartlote	W	Knetwerkstoffe
M	Vorlegierungen	X	nicht genormte Werkstoffe

Tab. 70.3: Kennzahlen und Symbole für die Werkstoffgruppen DIN EN 1412: 1995-12

Kennzahl	Werkstoffgruppe	Symbole für die Werkstoffgruppe
000 … 999	Kupfer	A oder B
	Niedriglegierte Cu-Legierungen (Legierungselemente < 5 %)	C oder D
	Kupfersonderlegierungen (Legierungselemente ≥ 5 %)	E oder F
(000 … 799:	Kupfer-Aluminium-Legierungen	G
genormte	Kupfer-Nickel-Legierungen	H
Werkstoffe,	Kupfer-Nickel-Zink-Legierungen	J
800 … 999:	Kupfer-Zinn-Legierungen	K
nicht	Kupfer-Zink-Legierungen (Zweistofflegierungen)	L oder M
genormte	Kupfer-Zink-Blei-Legierungen	N oder P
Werkstoffe)	Kupfer-Zink-Legierungen (Mehrstofflegierungen)	R oder S

Tab. 70.4: Symbole für verbindliche Eigenschaften und zusätzliche Behandlungen DIN EN 1173: 1995-12

Symbol	verbindliche Eigenschaft	Beispiel
A	Bruchdehnung in %	… – A007
B	Federbiegegrenze in N/mm²	… – B410
D	gezogen, ohne vorgeschriebene mechanische Eigenschaften	… – D
G	Korngröße	… – G020
H	Härte (HB oder HV)	… – H150
M	wie hergestellt, ohne vorgeschriebene mechanische Eigenschaften	… – M
R	Zugfestigkeit in N/mm²	… – R500
Y	0,2 %-Dehngrenze in N/mm²	… – Y460
	zusätzliche Behandlungen	
S	Spannungsarmbehandlung	… – R340S

Nichteisenmetalle *non ferrous metals*

Tab. 71.1: Übliche Kupferwerkstoffe (Reines Kupfer, Zusammensetzung nach DIN EN ISO 1190-1)

Werkstoffnummer DIN 17007	Kurzname nach ISO 1190-1 – *DIN EN 1173*	Kurzname nach DIN 1700 ***alt***	R_m in N/mm²	$R_{p0,2}$ in N/mm²	A in %	HB 30	Eigenschaften/ Verwendung
2.0090.10	Cu – DHP – *R220*	SF – Cu F22	220 … 270	≤ 140	40	55	Kupferrohre
2.0090.26	Cu – DHP – *R250*	SF – Cu F25	250 … 300	≥ 150	20	80	
2.0090.30	Cu – DHP – *R290*	SF – Cu F29	≥ 290	≥ 250	6	95	

Tab. 71.2: Übliche Kupferwerkstoffe (Kupferlegierungen)

Kupfer-Gusslegierungen DIN EN 1982:1998-12[1)]

2.1052.01	CC483K – GS	G – CuSn12	260	140	7	80	meerwasserbeständig, verschleißfest/ Armaturen, Pumpengehäuse
2.1060.01	CC484K – GS	G – CuSn12Ni	280	160	12	85	
2.1096.01	CC491K – GS	G – CuSn5ZnPb	200	90	13	60	

1) Festigkeitswerte für Sandguss (GS)

Kupfer-Knetlegierungen DIN EN 12 163: 1998-04; DIN EN 12 167: 1998-04: DIN EN 1652: 1998-03

Kennzeichen	Werkstoffnummer	Zustand	Härte HB	Zugfestigkeit R_m in N/mm²	Dehngrenze $R_{p0,2}$ in N/mm²	Bruchdehnung A_5 in %	Bemerkung und Verwendung
CuAl10Fe3Mn2	CW 306 G	R 590 H 140 R 690 H 170	– 140 – 170	590 – 690 –	330 – 510 –	12 – 6 –	hohe Festigkeit, korrosionsbeständig, hochbelastete Lagerteile, Getriebe- u. Schneckenräder, Ventilsitze
CuNi10Fe1Mn	CW 352 W	R 300 H 070 R 320 H 100	– 70 – 100	300 – 320 –	≥ 100 – ≥ 200 –	30 – 15 –	ausgezeichneter Widerstand gegen Erosion, Kavitation u. Korrosion, gut schweißbar, Wärmetauscher, Apparatebau, Bremsleitungen
CuZn40Pb2	CW 617 N	R 420 H 120 R 520 H 155	– 120 – 155	420 – 520 –	200 – 400 –	8 – – –	sehr gut spanbar, gut warmumformbar; Legierung f. spanende Bearbeitung; Armaturenmessing

Bezeichnungen von Zinklegierungen und Zinkgussstücken durch Werkstoffnummern DIN EN 1774: 1997-11; DIN EN 12 844: 1999-01

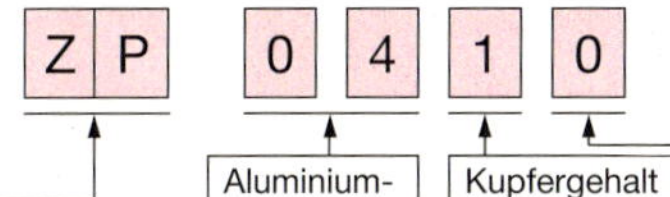

Symbol ***ZL*** für Zinklegierung bzw. ***ZP*** für Zinkgussstück

Aluminiumgehalt in %

Kupfergehalt in %

Gehalt des nächst höheren Legierungselementes in %[2)]

2) Bei Gehalt < 1 % ist die vierte Ziffer mit „0" anzugeben.

Tab. 71.3: Chemische Zusammensetzung von Titanzink DIN EN 988: 1996-08

Chemische Zusammensetzung in % (Massenanteile)			
Cu	Ti	Al	Zn[3)]
0,08 … 1,0	0,06 … 0,2	0,00 … 0,015	Rest

3) Zinksorte Z1 nach DIN EN 1179: 1996-03 (Primärzink, Zn-Gehalt = 99,995 %)

Tab. 71.4: Eigenschaften von Druckgussstücken aus Zinklegierungen DIN EN 12 844: 1999-01

Werkstoffnummer DIN 17 007	Werkstoffnummer DIN EN 1774	Kurzname DIN EN 12 844	Kurzname ISO 1190-1	R_m in N/mm²	$R_{p0,2}$ in N/mm²	A in %	HB 30
2.2140.05	ZP0400	ZP3	GD – ZnAl4	280	200	10	83
2.2141.05	ZP0410	ZP5	GD – ZnAl4Cu1	330	250	5	92
2.2143.01	ZP0430	ZP2	G – ZnAl4Cu3	335	270	5	102
2.2143.02			GK – ZnAl4Cu3				
–	ZP2720	ZP27	–	425	370	2,5	120

Technische Grundlagen

Kunststoffe *plastics*

Einteilung der Kunststoffe

Kunststoffe

- ***Polymere:*** synthetisch (künstlich) hergestellte Stoffe aus Kohle, Erdöl, Erdgas, Kalk, Wasser, Luft
  - Thermoplaste → z. B. Polyethylen, Polystyrole
  - Duroplaste → z. B. Polyurethane, Polyesterharze
  - Elastomere → z. B. Silikon, Kautschuk
- umgewandelte Naturstoffe
  - z. B. Milcheiweiß, Naturkautschuk → Kunsthorn, Gummi

Bezeichnung von Polymeren

DIN EN ISO 1043-1: 2002-06

PE [ ] — H D [ ] [ ]

- PE: Symbol für Basispolymer (→ Tab. 72.1)
- [ ]: Zahl für verschiedene Kondensationsreihen
- H: Symbole für besondere Eigenschaften (→ Tab. 72.2)

Tab. 72.1: Symbole für Kunststoffe (Polymere)

DIN EN ISO 1043-1: 2002-06

Symbol	Kunststoff	Kunststoffart[1)]	Symbol	Kunststoff	Kunststoffart[1)]
ABS	Acrylnitril-Butadien-Styrol	T	PE	Polyethylen	T
AMMA	Acrylnitril-Methylmethacrylat	T	PIB	Polyisobutylen	T
ASA	Acrylnitril-Styrol-Acrylester	T	PMMA	Polymethylmethacrylat	T
CA	Celluloseacetat	N	PP	Polypropylen	T
IIR	Butylkautschuk (Isobutylen-Isopren-Kautschuk)	E	PS	Polystyrol	T
			PTFE	Polytetrafluorethylen (Polytetrafluorethen)	E
EP	Epoxid	D	PUR	Polyurethan	D, T
EPDM	Ethylen-Propylen-Dien-Kautschuk	T	PVAC	Polyvinylacetat	T
FKM	Fluorkautschuk	E	PVC	Polyvinylchlorid	T
MC	Metylcellulose	D	PVDF	Polyvinylidenfluorid	T
MF	Melamin-Formaldehyd	D	SAN	Styrol-Acrylnitril	T
PA	Polyamid	T	SI	Silikon	E
PAN	Polyacrylnitril	T	SP	Polyester, gesättigt	D
PB	Polybutylen (Polybuten)	T	UF	Harnstoff-Formaldehyd	D
PC	Polycarbonat	T	UP	Polyester, ungesättigt	D

[1)] T = Thermoplast; E = Elastomer; D = Duroplast; N = Naturstoffverbindung

Tab. 72.2: Symbole für besondere Eigenschaften

DIN EN ISO 1043-1: 2002-06

Symbol	Eigenschaft	Symbol	Eigenschaft	Symbol	Eigenschaft
C	chloriert	I	schlagzäh	R	erhöht
D	Dichte	L	linear, niedrig	U	ultra, weichmacherfrei
E	verschäumt, verschäumbar	M	Masse, mittel, molekular	V	sehr
F	flexibel, flüssig	N	normal	W	Gewicht
H	hoch	P	weichmacherhaltig	X	vernetzt, vernetzbar

Klassifikation thermoplastischer Kunststoff-Werkstoffe für Rohrleitungssysteme

DIN EN ISO 12 162: 1996-04

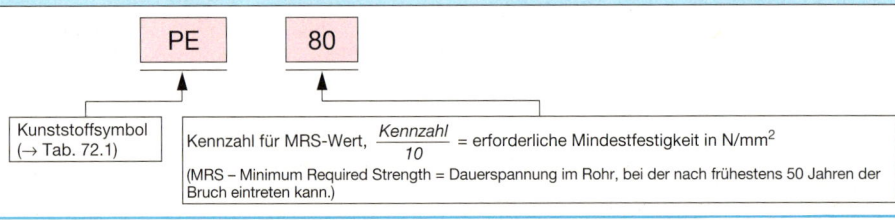

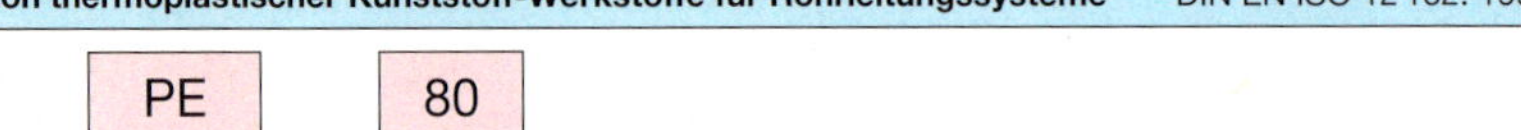

- PE: Kunststoffsymbol (→ Tab. 72.1)
- 80: Kennzahl für MRS-Wert, $\frac{Kennzahl}{10}$ = erforderliche Mindestfestigkeit in N/mm²
  (MRS – Minimum Required Strength = Dauerspannung im Rohr, bei der nach frühestens 50 Jahren der Bruch eintreten kann.)

Kunststoffe *plastics*

Tab. 73.1: Eigenschaften und Verwendung von Kunststoffen

Kurzzeichen	chemische Bezeichnung	Dichte ϱ in kg/dm³	Festigkeit [1] in N/mm²	Längenausdehnungszahl α in 1/K	Wärmeleitzahl [2] λ in $\frac{W}{m \cdot K}$	obere Gebrauchstemperatur ϑ_{zul} in °C	Lösungsverhalten [3] gegenüber: Mineralöl	Benzin	Säuren, verdünnt	Laugen, verdünnt	Verwendung
ABS	Acrylnitril-Butadien-Styrol	1,03 … 1,06	30 … 55	0,00007 … 0,00011	0,15 … 0,17	80 … 105	b	bb	b	b	HT-Abwasserrohr
ASA	Acrylnitril-Styrol-Acrylester	1,06	45 … 60	0,00008 … 0,00011	0,17	85 … 100	bb	bb	bb	bb	
EP	Epoxid	1,2	80 … 140	0,000025	0,21	-50 … 130	b	b	b	b	Bindemittel, Klebstoff
FKM	Fluorkautschuk	1,85	2 … 15	–	–	190	b	b	b	b	Dichtungen
PA 6	Polyamid	1,12 … 1,16	55 … 130	0,00007 … 0,00011	0,21 … 0,23	80 … 100	b	b	bb	b	Rohr, Textilfaser
PB	Polybutylen	0,93	17	0,00013	0,21	95	bb	bb	b	b	Rohre für Heizung, TW
PE - HD		0,955	20 … 30				b	bb	b	b	
PE - LD	Polyethylen	0,92	8 … 10	0,00020	0,295 … 0,51	70 … 100	b	bb	b	b	Rohre für Gas, Wasser, Abwasser, Öltanks, Folien
PE - X		0,94	18	0,00018	0,43	95	b	bb	b	b	Rohre für Heizung, TWW
PMMA	Polymethylmethacrylat	1,16 … 1,19	52 … 80	0,00007 … 0,00008	0,18 … 0,19	65 … 95	b	b	bb	bb	Verglasung (Plexiglas)
PP	Polypropylen	0,9 … 0,93	12 … 18	0,00015	0,2 … 0,22	90 … 110	bb	u	b	b	Verpackungen, Rohre für Abwasser, TW
PS	Polystyrol	1,05 … 1,06	40 … 60	0,00007 … 0,00008	0,145 … 0,17	60 … 80	b	u	b	b	Verglasung, Verpackung, Gehäuse
PS - E	Polystyrol-Schaum	0,015 … 0,05	0,1 … 0,5	–	0,030 … 0,040	70 … 80	b	u	b	b	Schaumstoff, Wärmedämmung, Montageschaum
PTFE	Polytetrafluorethylen	2,15 … 2,19	20 … 40	0,00012 … 0,00016	0,25	155 … 175	b	b	b	b	Dichtungen, Gleitlager
PUR	Polyurethan-Schaum	0,02 … 0,1	0,2 … 1,1	–	0,020 … 0,040	80	u	b	bb	bb	Wärmedämmung, Dichtungen
PVC - C		1,4	50	0,00007	0,2	95	b	b	b	b	Rohre für TW- und TWW, HT-Abwasserrohr
PVC - P	Polyvinylchlorid	1,2 … 1,35	15 … 28	0,00015 … 0,00021	0,12 … 0,15	50 … 60	b	b	b	bb	Folien, Schläuche
PVC - U		1,32 … 1,4	35 … 80	0,00008	0,14 … 0,16	80 … 90	b	b	b	b	Dachrinnen, Behälter, KG-Abwasserrohr
PVDF	Polyvinylidenfluorid	1,78	54	0,00015	0,19	150	b	b	b	b	Rohrleitungen, Armaturen

[1] kann sowohl Zugfestigkeit, Streckgrenze, Rissfestigkeit, Bruchfestigkeit u. ä. sein

[2] → Tab. 383.1

[3] b = beständig; bb = bedingt beständig; u = unbeständig

Kunststoffe *plastics*

Tab. 74.1: Erkennungsmerkmale von Kunststoffen

Kurzzeichen	schwimmt auf Wasser	Brennverhalten Entflammbarkeit [1]		Art und Farbe der Flamme	Geruch der Schwaden
ABS	nein	2	stark rußend	gelb leuchtend	Styrol, schwach nach Salzsäure
PA	nein	2	knistert, tropft ab	bläulich, gelber Rand	nach verbranntem Horn
PE	ja	2	tropft brennend ab	leuchtend gelb mit blauem Kern	nach Paraffin
PMMA	nein	2	knistert	leuchtend gelb mit blauem Rand	fruchtig, süßlich
PP	ja	2	tropft brennend ab	leuchtend gelb mit blauem Kern	nach Paraffin
PS	nein	2	stark rußend	gelb leuchtend, flackernd	unangenehm süßlich
PTFE	nein	0	verkohlt	–	–
PUR	ja	2	schäumt	leuchtend gelb	stechend
PVC – U [2]	nein	1	rußend	gelb mit grünem Rand	stechend nach Salzsäure
PVC – P		1/2			
PVC – C					
UF – Schaum	ja	0/1	verkohlt	gelb mit bläulichem Rand, erlischt	Harnstoff, Ammoniak, fischartig
UP – Harz	nein	2	rußend	leuchtend gelb und rot	scharf, nach verbranntem Fett

[1] 0: kaum entzündbar; 1: brennt in der Flamme, erlischt außerhalb; 2: brennt nach Anzünden weiter; 3: brennt heftig und verpufft

[2] Bei der Verbrennung von PVC wird giftiges Chlorgas frei, welches sich mit Wasserstoff zu Salzsäure verbinden kann!

Tab 74.2: Eigenschaften, Verwendung und Verbindungsverfahren für einige Kunststoffe

	Kurzzeichen	Eigenschaften	Verwendung / Verbindungsverfahren
schweißbare Kunststoffe	PE – HD	geringes Gewicht, gute Zähigkeit auch bei niedrigen Temperaturen, gute chemische Widerstandsfähigkeit, relativ geringe Festigkeit, spannungskorrosionsfest, nicht klebbar, gut schweißbar	erdverlegte Gas- und Wasserleitungen, Druckluftleitungen, Fittings / Elektroschweißen, Heizelement-Muffenschweißen, Heizelement-Stumpfschweißen
	PP	formsteif, gutes Wärme- und Kälteverhalten, nicht UV - beständig, hohe chemische Widerstandsfähigkeit, hohe Temperaturbelastbarkeit, nicht klebbar, gut schweißbar	für Druckleitungen, Fittings, Armaturen / Heizelement-Muffenschweißen, Heizelement-Stumpfschweißen, Infrarot-Schweißen
	PVDF	hohe thermische Stabilität, großer Druck- und Temperaturbereich, sehr gute Zeitstandseigenschaften bei Druckbeanspruchung, UV-resistent, Einsatzfähigkeit von –40 bis +140 °C, gute chemische Beständigkeit	Rohre, Fittings / Heizelement-Muffenschweißen, Heizelement-Stumpfschweißen, Klemmverschraubungen
klebbare Kunststoffe	PVC – U	fest, steif, hart, kerbempfindlich, gut kleb- und schweißbar, beständig gegen die meisten Säuren und Laugen, witterungsbeständig, bedingt UV-beständig	Fittings, Armaturen, Trinkwasserleitungen, Entsorgungsleitungen / Kleben, Heißluftschweißen
	PVC – C	gegenüber PVC – U höhere Temperaturbeanspruchbarkeit bei gleichzeitig hohen Festigkeitseigenschaften, gute chemische Widerstandsfähigkeit	Druckrohrleitungen in korrosiver Umgebung, Pumpenbauteile, Ventile / Kleben
	ABS	zäh auch bei tiefen Temperaturen, hart und steif, schlag- und kerbschlagfest, gute Schalldämpfung, hohe Spannungsrissbeständigkeit, nicht beständig gegen organische Lösungsmittel und Öle, entflammbar, Selbstentzündung bei über 400 °C	Rohre, Fittings, Armaturen / Kleben, Verschrauben

Tab. 74.3: Kunststoffe und deren übliche Handelsnamen

Kurzzeichen	Handelsnamen	Kurzzeichen	Handelsnamen
ABS	Novodur, Terluran,	PP	Hostalen PP, Novolen, Vestolen P
CA	Cellidor A, -U, -S	PS	Hostyren N, Polystyrol, Vestyrol
PA	Durethan, Ultramid, Vestamid, Nylon, Degamid	PS – E	Exporit, Styropor
		PTFE	Teflon, Hostaflon TF, Fluoroflex
PB	Duraflex, Vestolen BT	PUR	Desmopan, Vulkollan, Urepan, Moltopren, Contipren, Perlon U
PC	Makrolon		
PE	Baylon, Hostalen, Lupolen, Vestolen	PVC	Hostalit, Vinoflex, Vestolit, Tivolen
PIB	Oppanol, Rhepanol	SAN	Luran, Vestoran
PMMA	Degulan, Deglas, Plexiglas, Resarit, Resatglas, Paraglas	UF	Iso-Schaum, Albamit, Bechamin
		UP	Palatal, Vestopal

Korrosion *corrosion*

Definitionen von Korrosion

CHEMISCHE KORROSION

- bei Metallen (ohne Anwesenheit von Wasser oder wässrigen Lösungen), Zunderbildung bei Erwärmung
- bei Kunststoffen

Chemische Substanzen (z. B. H_2SO_3), hohe Temperaturen, UV-Strahlen – zerstören → WERKSTOFFE

ELEKTROCHEMISCHE KORROSION

- nur bei Metallen unter Einfluss von Wasser oder wässrigen Lösungen

Zusammenwirken von Luft, Feuchtigkeit und verschiedenen Metallen – zerstört → WERKSTOFFE

Arten von Korrosion

DIN EN ISO 8044: 1999-11

Korrosionsart	Vorgang und Folgen
gleichmäßige Flächenkorrosion 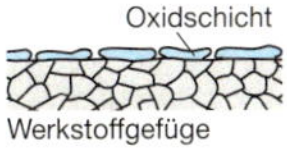 Oxidschicht Werkstoffgefüge	gleichmäßiger Angriff der Metalloberfläche durch trockene Gase (chem. Korrosion) oder durch Feuchtigkeit (elektrochem. Korrosion) • bei Eisenmetallen Bildung poröser Schichten (Rost) • bei NE-Metallen dichte Oxidschichten
Lochkorrosion 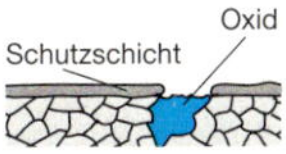 Oxid Schutzschicht	Bildung eines örtlich begrenzten Korrosionselements durch Fremdkörper (Sägespäne, Flussmittelreste, Oxidschuppen vom Hartlöten), • bei Cu-Rohr lokale Störung der Schutzschicht, Typ I bei Kaltwasserleitungen, Typ II bei Trinkwarmwasserleitungen, • starke, tiefe und teilweise unterhöhlende Vertiefungen
Bimetallkorrosion [1] 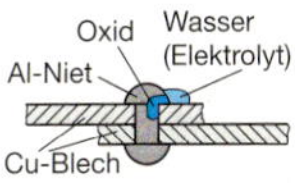 Oxid Wasser (Elektrolyt) Al-Niet Cu-Blech	Bildung eines Potenzialunterschiedes bei unterschiedlichen Metallen bei Anwesenheit eines Elektrolyten oder bei Gefügeunregelmäßigkeiten eines Metalles ohne Elektrolyt • Auflösen des unedleren Metalls bzw. Potenzialausgleich mit Werkstoffzerstörung [1] früher Kontaktkorrosion
Selektive Korrosion Entzinkung  0,1 mm	Potenzialunterschiede an den Korngrenzen bzw. in den Körnern führen zur Zerstörung der Kornstruktur • Entzinkung = Auflösen des unedleren Zink in Cu-Zn-Legierungen • Korrosion entlang der Korngrenzen = interkristalline Korrosion • Korrosion durch die Körner hindurch = transkristalline Korrosion
Erosionskorrosion 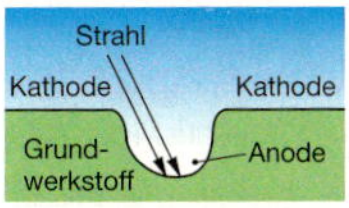 Strahl Kathode Kathode Grundwerkstoff Anode	Zerstörung der Schutzschichten von Werkstoffen durch Medien, die Festkörper enthalten (z. B. Wasser mit Sand, Luft mit Filterstäuben) vor allem bei hoher Strömungsgeschwindigkeit, • Abtragung von Werkstoffteilchen • Korrosion an den zerstörten Stellen
Kavitationskorrosion 	implodierende (zusammenfallende) Gasblasen üben bei hoher Strömungsgeschwindigkeit hohe Druckstöße auf Werkstoffe aus, z. B. bei Pumpen, Laufrädern, Ventilen • Zerstörung von Schutzschichten und Auswaschung der Werkstoffe • Bildung von Hohlräumen und kraterförmigen Korrosionsstellen
Säurekondensatkorrosion (Taupunktkorrosion) [2] 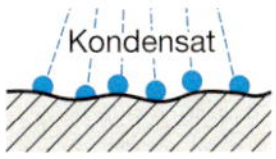 Kondensat	saures Kondensat aus Feuerstätten führt zum Angriff von Feuerungsteilen und Abgaswegen, wenn Abgase unter den Taupunkt abgekühlt werden • Zerstörung von Wärmeerzeugern • Zerstörung von Abgasleitungen und Schornsteinen (Versottung) [2] Korrosionsart nur in DIN 50 900-1 genormt
Verzunderung [3] 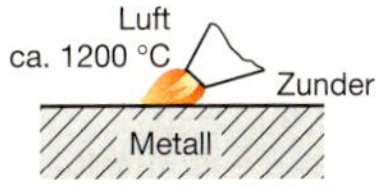 Luft ca. 1200 °C Zunder Metall	Korrosion von Metallen in Gasen bei hohen Temperaturen [3] Verzunderung in DIN EN ISO 8044 keine eigene Korrosionsart, Zunder lediglich Korrosionsprodukt

Korrosion *corrosion*

Elektrochemische Spannungsreihe der Elemente

Gemessen zwischen einem Element und einer in Wasserstoff eingetauchten Platinelektrode bei $\vartheta = 25\,°C$ und $p = 0{,}125$ bar.

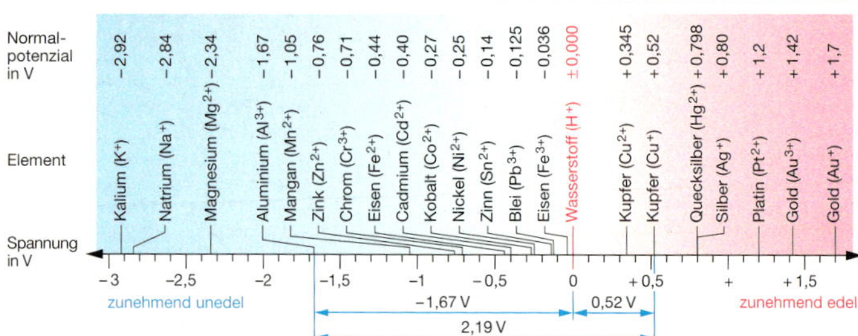

Korrosionsschutz

Korrosionsschutzmaßnahmen

Geeignete Werkstoffauswahl
- korrosionsschutzgerechte Konstruktion (z. B. Vermeidung von Spalten, Dichtungen gegen Feuchtigkeit)
- geeignete Verpackung und Lagerung
- Rohrwerkstoffe gemäß Wasseranalyse wählen
- in Wasserinstallation Fließregel beachten: ***In Fließrichtung immer edel nach unedel installieren!***

Passiver Korrosionsschutz
Beschichtung oder chemische Umwandlung der Metalloberfläche durch Farbüberzüge,

Emmaillierung,

Metallüberzüge
- verzinken
- verchromen

Kunststoffüberzüge
- Pulverbeschichtung
- Kunststofflacke

Aktiver Korrosionsschutz
Eingriff in Korrosionsvorgänge zur Veränderung oder Abschwächung der Angriffsfaktoren, z. B.
- Wasseraufbereitung, z. B. durch Einsatz von Inhibitoren (z. B. Silikate, Phosphate) in Trinkwasseranlagen
- anodischer und kathodischer Korrosionsschutz

Tab. 76.1: Werkstoffauswahl zum Schutz des Trinkwassers
Korrosionsbedingte Beeinflussung der Trinkwasserbeschaffenheit DIN 50 930-6: 2005-08

Sollwerte	Beispiel (→ Tab. 215.1/2)	
	Istwerte lt. Wasseranalyse	Beurteilung
Kupfer		
$pH \geq 7{,}4$ oder $7{,}0 \leq pH < 7{,}4$ **und** $TOC \leq 1{,}5\ g/m^3$	pH = 8,3	Einsatz vertretbar
Innenverzinntes Kupfer		
Keine Einschränkung		Einsatz vertretbar
Schmelztauchverzinkte Eisenwerkstoffe		
Anforderungen an das Wasser: $K_{B8,2} \leq 0{,}5\ mol/m^3$ und $K_{S4,3} \geq 1{,}0\ mol/m^3$ Anforderungen an die Zusammensetzung des Zinküberzuges in Massen-%: Sb ≤ 0,01 %, As ≤ 0,02 %, Bb ≤ 0,25 %, Cd ≤ 0,01 %, Bi ≤ 0,01 %	$K_{B8,2} = 0{,}03\ mol/m^3$ $K_{S4,3} = 1{,}65\ mol/m^3$	Einsatz vertretbar, wenn Anforderungen an die Zusammensetzung des Zinküberzuges erfüllt.
Nichtrostender Stahl		
Keine Einschränkung		Einsatz vertretbar
Unlegierte und niedriglegierte Eisenwerkstoffe		
Anforderungen an das Wasser: $c(O_2) > 3\ g/m^3$, pH > 7, $K_{S4,3} \geq 2{,}0\ mol/m^3$, $c(Ca^{2+}) > 0{,}5\ mol/m^3$ Anforderungen an die Strömungsverhältnisse: ständiger Durchfluss und v ≥ 1,0 m/s	$c(O_2) = 9{,}1\ g/m^3$ pH = 8,3 $K_{S4,3} = 1{,}65\ mol/m^3$ $c(Ca^{2+}) = 0{,}73\ mol/m^3$	Einsatz nicht vertretbar, da $KS_{S4,3}$ zu klein und ständiger Durchfluss sowie v ≥ 1,0 m/s in der Trinkwasserhausinstallation nicht gegeben.
Kupfer-Zink-Legierungen (Messing) und Kupfer-Zinn-Zink-Legierungen (Rotguss)		
Anforderungen an die Legierungselemente in Massen-%: Messing: As ≤ 0,15 %, Pb ≤ 3,5 %, Al ≤ 0,8 %, Fe ≤ 0,3 %, Mn ≤ 0,1 %, Ni ≤ 0,2 %, Zn ≤ 0,3 %, Sonstige (jeweils) ≤ 0,02 %, Sonstige (insgesamt) ≤ 0,25 % Rotguss: Pb ≤ 3,0 %, Ni ≤ 0,6 %, As ≤ 0,03 %, Sb ≤ 0,1 %, Fe ≤ 0,3 %, P ≤ 0,04 %, S ≤ 0,04 %, Sonstige (jeweils) ≤ 0,02 %, Sonstige (insgesamt) ≤ 0,25 %		Einsatz vertretbar, wenn Anforderungen an die Legierungselemente erfüllt.
Blei		
Ist in der Trinkwasserinstallation verboten		Bei Altanlagen austauschen.

Trennen *parting*

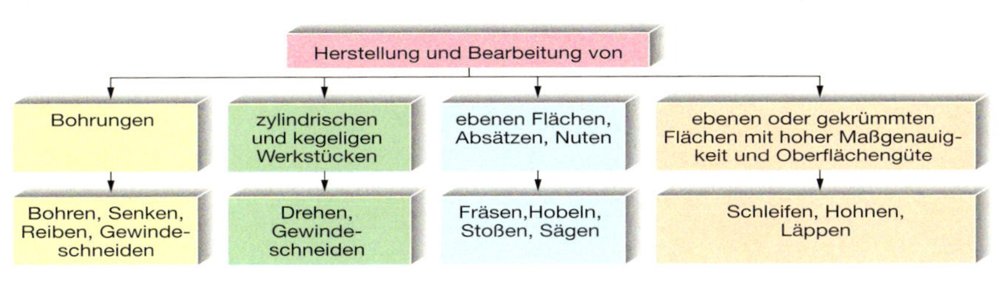

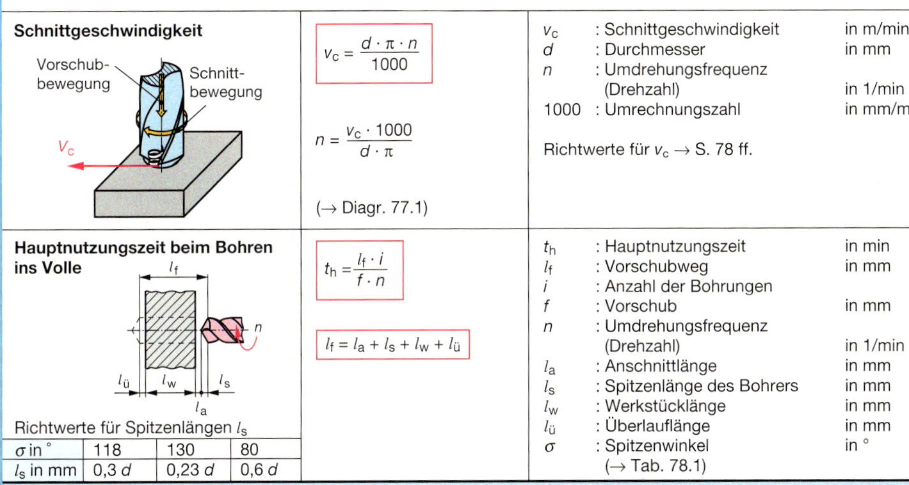

Schnittgeschwindigkeit

$$v_c = \frac{d \cdot \pi \cdot n}{1000}$$

$$n = \frac{v_c \cdot 1000}{d \cdot \pi}$$

(→ Diagr. 77.1)

v_c	: Schnittgeschwindigkeit	in m/min
d	: Durchmesser	in mm
n	: Umdrehungsfrequenz (Drehzahl)	in 1/min
1000	: Umrechnungszahl	in mm/m

Richtwerte für v_c → S. 78 ff.

Hauptnutzungszeit beim Bohren ins Volle

Richtwerte für Spitzenlängen l_s

σ in °	118	130	80
l_s in mm	0,3 *d*	0,23 *d*	0,6 *d*

$$t_h = \frac{l_f \cdot i}{f \cdot n}$$

$$l_f = l_a + l_s + l_w + l_ü$$

t_h	: Hauptnutzungszeit	in min
l_f	: Vorschubweg	in mm
i	: Anzahl der Bohrungen	
f	: Vorschub	in mm
n	: Umdrehungsfrequenz (Drehzahl)	in 1/min
l_a	: Anschnittlänge	in mm
l_s	: Spitzenlänge des Bohrers	in mm
l_w	: Werkstücklänge	in mm
$l_ü$	: Überlauflänge	in mm
σ	: Spitzenwinkel (→ Tab. 78.1)	in °

Diagr. 77.1: Drehfrequenzdiagramm

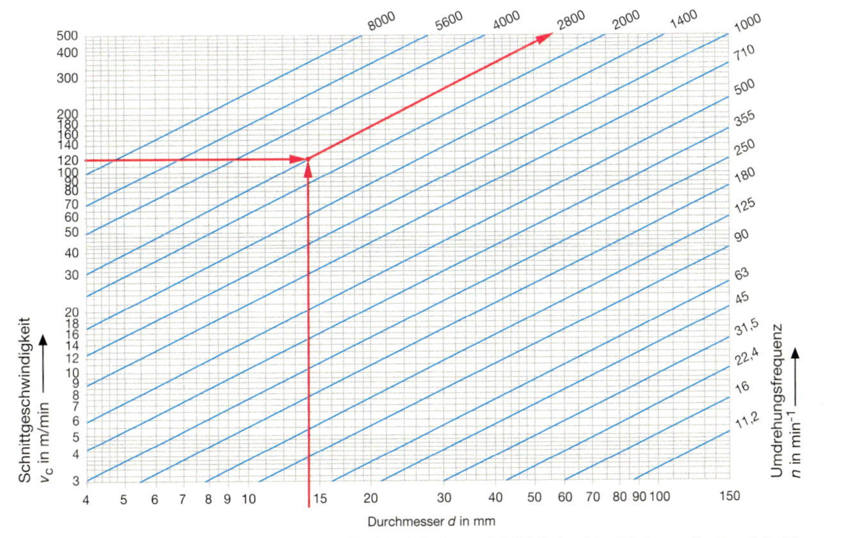

Beispiel: Herstellung einer Bohrung in unlegiertem Stahl mit Bohrer mit HM-Schneide, höchst zulässige Schnittgeschwindigkeit v_c = 120 m/min, Bohrerdurchmesser 14 mm, → Umdrehungsfrequenz n = 2800 1/min

Trennen *parting*

Bohren

Tab. 78.1: Bohrertypen und ihre Einsatzbereiche nach Werkzeug-Anwendungsgruppen DIN 1836: 1984-01

Bohrertyp	W (weich)	N (normal)		H (hart)		
Seitenfreiwinkel α_f in °	6 … 8					
Seitenspanwinkel γ_f in °	27 … 45	19 … 40		10 … 19		
Schneidkeil	schlank	mittel		stabil		
Spitzenwinkel σ in °	130	118	130	80	118	130
Verwendung	weiche und zähe oder langspanende Werkstoffe	Werkstoffe mit mittlerer Härte und Festigkeit		harte und zähharte oder kurzspanende Werkstoffe		
Werkstoffbeispiele	Kupfer und Kupferlegierungen geringer Festigkeit, Blei, Zinn, Aluminium und Aluminiumlegierungen	unlegierte Stähle, Stähle mit Gehalt jedes einzelnen Legierungselementes < 5 %, Gusseisen	Kupferlegierungen hoher Festigkeit	Thermoplaste	Stähle mit einem Gehalt mind. eines Legierungselementes ≥ 5 %	Hartguss

Tab. 78.2: Schnittgeschwindigkeit v_c und Vorschub f für das Bohren mit Spiralbohrern aus HSS[1]

Werkstoff	Zugfestigkeit bzw. Härte, R_m in N/mm² HB; HRC	Schnittgeschwindigkeit v_c in m/min	Vorschubgeschwindigkeit f in mm/Bohrerumdrehung für Bohrerdurchmesser d in mm: 6	10	16	25
Stahl, unlegiert	500	30 … 40	0,10	0,16	0,20	0,30
	600	25 … 30	0,12	0,20	0,25	0,30
	800	20 … 30	0,08	0,12	0,16	0,25
Stahl, legiert	800	15 … 25	0,08	0,12	0,16	0,25
	900	15 … 20	0,05	0,08	0,10	0,16
	1000	10 … 20	0,05	0,08	0,10	0,16
Stahl, rost-, säure-, hitzebest.	500	8 … 12	0,05	0,08	0,12	0,16
Stahl, gehärtet	48 … 64 HRC	3 … 5	0,05	0,08	0,10	0,16
Gusseisen, Temperguss	200 … 220 HB	15 … 22	0,12	0,20	0,25	0,40
	220 … 250 HB	12 … 18	0,10	0,16	0,20	0,30
	250 … 320 HB	5 … 15	0,08	0,12	0,16	0,25
Kupfer	–	40 … 60	0,12	0,20	0,25	0,40
Cu-Zn-Legierungen	–	40 … 100	0,10	0,16	0,20	0,30
Duroplaste, GFK	–	16 … 20	0,12	0,20	0,25	0,40
Thermoplaste	–	20 … 40	0,12	0,20	0,25	0,40

Tab. 78.3: Schnittgeschwindigkeit v_c und Vorschub f für das Bohren mit Spiralbohrern mit HM-Schneide[2]

Werkstoff	Zugfestigkeit bzw. Härte, R_m in N/mm² HB; HRC	Schnittgeschwindigkeit v_c in m/min	Vorschubgeschwindigkeit f in mm/Bohrerumdrehung für Bohrerdurchmesser d in mm: 6	10	16
Stahl, unlegiert	500 … 600	100 … 150	0,04	0,08	0,16
	800	80 … 130	0,04	0,08	0,12
Stahl, legiert	700 … 800	80 … 130	0,04	0,08	0,12
	900	70 … 120	0,04	0,08	0,12
	1000	60 … 100	0,04	0,08	0,12
Stahl, rost-, säure-, hitzebest.	600	60 … 120	0,03	0,06	0,10
Stahl, gehärtet	48 … 64 HRC	10 … 30	0,02	0,04	0,08
Gusseisen, Temperguss	200 … 220 HB	80 … 100	0,06	0,12	0,20
	220 … 250 HB	60 … 80	0,06	0,12	0,20
	250 … 320 HB	40 … 70	0,04	0,08	0,16
Kupfer	–	100 … 180	0,02	0,04	0,08
Cu-Zn-Legierungen	–	60 … 150	0,05	0,08	0,16

[1] Hochleistungs-Schnellarbeitsstahl [2] Hartmetall

Trennen *parting*

Drehen

Winkel am Drehmeißel

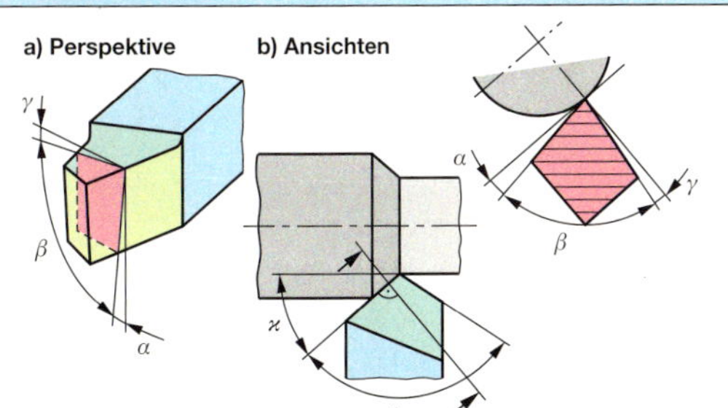

α	: Freiwinkel	in °
β	: Keilwinkel	in °
γ	: Spanwinkel	in °
ε	: Eckenwinkel	in °
$\varkappa$	: Einstellwinkel	in °
R_m	: Zugfestigkeit des Werkstoffs	in N/mm²
v_c	: Schnittgeschwindigkeit	in m/min
f	: Vorschub	in mm
a_p	: Schnitttiefe	in mm
T	: Standzeit	in min

Tab. 79.1: Schnittgeschwindigkeit v_c, Vorschub f und Schnitttiefe a_p für das Drehen mit Schneidstoffen aus HSS[1]

Werkstoff	R_m in N/mm²	Schneidstoff	v_c inm/min	f in mm	a_p in mm	α in °	γ in °	T in min
Allgem. Baustähle, Einsatzstähle, Vergütungsstähle Werkzeugstähle	≤ 500	S 10-4-3-10	75 … 60	0,1	0,5	8	18	60
		S 18-1-2-10	50 … 35	1,0	6			
	500 … 700	S 10-4-3-10	70 … 50	0,1	0,5		14	
	700 … 900	S 18-1-2-10	22 … 18	1,0	6			
Automatenstähle	≤ 700	S 10-4-3-10	90 … 60	0,1	0,5	8	≤ 20	240
	> 700	S 18-1-2-10	40 … 20	0,5	6			
Stahlguss unlegiert, niedriglegierter Vergütungsstahlguss, warmfester Stahlguss	≤ 500	S 10-4-3-10	70 … 50	0,1	0,5	8	18	60
			50 … 30	0,5	3			
			35 … 25	1,0	6			
	500 … 700	S 10-4-3-10	50 … 30	0,1	0,5	8	14	60
		S 18-1-2-10	22 … 15	1,0	6			
Stahlguss, rost-, säure-, hitzebeständig	perlitisch, martensitisches Gefüge	S 10-4-3-10	25 … 20	0,1	0,5	8	14 – 18	60
			20 … 15	0,5	3			
			15 … 10	1,0	6			
Gusseisen	≤ 250	S 12-1-4-5	40 … 32	0,1	0,5	8	0 – 6	60
			32 … 23	0,3	3			
Temperguss	≤ 220	S 12-1-4-5	60 … 40	0,3	3	8	10	60
Kupfer, Kupferlegierungen	–	S 10-4-3-10	120 … 80	0,6	6	10	18 – 30	120
			150 … 100	0,3	3			
Kunststoffe (ohne Füllstoffe)	–	S 14-1-4-5	250 … 150	0,2	3	10	0	480
			400 … 200					

Tab. 79.2: Schnittgeschwindigkeit v_c, Vorschub f und Schnitttiefe a_p für das Drehen mit Schneidstoffen aus HM[2] (Standzeit T = 15 min)

Werkstoff	R_m in N/mm²	Hartmetall-sorte	v_c in m/min	f in mm	a_p in mm
Stahl und Stahlguss unlegiert und legiert	< 500	P 10	220 … 280	0,25	3
			180 … 230	0,5	5
	500 … 900	P 10	120 … 250	0,25	3
			90 … 200	0,5	5
	900 … 1200	P 10	100 … 150	0,25	3
			70 … 105	0,5	5
Stahl und Stahlguss hochlegiert, nichtrostend	< 900	P 25	90 … 140	0,25	3
			85 … 130		5
	> 900	P 25	60 … 90	0,25	3
			55 … 85		5
Gusseisen, Temperguss	< 700	K 10	140 … 190	0,25	3
			135 … 180		5
	> 700	K 10	100 … 120	0,25	3
			90 … 115		5
Kupfer und Kupferlegierungen	–	K 10	350 … 600	0,1	1
			300 … 500	0,25	3

1) Hochleistungs-Schnellarbeitsstahl
2) Hartmetall

Trennen *parting*

Fräsen

Winkel und Eingriffsgrößen am Fräser

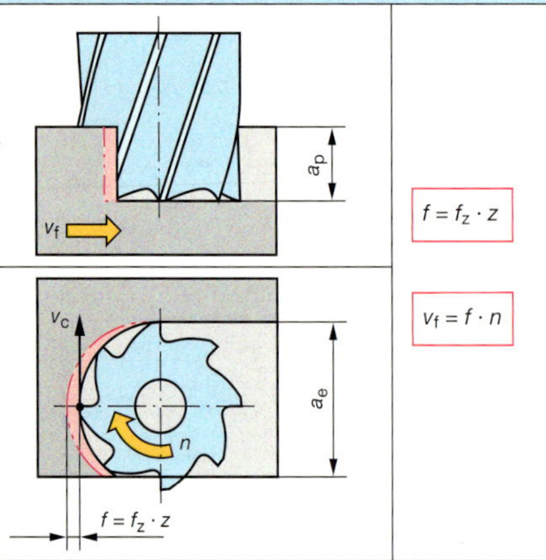

$f = f_z \cdot z$

$v_f = f \cdot n$

f	: Vorschub	in mm
f_z	: Zahnvorschub	in mm/Fräserzahn
z	: Zähnezahl	
a_p	: Schnitttiefe	in mm
a_e	: Arbeitseingriff	in mm
v_c	: Schnittgeschwindigkeit	in m/min
v_f	: Vorschubgeschwindigkeit	in mm/min
n	: Umdrehungsfrequenz (Drehzahl)	in $\frac{1}{min}$

Tab. 80.1: Schnittgeschwindigkeit v_c, Zahnvorschub f_z und Schnitttiefe a_p für das Fräsen mit HSS[1)] (Standweg L = 15 m)

Werkstoff	R_m in N/mm²	Walzenfräser v_c in m/min	Walzenfräser f_z[2)] in mm	Walzenfräser a_p in mm	Walzenstirnfräser v_c in m/min	Walzenstirnfräser f_z[2)] in mm	Walzenstirnfräser a_p in mm	Schaftfräser v_c in m/min	Schaftfräser f_z[2)] in mm	Schaftfräser d in mm
Allgemeine Baustähle, Einsatzstähle, Vergütungsstähle	< 500	33	0,22	1	30	0,22	1	28	0,1	≤ 20
		24		8	20		8	24		> 20
	500 … 800	33	0,18	1	30	0,18	1	24	0,08	≤ 20
		20		8	18		8	20		> 20
	850 … 1000	25	0,12	1	18	0,12	1	20	0,08	≤ 20
		10		8	9		8	16		> 20
Stahlguss	450 … 520	16	0,18	1	14	0,12	1	20	0,08	≤ 20
		12		8	10		8	18		> 20
Gusseisen	100 … 300	25	0,22	1	22	0,22	1	20	0,08	≤ 20
		15		8	13		8	18		> 20
	250 … 400	18	0,22	1	16	0,18	1	18	0,07	≤ 20
		10		8	9		8	14		> 20
Kupfer, Kupferlegierungen	–	200	0,12	1	180	0,12	1	240	0,06	≤ 20
		80		8	70		8	200		> 20

1) Hochleistungs-Schnellarbeitsstahl 2) Werte für Schruppbearbeitung; für Schlichtbearbeitung 0,5 f_z … 0,6 f_z

Tab. 80.2: Schnittgeschwindigkeit v_c, Zahnvorschub f_z und Schnitttiefe a_p für das Fräsen mit HM[1)]

Werkstoff	R_m in N/mm², HB	Hartmetallsorte	v_c in m/min	f_z in mm	a_p in mm
Unlegierte Stähle (C ≤ 0,35 %)	< 500	P 25	205	0,20	1
			190		3
Unlegierte Stähle (C > 0,35 %), Legierte Stähle	500 … 900	P 25	125 … 165	0,20	1
			120 … 150		3
Legierte Stähle	< 1400	P 25	110	0,20	1
			105		3
Rost- und säurebeständige Stähle	< 600	P 25	110	0,20	1
			95		3
Gusseisen, Temperguss	190 … 260 HB	K 10	120	0,20	1
			115		3
Kupfer und Kupferlegierungen	–	K 10	200	0,22	1
			80		8

R_m : Zugfestigkeit des Werkstoffs in N/mm²; v_c : Schnittgeschwindigkeit in m/min;
f_z : Zahnvorschub in mm/Fräserzahn; a_p : Schnitttiefe in mm;

1) Hartmetall

Trennen *parting*

Schleifen

Tab. 81.1: Schleifmittel DIN ISO 525: 2000-08; DIN 848-1: 1988-03

Name	Chemische Zusammensetzung	Kurzzeichen[1]	Mohs-Härte	Anwendung
Normalkorund	Al_2O_3 + Beimengungen	A	9	zähe Werkstoffe, ungehärteter Stahl, Stahlguss, Temperguss
Edelkorund	Al_2O_3 in kristalliner Form		9,3	harte Werkstoffe (legierter, gehärteter Stahl, Titan, Glas)
Siliziumkarbid	SiC in kristalliner Form	C	9,5	weiche Werkstoffe (Cu, Al, Kunststoffe), harte Werkstoffe (Gusseisen, Hartguss, Hartmetall, Gestein, Glas)
Bornitrid	BN in kristalliner Form	CBN	–	Werkzeugstahl, Schnellarbeitsstahl
Diamant	C in kristalliner Form	D	10	Hartmetall, Glas, Gusseisen, Abrichten von Schleifscheiben

[1] Kurzzeichen den Herstellern freigestellt

Tab. 81.2: Körnung und Härtegrad von Schleifkörpern DIN ISO 525: 2000-08; DIN 848-1: 1988-03

Körnung	Körnungsnummern	Anwendung
grob	4, 5, 6, 7, 8, 10, 12, 14, 16, 20, 22, 24	Schruppschleifen
mittel	30, 36, 40, 46, 54, 60	
fein	70, 80, 90, 100, 120, 150, 180, 220	Feinschleifen, ab 400 Feinstschleifen
sehr fein	230, 240, 280, 320, 400, 500, 600, 800, 1000, 1200	

Körnung von Diamant und Bornitrid

Korngröße	Bezeichnung
0,5 µm … 300 µm	D 0,5 … D 300
	B 0,5 … B 300

Härtegrad	Bezeichnung	Anwendung
äußerst weich	A, B, C, D	sehr harte Werkstoffe z. B. gehärteter Stahl, Hartmetall, Gusseisen, Glas
sehr weich	E, F, G, –	
weich	H, I, J, K	alle Metalle normaler Härte
mittel	L, M, N, O	
hart	P, Q, R, S	für weiche Werkstoffe
sehr hart	T, U, V, W	
äußerst hart	X, Y, Z	

Tab. 81.3: Bindungsarten von Schleifkörpern DIN EN 12 413: 1999-06; DIN ISO 525: 2000-08

Bindungsart	Kurzzeichen	Anwendung
keramische Bindung	V	maschinelle Schleifverfahren, für alle Werkstoffe
Kunstharzbindung	B	dünne Schleifscheiben, auch Diamant- und Bornitritscheiben
Kunstharzbindung faserverstärkt	BF	für Trennschleifscheiben
Metallbindung	M	zum Schleifen von Hartmetall, Diamant- und Bornitritscheiben

Tab. 81.4: Kennzeichnung zulässiger Arbeitshöchstgeschwindigkeiten v_s DIN EN 12 413: 1999-06

Farbstreifen	1 × blau	1 × gelb	**1 × rot**	1 × grün	1 × blau + 1 × gelb	1 × blau + 1 × rot	1 × blau + 1 x grün
$v_{s\,max}$ in m/s	50	63	**80**	100	125	140	160

Tab. 81.5: Trennschleifscheiben für Winkelschleifer DIN ISO 603-14; -16: 2000-05

Form		D in mm	80	100	115	125	150	180	230
Form 27 (gekröpft)	Bindung BF; üblich: v_s = 80 m/s								
	U in mm	4	X	X	X	X	X	X	X
		6	X	X	X	X	X	X	X
		8	–	–	–	–	–	X	X
		10	–	–	–	–	–	X	–
		H in mm	10	16	22,23				
Form 41 (gerade)	Bindung BF; üblich: v_s = 80 m/s, Ausnahme: v_s = 100 m/s								
	T in mm	2	X	X	X	X	X	X	X
		2,5	X	X	X	X	X	X	X
		3,2	–	–	X	X	X	X	X
		H in mm	10	16	22,23				

Bezeichnung einer gekröpften Trennschleifscheibe Form 27, D = 125 mm, U = 4 mm, H = 22,23 mm, Schleifmittel A, Korngröße 36, Kunstharzbindung faserverstärkt, Arbeitshöchstgeschwindigkeit 80 m/s:
Gekröpfte Trennschleifscheibe ISO 603-14 27 – 125 x 4 x 22,23 A 36 BF 80

[1] Belastungsrichtung

Trennen *parting*

Thermisches Trennen

Schneidzeit beim Brennschneiden

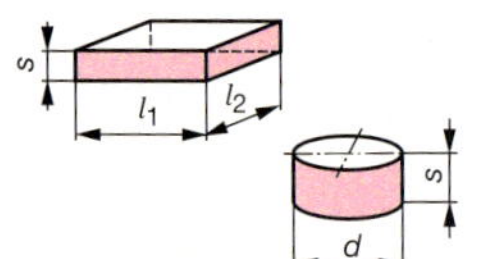

$$t_s = \frac{l}{v_c} \cdot n$$

t_s	: Brennschneidzeit	in min
l	: Länge des zu schneidenden Bleches	in mm
v_c	: Schnittgeschwindigkeit	in mm/min
n	: Anzahl der herzustellenden Stücke	

(→ Tab. 82.1, 82.2)

Verbrauch von Sauerstoff bzw. Acetylen beim Brennschneiden

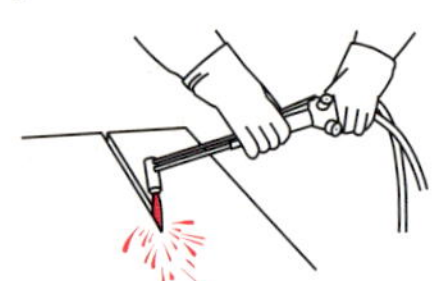

$$\Delta V = \dot{V} \cdot t_s$$

ΔV	: Verbrauch von Sauerstoff bzw. Acetylen	in m³
$\dot{V}$	: Sauerstoff- bzw. Acetylenvolumenstrom	in m³/h
t_s	: Schneidzeit	in h

Tab. 82.1: Richtwerte für das Brennschneiden mit Acetylen-Sauerstoffflamme

Werkstückdicke s in mm	Schneiddüse in mm	Sauerstoffdruck p_e in bar: Heizen	Sauerstoffdruck p_e in bar: Schneiden	Acetylendruck p_e in bar	Gesamtsauerstoffvolumenstrom $\dot{V}$ in m³/h	Acetylenvolumenstrom $\dot{V}$ in m³/h	Schnittfugenbreite b in mm	Schneidgeschwindigkeit v_c in mm/min: Konstruktionsschnitt	Schneidgeschwindigkeit v_c in mm/min: Trennschnitt
3	3 … 10	2,0	2,0	0,2	1,64	0,24	1,5	730	870
5			2,0		1,67	0,27		690	840
8			2,5		1,92	0,32		640	780
10			3,0		2,14	0,34		600	740
10	10 … 25	2,5	2,5		2,46	0,36	1,8	620	750
15			3,0		2,67	0,37		520	690
20			3,5		2,98	0,38		450	640
25			4,0		3,20	0,40		410	600
25	25 … 40		4,0		3,20	0,40	2,0	410	600
30			4,3		3,42	0,42		380	570
35			4,5		3,54	0,44		360	550
40			5,0		3,85	0,45		340	530

Tab. 82.2: Richtwerte für das Plasmaschneiden

Blechdicke s in mm	Stromstärke I in A	Spannung U in V	Brennerabstand in mm	Düsendurchmesser in mm	Schneidgasvolumenstrom $\dot{V}$ in l/min: Ar	H_2	N_2	Schneidgeschwindigkeit v_c in mm/min
Werkstoff: hochlegierter Stahl (X 6 CrNiTi 18-10)								
2	120	95	4	1,4	10	–	14	2300
6		100	6		15		15	1200
10		110			20	20	–	850
20	200	120	8	2,0	25	15		680
Werkstoff: Aluminiumlegierung (EN AW-5754 [AlMg 3])								
2	120	100	5	1,4	15	15	–	2800
6		110	6					1600
10								1400
20	200	120	8	2,0	20	12		900

Tab. 82.3: Richtwerte für das Laserstrahlschneiden mit CO_2-Laser

Werkstoff	Werkstückdicke s in mm	Leistung P_{exi} in W	Laserstrahldurchmesser in mm	Schneidgeschwindigkeit v_c in m/min	Schneidgas
Stahl, unlegiert	1	200	0,1	30	O_2
	3		0,2	6	
Stahl, nichtrostend	1	200	0,1	15	O_2
	3	850	0,3	25	
	5			12	
PVC-U	3,2	200	0,5	12	N_2

Metrisches ISO-Gewinde

DIN 13-1; -19: 1999-11

Bezeichnungen am Gewinde

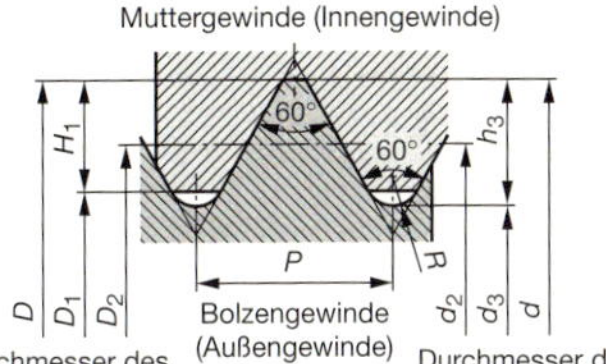

$d = D$

$h_3 = 0{,}613435 \cdot P$
$H_1 = 0{,}541266 \cdot P$
$R = 0{,}144338 \cdot P$
$d_2 = D_2 = d - 0{,}649519 \cdot P$
$d_3 = d - 1{,}226869 \cdot P$
$D_1 = d - 2 \cdot H_1$
$D_1 = d - 1{,}082532 \cdot P$
$S = 0{,}785 \cdot (d - 0{,}9382 \cdot P)^2$

allgemein:
- P : Steigung in mm
- R : Rundung in mm
- S : Spannungsquerschnitt in mm²
- SW : Sechskantschlüsselweite in mm

Bolzengewinde:
- d : Nenndurchmesser in mm
- d_2 : Flankendurchmesser in mm
- d_3 : Kerndurchmesser in mm
- h_3 : Gewindetiefe in mm

Muttergewinde:
- D : Nenndurchmesser in mm
- D_1 : Kerndurchmesser in mm
- D_2 : Flankendurchmesser in mm
- H_1 : Gewindetiefe in mm

Tab. 83.1: Metrische ISO-Gewinde, Regelgewinde

DIN 13-1: 1999-11

Nenndurchmesser $d = D$ in mm	Steigung P in mm	Flankendurchmesser $d_2 = D_2$ in mm	Kerndurchmesser Bolzen d_3 in mm	Kerndurchmesser Mutter D_1 in mm	Gewindetiefe Bolzen h_3 in mm	Gewindetiefe Mutter H_1 in mm	Durchmesser Kernlochbohrer in mm	Spannungsquerschnitt S in mm²	Sechskantschlüsselweite[1)] SW in mm
M 6	1	5,350	4,773	4,917	0,613	0,541	5	20,1	10
M 8	1,25	7,188	6,466	6,647	0,767	0,677	6,8	36,6	13
M 10	1,5	9,026	8,160	8,376	0,920	0,812	8,5	58,0	16
M 12	1,75	10,863	9,853	10,106	1,074	0,947	10,2	84,3	18
M 16	2	14,701	13,546	13,835	1,227	1,083	14	157	24
M 20	2,5	18,376	16,933	17,294	1,534	1,353	17,5	245	30
M 24	3	22,051	20,319	20,752	1,840	1,624	21	353	36
M 30	3,5	27,727	25,706	26,211	2,147	1,894	26,5	561	46

[1)] für Sechskantschrauben und -muttern nach DIN EN 24014 bzw. 24032

Tab. 83.2: Metrische ISO-Gewinde, Feingewinde

DIN 13-4; -5; -6; -7: 1999-11

Bezeichnung $d \times P$	Flankendurchmesser $d_2 = D_2$ in mm	Kerndurchmesser Bolzen d_3 in mm	Kerndurchmesser Mutter D_1 in mm	Bezeichnung $d \times P$	Flankendurchmesser $d_2 = D_2$ in mm	Kerndurchmesser Bolzen d_3 in mm	Kerndurchmesser Mutter D_1 in mm
M 6 × 0,75	5,513	5,080	5,188	M 16 × 1,5	15,026	14,160	14,376
M 8 × 1	7,350	6,773	6,917	M 20 × 1,5	19,026	18,160	18,376
M 10 × 0,75	9,513	9,080	9,188	M 24 × 1,5	23,026	22,160	22,376
M 12 × 1	11,350	10,773	10,917	M 24 × 2	22,701	21,546	21,835
M 14 × 1,5	13,026	12,160	12,376	M 30 × 1,5	29,026	28,160	28,376
M 16 × 1	15,350	14,773	14,917	M 30 × 2	28,701	27,546	27,835

Whitworth-Rohrgewinde für Gewinderohre und Fittings

DIN EN 226: 2004-10

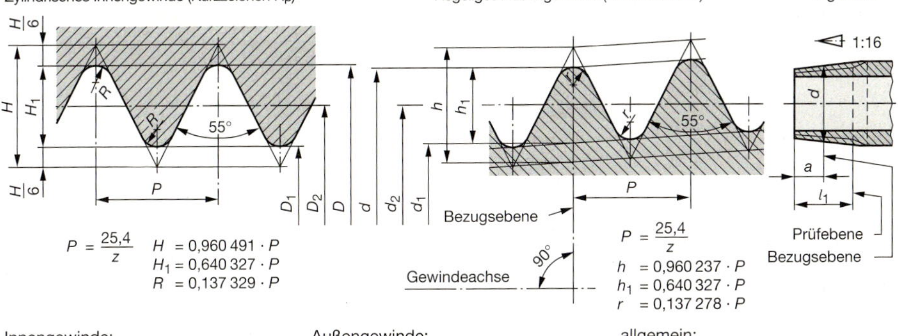

Zylindrisches Innengewinde:

$P = \frac{25{,}4}{z}$ $\quad H = 0{,}960\,491 \cdot P$
$H_1 = 0{,}640\,327 \cdot P$
$R = 0{,}137\,329 \cdot P$

Kegeliges Außengewinde:

$P = \frac{25{,}4}{z}$
$h = 0{,}960\,237 \cdot P$
$h_1 = 0{,}640\,327 \cdot P$
$r = 0{,}137\,278 \cdot P$

Innengewinde:
- D : Nenndurchmesser in mm
- D_1 : Kerndurchmesser in mm
- D_2 : Flankendurchmesser in mm
- H_1 : Gewindetiefe in mm
- R : Rundung in mm

Außengewinde:
- d : Nenndurchmesser in mm
- d_2 : Flankendurchmesser in mm
- d_1 : Kerndurchmesser in mm
- h_1 : Gewindetiefe in mm
- r : Rundung in mm

allgemein:
- P : Steigung
- a : Abstand der Bezugsebene in mm
- l_1 : nutzbare Gewindelänge in mm

Fügen *joining*

Tab. 84.1: Whitworth-Rohrgewinde DIN ISO 228-1: 2000-09; DIN EN 10226: 2004-10

Gewindebezeichnung DIN ISO 228-1 Außen- und Innengewinde	DIN EN 10226-1 Außengewinde	DIN EN 10226-1 Innengewinde	Außendurchmesser $d = D$	Flankendurchmesser $d_2 = D_2$	Kerndurchmesser $d_1 = D_1$	Steigung P	Anzahl der Teilungen auf 25,4 mm Z	Pröfilhöhe $h = h_1 = H_1$	Nutzbare Länge des Außengewindes ≥
G1/16	R1/16	Rp1/16	7,72	7,14	6,56	0,91	28	0,58	6,5
G1/8	R1/8	Rp1/8	9,73	9,15	8,57	0,91	28	0,58	6,5
G1/4	R1/4	Rp1/4	13,16	12,30	11,45	1,34	19	0,86	9,7
G3/8	R3/8	Rp3/8	16,66	15,81	14,95	1,34	19	0,86	10,1
G1/2	R1/2	Rp1/2	20,96	19,79	18,63	1,81	14	1,16	13,2
G3/4	R3/4	Rp3/4	26,44	25,28	24,12	1,81	14	1,16	14,5
G1	R1	Rp1	33,25	31,77	30,29	2,31	11	1,48	16,8
G1 1/4	R1 1/4	Rp1 1/4	41,91	40,43	38,95	2,31	11	1,48	19,1
G1 1/2	R1 1/2	Rp1 1/2	47,80	46,32	44,85	2,31	11	1,48	19,1
G2	R2	Rp2	59,61	58,14	56,66	2,31	11	1,48	23,4
G2 1/2	R2 1/2	Rp2 1/2	75,18	73,71	72,23	2,31	11	1,48	26,7
G3	R3	Rp3	87,88	86,41	84,93	2,31	11	1,48	29,8
G4	R4	Rp4	113,03	111,55	110,07	2,31	11	1,48	35,8
G5	R5	Rp5	138,43	136,95	135,37	2,31	11	1,48	40,1
G6	R6	Rp6	163,83	162,35	160,87	2,31	11	1,48	40,1

Mechanische Eigenschaften von Schrauben aus Stahl DIN EN ISO 898-1: 1999-11

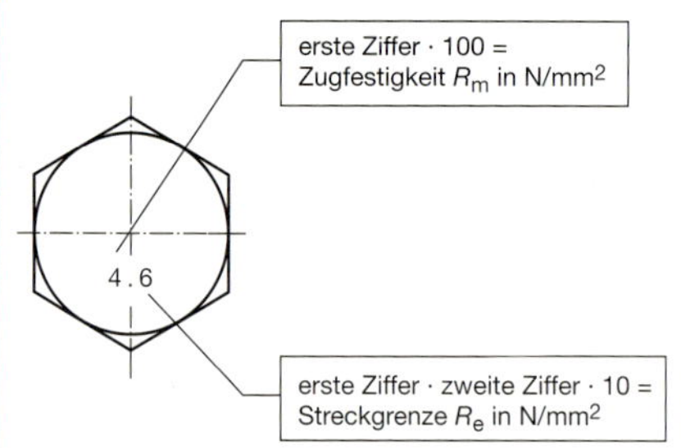

Tab. 84.2: Mechanische Eigenschaften von Schrauben aus Stahl

Festigkeitsklasse	Zugfestigkeit R_m in N/mm²	Streckgrenze R_e bzw. 0,2 % Dehngrenze $R_{p\,0,2}$ in N/mm²	Bruchdehnung A in %
3.6	300	180	25
4.6	400	240	22
4.8		320	–
5.6 [1]	500	300	20
5.8		400	–
6.8	600	480	–
8.8 [1]	800	640	12
9.8 [2]	900	720	10
10.9	1000	900	9
12.9	1200	1080	8

Tab. 84.3: Mechanische Eigenschaften von Muttern mit Regelgewinde und zugehörige Schrauben DIN EN 20898-2: 1994-02

Mutterhöhe		0,5 $d \le m <$ 0,8 d		$m \ge$ 0,8 d							
Festigkeitsklasse		04	05	4	5		6	8	9	10	12
Prüfspannung in N/mm²		380	500	510	520 … 630		600 … 720	800 … 920	900 … 950	1040 … 1060	1140 … 1200
Gewindebereich		≤ M 39	≤ M 39	> M 16	≤ M 16	≤ M 39			≤ M 16 [3]	≤ M 39	≤ M 16
zugehörige Schraube	Festigkeitsklasse	–	–	3.6 4.6 4.8	3.6 4.6 4.8	5.6 5.8	6.8	8.8	9.8	10.9	12.9
	Gewindebereich	≤ M 39	≤ M 39	> M 16	≤ M 16	≤ M 39	≤ M 39	≤ M 39	≤ M 16	≤ M 39	≤ M 39

Tab. 84.4: Durchgangsbohrungen für Schrauben DIN EN 20273: 1992-02

Gewindenenndurchmesser		M 6	M 8	M 10	M 12	M 16	M 20	M 24	M 30
Durchgangsbohrungsdurchmesser bei Toleranzklasse (→ Tab. 112.1)	fein	6,4	8,4	10,5	13,0	17,0	21,0	25,0	31,0
	mittel	6,6	9,0	11,0	13,5	17,5	22,0	26,0	33,0
	grob	7,0	10,0	12,0	14,5	18,5	24,0	28,0	35,0

[1] bei 20 °C [2] nur für $d \le$ 16 mm [3] nur Mutter Typ 2 (Typ 2 etwa 10 % höher als Typ 1)

Tab. 85.1: Sechskantschrauben mit metrischem Regelgewinde
mit Schaft: DIN EN ISO 4014: 2001-03 **mit Gewinde bis Kopf:** DIN EN ISO 4017: 2001-03

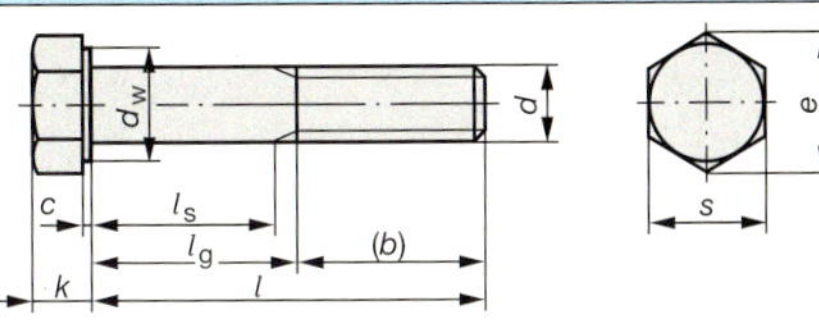

$l_s = l_g - 5 \cdot P$
P siehe S.83
l_g = Mindest-Klemmlänge

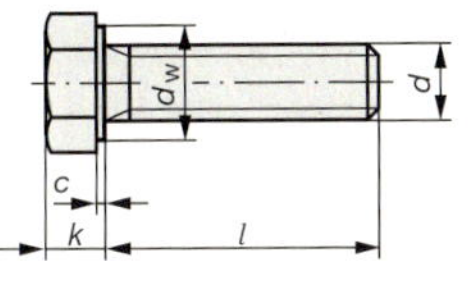

Gewindebezeichnung		M 6	M 8	M 10	M 12	M 16	M 20	M 24	gültig für DIN EN ISO
b für $l \leq 125$	in mm	18	22	26	30	38	46	54	4014
d_w	in mm	8,88	11,63	14,63	16,63	22,49	28,19	33,61	4014, 4017
k_{max}	in mm	4,15	5,45	6,58	7,68	10,18	12,715	15,215	
s	in mm	10	13	16	18	24	30	36	
e_{min}	in mm	11,05	14,38	17,77	20,03	26,75	33,53	39,98	
c	in mm	0,5	0,6	0,6	0,6	0,8	0,8	0,8	
l	in mm	30 … 60	40 … 80	45 … 100	50 … 120	65 … 160	80 … 200	90 … 240	4014
l	in mm	12 … 60	16 … 80	20 … 100	25 … 120	30 … 200	40 … 200	50 … 200	4017

Bezeichnung einer Sechskantschraube mit Schaft und Regelgewinde M 12, l = 70 mm, Festigkeitsklasse 10.9 (→ Tab. 84.2):
Sechskantschraube DIN ISO 4014 – M 12 x 70 – 10.9

Tab. 85.2: Sechskantmuttern mit metrischem Regelgewinde

Typ 1: DIN EN ISO 4032: 2001-03 **Typ 2: DIN EN ISO 4033: 2001-03**

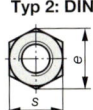

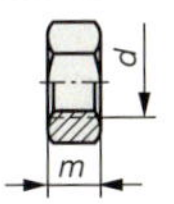

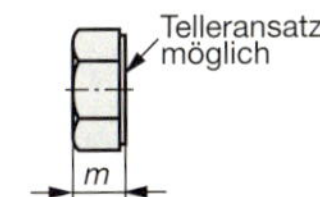

Gewindebezeichnung		M 6	M 8	M 10	M 12	M 16	M 20	M 24	gültig für DIN EN ISO
e	in mm	11,1	14,4	17,8	20,0	26,8	33	39,6	4032
m	in mm	5,2	6,8	8,4	10,8	14,8	18	21,5	
e	in mm	11,1	14,4	17,8	20,0	26,8	33	39,6	4033
m	in mm	5,7	7,5	9,3	12	16,4	20,3	23,9	
s	in mm	10	13	16	18	24	30	36	4032, 4033

Bezeichnung einer Sechskantmutter Typ 1, Regelgewinde M 12, Festigkeitsklasse 8 (→ Tab. 84.3):
Sechskantmutter DIN ISO 4032 – M 12 – 8

Tab. 85.3: Flache Scheiben mit Fase, normale Reihe, Produktklasse A DIN EN ISO 7090: 2000-11

Nenngröße	5	6	8	10	12	16	20
Gewindenenn-Ø	M5	M6	M8	M10	M12	M16	M20
$d_{1\,min}$ (Nennmaß)	5,3	6,4	8,4	10,5	13,0	17,0	21,0
$d_{2\,max}$ (Nennmaß)	10,0	12,0	16,0	20,0	24,0	30,0	37,0
h	0,9 - 1,1	1,4 - 1,8	1,4 - 1,8	1,8 - 2,2	2,3 - 2,7	2,7 - 3,3	2,7 - 3,3
Nenngröße	24	30	36	42	48	56	64
Gewindenenn-Ø	M24	M30	M36	M42	M48	M56	M64
$d_{1\,min}$ (Nennmaß)	25,0	31,0	37,0	45,0	52,0	62,0	70,0
$d_{2\,max}$ (Nennmaß)	44,0	56,0	66,0	78,0	92	105,0	115,0
h	3,7 - 4,3	3,7 - 4,3	4,4 - 5,6	7 - 9	7 - 9	9 - 11	9 - 11
Werkstoffe[1]	Stahl			nichtrostender Stahl			
Stahlsorte	–			A2, A4, F1, C1, C4 (ISO 3506-1)			
Härteklasse	200 HV	300 HV (vergütet)		200 HV			

[1] andere Metalle nach Vereinbarung

Bezeichnung einer flachen Scheibe mit Fase, Produktklasse A, mit der Nenngröße 10 aus nichtrostendem Stahl der Stahlsorte A4, Härteklasse 200 HV: **Scheibe ISO 7090 – 10 – 200 HV – A 4**

Anwendungsbereiche für Härteklasse 200 HV:
- Sechskantschrauben mit Festigkeitsklassen ≤ 8.8
- Sechskantmuttern mit Festigkeitsklassen ≤ 8
- Sechskantschrauben und -muttern aus nichtrostendem Stahl

Härteklasse 300 HV:
- Sechskantschrauben mit Festigkeitsklassen ≤ 10.9
- Sechskantmuttern mit Festigkeitsklassen ≤ 10

Fügen *joining*

Tab. 86.1: Scheiben vierkant, keilförmig für U-Träger: DIN 434: 2000-04 für I-Träger: DIN 435: 2000-01

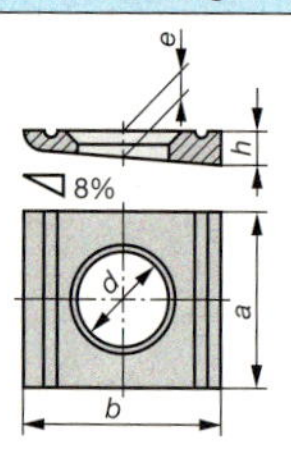

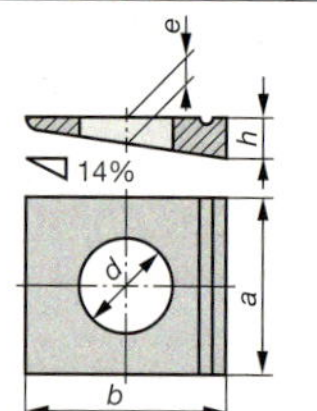

Scheiben für Schraubenverbindungen bis Festigkeitsklasse 5.6

8 %	$e = h - 0{,}04 \cdot b$
14 %	$e = h - 0{,}07 \cdot b$

zwei eingewalzte Rillen: Neigung = 8 % (+/– 0,5 %) eine eingewalzte Rille: Neigung = 14 % (+/– 0,5 %)

für Gewinde	M 8	M 10	M 12	M 16	M 20	M 22	M 24	M 27	M 30	gültig für DIN
d in mm	9	11	13,5	17,5	22	24	26	30	30	434 und 435
a in mm	22	22	26	32	40	44	56	56	56	
b in mm	22	22	30	36	44	50	56	56	56	
h in mm	3,8	3,8	4,9	5,9	7	8	8,5	8,5	8,5	434
e in mm	2,9	2,9	3,7	4,45	5,25	6	6,26	6,26	6,26	
h in mm	4,6	4,6	6,2	7,5	9,2	10	10,8	10,8	10,8	435
e in mm	3,05	3,05	4,1	5	6,1	6,5	6,9	6,9	6,9	

Bezeichnung einer Scheibe für U-Träger mit d = 22 mm: **U –Scheibe DIN 434-22**

Tab. 86.2: Sechskantschrauben mit großen Schlüsselweiten, HV-Schrauben[1)] DIN 6914: 1989-10

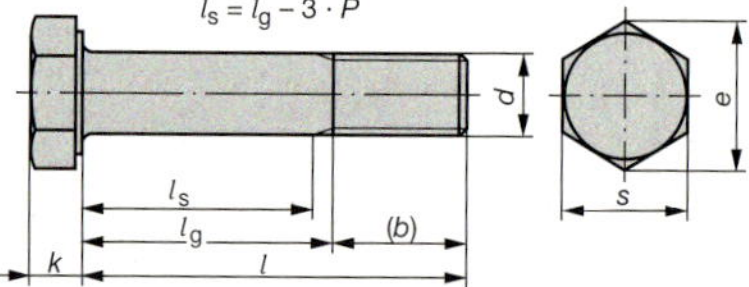

$P \rightarrow$ S.73

Gewindebezeichnung	M 12	M 16	M 20	M 22	M 24	M 27	M 30	zugehörige Sechskantmuttern und Scheiben
b_{min} in mm	21	26	31	32	34	37	40	Sechskantmuttern nach DIN 6915 (→ Tab. 86.3) Scheiben nach DIN 6916 (→ Tab. 87.1), DIN 6917 oder DIN 6917 oder DIN 6918 (→ Tab. 87.2)
$e \approx$ in mm	23,9	29,6	35	39,6	45,2	50,9	55,4	
k_{max} in mm	8,45	10,75	13,9	14,9	15,9	17,9	20,05	
s in mm	22	27	32	36	41	46	50	
l in mm[2)] von	30	40	45	50	60	70	75	
bis	95	130	155	165	195	200	200	

[1)] Werkstoff Stahl, Festigkeitsklasse 10.9 (→ Tab. 84.2); [2)] Längenabstufung je 5 mm

Bezeichnung einer Sechskantschraube (HV-Schraube) mit Gewinde M 27, l = 100 mm:
Sechskantschraube DIN 6914 – M27 x 100

Tab. 86.3: Sechskantmuttern mit großen Schlüsselweiten für HV-Verbindungen in Stahlkonstruktionen[3)] DIN 6915: 1999-12

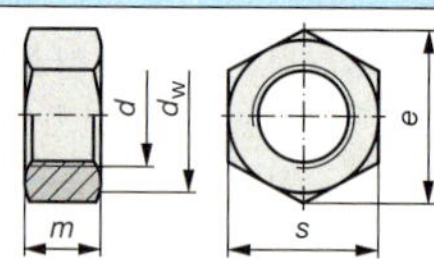

Gewindebezeichnung	M 12	M 16	M 20	M 22	M 24	M 27	M 30	zugehörige Sechskantschrauben
$d_{w\,min}$ in mm	20	25	30	34	39	43,5	47,5	Sechskantschrauben nach DIN 6914 (→ Tab. 86.2)
$e_{min} \approx$ in mm	23,9	29,6	35	39,6	45,2	50,9	55,4	
m in mm	10	13	16	18	20	22	24	
s in mm	22	27	32	36	41	46	50	

[3)] Werkstoff Stahl, Festigkeitsklasse 10 (→ Tab. 84.3)
Bezeichnung einer Sechskantmutter für HV-Verbindung mit Gewinde M 27: **Sechskantmutter DIN 6915 – M 27**

Fügen *joining*

Tab. 87.1: Scheiben rund für HV-Schrauben in Stahlkonstruktionen DIN 6916: 1989-10

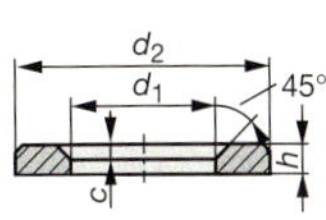

für Gewinde	M 12	M 16	M 20	M 22	M 24	M 27	M 30	zugehörige Sechskantschrauben und -muttern
d_1 in mm	13	17	21	23	25	28	31	Sechskantschrauben DIN 6914 (→ Tab. 86.2), Sechskantmuttern DIN 6915 (→ Tab. 86.3)
d_2 in mm	24	30	37	39	44	50	56	
h_{max} in mm	3,3	4,3	4,3	4,3	4,3	5,6	5,6	
c_{min} in mm	1,6	1,6	2	2	2	2,5	2,5	

Tab. 87.2: Scheiben vierkant, keilförmig für HV-Schrauben für U-Träger: DIN 6918: 1990-04 für I-Träger: DIN 6917: 1989-10

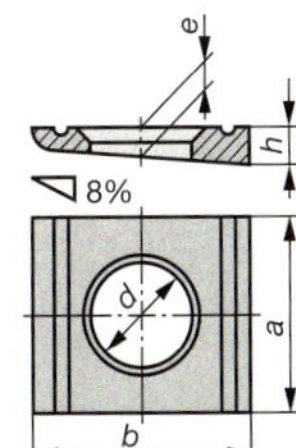

Form A

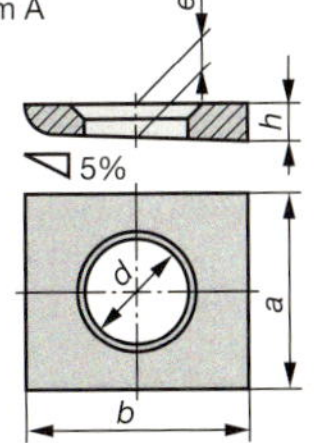

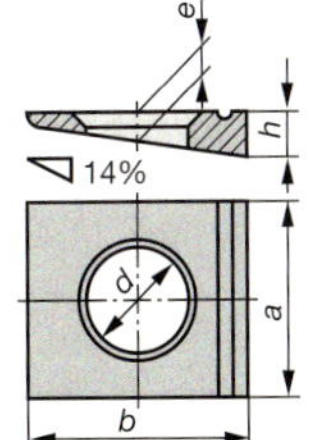

Scheiben für HV-Schrauben nach DIN 6914 und Sechskantmuttern nach DIN 6915

5 %	$e = h - 0{,}025 \cdot b$
8 %	$e = h - 0{,}04 \cdot b$
14 %	$e = h - 0{,}07 \cdot b$

für Gewinde	M 12	M 16	M 20	M 22	M 24	M 24	M 27	M 27	M 30	M 30	gültig für DIN
d in mm	13	17	21	23	25	25 A	28	28 A	31	31 A	6918 und 6917
a in mm	26	32	40	44	56	56	56	56	62	62	
b in mm	30	36	44	50	56	56	56	56	62	62	
h in mm	4,9	5,9	7	8	8,5	7,65	8,5	7,65	9	8,05	6918
e in mm	3,7	4,45	5,25	6	6,26	6,25	6,26	6,25	6,52	6,5	
h in mm	6,2	7,5	9,2	10	10,8	–	10,8	–	11,7	–	6917
e in mm	4,1	5	6,1	6,5	6,9	–	6,9	–	7,5	–	

Bezeichnung einer Scheibe für U-Träger mit mit d = 23 mm: **U-Scheibe DIN 6918-23**
Bezeichnung einer Scheibe für U-Träger mit mit d = 28 mm, Form A: **U-Scheibe DIN 6918-28A**

Tab. 87.3: Halbrundniete, Nenndurchmesser 2 bis 8 mm DIN 660: 1993-05

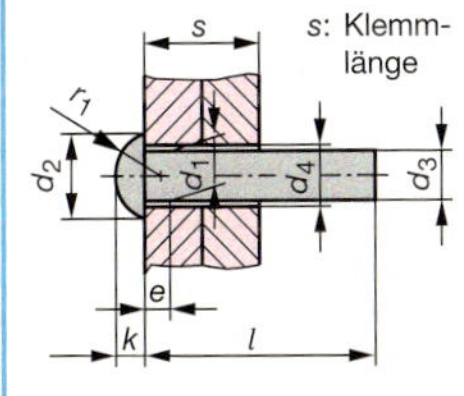

Form A: Halbrundkopf als Schließkopf
Form B: Senkkopf als Schließkopf

		2	2,5	3	4	5	6	8
d_1 in mm		2	2,5	3	4	5	6	8
d_2 in mm		3,5	4,4	5,2	7	8,8	10,5	14
d_{3min} in mm		1,87	2,37	2,87	3,87	4,82	5,82	7,76
d_4 H12 in mm		2,1	2,6	3,1	4,2	5,2	6,3	8,4
e_{max} in mm		1	1,25	1,5	2	2,5	3	4
$r_1 \approx$ in mm		1,9	2,4	2,8	3,8	4,6	5,7	7,5
k in mm		1,2	1,5	1,8	2,4	3	3,6	4,8
l in mm	von	2	3	3	4	5	6	8
	bis	20	25	30	40	40	40	40
s in mm	von	0,5	0,5	0,5	1	2	2,5	2,5
	bis	14	18	23	30	30	28	27

Bezeichnung eines Halbrundnietes mit Nenndurchmesser d_1 = 3 mm, l = 15 mm, Werkstoff Stahl[1]:
Niet DIN 660-3 x 15-St

[1] Werkstoffe: C4C (QSt 32-3), C11C (QSt 36-3), CuZn37, Cu-DHP, Al 99,5

Tab. 87.4: Blindniete mit Sollbruchdorn DIN 7337: 1991-08

Form A Flachkopf
Klemmlänge
Niethülse
Nietdorn
Schließkopf
Setzkopf
Form A
Form B

d_1 in mm	Reihe 1	–	3		4		–	5	6	–
	Reihe 2	2,4	–	3,2	–		4,8	–	–	6,4
d_2 in mm	Form A	5	6,5	6,5	8		9,5	9,5	12	13
	Form B	–	6	6	7,5		9	9	11	12
d_3 in mm		2,5	3,1	3,3	4,1		4,9	5,1	6,1	6,5
k in mm	Form A	0,55	0,8	0,8	1		1,1	1,1	1,5	1,8
	Form B	–	0,9	0,9	1		1,2	1,2	1,5	1,6
r_{max} in mm		0,2			0,3				0,4	0,5
l in mm		Klemmlängenbereich in mm[1]								
6		2…4	1,5…3,5		1,5…3		2…3		–	–
8		4…6	3,5…5,5		3…5		3…4,5		2…4	–
10		–	5,5…7		5…6,5		4,5…6		4…6	–

Bezeichnung eine Blindnietes Form A mit d_1 = 4 mm, l = 20 mm, Niethülse aus Al: **Blindniet DIN 7337 – A 4 x 20 - Al**

[1] Niethülse aus Al, Nietdorn aus Stahl

Technische Grundlagen

Fügen *joining*

Tab. 88.1: Übersicht über die Lötverfahren DIN EN ISO 4063: 2000-04

Kennzahl	Verfahren	Kennzeichen[1)]	Kennzahl	Verfahren	Kennzeichen[1)]
912	Flamm**hart**löten	HL – FL	942	Flamm**weich**löten	WL – FL
913	Ofen**hart**löten	HL – OF[2)]	943	Ofen**weich**löten	WL – OF[2)]
916	Induktions**hart**löten	HL – IL	948	Widerstands**weich**löten	WL – WD
918	Widerstands**hart**löten	HL – WD	952	Kolben**weich**löten	WL – KO

[1)] nach DIN 8505-3 [2)] Ofenlöten mit Flussmittel

Tab. 88.2: Flussmittel zum Weichlöten – Bezeichnungsstruktur DIN EN 29454-1: 1994-02

Flussmitteltyp		Flussmittelbasis		Flussmittelaktivator		Flussmittelart	
1	Harz	1 2	Kolofonium (Harz) ohne Kolofonium (Harz)	1 2 3	ohne Aktivator mit Halogenen aktiviert ohne Halogene aktiviert	A	flüssig
2	organisch	1 2	wasserlöslich nicht wasserlöslich				
3	anorganisch	1	Salze	1 2	mit Ammoniumchlorid ohne Ammoniumchlorid	B	fest
		2	Säuren	1 2	Phosphorsäure andere Säuren	C	Paste
		3	alkalisch	1	Amine und/oder Ammoniak		

Bezeichnung für ein nicht wasserlösliches, organisches, ohne Halogene aktiviertes Flussmittel als Paste:
Flussmittel DIN EN 29454 – 2.2.3.C

Tab. 88.3: Flussmittel zum Weichlöten DIN EN 29454-1: 1994-02

Kurzzeichen nach		Rückstände wirken	Verwendung
DIN EN 29454 (neu)	DIN 8511-2 (alt)		
3.2.2.	F – SW11	stark korrosiv	Löten von Titanzink, Bauklempnerei
3.1.1.	F – SW12		Löten von Kupfer
3.2.1.	F – SW13		Löten von Kupfer und Kupferlegierungen
3.1.1.	F – SW21	bedingt korrosiv	Kupferrohrinstallation, Klempnerei
3.1.2.	F – SW22		Kupferrohrinstallation
2.1.2.	F – SW25		
1.1.1.	F – SW31	nicht korrosiv	Bleilötungen, Bauklempnerei

Tab. 88.4: Weichlote für Installations- und Klempnerarbeiten DIN EN 29453: 1994-02

Kurzzeichen[1)]	Kurzzeichen nach DIN 1707	Schmelztemperatur ϑ_{Fl} in °C	Verwendung
S – Sn99Cu1	–	230 … 240	Kupferrohrinstallation
S – Sn97Cu3	L – SnCu3	230 … 250	Kupferrohrinstallation, Klempnerarbeiten
S – Sn96Ag4	L – SnAg5[2)]	221	Kupferrohrinstallation, Kältetechnik
S – Sn97Ag3	–	221 … 230	
S – Pb70Sn30	–	183 … 255	Blech- und Klempnerarbeiten
S – Pb60Sn40	L – PbSn40	183 … 235	

[1)] Vorsatz „S": solder (engl.) = Lot [2)] Legierung annähernd mit der neuen Legierung vergleichbar

Tab. 88.5: Flussmittel zum Hartlöten DIN EN 1045: 1997-08

Typ nach DIN		Wirktemperaturbereich	Bemerkung und Verwendung	Entfernung der Rückstände
EN 1045	8511-1			
für Leichtmetalle (Aluminium und Aluminiumlegierungen)				
FL 10	F – LH 1	> 550 °C	auf Basis hygroskopischer Chloride und Fluoride	abwaschen oder abbeizen
FL 20	F – LH 2		auf Basis nichthygroskopischer Chloride und Fluoride	allgemein nicht, Lötstelle vor Wasser schützen
für Schwermetalle (Stähle, Kupfer und Kupferlegierungen, Nickel und Nickellegierungen, Edelmetalle)				
FH 10	F – SH 1	550 … 800	Vielzweckflussmittel	abwaschen oder abbeizen
FH 11	F – SH 1a		Löten von Cu-Al-Legierungen	
FH 12	–	550 … 850	Löten von rostfreien Stählen und Hartmetallen	
FH 20	–	700 … 1000	Vielzweckflussmittel	
FH 21	F – SH 2	750 … 1100		allgemein nicht, mechanisch oder abbeizen
FH 30	F – SH 3	> 1000	bei Kupfer- und Nickelloten	
FH 40	F – SH 4	600 … 1000	wenn andere FH-Flussmittel wegen Borhaltigkeit nicht erlaubt sind	abwaschen oder abbeizen

Fügen *joining*

Tab. 89.1: Hartlote[1] — DIN EN 1044: 1999-07

Kurzzeichen nach DIN EN 1044	Kurzzeichen nach DIN 8513	Werkstoffnummer	Solidustemperatur ϑ_S in °C	Liquidustemperatur ϑ_L in °C	verwendbare Grundwerkstoffe	Form der Lötstelle	Art der Lotzufuhr
CU – 301	L – CuZn40	2.0367	875	895	Stahl, Temperguss, Cu und Cu-Legierungen (ϑ_{Fl} > 950 °C), Ni und Ni-Legierungen	Spalt, Fuge	angesetzt oder eingelegt
CP – 203	L – CuP6	2.1462	710	760 … 890[2]	Cu, Cu-Zn und Cu-Sn-Legierungen, Bauklempnerei	Spalt, Fuge	angesetzt oder eingelegt
CP – 105	L – Ag2P	2.1467	645	740 … 825[2]	Cu, Cu-Zn und Cu-Sn-Legierungen, Bauklempnerei	Spalt, Fuge	angesetzt oder eingelegt
AG – 104	L – Ag45Sn	2.5158	640	680	Stahl, Temperguss, Cu und Cu-Legierungen, Ni und Ni-Legierungen	Spalt	angesetzt oder eingelegt
AG – 203	L – Ag44	2.5147	675	735			
AG – 106	L – Ag34Sn	2.5157	630	730			
AG – 306	L – Ag30Cd	2.5145	600	690			
AG – 304	L – Ag40Cd	2.5141	595	630			

[1] In der Trinkwasserinstallation ist das Hartlöten von Kupferrohren bis zur Dimension 28 × 1,5 verboten!
[2] minimale Hartlöttemperatur

Tab. 89.2: Typische Lötverbindungen in der Versorgungstechnik

zu verbinden: Werkstoff 1	mit Werkstoff 2	Lötverfahren	Lot	Flussmittel	Arbeitstemperatur ϑ_a in °C	Entfernung der Flussmittelrückstände
Kupfer	Kupfer	HL – FL	CP – 203	ohne	730	–
			AG – 203	FH 10, FH 11		abwaschen
	Kupfer	WL – FL	S-Sn97Cu3	3.1.1.	230 … 250	
			Weichlotpaste S-Sn97Cu3	ohne		–
	Kupfer	WL – KO	S-Sn97Cu3	3.1.2., 2.1.2.	230 … 250	abwaschen
	Cu-Zn-Legierung, Cu-Zn-Sn-Legierung	HL – FL	CP – 105	FH 10, FH 11	710	
	Cu-Zn-Legierung, Cu-Zn-Sn-Legierung	WL – FL	S-Sn97Ag3	3.1.2., 2.1.2.	221 … 230	
			Weichlotpaste S-Sn97Cu3	ohne	230 … 250	–
Stahl	Stahl, Kupfer	HL – FL	AG – 306	FH 10, FH11	680	abwaschen
	Cu-Zn-Legierung, Cu-Zn-Sn-Legierung	HL – FL	AG – 304		610	
Zink, verzinktes Stahlblech	Zink, verzinktes Stahlblech	WL – KO	S-Pb60Sn40	3.2.2.	183 … 235	
Blei	Blei	WL – KO	S-Pb70Sn30	1.1.1.	186 … 250	nicht nötig

Tab. 89.3: Übersicht über die Schweißverfahren zum Metallschweißen — DIN EN ISO 4063: 2000-04

Kennzahl	Verfahren	Kennzeichen	Kennzahl	Verfahren	Kennzeichen
111	Lichtbogenhandschweißen	E[1]	151	Plasma-Metall-Schutzgasschweißen	MSGP[2]
131	Metall-Inertgasschweißen	MIG[2]	–	Plasmastrahlschweißen	WPS[2]
135	Metall-Aktivgasschweißen	MAG[2]	311	Gasschweißen, Acetylen-Sauerstoff-Flamme	G[1]
141	Wolfram-Inertgasschweißen	WIG[2]	312	Gasschweißen, Propan-Sauerstoff-Flamme	G[1]
15	Plasmaschweißen	WP[2]	313	Gasschweißen, Wasserstoff-Sauerstoff-Flamme	G[1]

[1] nach DIN 1910-2: 1977-08
[2] nach DIN 1910-4: 1991-04

Fügen *joining*

Tab. 90.1: Arbeitspositionen beim Schweißen  DIN EN ISO 6947: 1997-05

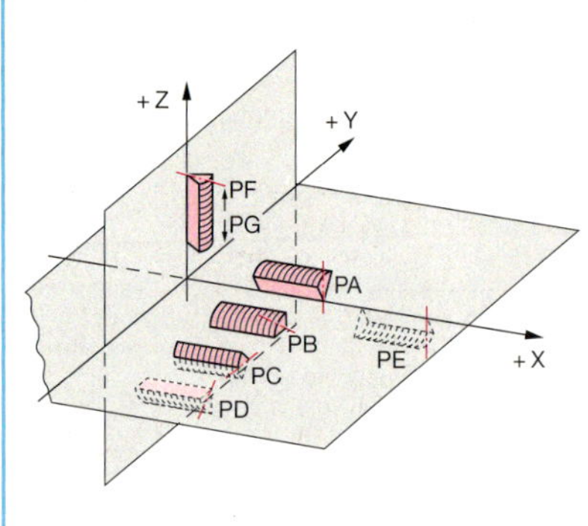

Benennung	Kurzzeichen nach DIN EN ISO	Kurzzeichen nach bisher	Beschreibung
Wannenposition	PA	w	waagerechtes Arbeiten, Nahtmittellinie senkrecht, Decklage oben
Horizontalposition	PB	h	horizontales Arbeiten, Decklage nach oben
Steigposition	PF	s	steigendes Arbeiten
Fallposition	PG	f	fallendes Arbeiten
Querposition	PC	q	waagerechtes Arbeiten, Nahtmittellinie horizontal
Überkopfposition	PE	ü	waagerechtes Arbeiten, Überkopf, Nahtmittellinie senkrecht, Decklage unten
Horizontale Überkopfposition	PD	hü	horizontales Arbeiten, Überkopf, Decklage nach unten

Tab. 90.2: Allgemeine Kennzeichnung für Gase und Gasgemische DIN EN 1089-3: 2004-06

Eigenschaften	giftig und/oder korrosiv (z. B. Kohlenmonoxid)	brennbar (z. B. Methan, Propan)	oxidierend (z. B. Lachgas)	inert (z. B. Krypton)
Kennfarbe der Fl.-Schulter	gelb (N)	rot	hellblau (N)	leuchtendes Grün (N)

Tab. 90.3: Spezielle Kennzeichnung für gebräuchliche Gase DIN EN 1089-3: 2004-06

Ventilschutzeinrichtung, Flaschenschulter, N, Flaschenkörper

Gasart	Kennfarbe[1] Fl.-schulter	Kennfarbe[1] alt	Ventilanschluss DIN 477-1	Volumen V_{Fl} in l	Druck $p_{e\,max}$ in bar	Füllmenge[2]
Sauerstoff	weiß	blau	R 3/4	10 40 50	200 150 200	2000 l 6000 l 10 000 l
Acetylen	kastanienbraun	gelb	Spannbügel	40 50	18 19	6,3 kg 10 kg
Wasserstoff	rot	rot	W 21,80 x 1/14[3] – LH[4]	10 50	200	1800 l 8900 l
Stickstoff	schwarz	grün	W 24,32 × 1/14[3]	40 50	150 200	6000 l 10 000 l
Kohlendioxid	grau	grau	W 21,80 × 1/14[3]	13,4 40	57,29	10 kg 30 kg
Argon	dunkelgrün	grau	W 21,80 × 1/14[3]	10 50	200	2000 l 10 000 l
Helium	braun	grau	W 21,80 × 1/14[3]	10 50	200	2000 l 10 000 l

[1] Der Flaschenkörper und die Ventilschutzeinrichtung dürfen auch Farben für andere Zwecke aufweisen. Farben, die eine Missdeutung der Gefahr erlauben, sollten vermieden werden. [2] bei p_{amb} = 1,013 bar, ϑ = 0 °C
[3] Whitworth-Gewinde (Nenn-Durchmesser × Steigung) [4] LH = Linksgewinde

Sauerstoff-Flascheninhalt

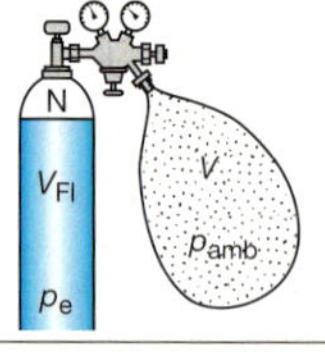

$$V = p_e \cdot \frac{V_{Fl}}{p_{amb}}$$

V	: nutzbares Sauerstoffvolumen	in l; dm³
p_e	: Flaschendruck	in bar
p_{amb}	: Luftdruck	in bar
V_{Fl}	: Flaschenvolumen	in l; dm³

Sauerstoffverbrauch

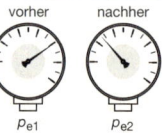

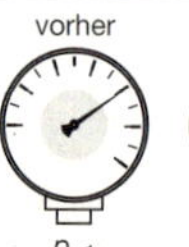

$$\Delta V = \frac{V_{Fl} \cdot (p_{e1} - p_{e2})}{p_{amb}}$$

ΔV	: Sauerstoffverbrauch	in l; dm³
V_{Fl}	: Flaschenvolumen	in l; dm³
p_{e1}	: Flaschendruck vor der Entnahme	in bar
p_{e2}	: Flaschendruck nach der Entnahme	in bar
p_{amb}	: Luftdruck	in bar

Fügen *joining*

Acetylenverbrauch

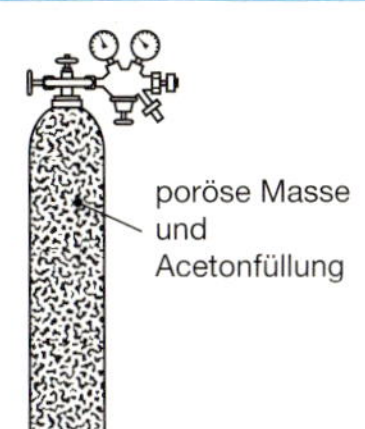

$$\Delta V = \frac{V_F \cdot (p_{e1} - p_{e2})}{p_F}$$

1 Liter Aceton löst bei 1 bar 25 Liter Acetylen.

$$V_F = 25 \cdot V_A \cdot p_F$$

ΔV	: Acetylenverbrauch	in l; dm³
V_F	: Füllvolumen	in l; dm³
p_{e1}	: Flaschendruck vor der Entnahme	in bar
p_{e2}	: Flaschendruck nach der Entnahme	in bar
p_F	: Fülldruck (p_F = 18 bis 19 bar)	in bar
V_A	: Acetoninhalt (V_A = 13 bis 16 l)	in l; dm³
25	: Umrechnungszahl	in 1/bar

Schweißzeit beim Gasschweißen

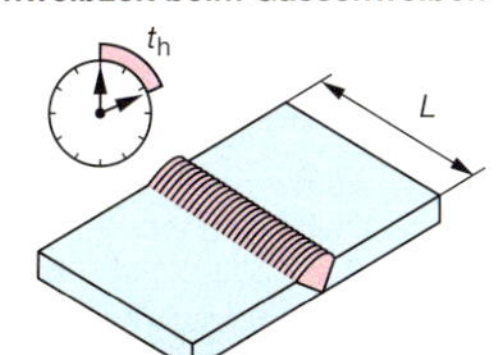

$$t_h = L \cdot t_s$$

$$t_h = \frac{L}{v_s}$$

t_h	: Hauptzeit beim Schweißen	in min
L	: Länge der Schweißnaht	in m
t_s	: Schweißzeit	in min/m
v_s	: Schweißgeschwindigkeit	in m/min; m/h

Tab. 91.1: Richtwerte für das Gasschweißen[1)]

Werkstückdicke s in mm [2)]	Schweißeinsatz	Nahtart	Betriebsdruck p_e in bar: Sauerstoff	Betriebsdruck p_e in bar: Acetylen	Schweißstabdurchmesser d in mm	Verbrauchswerte[3)]: Sauerstoff $\dot{V}$ in l/h	Verbrauchswerte[3)]: Acetylen $\dot{V}$ in l/h	Verbrauchswerte[3)]: Schweißgut m' in g/m	Schweißzeit t_s in min/m	Schweißgeschwindigkeit v_s in m/h
0,5	0,5 … 1	Bördel	2,5	0,03 … 0,8	ohne	80	80	–	4	15
1								–	9	6,7
1	1 … 2	I			1	160	160	12	10	6
1,5		Bördel			ohne			–		
2		I			2			35	11	5,5
3	2 … 4	I				315	315	65	12	5
4		V			3			115	15	4
6	4 … 6	V			4	500	500	250	22	2,7

1) Grundwerkstoff: unlegierter Baustahl, Schweißposition PA
2) bis 3 mm Nachlinksschweißen, > 3 mm Nachrechtsschweißen, 3) bei normaler (neutraler) Flamme

Tab. 91.2: Schweißstäbe für das Gasschweißen – Verwendung und Zuordnung DIN EN 12 536: 2000-08

Grundwerkstoffe: Stahlart	Stahlsorten	O I	O II	O III	O IV	O V	O VI
Allgemeine Baustähle DIN EN 10 025	S 185	X	X	X	X		
	S 235 JR, S 235 JRG1, S 275 JR		X	X	X		
	S 275 JO, S 355 JO			X	X		
Kesselbleche nach DIN 17 155, Stähle nach DIN EN 10 028	P235GH, P265GH,			X	X		
	17 Mn 4, 16 Mo 3				X		
	13 CrMo 4-5,					X	
	10 CrMo 9-10						X
Rohrstähle nach DIN 17 175, 17 177	P235G1TH, P235G2TH			X	X		
Rohrstähle nach DIN 1626, 1628, 1629, 1630	S 235, S 275	X	X	X	X		
	S 355			X	X		

Tab. 91.3: Schweißstäbe für das Gasschweißen – Kennzeichnung und Schweißverhalten DIN EN 12 536: 2000-08

Eigenschaften		Schweißstabklasse O I	O II	O III	O IV	O V	O VI
Schweißverhalten	Fließverhalten	dünn fließend	weniger dünn fließend	zäh fließend			
	Spritzer	viele	wenig	keine			
	Porenneigung	ja		nein			
Kennzeichnung	Einprägung	I	II	III	IV	V	VI
	Farbkennzeichnung	keine	grau	gold	rot	gelb	grün

Technische Grundlagen

Fügen *joining*

Umhüllte Stabelektroden zum Lichtbogenhandschweißen von unlegierten Stählen und Feinkornbaustählen

DIN EN 499: 1995-01

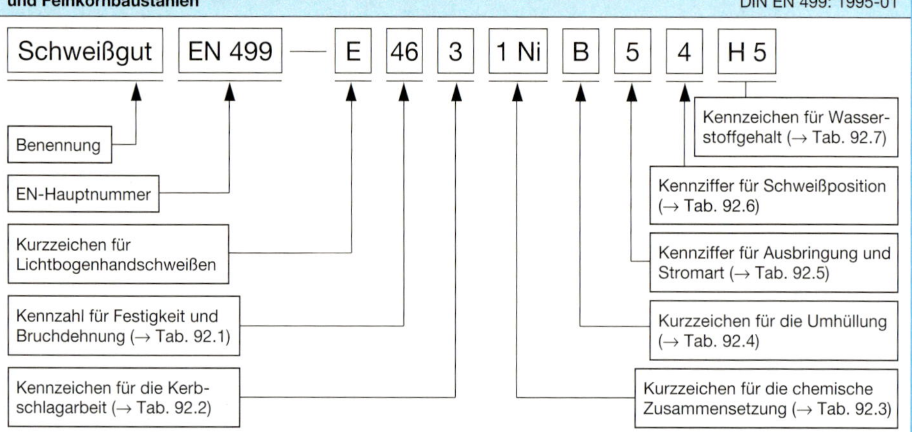

Tab. 92.1: Kennzahlen für Festigkeit und Bruchdehnung

Kennzahl	Mindeststreckgrenze $R_{eL}/R_{p0,2}$ in N/mm²	Zugfestigkeit R_m in N/mm²	Mindestbruchdehnung A_5 in %
35	355	440 … 570	22
38	380	470 … 600	20
42	420	500 … 640	
46	460	530 … 680	
50	500	560 … 720	18

Tab. 92.2: Kennzeichen für die Kerbschlagarbeit

Kennzeichen	Mindestkerbschlagarbeit W_{kerb} = 47 J bei ϑ in °C
Z	keine Anforderungen
A	+20
0	0
2	–20
3	–30
4	–40
5	–50
6	–60

Tab. 92.3: Kurzzeichen für die chemische Zusammensetzung

Kurzzeichen	Chemische Zusammensetzung in %		
	Mn	Mo	Ni
kein Kurzzeichen	< 2,0	–	–
Mo	< 1,4	0,3 … 0,6	–
MnMo	> 1,4 … 2,0	0,3 … 0,6	–
1 Ni	< 1,4	–	0,6 … 1,2
2 Ni		–	1,8 … 2,6
3 Ni		–	> 2,6 … 3,8
Mn1Ni	> 1,4 … 2,0	–	0,6 … 1,2
1NiMo	< 1,4	0,3 … 0,6	0,6 … 1,2
Z	andere vereinbarte Zusammensetzung		

Tab. 92.4: Kurzzeichen für die Umhüllung (→ Tab. 93.1)

A	sauer umhüllt	RR	dick rutilumhüllt
B	basisch umhüllt	RA	rutilsauer umhüllt
C	zelluloseumhüllt	RB	rutilbasisch umhüllt
R	rutilumhüllt	RC	rutilzellulose umhüllt

Tab. 92.5: Kennziffer für die Ausbringung und Stromart

Kennziffer	Ausbringung in %	Stromart
1	≤ 105	Wechsel- und Gleichstrom
2		Gleichstrom
3	> 105 … ≤ 125	Wechsel- und Gleichstrom
4		Gleichstrom
5	> 125 … ≤ 160	Wechsel- und Gleichstrom
6		Gleichstrom
7	> 160	Wechsel- und Gleichstrom
8		Gleichstrom

Tab. 92.6: Kennziffer für Schweißposition (→ Tab. 90.1)

Kennziffer	Schweißposition
1	alle Positionen
2	alle Positionen außer PG
3	Stumpfnaht: PA; Kehlnaht: PA, PB
4	Stumpfnaht: PA; Kehlnaht: PA
5	wie 3 und PG

Tab. 92.7: Kennzeichen für den Wasserstoffgehalt

Kennzeichen	maximaler Wasserstoffgehalt in ml/100 g Schweißgut
H 5	5
H 10	10
H 15	15

Tab. 93.1: Auswahl der Umhüllungstypen bei Stabelektroden

Kurzzeichen	Umhüllungstyp	Bemerkung/Anwendung	Kurzzeichen	Umhüllungstyp	Bemerkung/Anwendung
A	sauer umhüllt	sehr feine Tropfenübergänge, flache glatte Schweißnähte/ begrenzte Anwendbarkeit in Zwangslagen	RR	dick rutilumhüllt	feinschuppige, gleichmäßige Naht/außer Fallposition alle Schweißpositionen geeignet
B	basisch umhüllt	gute mechanische Eigenschaften des Schweißgutes/für Fallposition Zusätze erforderlich	RA	rutilsauer umhüllt	sehr feine Tropfenübergänge, flache glatte Schweißnähte/ außer Fallposition alle Schweißpositionen geeignet
C	zellulose-umhüllt	intensiver Lichtbogen/ Fallnähte	RB	rutilbasisch umhüllt	/außer Fallposition alle Schweißpositionen geeignet
R	rutil-umhüllt	grober Tropfenübergang/ Schweißen dünner Bleche, außer Fallposition alle Schweißpositionen geeignet	RC	rutilzellulose-umhüllt	grober Tropfenübergang/ Schweißen dünner Bleche, auch Fallposition

Elektrodenbedarf für das Lichtbogenhandschweißen

Kehlnaht

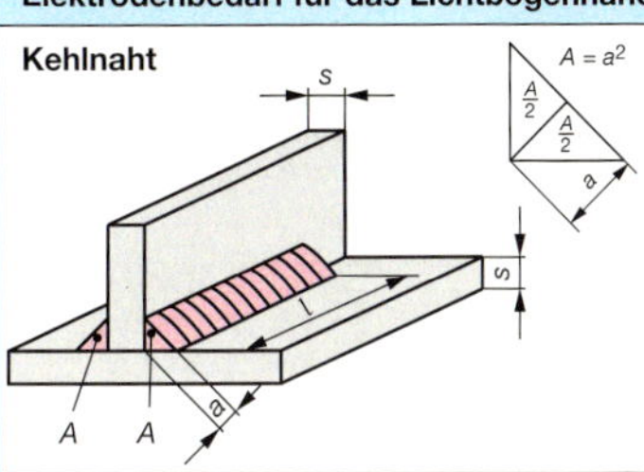

$$A = a^2$$

$$V_N = A \cdot l$$

V-Naht

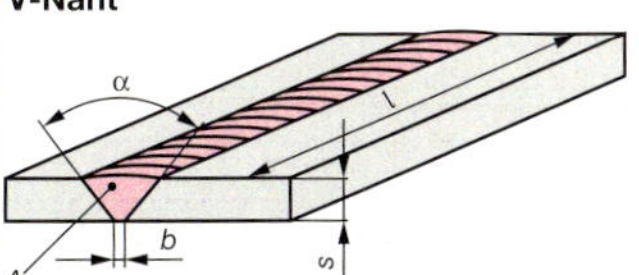

$$A = s \cdot (C \cdot s + b)$$

$$V_N = A \cdot l$$

$$n_E = \frac{V_N}{V_E \cdot k_E}$$

- A : Nahtquerschnitt in mm^2
- a : Nahtdicke in mm
- s : Blechdicke in mm
- C : Nahtformfaktor (→ Tab. 93.2)
- b : Nahtspaltbreite in mm
- α : Nahtöffnungswinkel in °
- V_N : Nahtvolumen in mm^3
- l : Nahtlänge in mm
- n_E : Anzahl der Elektroden
- V_E : Elektrodenvolumen in mm^3
- k_E : Ausbringungsfaktor (→ Tab. 92.5)

Tab. 93.2: Nahtformfaktor C

Nahtöffnungswinkel α in °	V-Naht	X-Naht
60	0,58	0,29
70	0,71	0,36
90	1,00	0,50

Tab. 93.3: Richtwerte für das Lichtbogenhandschweißen – Kehlnähte[1)]

Nahtdicke	Elektrodenabmessungen	Stromstärke	Leistungswerte		
			Schweißgutverbrauch	Abschmelzzeit der Elektrode	Elektrodenverbrauch
a in mm	$d \times l$ in mm	I in A	m' in g/m	t in s	n_E in 1/m
2	2,5 × 350	85	48	58	4
4	4,0 × 450	180	155	89	3
6			325		4
8			575		4
10			905		4

1) Werkstoff: unlegierter Baustahl; Schweißposition: PB; Schweißgut: EN 499-E 42 0 RR 12

Tab. 93.4: Richtwerte für das Lichtbogenhandschweißen – Stumpfnähte (V-Nähte)[1)]

Werkstückdicke	Nahtöffnungswinkel	Nahtspaltbreite	Elektrodenabmessungen	Stromstärke	Schweißgutverbrauch	Abschmelzzeit der Elektrode	Elektrodenverbrauch
s in mm	α in °	b in mm	$d \times l$ in mm	I in A	m' in g/m	t in s	n_E in 1/m
4	60	1,0	2,5 × 350	75	103	58	8,5
6			3,25 × 450	140	209	79	4,0
8		1,5			382		
10		2,0			608		
15			4,0 × 450	180	1250	98	
20					2125		

1) Werkstoff: unlegierter Baustahl; Schweißposition: PA; Schweißgut: EN 499-E 38 2 RA 12

Fügen *joining*

Tab. 94.1: Einteilung der Schutzgase DIN EN 439: 1995-05

Gruppe	Kennzeichnung	Anteile in Vol.-% reduzierend	reaktionsträge	inert		oxidierend		Schweißverfahren/Werkstoffe
		H_2	N_2	Ar[1]	He	CO_2	O_2	
Reduktionsgase	R 1	> 0…15	–	Rest	–	–	–	WIG, WP, Plasmaschneiden, Wurzelschutz/für hochlegierte Stähle, Ni und Ni-Legierungen
	R 2	> 15…35		Rest				
inerte Gase	I 1	–	–	100	–	–	–	WIG, MIG, WP, Wurzelschutz/ für Cu- und Al-Legierungen
	I 2				100			
	I 3			Rest	> 0…95			
Mischgase	M 11	> 0…5	–	Rest	–	> 0…5	–	MAG/für rost- und säurebeständige Stähle
	M 12	–		Rest		> 0…5	–	
	M 13	–		Rest		–	> 0…3	
	M 14	–		Rest		> 0…5	> 0…3	
	M 21	–	–	Rest	–	> 5…25	–	MAG/ für mittel- bis niedriglegierte Stähle
	M 22			Rest		–	> 3…10	
	M 23			Rest		> 0… 5	> 3…10	
	M 24			Rest		> 5…25	> 0… 8	
	M 31	–	–	Rest	–	> 25…50	–	MAG/ für niedrig- bis unlegierte Stähle
	M 32			Rest		–	> 10…15	
	M 33			Rest		> 5…50	> 8…15	
Kohlendioxid	C 1	–	–	–	–	100	–	MAG/für unlegierte Stähle
	C 2					Rest	> 0…30	
Formiergase	F 1	–	100	–	–	–	–	P-Schneiden, Wurzelschutz/ für austenitische CrNi-Stähle
	F 2	> 0… 50	Rest					

[1] kann bis zu 95 % durch He ersetzt werden, außer bei I 1, Kennzeichnung des He-Anteils durch Kennzahlen: (1): He ≤ 33 %; (2): He > 33–66 %; (3): > 66–95 %
Bezeichnung eines Schutzgases M 21, Ar bis zu 33 % durch He ersetzt: **Schutzgas EN 439 – M 21 (1)**

Tab. 94.2: Drahtelektroden und Schweißgut zum Metall-Schutzgasschweißen von unlegierten Stählen und Feinkornstählen – Kennzeichnung und chemische Zusammensetzung DIN EN 440: 1994-11

Kurzzeichen	chemische Zusammensetzung in Masse-% C	Si	Mn	P	S	Ni	Mo	Al	Ti	Zr
G2Si1	0,06 … 0,14	0,5 … 0,8	0,9 … 1,3	0,025		0,15		0,02	0,15	
G3Si1		0,7 … 1,0	1,3 … 1,6							
G4Si1		0,8 … 1,2	1,6 … 1,9							
G3Si2		1,0 … 1,3	1,3 … 1,6							
G2Ti	0,04 … 0,14	0,4 … 0,8	0,9 … 1,4					0,005 … 0,2	0,05 … 0,25	
G3Ni1	0,06 … 0,14	0,5 … 0,9	1,0 … 1,6	0,02		0,8 … 1,5	0,15	0,02	0,15	
G2Ni2		0,4 … 0,8	0,8 … 1,4			2,1 … 2,7				
G2Mo	0,08 … 0,12	0,3 … 0,7	0,9 … 1,3			0,15	0,04 … 0,6			
G4Mo	0,06 … 0,14	0,5 … 0,8	1,7 … 2,1	0,025		0,15	0,4 … 0,6			
G2Al	0,08 … 0,14	0,3 … 0,5	0,9 … 1,3				0,15	0,35 … 0,75		
G0	jede andere vereinbarte Zusammensetzung									

Bezeichnung eines Schweißgutes: **Schweißgut EN 440-G463MG3Si1** DIN EN 440: Normnummer; G: Drahtelektrode für das Metall-Schutzgasschweißen; 46: Festigkeit und Bruchdehnung (→ Tab. 92.1); 3: Kerbschlagarbeit (→ Tab. 92.2); M: Schutzgas (→ Tab. 94.1); G3Si1: chemische Zusammensetzung (→ Tab. 94.2)

Tab. 94.3: Richtwerte für das MAG-Schweißen – Kehlnähte[1]

Nahtdicke	Elektrodendurchmesser	Einstellwerte Spannung	Stromstärke	Drahtvorschub	Schutzgasentnahme	Lagenzahl	Leistungswerte Schweißgutverbrauch	Schutzgasverbrauch	Abschmelzzeit
a in mm	*d* in mm	*U* in V	*I* in A	v_f in m/min	$\dot{V}$ in l/min		*m'* in g/m	*V'* in l/m	*t'* in min/m
2	0,8	20,0	105	7,3	10	1	44	15	1,5
4	1,0	23,0	220	10,7			140	21	2,1
6	1,2	29,5	300	9,5	15		300	53	3,5
8						3	545	97	6,4
10						6	805	143	9,5

[1] Werkstoff: unlegierter Baustahl; Schweißposition: PB; Schweißgut: EN 440-G42ZMG3Si1; Schutzgas: EN 439-M21

Fügen *joining*

Tab. 95.1: Richtwerte für das MAG-Schweißen – Stumpfnähte (V-Nähte)[1]

Werkstückdicke s in mm	Nahtspaltbreite b in mm	Einstellwerte: Spannung U in V	Stromstärke I in A	Drahtvorschub v_f in m/min	Schutzgasentnahme $\dot{V}$ in l/min	Lagenzahl	Leistungswerte: Schweißgutverbrauch m' in g/m	Schutzgasverbrauch V' in l/m	Abschmelzzeit t' in min/m
6	2,0	21,0	205	8,3	12	2	249	78	6,5
8		27,5	270	8,1	10 … 15	3	374	100	8,3
10	2,5	28,0	290	9,0		4	591	134	10,6
12							791	168	12,7
15	3,0	28,5	300	9,2		5	1275	263	19,5
20		29,0	310	9,5		12	2085	400	29,0

[1] Werkstoff: unlegierter Baustahl; Schweißposition: PB; Schweißgut: EN 440-G42ZMG3Si1; Schutzgas: EN 439-M21

Tab. 95.2: Wolframelektroden für Wolfram-Schutzgasschweißen, Plasmaschneiden und Plasmaschweißen – Kennzeichnung und Zusammensetzung DIN EN 26 848: 1991-10

Kurzzeichen	WP	WT 4	WT 10	WT 20	WT 30	WT 40	WZ 3	WZ 8	WL 10	WC 20
Oxidzusatz in Masse-%	0	0,35 … 0,55	0,8 … 1,2	1,7 … 2,2	2,8 … 3,2	3,8 … 4,2	0,15 … 0,5	0,7 … 0,9	0,9 … 1,2	0,8 … 2,2
Art	–	ThO_2					ZrO_2		LaO_2	CeO_2
Verunreinigungen in Masse-%	≤ 0,20									
Kennfarbe	grün	blau	gelb	rot	violett	orange	braun	weiß	schwarz	grau

Durchmesserabstufungen in mm: 0,5 – 1,0 – 1,6 – 2,0 – 2,5 – 3,2 – 4,0 – 5,0 – 6,3 – 8,0 – 10,0
Längenabstufungen in mm: 50 – 75 – 150 – 175

Tab. 95.3: Wolframelektroden für Wolfram-Schutzgasschweißen, Plasmaschneiden und Plasmaschweißen – Eignung der Stromart DIN EN 26 848: 1991-10

zu schweißender Werkstoff	Gleichstrom: Elektrode negativ	Gleichstrom: Elektrode positiv	Wechselstrom
Al ($s \leq 2{,}5$ mm)	gut geeignet	gut geeignet	sehr gut geeignet
Al-Legierungen ($s > 2{,}5$ mm)		nicht geeignet	
Mg und Mg-Legierungen	nicht geeignet	gut geeignet	
Kohlenstoffstähle und niedriglegierte Stähle	sehr gut geeignet	nicht geeignet	nicht geeignet
nichtrostende Stähle			
Cu			
Cu-Sn-Legierungen			gut geeignet
Al-Bronze	gut geeignet		sehr gut geeignet
Si-Bronze	sehr gut geeignet		nicht geeignet
Ni und Ni-Legierungen			gut geeignet
Ti			

Tab. 95.4: Wolframelektroden für Wolfram-Schutzgasschweißen, Plasmaschneiden und Plasmaschweißen – Empfohlene Stromstärkebelastung bei Argonschutz DIN EN 26 848: 1991-10

Elektrodendurchmesser d in mm	Gleichstrom I in A: Elektrode negativ: reines Wolfram	Elektrode negativ: Wolfram mit Oxidzusätzen	Elektrode positiv: reines Wolfram oder mit Oxidzusätzen	Wechselstrom I in A: reines Wolfram	Wolfram mit Oxidzusätzen
0,5	2 … 20	2 … 20	–	2 … 15	2 … 15
1,0	10 … 75	10 … 75	–	15 … 55	15 … 70
1,6	40 … 130	60 … 150	10 … 20	45 … 90	60 … 125
2,0	75 … 180	100 … 200	15 … 25	65 … 125	85 … 160
2,5	130 … 230	170 … 250	17 … 30	80 … 140	120 … 210
3,2	160 … 310	225 … 330	20 … 35	150 … 190	150 … 250
4,0	275 … 450	350 … 480	35 … 50	180 … 260	240 … 350
5,0	400 … 625	500 … 675	50 … 70	240 … 350	330 … 460
6,3	550 … 875	650 … 950	65 … 100	300 … 450	430 … 575
8,0	–	–	–	–	650 … 830

Fügen *joining*

Tab. 96.1: Schweißnahtvorbereitung für Stahl DIN EN 29692: 1994-04

Benennung Symbol	Materialdicke s in mm	Nahtdarstellung	Maße: Winkel α, β in °	Maße: Spalt b in mm	Maße: Steghöhe h in mm	Empfohlenes Schweißverfahren	Bemerkungen
Bördelnaht	$s \leq 2$	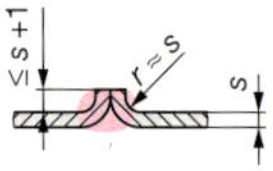	–	–	–	G, E, WIG, MIG, MAG	meist ohne Zusatzwerkstoff
I-Naht ||	$s \leq 4$	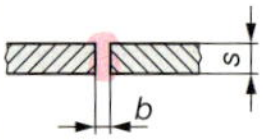	–	$b \approx s$	–	G, E, WIG	keine Nahtvorbereitung
	$3 < s \leq 8$		–	$6 \leq b \leq 8$	–	MIG, MAG, WIG	
	$s \leq 8$		–	$b = \frac{s}{2}$	–	E, WIG	beidseitig geschweißt
V-Naht V	$3 \leq s \leq 10$	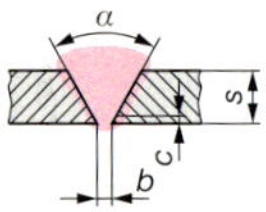	$40° \leq \alpha \leq 60°$	$b \leq 4$	$c \leq 2$	G, MIG, MAG	ein- oder mehrlagig geschweißt, bei dynamischer Beanspruchung Wurzel gegengeschweißt
	$3 \leq s \leq 40$ mit Gegenlage		$\alpha \approx 60°$	$b \leq 3$		E, WIG	
Y-Naht Y	$5 \leq s \leq 40$	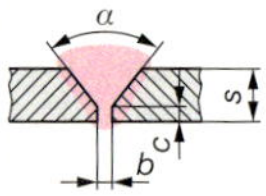	$\alpha \approx 60°$	$1 \leq b \leq 4$	$2 \leq c \leq 4$	E, MIG, MAG, WIG	beidseitig geschweißt
HV-Naht	$3 < s \leq 10$	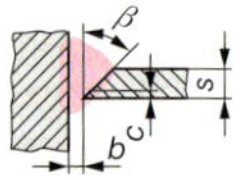	$35° \leq \beta \leq 60°$	$2 \leq b \leq 4$	$1 \leq c \leq 2$	E, MIG, MAG, WIG	einseitig oder beidseitig geschweißt
Doppel-V-Naht X	$s > 10$	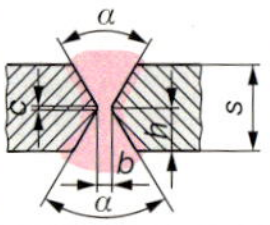	$40° \leq \alpha \leq 60°$	$1 \leq b \leq 3$	$c \leq 2$	MIG, MAG	$h = \frac{s}{2}$ beidseitig geschweißt
			$\alpha \approx 60°$			E, WIG	
Doppel-HV-Naht K	$s > 10$	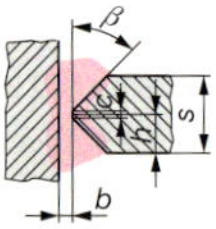	$35° \leq \beta \leq 60°$	$1 \leq b \leq 4$	$c \leq 2$	E, MIG, MAG, WIG	$h = \frac{s}{2}$ beidseitig geschweißt
Kehlnaht	$s_1 > 2$ $s_2 > 2$	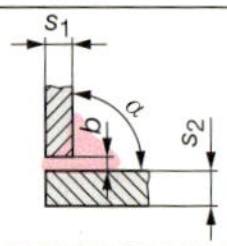	$70° \leq \alpha \leq 100°$	$b \leq 2$	–	G, E, MIG, MAG, WIG	–
Doppel-Kehlnaht	$2 \leq s_1 \leq 4$ $2 \leq s_2 \leq 4$	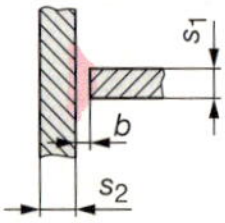	–	$b \leq 2$	–	G, E, MIG, MAG, WIG	–
	$s_1 > 2$ $s_2 > 2$			–			

Fügen *joining*

Tab. 97.1: Kleben von Kunststoffrohren aus ABS und PVC (Herstellerangaben)

	ABS	PVC-U	PVC-C
offene Zeit bei Verarbeitungstemperatur			
+25 °C +40 °C	3 Minuten 2 Minuten	4 Minuten 2 Minuten	1 Minute
empfohlene Verarbeitungstemperatur	20 bis 30 °C, bei Temperaturen ≤ 5 °C Teile auf 20 bis 30 °C temperieren, 10 Minuten temperiert halten, vor direkter Sonneneinstrahlung schützen		
Trocknungszeit bei Prüfdruck			
15 bar 21 bar	> 15 h > 24 h bzw. 1 h je bar Betriebsdruck		
Prüfbedingungen bei Prüfung durch			
flüssige Medien	PN 10: ≤ 15 bar PN 16: ≤ 21 bar		
gasförmige Medien	Prüfdruck ≤ Betriebsdruck + 2 bar		

Fasen an Rohrenden

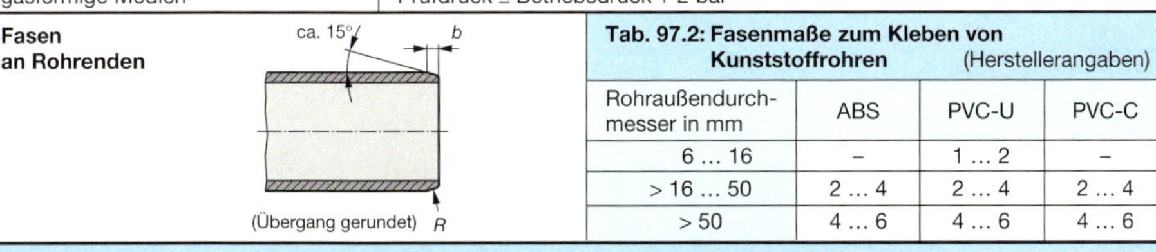

Tab. 97.2: Fasenmaße zum Kleben von Kunststoffrohren (Herstellerangaben)

Rohraußendurchmesser in mm	ABS	PVC-U	PVC-C
6 … 16	–	1 … 2	–
> 16 … 50	2 … 4	2 … 4	2 … 4
> 50	4 … 6	4 … 6	4 … 6

Tab. 97.3: Richtwerte für den Verbrauch an Reiniger und Klebstoff beim Kleben von PVC-U (Tangit, Herstellerangaben)

Rohraußendurchmesser in mm	Verbrauch für 100 Verbindungen		Anzahl der herzustellenden Verbindungen bei Klebstoff-Dosengröße		
	Reiniger in kg	Klebstoff in kg	0,25 kg	0,5 kg	1 kg
16	0,09	0,15	167	333	667
20	0,18	0,20	125	250	500
25	0,30	0,25	100	200	400
32	0,50	0,40	63	125	250
40	0,70	0,55	45	91	182
50	0,90	0,85	29	59	118
63	1,10	1,30	19	38	77
75	1,30	1,0	15	29	59
90	1,40	2,40	10	21	42
110	1,70	3,50	7	14	29

Tab. 97.4: Kennwerte und Benutzungshinweise für Klebstoff aus PVC-C (Herstellerangaben)

Basis	Lösung von chloriertem PVC in einem Lösemittelgemisch	AGW-Werte (→ S. 459)	Tetrahydrofuran: 50 ppm = 150 mg/m³ Cyclohexanon: 20 ppm = 80 mg/m³	
Farbe/Zustand	orange/flüssig	Gefahrstoffklassen	F (leicht entzündlich), Xi (reizend)	
Geruch	nach Ketonen	S-Sätze	S 2	Darf nicht in die Hände von Kindern gelangen!
Viskosität	bei 20 °C ca. 1500 mPa/s		S 16	Von Zündquellen fernhalten – Nicht rauchen!
Siedebereich	ab ca. 67 °C		S 23	Dampf nicht einatmen!
Flammpunkt	16 °C		S 25	Berührung mit den Augen vermeiden!
Dichte bei 20 °C	0,97 kg/dm³		S 29	Nicht in die Kanalisation gelangen lassen!
Löslichkeit in Wasser	nicht löslich		S 51	Nur in gut gelüfteten Bereichen verwenden!
Zündtemperatur	260 °C	Wassergefährdung	WGK 1	schwach wassergefährdend
Explosionsgrenzen	untere: 1,1 % obere: 12,0 %	Entsorgung	Nicht ausgehärtete Klebstoffreste sind Sonderabfälle.	
Zersetzungsprodukte	Bei Brand entsteht Salzsäure!	Ökologie	flüchtige Bestandteile biologisch abbaubar	

Technische Kommunikation *technical drawings*

Bedeutung der Technischen Kommunikation

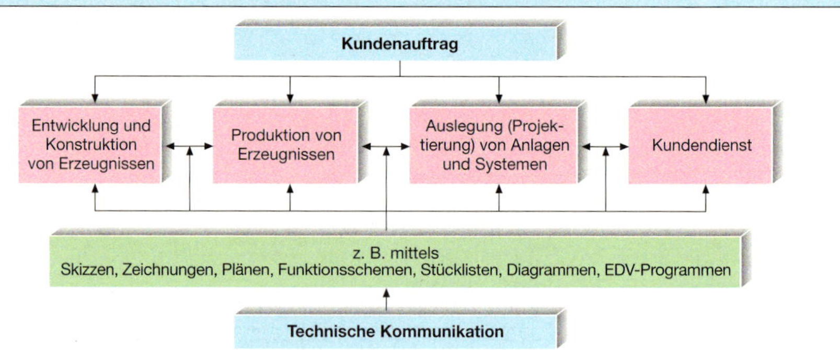

Papier-Endformate

DIN 476-2: 1991-02

Entstehung der Seitenlängen

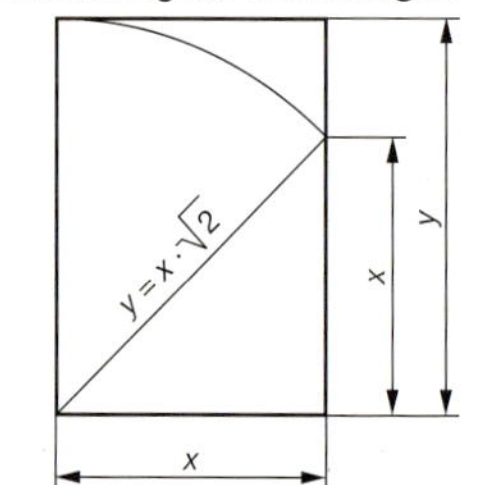

Die Fläche des Ausgangsformates A 0 beträgt 1 m².

$A = x \cdot y = 1\ \text{m}^2$

Die Seiten *x* und *y* verhalten sich zueinander wie die Seiten eines Quadrates zu dessen Diagonale.

$$\frac{x}{y} = \frac{1}{\sqrt{2}}$$

$$y = x \cdot \sqrt{2}$$

Kleinere Blattformate lassen sich durch fortgesetztes Halbieren ermitteln.

Tab. 98.1: Papier-Endformate

Benennung	Maße in mm
A 0	841 × 1189
A 1	594 × 841
A 2	420 × 594
A 3	297 × 420
A 4	210 × 297
A 5	148 × 210
A 6	105 × 148

Faltung von Zeichnungen

DIN 824: 1981-03

Faltung entsprechend Form A mit ausgefaltetem Heftrand

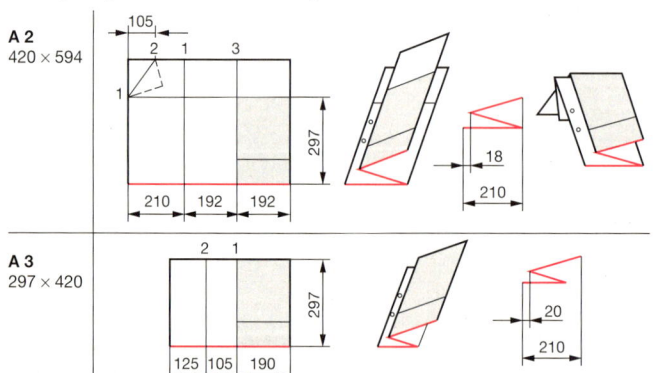

A 2
420 × 594

105
2 1 3
1
297
210 192 192
18
210

A 3
297 × 420

2 1
297
125 105 190
20
210

Weitere Faltarten:

Form B: Faltung mit zusätzlich angebrachtem Heftrand

Form C: Faltung ohne Heftrand

Lage des Schriftfeldes:
Das Schriftfeld muss auf der Deckseite in Leserichtung und in der unteren rechten Ecke liegen.

Maßstäbe

DIN ISO 5455: 1979-12

Natürlicher Maßstab	Vergrößerungsmaßstab	Verkleinerungsmaßstab
Maßstab mit dem Verhältnis **1 : 1**.	Maßstab, bei dem das Verhältnis **größer als 1** ist.	Maßstab, bei dem das Verhältnis **kleiner als 1** ist.
1 : 1	50 : 1 20 : 1 10 : 1 5 : 1 2 : 1	1 : 2 1 : 5 1 : 10 1 : 20 1 : 50 1 : 100

Der verwendete Maßstab ist in das Schriftfeld einzutragen. Werden mehrere Maßstäbe in einer Zeichnung verwendet, soll der Hauptmaßstab in das Schriftfeld (z. B. **1 : 1**) und alle anderen Maßstäbe in der Nähe der Positionsnummern oder der Kennbuchstaben der Einzelheit (z. B. **X 10 : 1**) eingetragen werden. Die Bemaßung der Gegenstände in der Zeichnung erfolgt immer mit den natürlichen Maßen.

Technische Kommunikation *technical communication*

Tab. 99.1: Linien DIN ISO 128-24: 1999-12

Linienarten		Anwendung		Breite für Liniengruppe		
Nr.	Benennung, Darstellung	Kennzahl	für	0,35	0,5	0,7
01.1	Volllinie, schmal	.1	Lichtkanten bei Durchdringungen	0,18	0,25	0,35
		.2	Maßlinien			
		.3	Maßhilfslinien			
		.4	Hinweis- und Bezugslinien			
		.5	Schraffuren			
		.6	Umrisse eingeklappter Schnitte			
		.7	Kurze Mittellinien			
		.8	Gewindegründe			
		.9	Ursprungskreise und Maßlinienbegrenzungen			
		.10	Diagonalkreuze zur Kennzeichnung ebener Flächen			
		.11	Biegelinien an Roh- und bearbeiteten Teilen			
		.12	Umrahmungen von Einzelheiten			
		.13	Kennzeichnung sich wiederholender Einzelheiten			
		.14	Zuordnungslinien an konischen Formelementen			
		.15	Lagerichtung von Schichtungen			
		.16	Projektionslinien			
		.17	Rasterlinien			
01.1	Freihandlinie, schmal	.18	Vorzugsweise manuell dargestellte Begrenzung von Teil- oder unterbrochenen Ansichten und Schnitten, wenn die Begrenzung keine Mittellinie ist			
01.1	Zickzacklinie, schmal	.19	Vorzugsweise mit Zeichenautomaten dargestellte Begrenzung von Teil- oder unterbrochenen Ansichten und Schnitten, wenn die Begrenzung keine Mittellinie ist			
01.2	Volllinie, breit	.1	Sichtbare Kanten	0,35	0,5	0,7
		.2	Sichtbare Umrisse			
		.3	Gewindespitzen			
		.4	Grenze der nutzbaren Gewindelänge			
		.5	Hauptdarstellungen in Diagrammen, Karten, Fließbildern			
		.6	Systemlinien (Stahlbau)			
		.7	Formteilungslinien in Ansichten			
		.8	Schnittpfeillinien			
02.1	Strichlinie, schmal	.1	Verdeckte Kanten	0,18	0,25	0,35
		.2	Verdeckte Umrisse			
02.2	Strichlinie, breit	.1	Bereiche mit zulässiger Oberflächenbehandlung	0,35	0,5	0,7
04.1	Strich-Punktlinie (langer Strich), schmal	.1	Mittellinien	0,18	0,25	0,35
		.2	Symmetrielinien			
		.3	Teilkreise bei Verzahnungen			
		.4	Lochkreise			
04.2	Strich-Punktlinie (langer Strich), breit	.1	Bereiche mit geforderter Oberflächenbehandlung	0,35	0,5	0,7
		.2	Kennzeichnungen von Schnittebenen			
05.1	Strich-Zweipunktlinie (langer Strich), schmal	.1	Umrisse benachbarter Teile	0,18	0,25	0,35
		.2	Endstellungen beweglicher Teile			
		.3	Schwerlinien			
		.4	Umrisse vor der Formgebung			
		.5	Teile vor der Schnittebene			
		.6	Umrisse alternativer Ausführungen			
		.7	Umrisse von Fertigteilen in Rohteilen			
		.8	Umrahmung besonderer Bereiche oder Felder			
		.9	Projizierte Toleranzzone			

Beispiele für die Anwendung der Linienarten

DIN ISO 128-24: 1999-12

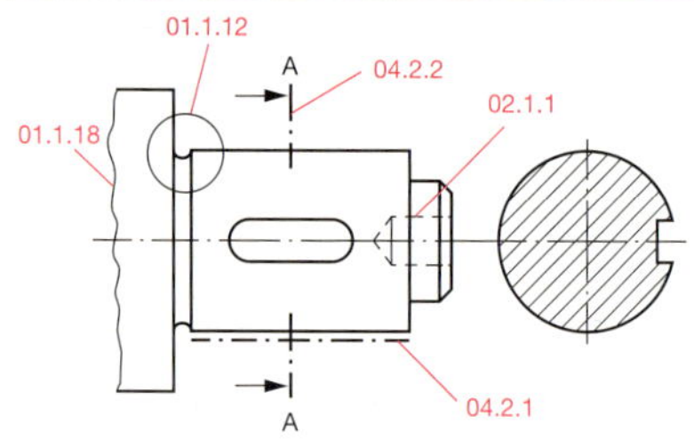

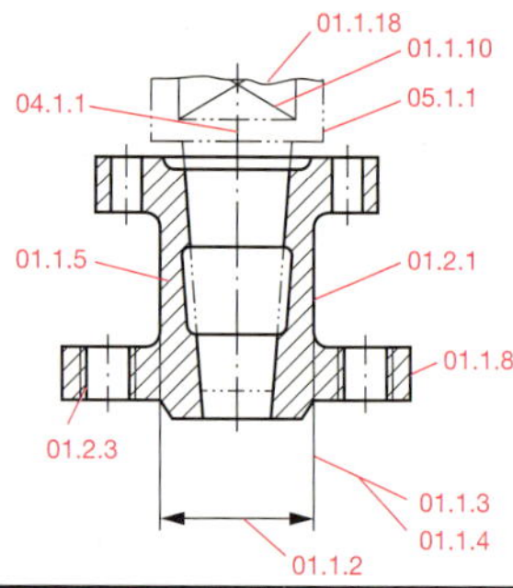

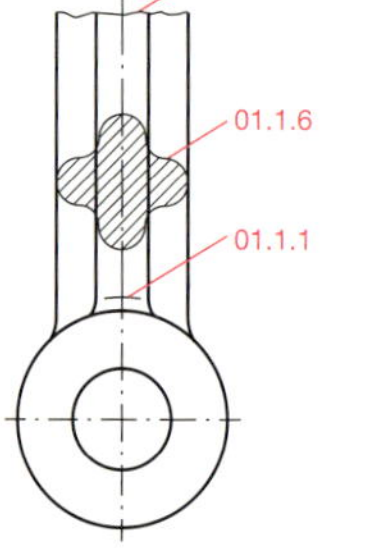

Tab. 100.1: Gegenüberstellung der Linienbezeichnungen

Bezeichnung nach DIN ISO 128-24	Linien	Ausprägung	Frühere Bezeichnung
01.1.1 ... 01.1.19	Volllinien	schmal	B, C, D
01.2.1 ... 01.2.8		breit	A
0.2.1.1	Strichlinien	schmal	F
0.2.2.1		breit	E
04.1.1 ... 04.1.4	Strich-Punkt-linien	schmal	H
04.2.1 ... 04.2.2		breit	J
05.1.1 ... 05.1.9	Strich-Zweipunktlinie	schmal	K

Beschriftung

DIN EN ISO 3098-0: 1998-04

Schriftform B, vertikal, lateinisches Alphabet

ABCDEFGHIJKLMNOPQRSTUVWXYZ ÄÖÜ

aabcdefghijklmnopqrstuvwxyz äaöüß±□

[(!?:;"-=+×:√%&)]ø 12345677890 IVX

[1)] In Deutschland sind die Zeichen a, ä, 7 zu bevorzugen.

Beispiel:

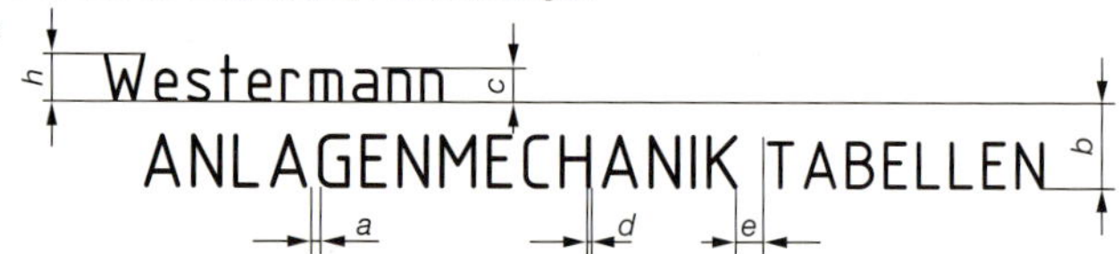

Tab. 100.2: Schriftfestlegungen und Maße

Maß		Verhältnis bei Schriftform A	Verhältnis bei Schriftform B	0,35 A	0,35 B	0,5 A	0,5 B	0,7 A	0,7 B
				Maße in mm bei Liniengruppe					
Linienbreite (*d* mittel)	*d*	(1/14) h	(1/10) h	0,25		0,35		0,5	
Höhe der Großbuchstaben	*h*	14 d	10 d	3,5	2,5	5	3,5	7	5
Höhe der Kleinbuchstaben	*c*	(10/14) h	(7/10) h	2,5	1,8	3,5	2,5	5	3,5
Mindestabstand zwischen Schriftzeichen	*a*	(2/14) h	(2/10) h	0,5		0,7		1	
Mindestabstand zwischen Grundlinien	*b*	(20/14) h	(14/10) h	5	3,5	7	5	10	7
Mindestabstand zwischen Wörtern	*e*	(6/14) h	(6/10) h	1,5		2,1		3	

Technische Kommunikation *technical communication*

Geometrische Grundkonstruktionen

Parallele zu Strecke $\overline{AB}$ durch den Punkt C konstruieren

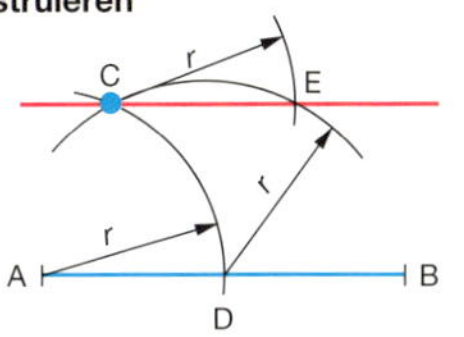

- Kreisbogen um A ziehen, Radius $r = \overline{AD}$, ergibt D
- Kreisbogen um D mit $r = \overline{AD}$ ergibt C
- Kreisbogen um C mit $r = \overline{AD}$ schlagen
- Kreisbogen um D mit $r = \overline{AD}$ ergibt E
- Gerade durch C und E ist parallel zur Strecke $\overline{AB}$

Strecke $\overline{AB}$ in *n* gleiche Teile teilen

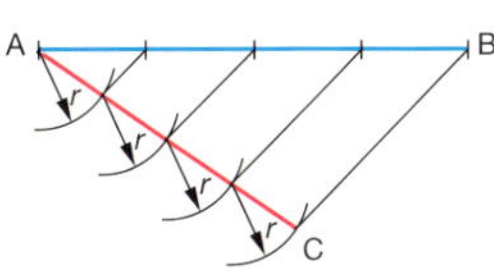

- von A aus Hilfsgerade in beliebigem Winkel zeichnen
- von A aus auf der Hilfsgeraden einen beliebigen Radius n-mal abtragen, ergibt C
- C mit B verbinden
- $\overline{CB}$ parallel in Streckenteile auf der Hilfsgeraden verschieben

Mittelsenkrechte auf $\overline{AB}$ errichten

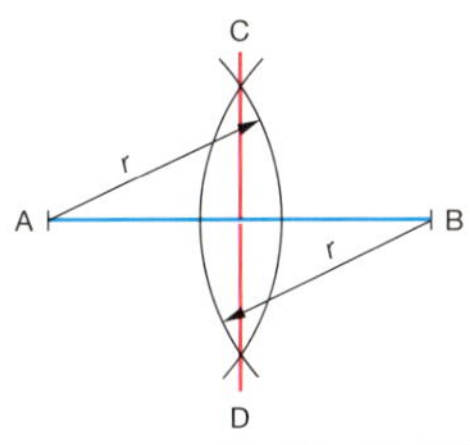

- Kreisbögen um A und B mit $\frac{1}{2}\,\overline{AB} < r < \overline{AB}$ ziehen ergibt C und D
- $\overline{CD}$ ist die Mittelsenkrechte auf $\overline{AB}$

Senkrechte im Endpunkt B auf $\overline{AB}$ errichten

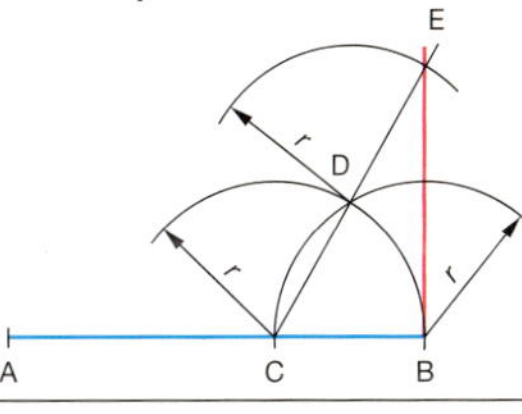

- Kreisbogen um B mit Radius $r < \overline{AB}$, ergibt C
- Kreisbogen um C mit Radius *r*, ergibt D
- Kreisbogen um D mit Radius *r* schneidet die Verlängerung von $\overline{CD}$ in E
- $\overline{BE}$ ist die Senkrechte in B auf $\overline{AB}$

Lot von einem Punkt P auf die Gerade *g* fällen

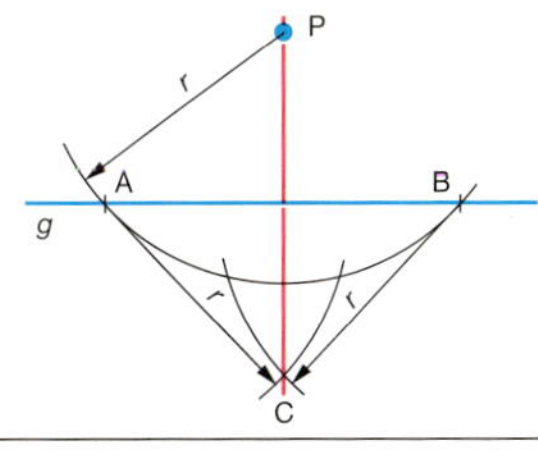

- P festlegen, mit beliebigem Radius *r* die Gerade *g* schneiden, ergibt A und B
- von A und B aus jeweils einen Kreisbogen mit *r*, ergibt C
- $\overline{PC}$ ist das Lot auf die Gerade *g*

Winkel halbieren

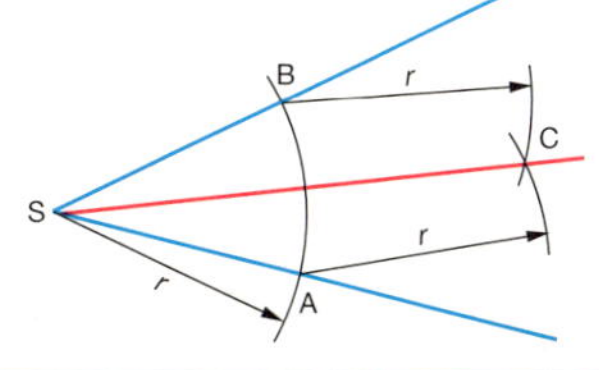

- Kreisbogen mit beliebigem Radius *r* um S ergibt A und B
- Kreisbögen um A und B mit Radius *r* ergibt C
- Gerade durch S und C ist die Winkelhalbierende

Technische Kommunikation *technical communication*

Geometrische Grundkonstruktionen

Rechten Winkel ASB in 3 gleiche Teile teilen

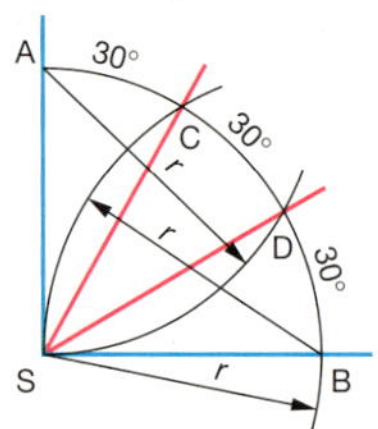

- Kreisbogen mit beliebigem Radius r um S ergibt A und B
- Kreisbogen mit r um A ergibt D
- Kreisbogen mit r um B ergibt C
- Winkel ASC = Winkel CSD = Winkel DSB

Kreismittelpunkt bestimmen

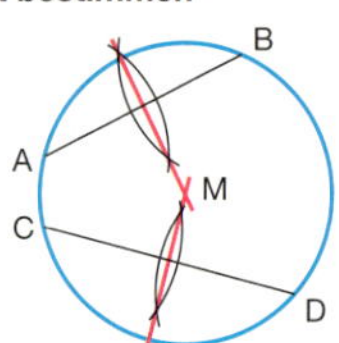

- Sehnen $\overline{AB}$ und $\overline{CD}$ beliebig in den Kreis zeichnen (nicht parallel zueinander)
- Jeweils die Mittelsenkrechten konstruieren (→ S. 101) ergibt Schnittpunkt M = Mittelpunkt des Kreises

Kreisanschluss an einen Winkel konstruieren (Ecken runden)

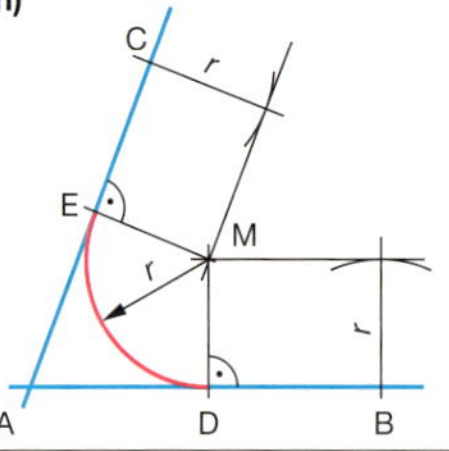

- Parallele zu $\overline{AB}$ im Abstand r konstruieren (→ S. 101)
- Parallele zu $\overline{AC}$ im Abstand r konstruieren
- Schnittpunkt der Parallelen = Mittelpunkt M des gesuchten Kreisbogens
- von M aus mit Radius r Kreisbogen zeichnen (Übergang an D und E)

Sechseck bzw. Zwölfeck konstruieren

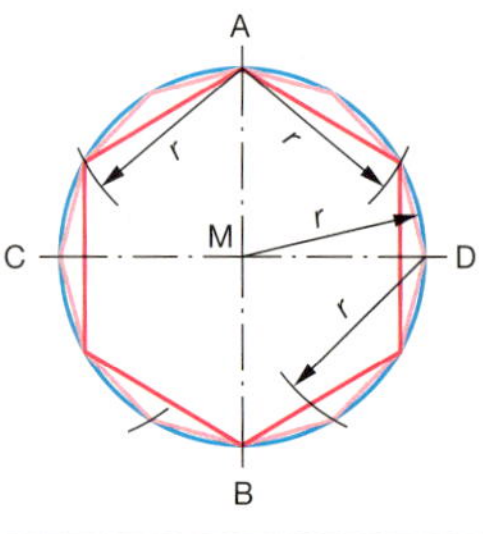

- Mittelpunkt M festlegen
- Kreis mit Radius r um M ziehen
- Mittellinienkreuz einzeichnen, ergibt A, B, C, D
- Kreisbögen um A und B mit r ziehen, ergeben Eckpunkte des Sechsecks
- Kreisbögen um C und D mit r ziehen, ergeben Eckpunkte des Zwölfecks

Regelmäßiges Vieleck (hier Fünfeck) konstruieren

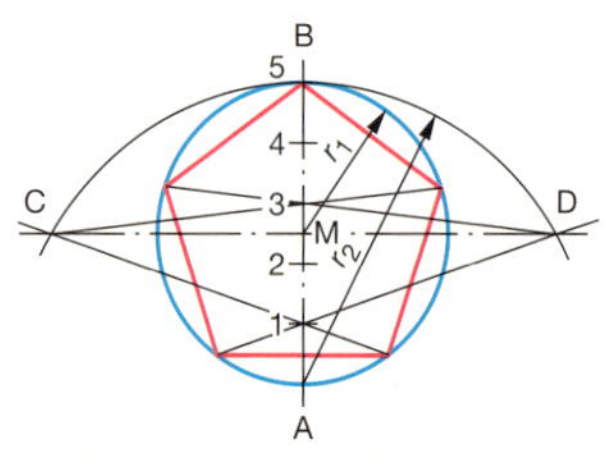

- Mittelpunkt M festlegen
- Kreis mit Radius r_1 um M zeichnen
- Mittellinienkreuz einzeichnen, senkrechte Mittellinie ergibt A und B
- $\overline{AB}$ in n gleiche Teile teilen (→ S. 101)
- Schnittpunkte im Kreis nummerieren
- um A Kreisbogen mit Radius $r_2 = \overline{AB}$ zeichnen, ergibt mit waagerechter Mittellinie C und D
- C und D mit den ungeraden Zahlen der senkrechten Mittellinie verbinden
- Verlängerungen ergeben auf dem Kreis Eckpunkte des Vielecks
- Eckpunkte verbinden

Technische Kommunikation *technical communication*

Axonometrische Projektionen

DIN ISO 5456-3: 1998-04

Dimetrische Projektion

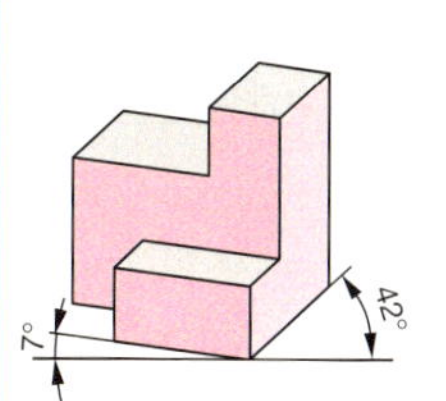

Seitenverhältnis

a : b : c = 1 : 1 : $\frac{1}{2}$

Breite a
Höhe b
Tiefe c

- Die dimetrische Projektion wird angewendet, wenn in einer Ansicht Wesentliches gezeigt werden soll.
- Die drei Hauptflächen werden verzerrt dargestellt.
- Senkrechte Kanten verlaufen in der Projektion ebenfalls senkrecht.
- Waagerechte Kanten verlaufen in der Projektion in einem Winkel von 7° und 42° zur Waagerechten.
- Senkrechte und die unter 7° verlaufenden Kanten werden in maßstabgerechter Länge (Verhältnis 1 : 1) dargestellt.
- Die unter 42° verlaufenden Kanten werden um die Hälfte gekürzt (Verhältnis 1 : 2).

Isometrische Projektion

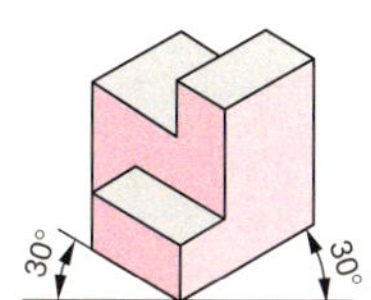

Seitenverhältnis
a : b : c = 1 : 1 : 1

Breite a
Höhe b
Tiefe c

- Die isometrische Projektion wird angewendet, wenn in drei Ansichten Wesentliches gezeigt werden soll.
- Die drei Hauptflächen werden verzerrt dargestellt.
- Senkrechte Kanten verlaufen in der Projektion ebenfalls senkrecht.
- Waagerechte Kanten verlaufen in der Projektion in einem Winkel von 30° zur Waagerechten.
- Alle Seiten (Länge, Breite und Höhe) werden in ihrer maßstabgerechten Länge im Verhältnis 1 : 1 : 1 dargestellt.

Anwendung der isometrischen Projektion bei Rohrleitungssystemen

Da bei der isometrischen Projektionsmethode keine Kanten gekürzt werden, bietet sie sich auch zur Darstellung von Rohrleitungssystemen an.

Dafür werden Raumschemablätter mit isometrischem Raster nach DIN 2428 verwendet.

Darstellung als Rohrleitungsschema

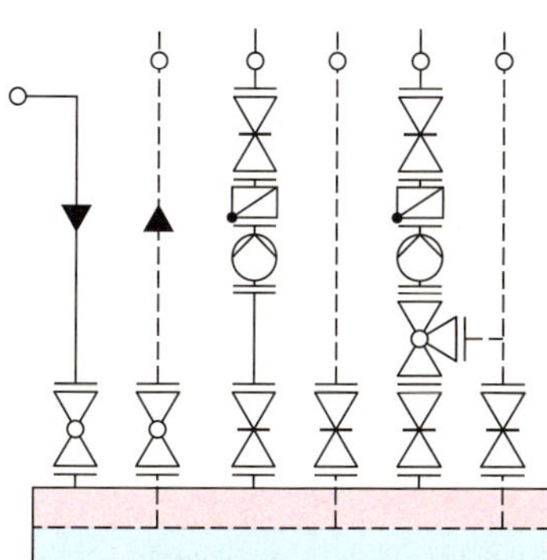

Beispiel mit Stückliste → S. 147

Isometrische Darstellung

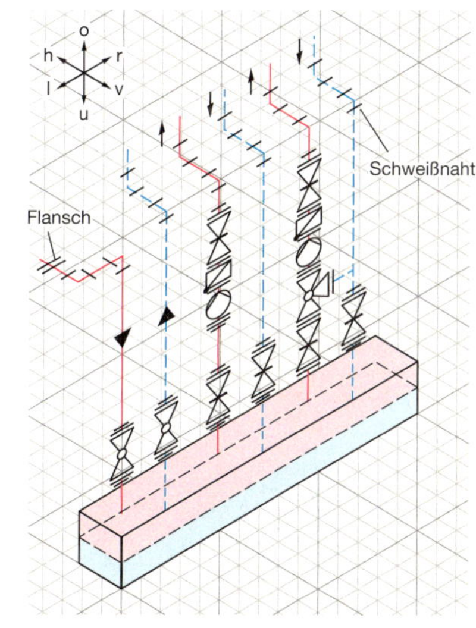

Regeln für die isometrische Darstellung:

- Senkrechte Leitungen werden senkrecht gezeichnet.
- Waagerechte Leitungen werden unter 30° fallend nach links bzw. 30° steigend nach rechts gezeichnet.
- Symbole von Armaturen oder anderen Einbauten werden ebenfalls unter 30° gezeichnet.
- Steigung oder Gefälle von Leitungen wird nicht berücksichtigt.
- An jedem Rohrende, bei Anschlüssen von Winkeln oder anderen Formstücken ist ein Querstrich unter 30° oder senkrecht zu zeichnen.

Darstellungen in der Normalprojektion

DIN ISO 5456-2: 1998-04

Projektionsmethode 1

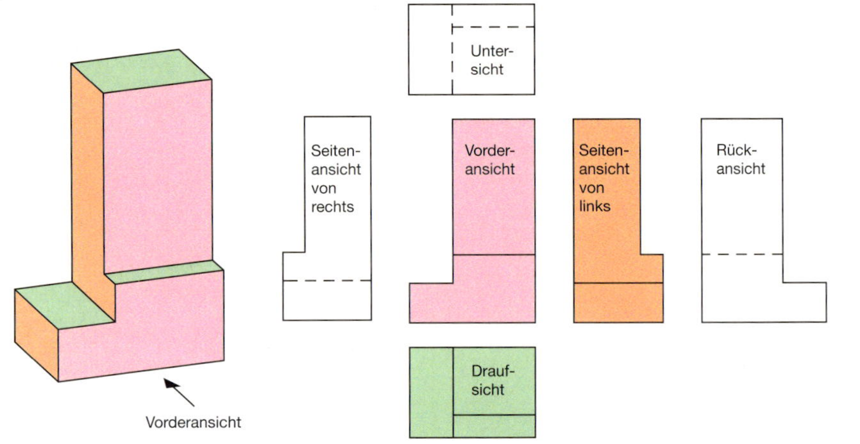

Bei der Projektionsmethode 1 (ISO-Methode E) liegt der Gegenstand in Betrachtungsrichtung **vor** der Bildebene. Damit ergeben sich die dargestellten Ansichten und deren Anordnung.
Diese Projektionsmethode wird im deutschsprachigen Raum bevorzugt angewendet.

Symbol zur Kennzeichnung:

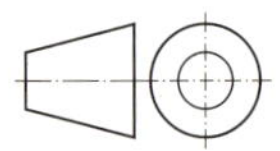

Bei der Projektionsmethode 3[1] (ISO-Methode A) liegt der Gegenstand in Betrachtungsrichtung **hinter** der Bildebene. Damit verändert sich die Anordnung der Ansichten bezogen auf die Vorderansicht wie folgt:

Seitenansicht von links: links	Seitenansicht von rechts: rechts
Draufsicht: oben	Untersicht: unten

Die Rückansicht bleibt an ihrer Position.

Symbol zur Kennzeichnung:

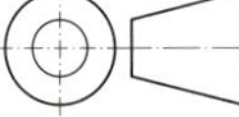

[1] Anwendung vorwiegend in USA und Großbritannien

- In Gesamtzeichnungen und Gruppenzeichnungen werden die Gegenstände in der Regel in der Gebrauchslage, in Teilezeichnungen in der Fertigungslage dargestellt.
- Es sind nur so viele Ansichten des Gegenstandes zu zeichnen, wie zum eindeutigen Erkennen und Bemaßen erforderlich sind.
- Die aussagefähigste Ansicht ist als Hauptansicht – Vorderansicht – zu wählen.
- Verdeckte Kanten werden nur eingezeichnet, wenn die Darstellung dadurch deutlicher wird oder zusätzliche Ansichten ohne Verlust der Deutlichkeit eingespart werden können.

Pfeilmethode

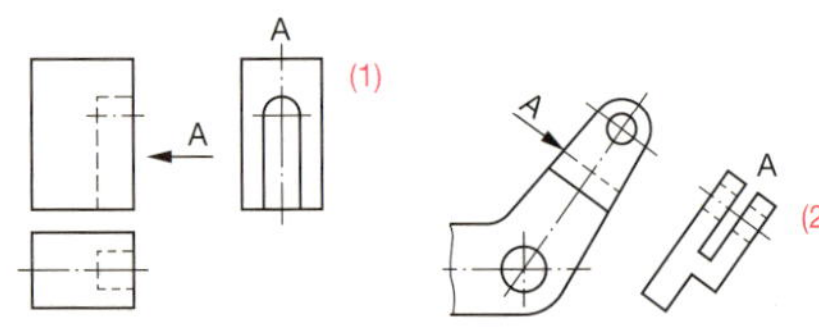

Anwendung:
- bei Platzmangel
- zur Vermeidung ungünstiger Projektionen, z. B. von Verkürzungen (2)

Die Ansichten können beliebig angeordnet werden (1).
In Blickrichtung ist ein Pfeil mit beliebigem Großbuchstaben rechts oder oberhalb anzubringen.
Die Ansicht erhält den gleichen Großbuchstaben oberhalb.

Symmetrische Gegenstände

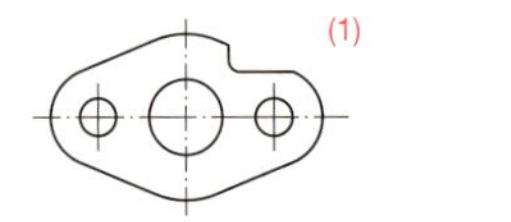

Symmetrische Gegenstände werden durch Symmetrielinien nach (04.1.2) gekennzeichnet, auch wenn die symmetrische Grundform einseitig verändert ist (1).

Unterbrochene Darstellungen

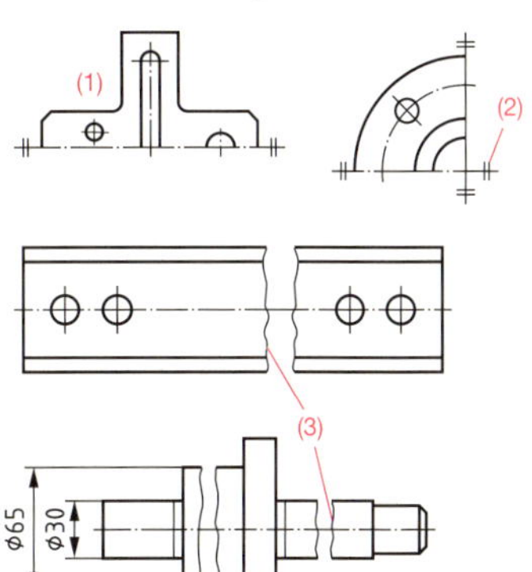

Bei symmetrischen Werkstücken kann an Stelle einer Gesamtansicht eine halbe oder eine Viertelansicht dargestellt werden (1). Die Symmetrielinie wird durch zwei kurze, parallele Striche gekennzeichnet (2).

Gegenstände können zur Platzersparnis abgebrochen oder unterbrochen dargestellt werden. Die Bruchkanten werden auch bei rotationssymmetrischen Körpern durch eine Zickzacklinie (01.1.19) oder eine Freihandlinie (01.1.18) dargestellt (3).

Ebene Flächen/Einzelheiten

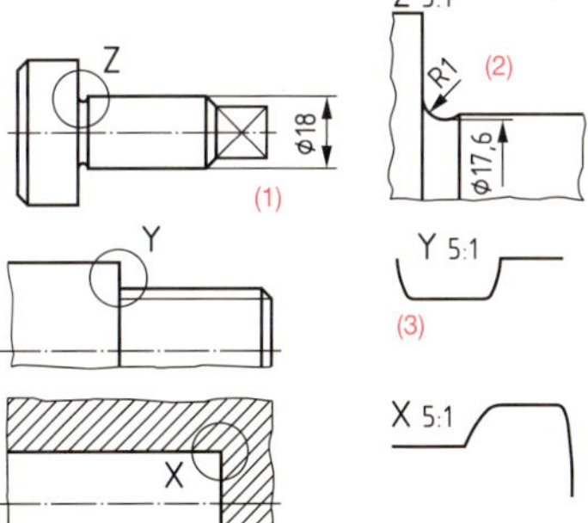

Bei fehlender Seitenansicht oder Draufsicht müssen ebene Flächen durch ein Diagonalkreuz (01.1.10) gekennzeichnet werden (1).

Wenn sich Bereiche eines Gegenstandes nicht deutlich zeichnen, bemaßen oder kennzeichnen lassen, werden sie als Einzelheit gesondert dargestellt.
Der als Einzelheit bezeichnete Bereich wird in der Gesamtdarstellung mit einer schmalen Volllinie (01.1.12) eingerahmt und mit einem Großbuchstaben gekennzeichnet. Mögliche Formen: Kreis, Ellipse, Rechteck.
Die Einzelheit wird dann möglichst in der Nähe vergrößert dargestellt und mit dem gleichen Großbuchstaben und dem Maßstab gekennzeichnet (2).

Auf umlaufende Kanten, Bruchlinien und Schraffuren darf verzichtet werden (3).

Ursprüngliche Formen

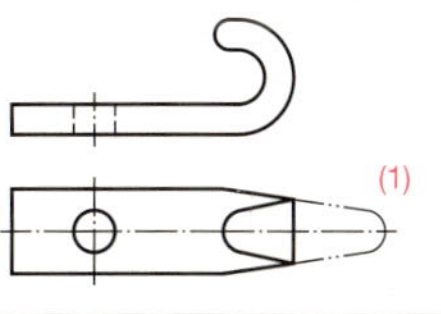

Ursprüngliche Formen werden durch eine Strich-Zweipunkt-Linie (05.1.4) dargestellt (1).

Biegelinien

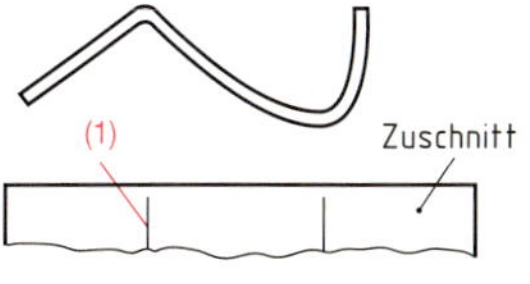

Biegelinien werden als schmale Volllinien (01.1.11) dargestellt (1).

Durchdringungen

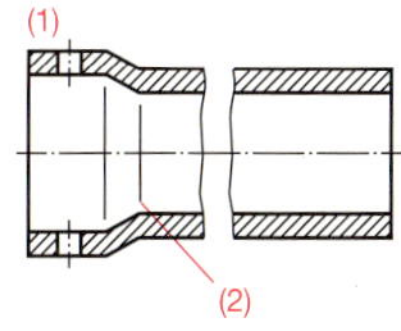

Durchdringungslinien bei der Durchdringung von Zylindern, deren Durchmesser sich wesentlich unterscheiden, können gerade ausgeführt werden (1).

Gerundete Übergänge von Durchdringungen können durch schmale Volllinien (01.1.1) dargestellt werden, wenn das Bild dadurch anschaulicher wird (2).

Technische Kommunikation *technical communication*

Darstellungen in der Normalprojektion – Schnitte DIN ISO 128-40: 2002-05, DIN ISO 128-44: 2002-05, DIN ISO 128-50: 2002-05

Ein Schnitt ist das gedachte Zerlegen eines Teiles durch eine oder mehrere Ebenen. Es werden hauptsächlich Hohlkörper im Schnitt dargestellt, um deren innere Form klar erkennen und ggf. bemaßen zu können.

Man unterscheidet:

Vollschnitt

Halbschnitt

Teilschnitt (Ausbruch)

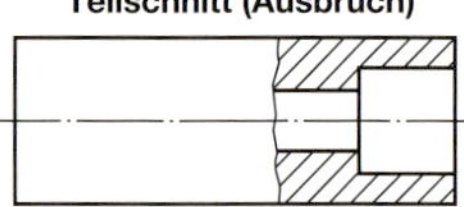

Schnittflächen werden mit schmalen Volllinien (01.1.5) möglichst unter 45° zur Achse schraffiert.
Der Abstand der Schraffurlinien ist der Größe der Schnittfläche anzupassen.
Für Maßzahlen, Beschriftungen und Oberflächenangaben wird die Schraffur unterbrochen.

Anordnung der Halbschnitte/ benachbarte Teile

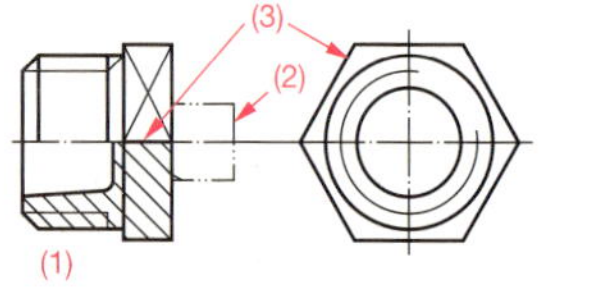

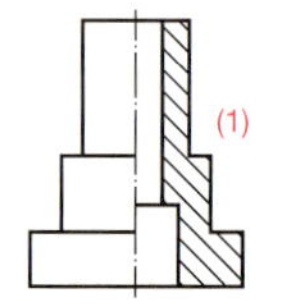

Halbschnitte werden bei waagerechter Mittellinie vorzugsweise unterhalb, bei senkrechter Mittellinie vorzugsweise rechts von dieser angeordnet (1).

Benachbarte Teile werden durch eine Strich-Zweipunkt-Linie (05.1.1) dargestellt (2).

Fällt bei einem Schnitt eine Körperkante auf die Mittellinie, so ist die Körperkante als breite Volllinie (01.2.1) zu zeichnen (3).

Schnitte durch verschiedene Teile

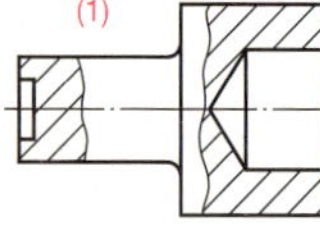

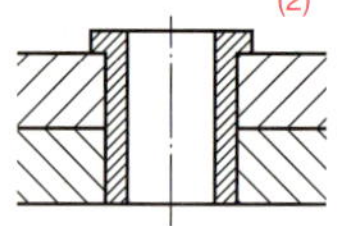

Alle Schnittflächen und Ausbrüche desselben Teiles in einer oder mehreren Ansichten werden in gleicher Art schraffiert (1).

Aneinander grenzende Schnittflächen verschiedener Teile werden unterschiedlich schraffiert:

- durch verschiedene Schraffurrichtungen
- durch verschiedene Abstände der Schraffurlinien (2)

Normteile in der Schnittebene

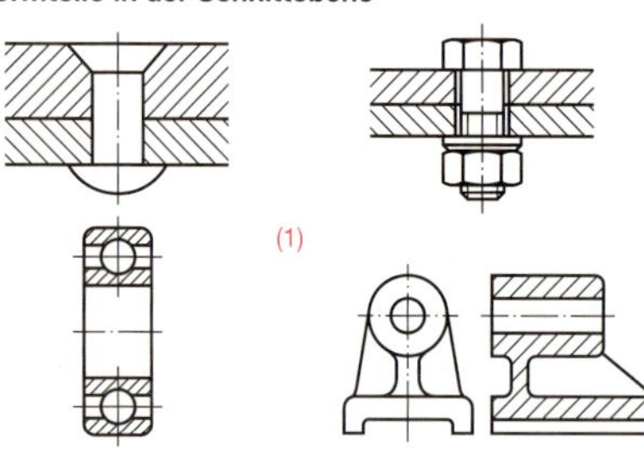

Liegen Normteile oder volle Werkstücke in der Schnittebene, werden sie in Längsrichtung nicht im Schnitt dargestellt (1).

Dazu zählen z. B.: Niete, Stifte, Schrauben, Muttern, Scheiben, Wellen, Keile, Federn, Rollen oder Kugeln von Wälzlagern, Rippen, Speichen und Griffe von Gussstücken.

Darstellung von Flanschlöchern

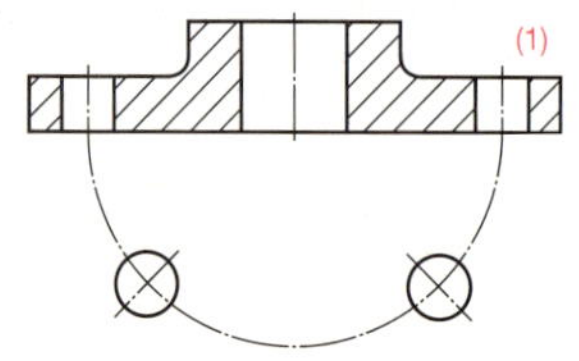

Zur Darstellung von Flanschlöchern, die nicht in der Schnittebene liegen, können diese in die Schnittebene gedreht werden (1).

In der Vorderansicht entspricht der Mittenabstand der Bohrungen dem Lochkreisdurchmesser.
Die tatsächliche Lage der Bohrungen ist immer dem Lochkreis zu entnehmen.

Technische Kommunikation *technical communication*

Kennzeichnung des Schnittverlaufs

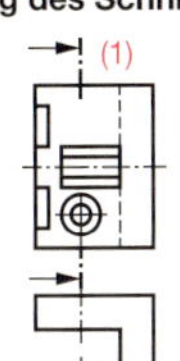

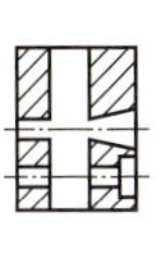

Wird aus einer Darstellung der Schnittverlauf nicht eindeutig ersichtlich, muss er durch eine breite Strich-Punkt-Linie (04.2.2) gekennzeichnet werden (1).
Die Blickrichtung auf den Schnitt wird durch Pfeile (Maßpfeile → S. 109) angedeutet.

Schnittebenen im Winkel

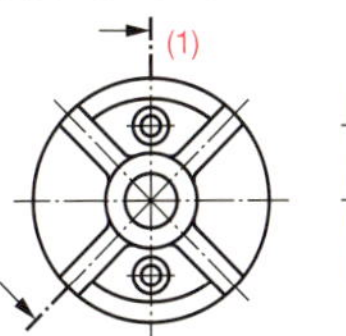

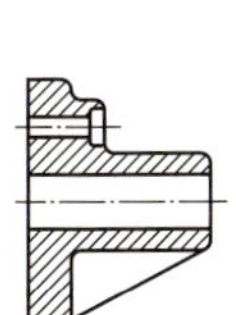

Stehen zwei Schnittebenen in einem Winkel zueinander, wird der Schnitt so gezeichnet, als lägen die Schnittflächen in einer Ebene (1).

Schräg versetzte Schnittebenen

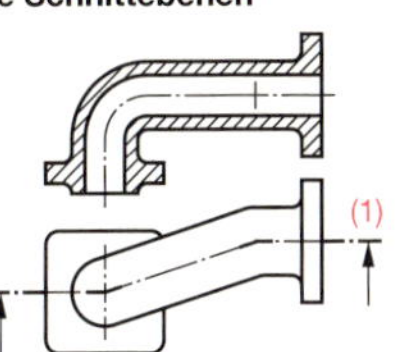

Ein Gegenstand, der in zwei parallelen und in einer schräg zu diesen liegenden Verbindungsebene geschnitten ist, wird so dargestellt, dass das Bild aus der schräg liegenden Ebene in der Projektion erscheint (1).

Mehrere Schnittebenen durch ein Werkstück

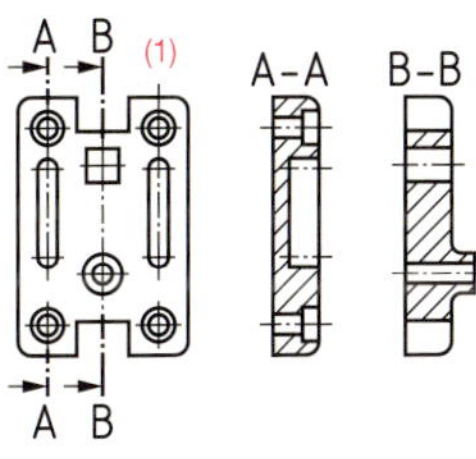

Verlaufen durch ein Werkstück mehrere Schnittebenen, muss jeder Schnittverlauf gekennzeichnet werden.
Die Kennzeichnung der Schnittebenen erfolgt durch Großbuchstaben, die ggf. durch Ziffern ergänzt werden können (1).

Schnittlinie/Schnitt durch mehrere Schnittebenen

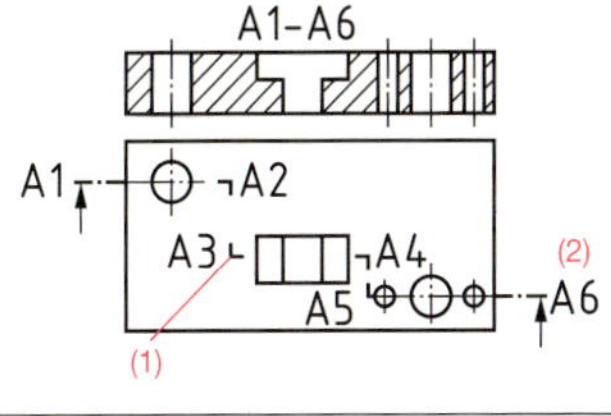

Ist der Verlauf der Schnittebene in einem Werkstück nicht eindeutig erkennbar, wird er durch eine Schnittlinie (01.1.4) gekennzeichnet (1).

Führt eine Schnittlinie durch mehrere Schnittebenen, so muss die Kennzeichnung am Anfang und am Ende und ggf. an den Knickstellen erfolgen.
Die Kennzeichnung erfolgt durch Großbuchstaben, die ggf. durch Ziffern ergänzt werden können (2).

Positionierung der Schnitte

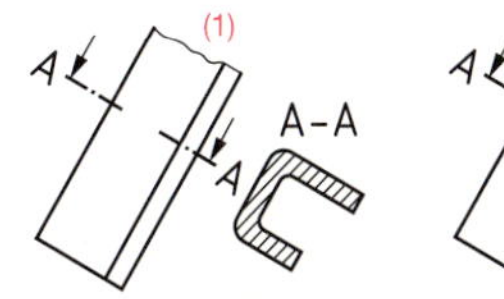

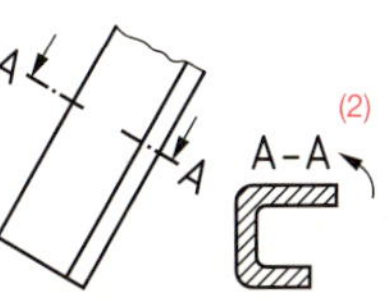

Der Schnitt an einem Werkstück kann in jeder beliebigen Lage angebracht werden.
Er sollte jedoch möglichst projektionsgerecht erfolgen (1).

Wird der Schnitt in einer anderen Lage angebracht, so ist an den Großbuchstaben ein Symbol für die Drehung in der entsprechenden Richtung anzubringen (2).

Maßeintragung – Systeme

DIN 406-10: 1992-12

Funktionsbezogene Maßeintragung

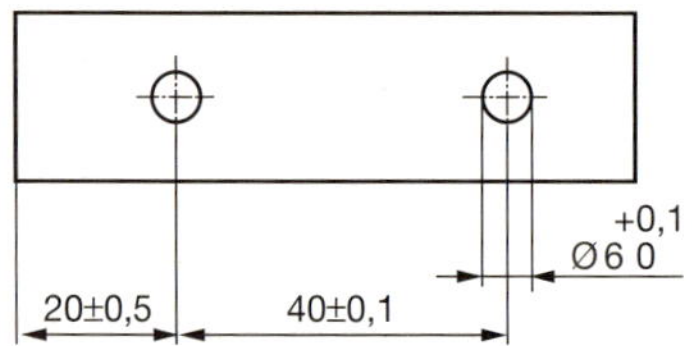

Die funktionsbezogene Maßeintragung wird verwendet, wenn die Auswahl, Eintragung und Tolerierung (→ S. 112) der Maße ausschließlich nach konstruktiven Erfordernissen eines Erzeugnisses erfolgen soll.
Die Fertigungs- und Prüfbedingungen werden nicht berücksichtigt.

Fertigungsbezogene Maßeintragung

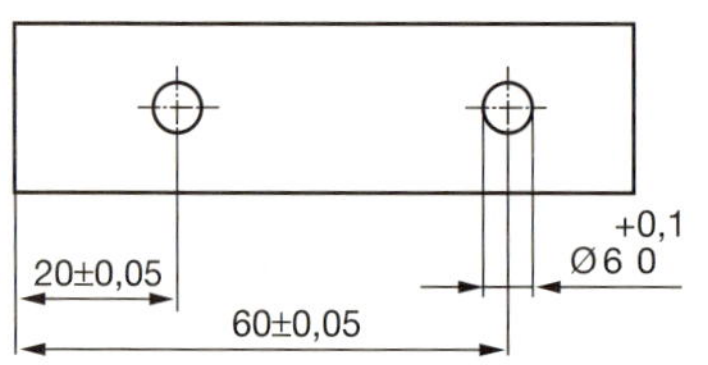

Die fertigungsbezogene Maßeintragung wird verwendet, wenn nur die für die Fertigung des Erzeugnisses unmittelbar benötigten Maße in die Zeichnung eingetragen und fertigungsgerecht toleriert werden. Diese Maßeintragung hängt vom Fertigungsverfahren ab.

Prüfbezogene Maßeintragung

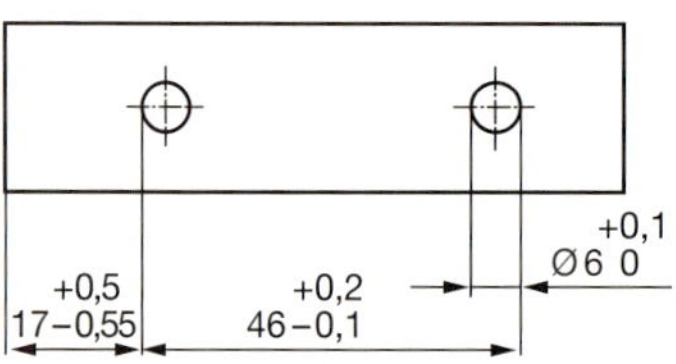

Die prüfbezogene Maßeintragung wird verwendet, wenn die Maße und Maßtoleranzen entsprechend dem vorgesehenen Prüfverfahren in die Zeichnung eingetragen werden.

Maßeintragung – Elemente und Anwendungsregeln

DIN 406-11: 1992-12

Maßlinien

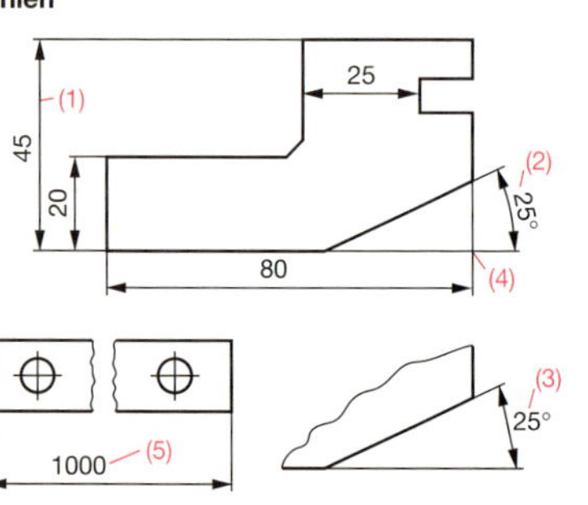

Maßlinien werden bei Längenmaßen parallel zu der zu bemaßenden Länge (1), bei Kreisbögen und Winkeln als Kreisbogen um den Mittel- bzw. Scheitelpunkt eingetragen (2).

Winkelmaße bis 30° dürfen mit gerader Maßlinie senkrecht zur Winkelhalbierenden eingetragen werden (3).
Maßlinien sollen sich untereinander und mit anderen Linien nicht schneiden. Ist dieses nicht zu vermeiden, werden sie ohne Unterbrechung gezeichnet (4).

Maßlinien werden nicht unterbrochen.
Bei unterbrochen dargestellten Formelementen wird die Maßlinie durchgezogen (5).

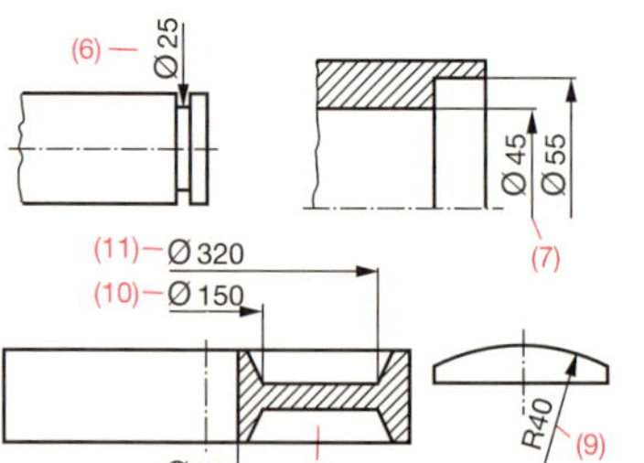

Maßlinien dürfen abgebrochen werden, wenn
- Durchmessermaße eingetragen werden (6)
- nur eine Hälfte eines symmetrischen Teiles in Ansicht oder Schnitt dargestellt wird (7)
- ein Gegenstand im Halbschnitt dargestellt wird (8)
- sich Bezugspunkte der Bemaßung nicht in der Zeichenfläche befinden (9).

Maßlinien werden als schmale Volllinie (01.1.2) gezeichnet.
Die erste Maßlinie ist ca. 10 mm von der Körperkante entfernt (10), alle weiteren haben einen Abstand von 10 mm (11) zueinander.

Maßhilfslinien

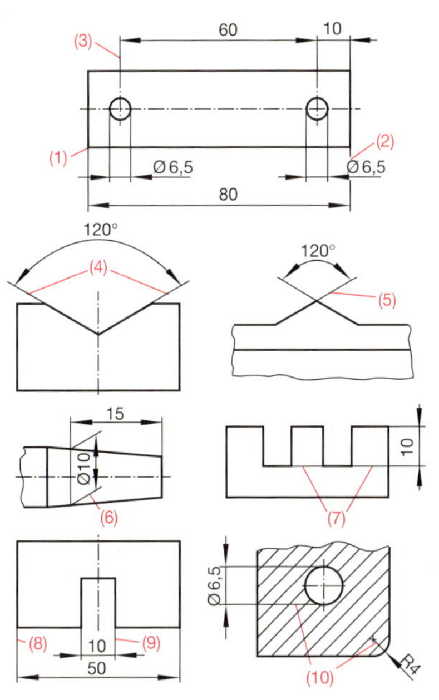

Maßhilfslinien werden rechtwinklig zu der zu bemaßenden Länge eingetragen (1).
Maßhilfslinien dürfen unterbrochen werden, wenn ihr weiterer Verlauf eindeutig erkennbar ist (2).
Mittellinien können als Maßhilfslinien verwendet werden. Außerhalb der Körperkanten werden sie als schmale Volllinien (01.1.3) gezeichnet (3).
Bei Winkelmaßen bilden die Verlängerungen der Schenkel des Winkels die Maßhilfslinien (4). Es kann auch der Scheitelwinkel eingetragen werden (5).

Maßhilfslinien dürfen unter einem Winkel von ca. 60° zur Maßlinie, jedoch parallel gezeichnet werden, wenn dadurch die Bemaßung deutlicher wird (6).

Auseinander liegende gleiche Teile mit gleichen Maßen und Toleranzen können durch eine gemeinsame Maßhilfslinie verbunden werden (7).

Werden besonders große Linienbreiten angewendet, werden die Maßhilfslinien für Außenmaße am äußeren Rand (8), für Innenmaße am inneren Rand der Umrisslinie eingetragen (9).
Maßhilfslinien dürfen nicht parallel zu Schraffurlinien gezeichnet werden (10).
Sie dürfen nicht von einer Ansicht zur anderen durchgezogen werden.
Maßhilfslinien werden als schmale Volllinien (01.1.3) gezeichnet.

Maßlinienbegrenzungen

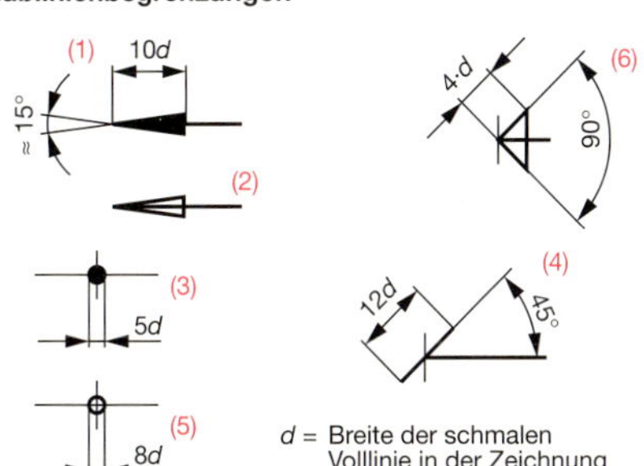

Mögliche Maßlinienbegrenzungen sind:

- ein geschwärzter 15°-Pfeil (Regelfall) (1)
- ein offener Pfeil bei rechnerunterstützt angefertigten Zeichnungen (2)
- ein Punkt bei Platzmangel (3)
- ein Schrägstrich (4)
- ein Kreis für die Ursprungsangabe (5)
- ein 90°-Pfeil (6).

Folgende Kombinationen sind in einer Zeichnung zulässig:

- 15°-Pfeil, Punkt, Ursprungskreis oder
- 90°-Pfeil, Schrägstrich, Ursprungskreis (nur bei fachbezogenen Zeichnungen, z. B. Bauzeichnungen).

Maßzahlen

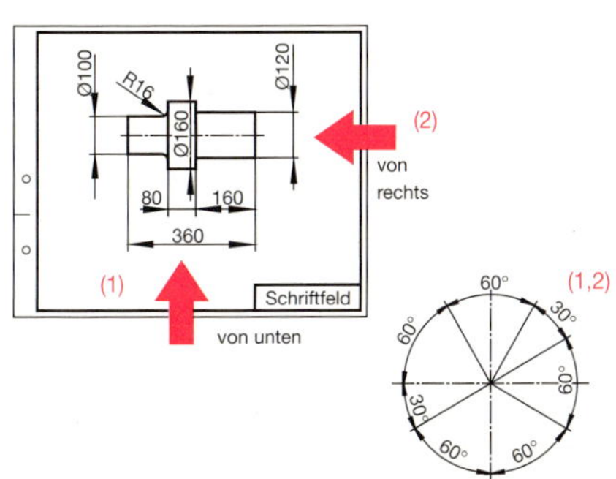

Maßzahlen werden in der Schriftform DIN ISO 3098 vertikal eingetragen.
Alle Maße, grafischen Symbole und Wortangaben sind so einzutragen, dass sie in Leselage der Zeichnung von unten (1) oder von rechts (2) gelesen werden können.
Die Leselage der Zeichnung entspricht der Leselage des Schriftfeldes.
Alle Maße einer Zeichnung werden in der gleichen Einheit, vorzugsweise in mm angegeben. Die Einheit wird nicht angegeben. Bei Abweichung von dieser Regel muss die Maßeinheit jedoch angegeben werden. Die Maßzahlen sind vorzugsweise in der Mitte der Maßlinie und deutlich darüber anzuordnen.

Technische Kommunikation *technical communication*

Hinweislinien

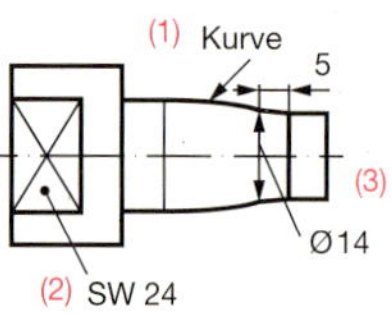

Hinweislinien sind schräg aus der Zeichnung herauszuziehen. Die Begrenzung erfolgt:

- an der Körperkante mit einem Pfeil (1)
- in einer Fläche mit einem Punkt (2)
- an allen anderen Linien ohne Begrenzungszeichen (3)

Angabe der Werkstückdicke

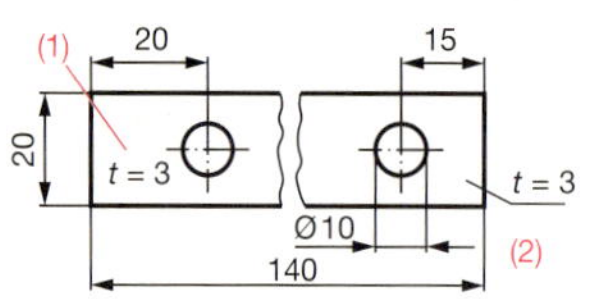

Die Werkstückdicke darf bei flachen Teilen in der Darstellung (1) oder auf einer abgeknickten Hinweislinie neben der Darstellung (2) angegeben werden. Sie wird mit dem Buchstaben t (engl.: thickness) gekennzeichnet.

Anordnung der Maße

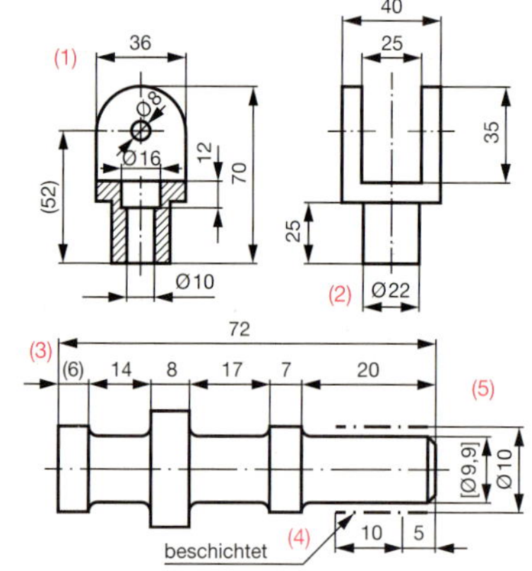

In einer Zeichnung ist jedes Maß nur einmal in der Ansicht einzutragen, in der die Zuordnung von Darstellung und Maß deutlich erkennbar ist (1).
Zusammenhängende Maße sind möglichst zusammenhängend einzutragen (2).
Maße, die sich durch die Fertigung von selbst ergeben, werden nicht eingetragen.
Maßlinien und Maßhilfslinien werden an Volllinien angesetzt. Das Ansetzen an Strichlinien (verdeckten Kanten) ist zu vermeiden.
Die Eintragung aller Maße als Maßkette ist zulässig, wenn ein Maß als Hilfsmaß eingetragen wird (3). Ein Hilfsmaß wird mit dem Symbol ( ) gekennzeichnet.

Ein Bereich, für den besondere Bedingungen gelten, wird durch eine breite Strich-Punkt-Linie (04.2.1) gekennzeichnet und bemaßt (4). Für beschichtete Oberflächen dürfen Maße vor und nach der Behandlung angegeben werden. Das Vorbereitungsmaß wird dann in eckige Klammern gesetzt (5).

Durchmesser und Radien

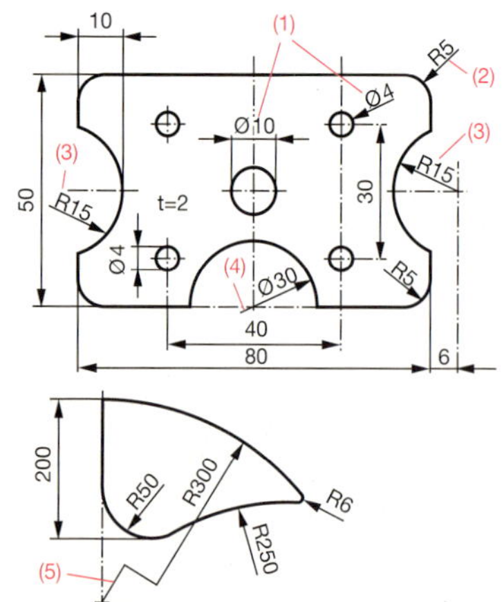

Das grafische Symbol Ø für den Durchmesser ist immer vor die Maßzahl zu setzen.
Bei Platzmangel dürfen Durchmessermaße von außen angesetzt werden (1).

Radien werden durch den vor die Maßzahl zu setzenden Großbuchstaben R gekennzeichnet (2). Die Maßlinien sind von Mittelpunkt des Radius oder aus dessen Richtung mit einem Maßpfeil innen oder außen an den Kreisbogen zu setzen (3).

Bei Durchmesserzeichen wird die Maßlinie über den Mittelpunkt gezogen (4).

Bei großen Radien, bei denen der Mittelpunkt außerhalb der Zeichnung liegt, darf die Maßlinie rechtwinklig abgeknickt und verkürzt gezeichnet werden (5).

Technische Kommunikation *technical communication*

Bögen

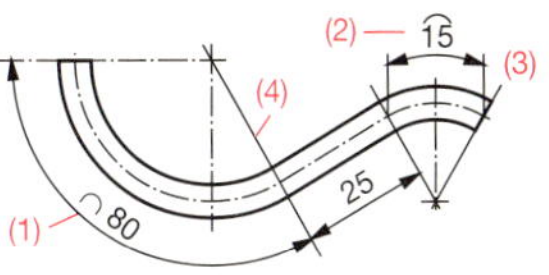

Zur Kennzeichnung von Bögen wird das grafische Symbol ⌒ vor die Maßzahl gesetzt (1).
Bei manuell gefertigten Zeichnungen darf es über die Maßzahl gesetzt werden (2).
Bei Zentriwinkeln ≤ 90° werden die Maßhilfslinien parallel zur Winkelhalbierenden (3),
bei Zentriwinkeln ≥ 90° werden sie zum Bogenmittelpunkt hin gezeichnet (4).

Neigungen und Verjüngungen

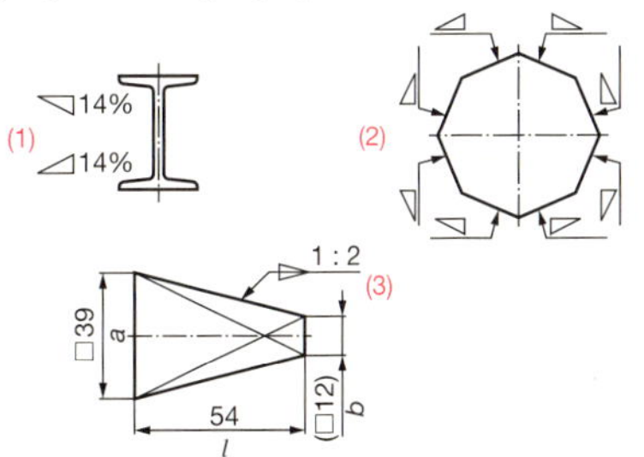

Zur Kennzeichnung von Neigungen wird das grafische Symbol ⊿ vor die Maßzahl gesetzt (1).
Die Maßzahl ist eine Verhältnis- oder Prozentangabe und ist vorzugsweise auf einer abgeknickten Hinweislinie einzutragen (2).
Das grafische Symbol ▷ kennzeichnet die Verjüngung und wird vor die Maßzahl auf eine abgeknickte Hinweislinie gesetzt (3).

$$\textit{Verjüngung} = \frac{a - b}{l}$$

Quadrate, Schlüsselweiten und Rechtecke

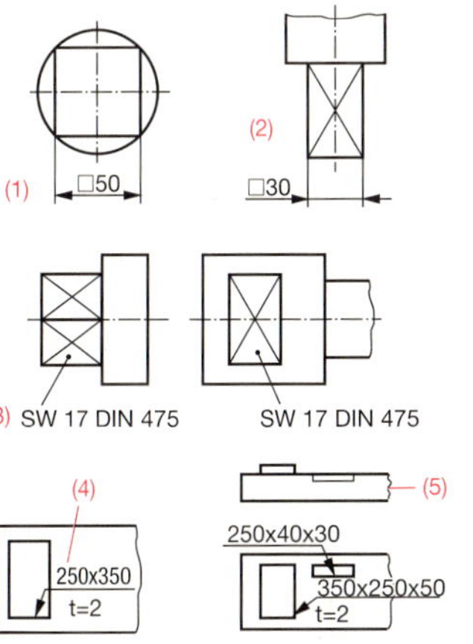

Das grafische Symbol □ kennzeichnet das Quadrat und wird vor die Maßzahl gesetzt (1).
Es wird nur einmal die Seitenlänge des Quadrates angegeben. Das Diagonalkreuz kennzeichnet eine ebene Fläche (2).

Die Großbuchstaben SW kennzeichnen die Schlüsselweite. Sie werden vor die Maßzahl gesetzt (3).

Die Seitenlängen eines Rechtecks dürfen auf einer abgewinkelten Hinweislinie angegeben werden. Das Maß der Seitenlänge, an der die Hinweislinie eingetragen ist, steht zuerst (4).

Werden drei Maße kombiniert (Seitenlänge × Seitenlänge × Dicke/Tiefe) muss eine zweite Ansicht oder ein Schnitt gezeichnet werden (5).

Abwicklungen

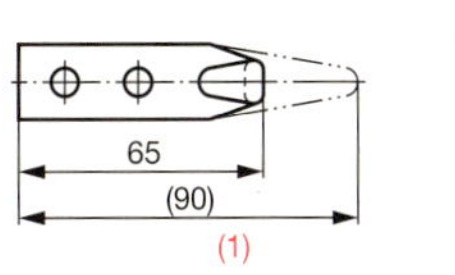

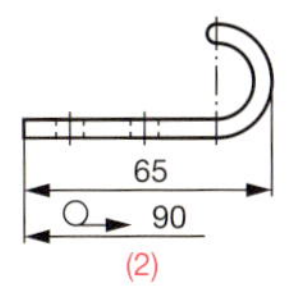

Abwicklungen werden durch Hilfsmaße bemaßt (1).
Wird die Abwicklung nicht dargestellt, erfolgt die Bemaßung durch Voranstellen des Symbols ○→ für die gestreckte Länge (2).

Gewinde

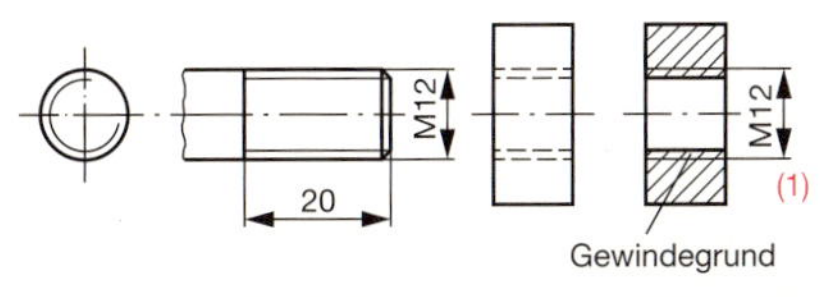

Für genormte Gewinde werden die Kurzbezeichnungen nach DIN 13 und DIN EN 226 angewendet (1).
Der Nenndurchmesser eines Außengewindes bezieht sich auf die Gewindespitzen, der eines Innengewindes auf den Gewindegrund.

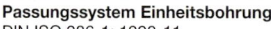

Technische Kommunikation *technical communication*

Toleranzen und Passungen

Tab. 112.1: Allgemeintoleranzen für Längenmaße — DIN ISO 2768-1, -2: 1991-06

Toleranzklasse	Grenzabmaße in mm für Nennmaßbereiche in mm							
	0,5 bis 3	> 3 bis 6	> 6 bis 30	> 30 bis 120	> 120 bis 400	> 400 bis 1000	> 1000 bis 2000	> 2000 bis 4000
f (fein)	± 0,05	± 0,05	± 0,1	± 0,15	± 0,2	± 0,3	± 0,5	–
m (mittel)	± 0,1	± 0,1	± 0,2	± 0,3	± 0,5	± 0,8	± 1,2	± 2
c (grob)	± 0,2	± 0,3	± 0,5	± 0,8	± 1,2	± 2	± 3	± 4
v (sehr grob)	–	± 0,5	± 1	± 1,5	± 2,5	± 4	± 6	± 8

Tab. 112.2: Allgemeintoleranzen für Winkelmaße — DIN ISO 2768-1, -2: 1991-06

Toleranzklasse	Grenzabmaße in Winkeleinheiten für Nennmaßbereiche des kürzeren Schenkels in mm				
	bis 10	> 10 bis 50	> 50 bis 120	> 120 bis 400	> 400
f (fein) m (mittel)	± 1°	± 0° 30′	± 0° 20′	± 0° 10′	± 0° 5′
c (grob)	± 1° 30′	± 1°	± 0° 30′	± 0° 15′	± 0° 10′
v (sehr grob)	± 3°	± 2°	± 1°	± 0° 30′	± 0° 20′

Passungssystem Einheitsbohrung
DIN ISO 286-1: 1990-11

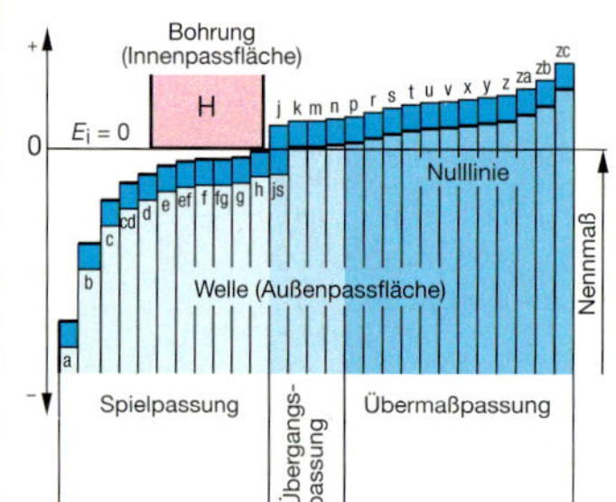

Nennmaß : Maß, von dem die Grenzmaße abgeleitet werden
E_i : unteres Abmaß der Bohrung
Spielpassung : Mindestmaß der Bohrung ≥ Höchstmaß der Welle
Übergangspassung : Spiel oder Übermaß, die Toleranzfelder von Bohrung und Welle überdecken sich vollständig oder teilweise
Übermaßpassung : Höchstmaß der Bohrung ≤ Mindestmaß der Welle

Beispiel für ein toleriertes Maß:

Beispiel für eine Passung

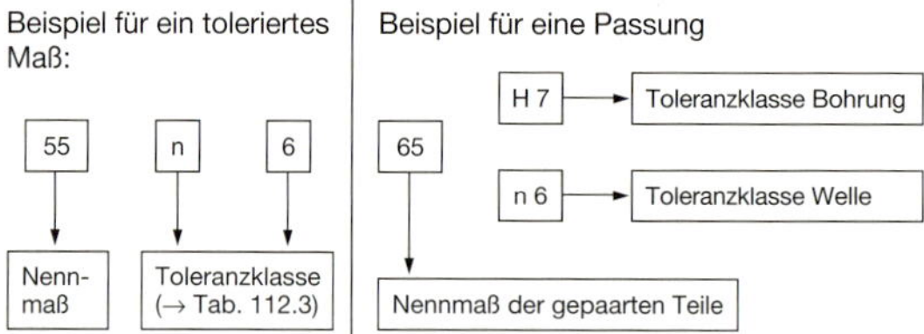

Tab. 112.3: ISO-Passungen System Einheitsbohrung — DIN ISO 286-2: 1990-11

Nennmaßbereich in mm	Bohrung H 7	Welle f 7	Welle g 6	Welle h 6	Welle j 6	Welle k 6	Welle n 6	Welle r 6	Welle s 6	Bohrung H 8	Welle d 9	Welle f 7	Welle h 9	Welle s 8
von 1 bis 3	+10 0	–6 –16	–2 –8	0 –6	+4 –2	+6 0	+10 +4	+16 +10	+20 +14	+14 0	–20 –45	–6 –16	0 –25	+28 +14
über 3 bis 6	+12 0	–10 –22	–4 –12	0 –8	+6 –2	+9 +1	+16 +8	+23 +15	+27 +19	+18 0	–30 –60	–10 –22	0 –30	+37 +19
über 6 bis 10	+15 0	–13 –28	–5 –14	0 –9	+7 –2	+10 +1	+19 +10	+28 +19	+32 +23	+22 0	–40 –76	–13 –28	0 –36	+45 +23
über 10 bis 14 über 14 bis 18	+18 0	–16 –34	–6 –17	0 –11	+8 –3	+12 +1	+23 +12	+34 +23	+39 +28	+27 0	–50 –93	–16 –34	0 –43	+55 +28
über 18 bis 24 über 24 bis 30	+21 0	–20 –41	–7 –20	0 –13	+9 –4	+15 +2	+28 +15	+41 +28	+48 +35	+33 0	–65 –117	–20 –41	0 –52	+68 +35
über 30 bis 40 über 40 bis 50	+25 0	–25 –50	–9 –25	0 –16	+11 –5	+18 +2	+33 +17	+50 +34	+59 +43	+39 0	–80 –142	–25 –50	0 –62	+82 +43
über 50 bis 65 über 65 bis 80	+30 0	–30 –60	–10 –29	0 –19	+12 –7	+21 +2	+39 +20	+60 +41 +62 +43	+72 +53 +78 +59	+46 0	–100 –174	–30 –60	0 –74	+99 +53 +105 +59
über 80 bis 100	+35 0	–36 –71	–12 –34	0 –22	+13 –9	+25 +3	+45 +23	+73 +51	+93 +71	+54 0	–120 –207	–36 –71	0 –87	+125 +71

Technische Kommunikation *technical communication*

Darstellung von Gebäuden – Zeichnungs- und Linienarten

Tab. 113.1: Zeichnungsarten und Maßstäbe im Bauwesen DIN 1356-1: 1995-02

Zeichnungsart	Maßstäbe	Zeichnungsart	Maßstäbe
Vorentwurfszeichnung	1 : 500 bzw. 1 : 200	Werkzeichnung	1 : 50, ggf. 1 : 20
Entwurfszeichnung	1 : 100, ggf. 1 : 200	Detailzeichnung	1 : 20, 1 : 10, 1 : 5, 1 : 1
Bauvorlagezeichnung	nach Landesverordnung	Fertigteilzeichnung	1 : 25, 1 : 20

Tab. 113.2: Zeichnungsarten und Maßstäbe im Bauwesen DIN 1356-1: 1995-02

Linienart	Anwendungsbereich	Liniengruppe II	Liniengruppe III
		Zuordnung zu Maßstab	
		≤ 1 : 100	≥ 1 : 50
Volllinie ———	Begrenzung von Schnittflächen	0,5	1,0
	Sichtbare Kanten und Umrisse von Bauteilen, Begrenzung von Schnittflächen von schmalen oder kleinen Bauteilen	0,35	0,5
	Maßlinien, Maßhilfslinien, Hinweislinien, Lauflinien, Begrenzung von Ausschnittdarstellungen, vereinfachte Darstellungen	0,25	0,35
Strichlinie – – – –	Verdeckte Kanten und Umrisse von Bauteilen	0,35	0,5
Strich – Punkt – Linie —·—·—	Kennzeichnung der Lage der Schnittebenen	0,5	1,0
	Achsen	0,25	0,35
Punktlinie	Bauteile vor bzw. über der Schnittebene	0,35	0,5
Maßzahlen	Schriftgröße	3,5	5,0

Darstellung von Gebäuden – Bemaßung

Elemente der Bemaßung

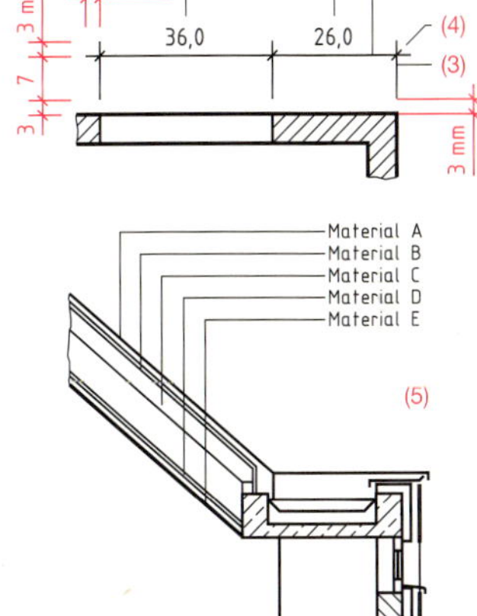

Tab. 113.3: Beispiele für Maßeinheiten

Bemaßung in	unter 1 m		über 1 m
cm	24	88,5[1)]	388,5[1)]
m und cm	24	88^5	$3{,}88^5$
mm	240	885	3885

[1)] Anstelle des Kommas ist auch ein Punkt erlaubt.

Maßlinien werden als Volllinien gezeichnet. Sie sind parallel zu den zu bemaßenden Strecken anzuordnen (1).

Die Maßzahlen sind über der Maßlinie so anzuordnen, dass sie in der Gebrauchslage der Zeichnung von unten bzw. von rechts lesbar sind (2).

Die Wahl der Maßeinheit richtet sich nach der Bauart und Art des Bauteils (→ Tab 113.3). Die Maßeinheit ist mit dem Maßstab im Schriftfeld anzugeben.

Maßhilfslinien sind 3 mm vor der zugehörigen Körperkante anzusetzen (3).

Als Maßlinienbegrenzungen werden Schrägstriche oder Punkte verwendet (4).

Hinweise sind in Blockform anzuordnen. Hinweislinien sind aus der Darstellung herauszuziehen (5).
Bei Platzmangel dürfen sie auch für Maße verwendet werden.

Hinweislinien sind senkrecht anzuordnen und sollen höchstens einmal abgewinkelt werden.

Das schräge Herausziehen von Hinweislinien unter 45° sollte nur verwendet werden, wenn es der Verdeutlichung dient.

Grundriss

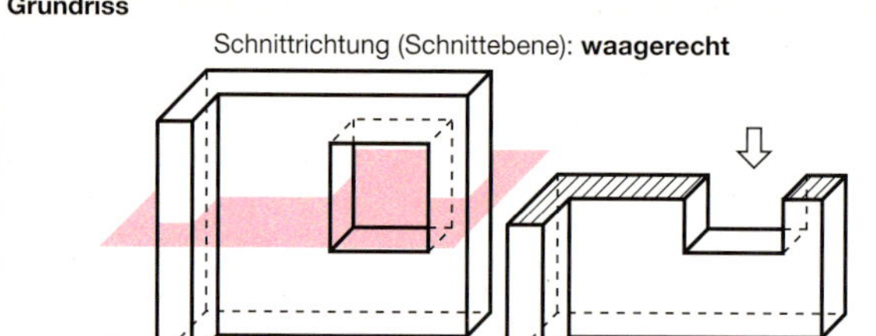

Der Grundriss (Typ A) ist die Draufsicht auf den unteren Teil eines horizontal geschnittenen Bauobjektes.

Schnitt

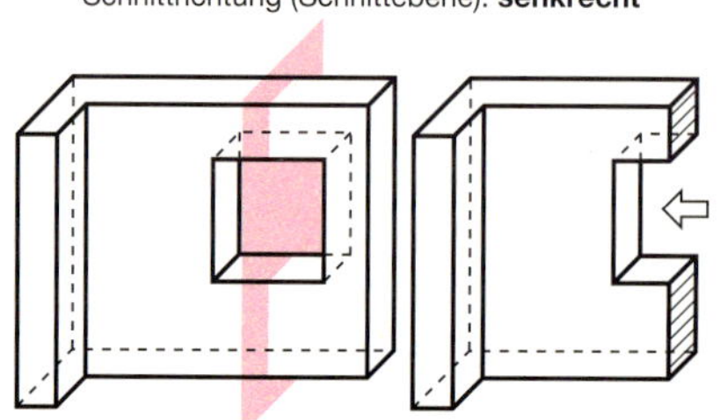

Der Schnitt ist die Ansicht des hinteren Teils eines vertikal geschnittenen Bauobjektes. Die Schnittebene liegt – auch verspringend – so im Bauwerk oder Bauteil, dass die wesentlichen Einzelheiten, z. B. Wände, Decken, Treppen, Öffnungen wie Fenster und Türen geschnitten werden. Die Lage der Schnittebene ist im Grundriss anzugeben.

Maßanordnung

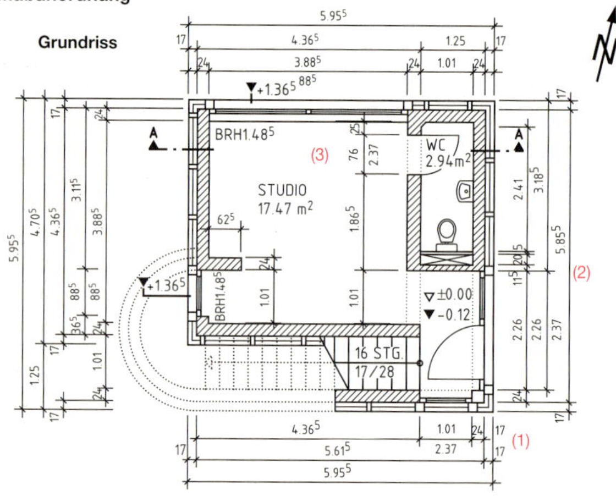

Schnitt A

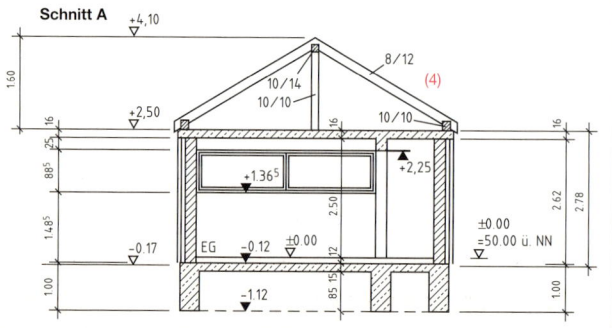

Die Maßanordnung erfolgt im Allgemeinen unter bzw. rechts der Darstellung (1).
Bei mehreren parallelen Maßketten sind diese entsprechend der Lage der zu bemaßenden Bauteile von innen nach außen in ≥ 7 mm Abstand anzuordnen (2).
Die Flächen in der Raummitte sollen möglichst frei bleiben.

Bei Fenstern und Türen ist die Breite über die Maßlinie, die Höhe direkt unter die Maßlinie zu schreiben (3).

Rechteckquerschnitte dürfen zur Vereinfachung auch durch Angabe ihrer Seitenlängen in Bruchform bemaßt werden, z. B. 8/12 (Breite/Höhe) (4).

Runde Querschnitte erhalten vor der Maßzahl das Durchmesserzeichen Ø.

Radien sind vor der Maßzahl mit dem Großbuchstaben R zu kennzeichnen.

Technische Kommunikation *technical communication*

Tab. 115.1: Kennzeichnung von Schnittflächen in Bauzeichnungen DIN 1356-1: 1995-02; DIN ISO 128-50: 2002-05

Boden (gewachsen)		Beton (wasserundurchlässig)		Holzwerkstoff	
Kies		Mauerwerk (künstl. Steine)		Gipsplatte	
Sand		Mauerwerk (Leichtziegel)		Mörtel, Putz	
Beton (unbewehrt)		Mauerwerk (Bimsbaustoffe)		Dämmstoffe	
Beton (bewehrt)		Holz, Schnittrichtung quer zur Faser		Abdichtung (Sperrschicht)	
Leichtbeton		Holz, Schnittrichtung längs zur Faser		Baustahl	

Tab. 115.2: Allgemeine Zeichen in Bauzeichnungen DIN 1356-1: 1995-02

Höhenangabe Unterfläche	• Rohkonstruktion • Fertigkonstruktion		Richtung	
Höhenangabe Oberfläche	• Fertigkonstruktion • Rohkonstruktion		Angabe der Schnittführung in Blickrichtung	

Abkürzungen: RR Rohbau-Richtmaß FF fertiger Fußboden z. B. OFF Oberfläche fertiger Fußboden

Tab. 115.3: Kennzeichnung von Treppen im Grundriss[1)] DIN 1356-1: 1995-02

Einläufige Treppe (hier mit Zwischenpodest)		Treppenlauf, horizontal geschnitten, mit darunterliegendem Lauf	
Zweiläufige Treppe		Treppenlauf, horizontal geschnitten, mit Darstellung des Laufes oberhalb der Schnittebene	
Spindeltreppe (Wendeltreppe)		Rampe	

1) Pfeil zeigt aufwärts

Tab. 115.4: Öffnungsarten von Türen im Grundriss DIN 1356-1: 1995-02

Drehflügel, einflügelig	DIN – rechts	Hebe-Drehflügel	DIN – links
Drehflügel, zweiflügelig		Drehtür	
Drehflügel, zweiflügelig, gegeneinander schlagend		Schiebeflügel	
Pendelflügel, einflügelig		Hebe-Schiebeflügel	
Pendelflügel, zweiflügelig		Falttür, Faltwand	

Technische Kommunikation *technical communication*

Tab. 116.1: Öffnungsarten von Türen und Fenstern in der Ansicht — DIN 1356-1: 1995-02

Öffnungsart	Symbol	Öffnungsart	Symbol
Drehflügel	Scharniere / Öffnung	Wendeflügel	
Kippflügel		Schiebeflügel vertikal	
Klappflügel		Schiebeflügel, horizontal	
Dreh-Kippflügel		Hebe-Schiebeflügel	
Hebe-Drehflügel		Festverglasung	
Schwingflügel			

Tab. 116.2: Kennzeichnung abgehängter Decken — DIN 1356-1: 1995-02

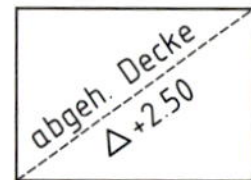

Abgehängte Decken werden im Grundriss mit einer Strichlinie gekennzeichnet, welche die Deckenfläche diagonal durchquert.
Diese Linie bekommt die Kennzeichnung „abgeh. Decke" sowie die Höhenangabe für die Unterfläche der Decke.

Tab. 116.3: Darstellung von Aussparungen — DIN 1356-1: 1995-02

Aussparungen, deren Tiefe kleiner als die Bauteiltiefe ist (Schlitze)	Aussparungen, deren Tiefe gleich der Bauteiltiefe ist (Durchbrüche)	Beispiel

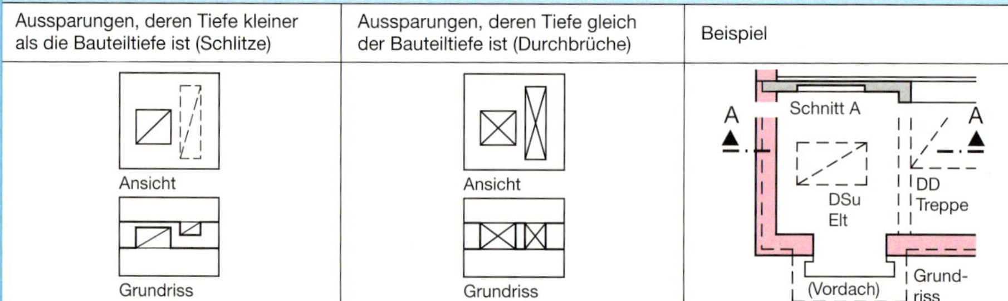

In Grundrissen wird stets die Decke über dem gezeichneten Geschoss dargestellt.
Ihre Begrenzungen und Höhenunterschiede werden als unsichtbare Kanten gezeichnet.

Bezeichnungen	Zusätze für den Zweck
WD: Wanddurchbruch	Elt: Elektrizität
DD: Deckendurchbruch	Lft: Lüftung
WS: Wandschlitz	Hzg: Heizung
DSu: Deckenschlitz auf Unterseite	San: Sanitäre Einrichtung
DSo: Deckenschlitz auf Oberseite	

Tab. 116.4: Mindest-Schlitzmaße in mm (→ Tab. 200.1)

Breite × Tiefe in mm
d = Mindest-Rohrwanddicke, $t = d + 20$ mm

d, t, b_1, b_2, b_3

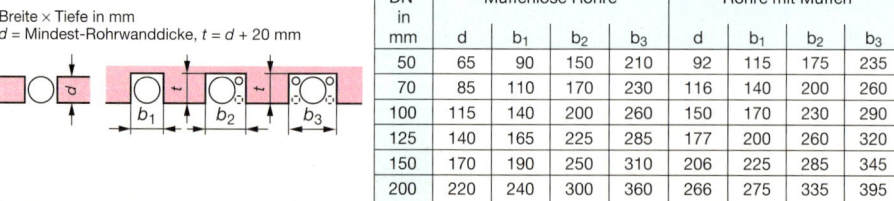

DN in mm	Muffenlose Rohre				Rohre mit Muffen			
	d	b_1	b_2	b_3	d	b_1	b_2	b_3
50	65	90	150	210	92	115	175	235
70	85	110	170	230	116	140	200	260
100	115	140	200	260	150	170	230	290
125	140	165	225	285	177	200	260	320
150	170	190	250	310	206	225	285	345
200	220	240	300	360	266	275	335	395

Technische Kommunikation *technical communication*

Hausanschlussraum

DIN 18012: 2000-11

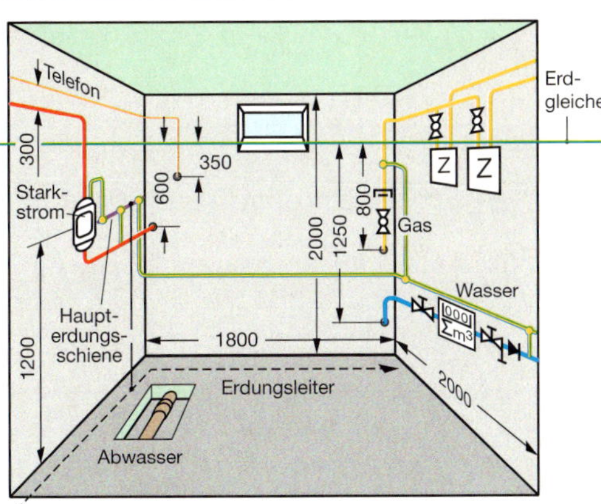

Tab. 107.1: Möglichkeiten der Unterbringung der Hausanschlüsse

Gebäudeart	Hausanschlüsse in
nicht unterkellert EFH	Hausanschlussnische
Gebäude ≤ 4 WE	Hausanschlusswand, HAR
Gebäude ≥ 4 WE	HAR

Anforderungen an den Hausanschlussraum

- Zugang über allgemein zugängliche Räume oder direkt von außen
- Anschlüsse für Strom, Telefon, Wasser, Gas und Fernwärme an gemeinsamer Wand möglich.
- Tür so groß, dass die Anschlusseinrichtungen eingebracht werden können
- Entwässerungsmöglichkeit vorsehen
- ausreichende Be- und Entlüftung sicherstellen
- beim Starkstromanschluss Haupterdungsschiene mit Anschlussfahne für den Erdungsleiter anordnen.
- Durchgangshöhe unter den Leitungen h ≥ 1,80 m
- Beleuchtung mit Schalter an der Tür, Schutzkontaktsteckdose vorsehen

Tab. 117.2: Lage der Versorgungsleitungen

Art der Versorgungsleitung	Tiefe unter der Geländeoberfläche in m	Art der Versorgungsleitung	Tiefe unter der Geländeoberfläche in m
Wasser	1,2 bis 1,5	Gas	0,5 bis 1,0
Starkstrom	0,6 bis 0,8	Fernwärme	0,6 bis 1,0
Telefon	0,35 bis 0,6		

Tab. 117.3: Sinnbilder für die Trinkwasserinstallation DIN EN 806-1: 2001-12

Wasserleitungen

Wasserleitung	*1)	Übergang in der Nennweite z. B. von DN 50 auf DN 40	50 40	Dehnungsbogen	
Trinkwasserleitung kalt, z. B. DN 80	PWC 80	Übergang im Werkstoff z. B. von Stahl auf Kupfer	St Cu	Stopfbuchsenkompensator	
Trinkwasserleitung warm, DN 50, Wärmedämmung	PWH 50-TI	Rohrleitung in Grundrissdarstellung		Leitungsfestpunkt	
Trinkwasserleitung warm, Zirkulation, DN 40	PWH-C40	Rohrleitung aufwärts verlaufend	+	Leitungsbefestigung mit Gleitführung	
Leitungskreuz		Rohrleitung abwärts verlaufend	-	Wand- oder Deckendurchführung mit Schutzrohr	
Abzweig, einseitig		Fließrichtung nach oben	+	Wand- oder Deckendurchführung mit Schutzrohr und Abdichtung	
Abzweig, beidseitig		Elektrische Trennung, Isolierstück		Leitungsabschluss	
Schlauchleitung		Schutzpotenzialausgleich, Erdung		Leitungsgefälle nach links, 5 %	5%

1) Der Stern wird ersetzt durch:

PW	potable water (engl.)	– Trinkwasser
PWC	potable water cold	– Trinkwasser, kalt
PWH	potable water hot	– Trinkwasser, warm
PWH-C	circulation	– Zirkulation
PWH-TI	thermal insulation	– Wärmedämmung

Technische Kommunikation *technical communication*

Tab. 118.1: Richtungshinweise für Grundrissdarstellung DIN EN 806-1: 2001-12

Rohrleitung in Grundrissdarstellung		Leitung aufwärts verlaufend	+	Leitung abwärts verlaufend	−
hindurchgehend	+ −	Fließrichtung nach oben	+	Fleißrichtung nach unten	−

Tab. 118.2: Rohrverbindungen DIN EN 806-1: 2001-12

Rohrverbindung	*	Flanschverbindung		Geschweißte oder gelötete Rohrverbindung	*
Gewindeverbindung		Klemmflanschverbindung		Schnellkupplung	

Tab. 118.3: Absperr- und Drosselarmaturen DIN EN 806-1: 2001-12

Absperrarmatur		Geradsitzventil		Absperrklappe	
Eckventil		Kugelhahn		Druckminderer	P
Dreiwegeventil		Kolbenschieber, -ventil		Anschlussvorrichtung	
Vierwegeventil		Freistromventil, Schieber		Ventilanbohrschelle	

Tab. 118.4: Entnahmestellen und Zubehörteile DIN EN 806-1: 2001-12

Auslaufventil		Standmischbatterie		Schlauchbrause	
Standauslaufventil		Wandmischbatterie		Druckspüler mit Rohrunterbrecher	FV
Wandauslaufventil		Selbstschlussarmatur	SC	Spülkasten	FC
Mischbatterie		Brause		Auslaufventil mit Schnellkupplung an Schlauch	

Tab. 118.5: Sicherungsarmaturen DIN EN 806-1: 2001-12

Sicherungsarmatur, allgem.	* [1)]	Rohrbelüfter in Durchgangsform		Rohrtrenner	
Freier Auslauf		Rohrentlüfter		Rohrbruch- bzw. Schlauchbruchsicherung	
Rohrunterbrecher		Rückflussverhinderer (RV)		Sicherheitsventil, federbelastet	
Rohrbelüfter		Absperrventil mit integriertem RV		Sicherheitsventil, Temperaturablassventil	T

[1)] Der Stern wird ersetzt durch zwei Buchstaben z. B. AA: Freier Auslauf (→ S. 240 ff.)

Technische Kommunikation *technical communication*

Tab. 119.1: Wasserbehandlungsanlagen DIN EN 806-1: 2001-12

Dosiergerät	CHD	Umkehrosmoseanlage	RO	Aktivkohlefilter	ACF
Enthärtungsanlage	SOF	Desinfektionsanlage mit UV	UV	Mechanischer Filter	

Tab. 119.2: Einrichtungen mit rotierenden Teilen DIN EN 806-1: 2001-12

Einrichtung mit rotierenden Teilen		Geschirrspüler		Druckerhöhungsanlage (hier mit Angabe der Förderleistung und des Druckes)	0,1 MPa 30m³/h 0,5 MPa
Pumpe		Wäschetrockner			
Waschmaschine		Klimagerät	AC		

Tab. 119.3: Einrichtungen ohne rotierende Teile und andere Sinnbilder DIN EN 806-1: 2001-12

Einrichtung ohne rotierende Teile		Trichter		Sicherheitsgruppe	

Tab. 119.4: Mess- und Regeleinrichtungen DIN EN 806-1: 2001-12

Messgerät mit Anzeige		Registriergerät z. B. Schreiber	*	Messgerät	*
Thermometer	°C	Durchflussschreiber	m³/s	Wasserzähler	m³
Durchflussmessgerät	m³/s	Steuerleitung		Anschlussstelle für Mess- oder Regeleinrichtung	

Tab. 119.5: Antriebe für Armaturen DIN EN 806-1: 2001-12

Hydraulischer Antrieb		Antrieb durch Schwimmer		Antrieb durch Hand	
Antrieb durch Membrane		Antrieb durch Gewichtsbelastung		Antrieb durch Elektromotor	M
Antrieb durch Fluide		Antrieb durch Federbelastung		Antrieb durch Elektromagnet	

Tab. 119.6: Behälter und Trinkwassererwärmer DIN EN 806-1: 2001-12

Trinkwasserbehälter	*	Speichertrinkwassererwärmer, direkt beheizt O Öl befeuert G Gas " C Feststoff "	*	Durchlauferhitzer, direkt beheizt O Öl befeuert G Gas " C Feststoff " D Fernwärme	*
Membrandruckgefäß, -behälter		Speichertrinkwassererwärmer, indirekt beheizt HW Heizwasser HW-S "-Zulauf HW-R "-Rücklauf	*	solar beheizt	
				elektrisch beheizt	

Technische Kommunikation *technical communication*

Tab. 120.1: Hinweisschilder DIN 4066: 1997-07; DIN 4067: 1975-11; DIN 4069: 1974-01

		Hydrant	sonstige Wasserversorgung	Orts-Gasverteilung	
Hinweisschild		H100 / 12,7 / 6,4	Wasser 5 / S 100 / 1,3 / 12,5	Gas 5 / AH 70 / 163 / 174	H: Hydrant S: Schieber A: Absperrung AV: Absperrventil AH: Absperrhahn SA: Straßenablauf E: Entleerung K: Absperrklappe L: Lüftung LV: Lüftungsventil
Farbkennzeichnung	Hintergrund	weiß	blau	gelb	
	Schrift	schwarz	weiß	schwarz	Weitere Abkürzungen bei Gas-Fernleitungen: EV: Entlüftungsventil D: Dehnungsmuffe MK: Messkontakt usw.
	Rand	rot	ohne	ohne	
Zahl auf dem T		Anschlusswertangabe (Nennweite DN)			
Zahl links, rechts oder unter dem T		Entfernung zum Anschluss in m nach links (linke Zahl), nach rechts (rechte Zahl) und/oder vom Hinweisschild weg (bzw. nach vorne) (untere Zahl)			

Tab. 120.2: Weitere grafische Symbole und Darstellungen DIN EN 806-1: 2001-12

Benennung	Symbol	Benennung	Symbol
Trichter		Abgrenzung für Armatureneinheit, Armaturenkombination	
Wasserstrahlpumpe		Besondere Anforderungen an die Installation	

Tab. 120.3: Sinnbilder für Abwasser- und Lüftungsleitungen DIN 1986-100: 2002-03

Benennung	Sinnbild	Benennung	Sinnbild	Benennung	Sinnbild
Schmutzwasserleitung, DS: Druckleitung	DS	beginnend und abwärts verlaufend		Fallleitung	
Regenwasserleitung, DR: Druckleitung	DR	von oben kommend und endend		Werkstoffwechsel	
Mischwasserleitung		beginnend und aufwärts verlaufend		Reinigungsverschluss	
Lüftungsleitung		Lüftungsleitung mit Richtungshinweis		Rohrendverschluss	
Richtungshinweis: hindurchgehend		Reinigungsrohr mit runder oder rechteckiger Öffnung		Geruchverschluss[1]	
Belüftungsventil					

[1] Darstellung im Aufriss

Tab. 120.4: Sinnbilder für Abläufe, Abscheider, Abwasserhebeanlagen, Schächte DIN 1986-100: 2002-03

Benennung	Grundriss	Aufriss	Benennung	Grundriss	Aufriss
Ablauf oder Entwässerungsrinne ohne Geruchverschluss			Heizölsperre	H SP	H SP
Ablauf oder Entwässerungsrinne mit Geruchverschluss			Heizölsperre mit Rückstauverschluss	H SP	H SP
Ablauf mit Rückstauverschluss für fäkalienfreies Abwasser			Rückstauverschluss für fäkalienfreies Abwasser		
Schlammfang	S	S	Rückstauverschluss für fäkalienhaltiges Abwasser		
Fettabscheider	F	F	Kellerentwässerungspumpe		
Stärkeabscheider	St	St	Fäkalienhebeanlage		
Benzinabscheider, Leichtflüssigkeitsabscheider	B	B	Schacht mit offenem Durchfluss		
Heizölabscheider, Leichtflüssigkeitsabscheider	H	H	Schacht mit geschlossenem Durchfluss		

Tab. 121.1: Sinnbilder für Sanitär-Ausstattungsgegenstände DIN 1986-100: 2002-03

Benennung	Grundriss	Aufriss	Benennung	Grundriss	Aufriss
Badewanne			Urinalbecken mit automatischer Spülung		
Duschwanne			Klosettbecken		
Waschtisch, Handwaschbecken			Ausgussbecken		
Sitzwaschbecken (Bidet)			Spülbecken, einfach		
Urinalbecken			Spülbecken, doppelt		

Tab. 121.2: Sinnbilder für Gasanlagen DVGW – TRGI 2008

Wanddurchführung mit Schutzrohr und Abdichtung		Absperreinrichtung AE		Vorratswasserheizer VWH		Druckmessgerät	p
Isolierstück		Gasströmungswächter GS		Kombiwasserheizer KWH		Heizkessel HK	G
Leitung offen bzw. verdeckt liegend	25 25	Gas-Druckregelgerät GR		Gas-Warmlufterzeuger WLE		Gaszähler G… (Einstutzen)	Σm^3
Änderung der Nennweite	20 25	Gasdruckregler mit kombiniertem GS		Gas-Wärmepumpe WP		Gaszähler G… (Zweistutzen)	Σm^3
Leitungsabschuss		Gasherd H		Gas-Wäschetrockner WT		Thermische Absperreinrichtung TAE	
Sicherheits-Gassteckdose GSD	9 kW	Gasheizherd HH (4-flammig)		Brennstoffzellenheizgerät BZ		GS Typ K mit TAE kombiniert GS-T	T K
Sicherheits-Gasschlauchleitung		Durchlaufwasserheizer DWH		Gas-Blockheizkraftwerk BHKW	BHKW	Absperreinrichtung mit TAE kombiniert	T
Lösbare Verbindung, flachdichtend		Gas-Heizstrahler HS		Gas-Raumheizer RH		Absperreinrichtung AE in Eckform	

Tab. 121.3: Ergänzende Sinnbilder für Heizungsanlagen DIN 2429: 2003-12, VDI 2068: 1974-11

Heizkessel		Umwälzpumpe		Kondensatableiter		Offenes Ausdehnungsgefäß	
Vorlauf Rücklauf		Heizkörper		Heizungsverteiler		Sicherheitsventil, gewichtsbelastet[1]	
Wärmeverbraucher		Konvektor		Luftheizgerät		Sicherheitsventil, federbelastet[1]	
Wärmetauscher		Rohrregister		Brenner		Manueller Stellantrieb, gesichert	
Gegenstromapparat		Dampfkessel		Membrandruckausdehnungsgefäß		Schmutzfänger	

[1] breiter Querstrich auf der Austrittsseite

Tab. 122.1: Sinnbilder für Lüftungs- und Klimatechnik

DIN EN 12 792: 2004-01

Luftleitungen (starr)	
oval	oval
rund	ø
rechteckig	a · b
Luftleitungen (starr) mit Wärmedämmung	
außen	xxxx
innen	xxxx
Luftleitungen (starr) mit Schalldämmung	
außen	
innen	
Luftleitungen (flexibel)	
Bogen	
Abzweig	
Übergänge	
plötzlich	
gleichmäßig	
Filter allgemein	
Filter mit Klassifizierung	F7
Schalldämpfer	
Lufterwärmer	
Luftkühler	
Luftmischkammer	

Klappen mit Gehäuse	
allgemein	
luftdicht	
Drosselklappe	
Aufteil-, Umschaltklappe	
Rückschlagklappe	
Überströmklappe	
Rauchschutzklappe	
Brandschutzklappe	
Rauch- und Brandschutzklappe	
Volumenstromregler (konstant)	
Volumenstromregler (variabel)	
Beipassklappe	
Zuluftdurchlass	
Fortluftdurchlass	

Mischkammern	
mit konstantem Luftvolumenstrom	
mit geregeltem Luftvolumenstrom	
Luftbefeuchter	
Ventilatorkonvektor	
Induktionsgerät	
Ventilator (allgemein)	
Radialventilator	
Axialventilator	
Jalousieklappe (gleichläufig)	
Jalousieklappe (gegenläufig)	
Wetterschutzgitter	
Strömungsgleichrichter	
Stellantrieb	
Messfühler	
Regler	

DIN 1946-1[1)]

Bezeichnung	Symbol
Wärmetauscher ohne Stoffkreuzung	
Wärmepumpe	
Kältemittelverdichter	
Wärmerückgewinner (Kreuzstrom)	
Lufterwärmer/Kühler mit Wärmerückgew.	
Abscheider allgemein	
Tropfenabscheider	
Kanaltemperaturfühler	ϑ
Kanaldifferenzdruckfühler	Δp
Kanalfühler für relative Feuchte	φ
Kanalvolumenfühler	$\dot{V}$
Raumtemperaturfühler	ϑ
Raumfühler für relative Feuchte	φ
Außentemperaturfühler	ϑ
Pumpe allgemein	
Pumpe mit Rohrleitung	

1) Wurde 2004 teilweise durch DIN EN 12 792 ersetzt

Technische Kommunikation *technical communication*

Tab. 123.1: Sinnbilder für Mess-, Steuerungs- und Regeleinrichtungen DIN 1988-1: 1988-12; DIN 19227-2: 1991-02

Benennung	Sinnbild	Benennung	Sinnbild	Benennung	Sinnbild	Benennung	Sinnbild
Anschluss für Messgerät		Wärmemengenzähler	000 ΣJ	Venturidüse		Anzeige digital	000
Temperaturmessgerät		Schreiber, Registriergerät[2]		Impulszähler		Speicher allgemein	
Widerstandsthermometer	ϑ	Steuerleitung	— — —	Betriebsstundenzähler	h	Regler allgemein	E A
Thermoelement	− +	Steuergerät		Messumformer, therm./elektr.	ϑ I	PID-Regler	PID
Temperaturbegrenzer		Sollwerteinsteller		Signal-Messumformer		Zeitrelais	t
Temperaturwächter	W	Zeitschaltuhr		Verstärker		Thermorelais	
Druckmessgerät[1]		Messwerk allgemein		Anzeigevorrichtung		Brandmelder, Rauchmelder	
Volumenstrommessgerät, Durchflussmessgerät		Aufnehmer bzw. Fühler allgemein		Bildschirm		Gerät mit automatischer Steuerung[3]	
Volumenzähler, Wasserzähler	000 Σm³	Messblende		Lampe, Leuchtmelder		Schaltgerät	

[1] zusätzliche Kennzeichnung: Δp: Differenzdruckmessgerät; p_i: Druckimpulsgeber
[2] Kennzeichnung der Art des Gerätes: $\dot{V}$: Volumenstrom; V: Volumen; T: Temperatur; Δp: Differenzdruck
[3] Antriebsarten → Tab. 119.5

Tab. 123.2: Sinnbilder der Elektrotechnik DIN EN 60617-3, -4, -6, -7, -9, -11: 1997-08

Benennung	Sinnbild	Benennung	Sinnbild	Benennung	Sinnbild	Benennung	Sinnbild
Gleichstrom		Erde		Wechselrichter		Wechsler	
Wechselstrom 50 Hz	~ 50 Hz	Schutzerde		Gleichrichter		Zweiwegeschließer	
Gleich- oder Wechselstrom		Masse		Maschine allgemein[1] C: Umformer G: Generator M: Motor MS: Synchronmotor	*	Halbleiterdiode allgemein	
Reihenschaltung		Neutralleiter (N), Mittelleiter (M)				Fotowiderstand	
Parallelschaltung		Schutzleiter (PE)				Heizwiderstand	
Sternschaltung		drei Leiter, ein Neutralleiter, ein Schutzleiter		Drehstrom – Asychronmotor mit Käfigläufer	M 3~	Heißwasserspeicher	
Dreieckschaltung		Ideale Stromquelle/ Spannungsquelle		Transformator mit zwei Wicklungen		Durchlauferhitzer	
Leitung, Leiter, Kabel, Stromweg		Primärzelle, Akkumulator		Anzeige allgemein		Heißwassergerät	
Kennzeichnung der Leiterzahl	3	Widerstand allgemein		Spannungsmessgerät	V	Speicherheizgerät	
Leiter bewegbar		Widerstand, veränderbar		Strommessgerät	A	Abzweigdose allgemein[2]	
Abzweig von Leitern		Widerstand temperaturabh.[3]	ϑ	Leistungsmessgerät	W	Schutzkontaktdose vierfach[2]	4
Doppelabzweig von Leitern		Induktivität, Spule, Wicklung		Wattstundenzähler	Wh	Schalter allgemein[2]	
Steckverbindung		Kondensator allgemein		Schließer, Schalter allgemein		Serien- bzw. Wechselschalter[2]	
Leitung auf/im/unter Putz		Sicherung allgemein		Öffner		Lampe allgemein[2]	

[1] Der Stern muss durch eines der folgenden Kennzeichen ersetzt werden.
[2] Sinnbilder der Elektroinstallation
[3] Zusatz ↑↓ = NTC
Zusatz ↑↑ = PTC

Technische Grundlagen

Technische Kommunikation *technical communication*

Symbolhafte Darstellung von Schweiß- und Lötnähten (→ S. 96) DIN EN 22553: 1997-03

Bezeichnung einer Schweiß- oder Lötnaht

Bezugs-Volllinie
Nahtsymbol
(→ Tab. 124.3)
Werkstück-oberfläche (Stoß)
Gabel
Pfeillinie
Bezugs-Strichlinie

Die Stellung des Symbols zur Bezugslinie gibt die Lage der Naht am Stoß an. Die Pfeillinie zeigt auf die Pfeilseite, die andere Seite ist die Gegenseite. Wird das Symbol auf die Seite der Bezugs-Volllinie gesetzt, befindet sich die Naht auf der Pfeilseite. Wird das Symbol auf die Seite der Bezugs-Strichlinie gesetzt, befindet sich die Naht auf der Gegenseite. Die Bezugs-Strichlinie kann unter oder über der Bezugs-Volllinie gezeichnet werden.

Tab. 124.1: Sinnbilder für Schweiß- und Lötnähte DIN EN 22553: 1997-03

Nahtart	Symbol	Erläuternde Darstellung	Nahtart	Symbol	Erläuternde Darstellung
Bördelnaht	⅄⅄		HU-Naht		
I-Naht	‖		Kehlnaht	◺	
V-Naht	V		Punktnaht	○	
HV-Naht			Steilflankennaht		
Y-Naht	Y		Halb-Steilflankennaht		
HY-Naht			Stirnflachnaht	‖‖	
U-Naht			Flächennaht	=	
			Falznaht		

Tab. 124.2: Kombination von Grundsymbolen DIN EN 22553: 1997-03

Nahtart	Symbol	Erläuternde Darstellung	Nahtart	Symbol	Erläuternde Darstellung
I-Naht, geschweißt von beiden Seiten	‖		Doppel-Y-Naht		
V-Naht mit Gegenlage			Doppel-U-Naht		
Doppel-V-Naht (X-Naht)	X		V-U-Naht		
Doppel-HV-Naht (K-Naht)	K		Doppel-Kehlnaht		

Tab. 124.3: Zusatzsymbole – Ergänzende Angaben DIN EN 22553: 1997-03

Zusatzsymbole für die Form der Oberfläche bzw. Naht		Ergänzende Angaben für char. Merkmale der Naht	
Oberflächenform/Nahtform	**Symbol**	**Merkmal**	**Symbol**
hohl (konkav)		Ringsum-Naht, Kehlnaht	
flach (eben)	—	Baustellennaht	
gewölbt (konvex)		Schweißverfahren (→ Tab. 89.3)	z. B. 111
Nahtübergänge kerbfrei		Bezugszeichen	z. B. A1

Elektrotechnik *electrical engineering*

Ohmsches Gesetz

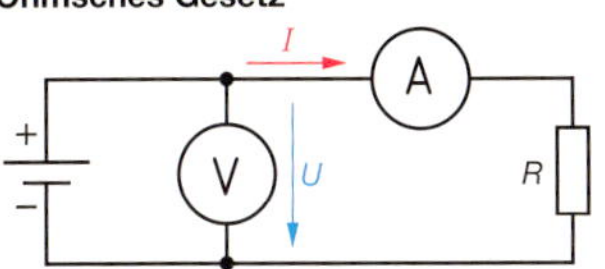

$$R = \frac{U}{I}$$

Gilt nur für metall. Leiter.

$U = R \cdot I \qquad I = \frac{U}{R}$

- I : elektrische Stromstärke in A
- U : elektrische Spannung in V
- R : elektrischer Widerstand in Ω

Widerstand von Leitern

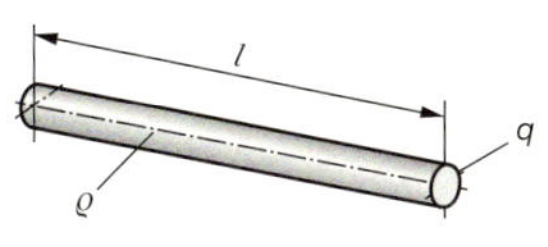

$$R_k = \frac{\varrho \cdot l}{q}$$

$$R = R_k \cdot (1 + \alpha \cdot \Delta\vartheta)$$

- R : el. Widerstand in Ω
- R_k : Leiterwiderstand bei 20 °C in Ω
- α : Temperaturbeiwert in $\frac{1}{K}$
- $\Delta\vartheta$: Temperaturdifferenz gegenüber 20 °C in K
- ϱ : spezifischer el. Widerstand in $\frac{\Omega \cdot mm^2}{m}$ (→ Tab. 44.1)
- l : Leiterlänge in m
- q : Leiterquerschnitt in mm^2

Tab. 125.1: Kennwerte von Leiterwerkstoffen bei 20 °C

Leiterwerkstoff	Aluminium	Kupfer	Silber	Eisen	Konstantan
ϱ in $\frac{\Omega \cdot mm^2}{m}$	0,028	0,0179	0,015	0,13	0,5
α in $\frac{1}{K}$	0,0038	0,0039	0,004	0,0045	0,004

Reihenschaltung von Widerständen

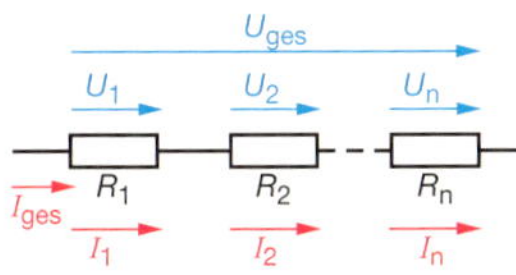

$$U_{ges} = U_1 + U_2 + \ldots + U_n$$

$$R_{ges} = R_1 + R_2 + \ldots + R_n$$

$$I_{ges} = I_1 = I_2 = \ldots = I_n$$

$\frac{U_1}{U_n} = \frac{R_1}{R_n} \qquad \frac{U_1}{U_{ges}} = \frac{R_1}{R_{ges}}$

- U_{ges} : Gesamtspannung in V
- $U_1, U_2 \ldots$: Einzelspannungen in V
- R_{ges} : Gesamtwiderstand in Ω
- $R_1, R_2 \ldots$: Einzelwiderstände in Ω
- I_{ges} : Gesamtstrom in A
- $I_1, I_2 \ldots$: Einzelströme in A

Durch alle Widerstände fließt derselbe Strom I.

Parallelschaltung von Widerständen

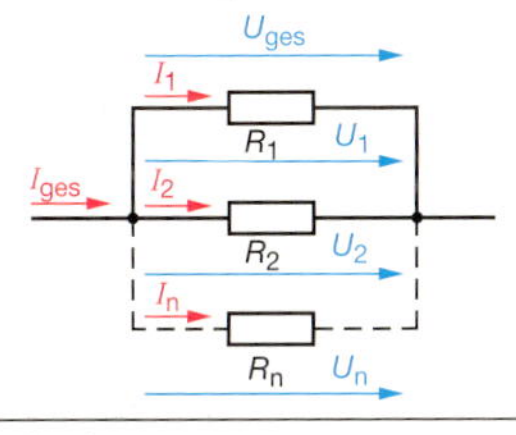

$$I_{ges} = I_1 + I_2 + \ldots + I_n$$

$$U_{ges} = U_1 = U_2 = \ldots = U_n$$

$$\frac{1}{R_{ges}} = \frac{1}{R_1} + \frac{1}{R_2} + \ldots + \frac{1}{R_n}$$

- I_{ges} : Gesamtstrom in A
- $I_1, I_2 \ldots$: Einzelströme in A
- U_{ges} : Gesamtspannung in V
- $U_1, U_2 \ldots$: Einzelspannungen in V
- R_{ges} : Gesamtwiderstand in Ω
- $R_1, R_2 \ldots$: Einzelwiderstände in Ω

An allen Widerständen liegt dieselbe Spannung U an.

Wechselspannung

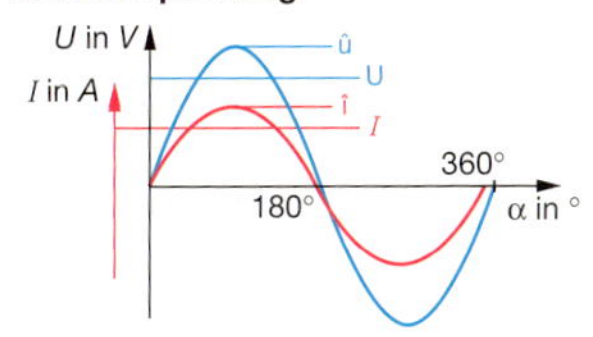

$$I = \frac{\hat{\imath}}{\sqrt{2}}$$

$$U = \frac{\hat{u}}{\sqrt{2}}$$

- I : Effektivwert der Stromstärke in A
- $\hat{\imath}$: Scheitelwert der Stromstärke in A
- U : Effektivwert der Spannung in V
- $\hat{u}$: Scheitelwert der Spannung in V

Transformator

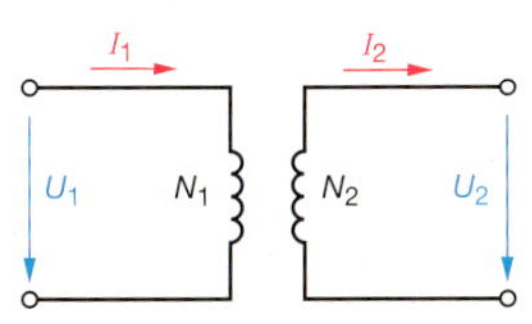

$$\frac{U_1}{U_2} = \frac{N_1}{N_2} = ü$$

$$\frac{I_2}{I_1} = \frac{N_1}{N_2} = ü$$

$$S = U \cdot I$$

$$P = U \cdot I \cdot \cos\varphi$$

- U_1 : Primärspannung in V
- U_2 : Sekundärspannung in V
- I_1 : Primärstromstärke in A
- I_2 . Sekundärstromstärke in A
- N_1 : Primär-Windungszahl
- N_2 : Sekundär-Windungszahl
- $ü$: Übersetzungsverhältnis
- S : Scheinleistung in VA
- P : Wirkleistung in W
- $\cos\varphi$: Leistungsfaktor

Elektrotechnik *electrical engineering*

Elektrische Arbeit

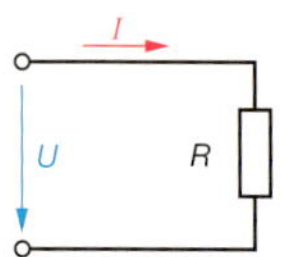

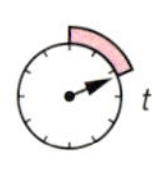

$$W = P \cdot t$$

$$W = U \cdot I \cdot t$$

$$W = \frac{P \cdot t}{3600}$$

W	: elektrische Arbeit	in Ws
U	: Spannung	in V
I	: Stromstärke	in A
t	: Zeit	in s, h
P	: elektrische Leistung	in W
W	: elektrische Arbeit	in Wh
P	: elektrische Leistung	in W
t	: Zeit	in s
3600	: Umrechnungszahl	in s, h

Elektrische Leistung bei ohmscher Belastung

Gleich- oder Wechselstrom

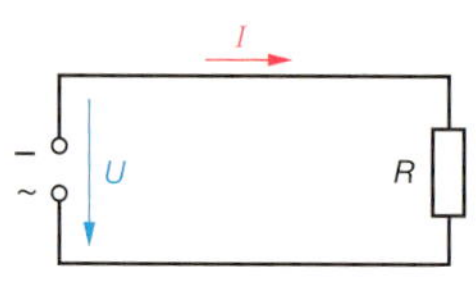

Für Gleich- oder Wechselstrom

$$P = U \cdot I$$

$$P = \frac{U^2}{R} \qquad P = I^2 \cdot R$$

P	: elektrische Leistung	in W
U	: Spannung	in V
I	: Stromstärke	in A

Drehstrom

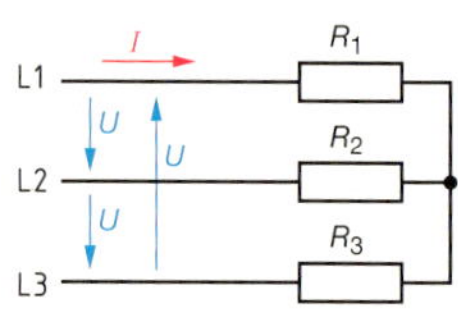

Für Drehstrom

$$P = \sqrt{3} \cdot U \cdot I$$

$\sqrt{3}$: Verkettungsfaktor bei Drehstrom

Elektrische Leistung bei induktiver Belastung

Wechselstrom

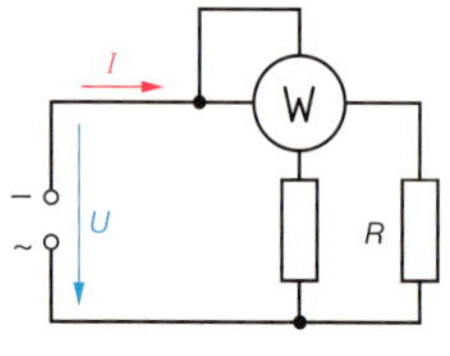

$$S = U \cdot I$$

Für Wechselstrom

$$P = U \cdot I \cdot \cos \varphi$$

$$\cos \varphi = \frac{P}{S}$$

$$Q = U \cdot I \cdot \sin \varphi$$

S	: Scheinleistung	in VA
U	: Spannung (Effektivwert)	in V
I	: Stromstärke (Effektivwert)	in A
P	: Wirkleistung	in W
U_{Str}	: Strangspannung	in V
I_{str}	: Strangstromstärke	in A
$\cos \varphi$	: Leistungsfaktor (Wirkleistungsfaktor)	
Q	: Blindleistung	in var
$\sin \varphi$	: Blindleistungsfaktor	

Drehstrom (Sternschaltung)

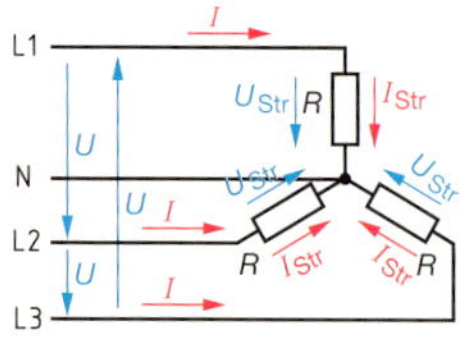

Für Drehstrom (Sternschaltung)

$$P = \sqrt{3} \cdot U \cdot I \cdot \cos \varphi$$

$$S = \sqrt{3} \cdot U \cdot I \qquad \cos \varphi = \frac{P}{S}$$

$$I = I_{Str} \qquad U = \sqrt{3} \cdot U_{Str}$$

$\sqrt{3}$: Verkettungsfaktor bei Drehstrom

Drehstrom (Dreieckschaltung)

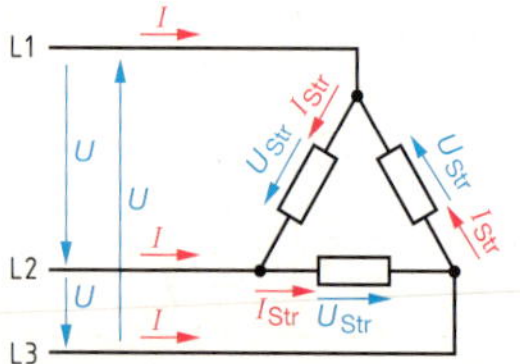

Für Drehstrom (Dreieckschaltung)

$$P = \sqrt{3} \cdot U \cdot I \cdot \cos \varphi$$

$$S = \sqrt{3} \cdot U \cdot I \qquad \cos \varphi = \frac{P}{S}$$

$$I = \sqrt{3} \cdot I_{Str} \qquad U = U_{Str}$$

Elektrotechnik *electrical engineering*

Freigabe der Anlage zur Arbeit
durch die verantwortliche Aufsichtsperson nach Befolgen aller 5 Sicherheitsregeln

Die 5 Sicherheitsregeln vor Beginn der Arbeiten:

1. **Freischalten**
2. **Gegen Wiedereinschalten sichern**
3. **Spannungsfreiheit feststellen**
4. **Erden und kurzschließen**
5. **Benachbarte, unter Spannung stehende Teile abdecken oder abschranken**

Erste Hilfe bei Stromunfällen

- Strom sofort unterbrechen
- Verunglückten aus Gefahrenbereich bringen
- Kontrollieren des Bewusstseins, der Atmung und des Pulses
- Notruf veranlassen (Tel.: 110)
- Bei bewusstlosen und atmenden Verunglückten, in stabile Seitenlage bringen
- Bei Atemstillstand aber vorhandenem Puls, mit Beatmung beginnen (10 mal, Puls prüfen, wenn Zustand unverändert, Beatmung fortsetzen)
- Bei Kreislaufstillstand, Patient in Rückenlage bringen, Brustkorb freimachen und neben Beatmung auch mit Herzmassage beginnen
- Bei Atem- und Kreislaufstillstand, großen Verbrennungen oder Ohnmacht, schnellen Transport ins Krankenhaus veranlassen

Tab. 127.1: Sicherheitsschilder

Darstellung	Bedeutung
	**Verbotsschild** Nicht berühren, Gehäuse unter Spannung P9
	**Verbotsschild** Nicht schalten P10
	**Warnschild** Warnung vor gefährlicher elektrischer Spannung W8
	**Warnschild** Warnung vor Laserstrahl W10
	**Warnschild** Warnung vor Gefahren durch Batterien W20
Es wird gearbeitet! Ort: Entfernung des Schildes nur durch:	**Zusatzschild** ZS 1
Hochspannung **Lebensgefahr**	**Zusatzschild** ZS 2
	**Gebotsschild** Vor Öffnen Netzstecker ziehen M13

Tab. 127.2: Kennfarben von Leitern

Für feste Verlegung und flexible Leitungen

Aderzahl	Leitungen mit Schutzleiter					Leitungen ohne Schutzleiter				
2	–	–				bl	br			
3	gnge	bl	br			–	br	sw	gr	
4	gnge	–	br	sw	gr	bl	br	sw	gr	
5	gnge	bl	br	sw	gr	bl	br	sw	gr	sw

Farbkurzzeichen nach DIN 47 002

Deutsch	**Englisch**
schwarz (sw)	black (BK)
braun (br)	brown (BN)
blau (bl)	blue (BU)
grau (gr)	grey (GR)
gelb (ge)	yellow (YE)
grün (gn)	green (GN)

Elektrotechnik *electrical engineering*

Tab. 128.1: Isolierte und blanke Leiter

Leiterbezeichnung		Zeichen	Farbe
Wechselstrom	Außenleiter	L1; L2; L3	[1]
	Neutralleiter	N	bl
Gleichstrom	positiv	L+	[1]
	negativ	L–	[1]
	Mittelleiter	M	bl

Leiterbezeichnung	Zeichen	Bildzeichen	Farbe
Schutzleiter	PE	⏚	gnge
PEN-Leiter (Neutralf. mit Schutzfunktion)	PEN	⏚	gnge
Erde	E	⏚	[1]

[1] Farbe nicht festgelegt

Typkurzzeichen für harmonisierte Leitungen

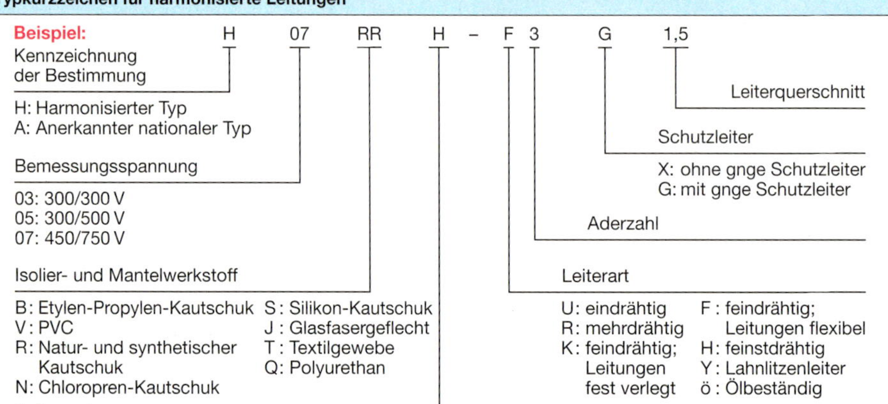

H: flache, aufteilbare Leitung; H2: nicht aufteilbare Leitung

Tab. 128.2: Isolierte Leitungen für feste Verlegung

Bezeichnung	Abbildung	Kurzzeichen	Aderzahl	Verwendung
PVC-Einzeladern		H05V-U/K H07V-U/K	1 1	Leitung für innere Verdrahtung von Geräten; geschützte Verlegung in und an Leuchten
PVC-Mantelleitung		NYM	1 … 7	Industrie- und Hausinstallationen im Innen- und Außenbereich; Schutz vor direkter Sonneneinstahlung
Stegleitung		NYIF	3 … 5	Installationsleitung nur in trockenen Räumen und unter Putz
Halogenfreie Mantelleitung		NHXMH	1 … 7	Installationsleitung für Hotels, Schulen, Krankenhäuser. Es entstehen keine korrosiven Brandgase.

Buchstabenkennzeichnung für nicht harmonisierte Leitungen (Auswahl)

N : genormte Leitung
I : Stegleitung (Imputzleitung)
Y : Kunststoffisolierung, Kunststoffmantel
F : Flachleitung (Stegleitung)
M : Mantelleitung
J : mit Schutzleiter

Tab. 129.1: Isolierte, flexible Leitungen

Bezeichnung	Abbildung	Kurzzeichen	Aderzahl	Verwendung
Spiralleitung		H05BQ-F	2, 3	Elektrowerkzeuge; Handlinggeräte; Unterhaltungselektronik
PVC-Schlauchleitung		H03VV-F	2 … 7	Anschlussleitung bei geringer mechanischer Beanspruchung für Küchengeräte, Tisch- und Stehleuchten u. a.
Gummi-Schlauchleitung (leichte Ausführung)		H05RR-F H05RN-F	2 … 5	Anschlussleitung bei geringer mechanischer Beanspruchung für Elektrogeräte in Haushalten und Büros; feste Verlegung in Möbeln, Stellwänden u. a.

Tab. 129.2: Strombelastbarkeit von Leitungen für übliche Verlegearten in Gebäuden DIN VDE 0298-4

	Verlegearten									
	A1		A2		B1		B2		C	
	Umgebungstemperatur $\vartheta_u = 25$ °C									
Erklärung	Verlegung in wärmegedämmten Wänden im Elektro-Installationsrohr				Verlegung im Elektro-Installationsrohr auf der Wand				Verlegung auf und in der Wand	
	Aderleitung		Mehradrige Kabel- und Mantelleitung		Aderleitung		Mehradrige Kabel- und Mantelleitung		Mehradrige Kabel- und Mantelleitung	
Beispiel	Raum		Raum							
q in mm²	Zahl der belasteten Adern									
	2	3	2	3	2	3	2	3	2	3
	Strombelastbarkeit I_z in A									
1,5	16,5	14,5	16,5	14,0	18,5	16,5	17,5	16,0	21	18,5
2,5	21	19	19,5	18,5	25	22	24	21	29	25
4	28	25	27	24	34	30	32	29	38	34

Die Bemessungsstromstärke I_n der vorgeschalteten Sicherung gegen Überstrom muss kleiner oder gleich der ermittelten Strombelastung I_z sein.

Beispiel:

Eine Mantelleitung (NYM-J) mit zwei belasteten Adern mit einem Querschnitt von 1,5 mm² wird unter Putz verlegt. Die Umgebungstemperatur beträgt 24 °C.

Installation unter Putz entspricht Verlegeart C. Bei zwei belasteten Adern von 1,5 mm² ergibt sich aus der Tabelle eine Strombelastbarkeit von I_z **= 21 A**.

Bei Einbau einer Niederspannungssicherung nach S. 131 darf die Bemessungsstromstärke I_n höchstens 20 A betragen.

Diese Sicherung schützt jedoch nur die Leitung gegen Überstrom und nicht das anzuschließende Gerät. Wenn das Gerät geschützt werden muss, dann ist der Nennstrom der Sicherung entsprechend der Herstellerunterlagen zu senken.

Bei höheren Temperaturen vermindert sich die Strombelastbarkeit der Leitung wie folgt:

Umrechnungsfaktoren für $\vartheta_u > 25$ °C.

ϑ_u in °C	30	40	50	60
Faktor	0,94	0,82	0,67	0,47

Beispiel: bei 60 °C
$\rightarrow I_z = 21\ \text{A} \cdot 0{,}47 = 9{,}87\ \text{A}$

Elektrotechnik *electrical engineering*

Leitungsschutz — DIN VDE 0100-430

Kenngrößen

- **Betriebsstromstärke I_b** in der Leitung
- **Bemessungsstromstärke I_n** des Schutzorgans $I_n \geq I_b$
- **Auslösung** des Schutzorgans bei Überlast
- Auswahl des **Leiterquerschnitts**
- **Strombelastbarkeit I_z**
  $I_z \geq I_n$
  - Bedingung 1: $I_b \leq I_n \leq I_z$, $I_a \leq I_f$
  - Bedingung 2: $I_a \leq 1{,}45 \cdot I_z$

Beispiel:

Bemessung der Leitung und der Schutzeinrichtung für den Anschluss eines E-Gerätes (Wechselstrom) mit 2 kW Anschlussleistung.

- **Betriebsstromstärke** der Leitung: $I_b = P_{el}/U$ = 2000 W/230 V = 8,7 A
- **Bemessungsstromstärke** I_n des Schutzorgans (Schmelzsicherung oder Sicherheitsautomat): $I_n \geq I_b$ -> I_n = 10 A (→ S. 131)
- **Auslösung** des Schutzorgans bei Überlast:
  Auslösestromstärke: $I_a = 1{,}45 \cdot I_n = 1{,}45 \cdot 10$ A = 14,5 A
- Auswahl des **Leiterquerschnitts**: (Verlegart C, Zahl der belasteten Adern = 2) → q = 1,5 mm² (→ Tab. 129.2)
- **Strombelastbarkeit**: I_z = 21 A
  Bedingung 1: $I_b \leq I_n \leq I_z$ → 8,7 A ≤ 10 A ≤ 21 A erfüllt
  Bedingung 2: $I_a \leq I_f$ mit $I_f = 1{,}45 \cdot I_z$ = 30,45 A (größter Prüfstrom)

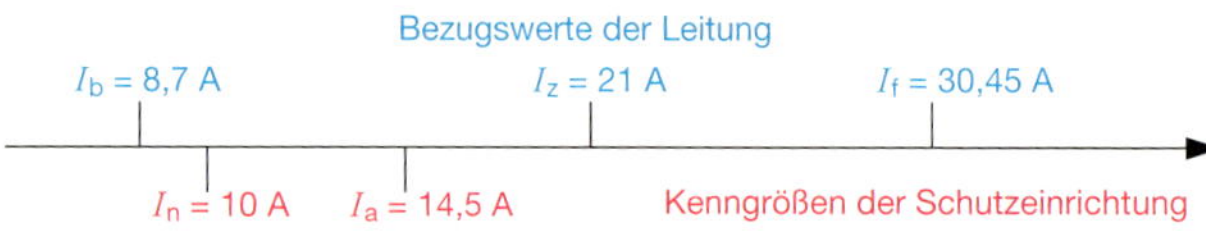

Leitungsschutz-Schalter — DIN VDE 0641-12

Auslösecharakteristiken, Anwendungen

Z Verwendung für
- Überstromschutz von Leitungen
- Steuerstromkreise ohne Stromspitzen
- Messstromkreise mit Wandlern
- Halbleiterschutz

B und
C Verwendung u. a. in Hausinstallationen
- direkte Zuordnung der LS-Schalter nach I_z der Leitungen möglich;
- 2. Bedingung $I_2 = 1{,}45 \cdot I_z$ ist erfüllt.

K Verwendung für
- Stromkreise mit hohen Stromspitzen durch Motoren, Transformatoren, Kondensatoren.
- Vorteil: Elektromagnetischer Auslöser hält hohe Einschaltstromspitzen aus.

Auslöseverhalten

Typ	Überstromschutz – thermisch –	Zeit	Kurzschlussschutz – el.mag. –	Zeit
Z[1)]	$1{,}05 I_n$ - $1{,}2 I_n$	< 2 h	$2 I_n$ - $3 I_n$	< 0,2 s
B[2)]	$1{,}13 I_n$ - $1{,}45 I_n$	< 1 h	$3 I_n$ - $5 I_n$	< 0,1 s
C[2)]	$1{,}13 I_n$ - $1{,}45 I_n$	< 1 h	$5 I_n$ - $10 I_n$	< 0,1 s
K[3)]	$1{,}05 I_n$ - $1{,}2 I_n$	< 2 h	$8 I_n$ - $12 I_n$	< 0,2 s
K[4)]	$1{,}05 I_n$ - $1{,}5 I_n$	< 2 min	$10 I_n$ - $14 I_n$	< 0,2 s

Gültig für Baureihen: [1)] 0,5 – 63 A; [2)] 6 – 40 A; [3)] 0,2 – 8 A; [4)] 10 – 63 A;

Auslösebedingungen

Bei LS-Schaltern laut DIN VDE 0100-430:
Bedingungen:

1. $I_b \leq I_n \leq I_z$
2. $I_2 \leq 1{,}45 \cdot I_n$

Nach der 2. Bedingung ist I_2 der Strom, bei dem spätestens nach einer Stunde der LS-Schalter abschalten muss. Er darf maximal das 1,45-fache der maximalen Strombelastbarkeit der Leitung bzw. des Kabels betragen.

Auslösekennlinien

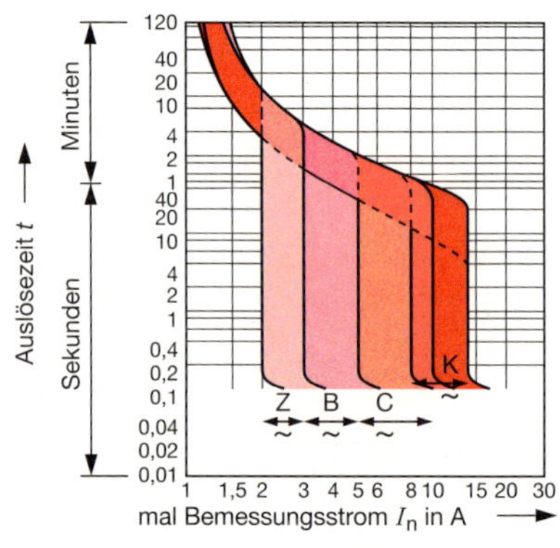

Elektrotechnik *electrical engineering*

Niederspannungs-Sicherungen

D- und DO-Sicherungssystem

Sicherung und Passeinsatz: Bemessungsstromstärke in A	Sicherung und Passeinsatz: Kennfarbe	Sockel Bemessungsstromstärke in A	Gewindegröße der Schraubkappe: Diazed	Gewindegröße der Schraubkappe: Neozed
2 4 6 10 13 16 20 25	rosa braun grün rot schwarz grau blau gelb	25	D II (E 27)	DO 1 (E 14) (2 … 16) DO 2 (E 18) (20, 25 …)
32/35 50 63	schwarz weiß kupfer	63	D III (E 33)	DO 2 (E 18)

Darstellung

Diazed-Sicherungssystem (D-System)

Neozed-Sicherungssystem (DO-System)

Geräteschutzsicherungen (Feinsicherungen)

G-Schmelzeinsatz 250 V~, 125 V⎓, **verwechselbar**

I_n: 0,032 … 10 A (M)
I_n: 0,08 … 10 A (T)
Größe: 5 · 20 mm

G-Schmelzeinsatz 250 V~, 125 V⎓, **unverwechselbar**

	I_n: 0,035 … 0,06 A Größe: 5 · 30 mm
	I_n: 0,08 … 0,6 A Größe: 5 · 25 mm
	I_n: 0,8 … 4 A Größe: 5 · 20 mm

Aulöseverhalten/Kennbuchstaben

FF: superflink	F: flink	M: mittelträge	T: träge	TT: superträge

[1] dem Schaltvermögen nach mögliche (virtuelle) Zeiten

Fehlerstrom-Schutzschalter *(RCD – Residual-current protective device)* DIN VDE 0664-101

Funktion der RCD

Abschaltung bei gefährlichen Berührungsspannungen durch Isolationsfehler innerhalb von 0,2 s.

Abmessungen der RCDs

Bemessungsspannung U_n in V:
230 400 500 660 690

Bemessungsstromstärke I_n in A:
10 13 16 20 25 32 40 63
80 100 125 160 200 225 250

1 N
T
2 N
max 36

1 3 5 N
T
2 4 6 N
max 72

max 85,6
36
max 45,5
max 43,9
5,5
max 53

Baugrößen und maximaler Erdungswiderstand

$I_{\Delta n}$	R_A in Ω bei max. Berührungsspannung 50 V	25 V
10 mA	5000	2500
30 mA	1666	833
100 mA	500	250
300 mA	166	83
500 mA	100	50

RCD mit Kurzschlussvorsicherung

I_n in A	16	25	40	63	100	125	160	224
I_k in kA	1,5	1,5	1,5	2	3,5	2	4	4

Maximale Kurzschlussvorsicherung in A

NH (gL)	63	80	80	100	125	125	160	224
Neozed	63	80	80	100	–	–	–	–
Diazed (gL)	50	63	63	80	100	–	–	–

Elektrotechnik *electrical engineering*

Installationszonen

Küchen, Hausarbeitsräume

Wohnräume

Installationszonen

Vorzugsmaße für elektrische Leitungen

Vorzugshöhen für Schalter

Vorzugshöhen für Steckdosen

Schaltungen mit Installationsschaltern

Sinnbilder → S. 123

Stromlaufplan in zusammenhängender Darstellung	Übersichtsschaltplan

Ausschaltung

Ausschaltung mit Kontrolllampe

Serienschaltung

Stromlaufplan in zusammenhängender Darstellung	Übersichtsschaltplan

Wechselschaltung

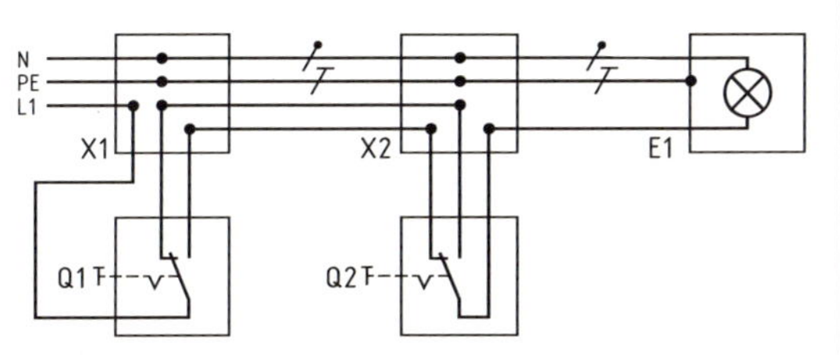

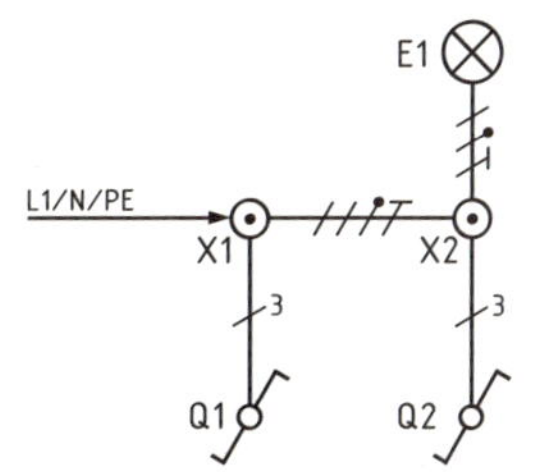

Gruppenschaltung

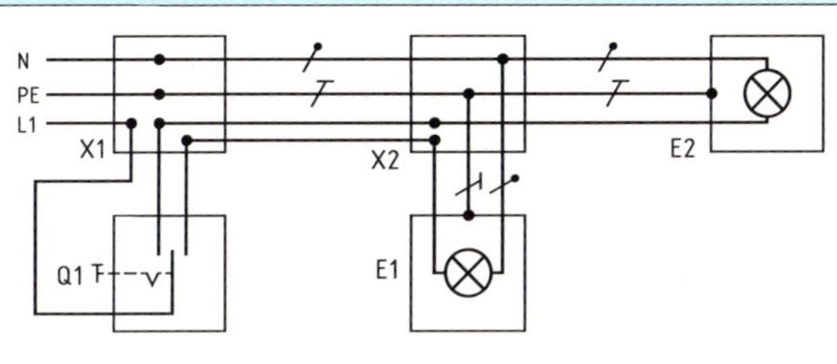

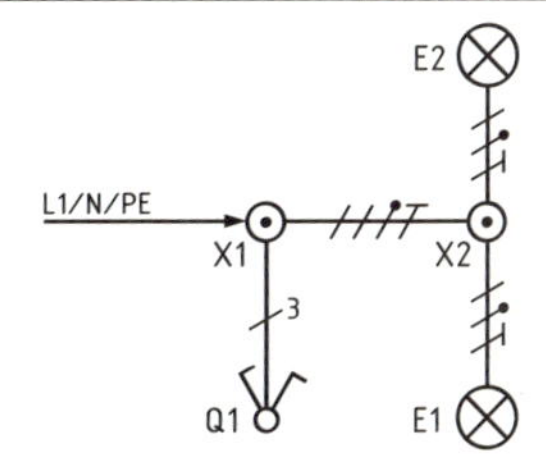

Verteilungssysteme – Netzformen (Auswahl)

Kennzeichen von Verteilungssystemen:

- Art und Anzahl aktiver Leiter eines Systems
- Art der Verbindungen mit Erde im System

Bedeutung der Kurzzeichen für übliche Drehstromnetze

Beispiel: T N – C – S – System

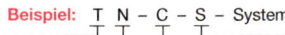

Erdungen im Verteilungssystem

T: Direkte Erdung eines Punktes.

I: Trennung aller aktiven Teile von Erde oder Verbindung eines Punktes über eine Impedanz mit Erde.

Erdungen der Körper der elektrischen Anlage

T: Direkte Erdung der Körper, unabhängig von vorhandener Erdung eines Punktes im Versorgungssystem.

N: Direkte Verbindung eines Körpers mit geerdetem Punkt des Versorungssystems (bei Wechselstromnetzen der Sternpunkt oder bei fehlendem Sternpunkt ein Außenleiter).

Anordnung von Neutralleiter und Schutzleiter (TN-System)

S: Leiter (PE) mit Schutzfunktion, der vom Neutralleiter oder geerdetem Außenleiter getrennt ist.

C: Kombinierte Neutralleiter- und Schutzleiterfunktion in einem Leiter (PEN).

TN-S-Netz (heutiger Standard)

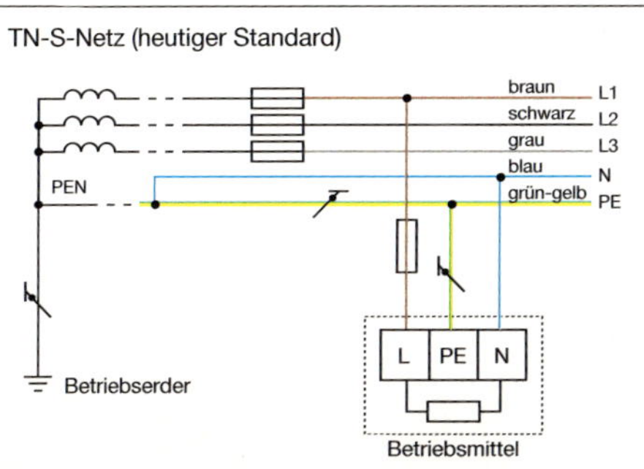

TN-C-Netz

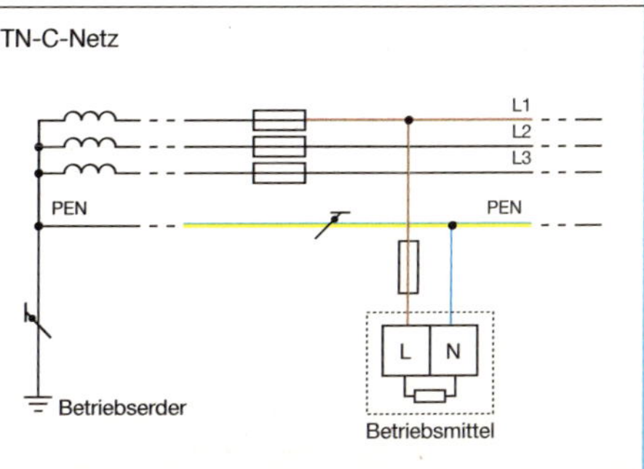

Elektrotechnik *electrical engineering*

Schutz gegen gefährliche Körperströme — DIN VDE 100-410: 1997-01

Schutz sowohl gegen direktes als auch bei indirektem Berühren

Schutzkleinspannung SELV[1)]

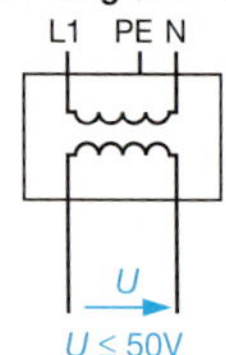

Keine Verbindung mit Erde, Schutzleiter oder aktiven Teilen anderer Stromkreise, **sichere Trennung**

1) = **S**afety **E**xtra **L**ow **V**oltage

Funktionskleinspannung PELV[2)]

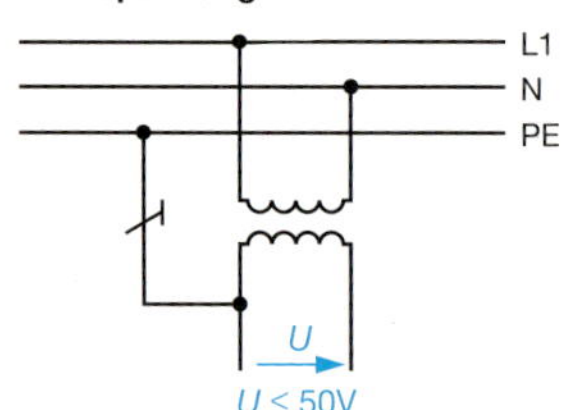

Erdung und Verbindung mit Schutzleiter anderer Stromkreise zulässig,
PELV: **sichere Trennung**.

2) = **P**rotective **E**xtra **L**ow **V**oltage

Schutz gegen direktes Berühren (Basisschutz)

Schutz durch Isolierung aktiver Teile

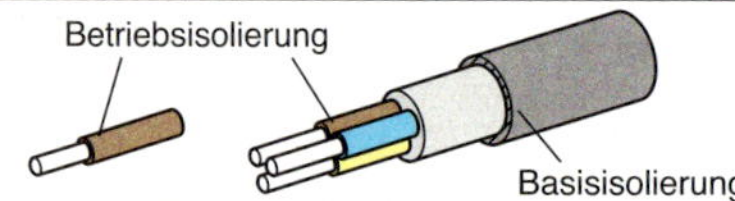

Schutz durch Abdeckungen und Umhüllungen

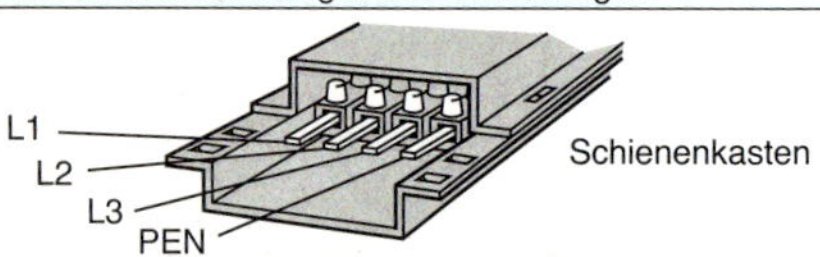

Schutz durch Hindernisse

z. B. Barrieren, Schranken

Schutz durch Abstand

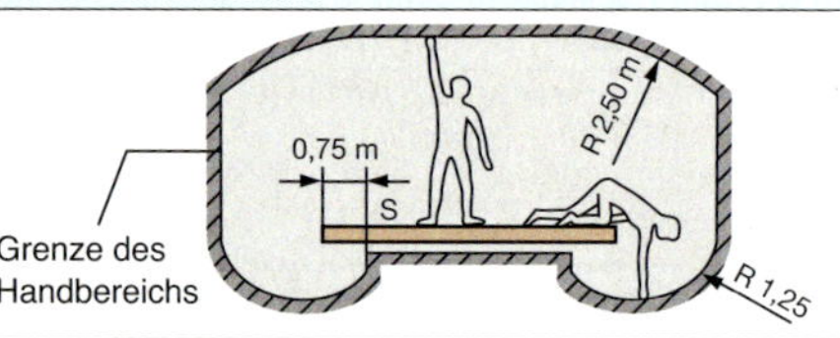

Zusätzlicher Schutz durch RCD ($I_{\Delta n} \leq 30$ mA)

Schutz bei indirektem Berühren (Fehlerschutz)

Schutzpotenzialausgleich über Haupterdungsschiene

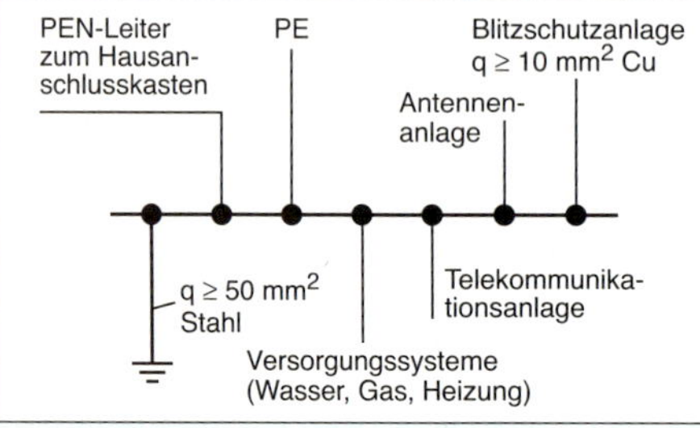

Schutzisolierung

- Vollisolierung
- Isolierungsumkleidung
- Isolierauskleidung
- Zwischenisolierung

Schutz durch nicht leitende Umgebung

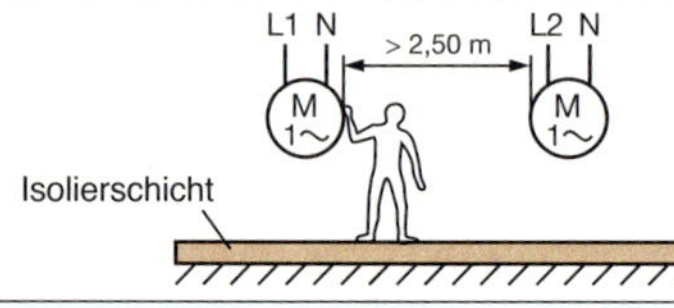

Schutztrennung

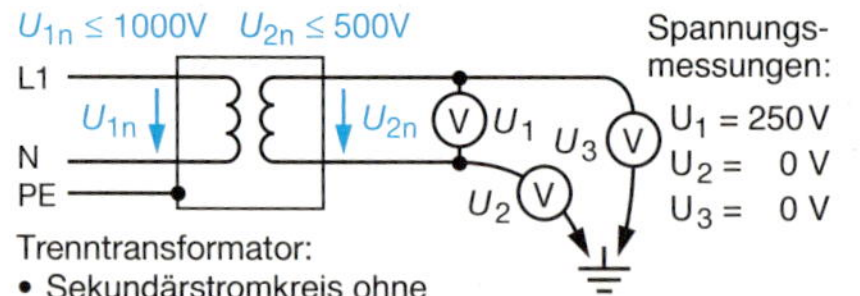

Trenntransformator:

- Sekundärstromkreis ohne Verbindung zu anderem Stromkreis oder Erde
- $l_{2\,max} \leq 500$ m; $U_{2n} \cdot l_2 \leq 100\,000$ Vm

Schutz elektrischer Betriebsmittel

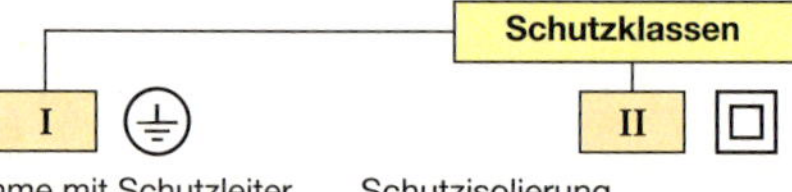

I	II	III
Schutzmaßnahme mit Schutzleiter • Gerät mit Metallgehäuse z. B. Motor	Schutzisolierung • Geräte mit Kunststoffgehäuse z. B. Handbohrmaschine	Schutzkleinspannung (SELV, PELV) • Geräte mit Bemessungsspannungen bis 25 V AC bzw. 50 V AC und 60 V DC bzw. 120 V DC z. B. Elektrische Handleuchten

Elektrotechnik *electrical engineering*

Kennzeichnung elektrischer Betriebsmittel und Maschinen

Tab. 135.1: IP-Schutzarten für elektrische Betriebsmittel — DIN 40 050-9: 1993-05

IP — international protection (internationale Sicherheit)

X — Platzhalter für 1. Kennziffer: Schutz gegen Berührung

5 — 2. Kennziffer: Wasserschutz

1. Kennziffer		2. Kennziffer	
Schutz gegen Berührung und Fremdkörper		Schutz gegen Wasser	
0	kein Schutz	0	kein Schutz
1	große Fremdkörper > 50 mm	1	Tropfwasser senkrecht
2	mittelgroße Fremdkörper > 12 mm	2	Tropfwasser schräg
		3	Sprühwasser
3	kleine Fremdkörper > 2,5 mm	4	Spritzwasser
		5	Strahlwasser
4	korngroße Fremdkörper > 1 mm	6	schwere See
		7	Eintauchen
5	Staub	8	dauerhaftes Untertauchen
6	staubdicht		

Tab. 135.2: Bildzeichen für Schutzarten — DIN EN 60 529: 2000-09 (VDE 0470-1: 1992-11)

Bildzeichen	Schutzumfang	Bildzeichen	Schutzumfang
	staubgeschützt (etwa IP 5X)		spritzwassergeschützt (etwa IP X4)
	staubdicht (etwa IP 6X)		strahlwassergeschützt (etwa IP X5)
	tropfwassergeschützt (etwa IP X1)		wasserdicht, Schutz gegen Eindringen von Wasser ohne Druck (etwa IP X7)
	schrägwassergeschützt, regengeschützt (etwa IP X2, IP X3)	...bar	druckwasserdicht, Schutz gegen Eindringen von Wasser unter Druck (etwa IP X8)

Tab. 135.3: Leistungsschilder für elektrische Maschinen — DIN 42 961: 1980-06

1			
Typ 2			
3 4	Nr. 5		
6 7 V	8 A		
9 10	S 11	cos φ 12	
13 14 /min	15 Hz		
16 17 18 V	19 A		
Isol.-Kl. 20	IP 21	22 kg	
23			

Feld-Nr.	Inhalt
1	Hersteller, Firmenzeichen
2	Typ, Modellbezeichnung oder Listennummer
3	Stromart (Gleich-, Wechsel- bzw. Drehstrom)
4	Art der Maschine, z. B. Gen.; Mot.; usw.
5	Fertigungs- oder Reihennummer
6	Schaltart der Ständerwicklung (Stern- bzw. Dreieckschaltung)
7	Nennspannung
8	Nennstromstärke
9	Nennleistung in kW bzw. kVA[1]
10	Einheit der Leistung, z. B. kW
11	Nennbetriebsart
12	Leistungsfaktor
13	Drehrichtung
14	Nenn-Umdrehungsfrequenz in 1/min
15	Nennfrequenz
16	Erregung bei Gleichstrom- und Synchronmaschinen, Läufer bei Asynchronmaschinen
17	Schaltart der Läuferwicklung (→ Feld 6)
18	Nennerreger- bzw. Läuferstillstands-spannung
19	Nennerregerstrom bzw. Läufer-nennstrom
20	Isolierstoffklasse
21	Schutzart nach DIN 40 050
22	Masse in kg bzw. t
23	Bezeichnung der zugrunde gelegten VDE-Bestimmung

[1] bei Motoren, Gleichstrom- und Induktionsgeneratoren in kW, bei Synchrongeneratoren Scheinleistung in kVA

Technische Grundlagen

Elektrische Schutzbereiche in Räumen mit Badewanne oder Dusche

Anforderungen

Zusätzlicher Schutzpotenzialausgleich zwischen Heizungsrohren, Abfluss- und Zulaufrohr:

- Mindestquerschnitt 4 mm^2 Cu (Farbe der Leiterisolation: grün/gelb)

Schutzpotenzialausgleich nicht gefordert bei Kunststoffwannen, Kunststoffablaufrohren, Metallablaufventilen und metallenen Wannen.

Wanddicke auf der Rückseite der Wände, die die Bereiche 1 und 2 begrenzen, zwischen Kabel oder Leitung und Wandoberfläche mindestens 6 cm.

- Leitungsart: NYM, H07V-U
- RCD: $I_{\Delta n} \leq 30$ mA (FI-Schutzschalter)

Bereich	Kabel und Leitung (bis 6 cm unter Putz)	Schalter und Steckdosen	Elektrische Betriebsmittel
0	nein	nein	nein [5]
1	nein [1]	nein [2) 3)]	nein [4) 5)]
2	nein [1]	nein [2) 3)]	nein [4) 5)]

Ausnahmen:

[1] Senkrechte Leitungsführung zu Verbrauchern und Leitungseinführung von der Verbraucher-Rückseite zur Versorgung der Betriebsmittel in diesem Raum.

[2] Schalter in Verbrauchern, Steckdosen nur außerhalb der Bereiche 0, 1 und 2 mit Schutz durch RCD: $I_{\Delta n} \leq 30$ mA.

[3] Laut Hersteller nur für Bereich 0 zugelassene Betriebsmittel, die fest angeschlossen sind, auch Geräte mit Schutzkleinspannung bis AC 12 V oder DC 30 V.

[4] Installationsgeräte (z. B. Schalter, Steckdosen) mit SELV- oder PELV-Stromkreisen bis AC 25 V oder DC 60 V und Rasiersteckdosen mit Trenntransformator.

[5] Alle Betriebsmittel mit Schutz gegen direktes Berühren.

Bereichsgrenzen in Raum mit Badewanne und Dusche	Bereichsgrenzen in Raum mit Dusche ohne Wanne	Bereichsgrenzen in Raum ohne Dusche mit Wanne

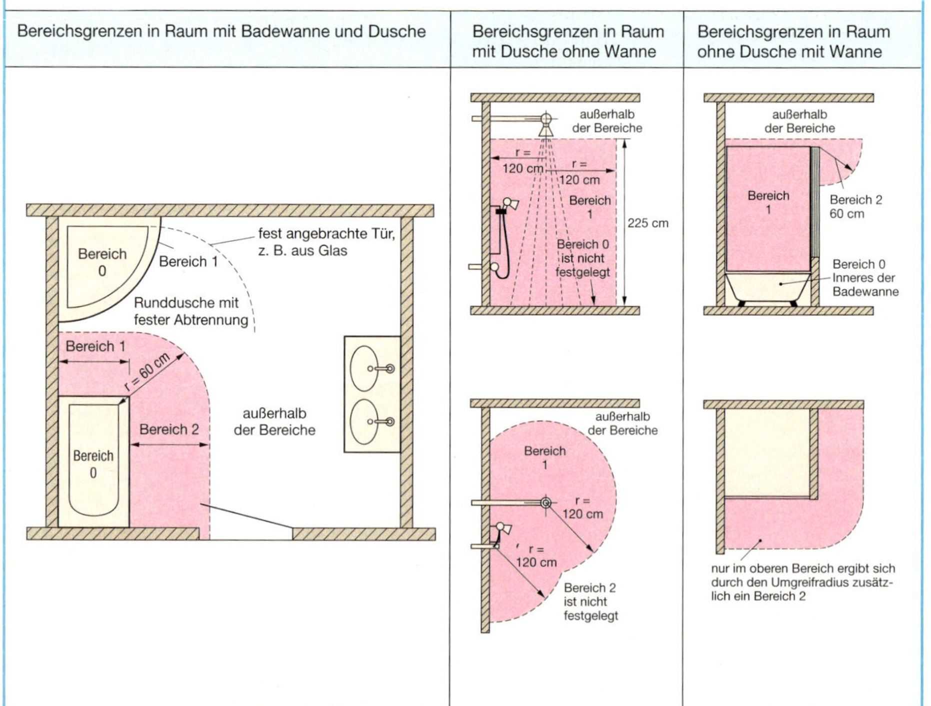

Elektrotechnik *electrical engineering*

Reparatur elektrischer Geräte

DIN VDE 0701-0702

- Reparaturen nur von Elektrofachkraft oder unter dessen Verantwortung durchführen lassen.
- Zur Sicherheit beitragende Teile müssen geeignet und unbeschädigt sein.
- Prüfungen in der genormten Reihenfolge durchführen mit Messgeräten nach DIN VDE 0404.
- Eingebaute Einzelteile, Bauelemente, Baugruppen und Software müssen für die Anforderungen geeignet sein.
- Bestandene Prüfung dokumentieren
- Nicht sichere Geräte kennzeichnen (Prüfprotokoll)

Prüfungen

1. Besichtigung

Kontrollieren, ob Geräteteile, die zur Sicherheit beitragen, ungeeignet oder beschädigt sind.
Untersucht werden müssen:

- Gehäuse, Schutzabdeckungen,
- Anschluss- und andere äußere Leitungen,
- Zustand der Isolierungen,
- Zugentlastung, Knickschutz u. ä.,
- Gerätesicherungshalter und Gerätesicherungen,
- Kühlöffnungen, Luftfilter, Überdruckventile,
- Befestigungen der Leiter und anderer Teile,
- Kennzeichnungen, die der Sicherheit dienen.

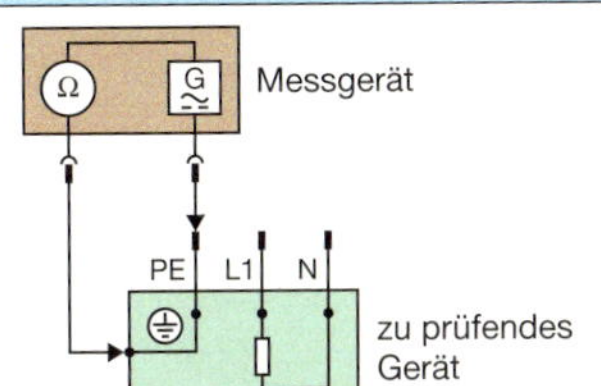

Abb. 1: Messung des Schutzleiterwiderstandes

2. Schutzleiterprüfung (Abb. 1)

- Kontrolle des Schutzleiters auf mechanische Schäden durch Sicht- und Handprobe,
- Messung des Schutzleiterwiderstandes.

$R \leq 0{,}3\ \Omega$, für $l \leq 5$ m
$+ 0{,}1\ \Omega$ je weitere 7,5 m
$R_{max} \leq 1\ \Omega$
DC 4 V $< U_0 <$ 24 V, $I > 0{,}2$ A

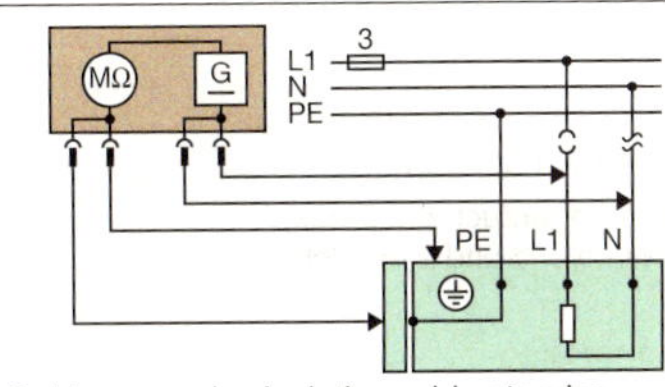

Abb. 2: Messung des Isolationswiderstandes

3. Isolationswiderstandsmessung (Abb. 2)

- Messung des Widerstandes zwischen aktiven und berührbaren leitfähigen Teilen.
- Schutzklasse I

Schutzklasse I	$P \leq 3{,}5$ kW	$R_{iso} > 1$ MΩ
	$P \geq 3{,}5$ kW	$R_{iso} > 0{,}3$ MΩ
	sonst Schutzleiterstrommessung	
Schutzklasse II	$R_{iso} > 2$ MΩ	
Schutzklasse III	$R_{iso} > 0{,}25$ MΩ	
	$U > 500$ V, $R_{Last} = 0{,}5$ MΩ	

- Gerät vom Netz trennen. Sonst Messung des Schutzleiter- bzw. Berührungsstromes.

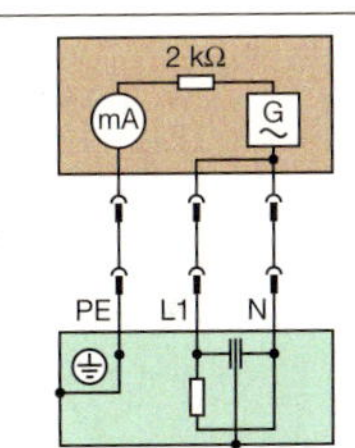

Abb. 3: Messen des Schutzleiterstromes

4.a Messung des Schutzleiterstromes (Abb. 3)

- Gerät an Netzspannung legen.
- Messung nach dem direkten oder Differenzstromverfahren. $I_{Schutzleiter} \leq 3{,}5$ mA

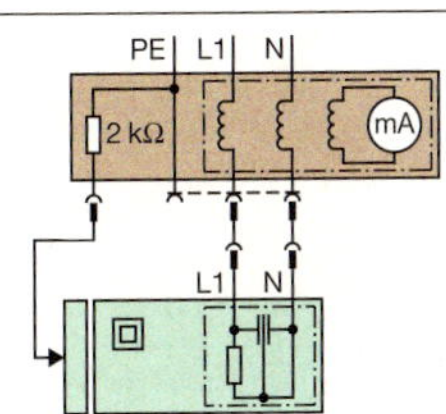

Abb. 4: Messen des Berührungsstromes

4.b Messung des Berührungsstromes (Abb. 4)

- Messung bei Geräten der Schutzklasse *I* nach Anlegen der Netzspannung an allen leitfähigen Teilen mit direkten oder indirekten Verfahren.
- Bei Netzspannung $I_b \leq 0{,}5$ mA

4.c Messung des Ersatzableiterstromes (Abb. 5)

- Alternatives Messverfahren zur Schutzleiterstrom- bzw. Berührungsstrommessung.
- Gerät vom Netz trennen.

Schutzklasse I	$P \leq 3{,}5$ kW	$I \leq 3{,}5$ mA
	$P > 3{,}5$ kW	$I = 1$ mA/kW
Schutzklasse II		$I \leq 0{,}5$ mA

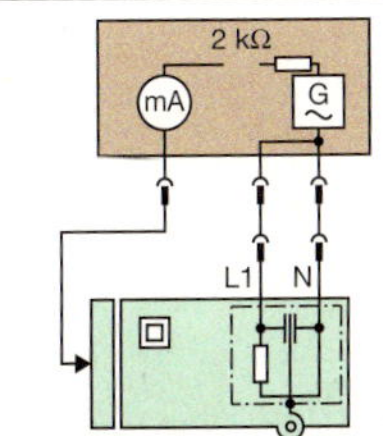

Abb. 5: Ersatzableiterstrommessung

5. Funktionsprüfung

Zum Schluss die Funktion des Gerätes prüfen.

6. Prüfen der Aufschriften

Vorhandensein der Aufschriften kontrollieren und gegebenenfalls ersetzen.

Technische Grundlagen

Elektrotechnik *electrical engineering*

Tab. 138.1: Prüfung von elektrischen Geräten (Übersicht) DIN VDE 0701-1

Geräteschutzklasse Kennzeichen	Schutzklasse I	Schutzklasse II	Schutzklasse III
Geräteschutz durch:	Schutzleiter	Schutzisolierung	Kleinspannung SELV
1. Besichtigung	Gehäuse, Schutzabdeckungen, usw.		
2. Schutzleiterprüfung	bis 5 m Anschlusslänge 0,3 Ω, zuzüglich 0,1 Ω je weitere 7,5 m bis zum Maximalwert 1,0 Ω	entfällt	
3. Isolationswiderstandsmessung – bei Heizgeräten[1] bis 3,5 kW – bei nicht an den PE angeschlossenen, berührbaren, leitfähigen Geräteteilen	> 1,0 MΩ > 0,3 MΩ > 2,0 MΩ	> 2 MΩ	> 0,25 MΩ
4. a) Messung des Schutzleiterstromes	≤ 3,5 mA ≤ 1 mA/kW	entfällt	
4. b) Messung des Berührungsstromes	≤ 0,5 mA bei Netzspannung	entfällt	
4. c) Messung des Ersatzableiterstromes	bis 3,5 kW: ≤ 3,5 mA ab 3,5 kW: ≤ 1 mA/kW	entfällt	

[1] Bei Heizgeräten mit einer Leistung über 3,5 kW: Messen des Schutzleiterstromes.

Prüfprotokoll, Prüfzeichen und Wiederholungsprüfungen

Geräteart / el. Anlage von:									
Typenbezeichnung:				Hersteller:					
Fabr. Nr.:		Baujahr:		Nennspannung: V			Leistung: W		
Besichtigung:	i.O. n.i.O.		i.O. n.i.O.				i.O. n.i.O.		
Isolierteile	☐ ☐	Gehäuse	☐ ☐		Anschlussleitung		☐ ☐		
Schutzleiter	☐ ☐	sonstige Teile	☐ ☐						
Messungen:									
elektrische Einrichtung (Gerät)	Schutzklasse	Schutzleiterwiderstand [Ω]	Isolationswiderstand [MΩ]	Ersatzableitstrom [mA]	Schutzleiterstrom [mA]	Spannung [V]	Stromaufnahme [A]	Messwerte i.O.	Messwerte n.i.O.
								☐	☐

- Verlängerungs- und Geräteanschlussleitungen mit zwei Steckvorrichtungen sind **halbjährlich** auf ordnungsgemäßen Zustand zu überprüfen.
- Fest installierte Anschlussleitungen mit Stecker sowie bewegliche Leitungen mit Stecker und Festanschluss sind in Fertigungs- und Werkstätten **jährlich** auf ordnungsgemäßen Zustand zu überprüfen.

Brandschutz *fire precautions*

Tab. 138.2: Baustoffklassen (Brandklassen → S. 261) DIN 4102

Baustoffe sind	nicht brennbar		brennbar		
Baustoffklasse	A1	A2	B1	B2	B3
Brandverhalten	hoch	ausreichend	schwer	normal	leicht
	brandwiderstandsfähig		entflammbar		
Beispiele:	Baustoffe ohne organische Anteile, z. B. Mauersteine, Beton, mineralischer Putz, reiner Gips, Glas, Stahl	Baustoffe mit geringem organischem Anteil, z. B. Gipsfaser- und Gipskartonplatten mit geschlossener Oberfläche	z. B. mineralisch gebundene Holzwolle – Leichtbau- und Holzspanplatten, Gipskartonplatten mit gelochter Oberfläche	z. B. Holz und Holzwerkstoffe mit $s > 2$ mm, Gipskarton-Verbundplatten, Mehrschicht-Leichtbauplatten mit Schaumstoff, Dachbahnen	z. B. Papier, Pappe, lose Holzfurniere, Kunststoffe, die nicht unter B2 eingeordnet sind

Brandschutz *fire precautions*

Tab. 139.1: Feuerwiderstandsklassen von Bauteilen DIN 4102: 1998-05

Bauteile	DIN 4102	Feuerwiderstandsdauer in min				
		≥ 30	≥ 60	≥ 90	≥ 120	≥ 180
Raumabschließende Bauteile z. B. Wände, Decken, Stützen	Teil 2	F 30	F 60	F 90	F 120	F 180
Brandwände	Teil 3	mind. F 90 + Stoßbeanspruchung				
Nicht tragende Außenwände		W 30	W 60	W 90	W 120	W 180
Feuerschutztüren, -tore, -klappen	Teil 5	T 30	T 60	T 90	T 120	T 180
Brandschutzverglasung: – strahlungsundurchlässig	Teil 13	F 30	F 60	F 90	F 120	
– strahlungsdurchlässig		G 30	G 60	G 90	G 120	
Rohre und Formstücke für Lüftungsleitungen	Teil 6	L 30	L 60	L 90	L 120	
Absperrvorrichtungen in Lüftungsleitungen		K 30	K 60	K 90		
Kabelabschottungen	Teil 9	S 30	S 60	S 90	S 120	S 180
Installationsschächte und -kanäle	Teil 11	I 30	I 60	I 90	I 120	
Rohrdurchführungen		R 30	R 60	R 90	R 120	
Funktionserhalt elektrischer Leitungen	Teil 12	E 30	E 60	E 90		

Feuerwiderstandsklassen können mit Baustoffklassen kombiniert werden.

z. B. F 30 A	z. B. F 60 AB	z. B. F 60 B
Feuerwiderstand 30 Minuten, Bauteil besteht aus nicht brennbaren Baustoffen.	Feuerwiderstand 60 Minuten, Bauteil besteht im Wesentlichen aus nicht brennbaren Baustoffen.	Feuerwiderstand 60 Minuten, Bauteil besteht im Wesentlichen aus brennbaren Baustoffen.

Tab. 139.2: Zuordnung der Forderungen der Bauordnungen zu den Feuerwiderstandsklassen nach DIN 4102[1)]

bauaufsichtliche Forderung	entsprechende Feuerwiderstandsklassen[2)]
feuerhemmend	F 30 B; F 30 AB; F 30 A
feuerhemmend, tragende Teile aus nichtbrennbaren Stoffen	F 30 AB; F 30 A
feuerhemmend, vollständig aus nichtbrennbaren Stoffen	F 30 A
feuerbeständig, tragende Teile aus nichtbrennbaren Stoffen	F 90 AB
feuerbeständig, vollständig aus nichtbrennbaren Stoffen	F 90 A

1) Hier nach Landesbauordnung Nordrhein-Westfahlen, kann in anderen Bundesländern abweichen
2) Abkürzungen entsprechend der Bauteile verwenden (→ Tab. 139.1)

Tab. 139.3: Feuerlöscheinrichtungen (Feuerlöschtechnik → S. 261, 262)

Arten und Füllmengen	Löscherbauart	Brandklassen DIN EN 2: 2003-04			
		A	B	C	D
		Eignung für zu löschende Stoffe			
		feste glutbildende Stoffe	flüssige Stoffe	gasförmige Stoffe auch unter Druck	brennbare Metalle
Pulverlöscher mit ABC-Löschpulver (6 kg und 12 kg)	PG 6, G 12	JA	JA	JA	NEIN
Pulverlöscher mit BC-Löschpulver (6 kg und 12 kg)	P 6, P 12	NEIN	JA	JA	NEIN
Pulverlöscher mit Metallbrand-Löschpulver (12 kg)	PM 12	NEIN	NEIN	NEIN	JA
Kohlensäureschnee- und -nebellöscher (6 kg)	K 6	NEIN	JA	NEIN	NEIN
Kohlensäuregaslöscher (6 kg)	K 6	NEIN	NEIN	JA	NEIN
Wasserlöscher (10 l)	W 10	JA	NEIN	NEIN	NEIN

Schallschutz *sound protection*

Tab. 139.4: Schallpegel bekannter Geräusche

Geräusch	Schallpegel L_p in dB(A)	Entfernung/ Bemerkung	Geräusch	Schallpegel L_p in dB(A)	Entfernung/ Bemerkung
Verständliches Flüstern	15 … 30	1 m	Lautes Rufen oder Schreien	70 … 90	1)
Leises Sprechen	30 … 50	1 m	Kindergeschrei	80	
Normales Sprechen	50 … 65	1 m	Sehr starker Straßenverkehr	80 … 95	1)
Lautes Sprechen bzw. Musik	60 … 70	1 m	Presslufthammer	90 … 100	10 m/1)
Lautes Büro, Kaufhaus	60 … 65		Laute Diskothek	100 … 110	1)
Starker Straßenverkehr	70 … 80		startendes Düsenflugzeug	100 … 120	100 m/1)

1) Wird das menschliche Ohr ungeschützt einem Schallpegel von mehr als 85 dB(A) ausgesetzt, kann dies zu dauerhaften, irreparablen Hörschäden führen!

Schallschutz *sound protection*

Tab. 140.1: Zulässige Schalldruckpegel in dB(A) in schutzbedürftigen Räumen DIN 4109/A1: 2001-01

Geräuschquelle	Wohn- und Schlafräume	Unterrichts- und Arbeitsräume	Geräuschquelle	Wohn- und Schlafräume	Unterrichts- und Arbeitsräume
Wasser- und Abwasserinstallation	≤ 30 [a), b)]	≤ 35 [a)]	Betriebe tagsüber (6 … 22 Uhr)	≤ 35	≤ 35 [c)]
Andere haustechnische Anlagen	≤ 30 [c)]	≤ 35 [c)]	Betriebe nachts (22 … 6 Uhr)	≤ 25	≤ 35 [c)]

[a)] Einzelne kurzzeitige Spitzen, die beim Betätigen der Armaturen und Geräte entstehen, sind nicht zu berücksichtigen.
[b)] Ausführungsunterlagen müssen die Anforderungen des Schallschutzes berücksichtigen, d. h. u. a. zu Bauteilen müssen erforderliche Schallschutznachweise vorliegen. Verantwortliche Bauleitung ist zu benennen und hinzuzuziehen.
[c)] Bei lüftungstechnischen Anlagen sind um 5 dB(A) höhere Werte zulässig, sofern Dauergeräusch ohne auffällige Einzeltöne.

Tab. 140.2: Zulässige Schallpegel in der Nachbarschaft von Wohngebäuden TA-Lärm: 1998-08

Immissions-Richtwerte **Außen** (Lärm wirkt von außen auf Wohngebäude)

Art des Gebietes	Zulässiger Schallpegel $L_{p\,zul}$ in dB(A) tagsüber	nachts	Art des Gebietes	Zulässiger Schallpegel $L_{p\,zul}$ in dB(A) tagsüber	nachts
Industriegebiet, nur gewerbliche Anlagen	≤ 70	≤ 70	Allgemeines Wohngebiet, überwiegend Wohnungen	≤ 55	≤ 40
Gewerbegebiet, überwiegend gewerbliche Anlagen	≤ 65	≤ 50	Reines Wohngebiet, nur Wohnungen	≤ 50	≤ 35
Mischgebiet	≤ 60	≤ 45	Kurgebiet, Krankenhäuser, Pflegeanstalten	≤ 45	≤ 35

Zulässige kurzzeitige Spitzenwerte tagsüber ≤ + 30 dB(A), nachts ≤ + 20 dB(A)

Zulässiger Verkehrslärm vor Gebäuden (Bei Überschreitung besteht Anspruch auf Lärmschutzmaßnahmen) 16. BImSchG: 1990-06

Art des Gebietes	tagsüber	nachts	Art des Gebietes	tagsüber	nachts
Krankenhäuser, Schulen, Kur- und Altenheime	≤ 57	≤ 47	Kerngebiete, Dorfgebiete, Mischgebiete	≤ 64	≤ 54
Reine u. allg. Wohngebiete, Kleinsiedlungsgebiete	≤ 59	≤ 49	Gewerbegebiete	≤ 69	≤ 59

Umweltschutz *environmental protection*

Gefahrstoffverordnung-Kennzeichnungsschilder für gefährliche Stoffe GefStoffV: 1999

Lfd. Nr.	Erklärung
1	Gefahrensymbol
2	Gefahrenbezeichnung
3	Stoffbezeichnung
4	Gefahrenhinweise (R-Sätze)
5	Sicherheitsratschläge (S-Sätze)
6	Name und Anschrift des Herstellers/Lieferanten

Die Kennzeichnungsschilder müssen haltbar (z. B. lösemittel- und säurefest), deutlich und von bestimmter Größe sein.

	Rauminhalt des Gebindes 0,25 … 3 l	3 … 50 l
Mindestgröße Kennzeichnungsschild	52 mm x 74 mm	74 mm x 105 mm
Mindestgröße Gefahrensymbol	20 mm x 20 mm	28 mm x 28 mm

Tab. 140.4: Beseitigungsratschläge nach Gefahrstoffverordnung (E-Sätze, E-Entsorgung)

Satz-Nr.	Bedeutung	Satz-Nr.	Bedeutung
E1	verdünnen, in den Ausguss geben	E10	in gekennzeichneten Glasbehältern „Organische Abfälle" sammeln, dann E8
E2	neutralisieren, in den Ausguss geben		
E3	in den Hausmüll geben, ggf. in Kunststoffbeutel	E11	als Hydroxid fällen (pH 8), Niederschlag nach E8
E4	als Sulfid fällen	E13	aus der Lösung mit unedlerem Metall (z. B. Eisen) als Metall abscheiden
E5	mit Calcium-Ionen fällen, dann E1 oder E2		
E6	nicht in den Hausmüll geben	E14	Recycling-geeignet (Recyclingunternehmen zuführen)
E7	nicht in den Müll geben, der in einer Verbrennungsanlage verbrannt wird, nach E8 verfahren	E15	Mit Wasser vorsichtig umsetzen, evtl. freiwerdende Gase verbrennen oder absorbieren oder stark verdünnt ableiten
E8	der Sondermüllbeseitigung zuführen		
E9	in kleinsten Portionen im Freien verbrennen	E16	entsprechend den „Beseitigungsratschlägen für besondere Stoffe" beseitigen

Umweltschutz *environmental protection*

Tab. 141.1: Sicherheitsratschläge nach Gefahrstoffverordnung (S-Sätze, S-Sicherheit), Auswahl

Satz-Nr.	Bedeutung
S1	Unter Verschluss aufbewahren
S2	Darf nicht in die Hände von Kindern gelangen
S3	Kühl aufbewahren
S9	Behälter an einem gut gelüfteten Ort aufbewahren
S12	Behälter gasdicht verschließen
S14	Von … fernhalten (inkompatible Substanzen sind vom Hersteller anzugeben)
S15	Vor Hitze schützen
S16	Von Zündquellen fernhalten – Nicht rauchen
S17	Von brennbaren Stoffen fernhalten
S18	Behälter mit Vorsicht öffnen und handhaben
S20	Bei der Arbeit nicht essen und trinken
S21	Bei der Arbeit nicht rauchen
S22	Staub nicht einatmen
S23	Gas / Rauch / Dampf / Aerosol nicht einatmen (geeignete Bezeichnung[en] vom Hersteller anzugeben)
S24	Berührung mit der Haut vermeiden
S25	Berührung mit den Augen vermeiden
S26	Bei Berührung mit den Augen gründlich mit Wasser abspülen und Arzt konsultieren
S27	Beschmutzte, getränkte Kleidung sofort ausziehen
S28	Bei Berührung mit der Haut sofort abwaschen mit viel … (vom Hersteller anzugeben)
S29	Nicht in die Kanalisation gelangen lassen
S30	Niemals Wasser hinzugießen
S33	Maßnahmen gegen elektrostatische Aufladungen treffen
S35	Abfälle und Behälter müssen in gesicherter Weise beseitigt werden
S37	Geeignete Schutzhandschuhe tragen
S38	Bei unzureichender Belüftung Atemschutzgerät anlegen
S39	Schutzbrille/Gesichtsschutz tragen
S43	Zum Löschen … (vom Hersteller anzugeben) verwenden. (Wenn Wasser die Gefahr erhöht anfügen: „Kein Wasser verwenden“)
S44	Bei Unwohlsein ärztlichen Rat einholen (wenn möglich, dieses Etikett vorzeigen)
S45	Bei Unfall oder Unwohlsein sofort Arzt zuziehen (wenn möglich, dieses Etikett vorzeigen)
S46	Bei Verschlucken sofort ärztlichen Rat einholen und Verpackung oder Etikett vorzeigen
S47	Nicht bei Temperaturen über … °C aufbewahren (vom Hersteller anzugeben)
S51	Nur in gut gelüfteten Bereichen verwenden
S53	Exposition vermeiden – vor Gebrauch besondere Anweisungen einholen
S56	Diesen Stoff und seinen Behälter der Problemabfallentsorgung zuführen

Tab. 141.2: Hinweise auf besondere Gefahren nach Gefahrstoffverordnung (R-Sätze, R-Risiko), Auswahl

Satz-Nr.	Bedeutung
R2	Durch Schlag, Reibung, Feuer oder andere Zündquellen explosionsgefährlich
R3	Durch Schlag, Reibung, Feuer oder andere Zündquellen besonders explosionsgefährlich
R5	Beim Erwärmen explosionsfähig
R6	Mit und ohne Luft explosionsfähig
R8	Feuergefahr bei Berührung mit brennbaren Stoffen
R9	Explosionsgefahr bei Mischung mit brennbaren Stoffen
R10	Entzündlich
R11	Leichtentzündlich
R12	Hochentzündlich
R13	Hochentzündliches Flüssiggas
R14	Reagiert heftig mit Wasser
R15	Reagiert mit Wasser unter Bildung hochentzündlicher Gase
R16	Explosionsgefährlich in Mischung mit brandfördernden Stoffen
R17	Selbstentzündlich an der Luft
R20	Gesundheitsschädlich beim Einatmen
R21	Gesundheitsschädlich bei Berührung mit der Haut
R22	Gesundheitsschädlich beim Verschlucken
R23	Giftig beim Einatmen
R24	Giftig bei Berührung mit der Haut
R25	Giftig beim Verschlucken
R26	Sehr giftig beim Einatmen
R27	Sehr giftig bei Berührung mit der Haut
R28	Sehr giftig beim Verschlucken
R29	Entwickelt bei Berührung mit Wasser giftige Gase
R31	Entwickelt bei Berührung mit Säure giftige Gase
R32	Entwickelt bei Berührung mit Säure sehr giftige Gase
R33	Gefahr kumulativer Wirkungen
R34	Verursacht Verätzungen
R35	Verursacht schwere Verätzungen
R36	Reizt die Augen
R37	Reizt die Atmungsorgane
R38	Reizt die Haut
R39	Ernste Gefahr irreversiblen Schadens
R40	Irreversibler Schaden möglich
R41	Gefahr ernster Augenschäden
R42	Sensibilisierung durch Einatmen möglich
R43	Sensibilisierung durch Hautkontakt möglich
R44	Explosionsgefahr bei Erhitzung unter Einschluss
R45	Kann Krebs erzeugen
R46	Kann vererbbare Schäden verursachen
R47	Kann Missbildungen verursachen
R48	Gefahr ernster Gesundheitsschäden bei längerer Exposition

Steuerungs- und Regelungstechnik *control systems*

Tab. 142.1: Grundbegriffe der Steuerungs- und Regelungstechnik DIN 19226-4: 1994-02

Begriff	Formelzeichen	Bedeutung
Regler		Funktionseinheit, wird aus Vergleichsglied und Regelglied gebildet
Vergleichsglied		Funktionseinheit, bildet die Regeldifferenz aus Führungs- und Rückführgröße
Regelglied		Funktionseinheit, führt im Regelkreis die Regelgröße der Führungsgröße so schnell und genau wie möglich nach, auch wenn Störgrößen auftreten
Steuer-/ Regeleinrichtung		Teil des Wirkungsweges, der die aufgabengemäße Beeinflussung der Strecke bewirkt
Eingangsgröße	u	Größe, die auf ein System einwirkt, ohne selbst von ihm beeinflusst zu werden
Ausgangsgröße	v	Größe eines Systems, die nur von ihm und seinen Eingangsgrößen beeinflusst wird
Führungsgröße	w	Größe die, von außen zugeführt, von der Steuerung oder Regelung nicht beeinflusst werden kann und der die Ausgangsgröße in vorgegebener Abhängigkeit folgen soll
Reglerausgangs-größe	y_R	Eingangsgröße der Stelleinrichtung
Stellgröße	y	Ausgangsgröße der Steuer- bzw. Regeleinrichtung = Eingangsgröße der Strecke
Steller		Funktionseinheit, bildet aus der Reglerausgangsgröße die erforderliche Stellgröße
Stellglied		Funktionseinheit, Teil und Anfang der Regelstrecke, greift in den Energie- oder Stofffluss ein
Stelleinrichtung		Funktionseinheit, besteht aus Steller und Stellglied
Stellort		Angriffspunkt der Stellgröße
Strecke		Teil des Systems, der aufgabengemäß zu beeinflussen ist
Störgröße	z	von außen wirkende Größe, welche die Ausgangs- oder Regelgröße unerwünscht beeinflusst
Regelgröße	x	Größe der Regelstrecke, die zum Zwecke des Regelns erfasst und über die Messeinrichtung der Regeleinrichtung zugeführt wird. Sie ist die Ausgangsgröße der Regelstrecke und die Eingangsgröße der Messeinrichtung.
Regelbereich	X_h	Bereich, innerhalb dessen die Regelgröße eingestellt werden kann, ohne die festgelegte größte Sollwertabweichung zu überschreiten
Messeinrichtung		Gesamtheit aller Funktionseinheiten, die Messgrößen aufnehmen, weitergeben, anpassen und ausgeben
Rückführ-größe	r	Größe, die aus der Messung der Regelgröße hervorgeht und zum Vergleichsglied zurückgeführt wird
Regeldifferenz	e	Differenz zwischen Führungs- und Rückführgröße: $e = w - r$

Steuern, Steuerung

DIN 19226-4: 1994-02

- Eine oder mehrere Eingangsgrößen beeinflussen aufgrund einer systemeigenen Gesetzmäßigkeit eine Ausgangsgröße, wobei keine Rückwirkung vorliegt.
- Es besteht ein **offener** Wirkungsweg (Steuerkette).
- Die Steuerkette ist eine Anordnung von Systemen, die in Reihenstruktur aufeinander wirken.

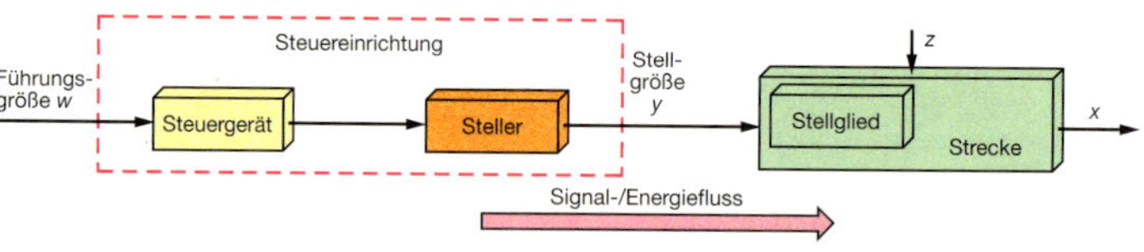

Regeln, Regelung

DIN 19226-4: 1994-02

- Die Regelgröße wird fortlaufend erfasst und mit der Führungsgröße verglichen.
- Bei einer Regeldifferenz erfolgt eine Angleichung der Rückführgröße an die Führungsgröße.
- Es besteht ein **geschlossener** Wirkungsablauf (Regelkreis).

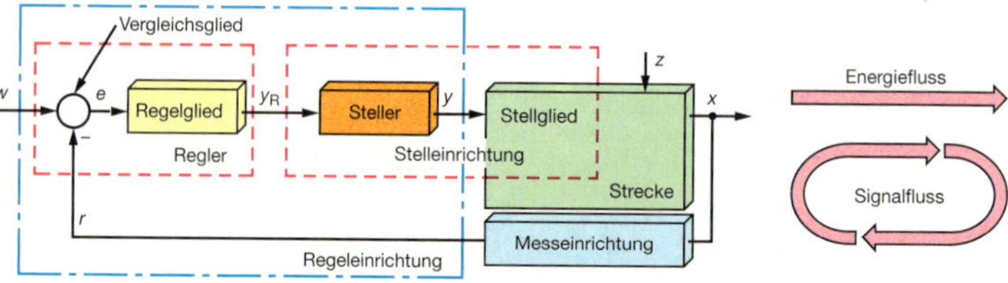

Tab. 143.1: Verhalten stetiger Regler DIN 19 226-2: 1994-02

Reglertyp	Eingangssprung/ Sprungantwort	Blockdarstellung	Bemerkungen
P-Regler (Proportionalregler)	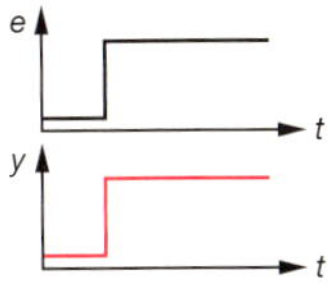 e, t, y, t	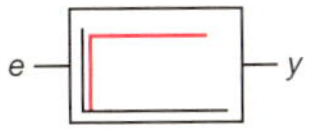 e, y	Die Stellgröße *y* ist der Regeldifferenz *e* direkt proportional. Bei vorhandener Störgröße kann der Regler die Regelgröße nicht vollständig dem Sollwert anpassen (bleibende Regel- bzw. Sollwertabweichung).
I-Regler (Integralregler)	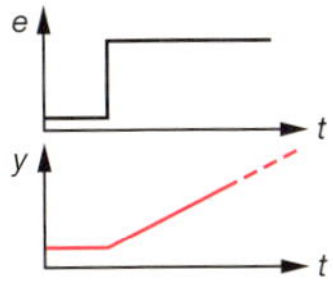 e, t, y, t	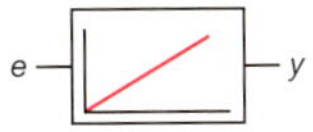 e, y	Die Geschwindigkeitsänderung der Stellgröße *y* ist der Regeldifferenz *e* direkt proportional. Je größer die Regeldifferenz *e*, desto schneller verändert sich die Stellgröße. Keine bleibende Regel- bzw. Sollwertabweichung, jedoch langsame Anpassung des Istwertes an den Sollwert.
D-Regler (Differentialregler)	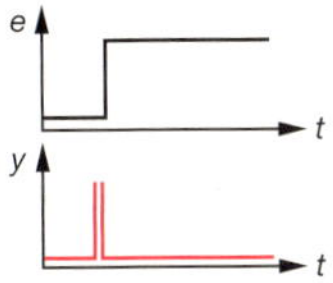 e, t, y, t	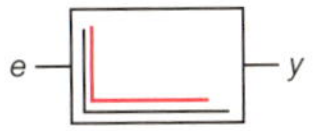 e, y	Die Stellgröße y ist abhängig von der Änderungsgeschwindigkeit der Regeldifferenz *e*. Bei gleich bleibender Regeldifferenz *e* ist die Stellgröße *y* = 0. Bei großen Änderungsgeschwindigkeiten der Regeldifferenz *e* neigt der Regler zum Überschwingen. Reine D-Regler kommen in der Praxis nicht vor.
PI-Regler (Proportional-Integralregler)	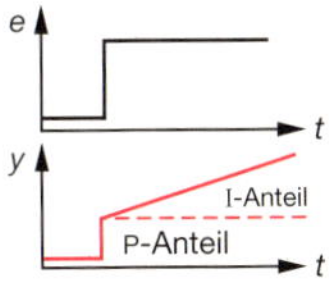 e, t, y, I-Anteil, P-Anteil, t	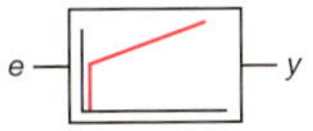 e, y	Beim PI-Regler hat eine Änderung der Regeldifferenz *e* eine proportionale Änderung der Stellgröße *y* zur Folge (P-Anteil). Danach wird die Stellgröße *y* mit einer der Regeldifferenz *e* entsprechenden Verstellgeschwindigkeit angepasst (I-Anteil) und damit eine bleibende Regel- bzw. Sollwertabweichung verhindert.
PD-Regler	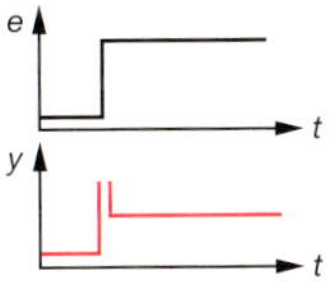 e, t, y, t	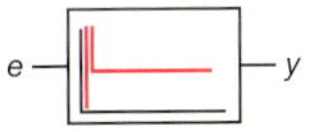 e, y	Der PD-Regler reagiert sofort bei Änderung einer Regeldifferenz *e* (D-Anteil). Wenn die Regeldifferenz sich nicht mehr ändert, reagiert der Regler auf die neue Regeldifferenz, indem die Stellgröße *y* proportional eingestellt wird (P-Anteil). Es kommt zu einer bleibenden Regelabweichung. Der PD-Regler greift sehr schnell in einen Regelungsvorgang ein.
PID-Regler (Proportional-Integral-Differential-Regler)	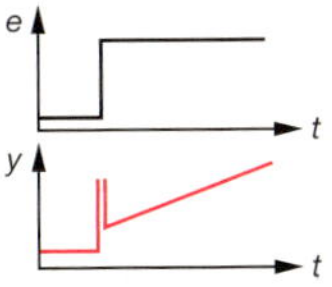 e, t, y, t	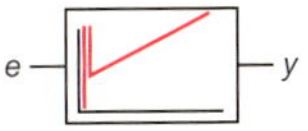 e, y	Der PID-Regler sorgt aufgrund des PD-Anteils für eine schnelle Reaktion des Reglers. Der I-Anteil verhindert eine bleibende Regel- bzw. Sollwertabweichung.

Tab. 143.2: Verhalten unstetiger Regler DIN 19 226-2: 1994-02

Zweipunkt-Regler	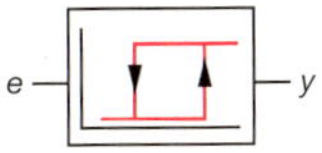 e, y	Bei einem Zweipunkt-Regler kann die Stellgröße *y* nur zwei Zustände annehmen, entweder EIN oder AUS. Zwischenzustände gibt es nicht. Bei Temperaturregelungen führt dies zu Temperaturschwankungen um den Sollwert.
Dreipunkt-Regler	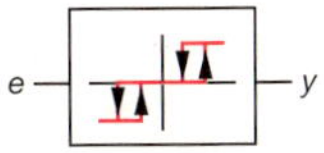 e, y	Bei einem Dreipunkt-Regler kann die Stellgröße *y* drei Zustände annehmen, NULL, STUFE 1 und STUFE 2.

Speicherprogrammierbare Steuerung SPS *stored program control*

- Speicherprogrammierbare Steuerungen sind elektrische Steuerungen, die binäre Signale verarbeiten.
- Über die Ausgangssignale werden Abläufe gesteuert (Ablaufsteuerungen) oder es werden Prozesse überwacht (Verknüpfungssteuerungen).

Systematik einer SPS

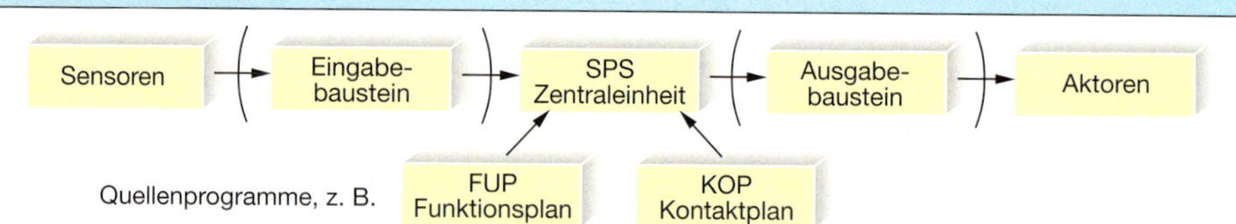

Technische Grundlagen

Kontaktplanprogrammierung

Symbole	Bedeutung
Eingänge	
—] [—	Betätigter Schließer oder unbetätigter Öffner; Eingang, der das Eingangssignal nicht umkehrt
—]/[—	Betätigter Öffner oder unbetätigter Schließer; Eingang, der das Eingangssignal umkehrt
Ausgänge	
—( )—	Kontaktsymbol, allgemein
—(/)—	negierter Ausgang
—(S)—	Ausgang setzen (Starten)
—(R)—	Ausgang rücksetzen

Darstellung des Stromweges

E1 A1: |—] [——( )—|

Beispiel: Setzen bzw. Löschen eines Ausgangs durch einen Schließer

- Eingänge werden mit dem Buchstaben E, Ausgänge mit dem Buchstaben A bezeichnet.
- Die angehängte Ordnungszahl bestimmt den Eingang bzw. den Ausgang.
- Ausgänge stehen an der rechten Seite des Kontaktplans und beenden den Signalweg.

Verknüpfungen

Symbole	Bedeutung
E0.0 E0.1 A1.0: |—] [——] [——( )—|	UND (Reihenschaltung)
E0.0 parallel E0.1, A1.0: |—] [—┬——( )—|	ODER (Parallelschaltung)

Ablaufsteuerung

- Der Steuerungsablauf erfolgt in einer zwangsgebundenen Schrittkette (Ablaufkette).
- Die Schrittfunktionen werden in einer vorgegebenen Reihenfolge hintereinander „abgearbeitet".

Grundfunktionen der Signalverarbeitung

Operation	Funktionsplan (FUP)	Kontaktplan (KOP)
UND	E0.1, E0.2 → [&] → A1.0	E0.1 E0.2 A1.0: |—] [——] [——( )—|
ODER	E0.1, E0.2 → [≥ 1] → A1.0	E0.1 parallel E0.2, A1.0: |—] [—┬——( )—|
NICHT	E0.1 —o [1] → A1.0	E0.1 A1.0: |—]/[------( )—|
Setzen	[S] → A2.0	A2.0: --——(S)—|
Rücksetzen	[R] → A2.0	A2.0: --——(R)—|
Selbsthaltung	E0.1 → [≥ 1]; [≥ 1], E0.2 → [&] → A1.0 (rückgeführt)	E0.1 parallel A1.0, E0.2, A1.0: |—] [—┬—]/[——( )—|
Schaltverzögerung	* Verzögerungszeit: Angabe erfolgt steuerungsspezifisch T1*: E0.1 → [0 — t] → A1.0	E0.1 T1: |—] [————( )—| T1 A1.0: |—] [————( )—|
Wechselschaltung	E0.1, E0.2 → [&], [&] (negierte Eingänge) → [≥ 1] → A1.0	E0.1 E0.2 A1.0: |—] [——]/[—┬—( )—| E0.1 E0.2: |—]/[——] [—┘
Setzen von Merkern (Hilfsrelais)	E0.1, E0.2 —o → [&] → M2	E0.1 E0.2 M2: |—] [——]/[——( )—|

Rohrleitungs- und Verbindungstechnik *pipe system components and connectors*

Rohrarten-Übersicht *pipe overview*

Stahlrohre

- Gewinderohre 1): DIN EN 10 255 (DIN 2440/41) DIN 2442
- Nahtlose Stahlrohre: DIN EN 10 220 (DIN 2448) DIN EN 10 216
- Geschweißte Stahlrohre: DIN EN 10 220 (DIN 2458) DIN EN 10 217
- Präzisionsstahlrohre: DIN EN 10 305-1, DIN EN 10 305-2, DIN EN 10 305-3
- Stahlrohre für Gasleitungen: DIN 2470-1, DIN EN 10 208
- Nichtrostende Stahlrohre: DIN EN ISO 1127, DIN EN 10 312

Kupferrohre
DIN EN 1057

Kunststoffrohre

- Rohre aus PVC-U2) Reihe 4 und 5 – DIN EN 1452 (DIN 8061/62); Rohre aus PE-80/1002) Reihe 5 – DIN 8074/75 (DIN EN 12 201) → für Trinkwasserversorgung – erdverlegt
- Rohre aus PE-80 Reihe 4 und 5 – DIN EN 1555; Rohre aus PVC-U – DIN EN 1452 → für Gasversorgung – erdverlegt
- Rohre aus PVC-U2) – DIN EN 1452 (DIN 8061/62); Rohre aus PVC-C – EN ISO 15 877 (DIN 8079/80); Rohre aus PE-X – EN ISO 15 875 (DIN 16 893); Rohre aus PB – EN ISO 15 876 (DIN 16 969); Rohre aus PP – EN ISO 15 874 (DIN 8077); Metallverbundrohre – Herstellerangaben → für Trinkwasser – Hausinstallation
- Rohre aus PB Reihe 3 und 5 – EN ISO 15 876 (DIN 16 969); Rohre aus PE-X – EN ISO 15 875 (DIN 16 893); Rohre aus PE-MDX – DIN 16 895/94; Rohre aus PP – EN ISO 15 874 (DIN 8077); Metallverbundrohre – Herstellerangaben → für Fußboden-Heizungen

Rohre für **Abwasserleitungen** (→ Kap. 6)

1) In nahtloser und geschweißter Herstellung lieferbar 2) Nur für Kaltwasser zugelassen

Nennweiten von Rohrleitungen

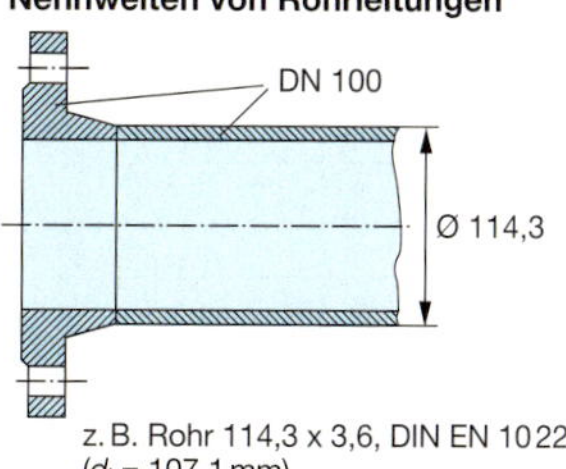

z. B. Rohr 114,3 x 3,6, DIN EN 10 220 (d_i = 107,1 mm) Vorschweißflansch mit Rohr

Die Nennweite von Rohren, Rohrverbindungen, Armaturen und Formstücken ist eine Kenngröße des Teiles mit den Kennbuchstaben **DN** und dem nachgestellten Zahlenwert. Die Nennweite wird ohne Einheit geschrieben und gibt annähernd den Innendurchmesser, z. B. von Rohrleitungen, in mm an.

Tab. 125.1: DN (Nennweiten)-Stufen DIN EN ISO 6708: 1995-09

6[1]	12[1]	20	40	65	100	200	350	500	800	1100	1500	2000[2]
8[1]	15	25	50	70[3]	125	250	400	600	900	1200	1600	...
10	16[1]	32	60	80	150	300	450	700	1000	1400	1800	4000

1) Für kleinere Abstufung bei Rohrverschraubungen und Fittings
2) Bis DN 4000 in Stufensprüngen von 200 3) Für drucklose Abflussrohre

Erforderlicher Innendurchmesser

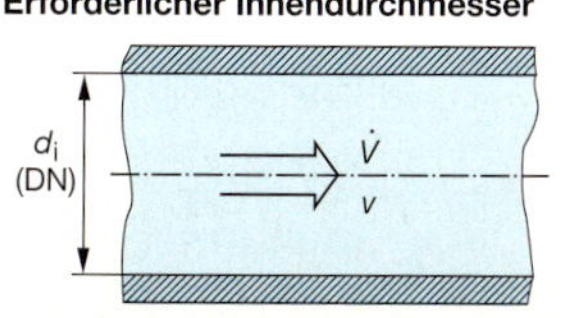

$$d_i = 1000 \sqrt{\frac{4 \cdot \dot{V}}{v \cdot \pi \cdot 3600}}$$

d_i	: erforderlicher Innendurchmesser	in mm
$\dot{V}$	: Volumenstrom	in m³/h
v	: Strömungsgeschwindigkeit	in m/s
1000	: Umrechnungszahl	in mm/m
3600	: Umrechnungszahl	in s/h

Rohrleitungsteile *components of pipe work*

Begriffe und Symbole

Druckgerät

Bauteile des Druckgerätes

Druckraum

Konstrukt.-Druck (p_d)

Druck, der nicht überschritten werden darf 1)

Druck

Drucküberschreitung

Zulässiger Druck (p_s)

Arbeitsdruck (p_0)

1) Normal $p_s = p_d$, Ausnahme beim Zusammenbau von mehreren Druckgeräten mit verschiedenen p_d-Werten

Tab. 146.1: Druck-, Temperatur- und Volumenangaben DIN EN 764: 2004-09

Formelzeichen	Begriff/Bedeutung Angaben p in bar, ϑ in °C und V in dm³ (m³)
p_0	**Arbeitsdruck:** Der Mediendruck, der bei spezifizierten Betriebsbedingungen entsteht.
ϑ_0 (t_0)	**Arbeitstemperatur:** Die Medientemperatur, die bei den spezifizierten Betriebstemperaturen entsteht.
p_t	**Prüfdruck:** Der Druck, dem das Druckgerät zu Prüfzwecken ausgesetzt wird.
ϑ_t (t_t)	**Prüftemperatur:** Die Temperatur, bei der die Druckprüfung am Druckgerät durchgeführt wird.
V	**Volumen:** Das innere Volumen eines Druckraumes, einschließlich der Volumina vom Stutzen bis zur ersten Verbindung (Flansch, Verschraubung, Anschluss-Schweißnaht).
p_s	**Zulässiger Druck:** Ein Grenzwert für den Arbeitsdruck, am höchsten Punkt des Druckraumes, festgelegt aus Sicherheitsgründen.
ϑ_s (t_s)	**Zulässige Temperatur:** Ein Grenzwert für die Arbeitstemperatur, festgelegt aus Sicherheitsgründen.
p_d	**Auslegungsdruck:** Der Druck, am höchsten Punkt jedes Druckraumes, der für die Ermittlung des Berechnungsdruckes gewählt wird.
ϑ_d (t_d)	**Auslegungstemperatur:** Die Temperatur, die für die Ermittlung der Berechnungstemperatur gewählt wird.
p_c	**Berechnungsdruck:** Der Differenzdruck, der zum Zweck der Berechnung eines Bauteils verwendet wird.
ϑ_c	**Berechnungstemperatur:** Die Temperatur, die zum Zweck der Berechnung eines Bauteils verwendet wird.

Die Mediendrücke, ausgenommen p_c, sind Überdrücke gegenüber der Atmosphäre.

Auswahl der PN-Stufen

Tab. 146.2: PN-Stufen DIN EN 1333: 2006-06

PN	2,5	6	10	16	25	40	63	100

Nach DIN EN 1333 ist „**PN**" eine alphanumerische Kenngröße für Zuordnungszwecke. Sie bezieht sich auf eine Kombination von mechanischen und maßlichen Eigenschaften eines Bauteils einzelner Rohrleitungsteile. Hinter den Buchstaben PN folgt eine dimensionslose Zahl, die bei Berechnungen nicht verwendet werden sollte.
ACHTUNG: Der Begriff „**Nenndruck**" wurde zugunsten von „**PN**" aus der Definition herausgenommen. Der zulässige Druck eines Rohrleitungsteiles hängt von der PN-Stufe, dem Werkstoff und der Auslegung des Bauteils, der zulässigen Temperatur usw. ab und ist in den Tabellen in den entsprechenden Normen zu finden.

Bestellung von Rohren

z. B. 500 m nahtloses Stahlrohr nach DIN EN 10 208-1 mit Prüfbescheinigung

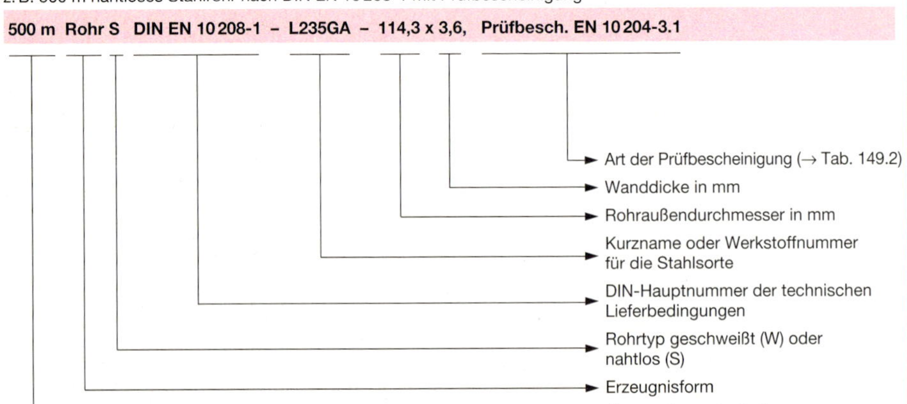

Rohrleitungsteile *components of pipe work*

Planung von Rohrleitungsanlagen

Rohrlängen nach der z-Maß-Methode

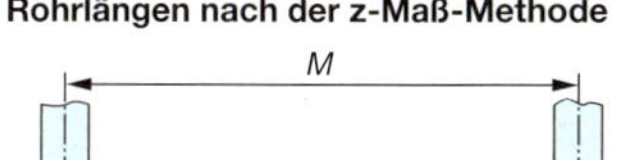

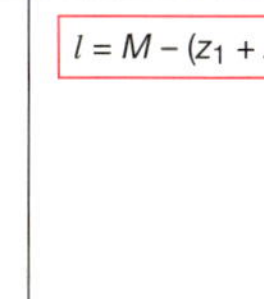

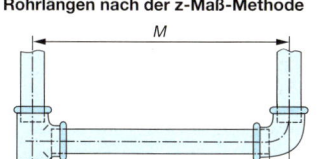

$$l = M - (z_1 + z_2)$$

l	: Rohrlänge	in mm
M	: Maß von Mitte bis Mitte	in mm
z_1; z_2	: Konstruktionsmaße aus Fittingtabellen	in mm

(→ Stahlrohrfittings S. 151 … 156)
(→ Kupferfittings S. 162 … 166)
(→ Kunststofffittings S. 172 … 179)

Rohrpläne mit Stückliste für ein Umschalt-T-Stück (Beispiel)

Rohrleitungsplan

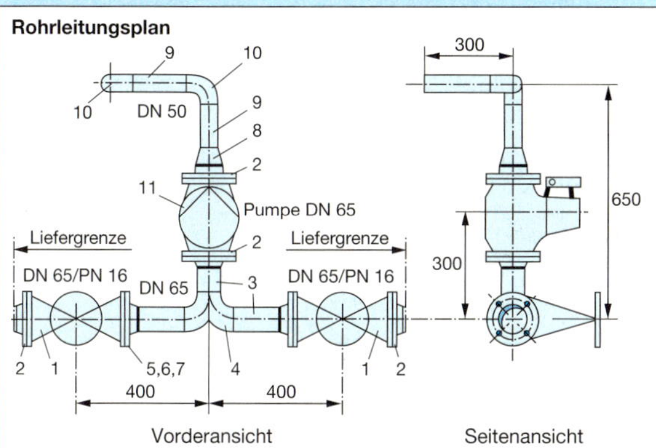

Rohrleitungs-Isometrie

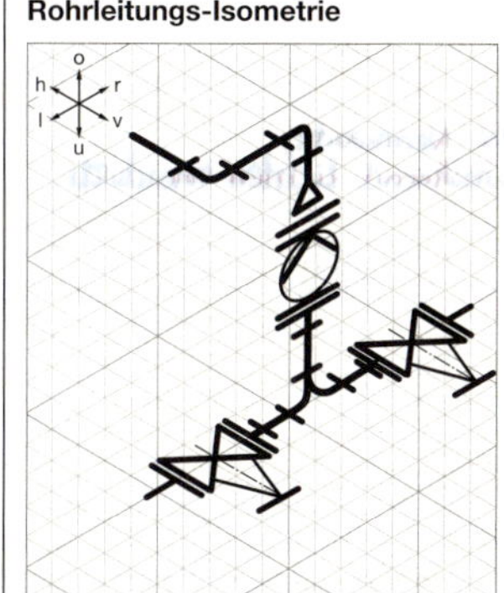

Stückliste (Bereitstellungsliste)

Pos.-Nr.	Stück	Benennung	Normblatt	Werkstoff	Bemerkung	Hinweis
11	1	Umwälzpumpe DN 65	Wilo	–	Stratos 65/1-12	S. 180
10	2	Bogen 90-3 60,3 x 2,9	DIN 2605-1	S235JRG1	nahtlos	S. 157
9	1	nahtloses Stahlrohr 60,3 x 2,9	EN 10220	L210GA	l = 0,8 m	S. 149
8	1	Reduzierstück K 76,1 x 60,3 x 2,9 S	DIN 2616-1	S235JRG1	(S = nahtlos)	S. 157
7	24	Sechskantmutter M 16	ISO 4032	5		S. 85/159
6	24	Sechskantschraube M 16 x 60	ISO 4014	5.6		S. 85/159
5	6	Flachdichtung DN 65, PN 16	EN 1514-1	AFP	Form IBC 127 x 77 x 2	S. 160
4	2	Bogen 90-3 76,1 x 2,9	DIN 2605-1	S235JRG1	nahtlos	S. 157
3	1	nahtloses Stahlrohr 76,1 x 2,9	EN 10220	L210GA	l = 0,5 m	S. 149
2	6	Flansch Typ11-B1/DN 65/PN 16	EN 1092-1	S235JRG2	d_1 = 76,1	S. 159
1	2	Flanschen-Absperrventil DN 65, PN 16	EN 558-1/1	EN- GJL-250	Baulänge l = 290 mm	S. 182

Bezeichnung: Umschalt-T-Stück	Projekt: An der Heide	Sachbearbeiter: Westermann

Anwärmlänge beim Warmbiegen

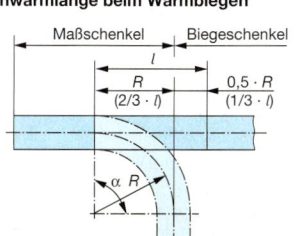

Maßschenkel | Biegeschenkel
l
R (2/3 · l) | 0,5 · R (1/3 · l)
α R

$$l = \frac{2 \cdot R \cdot \pi \cdot \alpha}{360}$$

Näherungsformel für $\alpha = 90°$

$$l \approx 1{,}5 \cdot R$$

l	: Anwärmlänge	in mm
R	: Biegeradius	in mm
π	: Kreiszahl (π = 3,14 …)	
α	: Biegewinkel	in °
d_a	: Rohraußendurchmesser	in mm

Tab. 147.1: Biegeradien R beim Rohrbiegen in mm

Stahlrohr		$R > 3$ bis $5 \cdot d_a$
Kupferrohr	mit Werkzeug	$R \geq 4$ bis $6 \cdot d_a$
Kunststoffrohre	PB und PE-X PP	$R \geq 5 \cdot d_a$ $R \geq 6 \cdot d_a$

Stahlrohrnormen *steel pipe standards*

Rohre aus unlegiertem Stahl zum Schweißen und Gewindeschneiden

Gewinderohr-Maße

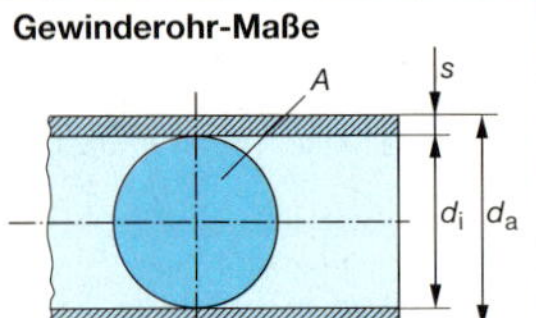

Rohrabmessungen:

d_a : Außendurchmesser in mm
d_i : Innendurchmesser in mm
A : lichter Querschnitt in cm²

A'_0 : längenb. Rohroberfläche in m²/m
m' : längenb. Rohrmasse in kg/m
V' : längenb. Rohrinhalt in dm³/m
R : **Whitworth-Rohrgewinde**

DN: Nennweite, annähernd lichten Innendurch.

Fertigungsverfahren: nahtlos **S** oder geschweißt **W**,
Lieferart: in Standardlänge (meist l = 6 oder 6,4 m)
Rohr-Reihe: mittlere Reihe (M), schwere Reihe (H)
Farbkennzeichnung: mittlere Reihe (M) blau; schwere Reihe (H) rot
Gewinde: Whitworth-Rohrgewinde DIN EN 10 266 (ISO 7-1), (→ Tab. 84.1).
Werkstoff: S195T nach DIN EN 10 027-1.

Optionen: Rohrenden: -1 : konischem Außengewinde -2 : je einer Muffe
-4 : Endverschluss/Kappe, Stopfen -5 : Gewindeschutz
Eignung zum: -6 : Schmelztauchverzinken mit Überzugsqualität A.2, A.3
-7 : Schmelztauchverzinken mit Überzugsqualität A..1
Überzüge: -9 : Oberfläche verzinkt nach DIN EN 10 240 (ISO 1461)
-12 : temporärer Oberflächenschutz

Schmelztauchverzinkte Rohre für Gas- und Wasserleitungen DIN EN 10 240

Trinkwasser-qualität	Überzugs-qualität	Schichtdicke der Innen-verzinkung s in µm	Beschichtungsgrenzwerte nach DIN 50 930-6	
$K_{B\,8,2} \leq 0{,}5$ mol/m³	A.1	≥ 55	Sb ≤ 0,01 %	Cd ≤ 0,01 %
$K_{S\,4,3} \leq 1{,}0$ mol/m³	A.2	≥ 55	As ≤ 0,02 %	Bi ≤ 0,01 %
	A.3	≥ 45	Pb ≤ 0,25 %	

Tab. 148.1: Rohre aus unlegiertem Stahl zum Schweißen und Gewindeschneiden DIN EN 10 255: 2007-07

Mittlere und schwere Rohrreihe				Mittlere Rohrreihe (M) (früher DIN 2440)					Schwere Rohrreihe (H) (früher DIN 2441)				
DN	R	d_a mm	A'_0 m²/m	s mm	d_i mm	A cm²	V' dm³/m	m' kg/m	s mm	d_i mm	A cm²	V' dm³/m	m' kg/m
10	R 3/8	17,2	0,054	2,3	12,6	1,25	0,12	0,84	2,90	11,4	1,02	0,10	1,02
15	R 1/2	21,3	0,067	2,6	16,1	2,03	0,20	1,21	3,20	14,9	1,74	0,17	1,44
20	R 3/4	26,9	0,085	2,6	21,7	3,70	0,37	1,56	3,20	20,5	3,30	0,33	1,87
25	R 1	33,7	0,106	3,2	27,3	5,85	0,58	2,41	4,00	25,7	5,18	0,52	2,93
32	R 1 1/4	42,4	0,133	3,2	36,0	10,18	1,02	3,10	4,00	34,4	9,29	0,93	3,79
40	R 1 1/2	48,3	0,152	3,2	41,9	13,79	1,37	3,56	4,00	40,3	12,76	1,28	4,37
50	R 2	60,3	0,189	3,6	53,1	22,15	2,21	5,03	4,50	51,3	20,67	2,07	6,19
65	R 2 1/2	76,1	0,239	3,6	68,9	37,28	3,73	6,42	4,50	67,1	35,36	3,54	7,93
80	R 3	88,9	0,279	4,0	80,9	51,40	5,14	8,36	5,00	78,9	49,89	4,89	10,30
100	R 4	114,3	0,359	4,50	105,3	87,09	8,71	12,20	5,40	103,5	84,13	8,41	14,50
125	R 5	139,7	0,439	5,00	129,7	132,12	13,21	16,60	5,40	128,9	130,5	13,05	17,90
150	R 6	165,1	0,519	5,00	155,1	188,93	18,89	19,80	5,40	154,3	187,0	18,70	21,30

Bezeichnung des Rohres Reihe (M), nahtlos, d_a = 33,7 mm, s = 3,2 mm, DIN EN 10 255, mit konischem A-Gewinde, Überzugsqualität A.1 (verzinkt), aus Baustahl S195T

Rohr	-	Maße (M)	-	DIN...	-	Optionen und Überzugsqualität	Werkstoff
S-Rohr	-	33,7 x 3,2	-	DIN EN 10 255	-	Optionen 1 und 9: A.1	S195T

Tab. 148.2: Gewinderohre mit Gütevorschrift DIN 2442: 1963-08

Werkstoff: P235TR1 DIN EN 10 025, Rohrqualität nach DIN EN 10 216-1 (nahtl. Rohre)/DIN EN 10 217-1 (geschw. Rohre)

	PN 100												PN 50		PN 80		
DN[1)]	10	15	20	25	32	40	50	65	80	100	125	150	125	150	100	125	150
s in mm	2,9	3,2	3,2	4,0	4,0	4,0	4,5	4,5	5,0	6,3	8,0	8,8	5,6	5,6	5,6	7,1	8,0
m' in kg/m	1,02	1,44	1,87	2,98	3,79	4,37	6,19	7,93	10,30	16,8	25,9	33,8	18,5	23,9	15,0	23,3	30,9

[1)] Gewinde- und Rohr-Außendurchmesser d_a entsprechen DIN EN 10 255, Reihe H

Stahlrohrnormen *steel pipe standards*

Stahlrohre

Stahlrohr-Maße

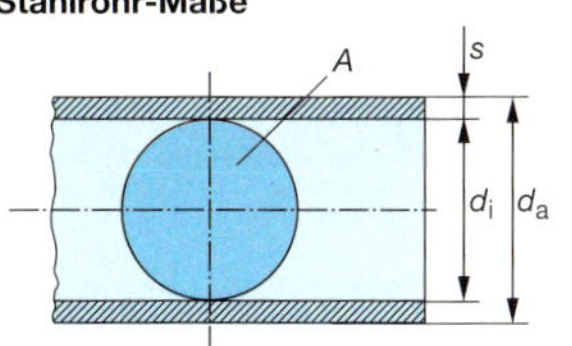

Rohrabmessungen:

d_a : Außendurchmesser in mm
s : Wanddicke in mm
d_i : Innendurchmesser in mm
A'_0: längenbezogene Rohroberfläche in m²/m
A : lichter Querschnitt in cm²
V' : längenbezogener Rohrinhalt in dm³/m
m' : längenbezogene Rohrmasse in kg/m

Ausführung: schwarz, oder nach Vereinbarung (z. B. verzinkt); **nahtlose (S)**-Rohre oder **geschweißte (W)**-Rohre

Lieferlänge: Hersteller- o. Genaulängen mit Toleranzen für $l \leq 6$ m (+ 10 mm), für $l \geq 6$ m bis $l \leq 12$ m (+ 15 mm), bei $l > 12$ m nach Vereinbarung

Tab. 149.1: Nahtlose und geschweißte Stahlrohre DIN EN 10220: 2003-03

Nahtlose und geschweißte Stahlrohre, **Reihe 1** und 2			Nahtlose Stahlrohre Maße nach DIN EN 10220 (DIN 2448) Technische Lieferbedingungen nach DIN EN 10208-1 oder DIN EN 10216-1					Geschweißte Stahlrohre Maße nach DIN EN 10220 (DIN 2458) Technische Lieferbedingungen nach DIN EN 10208-1 oder DIN EN 10217-1				
DN	d_a[1) mm	A'_0 m²/m	s mm	d_i mm	A cm²	V' dm³/m	m' kg/m	s mm	d_i mm	A cm²	V' dm³/m	m' kg/m
25	30	0,094	2,6	24,8	4,83	0,48	1,76	2,0	26,0	5,30	0,53	1,38
	33,7	0,106	2,6	28,5	6,38	0,64	1,99	2,0	29,7	6,63	0,66	1,56
32	38	0,119	2,6	32,8	8,45	0,85	2,27	2,3	33,4	8,76	0,88	2,02
	42,4	0,133	2,6	37,2	10,87	1,09	2,55	2,3	37,8	11,22	1,12	2,27
40	44,5	0,140	2,6	39,3	12,13	1,21	2,69	2,3	39,9	12,50	1,25	2,39
	48,3	0,152	2,6	43,1	14,59	1,46	2,93	2,3	43,7	15,00	1,50	2,61
50	57	0,179	2,9	51,2	20,59	2,06	3,87	2,3	52,4	21,60	2,16	3,10
	60,3	0,189	2,9	54,5	23,33	2,33	4,11	2,3	55,7	24,37	2,44	3,29
65	**76,1**	0,239	2,9	70,3	38,82	3,88	5,24	2,6	70,9	39,48	3,95	4,71
80	**88,9**	0,280	3,2	82,5	53,46	5,35	6,76	2,9	83,1	54,24	5,42	6,15
100	108	0,339	3,6	108,8	79,80	7,98	9,27	2,9	102,2	82,03	8,20	7,52
	114,3	0,359	3,6	107,1	90,10	9,01	9,83	3,2	107,9	91,44	9,14	8,77
125	133	0,418	4,0	125,0	122,72	12,27	12,70	3,6	125,8	124,29	12,43	11,5
	139,7	0,439	4,0	131,7	136,23	13,6	13,40	3,6	132,5	137,89	13,79	12,1
150	159	0,499	4,5	150,0	176,71	17,67	17,10	4,0	151,0	179,10	17,91	15,3
	168,3	0,529	4,5	159,3	199,31	19,93	18,20	4,0	160,3	201,82	20,18	16,2
200	**219,1**	0,688	6,3	206,5	334,91	33,49	33,10	4,5	210,1	346,69	34,67	23,8
250	**273**	0,858	6,3	260,4	532,56	53,26	41,40	5,0	263,0	543,25	54,33	33,0
300	**323,9**	1,018	7,1	309,7	753,31	75,33	55,50	5,6	312,7	767,97	76,80	44,0

Bezeichnung eines nahtlosen Stahlrohres mit d_a = 168,5 mm und s = 4,5 mm aus L210GA

Bezeichnung DIN EN 10220	Rohr	DIN EN ...	-	d_a x s	Techn. Lieferbed.[2) 3)	-	Werkstoff[3)
	Rohr-nahtlos	**DIN EN 10220**	-	**168,3 x 4,5**	**DIN EN 10208-1**	-	**L210GA**

[1) Die fettgedruckten **Rohr-Außendurchmesser** sollen für Neukonstruktionen vorgesehen werden.
[2) **Technische Lieferbedingungen** für Stahlrohre für **brennbare Medien** nach EN 10208-1.
[3) **Weitere technische Lieferbedingungen** für Stahlrohre für **Druckbeanspruchungen**; **geschweißte** Stahlrohre nach EN 10217-1 oder **nahtlose** Stahlrohre nach EN 10216-1: Rohre mit entsprechenden Prüfbescheinigungen, z. B. 3.1 (→ Tab. 149.2).

Tab. 149.2: Arten von Prüfbescheinigungen DIN EN 10204: 2005-01

Art der Bescheinigung	Ersteller der Bescheinigung	Prüfung	Inhalt der Bescheinigung
2.1 Werksbescheinigung	Hersteller, Prüfer dürfen der Fertigungsabteilung angehören	nicht spezifisch[1)	Übereinstimmung m. Bestellung
2.2 Werkszeugnis		spezifisch[2)	Übereinstimmung m. Bestellung
3.1 Abnahmeprüfzeugnis (ersetzt früheres 3.1.B)	von Fertigung unabhängiger Abnahme-nahmebeauftragter (AB) des Herstellers	spezifisch[2)	Übereinstimmung m. Bestellung Ergebnisse der spez. Prüfung
3.2 Abnahmeprüfzeugnis (ersetzt früheres 3.1.A, 3.1.C und 3.2)	von Fertigung unabhängiger AB des Herstellers und des Bestellers oder von einem geprüften Sachverständigen	spezifisch[2)	Übereinstimmung m. Bestellung und Ergebnisse der spezifischen Prüfung

[1) Prüfung legt der Hersteller fest [2) Prüfung nach den Vorgaben der Bestellung oder amtlich festgelegten Anforderungen

Stahlrohrnormen *steel pipe standards*

Präzisionsstahlrohre

Maße

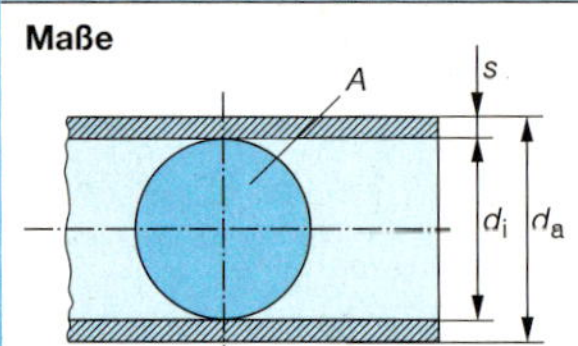

Rohrabmessungen:

d_a : Außendurchmesser in mm

s : Wanddicke in mm

d_i : Innendurchmesser in mm

A'_0 : längenbezogene Rohroberfläche in m^2/m

A : lichter Querschnitt in cm^2

V' : längenbezogener Rohrinhalt in dm^3/m

m' : längenbezogene Rohrmasse in kg/m

Tab. 150.1: Präzisionsstahlrohre nahtlos, kaltgezogen — DIN EN 10 305-1: 2003-02
Präzisionsstahlrohre geschweißt, kaltgezogen — DIN EN 10 305-2: 2003-02

$d_a \times s$ mm	d_i mm	A cm^2	V' dm^3/m	m' kg/m	A'_0 m^2/m
8 x 1,5	5	0,196	0,020	0,240	0,0251
8 x 1	6	0,283	0,028	0,173	0,0251
10 x 1,5	7	0,385	0,039	0,314	0,0314
10 x 1	8	0,503	0,050	0,222	0,0314
12 x 1,5	9	0,636	0,064	0,388	0,0377
15 x 1,5	12	1,131	0,113	0,537	0,0471
18 x 1,5	15	1,767	0,177	0,610	0,0565
20 x 1,5	17	2,269	0,227	0,684	0,0628
22 x 2	18	2,545	0,254	0,986	0,0691
28 x 2	24	4,524	0,452	1,282	0,0880
30 x 2	26	5,309	0,531	1,380	0,0942
35 x 2	31	7,548	0,755	1,628	0,1100

Lieferbedingungen:
DIN EN 10 305-1 bzw. DIN EN 10 305-2

Lieferzustand:
+C zugblank/hart, **+A** geglüht
+LC zugblank/weich **+N** normalgeglüht
+SR zugblank und spannungsarmgeglüht

Werkstoffe:
Stähle nach **DIN EN 10 305-1**: E215, E235, E355
Weitere Stahlsorten, z. B. E410, C45E, 26Mn5, 25CrMo4
Stähle nach **DIN EN 10 305-2**: E155, E195, E235, E275, E355

Prüfbescheinigungen nach DIN EN 10 204 (→ S. 149):
- ohne Vorgabe mit Werkzeugnis 2.2,
- je nach Vorgaben mit Abnahmeprüfzeugnis nach 3.1 oder 3.2

Lieferlängen: Herstellerlängen 3–8 m

Oberflächenschutz: Rohr blank oder verzinkt

Bezeichnung: 76 m nahtloses, kaltgezogenes Präzisionsstahlrohr nach DIN EN 10 305-1 mit d_a = 28 mm und s = 2 mm aus E235 mit Lieferzustand normalgeglüht +N

Länge	Bezeichnung	-	$d_a \times s$	-	Norm	Werkstoff + Lieferzustand
76 m	Rohr	-	28 x 2	-	DIN EN 10 305-1	E235 + N

Tab. 150.2: Präzisionsstahlrohre, geschweißt, maßgewalzt — DIN EN 10 305-3: 2003-02

DN	$d_a \times s$ mm	d_i mm	A cm^2	V' l/m	m' kg/m	A'_0 m^2/m
–	10 x 1,0	8	0,503	0,050	0,282	0,0314
10	12 x 1,2	9,6	0,723	0,072	0,338	0,0377
12	15 x 1,2	12,6	1,246	0,125	0,434	0,0471
15	18 x 1,2	15,6	1,911	0,192	0,536	0,0565
–	20 x 1,5	17	2,269	0,269	0,684	0,0628
20	22 x 1,5	19	2,835	0,284	0,824	0,0691
–	25 x 1,5	22	3,801	0,380	0,865	0,0785
25	28 x 1,5	25	4,910	0,491	1,052	0,0880
–	35 x 1,5	32	8,042	0,804	1,320	0,1100
32	42 x 1,5	39	11,95	1,195	1,620	0,1319
40	48,3 x 2,0	44,3	15,41	1,541	2,284	0,1392
50	60 x 2,0	56	24,63	2,463	2,875	0,1884
65	76 x 2,5	71	39,59	3,959	4,529	0,2387

Lieferbedingungen: DIN EN 10 305-3

Lieferzustand:
+CR1 geschweißt und maßgewalzt (zum Glühen geeignet)
+CR2 geschweißt und maßgewalzt (keine Wärmebehandlung vorgesehen)
+A geglüht **+N** normalgeglüht

Werkstoffe: E155, E190, E220, E235, E260, E275, E320, E355, E370, E420

Prüfbescheinigungen nach DIN EN 10 204 (→ S. 149):
- ohne Vorgabe mit Werkzeugnis 2.2,
- je nach Vorgaben mit Abnahmeprüfzeugnis nach 3.1, oder 3.2

Lieferlängen: Herstellerlängen 3–8 m

Oberflächenschutz: S1: rohschwarz, **S2:** gebeizt
S3: kaltgewalzt, **S4:** mit Überzug nach Vereinbarung

Bezeichnung: 132 m geschweißtes, maßgewalztes Präzisionsstahlrohr mit d_a = 18 mm und s = 1,2 mm nach DIN EN 10 305-3 aus der Stahlsorte E235 im normalgeglühten Zustand, gebeizt, geliefert in Standardlängen mit einem Abnahmeprüfzeugnis 3.1 nach EN 10 204:

Länge	Bezeichnung	-	$d_a \times s$	-	Norm	Werkstoff + Lieferzustand	-	gebeizt	Zeugnis
76 m	Rohr	-	18 x 1,2	-	DIN EN 10 305-3	E235 + N	-	S2	3.1

Weiterer Oberflächenschutz: Kunststoffbeschichtung außen aus Polypropylen (PP), Dicke s = 1 mm, (Rohr für Heizungsanlagen zur Verbindung mit Pressfittings)

Bearbeitbarkeit: bis Stahlsorte E235 Biegeradius $r > 3{,}5 \cdot d_a$, bis –10 °C biegbar

Stahlrohrnormen *steel pipe standards*

Präzisionsstahlrohre

Tab. 151.1: Präzisionsstahlrohre für das Pressfitting-System (Trinkwasser-, Gas-, Solarinstallation)
DIN EN ISO 1127; DIN EN 10305

DN	d_a x s mm	d_i mm	A cm²	V' l/m	m' kg/m	DN	d_a x s mm	d_i mm	A cm²	V' l/m	m' kg/m
12	15,0 x 1,0	13,0	1,327	0,133	0,333	40	42,0 x 1,5	39,0	11,95	1,194	1,503
15	18,0 x 1,0	16,0	2,01	0,201	0,410	50	54,0 x 1,5	51,0	20,43	2,042	1,972
20	22,0 x 1,2	19,6	3,017	0,302	0,624	65	76,1 x 2,0	72,1	40,83	4,08	3,55
25	28,0 x 1,2	25,6	5,147	0,514	0,790	80	88,9 x 2,0	84,9	56,61	5,66	4,15
32	35,0 x 1,5	32,0	8,042	0,804	1,24	100	108,0 x 2,0	104,0	84,95	8,49	5,05

[1] Für Trinkwasserinstallation ist auch die Stahlsorte X6CrNiMoTi17-12-2 (Werkstoff-Nr. 1.4571) zugelassen.

Bezeichnung: Geschweißtes (W) oder nahtloses (S) Präzisionsstahlrohr nach DIN EN ISO mit d_a = 18 mm und s = 0,1 mm aus hochlegiertem, austenitischem, nichtrostendem Stahl nach DIN EN 10 088:

Rohr **DIN EN ISO 1127** – **18 x 1,0** – **S** – **X5CrNiMo17-12-2** **(Werkstoff-Nr. 1.4401)**[1]

Oberfläche: Außen- und Innenoberfläche ist im Lieferzustand metallisch blank. **Lieferlänge:** Stangen l = 6 m
Verwendung: Trinkwasserinstallation gemäß DIN 1988, das Rohr entspricht dem DVGW-Arbeitsblatt W 541

Stahlrohr-Verbindungsteile *steel pipe fittings*

Gewindefittings

Anwendungsbereich: p_s = 25 bar bei ϑ_s = 120 °C oder p_s = 20 bar bei ϑ_s = 300 °C
Größenbezeichnung: Gewindeanschlüsse des Fittings entsprechend der Gewindegröße nach DIN EN 10226 (ISO 7-1)
Design-Symbol[1] **A:** Werkstoffsorte[2] ... **W400-05** oder ... **B350-10** Außengewinde **R**, Innengewinde **Rp**
B: Werkstoffsorte[2] ... **W350-04** oder ... **B300-06** Außengewinde **R**, Innengewinde **Rp**
Gewinde: Anschlussgewinde nach **DIN EN 10226 (ISO 7-1)**; Befestigungsgewinde nach **DIN EN ISO 228-1**
Oberflächenbeschaffenheit: schwarz (Kurzzeichen **Fe**) oder **feuerverzinkt** (Kurzzeichen **Zn**)

Bezeichnung: Winkel mit Innen- und Außengewinde der Größe 3/4, Ausführung verzinkt, Design-Symbol A

Typ	–	DIN ...	–	Kurzzeichen	–	Größe	–	Oberfläche	–	Design-Symbol
Winkel	–	EN 10 242	–	A4	–	3/4	–	Zn	–	A

[1] Nach DVGW/TRGI sind nur Fittings mit dem Design-Symbol „A" zugelassen.
[2] Werkstoffbezeichnung nach DIN EN 1560, z. B. EN GJMW 400-05 (→ S. 66), W = weißer Temperguss, B = schwarzer Temperguss.

Tab. 151.2: Gewindefittings aus Temperguss DIN EN 10242: 2003-06 (Maße in mm)

Typ	Winkel 90°	T- und Kreuz	Winkel 45°	Kurzer Bogen 90°	Bogen-T
Kurzz.	A1, A4	T-B1, Kreuz-C1	A1/45°, A4/45°	D1, D4	Bogen-T E1, Zweibogen-T E2

R, R_p	a	b	z	a	b	z	$a = b$	c	z	z_3
3/8	25	32	15	20	25	10	30	19	26	9
1/2	28	37	15	22	28	9	45	24	32	11
3/4	33	43	18	25	32	10	50	28	35	13
1	38	52	21	28	37	11	63	33	46	16
1 1/4	45	60	26	33	43	14	76	40	57	21
1 1/2	50	65	31	36	46	17	85	43	66	24
2	58	74	34	43	55	19	102	53	78	29
2 1/2	69	88	42	48[1]	54[1]	21[1]	115[1]	–	88[1]	–
3	78	98	48	54[1]	61[1]	24[1]	127[1]	–	97[1]	–
4	96	118	60	–	–	–	165[1]	–	129[1]	–

[1] Herstellerangaben

Rohrleitungs- und Verbindungstechnik

Stahlrohr-Verbindungsteile *steel pipe fittings*

Tab. 152.1: Gewindefittings aus Temperguss DIN EN 10242: 2003-06 (Fortsetzung, Maße in mm)

Typ	Lange Bögen			Lange Bögen 45°			Muffe		Doppelnippel	Verschraubung			
Kurzz.	G1, G4			G1/45°, G4/45°			M2, M2 R-L[1]		N8, N8 R-L[1]	U1, U11[2]; U2, U12[2]			
R, R_p	a	b	z	a	b	z	a	z_1	a	a	b	z_1	z_2
3/8	48	42	38	30	24	20	30	10	38[3]	45	58	25	48
1/2	45	48	42	36	30	23	36	10	44	48	66	22	53
3/4	69	60	54	43	36	28	39	9	47	52	72	22	57
1	85	75	68	51	42	34	45	11	53	58	80	24	63
1 1/4	105	95	86	64	54	45	50	12	57[3]	65	90	27	71
1 1/2	116	105	97	68	58	49	55	17	59[3]	70	95	32	76
2	140	130	116	81	70	57	65	17	68[3]	78	106	30	82
2 1/2	176	165	149	99	86	72	74[3]	20[3]	75[3]	85	118	31	91
3	205	190	175	113	100	83	80[3]	20[3]	83[3]	95	130	35	100
4	260	245	224	141	130	100	94[3]	22[3]	95[3]	110	150[5]	38	114[5]

Typ	Winkelverschraubung					Gegenmutter		Winkelverteiler		Winkel reduziert					
Kurzz.	UA1, UA11[2]; UA2, UA12[2]					P4		Za1		A1, A4					
R, R_p	a	b	c	z_1	z_2	a	s[4]	a	z	R, R_p	a	b	c	z_1	z_2
3/8	52	65	25	11	38	7	27	25	15	1/2 x 3/8	26	26	33	13	16
1/2	58	76	28	15	45	8	32	28	15	3/4 x 1/2	30	31	40	15	18
3/4	62	82	33	18	47	9	36	33	18	1 x 1/2	32	34	–	15	21
1	72	94	38	21	55	10	46	38	52	1 x 3/4	35	36	46	18	21
1 1/4	82	107	45	26	63	11	55	–	–	1 1/4 x 3/4	36	41	–	17	26
1 1/2	90	115	50	31	71	12	60	–	–	1 1/4 x 1	40	42	56	21	25
2	100	128	58	34	76	13	75	–	–	1 1/2 x 1	42	46	–	23	29
2 1/2	130[5]	128[5]	72[5]	45[5]	103[5]	16	95	–	–	1 1/2 x 1 1/4	46	48	–	27	29
3	134[5]	164[5]	78[5]	48[5]	104[5]	19	105	–	–	2 x 1 1/2	52	55	–	28	36
4	–	–	–	–	–	–	–	–	–	2 1/2 x 2	61	66	–	34	42

1) R-L: Rechts - u. Linksgewinde; 2) U1 (UA1) und U2 (UA2) Verschraubungen, flach dichtend; U11 (UA11) und U12 (UA12) Verschraubungen, konisch dichtend; 3) nur Rechtsgewinde; 4) Anhaltswert, legt der Hersteller fest; 5) Herstellerangaben

Typ: **Muffe,** reduziert – Kurzz.: M2

Typ: **Reduziernippel** – Kurzz.: N4, Form I und II

R, R_p	a	z_2	b	z	R, R_p	a	z_2	b	z
1/2 x 3/8	36	13	24	14	1 1/2 x 1	55	19	31	14
3/4 x 3/8	39	14	26	16	1 1/2 x 1 1/4	55	17	31	12
3/4 x 1/2	39	11	26	13	2 x 1	65	24	35	18
1 x 3/8	45	18	29	19	2 x 1 1/4	65	22	35	16
1 x 1/2	45	15	29	16	2 x 1 1/2	65	22	35	16
1 x 3/4	45	13	29	14	2 1/2 x 1 1/2	74	28	40	21
1 1/4 x 1/2	50	18	31	18	2 1/2 x 2	74	23	40	16
1 1/4 x 3/4	50	16	31	16	3 x 2	80	26	44	20
1 1/4 x 1	50	14	31	14	3 x 2 1/2	80	23	44	17
1 1/2 x 1/2	55	23	31	18	4 x 2 1/2	94	31	–	–
1 1/2 x 3/4	55	21	31	16	4 x 3	94	28	51	21

Stahlrohr-Verbindungsteile *steel pipe fittings*

Tab. 153.1: Gewindefittings aus Temperguss DIN EN 10 242: 2003-06 (Fortsetzung, Maße in mm)

Typ: Reduziernippel – Kurzz.: N4 – Form III

R, Rp	a	b	z	R, Rp	a	b	z
2 x 1/2	35	48	35	3 x 1 1/4	44	59	40
2 x 3/4	35	48	33	3 x 1 1/2	44	59	40
2 1/2 x 1	40	54	37	4 x 2	51	69	45
2 1/2 x 1 1/4	40	54	35	4 x 2 1/2	51	69	42
3 x 1	44	59	42	–	–	–	–

Typ: Doppelnippel, reduziert – Kurzz.: N8

R	a	R	a	R	a	R	a
3/8 x 1/4	38	1 x 1/2	53	1 1/2 x 3/4	59	2 x 1 1/2	68
1/2 x 1/4	44	1 x 3/4	53	1 1/2 x 1	59	2 1/2 x 2	75
1/2 x 3/8	44	1 1/4 x 1/2	57	1 1/2 x 1 1/4	59	3 x 2	83
3/4 x 3/8	47	1 1/4 x 3/4	57	2 x 1	68	3 x 2 1/2	83
3/4 x 1/2	47	1 1/4 x 1	57	2 x 1 1/4	68	–	–

Typ: T, Abzweig reduziert – Kurzz.: B1

Anschluss 1x Anschluss 2

R_p	a	b	z_1	z_2
1/2 x 3/8	26	26	13	16
3/4 x 1/4	26	27	11	17
3/4 x 3/8	28	28	13	18
3/4 x 1/2	30	31	15	18
1 x 1/4	28	31	11	21
1 x 3/8	30	32	13	22
1 x 1/2	32	34	15	21
1 x 3/4	35	36	18	21
1 1/4 x 3/8	32	36	13	26
1 1/4 x 1/2	34	38	15	25
1 1/4 x 3/4	36	41	17	26
1 1/4 x 1	40	42	21	25
1 1/2 x 1/2	36	42	17	29
1 1/2 x 3/4	38	44	19	29
1 1/2 x 1	42	46	23	29
1 1/2 x 1 1/4	46	48	27	29
2 x 1/2	38	48	14	35
2 x 3/4	40	50	16	35
2 x 1	44	52	20	35
2 x 1 1/4	48	54	24	35
2 x 1 1/2	52	55	28	36
2 1/2 x 1	47	60	20	43
2 1/2 x 1 1/4	52	62	25	43
2 1/2 x 1 1/2	55	63	28	44
2 1/2 x 2	61	66	34	42
3 x 1	51	67	21	50
3 x 1 1/4	55	70	25	51
3 x 1 1/2	58	71	28	52
3 x 2	64	73	34	49
3 x 2 1/2	72	76	42	49
4 x 2	70	86	34	62
4 x 3	84	92	48	62

T, Durchgang reduziert, Abzweig reduziert

Anschluss 1 x Anschluss 2 x Anschluss 3

R_p	a	b	c	z_1	z_2	z_3
1/2 x 3/8 x 3/8	26	26	25	13	16	15
3/4 x 3/8 x 1/2	28	28	26	13	18	13
3/4 x 1/2 x 3/8	30	31	26	15	18	16
3/4 x 1/2 x 1/2	30	31	28	15	18	15
1 x 1/2 x 1/2	32	34	28	15	21	15
1 x 1/2 x 3/4	32	34	39	15	21	15
1 x 3/4 x 1/2	35	36	31	18	21	18
1 x 3/4 x 3/4	35	36	33	18	21	18
1 1/4 x 1/2 x 1	34	38	32	15	25	15
1 1/4 x 3/4 x 3/4	36	41	33	17	26	18
1 1/4 x 3/4 x 1	36	41	35	17	26	18
1 1/4 x 1 x 3/4	40	42	36	21	25	21
1 1/4 x 1 x 1	40	42	38	21	25	21
1 1/2 x 1/2 x 1 1/4	36	42	34	17	29	15
1 1/2 x 3/4 x 1 1/4	38	44	36	19	29	17
1 1/2 x 1 x 1	42	46	38	23	29	21
1 1/2 x 1 x 1 1/4	42	46	40	23	29	21
1 1/2 x 1 1/4 x 1 1/4	46	48	45	27	29	26
2 x 1 x 1 1/2	40	50	38	16	35	19
2 x 1 x 1 1/2	44	52	42	20	35	23
2 x 1 1/4 x 1 1/4	48	54	45	24	35	26
2 x 1 1/4 x 1 1/2	48	54	46	24	35	27
2 x 1 1/2 x 1 1/4	52	55	48	28	36	29
2 x 1 1/2 x 1 1/2	52	55	50	28	36	31

T, Durchgang reduziert, Abzweig egal

Anschluss 1 x Anschluss 2 x Anschluss 3

R_p	a	b	c	z_1	z_2	z_3
1/2 x 1/2 x 3/8	28	28	26	15	15	16
3/4 x 3/4 x 3/8	33	33	28	18	18	18
3/4 x 3/4 x 1/2	33	33	31	18	18	18
1 x 1 x 3/8	38	38	32	21	21	22
1 x 1 x 1/2	38	38	34	21	21	21
1 x 1 x 3/4	38	38	36	21	21	21
1 1/4 x 1 1/4 x 1/2	45	45	38	26	26	26
1 1/4 x 1 1/4 x 3/4	45	45	41	26	26	26
1 1/4 x 1 1/4 x 1	45	45	42	26	26	25
1 1/2 x 1 1/2 x 1/2	50	50	42	31	31	29
1 1/2 x 1 1/2 x 3/4	50	50	44	31	31	29
1 1/2 x 1 1/2 x 1	50	50	46	31	31	29
1 1/2 x 1 1/2 x 1 1/4	50	50	48	31	31	29
2 x 2 x 3/4	58	58	50	34	34	35
2 x 2 x 1	58	58	52	34	34	35
2 x 2 x 1 1/4	58	58	54	34	34	35
2 x 2 x 1 1/2	58	58	55	34	34	36

Typ T, Abzweig, vergrößert – Kurzzeichen: B1

Anschluss 1 x Anschluss 2

R_p	a	b	z_1	z_2
3/8 x 1/2	26	26	16	13
1/2 x 3/4	31	30	18	15
1/2 x 1	34	32	21	15
3/4 x 1	36	35	21	18
3/4 x 1 1/4	41	36	26	17
1 x 1 1/4	42	40	25	21
1 x 1 1/2	46	42	29	23
1 1/4 x 1 1/2	48	46	29	27
1 1/2 x 2	54	48	35	24
1 1/2 x 2	55	52	36	28

Stahlrohr-Verbindungsteile *steel pipe fittings*

Pressfittings für Stahl- und CrNiMo-Stahlleitungen

Pressfitting-Verbindung

Ebene 1 Festigkeit, Ebene 2 Dichtheit, Pressbacke, Dichtring, Systemrohr, Pressfitting, Einschieblänge

d_a = Rohraußendurchmesser

	Heizung, Druckluft und Heizöl EL	Sanitär/Gas
Werkstoffe	Fittings aus unlegiertem od. CrNiMo-Stahl; Werknummer: 1.0034 oder 1.4301 (→ S. 65 und S. 150)	Fittings aus CrNiMo-Stahl Werkstoffe: 1.4401 oder 1.4571 (→ S. 65 und S. 150)
Kennzeichnung (K)	**H** (Heizung) **X** = Sanitär und Heizung: Fittings aus unlegiertem Stahl für Heizungen und aus CrNiMo-Stahl für Sanitärinstallationen hergestellt.	**T** (Sanitär/Gas), **G** (nur Gas)
Dichtring	CIIR-schwarz (Druckluft mit Restölgehalt = 5 mg/m³ beständig Dichtringe FPM-rot einsetzen)	Trinkwasser (TW): CIIR-schwarz Solaranlagen (SL): FPM-grün Gasanlagen (G)[1]: NBR-braun[2]
Betriebsbedingungen	p_S = 16 bar, ϑ_S = 110 °C	TW: $p_S \leq 16$ bar, $\vartheta_S \leq 95$ °C SL: $p_S \leq 16$ bar, $\vartheta_S \leq 180$ °C[3] G: $p_S \leq 5$ bar, $\vartheta_S \leq -20$ bis +70 °C

[1] für Erdgas und Flüssiggas; [2] HTB-Dichtung: $\vartheta_S \leq 5$ bar, t = 30 min; [3] kurzfristig bis 200 °C

Tab. 154.1: Pressfittings (Sanitär) aus nichtrostendem Stahl und Pressfittings (Heizung) aus unlegiertem Stahl

			Bogen 90°		Bogen 90° (I + A)			Bogen 45°		Bogen 45° (I + A)	Passbogen 90°		Passbogen 15–60°					
											α = 90°		α = 60°[1]		α = 45°[1]		α = 15°[1]	
DN	d_a	K	l_1	z_1	l_2	h_1	z_2	l_3	z_3	h_2	h_1	h_2	h_3	h_4	h_3	h_4	h_3	h_4
10	12	H	42	25	42	48	25	–	–	–	70	120	–	–	–	–	–	–
12	15	X	49	29	49	55	29	36	16	41	70	120	–	–	–	–	–	–
15	18	X	53	33	53	59	33	37	17	42	70	120	–	–	–	–	–	–
20	22	X	61	40	61	67	40	42	21	48	70	120	–	–	–	–	–	–
25	28	X	72	49	72	78	49	48	25	54	80	120	63	121	51	130	45	134
32	35	X	122	96	122	130	96	72	46	81	120	200	97	203	80	214	73	222
40	42	X	166	136	166	176	136	89	59	99	150	250	120	256	99	272	89	280
50	54	X	200	165	200	211	165	115	80	127	200	300	162	306	134	326	122	337
65	76,1	T	235	182	235	247	182	180	127	188	–	–	215	215	201	201	228	228
80	88,9	T	277	217	277	292	217	211	153	225	–	–	256	256	241	241	240	240
100	108	T	341	266	341	358	266	258	183	275	–	–	292	292	263	263	249	249

[1] Passbogen α = 15–60° werden nur aus CrNiMo-Stahl hergestellt.

T-Stück egal							Übergangsbogen					Übergangsstück			Übergangsmuffe			
DN	d_a	K	l_1	l_2	z_1	z_2	d_a x R	K	l_1	h_1	z_1	K	h_2[1]	z_2[1]	d_a x R_p	K	l_2[1]	z_3[1]
10	12	H	28	33	11	16	12 x 3/8	H	42	36	25	H	38	21	12 x 1/2	H	47/–	17/–
12	15	X	32	36	12	16	15 x 3/8	H	49	42	29	H	42	22	15 x 1/2	X	51/59	18/26
15	18	X	34	39	14	19	15 x 1/2	X	49	50	29	X	45/53	25/33	18 x 1/2	X	51/59	18/26
20	22	X	37	42	16	21	18 x 1/2	H	49	50	29	X	45/53	25/33	18 x 3/4	X	53/62	19/28
25	28	X	42	48	19	25	18 x 3/4	–	–	–	–	X	48/57	28/37	22 x 1/2	T	– /60	– /22
32	35	X	50	56	24	30	22 x 3/4	H	61	63	40	X	49/58	28/37	22 x 3/4	X	54/63	19/28
40	42	X	57	63	27	33	28 x 1	H	72	77	49	X	55/64	32/41	28 x 1/2	H	53/–	17/–
50	54	X	69	75	34	40	35 x 1 1/4	X	86	93	60	X	61/72	35/46	28 x 1	X	60/69	20/29
65	76,1	T	115	106	62	53	42 x 1 1/2	H	112	114	82	X	66/77	36/47	35 x 1 1/4	T	– /75	– /30
80	88,9	T	130	123	70	63	54 x 2	X	138	141	103	X	77/89	42/54	42 x 1 1/2	T	– /79	– /30
100	108	T	155	146	80	71	76,1 x 2 1/2	–	–	–	–	T	– /123	– /70	54 x 2	T	– /97	– /39

[1] z. B. 45/53, erster Wert Heizungsfitting aus unlegiertem Stahl; zweiter Wert Sanitärfitting aus CrNiMo-Stahl

Stahlrohr-Verbindungteile *steel pipe fittings*

Tab. 155.1: Pressfittings (Sanitär) aus nichtrostendem Stahl und Pressfittings (Heizung) aus unlegiertem Stahl

T-Stück

Abgang reduziert oder erweitert

$d_{a1} \times d_{a2}$	K	l_1	l_2	z_1	z_2
15 x 12	H	32	35	12	18
18 x 12	H	34	41	14	20
18 x 15	X	34	41	14	21
22 x 15	H	37	43	16	23
22 x 18	X	37	55	16	23
28 x 15	X	42	45	19	25
28 x 18	X	42	45	19	25
28 x 22	X	42	47	19	26
35 x 15	X	50	49	24	29
35 x 18	X	50	50	24	30
35 x 22	X	50	51	24	30
35 x 28	X	50	52	24	29
42 x 22	X	57	53	27	32
42 x 28	X	57	56	27	33
42 x 35	X	57	61	27	35
54 x 28	X	69	61	34	38
54 x 35	X	69	67	34	41
54 x 42	X	69	70	34	40
76,1 x 28	T	115	73	62	50
76,1 x 42	T	115	80	62	50

$d_{a1} \times d_{a2}$	K	l_1	l_2	z_1	z_2
76,1 x 42	T	115	80	62	50
76,1 x 54	T	115	85	62	50
88,9 x 22	T	130	83	70	62
88,9 x 28	T	130	81	70	58
88,9 x 35	T	130	84	70	58
88,9 x 42	T	130	88	70	58
88,9 x 54	T	130	91	70	56
88,9 x 76,1	T	130	110	70	57
108 x 28	T	155	102	80	79
108 x 35	T	155	105	80	79
108 x 42	T	155	105	80	75
108 x 54	T	155	105	80	70
108 x 76,1	T	155	123	80	70
108 x 88,9	T	155	134	80	70
Abgang, erweitert					
12 x 15	H	28	35	11	15
15 x 18	H	32	36	12	16
15 x 22	H	32	42	12	21
18 x 22	H	34	41	14	20
22 x 28	H	37	45	16	22

T-Stück

Abgang mit Innengewinde

$d_{a1} \times R_p$	K	l_1	l_2	z_1	z_2
12 x 1/2	H	28	36	11	21
15 x 1/2	X	32	36	12	21
18 x 1/2	X	34	41	14	26
18 x 3/4	T	34	44	14	28
22 x 1/2	X	37	40	16	25
22 x 3/4	T	37	46	16	30
28 x 1/2	X	42	42	19	27
28 x 3/4	T	42	50	19	34
35 x 1/2	X	50	48	24	33
35 x 3/4	X	50	54	24	38
42 x 1/2	X	57	52	27	37
42 x 3/4	X	57	57	27	41
54 x 1/2	X	69	57	34	42
54 x 3/4	X	69	64	34	48
76,1 x 3/4	T	115	77	62	61
76,1 x 2	T	115	90	62	64
88,9 x 3/4	T	130	86	70	70
88,9 x 2	T	130	95	70	69
108 x 3/4	T	155	103	80	87
108 x 2	T	155	112	80	86

Reduzierstück

$d_{a1} \times d_{a2}$	K	h	z
15 x 12	H	51	34
18 x 15	X	55	35
22 x 15	X	59	39
22 x 18	X	58	38
28 x 15	X	66	46
28 x 18	X	64	44
28 x 22	X	61	40
35 x 22	X	73	52
35 x 28	X	68	45
42 x 28	T	79	56
42 x 35	X	72	46
54 x 28	X	95	72
54 x 35	T	95	69
54 x 42	X	89	59
76,1 x 54	T	147	112
88,9 x 54	T	163	128
88,9 x 76,1	T	160	107
108 x 54	T	172	137
108 x 76,1	T	184	131
108 x 88,9	T	204	144

Muffe / Schiebemuffe

d_a	K	l_1	z_1	l_2	e_s[1]
12	H	42	8	67	25
15	X	48	8	80	25
18	X	48	8	80	25
22	X	50	8	84	25
28	X	54	8	91	30
35	X	54	8	102	30
42	X	71	11	120	40
54	X	83	13	140	40
76,1	T	141	35	230	60
88,9	T	162	42	260	70
108	T	194	44	310	80

Absatzmuffe

mit Innengewinde

$d_a \times R_p$	K	h	z
12 x 1/2	H	58	45
15 x 1/2	H	61	48
18 x 1/2	H	61	48
18 x 3/4	H	64	50
22 x 1/2	H	62	49
22 x 3/4	H	65	51
–	–	–	–

Übergangswinkel 90°

mit Innengewinde

$d_a \times R_p$	K	l_1	l_2	z_1	z_2
15 x 1/2	T	37	57	24	44
18 x 1/2	T	39	57	26	44
22 x 3/4	T	46	60	32	46
28 x 1	T	54	67	37	50
35 x 1 1/4	T	63	75	44	56
–	–	–	–	–	–
–	–	–	–	–	–

mit Außengewinde

$d_a \times R$	K	l	h	z
15 x 1/2	T	57	37	37
18 x 1/2	T	57	39	37
22 x 3/4	T	60	46	39
28 x 1	T	67	54	44
35 x 1 1/4	T	75	63	49
42 x 1 1/2	T	84	67	54
50 x 2	T	95	78	60

Übergangsflansch[2]

DN x d_a	K	D	k	b	d_2	h	n	z
12 x 15	T	95	65	11	14	56	4	36
15 x 18	T	95	65	11	14	57	4	37
20 x 22	T	105	75	12	14	59	4	38
25 x 28	T	115	85	14	14	65	4	42
32 x 35	T	140	100	15	18	69	4	43
40 x 42	T	150	110	16	18	77	4	47
50 x 54	T	165	125	18	18	87	4	52
65 x 76,1	T	185	145	18	18	126	4	73
80 x 88,9	T	200	160	20	18	143	8	83
100 x 108	T	220	180	20	18	168	8	93

[1] e_s = Mindest-Einstecktiefe des Systemrohres in die Schiebemuffe

[2] Flanschabmessungen nach DIN EN 1092, Nenndruck PN 10/16, passend für handelsübliche genormte Gegenflansche

Stahlrohr-Verbindungsteile *steel pipe fittings*

Tab. 156.1: Pressfittings (Sanitär) aus nichtrostendem Stahl und Pressfittings (Heizung) aus unlegiertem Stahl (Fortsetz.)

Sprungbogen für Parallelleitungen						**Kombirohr** mit Anschweißenden				**Pressnippel-Verschraubung** entsprechend DIN 2353					
DN	d_a	K	A	B	L	d_{a1} x d_{a2}	K	l	s	d_a x R	K	l_1	l_2	SW_1	SW_2
10	12	H	154	35	55	15 x 12	H	120	2,5	–	–	–	–	–	–
12	15	X	158	37	57	17 x 15	H	120	2,5	15 x 1/2	X	76	35	24	27
15	18	X	165	40	60	20 x 18	H	120	2,5	18 x 1/2	T	79	35	24	27
20	22	X	178	44	65	24 x 22	H	120	2,5	22 x 3/4	X	83,5	35	32	36
25	28	X	210	50	74	31 x 28	H	120	3,0	28 x 1	X	92	40	41	41
32	–	–	–	–	–	38 x 35	H	120	3,0	35 x 1 1/4	X	98	40	46	50
40	–	–	–	–	–	44,5 x 42	H	120	2,9	42 x 1 1/2	X	102	60	55	60
50	–	–	–	–	–	57 x 54	H	120	3,6	54 x 2	X	135	61	70	75

Verschlussstopfen zum dauerhaften Verschluss					**Anschlussverschraubung** mit Pressmuffe und Flachdichtung			
DN	d_a	K	L	e[1]	d_a x G[2]	K	l	z
10	12	H	34	17	–	–	–	–
12	15	X	37	20	15 x 3/4	T	48,5	22
15	18	X	38	20	18 x 3/4	T	49,5	23
20	22	X	39	21	22 x 1	T	51,5	24
25	28	X	42	23	28 x 1 1/4	T	56	24
32	35	X	47	26	35 x 1 1/2	T	62,5	27
40	42	X	53	30	42 x 1 3/4	T	69	28
50	54	X	60	35	54 x 2 3/8	T	76,5	29
65	76,1	T	72	53				
80	88,9	T	79	60				
100	108	T	94	75				

Deckenwinkel 90° mit Innengewinde

d_a x R_p	K	A	B	l_1	l_2	D	x	z_1	z_2
–	–	–	–	–	–	–	–	–	–
15 x 1/2	T	45	13	50	30	5	34	30	17
18 x 1/2	T	45	13	50	30	5	34	30	17
22 x 3/4	T	55	17	54	34	6	40	33	20

Deckenwinkel 90° mit Innengewinde und zwei Anschlüssen

Maße für Deckenwinkel 90° mit Innengewinde und zwei Anschlüssen

d_a x R_p x d_a	K	A	B	l_1	l_2	D	x	z_1	z_2
15 x 1/2 x 15	T	45	13	60	30	5	39	40	17

[1] Einschieblänge in den Pressfitting
[2] Zylindrisches Innengewinde nach DIN EN ISO 228 (nicht im Gewinde dichtend)

Formstücke zum Einschweißen

Tab. 156.4: Kappen zum Einschweißen DIN 2617: 1991-02

Form der Schweißfuge nach DIN 2559 $R = \leqq d_a$, $r = \geqq 0{,}1\, d_a$

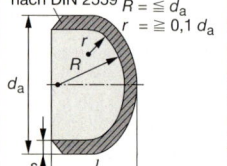

DN	d_a	s	l	DN	d_a	s	l	DN	d_a	s	l
25	33,7	2,6	38	65	76,1	2,9	38	125	139,7	4	76
32	42,4	2,6	38	80	88,9	3,2	51	150	159[1]	4,5	89
40	48,3	2,6	38	100	108[1]	3,6	64	150	168,3	4,5	89
50	57[1]	2,9	38	100	114,3	3,6	64	200	219,1	5,9	102
50	60,3	2,9	38	125	133[1]	4	76	250	273	6,3	127

Bezeichnung einer Kappe nach DIN 2617, d_a = 60,3 mm und s = 2,9 mm aus unlegiertem Stahl nach DIN 10 027: **Kappe DIN 2617 – 60,3 x 2,9 – S235JRG2**

[1] Rohr-Außendurchmesser abweichend von ISO 4200 Reihe 1, bei Neukonstruktionen nicht mehr verwenden.

Stahlrohr-Verbindungsteile *steel pipe fittings*

Formstücke zum Einschweißen

Rohrbogen (Bauart 3, $r \approx 1{,}5 \cdot d_i$)

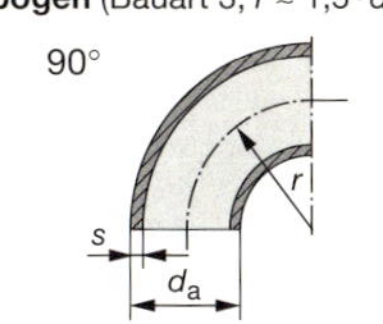

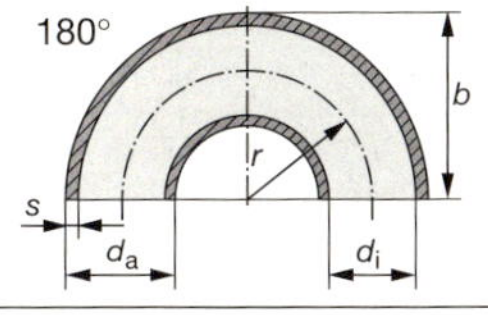

Rohrbogen (Bauart 5, $r \approx 2{,}5 \cdot d_i$)

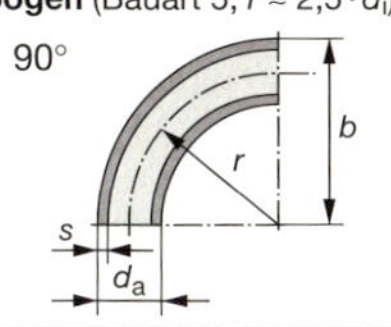

d_a : Außendurchmesser in mm r : Biegeradius in mm
s : Wanddicke in mm d_i : Innendurchmesser in mm

Werkstoffe: Stähle nach DIN EN 10 027 (→ S. 65)

Bauarten:	Bauart	2	3	5	10	20
	r	$\approx 1{,}0 \cdot d_i$	$\approx 1{,}5 \cdot d_i$	$\approx 2{,}5 \cdot d_i$	$\approx 5{,}0 \cdot d_i$	$\approx 10{,}0 \cdot d_i$

Tab. 157.1: Rohrbögen DIN 2605-1: 1991-02

Rohrbogen		Bauart 3 ($r \approx 1{,}5 \cdot d_i$)		90°-Bogen	Bauart 5 ($r \approx 2{,}5 \cdot d_i$)		90°-Bogen
DN	d_a[1] x s[2]	r	b	m in kg	r	b	m in kg
20	26,9 x 2,3	29	43	0,07	57,5	71	0,13
25	33,7 x 2,6	38	56	0,12	72,5	90	0,25
32	42,4 x 2,6	48	69	0,19	92,5	114	0,4
40	48,3 x 2,6	57	82	0,27	107,5	132	0,5
50	60,3 x 2,9	76	106	0,49	135	165	0,88
65	76,1 x 2,9	95	133	0,79	175	213	1,45
80	88,9 x 3,2	114	159	1,22	205	250	2,23
100[3]	108 x 3,6	142,5	196	2,08	252,5	306	3,67
100	114,3 x 3,6	152	210	2,37	270	327	4,00
125	139,7 x 4,0	190	260	4,04	330	400	7,2
150[3]	159 x 4,5	216	294	5,8	375	454	10,2
150	168,3 x 4,5	229	313	6,5	390	474	11,2
200	219,1 x 5,9	305	414	14,9	510	620	24,8

Bezeichnung eines Rohrbogens nach DIN 2605-1, Bauform 90°, Bauart 3, d_a = 60,3 mm und s = 2,9 mm, nahtlos (S), aus unlegiertem Stahl S235JRG1

Formstück	DIN ...	-	Bauform	-	Bauart	-	d_a x s	-	Ausführung	-	Werkstoff
Bogen	**DIN 2605-1**	-	**90**	-	**3**	-	**60,3 x 2,9**	-	**S**	-	**S235JRG1**

[1] Rohr-Außendurchmesser da nach ISO 4200 Reihe 1. [2] Wanddicke nach S.
[3] Rohrbögen dieser Abmessungen sollen für Neukonstruktionen nicht mehr verwendet werden.

Reduzierstück

konzentrische Form (K)

exzentrische Form (E)

Tab. 157.2: Reduzierstücke zum Einschweißen DIN 2616-1: 1991-02

d_{a1} x d_{a2}	s_1	s_2	l	d_{a1} x d_{a2}	s_1	s_2	l
42,4 x 33,7	2,6	2,6	50	88,9 x 42,4	3,2	2,6	90
42,4 x 26,9	2,6	2,3	50	114,3 x 88,9	3,6	3,2	100
48,3 x 33,7	2,6	2,6	64	114,3 x 76,1	3,6	2,9	100
48,3 x 26,9	2,6	2,3	64	114,3 x 60,3	3,6	2,9	100
60,3 x 48,3	2,9	2,6	76	139,7 x 114,3	4	3,6	127
60,3 x 42,4	2,9	2,6	76	139,7 x 88,9	4	3,2	127
60,3 x 33,7	2,9	2,6	76	139,7 x 76,1	4	2,9	127
76,1 x 60,3	2,9	2,9	90	168,3 x 139,7	4,5	4	140
76,1 x 48,3	2,9	2,6	90	168,3 x 114,3	4,5	3,6	140
76,1 x 42,4	2,9	2,6	90	219,1 x 168,3	5,9	4,5	152
88,9 x 60,3	3,2	2,9	90	219,1 x 139,7	5,9	4,0	152
88,9 x 48,3	3,2	2,6	90	219,1 x 114,3	5,9	3,6	152

Bezeichnung eines Reduzierstück nach DIN 2616-1, Ausführung konzentrisch (K), d_{a1} = 60,3 mm, s_1 = 2,9 mm und d_{a2} = 42,4 mm, s_2 = 2,6 mm, geschweißt (W), aus unlegiertem Stahl nach DIN EN 10 027:

Reduzierstück **DIN 2616-1** - **K 60,3 x 2,9** - **42,4 x 2,6 - W -** - **S235JRG1**

T-Stück

Mit gleichem Abzweig   Mit reduziertem Abzweig
Form der Schweißfugen siehe DIN 2559

Tab. 157.3: T-Stück zum Einschweißen DIN 2615-1: 1992-05

d_{a1} x d_{a2}	s_1	s_2	a	b	d_{a1} x d_{a2}	s_1	s_2	a	b
60,3 x 60,3	2,9	2,9	64	64	114,3 x 76,1	3,6	2,9	105	95
60,3 x 48,3	2,9	2,6	64	60	139,7 x 139,7	4	4	124	124
76,1 x 76,1	2,9	2,9	76	76	139,7 x 114,3	4	3,6	124	117
76,1 x 60,3	2,9	2,9	76	70	139,7 x 88,9	4	3,2	124	111
88,9 x 88,9	3,2	3,2	86	86	168,3 x 168,3	4,5	4,5	143	143
88,9 x 60,3	3,2	2,9	86	76	168,3 x 139,7	4,3	4	143	137
114,3 x 114,3	3,6	3,6	105	105	168,3 x 114,3	4,5	3,6	143	130
114,3 x 88,9	3,6	3,2	105	98	219,1 x 168,3	5,9	4,5	178	168

Bezeichnung eines T-Stückes nach DIN 2615-1, d_{a1} = 88,9 mm s_1 = 3,2 mm und d_{a2} = 60,3 mm, s_2 = 2,9 mm nahtlos (S) unlegiertem Stahl: **T-Stück** **DIN 2615-1** - **88,9 x 3,2** - **60,3 x 2,9 - S -** - **S235JRG1**

Stahlrohr-Verbindungsteile *steel pipe fittings*

Flansche

Flanschanschlussmaße nach DIN EN 1092-1: 2007-11

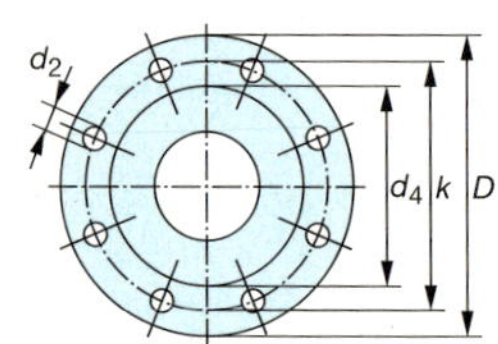

D: Flanschaußendurchmesser
k : Lochkreisdurchmesser
d_4: Dichtleistendurchmesser
d_2: Schraubenlochdurchmesser

Bezeichnungsbeispiel:

Flanschart (Blindflansch)	Form der Dichtleiste	DN	PN	Werkstoff
Flansch DIN EN 1092-1/05	B1	100	16	S235JRG2

Beachte: Die Anzahl der Schraubenlöcher muss jeweils durch **4 teilbar** sein. Die Löcher liegen **symmetrisch** zu den Hauptachsen, aber niemals auf den Hauptachsen.

Tab. 158.1: Flanscharten-Übersicht DIN EN 1092-1: 2007-11

Flanschart/DIN	DN	PN	Bild/Typ
Vorschweißflansch DIN EN 1092-1	10 bis 1000	1,0 bis 100	Typ 11
Glatter Flansch zum Löten oder Schweißen DIN EN 1092-1	10 bis 2000	2,5 bis 100	Typ 01
Loser Flansch für Vorschweißbördel, Typ 33 (DIN EN 1092-1)	10 bis 600	6 bis 10	Typ 02 (Typ 33)
für glatten Bund, Typ 32 (DIN EN 1092-1)	10 bis 600	6 bis 40	Typ 02 (Typ 32)
für Vorschweiß-bund, Typ 34 (DIN EN 1092-1)	10 bis 600	10 bis 40	Typ 04 (Typ 34)
Gewindeflansch glatt/oval (DIN 2558)	10 bis 100	6 bis 16	ohne Ansatz / mit Ansatz
oval/mit Ansatz (DIN 2561)	6 bis 40	10 bis 16	
rund/mit Ansatz (DIN EN 1092-1)	10 bis 2000	6 bis 100	Typ 13
Schweißflansch (Überschiebflansch mit Ansatz) (DIN EN 1092-1)	10 bis 1000	6 bis 100	Typ 12
Integralflansch (z. B. Gusseisenfl.) (DIN EN 1092-1)	10 bis 2000	6 bis 100	Typ 21
Blindflansch (DIN EN 1092-1)	10 bis 2000	2,5 bis 100	Typ 05

Tab. 158.2: Formen der Dichtflächen DIN EN 1092-1: 2007-11

Form der Dichtfläche	Kurzzeichen	Dichtung nach DIN	Nenndruck
ohne Dichtleiste	**A**	EN 1514 Form **FF**	
mit Dichtleiste	**B1** **B2**	EN 1514 Form **IBC**	2,5 bis 40 63 bis 100
mit Feder	**C**	EN 1514 Form **TG**	10 bis 100
mit Nut	**D**	EN 1514 Form **TG**	10 bis 100
mit O-Ring-Vorsprung	**G**	–	63 bis 400
mit O-Ring-Rücksprung	**H**	–	63 bis 400
mit Vorsprung	**E**	EN 1514 Form **SR**	10 bis 100
mit Rücksprung	**F**	EN 1514 Form **SR**	10 bis 100

Oberflächenbeschaffenheit der Flanschdichtflächen nach DIN EN 1092-1:
Dichtflächenformen: A, B1, E, F hergestellt mit Drehen, Oberflächenrauheit Ra = 3,2 bis 12,5 µm (Rz = 12,5 bis 50 µm)
B2, C, D, G, H hergestellt mit Drehen, Oberflächenrauheit Ra = 0,8 bis 3,2 µm (Rz = 3,2 bis 12,5 µm)

Stahlrohr-Verbindungsteile *steel pipe fittings*

Flansche

Vorschweißflansch (Typ 11)

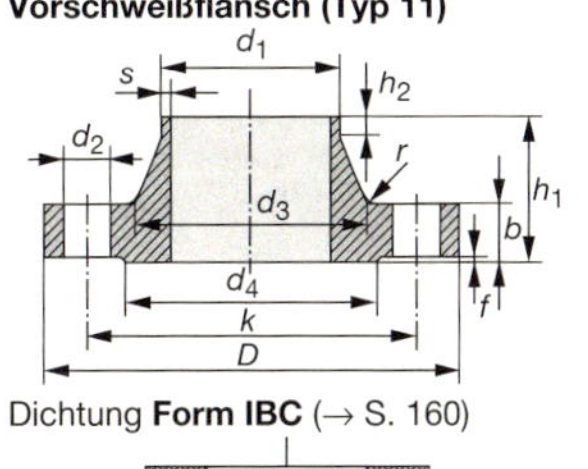

Dichtung **Form IBC** (→ S. 160)

d_i
d_a

Werkstoffe: S235JRG2, andere Werkstoffe z. B. P295GH, 14CrMo4-4, X2CrNiTi18-10, Werkstoffwahl nach DIN EN 1092-1

Dichtung: Flachdichtung nach DIN EN 1514-1 für PN 6/PN 16 für die Dichtleiste Form B1 nach DIN EN 1092-1 (→ Tab. 158.2)

Dichtungsmaße: Flachdichtungen (→ Tab. 160.3/4)

Druck: Bei oben genannten Werkstoffen kann bei ϑ_S = –10 bis 50 °C der zul. Druck p_S gleich dem Nenndruck gewählt werden.

Flanschmaße in mm:

d_1: Rohranschluss-Außenmaß
D : Flansch-Außen-Ø
d_4: Dichtleisten-Ø
s : Wanddicke
k : Lochkreis-Ø
h_1: Flanschhöhe
b : Flanschdicke
d_2: Loch-Ø
n : Anzahl der Schrauben
f, r, d_3, h_2: weitere Flanschmaße

Tab. 159.1: Vorschweißflansche mit Schraubenabmessungen DIN EN 1092-1: 2007-11

Vorschweißflansche (Typ 11) – PN 6 (Auszug) DIN EN 1092-1 (Maße in mm)

DN	d_1[1]		D	b	k	h_1	d_3		s	r	h_2	Dichtleiste		Schrauben			d_2	Masse
	Reihe 1	Reihe 2					Reihe 1	Reihe 2			≈	d_4	f	n	Gewinde	Länge[3]		m in kg
10	17,2	14	75	12	50	28	26	22	1,8	4	6	35	2	4	M 10	40	11	0,335
15	21,3	20	80	12	55	30	30	28	2	4	6	40	2	4	M 10	40	11	0,392
20	26,9	25	90	14	65	32	38	35	2,3	4	6	50	2	4	M 10	40	11	0,592
25	33,7	30	100	14	75	35	42	40	2,6	4	6	60	2	4	M 10	40	11	0,747
32	42,4	38	120	14	90	35	55	50	2,6	6	6	70	2	4	M 12	45	14	1,05
40	48,3	44,5	130	14	100	38	62	58	2,6	6	7	80	3	4	M 12	45	14	1,18
50	60,3	57	140	14	110	38	74	70	2,9	6	8	90	3	4	M 12	45	14	1,34
65	76,1	–	160	14	130	38	88	–	2,9	6	9	110	3	4	M 12	45	14	1,67
80	88,9	–	190	16	150	42	102	–	3,2	8	10	128	3	4	M 16	55	18	2,71
100	114,3	108	210	16	170	45	130	122	3,6	8	10	148	3	4	M 16	55	18	3,24
125	139,7	133	240	18	200	48	155	148	4	8	10	178	3	8	M 16	60	18	4,49
150	168,3	159	265	18	225	48	184	172	4,5	10	12	202	3	8	M 16	60	18	5,15
200	219,1	–	320	20	280	55	236	–	5,9	10	15	258	3	8	M 16	60	18	7,78

Vorschweißflansche (Typ 11) – PN 16[2] (Auszug) DIN EN 1092-1 (Maße in mm)

DN	d_1 Reihe 1	d_1 Reihe 2	D	b	k	h_1	d_3 Reihe 1	d_3 Reihe 2	s	r	h_2	d_4	f	n	Gewinde	Länge	d_2	Masse m in kg
10	17,2	14	90	14	60	35	28	25	1,8	4	6	40	2	4	M 12	45	14	0,580
15	21,3	20	95	14	65	35	32	30	2	4	6	45	2	4	M 12	45	14	0,648
20	26,9	25	105	16	75	38	40	38	2,3	4	6	58	2	4	M 12	50	14	0,952
25	33,7	30	115	16	85	38	45	42	2,6	4	6	68	2	4	M 12	50	14	1,14
32	42,4	38	140	16	100	40	56	52	2,6	6	6	78	2	4	M 16	55	18	1,69
40	48,3	44,5	150	16	110	42	64	60	2,6	6	7	88	3	4	M 16	55	18	1,86
50	60,3	57	165	18	125	45	75	72	2,9	6	8	102	3	4	M 16	60	18	2,53
65	76,1	–	185	18	145	45	90	–	2,9	6	10	122	3	4	M 16	60	18	3,06
80	88,9	–	200	20	160	50	105	–	3,2	8	10	138	3	8	M 16	60	18	3,70
100	114,3	108	220	20	180	52	131	125	3,6	8	12	158	3	8	M 16	65	18	4,62
125	139,7	133	250	22	210	55	156	150	4	8	12	188	3	8	M 16	70	18	6,30
150	168,3	159	285	22	240	55	184	175	4,5	10	12	212	3	8	M 20	70	22	7,75
200	219,1	–	340	24	295	60	235	–	5,9	10	16	268	3	12[4]	M 20	80	22	11,0

Bezeichnung eines Vorschweißflansches (Flanschtyp 11) nach DIN EN 1092-1 mit der Dichtflächenbezeichnung Form B1 (→ S. 158), DN 100, DN 100 mit d_1 = 114,3 mm, PN 16 aus S235JRG2

Bezeichnung	Dichtleiste-Form		Nennweite x d_1		Nenndruck	Werkstoff
Flansch DIN EN 1092-1/11	**B1**	/	**DN 100 x 114,3**	/	**PN 16**	**S235JRG2**

[1] Die Rohr-Außendurchmesser der Reihe 1 sind international nach ISO 4200 genormt, die der Reihe 2 werden in Deutschland noch angewendet. [2] Bis DN 150 gelten die Abmessungen auch für Flansche mit PN 10.
[3] Die Schraubenlängen gelten für Vorschweiß-, Gewinde-, Blind- und Armaturenflansch-Verbindungen mit einer 2 mm dicken Flachdichtung. [4] Flansche DN 200 und PN 10 haben nur 8 Schrauben.

Dichtungen *sealings*

Tab. 160.1: Dichtungsarten-Übersicht

Dichtungsart	Dichtungsform	Benennung/DIN	Werkstoff	Verwendung
Weichstoff-dichtung		Flachdichtung nach EN 1514-1	Gummi mit/ohne Gewebe-, Drahtgewebe- oder Metalleinlage; Kunststoffe; expandierter Graphit mit Einlage; Pressfaser mit Bindemittel (AFP)[1]; Pflanzenfaser auf Basis Kork	allgemeiner Apparatebau, Flansche für Wasser-, Dampf-, Gas-, Kühlmittelleitungen und Lüftungskanäle ohne überhöhte Ansprüche
		Weichstoffdichtung mit PTFE-Mantel nach EN 1514-3		
Metall-Weichstoff-dichtung		Spiraldichtung EN 1514-2	Stahl, CrNi-Stahl; Füllstoff: AFP[1], PTFE oder Graphit	Apparatebau für Raffinerie- und Chemieanlagen
		Blechummantelte Dichtung EN 1514-7	Al, Cu, Cu-Leg., Stahl, CrNi-Stahl mit AFP[1] oder Graphitfüllung	Motorenbau, chemische Anlagen, Apparatebau, Auspuffanlagen
		Gewellte Dichtung EN 1514-4	Wellring aus Metall mit Graphit-PTFE- oder AFP-Füllstoff	Chemische Industrie-anlagen und Apparatebau
Metall-dichtung		Metall-Flachdichtung EN 1514-4	Al, Cu, Ag, Ni, Weicheisen, CrNi-Stahl	allgemeiner Apparate- und Rohrleitungsbau
		Linsendichtung nach DIN 2696	Stahl und CrNi-Stahl	Hochdrucktechnik, petrochemische Anlagen
		Kammprofilierte Dichtung EN 1514-6	Al, Cu, Weicheisen	Apparate- und Rohrleitungsbau in Chemieanlagen und Kraftwerken
		Membranschweiß-dichtung DIN 2695	Stahl	Rohrleitungsanlagen für giftige und besonders gefährliche Medien

[1] AFP = elastomergebundene asbestfreie Faserstoffplatte (Asbesthaltige Werkstoffe sind in Deutschland verboten!)

Tab. 160.2: Flachdichtformen DIN EN 1514-1: 1997-08

Form **IBC**

Flanschdichtfläche Form **B**

Form **FF**

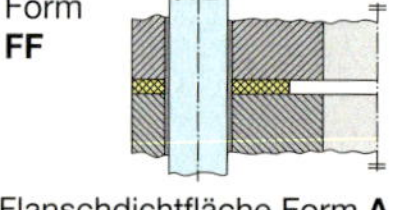

Flanschdichtfläche Form **A**

Form **SR**

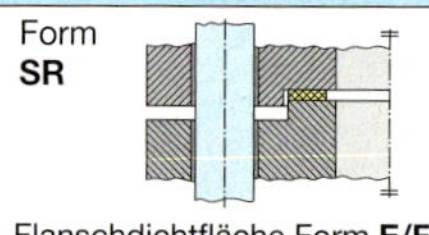

Flanschdichtfläche Form **E/F**

Form **TG**

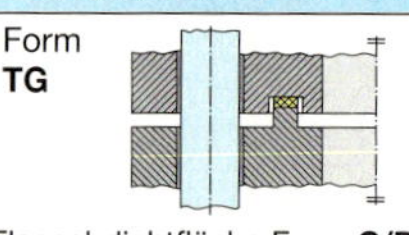

Flanschdichtfläche Form **C/D**

Flachdichtungen

Form: **IBC** **SR** **TG**

d_i d_a

Form: **FF**

d_2 k d_i d_a

Tab. 160.3: Maße von Flachdicht. für Flansche PN6 DIN EN 1514-1: 1997-08

DN	d_i in mm	Form **IBC** d_a in mm	Form **FF** d_a in mm	Form **FF** Schraubenlöcher Anzahl n	Form **FF** Schraubenlöcher d_2 in mm	Form **FF** Lochkreis-Ø k in mm
15	22	44	80	4	11	55
20	27	54	90	4	11	65
25	34	64	100	4	11	75
32	43	76	120	4	14	90
40	49	86	130	4	14	100
50	61	96	140	4	14	110
65	77	116	160	4	14	130
80	89	132	190	4	18	150
100	115	152	210	4	18	170
125	141	182	240	8	18	200
150	169	207	265	8	18	225
200	220	262	320	8	18	280
250	273	317	375	12	18	335

Tab. 160.4: Maße für Flachdichtungen für Flansche PN 16 DIN EN 1514-1: 1997-08

DN	(d_i ausgenommen Form **TG**) d_i in mm	Form **IBC** d_a in mm	Form **FF** d_a in mm	Form **FF** Schraubenlöcher Anzahl n	Form **FF** Schraubenlöcher d_2 in mm	Form **FF** Lochkreis-Ø k in mm	Form **SR** d_a in mm	Form **TG** d_i in mm	Form **TG** d_a in mm
15	22	51	95	4	14	65	39	29	39
20	27	61	105	4	14	75	50	36	50
25	34	71	115	4	14	85	57	43	57
32	43	82	140	4	18	100	65	51	65
40	49	92	150	4	18	110	75	61	75
50	61	107	165	4	18	125	87	73	87
65	77	127	185	8	18	145	109	95	109
80	89	142	200	8	18	160	120	106	120
100	115	162	220	8	18	180	149	129	149
125	141	192	250	8	18	210	175	155	175
150	169	218	285	8	22	240	203	183	203
200	220	273	340	12	22	295	259	239	250
250	273	329	405	12	26	355	312	292	312

Kupferrohrnormen *copper pipe standards*

Kupferrohre für Sanitärinstallation und Heizungsanlagen

Kupferrohr-Maße

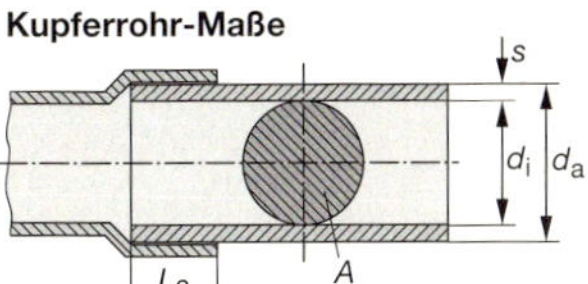

Lieferform	d_a in mm	Innen	Länge l in m	Zustand[1]
Ringe	6 bis 28	blank	25 oder 50	R220 (weich)
	12 bis 22	verzinnt	25	
Gerade Längen	6 bis 159	blank	3 oder 5	R250 (halbhart)
	6 bis 267	blank	3 oder 5	R290 (hart)
	12 bis 108	verzinnt	5	R290 (hart)

Werkstoff: z. B. Cu-DHP-250 oder Werkstoff-Nr. CW024A (→ S. 70 f.)

Rohrabmessungen:

d_a: Außendurchmesser in mm
A : lichter Querschnitt in cm²
v' : längenbezogener Rohrinhalt in dm³/m
s : Wanddicke in mm
L_1 : Mindestlötlänge in mm
A'_0: längenbezogene Rohroberfläche in m²/m
d_i : Innendurchmesser in mm
m': längenbezogene Rohrmasse in kg/m

Tab. 161.1: Nahtloses Rundrohr aus Kupfer für Wasser-, Heizungs- und Gasleitungen — DIN EN 1057: 2006-08

Kupferrohre für Gas- und Wasserleitungen[4]								Kupferrohre für Heizungsleitungen[3) 5)]				
DN	d_a x s mm	d_i mm	A cm²	v' dm³/m	m' kg/m	A'_0 m²/m	L_1[2] mm	d_a x s mm	d_i mm	A cm²	v' dm³/m	m' kg/m
4	6 x 1	4	0,13	0,013	0,140	0,019	5,8	6 x 0,6	4,8	0,18	0,018	0,091
6	8 x 1	6	0,28	0,028	0,196	0,025	6,8	8 x 0,6	6,8	0,36	0,036	0,124
8	10 x 1	8	0,50	0,050	0,252	0,031	7,8	10 x 0,6	8,8	0,61	0,061	0,158
10	12 x 1	10	0,79	0,079	0,308	0,038	8,6	12 x 0,7	10,4	0,85	0,085	0,274
12	15 x 1	13	1,33	0,133	0,391	0,047	10,6	15 x 0,8	13,4	1,41	0,141	0,314
15	18 x 1	16	2,01	0,201	0,475	0,057	12,6	18 x 0,8	16,4	2,11	0,211	0,385
20	22 x 1	20	3,14	0,314	0,587	0,069	15,4	22 x 0,9	20,2	3,20	0,320	0,531
25	28 x 1,5	25	4,91	0,491	1,111	0,088	18,4	28 x 1,0	26,0	5,31	0,531	0,755
32	35 x 1,5	32	8,04	0,804	1,405	0,110	23	35 x 1,0	33,0	8,55	0,855	0,951
40	42 x 1,5	39	11,95	1,195	1,699	0,132	27	42 x 1,0	40,0	12,57	1,257	1,146
50	54 x 2	50	19,63	1,963	2,908	0,170	32	54 x 1,2	51,6	20,91	2,091	1,768
–	64 x 2	60	28,27	2,827	3,467	0,201	32,5	–	–	–	–	–
65	76,1 x 2	72,1	40,83	4,083	4,144	0,239	33,5	76,1 x 1,5	73,1	41,97	4,197	3,124
80	88,9 x 2	84,9	56,61	5,661	4,859	0,279	37,5	–	–	–	–	–
100	108 x 2,5	103	83,32	8,332	7,374	0,339	47,5	–	–	–	–	–

1) Zustandsbezeichnung (→ Tab. 70.4 und Tab. 71.1) 2) Mindestwerte für Innenlötlängen L_1 beim Einsatz von Kapillarlötfittings nach DIN EN 1254-1. 3) Heizungsrohre dürfen nicht in der Trinkwasser-, Gas- und Flüssiggasinstallation eingesetzt werden. 4) Schutzmantel für innen verzinnte Rohre → lichtgrau, B2 nach DIN 4102.
5) Schutzmantel für Fußbodenheizungsrohre → gelb-orange, B2 nach DIN 4102.

Bezeichnung: Kupferrohr nach DIN EN 1057, Zustandsbezeichnung R220, d_a = 15 mm und s = 1 mm, 50 m Ring.

Rohr	DIN ...	Zustandsbezeichnung	Nennmaß	Lieferform	Herstellerdatum und DVGW-Zeichen
Kupferrohr	EN 1057	R220	15 x 1	50 m Ringe	

Wärmeisolierte Kupferrohre

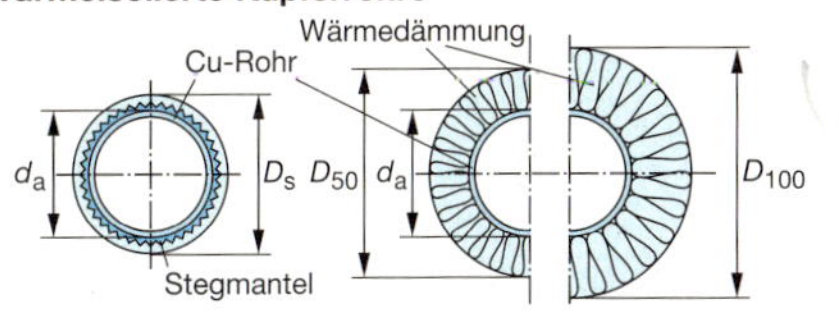

d_a : Rohraußendurchmesser in mm
s, d_i, A, v', m' (→ Tab. 161.1)
D_s : Stegmantel-Außen-Ø in mm
D_{50}[2] : Außendurchmesser mit Isolierung in mm
D_{100}[3]: Außendurchmesser mit Isolierung in mm
l_{ab} : Länge der Isolierungs-Abmantelung in mm

Tab. 161.2: Abmessungen der Wärmedämmung[1] und Abmantelungslängen l_{ab} in mm

d_a mm	Ring D_s mm	Ring D_{50}[2] mm	Stange D_s mm	Stange D_{100}[3] mm	l_{ab} mm	d_a mm	Ring D_s mm	Stange D_{50}[2] mm	Stange D_{100}[3] mm	l_{ab} mm
6	10[4]	–	–	–	120	22	27[4]	26	46	120
8	12[4]	–	–	–	120	28	–	33	64	160
10	14	24[5]	14[4]	–	120	35	–	40[6]	72	160
12	16	26	16	33	120	42	–	48[6]	91	200
15	19	29	19	37	150	54	–	60[6]	116	200
18	22	32	23	41	180	–	–	–	–	–

1) Rohre bis d_a = 54 mm werden außer blank auch mit Stegmantel oder geschäumtem Mantel geliefert: Zulässige Temperatur ϑ_s = 100 °C und Brandverhalten für den Isoliermantel nach DIN 4102-B2.
2) Wärmedämmung = 50 % nach der EnEV (→ Tab. 395.1)
3) Wärmedämmung = 100 % nach der EnEV (→ Tab. 395.1)
4) nur für Sanitärrohr
5) nur für Heizungsrohr
6) nur für Sanitärrohr mit 100 % Wärmedämmung

Lötfittings für Kupferrohre *soldering fittings for copper pipes*

Lötfitting

Cu-Rohr DIN EN 1057

d_a = Rohraußendurchmesser in mm

Tab. 162.1: Werkstoff-Beispiele DIN EN 1254-1: 1998-03

Werkstoffbezeichnung			Werkstoffbezeichnung		
Kurzzeichen	Nummer	Norm	Kurzzeichen	Nummer	Norm
Cu-DHP	CW024A	EN 12 449	CuZn39 Pb3	CW614N	EN 12 164
CuSn5Zn5Pb5-C	CC491K	EN 1982	CuZn33Pb2-C	CC750S	EN 1982
CuZn36Pb2As	CW602N	EN 12 164	CuZn15As-C	CC760S	EN 1982

Tab. 162.2: Max. zul. Temperaturen und Drücke der Rohrleitungs-Lötstellen[1]

Weichlote[2]	ϑ_S in °C	p_S in bar: d_a = 6 bis 34 mm	p_S in bar: d_a > 34 bis 54 mm	p_S in bar: d_a > 54 bis 108 mm	Hartlote[2]	ϑ_S in °C	p_S in bar: d_a = 6 bis 34 mm	p_S in bar: d_a > 34 bis 54 mm	p_S in bar: d_a > 54 bis 108 mm
S-Sn97Cu3	30	25	25	16	CP-203	30	25	25	16
oder	65	25	16	16	oder	65	25	16	16
S-Sn95Ag5	110	16	10	10	CP-105	110	16	10	10

[1] Werte gelten nur bei Verwendung von Lötfittings nach DIN EN 1254-1

[2] Normbezeichnungen der Weich- und Hartlote (→ S. 88/89)

Tab. 162.3: Kapillar-Lötfittings für Kupferrohre[1] DIN EN 1254-1: 1998-03

Typ	Bogen 90°			Bogen 90°		
Nr.	5002 a (I + I)			5001 a (I + A)		
d_a	l_1	z_1	l_2	l_3	z_2	l_4
8						
10	20	12	22	12	4	14
12	23	14	25	14	5	16
15	29	18	31	17	6	19
18	34	22	36	20	7	22
22	42	26	44	25	9	27
28	52	34	54	29	10	31

Typ	Bogen 45°			Bogen 45°		
Nr.	5041 (I + I)			5040 (I + A)		
d_a	l_1	z_1	l_2	l_3	z_2	l_4
35	65	42	67	37	14	39
42	77	50	79	42	15	44
54	97	65	99	52	20	54
64	109	77	–	60	27	–
76,1	125	91	–	66	32	–
88,9	144	107	–	75	37	–
108	177	130	–	108	60	–

Typ	Bogen 180°			U-Bogen		
Nr.	5060			5870		
d_a	l_1	l_2	z_1	l_3	Δl	z_2
12	34	31	17	91	5	68
15	44	40	22	111	7	88
18	52	47	26	133	8	104
22	65	59	32	163	10	130
28	82	73	41	207	12	164
35	104	92	52	262	12	209
42	126	111	63	314	12	253

Al: Dehnungsaufnahme

Typ	T-Stück													
Nr.	5130, gleiche-Ø		reduziert o. erweitert					mehrfach reduziert						
d_a	l_1	z_1	$d_{a1} \times d_{a2}$	l_2	z_2	l_3	z_3	$d_{a1} \times d_{a2} \times d_{a3}$	l_4	z_4	l_5	z_5	l_6	z_6
10	14	6	12 x 10	15	6	15	7	15 x 12 x 12	18	7	18	9	18	9
12	16	7	12 x 15	18	9	18	7	15 x 15 x 12	19	8	19	8	19	10
15	19	8	15 x 10	17	6	17	9	18 x 15 x 15	22	9	21	10	22	11
18	23	10	15 x 10	18	7	18	9	18 x 18 x 12	23	10	23	10	21	12
22	28	12	15 x 18	21	10	22	9	18 x 18 x 15	23	10	23	10	23	12
28	34	15	18 x 12	21	8	19	10	22 x 15 x 15	25	9	23	12	24	13
35	42	19	18 x 15	21	8	21	10	22 x 15 x 18	25	9	24	12	25	12
42	50	23	22 x 12	23	7	21	12	22 x 18 x 18	27	11	25	12	26	13
54	61	29	22 x 15	25	9	23	12	22 x 22 x 15	28	12	28	12	25	14
64	73	40	22 x 18	27	11	25	12	22 x 22 x 18	28	12	28	12	27	14
76,1	80	46	22 x 28	32	16	32	13	28 x 28 x 22	34	15	34	15	35	19
89,9	92	54	28 x 15	28	9	26	15	35 x 22 x 22	37	14	36	16	47	31
108	112	64	28 x 18	29	10	28	15	35 x 22 x 28	37	14	36	16	42	33

Typ	Reduziernippel				Reduziermuffe				
Nr.	5243				5240				
$d_{a1} \times d_{a2}$	l_1	z_1	l_2	z_2	$d_{a1} \times d_{a2}$	l_1	z_1	l_2	z_6
8 x 6	14	7	15	2	35 x 18	47	34	56	17
10 x 8	16	9	17	3	35 x 22	48	32	54	14
12 x 8	20	13	19	3	35 x 28	49	30	47	5
12 x 10	19	11	20	3	42 x 22	56	40	67	22
15 x 10	23	15	23	4	42 x 28	56	37	62	14
15 x 12	24	15	23	3	42 x 35	57	34	56	6
18 x 12	27	18	30	6	54 x 28	67	48	80	25
18 x 15	29	18	27	3	54 x 35	68	45	77	18
22 x 15	34	23	32	5	54 x 42	69	42	70	11
22 x 18	35	22	31	3	64 x 54	75	43	75	10
28 x 18	39	26	38	7	76 x 54	82	50	82	17
28 x 22	42	26	39	5	89 x 76	84	50	83	12
35 x 15	54	43	–	–	108 x 89	100	62	100	15

[1] Bestellnummern und Abmessungen der Lötfittings nach Herstellerunterlagen.
Teilweise haben die Fittings je nach Hersteller geringfügige Maßabweichungen, alle Maße in mm.

Lötfittings für Kupferrohre *soldering fittings for copper pipes*

Tab. 163.1: Kapillar-Lötfittings für Kupferrohre nach DIN EN 1254-1: 1998-03 (Fortsetzung)[1]

Typ	Übergangsnippel					Übergangsmuffe					Übergangsstück				Winkel-R_p				Winkel-R		
Nr.:	4243 g[2]					4270 g					4246 g[2]-R oder R_p				4090 g				4092 g		
	d_a x R / d_a x R_p	l_1	z_1	l_2	z_2	d_a x R / d_a x R_p	l_1	z_1	l_2	z_2	d_a x R / d_a x R_p	l_1	l_2	z_1	l_1	z_1	l_2	z_2	l_3	z_3	l_4
	10 x 3/8	19	11	21	4	28 x 3/4	32	14	33	2	12 x 3/8	25	24	16	18	9	16	7	16	7	21
	12 x 3/8	19	10	21	4	28 x 1	33	15	40	6	12 x 1/2	28	28	17	20	11	19	8	17	8	25
	12 x 1/2	22	14	25	5	28 x 1 1/4	33	15	42	7	15 x 1/2	30	31	19	22	11	21	10	19	8	25
	15 x 3/8	21	11	23	3	35 x 3/4	–	–	37	2	18 x 1/2	31	32	20	24	11	22	11	21	8	27
	15 x 1/2	22	12	28	5	35 x 1	40	17	39	1	18 x 3/4	–	34	21	27	14	24	11	24	11	30
	15 x 3/4	26	15	29	6	35 x 1 1/4	35	12	46	6	22 x 1/2	35	31	19	27	11	24	13	25	10	32
	18 x 1/2	25	12	28	4	35 x 1 1/2	35	12	–	–	22 x 3/4	40	38	23	30	14	26	13	27	11	31
	18 x 3/4	25	12	31	5	42 x 1 1/4	44	17	45	1	28 x 1	42	43	28	37	17	32	20	34	15	38
	22 x 1/2	28	13	28	1	42 x 1 1/2	44	17	52	6	35 x 1 1/4	49	50	32	49	26	40	26	42	19	51
	22 x 3/4	28	13	35	5	54 x 1 1/2	50	18	–	–	42 x 1 1/2	53	56	36	53	25	45	31	49	22	56
	22 x 1	29	14	37	7	54 x 2	52	20	59	6	54 x 2	66	64	42	63	30	53	36	–	–	–

Typ	Verschraubung Durchgangsform			Verschraubung Winkelform				Verschraubung Durchgangsf.-R / Durchgangsf.-R_p					Verschraubung Winkelform 90°-R / Winkelf. 90°-R_p						
Nr.:	4340 g[2]			4096 g				4341 g[2] / 4340 g[2]					4096 g / 4098 g						
	d_a	l_1	z_1	l_2	z_2	l_3	z_3	d_a x R / d_a x R_p	l_1	z_1	l_2	z_2	l_1	z_1	l_2	z_2	l_3	z_3	l_4
	10	35	19	37	28	17	9	12 x 3/8	41	32	36	18	40	30	23	16	17	7	42
	12	37	19	36	26	17	7	12 x 1/2	43	34	42	22	44	35	28	18	17	7	47
	15	39	17	39	28	21	9	15 x 1/2	45	34	43	21	44	33	28	18	19	8	53
	18	41	15	41	27	22	8	18 x 1/2	46	33	36	12	45	31	28	18	22	8	49
	22	45	13	48	32	28	12	22 x 3/8	51	35	45	16	49	33	34	23	28	12	62
	28	48	10	51	32	35	16	28 x 1	55	36	49	16	56	37	41	29	35	16	72
	35	58	12	–	–	–	–	35 x 1 1/4	62	39	56	15	72	49	38	21	43	20	81
	42	67	13	–	–	–	–	42 x 1 1/2	67	40	60	15	82	55	41	24	51	24	89
	54	77	13	–	–	–	–	54 x 2	75	43	68	14	97	65	51	30	–	–	–

[1] Bestellnummer und Abmessungen der Lötfittings nach Herstellerangaben. Teilweise können je nach Hersteller geringfügige Maßabweichungen auftreten.

[2] Diese Fittings sind in der Werkstoffqualität CuSn5Zn5Pb5-C (früher Rotguss) mit geringen Maßabweichungen erhältlich.

Lötfittings für Kupferrohre *soldering fittings for copper pipes*

Tab. 164.1: Kapillar-Lötfittings für Kupferrohre nach DIN EN 1254-1: 1998-03 (Fortsetzung)[1]

Typ	Lötmuffe					Überbogen				Lötflansch				T-Abgang-R_p					Deckenwinkel-R_p					
Nr.:	5270					5085				7552				4130 g[2]					4472 g					
d_a	l	z	d_a	l	z	d_a	l_1	c	z_1	d_a	D	b	z	$d_a \times R_p$	l_1	z_1	l_2	z_2	l_1	z_1	l_2	z_2	l_3	k
8	15	1	42	56	1,5	15	115	20	91	10	90	12	9	12 x 3/8	19	9	17	10	18	9	26	17	17	34
10	17	1	54	66	1,5	18	126	20	100	15	95	12	8	12 x 1/2	21	11	19	9	20	11	28	17	19	40
12	19	1,5	64	67	2	22	143	22	112	20	105	14	6	15 x 1/2	22	11	21	10	22	11	31	20	21	40
15	23	1,5	76,1	69	2	D	l_2	e	z_2	25	115	14	5	18 x 1/2	24	11	22	11	24	11	34	23	22	40
18	27	1,5	88,9	77	2	12	82	33	73	32	140	14	5	18 x 3/4	28	14	24	13	27	14	36	25	24	50
22	32	1,5	108	97	2	15	93	36	82	40	150	14	5	22 x 1/2	27	11	24	13	27	11	38	28	24	50
28	38	1,5	–	–	–	18	101	40	88	50	165	16	4	22 x 3/4	30	14	26	13	30	14	40	27	26	50
35	48	1,5	–	–	–	22	116	44	100	65	185	16	4	28 x 1	37	18	32	17	36	17	50	38	32	60

[1] Bestellnummern und Abmessungen der Lötfittings nach Herstellerangaben. Je nach Hersteller können geringfügige Maßabweichungen auftreten.
[2] Diese Fitting sind auch in der Werkstoffqualität CuSn5Zn5Pb5-C (früher Rotguss) mit geringen Maßabweichungen erhältlich.

Bezeichnung eines Bogens 90° nach DIN EN 1254-1mit der Katalog-Nr. 5002 a mit beidseitigem Lötmuffen-Anschluss für Kupferrohr d_a = 18 mm, aus Reinkupfer nach DIN EN 12 449

Lötfitting	-	DIN ...	-	Katalog-N r.	-	Rohranschluss	-	Werkstoff
Bogen 90°	-	EN 1254-1	-	5002 a (l + l)	-	18	-	Cu-DHP

Pressfittings für Kupferrohre (Herstellerangaben)

Pressfitting-Verbindung
(Kennzeichnung des G-Fittings)

Werkstoffe: Cu-DHP oder CuSn5Zn5Pb5-C (früher Rotguss Rg 5)
Verwendung: Zur Verbindung von Kupferrohren in Trinkwasser-, Heizungs-, Solar-, Regenwasser-, Druckluft-, Sprinkler-, Gas-, Flüssiggas- und Ölleitungen
Dichtungsarten:

Medium	Dichtelement	zul. Temperatur ϑ_s / zul. Druck p_s
Trinkwasser	EPDM[1] – schwarz	ϑ_s = 85 °C, p_s = 10 bar (Prüfdruck p_t =16 bar)
WW-Heizung	EPDM[1] – schwarz	ϑ_s = 110 °C, p_s = 6 bar
Solar	FPM – grün	kurzzeitig ϑ_s = 200 °C, p_s = 6 bar (bei 50 % Glykol)
Gas, Flüssiggas	HNBR[2] – gelb-braun	PN5 (p_s = 5 bar), GT/1[3]
Öl	HNBR[2] – gelb-braun	PN10 (p_s = 10 bar)

[1] Ethylen-Propylen-Dien-Kautschuk
[2] Acrylnitril-Butadien-Kautschuk
[3] GT/1: Höhere thermische Belastung von 650 °C, mind. 30 min, p_s = 1 bar

Tab. 164.2: Geeignete Kupferrohr-Abmessungen nach DIN EN 1057 für Pressfitting-Verbindungen

Trinkwasser/Gas/Öl $d_a \times s$ in mm	12 x 1	15 x 1	18 x 1	22 x 1	28 x 1,5	35 x 1,5	42 x 1,5	54 x 2
Heizung/Fernheizung $d_a \times s$ in mm	12 x 0,7	15 x 0,8	18 x 0,8	22 x 0,9	28 x 1,0	35 x 1,2	42 x 1,2	54 x 1,5

Tab. 164.3: Pressfittings aus Kupfer bzw. Kupfer-Zinn-Zink-Legierung (Herstellerangaben, Maße in mm)

Muffe
aus Kupfer

Schiebemuffe
aus CuSnZn-Legierung

DN	d_a	l_1	z_1	l_2	e_s[1]	K[2]
10	12	42	6	–	–	T, –
12	15	50	6	80	25	T, G
15	18	54	10	80	24	T, G
20	22	56	10	85	27	T, G
25	28	58	10	95	39	T, G
32	35	62	10	105	30	T, G
40	42	84	12	120	42	T, G
50	54	92	12	135	48	T, G

[1] e_s: Mindesteinstecktiefe des Rohres in die Schiebemuffe
[2] Kennzeichnung: **T** → Trinkwasserfitting; **G** → Gasfitting

Pressfittings für Kupferrohr *compression fittings for copper pipes*

Tab. 165.1: Pressfittings aus Kupfer- bzw. Kupfer-Zinn-Zink-Legierung (Herstellerangaben, Maße in mm)

Übergangsstück
mit Außengewinde (R)
aus CuSnZn-Leg.

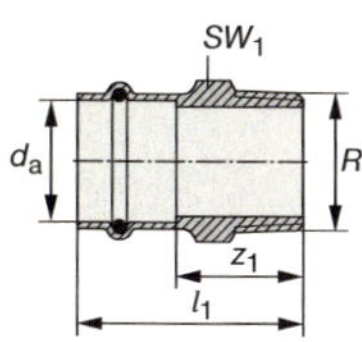

Übergangsstück
mit Innengewinde (Rp)
aus CuSnZn-Leg.

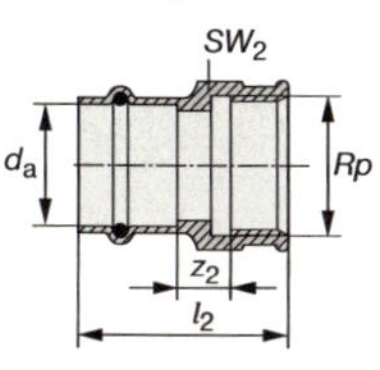

mit Außengewinde (*R*)					mit Innengewinde (R_p)				
d_a x R	l_1	z_1	SW_1	K	d_a x R_p	l_2	z_2	SW_2	K
12 x 3/8	34	16	17	T, –	12 x 3/8	32	4	21	T, –
12 x 1/2	38	20	22	T, –	12 x 1/2	39	8	26	T, –
15 x 3/8	39	15	19	T, –	15 x 3/8	37	4	21	T, –
15 x 1/2	44	20	22	T, G	15 x 1/2	44	7	26	T, G
15 x 3/4	50	26	28	T, G	15 x 3/4	45	7	31	T, G
18 x 1/2	44	20	22	T, G	18 x 1/2	44	7	26	T, G
18 x 3/4	47	23	28	T, G	18 x 3/4	45	7	31	T, G
22 x 1/2	45	21	27	T, G	22 x 1/2	44	7	26	T, G
22 x 3/4	50	26	28	T, G	22 x 3/4	47	9	31	T, G
22 x 1	55	31	36	T, G	22 x 1	52	11	38	T, –
28 x 3/4	52	28	33	T, G	28 x 3/4	47	9	33	T, –
28 x 1	55	31	36	T, G	28 x 1	52	11	38	T, G
28 x 1 1/4	62	38	42	T, G	28 x 1 1/4	56	13	47	T, –
35 x 1	53	27	40	T, G	35 x 1	48	5	39	T, –
35 x 1 1/4	62	36	43	T, G	35 x 1 1/4	54	9	47	T, G
35 x 1 1/2	62	36	50	T, G	35 x 1 1/2	–	–	–	–, –
42 x 1 1/4	70	39	48	T, G	42 x 1 1/4	65	5	47	T, –
42 x 1 1/2	77	36	50	T, G	42 x 1 1/2	74	14	53	T, G
54 x 1 1/2	78	32	68	T, G	54 x 1 1/2	–	–	–	–, –
54 x 2	80	34	68	T, G	54 x 2	80	11	70	T, G

Bogen 90° (aus Kupfer) | **Bogen 90° – I x A** (aus Kupfer) | **Bogen 45°** (aus Kupfer) | **Bogen 45° – I x A** (aus Kupfer)

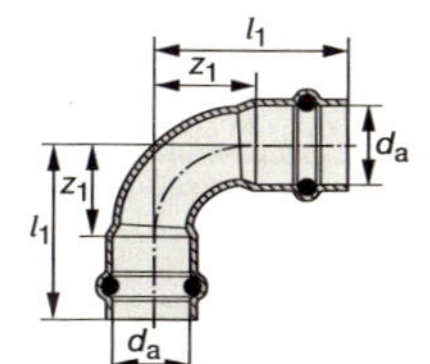

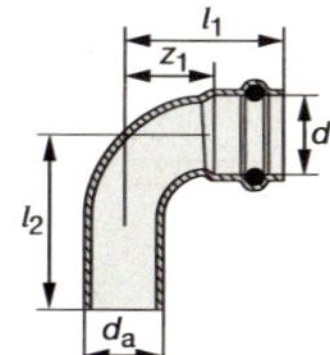

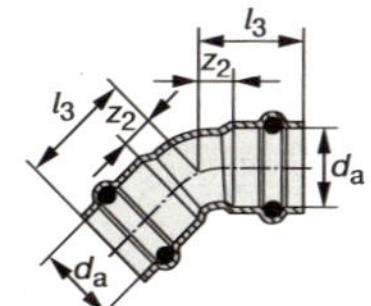

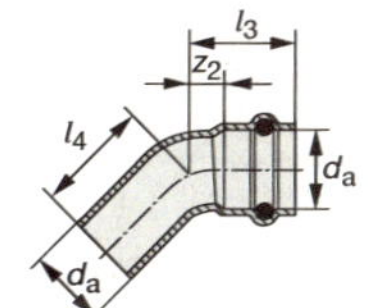

d_a	l_1	l_2	z_1	l_3	l_4	z_2	K	d_a	l_1	l_2	z_1	l_3	l_4	z_2	K
12	33	35	15	24	26	6	T, –	28	58	60	34	38	40	14	T, G
15	40	42	18	30	32	8	T, G	35	68	70	42	44	46	18	T, G
18	44	46	22	31	33	9	T, G	42	87	89	51	57	63	21	T, G
22	50	52	27	34	36	11	T, G	54	105	107	65	67	74	27	T, G

Übergangsbogen 90° aus CuSnZn-Leg.

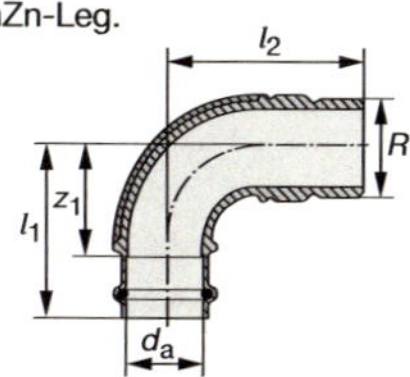

Übergangswinkel 90° aus CuSnZn-Leg.

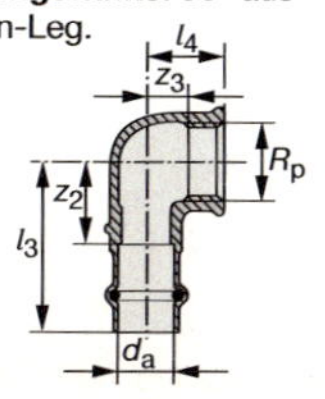

mit Außengewinde (*R*)					mit Innengewinde (R_p)					
d_a x R	l_1	l_2	z_1	K	d_a x R_p	l_3	l_4	z_2	z_3	K
12 x 3/8	37	40	19	T, –	12 x 3/8	38	17	20	9	T, –
12 x 1/2	37	44	19	T, –	12 x 1/2	40	20	22	10	T, –
15 x 3/8	45	47	21	T, –	15 x 3/8	46	18	22	11	T, –
15 x 1/2	45	47	21	T, G	15 x 1/2	46	22	22	12	T, G
15 x 3/4	–	–	–	–, –	15 x 3/4	50	25	26	13	T, G
18 x 1/2	46	50	22	T, –	18 x 1/2	46	23	22	12	T, G
18 x 3/4	46	55	22	T, G	18 x 3/4	50	24	26	13	T, G
22 x 1/2	–	–	–	–, –	22 x 1/2	52	24	25	16	T, G
22 x 3/4	51	59	27	T, G	22 x 3/4	52	26	28	11	T, G
22 x 1	–	–	–	–, –	22 x 1	59	29	35	16	T, G
28 x 1	58	72	34	T, G	28 x 1	59	33	35	20	T, G
35 x 1 1/4	74	88	48	T, G	35 x 1 1/4	66	39	40	24	T, G
42 x 1 1/2	92	98	51	T, G	42 x 1 1/2	77	43	36	28	T, G
54 x 2	110	120	64	T, G	54 x 2	97	55	51	37	T, G

[1] **Kennzeichnung:** **T** → Trinkwasser-, Heizungs-, Solarleitungsfitting
G → Gas-, Flüssiggas- und Heizölleitungsfitting
(einsetzbar für Gase nach DVGW-Arbeitsblatt G 260/I und 260/II, geeignet für UP- und AP-Installationen nach DVGW-TRGI 2008 und TRF 1996)

Pressfittings für Kupferrohr *compression fittings for copper pipes*

Tab. 166.1: Pressfittings aus Kupfer bzw. Kupfer-Zinn-Zink-Legierungen (Herstellerangaben, Maße in mm)

T-Stück aus Kupfer

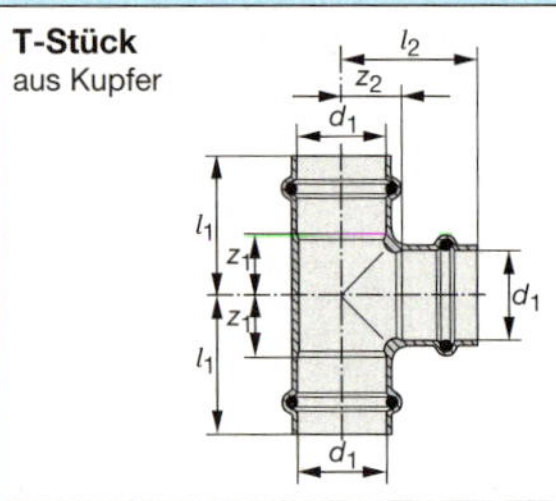

d_1	l_1	l_2	z_1	z_2	K[1)]
12	36	28	18	10	T, –
15	41	33	19	11	T, G
18	42	35	20	13	T, G
22	45	38	22	15	T, G
28	48	43	24	19	T, G
35	52	48	26	22	T, G
42	65	65	29	29	T, G
54	75	75	35	35	T, G

T-Stück aus CuSnZn-Leg. mit Außengewinde

$d_1 \times R \times d_2$	l_1	l_2	z_1	K[1)]
18 x 3/4 x 18	45	40	21	T
22 x 3/4 x 22	50	42	26	T
28 x 3/4 x 28	50	45	26	T
35 x 3/4 x 35	50	45	24	T
42 x 3/4 x 42	55	50	14	T
54 x 3/4 x 54	66	55	20	T
54 x 1 x 54	69	63	24	T
54 x 1 1/4 x 54	72	66	32	T

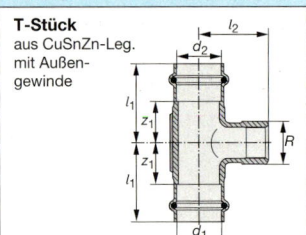

T-Stück aus CuSnZn-Leg. mit Innengewinde

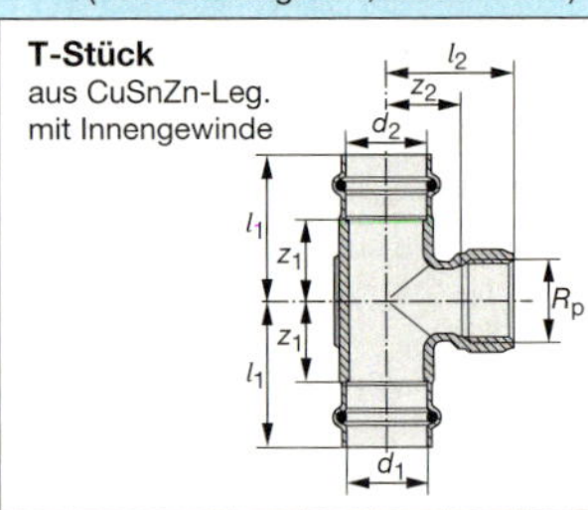

$d_1 \times R_p \times d_2$	l_1	l_2	z_1	z_2	K[1)]
12 x 1/2 x 12	40	35	22	22	T, –
15 x 1/2 x 15	54	21	21	8	T, G
18 x 1/2 x 18	45	40	21	23	T, G
22 x 1/2 x 22	49	43	25	27	T, G
22 x 3/4 x 22	49	45	25	29	T, G
28 x 1/2 x 28	49	46	25	31	T, G
28 x 3/4 x 28	53	50	29	34	T, G
35 x 1/2 x 35	49	49	23	34	T, G
35 x 1 x 35	60	55	35	36	T, G
42 x 1/2 x 42	55	50	14	35	T, G
42 x 1 x 42	65	59	25	40	T, G
54 x 1/2 x 54	66	55	20	40	T, G
54 x 1 x 54	70	66	25	47	T, G

[1)] **Kennzeichnung:** **T** → Trinkwasser-, Heizungs-, Solarleitungsfitting
G → Gas-, Flüssiggas- und Ölleitungsfitting
(nach DVGW-TRGI 2008 und TRF 1996)

T-Stück aus Kupfer, reduziert

$d_1 \times d_2 \times d_2$	l_1	l_2	l_3	z_1	z_2	z_3	K[1)]	$d_1 \times d_2 \times d_2$	l_1	l_2	l_3	z_1	z_2	z_3	K[1)]
12 x 15 x 12	38	32	38	20	10	20	T,–	28 x 15 x 28	41	41	41	17	19	17	T,G
15 x 12 x 12	39	30	39	17	12	21	T,–	28 x 18 x 22	42	41	47	18	19	24	T,–
15 x 12 x 15	39	30	39	17	12	17	T,–	28 x 18 x 28	42	41	42	18	19	18	T,–
15 x 15 x 12	41	33	41	19	11	23	T,–	28 x 22 x 22	45	42	50	21	19	27	T,–
15 x 18 x 15	42	35	42	20	13	20	T,–	28 x 22 x 28	45	42	45	21	19	21	T,G
15 x 22 x 15	45	38	45	23	15	23	T,–	28 x 28 x 22	48	43	53	24	19	30	T,–
18 x 12 x 18	39	31	39	17	13	17	T,–	35 x 15 x 35	44	44	44	18	22	18	T,–
18 x 15 x 18	41	35	41	19	13	17	T,G	35 x 18 x 35	44	44	44	18	22	18	T,–
18 x 18 x 15	42	35	47	20	13	25	T,–	35 x 22 x 35	46	45	46	20	22	20	T,G
18 x 22 x 18	45	36	45	23	13	23	T,–	35 x 28 x 28	49	46	55	23	22	31	T,–
22 x 15 x 15	41	37	47	18	15	25	T,G	35 x 28 x 35	49	46	49	23	22	23	T,G
22 x 15 x 18	41	37	44	18	15	22	T,–	42 x 25 x 42	53	52	53	17	29	17	T,–
22 x 15 x 22	41	37	41	18	15	18	T,G	42 x 28 x 42	55	53	55	19	29	19	T,G
22 x 18 x 18	42	37	47	19	15	25	T,–	42 x 35 x 42	58	55	58	22	29	22	T,G
22 x 18 x 22	42	37	42	19	15	19	T,G	54 x 22 x 54	60	58	60	20	35	20	T,–
22 x 22 x 15	45	38	51	22	15	29	T,G	54 x 28 x 54	63	59	63	23	35	23	T,–
22 x 22 x 18	45	38	51	22	15	29	T,–	54 x 35 x 54	68	61	68	28	35	28	T,–
28 x 15 x 22	41	41	45	17	19	22	T,–	54 x 42 x 54	69	71	69	29	35	29	T,G

Verschraubung aus CuSnZn-Leg. flachdichtend mit Innengewinde (R_p)

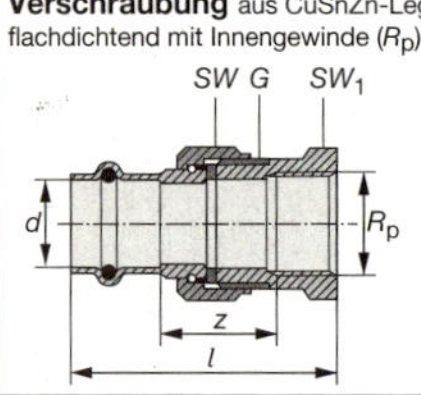

Verschraubung aus CuSnZn-Leg. flachdichtend mit Außengewinde (R)

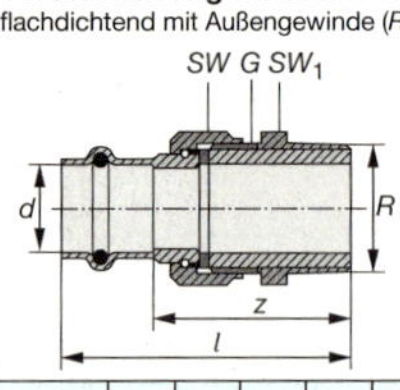

Winkelverschraubung aus CuSnZn-Leg., flachdichtend

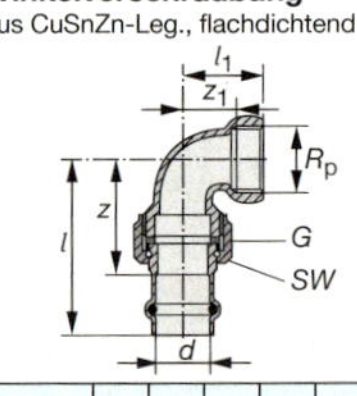

Wandscheibe aus CuSnZn-Leg.

$d \times R_p$	l	z	G	SW	SW_1	$d \times R$	l	z	G	SW	SW_1
12 x 1/2	56	24	3/4	30	27	12 x 1/2	59	41	3/4	30	27
15 x 1/2	64	25	3/4	30	27	15 x 1/2	66	42	3/4	30	27
15 x 3/4	67	28	3/4	30	31	15 x 3/4	67	43	3/4	30	28
18 x 1/2	64	25	3/4	30	27	18 x 1/2	66	42	3/4	30	27
18 x 3/4	67	30	3/4	30	31	18 x 3/4	67	43	3/4	30	38
22 x 3/4	72	32	1	37	34	22 x 3/4	74	50	1	37	34
22 x 1	81	38	1	37	40	22 x 1	70	46	1	37	34
28 x 1	78	35	1 1/4	46	44	28 x 1	78	56	1 1/4	46	44
35 x 1 1/4	83	36	1 1/2	59	56	35 x 1 1/4	89	63	1 1/2	52	50
42 x 1 1/2	94	32	1 3/4	59	56	42 x 1 1/2	100	59	1 3/4	59	55
54 x 2	95	34	2 3/8	75	68	54 x 2	116	86	2 3/8	75	72

$d \times R_p$	l	l_1	z	z_1	G	SW	l_2	l_3	l_4	l_5	z_2	d
12 x 1/2	54	28	36	17	3/4	30	40	27	20	12	22	55
15 x 1/2	61	28	37	17	3/4	30	46	20	20	14	22	55
15 x 3/4	–	–	–	–	–	–	–	–	–	–	–	–
18 x 1/2	61	28	37	17	3/4	30	46	27	22	14	22	55
18 x 3/4	65	39	42	20	1	36	50	28	24	15	26	62
22 x 3/4	71	33	47	20	1	37	52	30	28	21	28	62
22 x 1	74	44	50	25	1	37	–	–	–	–	–	–
28 x 1	83	47	59	26	1 1/4	46	–	–	–	–	–	–
35 x 1 1/4	85	57	59	32	1 1/2	52	–	–	–	–	–	–
42 x 1 1/2	108	59	65	36	1 3/4	59	–	–	–	–	–	–
54 x 2	123	69	76	43	2 3/8	75	–	–	–	–	–	–

Kunststoffrohre *plastic pipes*

Einsatzgrenzen der Kunststoffrohre

Tab. 167.1: Zulässige Betriebsdrücke p_s in bar[1)] von Kunststoffrohren für Trinkwasser und Gasanlagen

	Gas- und Wasserversorgungsleitungen						Trinkwasserinstallation nach W 544										
Werkstoff	PVC-U		PE80		PE 100		PVC-C			PE-X		PP-R			PB		
Güteanforderung DIN	EN1452 (8061)		EN 1555-1 (8075)				EN ISO 15 877-1			EN ISO 15 875-1		EN ISO 15 874			EN ISO 15 876-1		
Rohrmaße nach DIN	EN1452 (8062)[2)]		EN 1555-2 (8074)[3)]				EN ISO 15 877-2			EN ISO 15 875-2[4)]		EN ISO 15 874[3)]			EN ISO 15 876-2[4)]		
Rohrserienzahl	S10	S6,3	S5	S3,2	S8	S5	S10	S6,3	S4	S5	S3,2	S5	S2,5	S2	S8	S5	S4
p_S bei 20°C	10,0	16,0	12,5	20,0	10,0	16,0	10,0	16,0	25	12,5	20,0	12,9	25,7	32,4	11,4	18,1	22,8
p_S bei 60°C	–	–	–	–	–	–	4,5	7,0	11,4	8,1	12,8	6,4	12,7	16,0	7,5	11,9	15,0

[1)] Bei einer Betriebsfähigkeit von 50 Jahren; [2)] Sicherheitsfaktor c = 2,5; [3)] Sicherheitsfaktor c = 1,25 (Wasser);
[4)] Sicherheitsfaktor c = 1,5

Vollständige Kennzeichnung der Kunststoffrohre nach DIN EN 1452-2 und DVGW-Arbeitsblätter

Herstellerzeichen	DVGW-Prüfzeichen mit Registriernummer	Rohrtyp Werkstoff	DIN-Nummer	Rohrserie[1)] (S oder SDR)	d_a x s	Herstelldatum	Maschinennummer

[1)] Abkürzungen S oder SDR siehe nachfolgende Wandstärkenberechnung

Wandstärke bei Kunststoffrohren nach ISO 4065

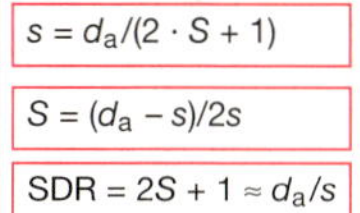

$s = d_a/(2 \cdot S + 1)$

$S = (d_a - s)/2s$

$SDR = 2S + 1 \approx d_a/s$

s : Wanddicke in mm
d_a : Rohr-Außendurchmesser in mm
S : nominelle Rohrserienzahl nach ISO 4065 (aus jeweiliger Kunststoff-Rohrnorm)
SDR: Durchmesser/Wanddicken-Verhältnis (Standard Dimension Ratio)

Druckrohre aus Polyvinylchlorid (PVC-U)

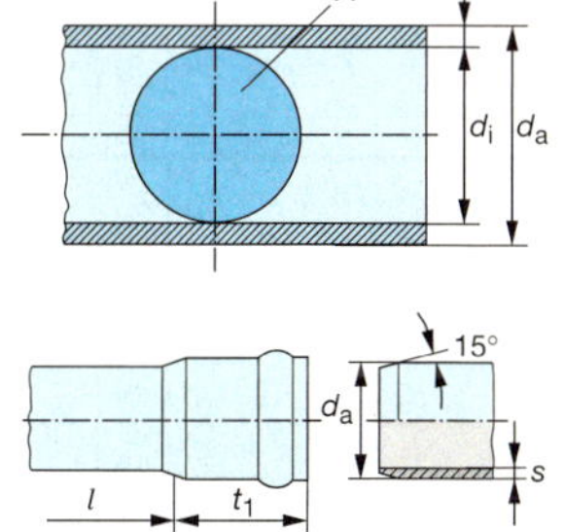

Rohrabmessungen:
d_a : Außendurchmesser in mm
d_i : Innendurchmesser in mm
s : Wandstärke in mm
A : lichter Querschnitt in cm²
m' : längenbezogene Rohrmasse in kg/m (ϱ = 1,4 g/cm³)
V' : längenbezogener Rohrinhalt in dm³/m
t_1 : Einstecklänge in mm

Lieferlänge: Festlängen bis 12 m Länge

Lieferform: mit glatten Enden DIN EN 1452-2, mit Steckmuffen DIN EN 1452

Werkstoff: Polyvinylchlorid PVC-U,
Farbe: eisengrau, blau oder cremefarben

Zulässige Betriebsdrücke: (→ Tab. 167.1)

Allgemeine Qualitätsanforderungen: DIN EN 1452-1: 1999-09 (DIN 8061)

Verbindung: Rohrverbindungen mit Klebemuffen nach DIN EN 1452-3 oder mit Steckmuffen nach DIN EN 1452-3 (DIN 8063)

Anwendung: Trinkwasser kalt

Tab. 167.2: Druckrohre aus weichmacherfreiem Polyvinylchlorid nach DIN EN 1452-2: 1999-09 (DIN 8062)

	PN 10, Rohrserienzahl S10 DIN EN 1452-2 (C = 2,5)							PN 16, Rohrserienzahl S6,3 DIN EN 1452-2 (C = 2,5)						
DN	d_a mm	s mm	d_i mm	A cm²	V' dm³/m	m' kg/m	t_1 mm	d_a mm	s mm	d_i mm	A cm²	V' dm³/m	m' kg/m	t_1 mm
15	–	–	–	–	–	–	–	20	1,5	17,0	2,27	0,23	0,137	–
20	25	1,5	22,0	3,80	0,38	0,174	–	25	1,9	21,2	3,53	0,35	0,212	–
25	32	1,6	28,6	6,51	0,65	0,241	82	32	2,4	27,2	5,81	0,58	0,342	82
32	40	1,9	36,2	10,29	1,03	0,350	83	40	3,0	34,0	9,08	0,91	0,525	83
40	50	2,4	45,2	16,05	1,61	0,525	86	50	3,7	42,6	14,25	1,43	0,809	86
50	63	3,0	57,0	25,52	2,55	0,854	90	63	4,7	53,6	22,56	2,26	1,29	90
65	75	3,6	67,8	36,10	3,61	1,220	94	75	5,6	63,8	31,97	3,20	1,82	94
80	90	4,3	81,4	52,04	5,20	1,75	97	90	6,7	76,6	46,08	4,61	2,61	97
	PN 10, Rohrserienzahl S12,5 für d > 90 (C = 2)							PN 16, Rohrserienzahl S8 für d > 90 (C = 2)						
100	110	4,2	101,6	81,1	8,11	2,09	104	110	6,6	96,8	73,6	7,36	3,14	104
125	140	5,4	129,2	131,1	13,11	3,43	112	140	8,3	123,4	119,6	11,96	4,81	112
150	160	6,2	147,6	171,1	17,11	4,47	119	160	9,5	141,0	156,2	15,62	6,29	119
200	225	8,6	207,8	339,1	33,91	8,66	136	225	13,4	198,2	308,5	30,85	12,94	136

Bezeichnung eines Druckrohres aus PVC-U nach DIN EN 1452, Rohrserienzahl S10 (SDR 21), d_a = 90 mm, s = 4,3 mm

Rohr	Werkstoff	–	DIN ...	–	Rohrserienzahl (d_a/s-Verhältnis)		–	d_a x s
Rohr	PVC-U	–	DIN EN 1452	–	S10	(SDR 21)	–	90 x 4,3

Kunststoffrohre *plastic pipes*

Druckrohre aus Polyvinilchlorid (PVC-C)

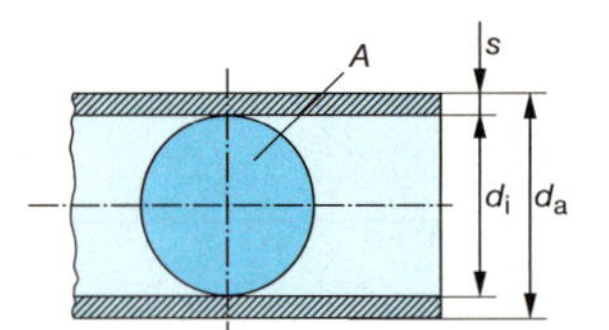

Rohrabmessungen:
d_a : Außendurchmesser in mm
d_i : Innendurchmesser in mm
s : Wandstärke in mm
A : lichter Querschnitt in cm²
m': längenbezogene Rohrmasse in kg/m (ϱ = 1,55 g/cm³)
v' : längenbezogener Rohrinhalt in dm³/m
Werkstoff: chloriertes Polyvinylchlorid PVC-C 250 (MRS = 25 N/mm²)
Allgemeine Qualitätsanforderungen: DIN EN ISO 15877 (DIN 8080)
Anwendung: Trinkwasserhausinstallation bis 70 °C
Lieferart: Festlängen von 3 bis 5 m Länge und Ringbunde

Tab. 168.1: Rohre aus chloriertem Polyvinilchlorid (PVC-C) DIN EN ISO 15877: 2003-03 (DIN 8079: 1997-12)

Rohr		Rohrserienzahl S10 (PN 10)					Rohrserienzahl S6,3 (PN 16)					Rohrserienzahl S4 (PN 25)				
DN	d_a mm	s mm	d_i mm	A cm²	v' dm³/m	m' kg/m	s mm	d_i mm	A cm²	v' dm³/m	m' kg/m	s mm	d_i mm	A cm²	v' dm³/m	m' kg/m
12	16	–	–	–	–	–	1,2	13,6	1,45	0,15	0,099	1,8	12,4	1,21	0,12	0,136
15	20	–	–	–	–	–	1,5	22,0	3,80	0,38	0,151	2,3	15,4	1,86	0,19	0,217
20	25	1,5	22,0	3,80	0,38	0,193	1,9	21,2	3,53	0,35	0,234	2,8	19,4	2,96	0,30	0,326
25	32	1,5	29,0	6,61	0,66	0,251	2,4	27,2	5,81	0,58	0,379	3,6	24,8	4,83	0,48	0,533
32	40	1,9	36,2	10,29	1,03	0,387	3,0	34,0	9,08	0,91	0,589	4,5	31,0	7,55	0,76	0,83
40	50	2,4	45,2	16,05	1,61	0,611	3,7	42,6	14,25	1,43	0,896	5,6	38,8	11,80	1,18	1,28
50	63	3,0	57,0	25,52	2,55	0,945	4,7	53,6	22,56	2,26	1,42	7,1	48,8	18,70	1,87	2,05
65	75	3,5	68,0	36,32	3,63	1,32	5,6	63,8	31,97	3,30	2,01	8,4	58,2	26,60	2,66	2,88
80	90	4,3	81,4	52,04	5,20	1,93	6,7	76,6	46,08	4,61	2,88	10,1	69,8	38,26	3,83	4,15
100	110	5,3	99,4	77,60	7,76	2,89	8,1	93,8	69,19	6,91	4,27	12,3	85,4	57,30	5,73	6,16

Bezeichnung eines Druckrohres aus PVC-C nach DIN EN ISO 15877, Rohrserienzahl S4 (SDR9), d_a = 40 mm, s = 4,5 mm

Rohr	Werkstoff	–	DIN ...	–	Rohrserienzahl	–	d_a x s	Herstellerdatum
Rohr	PVC-C 250	–	EN ISO 15877	–	S4 (SDR9)	–	40 x 4,5	231004

Druckrohre aus Polybuten (PB)

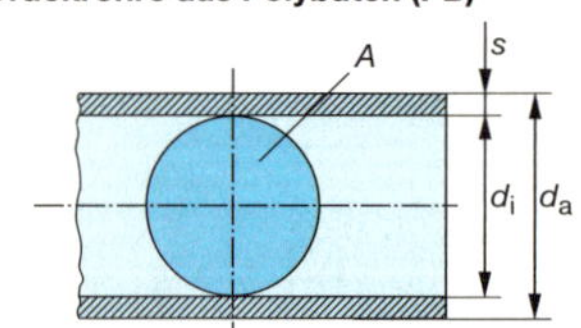

Rohrabmessungen: siehe oben (Dichte ϱ = 0,92 g/cm³)

Werkstoff: Polybuten PB 125

Allgemeine Qualitätsanforderungen: DIN EN ISO 15876-1 (DIN 16968)

Anwendung: Trinkwasser-Hausinstallation bis 70 °C und Heizungsanlagen nach DIN EN ISO 15876 (→ Tab. 172.1)

Lieferart: in geraden Festlängen bis 6 m und in Ringbunden

Zulässige Betriebsdrücke: (→ Tab. 167.1)

Tab. 168.2: Rohre aus Polybuten (PB 125) DIN EN ISO 15876: 2004-03 (DIN 16969: 1997-12)

Rohr	Rohrserienzahl S8 (PN 10)					Rohrserienzahl S5 (PN 16)					Rohrserienzahl S4 (PN 25)				
d_a mm	s mm	d_i mm	A cm²	v' dm³/m	m' kg/m	s mm	d_i mm	A cm²	v' dm³/m	m' kg/m	s mm	d_i mm	A cm²	v' dm³/m	m' kg/m
12	1,3	9,4	0,69	0,069	0,045	1,3	9,4	0,69	0,069	0,045	1,4	9,2	0,66	0,066	0,056
16	1,3	13,4	1,41	0,14	0,062	1,5	13,0	1,33	0,13	0,070	1,8	12,4	1,21	0,12	0,095
20	1,3	17,4	2,39	0,24	0,090	1,9	16,2	2,06	0,21	0,109	2,3	15,4	1,86	0,19	0,128
25	1,5	22,0	3,80	0,38	0,114	2,3	20,4	3,29	0,33	0,165	2,8	19,4	2,96	0,30	0,194
32	1,9	28,2	6,25	0,63	0,183	2,9	26,2	5,39	0,54	0,264	3,6	24,8	4,83	0,48	0,317
40	2,4	35,2	9,73	0,97	0,285	3,7	32,6	8,36	0,84	0,417	4,5	31,0	7,55	0,76	0,492
50	3,0	44,0	15,20	1,52	0,442	4,6	40,8	13,07	1,31	0,645	5,6	38,8	11,82	1,18	0,763
63	3,8	55,4	24,10	2,41	0,700	5,8	51,4	20,74	2,07	1,02	7,1	48,8	18,70	1,87	1,21
75	4,5	66,0	34,21	3,42	0,982	6,8	61,4	29,61	2,96	1,42	8,4	58,2	26,60	2,66	1,71
90	5,4	79,2	49,27	4,93	1,41	8,2	73,6	42,54	4,25	2,05	10,1	69,8	38,26	3,83	2,46
110	6,6	96,8	73,59	7,36	2,10	10,0	90,0	63,62	6,36	3,05	12,3	85,4	57,28	5,29	3,65
125	7,4	110,6	95,38	9,54	2,67	11,4	102,2	82,03	8,20	3,95	14,0	97,0	73,90	7,39	4,72

Bezeichnung eines Druckrohres aus PB 125 nach DIN EN ISO 15876, Rohrserienzahl S4 (SDR9), d_a = 50 mm, s = 5,6 mm

Rohr	Werkstoff	–	DIN EN ISO ...	–	Rohrserienzahl	–	d_a x s	Herstellerdatum
Rohr	PB 125	–	DIN EN ISO 15876	–	S4 (SDR9)	–	50 x 5,6	231004

Kunststoffrohre *plastic pipes*

Druckrohre aus Polyethylen (PE)
(Trinkwasserinstallation DIN 19533)

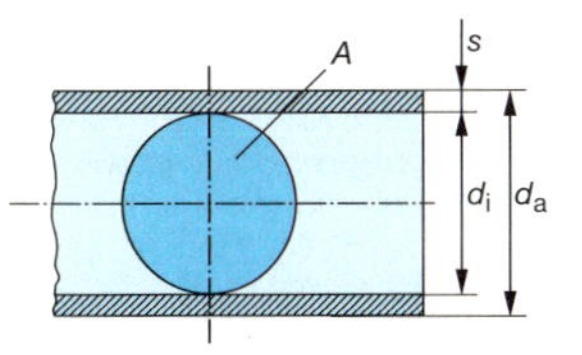

Rohrabmessungen:
d_a : Außendurchmesser in mm
d_i : Innendurchmesser in mm^2
s : Wandstärke in mm
A : lichter Querschnitt in cm^2
m': längenbezogene Rohrmasse in kg/m (ϱ = 0,95 g/cm^3)
v' : längenbezogener Rohrinhalt in dm^3/m

Lieferformen: Gerade Festlängen bis 12 m, Ringbunde in Längen bis 100 m

Farbkennzeichnung: schwarz mit hellblauen Streifen oder blau

Werkstoffe: Polyethylen (PE 80), PE 100 (MRS = 8/10 N/mm^2).
PE-HD (Werkstoff PE-HD geeignet für drucklose Rohre u. Kabelschutzrohre)

Zulässige Betriebsdrücke: (→ Tab. 167.1)

Allgemeine Qualitätsanforderungen: DIN 8075: 1999-08 (DIN EN 12201)

Tab. 169.1: Druckrohre aus Polyethylen (PE 100) für die Trinkwasserinstallation (DIN EN 12201) DIN 8074: 1999-08

Rohr		Rohrserienzahl S5 (SDR11) RN 16					Rohrserienzahl S8 (SDR17) PN 10				
DN	d_a in mm	s in mm	d_i in mm	A in cm^2	v' in dm^3/m	m' in kg/m	s in mm	d_i in mm	A in cm^2	v' in dm^3/m	m' in kg/m
10	16	–	–	–	–	–	–	–	–	–	–
15	20	1,9	16,2	2,06	0,21	0,112	–	–	–	–	–
20	25	2,3	20,4	3,27	0,33	0,171	1,8	21,4	3,60	0,36	0,14
25	32	2,9	26,2	5,39	0,54	0,272	1,9	28,2	6,25	0,62	0,19
32	40	3,7	32,8	8,45	0,85	0,430	2,4	35,2	9,73	0,97	0,30
40	50	4,6	40,8	13,07	1,31	0,666	3,0	44,0	15,21	1,52	0,45
50	63	5,8	51,4	20,75	2,08	1,05	3,8	55,4	24,11	2,41	0,72
65	75	6,8	61,4	29,61	2,96	1,47	4,5	66,0	34,21	3,42	1,02
80	90	8,2	73,6	42,54	4,25	2,12	5,4	79,2	49,27	4,93	1,46
100	125	11,4	102,2	82,03	8,30	4,08	7,4	110,2	95,38	9,54	2,76
125	160	14,6	130,8	134,37	13,44	6,67	9,5	141,0	156,1	15,61	4,52
150	180	16,4	147,2	170,18	17,02	8,42	10,7	158,6	197,6	19,76	5,71
200	250	22,7	204,6	328,78	32,88	16,20	14,8	220,4	381,5	38,15	11,0

Druckrohre aus Polyethylen (PE)

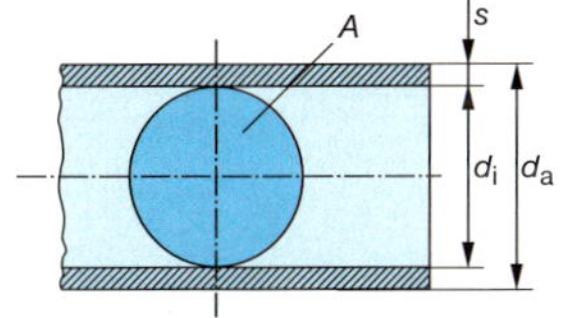

Rohrabmessungen: siehe oben

Farbkennzeichnung: Gasrohre gelb oder schwarz mit gelben Streifen, Formstücke schwarz

Lieferformen: bis DN 125 in Ringbunden von l = 100 m; ab DN 32 auch in geraden Längen von 6 und 12 m

Werkstoffe: Polyethylen PE 80, (PE 100) mit MRS = 8 (10) N/mm^2

Allgemeine Anforderungen: DIN EN 1555-1: 2003-04

Zulässiger Betriebsdruck bei C = 2: S8,3 → p = 1 bar; S5 → p = 4 bar

Tab. 169.2: Druckrohre aus Polyethylen (PE 80) für die Gasversorgung DVGW G 477 G472 DIN EN 1555-2: 2003-04

Rohr		Rohrserienzahl S8,3 (SDR17,6) PN 6					Rohrserienzahl S5 (SDR11) PN 10				
DN	d_a in mm	s in mm	d_i in mm	A in cm^2	v' in dm^3/m	m' in kg/m	s in mm	d_i in mm	A in cm^2	v' in dm^3/m	m' in kg/m
20	25	2,3	20,4	3,27	0,33	0,171	3,0	19,0	2,83	0,28	0,152
25	32	2,3	27,4	5,90	0,59	0,204	3,0	26,0	5,31	0,53	0,260
32	40	2,3	35,4	9,84	0,98	0,29	3,7	32,6	8,35	0,83	0,430
40	50	2,9	44,2	15,3	1,53	0,44	4,6	40,8	13,07	1,31	0,666
50	63	3,6	55,8	24,5	2,45	0,69	5,8	51,4	20,75	2,08	1,05
65	75	4,3	66,4	34,63	3,46	0,98	6,8	61,4	29,61	2,96	1,47
80	90	5,1	79,8	50,01	5,00	1,39	8,2	73,6	42,54	4,25	2,12
–	110	6,3	97,4	74,51	7,45	2,08	10,0	90,0	63,62	6,36	3,14
100	125	7,1	110,8	96,42	9,64	2,66	11,4	102,2	82,03	8,20	4,08
125	160	9,1	141,8	157,92	15,79	4,35	14,6	130,8	134,37	13,44	6,67
150	180	10,2	159,6	200,06	20,01	5,48	16,4	147,2	170,18	17,02	8,42
200	250	14,8	220,4	381,52	38,15	10,60	22,7	204,6	328,78	32,88	16,20

Bezeichnung eines Rohres aus PE 80 nach DIN EN 1555, d_a = 110 mm, s = 10,0 mm, Rohrserie S5 (SDR11)

Rohr	Werkstoff	–	DIN EN...	–	Rohrserienzahl (d_a/s-Verhältnis)[1]	–	d_a x s[1]
Rohr	PE 80	–	DIN EN 1555	–	S5 (SDR11)	–	110 x 10,0

[1] Bei der Bestellung des Rohres reicht entweder die Angabe des Außendurchmessers in Verbindung mit der Rohrserienzahl o. des Durchmesser/Wanddicken-Verhältnisses oder nur die Außendurchmesser- und Wanddickenangabe.

Kunststoffrohre *plastic pipes*

Druckrohre aus vernetztem Polyethylen (PE-X)

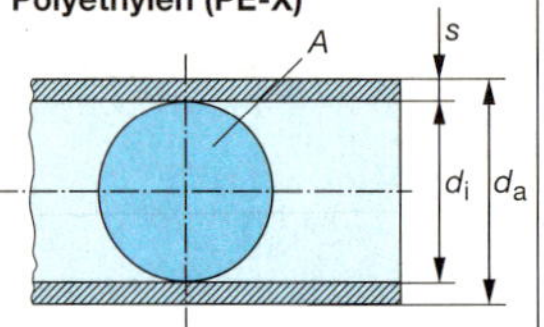

Rohrabmessungen nach DIN EN ISO 15875-2 (Abmessungsklasse A):
d_a : Außendurchmesser in mm — A : lichter Querschnitt in cm²
d_i : Innendurchmesser in mm — m' : längenbezogene Rohrmasse in kg/m
s : Wandstärke in mm — v' : längenbezogener Rohrinhalt in dm³/m

Anwendung: Trinkwasser-Hausinstallation bis 70 °C und für Heizungsanlagen (Reihe S5) nach DIN 4726 mit Sauerstoffsperrschicht (→ Tab. 172.1)
Lieferformen: Gerade Festlängen bis 6 m; Ringbunde bis d_a = 32 mm, abgewickelte Längen von 25 bis 100 m (je nach Durchmesser und Hersteller)
Werkstoff: Vernetztes Polyethylen (PE-X), früher mit VPE abgekürzt
Zulässige Betriebsdrücke: (→ Tab. 167.1)
Allgemeine Qualitätsanforderungen: EN ISO 15875-1: 2004-03

Tab. 170.1: Rohre aus Polyetylen (PE-X) — EN ISO 15875: 2004-03

Rohr		Rohrserienzahl S5 (SDR11) (PN12,5)					Rohrserienzahl S3,2 (SDR7,4)[1] (PN20)				
DN	d_a mm	s mm	d_i mm	A cm²	v' dm³/m	m' kg/m	s mm	d_i mm	A cm²	v' dm³/m	m' kg/m
–	10	1,3	7,4	0,43	0,043	0,038	1,4	7,2	0,41	0,041	0,040
8	12	1,3	9,4	0,69	0,069	0,047	1,7	8,6	0,58	0,058	0,057
12	16	1,5	13,0	1,33	0,13	0,072	2,2[2]	11,6	1,06	0,11	0,098
15	20	1,9	16,2	2,06	0,21	0,111	2,8[2]	14,4	1,63	0,16	0,153
20	25	2,3	20,4	3,27	0,33	0,167	3,5	18,0	2,54	0,25	0,238
25	32	2,9	26,2	5,39	0,54	0,269	4,4	23,2	4,23	0,42	0,382
32	40	3,7	32,6	8,35	0,84	0,425	5,5	29,0	6,61	0,66	0,594
40	50	4,6	40,8	13,07	1,31	0,658	6,9	36,2	10,29	1,03	0,926
50	63	5,8	51,4	20,75	2,08	1,040	8,6	45,8	16,47	1,65	1,45

Tab. 170.2: Vernetzungsart und Mindestvernetzungsgrad (EN ISO 15875)

Buchstabe	Vernetzungsart der Rohre	Grad der Vernetzung
a	peroxidvernetzt	75 %
b	silanvernetzt	65 %
c	elektronenstrahlenvernetzt	60 %
d	azovernetzt	60 %

Mittlere Dichte von PE-X: ϱ = 0,94 g/cm³

[1] Für Trinkwasser sind nach DVGW-Arbeitsblatt W531 nur Rohre mit der Rohrserienzahl S3,2 zugelassen.
[2] Diese Abmessungen sind mit PE-Schutzrohr oder mit PE-Wärmedämmung lieferbar.

Bezeichnung eines Druckrohres für Trinkwasser-Installation aus PE-X peroxidvernetzt nach DIN EN 15875, d_a = 20 mm, s = 2,8 mm, Rohrserienzahl S3,2 oder Durchmesser/Wanddicken-Verhältnis SDR7,3 als Zusatzangabe

Rohr	Werkstoff	–	DIN ...	–	d_a x s	–	Rohrserienzahl (d_a/s-Verhältnis)
Rohr	**PE-Xa**	–	**DIN EN ISO 15875**	–	**20 x 2,8**	–	**S3,2 (SDR7,4)**

Druckrohre aus Polypropylen (PP)

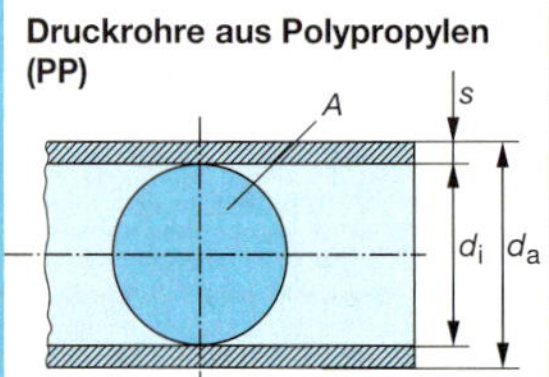

Rohrabmessungen: siehe oben; **Zulässige Betriebsdrücke:** (→ Tab.167.1)
Anwendung: **PP-B** für Trinkwasser (TW) und Fußbodenheizung (→ Tab. 172.1)
PP-R (ab Reihe S2,5) für Trinkwasser TW, TWW und Heizungsanlagen nach DIN 4726 (→ Tab. 172.1)
Lieferformen: Gerade Festlängen bis 4 m, Ringbunde bis 100 m Länge
Werkstoff: Polypropylen PP-H 100 (Homopolymer mit MRS = 10 N/mm²),
PP-B 80 (Blockpolymer),
PP-R 80 (Randompolymer mit MRS = 8 N/mm²)
Allgemeine Qualitätsanforderungen: EN ISO 15874-1: 2004-03 (DIN 8078: 1999-07)

Tab. 170.3: Rohre aus Polypropylen (PP-B 80/PP-R 80) — DIN EN ISO 15874-2: 2004-03 (DIN 8077: 1999-07)

Rohr	Rohrserienzahl S5 (PN 10)[1]					Rohrserienzahl S2,5 (PN 20)					Rohrserienzahl S2 (PN 25)				
d_a mm	s mm	d_i mm	A cm²	v' dm³/m	m'[2] kg/m	s mm	d_i mm	A cm²	v' dm³/m	m'[2] kg/m	s mm	d_i mm	A cm²	v' dm³/m	m'[2] kg/m
12	1,8	8,4	0,55	0,055	0,052	2,0	8,0	0,50	0,050	0,062	2,4	7,2	0,41	0,041	0,071
16	1,8	12,4	1,21	0,12	0,073	2,7	10,6	0,88	0,088	0,110	3,3	9,6	0,73	0,073	0,128
20	1,9	16,2	2,06	0,21	0,107	3,4	13,2	1,37	0,14	0,172	4,1	11,8	1,09	0,11	0,198
25	2,3	20,4	3,27	0,33	0,164	4,2	16,6	2,11	0,21	0,266	5,1	14,8	1,72	0,17	0,307
32	2,9	26,2	5,39	0,54	0,261	5,4	21,2	3,53	0,35	0,434	6,5	19,0	2,84	0,28	0,498
40	3,7	32,6	8,35	0,84	0,412	6,7	26,6	5,56	0,56	0,671	8,1	23,8	4,45	0,45	0,775
50	4,6	40,8	13,07	1,31	0,638	8,3	33,4	8,76	0,88	1,04	10,1	29,8	6,97	0,70	1,21
63	5,8	51,4	20,75	2,07	1,01	10,5	42,0	13,85	1,38	1,65	12,7	40,4	12,82	1,28	1,91
75	6,8	61,4	29,61	2,96	1,41	12,5	50,0	19,63	1,96	2,34	15,1	44,8	15,76	1,58	2,70
90	8,2	73,6	42,54	4,25	2,03	15,0	60,0	28,27	2,83	3,36	18,1	53,8	22,73	2,27	3,88
125	11,4	102,2	82,03	8,20	3,91	20,8	83,4	54,63	5,46	6,47	25,1	74,8	43,94	4,39	7,46

[1] Rohrserie ist nur für Trinkwasser (TW) und Regenwasser geeignet
[2] mittlere Dichte ϱ = 0,91 g/cm³

Bezeichnung **Rohr** **PP-R 80** – **DIN EN ISO 15874** – **25 x 4,2** – **S2,5 (SDR6)**

Kunststoffrohre *plastic pipes*

Druckrohre aus vernetztem Polyethylen (PE-MDX)

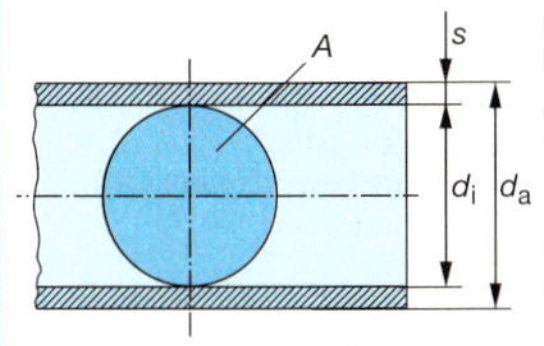

Rohrabmessungen:
d_a : Außendurchmesser in mm
d_i : Innendurchmesser in mm
s : Wandstärke in mm
A : lichter Querschnitt in cm²
m' : längenbezogene Rohrmasse in kg/m
v' : längenbezogener Rohrinhalt in dm³/m

Anwendung: Trinkwasser-Hausinstallation bis 70 °C und für Heizungsanlagen (Reihe S4) nach DIN 4726 mit Sauerstoffsperrschicht (→ Tab. 172.1)

Lieferformen: Gerade Festlängen bis 6 m; Ringbunde bis d_a = 32 mm, abgewickelte Längen von 25 bis 100 m (je nach Durchmesser und Hersteller)

Werkstoff: Vernetztes Polyethylen mittlerer Dichte (PE-MDX), ϱ = 0,93 g/cm³

Zulässige Betriebsdrücke: (Betriebsdauer 50 Jahre)

Rohrserienzahl	S4	S2,5
p_s bei 20 °C	12,5 bar	20 bar
p_s bei 60 °C	7,5 bar	12,1 bar

Allgemeine Qualitätsanforderungen: DIN 16894: 1997-01

Tab. 171.1: Rohre aus vernetztem Polyethylen mittlerer Dichte DIN 16895: 1996-06

Rohr		Rohrserienzahl S4 (PN 12,5)					Rohrserienzahl S2,5 (PN 20)				
DN	d_a mm	s mm	d_i mm	A cm²	v' dm³/m	m' kg/m	s mm	d_i mm	A cm²	v' dm³/m	m' kg/m
–	10	–	–	–	–	–	1,8	6,4	0,32	0,032	0,047
–	12	1,8	8,4	0,55	0,055	0,058	2,0	8,0	0,50	0,050	0,063
10	16	1,8	12,4	1,21	0,121	0,082	2,7	10,6	0,88	0,088	0,112
15	20	2,3	15,4	1,86	0,186	0,130	3,4	13,2	1,37	0,137	0,176
20	25	2,8	19,4	2,96	0,296	0,196	4,2	16,6	2,16	0,216	0,272
25	32	3,6	24,8	4,83	0,483	0,320	5,4	21,6	3,66	0,366	0,444
32	40	4,5	31,0	7,55	0,755	0,498	6,7	26,6	5,56	0,556	0,686
40	50	5,6	38,8	11,82	1,182	0,771	8,4	33,2	8,66	0,866	1,070
50	63	7,0	49,0	18,86	1,886	1,210	10,5	42,0	13,85	1,385	1,690
65	75	8,4	58,2	26,60	2,660	1,730	12,5	50,0	19,63	1,963	2,390
80	90	10,0	70,0	38,48	3,848	2,770	15,0	60,0	28,27	2,827	3,430
–	110	12,3	75,4	44,65	4,465	3,700	18,4	73,2	42,08	4,208	5,150
100	125	13,9	97,2	74,20	7,420	4,740	20,9	83,2	54,37	5,437	6,600
–	140	15,6	108,8	92,97	9,297	5,950	23,4	93,2	73,20	7,320	8,320
125	160	17,8	124,4	121,54	12,154	7,760	26,7	106,6	89,25	8,925	10,840

Bezeichnung eines Druckrohres aus PE-MDXc nach DIN 16895, Rohrserienzahl S4 (SDR9) d_a = 20 mm, s = 2,3 mm

Rohr	Werkstoff	-	DIN ...	-	Rohrserienzahl (d_a/s-Verhältnis)	-	d_a x s
Rohr	PE-XMDc	-	DIN 16895	-	S4 (SDR9)	-	20 x 2,3

Druckrohre aus Verbundmaterial (Kunststoff/Metall/Kunststoff)

Außenrohr (PP/PE)
Alurohr
Innenrohr (PP/PE)
A
s
d_a
d_i

Rohrabmessungen:
d_a : Außendurchmesser in mm
d_i : Innendurchmesser in mm²
s : Wandstärke in mm
A : lichter Querschnitt in cm²
m': längenbezogene Rohrmasse in kg/m
v' : längenbezogener Rohrinhalt in dm³/m

Anwendung: Trinkwasser-Hausinstallation bis 70 °C (nur mit DVGW-Zulassung) und für Heizungsanlagen (→ Tab. 172.1)

Tab. 171.2: Verbundrohre für Trinkwasserinstallation und Heizungsanlagen (Herstellerangaben)

Lieferform	PP/Al/PP	PE-X/Al/PE-X	PE-X/Al/PE
Ringbund	l = 100 m, d_a = 16 mm	l = 100–50 m, d_a = 16–25 mm	l = 50 m, d_a = 16–26 mm
Stange	l = 4 m, d_a = 16–110 mm	l = 5 m, d_a = 25–40 mm	l = 5 m, d_a = 16–63 mm

Rohr PP/Al/PP (PN 25)						Rohr PE-X/Al/PE-X (PN 10)						Rohr PE-X/Al/PE (PN 10)					
d_a[1)] mm	s mm	d_i mm	A cm²	v' dm³/m	m' kg/m	d_a mm	s mm	d_i mm	A cm²	v' dm³/m	m' kg/m	d_a mm	s mm	d_i mm	A cm²	v' dm³/m	m' kg/m
16	2,7	10,6	0,85	0,085	0,185	16	2,0	12	1,13	0,113	0,13	16	2,0	12	1,13	0,11	0,13
20	3,4	13,2	1,37	0,137	0,212	20	2,3	15,4	1,86	0,186	0,18	20	2,5	15	1,76	0,18	0,19
25	4,2	16,6	2,16	0,216	0,326	25	2,8	19,4	2,96	0,296	0,27	26	3,0	20	3,14	0,31	0,30
32	5,4	21,2	3,53	0,353	0,506	32	3,6	24,8	4,83	0,483	0,49	32	3,0	26	5,31	0,53	0,42
40	6,7	26,6	5,56	0,556	0,759	40	4,5	31,0	7,55	0,755	0,75	40	3,5	33	8,55	0,86	0,60
50	8,4	33,2	8,66	0,866	1,148	–	–	–	–	–	–	50	4,0	42	13,9	1,39	0,84
63	10,5	42,0	13,85	1,385	1,752	–	–	–	–	–	–	63	4,5	54	22,9	2,29	1,20
75	12,5	50,0	19,63	1,963	2,487	–	–	–	–	–	–	–	–	–	–	–	–

[1)] Die Rohre werden bis d_a = 110 mm ausgeliefert.

Kunststoffrohre *plastic pipes*

Kunststoffrohre für Heiz-, Kalt- und Warmwasserleitungen in Gebäuden nach DIN 4726

Rohrabmessungen: d_a : Außendurchmesser in mm s : Wandstärke in mm
Lieferlänge: Ringbunde bis 300 m und gerade Längen 5 bis 12 m

Anwendungsklasse	1	2	4	5
Betriebstemperatur	60 °C	70 °C	60 °C	80 °C
Betriebsdruck	4, 6, 8 oder 10 bar			
Anwendungsgebiet	Warmwasser-Versorgung		Fußboden und NT- Heizung	Hochtemp. Radiatoren-Heiz.
Klasse A	Rohrabmessungen für alle Anwendungsklassen			
Klasse C	Besondere Rohrabmessungen für Heizungssysteme			

Sauerstoffdurchlässigkeit: $\boldsymbol{m \leq 0{,}10}$ **g/(m³ · *d*) bei 40 °C**

Kennzeichnung der Fußbodenheizungsrohre nach DIN 4726: fortlaufend in Abständen von maximal 1 Meter

Hersteller	DIN ...	Register-Nr.:	Werkstoff-kurzzeichen	d_a x s	Herstellungs-datum	Produktions-nummer	Sauerstoff-dichtheit	evt. Gütezeichen

Tab. 172.1: Rohre für Fußbodenheizungssysteme DIN 4726: 2000-01

Werkstoff		PB125	PP-R	PE-X	PE-MDX	Verbundrohr
Anforderungen		EN ISO 15876	EN ISO 15874	EN ISO 15875	DIN 16894	–
Rohr-maße	Klasse A	DIN 16969	DIN 8077	DIN 16893	DIN 16895	nicht genormt (nach Hersteller)
	Klasse C	EN ISO 15876	EN ISO 15874	EN ISO 15875		
Rohrmaße[1)]		12 x 1,8 mm oder 16 x 2,0 mm oder 20 x 2,0 mm				
Verbindung		nur mit Muffenschweißen		mit Klemmringverschraubung oder Pressfitting		
Biegeradius		R ≥ 5 x d_a	R ≥ 6 x d_a	R ≥ 5 x d_a		Herstellerangaben

Bezeichnung eines Fußbodenheizrohres nach DIN 4726 mit d_a = 12 mm und s = 1,8 mm aus PE-Xa

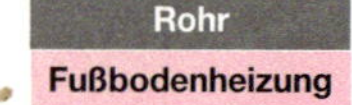

Rohr	DIN ...	–	d_a x s	–	Werkstoff	Maßnorm EN ISO ...
Fußbodenheizung	DIN 4726	–	12 x 1,8	–	PE-Xa[2)]	DIN EN ISO 15875[3)]

[1)] Rohrabmessungen der Basisrohre
[2)] Rohrwerkstoff mit Angabe der Vernetzungsart (→ Tab. 170.1)
[3)] Rohrabmessungen

Kunststoffrohr-Verbindungsteile *plastic pipes fittings*

Rohrverbindungen und Formstücke mit Steckmuffen für Druckleitungen aus PVC-U DIN EN 1452-3 (DIN 8063)

Normative Hinweise:

- Muffen- und Doppelmuffen, Maße DIN 8063-1: 1986-12 .... Seite 172 f.
- Bogen aus Spritzguss für Klebung, Maße DIN 8063-2: 1980-07 .... –
- Rohrverschraubungen, Maße DIN 8063-3: 2002-06 .... Seite 175
- Bunde, Flansche, Dichtungen, Maße DIN 8063-4: 1983-09 .... –
- Allgemeine Qualitätsanforderungen, Prüfung, DIN 8063-5: 1999-10 .... –
- Winkel aus Spritzguss für Klebung, Maße DIN 8063-6: 2002-06 .... Seite 174
- T-Stücke und Abzweige aus Spritzguss für Klebung, Maße DIN 8063-7: 1980-07 .... Seite 174
- Muffen, Kappen und Nippel aus Spritzguss für Klebung, Maße DIN 8063-8: 2002-06 .... Seite 174
- Reduzierstücke aus Spritzguss für Klebung, Maße DIN 8063-9: 1980-08 .... Seite 175
- Wandscheiben, Maße DIN 8063-10: 2002-06 .... Seite 175
- Muffe mit Grundkörper aus Kupfer-Zink-Legierung für Klebung, Maße DIN 8063-11: 1980-07 .... Seite 175
- Flansch- und Steckmuffenformstücke, Maße DIN 8063-12 1987-01 .... Seite 175

Tab. 172.2: Rohrverbindungen und Formstücke mit Steckmuffen für Druckleitungen aus PVC-U DIN 8063

Muffenbogen
MK-KS 11°...60°, MQ-KS 90°

Doppelmuffenbogen
MMK-KS 11°...60°, MMQ-KS 90°

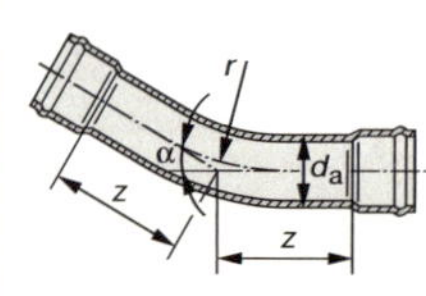

d_a mm	r mm	11°	22°	30°	45°	60°	MQ-90°
		z in mm					
63	221	46	68	84	117	153	246
75	263	55	81	100	139	182	293
90	315	66	97	120	166	218	351
110	385	81	119	147	203	266	429
140	490	103	151	187	259	339	546
160	560	118	173	214	296	387	624
225	788	166	243	301	416	545	878

t_S: Einstecktiefen, je nach Hersteller

Bezeichnung eines Muffenbogens (MK) DIN 8063 mit Steckmuffe (KS), 45°, für d_a = 110 mm, hergestellt aus Rohr DIN 8062 der Reihe S10 (PN 10):

Muffenbogen	DIN 8063-1	–	MK-KS	–	45	–	110	–	S10

Kunststoffrohr-Verbindungsteile *plastic pipes fittings*

Tab. 173.1: Rohrverbindungen und Formstücke mit Steckmuffen für Druckleitungen aus PVC-U DIN 8063[1] (DIN EN 1452-2)

Doppelmuffe mit Muffenstutzen, MMB-KS

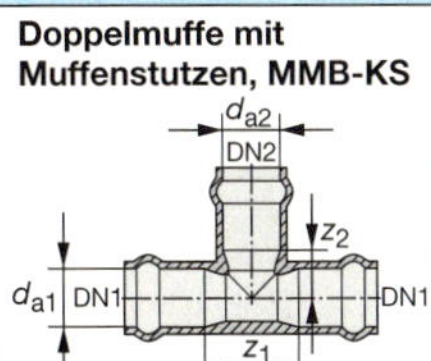

Doppelmuffe mit Flanschstutzen MMA-KS

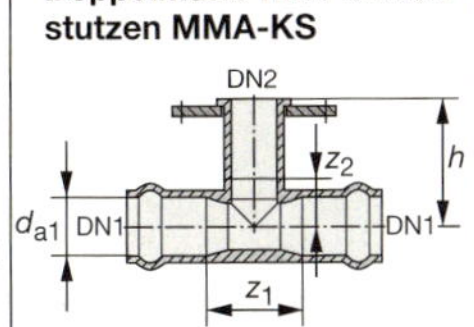

Doppelflanschstück mit Flanschstutzen T-KF

Doppelmuffe mit Innengewindestutzen MMI-KS

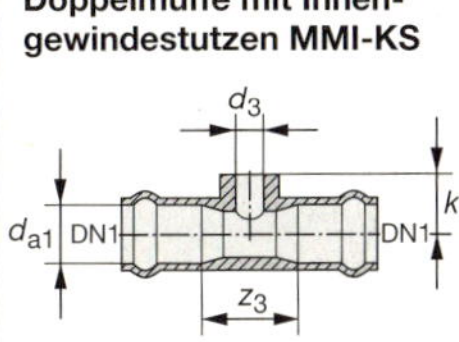

Durchgang		Abgang								
DN 1 mm	d_{a1} mm	DN 2 mm	d_{a2} mm	d_3 mm	l mm	h mm	k mm	z_1 mm	z_2 mm	z_3 mm
50	63	50	63	Rp1 1/4, 1 1/2	260	130	65	75	38	75
65	75	50	63	Rp 1 1/4	280	140	70	77	44	77
		65	75	Rp 1 1/2	280	140	70	89	45	
80	90	50	63	Rp 1 1/4	300	150	75	79	51	79
		65	75	Rp 1 1/4				91	52	
		80	90	Rp 1 1/2				106	53	
100	110	65	75	Rp 1 1/4	320	160	85	95	62	83
		80	90	Rp 1 1/2	340	170		110	63	
		100	110	Rp 1 1/2	360	180		130	65	
125	140	80	90	Rp 1 1/4	380	190	100	114	78	87
		100	110	Rp 1 1/2	400	200		134	80	
		125	140	Rp 1 1/2	400	200		164	82	
150	160	100	110	Rp 1 1/2	400	210	110	138	90	91
		125	140	Rp 1 1/2	420	210		186	92	
		150	160	Rp 1 1/2	460	230		188	94	
200	225	100	110	Rp 1 1/4	500	250	145	150	123	104
		150	160	Rp 1 1/2	540	270		200	127	
		200	225	Rp 1 1/2	560	280		265	133	

Bezeichnung einer Doppelmuffe der Form MMB-KS mit d_{a1}= 110 mm und d_{a2} = 75 mm:

Doppelmuffe **DIN 8063-1** – **MMB-KS** **110 x 75**

Stutzen mit reduzierter Muffe STR-KS

DN 1 mm	d_{a1} mm	DN 2 mm	d_{a2} mm	l mm	l_3 mm
65	75	50	63	232	101
80	90	50	63	243	106
	65	65	75	252	
100	110	50	63	257	114
		65	75	262	
		80	90	270	
125	140	65	75	274	125
		80	90	282	
		100	110	290	
150	160	65	75	296	134
		80	90	302	
		100	110	314	

Flanschmuffenstück für Steckverbindungen E-KS

Einflanschstück für Flanschverbindung F-KS

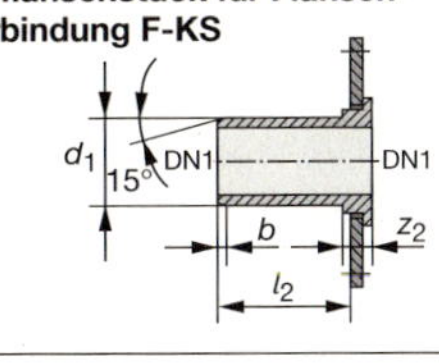

DN	d_a mm	d_1 mm	l_2 mm	z_1 mm	z_2 mm
50	63	63	96	9	33
65	75	75	101	10	34
80	90	90	106	13	35
100	110	110	114	15	37
125	140	140	125	19	40
150	160	160	134	19	42
200	225	225	158	20	49

Bezeichnung eines Flanschmuffenstückes DIN 8063-12 der Form E-KS mit d_1 = 160 mm:

Flanschmuffenstück **DIN 8063-12** **E-KS** **160**

[1] Verbindung mit Rohren aus PVC-U nach DIN 8062 Reihe S 10 (PN 10) oder DIN EN 1452-2 Reihe 10 (PN 10)

Tab. 173.2: PVC-Schieber (Herstellerangaben)

Steckmuffenschieber

Bundschieber

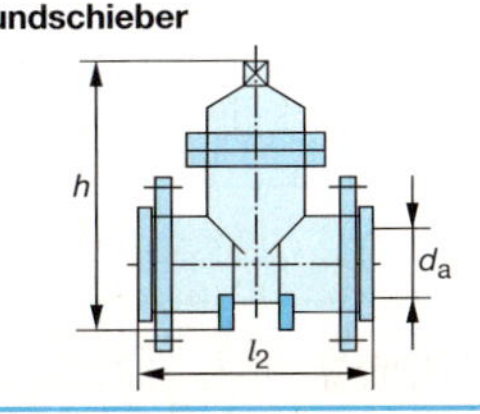

DN	d_a mm	l_1 mm	l_2 mm	h mm	m_s[1] kg
50	63	274	250	312	3,1
65	75	300	270	314	3,3
80	90	340	280	370	5,6
100	110	368	300	426	8,1
150	160	460	350	552	16,4

[1] m_S: Masse für Steckmuffenschieber in kg

Rohrleitungs- und Verbindungstechnik

Kunststoffrohr-Verbindungsteile *plastic pipes fittings*

Tab. 174.1: Rohrverbindungen und Formstücke mit Klebemuffen für Druckleitungen aus PVC-U, DIN 8063[1)] (DIN EN 1452-3)

Muffenbogen
MK-KK 11°…60°; MQ-90°

Doppelmuffenbogen
MMK-KK 11°…60°; MMQ-90°

t_1: Klebelänge

DN	d_a	r	t_1	11°	22°	30°	45°	60°	MQ-90°
	mm	mm	mm	z in mm					
50	63	221	63	46	68	84	117	153	246
65	75	263	70	55	81	100	139	182	293
80	90	315	79	66	97	120	166	218	351
100	110	385	91	81	119	147	203	266	429
125	140	490	109	103	151	187	259	339	546
150	160	560	121	118	173	214	296	387	624
200	225	788	160	166	243	301	416	545	878

Bezeichnung eines Doppelmuffenbogens (MMK), mit Klebemuffe (KK), 60°, für d_a = 90 mm, hergestellt aus Rohr DIN 8062, S10 (PN 10): **Doppelmuffenbogen DIN 8063-1 – MMK-KK – 60 – 90 – S10**

Winkel 90° W1 **Winkel 45° W2** **Winkel 90° W1 G** (einseitiges Innengewinde)

t_1: Klebelänge

DN	d_a	t_1	d_2	t_2	z_1 W1/W1 G	z_1 W2	z_2 W1G
	mm	mm		mm	mm	mm	mm
10	16	14	Rp 3/8	11,4	9	4,5	13
15	20	16	Rp 1/2	15	11	5	17
20	25	19	Rp 3/4	16,3	13,5	6	17
25	32	22	Rp 1	19,1	17	7,5	22
32	40	26	Rp 1 1/4	21,4	21	9,5	28
40	50	31	Rp 1 1/2	21,4	26	11,5	38
50	63	38	Rp 2	25,7	32,5	14	47
65	75	44	–	–	38,5	16,5	–
80	90	51	–	–	46	19,5	–
100	110	61	–	–	56	23,5	–

Bezeichnung eines Winkel 90° Form W1 für Rohr d_a = 25 mm: **Winkel DIN 8063-6 – W1 – 25**

T-Stück T

T-Stück TG (mit Innengewinde)

Kreuzstück TT

Abzweig 45° A

DN	d_a	d_2	t_1	t_2	T-Stücke z_1 T, TG	T-Stücke z_1 TT	T-Stücke z_2 TG	Abzweig z_3	Abzweig z_4
	mm		mm	mm	mm	mm	mm	mm	mm
10	16	Rp 3/8	14	11,4	9	9	13	–	–
15	20	Rp 1/2	16	15	11	11	14	27	6
20	25	Rp 3/4	19	16,3	13,5	13,5	17	33	7
25	32	Rp 1	22	19,1	17	17	22	42	8
32	40	Rp 1 1/4	26	21,4	21	21	28	52	10
40	50	Rp 1 1/2	31	21,4	26	26	38	64	12
50	63	Rp 2	38	25,7	32,5	32,5	47	80	14
65	75	–	44	–	38,5	38,5	–	95	17
80	90	–	51	–	46	46	–	113	20
100	110	–	61	–	56	56	–	138	14

Bezeichnung eines Abzweiges Form A für d_a = 25 mm, α = 45°: **Abzweig DIN 8063-7 – A 25 – 45**

Muffe M **Muffe MGI** **Nippel NGA**

DN		10	15	20	25	32	40	50	65	80	100
d_a	mm	16	20	25	32	40	50	63	75	90	110
z_1	mm	3	3	3	3	3	3	3	4	5	6
t_1	mm	14	16	19	22	26	31	38	44	51	61
t_2	mm	11,4	15	16,3	19,1	21,4	21,4	25,7	–	–	–
z_2	mm	5	5	5	5	5	7	7	–	–	–
d_2	mm	R 3/8	R 1/2	R 3/4	R 1	R 1 1/4	R 1 1/4	R 2	–	–	–
z_3	mm	35	42	47	54	60	66	78	–	–	–

Bezeichnung einer Muffe Form M für d_a = 63 mm: **Muffe DIN 8063-8 – M 63**

[1)] Geltungsbereich: Spritzguss-Klebefittings, die mit Rohren nach DIN EN 1452-2, Reihe S 10 (PN 10) verklebt werden. Die Formstücke müssen den allgemeinen Qualitätsanforderungen nach DIN 8063-5 entsprechen.

Kunststoffrohr-Verbindungsteile *plastic pipes fittings*

Tab. 175.1: Rohrverbindungen und Formstücke mit Klebemuffen für Druckleitungen aus PVC-U, DIN 8063[1)] (Maße in mm)

Reduzierstück R 1

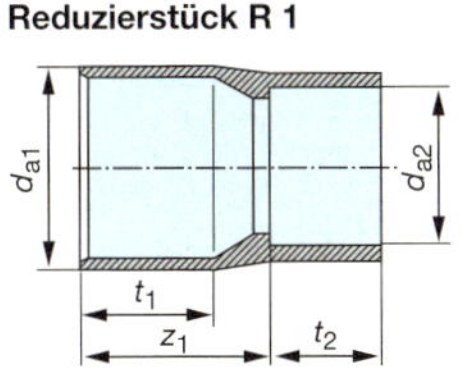

Reduziermuffe R 2

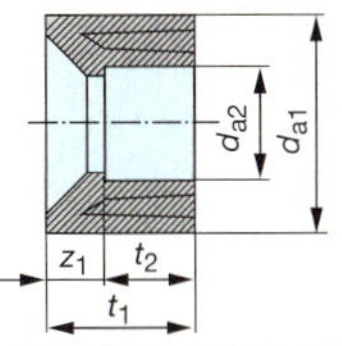

Form	d_{a1}	d_{a2}	t_1	t_2	z_1	z_2
R1, R2	20	16	16	14	21	2
R1, R2	25	16	19	14	25	4,5
	25	20	19	16	25	2,5
	32	16	22	14	30	8
R1, R2	32	20	22	16	30	6
	32	25	22	19	30	3,5
R1	40	16	26	14	36	–
	40	20	26	16	36	10
R1, R2	40	25	26	19	36	7,5
	40	32	26	22	36	4
R1	50	20	31	16	44	–
	50	25	31	19	44	–
R1, R2	50	32	31	22	44	9
	50	40	31	26	44	5
R1	63	25	38	19	54	–
	63	32	38	22	54	15,5
R1, R2	63	40	38	26	54	11,5
	63	50	38	31	54	6,5
R1	75	32	44	22	62	–
	75	40	44	25	62	–
R1, R2	75	50	44	31	62	12,5
	75	63	44	38	62	8
	90	50	51	31	74	20
R1, R2	90	63	51	38	74	13,5
	90	75	51	44	74	7,5
	110	63	61	38	88	23,5
R1, R2	110	75	61	44	88	17,5
	110	90	61	51	88	10

Bezeichnung eines Reduzierstückes R1 von d_{a1} = 63 mm auf d_{a2} = 40 mm:

Reduzierstück DIN 8063-9 R1 63 x 40

Muffe, reduziert MRGA
mit einseitigem Außengewinde

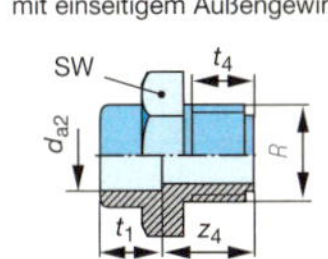

d_a x R	t_1	t_4	z_4
20 x R3/4	16	16,3	22
25 x R1	19	19,1	27
32 x R1 1/4	22	21,4	29
40 x R1 1/2	26	21,4	29
50 x R2	31	25,7	34

Bezeichnung eines Reduzierstückes MRGA für d_a = 25 mm:

Reduzierstück DIN 8063-9 – MRGA 25

Reduzierstück, MGRI
mit einseitigem Gewindeanschluss

d_a x R_p	t_3	t_5	z_3
20 x Rp 3/8	16	11,4	24
25 x Rp 1/2	19	15	27
32 x Rp 3/4	22	16,3	32
40 x Rp 1	26	19,1	38
50 x Rp 1 1/4	31	21,4	46

Wandscheibe S

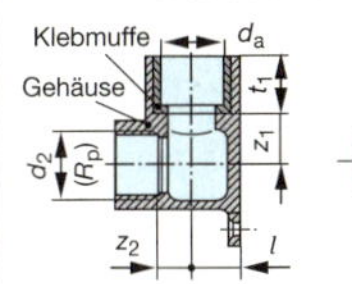

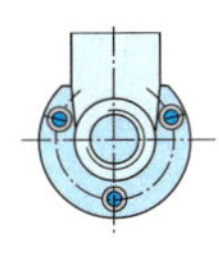

d_a	d_2	l	t_1	z_1	z_2
16	Rp 3/8	14	14	16	9
20	Rp 1/2	16	16	18	9
25	Rp 3/4	17	19	20	12

2) Grundkörper (Gehäuse) aus CuZn40Pb2, Klebemuffe aus PVC hart nach DIN 8063-5

Muffe MAG
aus CuZn40Pb2

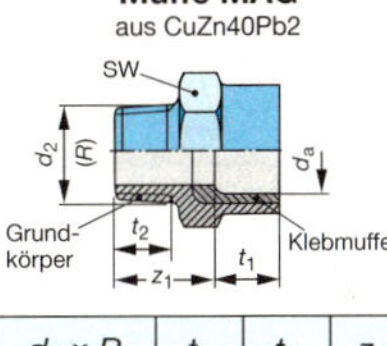

d_a x R	t_1	t_2	z_1
16 x R 1/2	14	11,4	20
20 x R 1/2	16	15	24
25 x R 3/4	19	16,3	25,5
32 x R 1	22	19,1	28,5
40 x R 1 1/4	26	21,4	31,5
50 x R 1 1/2	31	21,4	32
63 x R 2	38	25,7	37

Verschraubung V1
für Klebung mit Flachdichtung

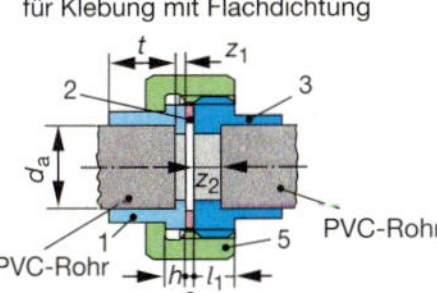

Verschraubung V1I
Innengewinde und Flachdichtung

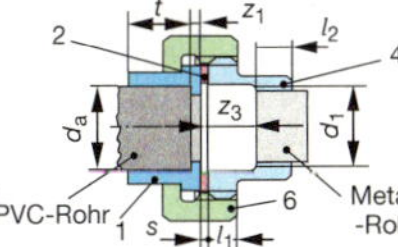

Verschraubung V1A
Außengewinde und Flachdichtung

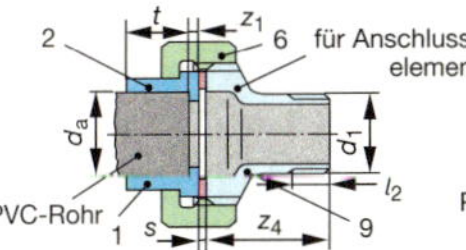

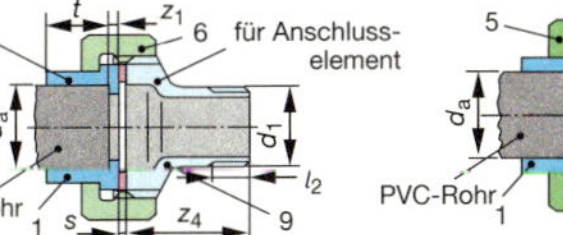

Verschraubung V2
für Klebung mit Runddichtung

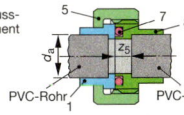

DN	d_a	d_1	h	l_1	l_2	s	t	z_1	z_2	z_3	z_4	z_5
10	16	R 3/8	5	9	10,1	2	14	3	8	7	29	10
15	20	R 1/2	5	10	13,2	2	16	3	8	7	32	10
20	25	R 3/4	6	11	14,5	2	19	3	8	9	49	10
25	32	R 1	6	12	16,8	2	22	3	8	9	53	10
32	40	R 1 1/4	7	14	19,1	2	26	3	10	9	54	12
40	50	R 1 1/2	7	16	19,1	2	31	3	12	10	62	14
50	63	R 2	8	18	23,4	3	38	3	15	10	69	18
65	75	R 2 1/2	9	18	26,7	3	44	3	–	11	74	–
80	90	R 3	10	18	29,8	3	51	3	–	11	83	–

Einzelteile: 1. Bundbuchse, 2. Flachdichtung, 3. Gewindebuchse-PVC, 4. Gewindebuchse-Metall, 5. Überwurfmutter-PVC, 6. Überwurfmutter-Metall, 7. Runddichtung, 8. Gewindebuchse für Runddichtung, 9. Gewindestutzen für Rohrverschraubung

Werkstoffe:

- Teile 1, 3, 5, 8 aus PVC-hart
- Teile 4, 6, 9 wahlweise aus EN-GJMW-450, CuZn40Pb2 oder G-CuSn5ZnPb
- Teile 2, 7 (→ Tab. 160.1)

Bezeichnung einer Rohrverschraubung mit Flachdichtung für Klebung Form V1, d_a = 25 mm aus PVC:

Rohrverschraubung DIN 8063-3 – V1 – 25 – PVC

1) Verbindung mit Rohren aus PVC-U nach DIN 8062 Reihe S10 (PN 10) oder DIN EN 1452-2 Reihe S10 (PN 10)

Kunststoffrohr-Verbindungsteile *plastic pipes fittings*

Rohrverbindungen und Formstücke mit Klebemuffen aus PVC-C (Herstellerangaben)

Anwendungsbereich: Trinkwasser-Hausinstallation bis 70 °C (→ Tab. 167.1), Verbindung mit Rohren aus PVC-C nach EN ISO 15 877 (DIN 8079), Mindest-Rohrserienzahl S10 (PN 10) (→ Tab. 168.1)

Tab. 176.1: Klebefittings aus PVC-C (Herstellerangaben, Maße in mm)

Bogen 90° ($r = 2d_a$) **Winkel 90°** **Winkel 45°**

DN	d_a	l_1	z_1	l_2	z_2	l_3	z_3	D_1	D_2
15	20	58	40	27	11	21	5	25	27
20	25	71	50	33	14	25	6	31	35
25	32	88	64	39	17	30	8	38	38
32	40	109	80	49	23	36	10	47	54
40	50	131	100	57	26	43	12	59	61
50	63	163	126	71	33	52	14	73	76
65	75	194	150	84	40	61	17	87	90
80	90	231	180	97	46	72	21	109	113
100	110	284	220	122	61	89	28	137	137

T 90° **T 45°** **Muffe**

DN	d_a	l_1	z_1	l_2	l_3	z_2	z_3	l_4	z_4
15	20	27	11	68	46	30	6	35	3
20	25	33	14	83	55	36	9	41	3
25	32	39	17	99	67	45	10	47	3
32	40	49	23	118	82	56	10	55	3
40	50	57	26	140	97	66	12	65	3
50	63	73	33	175	123	74	14	79	3
65	75	84	41	207	145	101	18	95	8
80	90	97	46	245	173	122	20	107	5
100	110	122	61	298	210	149	27	132	5

T 90°, reduziert

$d_{a1} \times d_{a2} \times d_{a1}$	l_1	l_2	z_1	z_2	$d_{a1} \times d_{a2} \times d_{a1}$	l_1	l_2	z_1	z_2
25 x 20 x 25	33	30	14	14	63 x 32 x 63	71	56	33	34
32 x 25 x 32	39	36	17	17	63 x 50 x 63	71	65	33	34
40 x 25 x 40	49	42	23	23	75 x 63 x 75	84	–	41	–
40 x 32 x 40	49	45	23	23	90 x 32 x 90	97	–	46	–
50 x 25 x 50	57	47	26	28	90 x 63 x 90	97	–	46	–
50 x 32 x 50	57	50	26	28	110 x 32 x 110	117	–	56	–
63 x 25 x 63	71	53	33	34	110 x 90 x 110	122	–	61	–

Reduzierstück, kurz

d_{a1}/d_{a2}: Anschlussrohr-Außen-Ø

d_{a1}	d_{a2}	l	z	d_{a1}	d_{a2}	l	z
25	20	19	3	63	32	38	16
32	25	22	4	63	50	38	6
40	20	26	10	75	50	44	13
40	25	26	7	75	63	44	6
40	32	26	4	90	50	51	20
50	20	31	15	90	63	51	14
50	25	31	12	90	75	51	8
50	32	31	9	110	63	61	24
50	40	31	5	110	90	61	10

Reduzierstück, lang mit Klebestutzen und Klebemuffe

d_{a1}	d_{a2}	l	z
32	20	46	30
40	25	55	36
50	25	63	44
63	32	76	54
75	40	88	62
90	63	112	74
–	–	–	–
–	–	–	–
–	–	–	–

Muffe

d_a	d_2 (Rp)	l	z
20	Rp 1/2	35	4
25	Rp 3/4	64	3
32	Rp 1	45	3
40	Rp 1 1/4	51	5
50	Rp 1 1/2	59	7
63	Rp 2	69	7

Übergangs-Muffennippel

d_a	d_2 (R)	l	z
16	R 1/2	42	28
20	R 3/4	47	31
25	R 1	54	35
32	R 1 1/4	60	38
40	R 1 1/2	66	40
50	R 2	78	47

Klebeverschraubung

Dichtring

d_a	l_1	l_2	z_1	z_2	d_a	l_1	l_2	z_1	z_2
16	19	24	3	8	50	33	40	3	10
20	21	26	3	9	63	40	46	3	10
25	24	29	3	9	75	47	62	3	18
32	27	32	3	9	90	56	69	5	18
40	32	38	3	10	110	66	72	5	11

Dichtung: O-Ring aus EPDM oder FPM

Kunststoffrohr-Verbindungsteile *plastic pipes fittings*

Rohrverbindungen und Formstücke für Druckleitungen aus PE nach DIN 16 963 und PP nach DIN 16 962

Werkstoffe: Polyethylen (PE) PE 63, PE 80, PE 100 oder **Polypropylen (PP)** PP-H 100, PP-B 80, PP-R 80

Normative Hinweise	PE: DIN 16 963	PP: DIN 16 962
• In Segmentbauweise hergestellte Rohrbogen für Stumpfschweißung; Maße	Teil 1: 1980-08	Teil 1: 1980-08
• In Segmentbauweise herg. T-Stücke u. Abzweige für Stumpfschweißung; Maße	Teil 2: 1983-02	Teil 2: 1983-02
• Aus Rohr geformte Rohrbogen für Stumpfschweißung; Maße	Teil 3: 1980-08	Teil 3: 1980-08
• Bunde für Heizelement-Stumpfschweißung, Flansche, Dichtungen; Maße	Teil 4: 1988-11	Teil 4: 1988-11
• Allgemeine Qualitätsanforderungen, Prüfung	Teil 5: 1999-10	Teil 5: 2000-04
• Fittings aus Spritzguss für Stumpfschweißung; Maße	Teil 6: 1989-10	Teil 10: 1989-10
• Heizwendel-Schweißfittings; Maße	Teil 7: 1989-10	–
• Winkel aus Spritzguss für Muffenschweißung; Maße	Teil 8: 1980-08	Teil 6: 1980-08
• T-Stücke aus Spritzguss für Muffenschweißung; Maße	Teil 9: 1980-08	Teil 7: 1980-08
• Muffen und Kappen aus Spritzguss für Muffenschweißung; Maße	Teil 10: 1980-08	Teil 8: 1980-08
• Bunde, Flansche, Dichtringe für Muffenschweißung; Maße	Teil 11: 1999-10	Teil 12: 1999-10
• Gedrehte und gepresste Reduzierstücke für Stumpfschweißung; Maße	Teil 13: 1980-08	Teil 11: 1980-08
• Reduzierstücke und Nippel aus Spritzguss für Muffenschweißung; Maße	Teil 14: 1983-06	Teil 9: 1983-06
• Rohrverschraubungen; Maße	Teil 15: 1987-06	Teil 13: 1987-06

Tab. 177.1: Heizwendelschweißfittings aus PE — DIN 16 963-7 (Maße in mm)

Muffe

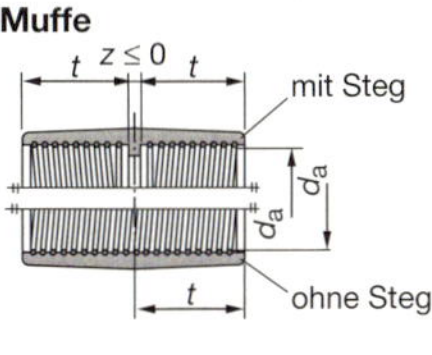

Winkel

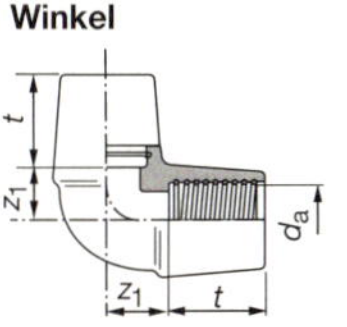

Winkel 45° **T-Stück**

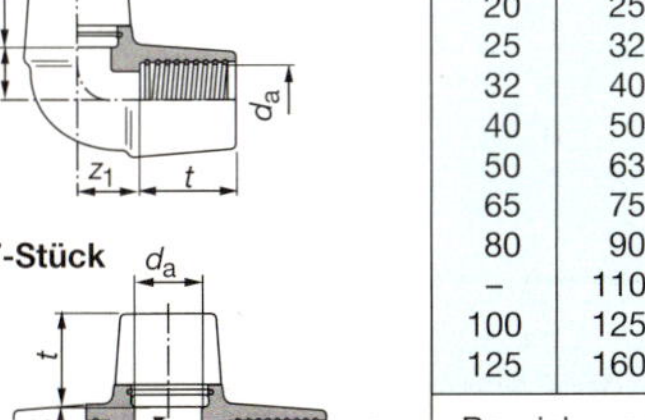

DN	d_a	t_{min}	t_{max}	z_1	z_2	z_3
15	20	15	37	10	3	10
20	25	15	40	13	3	13
25	32	16	44	16	4	16
32	40	18	49	20	5	20
40	50	20	55	25	6	25
50	63	23	63	32	7	32
65	75	25	70	38	9	38
80	90	28	79	45	10	45
–	110	32	85	55	13	55
100	125	35	90	63	14	63
125	160	42	101	80	18	80

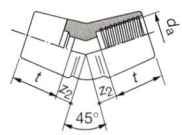

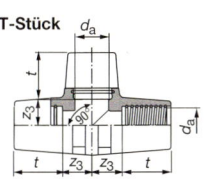

Bezeichnung eines Heizwendel- Schweißwinkels nach DIN 16 963-7 45° mit d_a = 63 mm, für Rohrreihe S5:

Winkel DIN 16 963-7 – 45 – 63 – S5 PE 80

Tab. 177.2: Fittings aus Spritzguss für Stumpfschweißung aus PE, DIN 16 963-6 und PP, DIN 16 962-10 (Maße in mm)

Winkel 90° **Winkel 45°** **Bogen 90°** Typ A **Bogen 90°** Typ B **T-Stück** **Kappe**

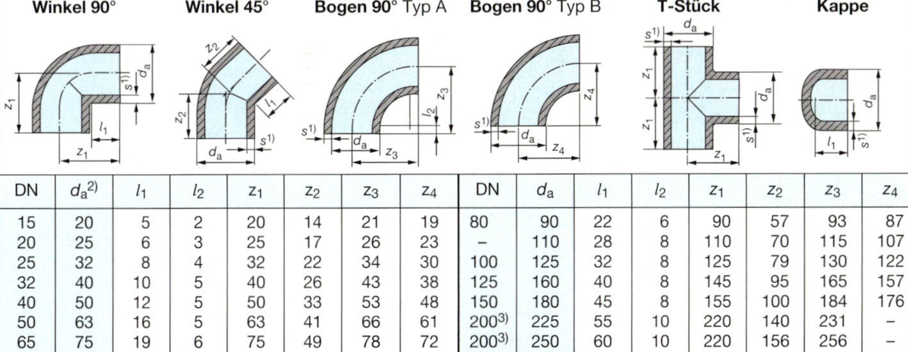

DN	d_a[2)]	l_1	l_2	z_1	z_2	z_3	z_4	DN	d_a	l_1	l_2	z_1	z_2	z_3	z_4
15	20	5	2	20	14	21	19	80	90	22	6	90	57	93	87
20	25	6	3	25	17	26	23	–	110	28	8	110	70	115	107
25	32	8	4	32	22	34	30	100	125	32	8	125	79	130	122
32	40	10	5	40	26	43	38	125	160	40	8	145	95	165	157
40	50	12	5	50	33	53	48	150	180	45	8	155	100	184	176
50	63	16	5	63	41	66	61	200[3)]	225	55	10	220	140	231	–
65	75	19	6	75	49	78	72	200[3)]	250	60	10	220	156	256	–

1) Wanddicke *s* nach Rohrreihe S8,3 (PN6), S5 (PN 10) oder S5 (PN 16) nach EN 1555-2 oder EN ISO 15 874-2

2) Entspricht dem Außendurchmesser nach DIN 8074 (→ Tab. 169.1) o. nach EN ISO 15 874-2 (→ Tab. 170.3)

3) Für DN 200 gilt nach G 477 d_a = 225 mm und nach DIN 19 533 d_a = 250 mm

Bezeichnung eines Bogens nach DIN 16 963-6 90° Typ A mit d_a = 63 mm für Rohrreihe S5 aus PE 80:

Bogen DIN 16 963-6 – 90A – 63 – S5 – PE 80

Kunststoffrohr-Verbindungsteile *plastic pipes fittings*

Tab. 178.1: Fittings aus Spritzguss für Stumpfschweißung aus PE (DIN 16963) **und PP** (DIN 16962)

Reduzierstück

d_{a1}[2]	25	32	32	40	40	40	50	50	50	63	63	63	75	75	75
d_{a2}[2]	20	20	25	20	25	32	25	32	40	32	40	50	40	50	63
l	30	30	30	40	40	40	50	50	50	60	60	60	65	65	65
d_{a1}[2]	90	90	90	110	110	110	125	125	125	160	160	180	180	200	200
d_{a2}[2]	50	63	75	63	75	90	75	90	110	110	125	125	160	160	180
l	75	75	75	90	90	90	100	100	100	120	120	130	130	135	135

Bezeichnung eines Reduzierstückes nach DIN 16962-10, d_{a1}= 63 mm auf d_{a2} = 50 mm für Rohrreihe S5 aus PP-H 100:

Reduzierstück DIN 16962-10 - 63 x 50 - S5 PP-H 100

Rohrverschraubung V1
Stumpfschweißanschluss

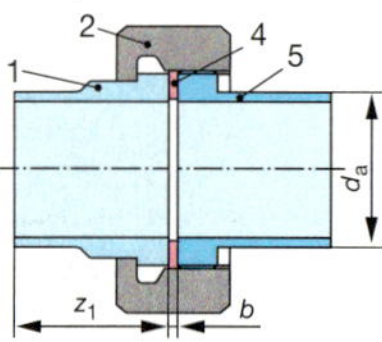

Rohrverschraubung V1I
Innengewindeanschluss

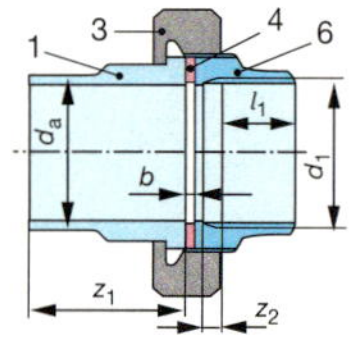

Rohrverschraubung V2
Stumpfschweißanschluss

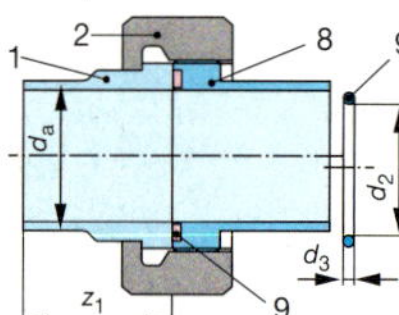

Rohrverschraubung V1A
Außengewindeanschluss

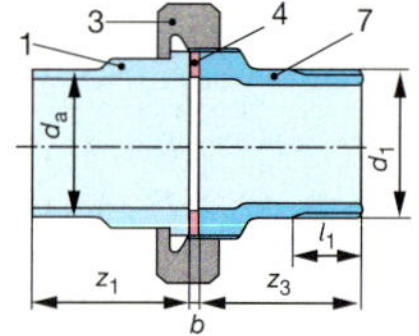

DN	d_a[2]	d_1	d_2	d_3	l_1	b	z_1	z_2	z_3
15	20	R 1/2	20,2	3,5	13,2	2	53	7	32
20	25	R 3/4	28,2	3,5	14,5	2	56	8	49
25	32	R 1	32,9	3,5	16,8	2	59	9	53
32	40	R 1 1/4	40,6	5,3	19,1	2	62	9	54
40	50	R 1 1/2	47	5,3	19,1	2	65	10	62
50	63	R 2	59,7	5,3	23,4	3	68	10	69
65	75	R 2 1/2	–	–	26,7	3	71	11	74
80	90	R 3	–	–	29,8	3	74	11	83

Einzelteile: 1. Bundbuchse, 2. und 3. Überwurfmutter, 4. Flachdichtung, 5. und 6. Gewindebuchse, 7. Gewindestutzen, 8. Gewindebuchse für Runddichtung, 9. Runddichtring

Werkstoffe: Teile 1, 2, 5 und 8 aus PE bzw PP, Teile 3, 6 und 7 wahlweise aus EN-GJMW-450, CuZn40Pb2 oder G-CuSn5ZnPb; Teile 4, 9

Bezeichnung einer Rohrverschraubung mit Flachdichtung Form V1, d_a = 25 mm, Rohrreihe S5 aus PE 80:

Rohrverschr. DIN 16963-15 - V1 - 25 - S5 PE 80

Tab. 178.2: Fittings aus Spritzguss für Muffenschweißung aus PE (DIN 16963) **und PP** (DIN 16962) (Maße in mm)

PE: Winkel 90° W 3 PP: Winkel 90° W 1	PE: Winkel 45° W 4 PP: Winkel 45° W 2	PE: Winkel 90° W 3 GI PP: Winkel 90° W 1 GI	PE: T-Stück T 3 PP: T-Stück T 2
PE: T-Stück T 3 G PP: T-Stück T 2 G	PE: Muffe M1 PP: Muffe M1	PE: Muffe MGI PP: Muffe MGI	PE: Kappe K 1 PP: Kappe K 1

DN	d_a[2]	d_1	l_1	l_2	z_1	z_2	z_3	z_4	z_5
15	20	Rp 1/2	14,5	15	11	5	13	3	5
20	25	Rp 3/4	16	16,3	13,5	6	16	3	5
25	32	Rp 1	18	19,1	17	7,5	19	3	5
32	40	Rp 1 1/4	20,5	21,4	21	9,5	23	3	5
40	50	–	23,5	–	26	11,5	–	3	–

DN	d_a[2]	d_1	l_1-Typ A[3]	l_1-Typ B[3]	l_2	z_1	z_2	z_3	z_4	z_5
50	63	–	27,5	–	–	32,5	14	–	3	–
65	75	–	30	31	–	38,5	16,5	–	4	–
80	90	–	33	35,5	–	46	19,5	–	5	–
–	110	–	37	41,5	–	56	23,5	–	5	–
100	125	–	40	46	–	76,5	27	–	5	–

[1] Wanddicke s nach Rohrreihe S8,3 (PN 6), S5 (PN 10) oder S5 (PN 16) nach DIN 8074 oder EN ISO 15874-2
[2] Entspricht dem Außendurchmesser nach DIN 8074 (→ Tab. 169.1) oder nach EN ISO 15874-2 (→ Tab. 170.3)
[3] Typ A für ungeschälte Rohrenden und Typ B für geschälte Rohrenden (bis d_a = 63 mm nur Typ A)

Kunststoffrohr-Verbindungsteile *plastic pipes fittings*

Rohrverbinder und Formstücke für Heizelement-Muffenschweißung aus Polybuten (PB)

Anwendungsbereich: Trinkwasser-Hausinstallation bis 60 °C (→ Tab. 167.1),
Verbindung mit Rohren aus PB nach DIN EN ISO 15 876, Mindest-Rohrserienzahl S5 (PN 16) (→ Tab. 168.2)

Tab. 179.1: Fittings für Heizelement-Muffenschweißung aus PB (EN ISO 15 876-3) (Herstellerangaben, Maße in mm)

Winkel 90° | Winkel 90° I + A | Winkel 45° | Winkel 45° I + A | T-Stück, egal

Muffe | Kappe | Bundbuchse, flach | Bundbuchse mit Nut | Dichtring

Dichtring aus EPDM

Maße für Winkel, T-Stück, Muffe und Kappe

DN	d_a	l_1	l_2	l_3	l_4	h_1	h_2	z_1	z_2	z_3
10	16	25	21	33	22	34	29	10	6	3
15	20	28	22	33	24	36	30	13	7	3
20	25	32	25	39	28	44	35	14	7	3
25	32	38	30	43	32	50	40	18	10	3
32	40	44	34	48	38	58	46	22	12	4
40	50	51	39	54	44	70	53	26	14	4
50	63	62	45	60	50	82	62	34	17	4
65	75	75	51	69	–	–	–	44	20	7
80	90	88	58	80	–	–	–	52	22	8
100	110	105	68	94	–	–	–	63	26	10

Maße für Bundbuchsen und Dichtring

DN	d_a	l_1	l_2	h_1	h_2	z_1	z_2	D_R	d
10	16	20	23	6	9	5	8	26	4
15	20	20	23	6	9	5	8	31	4
20	25	23	26	7	10	5	8	35	4
25	32	25	28	7	10	5	8	43	4
32	40	27	32	8	13	5	10	55	5
40	50	30	35	8	13	5	10	64	5
50	63	33	38	9	14	5	10	80	5
65	75	35	40	10	15	4	9	–	–
80	90	42	47	11	16	6	11	–	–
100	110	49	55	12	18	7	17	–	–

Verschraubung Muffe-Muffe

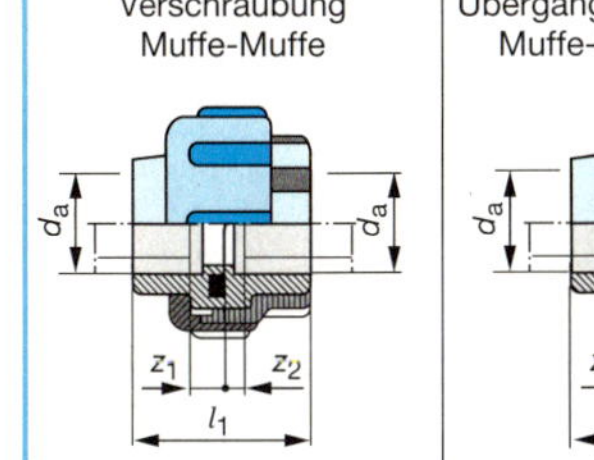

Übergangsverschraubung Muffe-Innengewinde

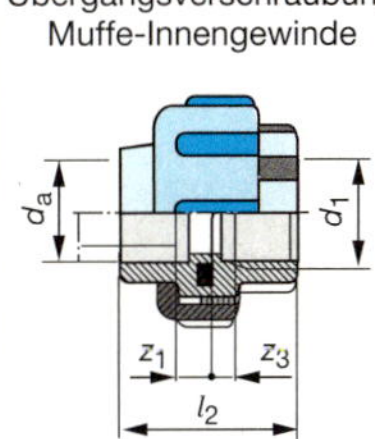

Flanschverbindung

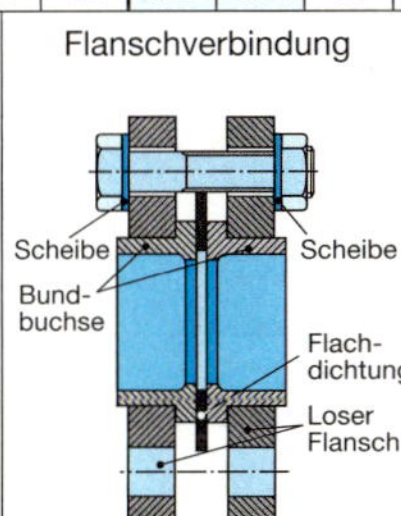

Loser Flansch[1)]

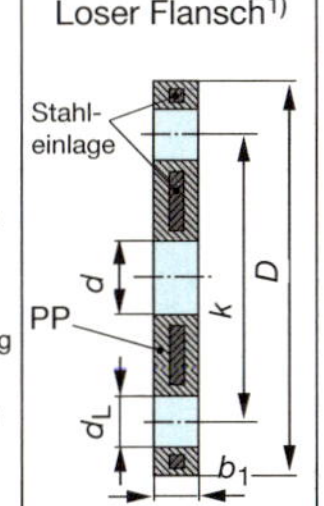

Dichtung[2)]

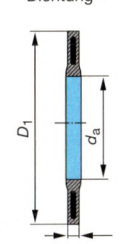

Maße für Verschraubungen

DN	d_a	d_1	l_1	l_2	z_1	z_2	z_3
10	16	Rp 1/2	43	45	8	5	9
15	20	Rp 1/2	43	47	8	5	10
20	25	Rp 1/2	49	50	8	5	9
25	32	Rp 1	53	53	8	5	8
32	40	Rp 1 1/2	59	58	10	5	7
40	50	Rp 1 1/2	65	61	10	5	7
50	63	Rp 2	71	66	10	5	5

Verschraubungen mit Dichtungsring aus EPDM, wasserführende Metallteile sind vernickelt

Flanschmaße					Dichtungsmaße				
d_a	D	d	k	b_1	d_L	n	Schrauben	D_1	b_2
20	95	28	65	12	14	4	M 12 x 55	51	3
25	105	34	75	12	14	4	M 12 x 60	61	3
32	115	42	85	16	14	4	M 12 x 60	71	3
40	140	51	100	16	18	4	M 16 x 70	82	3
50	150	62	110	18	18	4	M 16 x 75	92	3
63	165	78	125	18	18	4	M 16 x 80	107	4
75	185	92	145	20	18	4	M 16 x 85	127	4
90	200	110	160	20	18	8	M 16 x 90	142	4
110	220	133	180	20	18	8	M 16 x 95	162	5

1) Loser Flansch aus Polypropylen mit Stahleinlage passend zu den Bundbuchsen. Bei der Herstellung der Flanschverbindung generell Unterlegscheiben verwenden und auf Drehmomentangaben des Herstellers achten.

2) Flanschdichtung aus EPDM mit Stahleinlage nur für Übergang von Metall auf Kunststoff.

Umwälzpumpen *circulation pumps*

Umwälzpumpe (Nassläuferpumpe) mit Verschraubungs- und Flanschanschluss

Abmessungen: STAR-RS Pumpen

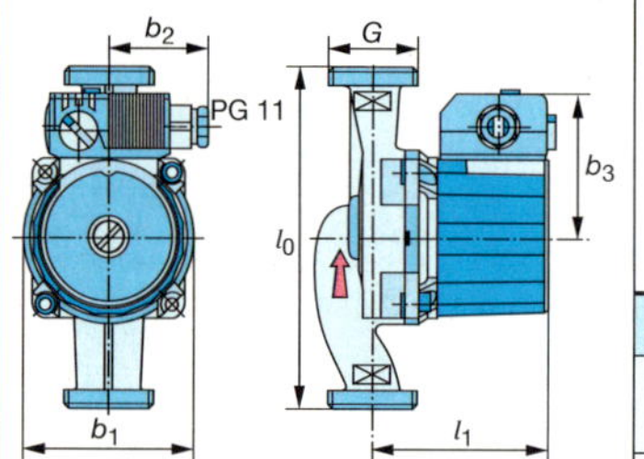

Bezeichnungen und technische Daten: (Herstellerangaben)

Star RS 25/4: RS: Standard-Rohrverschraubungspumpe,
25/: Anschlussnennweite, **4:** Nennförderhöhe in m bei $\dot{V} = 0$ m³/h

Fördermedien: Heizungswasser nach VDI 2035, Wasser-Glykol-Gemisch im Verh. max. 1:1 (ab 20 % Beimischung Förderdaten überprüfen)

Leistung: n = 1100–2200 1/min, **3 Drehzahlstufen einstellbar,** zul. Temp-Bereich ϑ_s = –10 °C bis +110 °C, max. Druck p_s = 10 bar, Netzanschluss 1~ 230 V, 50 Hz (Pumpenkennlinie → S. 421), max. Umgebungstemperatur ϑ_L = +40 °C

Tab. 180.1: Einbaumaße von Verschraubungspumpen

Pumpentyp	DN	G	l_0	l_1	b_1	b_2	b_3	Masse
			in mm					m in kg
Star RS 25/2 (/4/6)[1]	25	1¹/₂	180	97	92,5	54	73	2,4
Star RS 30/2 (/4/6)[1]	32	2	180	97	92,5	54	73	2,6

Abmessungen: STRATOS-ECO Pumpen (Hocheffizienzpumpen)

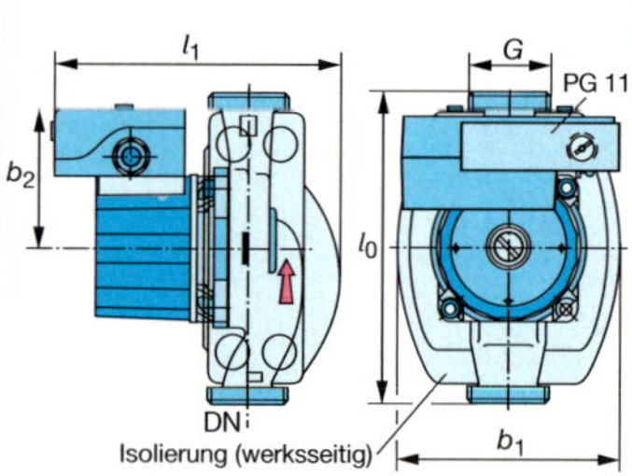

Bezeichnung und technische Daten: (Herstellerangaben)

STRATOS ECO 25/1-5: Verschraubungspumpe **elektronisch geregelt**, **25/:** Anschlussnennweite, **1–5:** Nennförderhöhenbereich in m

Fördermedien: → Star RS-Pumpenreihe

Leistung: Drehzahlbereich n = 1400–3500 1/min, zul. Temp.-Bereich ϑ_s = 15 °C bis +110°C, max. Druck p_s = 10 bar, Netzanschluss 1~ 230 V, 50 Hz (Pumpenkennlinie → S. 421), max. Umgebungstemperatur ϑ_L = +40 °C

Tab. 180.2: Einbaumaße von Verschraubungspumpen

Pumpentyp Stratos	DN	G	l_0	l_1	b_1	b_2	Masse
			in mm				m in kg
ECO 25/1-3	25	1¹/₂	180	206	133	73	2,5
ECO 25/1-5	25	1¹/₂	180	206	133	73	2,6
ECO 30/1-3	32	2	180	206	133	73	2,7
ECO 30/1-5	32	2	180	206	133	73	2,7

Abmessungen: STRATOS Pumpen (Hocheffizienzpumpen)

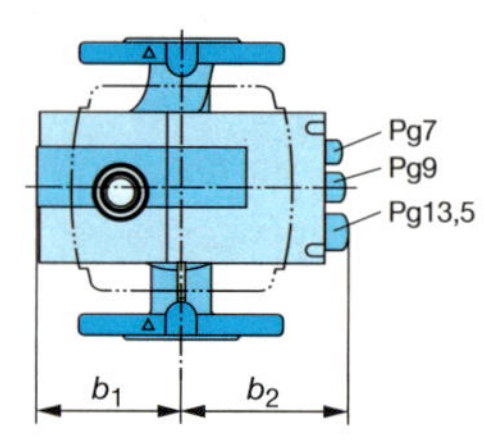

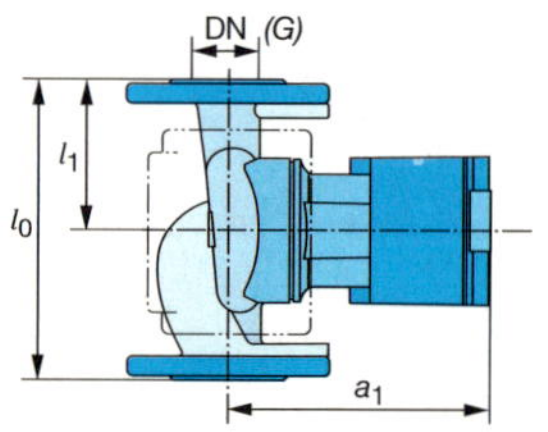

Bezeichnung und technische Daten: (Herstellerangaben)

Stratos 25/1-6: Verschraubungs- u. Flanschpumpe **elektronisch geregelt**, **25/:** Anschlussnennweite, **1-6:** Nennförderhöhenbereich in m

Fördermedien: → Star RS-Pumpenreihe

Leistung: Drehzahlbereich n = 1400–4800 1/min, zul. Temp.-Bereich ϑ_s = –10 °C bis +110 °C, max. Druck p_s = 6 bar bzw. 10 bar, Netzanschluss 1~ 230 V, 50 Hz (Pumpenkennlinie → S. 422), max. Umgebungstemperatur ϑ_L = +40 °C

Tab. 180.3: Einbaumaße von Verschraubungs- und Flanschpumpen

Pumpentyp	DN	G	l_0	a_1	l_1	b_1	b_2	Flansch PN		Masse
			in mm					K6/10	16	m in kg
Stratos 25/1-6	25	1¹/₂	180	181	90	90	125	–	–	4,0
Stratos 30/1-6	32	2	180	181	90	90	125	–	–	4,0
Stratos 30/1-12	32	2	180	200	90	106	127	–	–	5,5
Stratos 40/1-4	40	–	220	176	110	90	125	X[2]	–	5,0
Stratos 40/1-12	40	–	250	252	125	119	142	X[2]	–	14,0
Stratos 50/1-8	50	–	240	207	120	106	127	X[2]	–	11,5
Stratos 50/1-9	50	–	280	256	120	119	142	X[2]	–	15,5
Stratos 50/1-12	50	–	280	256	140	119	142	X[2]	–	15,5
Stratos 65/1-12	65	–	340	325	170	155	170	X[2]	–	27,0
Stratos 80/1-12	80	–	360	328	180	155	170	–	X[3]	31,5
Stratos 100/1-12	100	–	360	338	180	155	170	–	X[3]	34,0

[1] Nennförderhöhe H = 2 oder 4 oder 6 m;
[2] Pumpen mit Kombi-flanschanschluss (K) PN6/10 nach EN 1092-1;
[3] Flansch PN 16 nach EN 1092-1

Armaturen *fittings*

Einteilung der Armaturen

Tab. 181.1: Grundbauarten von Leitungsarmaturen

Grundbauart und Ausführungsbeispiel	Schieber	Ventil	Hahn	Klappe
Arbeitsbewegung des Abschlusskörpers	geradlinig		drehend um Achse quer zur Strömung	
Strömung im Abschlussbereich	quer zur Bewegung des Abschlusskörpers	längs der Bewegung des Abschlusskörpers	durch den Abschlusskörper	um den Abschlusskörper
Form der Abschlusskörper	Kolben, Membran, Keil	Platte, Zylinder, Membran, Kegel, Kugel usw.	Kugel, Kegel, Zylinder	Scheibe
Vergleich der Verlustbeiwerte ς für DN 25 n. DIN 1988 T3	Keilschieber: 0,5	Geradsitzventil: 7,0 Membranventil: 7,0 Schrägsitzventil: 2,0	Kugelhahn: 0,5	Ringabsperrklappe: 0,5
Vergleich von Baulängen und Massen für DN 100	228 mm 38 kg	350 mm 31 kg	190 mm 22,4 kg	52 mm 5,6kg

Flanschen-Armaturen *flanges-fittings*

Flanschen-Absperrventil, Kompaktbauweise

Abmessungen

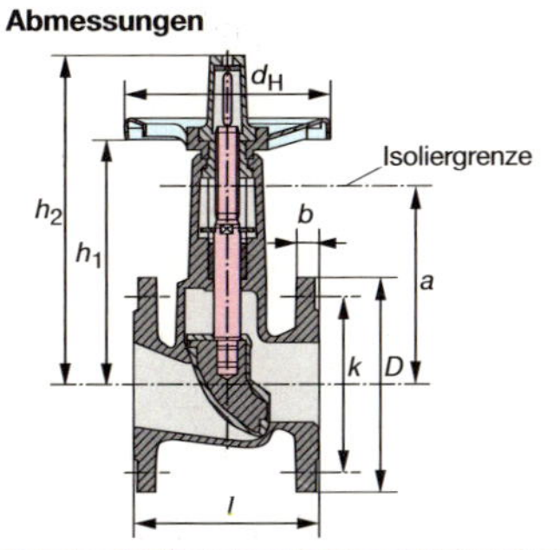

Bezeichnung: weichdichtendes Flanschen-Absperrventil, einteiliges Gehäuse aus EN-GJL-250 (GG-25), **Kurzbaulänge DIN EN 558-1/14**, wartungsfrei, Durchgangsform in Schrägsitzausführung mit geradem Oberteil, voll isolierbar nach EnEV, nichtdrehende Spindel und nichtsteigendes Handrad, Drosselkegel mit EPDM-Ummantelung, wartungsfreie Spindelabdichtung mit vierfach O-Ring-Buchse, asbest-, FCKW- und PCB-frei, Armaturenkennzeichnung nach DIN EN 19.

Einsatzgebiete: Warmwasser-Heizungsanlagen bis 120 °C nach DIN 4751 und Klimaanlagen, nicht für Dampf und mineralhaltige Medien.

Zulässige Temperaturen: ϑ_S = −10 bis +120 °C.

Sonderausführung: mit Kappe zum Plombieren gegen unbefugtes Schließen.

Einbauhinweis: auf Strömungsrichtung achten, wechselnde Strömungsrichtung ist zulässig.

Tab. 181.2: Flanschen-Absperrventil, Kompaktbauweise (Herstellerangaben)

DN	Maße für PN 6 und PN 16				PN 6					PN 16				
	l mm	d_H mm	h_1 mm	h_2 mm	D mm	k mm	b mm	a mm	m_V kg	D mm	k mm	b mm	a mm	m_V kg
15	115	100	119	153	80	55	12	74	2,6	95	65	14	74	2,9
20	120	100	119	153	90	65	14	74	3,0	105	75	16	74	3,6
25	125	100	119	153	100	75	14	74	3,2	115	85	16	74	3,9
32	130	100	162	203	120	90	16	117	4,6	140	100	18	117	5,7
40	140	100	162	203	130	100	16	117	4,9	150	110	18	117	6,1
50	150	125	179	233	140	110	16	132	6,0	165	125	20	132	8,0
65	170	125	207	261	160	130	16	160	8,0	185	145	20	160	10,6
80	180	200	234	309	190	150	18	182	12,4	200	160	22	182	14,1
100	190	200	243	318	210	170	18	191	15,8	220	180	24	191	18,8
125	200	250	325	439	240	200	20	269	28,2	250	210	26	269	32,1
150	210	250	338	447	265	225	20	282	33,6	285	240	26	282	38,3
200	230	315	423	575	320	280	30	353	60,0	340	295	30	353	68,0

Flanschen-Armaturen *flanges-fittings*

Flanschen-Absperrventil – Normalausführung

Abmessungen

a) weich dichtendes Absperrventil

b) metallisch dichtendes Absperrventil

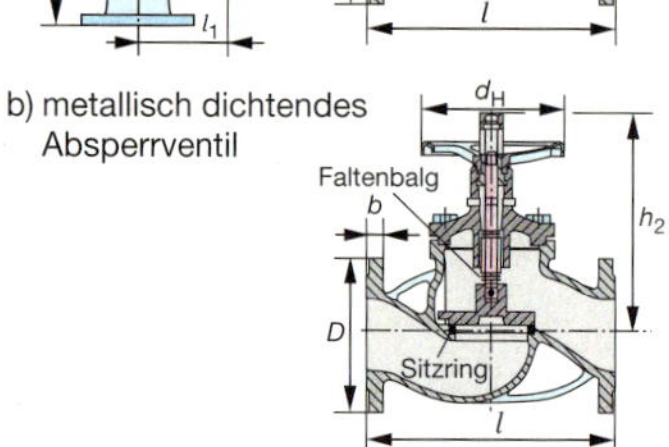

Bezeichnung:

a) weichdichtendes Flanschen-Absperrventil, Drosselkegel EPDM-ummantelt, Spindelabdichtung mit Profilring asbest-, FCKW-, und PCB-frei, zulässige Temperatur ϑ_S = −10 bis +120 °C

b) metallisch dichtendes Flanschen-Absperrventil mit Faltenbalg, Spindelabdichtung mit Faltenbalg aus X6CrNiTi18-10 mit Sicherheitsstopfbuchse asbest-, FCKW- und PCB-frei, zulässige Temperaturen ϑ_S = −10 bis +300 °C

Werkstoff und Verwendung: Gehäuse und Deckel aus EN-GJL-250 (GG-25), Baulänge DIN EN 558-1/1, wartungsfrei, für Heizungsanlagen nach DIN EN 12 828, Wärmeübertragungsanlagen nach DIN 4754 und Dampfkesselanlagen nach TRD108/110; Durchgangsform in Geradsitzausführung, voll isolierbar nach HeizAnlV

Zulässige Drücke bei Ausführung PN 16:	ϑ_S	120 °C	200 °C	250 °C	300 °C
	p_S	16 bar	12,8 bar	11,2 bar	9,6 bar

Sonderausführungen: mit Drosselkegel und Stellungsanzeige, mit Kappe zum Plombieren gegen unbefugtes Schließen

Einbauhinweis: auf Strömungsrichtung achten, wechselnde Strömungsrichtung ist zulässig

Tab. 182.1: Flanschen-Absperrventil (Herstellerangaben)

DN	PN 6/16	a) weichdichtendes Flanschen-Absperrventil										b) metallisch dichtendes Flanschen-Absperrventil mit Faltenbalg							
		PN 6					PN 16					PN 16					PN 16 Eckform		
	l mm	D mm	b mm	d_H mm	h_1 mm	m_V kg	D mm	b mm	d_H mm	h_1 mm	m_V kg	D mm	b mm	d_H mm	h_2 mm	m_V kg	l_1 mm	h_3 mm	m_V kg
15	130	80	12	100	155	2,5	95	14	100	155	3,0	95	14	100	160	3,1	90	135	3,3
20	150	90	14	100	160	3,0	105	16	100	160	3,5	105	15	100	162	4,9	95	136	4,4
25	160	100	14	100	165	4,0	115	16	100	165	5,0	115	16	100	168	4,7	100	134	4,8
32	180	120	16	100	180	5,0	140	18	100	180	6,0	140	18	100	188	6,5	105	153	7,5
40	200	130	16	125	195	7,5	150	18	125	195	8,5	150	18	100	193	7,7	115	155	9,0
50	230	140	16	125	205	8,5	165	20	125	205	10,5	165	20	160	225	10,2	125	188	11,0
65	290	160	16	125	240	12,0	185	20	125	240	15,0	185	20	160	236	17,0	145	188	16,0
80	310	190	18	160	305	18,0	200	22	160	305	20,0	200	22	200	282	22,0	155	226	21,5
100	350	210	18	160	340	25,0	220	24	160	340	27,5	220	24	200	304	32,0	175	244	31,0
125	400	240	20	160	380	32,5	250	26	200	395	37,5	250	26	250	390	54,0	200	327	49,0
150	480	265	20	200	435	54,0	285	26	315	465	63,0	285	26	250	408	70,5	225	320	65,5
200	600	320	22	250	545	92,0	340	30	315	545	99,0	340	30	400	570	142,0	275	468	114,2
250	730	–	–	–	–	–	–	–	–	–	–	400	32	400	606	229,0	325	481	180,5

Flanschen-Absperrventil mit Membranabdichtung

Abmessungen

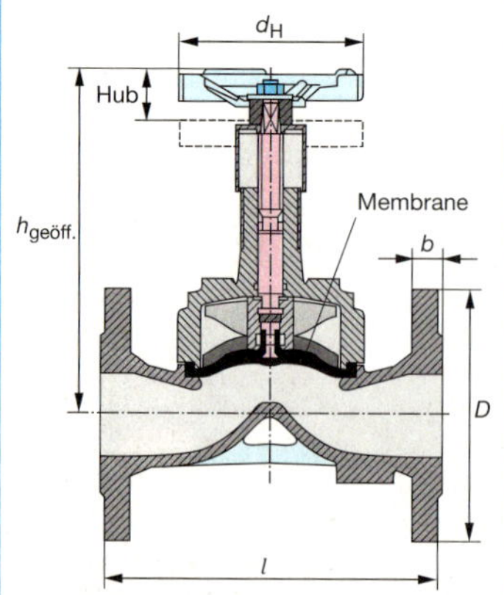

Bezeichnung: Membranventil in Durchgangsform, Baulänge DIN EN 558-1/1, wartungsfrei, mit DVGW-Zulassung für Trinkwasser, Gehäuse und Haube aus EN-GJL-250 mit Innenbeschichtung aus PA, Membrane aus EPDM, für Trinkwasser bis max. 90 °C, gekennzeichnet nach DIN EN 19

Tab. 182.2: Absperrventil mit Membranabdichtung, PN 16 (Herstellerang.)

DN	l mm	D mm	b mm	$h_{geöff.}$ mm	Hub mm	d_H mm	m_V kg
15	130	95	14	150	13	80	3,0
20	150	105	16	150	13	80	3,5
25	160	115	16	150	13	80	4,0
32	180	140	18	192	22	100	7,0
40	200	150	18	192	22	100	7,5
50	230	165	20	231	30	125	11,0
65	290	185	20	322	45	200	20,5
80	310	200	22	322	45	200	23,0
100	350	220	24	388	60	250	36,5
125	400	250	26	388	60	250	44,0
150	480	285	26	512	80	400	80,0
200	600	340	26	512	80	400	95,0

Flanschen-Armaturen *flanges-fittings*

Flanschenschieber

Abmessungen (PN 6)

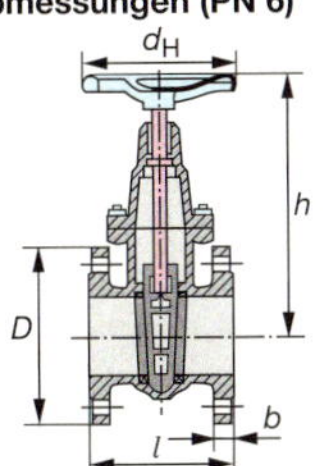

Bezeichnung:
Flanschenschieber, metallisch dichtend nach DIN 3352-2, Baulänge nach DIN EN 558-1/14(15), Gehäuse und Haube aus EN-GJL-250, Dichtflächen und innen liegende Spindel aus nichtrostendem Stahl, für Brauchwasser und Industrieanlagen

Zulässige Drücke und Temperaturen:
Ausführung **PN 6**: Baulänge EN 558-1/14
zul. Temp. ϑ_s = 120 °C, zul. Druck p_S = 6 bar
Ausführung **PN 16**: Baulänge EN 558-1/15
zul. Temp. ϑ_s = 120 °C, zul. Druck p_S = 16 bar
zul. Temp. ϑ_s = 200 °C, zul. Druck p_S = 13 bar

Abmessungen (PN 16)

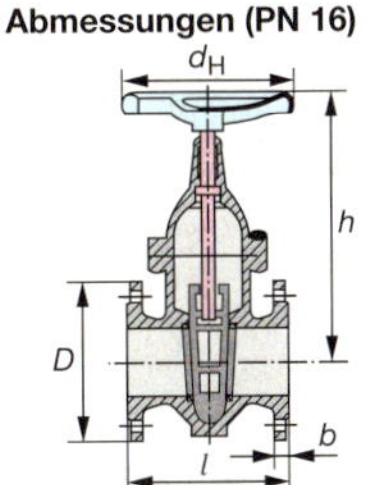

Tab. 183.1: Flanschenschieber, metallisch dichtend (Herstellerangaben)

DN	PN 6						PN 16					
	l mm	*h* mm	*D* mm	*b* mm	d_H mm	m_S kg	*l* mm	*h* mm	*D* mm	*b* mm	d_H mm	m_S kg
40	140	235	130	16	160	9,0	240	250	150	18	200	16,0
50	150	250	140	16	160	10,5	250	255	165	20	200	19,0
65	170	275	160	16	160	14,5	270	320	185	20	250	29,0
80	180	300	190	18	160	17,5	280	325	200	21	250	32,0
100	190	330	210	18	200	22,5	300	380	220	22	315	43,0
125	200	390	240	20	250	34,0	325	420	250	24	315	63,0
150	210	430	265	20	250	43,0	350	455	285	24	315	72,0
200	230	505	320	22	250	67,0	400	625	340	28	400	117,0
250	250	620	375	24	315	102,0	450	735	400	30	500	184,0
300	–	–	–	–	–	–	500	820	455	30	500	255,0

Flanschen-Kugelhahn

Abmessungen

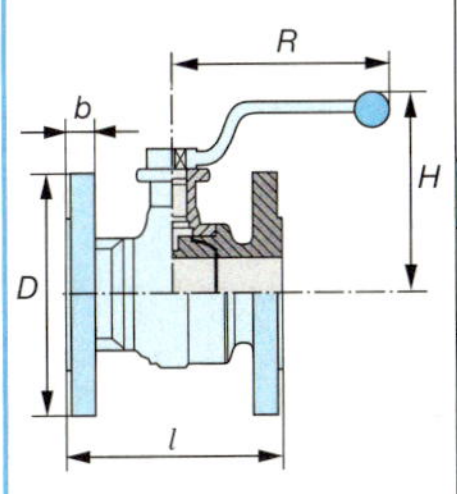

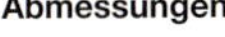

Bezeichnung:
Flanschen-Kugelhahn, DVGW-Zulassung für Gas, Nenndruckstufe PN 16, zul. Temperatur ϑ_s = –10 °C bis +70 °C, Gehäuse und Flansch aus EN-GJS-250, geschliffene Kugel aus Kupfer-Zink-Legierung (hartverchromt), Spindel aus nichtrostendem Stahl, Spindelabdichtung durch doppelten O-Ring, Kugeldichtung aus PTFE, Baulänge nach DIN EN 558-1/14

Tab. 183.2: Flanschen-Kugelhahn, PN 16 (Herstellerangaben)

DN	*l* mm	*D* mm	*b* mm	*H* mm	*R* mm	m_H kg	DN	*l* mm	*D* mm	*b* mm	*H* mm	*R* mm	m_H kg
25	125	115	14	114	165	3,3	80	180	200	20	185	360	15,4
32	130	140	16	125	165	4,9	100	190	220	20	202	360	22,4
40	140	150	16	135	185	6,1	125	200	250	22	223	360	24,2
50	150	165	18	142	185	7,6	150	210	285	22	230	625	32,2
65	170	185	18	158	230	12,0							

Schmutzfänger

Abmessungen

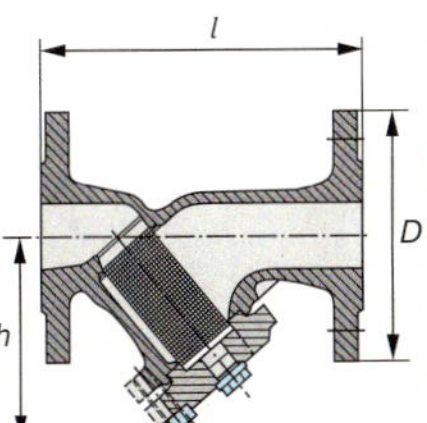

Bezeichnung:
Schmutzfänger in Schrägsitzform, Gehäuse aus EN-GJL-250, Sieb aus X6CrNiTi 18-10 Drahtgeflecht, Baulänge nach DIN EN 558-1/1

Einsatzgebiete:
Warm- und Heißwasser, Dampf, mineralölhaltige Medien und organische Wärmeträger, Druckbereich p_s < 6 bzw. 16 bar, Temperaturbereich ϑ_s = –10 °C bis +120 °C, Armaturenkennzeichnung nach DIN EN 19

Tab. 183.3: Flanschen-Schmutzfänger, PN 16 (Herstellerangaben)

DN	*l* mm	*h* mm	PN 6 *D* mm	PN 6 *m* kg	PN 16 *D* mm	PN 16 *m* kg	DN	*l* mm	*h* mm	PN 6 *D* mm	PN 6 *m* kg	PN 16 *D* mm	PN 16 *m* kg
25	160	115	100	4,5	115	5,0	80	310	215	190	19,0	200	21,0
32	180	125	120	5,5	140	7,0	100	350	235	210	26,0	220	30,0
40	200	150	130	7,0	150	9,0	125	400	275	240	38,0	250	43,0
50	230	160	140	9,0	165	12,0	150	480	305	265	54,0	285	61,0
65	290	180	160	13,0	185	16,0	200	600	390	320	110	340	121,0

Flanschen-Armaturen *flanges-fittings*

Absperrklappe (Herstellerangaben) DIN EN 593: 2004-05

Abmessungen

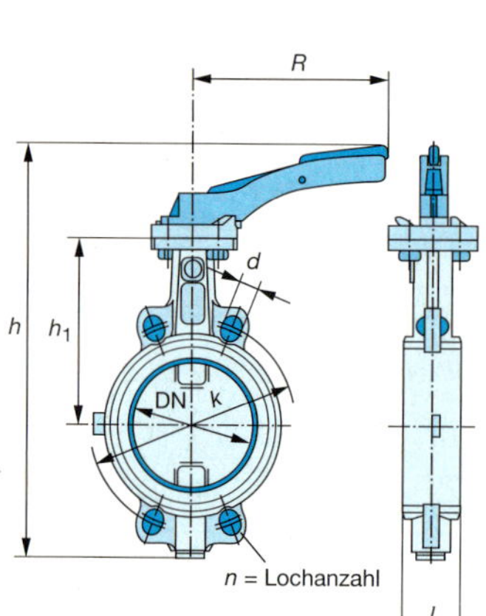

Bezeichnung:
weichdichtende, wartungsfreie Absperrklappe mit zentrisch gelagerter Klappe, Gehäuse zum Einklemmen ohne Flansch aus EN-GJL-250

Heizungsanlagen: Manschette aus EPDM (ab DN 50 auswechselbar)
Gas- und Trinkwasseranlagen: Manschette aus NBR (ab DN 50 auswechselbar)

Betätigung:
Rastenhandhebel, ab DN 250 mit Getriebe und Handrad

Einbau:
zwischen Flansche nach PN 6/10/16, Baulänge nach DIN EN 558-1/K20, zulässiger Druck p_{smax} = 16 bar, zulässige Temperatur ϑ_{smax} = +130 °C

Tab. 184.1: Absperrklappen, PN 6 bis PN 16 (Herstellerangaben)

					PN 6			PN 16		
DN	l mm	h mm	R mm	h_1 mm	k mm	d mm	n	k mm	d mm	n
25	33	226	165	104	75	11	4	85	14	4
32	33	231	165	104	90	14	4	100	18	4
40	33	256	165	113	100	14	4	110	18	4
50	43	287	165	126	110	14	4	125	18	4
65	46	304	165	134	130	14	4	145	18	4
80	46	356	195	157	150	18	4	160	18	8
100	52	377	195	167	170	18	4	180	18	8
125	56	402	195	180	200	18	8	210	18	8
150	56	458	276	203	225	18	8	240	22	8
200	60	509	276	228	280	18	8	295	22	12

Einbauhinweis:
Vier Flanschbohrungen für Gegenflansche nach PN 6/10/16 gewährleisten die einfache Zentrierung bei der Montage.

Einseitiges Abflanschen ist möglich.

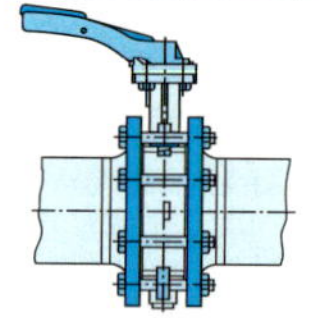

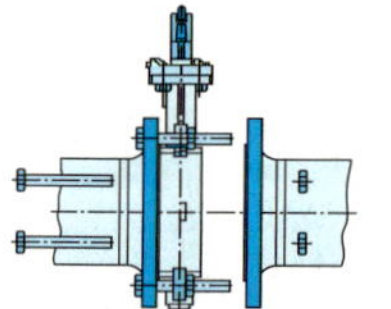

Einklemm-Rückschlagventil (Herstellerangaben)

Abmessungen

DN 15-100

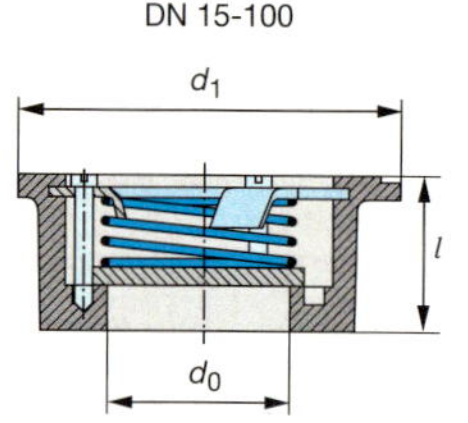

DN 125-200

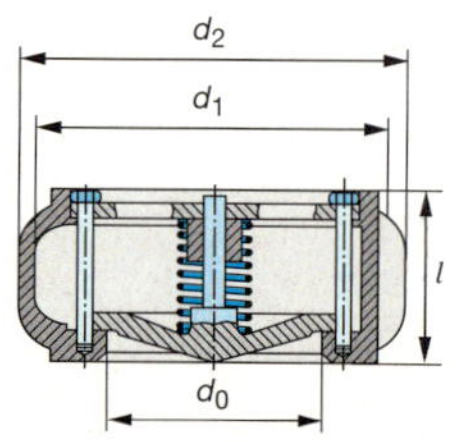

Bezeichnung:
Einklemm-Rückschlagventil, kurze Baulänge DIN EN 558-1/49
Ausführung PN 6: DN 15 bis 100 Gehäuse aus CuZn39Pb3
DN 125 bis 200 Gehäuse aus EN-GJL-250
Platte bzw. Kegel zur Geräuschminderung aus Kunststoff
Ausführung PN 16: DN 15 bis 100 Gehäuse aus CuZn39Pb3, Platte aus X5CrNi18-10
DN 125 bis 200 Gehäuse und Kegel aus EN-GJL-250

Einsatzgebiete:
Industrie- und Heizungsanlagen, Flüssigkeiten, Gase und Dämpfe

Zulässige Drücke und Temperaturen:

	zul. Druck p_s in bar bei ϑ_s in °C				
	50 °C	80 °C	100 °C	120 °C	250 °C
PN 6	6	4	2	–	–
PN 6/10/16	16	16	16	16	13

Tab. 184.2: Einklemm-Rückschlagventile PN 6/10/16 (Herstellerang.)

DN	l mm	d_1 mm	d_2 mm	d_0 mm	m kg	DN	l mm	d_1 mm	d_2 mm	d_0 mm	m kg
15	17	51	–	15	0,15	65	46	127	–	63	1,2
20	20	61	–	20	0,25	80	51	142	–	77	2,0
25	23	71	–	25	0,3	100	61	162	–	96	2,8
32	28	82	–	32	0,5	125	90	192	210	118	10,0
40	31,5	92	–	40	0,65	150	106	218	250	138	13,0
50	40	108	–	48,5	0,9	200	140	273	273	194	22,0

Armaturen *fittings*

Absperrarmaturen für Trinkwasserinstallation

Anwendungsbereich:
Trinkwasserinstallation bis DN 100 mit DIN DVGW-Reg. Nr., zul. Temp.: $\vartheta_S \leq 90$ °C, zul. Druck $p_S \leq 10$ bar (PN 10), Schallschutz nach DIN 52 218: Armaturengruppe I

Werkstoff: Gehäuse aus CuZn37Pb0,5; Dichtscheibe aus EPDM; O-Ringe aus NBR

Allgemeine Anforderungen und Prüfungen: Mindestvolumenstrom $\dot{V}_A$ und $\dot{V}_B$ (→ Tab. 185.2)

Tab. 185.1: Absperrventile und Rückflussverhinderer mit Muffenanschluss (Herstellerangaben, Maße in mm)

Geradsitzventil[1]
DIN 3512/EN 1213 – $\dot{V}_A$

Schrägsitzventil[1] [2]
$\dot{V}_B$

Rückschlagventil
$\dot{V}_B$

Freistromventil[1] [3]
DIN 3502/EN 1213 – $\dot{V}_C$

Rückflussverhinderer[3]
absperrbar, DIN 3269/EN 1213 – $\dot{V}_B$

Rückflussverhinderer[1]
DIN 3269/EN 1213 – $\dot{V}_B$

Rückflussverhinderer
(Durchgangsform)

Kolbenschieber[3]
DIN 3500 – $\dot{V}_B$

DN	R_p	l_1	l_2	l_3	l_4	t_1	t_2	h_1	h_2	h_3	h_4	h_5	h_6	h_7	d_H
10	3/8	65	55	–	–	11	–	70	70	–	–	–	–	–	55
15	1/2	67	57	–	65	15	12	76	77	35	90	–	–	91	55
20	3/4	77	67	150	75	16,3	13,5	93	93	50	104	100	64	94	55
25	1	92	78	165	90	19,1	15,5	103	107	52	130	113	75	123	70
32	1 1/4	112	92	176	110	21,4	18	127	131	54	158	126	89	147	70
40	1 1/2	122	102	181	120	21,4	19	132	136	59	170	148	104	164	90
50	2	152	122	228	150	25,7	21	158	166	65	205	171	126	191	90
65	–	180	180	–	–	26,7	25	–	–	112	214	–	–	–	–
80	–	210	210	–	–	29,8	28	–	–	115	224	–	–	–	–

1) Wahlweise mit oder ohne Entleerungsventil G 1/4 mit schwenkbarem Auslauf lieferbar
2) Armatur mit steigender Ventilspindel
3) Armatur mit nichtsteigender Ventilspindel

Tab. 185.2: Anforderungen an den Volumenstrom bei Absperrarmaturen

Armatur	DN	Mindestvolumenstrom[1] $\dot{V}$ in l/s bei DN 10	15	20	25	32	40	50	65	80	100
Geradsitzventil (Eck-, Durchgang)	Klasse $\dot{V}_A$	0,10	0,20	0,40	0,70	1,20	1,60	2,70	4,5	6,7	8,5
Schrägsitzventil, allgemein	Klasse $\dot{V}_B$	0,25	0,50	1,00	1,75	3,00	4,00	6,75	11,0	16,0	22,0

1) Mindestvolumenstrom $\dot{V}$ in l/s bei einem Druckverlust von $\Delta p = 0{,}1$ bar

Armaturen *fittings*

Absperrarmaturen für Trinkwasserinstallation

Anwendungsbereich:
Trinkwasserinstallation bis DN 100 mit DIN DVGW-Reg. Nr., zul. Temp.: $\vartheta_S \leq 90$ °C, zul. Druck: $p_S \leq 10$ bar (PN 10)

Werkstoff: Gehäuse aus CuZn37Pb0,5; Dichtscheibe aus EPDM; O-Ringe aus NBR

Allgemeine Anforderungen und Prüfungen: Mindestvolumenstrom $\dot{V}_A$ und $\dot{V}_B$ (Tab. → 185.2)

Tab. 186.1: Absperrventile und Rückflussverhinderer mit Lötmuffen (Herstellerangaben, Maße in mm)

Schrägsitzventil[1]	Schrägsitzventil[1) 2)]	Rückschlagventil	Freistromventil[1) 3)]
Lötmuffe/Lötmuffe $\dot{V}_B$	Lötmuffe/Verschraubung $\dot{V}_B$	Lötmuffe/Verschraubung $\dot{V}_B$	Lötmuffe/Verschraubung mit Entleerungsventil DIN 3269/EN 1213 – $\dot{V}_B$
h_1, d_a, t_1, l_1	h_1, d_a, t_1, l_2	h_2, d_a, t_1, l_2	h_3, d_a, t_1, l_4

DN	d_a	t_1	l_1	l_2	l_3	l_4[4]	h_1	h_2	h_3	h_4
10	12	9	–	71	–	–	77	–	–	–
12	15	11	55	81	85	115	76	35	83	–
15	18	13	63	86	99	120	95	50	97	–
20	22	15,5	77	101	111	139	95	50	97	95
25	28	18,5	93	120	131	163	117	56	113	110
32	35	23,5	–	139	160	192	138	54	127	126
40	42	27	–	155	177	210	150	59	150	149
50	54	35	–	182	215	244	168	65	172	172

Rückschlagventil[3)], absperrbar
Lötmuffe/Verschraubung DIN 3269 – $\dot{V}_B$

mit Prüfschraube G 1/4

Tab. 186.2: Absperrventile und Rückflussverhinderer mit Außengewinde nach DIN ISO 228 G für Metall- und Kunststoff-Rohrverschraubung (Herstellerangaben, Maße in mm)

Freistromventil[1) 3)]	Freistromventil[1) 3)]	Rückschlagventil[1) 3)]	Rückflussverhinderer
DIN 3502/EN 1213 – $\dot{V}_B$	DIN 3502/EN 1213 – $\dot{V}_B$	absperrbar, DIN 3269/EN 1213 – $\dot{V}_B$	DIN 3269/EN 1213 – $\dot{V}_B$

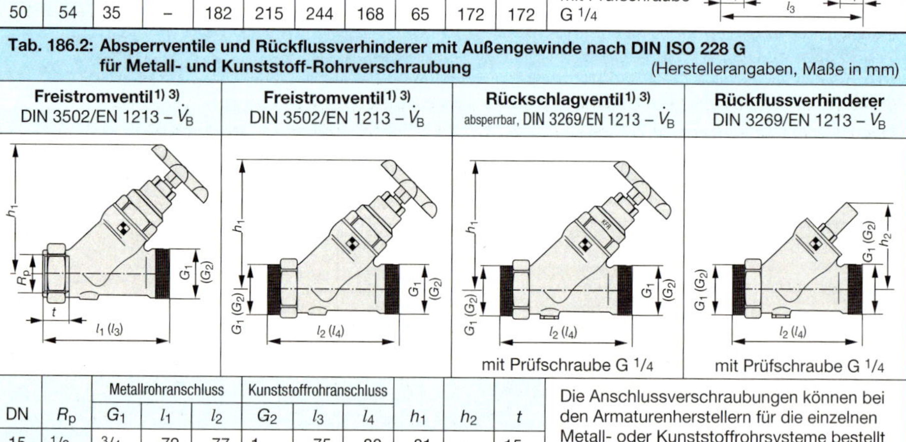

DN	R_p	Metallrohranschluss G_1	l_1	l_2	Kunststoffrohranschluss G_2	l_3	l_4	h_1	h_2	t
15	1/2	3/4	72	77	1	75	80	81	–	15
20	3/4	1	85	95	1 1/4	89	98	95	63	16,3
25	1	1 1/4	100	109	1 1/2	104	113	110	74	19,1
32	1 1/4	1 1/2	120	127	2	127	133	126	89	21,4
40	1 1/2	1 3/4	132	138	2 1/4	136	142	149	105	21,4
50	2	2 3/8	155	165	2 3/4	165	174	172	125	25,7

Die Anschlussverschraubungen können bei den Armaturenherstellern für die einzelnen Metall- oder Kunststoffrohrsysteme bestellt werden.

1) Wahlweise mit oder ohne Entleerungsventil G 1/4 mit schwenkbarem Auslauf lieferbar
2) Armatur mit steigender Ventilspindel
3) Armatur mit nichtsteigender Ventilspindel
4) Armaturenlänge einschließlich Verschraubungsteil mit Entleerungsventil G 1/4 mit schwenkbarem Auslauf

Armaturen *fittings*

Absperrarmaturen für Trinkwasserinstallation

Anwendungsbereich:
Trinkwasserinstallation bis DN 100 mit DIN DVGW-Reg. Nr., zul. Temp.: $\vartheta_S \leq 90$ °C, zul. Druck: $p_S \leq 16$ bar (PN 16), Schallschutz nach DIN 52 218: Armaturengruppe I

Werkstoff: Gehäuse aus CuZn37Pb0,5; Dichtscheibe aus EPDM; O-Ringe aus NBR/EPDM

Allgemeine Anforderungen: Mindestvolumenstrom $\dot{V}_A$ und $\dot{V}_B$ (Tab. → 185.2)

Tab. 187.1: Absperrventile und Rückflussverhinderer mit Pressverbinder (Herstellerangaben, Maße in mm)

Freistromventil[1) 2)] DIN 3502/EN 1213 – $\dot{V}_B$	**Kolbenschieber**[1) 2)] DIN 3500 – $\dot{V}_B$	**Rückflussverhinderer**[1) 2)], absperrbar, DIN 3269/EN 12113 – $\dot{V}_B$	**Rückflussverhinderer**[1)] DIN 3269/EN 1213 – $\dot{V}_B$

DN	d_a	l_1	l_2	l_3	t	h_1	h_2	h_3
12	15	125	114	–	36	81	97	–
15	18	144	120	144	39	95	100	63
20	22	144	120	144	39	95	100	63
25	28	151	128	151	39	110	124	74
32	35	168	–	168	41	126	–	89
40	42	218	–	218	60	149	–	98

Anschlussrohre: Für CrNiMo-Stahlrohre nach nach DVGW Arbeitsblatt W 541 und Kupferrohre nach DVGW Arbeitsblatt GW 392.

Montagehinweise: Rohr rechtwinklig ablängen, innen und außen sorgfältig entgraten, Rohr bis zum Anschlag einstecken und kennzeichnen und über jeder O-Ring-Kammer verpressen.

1) Wahlweise mit oder ohne Entleerungsventil G 1/4 mit schwenkbarem Auslauf lieferbar
2) Armatur mit nichtsteigender Ventilspindel

Absperrarmaturen für Gasinstallation

Anwendungsbereich:
Gasinstallation bis DN 50 für alle Gase nach DVGW-Arbeitsblatt G 260, zul. Temperatur: $\vartheta_S \leq 650$ °C/30 min, (HTB-Ausführung), zul. Druck: CuZn37Pb0,5-Ausführung $p_S \leq 1$ bar (PN 1), Stahlausführung $p_S \leq 4$ bar (PN 4),

Werkstoff: Gehäuse aus CuZn37Pb0,5 oder S 355 JO; Dichtungen aus NBR; Isolierung aus PA 6/Glimmer

Allgemeine Anforderungen und Prüfungen: DIN 3537-1, mit Isolierstück DIN 3538-1 und DIN 3389

Tab. 187.2: Gaskugelhähne in Durchgangsform (Herstellerangaben, Maße in mm)

Gaskugelhahn (CuZn-Leg.) mit Innengewinde, beiderseits	**Gaskugelhahn (CuZn-Leg.)** mit Isolierstück und Innengewinde	**Gaskugelhahn (Stahl.)**[1)] mit Innengewinde, beiderseits	**Gaskugelhahn (Stahl)**[1)] mit Isolierstück und Innengewinde

DN	R_p	l_1	l_2	l_3	t_1	t_2	t_3	h_1	H_1	h_2	H_2
15	1/2	75	–	–	15	–	–	44	90	–	–
20	3/4	80	–	–	16,3	–	–	47	90	–	–
25	1	90	106,5	98	19,1	20	19,5	61	135	73	106
32	1 1/4	110	126	117,5	21,4	24,5	22	65	135	88	135
40	1 1/2	120	134	126	21,4	24,5	22	86	180	92,5	135
50	2	140	158	148,5	25,7	29	26	92	180	101,5	135

Anmerkung:
Skizzen und Einbaumaße für Isolierstücke, Gasfilter, thermisch auslösende Absperreinrichtungen (TAE), Gassteckdosen und Gaseck-Kugelhähne (→ S. 358)

1) Kugelhähne aus Stahl sind mit einfachem Griff oder mit einem Brandschutzgriff lieferbar

Armaturen *fittings*

Tab. 188.1: Kunststoffarmaturen aus PVC/PP (Herstellerangaben, Maße in mm)

Armaturen mit den Hauptabmessungen nach DIN 3441 aus PVC-U, PVC-C oder PP-H, Baulänge nach EN 558-1, Anschlussmöglichkeiten: mit Klebemuffe aus PVC, mit Klebestutzen aus PVC, mit Gewindemuffen ISO/DIN aus PVC/PP, mit Schweißmuffe aus PP/PE, mit Schweißstutzen aus PP/PE oder mit Stumpfschweiß-Stutzen aus PP/PE.

PVC-Kugelhahn mit Klebemuffen aus PVC — **PVC-Kugelhahn** mit Klebestutzen aus PVC — **PVC-Kugelhahn** mit Gewindemuffen aus PVC

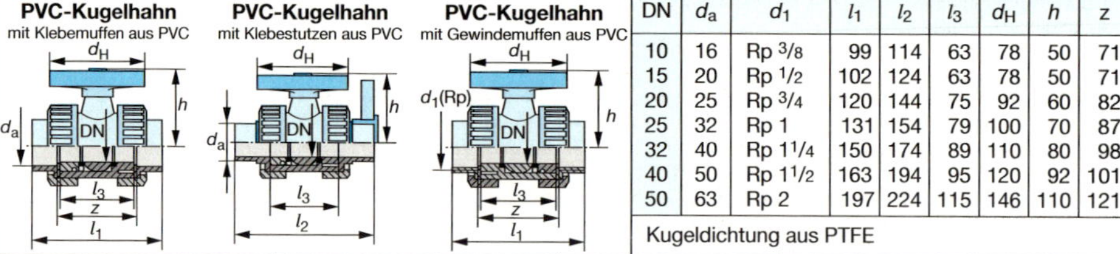

DN	d_a	d_1	l_1	l_2	l_3	d_H	h	z
10	16	Rp 3/8	99	114	63	78	50	71
15	20	Rp 1/2	102	124	63	78	50	71
20	25	Rp 3/4	120	144	75	92	60	82
25	32	Rp 1	131	154	79	100	70	87
32	40	Rp 1 1/4	150	174	89	110	80	98
40	50	Rp 1 1/2	163	194	95	120	92	101
50	63	Rp 2	197	224	115	146	110	121

Kugeldichtung aus PTFE

PVC-Schrägsitzventil[1)]

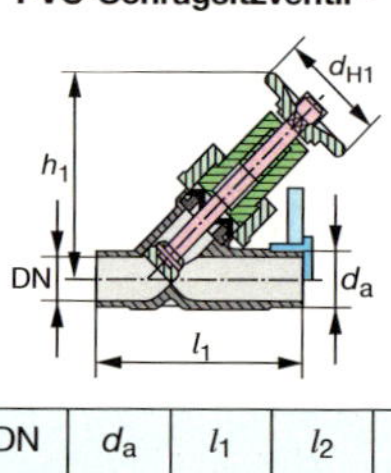

PVC-Rückschlagventil[2)]

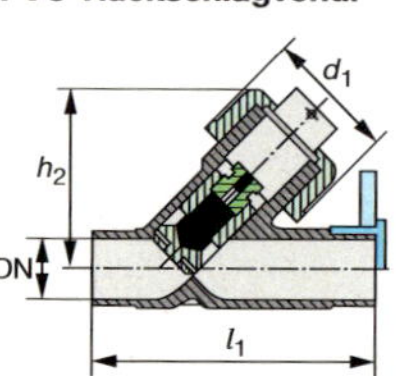

PVC-Kugelrückschlagventil[3)]

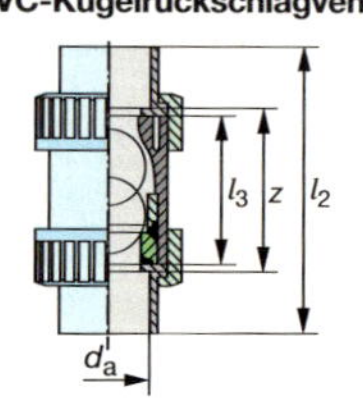

PVC-Schmutzfänger[4)]

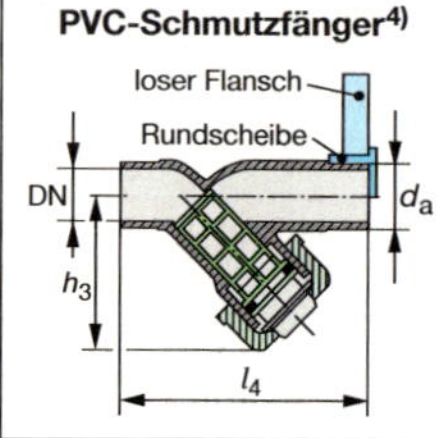

DN	d_a	l_1	l_2	l_3	l_4	d_H	d_1	h_1	h_2	h_3	z
10	16	114	99	63	–	50	39	105	58	–	71
15	20	124	102	63	124	63	43	126	65	65	71
20	25	144	120	75	144	63	47	140	75	76	82
25	32	154	131	79	154	80	56	166	90	90	87
32	40	174	150	89	174	80	64	191	102	104	98
40	50	194	163	95	194	100	82	233	123	124	101
50	63	224	197	115	224	100	95	264	144	148	121
65	75	284	–	–	284	160	92	335	186	188	–
80	90	300	–	–	300	200	104	390	204	205	–

1) Ventilkegel aus PTFE oder PE
2) Ventilkegel aus EPDM oder FPM für horizontalen und vertikalen Einbau geeignet, dicht ab 2 mWS
3) Dichtungskugel aus EPDM oder FPM, dicht ab 1 mWS
4) Siebrohr mit Lochdurchmesser d = 0,5; 0,8; 1,4; 2,2 mm lieferbar

PP-H-Dreiwege-Kugelhahn mit Schweißmuffe

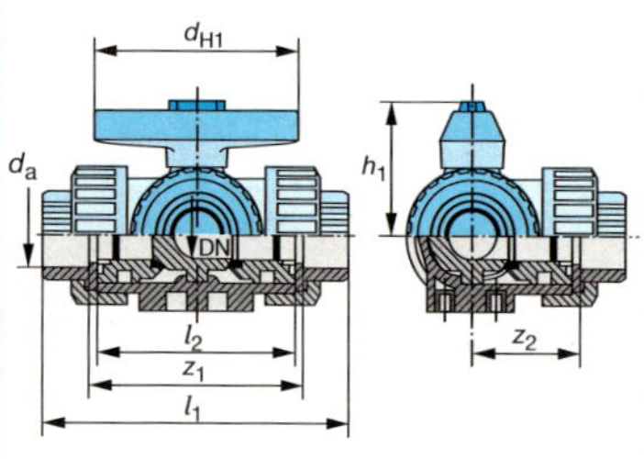

Ausführung mit L-Bohrung, radial ein- und ausbaubar, Kugeldichtung aus PTFE, Gehäuse aus PVC-U, PVC-C oder PP-H

PP-H-Membranventil mit Schweißmuffe

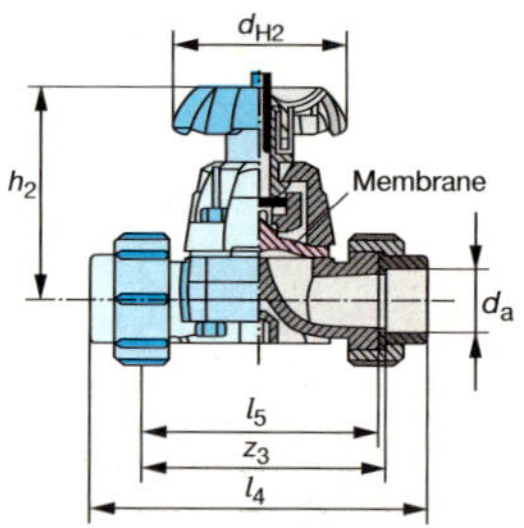

Ausführung in Geradsitzform radial ein- und ausbaubar, Dichtmembrane aus EPDM, NBR oder FPM, Gehäuse aus PVC-U, PVC-C oder PP-H

Anschlussmöglichkeiten:

- mit Schweißmuffe aus PP/PE
- mit Schweißstutzen aus PP/PE
- mit Stumpf-Schweißstutzen aus PP/PE
- mit Gewindemuffe ISO/DIN aus PVC oder PP
- mit Klebemuffe aus PVC

Achtung!
Die Maße in unten stehender Tabelle weichen bei anderen Gehäusewerkstoffen und bei anderen Anschlussarten geringfügig ab (Anschlussteile → S. 172 bis 179)

DN	d_a	l_1	l_2	l_3	l_4	l_5	d_{H1}	d_{H2}	h_1	h_2	z_1	z_2	z_3
10	16	108	70	36	–	–	78	–	50	–	78	39	–
15	20	111	70	36	128	90	78	80	50	90	79	40	100
20	25	131	86	43	150	108	92	80	60	101	95	48	118
25	32	148	96	48	162	116	100	94	68	117	108	54	126
32	40	177	114	58	184	134	110	117	79	127	133	67	144
40	50	205	137	69	210	154	120	117	90	139	155	78	164
50	63	261	179	90	248	184	146	152	109	172	203	102	194

Kennzeichnung von Rohrleitungen *labelling of pipes*

Kennzeichnung von Rohrleitungen nach dem Durchflussstoff — DIN 2403: 2007-05

Anwendungsgebiete:

Eine deutliche Kennzeichnung der Rohrleitung nach dem Durchflusswerkstoff ist im Interesse der **Sicherheit**, der sachgerechten **Instandsetzung** und der wirksamen **Brandbekämpfung** notwendig.
Die Kennzeichnung von Rohrleitungen nach dem Durchflussstoff erfolgt nach DIN. Sie muss beinhalten:

a) generelle Angaben:
- die Gruppen- und Zusatzfarbe des Durchflussstoffes,
- die Durchflussrichtung mittels Pfeil,
- die Angabe des Durchflussstoffes durch Wortangabe, Kennzahl oder chemische Formel.

b) zusätzliche Angaben:
- wenn es sich um Gefahrenstoffe nach dem Chemikaliengesetz handelt; die Gefahrensymbole
- wenn es sich um einen radioaktiven Durchflussstoff handelt; das Warnzeichen nach DIN 4844-2

Die Kennzeichnung darf, z. B. durch Angaben des Druckes, der Temperatur mittels Formelzeichen nach DIN 1304 (S. 9) und durch Sicherheitszeichen nach DIN 4844-2 ergänzt werden.

Kennzeichnung durch Schilder:

Die Größen der Schilder sind nach DIN 825-1 genormt. Das spitze Ende der Schilder gibt die Durchflussrichtung an. Für verschiedene Durchflussstoffe ergeben sich z. B. folgende Möglichkeiten:

Brüdendampf

Acetylen (hochentzündliches Gas)

Natronlauge als Band

Heißwasser 90 °C

Kennzeichnung durch Farben und Beschriftungen

Tab. 189.1: Zuordnung der Farben zu den Durchflussstoffen

Durchflussstoff	Gruppe	Gruppenfarbe	Kennfarben nach DIN 5381	Schriftfarbe	Kennfarbe
Wasser	1	Grün	RAL 6032	Weiß	RAL 9003
Wasserdampf	2	Rot	RAL 3001	Weiß	RAL 9003
Luft	3	Grau	RAL 7004	Schwarz	RAL 9004
Brennbare Gase	4	Gelb mit Zusatzfarbe Rot	RAL 1003 RAL 3001	Schwarz	RAL 9004
Nichtbrennbare Gase	5	Gelb mit Zusatzfarbe Schwarz	RAL 1003 RAL 9004	Schwarz	RAL 9004
Säuren	6	Orange	RAL 2010	Schwarz	RAL 9004
Laugen	7	Violett	RAL 4008	Weiß	RAL 9003
Brennbare Flüssigkeiten und Feststoffe	8	Braun mit Zusatzfarbe Rot	RAL 8002 RAL 3001	Weiß	RAL 9003
Nichtbrennbare Flüssigkeiten und Feststoffe	9	Braun mit Zusatzfarbe Schwarz	RAL 8002 RAL 9004	Weiß	RAL 9003
Sauerstoff	10	Blau	RAL 5005	Weiß	RAL 9003

Tab. 189.2: Kennzeichnung von Trinkwasser- und Nichttrinkwasserleitungen

Benennung	Kurzzeichen	Kurzzeichenfarbe
Trinkwasserleitung	PW	Grün (RAL 6032)
Trinkwasserleitung, kalt	PWC	Grün (RAL 6032)
Trinkwasserleitung, warm	PWH	Rot (RAL 3001)
Trinkwasserltg., warm (Zirk.)	PWH-C	Violett (RAL 4008)
Nichttrinkwasserleitung	NPW	Weiß (RAL 9003)

Beispiele für Trinkwasserleitungen:

Trinkwasser

Trinkwasser, kalt

Kennzeichnung von Rohrleitungen *labelling of pipe connections*

Brandschutz für Leitungsanlagen

LAR: 2000-03

Baurechtliche Einordnung

Nach Musterbauordnung (MBO) § 37 dürfen Leitungen durch Wände, Decken usw. nur dann hindurchgeführt werden, wenn eine Übertragung von Feuer und Rauch nicht zu befürchten ist oder Vorkehrungen hiergegen getroffen sind. Die notwendigen Abschottungsmaßnahmen von elektrischen Leitungen und Rohrleitungen in Decken und Wänden werden grundsätzlich unterschieden:

- Abschottungen gemäß der baurechtlich eingeführten Leitungs-Anlagen-Richtlinie (LAR/RbALei) auf der Basis der Muster-Leitungs-Anlagen-Richtlinie (MLAR).
- Abschottungen mit geprüften Systemen mit „allgemein bauaufsichtlicher Zulassung"

Leitungs-Anlagen-Richtlinie (**LAR/RbALei**)

→ Gilt für die Verlegung von Leitungsanlagen in notwendigen Treppenräumen, notwendigen Fluren und Ausgängen ins Freie.
→ Gilt für die Führung von Leitungen durch bestimmte Wände und Decken (**Brandabschnitte**), mit Anforderungen an die Feuerwiderstandsdauer.
→ Sichert den **Funktionserhalt** von elektrischen Leitungen im Brandfall.

RbALei = Richtlinie über brandschutztechnische Anforderungen bei Leitungsanlagen

- Die LAR/RbALei ist seit dem 1. Quartal 2002 in fast allen Bundesländer baurechtlich eingeführt.
- In der LAR sind die notwendigen Treppenräume, notwendigen Flure usw. als **Rettungswege** ausgewiesen.
- Leitungsanlagen sind Anlagen aus Leitungen, insbesondere aus elektrischen Leitungen und Rohrleitungen, sowie aus den zugehörigen Armaturen, Hausanschlussleitungen, Messeinrichtungen, Verteilern und Dämmstoffen für die Leitungen. Zu den Leitungen gehören deren Befestigungen und Beschichtungen.

Grundlagen

LAR/RbALei: 2000-03

Rettungswege

Anforderungen an Rettungswege:
- Verlegung von brennbaren und nichtbrennbaren Installationsrohren
- Verlegung von elektrischen Leitungen
- Installationsschächte und -kanäle mit Bauteilnachweis

Erleichterungen:
- für Rettungswege geringer Nutzung
- verschiedene bei der Leitungsverlegung

Durchführungen

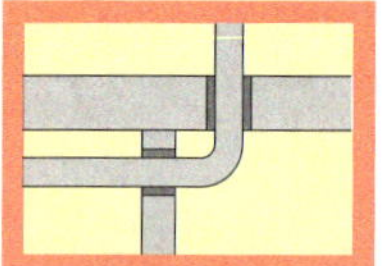

Anforderungen an Leitungsdurchführungen:
- bei feuerbeständigen Bauteilen Rohrdurchführungen in R90-, Kabelabschottungen in S90-Qualität (→ Tab.-B. S. 139)

Erleichterungen:
- bei Leitungsführungen ohne brandschutztechnischen Nachweis

Elektrischer Funktionserhalt

Anforderungen an den elektrischen Funktionserhalt:
- wichtige elektrische Einrichtungen müssen in ihren Funktion erhalten bleiben

Erleichterungen:
- unter besonderen Bedingungen

Tab. 190.1: Geltungsbereiche der LAR/RbALei

Hausgröße/Hausart	Vorschriften
Ein- und Zweifamilienhaus	Keine Anforderungen
Reihenhäuser	LAR/RbALei zwingend erforderlich
Gebäude mit geringer Höhe ($h \leq 7$ m)	LAR/RbALei zwingend erforderlich
Gebäude mit geringer Höhe ($h \geq 7$ m/ ≤ 13 m)	LAR/RbALei zwingend erforderlich
Hochhäuser ($h \geq 13$ m/ ≤ 22 m)	LAR/RbALei und BK[1] zwingend erforderlich
Sondergebäude, z. B. Hotels, Sportstätten, Schulen, Krankenhäuser, Kindergärten	LAR/RbALei und BK[1] zwingend erforderlich

[1] Das genehmigte Brandschutzkonzept (BK) ist darüber hinaus unbedingt zu beachten.

Brandschutz *fire precaution*

Brandschutz für Leitungsanlagen — LAR: 2000-03

Rohrleitungsanlagen in notwendigen Fluren und Ausgängen — LAR: 2000-03

Nichtbrennbare Rohrleitungen dürfen

... offen verlegt werden (Bedingungen siehe Bild),

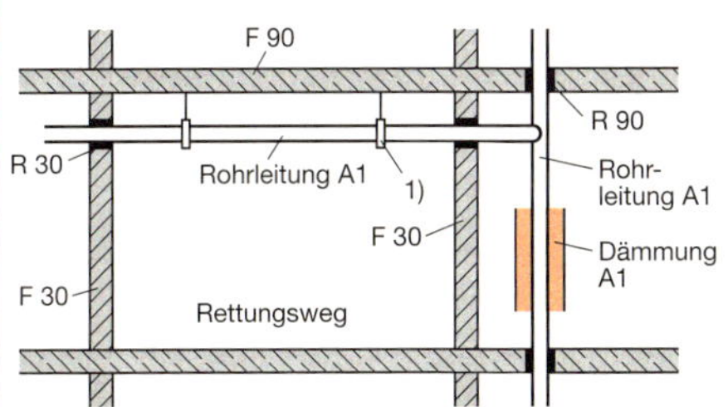

[1)] geringfügig brennbare Befestigungs- und Dichtmittel sind zulässig

... in Schlitzen verlegt werden, wenn nicht brennbare Dämmstoffe verwendet werden

- Abdeckung $s \geq 15$ mm Mineralputz oder $s \geq 15$ mm mineralische Bauplatte, z.B. Gipskartonplatte

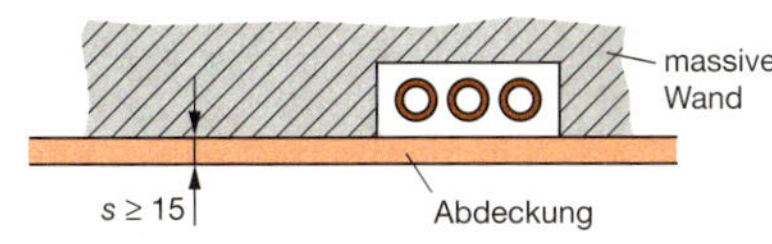

Brennbare Rohrleitungen dürfen nur verlegt werden

... in I-Schächten ... in I-Kanälen ... über Unterdecken ... über untere Hohlraumböden

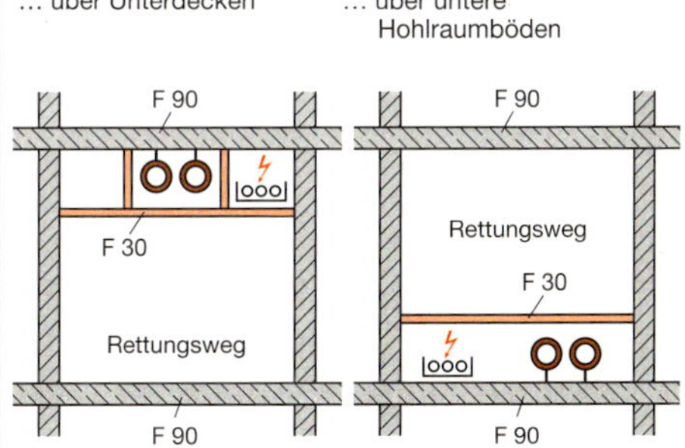

Leitungsanlagen in notwendigen Fluren mit offener Verlegung mit gekapselter Brandlast (ohne Unterdecke)

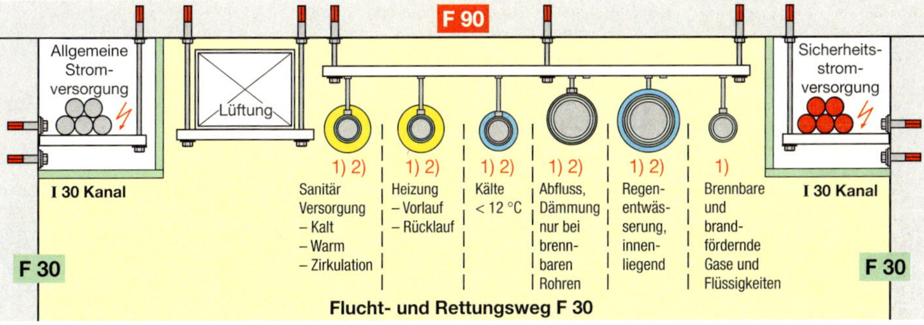

Hinweise:

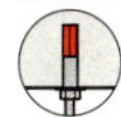

Nur zugelassene nichtbrennbare Aufhängungen (Dübel) nach DIN 4102-4 verwenden

[1)] nicht brennbare Rohre (A1)
[2)] brennbare Rohre (B1/B2)

Wärme- und Tauwasserdämmung

[1)] mit A1/A2 nach DIN 4102, Dämmdicke nach EnEV oder
[2)] mit Mineralwolle $\vartheta_s > 1000$ °C, $s_{min} \geq 30$ mm

[1)] Diffusionshemmende Dämmung mit A1 oder mit B1/B2 nach DIN 4102 mit brandschutztechnischer Kapselung mit Mineralwolle $\vartheta_s > 1000$ °C, $s_{min} \geq 30$ mm

Brandschutz *fire precaution*

Brandschutz für Leitungsanlagen

LAR: 2000-03

Leitungsanlagen in notwendigen Fluren und Ausgängen ins Freie mit F30-Unterdecke

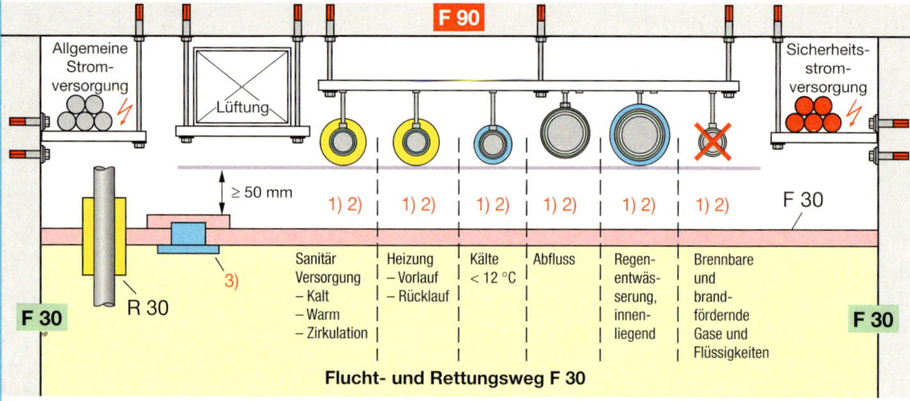

Hinweise:

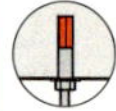

Nur zugelassene nichtbrennbare Aufhängungen (Dübel) nach DIN 4102-4 verwenden

Wärme- und Tauwasserdämmung:
– mit A1/A2 oder B1/B2 nach DIN 4102
Dämmdicke nach EnEV oder DIN 1988 ($s \geq 30$ mm)

1) nicht brennbare Rohre (A1)
2) brennbare Rohre (B1/B2)

Diffusionshemmende Dämmung (< 12 °C):
– mit A1/B1/B2 nach DIN 4102

F30-Unterdecke mit Allg. Bauaufsichtlichem Prüfzeugnis (ABP) oder Allg. Bauaufsichtlicher Zulassung (ABZ), mit nicht brennbarer Aufhängung (mit Prüfzeugnis) in F30- Qualität (Beflammung von unten und oben).

Achtung: Bei Brandlasten > 7 kWh/m² nach VDE 0108 Brandmeldeanlagen einbauen.

3) Öffnungen, Lampen und Lautsprecher müssen der Qualität der Unterdecke entsprechen

Leitungsführung durch bestimmte Wände und Decken (Brandabschnitte)

LAR: 2000-03

Wand- und Deckendurchführungen mit Leitungsabschottung gemäß Nachweis ABZ[1]/ABP[2]

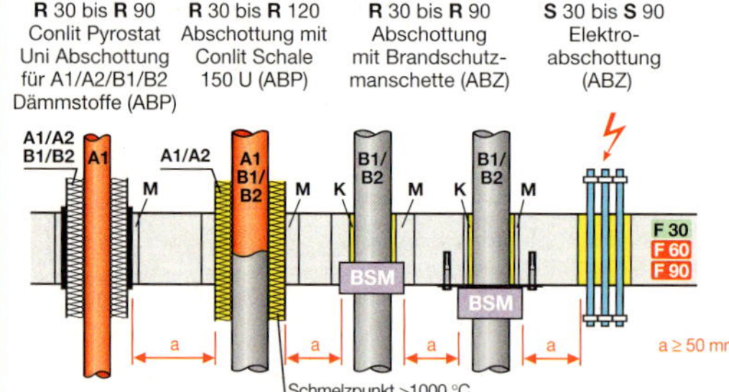

1) **ABZ** = Allg. Bauaufsichtsichtliche Zulassung
2) **ABP** = Allg. Bauaufsichtsichtliches Prüfzeugnis

Bei Wanddurchführungen müssen die Brandschutzmanschetten (BSM) beidseitig angeordnet werden.

a: Mindestabstand zwischen zwei Abschottungen aus bauaufsichtlichen Zulassung (ABZ/ABP) entnehmen, fehlen entsprechende Festlegungen ist ein Abstand $a \geq 50$ mm erforderlich.

A1/A2 Baustoffklasse nichtbrennbar (→ S.138) (Z. B. Isolierung mit einer Schmelztemperatur $\vartheta_S > 1000$ °C, z. B. verdichtete Mineralwolle in rauchdichter Ausführung)

B1/B2 Baustoffklasse brennbar oder A1/A2 nicht brennbar nach DIN 4102 (→ S.138)

M: Mörtel **K:** Körperschalldämmung
BSB: Brandschutzbänder mit Zulassung **BSM:** Brandschutzmanschette mit Zulassung

Brandschutz *fire precaution*

Brandschutz für Leitungsanlagen

LAR: 2000-03

Erleichterungen für einzelne Leitungen nach LAR

Voraussetzungen:

① alle **einzelnen** elektrischen Leitungen
② Rohre aus **nichtbrennbaren** Werkstoffen, außer Alu oder Glas mit $d \leq 160$ mm, auch mit Beschichtung aus brennbaren Baustoffen (max. 2 mm)
③ Rohre aus **brennbaren** Werkstoffen, Alu oder Glas mit $d \leq 32$ mm für nichtbrennbare Flüssigkeiten und Gase

Leitungen mit brennbarer weiterführender Dämmung
$a \geq 160$ mm

B1/B2 ② B1/B2 ③ ②/③ ①
s s s F90
a a a c

$s = 15$ mm bei aufschäumenden Baustoffen

Leitungen mit nichtbrennbarer weiterführender Dämmung
$a \geq 50$ mm

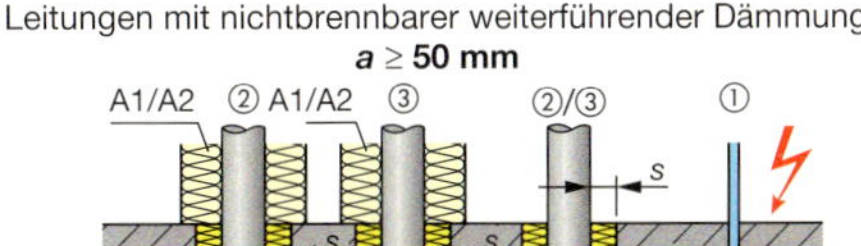

$s = 50$ mm bei $\vartheta_S > 1000$ °C (Steinwolle)

Tab.193.1: Abstand *c* bei ungedämmten Leitungen

① zu ②	$c \geq 1 \times d$ des größten Durchmessers
① zu ③	$c \geq 5 \times d$ des Rohr-Ø von ③ bzw. $c \geq 1 \times d$ von ①

Bemerkungen: Die Abstände der Leitungen untereinander können gemäß LAR oftmals nicht eingehalten werden. Dann kommen **zugelassene Systeme** zum Einsatz. Diese zugelassenen Brandschutzprodukte (BS) müssen gemäß der Zulassung und Montageanleitung des Herstellers installiert und eingebaut werden.

Geprüfte und zugelassene Durchführungssystemen mit allgemeinem bauaufsichtlichem Prüfzeugnis/Zulassung

Systeme mit unterschiedlichen Abständen a_A im ABP/ABZ

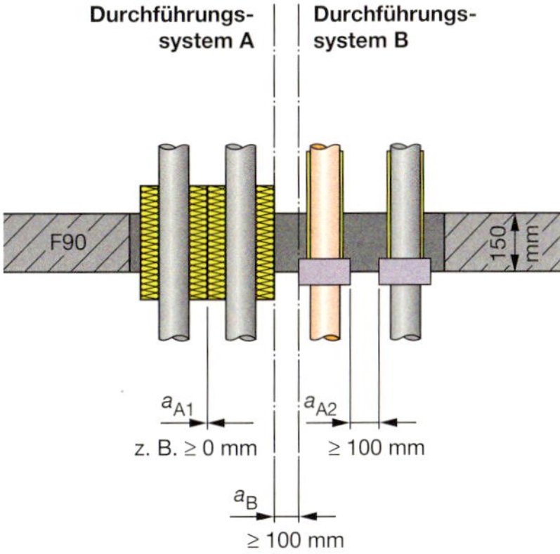

Abstandsregeln:

- Die Abstandsregeln gemäß ABP/APZ gelten für die Durchführungssysteme A und B.
- Wenn im ABP/APZ der Durchführungssysteme die Abstände a_A unterschiedlich sind, dann gilt für den Abstand a_B der größte Abstand a_A.

Weiterführende Dämmung:

- Nach der Baustoffklasse gemäß ABP/ABZ unter Beachtung der Mindestdämmlänge nach ABP/ABZ und der Mindestdämmdicke nach EnEV bzw. DIN 1988-2

Systeme ohne Abstandsregeln a_A im ABP/ABZ

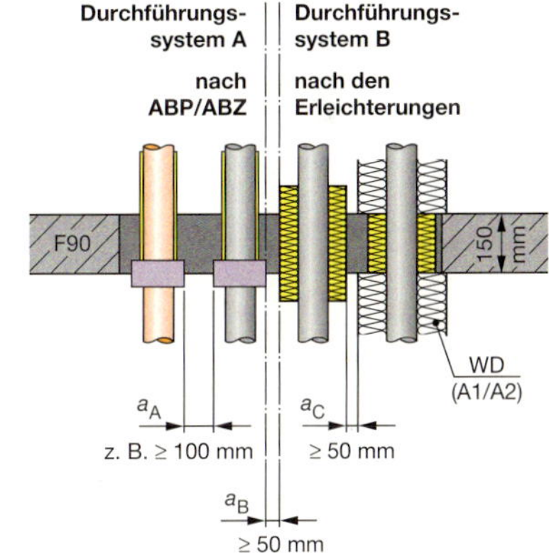

Abstandsregeln:

- Die Abstandsregeln gemäß ABP/APZ gelten für die Durchführungssysteme A und B.
- Zusätzlich gilt für die Durchführung B die Abstands-Regel nach der Erleichterung der LAR/RbALei
- Für den Abstand a_B gilt im Beispiel der größte Abstand aus a_C

a_C und a_A, aber mindestens > 50 mm gemäß den Anforderungen der LAR/RbALei.

Verteiler *distributors*

Verteilerkonstruktion für Flanschenarmaturen PN 10/16

Abmessungen (Beispiel)[2)]

(DN 1) DN 100, l_a, DN 80, l_a, DN 50, DN 40, Isolierung, L, 218, 223, 238, 243, h, H = 315, D, $D/2$, l_s = 358, l_s = 283, l_s = 221, $D/2$

Verteiler mit Absperrventilen in Kompaktbauweise (→ Tab. 181.1)
Abstand der Wärmedämmung l_a = 80 mm (→ Tab. 194.2)

Berechnungsvorgaben:

Verteilerdurchmesser: $D \geq 1{,}2 \times \text{DN } 1$

D : Verteilerdurchmesser in mm
DN 1 : größte Stutzennennweite
H : Höhe bis Spindelmitte in mm
h : Rohrstutzenhöhe in mm
l_s : Rohrstutzenabstand von Mitte bis Mitte in mm

Berechnungsgang (→ Tab. 194.1 oder Tab. 194.2):

1. Höhe bis Spindelmitte *H* für Stutzen mit größter DN festlegen (auf Armaturenart bzw. Armaturenbaulänge *l* in mm achten (→ S. 181 bis 164))
2. Rohrstutzenhöhe *h* der verschiedenen Anschlussstutzen festlegen
3. Rohrstutzenabstand l_S (Mitte-Mitte) entnehmen
4. Verteilerdurchmesser mit Formel berechnen

Tab. 194.1: Verteilermaße: Verteiler mit Wärmedämmung, Ventilbaulängen nach DIN EN 558-1/1

l_a: lichter Abstand der Außenkanten der Wärmedämmung, l_a = 100 mm

Rohrstutzenentfernung l_s in mm

DN	15	20	25	32	40	50	65	80	100	125	150	200
15	161											
20	164	167										
25	178	180	194									
32	182	185	198	202								
40	193	196	209	213	225							
50	209	212	225	230	241	257						
65	234	237	250	254	265	282	306					
80	255	258	271	276	287	303	328	349				
100	285	287	301	305	316	333	357	378	408			
125	297	300	313	318	329	345	370	391	421	433		
150	310	313	326	331	342	358	383	404	434	446	459	
200	340	343	356	361	372	388	413	434	464	476	489	519

Rohrstutzenhöhe *h* in mm

200	150	125	100	80	65	50	40	32	25	20	15	DN	H
223	283	323	348	368	378	408	423	433	443	448	458	200	525
	218	258	283	303	313	343	358	368	378	383	393	150	460
		218	243	263	273	303	318	328	338	343	353	125	420
			218	238	248	278	293	303	313	318	328	100	395
				208	218	248	263	273	283	288	298	80	365
					198	228	243	253	263	268	278	65	345
						193	208	218	228	233	243	50	310
							183	193	203	208	218	40	285
								178	188	193	203	32	270
									178	183	193	25	260
										173	183	20	250
											173	15	240

DN1
DN1 ≥ DN2
DN2

Tab. 194.2: Verteilermaße: Verteiler mit Wärmedämmung, Armaturenbaulängen nach DIN EN 558-1/14

l_a: lichter Abstand der Außenkanten der Wärmedämmung, l_a = 80 mm

Rohrstutzenentfernung l_s in mm

DN	15	20	25	32	40	50	65	80	100	125	150	200
15	141											
20	144	147										
25	158	160	174									
32	162	165	178	182								
40	173	176	189	193	205							
50	189	192	205	210	221	237						
65	214	217	230	234	245	262	286					
80	235	238	251	256	267	283	308	329				
100	265	267	281	285	296	313	337	358	388			
125	277	280	293	298	309	325	350	371	401	413		
150	290	293	306	311	322	338	363	384	414	426	439	
200	320	323	336	341	352	368	393	414	444	456	469	499

Rohrstutzenhöhe *h* in mm

200	150	125	100	80	65	50	40	32	25	20	15	DN	H
223	233	238	243	248	253	263	268	273	276	278	281	200	340
	223	228	233	238	243	253	258	263	266	268	271	150	330
		218	223	228	233	243	248	253	256	258	261	125	320
			218	223	228	238	243	248	251	253	256	100	315
				208	213	223	228	233	236	238	241	80	300
					198	208	213	218	221	223	226	65	285
						193	198	203	206	208	211	50	270
							183	188	191	193	196	40	255
								178	181	183	186	32	245
									181	183	186	25	245
										173	176	20	235
											171	15	230

DN1
DN1 ≥ DN2
DN2

[1)] Wärmedämmung nach Energieeinspar-Verordnung (EnEV → S. 395)

[2)] Rechenwerte zum Beispiel (→ S. 194 oben)

a) Verteilerdurchmesser $D \geq 1{,}2 \times \text{DN } 1 \geq 1{,}2 \times 100 \geq 120$ mm, gewählt DN 125

b) Stutzenhöhe *h* und Stutzabstand l_S: (Werte aus Tab. 194.2)

H in mm	DN	100	80	50	40
315	*h* in mm	218	223	238	243
–	l_S in mm	358	283	221	

$$h = H - \frac{L}{2} - s_D$$

s_D: Dichtungsdicke in mm (s_D in der Regel 2 mm)
L : Armaturenbaulänge in mm

Halbzeuge *semi finished products*

Bleche und Bänder

Einteilung:

Blech: gewalztes Erzeugnis, Dicke > 0,2 mm
Herstellbreite (quer zur Walzrichtung) i. a. ≥ 600 mm

- Dicke < 3 mm: Feinblech und -band
- Dicke ≥ 3 mm: Grobblech und -band

(siehe auch S. 504)

Feinbleche

Tab. 195.1: Kontinuierlich schmelztauchveredeltes Blech und Band aus Stahl DIN EN 10327: 2004-09

Güte	Bezeich-nung[1]	Art des Schmelz-tauch-Überzugs[2]	+Z-Auflage in g/m² [3]	Oberfläche Art	Behandlung[4]	s mm	Masse m″ kg/m
Maschinenfalzgüte	DX51D	+Z,+ZF,+ZA,+AZ,+AS	100 … 350	A: üblich	C: chemisch	0,5	3,93
Ziehgüte	DX52D	+Z,+ZF,+ZA,+AZ,+AS	100 … 275	(Poren, Riefen)	passiviert	0,6	4,71
Tiefziehgüte	DX53D	+Z,+ZF,+ZA,+AZ,+AS	100 … 200	B: verbessert	O: geölt	0,7	5,50
Sondertiefziehgüte	DX54D	+Z,+ZF,+ZA,+AZ,+AS	100 … 200	(kleine Riefen)	CO: chem. pas-	0,8	6,28
Sondertiefziehgüte	DX55D	+AS	–	C: beste	siviert u. geölt	0,9	7,07
Spezialtiefziehgüte	DX56D	+Z,+ZF,+ZA,+AS	100 … 200	(fast fehlerfrei)	S: versiegelt	1,0	7,85
Supertiefziehgüte	DX57D	+Z,+ZF,+ZA,+AS	100 … 200		P: phosphatiert	1,2	9,42

[1] Stahlsorte nach DIN EN 10020 (legierte Qualitätsstähle), Grenzabmaße der Bleche nach DIN EN 10143
[2] **Z** = Schmelztauchverzinken → Ausführung: N = übliche Zinkblume; M = kleine Zinkblume
ZF = Schmelztauchveredeln mit Zink-Eisen-Überzug, **ZA** = Schmelztauchveredeln mit Zink-Alu-Überzug
AZ = Schmelztauchveredeln mit Alu-Zink-Überzug, **AS** = Schmelztauchveredeln mit Alu-Silizium-Überzug
[3] Masse der beidseitigen Auflage mit Zink: Z. B. **Z140** → beidseitige Zinkauflage 140 g/m² entspricht einer Schichtdicke von ca. 10 µm je Seite, [4] zeitlich begrenzte Wirkung, [5] ohne Auflage mit ρ_{Stahl} = 7,85 kg/dm³.

Werkstoff	Norm …	-	Güte	+	Überzug	Auflage-gewicht	-	Ausführung des Überzugs	Oberflächen-art	Oberflächen-schutz
Stahl	EN 10327	-	DX53D	+	Z	140	-	M	B	C

Tab.195.2: Bleche auch NRS (nichtrostendem Stahl DIN EN 10028) für Bauklempnerei DIN EN 502: 1999-11

Stahl-sorte	Bezeichnung (Auszug)	organische Beschichtung	s mm	m″ ohne Auflage kg/m²
ferri-tisch	X6Cr13	(→ Tab. 195.3) SP, SP-SI, PUR, PVDF, PVC (P)	0,5	3,95
	X6Cr17		0,6	4,74
	X6CrMo17-1		0,7	5,53
auste-nitisch	X5CrNi18-10		0,8	6,32
	X5CrNiMo17-12-2		1,0	7,9

Breite: 450 … 1250 mm; Plattenlänge: … 2 m; Rollenlänge: … 30 m

Einsatzbereich	Norm …	-	Werkstoff	-	Dicke x Breite x Länge
Tafel für Dachdeckung	EN 502	-	X6Cr17	-	0,6 x 1000 x 2000

Tab. 195.3: organische/chemische Beschichtungen

Bezeichnung	Symbol
Alkyde	AK
Flüssig-Acryl	AY
Polyester	SP
Polyester modifiziertes PMD	SP-PA
Silikon-Polyester	SP-SI
Polyamid	PMD
Polyurethan	PUR
Polyvinylidenfluorid	PVDF
Polyvinylchlorid (Plastisol)	PVC (P)
Polyvinylfluorid-Folie	PVF (F)
chem. Vorbewitterung	PW

Tab. 195.4: Bleche aus NE-Metallen für Bauklempnerei

Werkstoff	Norm DIN … allgemein	Norm DIN … Klempner	Kurzzeichen	Flächenbezogene Masse m″ ohne Auflage in kg/m² bei Dicke s in mm: 0,5	0,6	0,65	0,7	0,8	1,0
Titanzink[1]	EN 988	EN 501	Zn-Cu-Ti	–	4,3	4,7	5,0	5,8	7,2
Aluminium[2]	EN 485	EN 507	EN AW-Al 99,5[3]	1,4	1,6	1,8	1,9	2,2	2,7
Kupfer	EN 1172	EN 504	Cu-DHP[4]	4,5	5,3	5,8	6,2	7,1	8,9
Blei	EN 30006	EN 503	Pb 99,94 Cu	5,7	6,8	–	7,9	9,1	11,3

Breiten: … 1250 mm; Plattenlängen: … 3000 mm; Rollenlängen: … 30000 mm

[1] organische Beschichtung (→ Tab. 195.3): AY, SP, SP-SI, PVDF, PVC (P), PW
[2] organische Beschichtung (→ Tab. 195.3): AY, SP, SP-SI, PVDF, PMD, AK, PVF (F)
[3] weitere Werkstoffe (Auszug): EN AW-Al Mn1Cu, EN AW-Al Mn1, EN AW-AlSi2Mn
[4] Zustand (nur bei Kupfer): R220, R240 (= Zugfestigkeit in N/mm²)

Einsatzbereich	Norm …	-	Werkstoff	-	Zustand	-	Dicke x Breite x Länge
Tafel für Dachdeckung	EN 504	-	Cu-DHP	-	R240	-	0,6 x 1000 x 2000

Halbzeuge *semi finished products*

Warm gewalzte Stahlprofile – Übersicht

Warm gewalzter I-Träger			Warm gewalzter Z-Stahl
Schmaler I-Träger DIN 1025-1	Mittelbreiter I-Träger I PE-Reihe DIN 1025-5	Breiter I-Träger I PB-Reihe I PBI-Reihe DIN 1025-2, 3	DIN 1027
Warm gewalzter Winkelstahl		**Warm gewalzter T-Stahl**	**Warm gewalzter U-Stahl**
Gleichschenkliger, rundkantiger Winkelstahl DIN EN 10 056-1	Ungleichschenkliger, rundkantiger Winkelstahl DIN EN 10 056-1	Rundkantiger, hochstegiger T-Stahl DIN EN 10 055	DIN 1026-1
Warm gewalzter Rundstahl	**Warm gewalzter Vierkantstahl**	**Warm gewalzter Flachstahl**	**Warm gefertigte Stahlrohre**
DIN EN 10 060	DIN EN 10 059	DIN EN 10 058	(rechteckig) DIN EN 10 210-2

Warm gewalzter I-Träger, schmale I-Träger

DIN 1025-1: 1995-05

Abmessungen

$r_1 = s$

$r_2 \approx 0{,}6 \cdot s$

Neigung 14%

Tab. 196.1: Warm gewalzter I-Träger, schmale I-Träger

Kurzzeichen					Für die Biegeachse						Maße nach DIN 997: 1970-10	
					x – x		y – y					
I	h mm	b mm	s mm	t mm	I_x cm⁴	W_x cm³	I_y cm⁴	W_y cm³	A cm²	m' kg/m	d_{1max}[1] mm	w_1 mm
80	80	42	3,9	5,9	77,8	19,5	6,29	3,00	7,57	5,94	6,4	22
100	100	50	4,5	6,8	171	34,2	12,2	4,88	10,6	8,34	6,4	28
120	120	58	5,1	7,7	328	54,7	21,5	7,41	14,2	11,1	8,4	32
140	140	66	5,7	8,6	573	81,9	35,2	10,1	18,2	14,3	11	34
160	160	74	6,3	9,5	935	117	54,7	14,8	22,8	17,9	11	40
180	180	82	6,9	10,4	1450	161	81,3	19,8	27,9	21,9	13[2]	44
200	200	90	7,5	11,3	2140	214	117	26,0	33,4	26,2	13	48
220	220	98	8,1	12,2	3060	278	162	33,1	39,5	31,1	13	52
240	240	106	8,7	13,1	4250	354	221	41,7	46,1	36,2	17/13[3]	56
260	260	113	9,4	14,1	5740	442	288	51,0	53,3	41,9	17	60
280	280	119	10,1	15,2	7590	542	364	61,2	61,0	47,9	17	60
300	300	125	10,8	16,2	9800	653	451	72,2	69,0	54,2	21/17	64

Normallängen: $h < 300$ mm: $l = 8$ bis 16 m; $h \geq 300$ mm: $l = 8$ bis 18 m; Werkstoff: Stahl nach DIN EN 10 025
Bezeichnung eines warm gewalzten, schmalen I-Trägers nach DIN 1025-1, Höhe $h = 140$ mm aus S 235 JR:

I-Profil DIN 1025-1 – I 140 – S 235 JR

[1] Haben Niete oder Schrauben einen kleineren als den hier angegebenen Durchmesser, können dennoch die gleichen Anreißmaße angewendet werden.
[2] Genormte Schrauben für HV-Verbindungen sind hier nicht anwendbar.
[3] Sind für d_1 zwei Werte angegeben, dann gilt der kleinere Wert für HV-Schrauben.

Halbzeuge *semi finished products*

Warm gewalzter I-Träger, mittelbreite I-Träger, I PE-Reihe

DIN 1025-5: 1994-03

Abmessungen

Tab. 197.1: Warm gewalzter I-Träger, schmale I-Träger

Kurzzeichen					Für die Biegeachse						Maße nach DIN 997: 1970-10	
					x – x		y – y					
IPE	h mm	b mm	s mm	t mm	I_x cm⁴	W_x cm³	I_y cm⁴	W_y cm³	A cm²	m' kg/m	$d_{1\max}$[1] mm	w_1 mm
80	80	46	3,8	5,2	80,1	20,0	8,49	3,69	7,64	6,00	6,4	26
100	100	55	4,1	5,7	171	34,2	15,9	5,79	10,3	8,10	8,4	30
120	120	64	4,4	6,3	318	53,0	27,7	8,65	13,2	10,4	8,4	36
140	140	73	4,7	6,9	541	77,3	44,9	12,3	16,4	12,9	11	40
160	160	82	5,0	7,4	869	109	68,3	16,7	20,1	15,8	13[2]	44
180	180	91	5,3	8,0	1320	146	101	22,2	23,9	18,8	13	50
200	200	100	5,6	8,5	1940	194	142	28,5	28,5	22,4	13	56
220	220	110	5,9	9,2	2770	252	205	37,3	33,4	26,2	17	60
240	240	120	6,2	9,8	3890	324	264	47,3	39,1	30,7	17	68

Normallängen: $h < 300$ mm: $l = 8$ bis 16 m; $h \geq 300$ mm: $l = 8$ bis 18 m; **Werkstoff:** Stahl nach DIN EN 10 025

Bezeichnung eines warm gewalzten, mittelbreiten I-Trägers nach DIN 1025-5, Höhe $h = 160$ mm aus S 235 JR: **I-Profil DIN 1025-5 – I PE 160 – S 235 JR**

Warm gewalzter breiter I-Träger, I PB-Reihe und I PBI-Reihe

DIN 1025-2: 1995-11, DIN 1025-03: 1994-03

Abmessungen

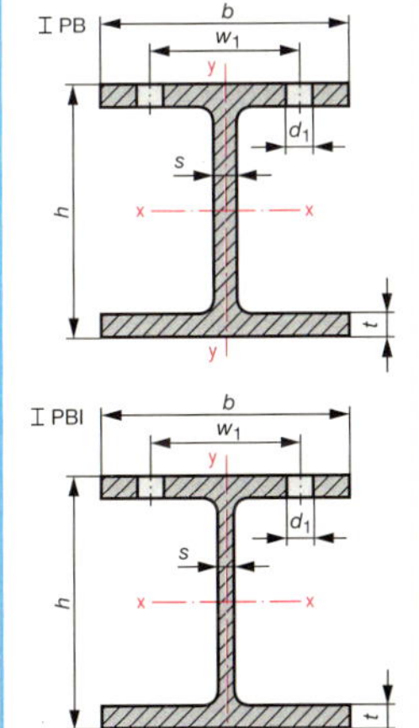

Tab. 197.2: Warm gewalzter I-Träger, schmale I-Träger

Kurzzeichen					Für die Biegeachse						Maße nach DIN 997: 1970-10	
					x – x		y – y					
IPB (HE-B)	h mm	b mm	s mm	t mm	I_x cm⁴	W_x cm³	I_y cm⁴	W_y cm³	A cm²	m' kg/m	$d_{1\max}$[1] mm	w_1 mm
100	100	100	6	10	450	89,9	167	33,5	26,0	20,4	13	56
120	120	120	6,5	11	864	144	318	52,9	34,0	26,7	17	66
140	140	140	7	12	1510	216	550	78,5	43,0	33,7	21	76
160	160	160	8	13	2490	311	889	111	54,3	42,6	23	86
180	180	180	8,5	14	3830	426	1360	151	65,3	51,2	25	100
200	200	200	9	15	5700	570	2000	200	78,1	61,3	25	110
220	220	220	9,5	16	8090	736	2840	258	91,0	71,5	25	120
240	240	240	10	17	11260	938	3920	327	106	83,2	25	–
IPBI (HE-A-Reihe) → Leichte Ausführung												
100	96	100	5	8	349	72,8	134	26,8	21,2	16,7	13	56
120	114	120	5	8	606	106	231	38,5	25,3	19,9	17	66
140	133	140	5,5	8,5	1030	155	389	55,6	31,4	24,7	21	76
160	152	160	6	9	1670	220	616	76,9	38,8	30,4	23	86
180	171	180	6	9,5	2510	294	925	103	45,3	35,5	25	100
200	190	200	6,5	10	3690	389	1340	134,	53,8	42,3	25	110
220	210	220	7	11	5410	515	1950	178	64,3	50,5	25	120
240	230	240	7,5	12	7760	675	2770	231	76,8	60,3	25	–

Normallängen: $l = 8$ bis 16 m; **Werkstoff:** Stahl nach DIN 10 025; **Bezeichnung** eines breiten I-Trägers nach DIN 1025-2 mit parallelen Flanschflächen, Höhe $h = 200$ mm aus S 235 JR: **I-Profil DIN 1025-2 – I PB 200 – S 235 JR**

Warm gewalzter rundkantiger Z-Stahl

DIN 1027: 2004-04

Abmessungen

$r_1 = s$

$r_2 \approx \frac{s}{2}$

Tab. 197.3: Warm gewalzter rundkantiger Z-Stahl

Kurzzeichen					Für die Biegeachse						Maße nach DIN 997: 1970-10	
					x – x		y – y					
Z	h mm	b mm	s mm	t mm	I_x cm⁴	W_x cm³	I_y cm⁴	W_y cm³	A cm²	m' kg/m	$d_{1\max}$[1] mm	w_1 mm
30	30	38	4	4,5	5,96	3,97	13,7	3,80	4,32	3,39	11	20
40	40	40	4,5	5	13,5	6,75	17,6	4,66	5,43	4,26	11	22
50	50	43	5	5,5	26,3	10,5	23,8	5,88	6,77	5,31	11	25
60	60	45	5	6	44,7	14,9	30,1	7,09	7,91	6,21	13	25
80	80	50	6	7	109	27,3	47,4	10,1	11,1	8,71	13	30
100	100	55	6,5	8	222	44,4	72,5	14,0	14,5	11,4	17	30

Normallängen: $l = 3$ bis 15 m
Werkstoff: Stahl nach DIN 10 025

Bezeichnung eines warmgewalzten Z-Stahls nach DIN 1027, Höhe $h = 80$ mm aus S 235 JR: **Z-Profil DIN 1027 – Z 80 – S 235 JR**

1) Haben Niete oder Schrauben einen kleineren als den hier angegebenen Durchmesser, können dennoch die gleichen Anreißmaße angewendet werden.

Rohrleitungs- und Verbindungstechnik

Halbzeuge *semi finished products*

Warm gewalzter gleichschenkliger rundkantiger Winkelstahl

DIN EN 10056-1: 1998-10

Abmessungen

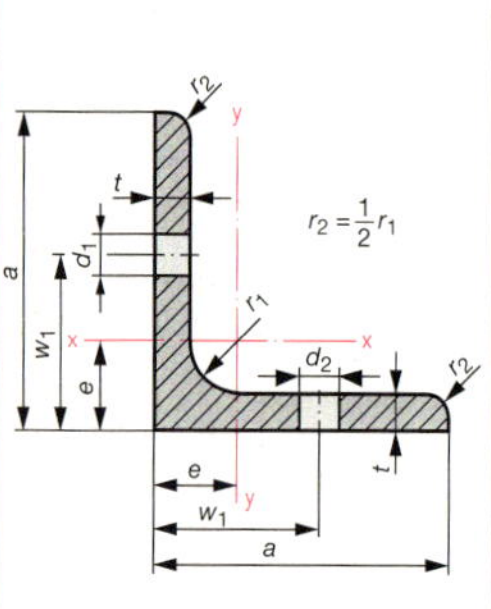

Tab. 198.1: Warm gewalzter gleichschenkliger rundkantiger Winkelstahl

Kurzzeichen L	a mm	t mm	r_1 mm	e cm	Für die Biegeachse $x-x$ und $y-y$: $I_x = I_y$ cm^4	$W_x = W_y$ cm^3	A cm^2	m' kg/m	Maße nach DIN 997: 1970-10: d_1 mm	w_1 mm
20 x 20 x 3	20	3	3,5	0,598	0,392	0,279	1,12	0,882	4,3	12
25 x 25 x 3	25	3	3,5	0,723	0,803	0,452	1,14	1,12	6,4	15
30 x 30 x 3	30	3	5	0,835	1,4	0,649	1,74	1,36	8,4	17
30 x 30 x 4	30	4	5	0,878	1,8	0,850	2,27	1,78	8,4	17
40 x 40 x 4	40	4	6	1,12	4,47	1,55	3,08	2,42	11	22
50 x 50 x 5	50	5	7	1,4	11,0	3,05	4,80	3,77	13	30
60 x 60 x 6	60	6	8	1,69	22,8	5,29	6,91	5,42	17	35
70 x 70 x 7	70	7	9	1,97	42,3	8,41	9,40	7,38	21	40
80 x 80 x 8	80	8	10	2,26	72,2	12,6	12,3	9,63	23	45
90 x 90 x 9	90	9	11	2,54	116	17,9	15,5	12,2	25	50
100 x 100 x 10	100	12	12	2,82	177	24,6	19,2	15,0	25	55

Normallängen: l = 6 bis 12 m; **Werkstoff:** Stahl nach DIN EN 10025
Bezeichnung eines warm gewalzten gleichschenkligen Winkelstahls mit einer Schenkelbreite a = 60 mm, einer Schenkeldicke t = 6 mm aus S 235 JR: **L-Profil** **EN 10056-1** – **60 x 60 x 6** – **S 235 JR**

Warm gewalzter ungleichschenkliger rundkantiger Winkelstahl

DIN EN 10056-1: 1998-10

Abmessungen

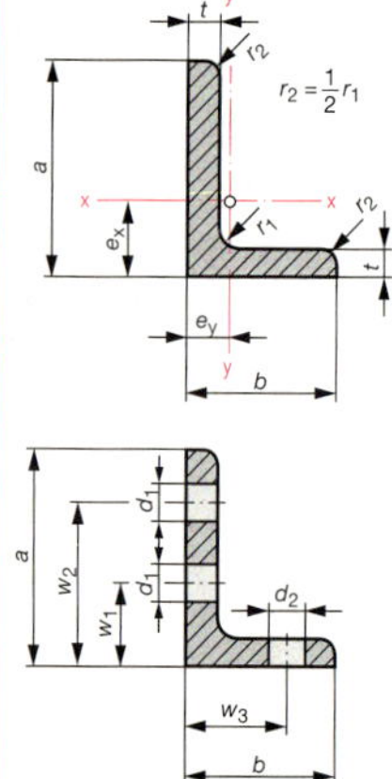

Tab. 198.2: Warm gewalzter ungleichschenkliger rundkantiger Winkelstahl

Kurzzeichen L	a mm	b mm	t mm	r_1 mm	e_x cm	e_y cm	Für die Biegeachse $x-x$: I_x cm^4	W_x cm^3	$y-y$: I_y cm^4	W_y cm^3	A cm^2	m' kg/m	Maße nach DIN 997: 1970-10: d_1 mm	d_1 mm	w_1 mm	w_2 mm	w_3 mm
30 x 20 x 3	30	20	3	4	0,99	0,50	1,25	0,62	0,44	0,29	1,43	1,12	8,4	4,3	17	–	12
40 x 20 x 4	40	20	4	4	1,47	0,48	3,59	1,42	0,60	0,39	2,26	1,77	11	4,3	22	–	12
50 x 30 x 5	50	30	5	5	1,73	0,74	9,36	2,86	2,51	1,11	3,78	2,96	13	8,4	30	–	17
60 x 40 x 5	60	40	5	6	1,96	0,97	17,2	4,25	6,11	2,02	4,79	3,76	17	11	35	–	22
70 x 50 x 6	70	50	6	7	2,23	1,25	33,4	7,01	14,2	3,78	6,89	5,41	21	13	40	–	30
80 x 40 x 8	80	40	8	7	2,94	0,96	57,6	11,4	9,61	3,16	9,01	7,07	23	11	45	–	22
100 x 50 x 6	100	50	6	8	3,51	1,05	89,9	13,8	15,4	3,89	8,71	6,84	25	13	55	–	30
120 x 80 x 8	120	80	8	11	3,83	1,87	226	27,6	80,8	13,2	15,5	12,2	25	23	50	80	45

Normallängen: l = 6 bis 12 m; **Werkstoff:** Stahl nach DIN EN 10025
Bezeichnung eines warm gewalzten ungleichschenkligen Winkelstahls mit den Schenkelbreiten a = 100 mm, b = 50 mm einer Schenkeldicke t = 6 mm aus S 235 JR:

L-Profil **EN 10056-1** – **100 x 50 x 6** – **S 235 JR**

Warm gewalzter Flachstahl

DIN EN 10058: 2004-02

Abmessungen

Tab. 198.3: Warm gewalzter Flachstahl

Breite mm	Masse m' in kg/m für Dicke t in mm: 5	6	8	10	12	15	Breite mm	Masse m' in kg/m für Dicke t in mm: 5	6	8	10	12	15
10	0,393	–	–	–	–	–	45	1,77	2,12	2,83	3,53	4,24	5,30
12	0,471	0,565	–	–	–	–	50	1,96	2,36	3,14	3,93	4,71	5,50
14	0,550	0,659	0,88	–	–	–	55	2,16	2,59	3,45	4,32	5,18	6,48
16	0,628	0,754	1,00	1,26	–	–	60	2,36	2,83	3,77	4,71	5,65	6,12
20	0,785	0,942	1,26	1,75	1,88	2,36	65	2,55	3,06	4,08	5,10	6,12	7,65
25	0,981	1,18	1,57	1,96	2,36	2,59	70	2,75	3,30	4,40	5,50	6,59	8,24
30	1,18	1,41	1,88	2,36	2,83	3,53	80	3,14	3,77	5,02	6,28	7,54	9,42
35	1,37	1,65	2,20	2,75	3,30	4,12	90	3,53	4,24	5,65	7,07	8,48	10,60
40	1,57	1,88	2,51	3,14	3,77	4,71	100	3,93	4,71	6,28	7,85	9,42	11,80

Normallängen: l = 2 bis 12 m; **Werkstoffe:** DIN EN 10025, DIN EN 10083/84 (Dichte ϱ = 7,85 kg/dm^3)
Bezeichnung eines warm gewalzten Flachstahls nach DIN EN 10058 mit b = 40 mm und t = 6 mm aus S 235 JR:

Flachstab **DIN EN 10058** – **40 x 6** – **S 235 JR**

Halbzeuge *semi finished products*

Warm gewalzter gleichschenkliger rundkantiger T-Stahl

DIN EN 10 055: 1995-12

Abmessungen

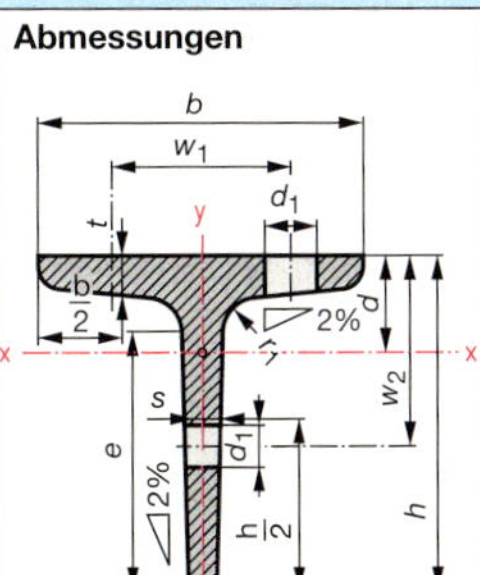

Tab. 199.1: Warm gewalzter gleichschenkliger rundkantiger T-Stahl

Kurz-zeichen			Quer-schnitt		Abstand der x-Achse	Für die Biegeachse				Maße nach DIN 997: 1970-10			
						$x-x$		$y-y$					
T	$h=b$ mm	$s=t$ mm	A cm^2	m' kg/m	d cm	I_x cm^4	W_x cm^3	I_y cm^4	W_y cm^3	w_1 mm	w_2 mm	d_1 mm	e mm
30	30	4	2,26	1,77	0,85	1,72	0,80	0,87	0,58	17	17	4,3	21
35	35	4,5	2,97	2,33	0,99	3,10	1,23	1,57	0,90	19	19	4,3	25
40	40	5	3,77	2,96	1,12	5,28	1,84	2,58	1,29	21	22	6,4	29
50	50	6	5,66	4,44	1,39	12,1	3,36	6,06	2,42	30	30	6,4	37
60	60	7	7,94	6,23	1,66	23,8	5,48	12,2	4,07	34	35	8,4	45
70	70	8	10,6	8,23	1,94	44,5	8,79	22,1	6,32	38	40	11	53
80	80	9	13,6	10,7	2,22	73,7	12,8	37,0	9,25	45	45	11	61
100	100	11	20,9	16,4	2,74	179	24,6	88,3	17,7	60	60	13	77
120	120	13	29,6	23,2	3,28	366	42,0	178	29,7	70	70	17	93
140	140	15	39,9	31,3	3,80	660	64,7	330	47,2	80	75	21	109

Normallänge: l = 6 bis 12 m; **Werkstoff:** Stahl DIN EN 10 025

Bezeichnung eines warm gewalzten gleichschenkligen rundkantigen T-Stahls mit h = 50 mm aus S 235 JR: **T-Profil EN 10 055 – T50 – S 235 JR**

Warm gewalzter rundkantiger U-Stahl

DIN 1026-1: 2008-02

Abmessungen

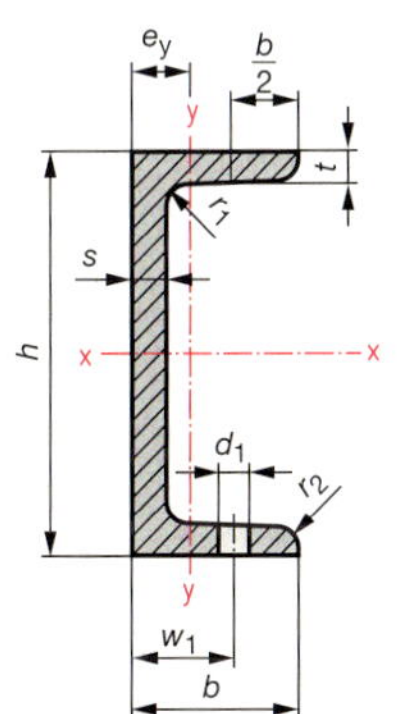

r_1 = t und $r_2 \approx t/2$
$b_1 = b/2$ bei $h \leq 300$ mm
Neigung: bei $h \leq 300$ mm: 8 %

Tab. 199.2: Warm gewalzter gleichschenkliger rundkantiger U-Stahl

Kurz-zeichen			Quer-schnitt		Abstand der x-Achse	Für die Biegeachse						Maße nach DIN 997: 1970-10	
						$x-x$		$y-y$					
U	h mm	b mm	s mm	t mm	e_y cm	I_x cm^4	W_x cm^3	I_y cm^4	W_y cm^3	A cm^2	m' kg/m	d_1 mm	w_1 mm
30	30	33	5	7	1,31	6,39	4,26	5,33	2,68	5,44	4,27	8,4	20
40	40	35	5	7	1,33	14,1	7,05	6,68	3,08	6,21	4,87	8,4	20
50	50	38	5	7	1,37	26,4	10,6	9,12	3,75	7,12	5,59	11	20
60	60	30	6	6	0,91	31,6	10,5	4,51	2,16	6,46	5,07	8,4	18
65	65	42	5,5	7,5	1,42	57,5	17,7	14,1	5,07	9,03	7,09	11	25
80	80	45	6	8	1,45	106	26,5	19,4	6,36	11,0	8,64	13[1]	25
100	100	50	6	8,5	1,55	206	41,2	29,3	8,49	13,5	10,6	13	30
120	120	55	7	9	1,60	364	60,7	43,2	11,1	17,0	13,4	17/13[2]	30
140	140	60	7	10	1,75	605	86,4	62,7	14,8	20,4	16,0	17	35
160	160	65	7,5	10,5	1,84	925	116	85,3	18,3	24,0	18,8	21/17[2]	35
180	180	70	8	11	1,92	1350	150	114	22,4	28,0	22,0	21	40
200	200	75	8,5	11,5	2,01	1910	191	148	27,0	32,2	25,3	23/21[2]	40

Normallängen: l = 8 bis 16 m; **Werkstoff:** Stahl nach DIN EN 10 025; Bezeichnung eines warm gewalzten rundkantigen U-Stahls mit h = 140 mm aus S 235 JR:

U-Profil DIN 1026 – U 140 – S 235 JR

Warm gewalzter Rundstahl, warm gewalzter Vierkantstahl

Rundstahl: DIN EN 10 060: 2004-02; Vierkantstahl: DIN EN 10 059: 2004-02

Abmessungen

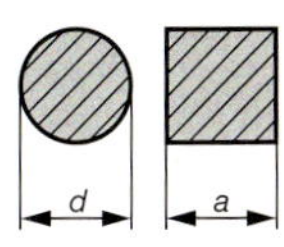

Tab. 199.3: Warm gewalzter Rundstahl, warm gewalzter Vierkantstahl

Maße d bzw. a mm	Masse m'[3] in kg/m		Maße d bzw. a mm	Masse m'[3] in kg/m	
	● (rund)	■ (vierkant)		● (rund)	■ (vierkant)
8	0,395	0,502	22	2,98	3,80
10	0,617	0,785	24	3,55	4,52
12	0,888	1,13	27	4,49	–
16	1,58	2,01	30	5,55	7,07
18	2,00	2,54	32	6,31	8,04
20	2,47	3,14	40	9,86	12,60

Normallängen je nach Durchmesser oder Seitenlänge: l = 3 bis 12 m; **Werkstoff:** Stahl nach DIN EN 10 025

Bezeichnung eines warm gewalzten Rundstahls, Nenndurchmesser d = 16 mm aus S 235 JR: **Rundstab DIN EN 10 060 – Ø 16 – S 225 JR**

[1] Genormte Schrauben für HV-Verbindungen sind hier nicht anwendbar.
[2] Sind für d_1 zwei Werte angegeben, dann gilt der kleinere Wert für HV-Schrauben.
[3] Errechnet mit einer Dichte ϱ = 7,85 kg/dm³.

Befestigungstechnik *pipe supports*

Anforderungen an die Leitungsbefestigung (Befestigungsregeln) und deren Einsatzbereiche

Rohraufhängung	Elemente	Anforderungen bzw. Einsatzbereiche
	① Befestigungsort	• Aufnahme der mechanischen Belastungen der Leitung (statisch, dynamisch) • Aufnahme von Kräften aus behinderter Wärmedehnung • flächenbezogene Masse ≥ 220 kg/m² bei einschaligen Wänden (zum Schallschutz nach DIN 4109 bei Armaturen, Trink- und Abwasserleitungen) • brandsicher (bei Gas- und Löschwasserleitungen)
	② Montagesystem	• Aufnahme und Weiterleitung der mechanischen Belastung der gefüllten und ggf. wärmegedämmten Leitung (Gewichtskraft, montagebedingte Spannungen, Druckstöße sowie beabsichtigte Vorspannung) • Aufnahme der durch Temperaturänderung bedingten Längenänderung möglichst so, dass diese nicht behindert wird, dass keine Leitungen auseinander gleiten, sich keine Verbindungen lösen und keine Leitung abgeschert wird • brandsicher (bei Gas- und Löschwasserleitungen) • Schalldämmung und Schalldämpfung • Vermeidung von Wärmeübertragung auf andere Bauteile • einfache und schnelle Montage • leichte Einstellung des Gefälles und Berücksichtigung der Wärmedämmung der Leitungen
	③ Leitungswerkstoff	fest, druckfest, biegefest, dicht, geringe Wärmedehnung, korrosionsbeständig, UV-beständig
	④ durchströmendes Medium	Trinkwasser, Trinkwarmwasser, Regenwasser, Abwasser, Heizungswasser, Wasserdampf, Kältemittel, gasförmige Brennstoffe, technische Gase, flüssige Brennstoffe, Luft usw.

Mauerwerk

DIN 1053-1: 1996-11

Tab. 200.1: Ohne Nachweis zulässige Schlitze und Aussparungen in tragenden Wänden

1	2	3	4	5	6	7	8	9	10
Wanddicke	Horizontale und schräge Schlitze[1] nachträglich hergestellt		Vertikale Schlitze und Aussparungen, nachträglich hergestellt			Vertikale Schlitze u. Aussparungen im gemauerten Verband			
	Länge unbeschränkt	Länge ≤ 1,25 m[2]	Tiefe[4]	Einzelschlitzbreite	Abstand der Schlitze und Aussparungen von Öffnungen	Breite[5]	Restwanddicke	Mindestabstand von Öffnungen	Mindestabstand untereinander
	Tiefe[3] cm	Tiefe cm	cm	cm[5]		cm	cm	cm	
≥ 11,5	–	–	≤ 1	≤ 10		–	–	≥ 2-fache	
≥ 17,5	0	≤ 2,5	≤ 3	≤ 10		≤ 26	≥ 11,5	Schlitz-	≥
≥ 24	≤ 1,5	≤ 2,5	≤ 3	≤ 15	≥ 11,5 cm	≤ 38,5	≥ 11,5	breite	Schlitz-
≥ 30	≤ 2	≤ 3	≤ 3	≤ 20		≤ 38,5	≥ 17,5	bzw.	breite
≥ 36,5	≤ 2	≤ 3	≤ 3	≤ 20		≤ 38,5	≥ 24	≥ 24 cm	

[1] Horizontale und schräge Schlitze nur zulässig in einem Bereich ≤ 40 cm ober- oder unterhalb der Rohdecken sowie jeweils an einer Wandseite. Nicht zulässig bei Langlochziegeln.

[2] Mindestabstand in Längsrichtung von Öffnungen ≥ 49 cm, vom nächsten Horizontalschlitz die zweifache Schlitzlänge.

[3] Die Tiefe darf um 1 cm vergrößert werden, wenn Werkzeuge verwendet werden, mit denen die Tiefe genau eingehalten werden kann.
Damit dürfen auch in Wänden ≥ 24 cm gegenüberliegende je 1 cm tiefe Schlitze ausgeführt werden.

[4] Schlitze, die höchstens 1 m über den Fußboden reichen, dürfen bei Wanddicken ≥ 24 cm bis 8 cm tief und 12 cm breit sein.

[5] Die Gesamtbreite von Schlitzen n. Spalten 5. und 7 darf je 2 m Wandlänge die Maße der Spalte 7 nicht überschreiten. Bei geringeren Wandlängen als 2 m sind die Werte in Spalte 7 proportional zur Wandlänge zu verringern.

Vertikale Schlitze und Aussparungen sind auch dann ohne Nachweis zulässig, wenn die Querschnittsschwächung bezogen auf 1 m Wandlänge nicht mehr als 6 % beträgt und die Wand nicht 3- oder 4-seitig gehalten, gerechnet ist. Dabei müssen eine Restwanddicke nach Tab. 200.1, Spalte 8 und ein Mindestabstand nach Spalte 9 eingehalten werden. Alle übrigen Schlitze und Aussparungen sind bei der Bemessung zu berücksichtigen.

Befestigungstechnik *pipe supports*

Dübelbefestigungen

Rechtliche Situation: Tragende Konstruktionen[1)] erfordern bauaufsichtlich zugelassene Dübel.

Eine **tragende Konstruktion** liegt vor, wenn bei deren Versagen die öffentliche Sicherheit oder Ordnung, insbesondere Leben, Gesundheit oder die natürlichen Lebensgrundlagen gefährdet werden.

Notwendige Maßnahmen: Bauaufsichtliche Zulassung für den Einzelfall prüfen und Einbaubedingungen gemäß Zulassungsunterlagen einhalten oder Zustimmung der zuständigen Behörde einholen.

Tab. 201.1: Dübelauswahl und Bohrverfahren

Bohrverfahren

Drehbohren

Schlagbohren

Hammerbohren

Legende:
- ● = gut geeignet
- ■ = bedingt geeignet
- ▲ = mit bauaufsichtlicher Zulassung erhältlich

Verankerungsgrund und Bohrverfahren	Beton / Hammerbohren	Naturstein / Hammerbohren	Vollziegel / Schlagbohren	Kalksandvollstein / Schlagbohren	Bims-Vollstein / Drehbohren	Gasbeton (Porenbeton) / Drehbohren	Vollgips-Platten / Drehbohren	Hochlochziegel / Drehbohren	Kalksand-Lochstein / Schlagbohren	Faserzement-Platten / Drehbohren	Gipskarton-Platten / Drehbohren	Dübelaußen-Ø in mm	Gebrauchslast-Richtwerte F_S in kN Lastwerte in der Betonzugzone[2)]	Bauaufsichtliche Zulassung[1)]
Allgemeine Befestigungen														
Nylon-Dübel S	●	●	●	●	●	●	●	■	■			4 … 20	0,1 … 2,7	
Allrounddübel UV	●	●	●	●	●	●	●	●	●	●	●	6 … 14		
Gasbetondübel GB						●						8 … 14	(0,2 … 0,9)	▲
Metallspreizdübel FMD	●	●	●	●	●	●	●	■	■			6 … 10		
Hohlraum-Befestigungen														
Hohlraumdübel NA										●	●	6 … 10		
Gipskartondübel GK											●	4		
Schwerlast-Befestigungen														
Kraftschlüssige Verbindung Hochleistungsanker FH	●	■										10 … 24	1,5 … 13	▲
Formschlüssige Verbindung Zykon-Einschlaganker (erfordert speziellen Bundbohrer für Hinterschnitt)	●	■	■	■								8 … 12	1,5	▲
Stoff-/Formschlüssige Verbindung Injektionsverankerung FIS V 150C (mit Ankerhülse auch geeignet für Lochsteine)	●	●	●	●	●			●	●			8 … 30	6 … 56	▲

1) Ist keine tragende Konstruktion vorhanden, so ist auch keine bauaufsichtliche Zulassung erforderlich. 2) Ein ungesäubertes Bohrloch reduziert die Haltewerte.

Tab. 201.2: Montage- und Dübelkennwerte für allgemeine Befestigungen

Dübeltyp	Nylondübel-S						Gasbetondübel GB		
	S 6	S 8	S 10	S 12	S 14	S 16	GB 8	GB 10	GB 14
zulässige Last (Zug, Querzug, Schrägzug) bei Schrauben-Ø in mm	5	6	8	10	12	12	5	7	10
$F_{s,zul}$ in kN (in Beton ≥ B 15)[1)]	0,28	0,47	0,87	1,28	1,7	1,7	–	–	–
$F_{s,zul}$ in kN (in Vollziegel ≥ Mz 12)[1)]	0,27	0,47	–	–	–	–	–	–	–
$F_{s,zul}$ in kN (in Kalksandvollstein ≥ KS12)[1)]	0,27	0,47	–	–	–	–	–	–	–
$F_{s,zul}$ in kN (in Porenbeton ≥ PB 2)[1)]	0,03	0,05	0,11	0,2	0,28	–	0,2	0,25	0,4
Randabstand zu Bauteilrändern a_r in mm	60	80	100	120	150	160	85	165	250
Achsabstand zu Bauteilrändern a in mm	120	160	200	240	300	320	75	100	150

1) Druckfestigkeit im Baustoff z. B. B 15 = Druckfestigkeit im Beton 15 N/mm²

Befestigungstechnik *pipe supports*

Tab. 202.1: Montage- und Dübelkennwerte für Hohlraum-Befestigungen

Dübeltyp	Hohlraumdübel NA			Gipskartondübel GK
	NA 8 × 30	NA 8 × 40	NA 10 × 55	
zulässige Last (Zug, Querzug, Schrägzug) bei Schrauben-Ø in mm	4	4	5	4
$F_{s,\,zul}$ in kN (in 6 mm Sperrholz)	0,11	–	–	–
$F_{s,\,zul}$ in kN (in 10 mm Faserzement-Tafeln)	–	0,21	–	–
$F_{s,\,zul}$ in kN (in 10 mm Gipskarton)	–	0,10	–	0,08
$F_{s,\,zul}$ in kN (in 20 mm Gipskarton)	–	–	0,23	0,10

Tab. 202.2: Montage- und Dübelkennwerte für Schwerlast-Befestigungen

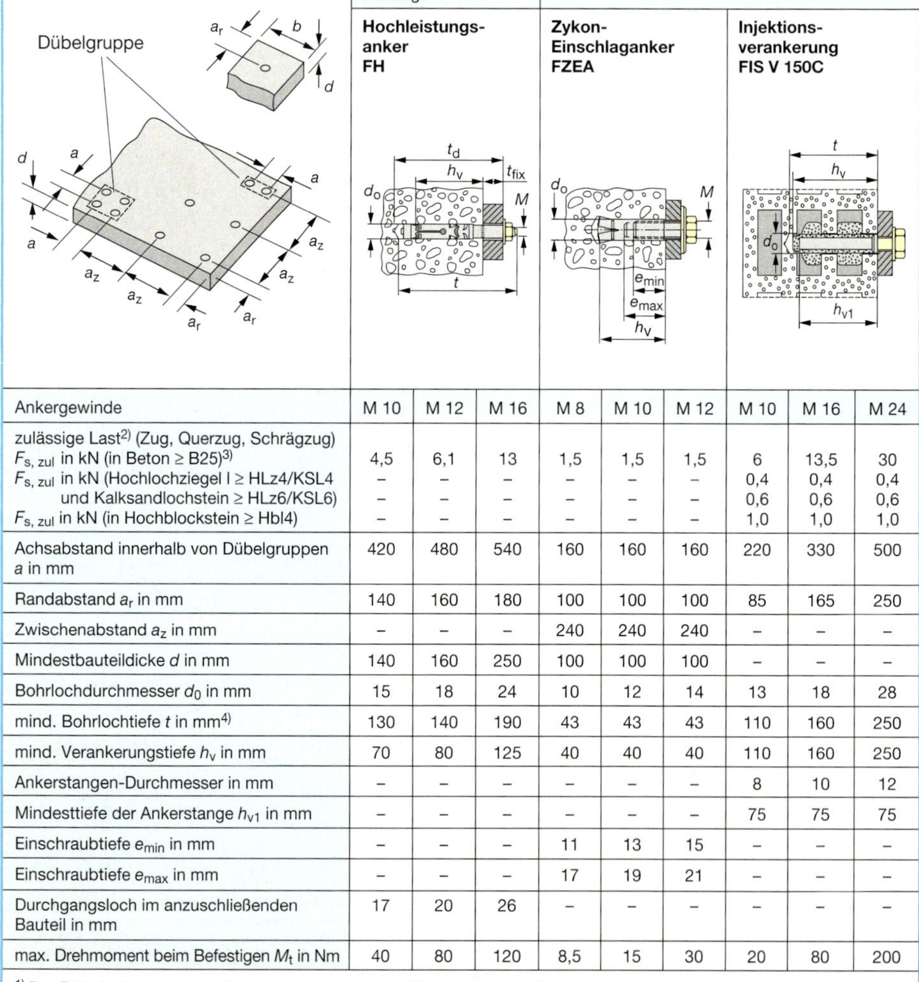

	Hochleistungsanker FH (Durchsteckmontage[1)])			Zykon-Einschlaganker FZEA (Vorsteckmontage)			Injektionsverankerung FIS V 150C (Vorsteckmontage)		
Ankergewinde	M 10	M 12	M 16	M 8	M 10	M 12	M 10	M 16	M 24
zulässige Last[2)] (Zug, Querzug, Schrägzug) $F_{s,\,zul}$ in kN (in Beton ≥ B25)[3)]	4,5	6,1	13	1,5	1,5	1,5	6	13,5	30
$F_{s,\,zul}$ in kN (Hochlochziegel I ≥ HLz4/KSL4	–	–	–	–	–	–	0,4	0,4	0,4
und Kalksandlochstein ≥ HLz6/KSL6)	–	–	–	–	–	–	0,6	0,6	0,6
$F_{s,\,zul}$ in kN (in Hochblockstein ≥ Hbl4)	–	–	–	–	–	–	1,0	1,0	1,0
Achsabstand innerhalb von Dübelgruppen *a* in mm	420	480	540	160	160	160	220	330	500
Randabstand a_r in mm	140	160	180	100	100	100	85	165	250
Zwischenabstand a_z in mm	–	–	–	240	240	240	–	–	–
Mindestbauteildicke *d* in mm	140	160	250	100	100	100	–	–	–
Bohrlochdurchmesser d_0 in mm	15	18	24	10	12	14	13	18	28
mind. Bohrlochtiefe *t* in mm[4)]	130	140	190	43	43	43	110	160	250
mind. Verankerungstiefe h_v in mm	70	80	125	40	40	40	110	160	250
Ankerstangen-Durchmesser in mm	–	–	–	–	–	–	8	10	12
Mindesttiefe der Ankerstange h_{v1} in mm	–	–	–	–	–	–	75	75	75
Einschraubtiefe e_{min} in mm	–	–	–	11	13	15	–	–	–
Einschraubtiefe e_{max} in mm	–	–	–	17	19	21	–	–	–
Durchgangsloch im anzuschließenden Bauteil in mm	17	20	26	–	–	–	–	–	–
max. Drehmoment beim Befestigen M_t in Nm	40	80	120	8,5	15	30	20	80	200

1) Der Dübel wird durch den Montagegegenstand ins Bohrloch gesteckt und dann verspreizt.
2) Die zulässigen Lasten gelten für vorwiegend ruhende Beanspruchung. Hierfür beinhalten sie aber bereits entsprechende Sicherheitsbeiwerte. Die Angaben gelten jedoch nur, wenn die Zulassungsbedingungen eingehalten werden.
3) Druckfestigkeit im Beton 25 N/mm² (die am häufigsten vorkommende Betonfestigkeit)
4) Für FZEA exakte Bohrlochtiefe erforderlich – Spezialbohrer (FZUB) einsetzen.

Befestigungstechnik *pipe supports*

Kräfte, die bei der Befestigung von Leitungssystemen zu beachten sind

Leitungsfestpunkt

Lager mit Gleitführung

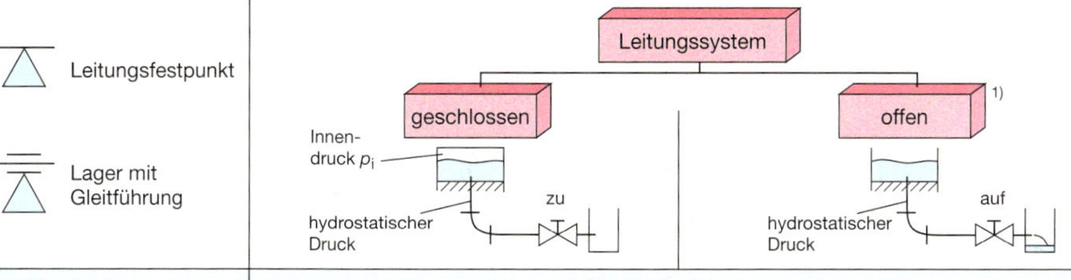

Kräfte durch	Kraftaufnahme	
Druck im Innern der Rohre 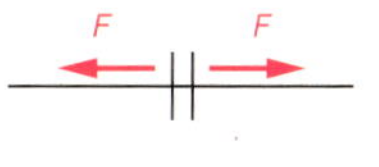	*Längskräfte durch Innendruck, hydrostatischen Druck und Reibungsdruckverlust möglich.* mittels **Rohrwand** und z. B. **kraftschlüssige Verbindungen** wie Flansch oder Verschraubung **Hierdurch entsteht keine Lagerbelastung.**	*Wenn keine Querschnittsverengung erfolgt, sind Längskräfte nur durch hydrostatischen Druck und Reibungsdruckverlust möglich.* **Muffenverbindungen** reichen bei geraden Rohrleitungen zur Aufnahme der inneren axialen Kräfte meist aus. Bei großen Kräften in Längsrichtung sind einzelne Rohrleitungsstücke durch je einen Festpunkt und ein Führungslager zu sichern.
Gewicht (→ S. 204)	mittels **Lager** (Loslager, Führungslager, Festpunkte)	Bei Loslager oder Führungslager und Muffenverbindung besteht Gefahr des Auseinandergleitens der Leitungen!
Umlenkung der Strömung an Bogen und Abzweig (**Umlenkungskräfte**) (→ S. 204) 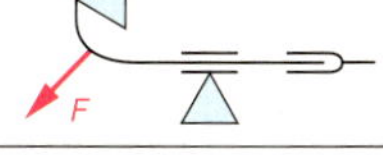	mittels **Lager** (Führungslager, Festpunkte)	Bei Führungslager und Muffenverbindung besteht Gefahr des Auseinandergleitens der Leitungen!
Rückstoß in Längsrichtung der Rohre (→ S. 204) 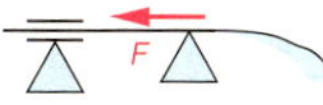		mittels **Festpunkt** am Leitungsende
Längenausdehnung (→ S. 206) 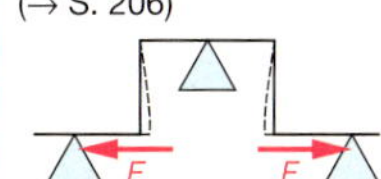	mittels **elastischer Rohrführung und Festpunkte**	mittel **elastischer Rohrführung und Festpunkte** oder **Kompensatoren** Bei Muffenverbindungen besteht Gefahr des Auseinandergleitens der Leitungen bei starker Abkühlung.
Reibung (Rohrbewegung)	mittels **Festpunkte** Loslager und Führungslager sollten so ausgewählt und montiert werden, dass die Rohrbewegung in Längsrichtung infolge Wärmedehnung nur geringe Reibungskräfte verursacht.	
nicht spannungsfrei montierte Leitungsteile	mittels **Lager** (Führungslager und Festpunkte) und durch **elastische Rohrführung**	mittels **Lager** (Führungslager, Festpunkte) Bei Führungslager und Muffenverbindung besteht die Gefahr des Auseinandergleitens der Leitungen!
dynamische Vorgänge, z. B. Wasserschläge, Dampfschläge, stoßweise fördernde Strömungsmaschinen	mittels **Lager** (Führungslager, Festpunkte)	mittels **Lager** (Führungslager, Festpunkte) Bei Führungslager und Muffenverbindung besteht die Gefahr des Auseinandergleitens der Leitungen!

1) bedeutet hierbei, dass das Innere der Leitung mit der Atmosphäre in Verbindung steht.

Befestigungstechnik *pipe supports*

Auflagerkräfte (Auswahl)

Kraft durch Gewicht

a) waagerechte Leitungen

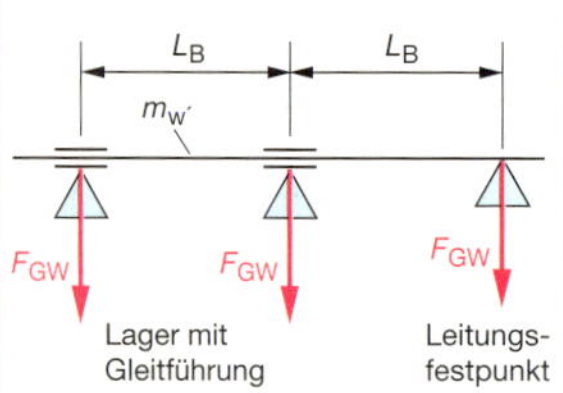

$$F_{Gw} = m'_w \cdot L_B \cdot g \cdot v$$

Ein Sicherheitsbeiwert v von 1,5 bis 2,5 ist notwendig, weil nicht davon ausgegangen werden kann, dass alle Lager die Last gleichmäßig tragen.

b) senkrechte Leitungen

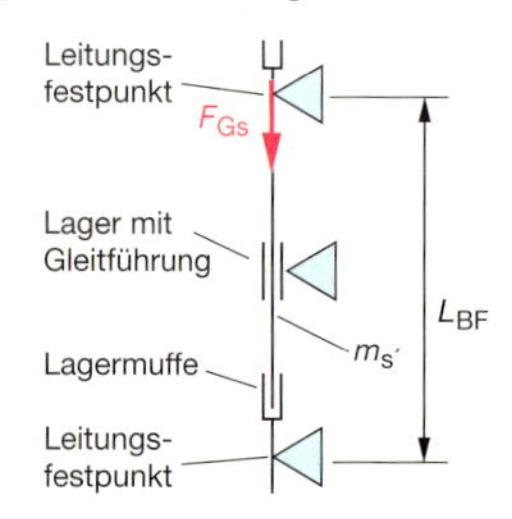

$$F_{Gs} = m'_s \cdot L_{BF} \cdot g$$

F_{Gw}	:	Gewichtskraft auf Lager durch waagerechte Leitung	in N
m'_w	:	längenbezogene Masse der Leitung ggf. mit Füllung und Isolierung	in kg/m
L_B	:	Befestigungsabstand (→ Tab. 181.1 und Tab. 181.2)	in m
g	:	Fallbeschleunigung (g = 9,81 m/s²)	in m/s²
v	:	Sicherheitsbeiwert	
F_{Gs}	:	Gewichtskraft auf Leitungsfestpunkt durch senkrechte Leitung	in N
m'_s	:	längenbezogene Masse der Leitung ggf. mit Isolierung	in kg/m

(Auch Füllung berücksichtigen, wenn die senkrechte Leitung mit dem Bogen am Fußende fest verbunden ist.)

L_{BF}	:	Befestigungsabstand der Leitungsfestpunkte bzw. Rohrmuffen in m (→ Tab. 205.2)

Beispiel:

Geg.: waager. Leitung DN 50 (Rohr DIN EN 10 220-60,3 × 2,9)

Ges.: Kraft durch Gewicht auf die Lager bei einem Sicherheitsbeiwert von v = 2.

Lös.: $F_{Gw} = m'_w \cdot L_B \cdot g \cdot v$ mit m'_w = 4,11 kg/m + 2,33 kg/m = 6,44 kg/m und L_B = 4,75 m (→ Tab. 205.1)

$F_{Gw} = m' \cdot L_B \cdot g \cdot v$

F_{Gw} = 6,44 kg · 4,75 · 9,81m/s² · 2 = **600 N**

Kraft durch Strömungsumlenkung am Bogen und Abzweig

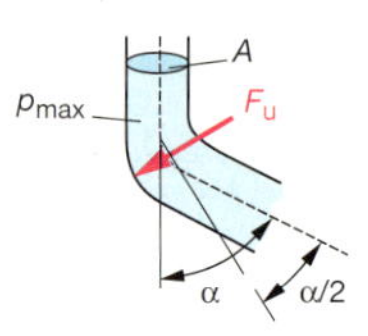

$$F_u = 2 \cdot A \cdot p_{max} \cdot \sin\left(\frac{\alpha}{2}\right)$$

F_u	:	Kraft auf Festpunkt durch Strömungsumlenkung	in N
A	:	Strömungsquerschnitt	in m²
p_{max}	:	maximaler Überdruck	in Pa
α	:	Umlenkungswinkel	in °

(Notwendigkeit längskraftschlüssiger Verbindungen nahe der Umlenkungsstelle → S. 290)

Beispiel:

Geg.: Leitung DN 50 (Rohr DIN EN 10 220-60,3 × 2,9); p_{max} = 4 bar = 400 000 Pa

Ges.: Kraft auf Festpunkt durch Strömungsumlenkung um 60°

Lös.:

$F_u = 2 \cdot A \cdot p_{max} \cdot \sin\left(\frac{\alpha}{2}\right)$ mit $A = d_i^2 \cdot \frac{\pi}{4}$ = 2 333 mm²

F_u = 2 · 0,002333 m² · 400 000 N/m² · sin 30° = **933 N**

Hinweis:
Rohrschellen zur Aufnahme der Kräfte durch Strömungsumlenkung sollten nicht im Bereich der Umlenkungszone angebracht werden, da dies zu erheblicher Lärmbelästigung führen kann.

Kraft durch Rückstoß

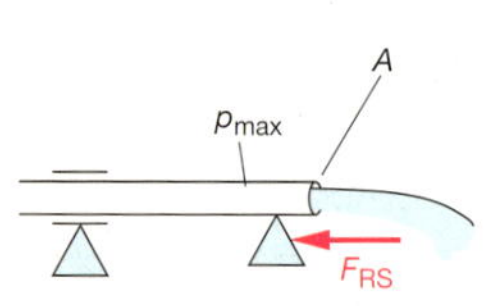

ungehinderter Ausfluss:

$$F_{RS} = A \cdot p_{max}$$

behinderter Ausfluss:

$$F_{RS} = 2 \cdot A \cdot p_{max}$$

(Wasserstrahl gegen Hindernis kann Rückstoß wie Strömungsumlenkung um 180° bewirken.)

F_{RS}	:	Kraft auf Festpunkt durch Rückstoß	in N
A	:	Strömungsquerschnitt	in m²
p_{max}	:	maximaler Überdruck	in Pa

n = ℓ : a + 1   a: Abstand = m   n: Schellenanzahl

Befestigungstechnik *pipe supports*

Auflagerkräfte

Tab. 205.1: Maximal zulässige Befestigungsabstände L_B in m nach DIN 1988-2, TRGI, TRF und Herstellerangaben

Die Rohrschellenabstände für Stahlrohr und Kupferrohr sind den TRGI und TRF entnommen. Für metallische Rohre gelten die Befestigungsabstände für $\vartheta \leq 100\,°C$.

Nennweite DN	Werkstoff der Rohrleitung: Stahl	nichtrost. Stahl, Kupfer, Präzis. Stahl	Mehrschichtverbund	Kupfer mit Wärmedämmung	PVC-U		PE		PE-X	PVC-C		PP		PB	(PVDF)
					20 °C	40 °C	20 °C	60 °C	20 °C	20 °C	60 °C	20 °C	60 °C	60 °C	120 °C
10	2,25	1,25	1,00	1,00	0,80	0,50	0,70	0,50	1,20	0,85	0,70	0,75	0,65	0,25	0,60
12	–	1,25	–	1,10	–	–	–	–	–	–	–	–	–	–	–
15	2,75	1,50	1,00	1,30	0,90	0,60	0,75	0,60	1,20	0,95	0,85	0,80	0,65	0,30	0,65
20	3,00	2,00	1,50	1,30	0,95	0,65	0,80	0,65	1,20	1,05	0,95	0,85	0,75	0,35	0,75
25	3,50	2,25	2,00	1,50	1,05	0,70	0,90	0,75	1,20	1,20	1,10	1,00	0,85	0,40	0,80
32	3,75	2,75	2,00	1,60	1,20	0,90	1,00	0,85	1,50	1,35	1,30	1,10	0,95	0,50	0,90
40	4,25	3,00	2,00	1,70	1,40	1,10	1,15	0,95	1,50	1,50	1,45	1,25	1,05	0,60	1,00
50	4,75	3,50	–	2,00	1,50	1,20	1,30	1,05	1,50	1,70	1,65	1,40	1,20	0,75	1,05
65	5,50	4,25	–	–	1,65	1,35	1,40	1,15	–	1,80	1,70	1,55	1,30	–	1,15
80	6,00	4,75	–	–	1,80	1,50	1,55	1,30	–	2,00	1,85	1,65	1,45	–	1,25
100	6,00	5,00	–	–	2,00	1,70	1,70	1,40	–	–	–	1,85	1,60	–	1,40
125	6,00	5,00	–	–	2,25	1,95	1,95	1,55	–	–	–	2,10	1,80	–	1,60
150	6,00	5,00	–	–	2,40	2,10	2,10	1,70	–	–	–	2,25	1,90	–	1,70

Tab. 205.2: Maximal zulässige Befestigungsabstände in der Entwässerungstechnik

<table>
<tr><td>Art der Leitung</td><td colspan="3">waagerechte (liegende) Leitungen</td><td colspan="2">senkrechte (lotrechte) Leitungen</td></tr>
<tr><td>Werkstoff der Rohrleitung</td><td>Rohrschellenabstand L_B</td><td>Festschelle (Leitungsfestpunkt)</td><td>Besonderheiten</td><td>Rohrschellenabstand L_B</td><td>Befestigungshinweise/Abstand der Festpunkte L_{BF}</td></tr>
<tr><td>SML</td><td>max. 2 m</td><td>nach 10 bis 15 m</td><td>keine Schelle weiter als 0,75 m von der nächsten Verbindung</td><td rowspan="3">alle 2 m; min. 2 Befestigungen je Geschoss</td><td>pro 5 Geschosse mindestens eine Fallrohrstütze</td></tr>
<tr><td>PE</td><td rowspan="3">10 × DN (PE unter DN 80: 0,8 m)</td><td>Festschelle mit Langmuffe nach max. 6 m</td><td>mit Langmuffe (ohne Biegeschenkel) oder Festschelle + Langmuffe nach max. 6 m</td><td rowspan="2">je Geschoss eine Festschelle mit Dehnungsmuffe und eine Gleitschelle</td></tr>
<tr><td>PVC-C, ABS/ASA/PVC</td><td>stets bei Formstücken</td><td>Abgesehen von Festschellen grundsätzlich nichtlängskraftschlüssige Verbindungen verwenden</td></tr>
<tr><td>PP</td><td>stets bei Formstücken, für jedes Rohr eine Festschelle</td><td>Rohrschellen grundsätzlich nicht im Bereich von Aufprallzonen</td><td>alle 1 bis 2 m (je nach DN)</td><td>Losschelle max. 2 m oberhalb der Festschelle;
ab 3 Geschosse bei Fallleitungen > DN 100 eine Fallrohrstütze</td></tr>
<tr><td rowspan="2">Abbildungen und Hinweise</td><td colspan="3">F = Festschelle (Fixschelle) L = Dehnungsmuffe (Langmuffe)
G = Lager mit Gleitführung (Gleitschelle)</td><td colspan="2" rowspan="2">Abzweige vor Scherkräften schützen!</td></tr>
<tr><td colspan="3">Die Dehnungsmuffe (Langmuffe) kann maximal die Ausdehnung von 6 m Rohrlänge aufnehmen. Die Einstecktiefe bei der Montage hängt von der Montagetemperatur ab.
bei 20 °C: 10,5 cm; bei 0 °C: 8 cm; max. 6 m</td></tr>
</table>

Befestigungstechnik *pipe supports*

Auflagerkräfte (Fortsetzung der Auswahl)[1]

Kraft durch Längenausdehnung

Kraft auf Festpunkte durch elastische Verformung eines Axial-Dehnungsausgleichers ohne Vorspannung

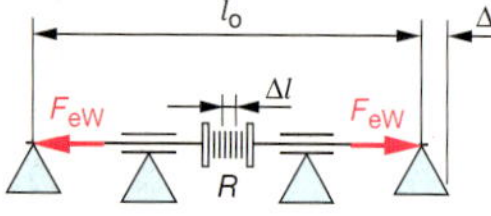

1. Durch ungehinderte Längenausdehnung entsteht keine Kraft.

2. Durch elastische Verformung von Axialkompensatoren entsteht eine Längskraft in der Leitung, die durch die Festpunkte aufgenommen werden muss.

$$F_{eW} = R \cdot \Delta l$$

$$\Delta l = l_0 \cdot \alpha \cdot \Delta\vartheta$$

$$\Delta\vartheta = \vartheta_2 - \vartheta_1$$

F_{eW} : Kraft auf Festpunkt durch elastische Verformung (bei Biegeschenkel → Tab. 212.1) in N
R : Federrate des Axial-Dehnungsausgleichers (Kompensator), welcher die Verformung aufnimmt (→ Tab. 212.2 und Tab. 212.3) in N/mm
Δl : Längenänderung in mm
l_0 : Ausgangslänge in mm
α : Längenausdehnungszahl (→ Tab. 44.1, Tab. 50.2 und Tab. 73.1) in 1/K
$\Delta\vartheta$: Temperaturdifferenz in K
ϑ_1 : Anfangstemperatur in °C oder in K
ϑ_2 : Endtemperatur in °C oder in K

Kraft durch verhinderte Längenausdehnung

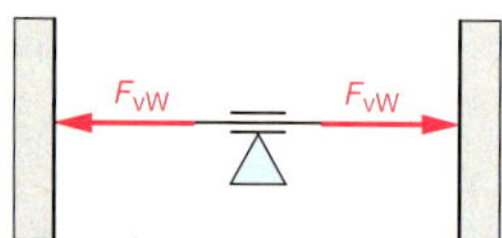

3. Bei verhinderter Längenausdehnung entsteht eine sehr große Längskraft in Rohrleitungen, durch die schwere Schäden entstehen können.

$$F_{vW} = A \cdot E \cdot \alpha \cdot \Delta\vartheta$$

F_{vW} : Längskraft in einer Rohrleitung bei verhinderter Längenausdehnung in N
A : Querschnitt der Rohrwand in mm²
E : Elastizitätsmodul des Rohrwerkstoffes (→ Tab. 206.1) in N/mm²

Tab.206.1: Elastizitätsmodul

Werkstoff	E in N/mm²
Stahl	210 000
EN-GJL-200	105 000 (GG 20)
Kupfer	130 000
Aluminium	67 500
PVC	3 000
PVDF	2 400
PE	900

Einbaulänge und Vorspannkraft

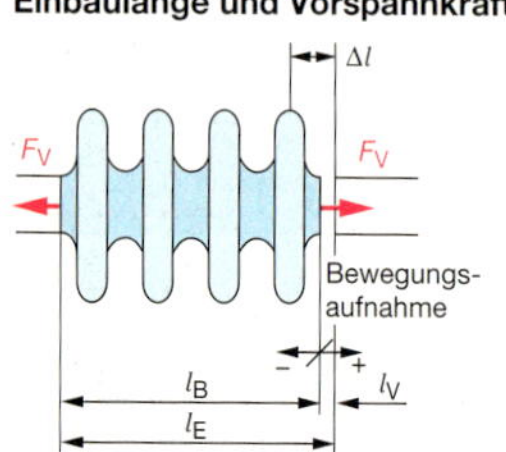

$$l_E = l_B + \frac{\Delta l}{2} - \frac{\Delta l \cdot (\vartheta_E - \vartheta_{min})}{(\vartheta_{max} - \vartheta_{min})}$$

$$l_V = l_E - l_B$$

$$F_V = R \cdot l_V$$

l_E : Einbaulänge in mm
l_B : Baulänge in mm
Δl : Längenänderung in mm
ϑ_E : Einbautemperatur in °C
ϑ_{min} : Minimaltemperatur in °C
ϑ_{max} : Maximaltemperatur in °C
l_V : Vorspannlänge in mm
F_V : Vorspannkraft in N
R : Federrate des Axial-Dehnungsausgleichers (→ Tab. 212.2 und Tab. 212.3) in N/mm

Beispiele:

Geg.: Leitung DN 50 (Rohr DIN EN 10220-60,3 × 2,9)
Ges.: Kraft auf Festpunkte bei verhinderter Längenausdehnung und einer Temperaturerhöhung um 40 K.
Lös.: $F_{vW} = A \cdot E \cdot \alpha \cdot \Delta\vartheta$
$A = (d_a^2 - d_i^2) \cdot \pi/4 = 523$ mm²
$E = 210\,000$ N/mm² (→ Tab. 182.1)
$\alpha = 11{,}0 \cdot 10^{-6}$ 1/K (→ Tab. 50.2)
$\Delta\vartheta = 40$ K
$F_{vW} = 523$ mm² $\cdot$ 210 000 N/mm² $\cdot$ 11,0 $\cdot 10^{-6}$ 1/K $\cdot$ 40 K
F_{vW} = 48 325 N

Geg.: Gerade Stahlrohrleitung DN 50 mit $l_0 = 10$ m; $\alpha = 11{,}0 \cdot 10^{-6}$ 1/K; $\vartheta_{max} = 140$ °C; $\vartheta_{min} = 10$ °C; $\vartheta_E = 20$ °C und $p_{e,max} = 3$ bar
Ges.: Geeigneter Kompensator, dessen Einbaulänge und Vorspannkraft.
Lös.: $\Delta l = l_0 \cdot \alpha \cdot \Delta\vartheta$
$\Delta l = 10$ m $\cdot$ 11,0 $\cdot 10^{-6}$ 1/K $\cdot$ 130 K = 0,0143 m
Stahl-Kompensator Typ SF-11/PN 16 (→ Tab. 212.3)
$l_B = 205$ mm; Bewegungsaufnahme = ± 23 mm und $R = 78$ N/mm
l_E = 205 mm + 14,3 mm/2 – 14,3 mm $\cdot$ (20 – 10) K / (140 – 10) K = **211 mm**
$F_V = R \cdot (l_E - l_B)$ = 78 N/mm $\cdot$ 6 mm = **468 N**

[1] Auf die Leitungsbefestigung können darüber hinaus auch Kräfte durch Druck, Reibung, nicht spannungsfrei montierte Leitungsteile und dynamische Vorgänge wirken (→ S. 203)

Befestigungstechnik *pipe supports*

Montageschienen und Konsolen

Tab. 207.1: Schienenauswahl für mittige Einzellast und Schienenmaße

Lastfall:

Montageschiene:

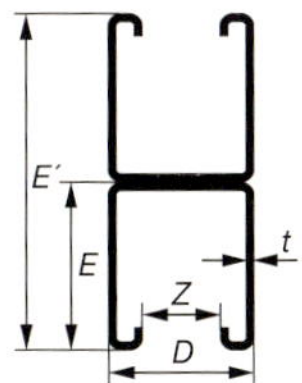

Maximal zulässige mittige Einzelkraft F in kN bei einer Spannweite (Befestigungsabstand) L =									Montage-schiene	Maße in mm			
0,5 m	1 m	1,5 m	2 m	2,5 m	3 m	4 m	5 m	6 m	(Breite/Höhe)	*D*	*E*/*E*´	*Z*	*t*
1,0	0,4	0,2	0,15	–	–	–	–	–	40/22	40	22	22	1,7
4,0	1,9	1,3	0,9	0,5	0,4	0,2	–	–	40/45	40	45	22	2,25
10,0	4,0	2,8	2,0	1,5	0,9	0,5	0,2	–	40/62	40	62	22	3
3,0	1,4	0,8	0,6	0,4	0,3	0,2	–	–	40/22 *D*[1]	40	44	22	1,7
8,0	5,9	3,8	2,9	2,4	1,9	1,1	0,6	0,4	40/45 *D*[1]	40	90	22	2,25
10,0	10,0	9,0	6,5	5,0	4,2	3,1	2,5	1,5	40/62 *D*[1]	40	124	22	3

Ausgangssituation: Für die angegebenen Werte F (kN) wird die zulässige Spannung σ_{zul} = 160 N/mm² sowie eine Durchbiegung von L/200 nicht überschritten. Wirken **mehrere Lasten** auf eine Schiene, so können diese addiert und als mittige Einzellast betrachtet werden. Auf diese Weise liegt man auf der sicheren Seite und kann schnell auslegen.

[1] Doppelschiene

Lochabstände:

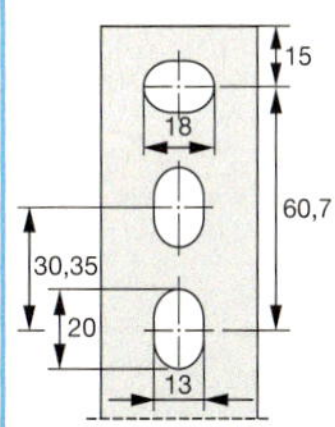

Beispiele für die Schienenauswahl:

Geg.: Mittige Einzellast F = 1300 N
Ges.: Geeignete Montageschiene und dafür zulässige Spannweite bzw. Befestigungsabstand
Lös.: bei Montageschiene 40/45: L = 1,5 m
40/62: L = 2,5 m

Geg.: Benötigte Spannweite L = 3,0 m
Ges.: Maximal zulässige mittige Einzellast F
Lös.: bei Montageschiene 40/45: F = 0,4 kN
40/62: F = 0,9 kN
40/22*D*: F = 0,3 kN

Tab. 207.2: Konsolenauswahl nach Einzellast und Lastarm sowie Abmessungen der Konsolen und erforderliche Ankerlast der Befestigung $F_{s,erf}$

Lastfall:

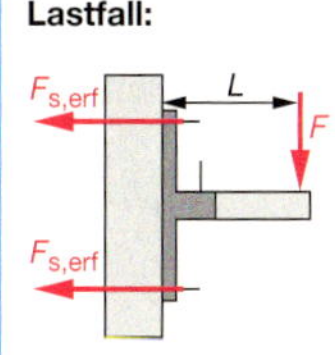

zulässige Kraft F in kN bei Hebelarm L =					WBD-Halter[1]	Maße in mm						erforderliche Ankerkraft
0,2 m	0,4 m	0,6 m	0,8 m	1 m	Typ …	*A*	*B*	*C*	*b*	*s*	*h*	$F_{s,erf}$
0,4	0,12	0,06	0,04	0,03	40/22	135	100	85	25	5	11	1,5 kN
1,3	0,6	0,35	0,25	0,2	40/45	135	100	85	25	6	11	2,5 kN
1,95	1	0,6	0,4	0,3	40/62	170	120	135	25	6	13	3,5 kN
0,65	0,35	0,25	0,18	0,13	40/22 *D*	135	100	125	25	6	11	1,5 kN
4,7	2	1,3	0,8	0,6	40/45 *D*	210	170	135	25	8	13	6 kN
5,2	2,8	1,8	1,3	1	40/62 *D*	255	205	135	25	8	13	6 kN

Konsole:

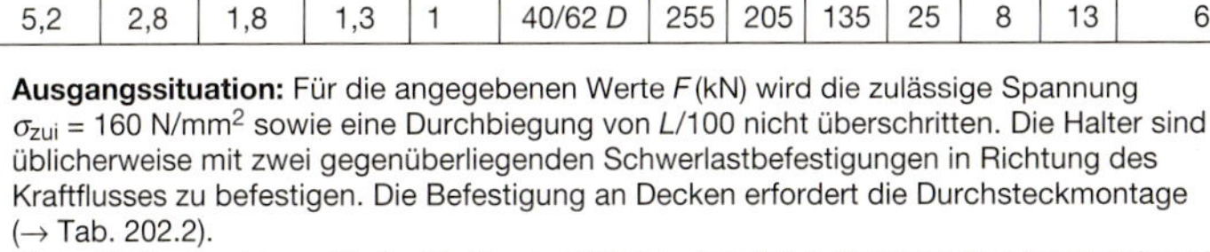

Ausgangssituation: Für die angegebenen Werte F (kN) wird die zulässige Spannung σ_{zul} = 160 N/mm² sowie eine Durchbiegung von L/100 nicht überschritten. Die Halter sind üblicherweise mit zwei gegenüberliegenden Schwerlastbefestigungen in Richtung des Kraftflusses zu befestigen. Die Befestigung an Decken erfordert die Durchsteckmontage (→ Tab. 202.2).
Die zulässige Last in vertikaler Richtung mit Schrauben 8.8 in Betondecken beträgt dann 7 kN.

Wirken **mehrere Lasten** auf eine Konsole, so ist deren Kraftmoment zu ermitteln. Hieraus ergibt sich die zulässige Kraft bei einem Hebelarm von 1 m.

[1] (**W**and-**B**oden-**D**ecken-**Halter**)

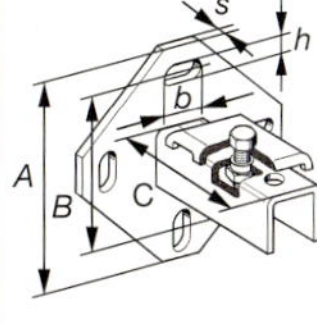

Befestigungstechnik *pipe supports*

Tab. 208.1: Zulässige Druckkräfte einer Stützkonsole aus mittelschwerem Gewinderohr DIN EN 10 255

Lastfall:

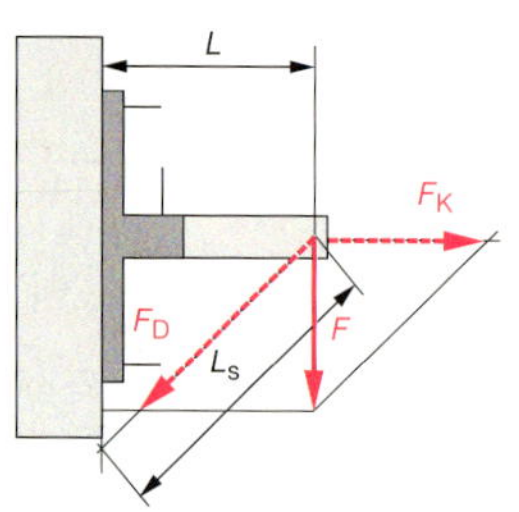

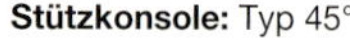

Stützkonsole: Typ 45°

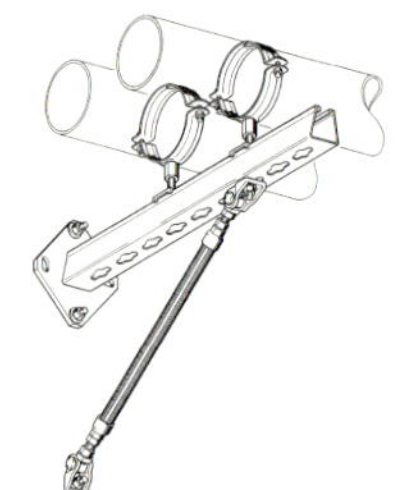

DN	Maximal zulässige Druckkraft $F_{D,zul}$ in kN bei einer Stützrohrlänge L_s =					
	0,3 m	0,5 m	0,75 m	1 m	1,25 m	1,5 m
15	9,0	7,0	4,8	3,0	1,8	1,2
20	10,5	8,3	5,7	3,8	2,5	1,8
25	13,5	10,8	7,7	5,0	3,2	2,1

Zur Ermittlung der Belastung der Konsole bzw. Ankerschrauben (auf Zug) und ihrer Stütze (auf Druck) ist eine Kräftezerlegung vorzunehmen. Die zulässige Druckkraft ist Tab. 208.1 zu entnehmen. Bei Überschreitung der zulässigen Stützkraft kann der Druckstab knicken.

Beispiel für die Konsolenauswahl:

Geg.: Einzellast F = 400 N bei einem Lastarm von L = 0,6 m

Ges.: Geeignete Konsole und erforderliche Ankerlast (Schwerlast-Befestigungen) ggf. mit Stützkonsole

Lös.: WBD-Halter 40/62 befestigt mit 2 Ankerschrauben $F_{s,erf}$ = 3,5 kN Verankerung z. B. in Beton ≥ B25 mit Hochleistungsanker FH-M12 (→ Tab. 202.2). Bei weniger festem Verankerungsgrund ist eine Stützkonsole erforderlich.

Lös.: Stützkonsole 45° → $F_K = F$ = 0,4 kN (deutlich geringere Wandbeanspruchung als ohne Stütze), $F_D = F \cdot \sqrt{2}$ = 0,57 kN und $L_s = L \cdot \sqrt{2}$ = 0,85 m. Ein Gewinderohr DN 15 ist als Stützrohr ausreichend (→ Tab. 208.1).

Montageelemente für Rohr- und Kanalbefestigung

Tab. 208.2: Rohrschellenauswahl mit Lastwerten und technischen Daten (Herstellerangaben)

Ausführung: verzinkt; Profilgummi: SBR/EPDM, Temperaturbereich: –50 °C bis +110 °C, ΔL: 17…18 dB(A)[3]
Profilgummi: Silikon, Temperaturbereich: –60 °C bis +200 °C, ΔL: 16 dB(A)

Ratio S M8

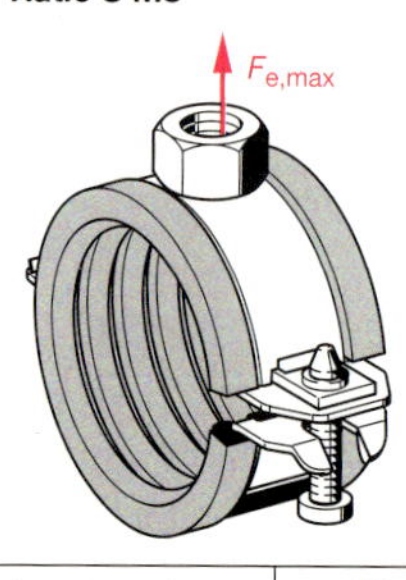

Spannbereich in mm / Nutzlast $F_{e,max}$ in kN	< 53 / ≤ 0,8
Gewindeanschluss	innen M8

Nennweite DN	Spannbereich in mm	Material b x s in mm
8	13 … 16	20 x 1
10	17 … 19	20 x 1
15	20 … 24	20 x 1
20	25 … 30	20 x 1
25	31 … 38	20 x 1
32	40 … 46	20 x 1
40	48 … 53	20 x 1

Ratio 3G

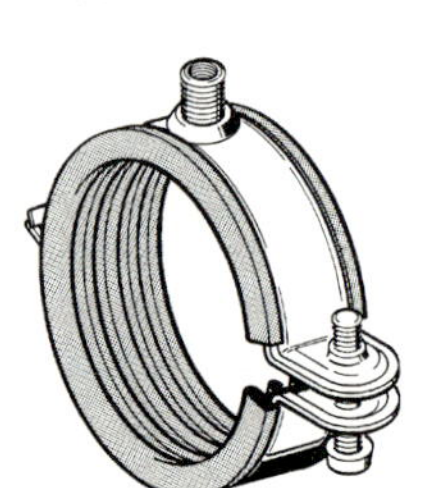

Spannbereich in mm	< 45	< 64	< 114	< 168
Nutzlast $F_{e,max}$ in kN	≤ 1,0	≤ 1,6	≤ 3,2	≤ 3,9
Gewindeanschluss	innen M8/M10		außen M16	

Nennweite DN	Spannbereich in mm	Material b x s[2] in mm
20	25 … 30	25 x 1,5
25	31 … 37	25 x 1,5
32	40 … 46	25 x 1,5
40	48 … 53	25 x 1,5
50	54 … 59	25 x 1,5
	60 … 64	25 x 1,5
65	70 … 76	30 x 2,5
80	83 … 90	30 x 2,5
100	108 … 114	30 x 2,5
125	133 … 141	30 x 2,5
150	159 … 168	30 x 2,5

Stabil D-3G

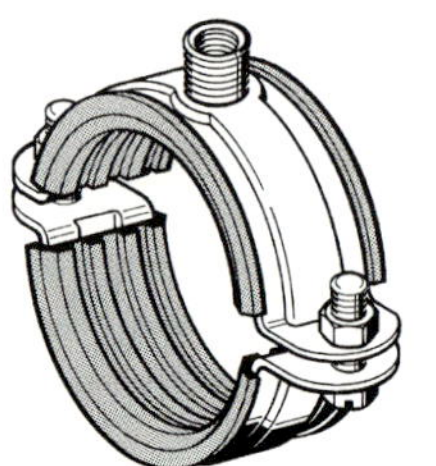

Spannbereich in mm	< 65	< 116	< 194	< 303
Nutzlast $F_{e,max}$ in kN	≤ 4,0	≤ 5,0	≤ 8,0	≤ 12,5
Gewindeanschluss	innen M8/M10	innen M10/M12	innen M12/M16	
	außen 3/8"		außen 1/2"	

Nennweite DN	Spannbereich in mm	Material b x s in mm
80	88 … 93	30 x 3,0
	100 … 106	30 x 3,0
100	108 … 115	30 x 3,0
	124 … 129	40 x 4,0
125	138 … 144	40 x 4,0
	148 … 154	40 x 4,0
150	165 … 171	40 x 4,0
	177 … 183	40 x 4,0
200	219 … 225	40 x 4,0
	244 … 250	40 x 4,0
250	267 … 273	40 x 4,0

Gleitrohrschelle

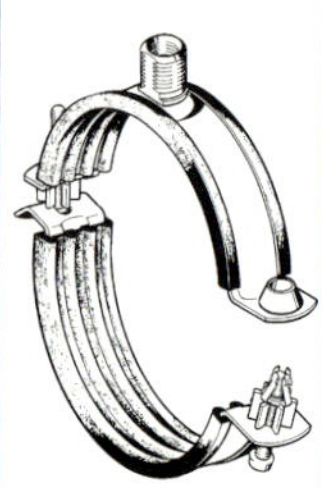

Spannbereich in mm	< 50	< 90	< 110
Nutzlast $F_{e,max}$ in kN	≤ 0,8	≤ 1,5	≤ 2,5
Gewindeanschluss	innen M8/M10		außen M16[1]

Kunststoffrohr d_a in mm	Material b x s[2] in mm
16	20 x 1,5
20	20 x 1,5
25	20 x 1,5
32	20 x 1,5
40	20 x 1,5
50	20 x 1,5
56	20 x 1,5
63	20 x 1,5
75	20 x 1,5
90	25 x 2,0
110	30 x 2,0

[1] ab Spannbereich 40 mm
[2] Bandstahl: Breite x Dicke
[3] Minderung des Schallpegels

Befestigungstechnik *pipe supports*

Tab. 209.1: Montageelemente für Lüftungsrohre mit Lastwerten und technischen Daten (Herstellerangaben)

Rohrschelle für Wickelfalzrohre nach DIN 24 145		Rohr-Band-Aufhängung	Lüftungsbügel
DN 63 bis DN 500 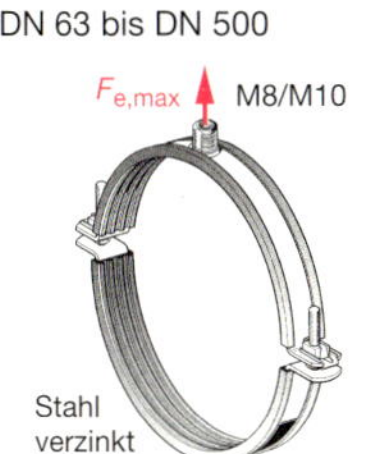	DN 560 bis DN 1250 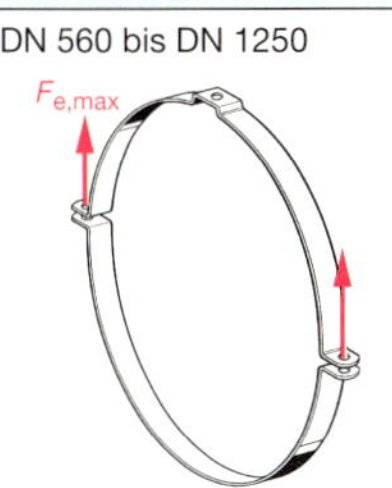	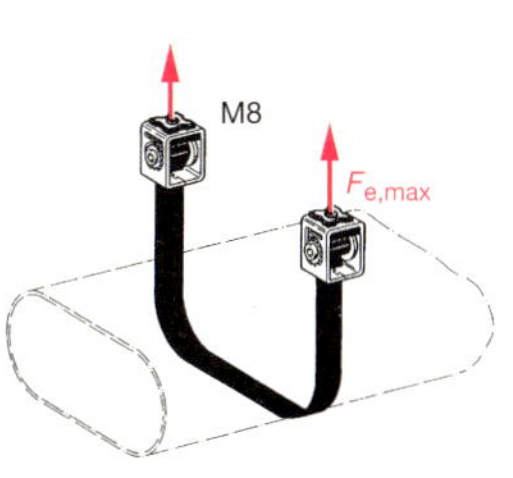	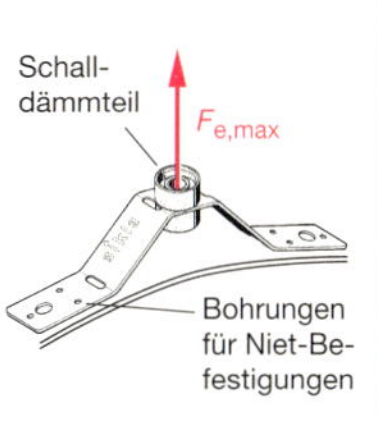
Bandstahl: Breite × Dicke in mm			
DN 63 … DN 112: 20×1,5 DN 125 … DN 200: 20×2,0 DN 224 … DN 300: 25×2,5 DN 312 … DN 500: 25×3,0	DN 560 … DN 900:30×2,5 DN 1000 … DN1250:40×3,0	Bandlänge bis 1100 mm: 20 × 0,5 kunststoffbeschichtet Höhenregulierung: Δh = 15 cm Schalldämmwert: ΔL = 17 dB(A)	Verzinktes Stahlband: 25 × 2,5. Das Lüftungsrohr ist mit 2 × 3 Stahl-Blind-Nieten zu sichern.
$F_{e,max}$ = 1,2 kN	$F_{e,max}$ = 1,2 kN	$F_{e,max}$ = 0,8 kN	$F_{e,max}$ = 0,3 kN

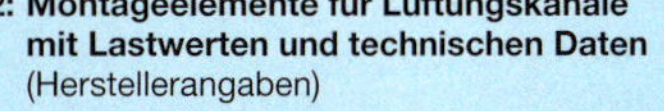

Tab. 209.2: Montageelemente für Lüftungskanäle mit Lastwerten und technischen Daten (Herstellerangaben)

Kanalwinkel L	Kanalwinkel Z	Schienengummi
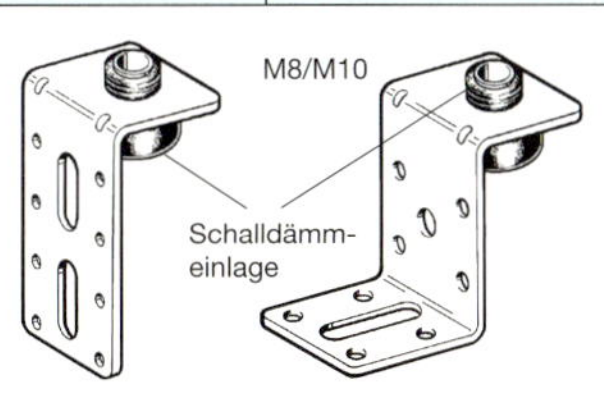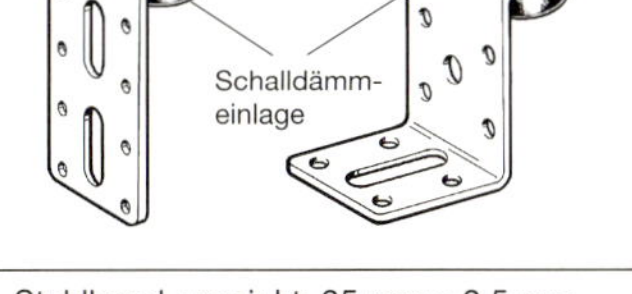		
Stahlband, verzinkt: 35 mm x 2,5 mm		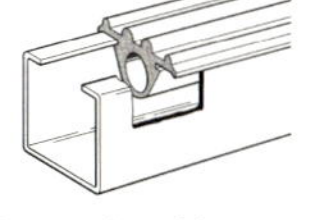
Schenkellänge in mm 85/33	53/33/36	
Montage am Kanal mit Nieten (4 mm), Blechschrauben (4 mm) oder Schrauben (M8) möglich.		Passend zur Montageschiene Rolle mit 30 m oder Stücke mit 50 mm
ohne Schalldämmeinlage: $F_{e,max}$ = 0,8 kN mit Schalldämmeinlage: $F_{e,max}$ = 0,3 kN		

Tab. 209.3: Gleitelemente mit Lastwerten und technischen Daten (Herstellerangaben)

Gleitsatz 2-2G	Gleitelement LC
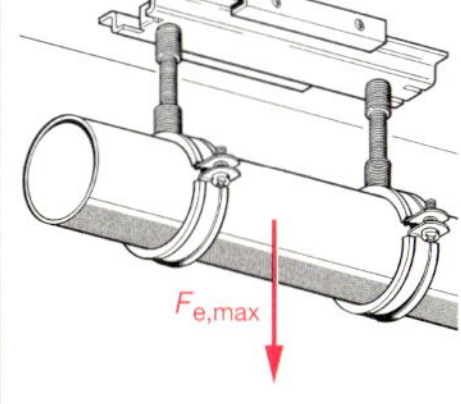	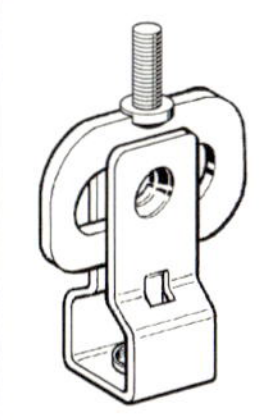
max. Gleitweg: L_G = 140 mm	L_G = 25 mm
$F_{e,max}$ = 0,6 kN (Zug)	$F_{e,max}$ = 1 kN
Haftreibungszahl μ_o = 0,18 Gleitreibungszahl μ = 0,14	seitliche Auslenkung bis 2° zulässig
Anschlussgewinde innen M10 / außen M16	

Tab. 209.4: Träger- und Trapezblechbefestigungen mit Lastwerten und technischen Daten (Herstellerangaben)

Trägerklammer	Spannpratze (zur zweiseitigen Befestigung)	Spannklaue mit Rohrbügel	Trapezhänger
	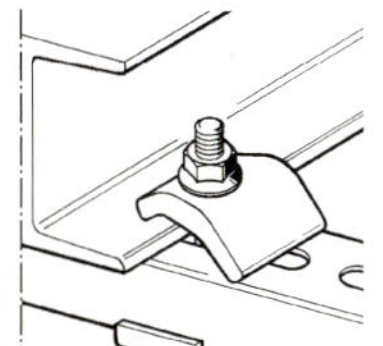	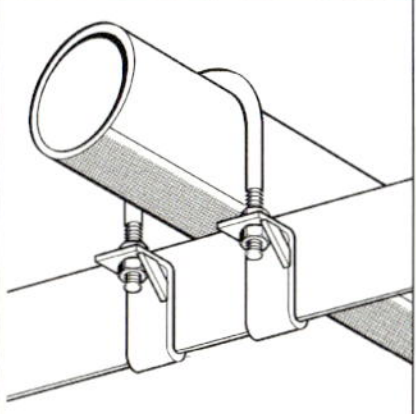	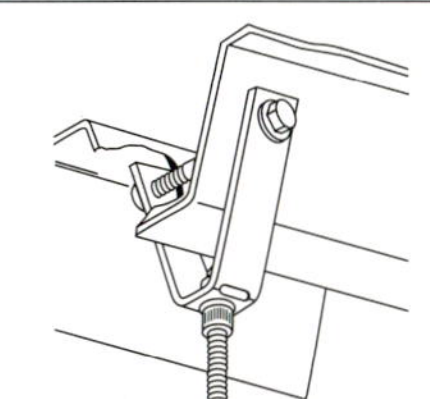
M8, h = 18, $F_{e,max}$ = 3,5 kN M10, h = 26, $F_{e,max}$ = 5,0 kN M12, h = 26, $F_{e,max}$ = 8,5 kN	M10: $F_{e,max}$ = 4 kN M12: $F_{e,max}$ = 5 kN M16: $F_{e,max}$ = 7 kN	Mit M8: $F_{e,max}$ = 3 kN Mit M10: $F_{e,max}$ = 5 kN Mit M12: $F_{e,max}$ = 6 kN	Stahlband 25 x 2,5 mm An Stahltrapezdecken dürfen Rohre nur bis DN 50 befestigt werden (DIN 1988, T2). $F_{e,max}$ = 0,8 kN

Befestigungstechnik *pipe supports*

Längenänderung und Dehnungsaufnahme bei Rohrleitungen

Diagr. 210.1: Temperaturbedingte Längenänderung verschiedener Rohrleitungswerkstoffe (nach Herstellerangaben, weitere Werkstoffe → Tab. 44.1, Tab. 50.2 und Tab. 73.1)

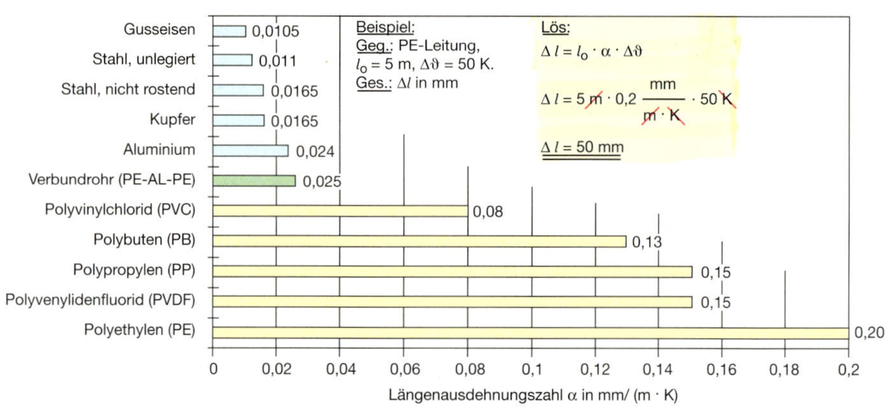

Diagr. 210.2: Biegeschenkellänge *a* in Abhängigkeit von der Längenänderung Δ*l* für Gewinderohr und Stahlrohr

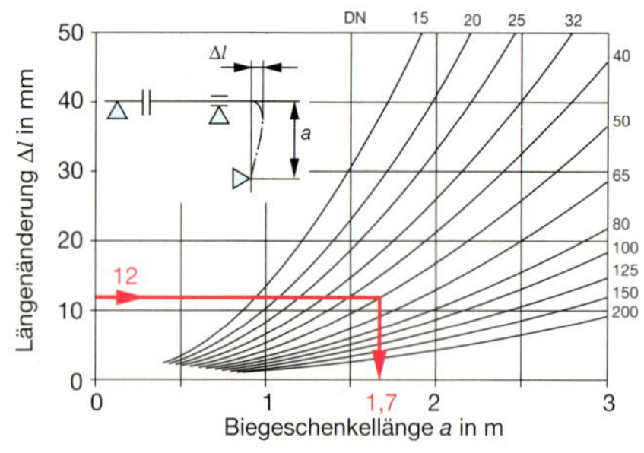

Beispiel: Stahlrohr mit DN 50, Längenänderung: Δ*l* = 12 mm, Biegeschenkellänge: *a* = 1,7 m

Diagr. 210.3: Ausladung *a* in Abhängigkeit von der Längenänderung Δ*l* für U-Rohrbogen aus Stahlrohr mit Vorspannung 50 % (sonst *a* ≅ 1,4-mal größer)

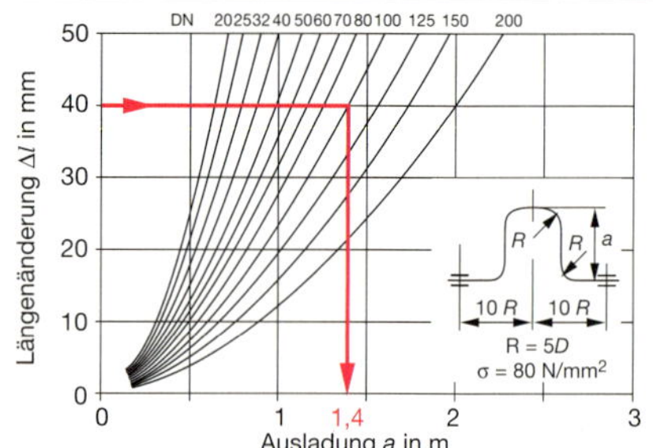

Beispiel: Stahlrohr DN 100, Längenänderung: Δ*l* = 40 mm, Ausladung: *a* = 1,4 m

Diagr. 210.4: Biegeschenkellänge *a* in Abhängigkeit von der Längenänderung Δ*l* für Kupferrohr[1)]

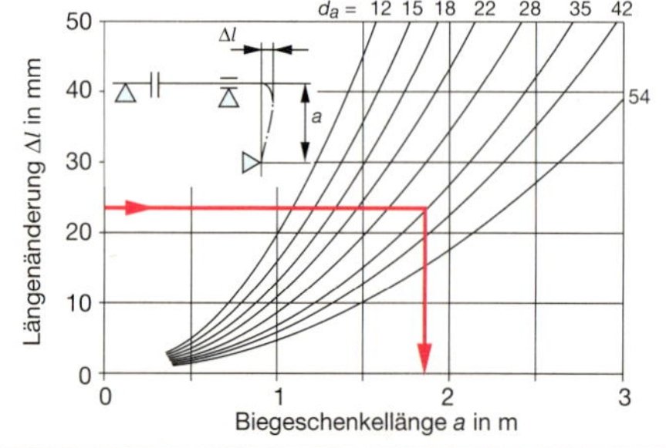

Diagr. 210.5: Ausladung *a* in Abhängigkeit von der Längenänderung Δ*l* für U-Rohrbogen aus Kupferrohr ohne Vorspannung

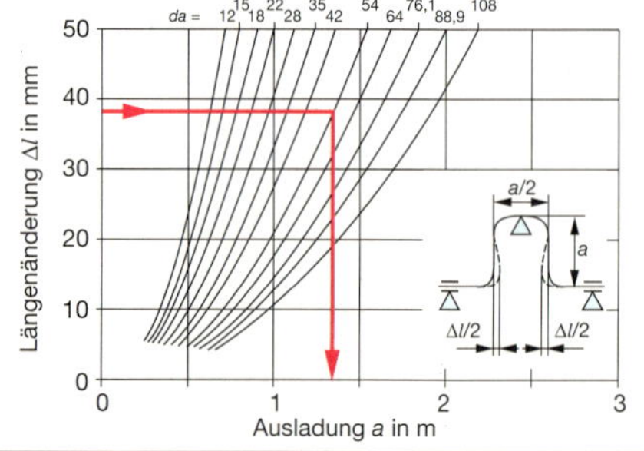

[1)] Mindest-Biegeschenkellänge für Gasrohrleitungen → Tab. 360.2

Rohrleitungs- und Verbindungstechnik

Befestigungstechnik *pipe supports*

Diagr. 211.1: Biegeschenkellänge *a* in Abhängigkeit von der Längenänderung Δl für Rohre aus PB

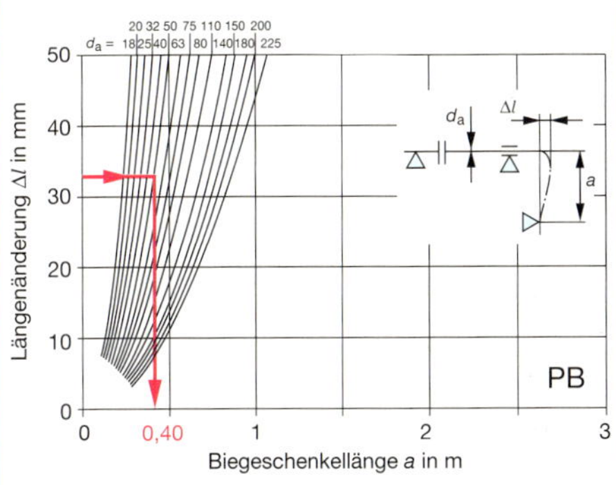

Diagr. 211.2: Biegeschenkellänge *a* in Abhängigkeit von der Längenänderung Δl für Rohre aus PVDF

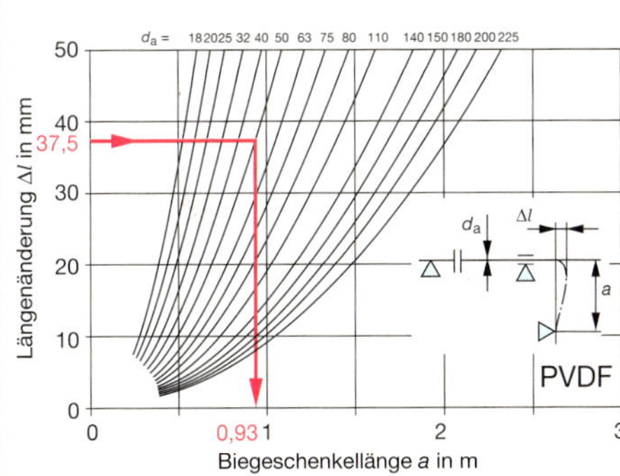
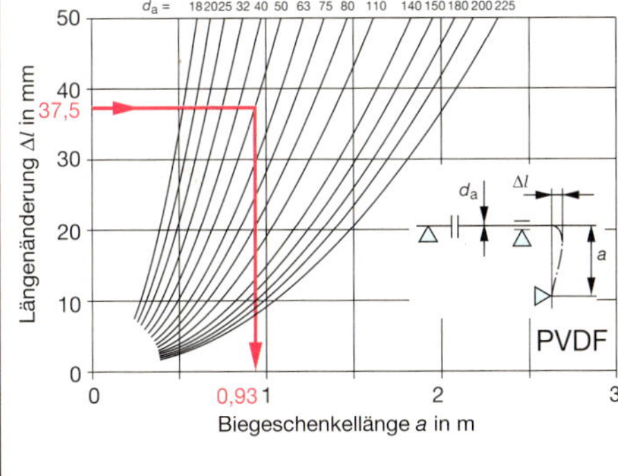

Diagr. 211.3: Biegeschenkellänge *a* in Abhängigkeit von der Längenänderung Δl für Rohre aus PE

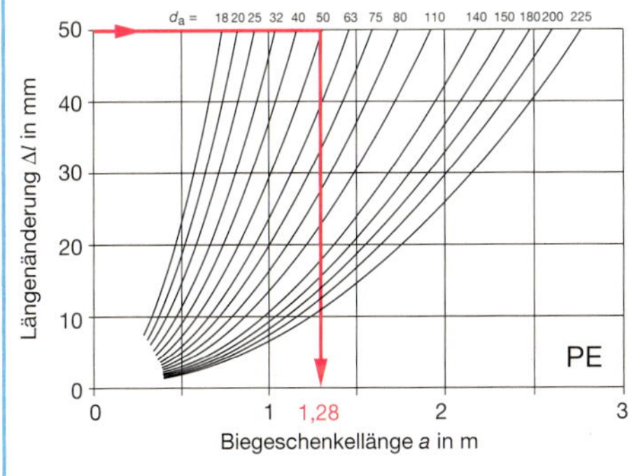

Diagr. 211.4: Biegeschenkellänge *a* in Abhängigkeit von der Längenänderung Δl für Rohre aus PP

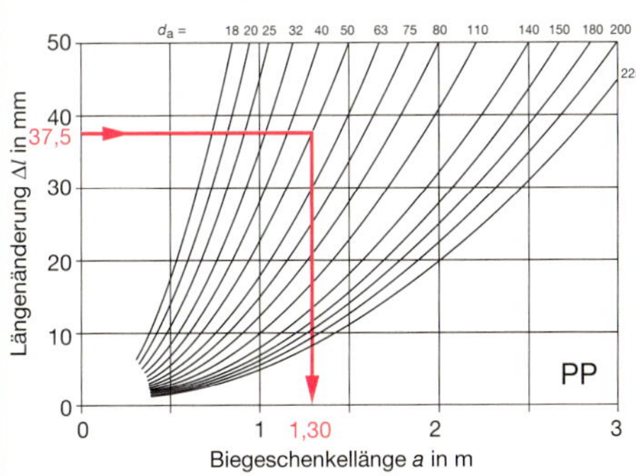

Diagr. 211.5: Biegeschenkellänge *a* in Abhängigkeit von der Längenänderung Δl für Rohre aus PVC

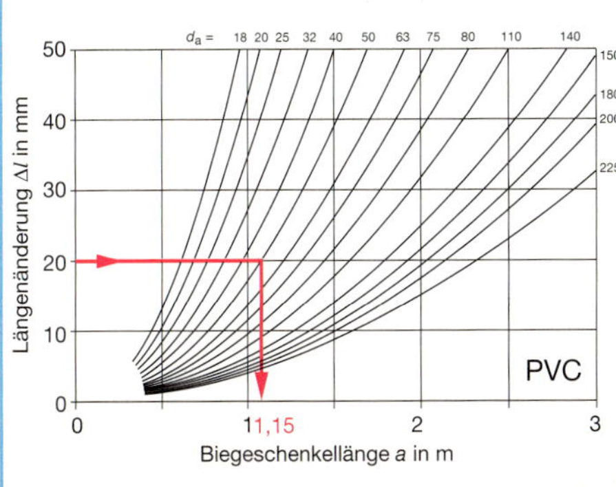

Beispiel:
Längenänderung Δl bei l_0 = 5 m und $\Delta\vartheta$ = 50 K sowie Biegeschenkellänge *a* für d_a = 50 mm und Rohre aus PB, PVDF, PE, PP sowie PVC.

Mit Diagr. 211.1 bis 5 folgt:

PB: Δl = 5 m · 0,13 mm/(m · K) · 50 K = 32,5 mm
***a* = 0,40 m** (→ Diagr. 211.1)

PVDF: Δl = 5 m · 0,15 mm/(m · K) · 50 K = 37,5 mm
***a* = 0,93 m** (→ Diagr. 211.2)

PE: Δl = 5 m · 0,20 mm/(m · K) · 50 K = 50,0 mm
***a* = 1,28 m** (→ Diagr. 211.3)

PP: Δl = 5 m · 0,15 mm/(m · K) · 50 K = 37,5 mm
***a* = 1,30 m** (→ Diagr. 211.4)

PVC: Δl = 5 m · 0,08 mm/(m · K) · 50 K = 20,0 mm
***a* = 1,15 m** (→ Diagr. 211.5)

Befestigungstechnik *pipe supports*

Tab. 212.1: Festpunktkräfte F_{ew} in N am Ausgleichsschenkel bei Gewinderohr nach DIN EN 10255 für L = 10 m und $\Delta\vartheta$ = 100 K (Überschlägige Bestimmung)

Anteil der Biegekräfte 65 %,
Anteil der Reibkräfte 35 %
(aus den Gleitlagern)

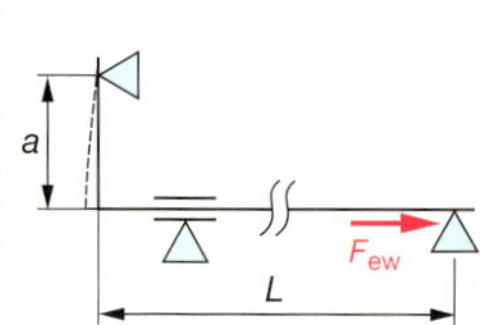

Nennweite DN in mm	Biegeschenkellänge *a* in m 0,50	1,00	1,50	2,00	2,50	3,00	3,50
15	(140)	71	46	35	28	23	20
20	(242)	(120)	80	60	47	40	34
25	(465)	(232)	153	117	94	77	66
32	(782)	(391)	257	195	156	131	112
40	(1045)	(523)	343	262	210	174	150
50	(1866)	(933)	(613)	467	374	311	266
65	(3080)	(1540)	(1016)	770	616	516	446

[1] Klammerwerte weisen auf zu kleine Biegeschenkel hin.

(Berechnung → S. 206)

Tab. 212.2: Axialkompensator, Edelstahlbalg mit Rotguss-Pressfitting-Verbinder für Kupferrohre

(Herstellerangaben)

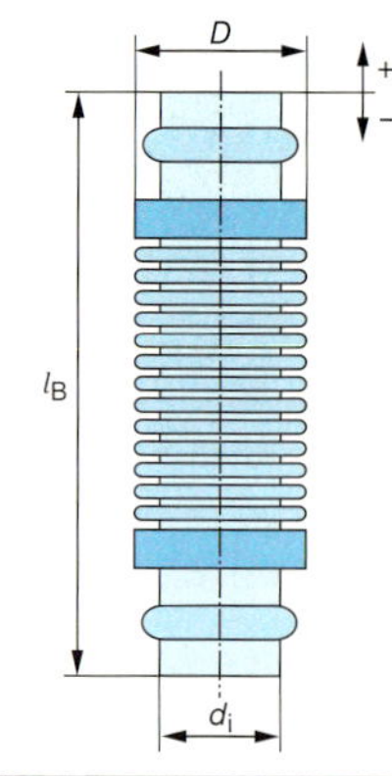

d_i in mm	Baulänge l_B in mm	axiale Bewegungsaufnahme (vorgespannt) in mm	Außendurchmesser D in mm	wirksamer Querschnitt A in cm²	Federrate R axial in N/mm	Masse des Kompensators in kg
15	116	–20	24	3,39	21	0,10
18	120	–20	28	4,55	43	0,15
22	121	–22	34	6,41	30	0,19
28	140	–24	41	9,46	37	0,28
35	150	–24	50	14,40	54	0,44
42	175	–24	60	21,40	53	0,62
54	195	–30	72	31,80	48	0,98

Tab. 212.3: Axialkompensator, Balg mit Festflanschen, Typ SF-11/PN 16 Werkstoff: Balg-1.4541/Flansche-C 22 + QT

(Herstellerangaben)

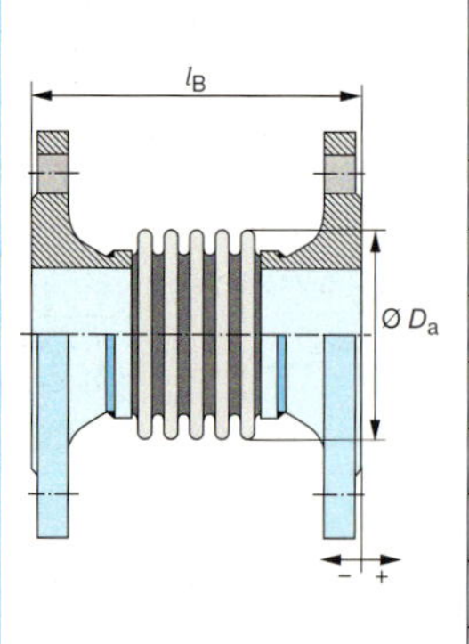

DN	Baulänge l_B mit Flansche in mm	Bewegungsaufnahme ± axial in mm	Bewegungsaufnahme ± lateral in mm	Balgaußendurchmesser D_a in mm	wirksamer Querschnitt A in cm²	Federrate R axial in N/mm	Federrate R lateral in N/mm	Masse des Kompens. mit Flanschen in kg
32	160	15	12	50	15	76	45	3,2
40	175	15	12	60	22	74	49	3,6
50	205	23	11	75	34	78	50	5,2
65	210	23	11	90	50	85	55	6,4
80	225	23	10	110	75	95	110	7,8
100	235	23	10	133	111	108	136	9,3
125	250	23	8	157	159	150	347	13,4
150	270	33	8	190	236	180	365	17,0

Trinkwasserinstallation *drinking water installation/potable water installation*

Wasservorkommen, Wasserbedarf *water resources, water demands*

Tab. 213.1: Wasservorräte der Erde

Zustand	Vorkommen	Anteil			
versalzen	in den Meeren	1 322 000 000 km³		97,2 %	
gebunden	im Polareis, im Gletschereis	25 390 000 km³ 3 800 000 km³	1,87 % 0,28 %	2, 15 %	Süßwasser 2,8 %
unerreichbar	im Boden in Grundwasserzonen, tiefer als 800 m	8 500 000 km³		0,627 %	
nicht nutzbar	in der Luft (Atmosphäre), in lebenden Organismen (Biosphäre)	13 400 km³ 600 km³	0,00096 % 0,00004 %	0,001 %	
nutzbar	als Grund- und Quellwasser, als Flüsse und Seen	66 000 km³ 230 000 km³	0,005 % 0,017 %	0,022 %	
	Hydrosphäre insgesamt	1 360 000 000 km³		100 %	

Kreislauf des Wassers in der Natur

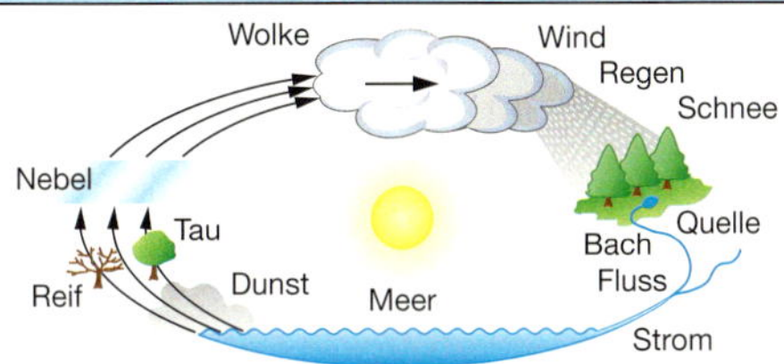

Wasser-Flussbild der öffentlichen Trinkwasserversorgung in der Bundesrepublik Deutschland in Mrd. m³/a

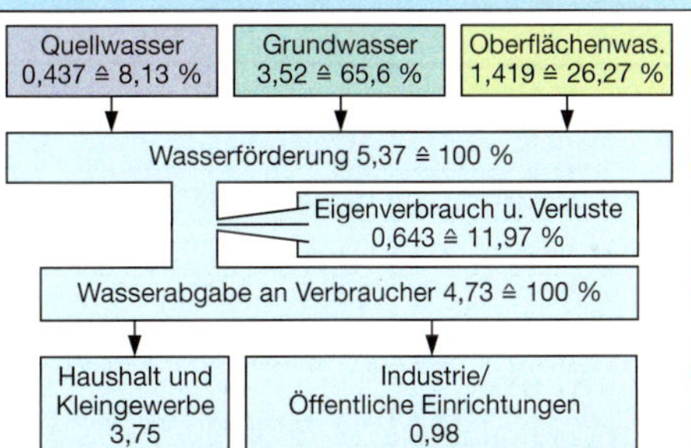

Tab. 213.2: Durchschnittlicher privater Wasserbedarf

Verwendungszweck	Wasserbedarf pro Person		
	je Tag		je Jahr
	in *l*	in %	in m³
Toilettenspülung[1)]	38	29,69	13,87
Baden und Duschen	40	31,25	14,60
Wäsche waschen	14	10,94	5,11
Geschirr spülen	9	7,03	3,29
Körperpflege	8	6,25	2,92
Wohnungsreinigung	6	4,69	2,19
Trinken, Essenzubereitung	3	2,34	1,09
Sonstiges	10	7,81	3,65
Summe	128[2)]	100,00	46,72

[1)] 6 *l* Spülwasservolumen je Spülvorgang; (→ S. 327)
[2)] 125 *l*; Stand 2006

Wasserherkunft der öffentlichen Trinkwasserversorgung in der Bundesrepublik Deutschland

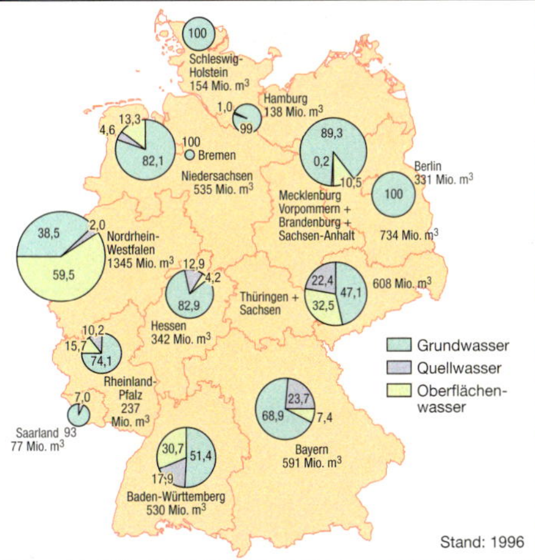

Diagr. 213.1: Entwicklung des Haushaltswasserbedarfs in Deutschland[1)]

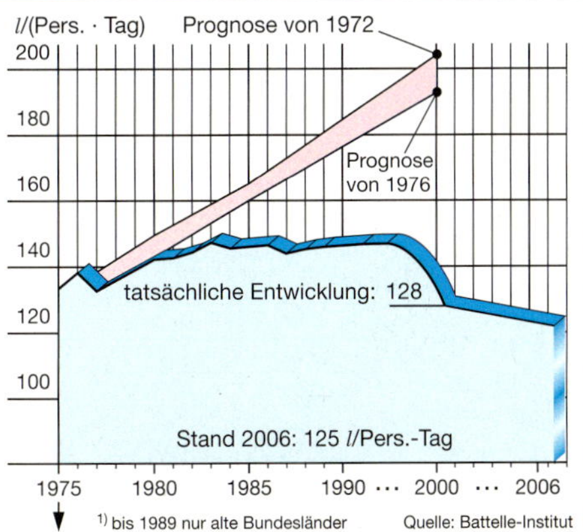

[1)] bis 1989 nur alte Bundesländer

Quelle: Battelle-Institut

Wasserbedarf *water resources, water demands*

Tab. 214.1: Wasserbedarf in Liter (nach Feurich)[1)]

ländliche Gemeinden, je Einwohner	40 … 60/Tag
Arbeiterwohngemeinden	50 … 100/Tag
Städte bis 100 000 Einwohner	100 … 250/Tag
Kur- und Badeorte	150 … 200/Tag
Großstädte über 100 000 Einwohner	150 … 300/Tag
Trinken, Kochen, Reinigen, je Person	20 … 30/Tag
Wäsche, je Einwohner	10 … 15/Tag
1 Brausebad	40 … 100/Nutzung
1 Bidetbenutzung	15 … 20/Nutzung
1 Kleinkinderbad	30 … 40/Nutzung
1 Klosettspülung	4,5 … 10/Nutzung
1 Sitzbad	35 … 50/Nutzung
1 Wannenbad	150 … 400/Nutzung
1 Waschbeckenbenutzung	15 … 30/Nutzung
1 Pkw waschen	200 … 250/Nutzung
1 Lkw waschen	75 … 100/Nutzung

Wohnung ohne Bad, ohne WC, je Person	25 … 40
Wohnung ohne Bad mit WC, je Person	50 … 100
Wohnung mit Bad, WC, je Person	100 … 220
Kühe, je Tier	45 … 60
Pferde, je Tier	30 … 50
Schweine, Schafe, Ziegen, je Tier	2 … 3
Rindergülle, je Tier (bei Verdünnung auf 1 : 10)	200 … 250
Pferdegülle, je Tier (bei Verdünnung auf 1 : 10)	150 … 200
Schweinegülle, je Tier (bei Verdünnung auf 1 : 10)	60 … 80
Gartenregner, je Stunde	1000 … 3600
Bewässerung von Erwerbsgärten, je m²	0,3 … 3,0
Beregnung Fruchtwechsel, je ha	6000 … 10000
Gemüse, Wein, je ha und Stunde	3000 … 4000
Getreide mit Zwischenfrüchten, je ha	1000 … 1500
Obst mit Unterkulturen, Tabak, je ha	4000 … 6000
Hackfrüchte, je ha und Stunde	1500 … 2500

Tab. 214.2: Wasserbedarf in Gewerbe und Industrie (nach Feurich)[1)]

Bäckerei, je Beschäftigten	230 … 750 *l*/Tag
Brauerei, je hl Bier (mit Kühlung)	1000 … 2000 *l*
Chemische Industrie, je Beschäftigten	5000 *l*/Tag
Dampfkesselanlagen, je t Dampf	1100 *l*
Metallindustrie, je Beschäftigten	100 *l*/Tag
Fleischerei, je Beschäftigten	250 … 380 *l*/Tag
Friseur, je Beschäftigten	2 … 250 *l*/Tag
Gaststätte, je Sitzplatz	15 … 40 *l*/Tag
Hotel, je Übernachtungsgast	40 … 350 *l*/Tag
Kaufhaus, je Beschäftigten	25 … 50 *l*/Tag
Krankenhaus 600 Betten, je Bett	300 … 500 *l*/Tag
Krankenhaus 1000 Betten, je Bett	400 … 600 *l*/Tag
Krankenhaus 2000 Betten, je Bett	500 … 650 *l*/Tag

Labor, chemisch, je Beschäftigten	220 *l*/Tag
Labor, biologisch, je Beschäftigten	340 *l*/Tag
Labor, medizinisch, je Beschäftigten	12 … 13 *l*/Tag
Markthalle, je m²	3 … 5 *l*/Tag
Medizinische Bäder, je Bad	220 *l*
Medizinisches Überwärmungsbad	430 … 630 *l*
Saunabetrieb, je Person	130 … 180 *l*
Schlachthof, je Schlachtung	200 … 400 *l*/Tag
Papierfabrik, je kg Feinpapier	90 … 110 *l*
Schwimmbad, je Besucher	50 … 150 *l*
Unterwassermassage, je Behandlung	630 … 830 *l*
Wäscherei, je Beschäftigten	1900 … 2600 *l*/Tag
je 100 kg Trockenwäsche	4500 *l*

1) Der erste Zahlenwert gibt den durchschnittlichen, der zweite den maximalen Wasserbedarf an.

Tab. 214.3: Wasserbedarfszahlen nach Gebäudearten

Gebäudeart		Spezifische Bedarfswerte		
		Minimum	im Mittel	Maximum
Wohnbauten		100	130	150
Öffentliche oder gewerbliche Einrichtungen		Angaben allgem. in *l*/(Person · Tag)		
Büro- und Verwaltungsgebäude:	ohne Kantine, o. RLT-Anlage[1)]	40	55	70
	mit Kantine, mit RLT-Anlage	120	145	170
Bildungseinrichtungen:	Kindergärten	5	20	60
	Schulen[2)]	3	10	40
	Hochschulen	–	60	–
Herbergen:	Hotels[3)]	100	300	1400
	Jugendherbergen	80	120	150
Altenheime:	Alten- und Pflegeheime	60	100	150
Kasernen:		100	150	250
Krankenhäuser:		in *l*/(Bett · Tag)		
	Gesamtbedarf	130	500	1200
	Physikalische Therapie	50	100	200
Bäder:		in *l*/Badegast		
	Frei- und Hallenbäder	150	180	200
weitere Zwecke:		in *l*/Kunde		
	Friseurbetriebe	20	30	60
	Restaurants, Cafés	10	15	20
	Raststätten	5	10	15
	Flughäfen	20	50	70
	Bahnhöfe, je Fahrgast	0,5	1	1,5
	Sportplätze, je Sportler	10	30	60
	Markthallen, je m² und Tag	3	4	5

Grundanforderungen an Planung und Ausführung von Sanitärprojekten

Zielvorgabe:
Lebensqualität im sanitären Raum

Dabei sind folgende Randbedingungen zu beachten und einzuhalten:
- Gesundheit und Hygiene
- Sicherheit
- Nutzung und Funktion
- Umweltqualität
- Wirtschaftlichkeit

Bemerkung:
Fakten bedingen sich gegenseitig, sie stellen keine Rangfolge dar.

1) Raumlufttechnische Anlage

2) Person = Schüler, Lehrer, sonstiges Personal

3) Person = Hotelgast

Anforderungen an die Trinkwasserbeschaffenheit

requests to drinking water condition

Tab. 215.1: Wasseranalyse – Grenzwerte und Anforderungen zur Beurteilung der Beschaffenheit des Trinkwassers nach der TrinkwV: (→ Tab 76.1)

Mikrobiologische Parameter

Parameter	Grenzwert (Anzahl/100 ml)
Escherichia coli (E. coli)	0
Enterokokken	0
Coliforme Bakterien	0

Indikatorparameter

Parameter	Grenzwert/ Anforderung
Aluminium	0,2 mg/l
Ammonium	0,5 mg/l
Chlorid	250 mg/l
Clostridium perfringens (einschließlich Sporen)	0 (Anzahl/ 100 ml)
Eisen	0,2 mg/l
Färbung (spektraler Absorptionskoeffizient Hg 436 nm)	0,5 m^{-1}
Geruchsschwellenwert	2 bei 12 °C 3 bei 25 °C
Geschmack	für den Verbraucher annehmbar und ohne anormale Veränderung
Koloniezahl bei 22 °C	ohne anormale Veränderung
Koloniezahl bei 36 °C	ohne anormale Veränderung
Elektrische Leitfähigkeit	2500 µS/cm bei 20 °C
Mangan	0,05 mg/l
Natrium	200 mg/l
Organisch gebundener Kohlenstoff (TOC)	ohne anormale Veränderung
Oxidierbarkeit	5 mg/l O_2
Sulfat	240 mg/l
Trübung	1,0 (nephelometrische Trübungseinheiten, NTU)
Wasserstoffionen-Konzentration	pH ≥ 6,5 und pH ≤ 9,5
Tritium	100 Bq/l
Gesamtrichtdosis	0,1 mSv/Jahr

Chemische Parameter

Parameter	Grenzwert mg/l
Acrylamid	0,0001
Benzol	0,001
Bor	1
Bromat	0,01
Chrom	0,05
Cyanid	0,05
1,2-Dichlorethan	0,003
Fluorid	1,5
Nitrat	50
Pflanzenschutzmittel und Biozidprodukte	0,0001
Pflanzenschutzmittel und Biozidprodukte insgesamt	0,0005
Quecksilber	0,001
Selen	0,01
Tetrachlorethan und Trichlorethan	0,01

Chemische Parameter, deren Konzentration im Verteilungsnetz ansteigen kann

Parameter	Grenzwert mg/l
Antimon	0,005
Arsen	0,01
Benzo-(a)-pyren	0,00001
Blei	0,01 [1]
Cadmium	0,005
Epichlorhydrin	0,0001
Kupfer	2
Nickel	0,02
Nitrit	0,5
Polyzyklische aromatische Kohlenwasserstoffe	0,0001
Trihalogenmethane	0,05
Vinylchlorid	0,0005

[1] Übergangsfrist: bis 30.11.2013 = 0,025 mg/l

Tab. 215.2: Wasseranalyse zur Einschätzung der Korrosionswahrscheinlichkeit nach DIN 50 930 (→ Tab 76.1)

Bezeichnung der Probe: Versorgungsgebiet 2
Ort der Probenahme: Bremen
Datum der Probenahme: 2003-05

Parameter (Auszug)		Einheit	Zahlenwert (Beispiel)
Wassertemperatur		°C	12,0
pH-Wert			8,3
Spez. elektr. Leitfähigkeit		µS/cm	300
Säurekapazität ($K_{S4,3}$)		mol/m³	1,65
Basekapazität ($K_{B8,2}$)		mol/m³	0,03
Summe Erdalkalien (GH)		mol/m³	2,0
Calcium-Ionen	$c(Ca^{2+})$	mol/m³	0,73
Magnesium-Ionen	$c(Mg^{2+})$	mol/m³	0,16
Natrium-Ionen	$c(Na^{+})$	mol/m³	0,75
Kalium-Ionen	$c(K^{+})$	mol/m³	0,06
Chlorid-Ionen	$c(Cl^{-})$	mol/m³	0,71
Nitrat-Ionen	$c(NO_3^{-})$	mol/m³	0,04
Sulfat-Ionen	$c(SO_4^{2-})$	mol/m³	0,42
Phosphorverbindungen		g/m³	0,07
Siliciumverbindungen		g/m³	n.n.[1]
Organischer Kohlenstoff (TOC)		g/m³	1,6
Aluminium		g/m³	0,039
Sauerstoff	$c(O_2)$	g/m³	9,1

[1] nicht nachweisbar

Vorschriften für Gewinnung, Aufbereitung und Handel mit Wasser

- Verordnung über Trinkwasser und über Wasser für Lebensmittelbetriebe

  Trinkwasserverordnung – (TrinkwV: 2003-01)
- Richtlinie 2000/60/EG des Europäischen Parlaments und des Rates vom 23.10.2000 zur Schaffung eines Ordnungsrahmens für Maßnahmen der Gemeinschaft im Bereich der Wasserpolitik
- EU-Richtlinie 98/83/EG vom 03. 11. 1998 über die Qualität von Wasser für den menschlichen Gebrauch
- Verordnung über natürliches Mineralwasser, Quellwasser und Tafelwasser

  (Mineral- und Tafelwasser-Verordnung: 1984-08)
- **L**ebensmittel und **F**uttermittel**g**esetz**b**uch (LFGB: 2005-09)

Zentrale Trinkwasserversorgung:
DIN 2000: 2000-10

Eigen- und Einzeltrinkwasserversorgung:
DIN 2001: 1983-02

Tab. 215.3: Grenzwertvergleich der Wasserinhaltsstoffe in mg/*l* (Auszüge)

Inhaltsstoffe	Trinkwasser	Mineralwasser
Nitrat	50	ohne Angabe
Pestizide	0,0001	ohne Angabe
Arsen	0,01	0,05
Cadmium	0,005	0,005
Quecksilber	0,001	0,001
Blei	0,01	0,05
Sulfat	240	ohne Angabe
Magnesium	50	ohne Angabe
Natrium	200	ohne Angabe
Eisen	0,2	ohne Angabe

Trinkwasser-installation

Haustechnische Be- und Entwässerung *domestic water supply*

Technischer Kreislauf des Wassers

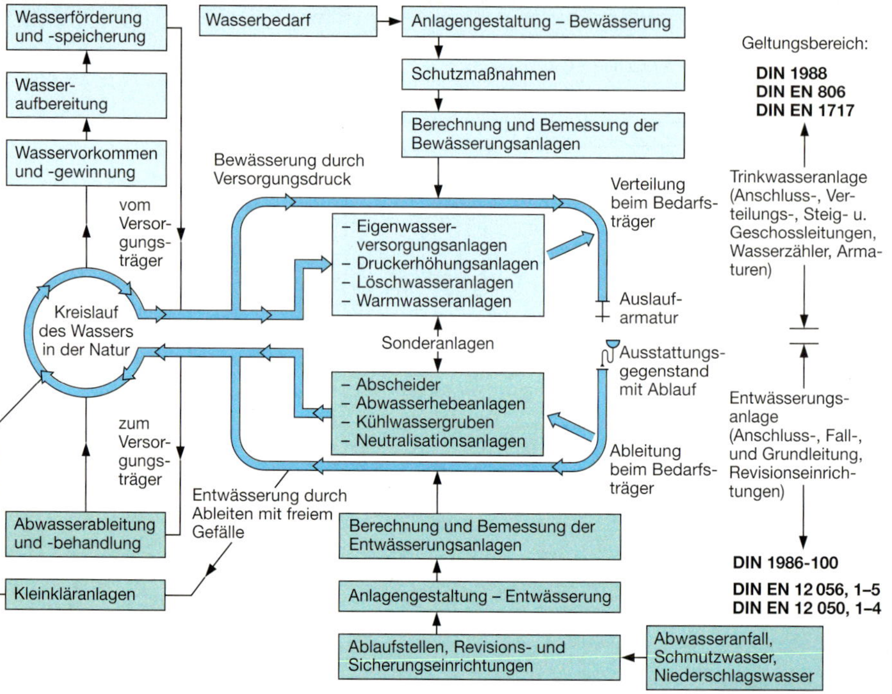

Wasserförderung und -speicherung

Wasseraufbereitung

Wasservorkommen und -gewinnung

Kreislauf des Wassers in der Natur

vom Versorgungsträger

zum Versorgungsträger

Abwasserableitung und -behandlung

Kleinkläranlagen

Wasserbedarf → Anlagengestaltung – Bewässerung

Schutzmaßnahmen

Berechnung und Bemessung der Bewässerungsanlagen

Bewässerung durch Versorgungsdruck

Verteilung beim Bedarfsträger

- Eigenwasserversorgungsanlagen
- Druckerhöhungsanlagen
- Löschwasseranlagen
- Warmwasseranlagen

Auslaufarmatur

Sonderanlagen

Ausstattungsgegenstand mit Ablauf

- Abscheider
- Abwasserhebeanlagen
- Kühlwassergruben
- Neutralisationsanlagen

Ableitung beim Bedarfsträger

Entwässerung durch Ableiten mit freiem Gefälle

Berechnung und Bemessung der Entwässerungsanlagen

Anlagengestaltung – Entwässerung

Ablaufstellen, Revisions- und Sicherungseinrichtungen

Abwasseranfall, Schmutzwasser, Niederschlagswasser

Geltungsbereich:

DIN 1988
DIN EN 806
DIN EN 1717

Trinkwasseranlage (Anschluss-, Verteilungs-, Steig- u. Geschossleitungen, Wasserzähler, Armaturen)

Entwässerungsanlage (Anschluss-, Fall-, und Grundleitung, Revisionseinrichtungen)

DIN 1986-100

DIN EN 12 056, 1–5
DIN EN 12 050, 1–4

Leitungsabschnitte einer Trinkwasserversorgungsanlage

DIN EN 806-1: 2001-12

① Anschlussvorrichtung
② Anschlussleitung

Zu den Verbrauchsleitungen gehören:
③ Hauptabsperrarmatur
④ Zählerzuleitung
⑤ Wasserzähleranlage
⑥ Verteilungsleitung
⑦ Steigleitung
⑧ Stockwerksleitung
⑨ Einzelzuleitung
⑩ Zirkulationsleitung

Sinnbilder → Seite 117 ff.

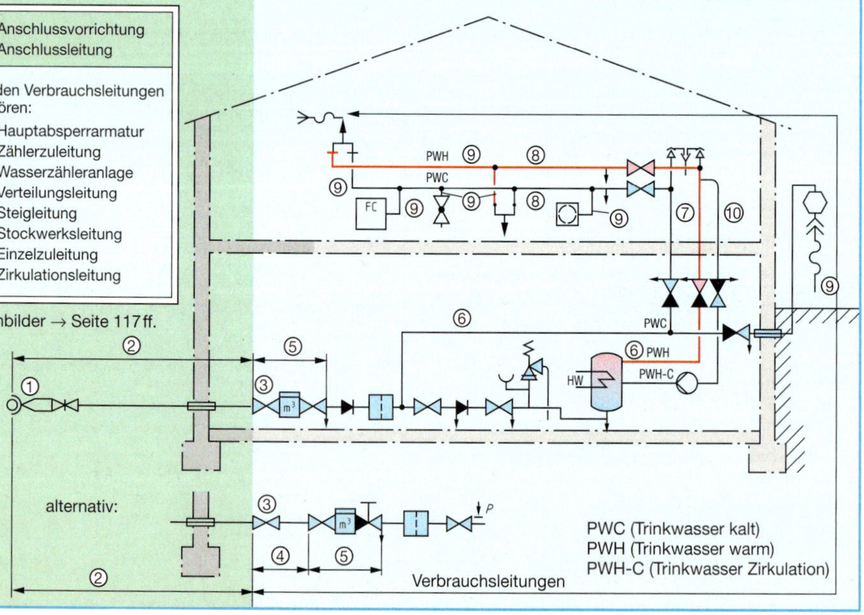

PWH PWC FC HW PWH-C

alternativ:

Verbrauchsleitungen

PWC (Trinkwasser kalt)
PWH (Trinkwasser warm)
PWH-C (Trinkwasser Zirkulation)

Trinkwasser-installation

Berechnung der Trinkwasserinstallation in Gebäuden

pipe sizing of hot and cold pipework in buildings

Berechnungsschema zur Ermittlung der Rohrdurchmesser (Beispiel ⟶ S. 229) DIN 1988-3: 1988-12

Berechnungsvolumenströme $\dot{V}_R$ der einzelnen Entnahmearmaturen ermitteln	⟶ Tab. 218.1
↓	
Summenvolumenströme $\Sigma\,\dot{V}_R$ ermitteln und den Teilstrecken zuordnen	⟶ Tab. 218.1 Tab. 218.2
↓	
Spitzenvolumenstrom $\dot{V}_S$ aus dem Summenvolumenstrom $\Sigma\,\dot{V}_R$ ermitteln	⟶ Tab. 219.1 Diagr. 219.1
↓	
Ⓐ Ermittlung der Druckverluste in Apparaten (Wasserzähler, Filter, Enthärtungsanlagen, Dosieranlagen, Gruppentrinkwassererwärmer, sonstige Apparate)	⟶ Tab. 220.3 Tab. 220.4 Tab. 220.5
↓	
Ⓑ Festlegung des Mindestfließdruckes und Ermittlung des Druckverlustes der Stockwerks- und Einzelzuleitungen mit Stockwerksverteilern	⟶ Tab. 218.1 Tab. 226.1 Tab. 227.1 Tab. 227.2
↓	
Verfügbare Druckdifferenz Δp_{verf} für Rohrreibung und Einzelwiderstände ermitteln, d. h. vom Mindestversorgungsdruck p_{minV} sind Druckverluste aus A sowie Mindestfließdruck $p_{min\,Fl}$ aus B abzuziehen	⟶ Tab. 220.6
↓	
Geschätzten Anteil für Einzelwiderstände von verfügbarer Druckdifferenz abziehen und verfügbares Rohrreibungsdruckgefälle R_{verf} ermitteln (⟶ Tab. 229.1)	⟶ 40 … 60 % von verfügbarem Druck annehmen. Kleinerer Wert für geradlinige, größerer Wert für verwinkelte Rohrnetze.
↓	
Rohrdurchmesser d unter Beachtung zulässiger Fließgeschwindigkeit v_{zul} und verfügbarem Rohrreibungsdruckgefälle R_{verf} ermitteln	⟶ Tab. 230 – 235 Tab. 220.1

Vereinfachter Berechnungsgang	Differenzierter Berechnungsgang	
		⟶ Nur wenn vereinfachter Berechnungsgang nicht ausreichend ist.
Summe der Druckverluste $(R \cdot l)$ aus Rohrreibung aller Teilstrecken eines Stranges berechnen und mit der für Rohrreibung verfügbaren Druckdifferenz Δp_{verf} vergleichen	Druckverluste aus Einzelwiderständen über Verlustbeiwerte ζ ermitteln	⟶ Tab. 224.1
Bedingung $\Sigma(R \cdot l)_{Str} < \Delta p_{verf}$	Gesamtdruckverluste aus Rohrreibung und Einzelwiderständen berechnen und mit der verfügbaren Druckdifferenz vergleichen (→ Tab. 235.2)	
Gegebenenfalls mit geändertem Rohrdurchmesser Rechengang wiederholen	Gegebenenfalls mit geändertem Rohrdurchmesser Rechengang wiederholen	⟶ Tab. 230 – 235 Tab. 220.1

- Grundsätzlich sind bei der Berechnung des Spitzenvolumenstromes alle Entnahmestellen mit dem zuzuordnenden Berechnungsvolumenstrom (→ Tab. 218.1) einzusetzen.

  Ausnahmen: Bei zwei Waschbecken (WB) in einem Sanitärraum nur ein WB anrechnen.

  Bei Urinal und Bidet in einem Sanitärraum nur Bidet anrechnen.

  Bei Reihenanlagen von WB und Duschen sind Gleichzeitigkeitsbedingungen zu beachten (→ Tab. 218.2).

- Der Berechnungsvolumenstrom bei Dauerverbrauch wird zum ermittelten Spitzenvolumenstrom der anderen Entnahmestellen addiert. Als Dauerverbrauch werden Wasserentnahmen von mehr als 15 Minuten Dauer angenommen (→ Beispiel S. 223).

- Der Spitzenvolumenstrom kann nach DIN 1988-3 auch als Tabellenwert entnommen werden.

Berechnung der Trinkwasserinstallation in Gebäuden

pipe sizing of hot and cold pipework in buildings DIN 1988-3: 1988-12

Tab. 218.1: Richtwerte für Mindestfließdruck $p_{min\ Fl}$ und Berechnungsvolumenstrom $\dot{V}_R$ gebräuchlicher Trinkwasserentnahmestellen in der Hausinstallation

Mindestfließdruck $p_{min\ Fl}$ bar	Art der Trinkwasser-Entnahmestelle	Berechnungsvolumenstrom bei der Entnahme von		
		Mischwasser[1]		nur kaltem oder erwärmtem Trinkwasser
		$\dot{V}_R$ kalt l/s	$\dot{V}_R$ warm l/s	$\dot{V}_R$ l/s
0,5	Auslaufventile ohne Luftsprudler[2] . . . . DN 15	–	–	0,30
0,5	. . . . DN 20	–	–	0,50
0,5	. . . . DN 25	–	–	1,00
1,0	Auslaufventile mit Luftsprudler . . . . DN 10	–	–	0,15
1,0	. . . . DN 15	–	–	0,15
1,0	Brauseköpfe für Reinigungsarbeiten . . . . DN 15	0,10	0,10	0,20
1,2	Druckspüler nach DIN 3265 Teil 1 . . . . DN 15	–	–	0,70
1,2	Druckspüler nach DIN 3265 Teil 1 . . . . DN 20	–	–	1,00
0,4	Druckspüler nach DIN 3265 Teil 1 . . . . DN 25	–	–	1,00
1,0	Druckspüler für Urinalbecken . . . . DN 15	–	–	0,30
1,0	Haushaltsgeschirrspülmaschine . . . . DN 15	–	–	0,15
1,0	Haushaltswaschmaschine. . . . . DN 15	–	–	0,25
1,0	Mischbatterie für Brausewannen . . . . DN 15	0,15	0,15	–
1,0	Mischbatterie für Badewannen . . . . DN 15	0,15	0,15	–
1,0	Mischbatterie für Küchenspülen . . . . DN 15	0,07	0,07	–
1,0	Mischbatterie für Waschtische . . . . DN 15	0,07	0,07	–
1,0	Mischbatterie für Sitzwaschbecken . . . . DN 15	0,07	0,07	–
1,0	Mischbatterie. . . . . DN 20	0,30	0,30	–
0,5	WC-Spülkasten nach DIN 19 542 . . . . DN 15	–	–	0,13
1,0	Elektro-Kochendwassergerät . . . . DN 15	–	–	0,10[3]

[1] Dem Berechnungsvolumenstrom für Mischwasserentnahme liegen für kaltes Trinkwasser 15 °C und für erwärmtes Trinkwasser 60 °C zugrunde.

[2] Bei Auslaufventilen ohne Luftsprudler und mit Schlauchverschraubung wird der Druckverlust in der Schlauchleitung (bis 10 m Länge) und im angeschlossenen Apparat (z. B. Rasensprenger) pauschal über den Mindestfließdruck berücksichtigt. In diesem Fall erhöht sich der Mindestfließdruck um 1,0 bar auf 1,5 bar.

[3] Bei voll geöffneter Drosselschraube.

Anmerkung: In der Tabelle nicht erfasste Entnahmestellen und Apparate gleicher Art mit größeren Armaturendurchflüssen oder Mindestfließdrücken als angegeben sind stets nach Angaben der Hersteller bei der Ermittlung der Rohrdurchmesser zu berücksichtigen.

Tab. 218.2: Gleichzeitigkeitsfaktoren φ für Reihenanlagen

Art der Reihenanlage		Gleichzeitigkeitsfaktor φ
Waschanlagen	in Betrieben	0,7 … 0,8
Brauseanlagen	in Betrieben	0,8 … 1,0
	in Schwimmbädern	0,6 … 1,0
Klosettanlagen	mit Druckspüler	
	3 bis 5 Klosetts	0,5 … 0,3[1]
	6 bis 10 Klosetts	0,3 … 0,2[1]
	11 bis 20 Klosetts	0,2 … 0,15[1]
	> 20 Klosetts	0,15
Klosettanlagen	mit Spülkästen	
	3 bis 5 Klosetts	1,0 … 0,6[1]
	6 bis 10 Klosetts	0,6 … 0,4[1]
	11 bis 20 Klosetts	0,4 … 0,3[1]
	> 20 Klosetts	0,2
Urinalanlagen	mit Einzelspülung	
	3 bis 5 Becken oder Stände	0,5 … 0,3[1]
	6 bis 10 Becken oder Stände	0,3 … 0,2[1]
	11 bis 20 Becken oder Stände	0,2 … 0,15[1]
	> 20 Becken oder Stände	0,15

Berechnung des Summenvolumenstromes $\Sigma\dot{V}_R$ (→ Tab. 218.1)

$$\Sigma \dot{V}_R = \dot{V}_{R1} + \dot{V}_{R2} + \ldots + \dot{V}_{Rn}$$

Ist keine gleichzeitige Benutzung zu erwarten, werden zusätzliche sanitäre Einrichtungen bei $\Sigma\dot{V}_R$ **nicht** berücksichtigt (z. B. 2. Waschbecken, Dusche bei vorhandener Badewanne, Urinal oder Bidet bei vorhandenem WC)

Berechnung des Spitzenvolumenstromes $\dot{V}_S$ (→ Tab. 218.2)

$$\dot{V}_S = \Sigma \dot{V}_R \cdot \varphi$$

[1] Der größere Wert gilt für die kleinere Anzahl von Objekten

Trinkwasser-installation

Berechnung der Trinkwasserinstallation in Gebäuden

pipe sizing of hot and cold pipework in buildings

Diagr. 219.1: Spitzenvolumenstrom $\dot{V}_S$ in l/s in Abhängigkeit vom Summenvolumenstrom $\Sigma\,\dot{V}_R$ in l/s DIN 1988-3

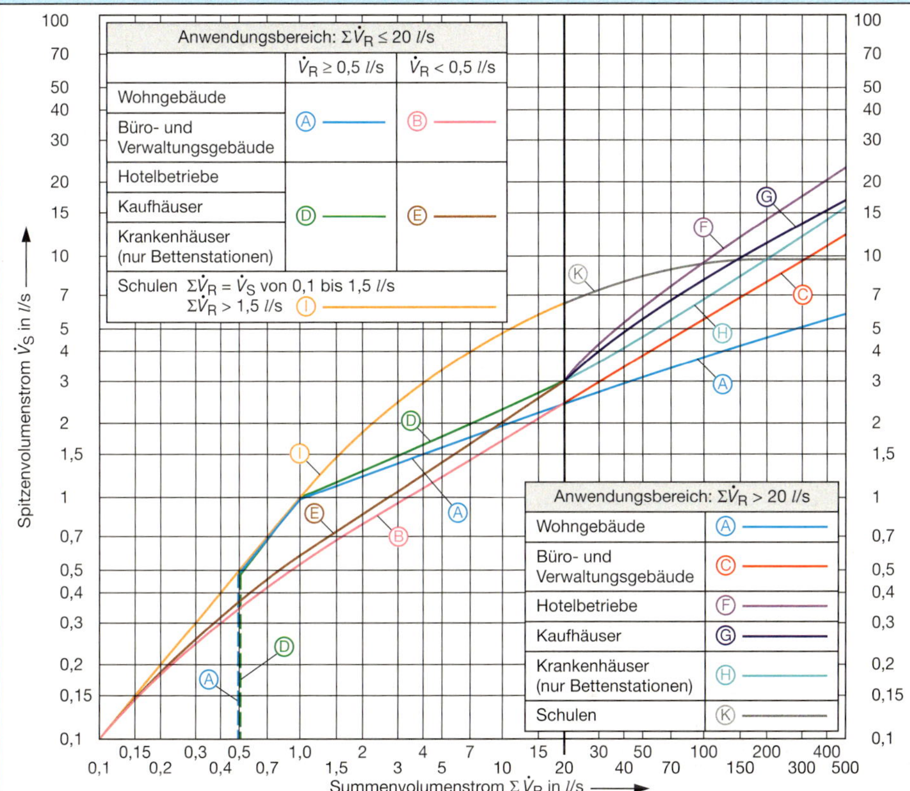

Tab. 219.1: Berechnungsgleichungen zur Ermittlung des Spitzenvolumenstromes $\dot{V}_S$ in l/s aus dem Summenvolumenstrom $\Sigma\,\dot{V}_R$ in l/s DIN 1988-3: 1988-12

Gebäudeart	Angaben für Geltungsbereiche und Gleichungen in l/s			
Einzelvol.str.		$\dot{V}_R \geq 0{,}5$ l/s	$\dot{V}_R < 0{,}5$ l/s	
Wohn-gebäude	Bereich	$\Sigma\,\dot{V}_R > 1{,}0$	$0{,}07 < \Sigma\,\dot{V}_R \leq 20$	$\Sigma\,\dot{V}_R > 20$
	Gleichung	$\dot{V}_S = 1{,}7 \cdot (\Sigma\,\dot{V}_R)^{0{,}21} - 0{,}7$	$\dot{V}_S = 0{,}682 \cdot (\Sigma\,\dot{V}_R)^{0{,}45} - 0{,}14$	$\dot{V}_S = 1{,}7 \cdot (\Sigma\,\dot{V}_R)^{0{,}21} - 0{,}7$
Büro-/Verwaltungsgb.	Bereich	$\Sigma\,\dot{V}_R > 1{,}0$	$0{,}07 < \Sigma\,\dot{V}_R \leq 20$	$\Sigma\,\dot{V}_R > 20$
	Gleichung	$\dot{V}_S = 1{,}7 \cdot (\Sigma\,\dot{V}_R)^{0{,}21} - 0{,}7$	$\dot{V}_S = 0{,}682 \cdot (\Sigma\,\dot{V}_R)^{0{,}45} - 0{,}14$	$\dot{V}_S = 0{,}4 \cdot (\Sigma\,\dot{V}_R)^{0{,}54} + 0{,}48$
Hotel-betrieb	Bereich	$1{,}0 < \Sigma\,\dot{V}_R \leq 20$	$0{,}1 < \Sigma\,\dot{V}_R \leq 20$	$\Sigma\,\dot{V}_R > 20$
	Gleichung	$\dot{V}_S = (\Sigma\,\dot{V}_R)^{0{,}366}$	$\dot{V}_S = 0{,}698 \cdot (\Sigma\,\dot{V}_R)^{0{,}5} - 0{,}12$	$\dot{V}_S = 1{,}08 \cdot (\Sigma\,\dot{V}_R)^{0{,}5} - 1{,}83$
Kauf-haus	Bereich	$1{,}0 < \Sigma\,\dot{V}_R \leq 20$	$0{,}1 < \Sigma\,\dot{V}_R \leq 20$	$\Sigma\,\dot{V}_R > 20$
	Gleichung	$\dot{V}_S = (\Sigma\,\dot{V}_R)^{0{,}366}$	$\dot{V}_S = 0{,}698 \cdot (\Sigma\,\dot{V}_R)^{0{,}5} - 0{,}12$	$\dot{V}_S = 4{,}3 \cdot (\Sigma\,\dot{V}_R)^{0{,}27} - 6{,}65$
Kranken-haus	Bereich	$1{,}0 < \Sigma\,\dot{V}_R \leq 20$	$0{,}1 < \Sigma\,\dot{V}_R \leq 20$	$\Sigma\,\dot{V}_R > 20$
	Gleichung	$\dot{V}_S = (\Sigma\,\dot{V}_R)^{0{,}366}$	$\dot{V}_S = 0{,}698 \cdot (\Sigma\,\dot{V}_R)^{0{,}5} - 0{,}12$	$\dot{V}_S = 0{,}25 \cdot (\Sigma\,\dot{V}_R)^{0{,}65} + 1{,}25$
Schulen	Bereich	$\Sigma\,\dot{V}_R \leq 1{,}5$	$1{,}5 < \Sigma\,\dot{V}_R \leq 20$	$\Sigma\,\dot{V}_R > 20$
	Gleichung	$\dot{V}_S = \Sigma\,\dot{V}_R$	$\dot{V}_S = 4{,}4 \cdot (\Sigma\,\dot{V}_R)^{0{,}27} - 3{,}41$	$\dot{V}_S = -22{,}5 \cdot (\Sigma\,\dot{V}_R)^{-0{,}5} + 11{,}5$

Berechnung der Trinkwasserinstallation in Gebäuden

pipe sizing of hot and cold pipework in buildings

Tab. 220.1: Maximale rechnerische Fließgeschwindigkeit DIN 1988-3: 1988-12

Fließdauer in min	≤ 15	> 15
Leitungsabschnitt	v in m/s	
Hausanschlussleitung HAL	< 2,0[1]	< 2,0[1]
Verbrauchsleitung bei Durchgangsarmaturen $\zeta \leq 2{,}5$	< 5[2]	2
Verbrauchsleitung bei Durchgangsarmaturen $\zeta > 2{,}5$	≤ 2,5[3]	2
Zirkulationsleitung	–	≤ 1,0[1]

[1] entspricht der vertretbaren Fließgeschwindigkeit

[2] vertretbare Fließgeschwindigkeit max. 3,5 m/s

[3] vertretbare Fließgeschwindigkeit max. 2,3 m/s

Tab. 220.2: Anschluss, Nennvolumenstrom und maximaler Volumenstrom von Wasserzählern (WZ) DIN ISO 4064-1

Zählerart	Anschluss: Anschlussgewinde nach DIN ISO 228 Teil 1	Anschluss: Anschlussgröße (Nennweite des Anschlussflansches) DN	Nennvolumenstrom $\dot{V}_n$[1] m³/h	maximaler Volumenstrom $\dot{V}_{max}$ m³/h
Volumetrische Zähler und Flügelradzähler	G 1/2 B	–	0,6	1,2
	G 1/2 B	–	1	2
	G 3/4 B	–	1,5	3
	G 1 B	–	2,5	5
	G 11/4 B	–	3,5	7
	G 11/2 B	–	6	12
	G 2 B	–	10	20
Woltman-Zähler	–	50	15	30
	–	65	25	50
	–	80	40	80
	–	100	60	120
	–	150	150	300
	–	200	250	500

[1] Der Nennvolumenstrom dient zur Kennzeichnung des Zählers. Nach DIN ISO 4064 Teil 1 ist es zulässig, zu einem gegebenen Nennvolumenstrom $\dot{V}_n$ Anschlussgewinde der nächst höheren oder der nächst niedrigeren Stufe als die in der Tabelle jeweils zugeordneten Werte zu wählen.

Tab. 220.5: Richtwerte für Druckverluste in sanitärtechnischen Apparaten

Filter	Δp_{Filter} = 200 mbar
Enthärtungsanlage	Δp_{EH} = 800 mbar
Dosieranlage	Δp_{DS} = 800 mbar
Zentrale TWE	Δp_{TWE} ≈ 0 bzw. berechnen

Wasserzählerdruckverlust Δp_{WZ}

$$\Delta p_{wz} = \Delta p_{max} \cdot \left(\frac{\dot{V}_S}{\dot{V}_{max}}\right)^2 \quad \text{in mbar}$$

$\dot{V}_S$: Spitzenvolumenstrom in l/s; m³/h

$\dot{V}_{max}$: max. zul. Volumenstrom des gew. Zählers in m³/h

Δp_{max}: Druckverlust bei $\dot{V}_{max}$ in mbar

Tab. 220.3: Normwerte für Druckverluste in Wasserzählern[1] DIN ISO 4064-1

Zählerart	Nennvolumenstrom $\dot{V}_n$ m³/h	Druckverlust Δp_{max} bei $\dot{V}_{max}$ mbar
Flügelradzähler	< 15	1000
Woltman-Zähler senkrecht (WS)	≥ 15	600
Woltman-Zähler parallel (WP)	≥ 15	300

[1] Bestimmt das Wasserversorgungsunternehmen (WVU) die Wasserzählergröße, dann ist der vom WVU anzugebende Druckverlust des Wasserzählers bzw. der Wasserzähleranlage zu verwenden, bzw. zu berechnen.

Tab. 220.4: Richtwerte für Druckverluste Δp_{TWE} von Gruppen-Trinkwassererwärmern

Geräteart	Druckverlust Δp_{TWE}[1] mbar
Elektro-Durchfluss-Wassererwärmer	
thermisch geregelt	500
hydraulisch gesteuert[2]	1000
Elektro- bzw. Gas-Speicher Wassererwärmer Nennvolumen bis 80 l	200
Gas-Durchfluss-Wasserheizer und Gas-Kombi-Wasserheizer nach DIN 3368 Teil 2 und Teil 3	800

[1] In den Werten ist der Druckverlust für die Sicherheits- und Anschlussarmaturen nicht enthalten.

[2] Entspricht der erforderlichen Schaltdruckdifferenz

Tab. 220.6: Mindestversorgungsdruck am Hausanschluss (DIN 1988-5: 1988-12)

HAL	nur EG	EG+1.OG	2. OG	3. OG	4. OG	5. OG
$p_{V\,min}$	2,0	2,35	2,70	3,05	3,40	3,75

Angaben in bar; je weiteres Geschoss + 0,35 bar

Trinkwasserinstallation

Berechnung der Trinkwasserinstallation in Gebäuden

pipe sizing of hot and cold pipework in buildings

Tab 221.1: Mehrstrahl-Flügelrad-Hauswasserzähler für Kaltwasser bis 40 °C DIN ISO 4046-1: 1981-01

Leistungsdaten (Herstellerangaben):		G1B	G1 1/2B	G2B
Nenngröße $\dot{V}_n$ (Größenkennzeichnung) in	m³/h	2,5	6	10
Größter Durchfluss $\dot{V}_{max}$	m³/h	5	12	20
Druckverlust bei $\dot{V}_{max}$	mbar	510	850	750
Durchfluss bei 1 bar Druckverlust	m³/h	7	13	23
Übergangsdurchfluss $\dot{V}_t$	l/h	120	280	600
Kleinster Durchfluss $\dot{V}_{min}$	l/h	20	25	30
Zulässige Höchstbelastung	beliebig entsprechend der Druckverhältnisse			

Die bei $\dot{V}_t$ und $\dot{V}_{min}$ genannten Werte sind Leistungsdaten, die die Anforderungen gemäß Eichordnung metrologische Klasse B[1] wesentlich übertreffen.

$\dot{V}_n$: Nennvolumenstrom ≙ Q_n in m³/h

$\dot{V}_{max}$: größter zulässig. Volumenstrom in m³/h

$\dot{V}_{min}$: kleinster Volumenstrom in l/h

$\dot{V}_t$: Übergangsvolumenstrom in l/h

[1] Klasse B: gebräuchlicher Fehler-Toleranz-Bereich

[2] Metrologie: Lehre von der Messkunde

Diagr. 221.1: Druckverlustkurven von Flügelrad-Wasserzählern (Herstellerangabe)

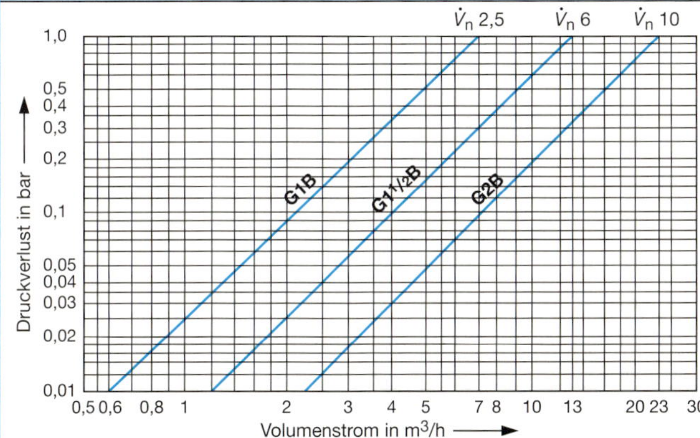

Optimaler Druckverlustbereich der WZ

Δp_{WZ} = 500 ± 200 mbar

Tab 221.2: Eichpflicht von Wasserzählern

Art	Turnus
Kaltwasserzähler	6 Jahre
Warmwasserzähler bzw. Wärmemengenzähler	5 Jahre

Belastungsbereich eines Wasserzählers

Bereich zwischen $\dot{V}_{max}$ und $\dot{V}_{min}$

Wohnungs-/Hauswasserzähler

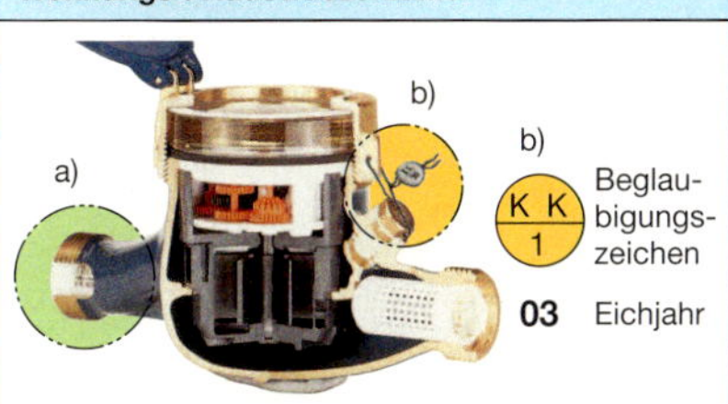

b) Beglaubigungszeichen (K K 1)

03 Eichjahr

Wasserzähler mit a) Einsteckrückflussverhinderer u. b) Hauptstempel

Diagr. 221.2: Fehlerkurve und Messfehlerbereiche (Herst.ang.)

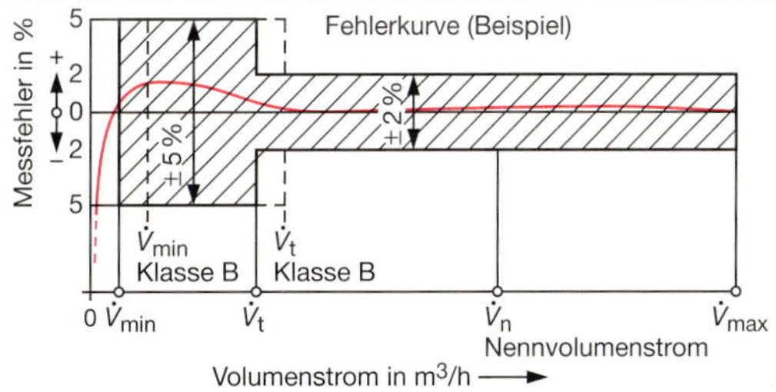

Flügelrad-Wasserzähler

einstrahlig

mehrstrahlig

untere Kanäle obere

Tab. 221.3: Metrologische[2] Klassen DIN 1988-08

$\dot{V}_n$	Kalt < 15 m³/h	Warm < 15 m³/h	Kalt ≥ 15 m³/h	Warm ≥ 15 m³/h
Klasse A Wert von $\dot{V}_{min}$ Wert von $\dot{V}_t$	 0,04 $\dot{V}_n$ 0,10 $\dot{V}_n$	 0,04 $\dot{V}_n$ 0,10 $\dot{V}_n$	 0,08 $\dot{V}_n$ 0,30 $\dot{V}_n$	 0,08 $\dot{V}_n$ 0,20 $\dot{V}_n$
Klasse B[1] Wert von $\dot{V}_{min}$ Wert von $\dot{V}_t$	 0,02 $\dot{V}_n$ 0,08 $\dot{V}_n$	 0,02 $\dot{V}_n$ 0,08 $\dot{V}_n$	 0,03 $\dot{V}_n$ 0,20 $\dot{V}_n$	 0,04 $\dot{V}_n$ 0,15 $\dot{V}_n$
Klasse C Wert von $\dot{V}_{min}$ Wert von $\dot{V}_t$	 0,01 $\dot{V}_n$ 0,015 $\dot{V}_n$	 0,01 $\dot{V}_n$ 0,06 $\dot{V}_n$	 0,006 $\dot{V}_n$ 0,015 $\dot{V}_n$	 0,02 $\dot{V}_n$ 0,10 $\dot{V}_n$

Berechnung der Trinkwasserinstallation in Gebäuden

pipe sizing of hot and cold pipework in buildings

Großwasserzähler

Diagr. 222.1: Druckverlustkurven von Verbund-/Großwasserzählern (Herstellerangaben)

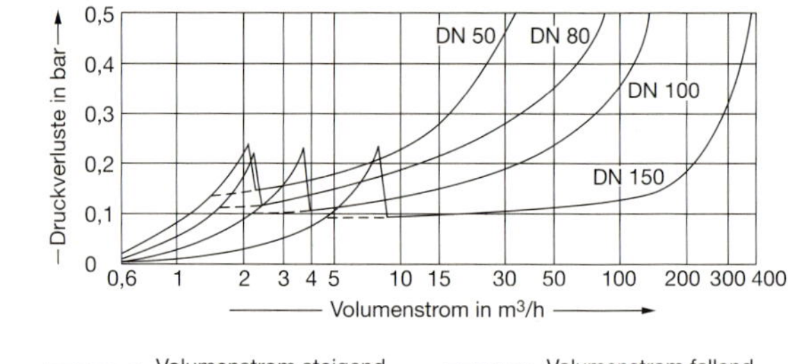

Verbundwasserzähler

Diagr. 222.2: Fehlerkurve und Messfehlerbereiche (Herstellerangaben)

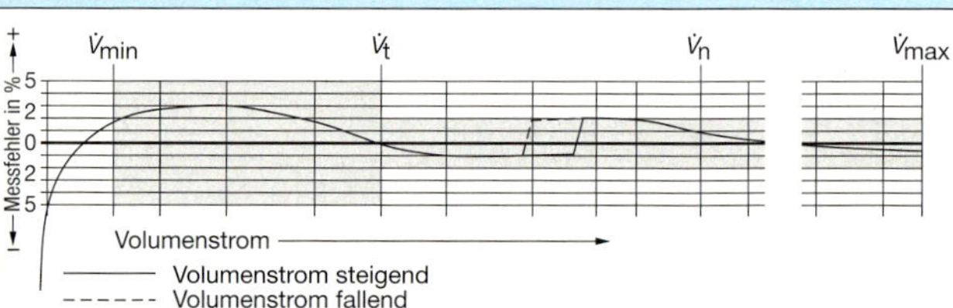

Tab. 222.3: Verbundwasserzähler (Herstellerangaben)

Kenn- und Leistungsdaten: (Herstellerangaben):				Bauart WPV 3=1 KF FU		
Haupt-zähler	Nenndurchfluss (Nenngröße)	$\dot{V}_n$	m³/h	15	40	60
	Nennweite	DN		50	80	100
Nebenzähler-Nenndurchfluss		$\dot{V}_n$	m³/h	2,5	2,5	6
Zulässige Dauerbelastung		$\dot{V}_n$	m³/h	35	90	125
Größter Duchfluss (kurzzeitig zulässig)		$\dot{V}_{max}$	m³/h	70	150	250
Übergangsdurchfluss (Trenngrenze)		$\dot{V}_t$	l/h	37,5	37,5	90,0
Umschaltung	bei steigendem Durchfluss		m³/h	ca. 2,3	ca. 2,3	ca. 3,9
	bei fallendem Durchfluss		m³/h	ca. 1,2	ca. 1,4	ca. 2,3
untere Messbereichsgrenze bei Flügelrad-Nassläufer		$\dot{V}_{min}$	l/h	20	20	25

Einsatzgebiete:
- Gebäude mit Feuerlöscheinrichtungen
- Schwimmbäder
- Industriebetriebe

Werkstoffe der Wasserzähler
Gehäuse: Grauguss PN16
Messeinsatz: Kunststoff
Flügelrad: Kunststoff
sowie Messing und nichtrostender Stahl

Tab. 222.4: Zählergrößenauswahl von Hauswasserzählern

Gebäude-nutzungs-art	Maßgebende Bezugsgröße für Zähler-auswahl	Bezugsgrößenanzahl		Empfohlene Zählergröße $Q_n \triangleq \dot{V}_n$ in m³/h
Wohn-gebäude	Wohneinheit	Druckspüler	Spülkasten	
		bis 15	bis 30	2,5
		16–85	31–100	6
		86–200	101–210	10
Verwaltungs-gebäude	Angestellte	bis 400		2,5
		401–1500		6
		über 1500		10
Schulen	Schüler und Lehrer	bis 500		10
		501–2000		15 (DN 50)
		2001–4000		25 (DN 65)
Hotels	Zimmer	bis 50		10
		51–300		15 (DN 50)
Kranken-häuser	Betten	bis 100		15 (DN 50)
		101–200		25 (DN 65)
		201–400		40 (DN 80)
		401–800		60 (DN 100)

Tab. 222.5: Größenauswahl v. Druckminderern

DN	Baumaße in mm			Spitzendurch-fluss in l/s		k_{VS}-Wert
	L	H_{ges}	D	Wohn-bauten	Ge-werbe	
15	140	147	54	0,5	0,5	2,4
20	160	147	54	0,8	0,9	3,1
25	180	175	61	1,3	1,5	7,6
32	200	175	61	2,0	2,4	9,1
40	225	299	82	2,3	3,8	12,6
Flanscharmaturen (F)						
50	230	388	165	3,6	5,9	28
65	290	441	185	6,3	9,7	47
80	310	510	200	8,8	15,3	70
100	350	601	220	12,5	23,1	110

Vordruck bis 25 bar

Hinterdruck 1,5 bis 12 bar

Max. Betriebs-temperatur 70 °C

Berechnung der Trinkwasserinstallation in Gebäuden

pipe sizing of hot and cold pipework in buildings

Berechnungsbeispiel: Wasserzählerdimensionierung, Hausanschlussrohrleitung

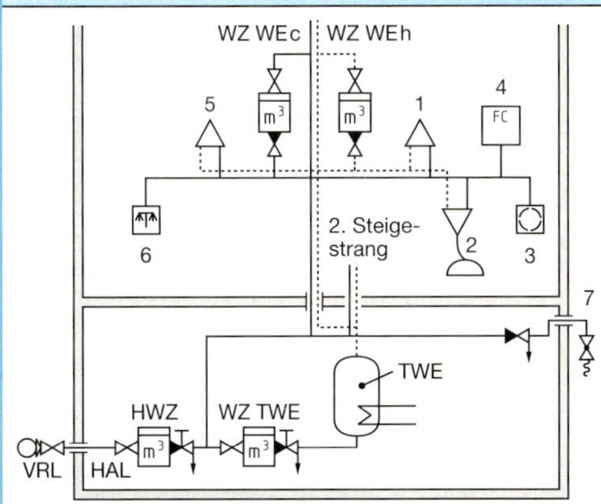

Geg.:

Wohngebäude, 5 Etagen mit jeweils 2 Wohnungen (WE) sanitärtechnische Ausstattung entsprechend Skizze und Tab. 223.1

Fließgeschwindigkeit: $v_{HAL} \leq 2{,}0$ m/s

Nr. 7 Gartenauslaufventil: $\dot{V}_S = 1{,}0$ l/s

(1 Stück DN 25, Entnahmedauer > 15 min)

Ges.:

① Auswahl der Wasserzähler: Typ, Größe
- Wohnungswasserzähler kalt (cold) (WZ WEc)
- Wohnungswasserzähler warm (hot) (WZ WEh)
- Hauswasserzähler (HWZ)
- Wasserzähler Warmwasserbereitung und Berechnung des Druckverlustes der Wasserzähler (WZ TWE)

② Bemessung der Hausanschlussleitung (HAL) für $v \leq 2{,}0$ m/s

③ $\dot{V}_t$, $\dot{V}_{min}$ vom HWZ

Tab. 223.1: Sanitärtechnische Ausstattung der Wohnungen

Nr. in der Skizze	Bezeichnung	Nennweite	Anzahl	$\dot{V}_{R.KW}$ [l/s]	$\dot{V}_{R.WW}$ [l/s]	$\dot{V}_{R.KW+WW}$ [l/s]
1	Standbatterie Waschtisch	DN 15	1	0,07	0,07	0,14
2	Wandbatterie Badewanne	DN 20	1	0,30	0,30	0,60
3	Waschmaschine	DN 15	1	0,25	–	0,25
4	Spülkasten (FC)	DN 15	1	0,13	–	0,13
5	Standbatterie Spüle	DN 15	1	0,07	0,07	0,14
6	Geschirrspülmaschine	DN 15	1	0,15	–	0,15
Summenvolumenstrom $\Sigma\dot{V}_R$ [l/s]				0,97	0,44	1,41
Spitzenvolumenstrom[1)] $\dot{V}_S$ [l/s]				0,54	0,33	–
(Wohnungsbezogen) $\dot{V}_S$ [m³/h]				1,94	1,19	–

① Zählertyp, -größen Festlegung[2)]: Flügelrad-Wasserzähler

PWC: G 3/4 B: $\dot{V}_n = 1{,}5$ m³/h $\dot{V}_{max} = 3{,}0$ m³/h Δp_{WZ}[3)] = 418 mbar

PWH: G 1/2 B: $\dot{V}_n = 1{,}0$ m³/h $\dot{V}_{max} = 2{,}0$ m³/h Δp_{WZ} = 354 mbar

1) → Tab. 218.1 → Tab./Diagr. 219.1
2) → Tab. 220.2 → Tab. 220.3
3) → Tab. 220.3, S. 220 – 221

Wasserzähler für zentr. WW Bereitg.

$\Sigma\dot{V}_{R\,ZWW} = 0{,}44$ l/s WE · 10 WE = 4,4 l/s

$\dot{V}_{S\,WWB} = 1{,}19$ l/s ≙ 4,28 m³/h

G 1¼ B: $\dot{V}_n = 3{,}5$ m³/h $\dot{V}_{max} = 7{,}0$ m³/h

Δp_{WZ} = 374 mbar[3)]

Hauswasserzähler (HWZ)

$\Sigma\dot{V}_{RPWC} = 0{,}97$ l/s WE · 10 WE = 9,7 l/s

$\Sigma\dot{V}_{RPWH} = 0{,}44$ l/s WE · 10 WE = 4,4 l/s

$\Sigma\dot{V}_{R\,Haus} = 1{,}41$ l/s WE · 10 WE = 14,1 l/s

$\dot{V}_{S\,Haus}$ = 2,1 l/s ≙ 7,56 m³/h

$+\dot{V}_{S\,Garten}$ = 1,0 l/s = 3,60 m³/h

$\dot{V}_{S\,ges}$ = 3,1 l/s = 11,16 m³/h

Anwendungsbereich: $\Sigma\dot{V}_R \leq 20$ l/s

Nutzungsart des Gebäudes	größte Einzelentnahmearmatur $\dot{V}_R \geq 0{,}5$ l/s	$\dot{V}_R < 0{,}5$ l/s
Wohngebäude		
Büro- und Verwaltungsgebäude	Ⓐ	Ⓑ

Spitzenvolumenstrom $\dot{V}_S \rightarrow$ l/s

Summenvolumenstrom $\Sigma\dot{V}_R \rightarrow$ l/s

$\dot{V}_{S\,WWB}$

Variante 1:

G 1½ B: $\dot{V}_n = 6$ m³/h $\dot{V}_{max} = 12$ m³/h

Δp_{HWZ} = 865 mbar → zu hoch[3)]

Variante 2:

G 2 B: $\dot{V}_n = 10$ m³/h $\dot{V}_{max} = 20$ m³/h

Δp_{HWZ} = 311 mbar → optimal,[3)] Auswahl des HWZ nach Rücksprache mit dem WVU

② Dimensionierung Hausanschlussleitung

$$d_i = \sqrt{\frac{\dot{V}_S}{v} \cdot \frac{4}{\pi}} = 44{,}42 \text{ mm; gewählt: DN 40}$$

③ Bestimmung von $\dot{V}_t$ und $\dot{V}_{min}$ (→ Tab. 221.3)

$\dot{V}_t = 0{,}08 \cdot \dot{V}_n = 0{,}08 \cdot 10$ m³/h = 800 l/h = $0{,}2\overline{2}$ l/s

$\dot{V}_{min} = 0{,}02 \cdot \dot{V}_n = 0{,}02 \cdot 10$ m³/h = 200 l/h = $0{,}05\overline{5}$ l/s

Berechnung der Trinkwasserinstallation in Gebäuden

pipe sizing of hot and cold pipework in buildings

Tab. 224.1: Druckverlustbeiwerte ζ von Einzelwiderständen für Rohre aus Stahl, Edelstahl, Kupfer, PVC-U, PB, PE-HD, PE-LD und PE-X, sowie Armaturen DIN EN 806-1: 2001-12

Einzelwiderstand	Grafisches Symbol (vereinf.)	Verlustbeiwert[1] ζ
Abzweig Stromtrennung		1,3
Abzweig Stromvereinigung		0,9
Abzweig Durchgang bei Stromtrennung		0,3
Abzweig Gegenlauf bei Stromvereinigung		3,0
Abzweig Gegenlauf bei Stromtrennung		1,5
Abzweig Stromtrennung (bogenförmig)		0,9
Abzweig Stromvereinigung (bogenförmig)		0,4
Abzweig Durchgang bei Stromtrennung (bogenförmig)		0,3
Abzweig Durchgang bei Stromvereinig. (bogenförmig)		0,2
Verteileraustritt Behälteraustritt		0,5
Sammlereintritt Behältereintritt		1,0
Richtungsänderung durch Winkel oder Bogen		0,7
Druckminderer (voll geöffnet)		30,0

Einzelwiderstand	DN	Grafisches Symbol (vereinf.)	Verlustbeiwert[1] ζ
Reduzierstück			0,4
Erweiterung			0,6
Dehnungsbogen			1,0
Kompensator			2,0
Geradsitzventile und Membranventile	15 20 25 32 40…100		10,0 8,5 7,0 6,0 5,0
Schrägsitzventile	15 20 25…50 65		3,5 2,5 2,0 0,7
Absperrschieber	10…15		1,0
Kolbenschieber	20…25		0,5
Kugelhähne	32…150		0,3
Eckventile	10 15 20…40 50…100		7,0 4,0 2,0 3,5
Rückflussverhinderer	15…20 25…40 50 65…100		7,7 4,3 3,8 2,5
Absperrventil mit integriertem Rückflussverhinderer	20 25…50		6,0 5,0
Ventilanbohrschelle	25…80		5,0
Rückschlagklappe	50 100 200		1,5 1,2 1,0
Rückschlagventil	15…20 25…50		15,0 13,0

[1] Der Verlustbeiwert ist dem Teilstrom zugeordnet, der in der Symboldarstellung mit „V" gekennzeichnet ist.

Trinkwasserinstallation

Berechnung der Trinkwasserinstallation in Gebäuden

pipe sizing of hot and cold pipework in buildings

Grundüberlegungen bei Reiheninstallation

- Anzahl der Versorgungsstellen
- Benutzungshäufigkeit einzelner Armaturen
- Dauer von Stagnationszeiten
- Entfernung der Versorgungsstellen vom Verteiler
- Kalt- und/oder Warmwasserbedarf
- Installation unter Putz, in Aussparungen, Schlitzen oder in Vorwandbauweise
- Anzahl der Verbindungsstelle

Vorteile bei Ring-Leitsystemen → Tab. 225.2, d)

- geringe Druckverluste ermöglichen große Wasserentnahmen und mehr Entnahmestellen bei gleich großem Rohrquerschnitt
- geringer Platzbedarf für Stockwerksverteiler, da nur je 2 Anschlüsse erforderlich
- gleichmäßige Druckverteilung bei PWC- und PWH-Rohrleitungen
- optimaler Wasseraustausch
- geringe Stagnationszeiten, da bei Nutzung einer Entnahmestelle bereits Austausch des Wasserinhaltes erfolgt
- aus hygienischer Sicht beste Leitungsführung

Tab. 225.1: Rohrarten-Übersicht für Trinkwasserinstallationen (PWC; PWH) (→ S. 145)

Werkstoff	Verbindungstechnik	Regelwerk	Bemerkungen
Verzinkter Stahl	Gewindeverbindung Klemmverbindung	DIN EN 10 255 (DIN 2440/DIN 2441) DIN EN 10240	→ Tab. 230.1
Nichtrostender Stahl	Pressverbindung	DVGW-W 541 DIN EN ISO 1127	→ Tab. 234.1
Kupfer	Lötverbindung Klemmverbindung Pressverbindung	DIN EN 1057 DVGW-GW 392/ RAL-RG 641/1	→ Tab. 231.1
PE-X/AL/PE-X (Verbundrohr)	Klemmverbindung Pressverbindung	DVGW-W 542	→ S. 171
PB (Polybuten)	Klemmverbindung Schweißverbindung	DIN EN ISO 15 876 DVGW-W 544 (DIN EN 12319)	→ Tab. 168.2
PP-R (Polypropylen)	Schweißverbindung	DIN 8078/DIN 8077 DVGW-W 544 (DIN EN 12202)	→ Tab. 170.3
PVC-C (chloriertes Polyvinylchlorid)	Klemmverbindung Klebeverbindung	DIN 8079/DIN 8080/ DVGW-W 544 GKR R. 10.2.1	→ Tab. 168.1
PE-X (VPE vernetztes Polyethylen)	Klemmverbindung Pressverbindung	DVGW-W 531/ GKR R. 10.10.1 (DIN EN ISO 15 875)	→ Tab. 235.1

Tab. 225.2: Montagevarianten von Trinkwasserinstallationen DIN 1988-3: 1988-12

a) Konventionelles T-System – klassische Installation
Ermittlung der Druckverluste in Stockwerksleitungen und Einzelzuleitungen → S. 226
Beispielrechnung → S. 229

b) Einzelzuleitungssystem Rohr-in-Rohr
Ermittlung der Druckverluste in Stockwerksverteilern einschließlich Stockwerks-Absperrarmaturen sowie Einzelzuleitungen bei PE-X-Rohr DN 12; DN 15 → S. 227 f.

c) Doppelanschlusssystem Rohr-in-Rohr
Ermittlung der Druckverluste in Stockwerksverteilern einschließlich Strangleitungen über Addition der Druckverluste sämtlich durchströmter Rohrleitungsabschnitte für PWC und PWH

d) Ringleitungssystem Rohr-in-Rohr
wie c), jedoch durch Ringleitungssystem nur Anrechnung von 30 % der Druckverluste sämtlich durchströmter Rohrleitungsabschnitte für PWC und PWH

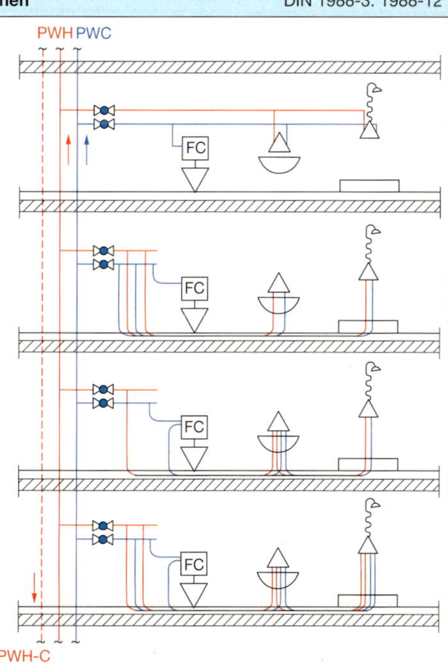

Berechnung der Trinkwasserinstallation in Gebäuden

pipe sizing of hot and cold pipework in buildings

Darstellung des längsten Fließweges bei Stockwerksleitungen

Zentrale Trinkwassererwärmung

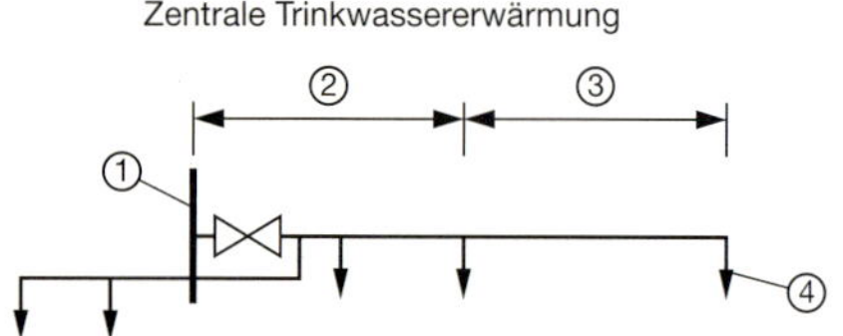

Gruppen-Trinkwassererwärmung

TWE

① Steigleitung PWC oder PWH
② Stockwerksleitung
③ Einzelzuleitung
④ von der Steigleitung entfernteste Entnahmearmatur

ⓐ Steigleitung PWC
ⓑ ⓒ Stockwerksleitung PWC und PWH
ⓓ Einzelzuleitung
ⓔ von der Steigleitung entfernteste Entnahmearmatur

Tab. 226.1: Richtwerte für Druckverluste in Stockwerksleitungen und Einzelzuleitungen (aus Stahl, nichtrostendem Stahl, Kupfer, PVC) DIN 1988-3: 1988-12

Stockwerksleitung			Einzelzuleitung				**Druckverlust** Δp_{St} [1] bei 10 m hydraulisch ungünstigster Leitungslänge **in Klammern**: Abzugsfähige Druckdifferenz je m Leitungslänge $l_{St} + l_{EZ} < 10$ m								
längster Fließweg l_{St} = 7 m			längster Fließweg l_{EZ} = 3 m				Bei zentraler Trinkwassererwärmung						Bei Gruppen-Trinkwassererwärmung PWC und PWH		
Berechnungsvolumenstrom der größten Entnahmearmatur			Entnahmearmatur mit $\dot{V}_R < 0{,}5$ l/s		Entnahmearmatur mit $\dot{V}_R \geq 0{,}5$ l/s		PWC			PWH					
							Kolbenschieber	Schrägsitzventil	Geradsitzventil	Kolbenschieber	Schrägsitzventil	Geradsitzventil	Kolbenschieber	Schrägsitzventil	Geradsitzventil
$\dot{V}_R$ l/s	DN	*d* mm	DN	*d* mm	DN	*d* mm	mbar (mbar/m)	mbar (mbar/m)	mbar (mbar/m)	mbar (mbar/m)	mbar (mbar/m)	mbar (mbar/m)	mbar (mbar/m)	mbar (mbar/m)	mbar (mbar/m)
< 0,5	12	13	15[3]	13	–	–	1100 (90)	–	–	400 (30)	450 (30)	550 (30)	1200 (80)	–	–
			10	10	–	–	1500 (90)	–	–	500 (30)	550 (30)	650 (30)	1600 (80)	–	–
	15	16	15[3]	13	–	–	600 (40)	700 (40)	850 (40)	200 (15)	250 (15)	300 (15)	700 (30)	–	–
			10	10	–	–	950 (40)	1000 (40)	1200 (40)	350 (15)	400 (15)	450 (15)	1000 (30)	–	–
	20	20	15[3]	13	–	–	300 (20)	350 (20)	400 (20)	100 (5)	150 (5)	200 (5)	350 (15)	400 (15)	450 (15)
			10	10	–	–	600 (20)	650 (20)	700 (20)	200 (5)	250 (5)	300 (5)	700 (15)	750 (15)	850 (15)
≥ 0,5	20	20	15[3]	13	20	20	1100 (80)	1200 (80)	–	–	–	–	1200 (80)	1300 (80)	–
			10	10	20	20	1300 (80)	1400 (80)	–	–	–	–	1400 (80)	1500 (80)	–
	25[2]	25[2]	15[3]	13	25	25	400 (20)	450 (20)	600 (20)	–	–	–	450 (20)	**500 (20)**	650 (20)
			10	10	25	25	750 (20)	800 (20)	950 (20)	–	–	–	800 (20)	850 (20)	950 (20)

[1] Der Mindestfließdruck, Druckverluste in Trinkwassererwärmern und Wohnungswasserzählern sind in den Werten nicht enthalten.
[2] Teilstrecken bis zum Anschluss von Entnahmearmaturen mit $\dot{V}_R \geq 0{,}5$ l/s. Daran anschließende Teilstrecke DN 20 od. d_1 = 20 mm.
[3] DN 15 für Rohre aus Stahl. DN 12 für Rohre aus nichtrostendem Stahl, Kupfer und PVC.

Berechnung der Stockwerksleitung (Beispiel → S. 229, Skizze und Tab. 229.1)

Absperrung: Schrägsitzventil

$$\Delta p_{St} = 500\ \text{mbar} - (10\ \text{m} - 6{,}7\ \text{m})\ 20\ \frac{\text{mbar}}{\text{m}} = \underline{\underline{434\ \text{mbar}}}$$

Berechnung der Trinkwasserinstallation in Gebäuden

pipe sizing of hot and cold pipework in buildings

Stockwerksverteiler mit Einzelanbindung von Entnahmestellen

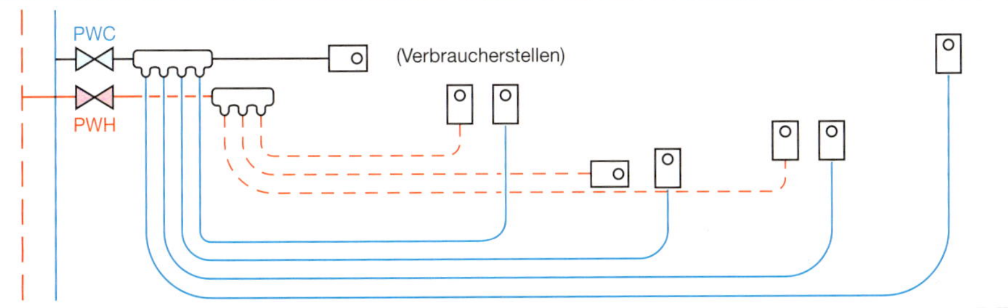

Tab. 227.1: Druckverluste in Stockwerksverteilern einschließlich Stockwerks-Absperrarmaturen bei Berechnungsvolumenstrom der größten Entnahmearmatur $\dot{V}_R$ < 0,5 *l*/s
(Einzelzuleitungen ab Stockwerksverteiler nach DIN 1988-3)

Absperr-armatur	Wasch-maschine	Druckverlust bei zentraler Trinkwassererwärmung PWC			PWH			bei Gruppen-Trinkwasser-erwärmung PWC und PWH		
DN		Kolben-schieber in mbar	Schräg-sitzventil in mbar	Gerad-sitzventil in mbar	Kolben-schieber in mbar	Schräg-sitzventil in mbar	Gerad-sitzventil in mbar	Kolben-schieber in mbar	Schräg-sitzventil in mbar	Gerad-sitzventil in mbar
20	mit	160	180	250	110	120	170	210	240	350
	ohne	60	80	120	40	50	70	90	110	170
25	mit	150	160	180	100	110	120	200	210	250
	ohne	60	70	80	30	40	50	90	100	120

Tab. 227.2: Richtwerte für Druckverluste in Einzelzuleitungen aus PE-X-Rohr, DN 12 (d_i = 11,6 mm) DN 12 einschließlich Richtungsänderungen und Anschlussfittings (nach DIN 1988-3)

Volumen-strom $\dot{V}_R$ 1) in *l*/s	Fließ-geschw. v 2) in m/s	Länge der Einzelzuleitung l_{EZ} in m: 1	2	3	4	5	6	7	8	9	10	11
		Druckverlust der Einzelzuleitung ($l_{EZ} \cdot R + Z$) in mbar										
0,07	0,7	17	24	31	38	45	52	57	66	72	79	86
0,10	0,9	32	45	57	70	83	96	109	121	134	147	160
0,13	1,2	54	74	94	114	134	154	174	194	214	234	254
0,15	1,4	72	98	124	150	177	203	229	255	281	307	333
0,20	1,9	129	172	216	259	303	346	390	433	477	520	564
0,22	2,1	156	208	259	311	363	415	467	518	570	622	674
0,25	2,4	200	265	329	394	459	524	589	653	718	783	848
0,30	2,8	274	364	454	544	634	723	813	903	993	1083	1173
0,35	3,3	375	494	612	731	850	969	1088	1206	1325	1444	1563
0,40	3,8	490	642	793	944	1096	1247	1398	1549	1700	1852	2003
0,50	4,7	746	973	1200	1428	1655	1882	–	–	–	–	–

1) Volumenstrom in den Einzelzuleitungen ≙ $\dot{V}_S$
2) Rechnerische Fließgeschwindigkeit in den Einzelzuleitungen

Berechnung der Trinkwasserinstallation in Gebäuden

pipe sizing of hot and cold pipework in Builduíngs

Tab. 228.1: Richtwerte für Druckverluste in Einzelzuleitungen aus PE-X-Rohr DN 15 (d_i = 14,4 mm) einschließlich Richtungsänderungen und Anschlussfittings (nach DIN 1988-3)

Volumenstrom $\dot{V}_R$[1)] in l/s	Fließgeschw. v[2)] in m/s	Länge der Einzelzuleitung l_{EZ} in m											
		1	1,5	2	3	4	5	6	7	8	9	10	11
		Druckverlust der Einzelzuleitung ($l_{EZ} \cdot R + Z$) in mbar											
0,07	0,4	6	8	9	11	14	16	19	21	24	26	29	31
0,10	0,6	12	14	17	21	26	31	35	40	44	49	54	58
0,13	0,8	20	24	27	35	42	49	57	64	71	78	86	93
0,15	0,9	26	31	36	45	54	64	73	82	91	101	110	119
0,20	1,2	46	53	61	76	92	107	123	138	153	169	184	200
0,22	1,4	55	64	73	91	110	128	146	165	183	201	220	238
0,25	1,5	70	81	93	116	138	161	184	207	230	252	275	298
0,30	1,8	100	115	131	163	194	226	258	289	321	352	384	416
0,35	2,1	134	155	176	217	259	300	342	384	425	467	508	550
0,40	2,5	174	200	226	279	332	385	438	491	544	597	650	703
0,50	3,1	268	307	347	426	505	584	663	742	821	900	980	1059
0,60	3,7	384	439	494	604	714	824	934	1045	1155	1265	1375	1485
0,70	4,3	516	589	661	807	953	1099	1245	1391	1536	1682	1828	1974
0,80	4,9	666	759	852	1039	1225	1411	1597	1783	1969			

[1)] Volumenstrom in den Einzelzuleitungen ≙ $\dot{V}_S$
[2)] Rechnerische Fließgeschwindigkeit in den Einzelzuleitungen

Druckfeste flexible Schlauchleitungen für Trinkwasserinstallationen DVGW-W 543: 2005-05 u. Herstellerangaben

Schlauchleitungen; Allgemeine Einsatz-/Anwendungsbedingungen

Gruppe I	für Anschluss von Sanitär-Armaturen und Apparaten für sichtbare oder zugängliche Installationen (Betriebszeit 20 Jahre) PWC, PWH
Gruppe II	für den Anschluss von Wasch-, Geschirrspülmaschinen und Trommeltrocknern (Betriebszeit 10 Jahre) PWC, PWH
Gruppe III	für unzugängliche Installationen und industrielle Anwendungen bei Betriebstemperaturen > 70 °C (Betriebszeit 50 Jahre)

Tab. 228.2: Innendurchmesser der Schlauchleitung (Material: PE-X) Herstellerangaben

Nennweite DN	6	8	10	13	15	18	20	25	30	32
Innendurchmesser (mm) Gruppe I	5,5–6,5	7,5–8,5	9–11	12–14	15–17	18–20	20–22	25–27	30–32	32–35
kleinster Innendurchmesser (mm) Gruppe II	6,4	7,5	10	–	13	–	17	22	–	28

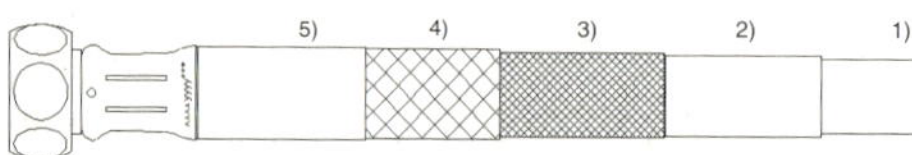

1) Innenschlauch aus PE-X
2) Thermoplastisches Elastomer
3) Polyamidgeflecht
4) Edelstahlgeflecht
5) Außenschlauch aus thermoplastischem Elastomer

Material

Innenschlauch	Elastomere, Kunststoffe, Metalle. EPDM für Trinkwasseranwendungen **nicht** zugelassen.
Umflechtung	nichtrostender Stahldraht oder andere geeignete Werkstoffe, optische Umflechtung aus anderen Werkstoffen möglich – dürfen jedoch Festigkeit nicht beeinträchtigen
Tüllen/Hülsen	nichtrostender Stahl oder andere korrosionsbeständige metallene Werkstoffe
wasserführende Fittings	verzinkte Eisenwerkstoffe, Kupferwerkstoffe, nichtrostender Stahl
Befestigungselemente	verzinkte Eisenwerkstoffe, Kupferwerkstoffe, nichtrostender Stahl

Trinkwasserinstallation *drinking water installation*

Berechnungsbeispiel: Hausinstallation mit PWH-Speicher

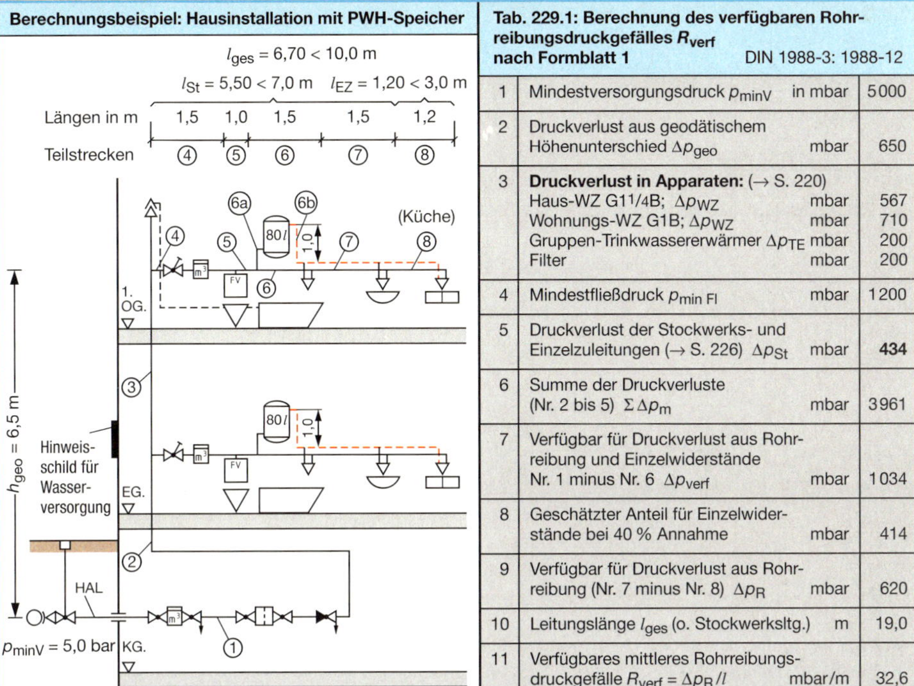

Tab. 229.1: Berechnung des verfügbaren Rohrreibungsdruckgefälles R_{verf} nach Formblatt 1 DIN 1988-3: 1988-12

Nr.		Einheit	Wert
1	Mindestversorgungsdruck p_{minV}	in mbar	5000
2	Druckverlust aus geodätischem Höhenunterschied Δp_{geo}	mbar	650
3	**Druckverlust in Apparaten:** (→ S. 220) Haus-WZ G1¼B; Δp_{WZ} Wohnungs-WZ G1B; Δp_{WZ} Gruppen-Trinkwassererwärmer Δp_{TE} Filter	 mbar mbar mbar mbar	 567 710 200 200
4	Mindestfließdruck $p_{min\,Fl}$	mbar	1200
5	Druckverlust der Stockwerks- und Einzelzuleitungen (→ S. 226) Δp_{St}	mbar	**434**
6	Summe der Druckverluste (Nr. 2 bis 5) $\Sigma \Delta p_m$	mbar	3961
7	Verfügbar für Druckverlust aus Rohrreibung und Einzelwiderstände Nr. 1 minus Nr. 6 Δp_{verf}	mbar	1034
8	Geschätzter Anteil für Einzelwiderstände bei 40 % Annahme	mbar	414
9	Verfügbar für Druckverlust aus Rohrreibung (Nr. 7 minus Nr. 8) Δp_R	mbar	620
10	Leitungslänge l_{ges} (o. Stockwerksltg.)	m	19,0
11	Verfügbares mittleres Rohrreibungsdruckgefälle $R_{verf} = \Delta p_R / l$	mbar/m	32,6

Tab. 229.2: Ermittlung der Rohrdurchmesser, Einzelwiderstände und Druckverluste nach Formblatt 2

TS	l m	$\Sigma \dot{V}_R$ l/s	$\dot{V}_S$ l/s	DN	v m/s	R mbar/m	$l \cdot R$ mbar	Einbauteil, Einzelwiderstände	St	ζ	$\Sigma\zeta$	Z mbar
8	1,20	0,07	0,07	15	0,35	1,50	1,80	Abzweig Durchgang Trennung Winkel 90°	1 2	0,30 0,70	1,70	1,00
7	1,50	0,14	0,14	20	0,45	1,70	2,60	Abzweig Durchgang Trennung	1	0,30	0,30	0,30
6 B	1,00	0,29	0,25	20	0,80	4,70	4,70	Behälteraustritt Winkel 90°	1 2	0,50 0,70	1,90	6,10
6 A	0,50	0,29	0,25	20	0,80	4,70	2,40	Behältereintritt Winkel Abzweig Stromtrennung	1 1 1	1,00 0,70 1,30	3,00	9,60
(6	1,50	0,29	0,25	20	0,80	4,70	7,10	Abzweig Durchgang Trennung Reduzierstück DN 25/DN 20	1 1	0,30 0,40	0,70	2,30)
5	1,00	0,58	0,58	25	1,18	7,10	7,10	Abzweig Durchgang Trennung	1	0,30	0,30	2,10
4	1,50	1,58	1,17	25	2,38	24,50	36,80	Abzweig Stromtrennung Bogen 90°	1 2	1,30 0,30	1,90	53,80
3	3,50	1,58	1,17	25	2,38	24,50	85,80	Abzweig Durchgang Trennung Reduzierstück DN 32/DN 25	1 1	0,30 0,40	0,70	19,80
2	6,00	3,16	1,47	32	1,83	11,30	67,80	Bogen 90° Rückflussverhinderer mit Absperrung Schrägsitzventil DN 32	3 1 1	0,30 5,00 2,00	7,90	132,30
1	3,50	3,16	1,47	32	1,83	11,30	39,60	Schrägsitzventil DN 32	2	2,00	4,00	67,00
HAL	6,00	3,16	1,47	32	1,45	9,10	54,60	Schrägsitzventil DN 32 Absperrschieber DN 32 Anbohrschelle	1 1 1	2,00 0,30 5,00	7,30	76,80
Σl = 25,70 m						$\Sigma l \cdot R$ = 303,2 mbar					ΣZ = 368,8 mbar	

$\Delta p = \Sigma(R \cdot l) + \Sigma Z$ = 303,2 mbar + 368,8 mbar
= 672,0 mbar < 1034 mbar (Δp_{verf}) (Rest: 362 mbar für Rohrreibung)

$Z = 5 \cdot \Sigma\zeta\, v^2$ in mbar (→ S. 224, S. 235)

Trinkwasser-installation

Rohrweitenberechnung *pipe sizing*

Trinkwasser-installation

Tab. 230.1: Gewinderohr — **Rohrreibungsdruckgefälle *R* und rechnerische Fließgeschwindigkeit *v***

DIN EN 10 255: 2007

d_i	DN 10 12,5 mm		DN 15 16,0 mm		DN 20 21,6 mm		DN 25 27,2 mm		DN 32 35,9 mm		DN 40 41,8 mm		DN 50 53,0 mm		DN 65 68,8 mm		DN 80 80,8 mm	
$\dot{V}_S$ in $\frac{l}{s}$	*R* in $\frac{mbar}{m}$	*v* in $\frac{m}{s}$	*R* in $\frac{mbar}{m}$	*v* in $\frac{m}{s}$	*R* in $\frac{mbar}{m}$	*v* in $\frac{m}{s}$	*R* in $\frac{mbar}{m}$	*v* in $\frac{m}{s}$	*R* in $\frac{mbar}{m}$	*v* in $\frac{m}{s}$	*R* in $\frac{mbar}{m}$	*v* in $\frac{m}{s}$	*R* in $\frac{mbar}{m}$	*v* in $\frac{m}{s}$	*R* in $\frac{mbar}{m}$	*v* in $\frac{m}{s}$	*R* in $\frac{mbar}{m}$	*v* in $\frac{m}{s}$
0,07	6,3	0,6	1,8	0,3	0,4	0,2												
0,10	12,3	0,8	3,5	0,5	0,8	0,3												
0,15	26,6	1,2	7,5	0,7	1,6	0,4												
0,20	46,2	1,6	12,9	1,0	2,8	0,5	0,9	0,3	0,2	0,2	0,1	0,1						
0,30	101,6	2,4	28,0	1,5	6,0	0,8	1,9	0,5	0,5	0,3	0,2	0,2						
0,40	178,3	3,3	43,8	2,0	10,3	1,1	3,2	0,7	0,8	0,4	0,4	0,3						
0,50	276,5	4,1	75,4	2,5	15,8	1,4	4,8	0,9	1,2	0,5	0,6	0,4						
0,60	396,1	4,9	107,7	3,0	22,5	1,6	6,8	1,0	1,7	0,6	0,8	0,4						
0,70			145,7	3,5	30,3	1,9	9,2	1,2	2,2	0,7	1,0	0,5						
0,80			189,5	4,0	39,3	2,2	11,9	1,4	2,9	0,8	1,3	0,6						
0,90			239,0	4,5	49,4	2,5	14,9	1,5	3,6	0,9	1,7	0,7						
1,00			294,2	5,0	60,7	2,7	18,3	1,7	4,4	1,0	2,0	0,7	0,6	0,5	0,2	0,3	0,1	0,2
1,20					86,6	3,3	26,0	2,1	6,2	1,2	2,9	0,9	0,8	0,6	0,3	0,3	0,1	0,2
1,40					117,5	3,8	35,2	2,4	8,3	1,4	3,8	1,0	1,1	0,7	0,4	0,4	0,2	0,3
1,50					134,6	4,1	40,2	2,6	9,5	1,5	4,4	1,1	1,3	0,7	0,4	0,4	0,2	0,3
1,60					152,8	4,4	45,6	2,8	10,8	1,6	4,9	1,2	1,4	0,7	0,45	0,4	0,2	0,3
1,80					192,8	4,9	57,5	3,1	13,6	1,8	6,2	1,3	1,8	0,8	0,5	0,5	0,2	0,3
2,00					237,4	5,5	70,7	3,4	16,7	2,0	7,6	1,5	2,3	0,9	0,6	0,5	0,3	0,4
2,25							89,2	3,9	21,0	2,2	9,5	1,6	2,8	1,0	0,8	0,6	0,3	0,4
2,50	DN 100		DN 125		DN 150		109,7	4,3	25,7	2,5	11,7	1,8	3,4	1,1	0,9	0,7	0,4	0,5
2,75	105,3 mm		130 mm		155,4 mm		132,5	4,7	31,0	2,7	14,1	2,0	4,1	1,2	1,1	0,7	0,5	0,5
3,00	0,2	0,3	0,1	0,2	0,0	0,2	157,2	5,2	36,7	3,0	16,7	2,2	4,9	1,4	1,3	0,8	0,6	0,6
3,25									43,0	3,2	19,0	2,4	5,7	1,5	1,5	0,9	0,7	0,6
3,50									49,7	3,5	22,5	2,6	6,6	1,6	1,7	0,9	0,8	0,7
3,75									57,0	3,7	25,7	2,7	7,5	1,7	2,0	1,0	0,9	0,7
4,00	0,3	0,5	0,1	0,3	0,0	0,2			64,7	4,0	29,2	2,9	8,5	1,8	2,2	1,1	1,0	0,8
4,25									72,9	4,2	33,0	3,1	9,6	1,9	2,5	1,1	1,1	0,8
4,50									81,5	4,4	36,8	3,3	10,7	2,0	2,8	1,2	1,2	0,9
5,00	0,4	0,6	0,1	0,4	0,1	0,3			100,4	4,9	45,3	3,6	13,2	2,3	3,4	1,3	1,5	1,0
5,50											54,6	4,0	15,9	2,5	4,1	1,5	1,8	1,1
6,00	0,6	0,7	0,2	0,5	0,1	0,3					64,8	4,4	18,8	2,7	4,9	1,6	2,1	1,2
6,50											75,9	4,7	22,0	2,9	5,7	1,7	2,5	1,3
7,00	0,7	0,8	0,3	0,5	0,1	0,4					87,9	5,1	25,4	3,2	6,6	1,9	2,9	1,4
7,50													29,1	3,4	7,5	2,0	3,3	1,5
8,00	1,0	0,9	0,3	0,6	0,1	0,4							33,1	3,6	8,5	2,2	3,7	1,6
8,50													37,3	3,9	9,6	2,3	4,2	1,7
9,00	1,2	1,0	0,4	0,7	0,2	0,5							41,7	4,1	10,7	2,4	4,7	1,8
9,50													46,4	4,3	11,9	2,6	5,2	1,9
10,00	1,5	1,1	0,5	0,8	0,2	0,5							51,3	4,5	13,2	2,7	5,8	2,0
11,00	1,8	1,3	0,6	0,8	0,2	0,6							61,9	5,0	15,9	3,0	6,9	2,1
12,00	2,1	1,4	0,7	0,9	0,3	0,6									18,9	3,2	8,2	2,3
13,00	2,5	1,5	0,8	1,0	0,3	0,7									22,1	3,5	9,0	2,5
14,00	2,8	1,6	1,0	1,1	0,4	0,7									25,5	3,8	11,1	2,7
15,00	3,2	1,7	1,1	1,1	0,4	0,8									29,3	4,0	12,7	2,9
17,00	4,1	2,0	1,4	1,3	0,6	0,9									37,5	4,6	16,2	3,3
20,00	5,7	2,3	1,9	1,5	0,8	1,1											22,3	3,9
22,00	6,8	2,5	2,3	1,7	0,9	1,2											26,9	4,3
25,00	8,8	2,9	3,0	1,9	1,2	1,3											34,7	4,9
30,00	12,5	3,4	4,2	2,3	1,7	1,6												
35,00	17,0	4,0	5,7	2,6	2,3	1,8												
40,00	22,1	4,6	7,4	3,0	3,0	2,1												

Rohrweitenberechnung *pipe sizing*

Tab. 231.1: Kupferrohr — **Rohrreibungsdruckgefälle *R* und rechnerische Fließgeschwindigkeit *v***

DIN EN 1057: 2006-08

d_i	DN 10 10,0 mm		DN 12 13,0 mm		DN 15 16,0 mm		DN 20 20,0 mm		DN 25 25,0 mm		DN 32 32,0 mm		DN 40 39,0 mm		DN 50 50,0 mm		keine Zuord. 60,0 mm	
$\dot{V}_S$ in l/s	*R* in mbar/m	*v* in m/s	*R* in mbar/m	*v* in m/s	*R* in mbar/m	*v* in m/s	*R* in mbar/m	*v* in m/s	*R* in mbar/m	*v* in m/s	*R* in mbar/m	*v* in m/s	*R* in mbar/m	*v* in m/s	*R* in mbar/m	*v* in m/s	*R* in mbar/m	*v* in m/s
0,05	7,7	0,6	2,2	0,4	0,8	0,2	0,3	0,1	0,1	0,1								
0,07	13,7	0,9	4,0	0,5	1,5	0,3	0,5	0,2	0,2	0,1								
0,10	25,4	1,3	7,3	0,8	2,7	0,5	1,0	0,3	0,3	0,2								
0,20	85,5	2,5	24,5	1,5	9,1	1,0	3,2	0,6	1,1	0,4								
0,30	175,2	3,8	49,9	2,3	18,5	1,5	6,4	1,0	2,2	0,6								
0,40	292,5	5,1	83,1	3,0	30,8	2,0	10,6	1,3	3,7	0,8								
0,50			123,6	3,8	45,7	2,5	15,7	1,6	5,4	1,0								
0,60			171,1	4,5	63,2	3,0	21,7	1,9	7,5	1,2	2,3	0,7	0,9	0,5	0,3	0,3	0,1	0,2
0,70			225,3	5,3	83,2	3,5	28,5	2,2	9,8	1,4								
0,80					105,6	4,0	36,2	2,5	12,4	1,6	3,8	1,0	1,5	0,7	0,5	0,4	0,2	0,3
0,90					130,3	4,5	44,6	2,9	15,3	1,8								
1,00					157,4	5,0	53,9	3,2	18,5	2,0	5,7	1,2	2,2	0,8	0,7	0,5	0,3	0,4
1,20							74,7	3,8	25,6	2,4	7,8	1,5	3,1	1,0	0,9	0,6	0,4	0,4
1,40							98,4	4,5	33,7	2,9	10,3	1,7	4,0	1,2	1,2	0,7	0,5	0,5
1,60							125,1	5,1	42,8	3,3	13,1	2,0	5,1	1,3	1,6	0,8	0,6	0,6
1,80									52,8	3,7	16,2	2,2	6,3	1,5	1,9	0,9	0,8	0,6
2,00									63,9	4,1	19,5	2,5	7,6	1,7	2,3	1,0	1,0	0,7
2,20									75,8	4,5	23,1	2,7	9,0	1,8	2,7	1,1	1,1	0,8
2,40									88,7	4,9	27,0	3,0	10,5	2,0	3,2	1,2	1,3	0,8
2,60	DN 65		DN 80		DN 100		DN 125		DN 150		31,2	3,2	12,1	2,2	3,7	1,3	1,5	0,9
2,80	72,1 mm		84,9 mm		103 mm		127 mm		153 mm		35,7	3,5	13,8	2,3	4,2	1,4	1,8	1,0
3,00	0,8	0,7	0,4	0,5	0,1	0,4	0,1	0,2	0,0	0,2	40,4	3,7	15,6	2,5	4,7	1,5	2,0	1,1
3,20											45,3	4,0	17,5	2,7	5,3	1,6	2,2	1,1
3,40											50,6	4,2	19,5	2,8	5,9	1,7	2,5	1,2
3,60											56,1	4,5	21,6	3,0	6,6	1,8	2,7	1,3
3,80	1,3	0,9	0,6	0,6	0,2	0,5	0,1	0,3	0,0	0,2	61,8	4,7	23,8	3,2	7,2	1,9	3,0	1,3
4,00	1,4	1,0	0,6	0,7	0,2	0,5	0,1	0,3	0,0	0,2	67,8	5,0	26,2	3,3	7,9	2,0	3,3	1,4
4,20											74,1	5,2	28,6	3,5	8,6	2,1	3,6	1,5
4,40	1,6	1,1	0,7	0,7	0,2	0,5	0,1	0,3	0,0	0,3			31,0	3,7	9,4	2,2	3,9	1,6
4,60													33,6	3,9	10,2	2,3	4,2	1,6
4,80	1,8	1,2	0,8	0,8	0,3	0,6	0,1	0,4	0,1	0,3			36,3	4,0	11,0	2,4	4,6	1,7
5,00													39,1	4,2	11,8	2,5	4,9	1,8
5,20	2,2	1,3	1,0	0,9	0,4	0,6	0,1	0,4	0,1	0,3			42,0	4,4	12,7	2,6	5,3	1,8
5,60	2,5	1,4	1,1	1,0	0,4	0,7	0,2	0,5	0,1	0,3			48,0	4,7	14,5	2,9	6,0	2,0
6,00	2,8	1,5	1,3	1,1	0,5	0,7	0,2	0,5	0,1	0,3			54,4	5,0	16,4	3,1	6,8	2,1
6,40	3,2	1,6	1,5	1,1	0,5	0,8	0,2	0,5	0,1	0,3					18,4	3,3	7,7	2,3
6,80	3,6	1,7	1,7	1,2	0,6	0,8	0,2	0,6	0,1	0,4					20,6	3,5	8,6	2,4
7,20	4,0	1,8	1,8	1,2	0,7	0,9	0,3	0,6	0,1	0,4					22,8	3,7	9,5	2,5
7,60	4,3	1,9	2,0	1,3	0,8	0,9	0,3	0,6	0,1	0,4					25,2	3,9	10,5	2,7
8,00	4,7	2,0	2,2	1,4	0,9	1,0	0,3	0,6	0,1	0,4					27,6	4,1	11,5	2,8
8,40	5,1	2,1	2,4	1,4	0,9	1,0	0,3	0,6	0,1	0,4					30,2	4,3	12,5	3,0
8,80	5,6	2,2	2,6	1,5	1,0	1,1	0,4	0,7	0,2	0,5					32,8	4,5	13,6	3,1
9,20	6,1	2,2	2,8	1,6	1,1	1,1	0,4	0,7	0,2	0,5					35,6	4,7	14,8	3,3
9,60	6,6	2,3	3,0	1,7	1,2	1,2	0,5	0,8	0,2	0,5					38,4	4,9	15,9	3,4
10,00	7,1	2,4	3,2	1,8	1,3	1,2	0,5	0,8	0,2	0,5					41,4	5,1	17,2	3,5
11,00	8,4	2,7	3,8	1,9	1,5	1,3	0,6	0,9	0,2	0,6							20,4	3,9
12,00	9,9	2,9	4,5	2,1	1,8	1,4	0,6	0,9	0,3	0,7							23,9	4,2
13,00	11,4	3,2	5,2	2,3	2,0	1,6	0,7	1,0	0,3	0,7							27,6	4,5
15,00	14,8	3,7	6,7	2,6	2,6	1,8	1,0	1,2	0,4	0,8								
17,00	18,5	4,2	8,4	3,0	3,3	2,0	1,2	1,3	0,5	0,9								
20,00	24,9	4,9	11,3	3,5	4,5	2,4	1,6	1,6	0,7	1,1								
25,00			17,0	4,4	6,7	3,0	2,4	2,0	1,0	1,4								
30,00					9,3	3,6	3,4	2,4	1,4	1,6								
35,00					12,3	4,2	4,5	2,8	1,8	1,9								
40,00					15,7	4,8	5,7	3,2	2,3	2,2								

Rohrweitenberechnung *pipe sizing*

Tab. 232.1: PVC-U Rohr | **Rohrreibungsdruckgefälle *R* und rechnerische Fließgeschwindigkeit *v* PN 16** DIN EN 1452: 1999-07

d_i	DN 10 13,6 mm		DN 15 17,0 mm		DN 20 21,2 mm		DN 25 27,2 mm		DN 32 34,0 mm		DN 40 42,6 mm		DN 50 53,6 mm		DN 65 63,8 mm		DN 80 76,6 mm	
$\dot{V}_S$ in $\frac{l}{s}$	*R* in $\frac{mbar}{m}$	*v* in $\frac{m}{s}$	*R* in $\frac{mbar}{m}$	*v* in $\frac{m}{s}$	*R* in $\frac{mbar}{m}$	*v* in $\frac{m}{s}$	*R* in $\frac{mbar}{m}$	*v* in $\frac{m}{s}$	*R* in $\frac{mbar}{m}$	*v* in $\frac{m}{s}$	*R* in $\frac{mbar}{m}$	*v* in $\frac{m}{s}$	*R* in $\frac{mbar}{m}$	*v* in $\frac{m}{s}$	*R* in $\frac{mbar}{m}$	*v* in $\frac{m}{s}$	*R* in $\frac{mbar}{m}$	*v* in $\frac{m}{s}$
0,05	1,8	0,3	0,6	0,2	0,2	0,1												
0,10	6,0	0,7	2,1	0,4	0,7	0,3	0,2	0,2	0,4	0,1	0,0	0,1						
0,15	12,2	1,0	4,2	0,7	1,5	0,4												
0,20	20,2	1,4	7,0	0,9	2,4	0,6	0,7	0,3	0,3	0,2	0,1	0,1						
0,30	41,6	2,1	14,2	1,3	4,9	0,8	1,5	0,5	0,5	0,3	0,2	0,2						
0,40	69,8	2,8	23,7	1,8	8,2	1,1	2,5	0,7	0,9	0,4	0,3	0,3						
0,50	104,4	3,4	35,4	2,2	12,2	1,4	3,7	0,9	1,3	0,6	0,4	0,4						
0,60	145,5	4,1	49,1	2,6	16,9	1,7	5,1	1,0	1,8	0,7	0,6	0,4						
0,70	192,8	4,8	64,9	3,1	22,3	2,0	6,7	1,2	2,3	0,8	0,8	0,5						
0,80			82,7	3,5	28,3	2,3	8,5	1,4	2,9	0,9	1,0	0,6						
0,90			102,5	4,0	35,0	2,5	10,5	1,5	3,6	1,0	1,2	0,6	0,4	0,4	0,2	0,3	0,1	0,2
1,00			124,2	4,4	42,3	2,8	12,7	1,7	4,3	1,1	1,5	0,7	0,5	0,4	0,2	0,3	0,1	0,2
1,20			173,5	5,3	58,9	3,4	17,6	2,1	6,0	1,3	2,0	0,8	0,7	0,6	0,3	0,4	0,1	0,3
1,40					78,1	4,0	23,2	2,4	7,9	1,5	2,7	1,0	0,9	0,7	0,4	0,4	0,1	0,3
1,50					88,6	4,2	26,3	2,6	8,9	1,7	3,0	1,1	1,0	0,7	0,4	0,5	0,2	0,3
1,60					99,7	4,5	29,6	2,8	10,0	1,8	3,4	1,1	1,1	0,7	0,5	0,5	0,2	0,4
1,80							36,6	3,1	12,4	2,0	4,2	1,3	1,3	0,8	0,6	0,5	0,2	0,4
2,00							44,4	3,4	15,0	2,2	5,1	1,4	1,7	0,9	0,7	0,6	0,3	0,4
2,20							52,8	3,8	17,8	2,4	6,0	1,5	2,0	0,9	0,8	0,6	0,4	0,5
2,40							61,9	4,1	20,9	2,6	7,0	1,7	2,4	1,0	0,9	0,7	0,4	0,5
2,50	DN 100		DN 125		DN 150								2,5	1,1	1,1	0,8	0,4	0,5
2,60	93,6 mm		119,2 mm		136,2 mm		71,7	4,5	24,2	2,9	8,1	1,8	2,8	1,1	1,1	0,7	0,5	0,6
2,80							82,2	4,8	27,6	3,1	9,3	2,0	3,2	1,2	1,3	0,8	0,5	0,6
3,00	0,2	0,4	0,1	0,3	0,0	0,2	93,3	5,2	31,4	3,3	10,5	2,1	3,5	1,3	1,5	0,9	0,6	0,7
3,20									35,3	3,5	11,8	2,2	3,9	1,4	1,7	0,9	0,6	0,7
3,60									43,8	4,0	14,6	2,5	4,9	1,6	2,1	1,1	0,8	0,8
4,00	0,4	0,6	0,1	0,4	0,1	0,3			53,1	4,4	17,7	2,8	5,8	1,8	2,5	1,3	1,0	0,9
4,40	0,5	0,7	0,2	0,4	0,1	0,3			63,3	4,8	21,0	3,1	7,0	1,9	3,0	1,4	1,2	0,9
4,80											24,7	3,4	8,2	2,1	3,5	1,5	1,4	1,0
5,20	0,6	0,8	0,2	0,5	0,1	0,3					28,5	3,6	9,5	2,3	4,0	1,7	1,7	1,1
5,60	0,7	0,8	0,3	0,5	0,1	0,4					32,7	3,9	10,8	2,5	4,6	1,8	2,0	1,2
6,00	0,8	0,9	0,3	0,5	0,1	0,4					37,1	4,2	12,1	2,7	5,2	1,9	2,2	1,3
6,40	0,9	0,9	0,3	0,5	0,1	0,4					41,8	4,5	13,9	2,8	6,0	2,0	2,5	1,3
6,80	1,0	1,0	0,3	0,6	0,2	0,5					46,8	4,8	15,6	3,0	6,7	2,1	2,8	1,4
7,20	1,1	1,0	0,3	0,6	0,2	0,5					52,0	5,1	17,1	3,2	7,4	2,3	3,1	1,5
7,60	1,2	1,1	0,4	0,7	0,2	0,5							18,8	3,4	8,1	2,4	3,3	1,6
8,00	1,4	1,2	0,4	0,7	0,2	0,5							20,5	3,5	8,8	2,5	3,6	1,7
8,40	1,5	1,2	0,4	0,7	0,2	0,5							22,5	3,6	9,6	2,7	4,0	1,8
8,80	1,6	1,3	0,5	0,8	0,3	0,6							24,6	3,8	10,5	2,8	4,3	1,9
9,20	1,8	1,3	0,5	0,8	0,3	0,6							26,7	4,0	11,4	2,9	4,7	2,0
9,60	2,0	1,4	0,6	0,9	0,3	0,6							28,8	4,2	12,3	3,0	5,1	2,2
10,00	2,1	1,5	0,6	0,9	0,3	0,7							30,9	4,4	13,2	3,1	5,4	2,2
15,00	4,3	2,2	1,3	1,3	0,7	1,0									27,8	4,7	11,4	3,3
20,00	7,3	2,9	2,2	1,8	1,2	1,4											19,3	4,3
25,00	11,0	3,6	3,4	2,2	1,8	1,7												
30,00	15,3	4,4	4,7	2,7	2,5	2,1												
35,00	20,4	5,1	6,3	3,1	3,3	2,4												
40,00			8,0	3,6	4,2	2,7												

Rohrweitenberechnung *pipe sizing*

Tab. 233.1: PE 80 Rohr — **Rohrreibungsdruckgefälle *R* und rechnerische Fließgeschwindigkeit *v***
Rohrserienzahl S5; PN 10 — DIN EN 12 201: 2003-06 (DIN 8074: 1999-08)

d_i	DN 15 16,2 mm		DN 20 20,4 mm		DN 25 26,2 mm		DN 32 32,8 mm		DN 40 40,8 mm		DN 50 51,4 mm		DN 65 61,4 mm		DN 80 73,6 mm		DN 100 102,2 mm	
$\dot{V}_S$ in $\frac{l}{s}$	*R* in $\frac{mbar}{m}$	*v* in $\frac{m}{s}$	*R* in $\frac{mbar}{m}$	*v* in $\frac{m}{s}$	*R* in $\frac{mbar}{m}$	*v* in $\frac{m}{s}$	*R* in $\frac{mbar}{m}$	*v* in $\frac{m}{s}$	*R* in $\frac{mbar}{m}$	*v* in $\frac{m}{s}$	*R* in $\frac{mbar}{m}$	*v* in $\frac{m}{s}$	*R* in $\frac{mbar}{m}$	*v* in $\frac{m}{s}$	*R* in $\frac{mbar}{m}$	*v* in $\frac{m}{s}$	*R* in $\frac{mbar}{m}$	*v* in $\frac{m}{s}$
0,05	0,8	0,2	0,3	0,2	0,1	0,1												
0,10	2,8	0,5	0,9	0,3	0,3	0,2	0,1	0,1	0,0	0,1								
0,15	5,6	0,7	1,8	0,5	0,6	0,3												
0,20	9,3	1,0	2,9	0,6	0,9	0,4	0,3	0,2	0,1	0,2								
0,30	19,0	1,5	5,9	0,9	1,9	0,6	0,6	0,4	0,2	0,2	0,1	0,1						
0,40	31,8	2,0	9,9	1,2	3,1	0,8	1,1	0,5	0,4	0,3	0,1	0,2						
0,50	47,4	2,5	14,7	1,5	4,5	0,9	1,6	0,6	0,5	0,4	0,2	0,2						
0,60	65,9	3,0	20,3	1,8	6,3	1,1	2,1	0,7	0,7	0,5	0,2	0,3						
0,70	87,2	3,5	26,8	2,1	8,3	1,3	2,8	0,8	1,0	0,5	0,3	0,3						
0,80	111,1	4,0	34,1	2,4	10,6	1,5	3,6	1,0	1,2	0,6	0,4	0,4						
0,90	137,8	4,5	42,2	2,8	13,0	1,7	4,4	1,1	1,5	0,7	0,5	0,4	0,2	0,3				
1,00	167,1	5,0	51,0	3,1	15,8	1,9	5,3	1,2	1,8	0,8	0,6	0,5	0,3	0,3	0,1	0,2		
1,20			71,1	3,7	21,9	2,3	7,3	1,4	2,5	0,9	0,8	0,6	0,4	0,4	0,1	0,2		
1,40			94,2	4,3	28,9	2,6	9,7	1,7	3,3	1,1	1,1	0,7	0,4	0,4	0,2	0,3		
1,50			106,9	4,6	32,8	2,8	11,0	1,8	3,7	1,1	1,2	0,7	0,5	0,5	0,2	0,4		
1,60			120,4	4,9	36,8	3,0	12,3	1,9	4,2	1,2	1,4	0,8	0,5	0,5	0,2	0,4		
1,80					43,3	3,3	15,2	2,2	5,1	1,4	1,7	0,9	0,7	0,6	0,3	0,4		
2,00					52,8	3,7	18,4	2,4	6,2	1,5	2,0	1,0	0,9	0,7	0,4	0,5		
2,20					65,8	4,1	21,9	2,6	7,4	1,7	2,4	1,1	1,0	0,7	0,4	0,5		
2,40					77,2	4,5	25,6	2,9	8,6	1,8	2,8	1,2	1,2	0,8	0,5	0,6	0,1	0,2
2,50					83,2	4,7	27,6	3,0	9,3	1,9	3,1	1,2	1,3	0,8	0,5	0,6	0,1	0,3
2,60					89,5	4,9	29,6	3,1	10,0	2,0	3,3	1,3	1,4	0,8	0,5	0,6	0,2	0,3
2,80							33,9	3,4	11,4	2,1	3,7	1,3	1,6	0,9	0,6	0,6	0,2	0,3
3,00							38,5	3,6	12,9	2,3	4,2	1,4	1,8	1,0	0,8	0,7	0,2	0,4
3,20							43,3	3,8	14,5	2,4	4,8	1,5	2,0	1,1	0,9	0,7	0,2	0,4
3,40							48,4	4,1	16,2	2,6	5,3	1,6	2,3	1,2	1,0	0,8	0,2	0,4
3,60	DN 125		DN 150				53,7	4,3	18,0	2,8	5,9	1,7	2,5	1,2	1,1	0,8	0,2	0,4
3,80	130,8 mm		147,2 mm				59,4	4,6	19,9	2,9	6,5	1,8	2,8	1,3	1,2	0,9	0,3	0,5
4,00	0,1	0,3	0,0	0,2			65,2	4,8	21,8	3,1	7,1	1,9	3,1	1,4	1,3	0,9	0,3	0,5
4,50									27,0	3,4	8,8	2,2	3,8	1,5	1,6	1,1	0,3	0,5
5,00	0,1	0,4	0,1	0,3					32,8	3,8	10,7	2,4	4,6	1,7	1,9	1,2	0,4	0,6
5,50									39,1	4,2	12,7	2,7	5,4	1,9	2,2	1,3	0,5	0,7
6,00	0,2	0,4	0,1	0,4					45,9	4,6	14,9	2,9	6,4	2,0	2,6	1,4	0,5	0,7
7,00	0,2	0,5	0,1	0,4							19,7	3,4	8,4	2,4	3,4	1,6	0,7	0,9
8,00	0,3	0,6	0,2	0,5							25,2	3,9	10,7	2,7	4,4	1,9	0,9	1,0
9,00	0,3	0,7	0,2	0,5							31,2	4,3	13,3	3,1	5,4	2,1	1,1	1,1
10,00	0,4	0,7	0,2	0,6							37,9	4,8	16,2	3,4	6,6	2,4	1,3	1,2
11,00	0,5	0,8	0,3	0,6									19,3	3,7	7,8	2,6	1,6	1,3
12,00	0,6	0,9	0,3	0,7									22,6	4,1	9,2	2,8	1,9	1,5
13,00	0,7	1,0	0,4	0,8									26,2	4,4	10,6	3,1	2,2	1,6
14,00	0,8	1,0	0,4	0,8									30,0	4,8	12,2	3,3	2,5	1,7
15,00	0,9	1,1	0,5	0,9									34,1	5,1	13,8	3,5	2,8	1,8
20,00	1,4	1,5	0,8	1,2											23,5	4,7	4,7	2,4
25,00	2,2	1,9	1,2	1,5													7,1	3,0
30,00	3,0	2,2	1,7	1,8													10,0	3,7
35,00	4,0	2,6	2,2	2,1													13,3	4,3
40,00	5,1	3,0	2,9	2,4													17,0	4,9

Rohrweitenberechnung *pipe sizing*

Tab. 234.1: Edelstahlrohre | **Rohrreibungsdruckgefälle *R* und rechnerische Fließgeschwindigkeit *v***
DVGW-W 541; DIN EN ISO 1127: 1997-03

d_i	DN 10 10,0 mm		DN 12 13,0 mm		DN 15 16,0 mm		DN 20 19,6 mm		DN 25 25,6 mm		DN 32 32,0 mm		DN 40 39,0 mm		DN 50 51,0 mm		DN 65 72,1 mm	
$\dot{V}_S$ in $\frac{l}{s}$	R in $\frac{mbar}{m}$	v in $\frac{m}{s}$	R in $\frac{mbar}{m}$	v in $\frac{m}{s}$	R in $\frac{mbar}{m}$	v in $\frac{m}{s}$	R in $\frac{mbar}{m}$	v in $\frac{m}{s}$	R in $\frac{mbar}{m}$	v in $\frac{m}{s}$	R in $\frac{mbar}{m}$	v in $\frac{m}{s}$	R in $\frac{mbar}{m}$	v in $\frac{m}{s}$	R in $\frac{mbar}{m}$	v in $\frac{m}{s}$	R in $\frac{mbar}{m}$	v in $\frac{m}{s}$
0,05	7,7	0,6	2,2	0,4	0,8	0,2	0,3	0,2	0,1	0,1								
0,10	25,4	1,3	7,3	0,8	2,7	0,5	1,0	0,3	0,3	0,2								
0,15	51,5	1,9	14,8	1,1	5,5	0,7	1,9	0,5	0,7	0,3								
0,20	85,5	2,5	24,5	1,5	9,1	1,0	3,3	0,6	1,1	0,4	0,3	0,2	0,1	0,2				
0,30	175,2	3,8	49,9	2,3	18,5	1,5	6,5	1,0	2,1	0,6								
0,40	292,5	5,1	83,1	3,0	30,8	2,0	10,8	1,3	3,6	0,8	1,1	0,5	0,4	0,3				
0,50			123,6	3,8	45,7	2,5	16,0	1,6	5,3	1,0								
0,60			171,1	4,5	63,2	3,0	22,2	1,9	7,3	1,2	2,3	0,7	0,9	0,5				
0,70			225,5	5,3	83,2	3,5	29,1	2,2	9,5	1,4								
0,80					105,6	4,0	37,0	2,5	12,0	1,6	3,8	1,0	1,5	0,7				
0,90					130,3	4,5	45,6	2,9	14,8	1,8								
1,00					157,4	5,0	55,1	3,2	17,9	2,0	5,7	1,2	2,2	0,8	0,7	0,5	0,1	0,2
1,10							65,3	3,5	21,2	2,2								
1,20							76,3	3,8	24,8	2,4	7,8	1,5	3,1	1,0	0,9	0,6		
1,30							88,1	4,1	28,6	2,6								
1,40							100,6	4,5	32,7	2,9	10,3	1,7	4,0	1,2	1,2	0,7		
1,50							113,9	4,8	37,0	3,1								
1,60							127,9	5,1	41,5	3,3	13,1	2,0	5,1	1,3	1,6	0,8		
1,70									46,3	3,5								
1,80	DN 80								51,2	3,7	16,2	2,2	6,3	1,5	1,9	0,9		
1,90	84,9 mm								56,5	3,9								
2,00	0,2	0,4							62,0	4,1	19,5	2,5	7,6	1,7	2,3	1,0	0,4	0,5
2,20									73,5	4,5	23,1	2,7	9,0	1,8	2,6	1,1		
2,40									86,0	4,9	27,0	3,0	10,5	2,0	3,1	1,2		
2,50									92,5	5,1	29,1	3,1	11,3	2,1	3,4	1,3		
2,60											31,2	3,2	12,1	2,2	3,6	1,3		
2,80											35,7	3,5	13,8	2,3	4,1	1,4		
3,00	0,4	0,5									40,4	3,7	15,6	2,5	4,6	1,5	0,8	0,7
3,20											45,3	4,0	17,5	2,7	5,2	1,6		
3,40											50,6	4,2	19,5	2,8	5,8	1,7		
3,50											53,4	4,4	20,6	2,9	6,2	1,8		
3,60											56,1	4,5	21,6	3,0	6,5	1,8		
3,80											61,8	4,7	23,2	3,2	7,1	1,9		
4,00	0,6	0,7									67,8	5,0	26,2	3,3	7,7	2,0	1,4	1,0
4,20											74,1	5,2	28,6	3,5	8,4	2,2		
4,40													31,0	3,7	9,2	2,2		
4,50													32,3	3,8	9,6	2,3		
4,60													33,6	3,9	10,0	2,3		
4,80													36,3	4,0	10,8	2,4		
5,00	0,9	0,9											39,1	4,2	11,6	2,5	2,0	1,2
5,20													42,0	4,4	12,5	2,6		
5,40													44,9	4,5	13,3	2,8		
5,50													46,5	4,6	13,8	2,9		
5,60													48,0	4,7	14,2	2,9		
5,80													51,1	4,9	15,0	3,0		
6,00	1,3	1,1											54,4	5,0	16,1	3,1	2,8	1,5
6,20															17,1	3,2		

Rohrweitenberechnung *pipe sizing*

Tab. 235.1: PE-X Rohr — **Rohrreibungsdruckgefälle *R* und rechnerische Fließgeschwindigkeit *v*, Rohrserienzahl S 3,2; PN 20** — DIN EN ISO 15 875: 2004-03 (DIN 16 893: 2000-09)

d_i	DN 8 8,4 mm		DN 12 11,6 mm		DN 15 14,4 mm		DN 20 18,0 mm		d_i	DN 25 23,2 mm		DN 32 29,0 mm		DN 40 36,2 mm		DN 50 45,6 mm	
$\dot{V}_S$ in $\frac{l}{s}$	*R* in $\frac{mbar}{m}$	*v* in $\frac{m}{s}$	*R* in $\frac{mbar}{m}$	*v* in $\frac{m}{s}$	*R* in $\frac{mbar}{m}$	*v* in $\frac{m}{s}$	*R* in $\frac{mbar}{m}$	*v* in $\frac{m}{s}$	$\dot{V}_S$ in $\frac{l}{s}$	*R* in $\frac{mbar}{m}$	*v* in $\frac{m}{s}$	*R* in $\frac{mbar}{m}$	*v* in $\frac{m}{s}$	*R* in $\frac{mbar}{m}$	*v* in $\frac{m}{s}$	*R* in $\frac{mbar}{m}$	*v* in $\frac{m}{s}$
0,01	1,2	0,2	0,3	0,1	0,1	0,1	0,0	0,04	0,10	0,5	0,2	0,2	0,4	0,1	0,1	0,0	0,1
0,02	3,7	0,4	0,8	0,2	0,3	0,1	0,1	0,08	0,20	1,6	0,5	0,5	0,3	0,2	0,2	0,1	0,1
0,03	7,4	0,5	1,6	0,3	0,6	0,2	0,2	0,12	0,30	3,2	0,7	1,1	0,5	0,4	0,3	0,1	0,2
0,04	12,5	0,7	2,6	0,4	0,9	0,2	0,3	0,16	0,40	5,3	0,9	1,8	0,6	0,6	0,4	0,2	0,2
0,05	17,8	0,9	3,9	0,5	1,4	0,3	0,5	0,20	0,50	7,9	1,2	2,7	0,8	0,9	0,5	0,3	0,3
0,06	24,5	1,1	5,3	0,6	1,9	0,4	0,7	0,24	0,60	10,9	1,4	3,7	0,9	1,3	0,6	0,4	0,4
0,07	32,1	1,3	6,9	0,7	2,5	0,4	0,9	0,28	0,70	14,4	1,7	4,9	1,1	1,7	0,7	0,6	0,4
0,08	40,6	1,4	8,7	0,8	3,1	0,5	1,1	0,31	0,80	18,3	1,9	6,2	1,2	2,2	0,8	0,7	0,5
0,09	49,9	1,6	10,7	0,9	3,8	0,6	1,3	0,35	0,90	22,6	2,1	7,7	1,4	2,7	0,9	0,9	0,6
0,10	60,1	1,8	12,8	0,9	4,6	0,6	1,6	0,40	1,00	27,3	2,4	9,3	1,5	3,2	1,0	1,1	0,6
0,15	123,8	2,7	26,1	1,4	9,3	0,9	3,2	0,60	1,10	32,5	2,6	11,0	1,7	3,8	1,1	1,3	0,7
0,20	207,9	3,6	43,5	1,9	15,4	1,2	5,3	0,80	1,20	38,0	2,8	12,9	1,8	4,4	1,2	1,5	0,7
0,25	311,6	4,5	64,8	2,4	22,8	1,5	7,8	1,0	1,40	50,3	3,3	17,0	2,1	5,8	1,4	1,9	0,9
0,30	434,8	5,4	89,9	2,8	31,6	1,8	10,8	1,2	1,60	64,2	3,8	21,7	2,4	7,4	1,6	2,4	1,0
0,35	577,0	6,3	118,8	3,3	41,6	2,1	14,2	1,4	1,80	79,6	4,3	26,8	2,7	9,2	1,7	3,0	1,1
0,40			151,3	3,8	52,9	2,5	18,0	1,6	2,00	96,5	4,7	32,4	3,0	11,1	1,9	3,6	1,2
0,45			187,4	4,3	65,4	2,8	22,2	1,8	2,20	115,0	5,2	38,6	3,3	13,2	2,1	4,3	1,3
0,50			227,2	4,7	79,1	3,1	26,8	2,0	2,40			45,3	3,6	15,4	2,3	5,0	1,5
0,55			270,5	5,2	94,0	3,4	31,8	2,2	2,60			52,4	3,9	17,8	2,5	5,8	1,6
0,60			317,3	5,7	110,1	3,7	37,2	2,4	2,80			60,1	4,2	20,4	2,7	6,7	1,7
0,65			367,7	6,2	127,3	4,0	43,0	2,6	3,00			68,2	4,5	23,1	2,9	7,5	1,8
0,70					145,8	4,3	49,2	2,8	3,20			76,8	4,8	26,0	3,1	8,5	2,0
0,75					165,3	4,9	55,7	2,9	3,40			85,8	5,1	29,0	3,3	9,5	2,1
0,80					186,1	4,9	62,6	3,1	3,60					32,2	3,5	10,5	2,2
0,85					208,0	5,2	69,9	3,3	3,80					35,6	3,7	11,6	2,3
0,90					231,0	5,5	77,5	3,5	4,00					39,1	3,9	12,7	2,4
0,95					255,2	5,8	85,5	3,2	5,00					58,9	4,9	19,1	3,1
1,00					280,5	6,1	93,9	3,9	6,00							26,6	3,7
1,20							131,1	4,7	7,00							35,3	4,3

Tab. 235.2: Druckverluste aus Einzelwiderständen *Z* für den Verlustbeiwert $\zeta = 1$ (bei Dichte $\varrho = 999{,}7\ kg/m^3$, $\vartheta = 10\,°C$) in Abhängigkeit von der rechnerischen Fließgeschwindigkeit *v* ($Z = 5v^2 \cdot \Sigma\zeta$ in mbar)
DIN 1988-3: 1988-12

Rechnerische Fließgeschwindigkeit *v* $\frac{m}{s}$	Druckverlust *Z* für $\zeta = 1$ mbar	Rechnerische Fließgeschwindigkeit *v* $\frac{m}{s}$	Druckverlust *Z* für $\zeta = 1$ mbar	Rechnerische Fließgeschwindigkeit *v* $\frac{m}{s}$	Druckverlust *Z* für $\zeta = 1$ mbar	Rechnerische Fließgeschwindigkeit *v* $\frac{m}{s}$	Druckverlust *Z* für $\zeta = 1$ mbar
0,1	0,1	1,4	9,8	2,7	36,5	4,0	80,0
0,2	0,2	1,5	11,3	2,8	39,2	4,1	84,0
0,3	0,5	1,6	12,8	2,9	42,1	4,2	88,0
0,4	0,8	1,7	14,5	3,0	45,0	4,3	92,0
0,5	1,3	1,8	16,2	3,1	48,0	4,4	97,0
0,6	1,8	1,9	18,1	3,2	51,2	4,5	101,0
0,7	2,5	2,0	20,0	3,3	54,5	4,6	106,0
0,8	3,2	2,1	22,1	3,4	57,8	4,7	110,0
0,9	4,1	2,2	24,2	3,5	61,3	4,8	115,0
1,0	5,0	2,3	26,5	3,6	64,8	4,9	120,0
1,1	6,1	2,4	28,8	3,7	68,0	5,0	125,0
1,2	7,2	2,5	31,3	3,8	72,0		
1,3	8,5	2,6	33,8	3,9	76,0		

Einsparpotenziale in der Sanitärtechnik *economy potential in the sanitary work*

Art	Möglichkeiten mit Bemerkungen	Einsatzbereiche öffentlich	Einsatzbereiche nicht öffent.
Wasser	• Eingriffmischbatterie; Selbstschluss-Duscharmatur	X	X
	• Auslaufarmatur mit Luftsprudler	X	X
	• Zeitschaltuhr → Intervallregelung	X	
	• Annäherungssteuerung für Urinale	X	
	• Lichtschrankensteuerung für Urinalstände	X	
	• Zweistromregelung an WC-Spülkästen	X	X
	• 4,5 l bzw. 3,0 l WC mit neuem Spülsystem	X	X
	• ergonomisch geformte Badewanne (→ S. 265)		X
	• Vakuumtoiletten (Bahn, Bus, Schiff, Flugzeug, Raumschiff)	X	
	• Wasserlose Urinale	X	
	• Trockenklosett (z. B. Nationalparks in NZ, China, USA, Kanada)	(X)	X
	• Ökowasch-/Geschirrspülmaschinen		X
	• dicht schließende Auslaufventile (keine Tropfverluste)	X	X
	• Sorgfalt beim persönlichen Wasserbedarf (Duschen statt Wannenbad), keine ungenutzte Wasserentnahme z. B. beim „Einseifen".		X
	• Waschtisch mit Elektronikarmatur	X	X
	• pneumatische Selbstschlussarmaturen	X	
	• elektronisch zeitgesteuerte, optoelektronisch und radar-elektron. gesteuerte Armaturensysteme, wo Wasserfluss durch Magnetventile freigegeben oder gesperrt wird	X	
	• Trinkwassereinsparung durch Druckminderung	X	X
	• Grauwassernutzung für WC-Spülung (siehe VDI-Richtlinie 6024)	X	
Material	• richtige Wahl der Rohrleitungswerkstoffe unter Beachtung von pH-Wert und Härte des Wassers	X	X
	• bedarfsgerechte, richtige Dimensionierung der Armaturen und Rohrleitungen	X	X
	• optimale Rohrführungen der Trinkwasserinstallationen (→ S. 225)	X	X
	• ergonomisch geformte Badewannen (→ S. 265)		X
	• sachgemäße Rohrverbindungstechniken anwenden, keine Mischinstallation, somit Korrosionsschäden vermeidbar	X	X
Energie	• Wärmedämmmaßnahmen von warmwasserführenden Rohrleitungen (→ S. 253)	X	X
	• Druckverlustarme Armaturen (→ S. 224) (Kolbenschieber, Schrägsitzventil statt Geradsitzventil)	X	X
	• Druckverlust minimierte Armaturen für Toilettenspülung (Spülkastenarmatur statt Druckspüler) (→ S. 218)	X	X
	• Druckverlustreduzierung durch Ringleitung (→ S. 225)	X	X
	• Wärmeverlustminimierung durch Zirkulationsleitung bzw. Begleitheizung (→ S. 255 f.)	X	X
	• optimale Auslegung von Warmwasserbereitungssystemen und Speichern	X	X

Recycling in der Technischen Gebäudeausrüstung (TGA)/Sanitärtechnik
capacity of recycling in the technical building equipment/sanitary work

Grundlagen:

- Kreislauf Wirtschafts-/Abfallgesetz (KrW-/Abf.G) 6.10.1994
- VDI 2074: Recycling in der TGA in VDI-Berichte Nr. 1407 (1998)
- VDI-Richtlinie 2243 Konstruktion recyclinggerechter Produkte

Möglichkeiten:

- Wahl abfallarmer Fertigungsverfahren
- Wahl energiesparender und emissionsarmer Fertigungsverfahren
- Verzicht auf Zusatzstoffe und Hilfsstoffe
- Wahl kreislauffähiger Werkstoffe
- Minimierung der Werkstoffvielfalt
- Kombination untereinander verträglicher Werkstoffe
- Trenn- und Separierbarkeit der Werkstoffe
- Verzicht auf Schadstoffe
- Schaffung zerlegefreundlicher Baustrukturen und Verbindungstechniken
- Auswahl abfallarmer Konstruktionen
- Wahl gekennzeichneter Werk- und Hilfsstoffe und ggf. Schadstoffen

Priorität einer Kreislaufstrategie ist Abfallvermeidung bei optimierter Materialausnutzung, schadenssicherer Konstruktion und langer Lebensdauer.

Sicherheitseinrichtungen, Sicherheitsmaßnahmen

safety devices, safety precautions

Tab. 237.1: Flüssigkeitskategorien DIN EN 1717: 2001-05

1	Wasser für den menschlichen Gebrauch, das direkt aus einer Trinkwasser-Installation entnommen wird; beispielsweise Leitungswasser aus dem freien Auslauf
2	Flüssigkeit, die zwar in Bezug auf Geschmack, Geruch, Farbe oder Temperatur verändert ist, aber keine Gefährdung der menschlichen Gesundheit darstellt; beispielsweise Kaffee, Tee, Limonade
3	Flüssigkeit, die eine Gesundheitsgefährdung darstellt, weil sie wenige giftige Stoffe enthält; beispielsweise Heizungswasser ohne Zusatzstoffe
4	Flüssigkeit, die eine Gesundheitsgefährdung darstellt, weil sie giftige oder besonders giftige bzw. radioaktive, mutagene oder kazerogene Stoffe enthält. (Die Kategorien 3 und 4 unterscheiden sich durch den Grenzwert LD_{50} = 200 mg/kg Körpergewicht) → Tab. 238.1
5	Flüssigkeit, die mikrobielle oder viruelle Erreger übertragbarer Krankheiten enthält; beispielsweise Legionellen

Tab. 237.2: Armaturen PN 10 und PN 16

Armaturen	DIN, DVGW-W	Tab.
Sanitärarmaturen	(3214)	–
Systemtrenner	DIN EN 1717	239.2
Sicherungskombination	1988-2	240.1
Rückflussverhinderer	3269	240.1
Einzelsicherung	–	–
Rohrbelüfter	1988-2, 3266	237.4
Rohrbe- und -entlüfter	1988-2	237.4
Rohrtrenner, -unterbrecher	3266	237.4
Sammelsicherung	–	–

Tab. 237.3: Sicherungseinrichtungen, geordnet nach Sicherheitsgrad DIN EN 1717

	Symbol	Sicherungseinrichtung	Sicherheitsgrad	Flüssigkeitskategorie 1	2	3	4	5
1		Ungehinderter **freier Auslauf**		×	•	•	•	•
2		**Rohrunterbrecher** Typ A1 ohne bewegliche Teile		○	○	○	○	○
3	 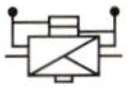	**Systemtrenner** und **Rohrtrenner** durchflussgesteuert		•	•	•	•	–
4		**Rohrunterbrecher** Typ A2 mit beweglichen Teilen		○	○	○	○	–
5	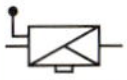	**Rohrtrenner** nicht durchflussgesteuert		•	•	•	–	–
6		Rohrbelüfter für Schlauchanschlüsse, kombiniert mit Rückflussverhinderer (**Sicherungskombination**)		•	•	○	–	–
7		Kontrollierbarer **Rückflussverhinderer**		•	•	–	–	–
8	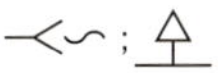	Rohrbelüfter		○	○	–	–	–

Erklärung der Zeichen: × trifft nicht zu ○ deckt das Risiko nur ab, wenn p = atm • deckt das Risiko ab – deckt das Risiko nicht ab

Hinweis: DIN EN 1717 löst schrittweise DIN 1988-4 ab.
Mischinstallation **ist** unzulässig!
Abstimmung deshalb bereits in Planungsphase vornehmen

Rohrbelüfter DIN 1988-2

Bauform C

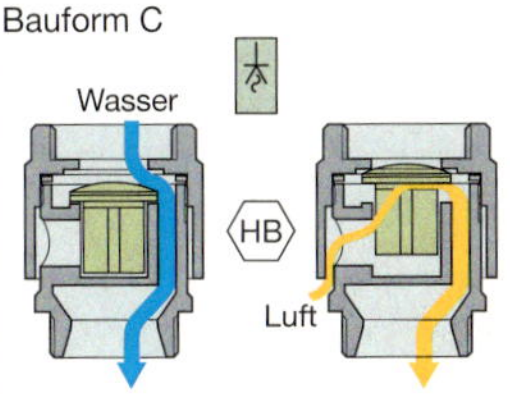

Bauform D

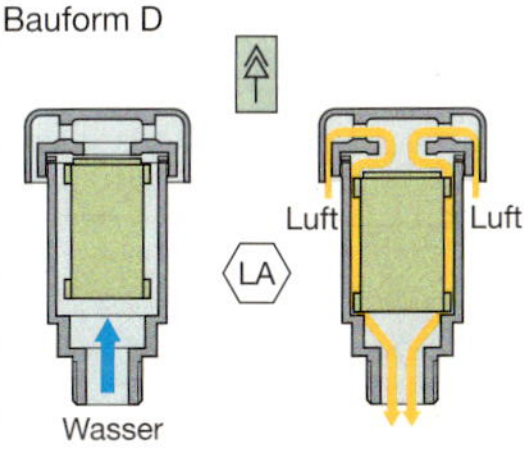

Bauform E

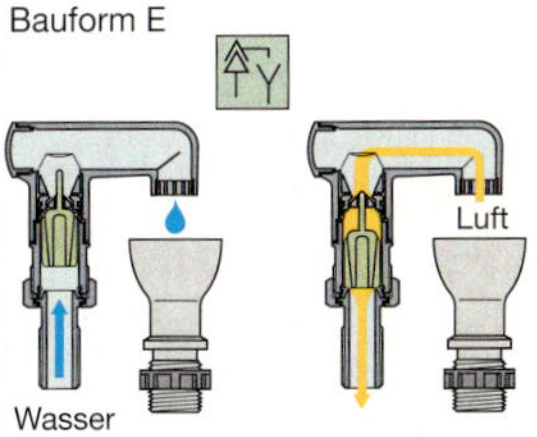

Tab. 237.4: Anzahl der Rohrbelüfter Bauform D

Nennweite der Leitung DN	Anzahl der Rohrbelüfter DN 15
bis 40	1
über 40 bis 50	2
über 50	3

Tab. 237.5: Anzahl der Rohrbelüfter Bauform E

Nennweite der Steigleitung DN	Anzahl der Rohrbelüfter DN 15	DN 20	Mindestnennweite der Anschlussleitung des Belüfters DN	Mindestnennweite der Tropfwasserleitung DN
bis 25	1	–	15	20
32 bis 50	2 oder	1	20	25
über 50	3 oder	2	32	25

Trinkwasserinstallation

Sicherheitseinrichtungen, Sicherheitsmaßnahmen

safety devices, safety precautions

Tab. 238.1: Bestimmung der Flüssigkeitskategorie für den erforderlichen Schutz DIN EN 1717: 2001-05

Wasser für den menschlichen Gebrauch	Kategorie	Trinkwasser für anderen Gebrauch	Kategorie
Trinkwasser	1	Kochen von Lebensmitteln	2
Wasser unter hohem Druck	1	Waschen von Früchten und Gemüse (Lebensmittel-Betriebe)	3/5[3]
Stagnationswasser[1]	2	Vorwaschen und Waschen von Geschirr und Küchengeräten	5
Gekühltes Wasser	2	Spülwasser für Geschirr u. Küchengeräte	3
Heißes Wasser im Sanitärbereich	2	Heizungswasser ohne Additive	3
Dampf (in Kontakt mit Lebensmitteln, frei von Additiven)	2	Wasser aus Körperreinigung, Abwasser	5
Behandeltes Trinkwasser[2]	2	Spülkastenwasser	3
		Wasser für Tiertränken, WC-Wasser	5
		Schwimmbeckenwasser	5
		Waschmaschinenwasser	5
		Entmineralisiertes Wasser, steriles Wasser	2

[1] Manche Stoffe und ihre Eigenschaften können das Risiko erhöhen (Werkstoffe, Temperatur, pH-Wert)
[2] Behandeltes Trinkwasser innerhalb von Gebäuden (Gerät ausgenommen)
[3] Kategorie 3 für Spülwasser; Kategorie 5 für Waschwasser

Wasser mit Additiven oder in Kontakt mit flüssigen oder festen Stoffen, die nicht Kategorie 1 angehören (→ Tab. 237.1)	Kategorie
Enthärtetes Wasser nicht zum menschlichen Gebrauch bestimmt	3/4[4]
Wasser + Korrosionsschutzmittel nicht für den menschlichen Gebrauch bestimmt	3/4[4]
Wasser + Frostschutzmittel; Wasser + Algecide	3/4[4]
Trinkwasser + flüssige Lebensmittel (Fruchtsaft, Kaffee, Alkoholfreies, Suppen)	2
Trinkwasser + alkoholische Getränke; Trinkwasser + feste Lebensmittel	2
Wasser + oberflächenaktive Stoffe; Wasser + Waschmittel	3/4[4]
Wasser + Desinfektionsmittel nicht für den menschlichen Gebrauch bestimmt	3/4[4]
Wasser und Detergentien; Wasser + Kühlmittel	3/4[4]

[4] Abgrenzung zwischen Kategorie 3 und Kategorie 4 ist prinzipiell LD_{50} = 200 mg/kg Körpergewicht gem. EU-Richtlinie 93/21 EEC vom 27. April 1993. (LD_{50} ≙ letale (tödliche) Dosis eines Stoffes, die bei Einnahme von 50 % der Probanden nicht überlebt wird)

Tab. 238.2: Zuordnung der Ausführungsart des Trinkwassererwärmers zur Flüssigkeitskategorie des Wärmeträgers DIN EN 1717: 2001-05

Ausführungsart von Trinkwassererwärmern	Fluidkategorie der Wärmeträger					
	1 und 2 (ohne Gefährdung)		**3** (wenig giftige Stoffe)		**4 und 5** (giftige, sehr giftige, krebserzeugende und radioaktive Stoffe sowie Erreger übertragbarer Krankheiten)	
	Im Schadensfall an der Entnahmestelle gasförmiger Austritt des Wärmeträgers					
	möglich	nicht möglich	möglich	nicht möglich	möglich	nicht möglich
D mit Zwischenmedium als Wärmeüberträger	•	•	•	•	•	•
C mit korrosionsbeständig gesicherten wärmeübertragenden Flächen	•	•	•	•	–	–
B mit korrosionsbeständigen wärmeübertragenden Flächen	•	•	–	• Nur zulässig, wenn $p_{e,\,zul} \leq 3$ bar ist	–	–
A mit korrosionsgeschützten wärmeübertragenden Flächen	• Zulässig außer bei heizseitig automatischer Nachfülleinrichtung oder Fernheizung		–	–	–	–

Zeichenerklärung:
• : zugelassen
– : nicht zugelassen

Trinkwasser-installation

Sicherheitseinrichtungen, Sicherheitsmaßnahmen

safety devices, safety precautions

Tab. 239.1: Rohrtrenner DIN 3266-1; Technische Daten nach Herstellerangaben DIN EN 1717

Rohrtrenner EA1	Rohrtrenner EA2	Rohrtrenner EA3

Anschlussgröße R_p	Masse ca.	Baumaße ([1] gilt auch bei EA1, EA2)					Nenndurchfluss [m³/h] bei								
							Rohrtrenner EA3, PN 16; bis 40 °C; Ansprechdruck 0,5 bar; max. Vordruck 4,0 bar			**EA2**			**EA1**		
		L[1]	l[1]	H	h	T	Δp = 0,8 bar			Δp = 0,8 bar			Δp = 0,3 bar		
							$\dot{V}$	ζ	k_{VS}	$\dot{V}$	ζ	k_{VS}	$\dot{V}$	ζ	k_{VS}
Zoll	kg	mm	mm	mm	mm	mm	m³/h		m³/h	m³/h		m³/h	m³/h		m³/h
1/2	2,7	151	105	160	125	63	4,5	3,2	5,0	2,2	13,0	2,5	2,5	4,0	4,5
3/4	2,9	153	105	162	123	63	6,3	5,2	7,0	3,1	20,9	3,5	3,3	7,0	6,0
1	3,1	159	105	162	123	63	8,9	6,2	10,0	3,6	39,0	4,0	4,5	10,0	8,0
1 1/4	7,6	216	150	232	158	86	18,8	3,8	22,0	8,9	16,8	10,0	7,0	13,0	13,0
1 1/2	8,2	228	160	231	159	86	23,3	6,1	26,0	12,5	20,9	14,0	10,0	12,5	18,0
2	8,6	241	165	224	166	86	28,5	9,8	32,0	14,3	39,0	16,0	15,0	14,0	27,0

Tab. 239.2: Systemtrenner BA[1] Technische Daten nach Herstellerangaben

GENO-Systemtrenner sind Rohrtrenner entsprechend der Bauart BA der SVGW-Norm TPW 135. Sie können gemäß DIN 1988, Teil 4, trinkwassergefährdende Anlagen u. Systeme bis einschließlich Flüssigkeitskategorie 4 absichern und **ersetzen Rohrtrenner EA1 und EA2**. Sie arbeiten nach dem 3-Kammer-System, welches sich in eine Vor-, Mittel- u. Hinterdruckzone unterteilt. Beim Entlasten wird die Mitteldruckzone drucklos und gegen die Atmosphäre geöffnet. Systemtrenner Midi und Standard aus Messsing (einschließlich Verschraubungen), Typ Maxi aus Rotguss, ab DN 150 Guss kunststoffbeschichtet, ohne Gegenflansch.

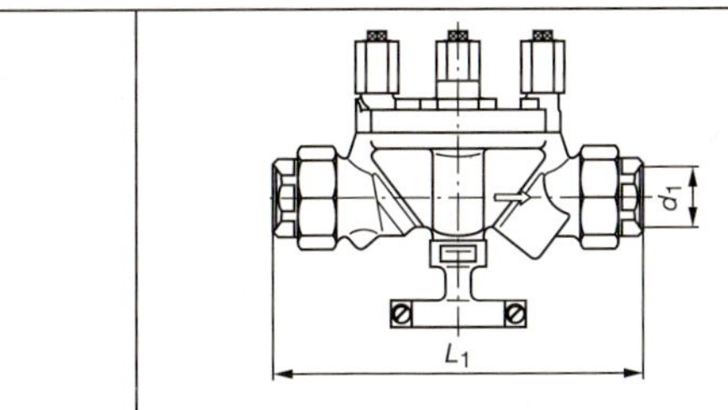

Max. Betriebstemperatur: 60 °C

max. Betriebsdruck: 10 bar

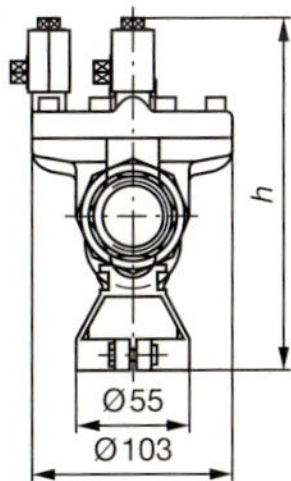

Nennweite	Gewinde	Einbaulänge L_1 bei		Einbauhöhe h	Leckwasseranschluss	Nenndurchfluss	Druckverlust bei Nenndurchfluss	k_V-Wert
		Innengewinde	Außengewinde					
DN	Zoll	mm	mm	mm	mm	m³/h	bar	m³/h
15	R/R_p 1/2	210	235	166	50	0,82	0,71	5,7
20	R/R_p 3/4	210	239	166	50	1,44	0,71	7,5
25	R/R_p 1	216	245	166	50	2,52	0,73	9,9
32	R/R_p 1 1/4	285	–	217	75	4,32	0,69	18,0
40	R/R_p 1 1/2	287	–	217	75	5,76	0,71	28,8
50	R/R_p 2	297	–	217	75	9,72	0,71	33,5
65	Flansch	226	–	217	75	16,20	0,75	–

[1] Gruppe **B** Typ **A** Systemtrenner mit kontrollierbarer Trennung und reduzierter Mitteldruckzone nach DIN EN 1717

Sicherheitseinrichtungen, Sicherheitsmaßnahmen

safety devices, safety precautions

Schutz des Trinkwassers, Einbauvorschriften

DIN EN 1717: 2000-11; DIN 1988-4: 1988-12

Tab. 240.1: Sicherungseinrichtungen mit zugeordneten Flüssigkeitskategorien

Kurzzeichen	Symbol	Sicherungseinrichtung	Flüssigkeitskategorie 1	2	3	4	5
AA		Ungehinderter **Freier Auslauf**	∗	•	•	•	•
AB		Freier Auslauf mit nicht kreisförmigem Überlauf (uneingeschränkt)	∗	•	•	•	•
AC		Freier Auslauf mit belüftetem Tauchrohr und Überlauf	∗	•	•	–	–
AD		Freier Auslauf mit Injektor	∗	•	•	•	•
AF		Freier Auslauf mit kreisförmigem Überlauf (eingeschränkt)	∗	•	•	•	–
AG		Freier Auslauf mit Überlauf durch Versuch mit Unterdruckprüfung bestätigt	∗	•	•	–	–
BA		Rohrnetztrenner mit kontrollierter Mitteldruckzone (Systemtrenner)	•	•	•	•	–
CA		Rohrtrenner mit unterschiedlichen nicht kontrollierbaren Druckzonen	•	•	•	–	–
DA		Rohrbelüfter in Durchgangsform	○	○	○	–	–
DB		Rohrunterbrecher Typ A2; mit beweglichen Teilen	○	○	○	○	–
DC		Rohrunterbrecher Typ A1; mit ständiger Verbindung zur Atmosphäre	○	○	○	○	○
EA		Kontrollierbarer **Rückflussverhinderer**	•	•	–	–	–
EB		Nicht kontrollierbarer Rückflussverhinderer	Nur für bestimmten häuslichen Gebrauch				
EC		Kontrollierbarer Doppelrückflussverhinderer	•	•	–	–	–
ED		Nicht kontrollierbarer Doppelrückflussverhinderer	Nur für bestimmten häuslichen Gebrauch				
GA		**Rohrtrenner**, nicht durchflussgesteuert	•	•	•	–	–
GB		Rohrtrenner, durchflussgesteuert	•	•	•	•	–
HA		Schlauchanschluss mit Rückflussverhinderer	•	•	○	–	–
HB		Rohrbelüfter für Schlauchanschlüsse	○	○	–	–	–
HC		Automatischer Umsteller	Nur für bestimmten häuslichen Gebrauch				
HD		Rohrbelüfter f. Schlauchanschlüsse, kombiniert mit Rückflussverhinderer (Sicherungskombination)	•	•	○	–	–
LA		**Druckbeaufschlagter Belüfter**	○	○	–	–	–
LB		Druckbeaufschlagter Belüfter, mit nachgeschaltetem Rückflussverhinderer	•	•	○	–	–

Allgemeine Bemerkungen:
Einrichtungen mit atmosphärischer Belüftung (z. B. AA, BA, CA, GA, GB, …) dürften nicht eingebaut werden, wenn die Gefahr einer Überflutung besteht.

- • deckt das Risiko ab
- ○ deckt das Risiko nur ab, wenn p = atm am Einbauort
- – deckt das Risiko nicht ab; ∗ trifft nicht zu
- ▭ in Deutschland nicht gebräuchlich

Tab. 240.2: Sicherungseinrichtungen und Armaturen

Symbol	Einbauvorschrift Zeichnung	Erläuterung[1]	Eignung[2]
AA	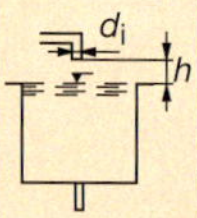 d_i, h	$h \geq 3 \cdot d$ In jedem Fall gilt: $h \geq 20$ mm • freier Wasserstrahl in Behälter darf nicht mehr als 15° von Senkrechten abweichen • Armatur nicht in Räumen, wo Überflutung möglich	Es
DC	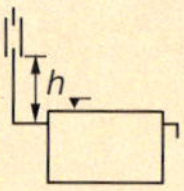 h	• $h > 150$ mm über nachfolgend höchstmöglichen Wasserspiegel • kein Absperrorgan danach • Armatur muss vollkommen zugänglich sein • nicht in Räumen, wo Überflutung möglich • muss vor Frost und hohen Temperaturen geschützt werden	Es
DB	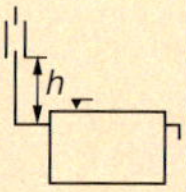 h	• $h > 150$ mm über nachfolgend höchstem Wasserspiegel • kein Absperrorgan danach • Armatur muss vollkommen zugänglich sein • nicht in Räumen, wo Überflutung möglich • muss vor Frost und hohen Temperaturen geschützt werden	Es
BA	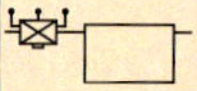	• Armatur ständig zugänglich • nicht in Räumen, wo Überflutung möglich • Entwässerungsgegenstand muss austretende Entleerungsmenge aufnehmen • muss vor Frost und hohen Temperaturen geschützt werden • waagerechter Einbau, Entleerungsventil nach unten öffnend	Es
GA	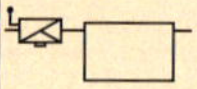	• 2 Druckzonen bei Durchfluss: in Fließrichtung vor und nach Armatur • Durchfluss erfolgt bei Druck $p_i \geq p_s + 50$ kPa • Armatur vollkommen zugänglich • nicht in Räumen, wo Überflutung möglich • muss vor Frost und hohen Temperaturen geschützt sein	Es Ss
GB	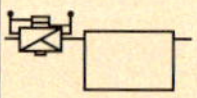	• 2 Druckzonen bei Durchfluss: in Fließrichtung vor und nach Armatur • bei keinem Durchfluss: Rohrtrenner in Trennstellung	Es Ss
EA	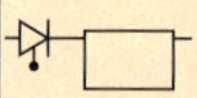	• mechanische Sicherungsarmatur, gestattet Durchfluss nur in eine Richtung • öffnet automatisch, wenn Druck auf Zulaufseite größer als nach Armatur • Armatur vollkommen zugänglich • muss vor Frost und hohen Temperaturen geschützt sein	Es Ss

Allgemeine Bemerkungen:
[1] d Innendurchmesser der Zulaufleitung
h Sicherheitsabstand zum höchstmöglichen Nichttrinkwasserspiegel
[2] geeignet für: Es Einzelsicherung
Ss Sammelsicherung

Sicherheitseinrichtungen, Sicherheitsmaßnahmen

safety devices, safety precautions

Tab. 241.1: Auswahl von Sicherungseinrichtungen DIN EN 1717: 2001-05

Sicherungseinrichtung
•: deckt das Risiko ab; ○: deckt das Risiko nur ab, wenn p = atm;
–: deckt das Risiko nicht ab

Nr.	Entnahmestelle / Apparat	AA	AB	AC	AD	AF	AG	BA	DB	DC	EA	EB	GA	GB	HB	HD
	Symbol															
1	Aktivkohlefilter bei chem. Apparaten	•	•	–	•	–	–	–	–	○	–	–	–	–	–	–
	Bade- und Duschwanne a) im häuslichen Bereich	•	•	•	•	•	•	•	○	○	•	•	•	•	○	•
2	b) im nichthäuslichen Bereich (z.B. Krankenhaus)	•	•	–	•	–	–	–	○	○	–	–	–	–	–	–
3	Badewanneneinlauf unterhalb des Wannenrandes a) häusl. Bereich	•	•	–	•	–	–	•	○	○	–	–	•	•	–	○
	b) nicht-häusl. Bereich	•	•	–	•	–	–	–	–	○	–	–	–	–	–	–
4	Behälterbefüllung z.B. Tankwagen, Regenwasser	•	•	–	•	–	–	–	–	○	–	–	–	–	–	–
5	Berechnungsanlage a) Überfluranlage	•	•	•	•	•	•	•	○	○	–	–	•	•	–	○
	b) Unterfluranlage häusl. Bereich	○	○	–	○	–	–	–	–	–	–	–	–	–	–	–
6	Chemikalienzumischvorrichtg. (Desinfektions-, Düngemittel, usw.)	•	•	–	•	•	–	•	○	○	–	–	–	•	–	–
7	Chemischer Reinigungsapparat	•	•	–	•	•	–	•	○	○	–	–	–	•	–	–
8	Enthärtungs- und Entsäuerungsanlagen a) Regeneration ohne Säuren und Laugen	•	•	•	•	•	•	•	○	○	–	–	•	•	–	○
	b) Regeneration mit Säuren und Laugen	•	•	–	•	•	–	•	○	○	–	–	–	•	–	–
	c) Desinfektion mit Formalin o.Ä.	•	•	–	•	•	–	•	○	○	–	–	–	•	–	–
9	Fischbecken	•	•	–	•	–	–	–	–	○	–	–	–	–	–	–
10	Fleisch- und fischverarbeitende Maschinen	•	•	–	•	•	•	–	•	•	•	–	•	•	•	–
11	Getränkeautomaten z.B. Kaffee	•	•	•	•	•	•	•	○	○	•	–	•	•	–	•
12	Glasspüleinrichtung z.B. an Schanktischen	•	•	–	•	–	–	–	–	○	–	–	–	–	–	–
13	Heizungsfülleinrichtung a) Wasser ohne Inhibitoren	•	•	•	•	•	•	•	○	○	–	–	•	•	–	○
	b) Wasser mit Inhibitoren	•	•	–	•	•	–	•	○	○	–	–	–	•	–	–
14	Hochdruckreiniger m. Chemik.	•	•	–	•	•	–	•	○	○	–	–	–	•	–	–
15	Schwimmbecken Füllen und Nachfüllen	•	•	–	•	–	–	–	–	○	–	–	–	–	–	–
16	WC-Becken, Urinal, Bidet	•	•	–	•	–	–	–	–	○	–	–	–	–	–	–

Anmerkung: Die Tabelle gibt an, ob die Verwendung technisch möglich ist oder nicht. Eigensichere Anlagen und Apparate mit spezieller Zertifizierung (z. B. DVGW-Prüfzeichen) dürfen ohne zusätzliche Sicherungseinrichtung angeschlossen werden. Alle Anschlüsse gelten als ständige Anschlüsse.

Sicherheitseinrichtungen, Sicherheitsmaßnahmen

safety devices, safety precautions

Prüfen und Spülen von Trinkwasserleitungen

DIN 1988-2: 1988-12

Tab. 242.1: Prüfen von Metall- und Kunststoffrohren

Schutzziele der Prüfung	Nachweis der Funktionsfähigkeit der Anlage, Nachweisführung im Protokoll zur Verhinderung von Gewährleistungsansprüchen		
Zeitpunkt der Prüfung	bevor Leitungen verputzt oder verdeckt bzw. die Verbindungsstellen beschichtet oder umhüllt sind		
Prüfdurchführung (allgemein)	neue Leitungen ohne Entnahmearmaturen und Apparate; vorhandene Leitungsarmaturen mit Prüfdruck > Nenndruck prüfen; zur Prüfung voll öffnen, alle Leitungsöffnungen durch metallene Stopfen, Kappen, Steckscheiben usw. dicht verschließen		
Rohrart	**Metallene Rohre**	**Kunststoffrohre**	
Prüfungsbezeichnung	**Dichtheits- und Festigkeitsprüfung**		
		Vorprüfung	**Hauptprüfung**
Prüfmedium	filtriertes Trinkwasser (Leitung vollständig entlüften)[2]		
Prüfdruck[1]	1,5facher maximaler Betriebsdruck der Anlage	maximaler Betriebsdruck der Anlage +5 bar	„Restdruck" der vorangegangenen Vorprüfung
Prüfdauer	Temperaturausgleich von 30 min erforderlich, wenn bei Umgebungstemperatur und Prüfmedium Temperaturdifferenzen ≥ 10 K; anschließende Prüfdauer ≥ 10 min	Prüfdruck im Abstand von 10 min zweimal wieder auf Ausgangsdruck erhöhen, nach Prüfdauer von 30 min darf Druck um nicht mehr als 0,6 bar abgefallen sein	2 Stunden; in Prüfzeit darf Druck um nicht mehr als 0,2 bar abgefallen sein

[1] Messgerät muss eine Druckänderung von 0,1 bar erkennen lassen und möglichst an der tiefsten Stelle der Leitungsanlage angeschlossen sein.

[2] Nach DVGW-Fachausschuss Trinkwasser-Hausinstallation (1995-04) ist zur Vermeidung von Bauverzögerungen eine Druckprüfung mit Druckluft oder inerten Gasen zulässig.
Vor Inbetriebnahme ist jedoch Druckprüfung nach DIN 1988-2 notwendig.

Tab. 242.2: Spülen von Metall- und Kunststoffrohren

Schutzziele	Durch Spülen sollen beseitigt werden: • Verunreinigungen bei der Herstellung, • Korrosionsprodukte durch Lagerung, • Sand oder andere Schmutzpartikel, • Gewindeschneidmittel und Hanfreste, • Dichtmittel, Flussmittel und Metallspäne
Spüldauer	• Spüldauer mind. 15 s pro Meter Leitung • Je Entnahmestelle Spüldauer mindestens 2 min in umgekehrter Reihenfolge schließen
Spülverfahren	• Zu spülende Leitung max. 100 m lang • Kalt- und Warmwasserleitungen getrennt spülen • Empfindliche Apparate, z. B. Trinkwassererwärmer, überbrücken • Verwendetes Wasser muss gefiltert und Druckluft muss ölfrei sein; Spülluftdruck muss ≥ Wasserdruck sein • Im größten Rohr Mindestfließgeschwindigkeit 0,5 m/s (eine bestimmte Anzahl von Entnahmestellen muss geöffnet sein) • Spülung strangweise vom nächstgelegenen zum entferntesten Strang durchführen • Entnahmestellen eines Stranges nacheinander von unten nach oben öffnen

Diagr. 242.1: Druck-Zeitverlauf bei Druckprüfungen von Kunststoffrohren

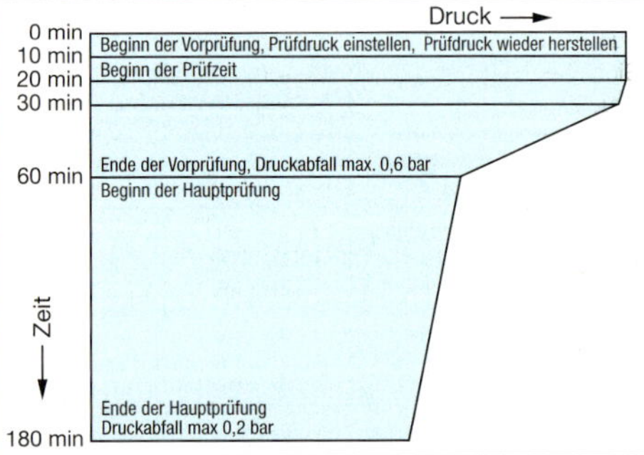

Spülfolge

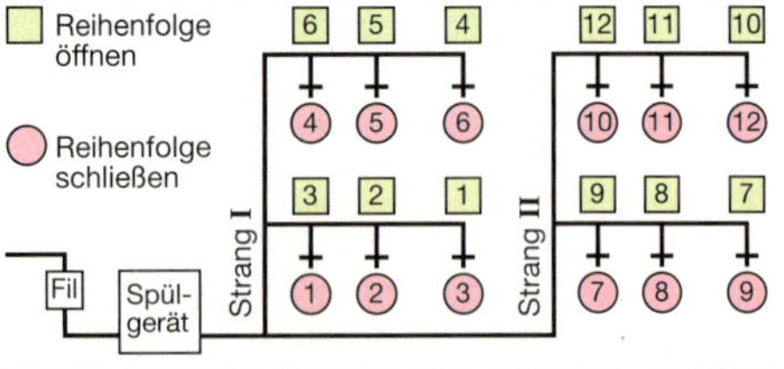

Trinkwasserinstallation

Sicherheitseinrichtungen, Sicherheitsmaßnahmen

safety devices, safety precautions

Inbetriebnahme- und Einweisungsprotokoll für Trinkwasseranlage

Musterprotokoll:

Bauvorhaben:

Auftraggeber: Auftragnehmer:

vertreten durch: vertreten durch:

Es wurden folgende Anlagenteile in Anwesenheit der oben erwähnten Personen in Betrieb genommen: (Nichtzutreffendes streichen)

1. Hausanschluss
2. Hauptabsperrarmatur
3. Rückflussverhinderer
4. Rohrtrenner
5. Filter
6. Verteilerleitungen
7. Druckmindereranlage
8. Steigleitungen/Absperrarmaturen
9. Stockwerksleitungen/Absperrarmaturen
10. Steigleitungs-Rohrbelüfter/Tropfwasserableitung
11. Sammelsicherungen/Tropfwasserableitungen
12. Entnahmestellen mit Einzelsicherung
13. Warmwasserbereitung/Trinkwassererwärmer
14. Sicherheitsventile/Abblaseleitungen
15. Zirkulationsleitung/Zirkulationspumpe
16. Dosieranlage
17. Enthärtungsanlage
18. Druckerhöhungsanlage
19. Feuerlösch- und Brandschutzanlagen
20. Schwimmbadeinlauf
21. Entnahmearmaturen
22. Verbrauchseinrichtungen
23. Trinkwasserbehälter
24. Sonstige Anlagenteile

Bemerkungen Auftraggeber:

Bemerkungen Auftragnehmer:

Die Einweisung für den Betrieb der Anlage ist erfolgt, die erforderlichen Betriebsunterlagen wurden gemäß nachfolgender Aufstellung ausgehändigt:

1. Protokolle Druckprüfung und Spülung
2. Bedienungsanleitung
3. Herstellerunterlagen
4. Inspektions- und Wartungsplan
5. Bestandszeichnungen

Ort: Datum:

Auftraggeber: Auftragnehmer:

Tab. 243.1: Inspektions- und Wartungsplan, Instandhaltungsmaßnahmen DIN 1988-8: 1988-12

Anlagenteil, Apparat	Inspektion	Wartung	Maßnahmen (in Stichworten)
Freier Auslauf	jährlich		Sicherungsabstand prüfen
Rohrunterbrecher	jährlich		Sichtkontrolle auf Wasseraustritt
Rohrtrenner: EA2 und EA3	halbjährlich		Funktionsprüfung der Trennstellung, Dichtheitsprüfung
EA1	jährlich		Funktionsprüfung der Trennstellung, Dichtheitsprüfung
Rückflussverhinderer	jährlich		Funktionsprüfung, Dichtheitsprüfung
Rohrbelüfter (C, D, E)	fünfjährlich		Funktionsprüfung, Dichtheitsprüfung
Euro-Systemtrenner	halbjährlich		Funktionsprüfung der Trennstellung, Dichtheitsprüfung
Sicherheitsventil	halbjährlich	[1] jährlich	Funktionsprüfung, Tropfwasserprüfung
Druckminderer	jährlich	[1] 1…3 Jahre	Druckprüfung, Sieb säubern, Innenteile prüfen
Druckerhöhungsanlage		[1] jährlich	Wartung nach Betriebsanleitung des Herstellers
Filter: rückspülbar	zweimonatlich	zweimonatlich	Rückspülung nach Wartungsanleitung
nicht rückspülbar	zweimonatlich	halbjährlich	Filter wechseln
Dosiergerät	halbjährlich	[1] jährlich	Funktionsprüfung; Wartung nach Herstelleranleitung
Enthärtungsanlagen (Gemeinschaftsanlage)	zweimonatlich	[1] jährlich ([1] halbjährlich)	Salzverbrauch überwachen, Salz nachfüllen, Funktionsprüfung, Injektor und Sieb reinigen, Programmeinstellung, Wasserhärte prüfen, Sicherheitsprüfung, Betriebsbuch kontrollieren
Fettabscheider			
Trinkwassererwärmer	[1] jährlich		Temperatur-/Sicherheitsprüfung, Druckprüfung, Reinigung, Entkalkung, Korrosionsschutz prüfen
Rohrleitung	[1] jährlich		Kontrollstücke ausbauen, Innenfläche prüfen
Kaltwasserzähler	monatlich	[1] sechsjährlich	Zähler- bzw. Messeinsatz wechseln
Warmwasserzähler	monatlich	[1] fünfjährlich	oder Nacheichung vornehmen
Wärmemengenzähler	monatlich	[1] fünfjährlich	Zähler wechseln bzw. Nacheichung
Löschwasserversorgung	monatlich		Abnahme- und Wiederholungsprüfung, siehe Auflagen der Behörden und Versicherer
Brandschutzeinrichtung	halbjährlich		

[1] durch Installationsunternehmen, Hersteller, Wasserversorgungsunternehmen

Trinkwasserinstallation

Trinkwassererwärmung *domestic hot water supply*

Ziele und Aufgaben der Trinkwassererwärmung

- Trinkwasser soll mit gewünschter Temperatur und in geforderter Menge zur Verfügung stehen.
- Trinkwasser soll ohne Verzögerung an der Zapfstelle entnommen werden können.
- Trinkwassertemperatur soll regelbar sein.
- Trinkwasser muss hygienisch einwandfrei sein.
- Trinkwasseranlage muss leicht bedienbar und betriebssicher sein.
- Trinkwasseranlage soll kostengünstig in der Anschaffung und im Betrieb sein.

Einteilung von Trinkwassererwärmungsanlagen (TWE)

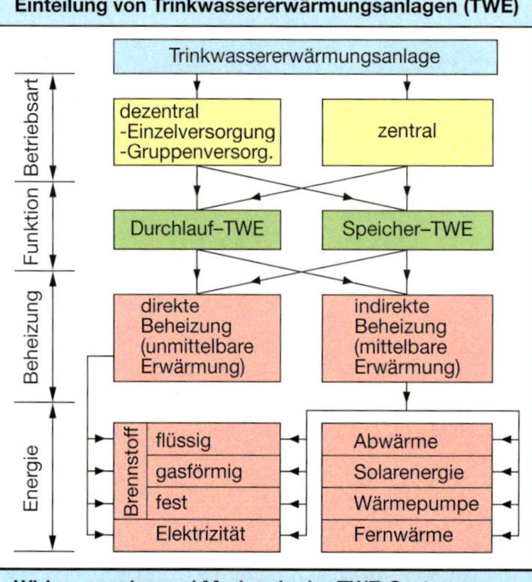

Tab. 244.1: Warmwasserbedarf im Haushalt

Entnahmestelle	Wassermenge je Nutzung in *l*	Wassertemperatur an der Entnahmestelle in °C
Spüle (Küche)	8 – 16	60
Badewanne	120 – 150	40
Dusche	30 – 50	40
Waschbecken	10 – 15	40
Handwaschbecken	2 – 5	40

Tab. 244.2: Statistischer Warmwasserbedarf

Waschen, Reinigen, Putzen von	Bedarf in Liter	Bedarf in Minuten	Bedarf in °C
Hände/Gesicht	4 … 6	3 … 5	37
Zähne	1	3 … 4	37
Füße	20 … 25	5 … 7	38
Ober-/Unterkörper	8 … 10	8 … 10	38
Körper ganz	35 … 40	12 … 15	39
Kopf	10 … 20	8 … 12	37
Nassrasur	2 … 4	3 … 4	40
Kleinwäsche	5 … 15	8 … 12	40
Geschirr	30 … 40	10 … 15	55
Hausputz	25 … 30	3 … 4	35

Wirkungsweise und Merkmale der TWE-Systeme

Merkmale	Speichersystem	Durchflusssystem
Funktionsprinzip	PWH, PWC	PWH, PWC
zugeführter Wärmestrom	gering	groß
Entnahmestrom	groß	begrenzt
höchste Auslauftemperatur in °C	max. 80, je nach Speichertemperatur	max. 60 (90), abhängig vom Durchfluss
Entnahmemenge	begrenzt, je nach Volumen	unbegrenzt
Fülldauer in min. für 1 Badewanne	5…7	15…20
Platzbedarf	groß	gering
Wärmeverluste (Bereitschaft) ohne Wärmedämmung	sehr groß	praktisch keine
mit Wärmedämmung	gering	keine
Bauart	ohne / mit } Zirkulation	Durchfluss
	in Reihenschaltung	in Parallel- und Reihenschalt.
	Speicherladesystem • mit externem Wärmetauscher • mit internem Wärmetauscher	

Arten der Warmwasserversorgung

dezentral	zentral
Einzelversorgung	
Gruppenversorgung	Zirkulationsleitung (PWH-C), PWH
Keller	PWH-C, PWC, Ringleitung möglich

Einflussfaktoren auf die Planung von TWE-Anlagen

- Größe des Haushaltes
- Zahl und Art der Entnahmestellen (→ Tab. 218.1 und 2)
- Verbrauchsgewohnheiten und Komfortansprüche

Tab. 244.3: Warmwasserbedarf n. VDI-Richtlinie 2067

Kategorie	Bedarf in *l*/Person · Tag 45 °C	60 °C
niedrig	15 bis 30	10 bis 20
mittel	30 bis 60	20 bis 40
hoch	60 bis 120	40 bis 80

Trinkwassererwärmung *domestic hot water supply*

Tab. 245.1: Warmwasserbedarf in Gebäuden mit unterschiedlichem Komfort (nach Feurich)

Gebäudeart	Zweckbestimmung	Warmwasserbedarf in l 60 °C/Tag[2] Einheit[1]	nK	mK	hK
Einfamilien-haus	einfacher Standard	P	30	40	50
	mittlerer Standard	P	35	50	60
	gehobener Standard	P	40	60	80
Mehrfamilien-haus	sozialer Wohnungsbau	P	20	30	40
	Allgem. Wohnungsbau	P	30	40	50
	gehob. Wohnungsbau	P	40	50	70
Gewerbe-Küchen: Cafestuben	Kochen, Spülen Geschirrabwaschen				
	Besetzung mäßig	S	15	20	30
	Besetzung stark	S	20	30	40
Gaststätten	Besetzung mäßig	S	10	15	25
	Besetzung mittel	S	20	25	35
	Besetzung stark	S	25	30	45
Speise-restaurant	Essen einfach				
	Tellergerichte	E	8	10	15
	Essen bis 3 Gänge	E	12	15	20
	Essen bis 4 u. mehr Gänge	E	20	25	30
Gasthöfe Hotels Apartement-häuser	Standard				
	einfach	B	30	40	50
	2. Klasse	B	40	50	70
	1. Klasse	B	60	80	100
	Luxus	B	80	100	150
Kinderheime	einfacher Standard	B	40	50	60
Altenheime	einfacher Standard	B	30	40	50
Kranken-häuser	medizinisch-technische Einrichtungen				
	einfach	B	50	60	80
	durchschnittlich	B	70	80	100
	umfangreich	B	100	120	150
Duschen	Schüler	D/P	15	20	25
	Sportler	D/P	20	25	30
	Fabriken: Arbeit:				
	schwach schmutzig	D/P	20	30	40
	stark schmutzig	D/P	30	40	50
Baden	Normale Wannen	B/P	60	75	100
	Groß-Wannen	B/P	80	100	150
	Hydrotherapie-Wannen	B/P	150	200	250
	Großraum-Wannen	B/P	150	200	300

[1] Verbraucher-Einheiten:
- P = Person
- B = Bett
- S = Sitzplatz
- E = Essen
- D/P = Dusche pro Person
- B/P = Bad pro Person

[2] Bereiche des Warmwasser-Bedarfs:
- nK = niedriger Komfort (Mindestbedarf) der bei Anlagenbemessung nicht zu unterschreiten ist
- mK = mittlerer Komfort (Durchschnittsbedarf) Berechnungsgrundlage für Gesamtbedarf an Wasser, Wärme, Energiemittel, Kosten
- hK = höherer Komfort (Spitzenbedarf) für die Berechnung der Heizleistungen

Tab. 245.2: Warmwasserbedarf von Entnahmestellen (nach Feurich)

Entnahmestelle		Nennweite DN mm	Entnahmemenge je Benutzung V_B in l	Nutzungs-Temperatur ϑ_N °C
Ausgussbecken • je Eimer Putzwasser		15	8–10	45–50
Badewannen[1, 2]				
• Stufenwanne	105/65 cm	15	120	36–40
	118/73 cm		145	
• Kleinraum-wanne	108/73 cm	15	75	36–40
	124/71 cm		85	
	140/70 cm		90	
	150/70 cm		100	
• Badewanne	160/70 cm	15	115–145	36–40
	170/75 cm		115–145	
	180/80 cm		130–200	
	190/90 cm		160–200	
	180/80 cm	20	130–200	36–40
Bidet		15	5–10	10–40
Duschen[2]				
• Handbrause		15	15–45	10–40
• Körper- od. Kopfbrause		15	25–85	
• Seitenbrause		15	12–24	
Fußbadewanne		15	20–25	35–38
Spülbecken	35/35 cm	15	12–15	
	40/40 cm	15	15–19	
	50/50 cm	15	24–30	
	60/60 cm	20	70–80	
Waschbecken[2]				
• Handwaschbecken		15	0,6–1,5	
• Ärzte-Waschtisch				
– chirurg. Händedesinf.		15	40–80	
– hygien. Händedesinf.		15	8–16	
• Friseur-Waschtisch				
– Kopfwäsche		15	7–14	
• Waschtisch				
– Hände- und Gesichtwaschen		15	4– 9	
Waschbottich	70/60 cm	15	20–25	
Waschreihe[2]				
• je Waschplatz		15	7–17	
• je Duschplatz		15	36–60	

Bemerkungen:

[1] Die Temperatur des Warmwassers aus der Entnahmearmatur sollte ca. 3–4 °C höher sein wegen Kompensation des Temperaturabfalls durch bauteilabhängige Wärmeverluste (Wärmedurchgang, Wärmeleitung, Verdunstung).

[2] Durch Anwendung von berührungslos auslösenden Wasserarmaturen sowie Strahl-/Durchflussreglern und Selbstschlussarmaturen sind Wassereinsparungen um ca. 25–32 % möglich.

Tab. 245.3: Warmwasserentnahmetemperatur

Verwendungszweck	WW-Temperatur °C min.	max.
Händewaschen, Duschen, Baden	40	45
Geschirrspülen von Hand	55	60
Haushaltsgeschirrspülmaschine	60	65
Gewerbespülmaschine	85	90
Kipp-Kochkessel	65	70
Hydrotherapie Unterwassermassage	45	60
Steckbeckenspülapparate WW-Spülung	50	55
Heißwasserdesinfektion	90	95
Gewerbliche Wäschereien	75	85

Trinkwassererwärmung *domestic hot water supply*

Sanitäre Ausstattung der Wohnung

DIN 4708-2: 1994-04

Tab. 246.1: Normalaustattung, Komfortausstattung[1)]

	lfd. Nr.	vorhandene Ausstattung	bei der Bedarfsermittlung sind einzusetzen:
Normalausstattung	1 1.1 1.2	**Bad:** 1 Badewanne (→ Tab. 246.2, Nr.1) **oder** 1 Brausekabine mit/ohne Mischbatterie und Normalbrause (→ Tab. 246.2, Nr. 6) 1 Waschtisch (→ Tab. 246.2, Nr. 8)	**1 Badewanne** (→ Tab. 246.2, Nr. 1) bleibt unberücksichtigt
	2	**Küche:** 1 Küchenspüle (→ Tab. 246.2, Nr. 11)	bleibt unberücksichtigt
Komfortausstattung[1)]	1 1.1 1.2 1.3 1.4	**Bad:** Badewanne[1)] Brausekabine[1)] Waschtisch[1)] Bidet	 wie vorhanden (Tab. 246.2, Nr. 2 – 4) wie vorhanden (Tab. 246.2, Nr. 6 od.7), wenn von der Anordnung her eine gleichzeitige Benutzung möglich ist[2)] bleibt unberücksichtigt bleibt unberücksichtigt
	2 2.1	**Küche:** Küchenspüle	bleibt unberücksichtigt
	3 3.1 3.2 3.3 3.4	**Gästezimmer:** Badewanne **oder** Brausekabine Waschtisch Bidet	je Gästezimmer wie vorhanden (→ Tab. 246.2, Nr. 2 – 4) mit 50 % des Zapfstellenbedarfes w_V wie vorhanden (→ Tab. 246.2, Nr. 5 – 7) mit 100 % des Zapfstellenbedarfes w_V mit 100 % des Zapfstellenbedarfes w_V (→ Tab. 246.2)[3)] mit 100 % des Zapfstellenbedarfes w_V (→ Tab. 246.2)[3)]

[1)] Komfortausstattung liegt vor, wenn andere oder umfangreichere Einrichtungen als für Normalausstattung angegeben, je Wohnung vorhanden sind.

[1)] Größe abweichend von der Normalausstattung
[2)] Soweit keine Badewanne vorhanden ist, wird wie bei der Normalausstattung anstatt einer Brausekabine eine Badewanne (→ Tab. 246.2, Lfd. Nr. 1) angesetzt, es sei denn der Zapfstellenbedarf der Brausekabine übersteigt den der Badewanne (z.B. Luxusbrause). Sind mehrere unterschiedliche Brausekabinen vorhanden, wird für die Brausekabine mit dem höchsten Zapfstellenbedarf mindestens eine Badewanne angesetzt.
[3)] Soweit dem Gästezimmer keine Badewanne oder Brausekabine zugeordnet ist.

Tab. 246.2: Zapfstellenbedarf w_V in Wh für Warmwasser je Entnahme

lfd. Nr.	Benennung der Zapfstelle bzw. der sanitären Ausstattung	Kurzzeichen	Entnahmemenge V_E je Benutzung[2)] l	Zapfstellenbedarf w_V Entnahme Wh
1	Badewanne	NB 1	140	5 820
2	Badewanne	NB 2	160	6 510
3	Kleinraum-Wanne und Stufenwanne	KB	120	4 890
4	Großraum-Wanne (1800 mm x 750 mm)	GB	200	8 720
5	Brausekabine[3)] mit Mischbatterie und Sparbrause	BRS	40[1)]	1 630
6	Brausekabine[3)] mit Mischbatterie und Normalbrause[4)]	BRN	90[1)]	3 660
7	Brausekabine mit Mischbatterie und Luxusbrause[5)]	BRL	180[1)]	7 320
8	Waschtisch	WT	17	700
9	Bidet	BD	20	810
10	Handwaschbecken	HT	9	350
11	Spüle für Küchen	SP	30	1 160

[1)] Entspricht einer Benutzungszeit von 6 Minuten
[2)] Bei Badewannen gleichzeitig Nutzinhalt
[3)] Nur zu berücksichtigen, wenn Badewanne u. Brausekabine räumlich getrennt sind, d.h. eine gleichzeitige Benutzung möglich ist.
[4)] Armaturen-Durchflussklasse A nach DIN EN 200
[5)] Armaturen-Durchflussklasse C nach DIN EN 200

Einheitswohnung

Die Summe des Wärmebedarfes für erwärmtes Wasser aller zu versorgender Wohnungen wird in Einheitswohnungen umgerechnet.

Für die Einheitswohnung sind als Merkmale vereinbart:

Raumzahl r = 4
Belegungszahl p = 3,5 (3 bis 4) Personen
Zapfstellenbedarf w_V = 5 820 Wh/Entnahme für ein Wannenbad

Diagr. 246.1: Festlegung der Belegungszahl p

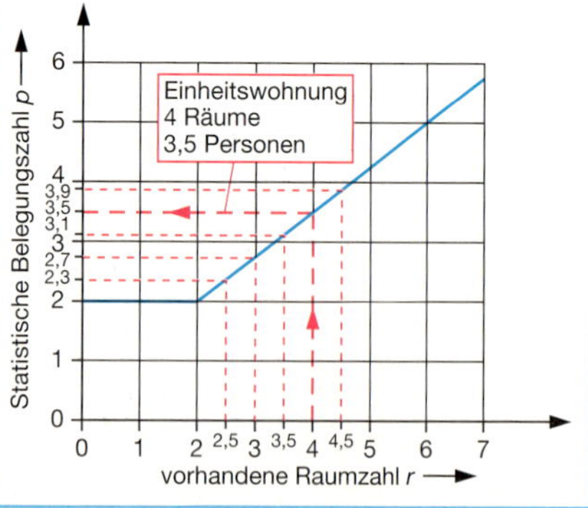

Trinkwasser-installation

Trinkwassererwärmung *domestic hot water supply*

Bestimmung der Leistung von Wassererwärmern

DIN 4708-2: 1994-04

Ermittlung der Bedarfskennzahl *N*

$$N = \frac{\text{Wärmebedarf aller anrechenbarer Zapfstellen}}{\text{Wärmebedarf einer Einheitswohnung}}$$

$$N = \frac{\Sigma(n \cdot p \cdot v \cdot w_V)}{3{,}5 \cdot 5820}$$

$$N_L \geq N$$

N: Bedarfskennzahl

N_L: Leistungskennzahl (Herstellerangaben)

n: Anzahl gleicher Wohneinheiten

v: Anzahl der Zapfstellen je Wohnung (Normal- oder Komfortausstattung → Tab. 246.1)

w_V: Zapfstellenbedarf (Entnahme) in Wh (→ Tab. 246.2)

p: tatsächliche Belegungszahl jedoch die Mindestwerte nach Diagr. 246.1

r: Raumzahl (ohne Küche, Bad, Flur)

Beispiel zur Ermittlung der Bedarfskennzahl *N*

Gegeben: Gesamt-Wohnungszahl 42 bestehend aus:

1.) 15 1 1/2 Zimmer-Wohnungen mit Dusche
2.) 5 2 1/2 Zimmer-Wohnungen mit Bad
3.) 10 3 Zimmer-Wohnungen mit Bad
4.) 12 4 Zimmer(-Komfort)-Whg. mit Bad und Dusche

Tab. 247.1: Lösung mit Hilfe eines Formblattes

Wohnungsgruppe	Raumzahl ***r***	Wohnungszahl ***n***	Belegungszahl ***p***	Zapfstellenzahl ***v***	Bezeichnung der Zapfstelle	Zapfstellenbedarf w_V in Wh	$n \cdot p \cdot v \cdot w_V$ in Wh	Bemerkung
1	1,5	15	2	1	BRN	5820	174600	NB1 für BRN
2	2,5	5	2,3	1	NB1	5820	66930	
3	3	10	2,7	1	NB1	5820	157140	
4	4	12	3,5	1	BRS	1630	68460	
				1	NB2	6510	273420	NB2

$$N = \frac{\Sigma(n \cdot p \cdot v \cdot w_V)}{3{,}5 \cdot 5820} = \frac{740550\ \text{Wh}}{20370\ \text{Wh}} \qquad N = 36{,}35 \rightarrow$$

(Auswahl: z. B. nach Tab. 217.2 oder Tab. 220.1)

Tab. 247.2: Leistungskennzahlen N_L (Herstellerangaben)

Speichergröße in *l*	Heizungsvorlauftemperatur in °C	Leistungskennzahl N_L bei WW 60 °C	Warmwasserdauerleistung bei verschiedenen Warmwassertemperaturen, ϑ_{PWC} = 10 °C: 45 °C		60 °C		Heizwasserbedarf in m³/h	Druckverlust
			l/h	kW	*l*/h	kW		
	50	–	215	8,7	–	–		
	60	–	400	16,2	–	–		
150	70	2,1	540	22,0	275	16,0	3,5	90 mbar
	80	2,6	740	30,0	425	24,8		
	90	3,2	920	37,5	560	32,5		
	50	–	345	14,0	–	–		
	60	–	715	29,1	–	–		
300	70	8,7	990	40,2	520	30,1	5,0	250 mbar
	80	9,8	1355	55,2	810	47,3		
	90	11,5	1700	69,1	1100	63,8		
	50	–	505	20,5	–	–		
	60	–	1030	41,9	–	–		
551	70	19	1485	60,4	790	45,8	5,5	340 mbar
	80	20	2060	83,8	1220	71,0		
	90	22	2610	106,2	1665	96,6		

Speichergröße in *l*	Heizungsvorlauftemperatur in °C	Leistungskennzahl N_L bei WW 60 °C	Warmwasserdauerleistung bei verschiedenen Warmwassertemperaturen, ϑ_{PWC} = 10 °C: 45 °C		60 °C		Heizwasserbedarf in m³/h	Druckverlust
			l/h	kW	*l*/h	kW		
	50	–	270	11,0	–	–		
	60	–	540	22,0	–	–		
200	70	4,1	770	31,4	425	24,8	4,0	130 mbar
	80	5,0	1030	41,9	610	35,5		
	90	5,6	1240	50,5	755	43,8		
	50	–	455	18,5	–	–		
	60	–	865	35,2	–	–		
401	70	14,0	1260	51,2	645	37,4	6,0	340 mbar
	80	15,0	1680	68,3	950	55,3		
	90	16,5	2105	85,6	1275	74,1		
	50	–	625	25,5	–	–		
	60	–	1485	52,2	–	–		
751	70	26	1975	80,4	1035	60,1	5,0	340 mbar
	80	31	2620	106,5	1565	90,8		
	90	35,5	3085	125,4	1935	112,5		

Trinkwassererwärmung *domestic hot water supply*

Diagr. 248.1: Statistische Darstellung des Wärmebedarfs

Diagr. 248.2: Mathematische Darstellung des Wärmebedarfs

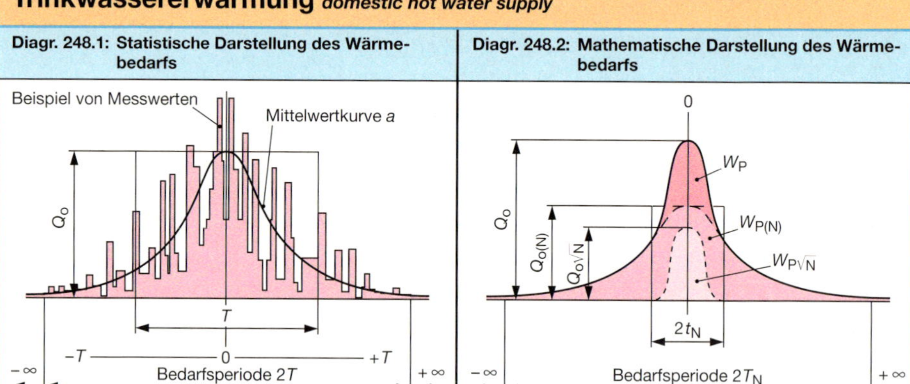

Diagr. 248.3: Wärmebedarf für die Trinkwassererwärmung von Einheitswohnungen (EW)

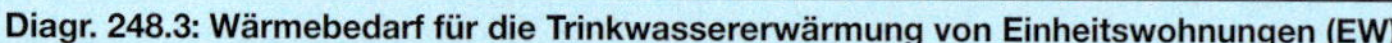

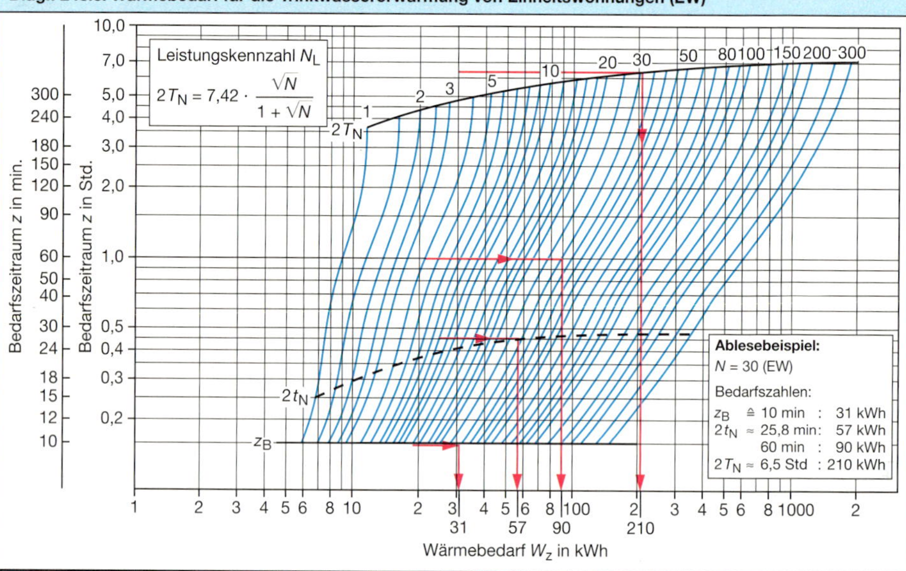

Tab. 248.1: Begriffe für zentrale Wassererwärmungsanlagen DIN 4708-1 bis 3: 1994-04

Formelzeichen	Einheit	Erklärung
W_B	Wh	benötigter **Wärmebedarf** für ein Wannen**bad** mit definierter Zapftemperatur für eine EW
W_P	Wh	**Wärmebedarf** für eine Bedarfs**periode** $2\,T_N$; $W_p = W_{2\,TN}$
W_z	Wh	erforderlicher **Wärmebedarf** für eine An**zahl** EW in Bedarfszeit z
W_{zB}	Wh	**Spitzenwärmebedarf**, Wärmemenge für definierte Zahl von EW während Wannenfüllzeit
$W_{1,0}$	Wh	**Stundenwärmebedarf**, Wärmemenge für definierte Zahl von EW in Bedarfszeit z = 1 Stunde
$2 \cdot T_N$	h	**Bedarfsperiode**, Zeitspanne des maximalen Wärmebedarfs für Wassererwärmung best. Zahl EW
$2 \cdot t_N$	h	**Spitzenverteilungszeit**, Σ der Spitzenbedarfszeiten innerhalb Periode $2 \cdot T_N$ für best. Zahl von EW
z	h	**Bedarfszeit**, Zeitspanne in der Warmwasser gezapft wird ($z_B \le z \le 2 \cdot T_N$)
z_B	h	**Wannenfüllzeit**, festgelegte Zapfdauer (10 min) für 1 Wannenbad mit Wärmebedarf W_B
V_{Sp}	l; kg	**Speicherinhalt**, -größe
C	Wh	erforderliche bzw. nutzbare **Speicherkapazität**

Trinkwassererwärmung *domestic hot water supply*

Warmwasserbedarf und Wärmebedarfsbestimmung für eine Wäscherei

Nr.	Entnahme-zeitraum Uhrzeit	Bedarf l/d	Zapf-temp. °C	$\Delta\vartheta$ K	Wärme-menge kWh/d	Wärme-leistg. kW
①	6°°... 7°°	400	50	40	18,6	18,6
②	7°°... 10°°	1 500	50	40	69,8	23,2
③	10°°... 11°°	2 000	60	50	116,3	116,3
④	11°°... 13°°	4 000	50	40	186,1	92,8
⑤	13°°... 14°°	1 000	50	40	46,5	46,5
⑥	14°°... 16°°	5 000	50	40	232,6	116,3
⑦	16°°... 17°°	800	60	50	46,5	46,5
	6°°... 17°°	14 700	–	–	716,4	65,0
	7°°... 16°°	13 500	–	–	649,6	72,2

Wärmebedarf Q $\quad Q = m \cdot c \cdot \Delta\vartheta$

$$Q = 400\ \text{kg} \cdot 1{,}163 \frac{\text{Wh}}{\text{kg K}} \cdot 40\ \text{K} = 18{,}6\ \text{kWh}$$

Speicherinhalt V_{SP} $\quad V_{SP} = \dfrac{C \cdot b_1 \cdot 1000}{c \cdot (\vartheta_{SP(o)} - \vartheta_{SP(u)})}$

C: Speicherkapazität

b_1: Zuschlagsfaktor (für toten Raum unterhalb der Speicherheizfläche; liegender Speicher: 1,1...1,2 stehender Speicher: 1,05...1,10)

1000 Umrechnungszahl in W/kW

c: spezifische Wärmekapazität in Wh/(kg K)

$\vartheta_{SP(o)}$: max. zul. ob. Speicherwassertemp. in °C

$\vartheta_{SP(u)}$: festgelegte untere Speicherwassertemp. in °C

$$V_{SP} = \frac{(235 - 90) \cdot 1{,}15 \cdot 1000}{1{,}163\,(65 - 40)} = 5735\ l$$

Rechengang:

- Berechnung des Wärmebedarfs (Wärmemenge) Q je Entnahmezeitraum
- Summierung des Wärmebedarfs (Tagesbedarf)
- Wärmebedarfssummenlinie entwickeln
- Wesentliche Entnahme liegt zwischen 7°° und 16°°, somit zeitliche bzw. täglich benötigte Wärmemenge statt auf 11 Stunden auf 9 Stunden beziehen
- Kesselleistung $\dot{Q}_K$ = 649,6 kWh/d : 9 h/d = 72,17 kW(h/h) 1 h ≙ 72,2 kW(h/h); 10 h/d ≙ 722 kWh/d
- Wärmeerzeugersummenlinie (WESL) in Diagramm einzeichnen
- Parallelverschiebung der WESL zur Wärmebedarfssummenlinie, außer bei ① darf diese nicht unterschritten werden
- Größter Abstand zwischen verschobener WESL u. Wärmebedarfssummenlinie ≙ erforderliche Speicherkapazität C

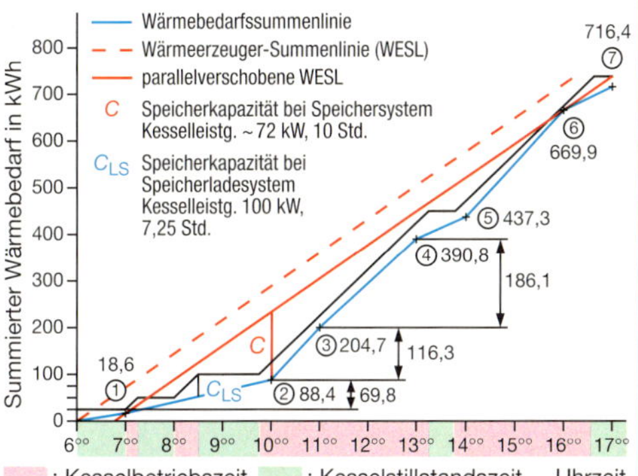

Möglichkeiten der Speichergrößenminimierung: 1. Absenkung festzulegender unterer Speichertemperatur $\vartheta_{SP(u)}$
2. Größere Kesselleistung bei gleichzeitigem Kesselaussetzbetrieb (→ Diagramm)
3. Bei kleineren Behältergrößen Wahl eines stehenden Speichers, → Verringerung des „Totraum"faktors b_1
Betriebshinweis: Parallel- bzw. Reihenschaltung d. Speicher möglich, sowie Interer/Externer Wärmetauscher → S. 256

Tab. 249.1: Trinkwasser-Erwärmungssysteme

System	Durchflusssystem	Speichersystem	Speichersystem in Reihenschaltung (Gegenstrom)	Speicherladesystem mit externem Wärmetauscher	Speicherladesystem mit internem Wärmetauscher
Systemaufbau	PWH PWC	PWH PWC	PWH PWC	PWH PWC	PWC PWH
Merkmale für Trinkwassererwärmung	• einfacher Aufbau • geringer Platzbedarf • schnell regelbar • gute Anpassung an unterschiedl. Heizwassermengen/WW-Bedarf • hygien. einwandfr. WW • in Verbindung mit Schichten-Pufferspeicher sehr gute Umweltverträglichkeit	• hohe Spitzenentnahme • geeignet bei allen Wasserhärten • leichte Reinigung • kleiner Druckverlust • einfache Regelung	• hohe Spitzenentnahme • geeignet bei allen Wasserhärten • leichte Reinigung • auch f. Fernheizungssystem geeignet, weil größere Heizwasserauskühlung als bei Einzelspeicher	• hohe Spitzenentn. • gute Anpassung an unterschiedl. Heizwassermengen/WW-Bedarf • kleinerer Speicher gegenüber Speichersystem • auch f. Fernheizungssystem geeignet, weil große Heizwasserauskühlung	• hohe Spitzenentnahme • geeignet bei allen Wasserhärten • leichte Reinigung • kleinerer Speicher gegenüber Speichersystem • kleiner Druckverlust

Trinkwassererwärmung *domestic hot water supply*

Installationsbeispiele für Warmwasserbereitung (Herstellerangaben)

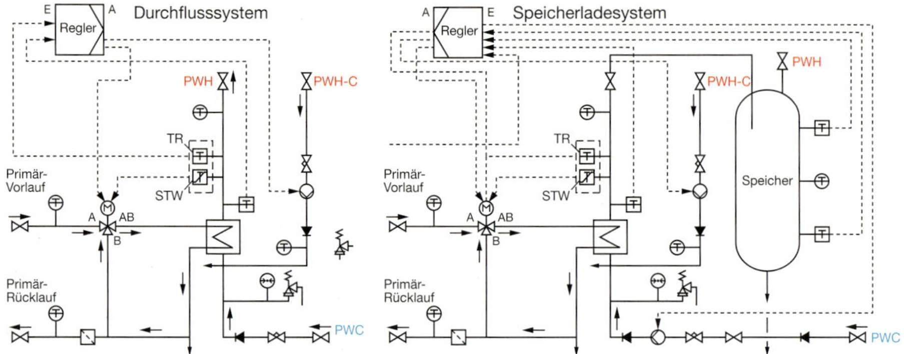

Größenbestimmung der Trinkwassererwärmer

Tab. 250.1: Trinkwassererwärmung bei Beheizung mit Fernwärme

Speichergröße V_{SP} in l	Leistungskennzahl N_L[1] bei Speichertemp. 55 °C	Warmwasser-(PWH)-Dauerleistung Heizwasser 65/40 °C Warmwasser 10/50 °C $\dot{V}$ in l/h	$\dot{Q}$ in kW	Heizwasserbedarf l/h	Druckverlust Δp_V in mbar
301[2]	1,9	150	7,0[2]	230[2]	1,5
301	4,7	350	16,3	560	7,0
401	8,0	425	19,8	680	11,0
551	13,4	600	27,9	960	22,0
751	19,2	775	36,1	1240	35,0
951	24,6	1025	47,7	1640	65,0

Warmwasser-Leistungsdaten 301 bis 951 (n. AG Fernwärme Grundlage)

[1] Auslegungsgrundlage DIN 4708; bei anderen Heizwasservorlauftemperaturen (→ Tab. 250.2)

[2] Speicherinhalt bevorratet Periodenverbrauch, Wiederaufheizung auf mindestens 50 °C in 2 h

Diagr. 250.1: Leistungskennzahlen

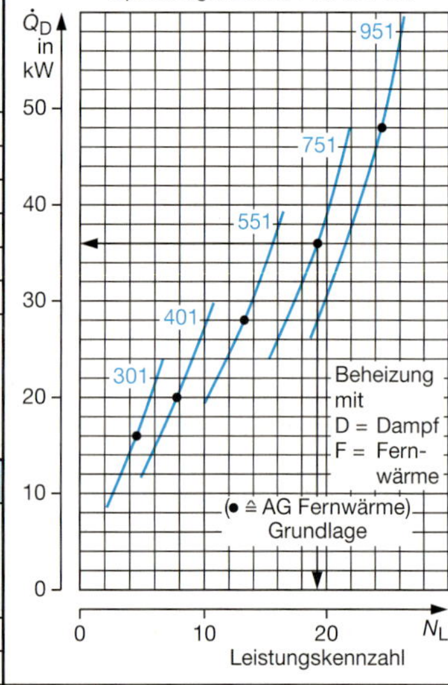

Auslegungsfall $\dot{Q}_K = \dot{Q}_D \cdot f_K$

$\dot{Q}_D$ = Warmwasser-Dauerleistung in kW

$\dot{Q}_K$ = korrigierte Warmwasser-Dauerleistung in kW

Tab. 250.2: Trinkwassererwärmung bei Beheizung mit Fernwärme

Heizwasser-vorlauf-temperatur °C	Multiplikator für die Warmwasser-Dauerleistung f_K bei heizwasserseitiger Temperaturdifferenz 20 K	**25 K**	30 K	35 K	40 K	45 K
60	0,80	0,61	–	–	–	–
65	1,23	**1,00**	0,77	–	–	–
70	1,69	1,43	1,15	0,93	–	–
75	–	1,87	1,61	1,30	1,075	–

Näherungsverfahren bei anderen Heizwassertemperaturen (Minimum im Sommer) gegenüber 65/40 °C (mit $\Delta\vartheta$ = 25 K) Warmwasser 10/50 °C

Tab. 250.3: Trinkwassererwärmung bei Beheizung mit Dampf

Speichergröße V_{SP} in Liter	Warmwasseraustrittstemperatur ϑ_{PWH} °C	Warmwasser-Dauerleistung $\dot{Q}_D$ in kW[1] bei Dampfüberdruck von 0,1 bar	0,3 bar	0,5 bar	1,0 bar	2,0 bar	3,0 bar	4,0 bar	5,0 bar
301 – 951	> 45 < 60	41	53	62	81	116	151	186	215

Warmwasser-Leistungsdaten Baureihe 301 bis 951 in Verbindung mit Schwimmer-Kondensatableiter

[1] Alle Leistungen ergeben sich bei einer begrenzten Strömungsgeschwindigkeit des Dampfes in den Anschlussstutzen des Glattrohr-Wärmetauschers und bei freiem Kondensataustritt ohne Rückstau

Hinweis: Bei der Beheizung mit Dampf lässt sich die PWH-Dauerleistung über den Dampfdruck berechnen

Trinkwassererwärmung *domestic hot water supply*

Schutz des Trinkwassers vor Legionellen und Pseudomonas aeruginosa

Allgemeine Informationen zu Legionellen

Definition	Stäbchenförmige Bakterien mit einem Durchmesser von 0,2 bis 0,8 Mikrometer und einer Länge von 1 bis 4 Mikrometer, zur Bakteriengattung der Familie Legionellaceae gehörend, 1977 entdeckt.
Vorkommen	In allen Süßwässern wie Seen und Flüssen. Mit dem Trinkwasser gelangen Legionellen in die Hausinstallation. Schlecht gewartete Klimaanlagen, Warmwasserbereitungs- und -verteilungssysteme, Duschköpfe, Wasserentnahmearmaturen, zahnärztliche Einheiten, Hot-Whirlpools und Verdunstungskondensatoren können Herde für Legionellen sein.
optimale Wachstumsbedingungen	Temperaturen zwischen 30 °C und 45 °C, stagnierende Wässer und inkrustierte Rohrinnenflächen, Dichtungen aus verschiedenen Materialien, in wenig bzw. gar nicht durchspülten Leitungsabschnitten (Totstränge), an Membrandichtflächen bei Ausdehnungsgefäßen (MAG-W).
Bekämpfung	Abtötung beginnt bei Temperaturen oberhalb 50 °C. Mit zunehmenden Temperaturen verkürzt sich die Absterbezeit erheblich, Stoßchlorierung, UV-Bestrahlung mit gleichzeitigem Ultraschall, Neuinstallation
Krankheitsbilder	Grippeähnliche Erkrankungen mit fiebrigem Verlauf und Lungenentzündung. Bei nicht rechtzeitiger bzw. richtiger Diagnose und Behandlung ist tödlicher Ausgang möglich.
Infektionsmöglichkeiten	Durch Einatmen legionellenhaltiger Aerosole, wie sie z. B. beim Duschen, beim Baden in Whirlpools oder in Klimaanlagen mit automatischer Luftbefeuchtung entstehen (sogen. Lungengängige Erkrankungen). Alte und schwache Personen, auch Raucher, Alkoholiker u. Diabetiker sind häufiger betroffen.

Größenvergleich und Darstellung von Legionellen

rotes Blutkörperchen des Menschen

Maße in nm (1 nm = 0,000001 mm)	
Bakterie	Ø 750
Herpes-Virus	Ø 130
Tollwut-Virus	Ø 125
Aids-Virus	Ø 100
Grippe-Virus	Ø 85
Bakteriophage T2	65x95

Stäbchenform

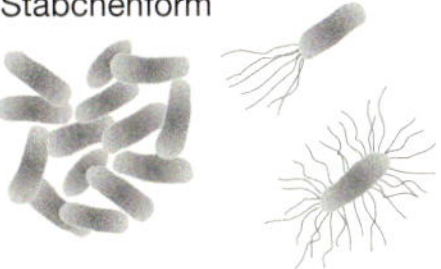

Erreger: Legionella pneumophila
Erkrankungen: Pontiac-Fieber (leichte Verlaufsform), Legionellose (Legionärskrankheit)

Pseudomonas aeruginosa

allgegenwärtiger Keim, meist in feuchten Nischen
Auftreten: Abwässer, Oberflächengewässer, Pflanzen, feuchte Putzutensilien, Waschbeckensiphons, Gullys. Äußerst geringe Nährstoffansprüche, Vermehrungsfähigkeit bereits bei Temperaturen ab 10 °C, somit auch Trinkwasser kontaminierbar, meist über Spritzkontamination aus besiedelten Siphons
Krankheitsbild: Wund-, Harn-, Atemwegsinfektion

Massnahmeplan zur Sanierung legionellenbelasteter Trinkwassererwärmungs- und Leitungsanlagen

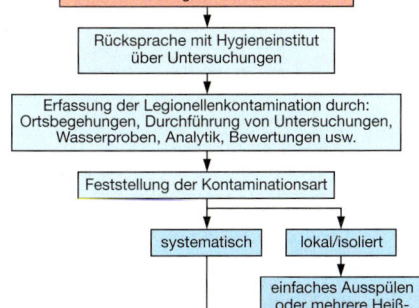

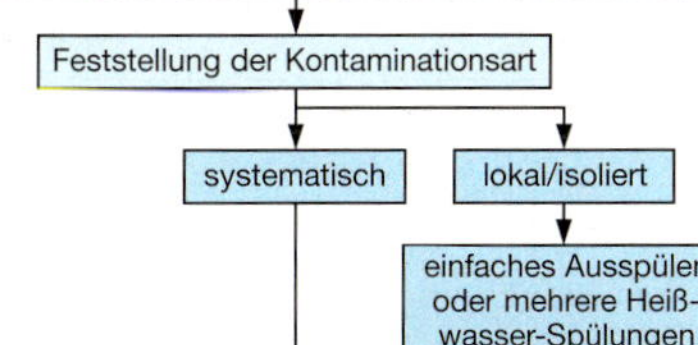

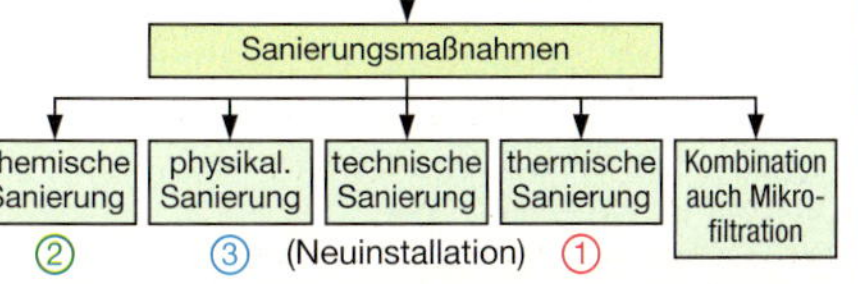

Diagr. 251.1: Absterbegeschwindigkeit bei verschiedenen Verfahren

D = dezimale Reduktionszeit (Zeit des Absterbens der Legionellen um eine Zehnerpotenz)

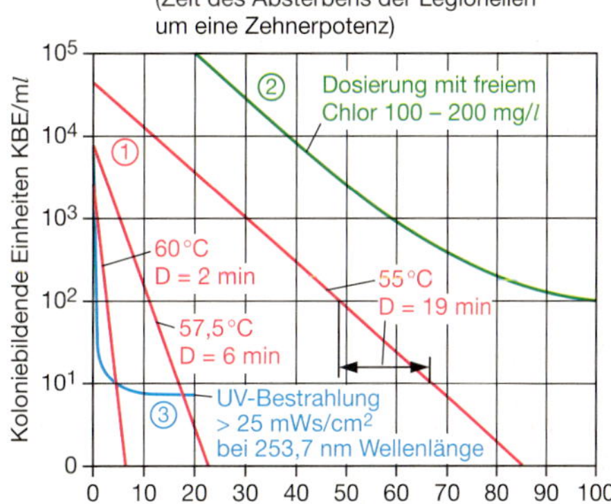

① thermische Behandlung bei 55, 57,5 und 60 °C
② chemische Behandlung, Stoßchlorierung, Ozon
③ UV-Bestrahlung in Kombination mit Ultraschall

[1] Nach DVGW-W 551 erforderlich, TW-Speicher > 400 *l* und alle Leitungsteile täglich 1x mit einer Wassertemperatur von ≥ 60 °C durchspülen.

Trinkwassererwärmung *domestic hot water supply*

Tab. 252.1: Risikofaktoren für Kontamination des Kalt-/Warmwassernetzes mit Legionellen	Allgemeine Informationen zum Biofilm in wasserführenden Rohrleitungen
• nicht sachgerechte Planung (z. B. Überdimensionierung von Speicher, Leitungen) • nicht regelmäßig genutzte Leitungsteile mit stagnierendem Wasser • mangelhafte, nicht fachgerechte Installation • Verwendung ungeeigneter Materialien und Bauteile • nicht bestimmungsgemäßer Betrieb • erhöhte Temperatur im Kaltwasserbereich von deutlich mehr als 20 °C • Begünstigung der Biofilmbildung • nicht sachgerechte Dichtigkeitsprüfung vor Inbetriebnahme • nicht sachgerechte Inbetriebnahme	Biofilme bestehen aus Zellen von Bakterien, Pilzen, Algen. Sie besiedeln alle Grenzflächen an denen mikrobielles Wachstum möglich ist, z. B. Rohrwandungen, Speicher und Apparate. Krankheitserreger wie Legionellen oder Pseudomonaden (→ S. 251) können mit dem Biofilm eine Verbindung eingehen und sich in dessen Schutz widrigen Lebensbedingungen entziehen. Biofilmwachstum wird begünstigt durch Stagnation des Wassers, geringe Fließgeschwindigkeit sowie Nährstoffgehalt des Wassers. Ziel von Sanierungskonzepten muss stets Reduzierung oder besser Eliminierung des Biofilms sein.

Schema eines Trinkwassernetzes (kalt, warm) mit Probenahmestellen (nach DVGW-W551)

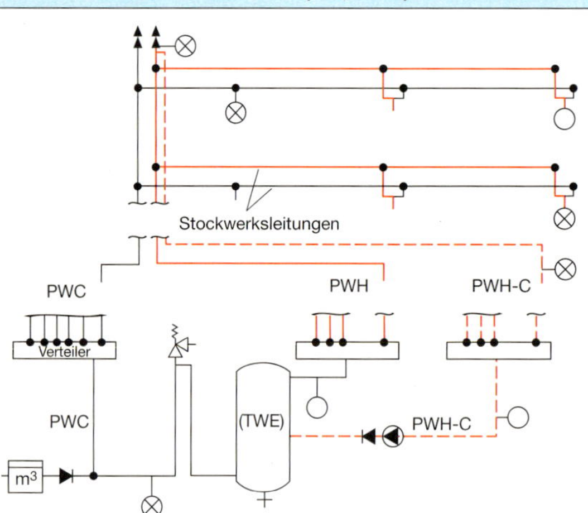

Probenahmestellen (Mindestumfang):

○ orientierende Untersuchung (eingeschränktes Probenahmeschema)

⊗ zusätzliche Probenahmestellen bei weitergehender Untersuchung (Anzahl erforderlicher Proben ist abhängig von Größe, Ausdehnung und Verzweigung des Systems).

PWC = Trinkwasser, kalt
PWH = Trinkwasser, warm
PWH-C = Trinkwasser, warm, Zirkulationsleitung
(TWE) = Trinkwassererwärmer

Maßnahmen bei Legionellenbefall in Abhängigkeit von Grenzwerten (nach DVGW-W551)

Legionellen (KBE/100 ml)[3]	Bewertung	Maßnahme	Weitergehende Untersuchung	Nachuntersuchung
> 10000	Extrem hohe Kontamination	Direkte Gefahrenabwehr erforderlich, (Desinfektion und Nutzungseinschränkung, z. B. Duschverbot) sofortige Sanierung erforderlich	Unverzüglich	1 Woche nach Desinfektion bzw. Sanierung
> 1000	Hohe Kontamination	Kurzfristige Sanierung erforderlich	Innerhalb von max. 3 Monaten	1 Woche nach Desinfektion bzw. Sanierung[1]
≥ 100	Mittlere Kontamination	Mittelfristige Sanierung erforderlich	Innerhalb von max. 1 Jahr	1 Woche nach Desinfektion bzw. Sanierung[1]
< 100	Keine nachweisbare Kontamination	Keine	–	Nach 1 Jahr (nach 3 Jahren)[2]

[1] Werden bei 2 Nachuntersuchungen in vierteljährlichem Abstand weniger als 100 Legionellen in 100 ml nachgewiesen, braucht die nächste Nachuntersuchung erst 1 Jahr nach der 2. Nachuntersuchung vorgenommen werden.
[2] Werden bei Nachuntersuchungen im jährlichen Abstand weniger als 100 Legionellen in 100 ml nachgewiesen, kann das Untersuchungsintervall auf maximal 3 Jahre ausgedehnt werden.
[3] Koloniebildende Einheit

Trinkwassererwärmung *domestic hot water supply*

Wärmedämmung von Trinkwasserleitungen

Mindestdämmschichtdicken von Trinkwasserleitungen (kalt)

DIN 1988-2: 1988-12

Anwendungsfall: a)

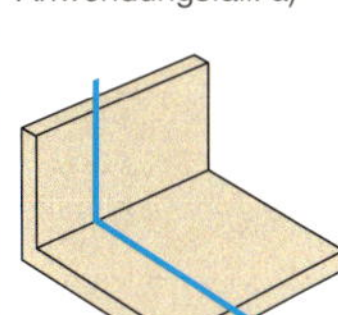

b)

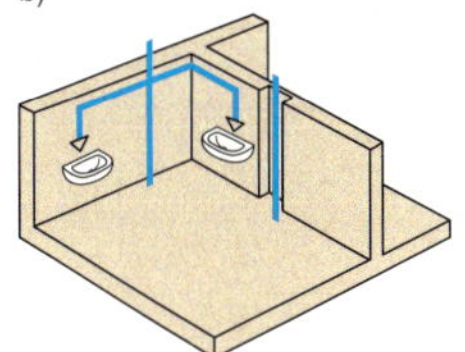

c)

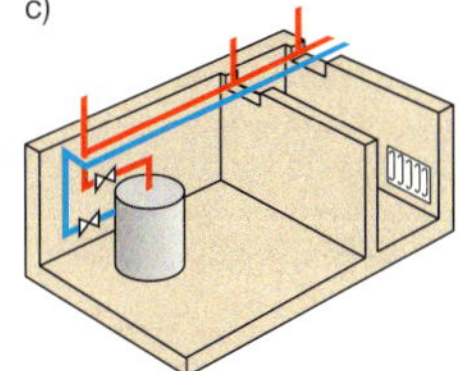

d)

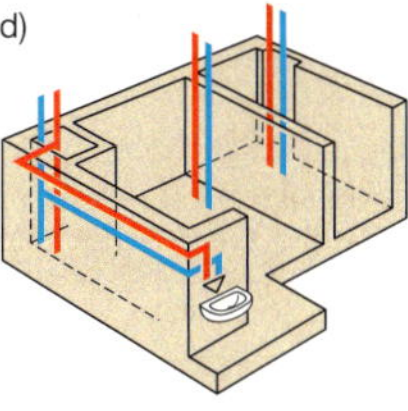

Mindestdämmschichtdicke 4 mm

a) • Rohrleitung frei verlegt, in nicht beheiztem Raum
 • Rohrleitung auf der Betondecke

b) • Rohrleitung im Kanal, ohne warmgehende Rohrleitung
 • Rohrleitung im Mauerschlitz, Steigleitungen

Mindestdämmschichtdicke 9 mm

c) • Rohrleitung frei verlegt, in beheiztem Raum

Mindestdämmschichtdicke 13 mm

d) • im Kanal, neben warmgehenden Rohrleitungen
 • in Wandaussparungen bzw. auf Betondecke neben warmgehenden Rohrleitungen

Tab. 253.1: Anwendungsbereiche für verschiedene Rohrarten, Dämmstoff mit λ = 0,040 W/(m · K)

Anwendungsfall	a + b	c	d
Mindestdämmschichtdicke	4 mm	9 mm	13 mm
Kupferrohr	DN15 … DN40	DN15 … DN80	DN15 … DN80
Stahlrohr	DN8 … DN40	DN8 … DN100	DN8 … DN100
Kunststoffrohr	DN10 … DN40	DN10 … DN100	DN10 … DN100

Mindestdämmschichtdicken von Trinkwasserleitungen (warm)

EnEV: 2007

Anwendungsfall: a)

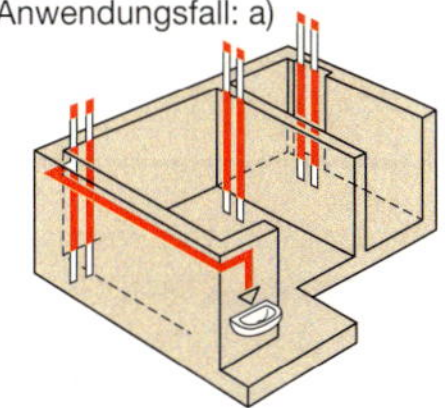

b)

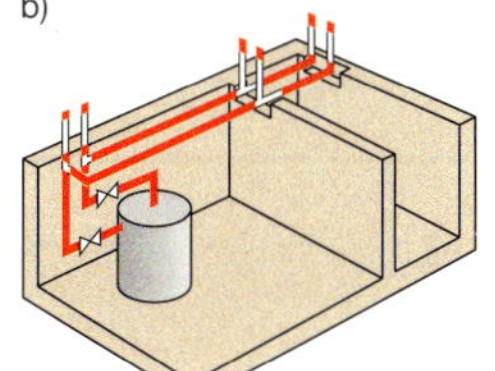

c)

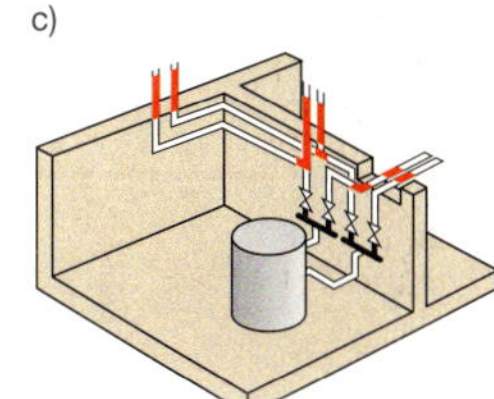

Dämmschichtdicke 100 %

a) • alle Leitungen mit zirkulierendem Warmwasser
 • Warmwasserleitungen mit elektrischer Begleitheizung
 • Warmwasserstichleitungen (vermeiden wegen Legionellengefahr)

b) • Warmwasserverteilleitungen in unbeheizten Räumen mit oder ohne elektrische Begleitheizung
 • Warmwasserzirkulationsleitungen in unbeheizten Räumen

Dämmschichtdicke 50 %
(d. h. 1/2 der Dämmschichtdicke)
für Leitungen und Armaturen

c) • in Wand- und Deckendurchbrüchen
 • im Kreuzungsbereich von Leitungen
 • an Leitungsverbindungsstellen
 • bei zentralen Leitungsnetzverteilern

Hinweis: allg. Wärmedämmstoffe → S. 395

Tab. 253.2: Spezifische Wärmeverluste wassergefüllter Rohrleitungen (DN 25) an die Umgebungsluft[1)]

S-Rohr – 33,7 × 3,2 – DIN EN 10255				Kupferrohr – EN 1057 – 28 × 1,5			
Dämmung	0 %	50 %[2)]	100 %[3)]	Dämmung	0 %	50 %[2)]	100 %[3) 4)]
$\Delta\vartheta = \vartheta_i - \vartheta_a$	spezifischer Wärmeverlust in W/m			$\Delta\vartheta = \vartheta_i - \vartheta_a$	spezifischer Wärmeverlust in W/m		
60	66	16	11	60	66	14	10
50	54	13	9	50	54	12	8
40	42	10	7	40	42	10	7
30	31	8	5	30	31	7	5

1) bei ruhender Flüssigkeit.

2) 50 % Wärmedämmung (Fall c) entspricht bei einer Rohrleitung mit DN 25 einer Dämmschichtdicke von 15 mm (→ Tab. 395.2, Zeile 5) für Dämmstoffe mit λ = 0,035 W/(m K). Bei einem anderen λ-Wert → Tab. 395.3 oder S. 501.

3) 100 % Wärmedämmung (Fall a und b) entspricht bei einer Rohrleitung mit DN 25 einer Dämmschichtdicke von 30 mm (→ Tab. 395.2, Zeile 2) für Dämmstoffe mit λ = 0,035 W/(m K). Bei einem anderen λ-Wert → Tab. 395.3 oder S. 501.

4) Die vorgeschriebene Dämmschichtdicke ist unabhängig von der Rohrart.

Trinkwassererwärmung *domestic hot water supply* DVGW-W 551, 553

Zirkulationsleitungssystem, Berechnung des Volumenstromes für Pumpenauswahl

Allgemeines:

Ziel des **DVGW-W 551** (2004) Arbeitblattes ist die Vermeidung des Legionellenwachstums (→ S. 251). Es gilt für Neuanlagen (Planung, Errichtung u. Betrieb) von TW Erwärmungs- und -leitungsanlagen.

Es werden techn. und hyg.-mikrobiologische Untersuchungen der TWE-Anlagen sowie Maßnahmen zur Sanierung von mit Legionellen kontaminierten TWE- und Leitungsanlagen beschrieben.

DVGW-W 553 (1998) stützt sich auf W 551 und ersetzt DIN 1988-3, Abschnitt 14.

Wegen Gefährdungspotenzials werden bei Speicher- oder Durchflusstrinkwassererwärmern und Vorwärmstufen in Klein- und Großanlagen unterschieden.

Kleinanlagen: Trinkwassererwärmer ≤ 400 Liter und Wasserinhalt ≤ 3 l je Rohrleitung zwischen Abgang Trinkwassererwärmer und Entnahmestelle.

Großanlagen: z. B. Hotels, Altenheime, Krankenhäuser, Schwimmbäder und andere Anlagen mit einem Trinkwassererwärmer > 400 Liter sowie Rohrleitungsinhalt > 3 Liter zwischen Abgang Trinkwassererwärmer und Entnahmestelle.

Werden mehrere Speicher benötigt, sind diese vorteilhafterweise in Reihenschaltung (gleichmäßige Entnahme!) zu betreiben.

Alle Berechnungen beruhen auf wärmegedämmte PWH und PWH-C-Leitungen, gemäß EnEV (→ S. 393 f.).

Beispielrechnung (vereinfachtes Verfahren)

Bestimmung des Zirkulationsvolumenstromes $\dot{V}_Z$ in l/h für alle Teilstrecken einer Warmwasser-Zirkulationsanlage:

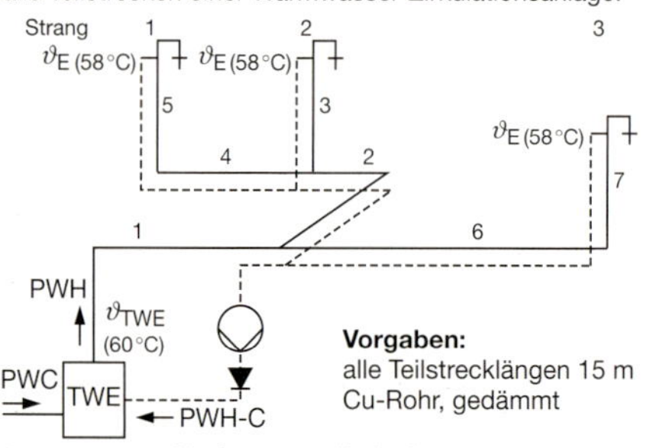

$\vartheta_{\text{Speicher}}$ = 60 °C; $\Delta\vartheta_{\text{WW}}$-Vorlauf = 2 K
$\vartheta_{\text{Steigschacht}}$ = 30 °C; $\vartheta_{\text{Keller}}$ = 10 °C

Lösung: Mittels Formblatt

TS	l	Wärmeverluste			Berechnung Zirkulationsvolumenstrom				
	m	$\dot{q}_m$ W/m	$\dot{Q}_{TS}$ in W	$\Sigma\dot{Q}_{TS\,ges}$ in W	$\vartheta_{TS\,A}$ in °C	$\Delta\vartheta_{TS\,ges}$ in K	$\dot{V}_{Z\,TS}$ in l/h	$\Delta\vartheta_{TS}$ in K	$\vartheta_{TS\,E}$ in °C
1	15	11	165	975	60,0	2,0	410,65	0,346	59,654
2	15	11	165	540	59,654	1,654	270,37	0,525	59,129
3	15	7	105	105	59,129	1,129	79,98	1,129	58,0
4	15	11	165	270	59,129	1,129	205,67	0,69	58,439
5	15	7	105	105	58,439	0,439	205,67	0,439	58,0
6	15	11	165	270	59,654	1,654	140,4	1,010	58,644
7	15	7	105	105	58,644	0,644	140,4	0,644	58,0

Bemessungsregeln nach DVGW-W 553

- Ermittlung erforderlicher Zirkulationsströme über Wärmeverlust der Rohrleitungen
- Festlegung einer Temperaturdifferenz zwischen TWE-Ausgang und Zirkulationsanschluss; muss geringer als 5 K sein
- Vorgabe von Fließgeschwindigkeit für Bemessung des ungünstigsten Zirkulationskreises und zur Ermittlung der Pumpendruckdifferenz
- Hydraulischer Abgleich günstigerer Zirkulationskreise vorerst nur über Rohrleitungsdurchmesser; Mindestinnendurchmesser DN 10 und maximale Fließgeschwindigkeit (→ S. 220) v_{max} = 1,0 m/s
- Einregulierung über Strangregulierventile; einstellbare Durchflussbegrenzer bzw. automatisch abgleichende Zirkulationsregler

Berechnungsverfahren (vereinf. Verfahren)

Festlegungen: Anschluss der TWZ-Leitungen möglichst nahe an TW-Entnahmestellen. Nach DVGW-W 551 ist ein nichtzirkulierendes Wasservolumen in Fließwegen der Stockwerksleitung (→ S. 226) ≤ 3 Liter die Obergrenze. Mittlerer höchstzulässiger Wärmeverlust von Kupferrohren ($U \approx 0{,}2$ W/m² K) bei ϑ_{TWE} = 60 °C und ϑ_E = 58 °C.
($\Delta\vartheta$ = 2 K) für Keller: $\dot{q}_m$ = 11 W/m
für Schächte: $\dot{q}_m$ = 7 W/m

l	: Länge der Teilstrecke	in m
$\dot{q}_m$	: Wärmeverlust pro m im Rohr	in W/m
$\dot{Q}_{TS}$	: Wärmeverlust der Teilstrecke $\dot{Q}_{TS} = \dot{q}_m \cdot l$	in W
$\Sigma\dot{Q}_{TS\,ges}$	: Wärmeverlust der Teilstrecke und Wärmeverlust der nachfolgenden Teilstrecken	in W

$$\dot{V}_{Z\,TS} = \frac{\dot{Q}_{TS\,ges}}{c \cdot \Delta\vartheta_{TS,\,ges}}$$

$$\Delta\vartheta_{TS} = \frac{\dot{Q}_{TS}}{c \cdot \dot{V}_{ZTS}}$$

$$\vartheta_{TS,E} = \vartheta_{TS,A} - \Delta\vartheta_{TS}$$

$$\Delta\vartheta_{TS\,ges} = \vartheta_{TS,A} - \vartheta_{TS,E}$$

$\dot{V}_{Z,\,TS}$: Zirkulationsvol.strom l/h
$\Delta\vartheta_{TS}$: Teilstrecken(TS)-Gesamttemperaturabfall K
$\vartheta_{TS,\,E}$: TS-Endtemperatur °C
$\vartheta_{TS,\,A}$: TS-Anfangstemperatur °C
$\Delta\vartheta_{TS}$: TS-Abkühlung K
c : spezif. Wärmekapazität 1,163 Wh/(kg K)

Zirkulationspumpenwahl (Herstellerangaben)

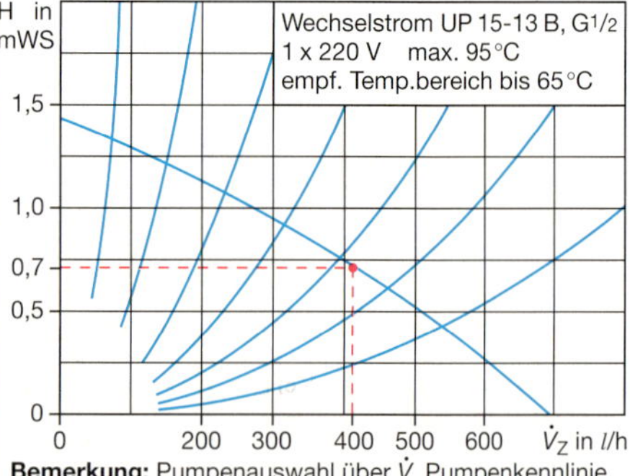

Bemerkung: Pumpenauswahl über $\dot{V}$, Pumpenkennlinie im mittleren Bereich, bester Wirkungsgrad;

Trinkwassererwärmung *domestic hot water supply*

Elektrische Begleitheizung – Selbstregelndes Heizband

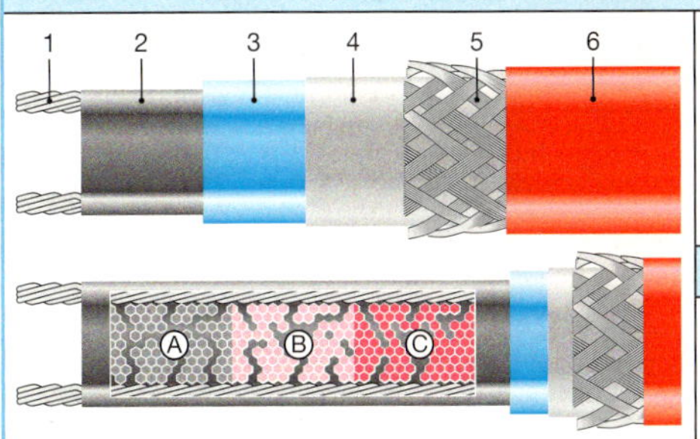

Aufbau:
1. Verzinnter Kupferleiter
2. Selbstregelndes Heizelement
3. Elektrische Isolierhülle
4. Kunststoffbeschichtete Aluminiumfolie
5. Schutzgeflecht aus verzinnter Kupferlitze
6. Außenmantel aus Kunststoff

Funktion

Ⓐ Heizband kalt, Kunststoffgefüge zieht sich zusammen, Widerstand sinkt, weil über den Kohlenstoffteilchen viele elektrische Strompfade (Vernetzung) entstehen. Stromfluss wird im Heizelement in Wärme umgesetzt.

Ⓑ Bei Erwärmung dehnt sich das Kunststoffgefüge aus, Strompfade werden mehr und mehr unterbrochen, Widerstand steigt, Stromaufnahme und Heizleistung sinken ab.

Ⓒ Bei höherer Temperatur werden Strompfade durch Ausdehnung fast vollständig unterbrochen, Heizleistung geht gegen Null, z. B. Warmwassertemperatur in Rohrleitung 60 °C (Solltemperatur).

Anwendungsbereiche in der Gebäudetechnik

- Warmwasser-Temperaturhaltung
- Selbstregelndes Dachrinnenband um Dachrinnen und Fallrohre vor Winterschäden zu schützen
- Selbstregelndes Frostschutzsystem für Rohrleitungen in frostgefährdeten Bereichen
- Sprinklerleitungen n. VdS (Verband der Sachversicherer)

Tab. 255.1: Heizbandtyp für verschiedene Anwendungsfälle und Temperaturvorgaben (Herstellerangaben)

Anwendungsbereich	Einfamilienhaus Kleinobjekte	Mehrfamilienhaus Bürogebäude	Hotels, Altersheime Krankenhäuser
Heizbandtyp (Mantelfarbe)	HWAT-L (gelb) PACK-HWAT-L-15	HWAT-M (orange)	HWAT-R (rot) Thermische Legionellendekontamination bis zu den Entnahmestellen möglich
Haltetemperatur	bis 45 °C	bis 55 °C	bis 70 °C
Max. Umgebungstemperatur	65 °C	65 °C	80 °C
Gemäß DVGW-Arbeitsblatt W 551 und W 552	WW Speicher ≤ 400 Ltr.	WW Speicher > 400 Ltr.	WW Speicher > 400 Ltr.

Tab. 255.2: Dämmstärke über Heizband (Dämmmaterial: λ = 0,035 W/(m · K), Herstellerangaben)

Rohrnennweite	(mm)	15	20	25	32	40	50	65	80	100	
	(Zoll)	1/2	3/4	1	1 1/4	1 1/2	2	2 1/2	3	4	
Dämmstärke nach EnEV	(mm)	20	20	30	30	40	50	65	80	100	(Deutschland)
Dämmstärke nach SI-Handbuch 5	(mm)	30	30	40	40	40	50	60	80	100	(Schweiz)
Dämmstärke nach ÖNORM	(mm)	20	25	25	30	40	50	65	80	100	(Österreich)

Diagr. 255.1: Einsatzbereiche, Energieverbrauch

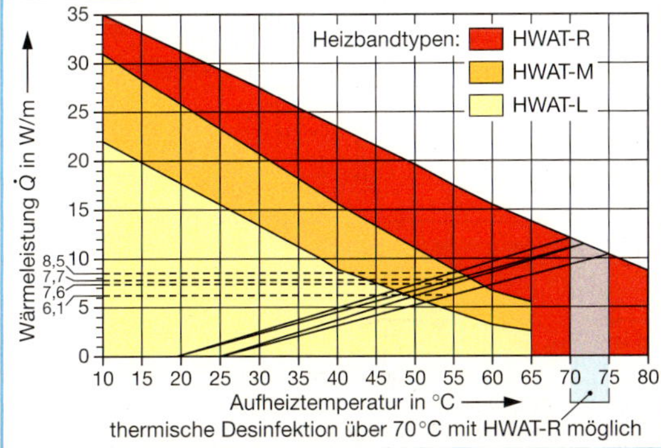

Gegenüberstellung: Heizband – Zirkulation

Vorteile	Nachteile
Heizband	
• geringerer Platzbedarf bei der Installation • leichte u. schnelle Planung • Wahl der Warmwasserhaltetemperatur möglich • konstante Mindesttemp. im ges. Warmwassersystem • Aufheizung der Verteilungsleitungen auf 60 °C möglich	• lange Aufheizzeiten nach der Nachtabschaltung • Abnahme der Heizleistung mit zunehmender Nutzungsdauer • Langzeiterfahrungen nur aus Versuchsreihen • ständige Mindestleistungsaufnahme von 1 bis 2 W/m
Zirkulation	
• schnelles Aufheizen nach der Nachtabschaltung • kein Stagnationswasser	• hoher Aufwand bei exakter Berechnung • bei ausgedehnten Anlagen Probleme mit hydraulischem Abgleich

Trinkwassererwärmung *domestic hot water supply*

Tab. 256.1: Anschlussarten von Trinkwassererwärmern (TWE) DIN 1988-2: 1988-12

Offene TWE, unmittelbar beheizt

bis 10 *l* Inhalt (Kleinspeicher)

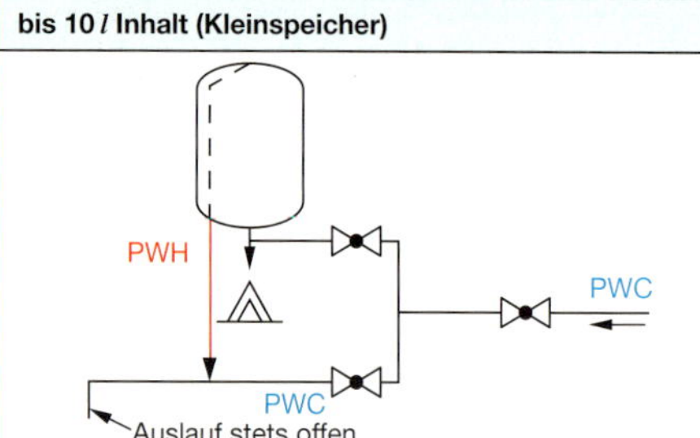

über 10 *l* Inhalt

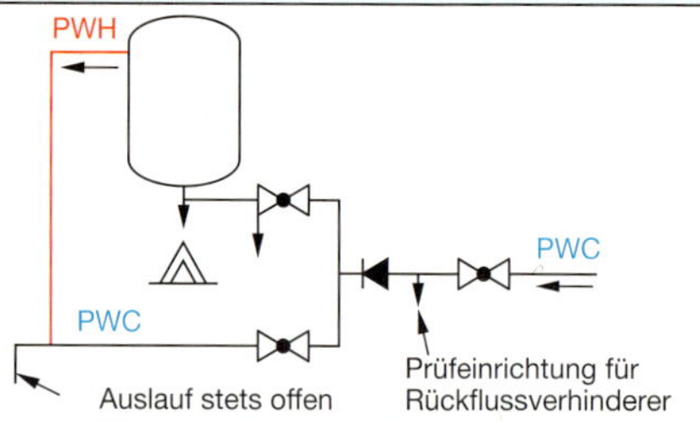

Geschlossene TWE

über 10 *l* Inhalt, mittelbar beheizt

(Speicher-Wassererwärmer)

WT = Wärmeträger (Heizmedium, Kältemittel von Wärmepumpe)

über 10 *l* Inhalt, unmittelbar beheizt

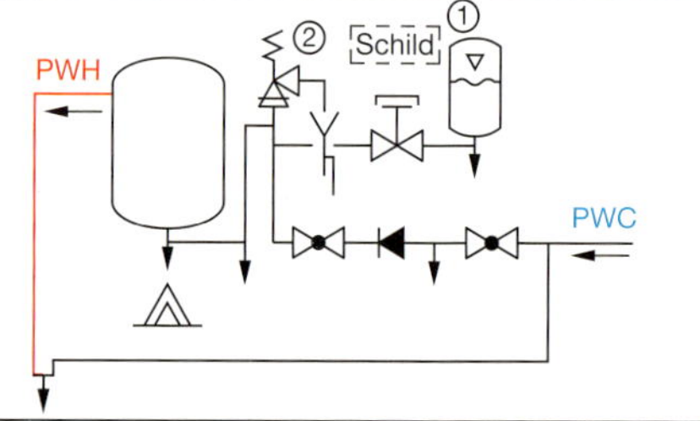

über 10 *l* Inhalt, mittelbar mit Zwischenmedium (≙ WT2) beheizt (Durchlauf-TWE)

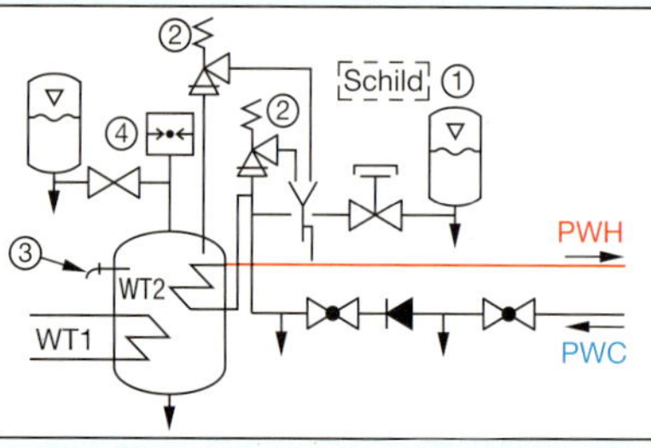

über 10 *l* Inhalt, mit festen Brennstoffen unmittelbar beheizt

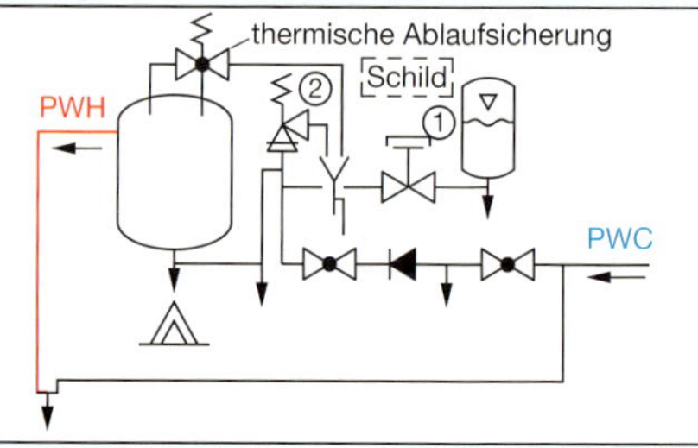

über 10 *l* Inhalt, mittelbar mit Zwischenmedium beheizt als Speicher-TWE

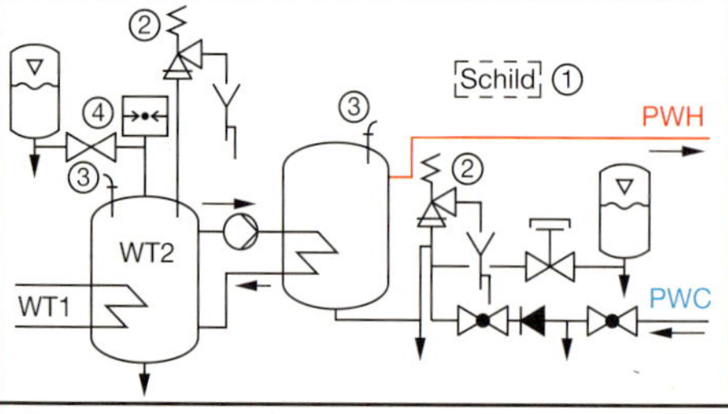

Durchlaufwasserheizer

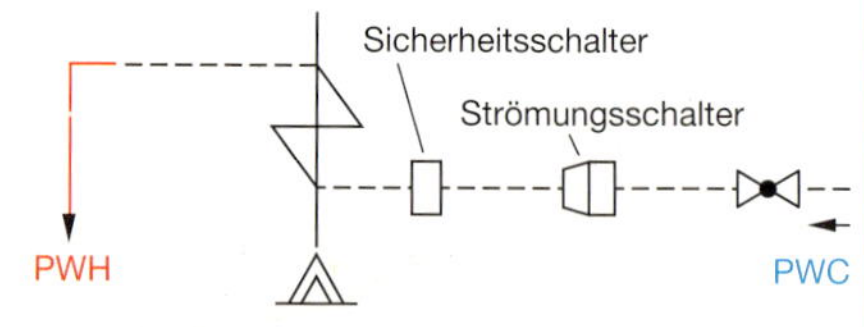

① Während der Beheizung kann aus Sicherheitgründen Wasser aus der Abblaseleitung austreten! Nicht verschließen!

② federbelastetes Membran-Sicherheitsventil

③ Temperaturregler nach DIN 4753-1

④ Druckmessgerät

WT1 = Wärmeträger (Heizmedium, Kältemittel von Wärmepumpe)
WT2 = Zwischenmedium

⑤ Um das Ausdehnungswasser aufzufangen, kann ein für Trinkwasser zugelassenes Membrandruckausdehnungsgefäß in die Kaltwasserleitung zum Sicherheitsventil eingebaut werden.

Trinkwassererwärmung *domestic hot water supply*

Tab. 257.1: Vorgeschriebene Armaturen in der Kaltwasserleitung vor TWE — DIN 1988-2: 1988-12

Art der TWE		1	2	3	4	5	6	7	8	9	10
Durchlauferhitzer mit hydraulischer Steuerung Auslauf offen oder geschlossen											
Inhalt < 10 l	offener Kleinspeicher										
Inhalt < 10 l	geschlossener Speicher mit thermischer Steuerung										
Inhalt > 10 l	offener Speicher mit Gas, Strom, Kohle, Öl (Badeöfen)										
Inhalt > 10 l	geschlossener Speicher thermisch gesteuert, Gas, Öl, Strom										
geschlossener Speicher, thermisch gesteuert >50 l Inhalt oder Inhalt [l] x p [bar] > 300											
geschlossener Speicher : ZTWE mit Dampf, Heißwasser oder WW beheizt											
Durchlauferhitzer für ZTWE > 10 l Inhalt ZTWE: zentrale TWE											

Berücksichtigung der Anforderungen nach DIN 4753-1: 1988-03

1: Absperrventil
2: baumustergeprüfter Druckminderer, falls KW-Druck > zulässiger WW-Betriebsdruck
3: Prüfventil
4: Rückflussverhinderer, ggf. mit 1 und 3 zusammen in einer Baueinheit
5: Manometeranschlussstutzen (ab 1000 l Manometer erforderlich)
6: Absperrventil für Speicher >120 l Inhalt
7: baumustergeprüftes Membran-Sicherheitsventil
8: Auslaufventil für unmittelbare WW- und KW-Zapfung. Sonst: Entleerung
9: Gerät offen: drucklos
10: Gerät geschlossen: unter Druck stehend

Sicherheitsventile für geschlossenen Trinkwassererwärmern; Hinweise für Einbau

- Jeder geschlossene Trinkwassererwärmer ist mit mindestens einem zugelassenen (mit einem TÜV-Prüfzeichen versehenen) Membransicherheitsventil (→ S. 257.2) auszurüsten. (Ausnahme: Durchflusswassererwärmer mit einem Nennvolumen ≤ 3 l). Bis 5000 l Nennvolumen dürfen nur federbelastete Membransicherheitsventile verwendet werden.
- Nennweite von Sicherheitsventilen (→ S. 257.2)
- Einbau in Kaltwasserleitungen oberhalb des TWE
- Zwischen Sicherheitsventil und Trinkwassererwärmer keine Absperrarmaturen, Verengung oder Siebe anordnen!
- Zulaufleitung mindestens gleiche Nennweite wie Sicherheitsventil

Tab. 257.2: Nennweite der Sicherheitsventile für geschlossene Trinkwassererwärmer n. DIN 1988

Nennvolumen V in l	Mindest-Ventilgröße[1] DN	Heizleistung $\dot{Q}_{max}$ in kW
≤ 200	15 (R/R_p 1/2)	75
> 200 ≤ 1000	20 (R/R_p 3/4)	150
> 1000 ≤ 5000	25 (R/R_p 1)	250
> 5000	32 (R/R_p 1 1/4)	2200

[1] als Ventilgröße gilt die Größe des Eintrittsanschlusses

- Die Ausblaseleitung des Sicherheitsventils darf nicht verschlossen werden, sie muss frei über einer Entwässerungseinrichtung münden.

Allgemein gelten für Bau, Ausrüstung, Sicherung, Prüfung usw. von geschlossenen Warmwasserbereitern die Bestimmungen der DIN 4753-1: 1988-03.

Membran-Druckausdehnungsgefäß (MAG-W)

Aufgaben:

- Bei Erwärmung das Ausdehnungswasser auffangen und Leckwasser vermeiden.
- Druckstoßdämpfung, z. B. bei schnellschließenden Armaturen oder
- Druckschwankungen aus dem Versorgungsnetz oder von Druckerhöhungsanlagen ausgleichen.

Tab. 257.3: Wahl des Ansprechdruckes bei Sicherheitsventilen — DIN 1988-2: 1988-12

Maximaler Druck in der Kaltwasserleitung bar	zulässiger Betriebsüberdruck des Trinkwassererwärmers bar	Ansprechdruck des Sicherheitsventils bar
4,8	6	6
8	10	10

Tab. 257.4: Auswahl eines MAG-W (Herstellerangaben)

MAG-W V_N in dm³	Sicherheitsventil p_{SV} = 6 bar			p_{SV} = 10 bar			
	3,0	3,6	4,0	3,0	3,6	4,0	Vordruck in bar
8	161	127	92	274	253	233	Speichervolumen V in l
12	242	191	138	411	380	349	
18	363	286	207	616	570	523	
25	504	397	288	855	792	727	
35	706	556	403	1198	1108	1017	
50	1009	794	576	1711	1583	1453	

Beispiel: Speicher V = 400 l
p_{SV} = 6,0 bar; Vordruck p_0 = 4,0 bar
gewählt: MAG-W, V_N = 35 l

Inbetriebnahme und Wartung von MAG-W

① Es dürfen nur durchströmte MAG eingebaut werden

② MAG-W müssen absperrbar und entleerbar sein

③ Der Gasvordruck p_o ist mindestens 0,2 bar unter dem Wasser-Versorgungsdruck am MAG-W einzustellen

④ Versorgungsdruck p_a in der Kaltwasseranschlussleitung am Druckminderer einstellen

⑤ Ausdehnungsgefäße sind nach DIN 4807-2, -5 jährlich zu warten

⑥ Inbetriebnahme und Wartungsarbeiten sind zu dokumentieren

Speicherwassererwärmer, Durchlaufwassererwärmer

water heating storage tank, instantinous water heater

Tab. 258.1: Gas-Warmwasserspeicher, Standgerät, direkt beheizt

Nutzinhalt	ca. l	130	160	190	220	320	380	440
Nennwärmeleistung	kW	6,13	7,25	8,2	8,5	14,5	16,4	17,2
Nennwärmebelastg.	kW	6,8	8,0	9,0	9,5	16,0	18,0	19,0
Aufheizzeit (10-60°C)	min	72	74	77	86	74	77	85
Breitschaftsenergieverbrauch[1]	kWh/d	5,02	5,8	6,6	7,39	13,1	14,4	15,9
Leistungskennzahl[2]	N_L	1,0	1,5	2,0	2,5	5,0	6,5	8,0
PWH-Dauerleistung[3]	l/h	151	178	202	210	356	404	423
PWH-Ausgangsleistg.	l/10 min	130	180	218	280	300	350	400
Abgastemperatur	°C	120	145	145	140	125	125	125
Abgasmassenstrom	kg/h	18	21	24	25	42	48	50
Anschlusswert[4]	m³/h	0,65	0,76	0,86	0,90	1,53	1,72	1,81

maximale PWH-Temperatur	70 °C
zulässiger Betriebsdruck	10 bar

Anschlüsse:

PWC, PWH, PWH-C	je R 3/4
Entleerung	je R 1/2
Gas	je R_p 1/2

[1] Bei einem Δt zwischen Raum- u. PWH-Temperatur von 50 K
[2] Leistungskennzahl (→ DIN 4708-3, → S. 247)
[3] Bezogen auf 45 °C Auslauf-, 10 °C Einlauf- u. 60 °C eingestellte Speichertemperatur
[4] Erdgas E, H_{iB} = 10,5 kWh/m³

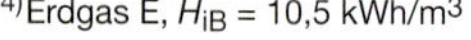

Diagr. 258.1: Mischwassermengen

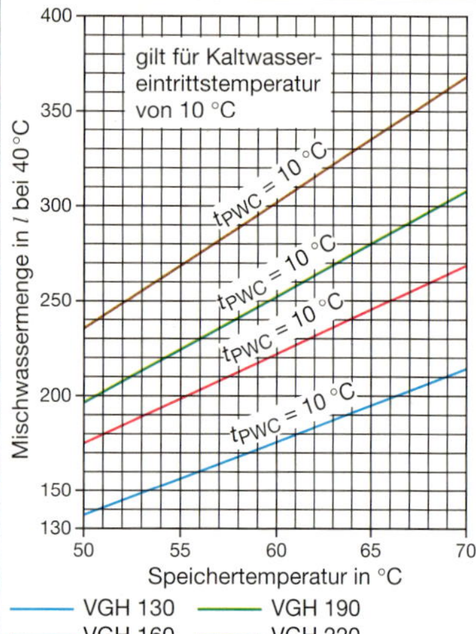

Tab. 258.2: Elektro-Warmwasserbereiter (Herstellerangaben)

Gerätetyp	Durchlauferhitzer				Kochend-wasser-gerät	Klein-speicher	Druckspeicher			Druckspeicher			
Inhalt l	–	–	–	–	5	5	10	15	30	50	80	100	120
für 1 Zapfstelle offenes System	–	–	–	–	•	•	•	•	•	•	–	–	–
f. mehr. Zapfst. geschloss. System	•	•	•	•	–	–	•	•	•	•	•	•	•
Abmessungen: Höhe mm	472	472	472	460	270	430	453	505	623	679	985	1106	1277
Breite mm	236	236	236	260	293	270	252	287	342	510	510	510	510
Tiefe mm	139	139	139	118	189	240	267	292	369	522	522	522	522
Mischwassermenge v. 37 °C l	bei 60 °C Speichereinst.				–	10	19	29	58	96	154	192	230
Aufheizzeiten auf 60 °C min	–	–	–	–	8	9	18	27	53	46	75	90	105
Maximale Zapfmenge l/min	6,6	7,6	8,6	9,0	–	–	–	–	–	–	–	–	–
Mindestfließdruck bar	0,4	0,5	0,6	0,3	–	–	–	–	–	–	–	–	–
Betriebsdruck max. bar	10	10	10	12	–	–	6	6	6	6	6	6	6
Temperatur wählbar °C	abhängig von Durchflussmenge 35 °C – 55 °C				37 °C bis 100 °C	35-85	35-85	35-85	35-85	35-85	35-85	35-85	35-85
Bereit.Energieverbr. kWh/d	–	–	–	–	–	0,27	0,47	0,49	0,64	0,61	0,73	0,8	0,9

Tab. 258.3: Solar-Speicher-Wassererwärmer (Herstellerangaben)

Technische Daten			300	400	500
Speicherinhalt Netto		l	275	375	500
PWH-Ausgangsleistg. b. HW-Temp. 85/65 °C		l/10 min	360	465	605
Maximaler Betriebsdruck:	Speicher	bar	10	10	10
	Heizung	bar	16	16	16
Solarwärme-austauscher:[1]	Heizfläche	m²	1,40	1,40	1,4/2,8
	Heizwasserbedarf	l/h	1950	1950	1000
PWH-Dauerleistg. b. HW-Temp. 85/65 °C		l/h	850	850	1000
Heizungswärme-austauscher:[1]	Heizfläche	m²	0,95	0,95	1,4/2,8
	Heizwasserbedarf	l/h	1950	1950	1000
Bereitschaftsenergieverbr. (t_{umgeb} = 20 °C)		kWh/d	≤ 3,1	≤ 3,6	3,5
Anschlüsse	PWC/PWH R1; PWH-C R3/4; Vorlauf/Rücklauf R3/4				
Speicher betriebsbereit gefüllt		kg	455	575	700

[1] max. HW-Vorlauftemp. 110 °C; max. Speicherwassertemp. 85 °C

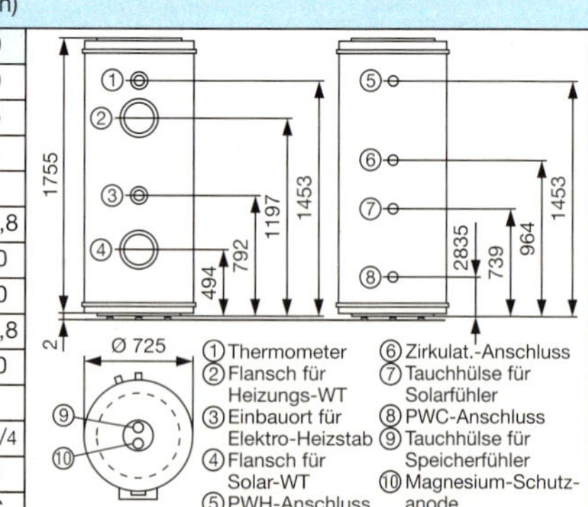

Druckerhöhungsanlagen (DEA) *pressure rising system*

DIN 1988-5: 1988-12

Allgemeines, Anwendungsbereiche

Druckerhöhungsanlagen (DEA) sind Pumpenanlagen, die zum Einsatz kommen, wenn öffentliches Versorgungsnetz den gegebenen Ansprüchen nicht mehr genügt, z. B. der vorherrschende Druck des Versorgungsnetzes zu gering ist, oder angebotene Menge nicht ausreichend ist:

- Gebäuden oder Anlagen, die mit vorhandenem Wasserdruck **nicht ausreichend** versorgt werden können (z. B. Hochhäuser).
- Gebäuden oder Anlagen, die mit vorhandenem Wasserdruck **nicht ständig ausreichend** versorgt werden können.
- Anlagen, für deren Anschluss eine **unmittelbare Verbindung** mit Trinkwasserleitungen **nicht zulässig** ist (z. B. chemische Industrie).
- Feuerlösch- und Brandschutzanlagen

Anschlussarten von Druckerhöhungsanlagen

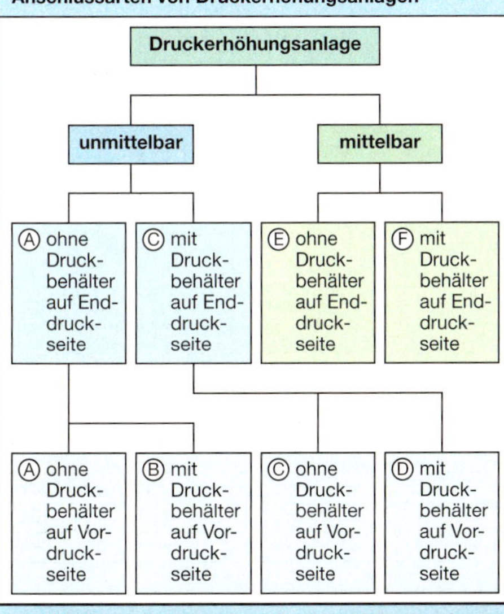

Druckverhältnisse eines Versorgungssystems

Δp_{AP}

Δp_{St}

Δp_P Förderdruck der DEA (→ S. 260)

Δp_{WZ}

$\Sigma(l \cdot R + Z)$

$p_{min.FL}$

5.OG, 4.OG, 3.OG, 2.OG, 1.OG, EG

$p_{min.V}$

Δp_{geo}

Versorgungsleitung

HAL

App

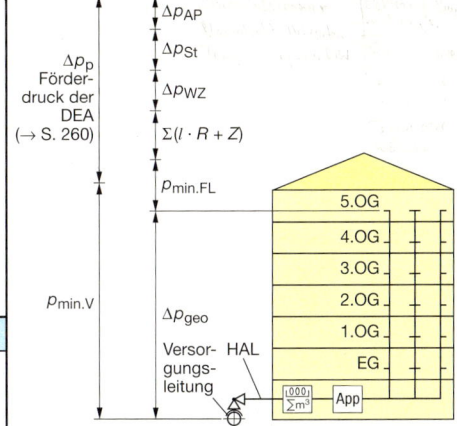

Ausführungsarten von Druckerhöhungsanlagen

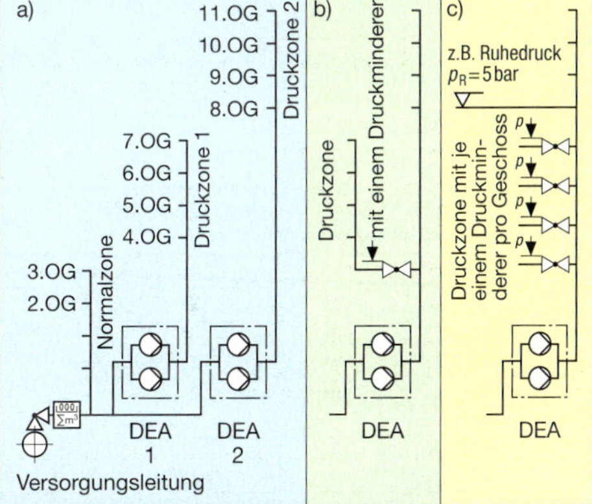

unmittelbarer Anschluss von Druckerhöhungsanlagen

Ⓐ ohne Druckbehälter

Ⓒ mit Druckbehälter auf Enddruckseite

Ⓑ mit Druckbehälter auf Vordruckseite

Ⓓ mit Druckbehälter auf Enddruckseite und Vordruckseite

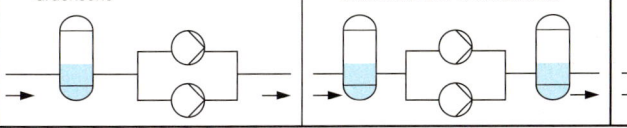

mittelbarer Anschluss von DEA

Ⓔ ohne Druckbehälter

Ⓕ mit Druckbehälter auf Enddruckseite

Bemerkungen:

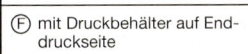

- Es ist stets eine Reservepumpe gleicher Leistung wie bei der Betriebspumpe vorzusehen.
- Nur Kreiselpumpen mit stabiler Kennlinie verwenden.
- Druckerhöhungsanlagen-Anschlussarten Ⓐ, Ⓒ und Ⓔ sind zu bevorzugen.

Druckerhöhungsanlagen (DEA) *pressure rising system* DIN 1988-5: 1988-12

Diagr. 260.1: Ermittlung des maximalen Wasserbedarfs verschiedener Gebäudetypen

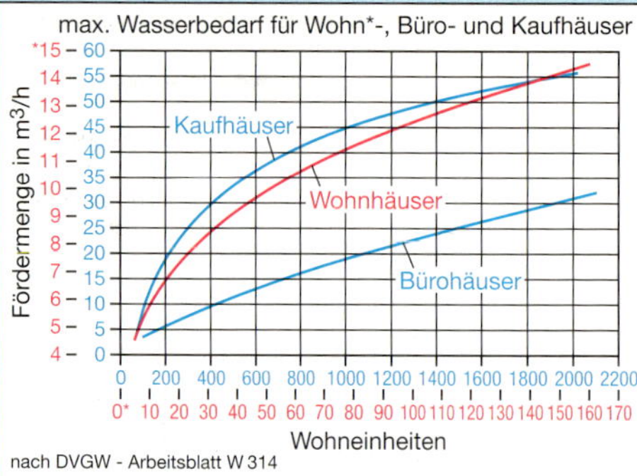

nach DVGW - Arbeitsblatt W 314

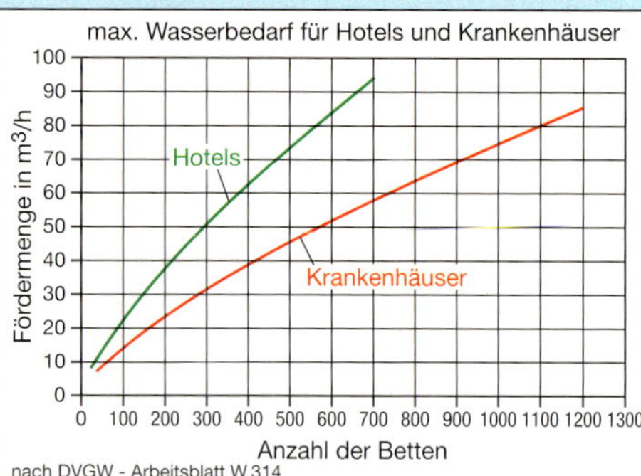

nach DVGW - Arbeitsblatt W 314

Pumpenförderdruck Δp_p der DEA (→ S. 259)

$$\Delta p_p = [\Delta p_{geo} + p_{minFl} + \Sigma(l \cdot R + Z) + \Delta p_{WZ} + \Delta p_{St} + \Delta p_{Ap}] - p_{minV}$$

Δp_p:	Förderdruck der DEA
Δp_{geo}:	Verlust aus geodätischem Höhenunterschied
p_{minFl}:	Mindestfließdruck
$\Sigma(l \cdot R + Z)$:	Verlust durch Reibungswiderstände
Δp_{WZ}:	Verlust durch Wasserzählerwiderstand
Δp_{St}:	Verlust durch Stockwerksleitung
Δp_{Ap}:	Verlust durch Apparatewiderstände
p_{minV}:	Mindestversorgungsdruck

Tab. 260.1: Druckbehältervolumen (Vordruckseite)

Förderstrom der DEA $\dot{V}_{maxP}$ in m³/h	≤ 7	> 7 ≤ 15	> 15
Gesamtvolumen des Druckbehälters auf der Vorderseite der Pumpen V_v in m³	0,3	0,5	0,75

Tab. 260.2: Mittleres Druckgefälle nach der DEA

Rohrlänge von DEA bis hydraulisch ungünstigste Entnahmestelle l_{nach} in m	≤ 30	≤ 80	> 80
$\Delta p/l = \Sigma(l \cdot R + Z)/l_{nach}$ mbar/m	20	15	10

Tab. 260.3: Vorgehensweise zur Ermittlung und Auslegung einer DEA

Zentrale Trinkwasserversorgung | Zentrale Feuerlöschwasserversorgung

↓

Anschlussart und max./min. Versorgungsdruck mit zuständigem WVU[1] klären

↓

Gesamt-Trinkwasserbedarf (Spitzenvolumenstrom $\dot{V}_S$) nach DIN 1988-3 bestimmen (→ S. 217) $\dot{V}_{DEA} = \dot{V}_S$ | Örtliche Verhältn. prüfen, Vorschriften der Brandschutzbehörde klären – Ges.-Löschwasserbedarf (max. Vol.-strom $\dot{V}_{maxP}$) entsprechend bestimmen

↓

Förderdruck Δp_p der DEA nach Bauplan und nach DIN 1988-3 berechnen (→ S. 217)

↓

Falls erforderlich (Ruhedruck vor Entnahmestelle $p_E \leq 5$ bar), Druckzonen u. entsprechende Förderdrücke festlegen – Max. Volumenströme für die einzelnen Druckzonen n. DIN 1988-5 bestimmen

↓

Auswahl d. DEA-**Baureihe** u. **Serientyp** gemäß Herst.angab. aus Kennlinienfeld vornehmen

[1] WVU = Wasserversorgungsunternehmen

Tab. 260.4: Zulässige Förderstromkriterien einer DEA

Nennweiten der Gebäudeanschlussleitungen	max. Gesamtdurchfluss zur DEA u. zu Verbrauchsleitungen ohne DEA	max. zulässige Förderströme bei unmittelbarem Anschluss einer DEA ohne vordruckseitigen Druckbehälter	
	I[1]	II a[2]	II b[3]
	$\dot{V}_{max}$ bei $v \leq 2$ m/s	$\dot{V}_{max}$ bei $\Delta v \leq 0{,}15$ m/s	$\dot{V}_{maxDEA}$ bei $\Delta v \leq 0{,}5$ m/s
DN	in m³/h		
25/1"	3,5	0,26	0,88
32/1 1/4"	5,8	0,43	1,45
40/1 1/2"	9	0,68	2,3
50/2"	14	1,06	3,5
65	24	1,8	6
80	36	2,7	9
100	57	4,2	14
125	88	6,6	22
150	127	9,5	32
200	226	17	57
250	353	26,5	88
300	509	38	127

[1] Nach DIN 1988-5 Abschnitt 4.4.1 gilt: Die Gesamtfließgeschwindigkeit zur DEA und zu Verbrauchsleitungen ohne DEA darf 2,0 m/s nicht überschreiten.

[2] Um unmittelbaren Anschluss ohne vordruckseitigen Druckbehälter an DEA zu ermöglichen, dürfen die durch Ein- und Ausschalten von DEA-Pumpen erzeugten Unterschiede der Fließgeschwindigkeit in der Anschlussltg. den Wert $\Delta v \leq 0{,}15$ m/s durch **eine** Einzelpumpe nicht überschreiten,

[3] bzw. den Wert $\Delta_v \leq 0{,}5$ m/s durch gleichzeitiges Abschalten aller Betriebspumpen nicht überschreiten.

Feuerlöschtechnik *fire fighting devices*

DIN 1988-6: 2002-05

Brandklassen nach DIN EN 2 (→ S. 138 ff., S. 489)

Klasse A: Brände fester Stoffe, hauptsächlich organischer Natur, die normalerweise unter Glutbildung verbrennen
Klasse B: Brände von flüssigen oder flüssig werdenden Stoffen
Klasse C: Brände von Gasen
Klasse D: Brände von Metallen (Magnesium, Aluminium und deren Legierungen)

Brandvoraussetzungen

- Vorhandensein brennbaren Materials in ausreichender Menge und geeigneter Form.
- Sauerstoff muss als Oxidationsmittel in ausreichender Menge vorhanden sein.
- Für Ablauf einer Verbrennung (Entzündung, Geschwindigkeit, Temperatur) ist der Sauerstoffgehalt der Luft maßgeblich. Sinkt dieser vom Normalwert von 21 Vol.-% auf unter 15 Vol.-% erlöschen die meisten Stoffe.

Löscheffekte

- Brandstoffentzug
- Sauerstoffentzug (Stickeffekt)
- Störung des Massenverhältnisses Brandstoff/Sauerstoff
- Eingriff in die katalytische Verbrennungsreaktion (antikatalytischer Effekt)
- Abkühlung unter die Mindestverbrennungstemperatur (Abkühleffekt)

Löschmittel (LM)

- **Wasser:** billigst. Löschmittel, höchste spezif. Wärmekapazität, größter Kühleffekt durch Verdampfungswärme
- **Schaum:** Wasserschaummittel (Gemisch mit Luft) im Verhältnis 1 : 4 … 20, 1 : 20 … 200, 1 : 200 … 1000)
- **Löschgase:** Kohlensäure, Argon, Inergen

Tab. 261.1: Vergleich der Löschwasserleitungssysteme

Kriterien	Löschwasserleitungen		
	nasse Steiglg.	trockene Steiglg.	nass/trockene Steigleitung
Verfügbarkeit d. Löschwassers	sehr gut	schlecht	gut
Frostschutz	schlecht	sehr gut	sehr gut
Hygiene	bedenklich	sehr gut	sehr gut
zentrale Meldeanlage	keine	keine	vorhanden
Betrieb durch	Feuerwehr und privat	nur durch Feuerwehr	Feuerwehr und privat
Kosten	Leitung kann in Hausinstallation integriert werden	zusätzliche Leitungen und Armaturen erforderlich	zus. Leitung u. spezielle Armat. sowie Füll-/Entleerungsstation erforderlich

Feuerlösch- und Brandschutzanlagen (Übersicht)

DIN 14 461: 1966-04; DIN 14 462: 1988-01

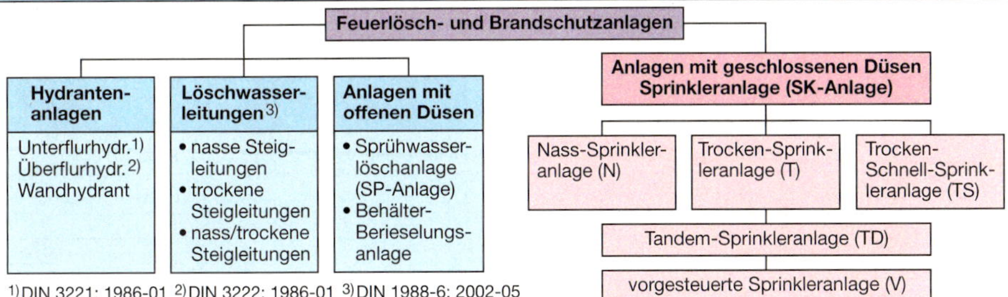

1) DIN 3221: 1986-01 2) DIN 3222: 1986-01 3) DIN 1988-6: 2002-05

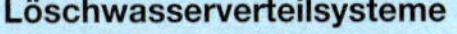

Löschwasserverteilsysteme

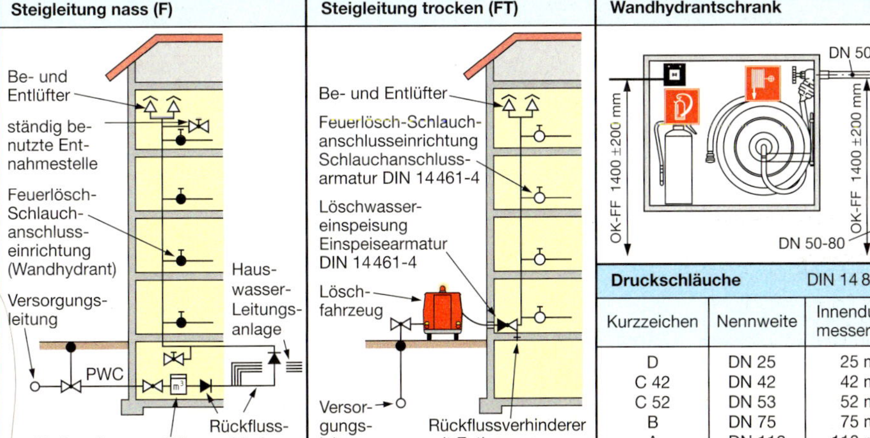

Druckschläuche

DIN 14 811

Kurzzeichen	Nennweite	Innendurchmesser
D	DN 25	25 mm
C 42	DN 42	42 mm
C 52	DN 53	52 mm
B	DN 75	75 mm
A	DN 112	110 mm

Trinkwasserinstallation

Feuerlöschtechnik *fire fighting devices*

DIN 1988-6: 2002-05

Sprinkleranlagen

Die Sprinkleranlage ist eine ständig betriebsbereite Anlage, bei der aus einem ortsfest verlegten Rohrleitungssystem Löschwasser abgegeben wird. Die Anlage wird automatisch ausgelöst. Sie erkennt, meldet und bekämpft Brände.

Ständig betriebsbereit, ortsfest, automatisch:
- selbsttätige Betriebsweise
- „teilbewegliche" (halbautomatische) Betriebsweise durch Feuerwehr möglich (Löschwassereinspeisung, Zumischung Schaummittel)
- manuelle Auslösung *nicht* möglich

Löschwasser:
- Wasser (Brandklassen A; B mit Einschränkung)
- Wasser mit Zusätzen (Brandklassen A und B)

Branderkennung:
- thermisch durch Sprinklerauslösung: sofortiger Löschbeginn
- zusätzliche Brandmeldeanlagen (BMA): vorzeitiges Öffnen des Alarmventils, Löschbeginn erst bei Sprinklerauslösung

Brandmeldung:
- Signal über Druckschalter, Alarmglocke
- BMA

Brandbekämpfung:
- selektives Löschprinzip (geringe Wasserschäden)
- keine vorbeugende Kühlung möglich

Anlagearten:
- Nassanlage
- Trockenanlage (für $\vartheta < 0\,°C$ oder $\vartheta > 100\,°C$)
  - Trockenschnellanlage (BMA *oder* Sprinkler bewirkt Öffnung des Alarmventils → schnelles Auslösen)
  - vorgesteuerte Anlage (BMA und Sprinkler bewirken Öffnung des Alarmventils → Schutz vor Fehlauslösung)
- Tandemanlage (nass/trocken)

Trinkwasser-installation

Tab. 262.1: Öffnungstemperaturen von Glasfass- und Schmelzlotsprinklern

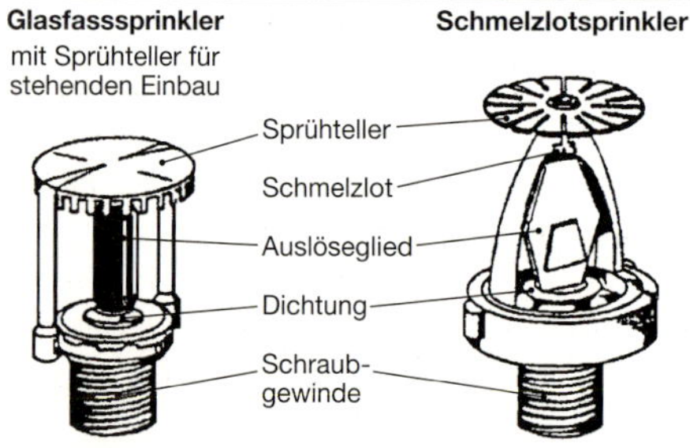

Glasfasssprinkler Öffnungstemperatur	Glasfasssprinkler Farbe	Schmelzlotsprinkler Öffnungstemperatur	Schmelzlotsprinkler Farbe
57 °C	orange	57… 77 °C	farblos
68 °C	rot	80…107 °C	weiß
79 °C	gelb	121…149 °C	blau
93/100 °C	grün	163…191 °C	rot
141 °C	blau	204…246 °C	grün
182 °C	malve	260…302 °C	orange
227/260/343 °C	schwarz	320…343 °C	orange

Funktionsschema einer Sprinkleranlage

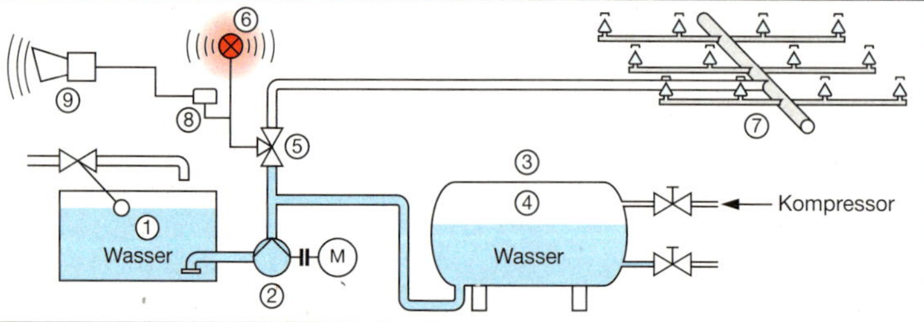

① Vorratsbehälter
② Anlagenpumpe
③ Druckluftwasserbehälter
④ Druckluftauflast
⑤ Steuerventil
⑥ Alarmsignal
⑦ Sprinklernetz
⑧ Druckschalter
⑨ Alarmsignal

Sprinkleranlagen – Bestimmung der Kenngrößen nach VdS 2092[1] (Dimensionierung)

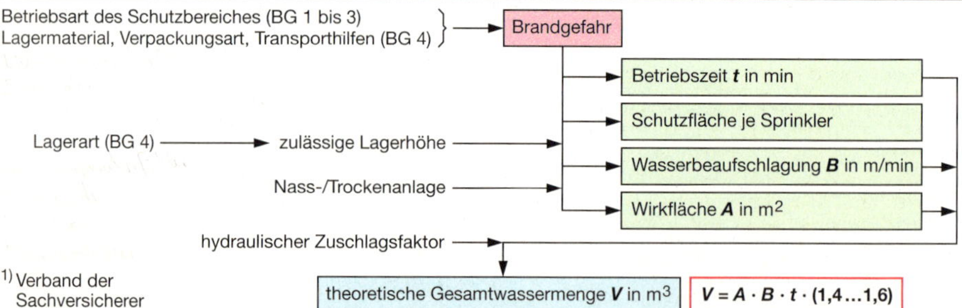

[1] Verband der Sachversicherer

Sanitäre Einrichtungen *sanitary equipment*

Richtwerte der Einrichtungsgegenstände für unterschiedliche Gebäude (nach Feurich)

Tab. 263.1: Schulen, Abortanlagen[1] und Flure

Raumbezng.	Sanitäreinrichtung
Aborträume für Knaben[2]	1 Ausgussbecken 1 Klosettbecken für 20 Knaben 1 Urinal für 10 Knaben 1 Handwaschbecken oder 1 Waschtisch für 40 Knaben
Aborträume für Mädchen[2]	1 Ausgussbecken 1 Klosettbecken für 10 Mädchen 1 Handwaschbecken oder 1 Waschtisch für 40 Mädchen
Aborträume für Lehrer	1 Klosettbecken für 20 Lehrer 1 Urinal für 10 Lehrer 1 Handwaschbecken oder 1 Waschtisch für 20 Lehrer
Aborträume f. Lehrerinnen	1 Klosettbecken für 10 Lehrerinnen 1 Handwaschbecken oder 1 Waschtisch für 20 Lehrerinnen
Flure	1 Trinkfontäne für 40 Schüler

Tab. 263.3: Büro- und Verwaltungsgebäude

Raumbezng.	Sanitäreinrichtung
Aborträume für Frauen[1]	1 Ausgussbecken 1 Klosettbecken für 8 bis 10 Frauen oder 100 m² Nutzfläche 1 bis 3 Waschtische je Abortraum oder 1 Waschtisch f. höchst. 5 Klosettbecken
Aborträume für Männer[1]	1 Ausgussbecken 1 Klosettbecken für 10 bis 15 Männer oder 100 m² Nutzfläche 1 Urinal für 10 bis 15 Männer oder 150 m² Nutzfläche 1 bis 3 Waschtische je Abortraum oder 1 Waschtisch f. höchst. 5 Klosettbecken
Büroräume	1 Waschtisch f. 8 bis 10 Pers. od. 100 m² Nutzfläche od. mind. je ein Büroraum
Putzräume	1 Ausgussbecken
Teeküche	1 Kochendwasserbereiter[4] 1 Einfach-Spülbecken mit Abtropffläche

Tab. 263.6: Betriebe, ASR 37/1

Herren[1]:	10	25	50	75	100	130	160	190	220	250
WC Urinale	1 1	2 2	3 3	4 4	5 5	6 6	7 7	8 8	9 9	10 10
Damen[1]:	10	20	35	50	65	80	100	120	140	160
WC Bidet	1 1	2 1	3 1	4 2	5 2	6 2	7 3	8 3	9 3	10 3
zusätzlich: 1 Waschtisch je 5 Klosettbecken										

[1] Ein Abortraum soll höchstens 10 Klosettbecken enthalten.
[2] In den Vorräumen ist auf je 2 Knabenzellen bzw. 4 Mädchenzellen 1 Handwaschbecken oder 1 Waschtisch anzuordnen.
[3] Die Fußbäder können als Fußwaschstellen mit den Brausewannen kombiniert angelegt werden, in Räumen mit Sitzwaschbecken kann auf das Fußbad verzichtet werden.
[4] Verbrauch an kochendem Wasser je Person 0,75 *l*/Tag. 1 *l* Wasser ergibt 5 bis 6 Tassen Kaffee.
[5] Nach DIN 18 022 wird die räumliche Trennung von Bad und Abortraum mit eigenen Zugängen empfohlen und gefordert für Wohnungen, die für mehr als 5 Personen bestimmt sind. Eigenheime und Wohnungen über 60 m² oder mit mehr als 3 Zimmern sollen 2 Klosettbecken erhalten.
[6] Ein zweites Bad ist für Eigenheime und große Wohnungen zur Benutzung durch Kinder und Gäste zweckmäßig.

Tab. 263.2: Hotels, allgem. Sanitärräume je Geschoss

Raumbezeichnung	Sanitäreinrichtung
Aborträume für Frauen[1]	1 Klosettbecken für 10 Betten 1 Handwaschbecken oder 1 Waschtisch für höchst. 5 Klosettbecken
Aborträume für Männer[1]	1 Klosettbecken für 15 Betten 1 bis 2 Urinale für 15 Betten 1 Handwaschbecken oder 1 Waschtisch für höchst. 5 Klosettbecken
Brausebaderäume[3]	1 Brausewanne 1 Fußwanne 1 Waschtisch 1 Sitzwaschbecken, empfehlenswert
Putzräume	1 Ausgussbecken
Wannenbaderäume	1 Sitzwaschbecken 1 Klosettbecken 1 Liegewanne 1 bis 2 Waschtische

Tab. 263.4: Waschräume auf Baustellen

Raumbezeichnung	Sanitäreinrichtung
Waschraum	1 Waschstelle für höchstens 5 Arbeitnehmer und 1 Dusche für höchstens 20 Arbeitnehmer

Tab. 263.5: Wohnungen und Eigenheime

Raumbezeichnung	Sanitäreinrichtung
Abortraum[5]	1 Klosettbecken 1 Handwaschbeck. od. 1 Waschtisch 1 Sitzwaschbecken 1 Wandurinal
Bad[6] Ausstattung nach DIN 18 022 Empfehlenswerte zusätzl. Ausstattung	1 Badewanne 1 Waschtisch 1 Klosettbecken 1 Waschmaschine 1 Brausewanne 1 Sitzwaschbecken 1 Mundspülbecken 1 zusätzl. Waschtisch bei mehr als 3 Pers. oder 1 Doppelwaschtisch
Hausarbeitsraum	1 Waschmaschine 1 Spülbecken mit Abstellfläche
Küche Arbeits-, Ess- oder Wohnküche Empfehlenswerte zusätzl. Ausstattung	1 Doppelspülbecken mit Abstellfläche 1 Waschmaschine 1 Ausgussbecken 1 Geschirrspülmaschine
Kochnische	1 Spülmaschine mit Abstellfläche

Weitere Angaben für Ausstattung von Sanitärräumen

- VDI Richtlinie 6000, Bl. 4: Hotelzimmer
- Planungshandbuch: Sporthallen, Berlin
- DIN 18 032-1 Sporthallen
- AMEV-Handbuch „Sanitärbau '95"
- Muster-Gaststättenbauverordnung
- Arbeitsstättenverordnung
- Arbeitsstättenrichtlinien (ASR)
- DIN 18 024 und DIN 18 025-1, -2 (→ S. 266)
- Landesvorschriften und -empfehlungen

Sanitäre Einrichtungen *sanitary equipment*

Anordnungen und Abstände von Sanitärgegenständen, Mindestbewegungsflächen, Fliesenraster

Tab. 264.1: Seitliche Abstände von Sanitärobjekten

(Maße in cm) DIN 18022

	WT	WB	WC	Urinal	Bidet	Dusche	Wanne
1. Durchschnittliche Objektabmessungen	B: 60 T: 55	B: 45 T: 35	B: 40 T: 60	B: 40 T: 40	B: 40 T: 60	B: 80 T: 80	B: 170 T: 75
2. Abstand bzw. Bewegungsfläche zur Nutzung der Objekte	75	75	75	75	75	75 / 90	75 / 90
3. Seitliche Mindestabstände: WT	20	–	20	20	25	–	–
WB	–	–	20	20	25	20	20
WC	20	20	20	20	25	20	20
Urinal	20	20	20	20	25	20	20
Bidet	25	25	25	25	–	25	25
Seitenwand	20	20	20	20	25	–	–
Seitenwände	20	20	25	25	25	–	–

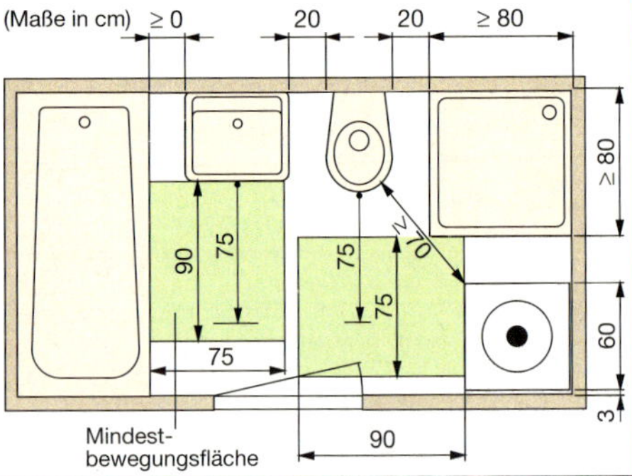

Schematische Darstellung der Sanitärgegenstände mit Angabe von Objektabständen DIN 18022: 1989-11

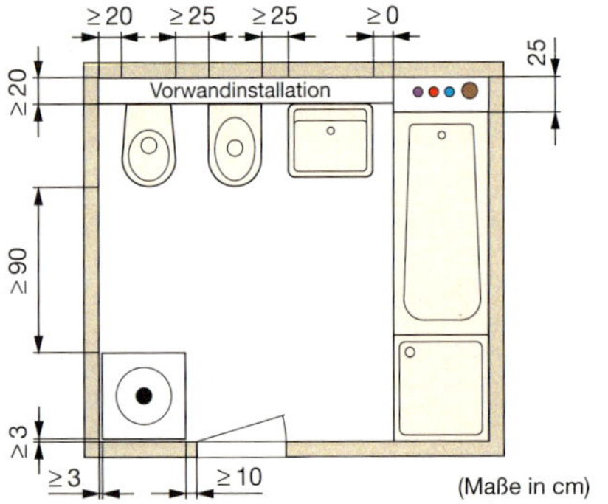

≥ 20 ≥ 25 ≥ 25 ≥ 0 25 ≥ 20 Vorwandinstallation ≥ 90 ≥ 3 ≥ 3 ≥ 10

(Maße in cm)

Sitzwaschbecken (Bidet), Montagemaße

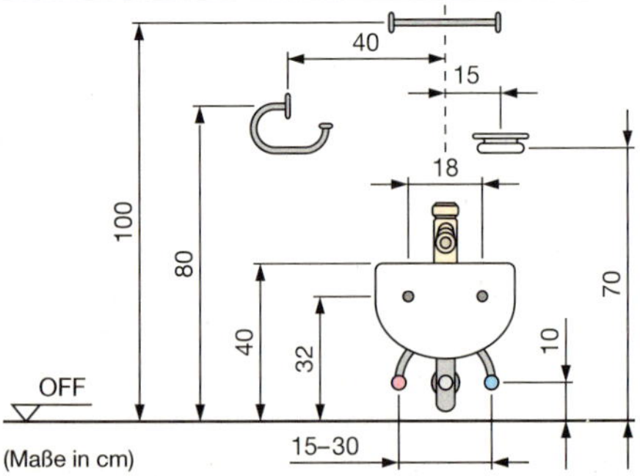

40 15 18 100 80 40 32 10 70 OFF 15–30

(Maße in cm)

Mindestbewegungsflächen

(Maße in cm) ≥ 0 20 20 ≥ 80 ≥ 80 90 75 75 75 75 ≥ 10 60 3 90

Mindestbewegungsfläche

Fliesenraster, Installationshinweise

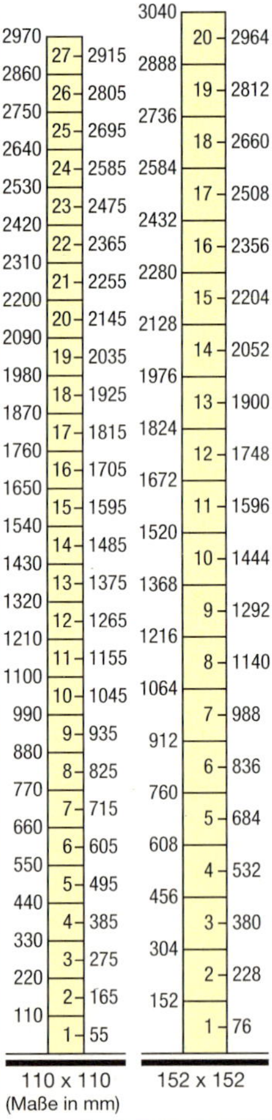

110 x 110: Maß	Fliese Nr.	Fliesenmitte
2970	27	2915
2860	26	2805
2750	25	2695
2640	24	2585
2530	23	2475
2420	22	2365
2310	21	2255
2200	20	2145
2090	19	2035
1980	18	1925
1870	17	1815
1760	16	1705
1650	15	1595
1540	14	1485
1430	13	1375
1320	12	1265
1210	11	1155
1100	10	1045
990	9	935
880	8	825
770	7	715
660	6	605
550	5	495
440	4	385
330	3	275
220	2	165
110	1	55

152 x 152: Maß	Fliese Nr.	Fliesenmitte
3040	20	2964
2888	19	2812
2736	18	2660
2584	17	2508
2432	16	2356
2280	15	2204
2128	14	2052
1976	13	1900
1824	12	1748
1672	11	1596
1520	10	1444
1368	9	1292
1216	8	1140
1064	7	988
912	6	836
760	5	684
608	4	532
456	3	380
304	2	228
152	1	76

110 x 110 (Maße in mm) 152 x 152

Installationen auf Fliesenraster

Eine saubere Installation kann nur nach einem genauen Fliesenrasterplan ausgeführt werden. Dieser muss für alle an der Ausführung Beteiligten verbindlich sein. Die sanitären Einrichtungsgegenstände u. Armaturenanschlüsse sind auf Fugenkreuz oder Fliesenmitte zu setzen.

Armaturenanschlüsse

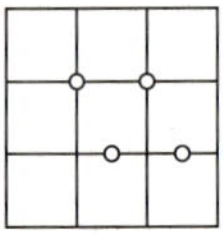

Das der Praxis entsprechende Verfliesen wird heute ohne Sockel und mit einer 2 mm Fuge durchgeführt. Es sollte wie folgt geplant werden:

Fliesengröße und -Raster

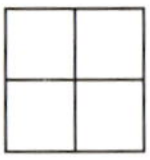

Fliese: 150 x 150 mm
Raster: 152 x 152 mm

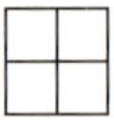

Fliese: 108 x 108 mm
Raster: 110 x 110 mm

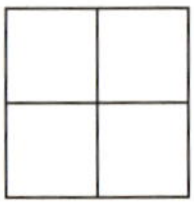

Fliese: 198 x 198 mm
Raster: 200 x 200 mm

Trinkwasserinstallation

Sanitäre Einrichtungen *sanitary equipment* (Auswahl, siehe Firmenschriften)

Arten und Abmessungen von Waschbecken, Badewannen, Wasserklosetts und Urinalen (Maße in mm)

Waschbecken

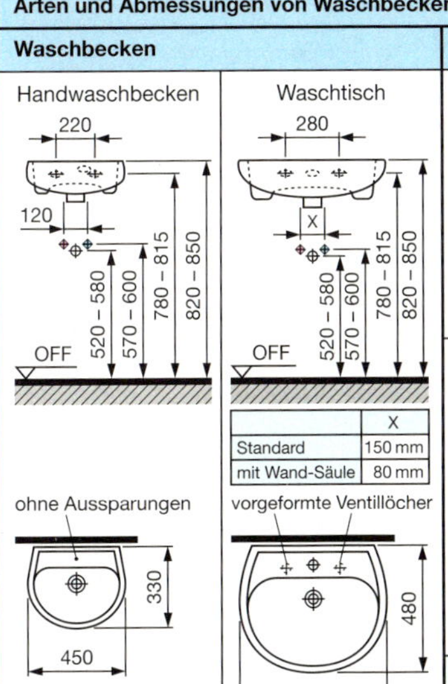

	X
Standard	150 mm
mit Wand-Säule	80 mm

Nur für Wandbatterie geeignet.

Waschbecken werden meist fest installiert. Die **Beckenrandhöhe** beträgt etwa:
850 mm für Erwachsene,
750 mm für Kinder zwischen 6 u. 15 Jahre,
600 mm für Kinder bis 6 Jahre

Badewannen

a) Normalwanne
b) Raumsparwanne
c) Körperformwanne
d) Ovalwanne
e) Rundwanne
f) Eckwanne

Wannenform	Länge in mm	Breite in mm	Tiefe in mm	Nutzinhalt in l
a) Normalwanne	1700	750	440	140
b) Raumsparwanne	1600	750	420	100
c) Körperformwanne	1700	750	390	90
d) Ovalwanne	1900	1000	450	200
e) Rundwanne	d = 1800		500	470
f) Eckwanne	s = 1460		425	165

Duschwannen

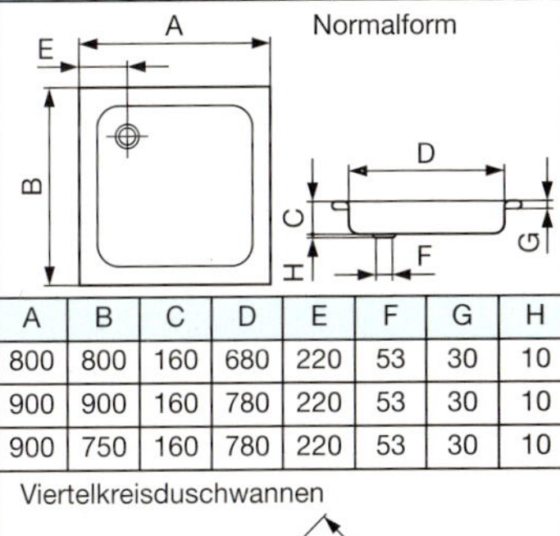

A	B	C	D	E	F	G	H
800	800	160	680	220	53	30	10
900	900	160	780	220	53	30	10
900	750	160	780	220	53	30	10

Viertelkreisduschwannen

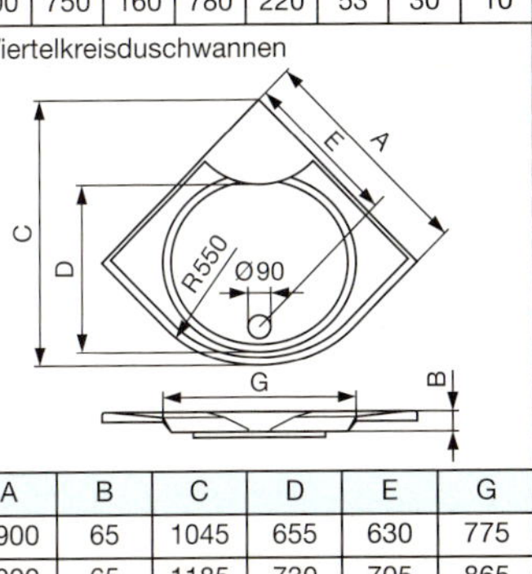

A	B	C	D	E	G
900	65	1045	655	630	775
1000	65	1185	730	705	865

Sitzwaschbecken

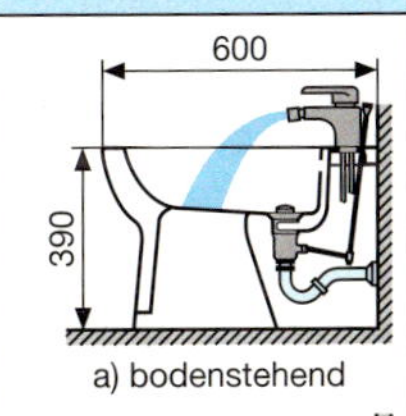

a) bodenstehend

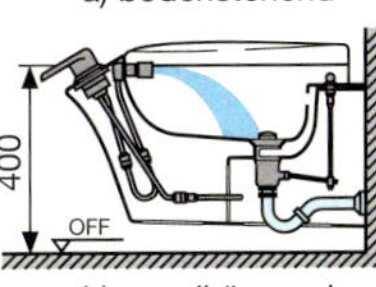

b) wandhängend

Wasserklosett (WC), Flach- u. Tiefspül-WC

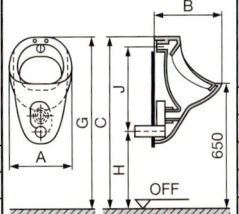

Spülrand
Spülwasserverteiler
Ø55
135
50
Ø102
180–250

Montagehöhen		
Benutzer	Wandklosetts	Standklosetts
Erwachsene u. Jugendliche	400 … 430	380
Kinder	350 … 370	300
Behinderte	450 … 520	490

Urinale

B
J
G
C
H
A
650
OFF

Breite A	Tiefe B	Höhe Oberkante C	Höhe Befestigung G	Höhe Abfluss H	Abstand Abfluss/Zufluss J
345	350	900	700	390	465
370	350	1075	590	430	600
360	350	870	520	320	520
290	320	850	635	390	420
350	295	905	650	410	455

Behindertengerechte Installation *handicapped friendly installation* DIN 18 025-1: 2002

Montagehöhen, Stell- und Bewegungsflächen, Planungsempfehlungen (Maße in cm) siehe auch DIN 18 025-2 sowie DIN 18 024-2

Tab. 266.1: Montagehöhen in cm

Waschbecken	80 … 87 (Oberkante)
Unterfahrhöhe	mind. 67
Händetrockner	80 … 90
Haartrockner	130 … 140
Sitzwaschbecken	48 … 60 (Oberkante)
Griff Brause	85
Klosett	45 … 48 (Oberkante)
Badewanne	38 … 45
Spiegel	> 100 (Unterkante) (Anordnung individuell)

Seniorengerechtes Bad

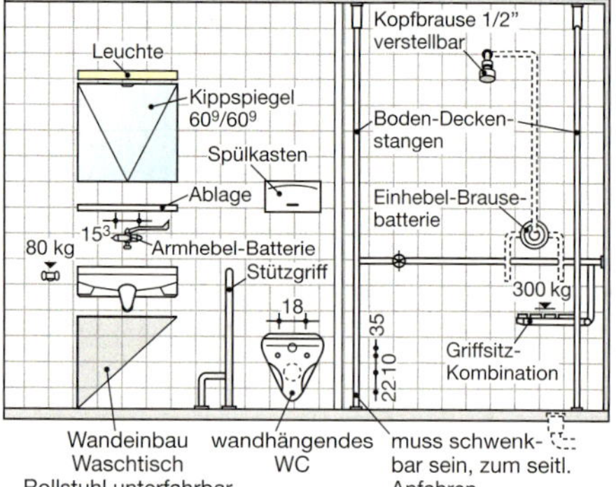

Duschanlage

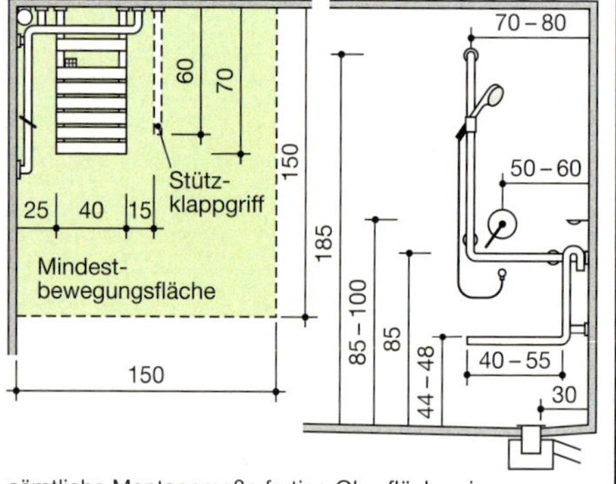

sämtliche Montagemaße fertige Oberflächen in cm

WC-Anlage

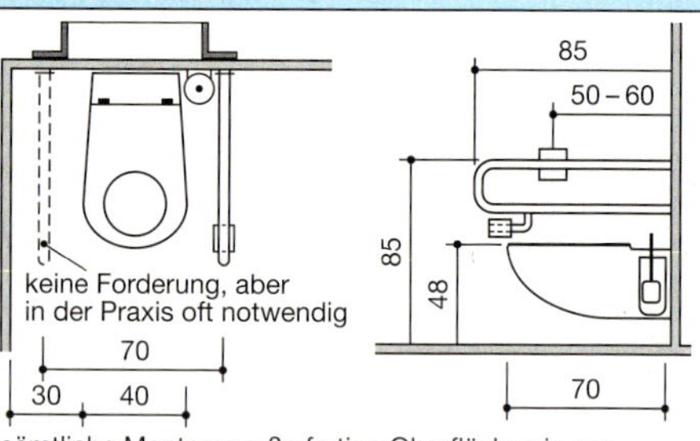

sämtliche Montagemaße fertige Oberflächen in cm

Mobiles Pflegecenter außerhalb von Sanitärräumen (Herstellerangaben)

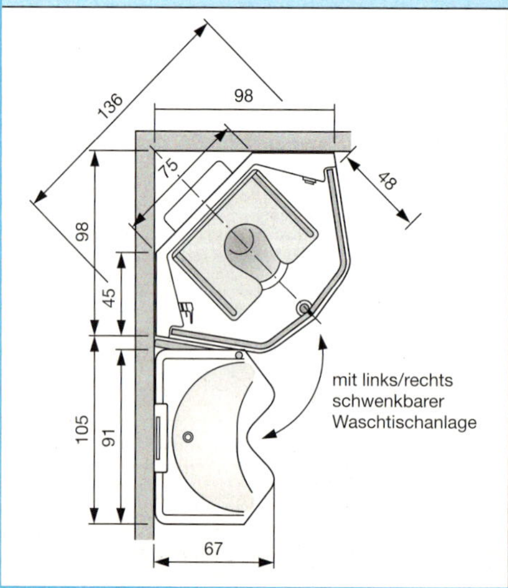

Abwasser:	Dusche DN 40 WC-Stutzen DN 100, falls für WC-Anschluss bauseitig kein DN 100-Anschluss vorhanden, Abwasserförderpumpe erforderlich
Kaltwasser:	Flexschlauch 1/2" Außengewinde
Warmwasser:	Flexschlauch 1/2" Außengewinde
Elektroanschlüsse:	nach VDE 230 V (nur bei Abwasserpumpe erforderlich)

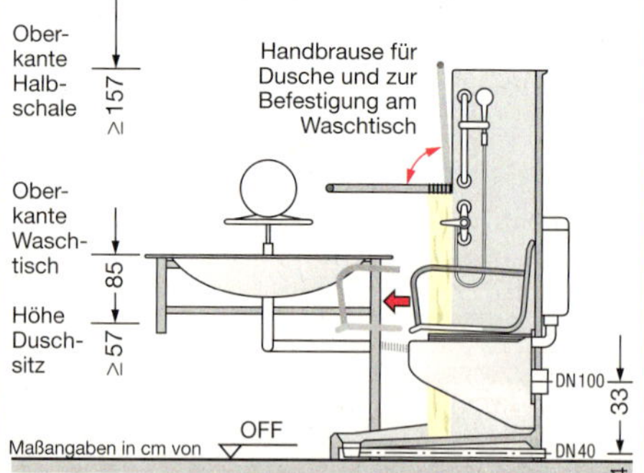

Entwässerungstechnik *sanitary pipework*

Leitungsabschnitte

DIN EN 12 056-2: 2001 & DIN 1986-100: 2008-05

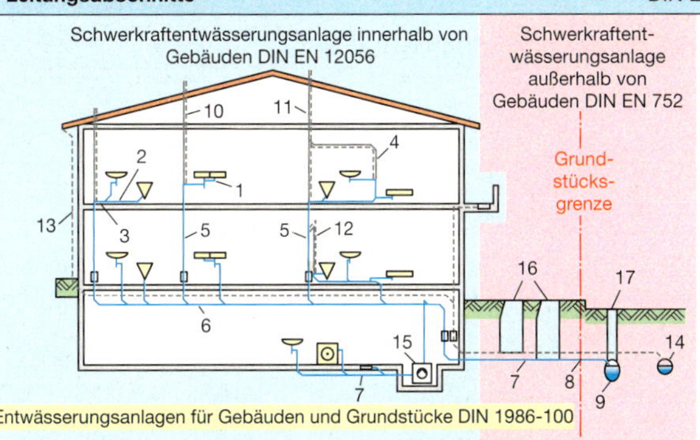

1 Verbindungsleitung
2 Einzelanschlussleitung
3 Sammelanschlussleitung
4 Umlüftung
5 Fallleitung (Schmutzwasser)
6 Sammelleitung
7 Grundleitung
8 Anschlusskanal
9 Schmutzwasserkanal
10 Hauptlüftung
11 Sammelhauptlüftung
12 Umgehungsleitung
13 Fallleitung (Regenwasser)
14 Regenwasserkanal
15 Abwasserhebeanlage
16 Übergabeschacht
17 Rückstauebene
(Symbole → S. 120 f)

Maßgebende Normen

DIN EN 12 056: Schwerkraftentwässerungsanlagen innerhalb von Gebäuden

EN 12 056 -1: 2001-01	Allgemeine und Ausführungsanforderungen
-2: 2001-01	Schmutzwasseranlagen, Planung und Berechnung In Deutschland sind Entwässerungsanlagen nach **System I** (Einzelfallleitungsanlage mit teilbelüfteten Anschlussleitungen mit Füllungsgrad 50 %) zu planen
-3: 2001-01	Dachentwässerung, Planung und Bemessung
-4: 2001-01	Abwasserhebeanlagen – Planung und Bemessung
-5: 2001-01	Installation und Prüfung, Anleitung für Betrieb, Wartung und Gebrauch

DIN 1986: Entwässerungsanlagen für Gebäude und Grundstücke

-100: 2008–05	Zusätzliche Bestimmungen zu DIN EN 752 und DIN EN 12 056
-3: 2004-11	Regeln für den Betrieb
-4: 2003-02	Verwendungsbereiche von Abwasserrohren und -formstücken verschiedener Werkstoffe
-30: 2003-02	Instandhaltung

DIN EN 752 Teil 1 bis 7: Entwässerungssysteme außerhalb von Gebäuden

DIN EN 12 050: Abwasserhebeanlagen für Gebäude- und Grundstücksentwässerung

-1: 2001-05	Fäkalienhebeanlagen
-2: 2001-05	Abwasserhebeanlagen für fäkalienfreies Abwasser
-3: 2001-05	Fäkalienhebeanlagen zur begrenzten Verwendung
DIN EN 13 564	**Rückstauverschlüsse für Gebäude** (→ S. 306)
DIN EN 1825	**Abscheideanlagen für Fette** (→ S. 311 f.)
DIN 4040-100	Anforderungen an die Anwendung von Abscheideranlagen nach DIN EN 1825
DIN EN 858	**Abscheideanlagen für Leichtflüssigkeiten** (→ S. 309 f.)
DIN 1999-100	Anforderungen für die Anwendung von Anscheideranlagen nach DIN EN 858

Tab. 267.2: Maximal zulässige Abwassertemperaturen

Anschluss-, Fall- und Sammelleitungen	95 °C
Grundleitungen	45 °C mit kurzzeitig höheren Spitzen, an der Grundstücksgrenze: max. 35 °C

Tab. 267.3: Begriffe

Abwasser	Wasser, welches durch Gebrauch verändert ist und jedes in die Entwässerungsanlage fließende Wasser
Häusliches Abwasser	Abwasser aus Küchen, Waschküchen, Badezimmer, Toiletten, u. ä.
Industrielles Abwasser	Abwasser, durch industriellen/gewerblichen Gebrauch verändert, Kühlwasser
Grauwasser	Fäkalienfreies Schmutzwasser
Schwarzwasser	Fäkalienhaltiges Schmutzwasser
Regenwasser	Wasser aus natürlichem Niederschlag, nicht durch Gebrauch verunreinigt
Freispiegelleitung	teilgefüllte Leitungen mit einem Füllungsgrad < 1 (→ S. 285 ff.)
Gelbwasser[1)]	reiner Urin (z. B. für Trenntoilette bzw. wasserloses Urinal)
Braunwasser[1)]	Wasser, welches nur mit festen, menschlichen Ausscheidungen beaufschlagt ist

[1)] in DIN nicht aufgeführt

Rohre und Formstücke der Entwässerungstechnik *pipes and fittings of sanitary pipework*

Tab. 268.1: Verwendungsbereich von Abwasserrohren DIN 1986-4: 2003 (Auszug)

Werkstoff	DIN-Norm oder bauaufsichtliches Zulassung[1]	Anschluss- und Verbindungsleitung	Fallleitung	Sammelleitung	Grundleitung unzugänglich in der Grundplatte	Grundleitung im Erdreich	Lüftungsleitung	Regenwasserleitung im Gebäude	Regenwasserleitung im Freien	Leitungen für Kondensate aus Feuerungsanlagen	Brandverhalten der Baustoffe nach DIN 4102-1
Steinzeugrohr	DIN EN 295-1	+	+	+	+	+	+	+	+	+	A 1 nichtbrennbar
Faserzementrohr	DIN EN 12 763	+	+	+	–	–	+	+	+	–[2]	A 2 nichtbrennbar
Faserzementrohr	DIN 19 850 DIN EN 588-1	–	–	–	+	+	–	–	+	–[2]	A 2 nichtbrennbar
Blechrohre (Zink, Kupfer, Aluminium, verz. Stahl)	DIN EN 612	–	–	–	–	–	–	–	+[3]	–	A 1 nichtbrennbar
Gusseisern. Rohr ohne Muffe (SML)	DIN 19 522 DIN EN 877	+	+	+	+	+	+	+	+	–[2]	A 1 nichtbrennbar
Stahlrohr	DIN EN 1123-1 DIN EN 1123-2	+	+	+	+	+[4]	+	+	+	–[2]	A 1 nichtbrennbar
Rohr aus nichtrostendem Stahl	DIN EN 1124-1 … 3	+	+	+	+	+[4]	+	+	+	+	A 1 nichtbrennbar
PVC-U-Rohr	DIN EN 1401-1 DIN V 19 534-3	–	–[5]	–[5]	+	+	–	+	–	+	B 1 schwerentflammbar
PVC-U-Rohr[6] erhöhte Steifigkeit	Zulassung	–	–	–	+	+	–	–	–	+	–[7]
PVC-C-Rohr[6]	DIN EN 1566-1 DIN 19 538-10	+	+	+	+	–	+	+	+[3]	+	B 1 schwerentflammbar
PE-HD-Rohr[6]	DIN EN 1519-1 DIN 19 535-10	+	+	+	+	–	+	+	+	+	B 2 normal entflammbar
PE-HD-Rohr[6]	DIN EN 12666-1 DIN 19 537	–	–	–	+	+	–	–	–	+	–[7]
PE mineralverstärkt[6]	Zulassung	+	+	+	+	–	+	+	–	+	B 2 normal entflammbar
PP-Rohr[6]	DIN EN 1451-1 DIN 19 560-10	+	+	+	+	–	+	+	–	+	B 1 schwerentflammbar
PP mineralverstärkt[6]	Zulassung	+	+	+	+	+	+	+	–	+	B 2 normal entflammbar
ABS[6]	DIN EN 1455-1 DIN 19 561-10	+	+	+	+	–	+	+	–	+	B 2 normal entflammbar
SAN + PVC[6]	DIN EN 1565-1 DIN 19 561-10	+	+	+	+	–	+	+	–	+	B 2 normal entflammbar
ABS/ASA/PVC, mineralverstärkte Außenschicht[6]	Zulassung	+	+	+	+	–	+	+	–	+	B 2 normal entflammbar

„+" geeignet „–" ungeeignet

[1] Rohre, Formstücke und Dichtmittel dürfen nur dann verwendet werden, wenn sie Technischen Regeln bzw. einer bauaufsichtlichen Zulassung entsprechen. Jedes Bauteil ist deutlich sichtbar und dauerhaft zu kennzeichnen.
[2] Für Leitungen verwendbar, in denen planmäßig eine Verdünnung durch anderes Abwasser stattfindet. Andernfalls sind diese Rohre mit einer Sonderbeschichtung zu versehen.
[3] Nicht als Standrohr verwendbar.
[4] Rohre und Formstücke sind außen mit einem Korrosionsschutz nach DIN 30 670 zu versehen. Bauseitig aufgebrachter Korrosionsschutz muss DIN 30 672 entsprechen.
[5] Darf als Fall- und Sammelleitung verwendet werden, sofern keine höheren Abwassertemperaturen als 45 °C zu erwarten sind.
[6] HT-Rohre: heißwasser-/hochtemperaturbeständige Rohre, zulässig von –10 °C bis 130 °C
[7] Brandschutznachweis für Grundleitung nicht erforderlich.

Geruchverschlüsse und Ablaufgarnituren *gullies and traps*

Tab. 268.2: Mindestsperrwasserhöhen, Nennweiten und Bauarten DIN 1986-100: 2008-05

Entwässerungsgegenstand	Mindest-Sperrwasserhöhe h in mm
Waschbecken, Bidet, Bade-/Duschwanne, Küchenspüle, Urinal, WC, Badabläufe	50 [1) 2)]
Regenwasser	100 [2)]

[1] bei Räumen mit Über- oder Unterdruck u. U. höher
[2] zulässiger Sperrwasserverlust durch Abflussvorgang: 25 mm

Bauarten

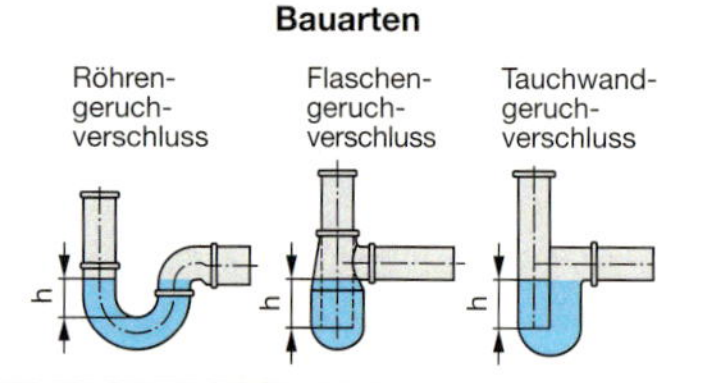

Sperrwassererneuerung bei Austrocknungsgefahr durch indirekten Anschluss eines Entwässerungsgegenstandes (z. B. Waschtisch, Badewanne oder Duschwanne)

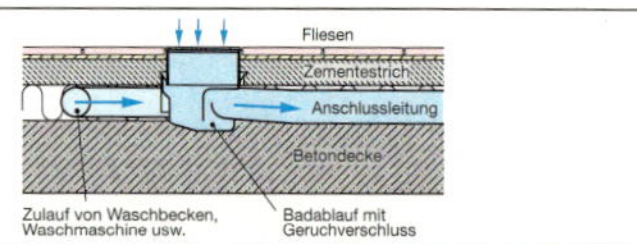

Geruchverschlüsse und Ablaufgarnituren *gullies and traps*

Bade- und Duschwannen-Ablauf

Waschtisch-Abläufe

Ausgussbecken-Abläufe

Duschwannen-Abläufe

UP-Waschtisch-Ablauf

Spültisch-Ablauf

Leckwasser-Ablauf

Urinal-Abläufe

Regenwasser-Geruchverschluss (SML)

Glocken-Geruchverschlüsse

Tab. 269.1: Regenwasser GV (SML)

DN	*L* mm	*H* mm	*C* mm
70	472	312	80
100	588	408	90
125	687	487	100
150	742	522	110

Rohre und Formstücke der Entwässerungstechnik *pipes and fittings of sanitary pipework*

SML (**S**uper **M**etallit **L**ieferprogramm): **Gusseisen** DIN 19522: 2000-01
Beschichtung: außen: rotbraune Farbgrundierung; innen: Zweikomponenten-Epoxid-Beschichtung

Tab. 270.1: SML-Abwasserrohre

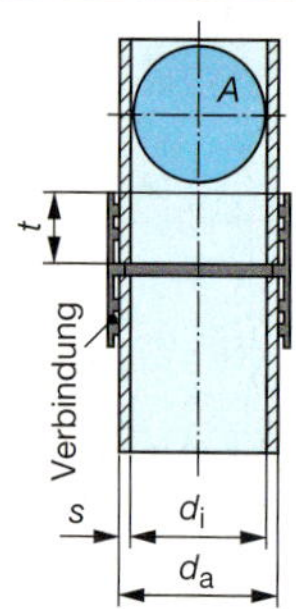

DN	Innendurchmesser d_i mm	Außendurchmesser d_a mm	Wanddicke s mm	Einschublänge t mm	längenbez. Rohrmasse m' kg/m	längenbez. Rohrinhalt V' l/m
40	42	48	3,0	30	3,1	1,3
50	51	58	3,5	30	4,3	2,0
70[1)]	71	78	3,5	35	5,9	4,0
80	76	83	3,5	35	6,1	4,5
100	103	110	3,5	40	8,4	8,2
125	127	135	4,0	45	11,8	12,3
150	152	160	4,0	50	14,1	17,7
200	198	210	5,0	60	23,1	30,8
250	260,5	274	5,5	70	33,3	53,3
300	311,5	326	6,0	80	43,2	76,2

handelsübliche Baulänge: l = 3000 mm; zulässige Abweichung ± 20 mm

SML-Rohr	**DIN 19 522**	**–**	**50**	**X**	**3000**
Werkstoff	DIN-Nummer	–	DN	X	Länge in mm

1) Auslaufmodell

Tab. 270.2: SML-Bogen

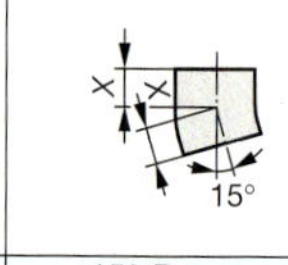

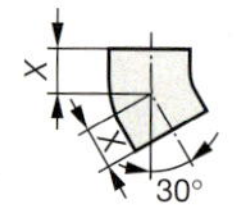

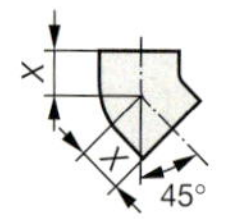

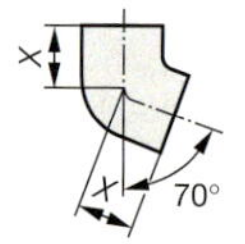

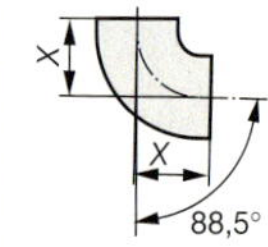

DN	15°-Bogen		30°-Bogen		45°-Bogen		68°-Bogen		88°-Bogen	
	X mm	Masse m kg	X mm	Masse m kg	X mm	Masse m kg	X mm	Masse m kg	X mm	Masse m kg
40	–	–	–	–	50	0,4	–	–	70	0,5
50	40	0,4	45	0,5	50	0,5	65	0,7	75	0,7
70[1)]	45	0,6	50	0,7	60	0,9	75	1,1	90	1,2
80	45	0,7	50	0,8	60	1,0	80	1,1	95	1,4
100	50	1,0	60	1,3	70	1,6	100	1,9	110	2,1
125	60	1,7	70	2,0	80	2,3	105	2,9	125	3,2
150	65	2,5	80	3,0	90	3,5	120	4,3	145	4,9
200	80	4,6	95	5,4	110	6,2	145	7,7	180	8,8

SML-Bogen	**DIN 19 522**	**–**	**100**	**–**	**45**
Werkstoff-Formstück	DIN-Nummer	–	DN	–	Winkel in °

1) Auslaufmodell

Tab. 270.3: SML-Formstücke

Beruhigungsbogen (B) — Sinnbild — X, L, A, 44,25°

Sprungbogen (Sp) — 65 mm, 130 mm, 200 mm — Sinnbild

DN	Beruhigungsbogen (B)				Sprungbogen (Sp) 65 mm		Sprungbogen (Sp) 130 mm		Sprungbogen (Sp) 200 mm	
	X mm	L mm	A mm	m kg	L mm	m kg	L mm	m kg	L mm	m kg
70[1)]	60	273	301	3,2	185	1,6	250	2,1	320	2,8
100	70	291	312	4,8	205	2,5	270	3,4	340	4,4
125	80	3,8	322	6,8	225	3,6	290	4,8	360	6,2
150	90	326	334	9,6	245	5,1	310	6,9	380	8,7

SML-Beruhigungsstrecke	**DIN 19 522**	**–**	**100**	**–**	**88,5**	**– B**
Werkstoff-Formstück	DIN-Norm	–	DN	–	Winkel in °	– Kurzzeichen
SML-Sprungbogen	**DIN 19 522**	**–**	**100**	**–**	**130**	**Sp**
Werkstoff-Formstück	DIN-Norm	–	DN	–	Versatz in mm	Kurzzeichen

1) Auslaufmodell

Rohre und Formstücke der Entwässerungstechnik *pipes and fittings of sanitary pipework*

Tab. 271.1: SML-Abzweige

		45° (Sinnbild 45)					88,5° (Sinnbild 88,5)				
DN 1	DN 2	*L* mm	X_1 mm	X_2 mm	X_3 mm	*m* kg	*L* mm	X_1 mm	X_2 in mm	X_3 in mm	*m* in kg
40	40	160	45	115	115	1,0	–	–	–	–	–
50	40	160	45	115	115	1,1	–	–	–	–	–
50	50	185	50	115	115	1,4	145	79	80	66	0,9
70[1)]	50	190	40	150	150	1,7	155	83	90	72	1,4
70[1)]	70	215	55	160	160	2,3	180	97	95	83	1,7
80	50	180	45	135	135	1,8	160	85	90	75	1,5
80	80	215	60	155	155	2,4	180	95	95	85	2,0
100	50	200	35	165	165	2,5	170	94	100	76	2,1
100[1)]	70	235	50	185	185	3,3	190	102	110	88	2,4
100	80	220	50	170	170	3,5	190	100	110	90	2,6
100	100	275	70	205	205	4,2	220	115	115	105	2,9
125	50	205	20	185	185	3,4	180	98	120	82	3,0
125[1)]	70	240	40	200	200	4,3	200	107	125	93	3,4
125	80	240	51	189	189	4,6	205	105	125	100	3,6
125	100	280	60	220	220	5,8	235	125	130	110	4,0
150[1)]	70	245	30	215	215	5,6	215**	115	140	100	4,8
150	100	295	55	240	240	6,8	245	130	145	115	5,5

SML-Abzweig DIN 19 522 – 100 X 70 – 45
Werkstoff-Formstück DIN-Nummer – DN 1 X DN 2 – Winkel in °

1) Auslaufmodell

Tab. 271.2: SML-Doppelabzweige

(Maße in mm)

				Doppelabzweig (D) (Sinnbild 88,5)						Eckabzweig (E)			
DN 1	DN 2	DN 3	*L*	X_1	X_2	X_3	X_4	X_5	*m* in kg	X_1	X_2	X_3	*m* in kg
100	50	50	170	94	94	105	76	76	2,2	–	–	–	–
100[1)]	70	70	190	102	102	110	88	88	2,7	102	110	88	2,7
100	100	100	220	115	115	115	105	105	3,2	115	115	105	3,1
125[1)]	70	70	200	–	–	–	–	–	–	107	125	93	3,7
125	100	100	235	125	125	130	110	110	4,5	125	130	110	4,4
150	100	100	245	130	130	145	115	115	6,1	130	145	115	6,1

SML-Doppelabzweig DIN 19 522 – D 150 X 100 X 70 – 88,5
SML-Eckabzweig DIN 19 522 – E 150 X 100 X 70 – 88,5
Werkstoff-Formstück DIN-Norm – DN 1 X DN 2 X DN 3 – Winkel in °

1) Auslaufmodell

Tab. 271.3: SML-Abzweige

SML-Parallelabzweig

DN 100 x 70 Auslaufmodell	X_1 = 100 mm
L = 400 mm	X_2 = 300 mm
K = 125 mm	X_3 = 175 mm
m = 6,5 kg	X_4 = 125 mm

= maximale Kürzungslänge *K*

SML-Kombinations-abzweig

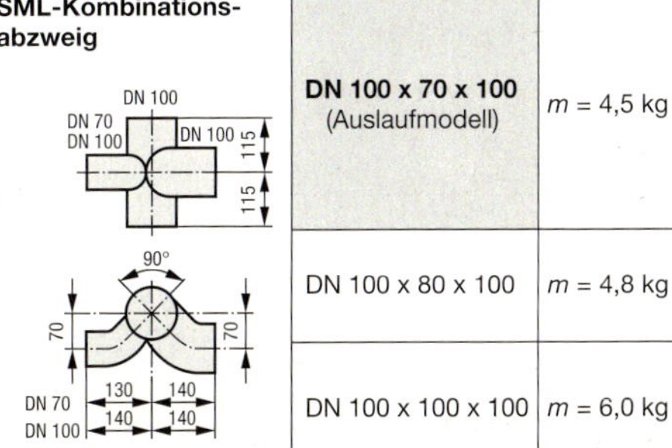

DN 100 x 70 x 100 (Auslaufmodell)	*m* = 4,5 kg
DN 100 x 80 x 100	*m* = 4,8 kg
DN 100 x 100 x 100	*m* = 6,0 kg

Rohre und Formstücke der Entwässerungstechnik *pipes and fittings of sanitary pipework*

Tab. 272.1: SML-Formstücke (DN 70 ist Auslaufmodell)

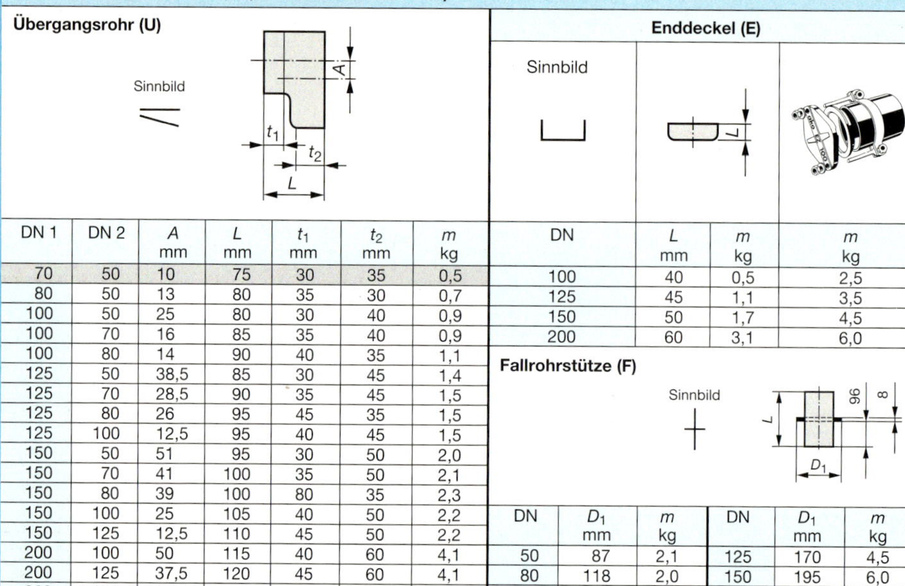

Übergangsrohr (U)

Sinnbild

DN 1	DN 2	A mm	L mm	t_1 mm	t_2 mm	m kg
70	50	10	75	30	35	0,5
80	50	13	80	35	30	0,7
100	50	25	80	30	40	0,9
100	70	16	85	35	40	0,9
100	80	14	90	40	35	1,1
125	50	38,5	85	30	45	1,4
125	70	28,5	90	35	45	1,5
125	80	26	95	45	35	1,5
125	100	12,5	95	40	45	1,5
150	50	51	95	30	50	2,0
150	70	41	100	35	50	2,1
150	80	39	100	80	35	2,3
150	100	25	105	40	50	2,2
150	125	12,5	110	45	50	2,2
200	100	50	115	40	60	4,1
200	125	37,5	120	45	60	4,1
200	150	25	125	50	60	4,3

SML-Übergangsrohr DIN 19 522 – U 100 X 70
Werkstoff-Formstück DIN-Norm – Kurzzeichen DN1 x DN2

Enddeckel (E)

Sinnbild

DN	L mm	m kg	m kg
100	40	0,5	2,5
125	45	1,1	3,5
150	50	1,7	4,5
200	60	3,1	6,0

Fallrohrstütze (F)

Sinnbild

DN	D_1 mm	m kg	DN	D_1 mm	m kg
50	87	2,1	125	170	4,5
80	118	2,0	150	195	6,0
100	145	3,6	200	245	8,3

SML-Fallrohrstütze DIN 19 522 – F 100
Werkstoff-Formst. DIN-Norm – Kurzzeichen DN

Tab. 272.2: SML-Objekt-Anschlussbogen

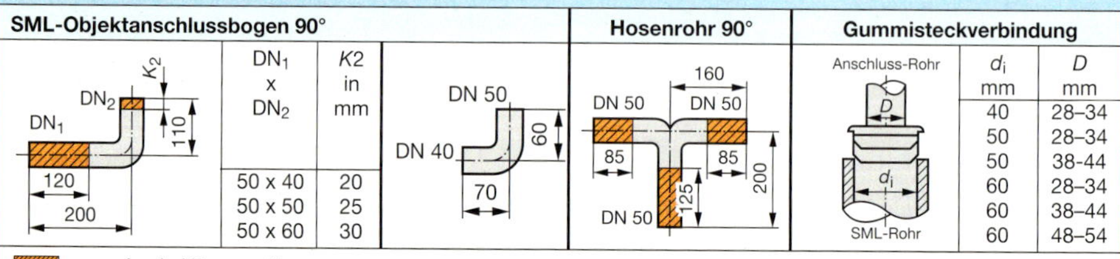

SML-Objektanschlussbogen 90°

DN_1 x DN_2	K2 in mm
50 x 40	20
50 x 50	25
50 x 60	30

Hosenrohr 90°

Gummisteckverbindung

d_i mm	D mm
40	28–34
50	28–34
50	38–44
60	28–34
60	38–44
60	48–54

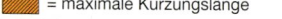

= maximale Kürzungslänge

Tab. 272.3: SML-WC-Anschlüsse DN 100

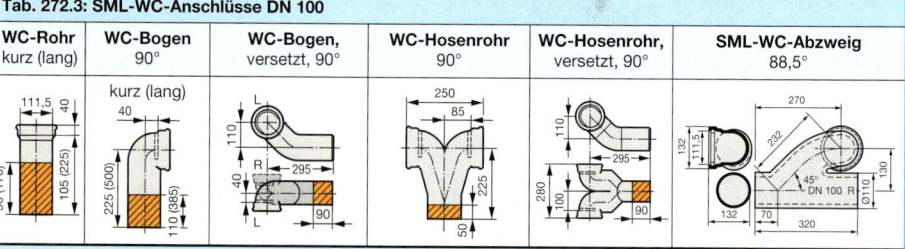

WC-Rohr kurz (lang)	WC-Bogen 90°	WC-Bogen, versetzt, 90°	WC-Hosenrohr 90°	WC-Hosenrohr, versetzt, 90°	SML-WC-Abzweig 88,5°

Tab. 272.4: SML-Mauerflasche (DN 70 ist Auslaufmodell)

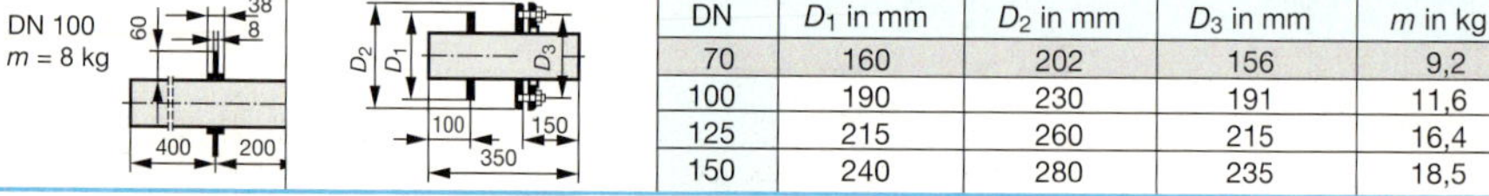

DN 100
m = 8 kg

DN	D_1 in mm	D_2 in mm	D_3 in mm	m in kg
70	160	202	156	9,2
100	190	230	191	11,6
125	215	260	215	16,4
150	240	280	235	18,5

Rohre und Formstücke der Entwässerungstechnik *pipes and fittings of sanitary pipework*

Tab. 273.1: SML-Verbindungen (Längenmaße in mm)

	rapid-Verbindung (DN 70 ist Auslaufmodell)						**CV-Verbindung**						
	Verbinder			Kralle			Verbinder				Kralle		
DN mm	D_1 mm	H mm	L mm	A mm	D_1 mm	L mm	A mm	B mm	D_1 mm	L mm	A mm	D_1 mm	L mm
40	53	64	41	bis 10 bar			–	–	–	–	–	–	–
50	70	80	40	21	75	69	14	22,5	65	48	12	74	71
70	90	100	40	21	95	69	14	22,5	85	48	23	94	71
80	95	105	40	23	100	75	–	–	–	–	–	–	–
100	125	135	46	25	135	87	18	22,5	115	54	23	124	87
125	147	162	55	25	160	95	18	31	140	65	23	149	98
150	172	187	55	25	185	95	18	31	170	65	23	174	98
200	223	240	70	30	235	111	18	37	220	78	23	224	110
250	292	305	115	–	–	–	18	37	286	78	27	294	138

Tab. 273.2: SML-Verbindungen für das Erdreich (DN 70 ist Auslaufmodell)

	SVE-Verbindung (Steckverbindung)				**GRIP-INOX** (längskraftschlüssig bis 10 bar)				
DN	D_1 mm	L mm	L_1 mm	A mm	a mm	b mm	c mm	d mm	M mm
50	77	60	29	2	77	29	17	85	8
70	98,5	65,5	32	2	98	40	25	100	10
80	103,5	65,5	32	2	98	40	25	105	10
100	134	82	39,5	3	98	40	25	130	10
125	161	103	50	3	113	50	35	165	12
150	186	103	50	3	113	50	35	185	12
200	238	114	55,5	3	114	66	35	240	12

Tab. 273.3: SML-Verbindungen zum Übergang von Anschlussleitungen auf SML (Maße in mm)

Konfix-Multi

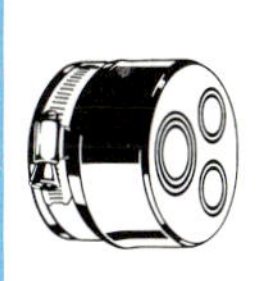

Konfix (Maße in mm) **(DN 70 ist Auslaufmodell)**

DN	d_1 mm	D mm	Anschlussrohr: d_a	L mm	L_1 mm	E[1)] mm
50	57	72	40 ... 56	58	20	30
70	77	92	56 ... 75	66,5	22	40
80	82	92	56 ... 75	71,5	22	45
100	108	126	102 ... 110	89,5	27,5	57
125	132	151	125	108,5	35,5	65

1) Einschubtiefe des Anschlussrohres

Tab. 273.4: SML-Rohrtypen und Einsatzbereich

Bez.	Nennweite	Einsatzbereich	Merkmal	
SML[1)]	DN 40 bis DN 300	für häusliches Abwasser und Niederschlagswasser; im Gebäude verlegt, auch einbetoniert	rotbraun	1) herstellerabhängige Bezeichnung
SML Plus[1)]	DN 50 bis DN 300	für aggressive Abwässer, z. B. Großküchen; im Gebäude und erdverlegt	mittelgrau	
SML C[1)]	DN 100 bis DN 200	für häusliches Abwasser und Niederschlagswasser, erdverlegt	braun	
SML B[1)]	DN 100 bis DN 600	planmäßig im Freien verlegt, z. B. für Brückenentwässerung	hellgrau	
SML V[1)]	DN 50 bis DN 200	Verbundrohr für Niederschlagswasser, wärmegedämmt, im Gebäude	hartschaumisoliert, mit Wickelfalzrohr ummantelt	

Rohre und Formstücke der Entwässerungstechnik *pipes and fittings of sanitary pipework*

Stahlrohr DIN EN 1123: 2004-12
Rohre aus nichtrostendem Stahl DIN EN 1124: 2004-12
die Maße von Stahlrohr bzw. nichtrostendem Stahlrohr unterscheiden sich nur geringfügig voneinander

Tab. 274.1: Stahl-Abflussrohre

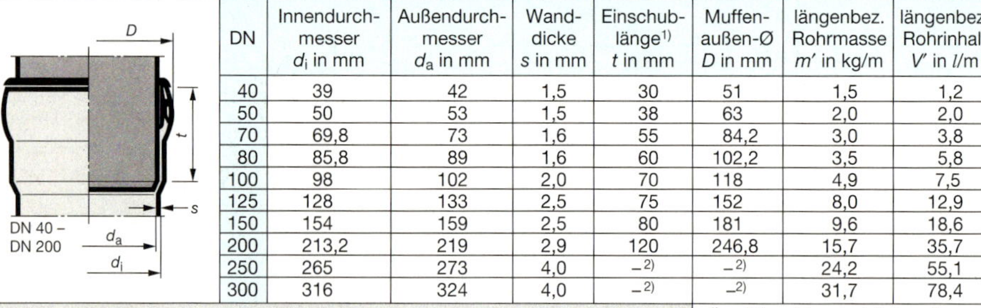

DN	Innendurchmesser d_i in mm	Außendurchmesser d_a in mm	Wanddicke s in mm	Einschublänge[1] t in mm	Muffenaußen-Ø D in mm	längenbez. Rohrmasse m' in kg/m	längenbez. Rohrinhalt V' in l/m
40	39	42	1,5	30	51	1,5	1,2
50	50	53	1,5	38	63	2,0	2,0
70	69,8	73	1,6	55	84,2	3,0	3,8
80	85,8	89	1,6	60	102,2	3,5	5,8
100	98	102	2,0	70	118	4,9	7,5
125	128	133	2,5	75	152	8,0	12,9
150	154	159	2,5	80	181	9,6	18,6
200	213,2	219	2,9	120	246,8	15,7	35,7
250	265	273	4,0	–[2]	–[2]	24,2	55,1
300	316	324	4,0	–[2]	–[2]	31,7	78,4

Rohr EN 1123-2 – B1 – 1A – 100 – 1000
Bezeichnung DIN-Nummer – Stahl – Muffe – Nennweite – Länge in mm

[1] größere Einschubtiefen als Sonderanfertigung möglich
[2] muffenloses Rohr mit Schelle

Tab. 274.2: Masse von Stahl-Abflussrohren mit einer Muffe

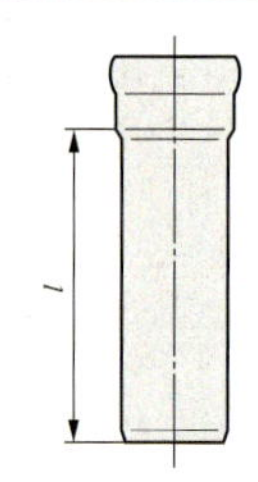

DN	Lieferlängen l_1 in mm / Masse m in kg: 250	500	750	1000	1500	2000	2500	2750	3000	4000	5000	6000
40	0,5	0,8	1,1	1,4	2,5	3,3	4,1	–	5,0	–	–	–
50	0,6	1,1	1,6	2,1	3,2	4,3	5,4	5,9	6,4	8,1	–	–
70	0,9	1,7	2,5	3,2	4,7	6,4	8,0	8,8	9,5	12,2	15,2	18,7
80	1,2	2,1	3,1	4,2	6,0	8,1	10,0	10,3	12,0	16,0	19,8	23,7
100	1,7	2,9	4,3	5,6	9,1	11,2	14,0	15,4	16,6	21,1	26,4	31,6
125	2,7	4,8	7,1	9,0	13,3	17,5	23,1	25,3	25,8	34,3	42,7	51,7
150	3,3	5,8	8,4	10,8	16,5	21,7	27,5	–	32,1	42,5	52,9	63,3
200	5,8	9,5	13,2	17,2	25,4	33,3	41,3	–	48,4	64,7	–	–

Rohr EN 1123-2 – B1 – 1A – 100 – 1000
Bezeichnung DIN-Nummer – Stahl – Muffe – Nennweite – Länge in mm

grau hinterlegte Werte sind auch mit Doppelmuffe (bei höherer Masse) erhältlich.

Tab. 274.3: Stahl-Abflussrohre – Bogen

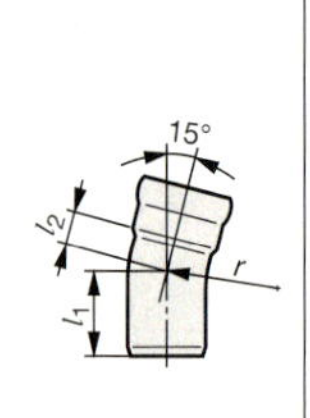

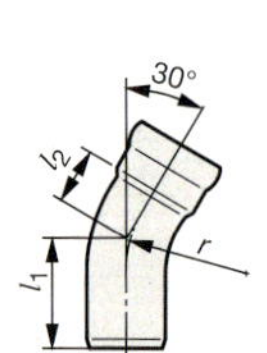

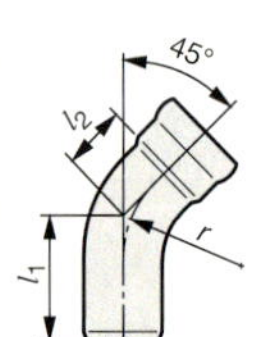

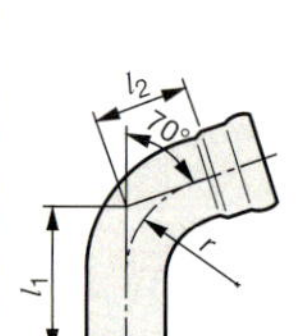

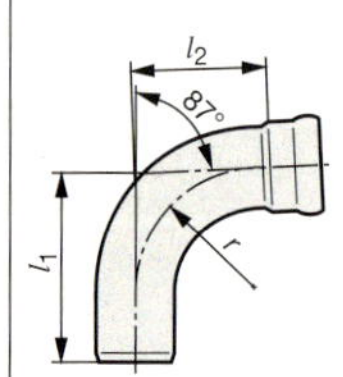

DN	15°-Bogen l_1 in mm	15°-Bogen l_2 in mm	15°-Bogen r in mm	30°-Bogen l_1 in mm	30°-Bogen l_2 in mm	30°-Bogen r in mm	45°-Bogen l_1 in mm	45°-Bogen l_2 in mm	45°-Bogen r in mm	70°-Bogen l_1 in mm	70°-Bogen l_2 in mm	70°-Bogen r in mm	87°-Bogen l_1 in mm	87°-Bogen l_2 in mm	87°-Bogen r in mm
40	67	37	68	76	46	68	86	56	68	105	75	75	122	92	75
50	81	53	83	92	64	83	104	76	83	128	100	100	148	120	100
70	89	50	118	105	66	118	122	83	118	157	118	118	185	146	118
80	98	68	134	116	86	134	135	104	134	173	144	144	207	177	144
100	104	34	70	114	44	70	124	54	70	144	74	74	161	91	74
125	112	37	–	118	45	90	131	58	90	157	75	75	179	97	75
150	120	40	–	148	61	105	164	77	105	194	107	107	220	133	107
200	165	45	–	165	45	–	270	166	305	360	254	254	435	330	254

Bogen EN 1123-2 – C1 – 100 – 45 A
Bezeichnung DIN-Nummer – Bogen – Nennweite – Winkel Ausführung

Entwässerungstechnik

Rohre und Formstücke der Entwässerungstechnik *pipes and fittings of sanitary pipework*

Tab. 275.1: Stahl-Abflussrohre – Abzweige

DN 1	DN 2	l_1 in mm	l_2 in mm	l_3 in mm	m in kg	l in mm	X_1 in mm	l_1 in mm	l_2 in mm
40	40	125	55	70	0,4	110	70	40	0,3
50	40	130	50	79	0,5	120	75	46	0,4
50	50	125	65	90	0,6	130	80	50	0,5
70	40	150	60	95	0,7	145	95	57	0,7
70	50	175	75	106	0,9	150	100	61	0,8
70	70	200	85	115	1,1	175	110	65	0,9
80	50	185	72	117	1,1	155	103	69	1,0
80	70	200	85	125	1,3	175	115	75	1,2
80	80	235	97	138	1,6	205	135	78	1,4
100	40	180	65	116	65	175	115	72	1,4
100	50	200	75	127	1,7	180	115	76	1,5
100	70	230	90	136	2,0	200	125	80	1,7
100	80	250	100	145	2,1	210	135	85	2,0
100	100	265	110	155	2,5	230	140	90	2,2
125	50	225	75	148	2,7	200	125	91	2,4
125	70	255	90	157	3,1	225	140	95	2,8
125	100	290	105	176	3,9	255	155	105	3,3
125	125	340	130	210	4,9	285	170	120	4,0
150	70	255	80	177	3,7	225	140	109	3,3
150	100	290	95	195	4,5	255	155	119	3,9
150	125	340	120	230	5,6	290	175	134	4,6
150	150	380	140	240	6,2	320	190	135	5,2

Tab. 275.2: Stahl-Abflussrohre – Doppelabzweige (Maße in mm)

DN 1	DN 2	DN 3	l_1	l_2	l_3	m in kg	l_1	l_2	l_3	m in kg
70	50	50	150	100	61	0,9	175	75	106	1,0
100	50	50	180	115	76	1,6[1)]	200	75	127	1,8[1)]
100	70	70	200	125	80	1,9	230	90	136	2,3
125	100	100	–	–	–	–	290	105	176	4,7[1)]
150	100	100	–	–	–	–	290	95	195	5,6[1)]
150	125	125	–	–	–	–	340	120	230	7,6[1)]

[1)] nicht als Eck-Doppelabzweig

Tab. 275.3: Stahl-Abflussrohre – Formstücke

			Beruhigungsbogen				Sprungbogen					
DN	l_2 in mm	l_3 in mm	l_1 in mm	l_4 in mm	l_5 in mm	m in kg	l_1 in mm	m in kg	l_1 in mm	m in kg	l_1 in mm	m in kg
50	70	38	–	–	–	–	285	0,7	280	0,8	323	1,0
70	73,5	35	–	–	–	–	300	1,1	335	1,3	359	1,5
80	75	55	–	–	–	–	351	2,1	390	2,6	405	3,0
100	95	17	269	48	124	2,3	245	2,3	300	2,8	370	3,3
125	65	20	–	–	–	–	255	3,4	314	4,1	287	4,9

Rohre und Formstücke der Entwässerungstechnik *pipes and fittings of sanitary pipework*

Tab. 276.1: PE (Polyethylen)			DIN EN 1519-1: 2000-01
PE = Polyethylen; hochtemperaturbeständig (HT) Farbe: schwarz; hochtemperaturbeständig (HT)			
Benennung	Kurzzeichen	Benennung	Kurzzeichen
Bogen	PE**B**	**M**ehrfach**a**bzweig	PE**MA**
Einfach**a**bzweig	PE**EA**	**H**osen-**T**-Stück	PE**HT**
Doppel**a**bzweig	PE**DA**	Übergangs**r**ohr	PE**R**
Eck**d**oppelabzweig	PE**ED**	**Re**inigungsrohr	PE**RE**

Tab. 245.2: PE-Abwasserrohre

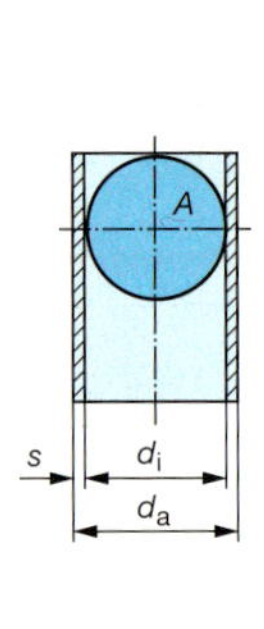

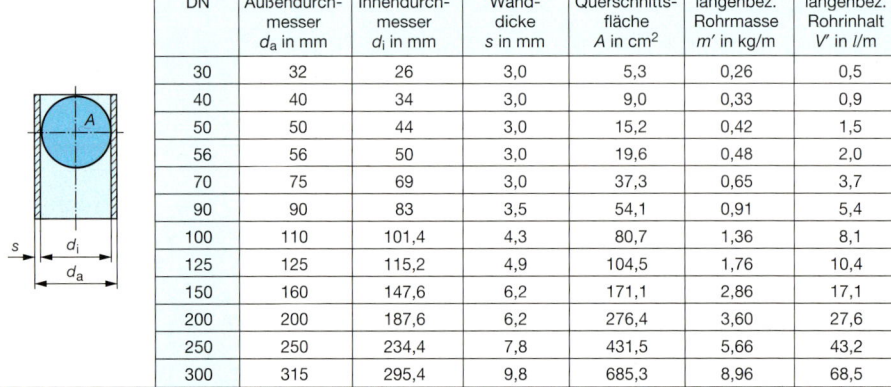

DN	Außendurchmesser d_a in mm	Innendurchmesser d_i in mm	Wanddicke s in mm	Querschnittsfläche A in cm^2	längenbez. Rohrmasse m' in kg/m	längenbez. Rohrinhalt V' in l/m
30	32	26	3,0	5,3	0,26	0,5
40	40	34	3,0	9,0	0,33	0,9
50	50	44	3,0	15,2	0,42	1,5
56	56	50	3,0	19,6	0,48	2,0
70	75	69	3,0	37,3	0,65	3,7
90	90	83	3,5	54,1	0,91	5,4
100	110	101,4	4,3	80,7	1,36	8,1
125	125	115,2	4,9	104,5	1,76	10,4
150	160	147,6	6,2	171,1	2,86	17,1
200	200	187,6	6,2	276,4	3,60	27,6
250	250	234,4	7,8	431,5	5,66	43,2
300	315	295,4	9,8	685,3	8,96	68,5

Rohr DIN EN 1519 – DN 50 x 5000
Form DIN-Nummer – DN x Länge in mm
handelsübliche Baulänge: l = 5 m; Grenzabmaß (zulässige Abweichung) ± 2 %

Tab. 276.3: PE-Übergangsstücke (Reduktion, exzentrisch und zentrisch) (PER)

exzentrische Übergangsstücke (Form A)

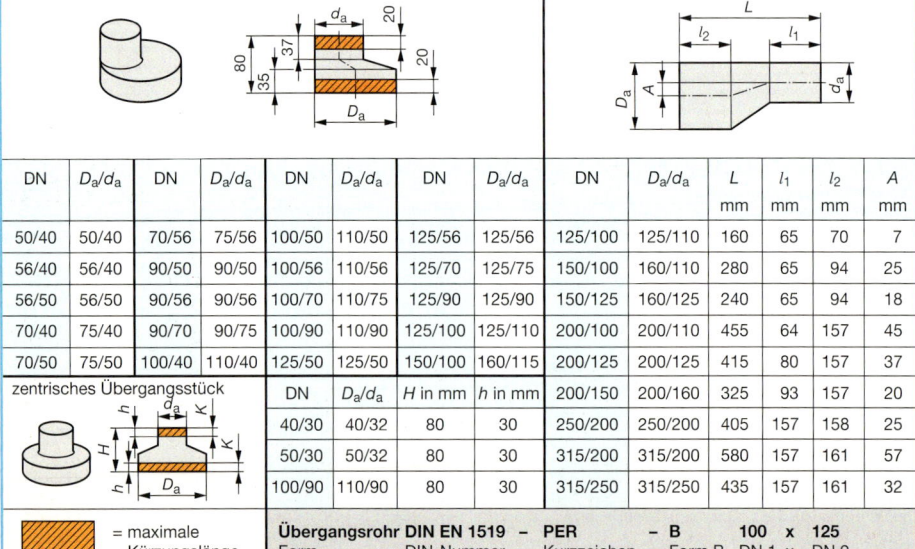

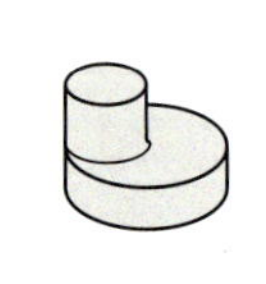

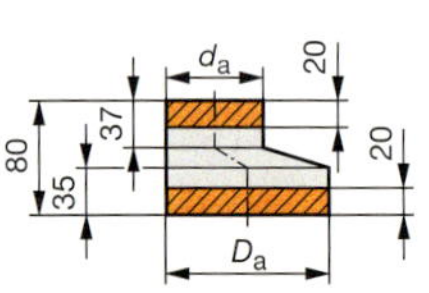

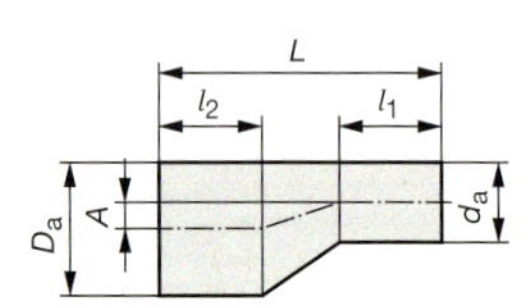

DN	D_a/d_a	DN	D_a/d_a	DN	D_a/d_a	DN	D_a/d_a
50/40	50/40	70/56	75/56	100/50	110/50	125/56	125/56
56/40	56/40	90/50	90/50	100/56	110/56	125/70	125/75
56/50	56/50	90/56	90/56	100/70	110/75	125/90	125/90
70/40	75/40	90/70	90/75	100/90	110/90	125/100	125/110
70/50	75/50	100/40	110/40	125/50	125/50	150/100	160/115

DN	D_a/d_a	L mm	l_1 mm	l_2 mm	A mm
125/100	125/110	160	65	70	7
150/100	160/110	280	65	94	25
150/125	160/125	240	65	94	18
200/100	200/110	455	64	157	45
200/125	200/125	415	80	157	37
200/150	200/160	325	93	157	20
250/200	250/200	405	157	158	25
315/200	315/200	580	157	161	57
315/250	315/250	435	157	161	32

zentrisches Übergangsstück

DN	D_a/d_a	H in mm	h in mm
40/30	40/32	80	30
50/30	50/32	80	30
100/90	110/90	80	30

= maximale Kürzungslänge

Übergangsrohr DIN EN 1519 – PER – B 100 x 125
Form DIN-Nummer – Kurzzeichen – Form B DN 1 x DN 2

Entwässerungstechnik

Rohre und Formstücke der Entwässerungstechnik *pipes and fittings of sanitary pipework*

Tab. 277.1: PE-Bogen (PEB)

▨ = maximale Kürzungslänge

		PE-Bogen mit langem Schenkel											**PE-Bogen** (Winkelform)			
		15°				45°				90°			45°		88,5°	
DN	D_a in mm	X_1 in mm	X_2 in mm	K_1 in mm	K_2 in mm	X_1 in mm	X_2 in mm	K_1 in mm	K_2 in mm	X_1 in mm	X_2 (r) in mm	K in mm	X in mm	K in mm	X in mm	K in mm
50	50	–	–	–	–	–	–	–	–	180	40	140	45	20	60	20
56	56	–	–	–	–	–	–	–	–	210	40	170	45	20	65	20
70	75	–	–	–	–	–	–	–	–	210	70	140	50	20	75	20
90	90	–	–	–	–	–	–	–	–	240	90	150	55	20	80	20
100	110	180	70	155	45	147	60	110	25	270	100	170	60	25	95	25
125	125	105	75	75	45	–	–	–	–	200	110	90	65	25	100	25
150	160	75	75	45	45	–	–	–	–	200	145 (140)	60	69	20	120	25

Bogen DIN EN 1519 – PEB 100 – 45
Formstück DIN-Nummer – Kurzzeichen DN – Winkel in °

Tab. 277.2: PE-Abzweige (PEEA)

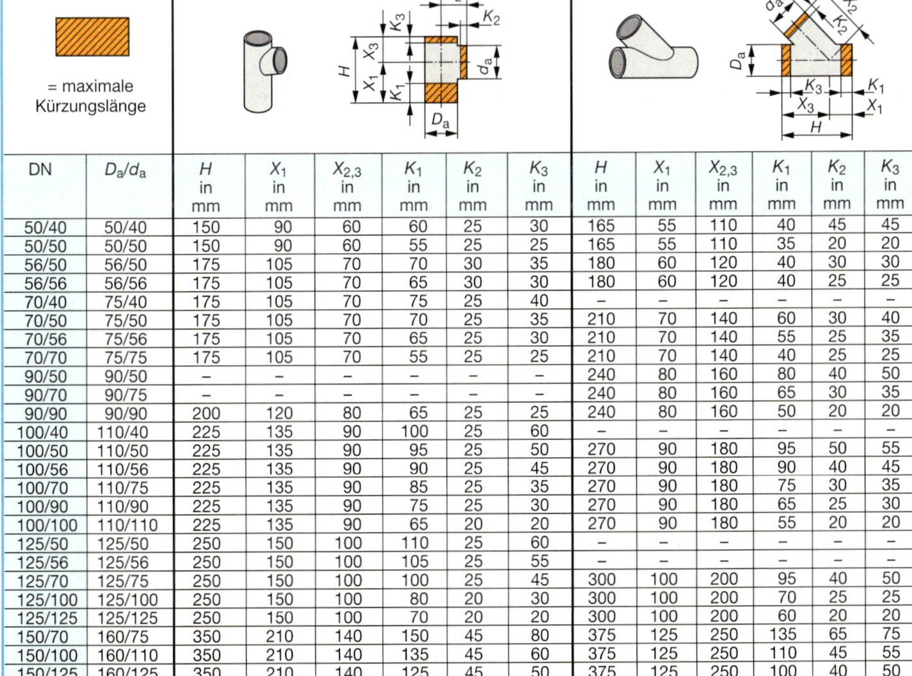

▨ = maximale Kürzungslänge

DN	D_a/d_a	H in mm	X_1 in mm	$X_{2,3}$ in mm	K_1 in mm	K_2 in mm	K_3 in mm	H in mm	X_1 in mm	$X_{2,3}$ in mm	K_1 in mm	K_2 in mm	K_3 in mm
50/40	50/40	150	90	60	60	25	30	165	55	110	40	45	45
50/50	50/50	150	90	60	55	25	25	165	55	110	35	20	20
56/50	56/50	175	105	70	70	30	35	180	60	120	40	30	30
56/56	56/56	175	105	70	65	30	30	180	60	120	40	25	25
70/40	75/40	175	105	70	75	25	40	–	–	–	–	–	–
70/50	75/50	175	105	70	70	25	35	210	70	140	60	30	40
70/56	75/56	175	105	70	65	25	30	210	70	140	55	25	35
70/70	75/75	175	105	70	55	25	25	210	70	140	40	25	25
90/50	90/50	–	–	–	–	–	–	240	80	160	80	40	50
90/70	90/75	–	–	–	–	–	–	240	80	160	65	30	35
90/90	90/90	200	120	80	65	25	25	240	80	160	50	20	20
100/40	110/40	225	135	90	100	25	60	–	–	–	–	–	–
100/50	110/50	225	135	90	95	25	50	270	90	180	95	50	55
100/56	110/56	225	135	90	90	25	45	270	90	180	90	40	45
100/70	110/75	225	135	90	85	25	35	270	90	180	75	30	35
100/90	110/90	225	135	90	75	25	30	270	90	180	65	25	30
100/100	110/110	225	135	90	65	20	20	270	90	180	55	20	20
125/50	125/50	250	150	100	110	25	60	–	–	–	–	–	–
125/56	125/56	250	150	100	105	25	55	–	–	–	–	–	–
125/70	125/75	250	150	100	100	25	45	300	100	200	95	40	50
125/100	125/100	250	150	100	80	20	30	300	100	200	70	25	25
125/125	125/125	250	150	100	70	20	20	300	100	200	60	20	20
150/70	160/75	350	210	140	150	45	80	375	125	250	135	65	75
150/100	160/110	350	210	140	135	45	60	375	125	250	110	45	55
150/125	160/125	350	210	140	125	45	50	375	125	250	100	40	50
150/150	160/160	350	210	140	105	35	30	375	125	250	75	25	25

Abzweig DIN EN 1519 – PEEA 125 X 100 – 45
Formstück DIN-Nummer – Kurzzeichen DN 1 X DN 2 – Winkel in °

Rohre und Formstücke der Entwässerungstechnik *pipes and fittings of sanitary pipework*

Tab. 278.1: PE-Abzweige

Bogenabzweig DN 100

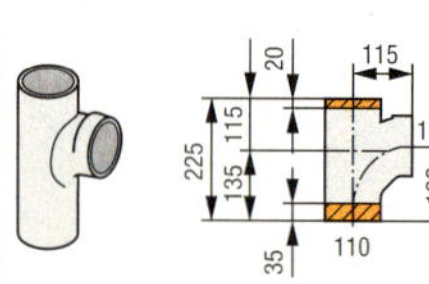

Doppelabzweig 45° DN 100

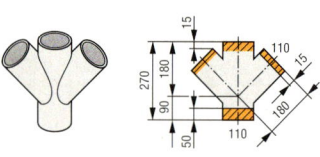

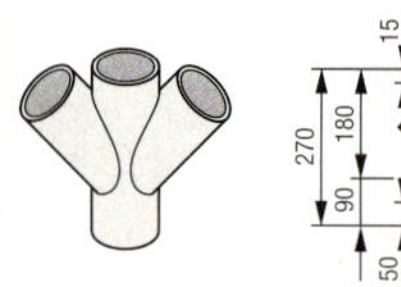

Sovent-Mischformstück DN 100

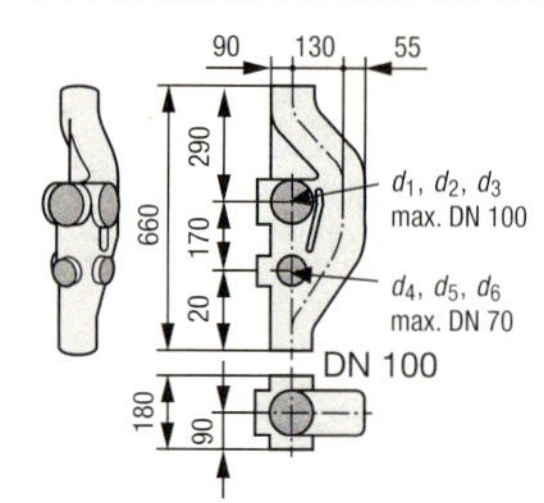

Tab. 278.2: PE-Kugel-Abzweige

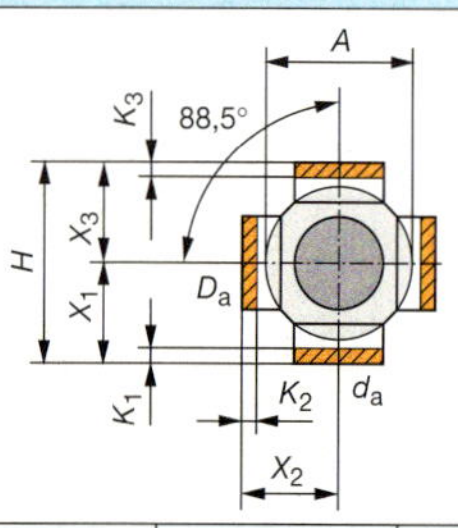

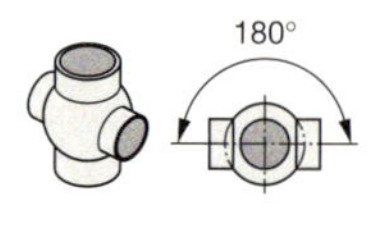

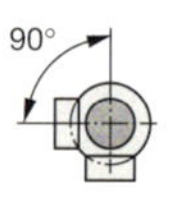

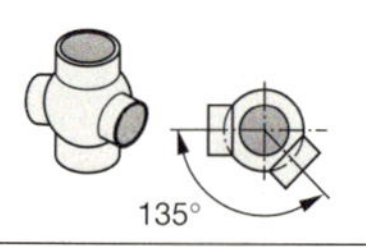

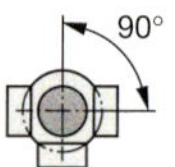

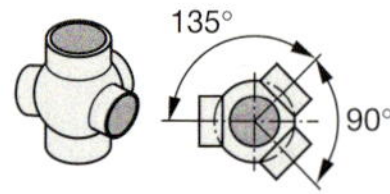

DN	d_a / D_a	H in mm	A in mm	$X_{1,3}$ in mm	X_2 in mm	$K_{1,3}$ in mm	K_2 in mm
70	75 / 75	160	120	80	100	15	35
100	110 / 110	200	170	100	120	15	40
125	125 / 110	200	180	100	120	15	40

Tab. 278.3: PE-Muffen und Verbindungen

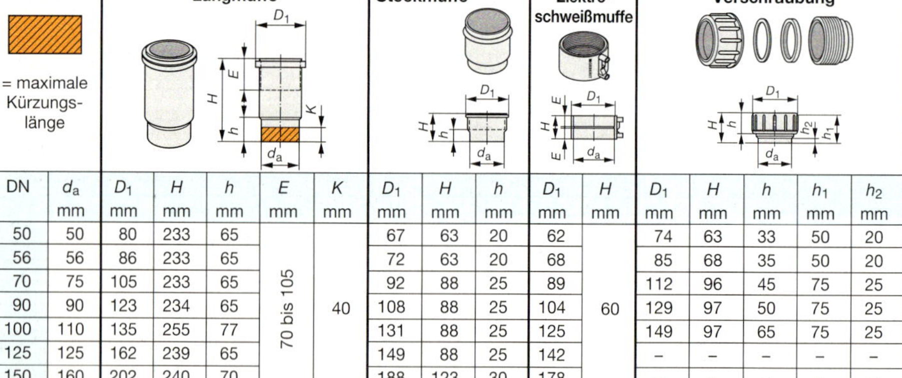

		Langmuffe					Steckmuffe			Elektroschweißmuffe		Verschraubung				
DN	d_a mm	D_1 mm	H mm	h mm	E mm	K mm	D_1 mm	H mm	h mm	D_1 mm	H mm	D_1 mm	H mm	h mm	h_1 mm	h_2 mm
50	50	80	233	65	70 bis 105	40	67	63	20	62	60	74	63	33	50	20
56	56	86	233	65			72	63	20	68		85	68	35	50	20
70	75	105	233	65			92	88	25	89		112	96	45	75	25
90	90	123	234	65			108	88	25	104		129	97	50	75	25
100	110	135	255	77			131	88	25	125		149	97	65	75	25
125	125	162	239	65			149	88	25	142		–	–	–	–	–
150	160	202	240	70			188	123	30	178		–	–	–	–	–

Tab. 278.4: PE-Bodenklosett-Anschlüsse

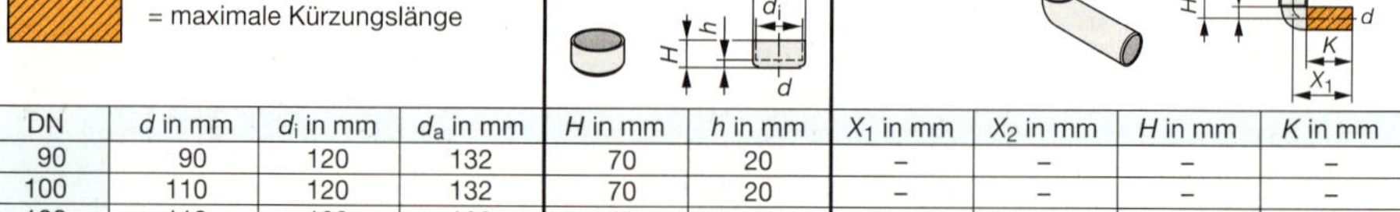

				Bodenklosettmuffe		Bodenklosettbogen 88,5°			
DN	d in mm	d_i in mm	d_a in mm	H in mm	h in mm	X_1 in mm	X_2 in mm	H in mm	K in mm
90	90	120	132	70	20	–	–	–	–
100	110	120	132	70	20	–	–	–	–
100	110	120	132	120	20	300	60	120	220

Rohre und Formstücke der Entwässerungstechnik *pipes and fittings of sanitary pipework*

Tab. 279.1: PE-Wandklosett-Anschlüsse

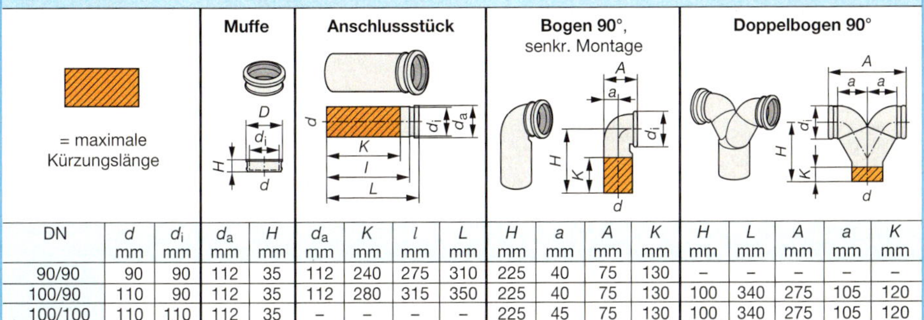

DN	d mm	d_i mm	Muffe d_a mm	Muffe H mm	Anschlussstück d_a mm	Anschlussstück K mm	Anschlussstück l mm	Anschlussstück L mm	Bogen 90° H mm	Bogen 90° a mm	Bogen 90° A mm	Bogen 90° K mm	Doppelbogen 90° H mm	Doppelbogen 90° L mm	Doppelbogen 90° A mm	Doppelbogen 90° a mm	Doppelbogen 90° K mm
90/90	90	90	112	35	112	240	275	310	225	40	75	130	–	–	–	–	–
100/90	110	90	112	35	112	280	315	350	225	40	75	130	100	340	275	105	120
100/100	110	110	112	35	–	–	–	–	225	45	75	130	100	340	275	105	120

Tab. 279.2: PE-Wandklosett-Anschlüsse 90° für waagerechte Montage

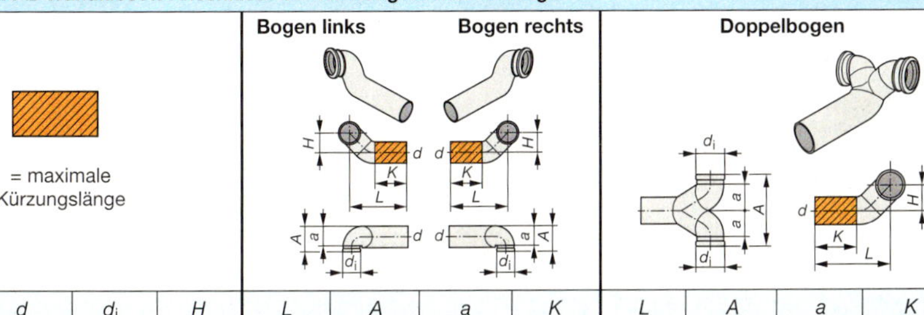

DN	d mm	d_i mm	H mm	Bogen L mm	Bogen A mm	Bogen a mm	Bogen K mm	Doppelbogen L mm	Doppelbogen A mm	Doppelbogen a mm	Doppelbogen K mm
90/90	90	90	100	290	75	45	140	–	–	–	–
100/80	110	90	100	300	75	45	170	340	275	105	120
100/100	110	110	100	320	75	45	170	340	275	105	120

Tab. 279.3: PE mineralverstärkt: Abwasserrohre

DN	Außendurchmesser d_a in mm	Innendurchmesser d_i in mm	Wanddicke s in mm	Querschnittsfläche A in cm^2	längenbez. Rohrmasse m' in kg/m	längenbez. Rohrinhalt V' in l/m
56	56	49,6	3,2	19,3	0,85	1,9
70	75	67,8	3,6	36,1	1,29	3,6
90	90	79,0	5,5	49,0	2,73	4,9
100	110	98,0	6,0	75,4	3,38	7,5
125	135	123	6,0	118,7	4,17	11,9

Tab. 279.4: PE mineralverstärkt: Übergangsstücke (Reduktion exzentrisch)

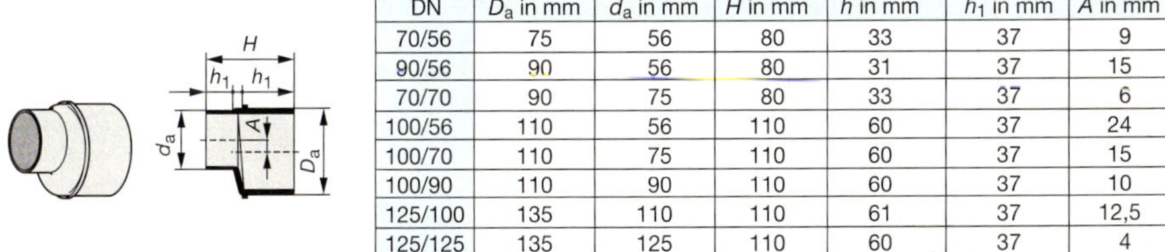

DN	D_a in mm	d_a in mm	H in mm	h in mm	h_1 in mm	A in mm
70/56	75	56	80	33	37	9
90/56	90	56	80	31	37	15
70/70	90	75	80	33	37	6
100/56	110	56	110	60	37	24
100/70	110	75	110	60	37	15
100/90	110	90	110	60	37	10
125/100	135	110	110	61	37	12,5
125/125	135	125	110	60	37	4

Tab. 279.5: PE mineralverstärkt: Doppelabzweige

= maximale Kürzungslänge

Eckabzweig 88,5/90°

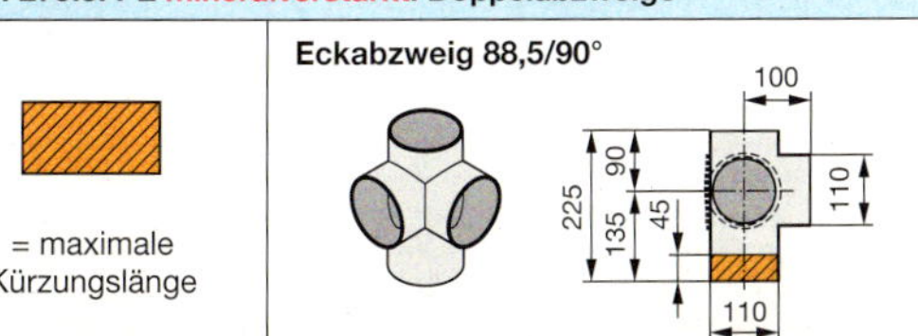

Doppelabzweig 88,5°/180°

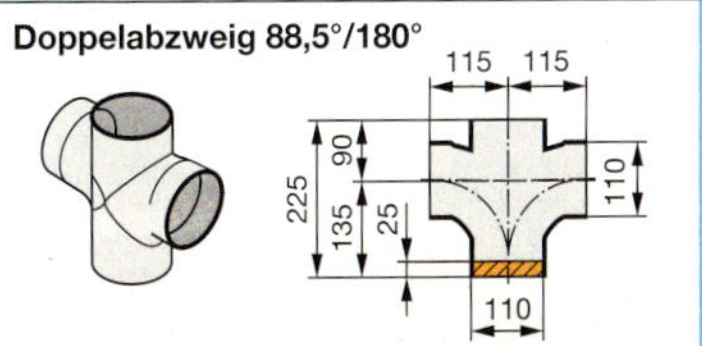

Entwässerungstechnik

Rohre und Formstücke der Entwässerungstechnik *pipes and fittings of sanitary pipework*

Tab. 280.1: PE mineralverstärkt: Bogen

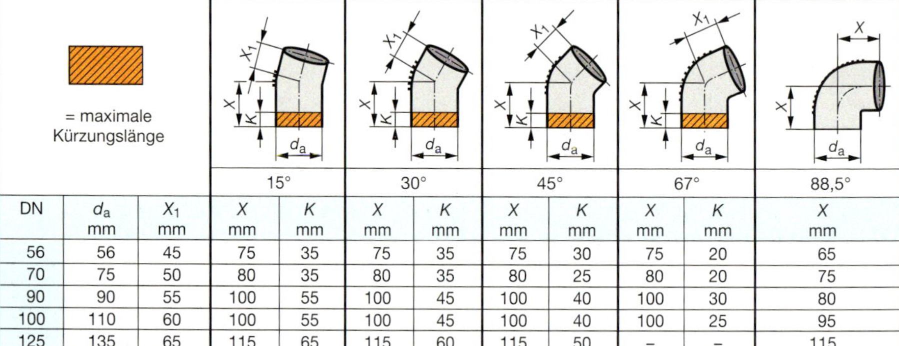

DN	d_a mm	X_1 mm	15° X mm	15° K mm	30° X mm	30° K mm	45° X mm	45° K mm	67° X mm	67° K mm	88,5° X mm
56	56	45	75	35	75	35	75	30	75	20	65
70	75	50	80	35	80	35	80	25	80	20	75
90	90	55	100	55	100	45	100	40	100	30	80
100	110	60	100	55	100	45	100	40	100	25	95
125	135	65	115	65	115	60	115	50	–	–	115

Tab. 280.2: PE mineralverstärkt: Abzweige

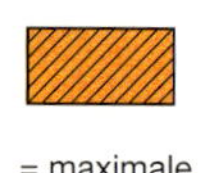

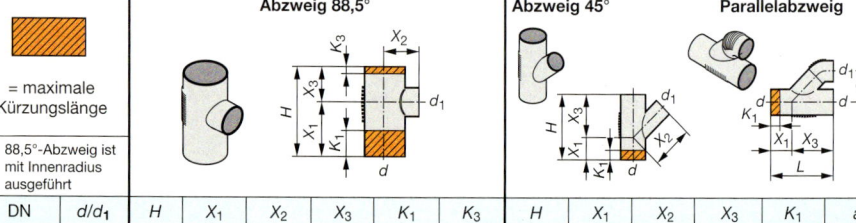

= maximale Kürzungslänge

1) 88,5°-Abzweig ist mit Innenradius ausgeführt

Abzweig 88,5°

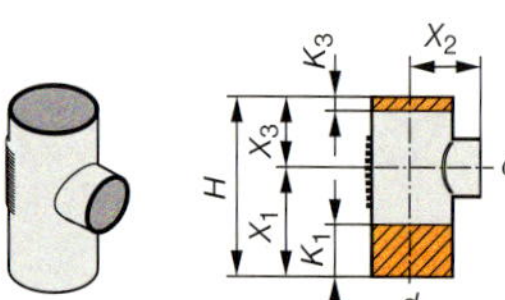

Abzweig 45° **Parallelabzweig**

DN	d/d_1	Abzweig 88,5° H in mm	X_1 in mm	X_2 in mm	X_3 in mm	K_1 in mm	K_3 in mm	Abzweig 45° / Parallelabzweig H in mm	X_1 in mm	X_2 in mm	X_3 in mm	K_1 in mm	a in mm
56/56	56/56	175	105	70	70	45	–	180	60	120	120	15	–
70/56	75/56	175	105	70	70	45	–	210	70	120	120	35	–
70/70	75/75	175	105	70	70	35	–	210	70	140	140	20	–
90/56	90/56	200	120	80	80	60	20	240	80	160	160	50	–
90/70	90/75	200	120	80	80	50	10	240	80	160	160	40	–
90/90	90/90	200	120	80	80	45	–	240	80	160	160	25	110
90/90 1)	90/90	203	120	105	83	15	5	–	–	–	–	–	–
100/56	110/56	225	135	90	90	75	30	270	90	180	180	70	–
100/70	110/75	225	135	90	90	65	20	270	90	180	180	55	–
100/90 1)	110/90	225	135	115	90	40	10	270	90	180	180	45	125
100/100 1)	110/110	225	135	115	90	25	–	270	90	180	180	30	125
125/100	135/110	288	173	115	115	85	25	345	115	230	230	65	–
125/125	135/135	288	173	115	115	75	15	345	115	230	230	50	–

Tab. 280.3: PE mineralverstärkt: Muffen und Verbinder

DN	d mm	Stütz- und Dehnmuffe H mm	D mm	H mm	E_1 mm	E mm	Spannverbinder H mm	D mm	E mm	Elektro-schweißmuffe H mm	D mm	Übergangsmuffe d_i mm	L mm	E mm
56	56	108	80	108	35	60	50	72	23	60	68	50	100	35
70	75	108	100	108	35	60	50	91	23	60	89	–	–	–
90	90	111	114	111	35	60	50	106	23	60	104	–	–	–
100	110	111	134	111	35	60	50	126	23	60	125	–	–	–
125	135	122	170	122	43	66	52	145	25	60	150	–	–	–

Rohre und Formstücke der Entwässerungstechnik *pipes and fittings of sanitary pipework*

Tab. 281.1: HT-Abwasserleitungen mit Steckmuffe

HT-Leitungen: Abwasserleitungen aus heißwasserbeständigen Kunststoffen; Farbe: hell- bis dunkelgrau

- PVCC: weichmacherfreies chloriertes Polyvinylchlorid (klebbar) — DIN EN 1566-1: 1999-12
- PP: Polypropylen — DIN EN 1451-1: 1999-03
- ABS/ASA/PVC: Styrol-Copolymerisate (klebbar) — DIN EN 1565-1: 1999-12

Benennung	Kurzzeichen	Benennung	Kurzzeichen
Rohr mit **e**inseitiger Steck**m**uffe	HT**EM**	Übergangsrohr (**R**eduzierung)	HT**R**
Rohr mit **D**oppel**m**uffe	HT**DM**	**Pa**rallelabzweig	HT**PA**
Rohr mit **gl**atten Enden	HT**GL**	**Sp**rungrohr	HT**SP**
Bogen	HT**B**	**K**losett**b**ogen	HT**KB**
Einfach**a**bzweig	HT**EA**	**W**andklosett**b**ogen	HT**WB**
Doppel**a**bzweig	HT**DA**	**Re**inigungsrohr	HT**RE**
Eck**d**oppelabzweig	HT**ED**	**M**uffenstopfen	HT**M**

Tab. 281.2: HT-Abwasserrohre mit Steckmuffen

DN	Außendurchmesser d_a in mm	lichte Weite LW in mm	Wanddicke s in mm	Muffenaussendurchmesser D_a in mm	Muffentiefe t in mm	Querschnittsfläche A in cm²	längenbez. Rohrinhalt V' in l/m
40	40	36,4	1,8[2)]	51,6	55	10,4	1,0
50	50	46,4	1,8[2)]	61,6	56	16,9	1,7
70	75	71,4[1)]	1,8[1) 2)]	86,5[1)]	61	40,0[1)]	4,0[1)]
100	110	105,6[1)]	2,2[1) 2)]	123,2[1)]	76	87,6[1)]	8,8[1)]
125	125	120,0[1)]	2,5[1) 2)]	140,7[1)]	82	113,1[1)]	11,3[1)]
150	160	153,6[1)]	3,2[1) 2)]	178,5[1)]	100	185,3[1)]	18,5[1)]

1) geringfügige Abweichungen bei PP 2) geringfügige Abweichungen bei ABS/ASA/PVC

Bezeichnung: **Rohr DIN EN 1451 – HTEM DN 100 x 1000**
Form DIN-Nummer – HT, **E**inseitige Steck**m**uffe DN x Länge in mm

Bau- und Zuschnittlängen *l* in mm: Rohre mit beidseitiger Steckmuffe: 2000, 3000
Rohre mit einseitiger Steckmuffe: 150, 250, 500, 750, 1000, 1250 , 1500, 1750, 2000
Rohre mit glatten Enden: 5000

Steckmuffe kann ausgeführt sein mit lose eingelegtem Dichtring (mit kreisförmigem Querschnitt) oder mit fest eingebautem Dichtring (**L**uftpolster**r**ing bzw. **L**ippen**r**ing LR)

Tab. 281.3: HT-Bogen mit Steckmuffe

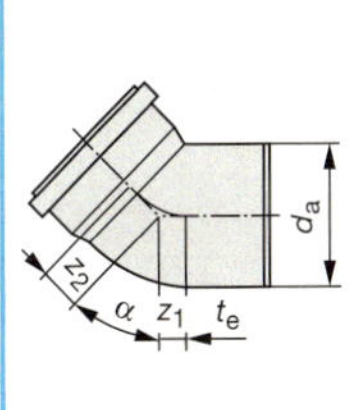

DN	Außendurchmesser d_a in mm	$t_{e,\,min}$ mm	α =15° z_1 mm	α =15° z_2 mm	α = 30° z_1 mm	α = 30° z_2 mm	α = 45° z_1 mm	α = 45° z_2 mm	α = 67°30' z_1 mm	α = 67°30' z_2 mm	α = 87°30' z_1 mm	α = 87°30' z_2 mm
40	40	47	5	8	7	11	10	14	16	20	23	26
50	50	48	5	9	9	12	12	16	20	23	28	31
70	75	51	7	11	12	15	18	21	28	31	40	43
100	110	58	9	14	17	21	25	29	40	44	57	61
125	125	64	10	15	19	23	28	33	46	50	65	70
150	160	73	13	19	24	30	36	42	58	64	83	89

Bezeichnung: **Bogen DIN EN 1451 – HTB DN 100 x 45 LR**
Form DIN-Nummer – Kurzzeichen DN x Winkel in ° mit **L**ippen**r**ing

Tab. 281.4: HT-Übergangsrohre mit Steckmuffe

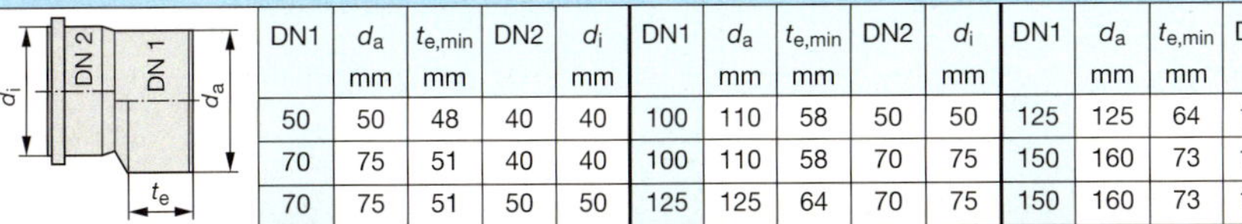

DN1	d_a mm	$t_{e,min}$ mm	DN2	d_i mm	DN1	d_a mm	$t_{e,min}$ mm	DN2	d_i mm	DN1	d_a mm	$t_{e,min}$ mm	DN2	d_i mm
50	50	48	40	40	100	110	58	50	50	125	125	64	100	110
70	75	51	40	40	100	110	58	70	75	150	160	73	100	110
70	75	51	50	50	125	125	64	70	75	150	160	73	125	125

Bezeichnung: **Übergangsrohr DIN EN 1451 – HTR DN 100 x 70**
Form DIN-Nummer – Kurzzeichen DN1 x DN2

Rohre und Formstücke der Entwässerungstechnik *pipes and fittings of sanitary pipework*

Tab. 282.1: HT-Abzweige mit Steckmuffen mit α = 45°, 57°30', 87°30'

Einfachabzweig

Doppelabzweig

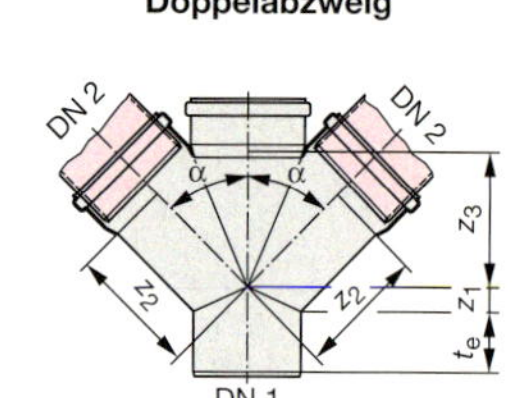

Eckdoppelabzweig

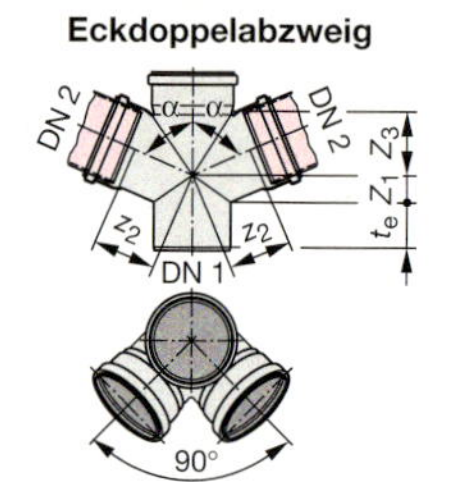

Nennweiten und Außendurchmesser					α = 45°			α = 67° 30'			α = 87° 30'		
DN1	d_a mm	DN2	d_i mm	t_e mm	z_1 mm	z_2 mm	z_3 mm	z_1 mm	z_2 mm	z_3 mm	z_1 mm	z_2 mm	z_3 mm
40	40	40	40	47	10	49	49	16	33	33	23	25	25
50	50	40	40	48	5	56	54	14	39	35	23	30	25
50	50	50	50	48	12	61	61	20	41	41	28	30	30
70	75	40	40	51	–7	74	67	9	52	40	22	42	26
70	75	50	50	51	–1	79	74	14	54	46	27	43	31
70	75	70	75	51	18	91	91	28	59	59	40	43	43
100	110	40	40	58	–24	99	84	3	71	48	23	59	27
100	110	50	50	58	–17	104	91	8	73	54	28	60	32
100	110	70	75	58	1	116	109	22	78	67	40	60	45
100	110	100	110	58	25	134	134	40	86	86	57	62	62
125	125	50	50	64	–24	114	99	6	80	57	28	67	33
125	125	70	75	64	–6	126	116	19	86	70	41	67	45
125	125	100	110	64	18	144	141	38	93	89	58	69	63
125	125	125	125	64	28	152	152	46	97	97	65	70	70
150	160	70	75	73	–22	150	134	12	104	77	41	84	46
150	160	100	110	73	1	168	159	31	112	96	58	86	64
150	160	125	125	73	12	176	169	39	115	104	66	87	71
150	160	150	160	73	36	194	194	58	123	123	83	89	89

Bezeichnung: Doppelmuffe DIN EN 1451 – HTED 100 x 50 x 87
Form DIN-Nummer – Kurzzeichen DN1 x DN2 x Neigungswinkel in °

Tab. 282.2: HT-Muffen (PP) DIN 19560: 1992-09

		Überschiebemuffe (U)	**Doppelmuffe** (MM)	**Langmuffe 2-fach** (L)		**Langmuffe 3-fach** (LL)	
DN	d in mm	l_{min} in mm	l_{min} in mm	l_{min} in mm	$t_{e,min}$ in mm	l_{min} in mm	$t_{e,min}$ in mm
40	40	101	103	58	47	87	47
50	50	103	105	60	48	90	48
70	75	109	111	66	51	99	51
100	110	125	128	72	58	108	58
125	125	138	141	76	64	114	64
150	160	158	162	82	73	123	73

Bezeichnung: Doppelmuffe DIN EN 1451 – HTLL 100
Form DIN-Nummer – Kurzzeichen DN

Rohre und Formstücke der Entwässerungstechnik *pipes and fittings of sanitary pipework*

Tab. 283.1: PP – mineralverstärkt: HT-Abwasserrohre mit Steckmuffe

DN	Außendurchmesser d_a mm	lichte Weite LW mm	Wanddicke s mm	Muffenaußendurchmesser D_a in mm	Muffentiefe t mm	Einstecktiefe $t_{e, min}$ mm	Querschnittsfläche A cm²	längenbez. Rohrinhalt V' l/m
50	58	50	4	75	54	66	19,6	1,96
70	78	69	4,5	96	56	76	37,4	3,74
90	90	81	4,5	110	55	58	50,3	5,03
100	110	99,4	5,3	132	61	81	77,6	7,76
125	135	124,4	5,3	161	64	84	121,5	12,15
150	160	149,4	5,3	181	66	87	175,3	17,53

Bau- und Zuschnittlängen *l* in mm:

Rohre mit Steckmuffe:	DN 50, DN 70, DN 100	: 150, 250, 500, 1000, 2000
	DN 90	: 150
Rohre mit glatten Enden:	DN 50, DN 70, DN 100	: 3000
	DN 90	: 2000

Tab. 283.2: PP – mineralverstärkt: HT-Bogen mit Steckmuffe mit α = 45°/57°30'/87°30'

DN	Außendurchmesser d_a in mm	α = 15° z_1 mm	α = 15° z_2 mm	α = 30° z_1 mm	α = 30° z_2 mm	α = 45° z_1 mm	α = 45° z_2 mm	α = 67° z_1 mm	α = 67° z_2 mm	α = 87° z_1 mm	α = 87° z_2 mm
50	58	19	8	24	16	28	17	43	21	47	32
70	78	26	10	30	17	37	21	48	31	62	42
90	90	8	8	15	14	22	20	–	–	49	42
100	110	27	15	37	19	44	28	60	44	78	58
125	135	29	16	38	45	50	34	–	–	96	102
150	160	13	19	24	30	36	42	–	–	83	89

Tab. 283.3: PP – mineralverstärkt: HT-Übergangsrohre mit Steckmuffe

DN1	d_a in mm	DN2	d_i in mm	DN1	d_a in mm	DN2	d_i in mm
70	78	50	58	100	110	80	90
90	90	50	58	125	135	100	110
90	90	70	78	150	160	100	110
100	110	50	58	150	160	125	135

Tab. 283.4: PP – mineralverstärkt: HT-Abzweig mit Steckmuffe

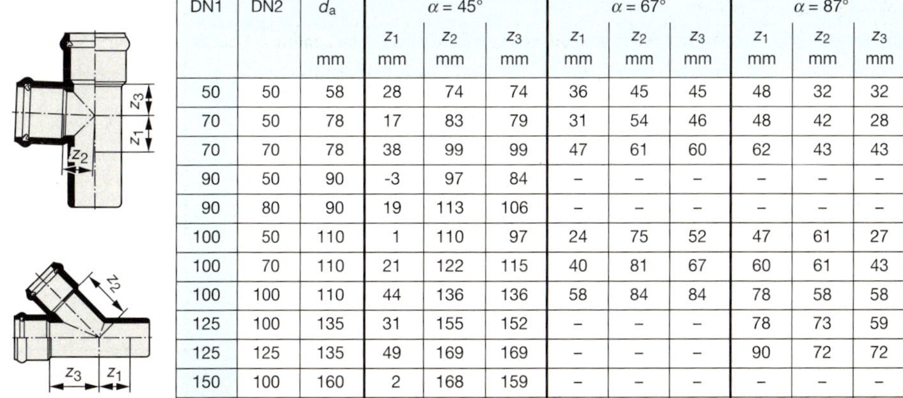

DN1	DN2	d_a mm	α = 45° z_1 mm	α = 45° z_2 mm	α = 45° z_3 mm	α = 67° z_1 mm	α = 67° z_2 mm	α = 67° z_3 mm	α = 87° z_1 mm	α = 87° z_2 mm	α = 87° z_3 mm
50	50	58	28	74	74	36	45	45	48	32	32
70	50	78	17	83	79	31	54	46	48	42	28
70	70	78	38	99	99	47	61	60	62	43	43
90	50	90	-3	97	84	–	–	–	–	–	–
90	80	90	19	113	106	–	–	–	–	–	–
100	50	110	1	110	97	24	75	52	47	61	27
100	70	110	21	122	115	40	81	67	60	61	43
100	100	110	44	136	136	58	84	84	78	58	58
125	100	135	31	155	152	–	–	–	78	73	59
125	125	135	49	169	169	–	–	–	90	72	72
150	100	160	2	168	159	–	–	–	–	–	–
150	150	160	36	194	194	-	–	–	–	–	–

Entwässerungstechnik

Rohre und Formstücke der Entwässerungstechnik *pipes and fittings of sanitary pipework*

Tab. 284.1: PP – mineralverstärkt: HT-Mehrfach- und Parallelabzweig mit Steckmuffe

Doppelabzweig 87° 100/100/100

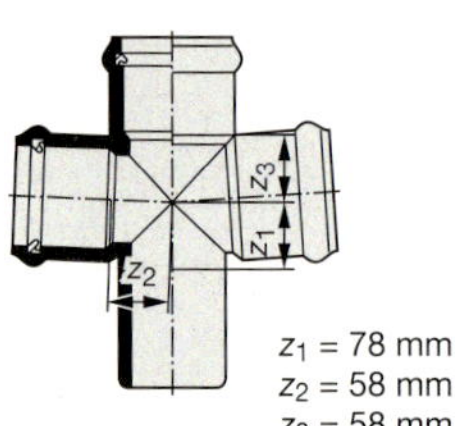

z_1 = 78 mm
z_2 = 58 mm
z_3 = 58 mm

Eckdoppelabzweig 87° 100/100/100

z_1 = 78 mm
z_2 = 58 mm
z_3 = 58 mm

Parallelabzweig 100/100

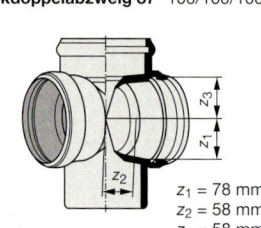

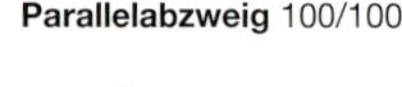
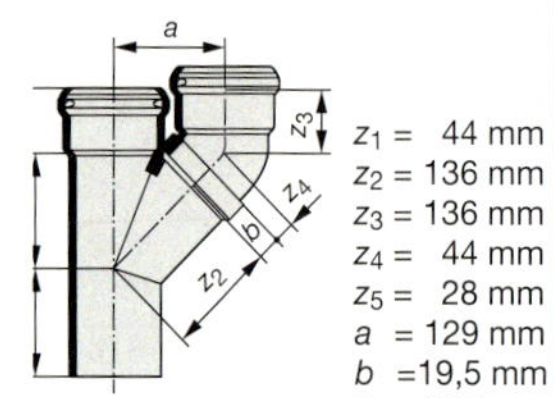

z_1 = 44 mm
z_2 = 136 mm
z_3 = 136 mm
z_4 = 44 mm
z_5 = 28 mm
a = 129 mm
b = 19,5 mm
L = 320 mm

Tab. 284.2: PP – mineralverstärkt: HT-Muffen

Aufsteckmuffe: Verbindungselement zwischen Rohren bzw. zwischen Rohren und Formteilen

Aufsteckmuffe

Elastomer-Manschette

Überschiebmuffe

Langmuffe

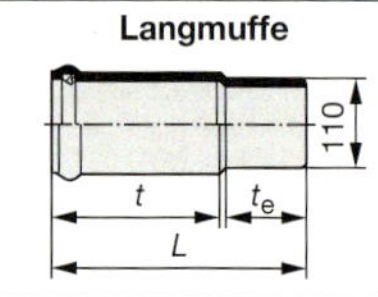

DN	Aufsteckmuffe d_i in mm	Aufsteckmuffe t in mm	Aufsteckmuffe L in mm	Überschiebmuffe l in mm	Langmuffe t_e in mm	Langmuffe t in mm	Langmuffe L in mm
50	57,5	49	126	105	–	–	–
70	77,5	48	119	107	–	–	–
90	88,7	47	123	–	–	–	–
100	109,5	48	124	117	74	127	210
125	134,5	63	132	124	–	–	–
150	159,5	63	144	129	–	–	–

Tab. 284.3: HT-Reinigungsrohre (PP – mineralverstärkt)

Reinigungsrohr mit rundem Reinigungsdeckel

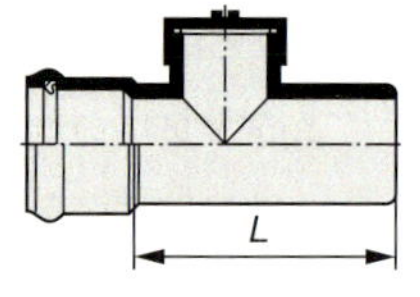

DN	L in mm	m in kg
50	151	0,30
70	208	0,87
–	–	–

Reinigungsrohr mit rechteckigem Reinigungsdeckel

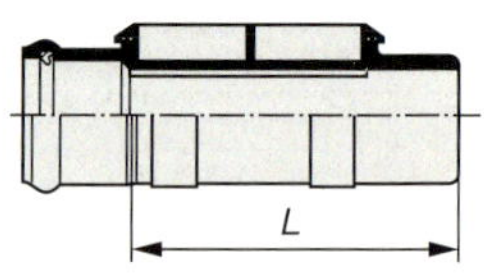

DN	L in mm	m in kg
100	298	1,12
125	316	1,46
150	345	3,52

Tab. 284.4: HT-Muffenstopfen und Sicherungsschellen, Spannschellen (PP – mineralverstärkt)

Muffenstopfen

DN	L in mm
50	49
70	52
100	57
125	60
150	49

Sicherungsschelle für Muffenstopfen

Spannschelle

PVC-U-Abwasserleitungen mit Steckmuffe

DIN V 19531:1987-11

KG-Leitungen: nicht hochtemperaturbeständige Abwasserleitungen aus weichmacherfreiem PVC für Abwasserleitungen innerhalb von Gebäuden; geeignet für Lüftungs-, Regenfall-, Klosett- und Urinalanschlussleitungen, Anschlussleitungen für Decken- und Bodenabläufe ohne seitlichen Anschluss

Maße Formstücke entsprechen denen der HT-Rohre mit Steckmuffe (→ Tab. 281.1); geringe Abweichungen bei Wanddicke, lichter Weite und Muffenaußendurchmesser sind möglich

Dimensionierungsgrundlagen *pipe sizing*

Tab. 285.1: Nennweiten verschiedener Werkstoffe

Nennweite DN	30	40	50	56	60	70	80	90	100	125	150	200	250
Mindestinnendurchmesser d_i in mm	26	34	44	49	56	68	75	79	96	113	146	184	230
SML (→ S. 270 ff.)		x	x				x		x	x	x	x	x
Stahl (→ S. 274 ff.)		x	x			x	x		x	x	x	x	x
HT - PE (→ S. 276 ff.)		x	x	x		x		x	x	x	x	x	x
HT (PE mineralverstärkt) (→ S. 279 ff.)				x		x		x	x	x			
HT (PP, ABS/ASA) (→ S. 281 ff.)		x	x			x			x	x	x		
HT (PP mineralverstärkt) (→ S. 284 ff.)			x			x	x		x	x	x		

Anschlussleitungen *connection pipes*

Tab. 285.2: Füllungsgrad h/d_i

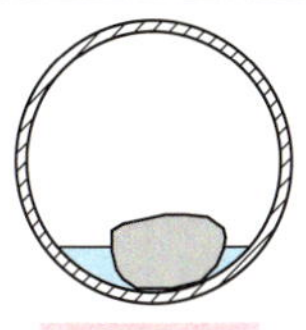

$h/d_i < 0{,}5$

zu geringe Füllhöhe
Zuwachsen der Leitung

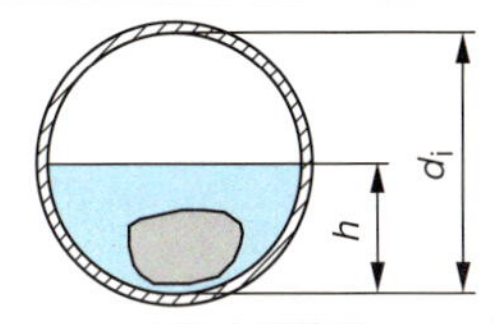

$h/d_i = 0{,}5$

gute Füllhöhe
gute Belüftung
optimal

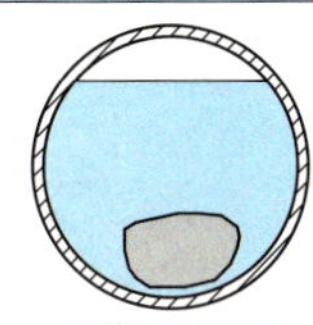

$h/d_i > 0{,}5$

gute Füllhöhe
Behinderung der Belüftung
Leersaugen des GV

Tab. 285.3: Auswirkung des Gefälles liegenden Leitungen auf Füllungsgrad, Belüftung und Selbstreinigung

zu kleines Gefälle $I < 0{,}5$ %	optimales Gefälle $I = 0{,}5$ % … 5 %	zu großes Gefälle $I > \sim 5$ %
zu geringe Strömungsgeschwindigkeit → Leersaugung des Geruchverschlusses infolge Vollfüllung → Zuwachsen der Leitung durch zu geringe Schwemmwirkung	gute Füllhöhe guter Auftrieb gute Belüftung	zu hohe Strömungsgeschwindigkeit → Leersaugung des Geruchverschlusses durch Mitreißen der Luft → Zuwachsen der Leitung durch zu geringe Füllhöhe

Tab. 285.4: Zulässiges Gefälle von Anschlussleitungen

Bezeichnung	Belüftungsart[1]	Relativgefälle[2] I_r in %	Neigungsverhältnis[2] I_N
Mindestgefälle	belüftet	$I_{\%} = 0{,}5$ %	$I_N = 1:200$
Mindestgefälle	unbelüftet	$I_{\%} = 1{,}0$ %	$I_N = 1:100$
Optimales Gefälle	unbelüftet	$I_{\%} = 2{,}0$ %	$I_N = 1:\ \ 50$
Höchstgefälle	unbelüftet	$I_{\%} = 5{,}0$ %	$I_N = 1:\ \ 20$

[1] Umlüftung (→ Tab. 302.1) [2] Gefällleberechnung (→ S. 15)

Tab. 285.5: Füllungsverhältnisse in teilgefüllten Leitungen

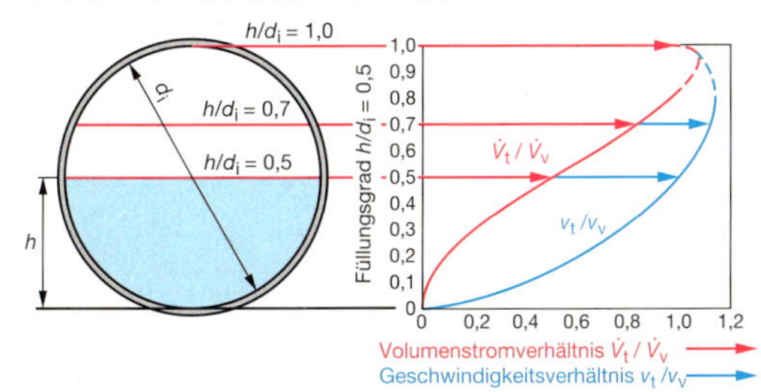

d_i : Innendurchmesser

h : Füllhöhe

h/d_i : Füllungsgrad

v_t : Strömungsgeschwindigkeit bei Teilfüllung

v_v : Strömungsgeschwindigkeit bei Vollfüllung

$\dot{V}_t$: Volumenstrom bei Teilfüllung

$\dot{V}_v$: Volumenstrom bei Vollfüllung

Anschlussleitungen *connection pipes*

Tab. 286.1: Installationsvorschriften

Höhenunterschiede > 1 m	Übergangsstück (Aufweitung)	Mindesthöhenunterschied
falsch ! richtig !	falsch ! richtig !	DN h ≥ DN Fallleitung
Größere Höhenunterschiede sind durch eine Sturzstrecke auszugleichen	Einbau scheitelgleich zur Vermeidung von Rückspülung und Sicherstellung der Belüftung der kleineren DN	Zwischen Wasserspiegel im Geruchverschluss und Sohle des Abzweigs an der Fallleitung ist bei WC, Dusch-, Badewanne und Badablauf ein Höhenunterschied von min. 1 DN einzuhalten
Anschluss von oben	**Doppelabzweig**	**seitlicher Anschluss**
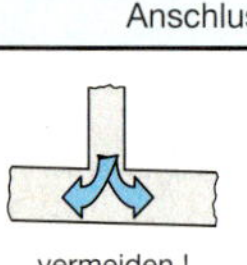 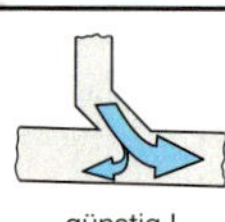 	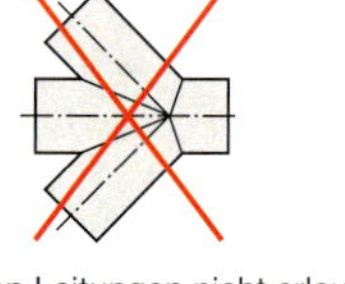	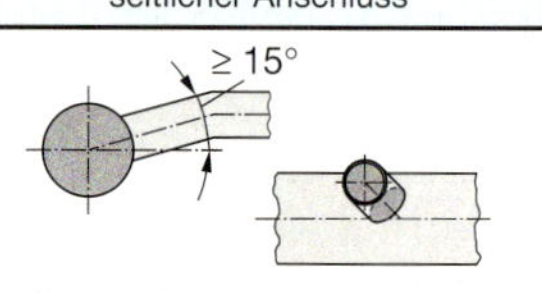
mit 45° ausführen	in liegenden Leitungen nicht erlaubt	möglichst mit 45° bei mindestens 15° Neigung ausführen

Tab. 286.2: Anschlusswerte DU[1] und Nennweiten von Entwässerungsgegenständen (System I)

DIN 1986-100: 2008-05

Entwässerungsgegenstand	Anschlusswert DU	Nennweite Einzelanschlussleitung
Waschbecken Bidet (Sitzwaschbecken) Ausgussbecken	0,5	DN 40
Einzelurinal mit Druckspüler		DN 50
Dusche ohne Stöpsel	0,6	DN 50
Dusche mit Stöpsel Badewanne Küchenspüle Geschirrspüler Küchenspüle und Geschirrspüler mit gemeinsamem Geruchverschluss Waschmaschine bis 6 kg Einzelurinal mit Spülkasten	0,8	DN 50
Urinal ohne Wasserspülung	0,1	DN 50
Standurinal	0,2	DN 50
Waschmaschine bis 12 kg	1,5	DN 56/60
WC mit 4,0/4,5 l Spülkasten	1,8	DN 80/DN 90
WC mit 6,0 l Spülkasten/Druckspüler	2,0	DN 80 bis DN 100
WC mit 9,0 l Spülkasten/Druckspüler	2,5	DN 100
Bodenablauf DN 50	0,8	DN 50
Bodenablauf DN 70	1,5	DN 70
Bodenablauf DN 100	2,0	DN 100

[1] Anschlusswert DU (design units): Durchschnittlicher Wert des Schmutzwasserabflusses aus einem sanitären Entwässerungsgegenstand, ausgedrückt in l/s

Anschlussleitungen *connection pipes*

Tab. 287.1: Anwendungsgrenzen für Einzelanschlussleitungen DIN 1986-100: 2008-05

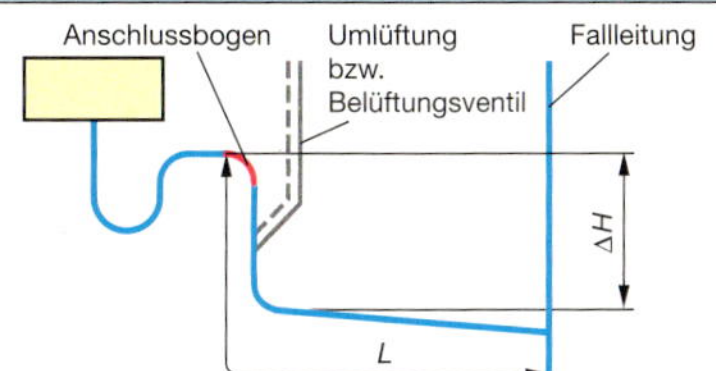

ΔH Höhendifferenz der Sturzstrecke zwischen dem Anschluss des Entwässerungsgegenstandes und der liegenden Leitung

L_{ges} abgewickelte Leitungslänge zwischen dem Entwässerungsgegenstand und dem Anschlussabzweig

Anwendungsgrenzen	unbelüftet	belüftet[1)]
Nennweite	(→ Tab. 286.2)	
maximale Rohrlänge (L)	4,0 m	10,0 m
maximale Anzahl von 90°-Bogen	3 [2)]	keine Begrenzung
maximale Absturzhöhe (ΔH)	1,0 m	3,0 m
Mindestgefälle $I_{\%}$ (→ S. 15)	1 %	0,5 %

[1)] Dimensionierung der Umlüftung (→ Tab. 302.1)
minimale Luftmenge bei Einsatz eines Belüftungsventils: (→ Tab. 287.2)
[2)] Anschlussbogen nicht eingeschlossen

Tab. 287.2: Mindestluftmenge für Belüftungsventile in Anschlussleitungen DIN EN 12 056-2: 2001

$$\dot{V}_a \geq \dot{V}_{tot}$$

$\dot{V}_a$: minimale Luftmenge in l/s

$\dot{V}_{tot}$: Gesamtschmutzwasserabfluss (→ S. 294) in l/s

Tab. 287.3: Beispiele zur Dimensionierung von Einzelanschlussleitungen (EAL)

Beispiel	DU und DN (→ Tab. 286.2)	Anwendungsgrenzen (→ Tab. 287.1)	Ausführung
Küchenspüle L = 2 m ΔH = 0,5 m	DU = 0,8 DN 50	Belüftung **nicht** erforderlich $\Delta H \leq 1$ m $L \leq 4$ m 90°-Bogen: max. 3 $I_{\%} \geq 1$ %	
Ausgussbecken L = 5 m ΔH = 0,5 m	DU = 0,5 DN 40	Überschreitung von L: Belüftung **erforderlich** *AL* belüftet: $\Delta H \leq 3$ m $L \leq 10$ m 90°-Bogen: beliebig $I_{\%} \geq 0,5$ % **3 Lösungen:** – mit Umlüftung oder – mit Belüftungsventil oder – mit Umlüftung bzw. Belüftungsventil nach 4 m	
Anwendungs-grenzen einer Badewannen-*AL* mit L = 4,5 m	DU = 0,8 DN 50	Überschreitung von L: Belüftung **erforderlich** *AL* belüftet $\Delta H \leq 3$ m $L \leq 10$ m 90°-Bogen: max. 3 $I_{\%} \geq 0,5$ %	

Entwässerungs-technik

Anschlussleitungen *connection pipes*

Tab. 288.1: Typische Abflusskennzahlen K[1)] DIN EN 12 056-2: 2001

Benutzungscharakteristik	Gebäudeart, Beispiel	K
unregelmäßige Benutzung	Wohnhäuser, Pensionen, Büros	0,5
regelmäßige Benutzung	Krankenhäuser, Schulen, Restaurants, Hotels	0,7
häufige Benutzung	öffentliche Toiletten und/oder Duschen	1,0
spezielle Benutzung	Labor	1,2

[1)] Die typische Abflusskennzahl berücksichtigt die Gleichzeitigkeit des Ablaufvorganges am Ende eines Leitungsabschnittes.

Tab. 288.2: Anwendungsgrenzen für Sammelanschlussleitungen DIN 1986-100: 2008-05

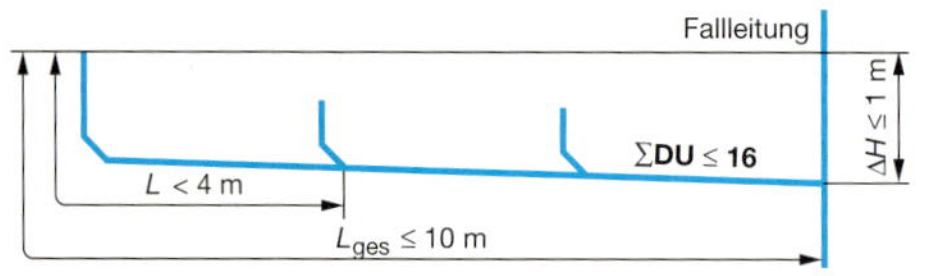

ΔH : Höhendifferenz zwischen dem höchstliegenden Entwässerungsgegenstand und der Rohrsohle im Anschlussabzweig

L_{ges} : abgewickelte Leitungslänge zwischen dem entferntesten Entwässerungsgegenstand und dem Anschlussabzweig

L : max. zul. Länge der Einzelanschlussleitung

Nennweite DN	$d_{i,\,min}$ in mm	unbelüftet[1)]						belüftet[2)]
		Mindestgefälle $I_{\%} \geq 1$ % (→ S. 15)						Mindestgefälle $I_{\%} \geq 0{,}5$ %
		$K = 0{,}5$ [3)]	$K = 0{,}7$ [3)]	$K = 1{,}0$ [3)]	max. Rohrlänge L_{ges} in m	max. Höhendifferenz	max. 90°-Umlenkungen	
		ΣDU in l/s						
50	44	1,0	1,0	0,8	4,0	$\Delta H \leq 1$ m	max. 3 Bogen[7)]	Sammelanschlussleitung ist wie eine Sammelleitung zu bemessen (→ Tab. 296.2)
56/60	49/56	2,0	2,0	1,0	4,0			
70[4)]	68	9,0	4,6	2,2	4,0			
80	75	13,0[5)]	8,0[5)]	4,0	10,0[6)]			
90	79	13,0[5)]	10,0[5)]	5,0	10,0[6)]			
100	96	16,0	12,0	6,4	10,0[6)]			

[1)] kann eine der Bedingungen nicht erfüllt werden, muss die Sammelanschlussleitung belüftet werden
[2)] Dimensionierung der Umlüftung (→ S. 302.1); Midestluftmenge bei Einsatz des Belüftungsventils: (→ Tab. 287.2)
[3)] typische Abflusskennzahlen (→ Tab. 288.1)
[4)] keine Klosetts anschließen
[5)] max. 2 Klosetts anschließen
[6)] Innerhalb der unbelüfteten Sammelanschlussleitung darf die Einzelanschlussleitung nicht länger werden als 4 m
[7)] im Fließweg (ohne Anschlussbogen)

Tab. 288.3: Beispiele zur Dimensionierung von Sammelanschlussleitungen (SAL)

Beispiel (Wohnungen)	DU und DN (→ Tab. 286.2)	Anwendungsgrenzen (→ Tab. 288.2) und Ausführung für Wohnungen (K = 0,5) (→ Tab. 288.1)
a) WC-Raum mit – WC (6 l) – Waschbecken (WB)	WC: DU = 2,0 DN 80 bis DN 100 WB: DU = 0,5	0,5 DU · 2 DU · 0,5 DU DN 40 · 2,5 DU DN 80 bis DN 100 · L < 4 m · L < 10 m · $I \geq 1$ %
b) Badezimmer mit – Waschbecken (WB) – Bidet (Bi) – Duschwanne mit Stöpsel (DW) – Badewanne (BW)	WB: DU = 0,5 Bi: DU = 0,5 DW: DU = 0,8 BW: DU = 0,8	0,5 DU · 0,5 DU · 0,8 DU · 0,8 DU · 0,5 DU DN 40 · 1,0 DU DN 50 · 1,8 DU DN 56/60 · 2,6 DU DN 70 · L < 4 m · $I \geq 1$ %
c) Sanitärraum – Waschbecken (WB) – Bidet (Bi) – Waschmaschine (WM) – Duschwanne mit Stöpsel (DW) – Badewanne (BW) – WC (9 l) [1)]	WB: DU = 0,5 Bi: DU = 0,5 WM: DU = 0,8 DW: DU = 0,8 BW: DU = 0,8 WC: DU = 2,5	0,5 DU · 0,5 DU · 0,8 DU · 0,8 DU · 0,8 DU · 2,5 DU · 0,5 DU DN 40 · 1,0 DU DN 50 · 1,8 DU DN 56/60 · 2,6 DU DN 70 · 3,4 DU DN 70 · 5,9 DU DN 100[1)] · L < 4 m · L < 10 m · $I \geq 1$ % [1)] WC mit 2,5 l: DN 100

Anschlussleitungen *connection pipes*

Tab. 289.1: Anschlusswinkel an die Fallleitung DIN 1986-100: 2008-05

Formstück	Anschlusswinkel und Nennweite	Auswirkung auf die Fallleitung	Auswirkung auf die Anschlussleitung
	70 x 50 - 88,5 70 x 50 - 88,5 80 x 50 - 88,5 100 x 50 - 88,5 100 x 70 - 88,5	• geringe Behinderung der Belüftung	• günstige Belüftung • kein Leersaugen des Geruchverschlusses • Fremdeinspülung möglich
	nicht zulässig 70 x 50 - 45 70 x 70 - 45 80 x 70 - 45 100 x 50 - 45 100 x 70 - 45	• sehr geringe Behinderung der Belüftung	• hydraulischer Abschluss • Leersaugen des Geruchverschlusses
	80 x 80 - 88,5 100 x 80 - 88,5 100 x 100 - 88,5	• Behinderung der Belüftung	• günstige Belüftung • kein Leersaugen des Geruchverschlusses • Fremdeinspülung möglich
	80 x 80 - 45 100 x 80 - 45 100 x 100 - 45	• geringere Behinderung der Belüftung als bei 88,5°-Abzweig	• ausreichende Belüftung • kein Leersaugen des Geruchverschlusses

Anschlüsse ≤ DN 70 an Fallleitungen mit einem Anschlusswinkel von 87°– 88,5° ausführen!

Ab DN 100 können auch 45°-Abzweige verwendet werden.

Anschlüsse an die Fallleitung erfolgen grundsätzlich unter 87 bis 88,5°, lediglich Anschlussleitungen der Nennweite DN ≥ 80 dürfen unter 45° angeschlossen werden! 

Abzweige 88,5° mit gebrochener Einlaufkante (SML) bzw. mit Innenradius (PE) bieten günstige Strömungseigenschaften sowie gute Belüftung der Anschluss- und Fallleitungen:

PE SML

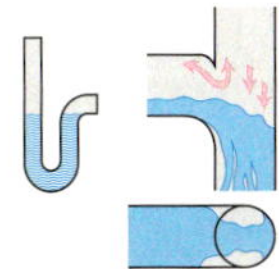

80 x 80 - 45 100 x 80 - 45 100 x 100 - 45	• geringere Behinderung der Belüftung • höhere Belastbarkeit (→ Tab. 292.2)	• günstige Belüftung • kein Leersaugen des Geruchverschlusses • Fremdeinspülung geringer

durch die optimierte Gestaltung des Einlaufes in die Fallleitung wird deren Belüftung weniger behindert, dadurch kann die Fallleitung um ca. 30 % höher belastet werden (→ Tab. 292.2)

Mehrfachanschluss an die Fallleitung *multiconnection at down pipes*

Beispiel

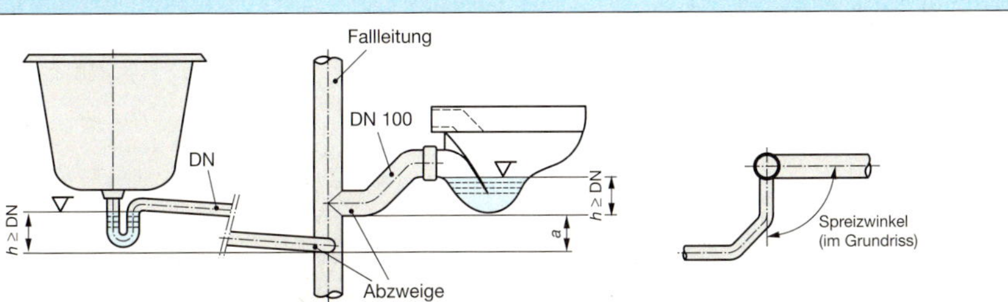

Mehrfachanschluss an die Fallleitung *multiconnection at down pipes*

Tab. 290.1: Mehrfachanschluss an die Fallleitung DIN 1986-100: 2008-05

Zulässiger Abstand einer Anschlussleitung zu benachbarter WC-Anschlussleitung für verschiedene Spreizwinkel

Spreizwinkel ≤ 90° Sohlenabstand $a \geq 0$	Spreizwinkel = 180° Sohlenabstand $a > 200$ mm
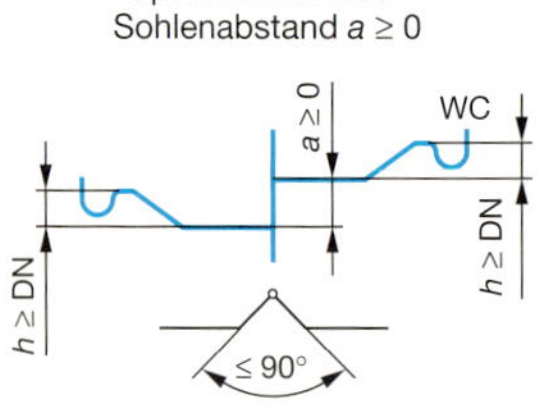	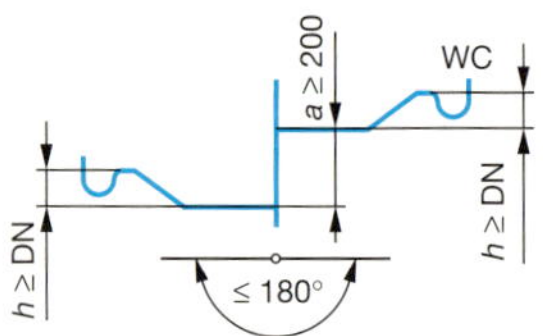
Sonderregelung bei gegenüberliegenden Klosetts (Spreizwinkel bis 180°) Sohlenabstand $a \geq 0$ mm	Beispiel für Sohlenabstand und Spreizwinkel
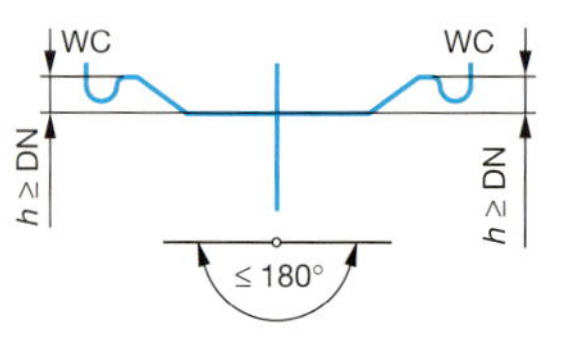	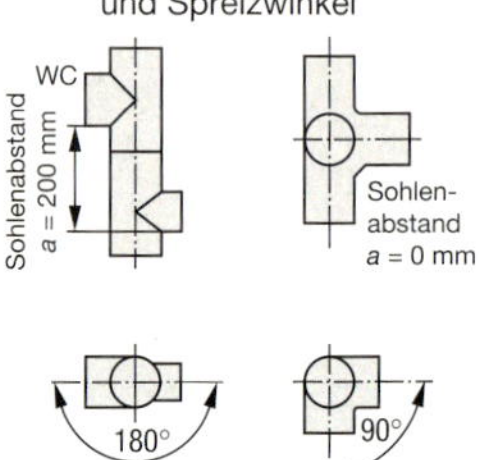

Formstücke zum Mehrfachanschluss

Kugelabzweig (PE)	Schachtabzweig (PE)	Kombinationsabzweig (SML)	Sonderformstück (SML)

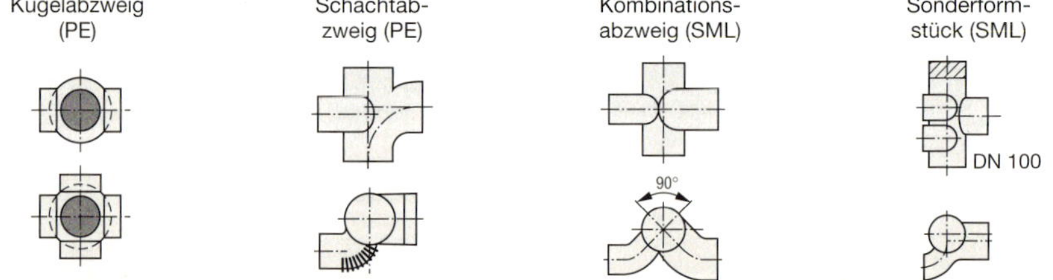

Fallleitungen *down pipes*

Verlegerichtlinien bei Fallleitungen DIN 1986-100: 2008-05

Fallleitung: lotrechte Leitung, gegebenenfalls mit Verziehung, die durch ein oder mehrere Geschosse führt, über Dach gelüftet wird und das Abwasser einer Grund- oder Sammelleitung zuführt.

Der Luftbedarf in Fallleitungen kann bis zum 35-fachen des Wasserabflusses betragen!

Kritische Bereiche von Verziehungen bei Gebäuden mit mehr als 3 Geschossen

⊕ Überdruck
⊖ Unterdruck
kritische Bereiche von Anschlüssen freihalten
≥ 2 m
≥ 1 m
≥ 1 m
Anschluss-strecke
≥ 1 m
GL/SL
mehr als 3 Geschosse bzw. H ≥ 10 m

Verlegung:

- Fallleitungen sind ohne Nennweitenänderung, möglichst geradlinig durch die Geschosse zu führen
- nebeneinanderliegende Wohnungen nur dann an eine gemeinsame Schmutzwasserfallleitung angeschließen, wenn Schall- und Brandschutzmaßnahmen berücksichtigt werden
- Druckleitung der Hebeanlage grundsätzlich **nicht** an die Fallleitung anschließen
- Fallleitungen mit Richtungsänderungen bis 45° (Sprungbogen) können **ohne** die Verlegemaßnahmen (→ S. 291) ausgeführt werden

Fallleitungen *down pipes*

Fallleitungsverziehung: 1 bis 3 Geschosse (bzw. L < 10 m)

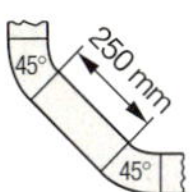

Umlenkung in die liegende Leitung mit Bogen 88° ± 2° erlaubt

Empfehlung: Umlenkung mit 2 x 45°-Bogen, möglichst mit 250 mm Zwischenstück

Fallleitungsverziehung: 4 bis 8 Geschosse (bzw. 10 m < L < 22 m) DIN 1986-100: 2008-05

Einzeln angeschlossene Leitungen können auch durch eine **gelüftete** Sammelanschlussleitung mit der Verziehung oder der Sammel- oder Grundleitung verbunden werden.

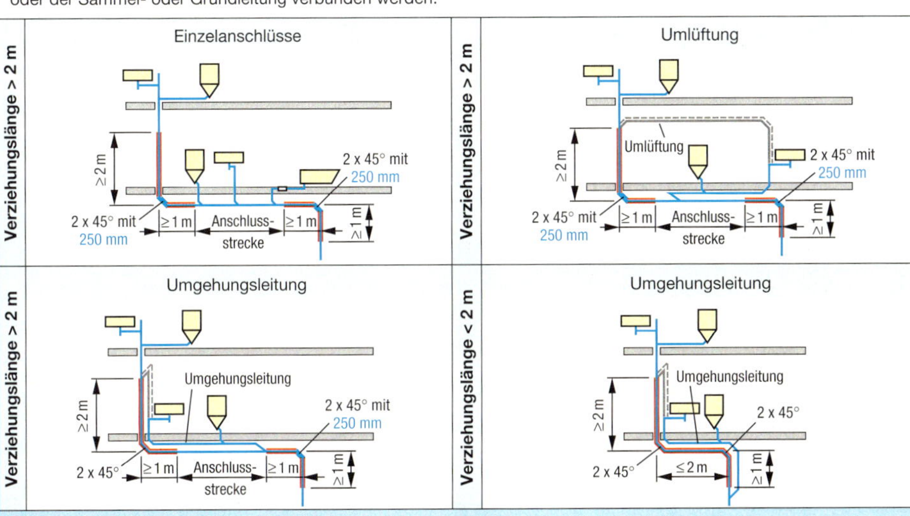

Fallleitungsverziehung: mehr als 8 Geschosse (bzw. L > 22 m)

grundsätzlich Umgehungsleitung einbauen

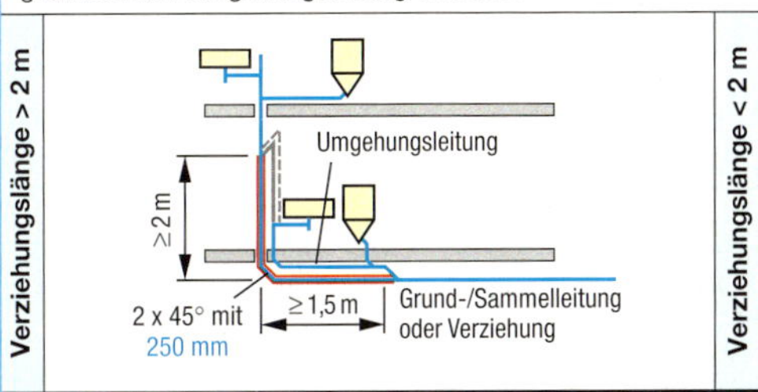

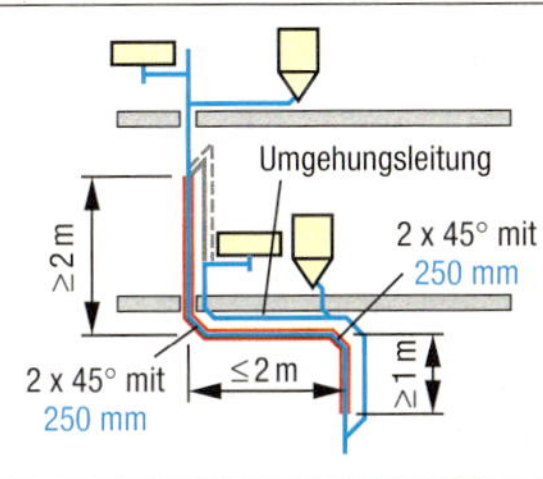

mehrfach verzogene Fallleitungen (z. B. Terrassenhäuser) mit direkter oder indirekter Nebenlüftung ausführen

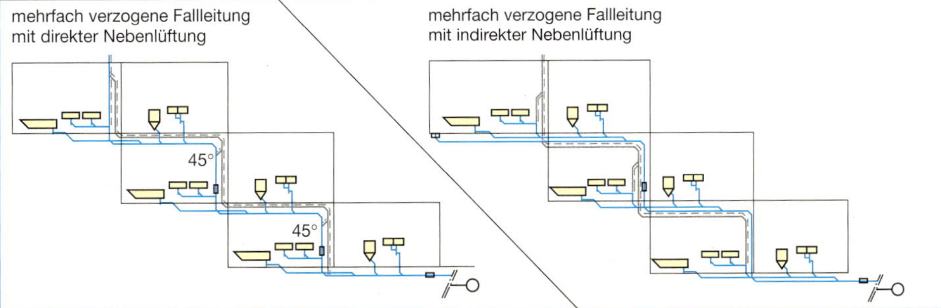

Entwässerungs-
technik

Fallleitungen *down pipes*

Tab. 292.1: Schmutzwasserabfluss $\dot{V}_{WW}$ in Fallleitungen DIN EN 12 056-2: 2001

$$\dot{V}_{WW} = K \cdot \sqrt{\Sigma DU}$$ [1)]

$\dot{V}_{WW}$: Schmutzwasserabfluss in l/s
K : Abflusskennzahl (→ Tab. 288.1)
ΣDU : Summe der Anschlusswerte (→ Tab. 286.2)

[1)] Ist der ermittelte Schmutzwasserabfluss $\dot{V}_{WW}$ kleiner als der größte Anschlusswert eines einzelnen Entwässerungsgegenstandes, so ist letzterer maßgebend.

Tab. 292.2: Zulässiger Schmutzwasserabfluss in Fallleitungen DIN EN 12 056-2: 2001

Schmutzwasserfallleitung	System mit Hauptlüftung		System mit Nebenlüftung (→ S. 291)		
	Abzweige		Nennweite der Nebenlüftung	Abzweige	
	ohne Innenradius[1)]	mit Innenradius[2)]		ohne Innenradius[1)]	mit Innenradius[2)]
DN	$\dot{V}_{max}$ in l/s		DN	$\dot{V}_{max}$ in l/s	
60	0,5	0,7	50	0,7	0,9
70 [3)]	1,5	2,0	50	2,0	2,6
80 [4)]	2,0	2,6	50	2,6	3,4
90	2,7	3,5	50	3,5	4,6
100	4,0	5,2	50	5,2	7,3
125	5,8	7,6	70	7,6	10,0
150	9,5	12,4	80	12,4	18,3
200	16	21,0	100	21,0	27,3

[1)] Abzweig ohne Innenradius

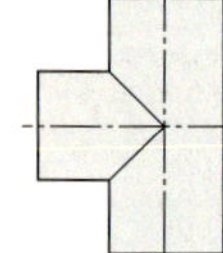

[2)] Abzweig mit Innenradius bzw. 45° Einlaufwinkel

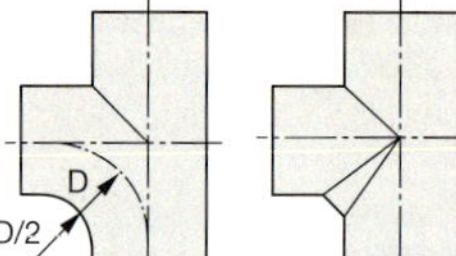

[3)] An eine Fallleitung DN 70 dürfen nicht mehr als 4 Küchenablaufstellen angeschlossen werden.

[4)] Mindestnennweite bei Klosettanlagen mit 4,0 l bis 6,0 l Spülvolumen.

Tab. 292.3: Beispiele: Dimensionierung einer Fallleitung

Beispiel 1: 2 Wohnungen, jede mit den Sammelanschlussleitungen entsprechend → Tab 288.3, Bsp. a (2,5 DU) und → Tab 288.3 Bsp. c (5,9 DU einschließlich 9-l-WC) an einer Fallleitung mit **Haupt**lüftung, Abzweige **ohne** Innenradius

Anzahl Wohnungen ΣDU je Wohnung ΣDU am unteren Ende der Fallleitung	2 Wohnungen 2,5 DU + 5,9 DU = 8,4 DU 2 x 8,4 DU = 16,4 DU → **ΣDU = 16,4**	
Typische Abflusskennzahl K	für Wohngebäude → K = 0,5	(→ Tab. 288.1)
Schmutzwasserfluss $\dot{V}_{WW}$ in l/s[1)]	$\dot{V}_{WW} = K \cdot \sqrt{\Sigma (DU)} = 0{,}5 \cdot \sqrt{16{,}4} = 2\ l/s$ → $\dot{V}_{WW} = 2{,}5\ l/s$[1)]	
Nennweite der Fallleitung	**DN 100** (wegen 9-l-WC)	(→ Tab. 292.1)

[1)] Ist der ermittelte Schmutzwasserabfluss $\dot{V}_{WW}$ kleiner als der größte Anschlusswert eines einzelnen Entwässerungsgegenstandes, so ist letzterer (hier: 9-l-WC mit 2,5l/s) maßgebend.

Beispiel 2: 10 Wohnungen, jede mit den Sammelanschlussleitungen entsprechend → Tab 288.3, Bsp. a (2,5 DU) und → Tab 288.3 Bsp. c (5,9 DU einschließlich 9-l-WC) an einer Fallleitung mit **Haupt**lüftung, Abzweige **mit** Innenradius

Anzahl Wohnungen ΣDU je Wohnung ΣDU am unteren Ende der Fallleitung	10 Wohnungen 2,5 DU + 5,9 DU = 8,4 DU 10 × 8,4 = 84,0 → **ΣDU = 84,0**	
Typische Abflusskennzahl K	für Wohngebäude → K = 0,5	(→ Tab. 288.1)
Schmutzwasserfluss $\dot{V}_{WW}$ in l/s[1)]	$\dot{V}_{WW} = K \cdot \sqrt{\Sigma (DU)} = 0{,}5 \cdot \sqrt{84{,}0} = 4{,}6\ l/s$	
Nennweite der Fallleitung	**DN 100** (wegen Innenradius belastbar bis 5,2 l/s)	(→ Tab. 292.1)

Grund- und Sammelleitungen *main pipes*

Tab. 293.1: Installationsvorschriften

Höhenunterschied	• Größere Höhenunterschiede sind durch eine Sturzstrecke auszugleichen
Anschlüsse und Richtungsänderungen:  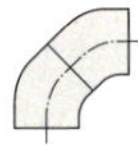 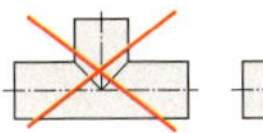	• Richtungsänderungen und Abzweige höchstens in 45° ausführen • Anschlüsse von der Seite mit 45° mit mindestens 15° Neigung ausführen • Doppelabzweige sind in liegenden Leitungen nicht erlaubt
sohlengleiche Aufweitung in Grundleitungen (GL) ist zulässig 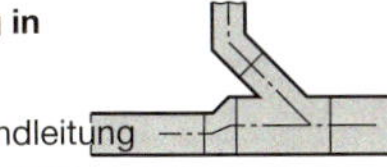	• Übergänge, Abzweige, Bögen und Werkstoffwechsel nur mit zugelassenen Formstücken • in der Grundleitung (GL) ist zur vereinfachten Reinigung mit der Spirale die sohlengleiche Aufweitung zulässig
Befestigung von Sammelleitungen	entsprechend Herstellerangaben (→ Tab. 205.2)
Mindestnennweite von Grundleitungen	• als Grundleitung verlegte Anschlussleitung sind kleiner als DN 100 zulässig, wenn sie kurz und inspizierbar sind • Grundleitungen sind bis zum nächstgelegenen Schacht außerhalb des Gebäudes in DN 80 zulässig (hydraulischer Nachweis erforderlich) • die Grundleitung zu DN 100 ist zu bevorzugen: Grund: bessere Zugänglichkeit, Inspektion und Reinigung
Belastung durch Bauteile und Fundamente 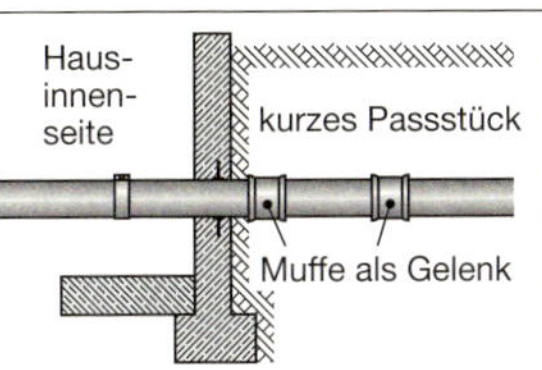	Fundamente wenn möglich umgehen, andernfalls: • Abwasserrohre durch Mantelrohre führen oder • beidseitig Gelenke ausbilden (bei Außenwänden unbedingt erforderlich)

Längskraftschlüssigkeit herstellen bei Umlenkungskräften, z. B. unter Rückstauebene (RStE) (→ S. 304)

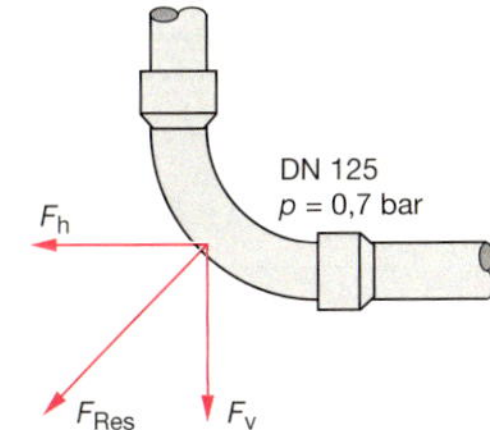

$$F = p \cdot A$$

für die 90°-Umlenkung:

$$F_{Res} = F \cdot \sqrt{2}$$

bei Richtungsänderungen sind Umlenkungskräfte zu berücksichtigen: ggf: längskraftschlüssige Verbindung herstellen!

F	: Kraft	in N
F_{Res}	: Resultierende Kraft	in N
F_h	: Horizontalkraft	in N
F_v	: Vertikalkraft	in N
p	: Druck	in N/cm²
A	: Innenfläche des Rohres	in N/cm²

Beispiel: Fußbogen einer Fallleitung DN 125, möglicher Druck: 7 m WS

geg.: $p = 0{,}7 \text{ bar} = 7 \text{ N/cm}^2$ Lsg.: $A = \frac{\pi \cdot d^2}{4} = \frac{\pi \cdot 12{,}5^2 \text{ cm}^2}{4} = 122{,}7 \text{ cm}^2$

$F_v = F_h = p \cdot A = 7 \text{ N/cm}^2 \cdot 122{,}7 \text{ cm}^2 = 859 \text{ N}$

$F_{Res} = F \cdot \sqrt{2} = 859 \text{ N} \cdot \sqrt{2}$ $\mathbf{F_{Res} = 1214 \text{ N}}$

Misch- und Trennsystem in Grundleitungen

DIN 1986-100: 2008-05

Trennsystem: getrennte Leitung für Schmutz- und Regenwasser
Einsatz: Innerhalb von Gebäuden und außerhalb von Gebäuden vor einem besteigbaren Schacht

Mischsystem:
gemeinsame Leitung für Schmutz- und Regenwasser

Einsatz: in der Grundleitung nach einem besteigbaren Schacht

Ausnahme: bei Grenzbebauung ist Mischsystem innerhalb des Gebäudes, unmittelbar an der Gebäudegrenze zulässig

Ableitung über Schacht

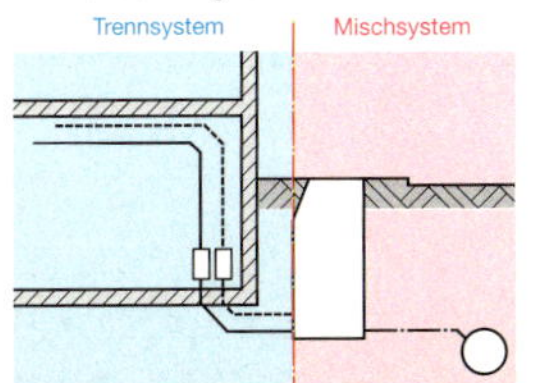

nur zulässig bei Grenzbebauung

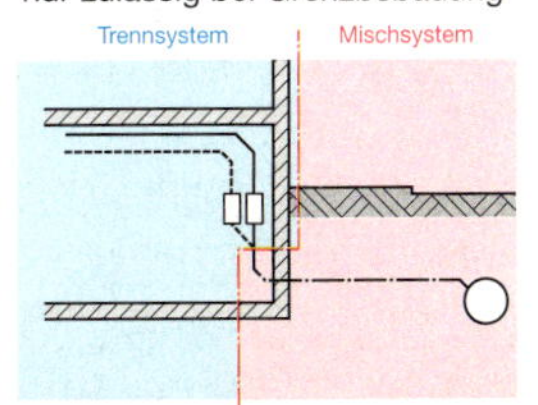

Entwässerungstechnik

Grund- und Sammelleitungen *main pipes*

Tab. 294.1: Typische Abflusskennzahlen *K* DIN EN 12 056-2: 2001

Benutzungscharakteristik	Gebäudeart, Beispiel	*K*
unregelmäßige Benutzung	Wohnhäuser, Pensionen, Büros	0,5
regelmäßige Benutzung	Krankenhäuser, Schulen, Restaurants, Hotels	0,7
häufige Benutzung	öffentliche Toiletten und/oder Duschen	1,0
spezielle Benutzung	Labor	1,2

Tab. 294.2: Schmutzwasserabfluss $\dot{V}_{WW}$ mehrerer Entwässerungsgegenstände DIN EN 12 056-2: 2001

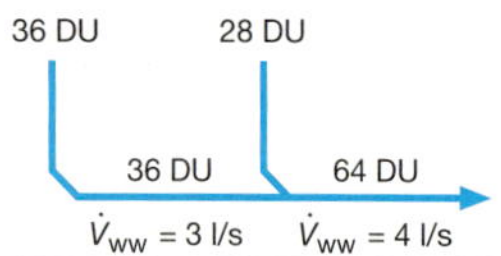

$$\dot{V}_{WW} = K \cdot \sqrt{\Sigma DU}$$ [1) 2) 3)]

$\dot{V}_{WW}$: Schmutzwasserabfluss in *l*/s
K : Abflusskennzahl (→ Tab. 294.1)
ΣDU : Summe der Anschlusswerte (durch Addition aller Einzelwerte) (→ Tab. 286.2)

[1)] Der Schmutzwasserabfluss $\dot{V}_{WW}$ wird mit der immer neu gebildeten Summe der Anschlusswerte ΣDU berechnet.
[2)] Ist der ermittelte Schmutzwasserabfluss $\dot{V}_{WW}$ kleiner als der größte Anschlusswert eines einzelnen Entwässerungsgegenstandes, so ist letzterer maßgebend.
[3)] Entwässerungsanlagen, die gewerbliche Abwässer ableiten, müssen individuell berechnet werden (z. B. Schwimmbäder, Industriebetriebe)

Tab. 294.3: Gesamtschmutzwasserabfluss $\dot{V}_{tot}$ in Grund- und Sammelleitungen DIN EN 12 056-2: 2001

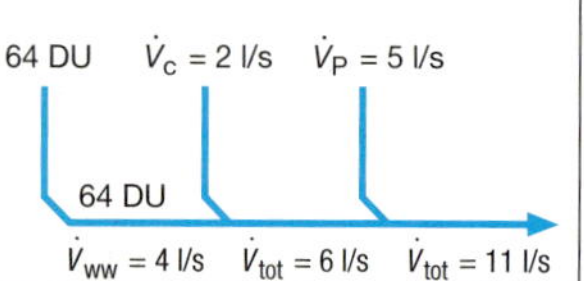

$$\dot{V}_{tot} = \dot{V}_{WW} + \dot{V}_c + \dot{V}_P$$ [1)]

$\dot{V}_{tot}$: Gesamtschmutzwasserabfluss in *l*/s
$\dot{V}_{WW}$: Schmutzwasserabfluss (→ Tab. 294.2) in *l*/s
$\dot{V}_c$: Dauerabfluss in *l*/s
$\dot{V}_P$: Pumpenförderstrom (→ S. 307) in *l*/s

[1)] Dauerabflüsse und Pumpenförderströme werden dem Schmutzwasserabfluss ohne Abzug hinzugezählt.

Tab. 294.4: Mischwasser in Grundleitungen nach einem begehbaren Schacht

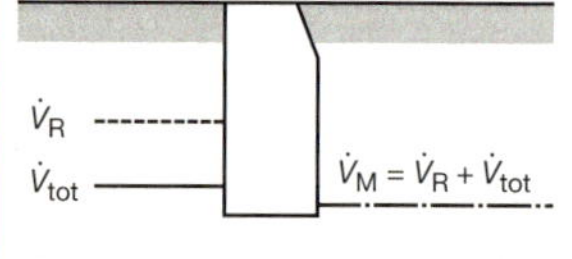

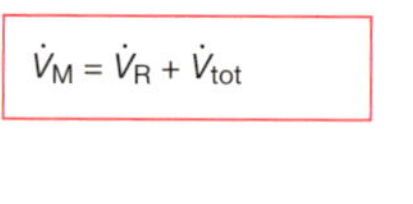

$$\dot{V}_M = \dot{V}_R + \dot{V}_{tot}$$

$\dot{V}_M$: Mischwasserabfluss in *l*/s
$\dot{V}_{tot}$: Gesamtschmutzwasserabfluss (→ Tab. 294.3) in *l*/s
$\dot{V}_R$: Regenwasserabfluss (→ Tab. 314.1) in *l*/s

Tab. 294.5: Bsp. 1: Schnutzwasserabfluss in der Sammelleitung eines Mehrfamilienhauses

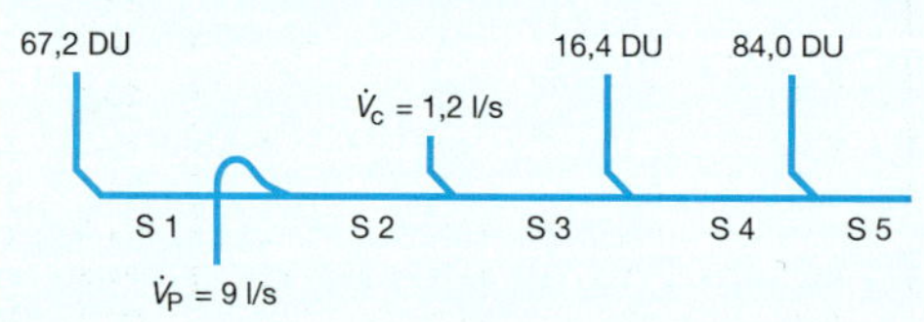

Wohngebäude (K = 0,5): Sammelleitung mit
1 Fallleitung 67,2 DU
1 Hebeanlage entspr. Beispiel (→ S. 307) ($\dot{V}_P$ = 9 *l*/s)
1 kontinuierlichen Dauerabfluss aus einem Kühlsystem ($\dot{V}_C$ = 1,2 *l*/s)
1 Fallleitung 16,4 DU entspr. (→ Tab. 292.2 Bsp. 1)
1 Fallleitung 84,0 DU entspr. (→ Tab. 292.2 Bsp. 2)

Teilstrecke	ΣDU	$\dot{V}_{WW}$	$\dot{V}_P$	$\dot{V}_c$	$\dot{V}_{tot}$
		$\dot{V}_{WW} = K \cdot \sqrt{\Sigma DU}$			$\dot{V}_{tot} = \dot{V}_{WW} + \dot{V}_c + \dot{V}_P$
S1	67,2	4,1 *l*/s	0 *l*/s	0 *l*/s	4,1 *l*/s
S2	67,2	4,1 *l*/s	9 *l*/s	0 *l*/s	13,1 *l*/s
S3	67,2	4,1 *l*/s	9 *l*/s	1,2 *l*/s	14,3 *l*/s
S4	83,6	4,6 *l*/s	9 *l*/s	1,2 *l*/s	14,8 *l*/s
S5	167,6	6,1 *l*/s	9 *l*/s	1,2 *l*/s	16,7 *l*/s

Entwässerungstechnik

Grund- und Sammelleitungen *main pipes*

Tab. 295.6: Bsp. 2: Mischwasserabfluss in einer Grundleitung

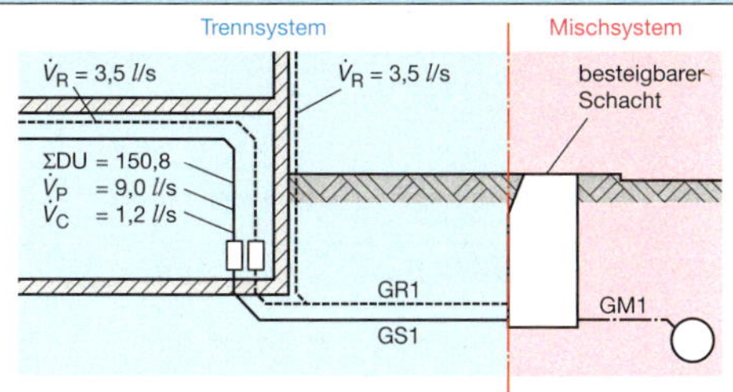

Schulgebäude (K = 0,7): Dimensionierung der Grundleitung nach einem belüftetem Schacht.

- 1 Schmutzwasserleitung mit ΣDU = 167,6 (→ Tab. 294.5)
- 1 Hebeanlage entspr. Beispiel (→ S. 307) ($\dot{V}_P$ = 9 l/s)
- 1 kontinuierlichen Dauerabfluss aus einem Kühlsystem ($\dot{V}_c$ = 1,2 l/s)
- Regenwasserabfluss aus 2 Regenfallleitungen mit gesamt $\dot{V}_R$ = 7 l/s (→ S. 314)

Teil-strecke	ΣDU	$\dot{V}_{WW}$	$\dot{V}_P$	$\dot{V}_c$	$\dot{V}_{tot}$	$\dot{V}_R$	$\dot{V}_M$
		$\dot{V}_{WW} = K \cdot \sqrt{\Sigma DU}$			$\dot{V}_{tot} = \dot{V}_{WW} + \dot{V}_c + \dot{V}_P$		
GS1	167,6 l/s	9,1 l/s	9 l/s	1,2 l/s	19,3 l/s		
GR1						7 l/s	
GM1	167,6 l/s	9,1 l/s	9 l/s	1,2 l/s	19,3 l/s	7 l/s	26,2 l/s

Tab. 295.1: Maximal zu erwartender Schmutzwasserabfluss $\dot{V}_{WW}$[1] in Abhängigkeit von der Summe der Anschlusswerte ΣDU und der Abflusskennzahl K[2] DIN EN 12 056-2: 2001

	$\dot{V}_{WW}$ in l/s für Abflusskennzahl K					$\dot{V}_{WW}$ in l/s für Abflusskennzahl K			
ΣDU	K = 0,5	K = 0,7	K = 1,0	K = 1,2	ΣDU	K = 0,5	K = 0,7	K = 1,0	K = 1,2
10	1,6	2,2	3,2	3,8	110	5,2	7,3	10,5	12,6
12	1,7	2,4	3,5	4,2	120	5,5	7,7	11,0	13,1
14	1,9	2,6	3,7	4,5	130	5,7	8,0	11,4	13,7
16	2,0	2,8	4,0	4,8	140	5,9	8,3	11,8	14,2
18	2,1	3,0	4,2	5,1	150	6,1	8,6	12,2	14,7
20	2,2	3,1	4,5	5,4	160	6,3	8,9	12,6	15,2
22	2,3	3,3	4,7	5,6	170	6,5	9,1	13,0	15,6
24	2,4	3,4	4,9	5,9	180	6,7	9,4	13,4	16,1
26	2,6	3,6	5,1	6,1	190	6,9	9,6	13,8	16,5
28	2,6	3,7	5,3	6,4	200	7,1	9,9	14,1	17,0
30	2,7	3,8	5,5	6,6	210	7,2	10,1	14,5	17,4
32	2,8	4,0	5,7	6,8	220	7,4	10,4	14,8	17,8
34	2,9	4,1	5,8	7,0	230	7,6	10,6	15,2	18,2
36	3,0	4,2	6,0	7,2	240	7,7	10,8	15,5	18,6
38	3,1	4,3	6,2	7,4	250	7,9	11,1	15,8	19,0
40	3,2	4,4	6,3	7,6	260	8,1	11,3	16,1	19,3
42	3,2	4,5	6,5	7,8	270	8,2	11,5	16,4	19,7
44	3,3	4,6	6,6	8,0	280	8,4	11,7	16,7	20,1
46	3,4	4,7	6,8	8,1	290	8,5	11,9	17,0	20,4
48	3,5	4,9	6,9	8,3	300	8,7	12,1	17,3	20,8
50	3,5	5,0	7,1	8,5	310	8,8	12,3	17,6	21,1
55	3,7	5,2	7,4	8,9	320	8,9	12,5	17,9	21,5
60	3,9	5,4	7,7	9,3	330	9,1	12,7	18,2	21,8
65	4,0	5,6	8,1	9,7	340	9,2	12,9	18,4	22,1
70	4,2	5,9	8,4	10,0	350	9,4	13,1	18,7	22,5
75	4,3	6,1	8,7	10,4	360	9,5	13,3	19,0	22,8
80	4,5	6,3	8,9	10,7	370	9,6	13,5	19,2	23,1
85	4,6	6,5	9,2	11,1	380	9,7	13,6	19,5	23,4
90	4,7	6,6	9,5	11,4	390	9,9	13,8	19,7	23,7
95	4,9	6,8	9,7	11,7	400	10,0	14,0	20,0	24,0
100	5,0	7,0	10,0	12,0	410	10,1	14,2	20,2	24,3

Der Schmutzwasserabfluss $\dot{V}_{WW}$ wird mit der immer neu gebildeten Summe der Anschlusswerte ΣDU berechnet. Ist derermittelte Schmutzwasserabfluss $\dot{V}_{WW}$ kleiner als der größte Anschlusswert eines einzelnen Entwässerungsgegenstandes, so ist letzterer maßgebend.

[1] Berechnung von $\dot{V}_{WW}$ (→ Tab. 294.2) [2] Abflusskennzahl (→ Tab. 294.1)

Grund- und Sammelleitungen *main pipes*

Tab. 296.1: Grund- und Sammelleitungen: Mindestgefälle, Füllungsgrad und Mindest- und Höchstfließgeschwindigkeit DIN 1986-100: 2008-05

innerhalb/außerhalb des Gebäudes		innerhalb		außerhalb	
Leitungsart		Grund- und Sammelleitung		Grundleitung	
Art des Wassers		Schmutzwasser	Regenwasser	Schmutz- und Mischwasser	Regenwasser
Füllungsgrad (→ Tab. 285.2)	üblich	$h/d_i = 0{,}5$	$h/d_i = 0{,}7$	$h/d_i = 0{,}7$ [1)]	$h/d_i = 0{,}7$ [1)]
	hinter Einleitung einer Hebeanlage	$h/d_i = 0{,}7$	–	$h/d_i = 1{,}0$ [2)]	–
Mindestgefälle		$I_r \geq 0{,}5$ cm/m	$I_r \geq 0{,}5$ cm/m	$I_N \geq 1 : \text{DN}$	$I_r \geq 0{,}5$ cm/m [3)]
Mindestfließgeschwindigkeit		$v \geq 0{,}5$ m/s	–	$v \geq 0{,}7$ m/s	
Höchstgeschwindigkeit		–		$v \leq 2{,}5$ m/s	$v \leq 2{,}5$ m/s

[1)] ab DN 150 ist hinter einem Schacht mit offenem Durchfluss ein Füllungsgrad $h/d_i = 1{,}0$ zulässig
[2)] hinter einem Schacht mit offenem Durchfluss
[3)] ab DN 250 ist ein Gefälle $I = 1 : \text{DN}$ zulässig

Tab. 296.2: Abflussvermögen von Entwässerungsleitungen bei einem Füllungsgrad von $h/d_i = 0{,}5$ (Sammelleitungen und Grundleitungen[1)] innerhalb des Gebäudes) DIN 1986-100: 2008-05

Einsatzbereich: Sammelleitungen und Grundleitungen innerhalb des Gebäudes für Schmutzwasser

	DN 70		DN 80		DN 90		DN 100		DN 125		DN 150		DN 200		DN 250		DN 300	
d_i in min	$d_i = 68$		$d_i = 75$		$d_i = 79$		$d_i = 96$		$d_i = 113$		$d_i = 146$		$d_i = 184$		$d_i = 230$		$d_i = 290$	
Gefälle cm/m	$\dot{V}$ l/s	v m/s	$\dot{V}$ l/s	v m/s	$\dot{V}$ l/s	v m/s	$\dot{V}$ l/s	v m/s	$\dot{V}$ l/s	v m/s	$\dot{V}$ l/s	v m/s	$\dot{V}$ l/s	v m/s	$\dot{V}$ l/s	v m/s	$\dot{V}$ l/s	v m/s
0,2													6,3	0,5	11,4	0,5	21,0	0,6
0,3											4,2	0,5	7,7	0,6	14,0	0,7	25,8	0,8
0,4									2,4	0,5	4,8	0,6	8,9	0,7	16,2	0,8	29,9	0,9
0,5							1,8	0,5	2,7	0,5	5,4	0,6	10,0	0,8	18,1	0,9	33,4	1,0
0,6					1,1	0,5	1,9	0,5	3,0	0,6	5,9	0,7	11,0	0,8	19,8	1,0	36,7	1,1
0,7	0,8	0,5	1,1	0,5	1,2	0,5	2,1	0,6	3,2	0,6	6,4	0,8	11,8	0,9	21,4	1,0	39,6	1,2
0,8	0,9	0,5	1,1	0,5	1,3	0,5	2,2	0,6	3,5	0,7	6,8	0,8	12,7	1,0	22,9	1,1	42,4	1,3
0,9	0,9	0,5	1,2	0,6	1,4	0,6	2,4	0,7	3,7	0,7	7,3	0,9	13,4	1,0	24,3	1,2	45,0	1,4
1,0	1,0	0,5	1,3	0,6	1,5	0,6	2,5	0,7	3,9	0,8	7,7	0,9	14,2	1,1	25,7	1,2	47,4	1,4
1,1	1,0	0,6	1,4	0,6	1,6	0,6	2,6	0,7	4,1	0,8	8,0	1,0	14,9	1,1	26,9	1,3	49,8	1,5
1,2	1,1	0,6	1,4	0,6	1,6	0,7	2,7	0,8	4,2	0,8	8,4	1,0	15,5	1,2	28,1	1,4	52,0	1,6
1,3	1,1	0,6	1,5	0,7	1,7	0,7	2,9	0,8	4,4	0,9	8,7	1,0	16,2	1,2	29,3	1,4	54,1	1,6
1,4	1,2	0,6	1,5	0,7	1,8	0,7	3,0	0,8	4,6	0,9	9,1	1,1	16,8	1,3	30,4	1,5	56,2	1,7
1,5	1,2	0,7	1,6	0,7	1,8	0,7	3,1	0,8	4,7	0,9	9,4	1,1	17,4	1,3	31,5	1,5	58,2	1,8
2,0	1,4	0,8	1,8	0,8	2,1	0,9	3,5	1,0	5,5	1,1	10,9	1,3	20,1	1,5	36,4	1,8	67,2	2,0
2,5	1,6	0,9	2,0	0,9	2,4	1,0	4,0	1,1	6,1	1,2	12,2	1,5	22,5	1,7	40,7	2,0	75,2	2,3
3,0	1,7	1,0	2,2	1,0	2,6	1,1	4,4	1,2	6,7	1,3	13,3	1,6	24,7	1,9	44,6	2,1	82,4	2,5
3,5	1,9	1,0	2,4	1,1	2,8	1,1	4,7	1,3	7,3	1,5	14,4	1,7	26,6	2,0	48,2	2,3		
4,0	2,0	1,1	2,6	1,2	3,0	1,2	5,0	1,4	7,8	1,6	15,4	1,8	28,5	2,1	51,5	2,5		
4,5	2,1	1,2	2,8	1,2	3,2	1,3	5,3	1,5	8,3	1,6	16,3	2,0	30,2	2,3				
5,0	2,2	1,2	2,9	1,3	3,3	1,4	5,6	1,6	8,7	1,7	17,2	2,1	31,9	2,4				

[1)] Die Grundleitung kann bis zum nächstgelegenen Schacht außerhalb des Gebäudes in der Mindestnennweite DN 80 ausgeführt werden (hydraulische Berechnung erforderlich) – empfehlenswert ist jedoch die Nennweite DN 100 (bessere Zugänglichkeit für Inspektion und Reinigung)

Beispiele: Ablesen der Tabelle (für Füllungsgrad $h/d_i = 0{,}5$)

1: Sammelleitung, Gefälle 2 cm/m (2 %), $\dot{V}_{WW} = 3{,}0$ l/s	**ges.:** DN	→ DN 100
2: Sammelleitung, Gefälle 2 cm/m (2 %), $\dot{V}_{WW} = 4{,}7$ l/s	**ges.:** DN	→ DN 125
3: Grundleitung, Gefälle 2 cm/m (2 %), $\dot{V}_{WW} = 21$ l/s	**ges.:** DN	→ DN 250
4: Grundleitung DN 125, Gefälle 1 cm/m (1 %)	**ges.:** $\dot{V}_{WW}$ und v	→ $\dot{V}_{WW} = 3{,}9$ l/s; $v = 0{,}8$ m/s
5: Grundleitung innerhalb, $\dot{V}_{WW} = 4{,}7$ l/s	**ges.:** DN, Mindestgefälle	→ Gefälle 0,5 cm/m, DN 150

Grund- und Sammelleitungen *main pipes*

Tab. 297.1: Abflussvermögen von Entwässerungsleitungen bei einem Füllungsgrad von h/d_i = 0,7[1)]

Einsatzbereich: Grundleitungen außerhalb des Gebäudes, für Schmutz- und Mischwasser
Sammelleitungen und Grundleitungen hinter Einleitung einer Abwasserhebeanlage

	DN 70		DN 80		DN 90		DN 100		DN 125		DN 150		DN 200		DN 250		DN 300	
d_i in mm	d_i = 68		d_i = 75		d_i = 79		d_i = 96		d_i = 113		d_i = 146		d_i = 184		d_i = 230		d_i = 290	
Gefälle cm/m	$\dot{V}$ l/s	v m/s	$\dot{V}$ l/s	v m/s	$\dot{V}$ l/s	v m/s	$\dot{V}$ l/s	v m/s	$\dot{V}$ l/s	v m/s	$\dot{V}$ l/s	v m/s	$\dot{V}$ l/s	v m/s	$\dot{V}$ l/s	v m/s	$\dot{V}$ l/s	v m/s
0,2											5,7	0,5	10,5	0,5	19,0	0,6	35,1	0,7
0,3									3,5	0,5	7,0	0,6	12,9	0,6	23,3	0,8	43,1	0,9
0,4							2,6	0,5	4,1	0,5	8,1	0,6	14,9	0,8	27,0	0,9	49,9	1,0
0,5			1,5	0,5	1,7	0,5	2,9	0,5	4,6	0,6	9,0	0,7	16,7	0,8	30,2	1,0	55,8	1,1
0,6	1,3	0,5	1,7	0,5	1,9	0,5	3,2	0,6	5,0	0,7	9,9	0,8	18,3	0,9	33,1	1,1	61,2	1,2
0,7	1,4	0,5	1,8	0,5	2,1	0,6	3,5	0,6	5,4	0,7	10,7	0,9	19,8	1,0	35,8	1,2	66,1	1,3
0,8	1,5	0,5	1,9	0,6	2,2	0,6	3,7	0,7	5,8	0,8	11,5	0,9	21,2	1,1	38,3	1,2	70,7	1,4
0,9	1,6	0,6	2,1	0,6	2,4	0,6	4,0	0,7	6,1	0,8	12,2	1,0	22,5	1,1	40,6	1,3	75,0	1,5
1,0	1,7	0,6	2,2	0,7	2,5	0,7	4,2	0,8	6,5	0,9	12,8	1,0	23,7	1,2	42,8	1,4	79,1	1,6
1,1	1,7	0,6	2,3	0,7	2,6	0,7	4,4	0,8	6,8	0,9	13,5	1,1	24,9	1,3	45,0	1,4	83,0	1,7
1,2	1,8	0,7	2,4	0,7	2,7	0,7	4,6	0,8	7,1	0,9	14,1	1,1	26,0	1,3	47,0	1,5	86,7	1,8
1,3	1,9	0,7	2,5	0,7	2,8	0,8	4,8	0,9	7,4	1,0	14,6	1,2	27,1	1,4	48,9	1,6	90,3	1,8
1,4	2,0	0,7	2,6	0,8	2,9	0,8	5,0	0,9	7,7	1,0	15,2	1,2	28,1	1,4	50,8	1,6	93,7	1,9
1,5	2,0	0,8	2,7	0,8	3,1	0,8	5,1	1,0	7,9	1,1	15,7	1,3	29,1	1,5	52,5	1,7	97,0	2,0
2,0	2,4	0,9	3,1	0,9	3,5	1,0	5,9	1,1	9,2	1,2	18,2	1,5	33,6	1,7	60,7	2,0	112,1	2,3
2,5	2,6	1,0	3,4	1,0	4,0	1,1	6,7	1,2	10,3	1,4	20,3	1,6	37,6	1,9	67,9	2,2	125,4	2,5
3,0	2,9	1,1	3,8	1,1	4,3	1,2	7,3	1,3	11,3	1,5	22,3	1,8	41,2	2,1	74,4	2,4		
3,5	3,1	1,2	4,1	1,2	4,7	1,3	7,9	1,5	12,2	1,6	24,1	1,9	44,5	2,2				
4,0	3,4	1,2	4,4	1,3	5,0	1,4	8,4	1,6	13,0	1,7	25,8	2,1	47,6	2,4				
4,5	3,6	1,3	4,6	1,4	5,3	1,5	8,9	1,7	13,8	1,8	27,3	2,2	50,5	2,5				
5,0	3,8	1,4	4,9	1,5	5,6	1,5	9,4	1,7	14,6	1,9	28,8	2,3						

1) entspricht einem Flächenanteil von 84 %

Beispiel: geg.: Grundleitung außerhalb des Gebäudes, Gefälle 2 cm/m (2 %), $\dot{V}_{WW}$ = 21 l/s, **ges.:** DN **Lösung:** → **DN 200**

Tab. 297.2: Abflussvermögen von Entwässerungsleitungen bei einem Füllungsgrad von h/d_i = 1,0

Einsatzbereich: Grundleitungen außerhalb des Gebäudes, hinter einem Schacht mit offenem Durchfluss
– ab DN 150
– nach Einleitung einer Abwasserhebeanlage

	DN 70		DN 80		DN 90		DN 100		DN 125		DN 150		DN 200		DN 250		DN 300	
d_i in mm	d_i = 68		d_i = 75		d_i = 79		d_i = 96		d_i = 113		d_i = 146		d_i = 184		d_i = 230		d_i = 290	
Gefälle cm/m	$\dot{V}$ l/s	v m/s	$\dot{V}$ l/s	v m/s	$\dot{V}$ l/s	v m/s	$\dot{V}$ l/s	v m/s	$\dot{V}$ l/s	v m/s	$\dot{V}$ l/s	v m/s	$\dot{V}$ l/s	v m/s	$\dot{V}$ l/s	v m/s	$\dot{V}$ l/s	v m/s
0,2													12,5	0,5	22,7	0,5	42,1	0,6
0,3											8,3	0,5	15,4	0,6	27,9	0,7	51,7	0,8
0,4									4,9	0,5	9,6	0,6	17,8	0,7	32,3	0,8	59,7	0,9
0,5							3,5	0,5	5,4	0,5	10,8	0,6	20,0	0,8	36,2	0,9	66,9	1,0
0,6					2,3	0,5	3,9	0,5	6,0	0,6	11,8	0,7	21,9	0,8	39,7	1,0	73,3	1,1
0,7	1,6	0,5	2,1	0,5	2,5	0,5	4,2	0,6	6,5	0,6	12,8	0,8	23,7	0,9	42,9	1,0	79,3	1,2
0,8	1,8	0,5	2,3	0,5	2,6	0,5	4,5	0,6	6,9	0,7	13,7	0,8	25,3	1,0	45,9	1,1	84,8	1,3
0,9	1,9	0,5	2,4	0,6	2,8	0,6	4,7	0,7	7,3	0,7	14,5	0,9	26,9	1,0	48,7	1,2	90,0	1,4
1,0	2,0	0,5	2,6	0,6	3,0	0,6	5,0	0,7	7,7	0,8	15,3	0,9	28,4	1,1	51,3	1,2	94,9	1,4
1,1	2,1	0,6	2,7	0,6	3,1	0,6	5,2	0,7	8,1	0,8	16,1	1,0	29,8	1,1	53,8	1,3	99,5	1,5
1,2	2,2	0,6	2,8	0,6	3,2	0,7	5,5	0,8	8,5	0,8	16,8	1,0	31,1	1,2	56,2	1,4	104,0	1,6
1,3	2,3	0,6	2,9	0,7	3,4	0,7	5,7	0,8	8,8	0,9	17,5	1,0	32,4	1,2	58,6	1,4	108,2	1,6
1,4	2,3	0,6	3,1	0,7	3,5	0,7	5,9	0,8	9,2	0,9	18,2	1,1	33,6	1,3	60,8	1,5	112,4	1,7
1,5	2,4	0,7	3,2	0,7	3,6	0,7	6,1	0,8	9,5	0,9	18,8	1,1	34,8	1,3	62,9	1,5	116,3	1,8
2,0	2,8	0,8	3,7	0,8	4,2	0,9	7,1	1,0	11,0	1,1	21,7	1,3	40,2	1,5	72,7	1,8	134,4	2,0
2,5	3,1	0,9	4,1	0,9	4,7	1,0	7,9	1,1	12,3	1,2	24,3	1,5	45,0	1,7	81,4	2,0	150,4	2,3
3,0	3,5	1,0	4,5	1,0	5,2	1,1	8,7	1,2	13,5	1,3	26,7	1,6	19,3	1,9	89,2	2,1	164,8	2,5
3,5	3,7	1,0	4,9	1,1	5,6	1,1	9,4	1,3	14,5	1,5	28,8	1,7	53,3	2,0	96,4	2,3		
4,0	4,0	1,1	5,2	1,2	6,0	1,2	10,1	1,4	15,6	1,6	30,8	1,8	57,0	2,1	103,0	2,5		
4,5	4,2	1,2	5,5	1,2	6,3	1,3	10,7	1,5	16,5	1,6	32,7	2,0	60,5	2,3				
5,0	4,5	1,2	5,8	1,3	6,7	1,4	11,3	1,6	17,4	1,7	34,5	2,1	63,8	2,4				

Beispiel: **geg.:** Grundleitung außerhalb des Gebäudes, hinter einem Schacht mit offenem Durchfluss
Gefälle 2 cm/m (2 %), $\dot{V}_{WW}$ = 21 l/s, **ges.:** DN **Lösung:** → **DN 150**

Grund- und Sammelleitungen *main pipes*

Tab. 298.1: Berechnungsbeispiel für Grund- und Sammelleitungen

Wohn- und Bürogebäude

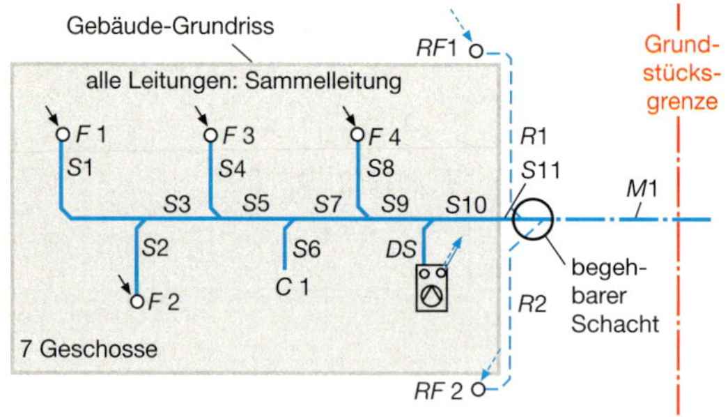

F = Fallleitung (Hauptlüftung, Abzweige **mit Innenradius**)
RF = Regenfallleitung
S = Schmutzwasserleitung
M = Mischwasserleitung
DS = Druckleitung Schmutzwasser
*C*1 = Dauerabfluss z. B. Kühlwasser

Gefälle:
Schmutzwasser: 2 cm/m (2 %)
Mischwasser: 1 cm/m (1 %)
Regenwasser: 1 cm/m (1 %)

Berechnungsregenspende:
$r_{(5,5)}$ = 318 l/(s · ha)

*F*1	Mehrzimmerwohnungen mit 6-l-WC	je ΣDU = 6,4	7 Geschosse	7 × 6,4	ΣDU = 44,8
*F*2	Mehrzimmerwohnung mit 6-l-WC	je ΣDU = 5,6	7 Geschosse	7 × 5,6	ΣDU = 39,2
*F*3	Küche (Spüle, Spül- und Waschmaschine)	je ΣDU = 1,6	7 Geschosse	7 × 1,6	ΣDU = 11,2
*F*4	WC-Anlage mit je 2 × 6 l-WC, 2 UB, 2 WT	je ΣDU = 6,0	7 Geschosse	7 × 6,0	ΣDU = 42,0
*C*1	Dauerabfluss (z. B. Schwimmbadentleerung)	$\dot{V}_c$ = 1,2 l/s			$\dot{V}_c$ = 1,2 l/s
DS	max. Pumpenvolumenstrom (Hebeanlage)	$\dot{V}_P$ = 9,0 l/s	(→ S. 307)		$\dot{V}_P$ = 9,0 l/s
*RF*1	Regenfallleitung von Satteldach, *A* = 100 m²	$\dot{V}$ = 318 · 1,0 · 100/10 000			$\dot{V}_R$ = 3,2 l/s
*RF*2	Regenfallleitung von Satteldach, *A* = 120 m²	$\dot{V}$ = 318 · 1,0 · 120/10 000			$\dot{V}_R$ = 3,8 l/s

Regenspende *r* = 318 l/(s · ha)

Haupt-Lüftung
Abflusskennzahl *K* = 0,5

Teil-	Leitungsart			Fläche	C	Anzahl	ΣDU	$\dot{V}_{WW}$	$\dot{V}_C$	$\dot{V}_P$	$\dot{V}_{tot}$	$\dot{V}_R$	I	DN	h/d_i	Bem.
strecke	F [1]	L_i [2]	L_a [3]	m²	–	Kü		l/s	l/s	l/s	l/s	l/s	cm/m	mm		
F 1	x	x				7	44,8	3,3						90		Tab. 292.2
F 2	x	x					39,2	3,1						90		Tab. 292.2
F 3	x	x				7	11,2	1,7						80[4]		Tab. 292.2
C 1		x							1,2							
F 4	x	x					42	3,2						90		Tab. 292.2
DS		x								9,0				100		Bsp. → S.307
RF 1	x		x	100	1							3,2		100		Tab. 316.2
RF 2	x		x	120	1							3,8		100		Tab. 316.2
S 1		x					44,8	3,3			3,3		2	100	0,5	Tab. 296.2
S 2		x					39,2	3,1			3,1		2	100	0,5	Tab. 296.2
S 3		x					84	4,6			4,6		2	125	0,5	Tab. 296.2
S 4		x					11,2	1,7			1,7		2	80	0,5	Tab. 296.2
S 5		x					95,2	4,9			4,9		2	125	0,5	Tab. 296.2
S 6		x							1,2		1,2		2	70	0,5	Tab. 296.2
S 7		x					95,2	4,9	1,2		6,1		2	150	0,5	Tab. 296.2
S 8		x					42	3,2			3,2		2	100	0,5	Tab. 296.2
S 9		x					137,2	5,9	1,2		7,1		2	150	0,5	Tab. 296.2
S 10		x					137,2	5,9	1,2	9,0	16,1		2	150[5]	0,7	Tab. 297.1
S 11			x				137,2	5,9	1,2	9,0	16,1		2	150[5]	0,7	Tab. 297.1
R 1			x									3,2	1	100	0,7	Tab. 297.1
R 2			x									3,8	1	100	0,7	Tab. 297.1
M1			x				$\dot{V}_M$=(16,1 + 3,2 + 3,8) l/s = 23,1 l/s						1	200	1,0	[6) 7)]

[1] F = Fallleitung [2] L_i = Leitung innerhalb von Gebäuden [3] L_a = Leitung außerhalb von Gebäuden

[4] DN 80 erforderlich, da in DN 70 max. 4 Küchenablaufstellen zulässig (→ Tab. 292.2)

[5] S 10 hinter der Einleitung einer Hebeanlage ist ein Füllungsgrad h/d_i = 0,7 zulässig

[6] M 1 im Anschluss an einen begehbaren Schacht ist ein Füllungsgrad bis h/d_i = 1,0 zulässig

[7] $\dot{V}_M$ Mischwasserabfluss $\dot{V}_M = \dot{V}_{tot} + \dot{V}_R$

Grund- und Sammelleitungen *main pipes*

Tab. 299.1: Dichtheitskontrolle von Grundleitungen DIN EN 1610: 1997

Prüfung	Aufteilung in abschnittsweise Prüfung ist erlaubt	
Zeitpunkt	nach dem Verfüllen des Rohrgrabens; in Zweifelsfällen ist eine Vorprüfung vor dem Verfüllen des Rohrgrabens zu empfehlen (Sicherung der Abzweige und Bögen ist erforderlich)	
Prüfverfahren	• Prüfung mit Luft (Verfahren „L") • Prüfung mit Wasser (Verfahren „W")	Art des Verfahrens kann der Auftraggeber bestimmen maßgeblich ist jedoch in Zweifelsfällen immer die Prüfung auf Wasserdichtheit
Vorbereitung	• sämtliche Öffnungen, Abzweige, Einmündungen wasserdicht und drucksicher verschließen • möglichst vom Leitungstiefpunkt aus befüllen • u. U. Standrohre anbringen	u. U. Formstücke zur Lagesicherung verankern um Luftfreiheit zu erreichen um den Prüfdruck zu erreichen

Tab. 299.2: Prüfungsablauf

	Prüfung mit Wasser	Prüfung mit Luft
Prüfdruck	Mindestdruck: 100 mbar (1 m WS) Höchstdruck: 500 mbar (5 m WS)	LA: 10 mbar LC: 100 mbar LB: 50 mbar LD: 200 mbar
Vorbereitungszeit	Leitung vollgefüllt halten üblich: 1 Stunde, bei Rohren mit großer Saugfähigkeit länger	Anfangsdruck 10 % über Prüfdruck p_0 für 5 Minuten halten
Prüfdauer	(30 ± 1) Minuten	je nach Prüfdruck (→ Tab. 299.3)
Prüfungsablauf	Druck muss auf 10 mbar (10 cm WS) durch Nachfüllen gehalten werden; Aufzeichnung erforderlich	Druckabfall während der Prüfdauer messen
Anforderung	max. Wasserzugabe: • 0,15 l/m² bei Rohrleitungen • 0,20 l/m² bei Rohrleitungen einschl. Schächten • 0,40 l/m² bei Schächten	gemessener Druckabfall muss kleiner sein als Δp (→ Tab. 299.3) Genauigkeit: Prüfdauer: Fehlergrenze 5 s Messgerät: Fehlergrenze 10 % von Δp
Protokoll	**Prüfprotokoll anfertigen** (→ S. 300)	

Tab. 299.3: Prüfdruck, Druckabfall und Prüfzeichen für Prüfung mit Luft DIN EN 1610: 1997-10

Werkstoff	Prüfverfahren	p_e[1] in mbar	Δp in mbar	Prüfzeit in Minuten für Rohre mit Nennweite DN 100	DN 200	DN 300	DN 400	DN 600	DN 800	DN 1000
Trockene Betonrohre	LA	10	2,5	5	5	5	7	11	14	18
	LB	50	10	4	4	4	6	8	11	14
	LC	100	15	3	3	3	4	6	8	10
	LD	200	15	1,5	1,5	1,5	2	3	4	5
Feuchte Betonrohre **und alle anderen Werkstoffe**	LA	10	2,5	5	5	7	10	14	19	24
	LB	50	10	4	4	6	7	11	15	19
	LC	100	15	3	3	4	5	8	11	14
	LD	200	15	1,5	1,5	2	2,5	4	5	7

Beispiel

DN 100 DN 200

$l_1 = 10$ m $l_2 = 15$ m

Prüfung mit Wasser (W)

$A = \pi \cdot (d_1 \cdot l_1 + d_2 \cdot l_2)$

$A = \pi \cdot (0{,}1 \cdot 10 + 15 \cdot 0{,}2) = 12{,}56\ m^2$

zulässiger Wasserverlust

$V_{zul} = 12{,}56\ m^2 \cdot 0{,}15\ l/m^2 = \mathbf{1{,}88\ l}$

Prüfung mit Luft (z. B. LB)

Prüfdruck: 50 mbar

Prüfdauer: 4 Minuten

zulässiger Druckverlust: ≤ **10 mbar**

Grund- und Sammelleitungen *main pipes*

Prüfprotokoll zur Dichtheitsprüfung von Grundleitungen DIN EN 1610: 1997

Abnahmeprüfung der Grundleitung – Dichtheitsprüfung mit Wasser (nach ZVSHK)
– DIN EN 1610 Abs. 13.3 in Verbindung mit DIN 1986-1

Beispiel: Grundleitung aus TML (Maße wie SML → Tab. 270.1)
29 m DN 100 (LW = 107 mm) 22 m DN 125 (LW = 127 mm)
6 m DN 150 (LW = 152 mm) 1 Schacht, Innenfläche 5,2 m²
zugeführte Wassermenge: 2,8 l/s

Die Grundleitung besteht aus:

☐ Steinzeug ☒ Stahl

☐ Guss ☐ Kunststoff

☐ Beton

Vorbereitungszeit:
Nach Füllung von Rohrleitungen und/oder Schacht und Erreichen des erforderlichen Prüfdrucks kann eine Vorbereitungszeit erforderlich sein. Üblicherweise ist 1 Std. ausreichend.

Die Grundleitung wurde einer Dichtheitsprüfung unterzogen als:

☒ Gesamtanlage ☐ in ____ Teilabschnitten

☐ Lageplan mit Bezeichnung der Prüfabschnitte liegt bei

1	2	3	4	5	6	7	8
DN	lichte Weite *d*	konst. π	Länge l	Innenfläche A (2 x 3 x 4)	Wasserzugabe pro m²	(5 x 6)	Vorfüllzeit
–	[m]	–	[m]	[m²]	[l/m²]	[l]	[h]
100	0,107	3,14	29	9,74	0,15	1,46	1,0
125	0,127	3,14	22	8,77	0,15	1,32	1,0
150	0,152	3,14	6	2,86	0,15	0,43	1,0
200		3,14					
250		3,14					
300		3,14					
Schacht/Inspektionsöffnung				5,2	0,4	2,08	1,0
					zulässige Wasserzugabe =	5,29	
mbar	Prüfdruck				zugeführte Wassermenge =	2,8	

Der Prüfdruck ergibt sich aus der Höhe vom Rohrscheitel bis zur Geländeoberkante des Prüfabschnittes und soll mindestens 100 mbar (0,1 bar) und höchstens 500 mbar (0,5 bar) betragen.

- Zulässige Wasserzugabe pro m² benetzte innere Rohroberfläche:
  - 0,15 l/m² in 30 min. f. Rohrleitungen;
  - 0,20 l/m² in 30 min. f. Rohrleitungen einschl. Schächte;
  - 0,40 l/m² in 30 min. f. Schächte und Inspektionsöffnungen.
- Prüfdauer 30 min.; während dieser Zeit muss der Druck innerhalb 10 mbar (0,01 bar) des Prüfdrucks durch Wassernachfüllen aufrecht gehalten werden.

Das gesamte Wasservolumen, das zum Erreichen dieser Anforderung während der Prüfung zugefügt wurde, sowie die jeweilige Druckhöhe am erforderlichen Prüfdruck sind zu messen und aufzuzeichnen.

☒ Die Rohrleitung wurde nach Verfüllen und Entfernen des Verbaues geprüft.

☒ Öffnungen, Abzweige, Einmündungen, Einläufe usw. waren wasserdicht und drucksicher geschlossen.

☒ Rohrleitung wurde vom Tiefpunkt aus gefüllt und an den Hochpunkten entlüftet.

☒ Die Wasserzugabe war kleiner als die erlaubte nach Spalte 7

☒ Damit sind die Grundleitungen dicht

Ort ______________________ Datum ______________________

(Auftraggeber bzw. Vertreter) ______________________ (Auftragnehmer bzw. Vertreter) ______________________

Entwässerungstechnik

Lüftungsleitungen *ventilation pipes*

Tab. 301.1: Verlegerichtlinien für Lüftungsleitungen DIN 1986-100: 2008-05

Ziel: Über- und Unterdruck sowie Leersaugen der Geruchverschlüsse vermeiden, Kanalgase ableiten

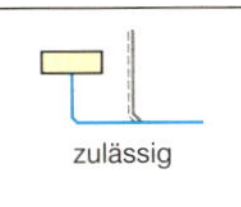 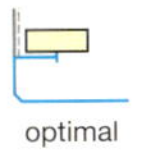 	• Lüftungsleitungen möglichst an lotrechte Teile der Abwasserleitung anschließen • Belüftungsventile (→ s. u.)
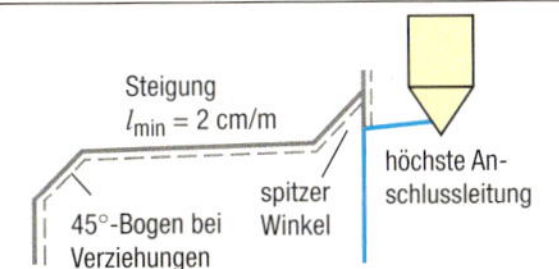	• Verlegung geradlinig und lotrecht • günstiges Gefälle: 2 cm/m • Verziehungen bei mehr als 5 Geschossen mit 45°-Bogen ausführen • Zusammenführung zweier Lüftungsleitungen oberhalb der höchsten Anschlussleitung unter spitzem Winkel
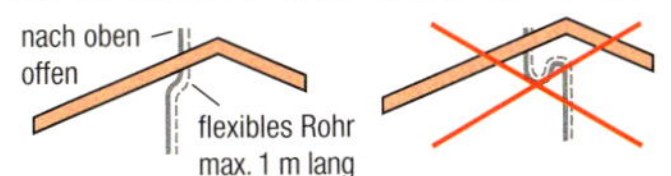	• Leitung zum Endrohr höchstens 1 m lang flexibel ausführen • keine Geruchverschlüsse einbauen
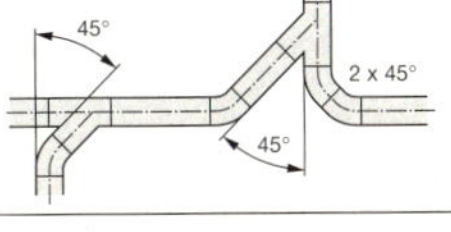	Zusammenführung von Hauptlüftungsleitungen mit 45°-Abzweigen
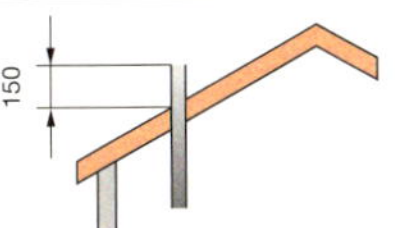	Fallleitungen müssen über Dach gelüftet werden; Mündung über Dach: min. 150 mm
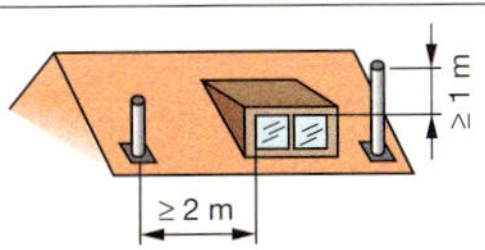	Empfehlung: Abstand zu Fenstern einhalten 1 m senkrecht-oberhalb, bzw. 2 m seitlich

Tab. 301.2: Verlegerichtlinien für Belüftungsventile DIN EN 12 056-2: 2001 & DIN 1986-100: 2008-05

 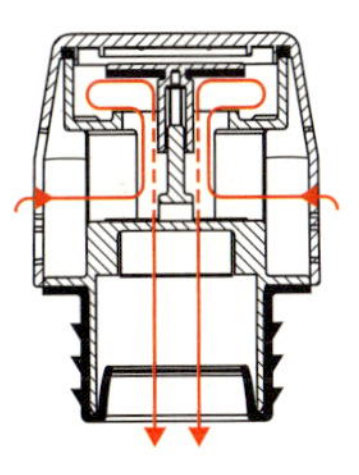	ausschließlich Belüftungsventil mit Zulassung des Deutschen Institutes für Bautechnik einsetzen! Einsatz: • Umlüftung als Ersatz für indirekte Nebenlüftung • indirekte Nebenlüftung als Ersatz für Umlüftung • in Ein- und Zweifamilienhäuser: anstelle der Fallleitungslüftung, **wenn mindestens eine Fallleitung über Dach gelüftet ist**
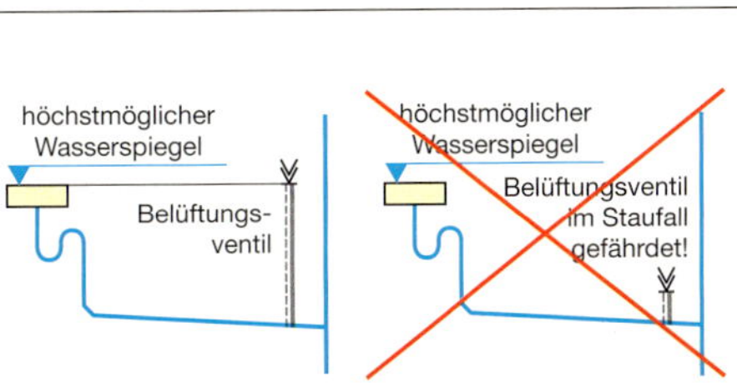	• kein Einsatz im rückstaugefährdeten Bereich • kein Einsatz zur Behälterlüftug (z. B. Hebeanlagen)

Entwässerungstechnik

Lüftungsleitungen *ventilating pipes*

Tab. 302.1: Lüftungsarten und Dimensionierung DIN 1986-100: 2008-05

Lüftungsart	Dimensionierung	Bemerkung
Umlüftungsleitung (UL) max. DN 70 Fallleitung	Umlüftung in der gleichen Nennweite ausführen wie die Sammelanschlussleitung an der Einmündung in die Fallleitung, höchstens jedoch in DN 70 Bei Einsatz eines Belüftungsventils: Größe (→ Tab. 287.2)	Entlastung der Sammelanschlussleitung bei • zu großer Länge • zu großem Höhenunterschied • zu viel DU
Umgehungsleitung (UGL) Lüftungsteil UGL max. DN 100 Fallleitung	Umgehungsleitung in der gleichen Nennweite ausführen wie die Fallleitung, höchstens jedoch in DN 100. Dimensionierung Lüftungsteil: Umgehungsleitung – Lüftungsteil[1] DN 50, DN 60 – DN 40 DN 70, DN 80[2] – DN 50 DN 90[3], DN 100 – DN 60 [1] Empfehlung: statt der Tabellenwerte sollte die DN der Lüftung wie DN der UGL ausgeführt werden [2] keine Klosetts [3] max. 2 Klosetts und max. eine 90°-Gesamtrichtungsänderung	Entlastung der Fallleitungsumlenkung bei • Verziehungen • Übergang auf die Grund- und Sammelleitung
Einzelhauptlüftung (EHL) 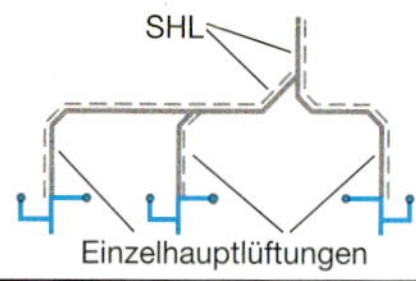 	Einzel-Hauptlüftung (EHL) in der Nennweite der zugehörigen Fallleitung ausführen.	Lüftung der Fallleitung ist grundsätzlich erforderlich, da in der Fallleitung bis zum 35-fachen des Wasservolumenstromes an Luft mitgerissen wird
Sammel-Hauptlüftung (SHL) SHL Einzelhauptlüftungen	Der Querschnitt der Sammel-Hauptlüftung muss mindestens so groß sein wie die Hälfte der Summe der Einzelquerschnitte der Einzel-Hauptlüftungen, mindestens jedoch eine DN größer als die größte DN der zugehörigen Einzel-Hauptlüftung (außer bei Einfamilienhaus).	zur Reduzierung der Anzahl der Dachdurchbrüche, bzw. aus optischen Gründen

Tab. 302.2: Mindestluftmenge für Belüftungsventile in Einzelfallleitungen[1] DIN EN 12 056-2: 2001

$$\dot{V}_a \geq 8 \cdot \dot{V}_{tot}$$ [2]

$\dot{V}_a$: minimaler Luftvolumenstrom in l/s

$\dot{V}_{tot}$: Gesamtschmutzwasserabfluss in l/s (→ S. 294)

[1] nur in Ein- und Zweifamlilienhäusern, **wenn mindestens eine Fallleitung über Dach gelüftet ist**
[2] Mindestluftmenge für Belüftungsventile in Anschlussleitungen (→ Tab. 287.2)

Tab. 302.3: Bemessung der Nebenlüftung in Abhängigkeit von der Nennweite der Fallleitung DIN EN 12 056-2: 2001

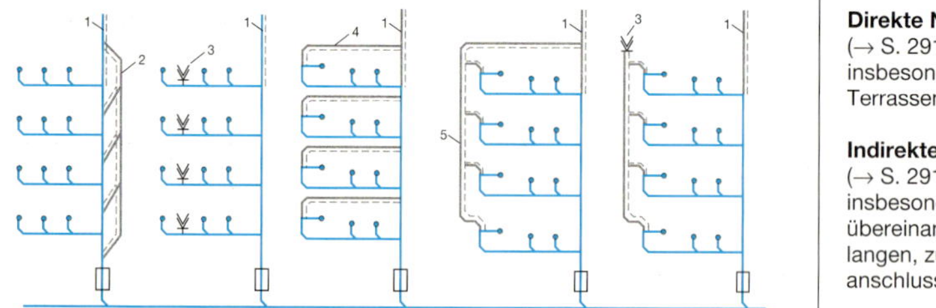

Direkte Nebenlüftung:
(→ S. 291)
insbesondere bei Terrassenhäusern

Indirekte Nebenlüftung:
(→ S. 291)
insbesondere bei mehreren übereinanderliegenden, langen, zu lüftenden Sammelanschlussleitungen

[1] Hauptlüftung
[2] Direkte Nebenlüftung: Bemessung in Abhängigkeit von der Nennweite der Fallleitung (→ Tab. 292.1)
[3] Belüftungsventil: Bemessung (→ Tab. 302.2)
[4] Umlüftung (→ s. o.)
[5] Indirekte Nebenlüftung: Bemessung in Abhängigkeit von der Nennweite der Fallleitung (→ Tab. 292.1)

Reinigungsöffnungen *wash-out access*

Tab. 303.1: Reinigungsöffnungen DIN 1986-100: 2008-05

- Reinigungsöffnungen sind verboten (!), wo Lebensmittel verarbeitet bzw. diese gelagert werden
- Reinigungsöffnungen getrennt für das jeweilige Abwassersystem vorsehen

Bauart		typische Einsatzstellen	Bemerkung
	Rohrendverschluss	zugängliche Stelle am Übergang einer lotrechten Leitung in eine Sammelleitung	Ersatz für Reinigungsrohre in Fallleitungen
	Reinigungsverschluss	• Sammelleitung • Grundleitung	Reinigung der Grundleitung ohne Schacht von der Fußbodenebene möglich
	Reinigungsrohr **rund**	Fallleitung, unmittelbar vor dem Übergang in eine liegende Leitung	vorzugsweise zur Reinigung der Umlenkung einer lotrechten in eine liegende Leitung, zulässig nur für Anschluss-, Fall- und Sammelleitungen
	Reinigungsrohr **rechteckig**	Grundleitung	geeignet für alle Leitungen; zur Aufnahme größerer Reinigungs- und Inspektionsgeräte
	offene Rohrdurchführung im Schacht	außerhalb des Gebäudes	hinter einem Schacht mit offenem Durchfluss kann eine Grundleitung außerhalb des Gebäudes nach DN 150 mit einem Füllungsgrad h/d_i = 1,0 betrieben werden
Übergang in das Standrohr	Reinigungsrohr als Schiebestück	Regenfallleitungen	insbesondere am unteren Ende außenliegender Regenfallleitungen

Tab. 303.2: Einbauhäufigkeit für Reinigungsöffnungen DIN 1986-100: 2008-05

in Fallleitung	unmittelbar vor dem Übergang in eine liegende Leitung
in Sammelleitungen	mindestens alle 20 m bei Grenzbebauung im Gebäude vor der Mauerdurchführung
in Grundleitungen	• wenn eine Richtungsänderung vorliegt: mindestens alle 20 m • wenn keine Richtungsänderung vorliegt: alle 40 m bis DN 150 und alle 60 m ab DN 200 • nahe der Grundstücksgrenze, nicht weiter als 15 m vom öffentlichen Abwasserkanal

Tab. 303.3: Alternative Anordnungsmöglichkeit von Reinigungsöffnungen

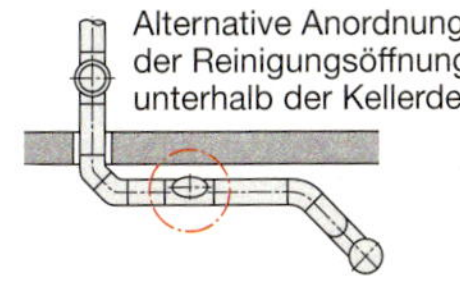

Alternative Anordnung der Reinigungsöffnung unterhalb der Kellerdecke

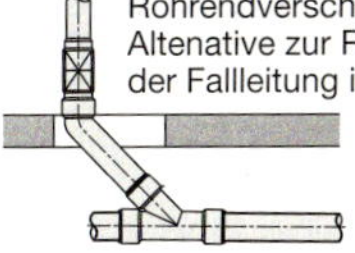

Rohrendverschluss als Altenative zur Reinigungsöffnung der Fallleitung im Erdgeschoss

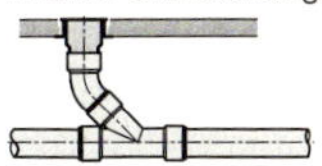

Reinigungsverschluss in einer Grundleitung

Tab. 303.3: Schächte – Einbauregeln DIN 1986-100: 2008-05

Anschlüsse an den Schacht: gelenkig ausführen	
innerhalb von Gebäuden	Rohrleitung geschlossen mit Reinigungsrohr durch Schacht führen Schacht gegen Einlauf von Wasser von oben schützen
außerhalb von Gebäuden	Deckel über Rückstauebene: offener Durchfluss Deckel unter Rückstauebene: geschlossene Durchführung oder gegen Wasseraustritt sichern Schacht für Schmutz- und Mischwasser mit weniger als 5 m Entfernung von Fenster und Türen: geruchsdicht ausführen
bei Trennsystem	getrennte Schächte für Schmutz- und Regenwasser

Rückstau *back pressure*

DIN EN 12 056-1: 2001

Tab. 304.1: Rückstauebene (RStE)

Abflusssituation	Ablaufstelle unter RStE	Darstellung	Auswirkung
kein Rückstau	ungesichert	Rückstauebene	Gefährdung tritt erst bei Rückstau ein, daher **nicht zulässig**
Rückstau		Rückstauebene Rückstau	
Rückstau	gesichert mit Rückstau-sicherung	Rückstauebene Rückstau-sicherung Rückstau	Rückströmen durch Rückstausicherung verhindert **zulässig**

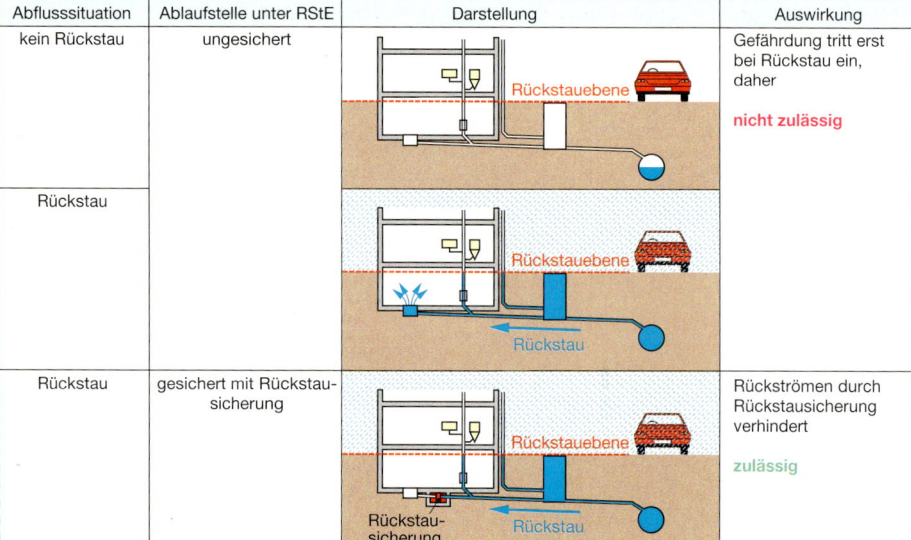

Rückstauebene:
wird von der örtlichen Behörde festgelegt,
bzw.
ist die Straßenoberkante an der Anschlussstelle.

Gegen Rückstau zu sichern ist:
bei Abwasser: wenn der Geruchverschluss unter Rückstauebene liegt
bei Regenwasser: wenn die Oberkante des Einlaufrostes unter Rückstauebene liegt

Achtung!
Entwässerungsgegenstände oberhalb RStE
- sind mittels Schwerkraft zu entwässern
- dürfen **nicht** über Rückstauverschlüsse führen
- dürfen nur in außergewöhnlichen Fällen (z. B. Sanierung) durch die Hebeanlage geleitet werden

Tab. 304.2: Rückstausysteme DIN 1986-100: 2008-05

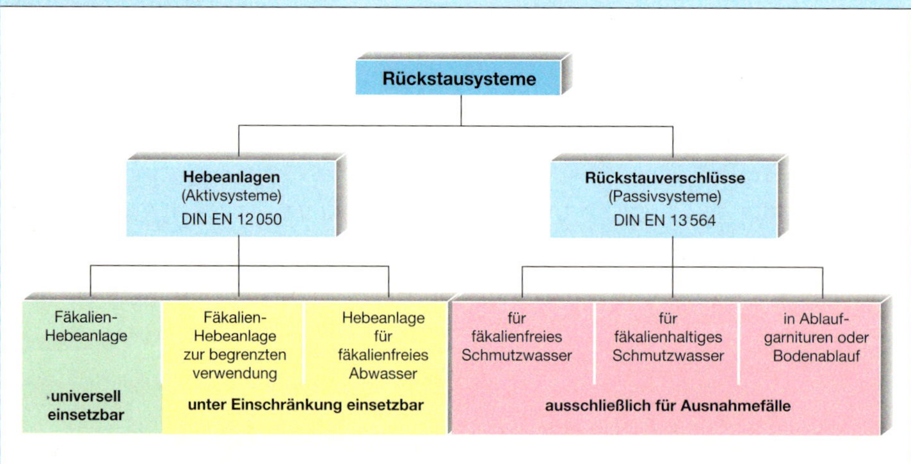

Rückstau *back pressure* DIN EN 12 056-4: 2000

Fäkalienhebeanlage mit geruchsdichtem Sammelbehälter DIN EN 12 050-1: 2001

Einsatz: grundsätzlich für WC und Urinal einbauen, wo Entsorgung auch bei Rückstau gesichert sein muss
Anlage mit Doppelpumpe, wenn keine Unterbrechung der Abwasserableitung zulässig ist

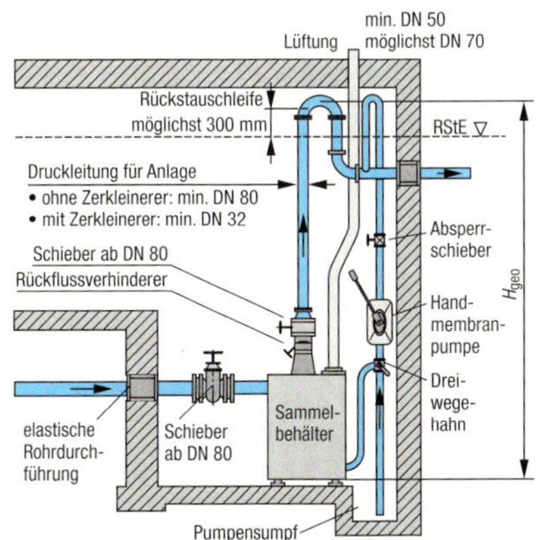

- innerhalb des Gebäudes nur mit frei aufgestelltem Sammelbehälter
- Befestigung: auftriebsicher
- Arbeitsraum: allseitig 60 cm, ausreichend beleuchtet, gute Be- und Entlüftung
- Pumpensumpf zur Raumentwässerung
- Druckleitung
  - mit Fäkalienzerkleinerung: min. DN 32
  - ohne Fäkalienzerkleinerung: min. DN 80
  - Schieber ab DN 80
  - Rückflussverhinderer (mit Anlüftvorrichtung)
  - Rückstauschleife: (mögl. 300 mm über Rückstauebene)
  - grundsätzlich nicht an Fallleitung anschließen
  - belastbar mit 1,5-fachem Betriebsdruck
- Anschlüsse schalldämmend, flexibel
- Sammelbehälter:
  - geschlossen, wasser- und geruchsdicht
  - mind. 20 l Nutzinhalt
- Lüftung: separat, alternativ in Nebenlüftung
- Rohrdurchführungen elastisch

Inbetriebnahme und Wartung (mit schriftlichem Protokoll), Inspektion DIN EN 12 056-4: 2000

Inbetriebnahme: Probelauf mit Wasser über mehrere Schaltspiele, dabei sind zu prüfen:
- elektrische Absicherung, Spannung, Frequenz, Motorschutzschalter, Kontrolllampen
- Drehrichtung des Motors
- Störmeldeeinrichtung
- Schaltung und Schalthöhen im Behälter
- Befestigung von Anlage und Druckleitung
- Dichtheit von Anlage, Armaturen, Leitungen
- Schieber: Dichtheit, Offenstellung
- Pumpen- und Strömungsgeräusche
- Funktion der evtl. installierten Handpumpe

Inspektion: monatlich durch den Betreiber durch Beobachtung zweier Schaltspiele

Wartung (durch Fachbetrieb):
1/4-jährlich bei gewerblichen Betrieben
1/2-jährlich bei Mehrfamilienhäusern
1-jährlich bei Einfamilienhäusern

Umfang:
- Sichtkontrolle: Sammelbehälter und Dichtheit der Verbindungsstellen
- Leichtgängigkeit der Schieber
- öffnen und reinigen des RV
- Innenreinigung: Pumpe und ggf. Behälter
- Sichtkontrolle des elektrischen Zustandes
- alle 2 Jahre durchspülen mit Wasser
- Reinigen von Fördereinrichtung und Leitungsbereich, Prüfen des Laufrades

Abwasserhebeanlage für fäkalienfreies Abwasser DIN EN 12 050-2: 2001

Entwässerungspumpe unter Rückstauebene für fäkalienfreies häusliches Abwasser oder Regenwasser

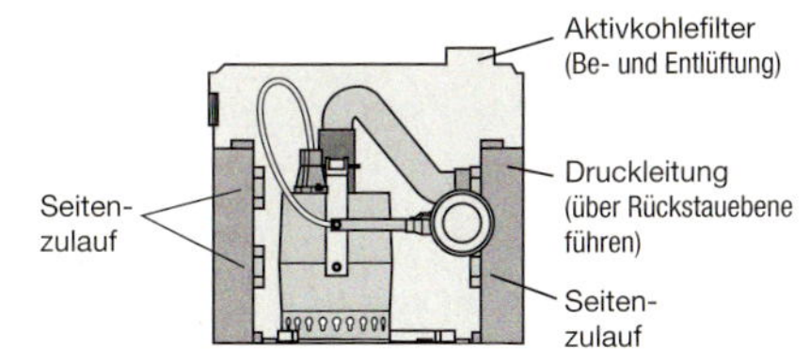

Druckleitung:
- min. DN 32
- über Rückstauebene führen

Fäkalienhebeanlage zur begrenzten Verwendung DIN EN 12 050-3: 2001

für kleinen Benutzerkreis, wenn ein weiteres WC oberhalb der Rückstauebene zur Verfügung steht

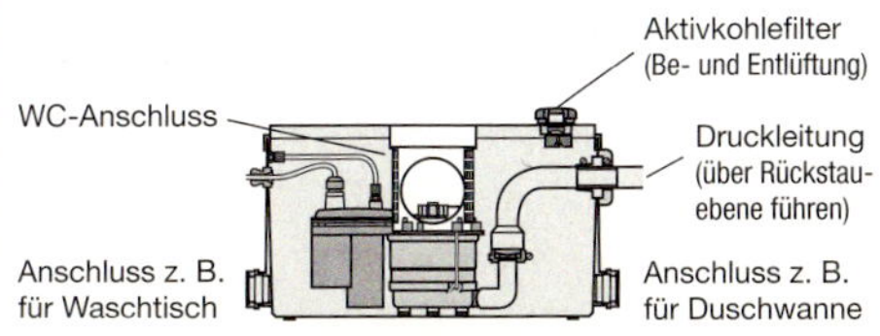

anschließbar: max. 1 WC, 1 Handwaschbecken, 1 Duschwanne, 1 Sitzwaschbecken, die sich unter Rückstauebene im **selben** Raum befinden

Druckleitung
- mit Fäkalienzerkleinerung: min. DN 20
- ohne Fäkalienzerkleinerung: min. DN 25
- über Rückstauebene führen

Rückstau *back pressure*

DIN EN 12 056-4: 2000

Tab. 306.1: Typeinteilung von Rückstauverschlüssen in Deutschland DIN EN 13 564-1: 2002

Typ	Einsatzbereich	Bemerkung	Beschreibung
Typ 0	Regenwasser-nutzungsanlagen	in Deutschland nur zugelassen für Überläufe von Regenwasser-nutzungsanlagen, angeschlossen an den Regenwasserkanal	1 selbsttätiger Verschluss
Typ 1			1 selbsttätiger Verschluss und ein Notverschluss (darf mit dem selbsttätigen Verschluss kombiniert werden)
Typ 2	fäkalienfreies Abwasser, in horizontalen	auch zugelassen für Überläufe bei Regenwassernutzungsanlagen, angeschlossen an den Regenwasser-kanal	2 selbsttätige Verschlüsse ohne Fremdenergie **und** ein Notverschluss (der Notverschluss darf mit Leitungen einem der selbsttätigen Verschlüsse kombiniert sein)
Typ 5	fäkalienfreies Abwasser	in Ablaufgarnitur oder Bodenablauf	
Typ 3 **(F)**	für fäkalienhaltiges Abwasser	für fäkalienhaltiges Abwasser mit Kennzeichnung „F“ zugelassen	1 selbsttätiger Verschluss mit Fremdenergie **und** ein Notverschluss

– Notverschluss: Verschließen durch Betätigung von Hand
– Zu jedem Rückstauverschluss gehört ein dauerhaftes Schild mit einer Bedienungs- und Wartungsanweisung

Typ 2: für fäkalien**freies** Schmutzwasser

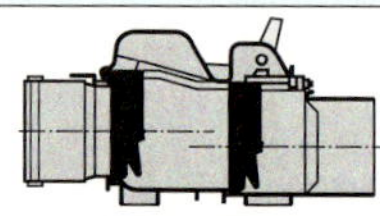

Nur zulässig, wenn bei Rückstau auf die Benutzung verzichtet werden kann

Typ 3 (F): für fäkalien**haltiges** Schmutzwasser (mit Motorantrieb)

Nur zulässig
- für kleinen Benutzerkreis
- wenn bei Rückstau auf ein WC oberhalb der Rückstauebene ausgewichen werden kann!

Typ 5: für Ablaufgarnitur oder Bodenablauf

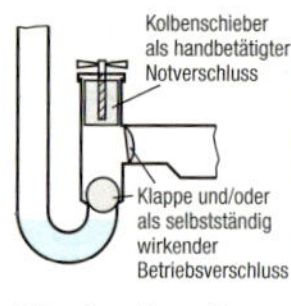

Ablaufgarnitur mit Rückstauverschluss

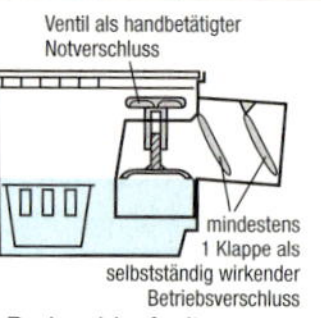

Bodenablauf mit Rückstauverschluss

Inspektion und Wartung DIN 1986

Inspektion: monatlich durch Betreiber: Inaugenscheinnahme und Betätigung des Notverschlusses

Wartung (durch Fachbetrieb):
2 mal jährlich: Funktionsprüfung mit Rückstausimulation, Kontrolle der Absperrorgane und Dichtungen durch sachkundige Personen (bei Typ 3 durch fachkundige Personen)
- Entfernen von Schmutz und Ablagerungen
- Prüfung von Dichtungen und Dichtflächen (ggf. austauschen!)
- Kontrolle beweglicher Absperrorgane, ggf. nachfetten
- Funktionsprüfung:
  - handbetätigten Notverschluss schließen
  - Standrohr für Rückstausimulation aufsetzen
  - Klarwasser einfüllen
    Prüfdruck:
    Typ 2: **10 mbar** (= 10 cm über Prüfanschluss)
    Typ 3: **100 mbar** (= 100 cm über Prüfanschluss)
  - Prüfdauer: 10 Minuten
  - zulässiges Leckwasservolumen: 500 cm^3

Zuordnung der Rückstausysteme

Lage bezüglich Rückstauebene	Niederschlagswasser		Schmutzwasser	
	kleine Flächen	große Flächen	fäkalienfrei	fäkalienhaltig
Rückstauebene	**geringere Entsorgungssicherheit**			
unter Rückstauebene, oberhalb Scheitel des Straßenkanals	Sickerschacht[1] bzw. Rückstau-verschluss Typ 5[2]	Hebeanlage für fäkalienfreies Abwasser[3]	Rückstau-verschluss Typ 2 oder Typ 5	Rückstauverschluss Typ 3 bzw. Fäkalienhebeanlage zur begrenzten Verwendung[5]
	erhöhte Entsorgungssicherheit			
Straßenkanal	Hebeanlage für fäkalienfreies Abwasser[3]	Hebeanlage mit Doppelpumpe[3]	Hebeanlage für fäkalienfreies Schmutzwasser	Hebeanlage mit Doppelpumpe
unterhalb Scheitel Straßenkanal	grundsätzlich über Hebeanlage entwässern			

[1] Sickerschacht: Zustimmung der Aufsichtsbehörde in einem wasserrechtlichen Verfahren erforderlich
[2] Niederschlagswasser von kleinen Flächen: z. B.: Kellerniedergänge ($A < 5$ m^2); Keller muss durch geeignete Maßnahmen gegen Überflutung gesichert werden (z. B. höhere Türschwellen)
[3] u. U. Schalthäufigkeit bzw. Einschaltdauer überprüfen
[4] wenn bei Rückstau auf Benutzung verzichtet werden kann
[5] nur für kleinen Benutzerkreis, wenn ein weiteres WC oberhalb der Rückstauebene zur Verfügung steht

Rückstau *back pressure*

Dimensionierung von Hebeanlagen

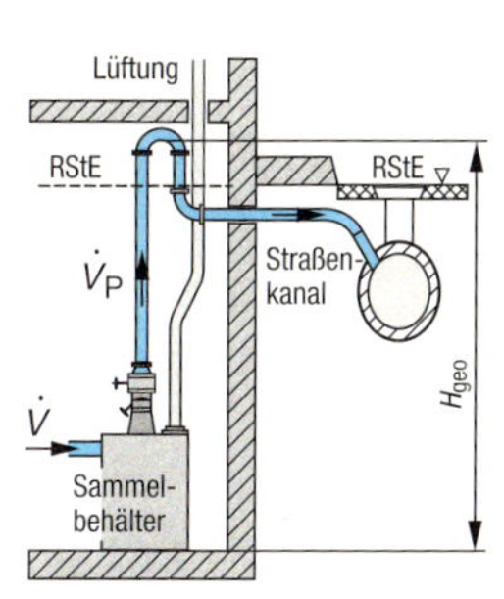

$$\dot{V} = K \cdot \sqrt{\sum DU}$$

$$H_{V,A} = \sum \zeta_i \cdot \frac{v^2}{2g}$$

$$H_{V,R} = H_{V,j} \cdot L$$

$$H_{tot} = H_{geo} + H_{V,A} + H_{V,R}$$

$\dot{V}$	: Abwasserzufluss	in l/s
K	: Abflusskennzahl (→ Tab. 288.1)	in l/s
$\sum$ DU	: Summe der Anschlusswerte	
$H_{V,A}$	: Druckhöhenverlust in Armaturen und Formstücken	in m
ζ	: Verlustbeiwert Armaturen und Formstücken (→ Tab. 307.1)	
v	: Strömungsgeschwindigkeit	in m/s
g	: Fallbeschleunigung g = 9,81 m/s²	
$H_{V,R}$	: Druckhöhenverlust in der Druckleitung	in m
$H_{V,j}$	: auf die Rohrlänge bezogener Druckhöhenverlust (→ Diagr. 308.1)	
L	: Rohrleitungslänge	in m
H_{tot}	: Gesamtförderhöhe	in m
H_{geo}	: statische Förderhöhe	in m

Mindestvolumenstrom

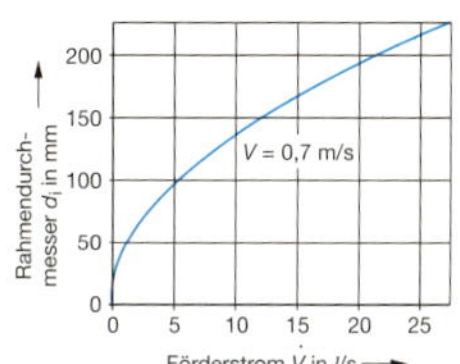

$$\dot{V}_{min} = v \cdot \frac{\pi}{4} \cdot 10^{-3} \cdot d_i^2$$

Randbedingungen:
v_{min} = 0,7 m/s
$\dot{V}_P > \dot{V}_{min}$
$\dot{V}_P > \dot{V}$
$H_{tot} \leq H_P$

$\dot{V}_{min}$	: Mindestvolumenstrom	in l/s
d_i	: Rohrinnendurchmesser	in mm
v_{min}	: Mindestfließgeschwindigkeit	in m/s
$\dot{V}_P$	: Förderstrom der Pumpe	in l/s
H_P	: Förderhöhe der Pumpe im Betriebspunkt	in m

Tab. 307.1 Verlustbeiwerte ζ für Armaturen und Formstücke

DIN EN 12 056-4: 2000

Art des Einzelwiderstandes	ζ	Art des Einzelwiderstandes	ζ
Absperrschieber [1)]	0,5	T-Stück 45° Durchgang bei Stromvereinigung	0,3
Rückflussverhinderer [1)]	2,2	T-Stück 90° Durchgang bei Stromvereinigung	0,5
Bogen 90°	0,5	T-Stück 45° Abzweig bei Stromvereinigung	0,6
Bogen 45°	0,3	T-Stück 90° Abzweig bei Stromvereinigung	1,0
Freier Auslauf	1,0	T-Stück 90° Gegenlauf	1,3
Querschnittserweiterung	0,3		

[1)] es sollten vorzugsweise Herstellerangaben verwendet werden

Beispiel: WC-Anlage unter RStE (36 DU), Druckleitung DN 80 (d_i = 80 mm), H_{geo} = 2,5 m, L = 10 m

1. Abwasserzufluss (→ Tab. 294.2)
$\dot{V} = 0{,}7 \cdot \sqrt{36} = \mathbf{4{,}2\ l/s}$

2. Mindestvolumenstrom (→ S. 307)
$\dot{V}_{min} = 0{,}7 \cdot \pi/4 \cdot 80^2 \cdot 10^{-3} = \mathbf{3{,}5\ l/s}$

3. Einzelwiderstände (→ Tab. 307.1)

z. B. 1 Absperrschieber (ζ = 0,5); 1 Rückfussverhinderer (ζ = 2,2);

3 Bogen 90° (3 × 0,5 → ζ = 1,5); 1 freier Auslauf (ζ = 1,0) → **$\sum\zeta$ = 5,2**

4. Ermittlung der Anlagenkennlinie

V_p l/s	v m	$H_{V,j}$ (→ S. 308)	L m	$H_{V,R}$ m	$H_{V,A}$ m	H_{geo} m	H_{tot} m
0	0	0	10	0	0	2,5	2,5
3,5	0,7	0,009	10	0,09	0,13	2,5	2,72
5	1,0	0,018	10	0,18	0,27	2,5	2,95
10	2,0	0,064	10	0,64	1,06	2,5	4,20
Arbeitspunkt							
9	**1,73**	**0,05**	**10**	**0,5**	**0,79**	**2,5**	**3,79**

5. Ermittlung des Arbeitspunktes

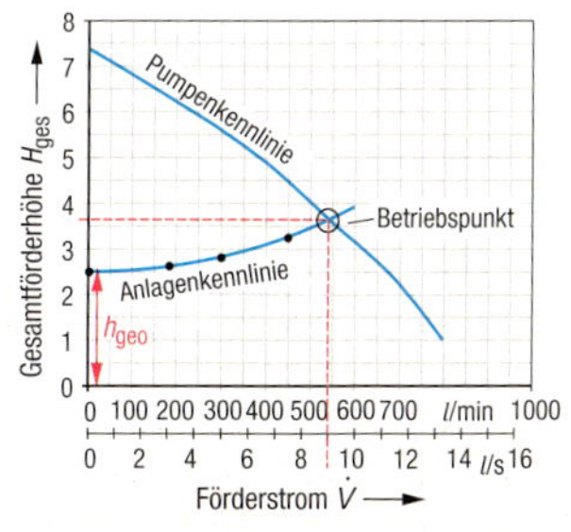

6. Randbedingungen prüfen
$\dot{V}_P > \dot{V}_{min}$ → 9 l/s > 3,5 l/s
$\dot{V}_P > \dot{V}_{zu}$ → 9 l/s > 3,0 l/s
$H_{tot} < H_p$ → 3,97 m < 7,3 m

Entwässerungstechnik

Rückstau *back pressure*

DIN EN 12 056- 4: 2001

Diagr. 308.1: Ermittlung der dimensionslosen Druckhöhenverluste $H_{V,j}$

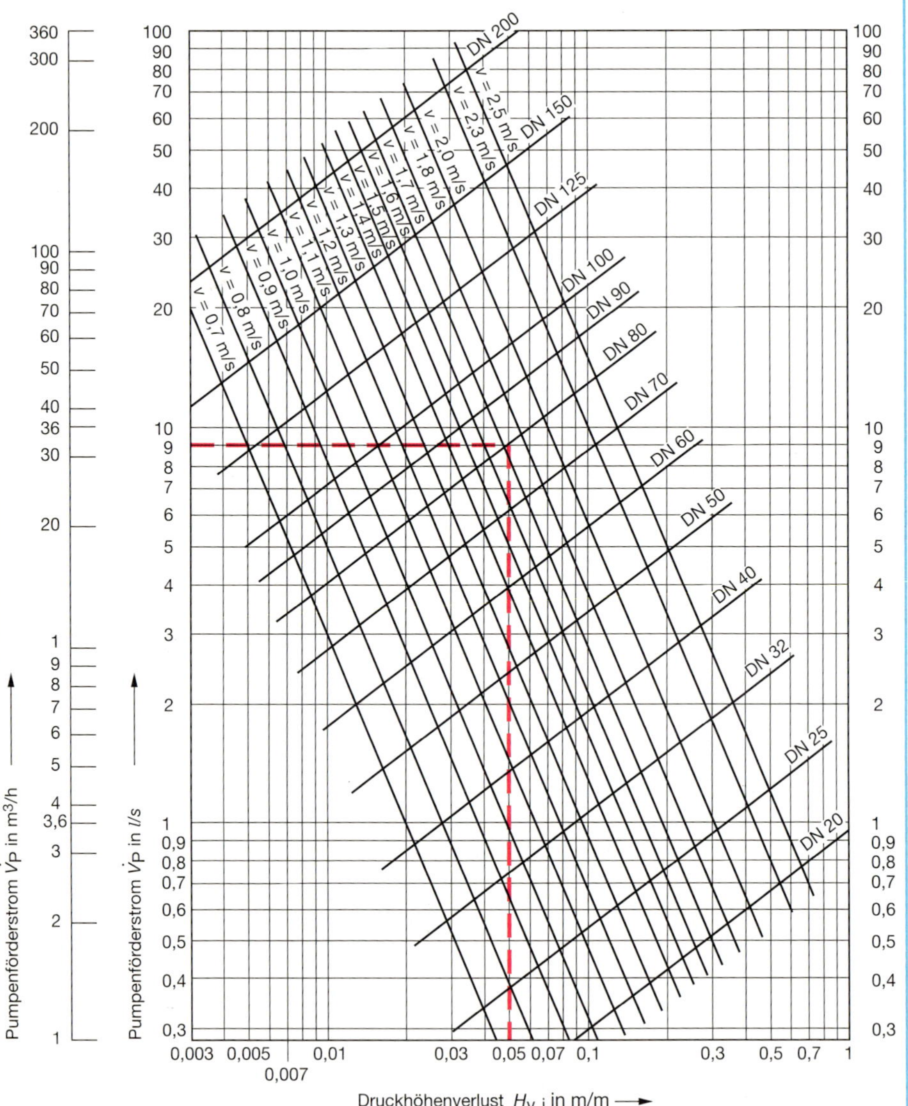

Beispiele

1.) $\dot{V}$ = 9 l/s, DN 80 → v ≈ 1,73 m/s, $H_{V,j}$ = 0,05 m (≙ 0,05 m Druckverlust je 1 m Rohrleitung)

2.) v = 0,7 m/s, DN 80 → $\dot{V}$ ≈ 3,6 l/s, $H_{V,j}$ = 0,0088 m (≙ 0,0088 m Druckhöhenverlust je 1 m Rohrleitung)

3.) $H_{V,j}$ = 0,1 m, DN 60 → $\dot{V}$ ≈ 5,5 l/s (= 20 m³/h), v ≈ 2 m/s

4.) $H_{V,j}$ ≤ 0,03 m, $\dot{V}$ ≈ 10 l/s → DN 100, v ≈ 1,25 m/s, $H_{V,j}$ ≈ 0,02 m

Neutralisationsanlagen *neutralization system*

Tab. 309.1 Neutralisation bei Brennwertgeräten ATV-Arbeitsblatt A 251: 2003

Gas und schwefelarmes Heizöl				
Nenn-wärme-leistung	Neutralisation für Feuerungsanlagen und Motoren ohne Katalysator ist erforderlich bei			Einschränkung
	Gas	Heizöl DIN 51 603-1 schwefelarm	Heizöl DIN 51 603-1	Eine Neutralisation ist dennoch erforderlich bei 1) Ableitung des häuslichen Abwassers in Kleinkläranlagen 2) bei Gebäuden und Grundstücken, deren Entwässerungsleitungen die Materialanforderungen nach DIN 1986-4 nicht erfüllen 3) Gebäuden, die die Bedingungen der ausreichenden Vermischung nach Tab. 309.2 nicht erfüllen
< 25 kW	nein [1) 2)]	nein [1) 2)]	ja	
≥ 25 kW … < 200 kW	nein [1) 2) 3)]	nein [1) 2) 3)]	ja	
≥ 200 kW	ja	ja	ja	

Tab. 309.2: Kondensatanfall zur ausreichenden Vermischung ATV-Arbeitsblatt A 251: 2003

Wärmebelastung des Kessels $\dot{Q}_F$	kW	25	50	100	150	200
Mindestzahl der **Wohnungen** in Abhängigkeit von $\dot{Q}_F$						
jährliches Kondensatvolumen bei Erdgas	m^3/a	7	14	28	42	56
jährliches Kondensatvolumen bei Heizöl	m3/a	4	8	16	24	32
Mindestanzahl der Wohnungen n	–	≥ 1	≥ 2	≥ 4	≥ 6	≥ 8
Mindestzahl der Beschäftigten in **Bürogebäuden** in Abhängigkeit von $\dot{Q}_F$						
jährliches Kondensatvolumen bei Erdgas	m^3/a	6	12	24	36	48
jährliches Kondensatvolumen bei Heizöl	m^3/a	3,4	6,8	13,6	20,4	27,2
Mindestanzahl der Beschäftigten n	–	≥ 10	≥ 20	≥ 40	≥ 60	≥ 80

Abscheideanlagen *seperators*

Aufgabe: Verhindern das Eindringen von Stoffen, die schädliche oder belästigende Ausdünstungen oder Gerüche verbreiten, Baustoffe oder Einrichtungen angreifen oder im Betrieb stören

schädliche Stoffe (Auszug): DIN 1986-3: 2004-11

- Abfallstoffe (auch in zerkleinertem Zustand), z. B. Müll, Schutt, Sand, Schlamm, Damenbinden, Windeln
- Küchenabfälle, erhärtende Stoffe, z. B.: Zement, Kalk, Kalkmilch, …, Kartoffelstärke
- feuergefährliche, explosionsfähige Gemische bildende Stoffe, z. B.: Benzin, Heizöl …
- Öle, Fette pflanzlichen oder tierischen Ursprungs
- Reinigungs-, Desinfektions-, Spül- und Waschmittel in überdosierten Mengen
- Rohrreinigungsmittel, die Entwässerungsgegenstände u. Rohrwerkstoffe beschädigen

Abscheideanlagen bestehen aus: Schlammfang → Abscheider → Probenahmeschacht

Leichtflüssigkeitsabscheider DIN 1999-100: 2003

EN 858 **Abscheideanlagen für Leichtflüssigkeiten**
-2: 2003-10 Wahl der Nenngröße, Einbau, Betrieb, Wartung
DIN 1999-100: 2003-10 Abscheideanlagen für Leichtflüssigkeiten: Anforderungen für die Anwendung

Leichtflüssigkeit: mineralische Öle und Fette (insbesondere Benzin und Heizöl) mit $\varrho < 0{,}95$ kg/dm³
Einsatz: überall, wo gewaschen, gewartet, getankt wird (Tankstellen, Kfz-Waschanlagen, Werkstätten)

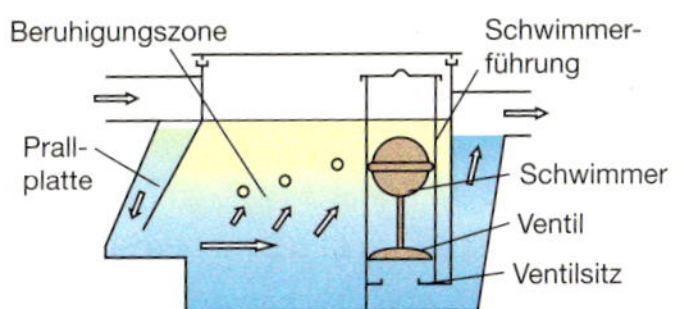

Aufbau: Schwimmer sind auf $\varrho = 0{,}85$ kg/dm³ zu tarieren, andere Tarierungen (kennzeichnungspflichtig) betragen $\varrho = 0{,}9$ bzw. 0,95 kg/dm³

Nenngrößen (NS): 1 – 1,5 – 2 – 3 – 4 – 5 – 6 – 8 – 10 – 15 – 20 – 30 – 40 – 50 – 65 – 80 – 100

Speichermenge: Leichtflüssigkeitsvolumen bis zum selbsttätigen Abschluss (min. das 10fache der NS)

Einbau
- nahe an Ablaufstelle
- möglichst nicht in geschlossenen Räumen (Explosionsgefahr) und in befahrenen Flächen
- leichte Entsorgbarkeit der Leichtflüssigkeit

Anschluss
- Anschluss an Schmutz- oder Mischkanalisation
- Hebeanlage hinter dem Abscheider einbauen
- Leitungen zum Abscheider müssen leerlaufen: → kein GV; lange Leitungen u. U. vollgefüllt betreiben

Abscheideanlagen *seperators*

Leichtflüssigkeitsabscheider — DIN 1999-100: 2003-10

Inspektion: monatlich durch den Betreiber
Prüfung auf Dichtheit, Korrosion, Betriebsfähigkeit und -sicherheit
Wartung: halbjährlich nach Herstellerangaben

Entleerung: bei 4/5 der Speichermenge, mindestens jedoch 1/2 -jährlich durch zugelassenen Fachbetrieb; maßgeblich ist örtliche Entwässerungssatzung

Bemessung von Leichtflüssigkeitsabscheidern — DIN EN 858-2: 2005-02

Schmutzwasserabfluss

$$\dot{V}_S = \dot{V}_{S1} + \dot{V}_{S2} + \dot{V}_{S3} + \ldots$$

$\dot{V}_S$: Schmutzwasserabfluss in l/s
$\dot{V}_{S1}$: Schmutzwasserabfluss von Auslaufventilen (→ Tab. 310.1) in l/s
$\dot{V}_{S2}$: Schmutzwasserabfluss von Autowaschanlagen in l/s
Hochdruck-Fahrzeugwaschanlagen je Waschstand mindestens 2 l/s
$\dot{V}_{S3}$: Schmutzwasserabfluss von Hochdruckreinigern in l/s
erster Hochdruckreiniger: mindestens 2 l/s
zweiter und weitere je 1 l/s

Nenngröße

$$NS = (\dot{V}_R + f_x \cdot \dot{V}_S) \cdot f_d$$

NS : Nenngröße (dimensionslos, entspricht dem Wasserdurchfluss in l/s)
$\dot{V}_R$: Regenwasserabfluss in l/s
$\dot{V}_S$: Schmutzwasserabfluss in l/s
f_x : Erschwernisfaktor (→ Tab. 310.2)
f_d : Dichtefaktor der Leichtflüssigkeit (→ Tab. 310.3)

Tab. 310.1: Abflusswerte von Auslaufventilen (bei unbekannten Werten) — DIN EN 858-2: 2003

	Ventilabflusswert $\dot{V}_{S1}$ in l/s [1]				
Nennweite	1. Ventil	2. Ventil	3. Ventil	4. Ventil	5. Ventil und jedes weitere
DN 15	0,5	0,5	0,35	0,25	0,1
DN 20	1	1,0	0,7	0,5	0,2
DN 25	1,7	1,7	1,2	0,85	0,3

[1] Bei Nutzung verschiedener Auslaufventile sollten die Berechnungen zuerst mit dem Abflusswert der größeren Ventile begonnen werden; **Beispiel** für 1 Ventil DN 15, 1 Ventil DN 20, 2 Ventile DN 25

1. Ventil DN 25 → $\dot{V}_S = 1{,}7$ l/s
2. Ventil DN 25 → $\dot{V}_S = 1{,}7$ l/s
3. Ventil DN 20 → $\dot{V}_S = 0{,}7$ l/s
4. Ventil DN 15 → $\dot{V}_S = 0{,}25$ l/s → Σ: $\mathbf{\dot{V}_{S1} = 4{,}35}$ **l/s**

Tab. 310.2: Mindesterschwernisfaktor f_x — DIN EN 858-2: 2003

Einsatzzweck	Erschwernisfaktor f_x
ölverschmutztes Regenwasser von undurchlässigen Flächen (Parkplatz, Werkhof)	0
unkontrolliert auslaufende Leichtflüssigkeiten	1
Schmutzwasser aus industriellen Prozessen (Fahrzeugwaschanlagen, Reinigungsanlagen für ölverschmutzte Teile, Tankstellenabfüllpunkte)	2

Tab. 310.3: Dichtefaktor f_d bei Leichtflüssigkeiten — DIN EN 858-2: 2003

Dichte der Leichtflüssigkeit in kg/dm³	Dichtefaktor f_d	**Beispiel** (→ Tab. 44 ff.)
$\varrho \leq 0{,}85$	1,0	z. B. Benzin, Dieselkraftstoff, Heizöl EL
$\varrho \geq 0{,}85 \ldots 0{,}90$	2,0	z. B. Benzol
$\varrho \geq 0{,}90 \ldots 0{,}95$	3,0	z. B. Maschinen- und Schmieröl

Tab. 310.4: Schlammfangvolumen von Leichtflüssigkeitsabscheidern [1] — DIN EN 858-2: 2003

erwarteter Schlammanfall		Schlammfangvolumen in l
gering	Regenauffangflächen mit geringen Mengen Schmutz durch Straßenverkehr, Auffangtassen überdachter Tankstellen	$(100 \cdot NS) / f_d$ [1]
mittel	Tankstellen, PKW-Wäsche von Hand, Omnibus-Waschstände Abwasser aus Reparaturwerkstätten, Fahrzeugabstellflächen	$(200 \cdot NS) / f_d$ [2]
groß	Waschplätze für Baustellenfahrzeuge, Baumaschinen, landwirtschaftliche Maschinen, LKW-Waschstände	$(300 \cdot NS) / f_d$ [2]
	automatische Fahrzeugwaschanlagen, Waschstraßen	$(300 \cdot NS) / f_d$ [3]

[1] nicht für Abscheider größer gleich NS 10
[2] Mindestschlammfangvolumen 600 l
[3] Mindestschlammfangvolumen 5000 l

Empfehlung DIN 1999-100:
bis NS 3 → V ≥ 600 l
über NS 3 → V ≥ 2500 l

Entwässerungstechnik

Abscheideanlagen *seperators*

Leichtflüssigkeitssperren

DIN EN 1253-5: 2003-03

Einbau: wo im Störungsfall Leichtflüssigkeit ausfließen kann (z. B. Ölheizungsanlagen)

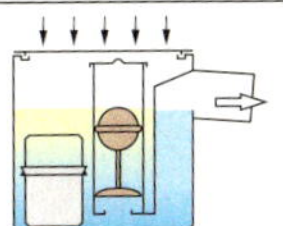

Aufbau: nur für Leichtflüssigkeiten mit $\varrho \leq 0{,}95$ kg/dm^3
Zulauf: nur über einen Rost von oben zulässig
Speichermenge: Leichtflüssigkeitsvolumen bis zum selbsttätigen Abschluss min. 3 l Wasser
Schwimmer: Sicherung gegen Herausnehmen durch einen Plombverschluss

Kontrolle: 2 mal jährlich: Dichtflächen und Leichtgängigkeit prüfen, reinigen, Wasserfüllung ergänzen

Fettabscheider

DIN EN 1825-2: 2002-05

DIN EN 1825 Abscheideanlagen für Fette
-1: 2004-12 Bau-, Funktions- und Prüfgrundsätze, Kennzeichnung und Güteüberwachung
-2: 2002-05 Wahl der Nenngröße, Einabu, Betrieb und Wartung
DIN V 4040 : 2004-12 Anforderungen an die Anwendung von Abscheideanlagen

nur für organische (pflanzliche und tierische) Fette, z. B. Talg, Butter, Schmalz, Tran, pflanzliche Öle,
nicht für fäkalienhaltiges Schmutzwasser, Regenwasser, Öle und Fette mineralischen Ursprungs
Einsatz: Gewerbliche oder industrielle Betriebe, z. B. Küchenbetriebe, Hotel, Gaststätte, Kantine, Essenausgabestellen (Rücklaufgeschirr), Metzgereien, Schlachthöfe, Fleisch und fischverarbeitende Betriebe

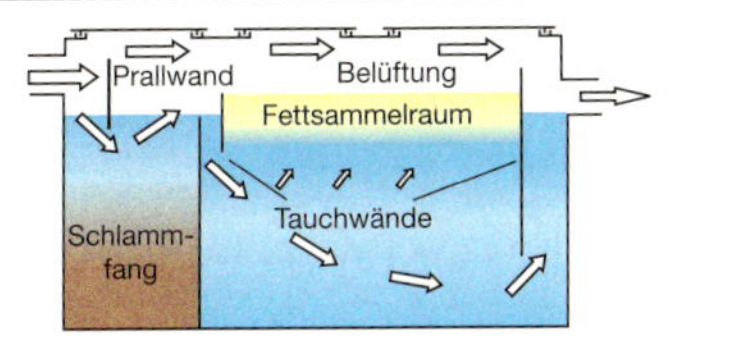

Aufbau:
Lüftung direkt, unbehindert, durchgehend:
Zulauf → Schlammfang → Fettabscheider → Ablauf
Abdeckung: verkehrssicher, innerhalb von Gebäuden: geruchdicht
alle Teile einer Abscheideranlage, einschließlich Zu- und Ablaufbereich, müssen zugänglich sein

Nenngrößen (NS): 1 – 2 – 4 – 7 – 10 – 15 – 20 – 25

Einbau DIN EN 1825-2
- möglichst nahe an Ablaufstelle
- möglichst im Freien entfernt von Fenstern und Lüftungsschächten
- möglichst außerhalb von befahrenen Flächen
- leichte Entsorgbarkeit

Anschluss DIN EN 1825-2
- Anschluss an Schmutz- oder Mischkanalisation
- Hebeanlage hinter dem Abscheider einbauen
- Zu- und Ablaufleitungen: Mindestgefälle 1 : 50
- einfache Reinigung längerer Leitungen einplanen
- Zulaufleitung: Wärmedämmung, Heißwassernachspülung (automatisch) oder Leitungsbegleitheizung

Inspektion und Entleerung DIN 1986-3
mindestens monatlich, möglichst 14-tägig durch zugelassenen Fachbetrieb nach Herstellerunterlagen

Fettabscheider: Bemessung

DIN EN 1825-2: 2002-05

Nenngröße

$$NS = \dot{V}_s \cdot f_d \cdot f_t \cdot f_r$$

NS : Nenngröße als einheitenloser Wert
$\dot{V}_s$: maximaler Schmutzwasserabfluss (→ S. 312 … 313) in l/s
f_d : Dichtefaktor (→ Tab. 311.1)
f_t : Erschwernisfaktor für Temperatur (→ Tab. 311.2)
f_r : Erschwernisfaktor Spül-/Reinigungsmittel (→ Tab. 311.3)

Tab. 311.1: Dichtefaktor f_d DIN EN 1825-2: 2002-05

Dichte der Fettstoffe in kg/dm^3	Dichtefaktor f_d	Bemerkung
$\varrho \leq 0{,}94$	$f_d = 1{,}0$	üblich für Küchen, Gaststätten, Schlacht- und Fleischereiverarbeitung
$\varrho > 0{,}94$	$f_d = 1{,}5$	z. B. Rindertalg

Tab. 311.2: Erschwernisfaktor f_t für erhöhte Temperatur f_t DIN EN 1825-2: 2002-05

Temperatur im Zufluss	Erschwernisfaktor f_t	Bemerkung
$\vartheta \leq 60°$ C	$f_t = 1{,}0$	Stockpunkt des Fettes nicht unterschreiten
$\vartheta > 60°$ C	$f_t = 1{,}3$	erhöhte Temperatur beeinträchtigt die Abscheidewirkung

Tab. 311.3: Erschwernisfaktor f_r für Spülmittel DIN EN 1825-2: 2002-05

Verwendung möglich	Erschwernisfaktor f_r	Bemerkung
nein	$f_r = 1{,}0$	grundsätzlich keine Spülmittel
ja	$f_r = 1{,}3$	wenn Verwendung nicht ausgeschlossen werden kann
Sonderfälle	$f_r \geq 1{,}5$	z. B. Krankenhäusern

Abscheideanlagen – Fettabscheider *seperators*

Schmutzwasserzufluss aus gewerblichen Küchen — DIN EN 1825-2: 2002-05

maximaler Schmutzwasserfluss

$$\dot{V}_s = \frac{V \cdot F}{t \cdot 3600}$$

durchschnittliche tägliche Schmutzwassermenge

$$V = M \cdot V_M$$

$\dot{V}_s$: maximaler Schmutzwasserfluss in l/s
V : durchschnittliche tägliche Schmutzwassermenge in l
F : Stoßbelastungsfaktor (→ Tab. 312.1 und Tab. 312.2)
t : durchschnittliche tägliche Beaufschlagung in h
3600 : Umrechnungszahl in s/h
M : monatlicher Mittelwert täglich produzierter warmer Essensportionen
V_M : betriebsspezifische Schmutzwassermenge je warmer Essensportion (→ Tab. 312.1) in l

Tab. 312.1: Gewerbliche Küchenbetriebe: Stoßbelastungsfaktor *F* und betriebsspezifische Schmutzwassermenge V_m

Art des Küchenbetriebes	Stoßbelastungsfaktor F	betriebsspezifische Schmutzwassermenge V_M in l
Hotelküchen	5,0	100
Spezialitätenrestaurant	8,5	50
Werksküche, Mensa	20	5
Krankenhaus	13	20
Ganztagsgroßküche	22	10

Beispiel

Werksküche, Betriebszeit von 7 bis 15 Uhr, durchschnittlich 1200 Essen pro Tag

Lösung: durchschnittliche tägliche Beaufschlagung: $t = 8$
Stoßbelastungsfaktor Werksküche (→ Tab. 312.1) $F = 20$
betriebssp. Schmutzwassermenge (→ Tab. 312.1) $V_M = 5$
täglich produzierte warme Essensportionen $M = 1200$
Dichtefakor (→ Tab. 311.1) $f_d = 1{,}0$
Erschwernisfaktor für Temperatur (→ Tab. 311.2) $f_t = 1{,}0$
Erschwernisfakor für Spülmittel (→ Tab. 311.3) $f_r = 1{,}3$

$$\rightarrow V = M \cdot V_M = 1200 \cdot 5\ l = 6000\ l$$

$$\dot{V}_S = \frac{V \cdot F}{t \cdot 3600} = \frac{6000\ l \cdot 20}{8\ \text{h} \cdot 3600\ \text{s/h}} = 4{,}2\ l/\text{s}$$

$$NS = \dot{V}_S \cdot f_D \cdot f_t \cdot f_r = 4{,}2 \cdot 1{,}0 \cdot 1{,}0 \cdot 1{,}3 = 5{,}4$$

→ empfohlene Nenngröße: **NS 7**

Schmutzwasserzufluss aus fleischverarbeitenden Betrieben — DIN EN 1825-2: 2002

durchschnittliche tägliche Schmutzwassermenge

$$V = M_P \cdot V_P$$

V : durchschnittliche tägliche Schmutzwassermenge in l
M : tägliche Wurstwarenproduktion[1] in kg
V_P : betriebsspezifische Schmutzwassermenge je Kilogramm Wurstwarenproduktion (→ Tab. 312.2) in l

[1] Bei handwerklichen Fleischverarbeitungsbetrieben wird eine Wurstwarenproduktion von etwa M_P = 100 kg/GVE angenommen

Tab. 312.2: Stoßbelastungsfaktor *F* für Fleischverarbeitungsbetriebe — DIN EN 1825-2: 2002

Größe des Fleischverarbeitungsbetriebes		Stoßbelastungsfaktor F	Betriebsspezifische Schmutzwassermenge je kg Wwurstwarenproduktion V_P in l
Klein	bis 5 GVE[1] je Woche	30	20
Mittel	bis 10 GVE[1] je Woche	35	15
Groß	bis 40 GVE[1] je Woche	40	10

[1] 1 GVE = Großvieheinheit = 1 Rind bzw. 2,5 Schweine

Abscheideanlagen – Fettabscheider *seperators*

Schmutzwasserzufluss aus Entwässerungseinrichtungen gewerblicher Küchen DIN EN 1825-2: 2002

$$\dot{V}_s = \sum [n \cdot q \cdot Z(n)]$$

$\dot{V}_s$: maximaler Schmutzwasserfluss in l/s
n : Anzahl gleicher Entwässerungseinrichtungen
q : maximaler Schmutzwasserzufluss aus Entwässerungseinrichtung (→ Tab. 313.1 bzw. Tab. 313.2) in l/s
$Z(n)$: Gleichzeitigkeitsfaktor für die Entwässerungseinrichtung, abhängig von Anzahl n (→ Tab. 313.1)

Tab. 313.1: Schmutzwasserabflusswerte und Gleichzeitigkeitsfaktoren von Entwässerungseinrichtungen gewerblicher Küchen DIN EN 1825-2: 2002

Entwässerungsgegenstand[1]	q	$Z(n)$				
	l/s	$n = 1$	$n = 2$	$n = 3$	$n = 4$	$n \geq 5$
Kochkessel Auslauf Ø 25 mm Auslauf Ø 50 mm	 1,0 2,0	0,45	0,31	0,25	0,21	0,20
Kippkessel Auslauf Ø 70 mm Auslauf Ø 100 mm	 1,0 3,0					
Spülbecken mit Geruchverschluss Auslauf Ø 40 mm Auslauf Ø 50 mm	 0,8 1,5					
Spülbecken ohne Geruchverschluss Auslauf Ø 40 mm Auslauf Ø 50 mm	 2,5 4,0					
Kippbratpfanne	1,0					
Bratpfanne	0,1					
Hochdruck- und Dampfstrahlreinigungsgerät	2,0					
Schälgerät	1,5					
Gemüsewascheinrichtung	2,0					
Geschirrspülmaschine	2,0	0,60	0,45	0,40	0,34	0,30

[1] Für andere Entwässerungsgegenstände ist der Schmutzwasserabfluss durch Messung oder durch den Hersteller zu bestimmen, der Gleichzeitigkeitsfaktor $Z(n)$ durch den Planer

Tab. 313.2: Schmutzwasserabflusswerte und Gleichzeitigkeitsfaktoren von Auslaufventilen zu Reinigungszwecken DIN EN 1825-2: 2002

Auslaufventil (Nenndurchmesser und Gewindeverbindung nach DIN ISO 228-1)		q	$Z(n)$				
		l/s	$n = 1$	$n = 2$	$n = 3$	$n = 4$	$n \geq 5$
DN 15	R 1/2	0,5	0,45	0,31	0,25	0,21	0,2
DN 20	R 3/4	1,0	0,45	0,31	0,25	0,21	0,2
DN 25	R 1	1,7	0,45	0,31	0,25	0,21	0,2

Wenn der Hersteller andere Angaben festlegt, so sind diese zu verwenden.

Beispiel: Werksküche mit
2 Kochkesseln, Auslauf Ø 25 mm
1 Kochkessel, Auslauf Ø 50 mm
2 Spülbecken mit GV Ø 40 mm
1 Geschirrspülmaschine
1 Kippbratpfanne

Einrichtungsgegenstand	n	q in l/s	$n \cdot q$ in l/s	$Z(n)$	$n \cdot q \cdot Z(n)$ in l/s
Kochkessel, Auslauf Ø 25 mm	2	1	2	0,31	0,62
Kochkessel, Auslauf Ø 50 mm	1	2	2	0,45	0,90
Spülbecken mit GV Ø 40 mm	2	0,8	1,6	0,31	0,50
Geschirrspülmaschine	1	2	2	0,60	1,20
Kippbratpfanne	1	1	1	0,45	0,45
				$\dot{V}_S =$	**3,67**

$f_D = 1{,}0$ (Dichtefaktor)
$f_t = 1{,}0$ (Temperaturfaktor)
$f_r = 1{,}3$ (Spül-/Reinigungsmittel)

$$NS = \dot{V}_S \cdot f_D \cdot f_t \cdot f_r = 3{,}67 \cdot 1{,}0 \cdot 1{,}0 \cdot 1{,}3 = 4{,}77$$

empfohlene Nenngröße: **NS 7**

Entwässerungstechnik

Dimensionierung von Regenwasserleitungen

sizing of eaves guttering and rainwater pipes

Tab. 314.1: Regenwasserabfluss $\dot{V}_R$ — DIN 1986-100: 2008

T_R L_R B_R wirksame Dachfläche A

Dachformen → S. 490

$$\dot{V}_R = \frac{r_{D,T} \cdot C \cdot A}{10000}$$

$$A = B_R \cdot L_R$$

Wenn im Zweifel die Windwirkung, z. B. bei Schlagregen berücksichtigt werden soll, wird die gedeckte Dachfläche gewertet:

$$A = T_R \cdot L_R$$

$\dot{V}_R$	: Regenwasserabfluss	in l/s
$r_{D,T}$	: Berechnungsregenspende (→ Tab. 315.1)	in l/(s · ha)
C	: Abflussbeiwert (→ Tab. 314.2)	
10000	: Umrechnungszahl	in m²/ha
A	: wirksame Dachfläche	in m²
L_R	: Trauflänge	in m
B_R	: horizonale Projektion der Dachtiefe	in m
L_R	: Ortganglänge	in m

Tab. 314.2: Abflussbeiwerte C [1] — DIN 1986-100: 2000

Art der Flächen	C
Wasserundurchlässige Flächen, z. B.	
• Dachflächen	1,0
• Betonflächen, Rampen, befestigte Flächen mit Fugendichtung	1,0
• Schwarzdecken, Pflaster mit Fugenverguss	1,0
• Kiesdächer	0,5
begrünte Dachflächen [2]	
• für Intensivbegrünungen und für Extensivbegrünungen ab 10 cm Aufbaudicke	0,3
• für Extensivbegrünungen unter 10 cm Aufbaudicke	0,5
Teildurchlässige und schwach ableitende Flächen, z. B.	
• Betonsteinpflaster, in Sand oder Schlacke verlegt, Flächen mit Platten	0,7
• Flächen mit Pflaster, mit Fugenanteil > 15 %, z. B. 10 cm × 10 cm und kleiner	0,6
– wassergebundene Flächen	0,5
– Kinderspielplätze mit Teilbefestigungen	0,3
Sportflächen mit Dränung	
• Kunststoff-Flächen, Kunststoffrasen	0,6
• Tennisflächen	0,4
• Rasenflächen	0,3
Wasserdurchlässige Flächen ohne oder mit unbedeutender Wasserableitung Parkanlagen und Vegetationsflächen, Schotter- und Schlackenboden, Rollkies auch mit befestigten Teilflächen wie • Gartenwege mit wassergebundener Decke oder • Einfahrten und Einzelstellplätze mit Rasengittersteinen	0,0

[1] C = 1,0 für alle nicht-wasserspeichernden Flächen, unabhängig von der Neigung des Daches
[2] nach Richtlinien für die Planung, Ausführung und Pflege von Dachbegrünungen

Tab. 314.3: Notüberlauf vorgehängter Rinnen

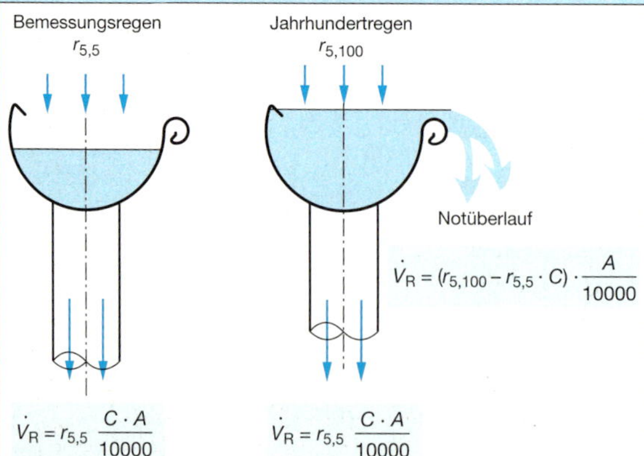

$$\dot{V}_R = r_{5,5} \frac{C \cdot A}{10000}$$

$$\dot{V}_R = r_{5,5} \frac{C \cdot A}{10000}$$

$$\dot{V}_R = (r_{5,100} - r_{5,5} \cdot C) \cdot \frac{A}{10000}$$

Rinnen sind so auszulegen, dass die Bemessungsregenspende $r_{5,5}$ sicher abgeführt werden kann. Bei stärkeren Regenereignissen kann die darüber hinaus gehende Regenmenge über Wasserspeier abgeführt werden.

Wenn das überlaufende Wasser unangenehme Folgen hat, muss mit höherer Berechnungsregenspende gerechnet werden.

Dimensionierung von Regenwasserleitungen *sizing of eaves guttering and rainwater pipes*

Tab. 315.1: Regenspenden DIN 1986-100: 2008-05

– $r_{5,5}$ = 5-Minuten-Regenspende in l/(s · ha), die einmal in 5 Jahren erwartet werden muss
– $r_{5,100}$ = 5-Minuten-Regenspende in l/(s · ha), die einmal in 100 Jahren erwartet werden muss

Dachflächen müssen grundsätzlich mindestens mit $r_{5,5}$ dimensioniert werden. Wenn bei Jahrhundertregen Gebäudeschäden durch überfließendes Wasser entstehen können: $r_{5,100}$ als Berechnungsregenspende wählen.
Grundstücksflächen ohne Regenrückhaltung sind mindestens mit $r_{5,2}$ auszulegen.

Ort	Dachflächen und Flächen unter RStE		Grundstücksflächen	
	Bemessung	Notentwässerung	Bemessung	Überflutungsprüfung
	$r_{(5,5)}$	$r_{(5,100)}$	$r_{(5,2)}$	$r_{(5,30)}$
	in l/(s · ha)			
Aachen	**252**	462	187	377
Aschaffenburg	**307**	567	227	462
Augsburg	**339**	648	245	524
Aurich	**255**	459	192	377
Bad Kissingen	**361**	723	250	577
Bad Salzuflen	**287**	492	224	410
Bad Tölz	**354**	627	271	518
Bamberg	**317**	566	240	466
Bayreuth	**357**	674	260	547
Berlin	**371**	668	281	549
Bielefeld	**285**	533	209	433
Bocholt	**217**	350	176	296
Bonn	**299**	572	215	463
Braunschweig	**307**	568	227	463
Bremen	**205**	304	175	265
Bremerhaven	**274**	498	206	408
Chemnitz	**346**	597	270	496
Cottbus	**286**	536	210	435
Cuxhaven	**277**	494	210	407
Dessau	**313**	567	235	465
Dortmund	**303**	526	234	436
Dresden	**323**	602	238	490
Duisburg	**268**	457	210	381
Düsseldorf	**316**	607	226	490
Eisenach	**293**	529	221	434
Emden	**282**	538	104	435
Erfurt	**255**	459	192	377
Erlangen	**320**	605	233	490
Essen	**281**	493	216	408
Frankfurt/Main	**329**	601	246	492
Garm. Partenkirchen	**292**	527	220	433
Gera	**340**	637	249	517
Göppingen	**310**	564	323	462
Görlitz	**310**	565	232	462
Göttingen	**316**	570	239	468
Halle/Saale	**313**	567	235	465
Hamburg	**266**	463	206	384
Hamm	**307**	567	227	462
Hanau	**313**	567	235	465
Hannover	**328**	652	229	522
Heidelberg	**355**	634	270	522
Heilbronn	**303**	527	235	437
Helmstedt	**319**	562	245	465
Hildesheim	**293**	529	221	434
Ingolstadt	**269**	460	211	383
Kaiserslautern	**345**	636	256	519
Karlsruhe	**337**	603	256	496
Kassel	**302**	568	221	461
Kiel	**239**	426	182	350
Koblenz	**323**	602	238	490
Köln	**312**	610	221	490
Konstanz	**327**	600	243	490
Leipzig	**365**	682	268	554
Lindau	**326**	604	241	493
Lingen	**342**	639	251	520
Lübeck	**293**	552	214	448
Lüdenscheid	**333**	601	251	493
Magdeburg	**308**	583	224	472
Mainz	**285**	533	209	433
Mannheim	**309**	533	241	443
Minden	**320**	617	229	498
Mönchengladbach	**270**	502	199	408
München	**353**	633	267	520
Münster	**307**	567	227	462
Neubrandenburg	**365**	682	268	554
Neustadt/Weinstraße	**345**	636	256	519
Nürnberg	**317**	566	240	466
Oberstdorf	**258**	431	206	362
Osnabrück	**337**	641	244	519
Paderborn	**336**	639	244	518
Passau	**348**	633	261	518
Pforzheim	**323**	602	238	490
Pirmasens	**345**	636	256	519
Regensburg	**303**	570	222	463
Rosenheim	**452**	853	330	692
Rostock	**230**	388	182	325
Rüsselsheim	**285**	533	209	433
Saarbrücken	**260**	462	199	381
Schweinfurt	**299**	534	228	440
Schwerin	**286**	496	222	411
Siegen	**302**	568	221	461
Speyer	**336**	639	244	518
Stuttgart	**446**	858	320	693
Trier	**310**	564	232	462
Ulm	**316**	563	240	464
Villingen-Schwenningen	**371**	668	281	549
Willingen/Upland	**349**	677	249	546
Wittenberg	**260**	459	200	379
Würzburg	**314**	569	236	467
Zwickau	**361**	671	267	546

Dimensionierung von Regenwasserleitungen *sizing of eaves guttering and rainwater pipes*

Wasserstand in der Rinne

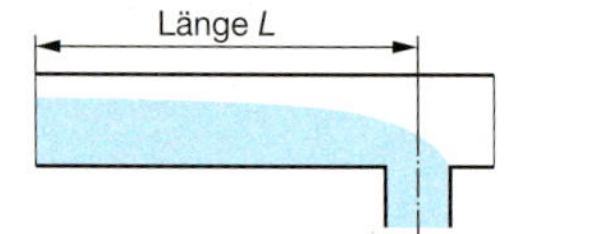

L : Rinnenlänge
A_W : Rinnenquerschnitt

Das Abflussvermögen gefällelos verlegter Rinnen verringert sich mit zunehmender Länge (→ Tab. 316.1)

Tab. 316.1: Abflussvermögen vorgehängter Rinnen bei Gefälle I = 0[1)] Fachinformation ZVSHK

Länge in m	halbrunde Rinnen (→ S. 492) Nennmaß 250 (8-teilig)	285 (7-teilig)	333 (6-teilig)	400 (5-teilig)	500 (4-teilig)	Kastenrinne (→ S. 492) Nennmaß 250 (8-teilig)	333 (6-teilig)	400 (5-teilig)	500 (4-teilig)
	Abflussvermögen in l/s					Abflussvermögen in l/s			
5	1,07	1,65	2,64	4,63	8,66	1,02	2,38	3,96	7,23
6	1,05	1,62	2,60	4,58	8,66	1,00	2,33	3,90	7,15
7	1,03	1,59	2,56	4,51	8,64	0,98	2,30	3,85	7,06
8	1,01	1,57	2,52	4,46	8,53	0,96	2,26	3,79	6,98
9	0,99	1,54	2,49	4,41	8,43	0,93	2,22	3,74	6,90
10	0,97	1,51	2,45	4,35	8,35	0,91	2,18	3,69	6,82
12	0,93	1,46	2,38	4,25	8,20	0,87	2,11	3,58	6,66
14	0,89	1,41	2,31	4,15	8,04	0,84	2,04	3,48	6,50
16	0,86	1,36	2,24	4,05	7,89	0,80	1,97	3,39	6,36
18	0,83	1,32	2,18	3,96	7,75	0,77	1,91	3,30	6,21
20	0,8	1,28	2,12	3,87	7,60	0,74	1,85	3,21	6,07

1) Richtungsänderungen von mehr als 10° in der Rinne verringern ihre Leistungsfähigkeit um 15 %

Tab. 316.2: Abflussvermögen von runden und quadratischen Fallleitungen[1) 2)] Fachinformation ZVSHK

h_{Ablauf}, $A_{Fallrohr}$

Rinne		halbrunde Rinne, Fallleitung (FL) rund, ohne Einlauftrichter	halbrunde Rinne, Fallleitung (FL) rund, mit Einlauftrichter	Kastenrinne	Fallleitung (FL) rund, ohne Einlauftrichter	Fallleitung (FL) quadratisch, ohne Einlauftrichter
Rinne	FL-Innendurchmesser	Abflussvermögen	Abflussvermögen	Breite der Rinne	Abflussvermögen	Abflussvermögen
Nennmaß	d_i	$\dot{V}$	$\dot{V}$	d_2	V	V
	mm	l/s	l/s	mm	l/s	l/s
250	60	1,5	1,8	85	0,7	1,3
250	80	2,0	2,2	85	1,1	1,8
280	80	2,6	3,0	–	–	–
280	100	3,0	3,3	–	–	–
333	80	4,0	5,0	120	1,4	2,8
333	100	4,5	5,3	120	2,2	3,5
400	100	6,8	9,0	150	2,8	4,6
400	120	7,4	9,3	150	3,7	5,5
500	100	10,5	–	–	–	–
500	120	12,0	–	200	4,4	7,4
500	150	14,5	–	200	5,9	9,3

1) Laubfangkörbe im Ablaufstutzen reduzieren das Abflussvermögen der Fallleitung um 50 %

2) Bei Verziehungen mit einer Ablenkung von mehr als 80° von der Lotrechten wird die Fallleitung wie eine liegende Regenfallleitung dimensioniert (→Tab. 317.1)

Dimensionierung von Regenwasserleitungen *sizing of eaves guttering and rainwater pipes*

Tab. 317.1: Abflussvermögen von Regenfallleitungen mit Verziehung Fachinformation ZVSHK

Regenfallleitungen deren Verziehung ein Gefälle $\alpha < 10°$ (= 17,6 cm/m) aufweisen, werden bei der Dimensionierung wie liegende Leitungen mit einem Füllungsgrad $h/d_i = 0{,}7$ bemessen

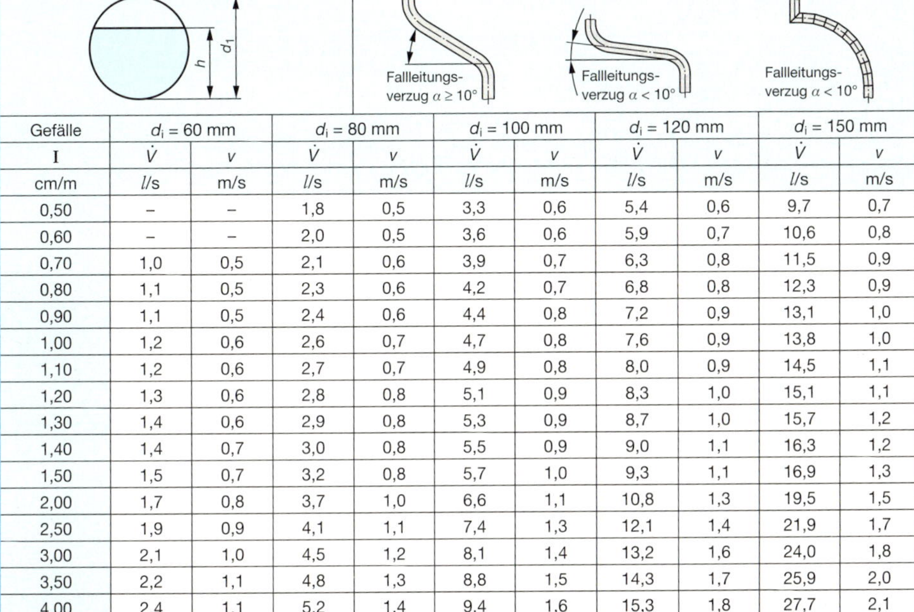

Gefälle	d_i = 60 mm		d_i = 80 mm		d_i = 100 mm		d_i = 120 mm		d_i = 150 mm	
I	$\dot{V}$	v	$\dot{V}$	v	$\dot{V}$	v	$\dot{V}$	v	$\dot{V}$	v
cm/m	l/s	m/s	l/s	m/s	l/s	m/s	l/s	m/s	l/s	m/s
0,50	–	–	1,8	0,5	3,3	0,6	5,4	0,6	9,7	0,7
0,60	–	–	2,0	0,5	3,6	0,6	5,9	0,7	10,6	0,8
0,70	1,0	0,5	2,1	0,6	3,9	0,7	6,3	0,8	11,5	0,9
0,80	1,1	0,5	2,3	0,6	4,2	0,7	6,8	0,8	12,3	0,9
0,90	1,1	0,5	2,4	0,6	4,4	0,8	7,2	0,9	13,1	1,0
1,00	1,2	0,6	2,6	0,7	4,7	0,8	7,6	0,9	13,8	1,0
1,10	1,2	0,6	2,7	0,7	4,9	0,8	8,0	0,9	14,5	1,1
1,20	1,3	0,6	2,8	0,8	5,1	0,9	8,3	1,0	15,1	1,1
1,30	1,4	0,6	2,9	0,8	5,3	0,9	8,7	1,0	15,7	1,2
1,40	1,4	0,7	3,0	0,8	5,5	0,9	9,0	1,1	16,3	1,2
1,50	1,5	0,7	3,2	0,8	5,7	1,0	9,3	1,1	16,9	1,3
2,00	1,7	0,8	3,7	1,0	6,6	1,1	10,8	1,3	19,5	1,5
2,50	1,9	0,9	4,1	1,1	7,4	1,3	12,1	1,4	21,9	1,7
3,00	2,1	1,0	4,5	1,2	8,1	1,4	13,2	1,6	24,0	1,8
3,50	2,2	1,1	4,8	1,3	8,8	1,5	14,3	1,7	25,9	2,0
4,00	2,4	1,1	5,2	1,4	9,4	1,6	15,3	1,8	27,7	2,1
4,50	2,5	1,2	5,5	1,5	10,0	1,7	16,2	1,9	29,4	2,2
5,00	2,7	1,3	5,8	1,5	10,5	1,8	17,1	2,0	31,0	2,3

Beispiel

Einfamilienhaus
Dimensionierung von Rinnen 1 und 2, sowie Fallleitung 1

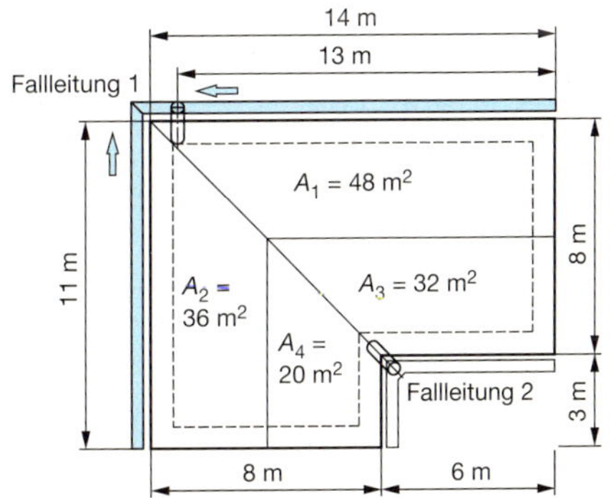

Vorgaben:

- halbrunde vorgehängte Rinne
- Notüberlauf über Rinnenlängsseite
- Fallleitung ohne Einlauftrichter
- Fallleitungsverzug 30°
- Nürnberg

Lösung:

1) Regenspende: $r_{5,5} = 317\ l/\text{s} \cdot \text{ha}$ (→ Tab. 315.1)
2) Regenwasserabfluss in die Rinnen

$$\dot{V}_{R,1} = \frac{r_{5,5} \cdot C \cdot A}{10\,000} = \frac{317 \cdot 1{,}0 \cdot 48}{10\,000} = 1{,}52\ l/\text{s}$$

$$\dot{V}_{R,2} = \frac{r_{5,5} \cdot C \cdot A}{10\,000} = \frac{317 \cdot 1{,}0 \cdot 36}{10\,000} = 1{,}14\ l/\text{s}$$

3) Nennmaß der Rinnen (→ Tab. 316.1)

Rinne 1 (l = 13 m, $\dot{V}_R$ = 1,52 l/s) ⇒ **Nennmaß: 333** (zulässig bis 2,31 l/s)
Rinne 1 (l = 12 m, $\dot{V}_R$ = 1,14 l/s) ⇒ Nennmaß: 285
(zulässig bis 1,46 l/s · 0,85 = 1,24 l/s wegen Richtungsänderung)
da Rinne 2 in gleicher Nennweite wie Rinne 1 ausgeführt wird **Nennmaß: 333**

4) Bemessung der Regenfallleitung (→ Tab. 316.2)

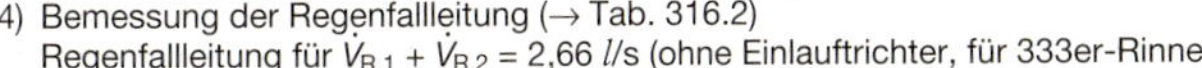

Regenfallleitung für $\dot{V}_{R,1} + \dot{V}_{R,2}$ = 2,66 l/s (ohne Einlauftrichter, für 333er-Rinne) **Nennmaß: 80**
zulässig bis 4,0 l/s

5) kein Einfluss der Fallleitungsverziehung, da Gefälle ≥ 10° (→ Tab. 317.1)

Entwässerungs-technik

Dimensionierung von Regenwasserleitungen *sizing of eaves guttering and rainwater pipes*

Tab. 318.1: Freispiegelentwässerung von Flachdächern (drucklos) – z. B. Kiesschüttdach

	Möglichkeit 1	Möglichkeit 2
Regelablauf $\dot{V}_{5,5}$	Der Regenwasserabfluss $\dot{V}_{5,5}$ aus $r_{5,5}$ wird durch das geplante Entwässerungssystem abgeführt	
Notüberlauf $\dot{V}_{Not} = \dot{V}_{5,100} - \dot{V}_{5,5}$	Ableitung über ein zweites Regen-Entwässerungssystem[1]	Ableitung über Wasserspeier in der Brüstung
Stausicherheit	Dach stausicher ausführen bis zur Höhe des möglichen Wasserspiegels	
Maßnahmen	Einläufe der Notentwässerung so hoch setzen, (z. B. mit Distanzelementen), dass der Zulauf erst bei Überschreitung des $\dot{V}_{5,5}$ möglich wird	Notüberlauf auf eine **schadlos überflutbare** Grundstücksfläche

[1] Wasser des Notüberlaufes darf **nicht in das Kanalsystem** eingeleitet werden!

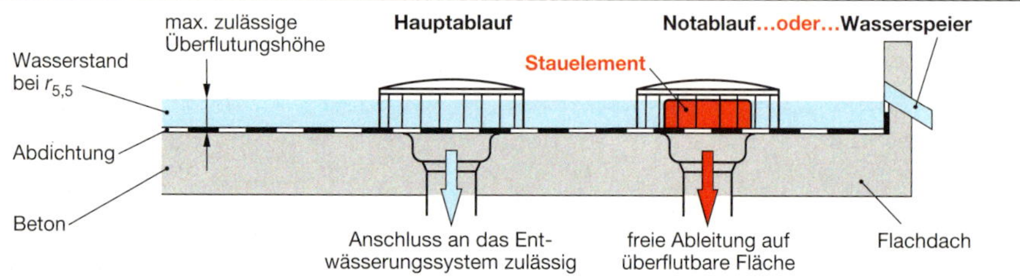

Tab. 318.2: Freispiegelentwässerung mit innenliegenden Rinnen

Auch beim Flachdach muss über das Entwässerungssystem der Volumenstrom aus der 5-Jahres-Regenspende $r_{5,5}$ abgeführt werden.
Beim Eintritt eines Jahrhundertregens $r_{5,100}$ dürfen keine Schäden entstehen; das Wasser des Notüberlaufes darf nicht in das Kanalsystem eingeleitet werden

Entwurfsgrundsätze

- kurze Fließwege (wichtig bei Starkregen)
- quadratische Querschnitte anstreben (bessere Wasserspiegeldifferenz zwischen Rinnenhochpunkt und -auslauf):
  Rinnenbreite kann nicht Rinnentiefe ersetzen!
- Ablaufeinrichtung möglichst an jeder Stirnseite (Halbierung des Fließweges)
- keine Rinneneinschnürungen und Rinnenwinkel

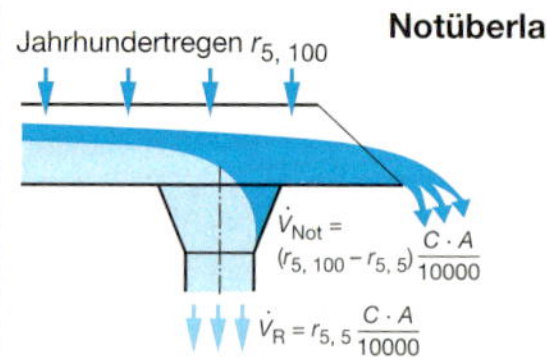

Notüberlauf Die Notentwässerung ist mit **freiem Auslauf** auf eine schadlos überflutbare Grundstücksfläche vorzusehen (→Tab. 319.1)

Tab. 318.3: Bezeichnungen an innenliegenden Rinnen — Fachinformation ZVSHK

Rinnenquerschnitt mit Schichtung

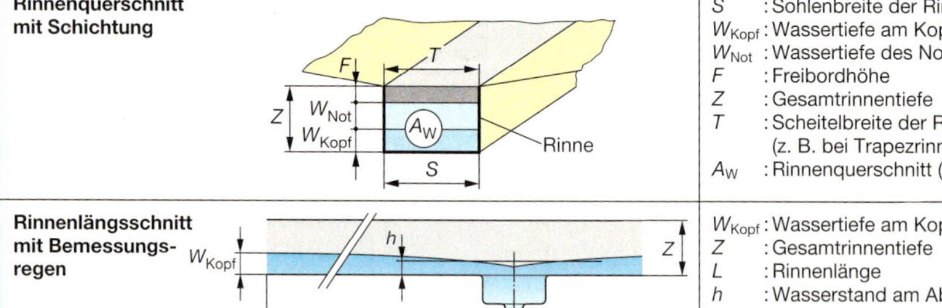

- S : Sohlenbreite der Rinne
- W_{Kopf} : Wassertiefe am Kopfstück
- W_{Not} : Wassertiefe des Notablaufs
- F : Freibordhöhe
- Z : Gesamtrinnentiefe
- T : Scheitelbreite der Rinne (z. B. bei Trapezrinnen)
- A_W : Rinnenquerschnitt (S x Z)

Rinnenlängsschnitt mit Bemessungsregen

- W_{Kopf} : Wassertiefe am Kopfstück
- Z : Gesamtrinnentiefe
- L : Rinnenlänge
- h : Wasserstand am Ablauf

Tab. 318.4: Freibordhöhe — DIN EN 12 056-03: 2001-01

Freibord (→ Tab. 318.3): zum Ausgleich von Wind- und Welleneinfluss

Gesamtrinnenhöhe Z einschließlich Freibord	Freibordhöhe (minimal)
< 85 mm	25 mm
85 mm ... 250 mm	$0{,}3 \cdot Z$
> 250 mm	75 mm

Entwässerungstechnik

Dimensionierung von Regenwasserleitungen *sizing of eaves guttering and rainwater pipes*

Tab. 319.1: Anordnungsmöglichkeiten des Notüberlaufs innenliegender Rinnen mit untergebauten Abläufen

Beschreibung	Darstellung	Bewertung
1. innen liegende Rinne mit einseitigem Notüberlauf über die Rinnenstirnseite		lange Fließwege zu Ablauf und Notablauf ⇒ große Rinnenquerschnitte erforderlich
2. innen liegende Rinne mit Notüberläufen über beide Rinnenstirnseiten		Fließwege zu den Abläufen nur noch ein Viertel, Fließweg des Notüberlaufs halbiert ⇒ kleinere Rinnenquerschnitte
3. innen liegende Rinne mit Notüberläufen in der Rinnenlängsseite		günstigste Fließwege zu Abläufen und Notüberläufen (hydraulisch stabilste Abflussverhältnisse) ⇒ kleinste Rinnenquerschnitte
4. innen liegende Rinne mit untergebauten Notüberläufen		günstige Fließwege zu Abläufen und Notüberläufen ⇒ kleine Rinnenquerschnitte

Tab. 319.2: Abflussvermögen von innenliegenden Rinnen

Das Abflussvermögen einer Rinne (→ Tab. 320.1 ff.) hängt ab von:

- Rinnenquerschnitt und dessen Verhältnis Breite zu Höhe (→Tab. 318.3)
- Rinnenform (rechteckig, trapezförmig)
- Druckhöhe h am Ablauf (→ Tab. 318.3)
- Rinnenlänge

Bei einer oder mehreren Richtungsänderungen von mehr als 10° reduziert sich das Abflussvermögen innen liegender Rinnen auf 85 %.

Tab. 319.3: Berechnungsbeipsiel für eine innenliegende Rinne

Beispiel:

- Ermittlung von $\dot{V}_R$, Rinnenmaßen (Höhen: W_{Kopf}, W_{Not}, Freibord)
- für eine rechteckige Rinne, 500 mm Rinnenbreite, ein Ablauf, einseitiger Notüberlauf
- aus bautechnischen Gründen: 1 Ablauf an jedem Rinnenende und 1 Notablauf an einer Stirnseite

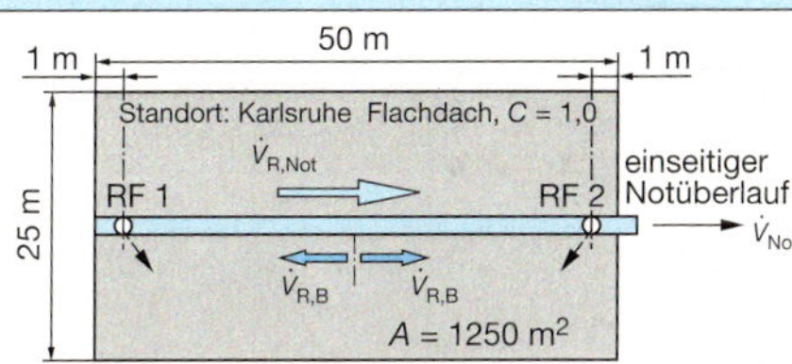

Lösung mit Regenspende: $r_{5,5}$ = 318 l/s · ha; $r_{5,100}$ = 648 l/s · ha (→ Tab 315.1)

	Regenwasserabfluss (→ Tab. 314.1)	Rinnentiefe W für S = 500 mm
Berechnungsregen auf 2 Abläufe ⇒ Fließweg: L = 25 m	$\dot{V}_{R,B} = \frac{1250\ m^2 \cdot 318\ l/s \cdot ha \cdot 1}{10\,000 m^2/ha} = 39{,}8\ l/s$ **je Ablauf** $\mathbf{V_{R,B} = 19{,}9\ l/s}$	$\mathbf{W_{Kopf}}$ **= 130 mm** (→ Tab. 321.1) $\mathbf{h}$ **= 61 mm**
Jahrhundertregen:	$\dot{V}_{R,J} = \frac{1250\ m^2 \cdot 648\ l/s \cdot ha \cdot 1}{10\,000 m^2/ha} = \mathbf{81{,}0\ l/s}$	
Notüberlauf: 1 Ablauf ⇒ Fließweg: L = 50 m	$\dot{V}_{R,J}$ = (81,0 – 39,8) l/s = **41,2 l/s**	$\mathbf{W_{Not}}$ **= 220 mm** (→ Tab. 321.1) $\mathbf{h}$ **= 104 mm**

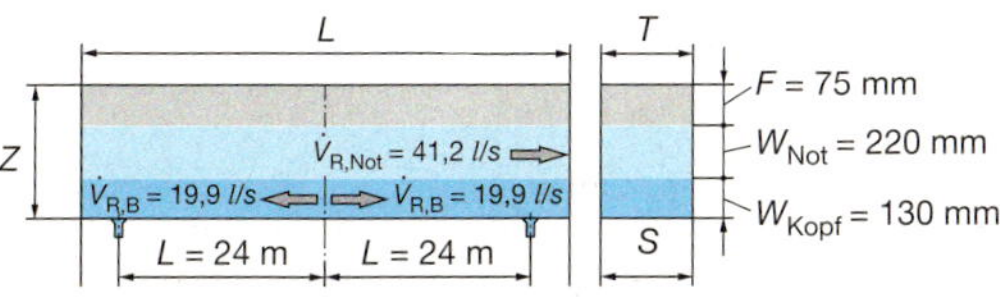

Freibord: für eine Gesamtrinnenhöhe Z > 250 mm wird eine Freibordhöhe von $\mathbf{F}$ **= 75 mm** gefordert (→ Tab. 318.4)

erforderliche Rinnentiefe $Z = W_{Ablauf} + W_{Not} + F$

$\mathbf{Z}$ **= (130 + 220 + 75) mm = 425 mm**

Entwässerungstechnik

Dimensionierung von Regenwasserleitungen *sizing of eaves guttering and rainwater pipes*

Tab. 320.1: Abflussvermögen rechteckiger, innenliegender Rinnen Auszug Fachinformation ZVSHK

Abflussvermögen der Rinne bei Gefälle I = 0
$\dot{V}$ in *l*/s

S	*W*[1)]	*h*	A_w	Länge der Rinne												
mm	mm	mm	cm²	5 m	10 m	15 m	20 m	25 m	30 m	35 m	40 m	45 m	50 m	60 m	70 m	80 m
200	200	95	400	19,8	19,8	19,8	19,8	17,6	17,0	16,4	15,9	15,3	14,8	13,9	13,0	12,3
200	195	92	390	19,1	19,1	19,1	19,1	16,9	16,3	15,7	15,2	14,6	14,2	13,2	12,4	11,7
200	190	90	380	18,3	18,3	18,3	18,3	16,2	15,6	15,0	14,5	14,0	13,5	13,6	11,8	11,1
200	185	87	370	17,6	17,6	17,6	17,6	15,4	14,9	14,3	13,8	13,3	12,8	12,0	11,2	10,6
200	180	86	360	16,9	16,9	16,9	16,9	14,7	14,2	13,6	13,1	12,6	12,2	11,3	10,6	10,0
200	175	83	350	16,2	16,2	16,2	16,2	14,1	13,5	13,0	12,5	12,0	11,6	10,8	10,1	9,5
200	170	80	340	15,5	15,5	15,5	14,2	13,3	12,8	12,3	11,8	11,4	10,9	10,2	9,5	8,9
200	165	78	330	14,8	14,8	14,8	13,3	12,7	12,2	11,7	11,2	10,8	10,4	9,6	9,0	8,4
200	160	75	320	14,1	14,1	14,1	12,6	12,0	11,5	11,0	10,6	10,2	9,8	9,1	8,4	8,0
200	155	73	310	13,5	13,6	13,5	11,9	11,4	10,9	10,5	10,0	9,6	9,2	8,5	7,9	7,5
200	150	71	300	12,8	12,8	12,3	11,3	10,8	10,3	9,8	9,4	9,0	8,6	8,0	7,4	7,0
200	145	69	290	12,2	12,2	11,2	10,7	10,2	9,7	9,3	8,8	8,5	8,1	7,5	7,0	6,6
200	140	66	280	11,6	11,6	10,6	10,0	9,6	9,1	8,7	8,3	7,9	7,6	7,0	6,5	6,1
200	135	64	270	11,0	11,0	10,0	9,5	9,0	8,5	8,1	7,7	7,4	7,1	6,5	6,1	5,7
200	130	61	260	10,4	10,1	9,3	8,8	8,4	7,0	7,6	7,2	6,9	6,6	6,0	5,6	5,3
200	125	59	250	9,8	9,3	8,8	8,3	7,8	7,4	7,0	6,7	6,4	6,1	5,6	5,2	5,0
200	121	57	242	9,3	8,8	8,3	7,8	7,4	7,0	6,6	6,3	6,0	5,7	5,2	4,9	4,7
200	117	55	234	8,9	8,3	7,8	7,4	7,0	6,6	6,2	5,9	5,6	5,3	4,9	4,6	4,5
300	300	142	900	54,6	54,6	54,0	52,7	51,5	50,3	49,1	48,0	46,9	45,8	43,7	41,8	40,0
300	280	132	840	49,2	49,2	48,4	47,2	46,0	44,9	43,8	42,7	41,6	40,6	38,7	36,8	35,1
300	260	123	780	44,0	44,0	43,1	41,9	40,8	39,7	38,6	37,6	36,6	35,7	33,8	32,1	30,6
300	240	113	720	39,1	39,1	37,9	36,8	35,8	34,7	33,7	32,8	31,8	30,9	29,7	27,7	26,3
300	220	104	660	34,3	34,3	33,0	32,0	31,0	30,0	29,1	28,2	27,3	26,5	24,9	23,5	22,2
300	210	99	630	32,0	32,0	30,7	29,6	28,7	27,7	26,8	25,9	25,1	24,3	22,8	21,5	20,3
300	200	95	600	29,7	29,4	28,4	27,4	26,4	25,5	24,6	23,8	23,0	22,2	20,8	19,6	18,5
300	190	90	570	27,5	27,1	26,1	25,2	24,2	23,4	22,5	21,7	21,0	20,2	18,9	17,7	16,7
300	185	87	555	26,4	26,0	25,0	24,1	23,2	22,3	21,5	20,7	20,0	19,3	18,0	16,8	15,8
300	180	85	540	25,4	24,9	23,9	23,0	22,1	21,3	20,5	19,7	19,0	18,3	17,1	16,0	15,0
300	175	83	525	24,3	23,8	22,9	22,0	21,1	20,3	19,5	18,7	18,0	17,4	16,2	15,1	14,2
300	170	80	510	23,3	22,7	21,8	20,9	20,1	19,3	18,5	17,8	17,1	16,4	15,3	14,3	13,4
300	165	78	495	22,3	21,7	20,8	19,9	19,1	18,3	17,5	16,8	16,2	15,5	14,4	13,5	12,7
300	160	76	480	21,3	20,6	19,8	18,9	18,1	17,3	16,6	15,9	15,3	14,7	13,6	12,7	11,9
300	155	73	465	20,3	19,6	18,8	17,9	17,1	16,4	15,7	15,0	14,4	13,8	12,8	11,9	11,2
300	150	71	450	19,3	18,6	17,8	17,0	16,2	15,5	14,8	14,1	13,5	13,0	12,0	11,2	10,5
300	145	69	435	18,3	17,7	16,8	16,0	15,3	14,6	13,9	13,3	12,7	12,2	11,2	10,5	9,9
300	140	66	420	17,4	16,7	15,9	15,1	14,4	13,7	13,0	12,4	11,9	11,4	10,5	9,8	9,2
300	135	64	405	16,5	15,7	14,9	14,2	13,5	12,8	12,2	11,6	11,1	10,6	9,8	9,1	8,6
300	130	61	390	15,6	14,8	14,0	13,3	12,6	12,0	11,4	10,8	10,3	9,8	9,1	8,5	8,0
300	125	59	375	14,7	13,9	13,1	12,4	11,8	11,1	10,6	10,0	9,6	9,1	8,4	7,9	7,5
300	120	57	360	13,8	13,0	12,3	11,6	10,9	10,3	9,8	9,3	8,8	8,4	7,7	7,3	7,0

[1)] W = Wasserstand des Berechnungsregens W_{Kopf} bzw. des Notüberlaufs W_{Not}

Dimensionierung von Regenwasserleitungen *sizing of eaves guttering and rainwater pipes*

Tab. 321.1: Abflussvermögen rechteckiger, innenliegender Rinnen Auszug Fachinformation ZVSHK

Abflussvermögen der Rinne bei Gefälle I = 0
$\dot{V}$ in l/s

S	*W*[1]	*h*	A_w	Länge der Rinne												
mm	mm	mm	cm²	5 m	10 m	15 m	20 m	25 m	30 m	35 m	40 m	45 m	50 m	60 m	70 m	80 m
400	400	189	1600	112,0	112,0	112,0	112,0	108,8	106,9	105,0	103,2	101,4	99,6	96,2	92,9	89,8
400	350	165	1400	91,7	91,7	91,7	89,7	88,0	86,2	84,5	82,8	81,1	79,5	76,4	73,5	70,7
400	300	142	1200	72,8	72,8	72,8	70,3	68,6	67,0	65,5	64,0	62,5	61,0	58,3	55,7	53,3
400	280	132	1120	65,6	65,6	65,6	62,9	61,4	59,8	58,4	56,9	55,5	54,1	51,6	49,1	46,9
400	260	123	1040	58,7	58,7	58,7	55,9	54,4	52,9	51,5	50,1	48,8	47,5	45,1	42,8	40,8
400	240	113	960	52,1	52,1	52,1	49,1	47,7	46,3	45,0	43,7	42,4	41,2	39,0	36,9	35,0
400	220	104	880	45,7	45,7	45,7	42,6	41,3	40,0	38,7	37,5	36,4	35,3	33,2	31,3	29,6
400	200	95	800	39,6	39,6	39,6	36,5	35,2	34,0	32,8	31,7	30,7	29,7	27,8	26,1	24,6
400	190	90	760	36,7	36,7	34,8	33,5	32,3	31,1	30,0	29,0	27,9	27,0	25,2	23,6	22,3
400	180	85	720	33,8	33,8	31,9	30,7	29,5	28,4	27,3	26,3	25,3	24,4	22,7	21,3	20,0
400	170	80	680	31,0	31,0	29,1	27,9	26,8	25,7	24,7	23,7	22,8	21,9	20,4	19,0	17,9
400	160	76	640	28,3	28,3	26,3	25,2	24,1	23,1	22,1	21,2	20,4	19,6	18,1	16,9	15,9
400	150	71	600	25,7	25,7	23,7	22,6	21,6	20,6	19,7	18,8	18,0	17,3	16,0	14,9	14,0
400	145	49	580	24,5	24,5	22,4	21,4	20,9	19,4	18,5	17,7	16,9	16,2	15,9	13,9	13,2
400	140	66	560	23,2	23,2	21,2	20,1	19,1	18,2	17,4	16,6	15,8	15,1	14,0	13,0	12,3
400	135	64	540	22,0	22,0	19,9	18,9	18,0	17,1	16,2	15,5	14,8	14,1	13,0	12,1	11,5
400	130	61	520	20,8	20,8	18,7	17,7	16,8	15,9	15,1	14,4	13,7	13,1	12,1	11,7	10,7
400	125	59	500	19,6	19,6	17,5	16,6	15,7	14,9	14,1	13,4	12,7	12,2	11,2	10,5	10,0
400	120	57	480	18,4	18,4	16,4	15,4	14,6	13,8	13,0	12,4	11,8	11,2	10,3	9,7	9,3
500	500	236	2500	195,7	195,7	195,7	195,7	193,5	190,8	188,1	185,5	182,9	180,3	175,3	170,4	165,7
500	450	213	2250	167,1	167,1	167,1	167,1	163,9	161,4	158,8	156,4	153,9	151,5	146,9	142,4	138,0
500	400	189	2000	140,0	140,0	140,0	138,5	136,0	133,6	131,3	129,0	126,8	124,5	120,3	116,1	112,2
500	350	165	1750	114,6	114,6	114,6	112,2	109,9	107,7	105,6	103,5	101,4	99,4	95,5	91,8	88,3
500	300	142	1500	91,0	91,0	89,9	87,8	85,8	83,8	81,8	80,0	78,1	76,3	72,9	69,6	66,6
500	280	132	1400	82,0	82,0	80,7	78,7	76,7	74,8	72,9	71,1	69,4	67,7	64,4	61,4	58,6
500	260	123	1300	73,4	73,4	71,8	69,8	68,0	66,2	64,4	62,7	61,0	59,4	56,4	53,6	51,0
500	250	118	1250	69,2	69,2	67,5	65,6	63,7	62,0	60,3	58,6	57,0	55,4	52,5	49,8	47,3
500	240	113	1200	65,1	65,1	63,2	61,4	59,6	57,9	56,2	54,6	53,1	51,6	48,7	46,1	43,8
500	230	109	1150	61,1	61,1	59,1	57,3	55,6	53,9	52,3	50,7	49,2	47,8	45,1	42,6	40,3
500	220	104	1100	57,1	57,1	55,0	53,3	51,6	50,0	48,4	46,9	45,5	44,1	41,5	39,1	37,0
500	210	99	1050	53,3	53,3	41,1	49,4	47,8	46,2	44,7	43,2	41,9	40,5	38,0	35,8	33,8
500	200	95	1000	49,5	49,5	47,3	45,6	44,0	42,5	41,1	39,7	38,3	37,1	34,7	32,6	30,8
500	190	90	950	45,8	45,8	43,5	41,9	40,4	38,9	37,5	36,2	34,7	33,7	31,5	29,5	27,8
500	180	85	900	42,3	42,3	39,9	39,3	36,9	35,5	34,1	32,9	31,7	30,5	28,4	26,6	25,0
500	170	80	850	38,8	38,8	36,3	35,9	33,5	32,1	30,8	29,6	28,5	27,4	25,5	23,8	22,4
500	160	76	800	35,4	35,4	32,9	31,5	30,2	28,9	27,7	26,5	25,5	24,4	22,6	21,1	19,9
500	150	71	750	32,2	32,2	29,6	28,3	27,0	25,8	24,6	23,6	22,5	21,6	20,0	18,6	17,5
500	140	66	700	29,0	29,0	26,4	25,1	23,9	22,8	21,7	20,7	19,8	18,9	17,5	16,3	15,4
500	130	61	650	25,9	25,9	23,4	22,2	21,0	19,9	18,9	18,0	17,2	16,4	15,1	14,1	13,4

[1] W = Wasserstand des Berechnungsregens W_{Kopf} bzw. des Notüberlaufs W_{Not}

Dimensionierung von Regenwasserleitungen *sizing of eaves guttering and rainwater pipes*

Tab. 322.1: Rinnenknopfstück — Fachinformation ZVSHK

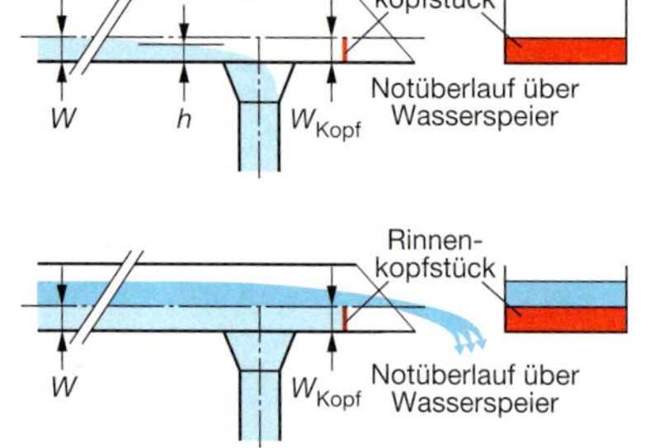

$W_{Kopf} = W$

$W_{Kopf} \geq 2 \cdot h$

maßgeblich ist der größere Wert

bei innen liegenden Rinnen muss das Rinnenkopfstück

- mindestens der Sollwassertiefe *W* (→ Tab. 318.3) entsprechen

und

- mindestens doppelt so hoch sein wie die Druckhöhe h am Ablauf (→ Tab. 318.3)

das Rinnenkopfstück soll die hier errechnete Höhe nicht überschreiten ⇒ andernfalls Behinderung des Notüberlaufes

Beispiel (→ Tab. 319.3)
Rinnenmaße: S = 500 mm, Z = 425 mm
Rinnenbelastung:
- Abfluss Berechnungsregen: $\dot{V}_{R,B}$ = 19,9 *l*/s ⇒ W = 130 mm
- Druckhöhe am Ablauf: h = 61 mm
- Höhe des Rinnenkopfstückes: $W_{Kopf} = W$ = 130 mm
  bzw. $W_{Kopf} \geq 2 \cdot h = 2 \cdot 61$ mm = 122 mm
  der gößere Wert ist maßgeblich ⇒ $\boldsymbol{W_{Kopf}}$ **= 130 mm**

Tab. 322.2: Rinnenablauf gefällelos verlegter Rinnen — Fachinformation ZVSHK

Die Leistungsfähigkeit der Regenfallleitung ist wesentlich durch die Druckhöhe h am Ablauf und die Form des Rinnenablaufs mit der zugehörigen Stömungsart bestimmt.

Strömungsart	Strömungsbild	
$D \geq 1{,}5\ d_i$ Überlaufströmung ($h \leq D/2$)	D, h, d_i	D, h, $d_i \geq D$, d_i
Auslaufströmung ($h > D/2$)	D, h, DN	

Tab. 322.3: Abflussvermögen von Fallleitungen innenliegender Rinne — Fachinformation ZVSHK

Das Abflussvermögen der Fallleitung mit kreisrunden Rinnenabläufen ist abhängig von
- Druckhöhe *h* am Ablauf (→ Tab. 318.3)
- Einströmverhalten am Rinnenablauf (Überlaufströmung/Auslaufströmung) (→ Tab. 322.2) und wird aus Tabellen entnommen (→ Tab. 323.1 und Tab. 323.2)

Beim Einsatz eines Laubfangkorbes reduziert sich die Leistungsfähigkeit der Fallleitung auf die Hälfte

$\dot{V}_{Fl} = 0{,}5 \cdot \dot{V}_{R,B}$

Die ausreichende Leistungsfähigkeit des Ablaufstutzens des jeweiligen Herstellers ist für die ermittelte Druckhöhe *h* zu prüfen.

Beispiel (→ Tab. 322.1)
Rinnenmaße: S = 500 mm, Z = 425 mm, kein Rinnenkorb, Rinne ohne Einlauftrichter
Abfluss Berechnungsregen: $\dot{V}_{R,B}$ = 19,9 *l*/s
Druckhöhe am Ablauf: h = 61 mm
Lös: Abflussvermögen der Rinne ohne Trichter bei keiner Nennweite ausreichend (→ Tab. 323.2), deshalb Fallleitung **mit** Einlauftrichter; Nennweite der Fallleitung: DN 250 (→ Tab. 323.1)
Strömungsart: Überlaufströmung

Dimensionierung von Regenwasserleitungen *sizing of eaves guttering and rainwater pipes*

Tab. 323.1: Abflussvermögen von Fallleitungen innenligender Rinnen mit kreisrunden Rinnenausläufen mit Trichter bzw. Kessel Fachinformation ZVSHK

D : oberer Durchmesser der Ablauföffnung
L_T: Höhe des Einlauftrichter

$D \geq 1{,}5 \cdot d_i$
$L_T \geq D$

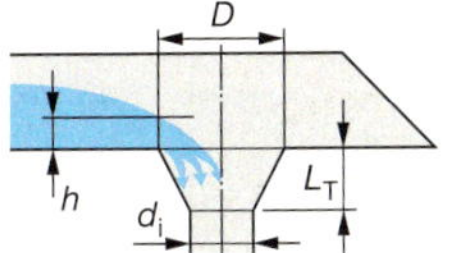

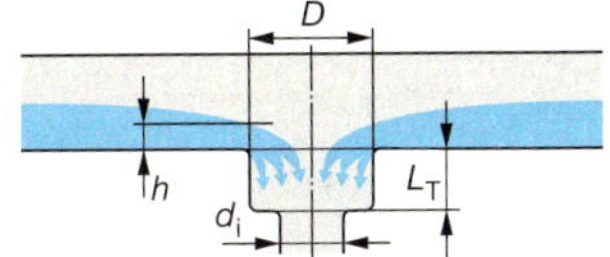

DN	70		100		125		150		200		250		300	
$L_T = D$	105 mm		150 mm		187,5 mm		225 mm		300 mm		375 mm		450 mm	
h	$\dot V$	$\dot V_{Korb}$	$\dot V$	$\dot V_{Korb}$	$\dot V$	$\dot V_{Korb}$	$\dot V$	$\dot V_{Korb}$	$\dot V$	$\dot V_{Korb}$	$\dot V$	$\dot V_{Korb}$	$\dot V$	$\dot V_{Korb}$
mm	l/s	l/s	l/s	l/s	l/s	l/s	l/s	l/s	l/s	l/s	l/s	l/s	l/s	l/s
30	2,3	1,2	3,3	1,6	4,1	2,1	4,9	2,6	6,6	3,6	8,2	4,1	9,9	4,9
40	3,5	1,8	5,1	2,5	6,3	3,2	7,6	3,8	10,1	5,1	12,6	6,3	15,2	7,6
50	4,9	2,5	7,1	8,3	8,4	4,4	10,6	5,3	14,1	7,1	17,7	8,8	21,2	10,6
60		2,8	9,3	4,6	11,6	5,8	13,9	7,0	18,6	9,3	23,2	11,6	27,9	13,9
70		3,1		5,9	14,6	7,3	17,6	8,8	23,4	11,7	29,3	14,6	35,1	17,6
80		3,3		6,7	17,9	8,9	21,5	10,7	28,6	14,3	35,8	17,9	42,9	21,5
90		3,5		7,1		10,7	25,6	12,8	34,2	17,1	42,7	21,3	51,2	25,6
100		3,7		7,5		11,7	30,0	15,0	40,0	20,0	50,0	25,0	60,0	30,0
110		3,9		7,9		12,3		17,3	46,1	23,1	57,7	28,8	69,2	34,6
120		4,0		8,2		12,8		18,5	52,6	26,3	65,7	32,9	78,9	39,4
130				8,6		13,4		19,2	59,3	29,6	74,1	37,1	88,9	44,5
140				8,9		13,9		20,0	66,3	33,1	82,8	41,4	99,4	49,7
150				9,2		14,4		20,7		36,7	91,9	45,9	110,2	55,1
200				10,6		16,6		23,9		42,4		66,3	169,7	84,9
250						18,5		26,7		47,4		74,1		106,7
300								29,2		52,0		81,2		116,9

grau hinterlegte Fläche: Auslaufströmung ($h > D/2$), nicht hinterlegt: Überlaufströmung ($h \leq D/2$) (→ Tab. 322.2)

Tab. 323.2: Abflussvermögen von Fallleitungen innenligender Rinnen mit kreisrunden Rinnenausläufen mit Trichter Fachinformation ZVSHK

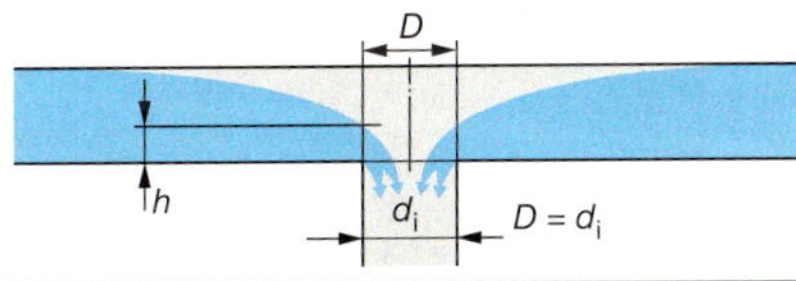

DN	70		100		125		150		200		250		300	
$L_T = D$	70 mm		100 mm		125 mm		150 mm		200 mm		250 mm		300 mm	
h	$\dot V$	$\dot V_{Korb}$	$\dot V$	$\dot V_{Korb}$	$\dot V$	$\dot V_{Korb}$	$\dot V$	$\dot V_{Korb}$	$\dot V$	$\dot V_{Korb}$	$\dot V$	$\dot V_{Korb}$	$\dot V$	$\dot V_{Korb}$
mm	l/s	l/s	l/s	l/s	l/s	l/s	l/s	l/s	l/s	l/s	l/s	l/s	l/s	l/s
30	1,5	0,8	2,2	1,1	2,7	1,4	3,3	1,6	4,4	2,2	5,5	2,7	6,6	3,3
40	2,1	1,0	3,4	1,7	4,2	2,1	5,1	2,5	6,7	3,4	8,4	4,2	10,1	5,1
50	2,3	1,2	4,7	2,4	5,6	2,9	7,1	3,5	9,4	4,7	11,8	5,9	14,1	7,1
60	2,5	1,3	5,2	2,6	7,7	3,9	9,3	4,6	12,6	6,2	15,5	7,7	18,6	9,3
70	2,7	1,4	5,6	2,8	8,7	4,4	11,7	5,9	15,6	7,8	19,5	9,8	23,4	11,7
80	2,9	1,5	6,0	3,0	9,3	4,7	13,4	6,7	19,1	9,5	23,9	11,9	18,6	14,3
90	3,1	1,5	6,3	3,2	9,9	4,9	14,2	7,1	22,8	11,4	28,5	14,2	34,2	17,1
100	3,3	1,6	6,7	3,3	10,4	5,2	15,0	7,5	26,7	13,3	33,3	16,7	40,0	20,0
110	3,4	1,7	7,0	3,5	10,9	5,5	15,7	7,9	28,0	14,0	38,5	19,2	46,1	23,1
120	3,6	1,8	7,3	3,7	11,4	5,7	16,4	8,2	19,2	14,6	43,8	21,9	52,6	26,3
130	3,7	1,9	7,6	3,8	11,9	5,9	17,1	8,6	30,4	15,2	47,5	23,8	59,3	29,6
140	3,9	1,9	7,9	3,9	12,3	6,2	17,7	8,9	31,6	15,8	49,3	24,7	66,3	33,1
150	4,0	2,0	8,2	4,1	12,8	6,4	18,4	9,2	32,7	16,3	51,0	25,5	73,5	36,7
200		2,3	9,4	4,7	14,7	7,4	21,2	10,6	37,7	18,9	58,9	29,5	84,9	42,4
250		2,6	10,5	5,3	16,5	8,2	23,7	11,9	42,2	21,1	65,9	32,9	94,9	47,4
300		2,8		5,8	18,0	9,0	26,0	13,0	46,2	23,1	72,2	36,1	103,9	52,0

grau hinterlegte Fläche: Auslaufströmung ($h > D/2$), nicht hinterlegt: Überlaufströmung ($h \leq D/2$) (→ Tab. 322.2)

Dimensionierung von Regenwasserleitungen *sizing of eaves guttering and rainwater pipes*

Tab. 324.1: Abflussvermögen rechteckiger Notüberläufe in der Rinnenlängsseite Fachinformation ZVSHK

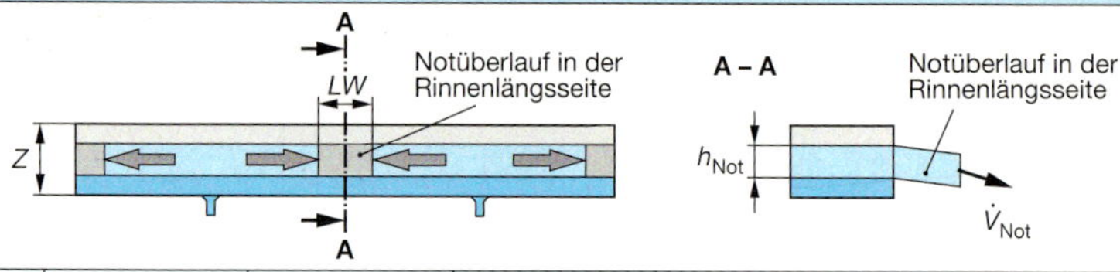

h_{Not}	50 mm	60 mm	70 mm	80 mm	90 mm	100 mm
LW	Abflussvermögen $\dot{V}_{Not}$ in l/s in Abhängigkeit von h_{Not}					
100	1,5	1,9	2,4	3,0	3,6	4,2
110	1,6	2,1	2,7	3,3	3,9	4,6
120	1,8	2,3	2,9	3,6	4,3	5,0
130	1,9	2,5	3,2	3,9	4,6	5,4
140	2,1	2,7	3,4	4,2	5,0	5,8
150	2,2	2,9	3,7	4,5	5,3	6,3
160	2,4	3,1	3,9	4,8	5,7	6,7
170	2,5	3,3	4,1	5,1	6,0	7,1
180	2,7	3,5	4,4	5,4	6,4	7,5
190	2,8	3,7	4,6	5,7	6,8	7,9
200	2,9	3,9	4,9	6,0	7,1	8,3
220	3,2	4,3	5,4	6,6	7,8	9,2
240	3,5	4,6	5,9	7,2	8,5	10,0
260	3,8	5,0	6,3	7,8	9,3	10,8
280	4,1	5,4	6,8	8,3	10,0	11,7
300	4,4	5,8	7,3	8,9	10,7	12,5

Tab. 324.2: Dachentwässerung mit Druckströmung DIN EN 12 109

Gegenüberstellung: Dachentwässerung mit Freispiegelleitung – mit Druckströmung

Dachentwässerung mit Freispiegelleitungen (drucklos) teilgefüllte Leitungen für $\dot{V}_R$ = 18 l/s 4,5 l/s 4,5 l/s 4,5 l/s 4,5 l/s DN 100 DN 100 DN 100 DN 100 DN 200 DN 100 DN 150 min. 1 % Gefälle	**Einsatzbereich:** kleinere Dachflächen, Haus- und Garagendächer, Dächer mit geringer Höhe **Ableitung:** über außen- und innenliegende Leitungen Fallleitung DN 100: max. 4,7 l/s
Dachentwässerung mit Druckströmung teilgefüllte Leitungen für $\dot{V}_R$ = 18 l/s 6 l/s 6 l/s 6 l/s DN 50 DN 70 Verlegung ohne Gefälle DN 100 Druckströmung Druckgefälle unter Rückstauebene: teilgefüllte Leitungen DN 200 min. 1 % Gefälle	**Einsatzbereich:** großflächige Fabrik-, Lager- und Flachdächer **Ableitung:** meist über innenliegende Leitungen **Vorteile:** • weniger Grundleitungen, Erdarbeiten, Rohrgräben, Schächte • weniger Fallleitungen, kleinere Rohrnennweiten • Rohrleitungen unter Dach ohne Gefälle verlegen, dadurch geringere Zwischendeckenhöhe • gute Selbstreinigung durch hohe Fließgeschwindigkeit **Voraussetzung:** • längskraftschlüssige Verbindungen • druckfeste Rohre

Regenwassernutzung *rain water utilization* DIN 1989

Privater Wasserbedarf
ca. 128 l/(E · d) (Stand 2001)

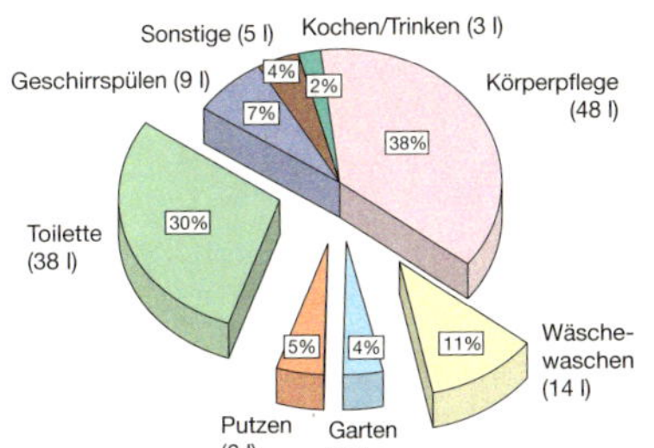

Vorteile der Regenwassernutzung:
- Entlastung von Kanalisation und Kläranlage
- Verminderung des Trinkwasserverbrauches
- Entlastung von Grundwassermangelgebieten
- Verzicht von Enthärter in der Waschmaschine, geringere Waschmitteldosierung
- Kostenersparnis bei steigenden Trink- und Abwasserkosten möglich
- Dämpfung von Hochwasserspitzen

Nachteile der Regenwassernutzung:
- Verunreinigung des Dachablaufwassers
- zweites Leitungswassersystem
- lange Amortisationszeit (10 bis 20 Jahre – je nach Wasserpreis)
- Verwechslungsgefahr der Zapfstellen

Aufbau einer Regenwassernutzungsanlage

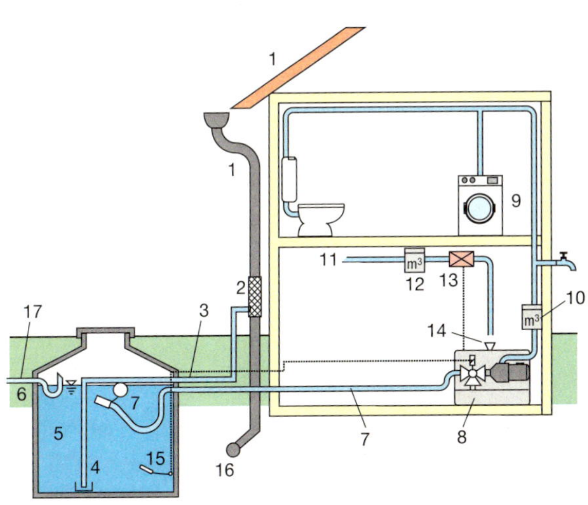

1 Auffangfläche mit Dachrinne und Regenfallleitung
2 Filtersammler
3 Zulaufleitung zum Speicher
4 beruhigter Einlauf
5 Speicher
6 Überlauf mit Geruchverschluss und Nagetierschutz
7 schwimmende Entnahme und Saugleitung
8 Hauswasserstation mit Pumpe, Dreiwegeventil und Wassernachspeisung
9 Betriebswasser-Druckleitung
10 Betriebswasserzähler
11 Trinkwassernachspeisung
12 Trinkwasserzähler
13 Magnetventil
14 freier Auslauf
15 Schwimmerschalter
16 zum Abwasserkanal
17 zum Abwasserkanal mit Rückstausicherung bzw. zur Versickerung

Tab. 325.1: Einfluss des Dachmaterials auf das Dachablaufwasser

Dachmaterial	Oberfläche	pH-Wert des Dachablaufwassers	Bemerkung
Tonschiefer Kunststoffe		keine neutralisierende Wirkung	• besonders geeignet, da glatte und chemisch beständige Oberfläche
Schiefer	glatt	Erhöhung des pH-Wertes auf 6,2 bis 8,4 durch Kalk im Schiefer	
Metall: Aluminium, Zink, Blei, Kupfer, Edelstahl		Absinken des pH-Wertes infolge chemischer Reaktionen durch geringen pH-Wert des Regenwassers	• kann erhöhten Metallgehalt aufweisen • zur Bewässerung von Nutzpflanzen ungeeignet
Betondachsteine	rau, teilweise verwittert	Erhöhung des pH-Wertes auf 7 bis 8,4	• erhöht Staubablagerungen sowie Moos- und Flechtenbewuchs • verstärkter organischer Schmutzanteil
Bitumen	rau	wegen unterschiedlicher Beschichtung keine Aussage möglich	• häufig gelblich gefärbtes Wasser, kann Sanitärkeramik verfärben

Regenwassernutzung *rain water utilization* DIN 1989

Filter

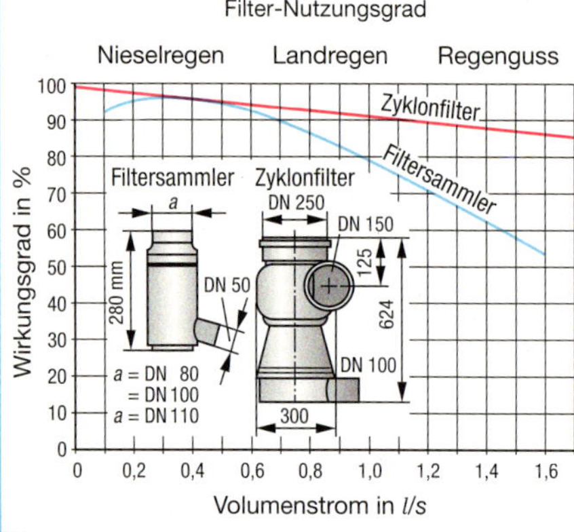

Anforderungen:
- wartungsarm (d. h. gute Selbstreinigung)
- kein Zusetzen, kein Verkeimen
- gute Zugänglichkeit, einfache Reinigung
- Feinfilterung möglichst mit einer Maschenweite < 0,2 mm

Filtersammler:
nahezu wartungsfrei, die im Inneren abgeschiedenen Schmutzpartikel werden durch das nachfolgende Regenwasser abgewaschen

Einbau: in Regenfallleitung oberhalb der Rückstauebene

Zyklonfilter:
Zentrifugalwirkung zur Separierung von Verunreinigungen

Einbau: in horizontal verlaufenden Leitungen im Erdreich (üblicherweise unter RStE!)

Speicher DIN 1989-3: 2003

Anforderungen:
kühl (unter ca. 16 °C kaum Keimwachstum)
frostsicher (günstig: im Erdreich)
Schutz vor Licht- und UV-Einfall (Algenwachstum)
Schutz vor Rückstau, Faulgasen, eindringenden Tieren, Druckaufbau
Materialien mit günstiger Öko-Bilanz
reicht der Platz für den geplanten Behälter?
auftriebsicher

Erdspeicher
- ausreichende Gründung und Verfüllung beachten
- Auftriebssicherheit
- Erdüberdeckung möglichst 80 cm
- Einstiegsöffnung für Wartung und Reparatur
- Belastbarkeit gegen Erddruck, Überdeckung und Verkehrslast

Bauarten
monolitische Betonspeicher
Großbehälter: Ortbeton oder in Segmentbauweise
Kunststofftanks (gegen Aufschwimmen sichern)
Stahlspeicher: Außen- und Innenbeschichtung

im Gebäude aufgestellte Speicher
- möglichst in einem frostfreien Keller mit niedriger Raumtemperatur
- bei Lichteinfall: lichtundurchlässige Tanks verwenden
- Mindestabstände zu umfassenden Wänden einhalten (wegen Ausdehnung)
- bei Batterieaufstellung: kommunizierende Verbindung ca. 15 cm oberhalb Speicherboden
- Aufstellung auf dem Dachboden ist problematisch (Statik, Temperatur)

Zulauf: zulaufendes Wasser an der Sohle, beruhigt, nach oben gerichtet, einführen
im Speicher vorhandenes Wasser vor dem zulaufenden, sauerstoffreichen Wasser verbrauchen

Überlauf: ist erwünscht, ausschwemmen des Schmutzfilmes
Anordnung oberhalb RStE, andernfalls gegen Rückstau sichern

Wasserentnahme: 10 bis 15 cm unter Wasseroberkante, schwimmend

Leitungssystem

Saugleitung
- kurz, gerade, mit leichter Steigung zur Pumpe
- DN der Saugleitung zur Pumpe ≥ DN Anschlussstutzen der Pumpe
- Fußventil (RV) gegen Rückströmen einbauen
- Wasserentnahme ca. 10 cm unter Wasseroberkante
- Werkstoff: nicht-korrosiv, nicht-transparent
- kein Feinfilter in der Saugleitung

Betriebswasserdruckleitung
- korrosionsfeste Werkstoffe verwenden!
- Verbindung von Trink- und Betriebswasser ist nicht zulässig
- Dimensionierung und Druckprüfung nach DIN 1988
- Schutz gegen Temperatureinfluss (Dämmung!)
- statt Druckausgleichsgefäß druckgeregelte Pumpe verwenden
- Kennzeichnung von Leitungen und Zapfstellen

Das parallele Anschließen einer Regenwasser- und einer Trinkwasserzuleitung mit jeweils einem Schwimmersystem an handelsübliche WC-Spülkästen ist nach DIN 1988 **nicht erlaubt** !

Regenwassernutzung *rain water utilization*

Trinkwassernachspeisung über freien Auslauf

Während lang anhaltenden Trockenperioden genügt das Volumen des gespeicherten Wassers u. U. nicht, dann muss Trinkwasser nachgespeist werden.

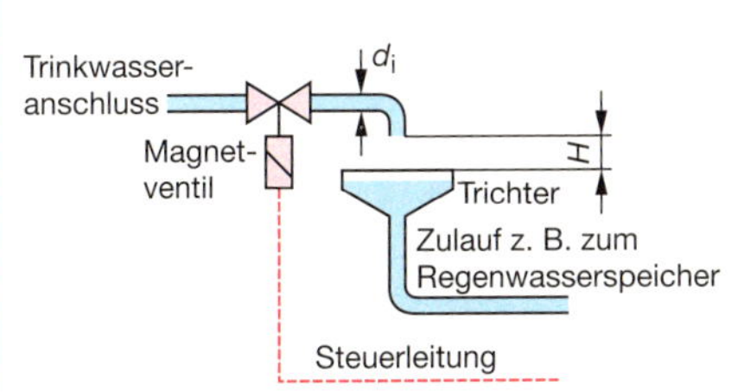

Freier Auslauf:
freier Auslauf (freie Fließstrecke 3 x d_i, min. 20 mm), mindestens 15 cm über Rückstauebene

Steuerung:
bei Unterschreiten des Mindestwasserstandes im Speicher gibt ein Sensor ein Signal an das (stromlos geschlossene) Magnetventil.

Nachspeisemenge:
sollte 1/2 Tagesbedarf nicht überschreiten!

Anschluss:
- an den Regenwasserzulauf oder
- an die Hauswasserstation

Regenwasserdargebot

In Deutschland beträgt das langjährige Niederschlagsmittel etwa 800 mm/m²·a. Die Niederschlagshöhen schwanken dabei, je nach Ort, beträchtlich zwischen 500 mm und 1600 mm

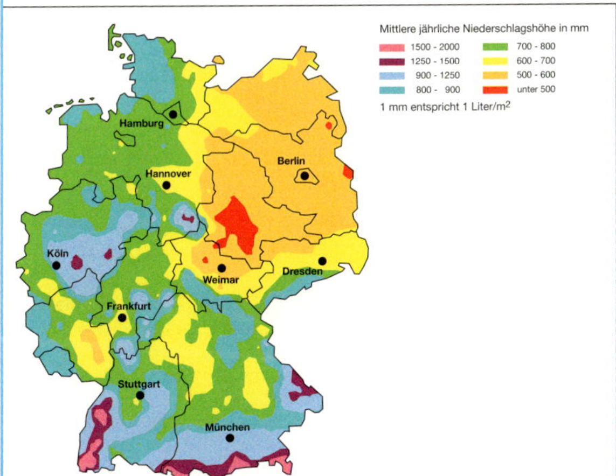

Durchschnittliche Niederschlagsmenge Mitteleuropa (Einheit: l/m²)

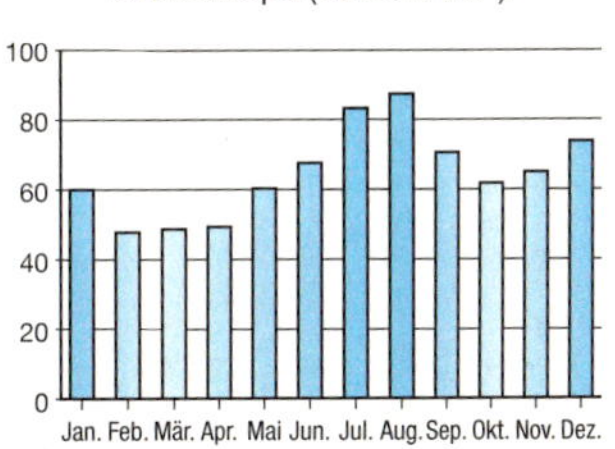

Trockenperioden dauern in der Regel nicht länger als zwei bis drei Wochen. Ein Speicher gilt als optimiert, wenn eine Trockenperiode von drei Wochen ausgeglichen werden kann.

Genauere Niederschlagshöhen: Verzeichnis der Wetterämter

Tab. 327.1: Bedarfswerte im Haushalt DIN 1989-1: 2002

Verbraucher	Personenbezogener Tagesbedarf	Spezifischer Jahresbedarf
• Toilette im Haushalt¹⁾	24 l/Person	–
• Toilette im Bürobereich¹⁾	12 l/Person	–
• Toilette in Schulen¹⁾	6 l/Person	–
• Waschmaschine im Haushalt	10 l/Person	–
• Gartenbewässerung pro 1 m² Nutzgarten, Grünanlagen	–	60 l/m²
Bewässerung oder Beregnungsmengen während der Vegetationszeit von April bis September (Gesamtmenge für 6 Monate)		
– bei Sportanlagen	–	200 l/m²
– für Grünland		
bei leichtem Boden	–	100 … 200 l/m²
bei schwerem Boden	–	80 … 150 l/m²

1) Toiletten grundsätzlich nur in wassersparender Ausführung (z. B. 6 l-WC mit Zweimengen-Spülsystem

Tab. 327.2: Ertragsbeiwert von Dächern DIN 1989-1: 2002

Beschaffenheit	Ertragsbeiwert e
geneigtes Hartdach[1]	0,8
Gründach, intensiv	0,3
Gründach, extensiv	0,5
Flachdach, bekiest	0,6
Flachdach, unbekiest	0,8
Pflasterfläche / Verbundpflasterfläche	0,5
Asphaltbelag	0,8

1) Abweichungen je nach Saugfähigkeit und Rauheit

Regenwassernutzung *rain water utilisation*

Berechnungsformular zur Ermittlung von Regenwasserertrag, Betriebswasserbedarf und Nutzvolumen von Regenwasserspeichern **DIN 1989-1: 2002**

Beispiel:	2-Familien-Haus (8 Personen),	Nutzgarten 180 m²
	Dach (geneigtes Hausdach):	Niederschlagsfläche 140 m², und Dachüberstand 45 m²
	Vordach (Flachdach unbekiest):	Niederschlagsfläche 5 m²
	Garage (Flachdach bekiest):	Niederschlagsfläche 45 m²
	Anbau (Gründach, extensiv):	Niederschlagsfläche 36 m²
	Örtliche Niederschlagsmenge:	800 $^{mm}/_{m^2 \cdot a}$
	Zyklonfilter, z. B. $\eta = 0{,}9$	

Regenwasserertrag 800 l/m^2 = jährliche Niederschlagsmenge

Auffangfläche A in m² [1)]		Ertragsbeiwert e[2)]	A_{eff} in m²	Niederschlagshöhe h in l/m^2	hydrl. Filterwirkungsgrad η
Hausdach + Überstand	185	x 0,8	148	(nach Auskunft des Wetteramtes)	
Vordach (unbekiest)	5	x 0,8	4		
Garage (bekiest)	45	x 0,6	27		
Anbau	36	x 0,5	18		
			Σ = 197	x 800	x 0,9
				jährlicher Regenwasserertrag [l]	**= 141840 l**

Betriebswasserbedarf

Entwässerungsgegenstand	Betriebswasserbedarf in l/d · Pers.[3)]	Anzahl der Personen	Zeitraum Tage je Jahr	Betriebswasserbedarf in l/a
Toilette (Haushalt)	24			
Waschmaschine	10			
	Σ = 34	x 8	x 365	= (1) 99280
	Gartengröße [m²]	Wasserbedarf [l/m²]		
Nutzgartenbewässerung	180	x 60		= (2) 10800
Andere Nutzungen		x		= (3)
	Betriebswasserjahresbedarf Σ (1) + (2) + (3)			114880

Nutzvolumen des Regenwasserspeichers

6 % des Betriebswasserjahresbedarfs oder jährlichen Regenwasserertrags

Anmerkung: Der jeweils kleinere Wert des Betriebswasserjahresbedarf oder jährlichem Regenwasserertrag ist in die Rechnung aufzunehmen.

Nutzvolumen in Liter = 114880 [l/a] x 0,06 = 6893 [l]

gewähltes Nutzvolumen in Liter	**7000**

1) (→ S. 314) 2) (→ Tab. 327.2) 3) (→ Tab. 327.1)

Entwässerungstechnik

Regenwassernutzung *rain water utilization*

Tab. 329.1: Regenwasserversickerung

Voraussetzungen für die Versickerung von Regenwasser • Boden mit einer Durchlässigkeit von $k_f = 1 \cdot 10^{-6}$ m/s (schluffiger Sand) bis $1 \cdot 10^{-3}$ m/s (Grobsand) • bei Böden mit geringerer Durchlässigkeit reicht die Versickerungsleistung i. d. R. nicht aus • bei Werten oberhalb $k_f > 1 \cdot 10^{-3}$ m/s ist der Grundwasserschutz aufgrund der geringen Reinigungswirkung nicht gewährleistet • Abstand zu Gebäuden je nach Versickerungsart min. 3 m bis 6 m	**Vorteile der Versickerung** • Erhalt der Grundwasserneubildung • Dämpfung der Hochwasserspitzen • Verringerung des Schad- und Nährstoffeintrags in Gewässer • verbessertes Kleinklima • Reduzierung des Betriebsaufwandes für Kläranlagen und Pumpwerke
Flächenversickerung 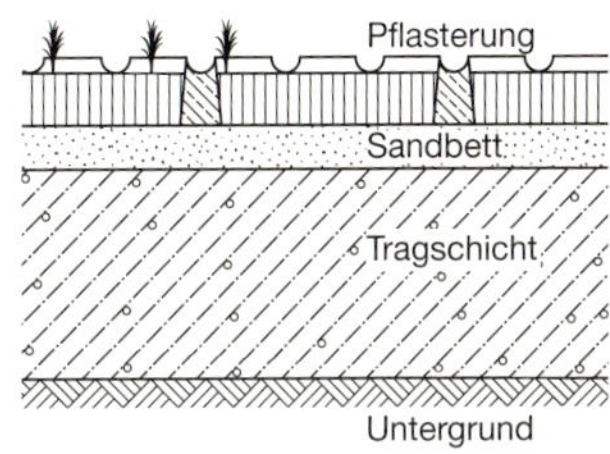 	**Prinzip:** Niederschlagswasser wird offen und ohne wesentlichen Aufstau direkt durch die Oberfläche versickert (z. B. durchlässige Pflasterung) **Voraussetzung:** Versickerungsleistung muss größer sein als der Bemessungsniederschlag **Eignung:** wenig verschmutzte Hofflächen, Rettungszufahrten, Parkwege, ländliche Wege, Campingplätze, Sportanlagen
Muldenversickerung 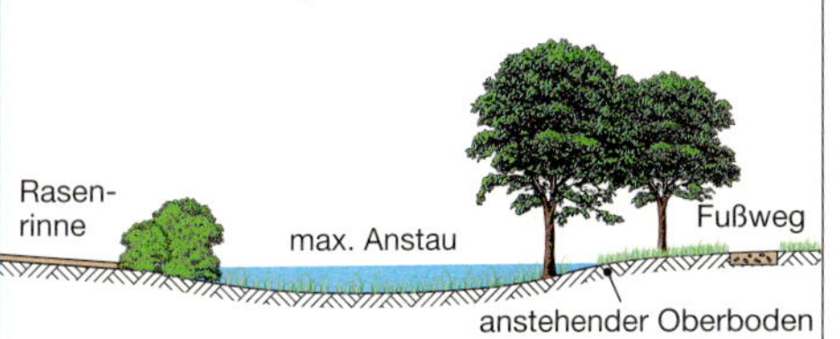 	**Prinzip:** Wasser wird in eine Mulde eingeleitet **Wirkung:** gute Speicher- bzw. Retentionswirkung (Rückhaltung), gute Reinigungsleistung; geringer Herstellungsaufwand **Eignung:** großer Einsatzbereich durch hohe Lebensdauer, geringer Wartungsaufwand und geringe Kosten
Rigolen- und Rohrversickerung 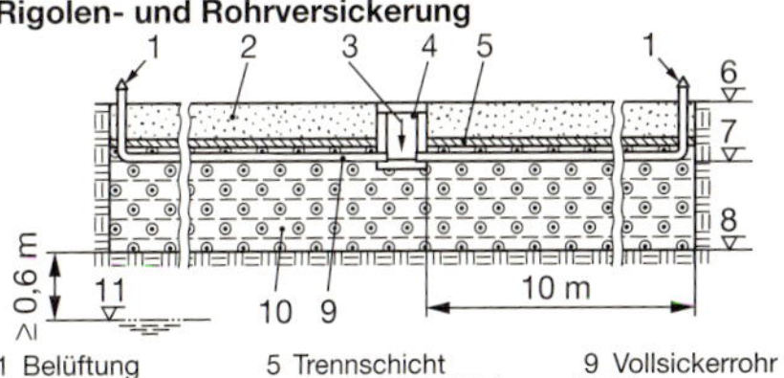 1 Belüftung 2 Auffüllung 3 Zulauf 4 Verteilerschacht 5 Trennschicht 6 Geländeoberfläche 7 Rohrsohle 8 Grabensohle 9 Vollsickerrohr 10 Kies 11 höchster Grundwasserstand	**Rigole:** mit Schotter oder Kies gefüllter und mit Erdreich überdeckter Körper oder perforiertes Rohr **Prinzip:** Niederschlagswasser wird in einen kiesgefüllten Graben (Rigole) oder in ein in Kies eingebettetes, perforiertes Rohr eingeleitet, dort zwischengespeichert und an den Untergrund abgegeben
Schachtversickerung 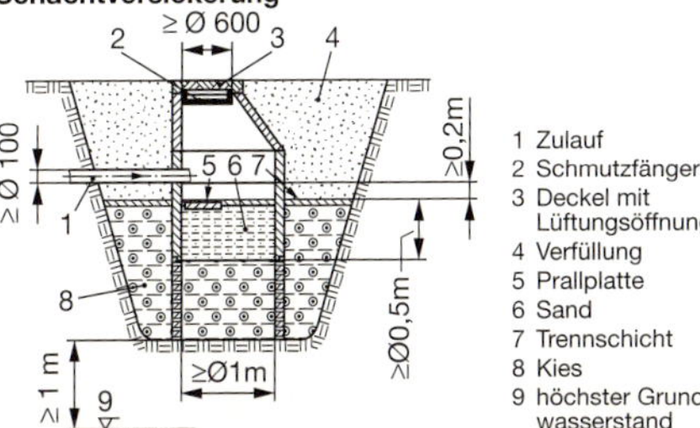 1 Zulauf 2 Schmutzfänger 3 Deckel mit Lüftungsöffnung 4 Verfüllung 5 Prallplatte 6 Sand 7 Trennschicht 8 Kies 9 höchster Grundwasserstand	**Prinzip:** Niederschlagswasser wird in einen durchlässigen Schacht eingeleitet dort zwischengespeichert und entsprechend der Versickerungsleistung des Untergrundes an diesen abgegeben **Voraussetzung:** durch die zeitweise Speicherung kann die Versickerungsrate geringer als der Niederschlagszufluss sein **Eignung:** durch die Standardmaße der Brunnenringe (DIN 4034) und durch die Tiefenbeschränkung (insbesondere bei geringem Grundwasserstand) nur für Einfamilienhäuser und kleinere Regenauffangflächen geeignet

Grabenbau *ditch work*

Tab. 330.1: Leitungsgräben und Baugruben DIN 4124: 2002-10

Rohrgrabenarbeiten verursachen einen erheblichen Anteil der Kosten von erdverlegten Leitungen
Grabarbeiten ⇒ Störung des inneren Gleichgewichtszustandes des Bodens ⇒ Einsturzgefahr ⇒ Lebensgefahr!

Grabentiefe	Bauweise	Bodenbeschaffenheit	Bemerkung[4]
bis 1,25 m	Aushub; 0,6m; lastfreie Schutzstreifen; 0,6m; ≥ 1,75 m	weicher bindiger Boden[1) 2)] und steifer bindiger Boden[1) 3)] bei Gräben bis zu einer Tiefe von 80 cm kann auf den Schutzstreifen verzichtet werden	Baugruben und Gräben bis 1,25 m Tiefe dürfen im Allgemeinen ohne besondere Sicherung mit senkrechten Wänden hergestellt werden
1,25 m ... 1,75 m	Aushub; ≥0,6m; lastfreie Schutzstreifen; ≥0,6m; ≥ 1,25 m; ≥ 1,75 m	mindestens steifer bindiger Boden[1) 3)]	Baugrube ohne Verbau, mit abgeböschten Wänden
	Aushub; ≥0,6m; lastfreier Schutzstreifen; ≥ 5 cm; ≥ 1,25 m; ≥ 1,75 m	mindestens steifer bindiger Boden[1) 3)]	Baugrube mit Verbau
1,75 m ... 5,00 m	Gräben mit einer Tiefe von mehr als 1,75 m sind grundsätzlich mit einem geschlossenen Verbau herzustellen		
tiefer 5 m	Die Standsicherheit geböschter Wände mit einer Tiefe von mehr als 5 m ist nach DIN 4084 oder durch ein Sachverständigengutachten nachzuweisen		

1) bindiger Boden: mehr als 15 % Massenanteil der Bestandteile mit Korngrößen über 0,06 mm (DIN 1054)
2) weicher Boden: ein Boden, der sich leicht kneten lässt (DIN 4022-1)
3) steifer Boden: lässt sich schwer kneten, aber in der Hand zu 3 mm dicken Walzen ausrollen, ohne zu reißen oder zu zerbröckeln
4) in der Regel ist die Stirnseite des Grabens durch Verbau zu sichern.

Tab. 330.2: Mindestgrabenbreite in Abhängigkeit von der Grabentiefe DIN EN 1610: 1997-10

Grabentiefe in m	Mindestgrabenbreite in m
< 1,0 m	kein Wert vorgebenen
≥ 1,0 m ≤ 1,75 m	0,80
> 1,75 m ≤ 4,0 m	0,90
> 4,0 m	1,0

Tab. 330.3: Mindestgrabenbreite in Abhängigkeit vom Außendurchmesser des Rohres DIN EN 1610: 1997-10

DN	verbauter Graben	unverbauter Graben	
		$\beta > 60°$	$\beta \leq 60°$
≤ 225	$D_a + 0{,}4$ m		
> 225 bis ≤ 350	$D_a + 0{,}4$ m	$D_a + 0{,}4$ m	$D_a + 0{,}4$ m
> 350 bis ≤ 700	$D_a + 0{,}7$ m	$D_a + 0{,}7$ m	
> 700 bis ≤ 1200	$D_a + 0{,}85$ m	$D_a + 0{,}85$ m	
> 1200	$D_a + 1{,}00$ m	$D_a + 1{,}00$ m	

Tab. 330.4: Verfüllen des Rohrgrabens DIN EN 1610: 1997-10

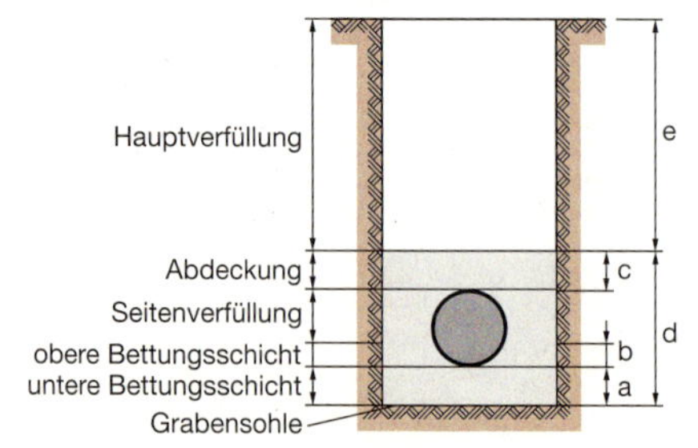

a: Dicke der unteren Bettungsschicht
100 mm bei normalen Bodenverhältnissen
150 mm bei Fels und festgelagertem Boden

b: Dicke der oberen Bettungsschicht muss der statischen Berechnung entsprechen

c: Dicke der Abdeckung
≥ 150 mm über Rohrscheitel
≥ 100 mm über der Vebindung

d: Leitungszone (z. B. Sand bzw. Einkornkies)

e: Überdeckungshöhe

Kläranlagen *sewage treatment plant*

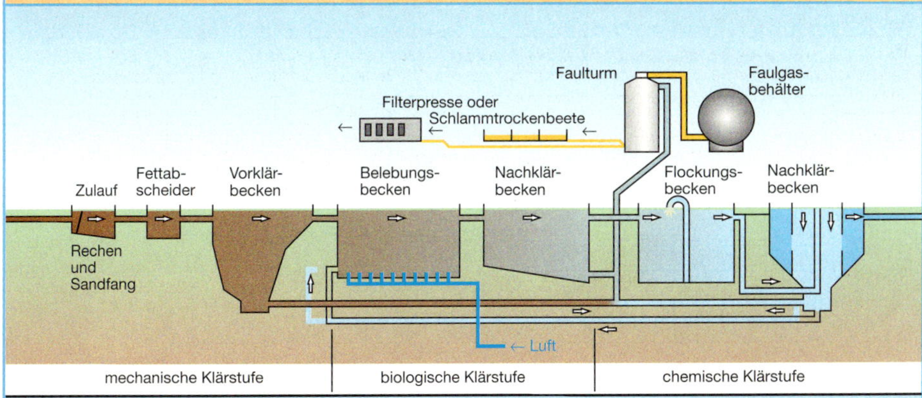

Kleinkläranlagen ohne Abwasserbelüftung — DIN 4216

Einsatz und Anwendungsbereich:

- ausschließlich für häusliches Schmutzwasser **ohne** Kondensate und **ohne** Regenwasser (Trennsystem)
- begrenzter Zufluss bis ca. 8 m^3/d (ca. 50 Einwohner)
- ohne technische Einrichtungen zur biologischen Abwasserbehandlung

Voraussetzungen für behördliche Bewilligung:

- Einleitung in öffentliche Kanalisation nicht möglich
- versickerungsfähiger Untergrund bzw. Einleitungsmöglichkeit in Vorfluter

Einteilung der Kleinkläranlagen

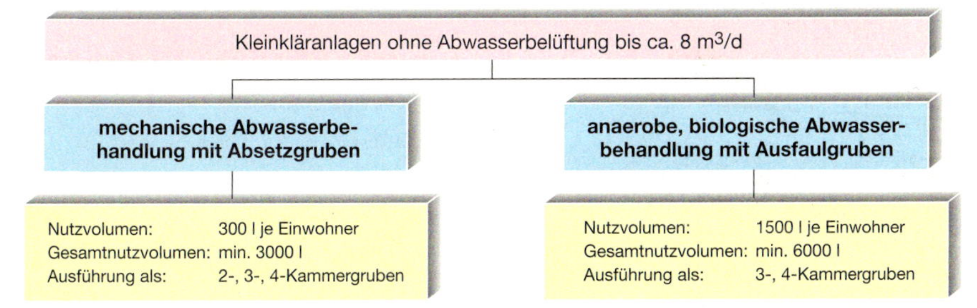

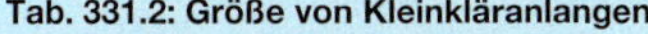

Tab. 331.2: Größe von Kleinkläranlagen

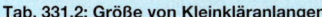

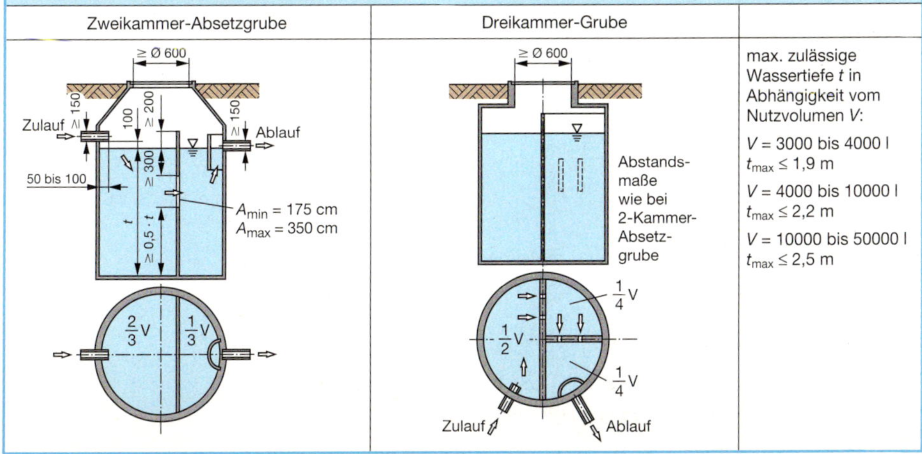

max. zulässige Wassertiefe t in Abhängigkeit vom Nutzvolumen V:

V = 3000 bis 4000 l
$t_{max} \leq 1{,}9$ m

V = 4000 bis 10000 l
$t_{max} \leq 2{,}2$ m

V = 10000 bis 50000 l
$t_{max} \leq 2{,}5$ m

Brennstoffe und Feuerungstechnik *fuels and flued systems*

Fossile Brennstoffreserven, Entstehung bzw. Herstellung einiger erneuerbarer Brennstoffe

fossile fuel resources, origin and fabrication of some renewable fuels

Sicher gewinnbare Reserven und Verbrauch an fossilen Brennstoffen

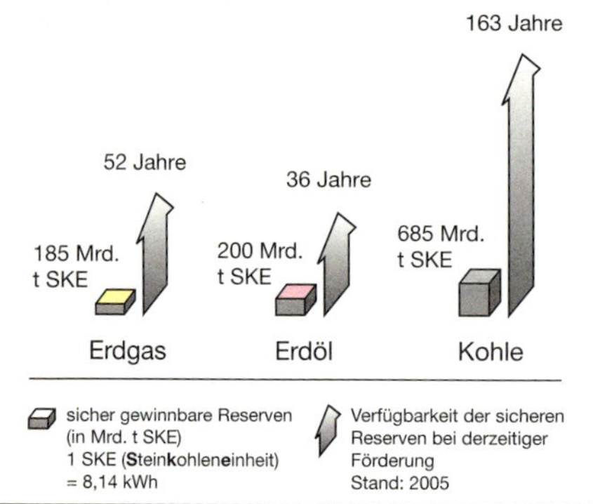

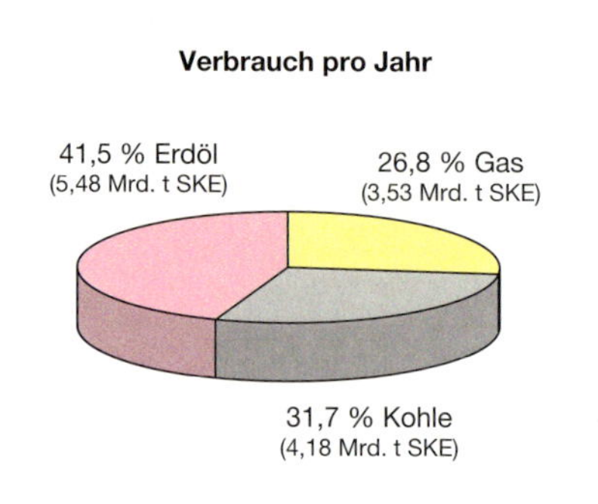

Erdgas, Erdöl und Kohle haben sich in mehreren hundert Millionen Jahren aus Biomasse gebildet. Bei ihrer Verbrennung wird klimawirksames CO_2 freigesetzt, welches als hauptverantwortlich für den Treibhauseffekt gilt.

Biomasse-Produktion

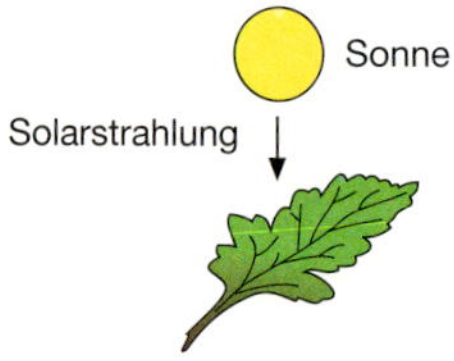

Sonne

Solarstrahlung

Photosynthese

$6\ CO_2$	+	$6\ H_2O$	→	$C_6H_{12}O_6$	+	$6\ O_2$
Kohlendioxid		Wasser		Glucose Biomasse (0,783 kWh/Mol)		Sauerstoff

Als Biomasse bezeichnet man alle organischen Substanzen, die durch Pflanzen und Tiere anfallen. Trockene Biomasse kann direkt verbrannt werden.

Gewinnung von Biogas aus Biomasse (anaerob)

Biomasse	Bakterien		Biogas (Methan)		Kohlendioxid
$C_6H_{12}O_6$		→	$3\ CH_4$	+	$3\ CO_2$

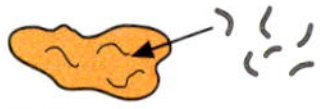

Verbrennung von Biogas (Methan)

$3\ CH_4$	+	$6\ O_2$	→	$6\ H_2O$	+	$3\ CO_2$
Methan		Sauerstoff		Wasser		Kohlendioxid

Nutzenergie

Bei der Verbrennung von Biomasse oder Biogas wird das wieder frei, was ursprünglich eingesetzt worden ist, nämlich Kohlendioxid, Wasser und Energie.

Der Wasserstoff-Kreislauf

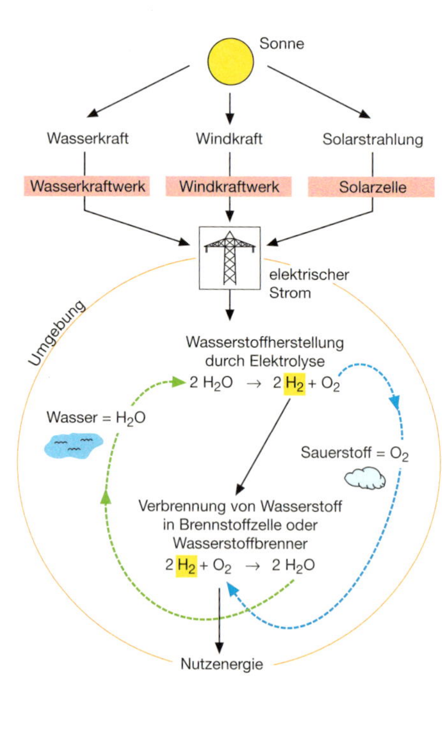

Kennwerte und Zustandsgrößen von Brenngasen

characteristics and states of combustable gases

Gasvolumen im Normzustand

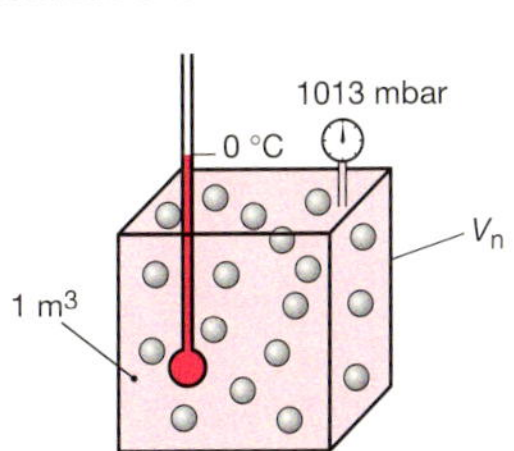

$$V_n = Z \cdot V_B$$

oder:

$$V_n = \frac{m}{\varrho_{G,n}}$$

V_n	: Normgasvolumen	in m³
Z	: Zustandszahl (→ Tab. 333.1)	
V_B	: Gasvolumen bei Betriebszustand	in m³
m	: Masse des Gases	in kg
$\varrho_{G,n}$	: Dichte des Gases im Normzustand (→ Tab. 335.1)	in kg/m³

Betriebszustand und Zustandszahl

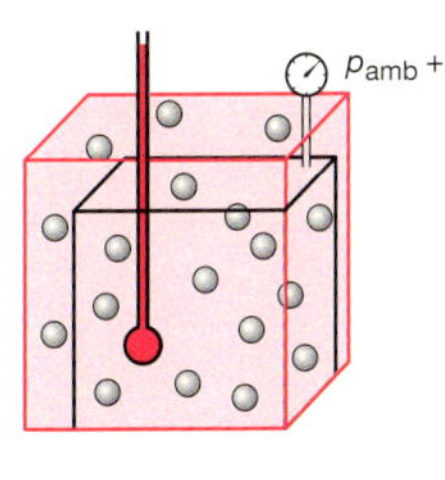

$$Z = \frac{273}{273 + \vartheta} \cdot \frac{p_{amb} + p_e - \varphi \cdot p_s}{1013} \cdot \frac{1}{K}$$

$$p_{amb} = 1013 \cdot 10^{-\left(\frac{H}{18\,400}\right)}$$

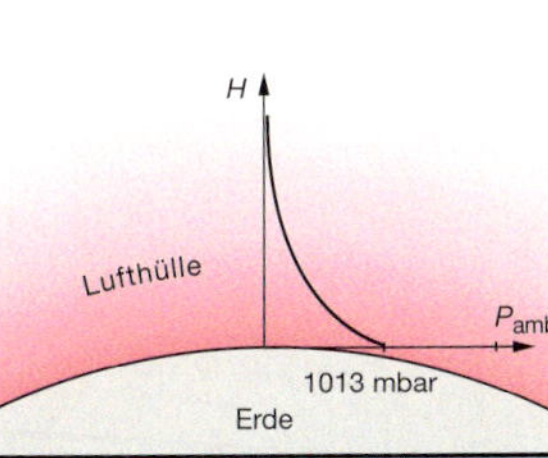

Z	: Zustandszahl	
ϑ	: Temperatur im Betriebszustand	in °C
p_{amb}	: Luftdruck	in mbar
p_e	: effektiver Gasdruck (Erdgas: $p_{eff} \approx$ 20 mbar)	in mbar
φ	: relative Feuchte des Gases (trocken: $\varphi = 0{,}0$)	
p_s	: Sättigungsdruck der Feuchte	in mbar
H	: mittlere geodätische Höhe	in m
K	: Kompressibilitätszahl (im Normzustand und bei idealen Gasen gilt: K = 1; für reale Gase → Diagr. 333.1)	

Tab. 333.1: Zustandszahl Z für trockenes, ideales Gas bei p_e = 20 mbar und ϑ = 15 °C

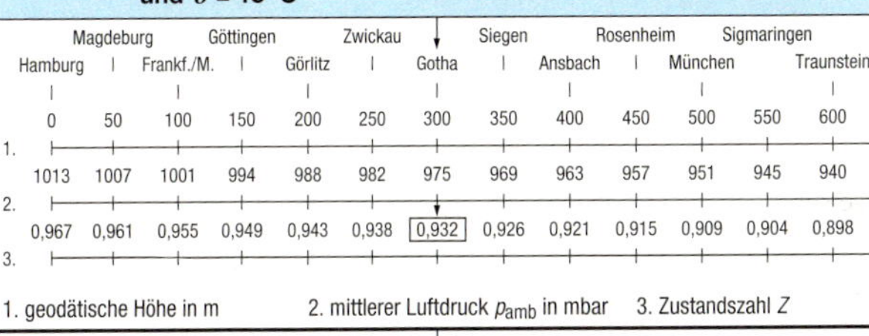

	Hamburg	Magdeburg	Frankf./M.	Göttingen	Görlitz	Zwickau	Gotha	Siegen	Ansbach	Rosenheim	München	Sigmaringen	Traunstein
1.	0	50	100	150	200	250	300	350	400	450	500	550	600
2.	1013	1007	1001	994	988	982	975	969	963	957	951	945	940
3.	0,967	0,961	0,955	0,949	0,943	0,938	0,932	0,926	0,921	0,915	0,909	0,904	0,898

1. geodätische Höhe in m 2. mittlerer Luftdruck p_{amb} in mbar 3. Zustandszahl Z

Diagr. 333.1: Kompressibilitätszahl realer Gase bei 0 °C

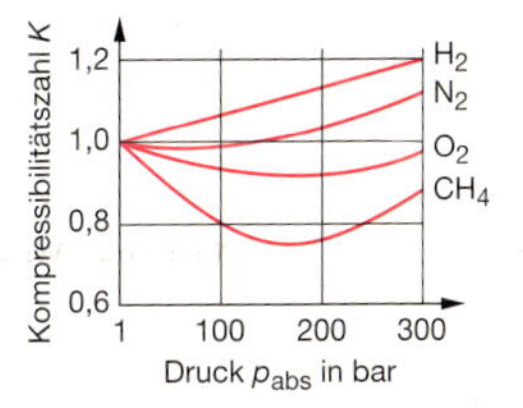

Wärmewerte bei Betriebszustand

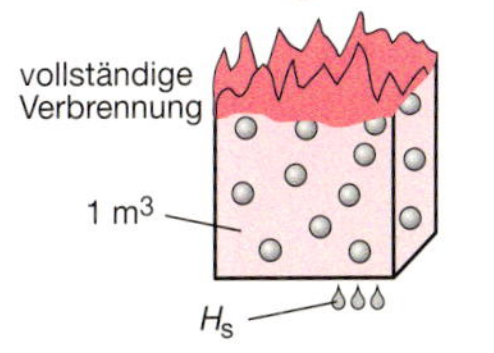

$$H_{s,B} = Z \cdot H_s$$

$$H_{i,B} = Z \cdot H_i$$

$H_{s,B}$	: Betriebsbrennwert	in kWh/m³
Z	: Zustandszahl (→ Tab. 333.1)	
H_s	: Brennwert (→ Tab. 333.2 u. Tab. 335.1)	in kWh/m³
$H_{i,B}$	: Betriebsheizwert	in kWh/m³
H_i	: Heizwert (→ Tab. 333.2 u. Tab. 335.1)	in kWh/m³

Tab. 333.2: Wärmewerte für Brenngase
(Ortsübliche Werte sind beim jeweiligen GVU zu erfragen.)
Für die Wärmewerte im Betriebszustand sind Mittelwerte für Orte in 300 m Höhe bei 15 °C angegeben.

Brenngas	Einheit	H_s	H_i	$H_{s,B}$	$H_{i,B}$
Stadtgas	kWh/m³	4,78	4,31	4,40	3,96
Erdgas LL	kWh/m³	10,02	9,03	9,34	8,42
Erdgas E	kWh/m³	11,13	10,03	10,37	9,67

Kennwerte und Zustandsgrößen von Brenngasen

characteristics and states of combustable gases

Dichte und relative Dichte
(im Normzustand:
$\vartheta = 0\,°C$; $p_n = 1013$ mbar)

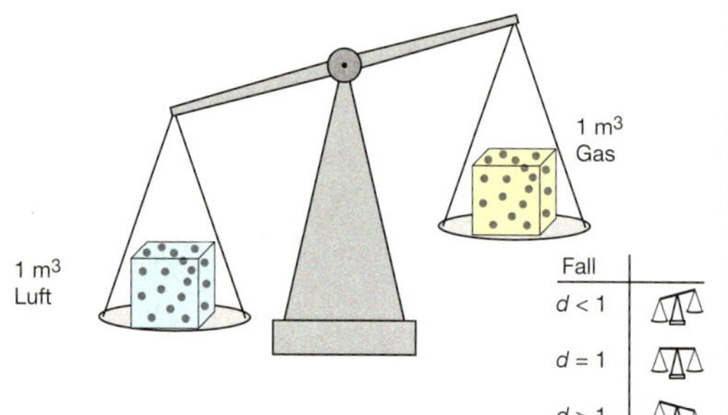

$$\varrho_n = \frac{m}{V_n} \qquad d = \frac{\varrho_{G,n}}{\varrho_{L,n}}$$

ϱ_n	: Dichte im Normzustand (Luft: $\varrho_n = 1{,}293$ kg/m³)	in kg/m³
m	: Masse	in kg
V_n	: Gasvolumen im Normalzustand	in m³
d	: relative Dichte eines Gases zu Luft	
$\varrho_{G,n}$	: Normdichte des Gases (→ Tab. 335.1)	in kg/m³
$\varrho_{L,n}$	: Normdichte der Luft	in kg/m³

Wobbe-Index
Brenngase mit gleichem Wobbe-Index ergeben bei gleichem Fließdruck die gleiche Wärmebelastung.

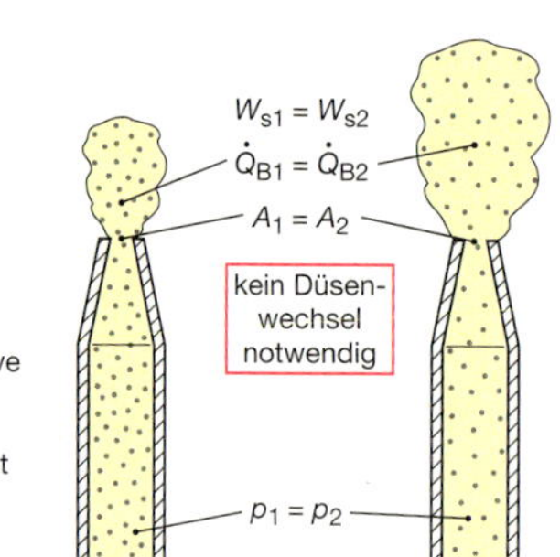

$$W_s = \frac{H_s}{\sqrt{d}} \qquad W_i = \frac{H_i}{\sqrt{d}}$$

W_s	: oberer Wobbe-Index	in kWh/m³
H_s	: Brennwert	in kWh/m³
W_i	: unterer Wobbe-Index	in kWh/m³
H_i	: Heizwert	in kWh/m³
d	: relative Dichte (→ Tab. 334.1, Tab 335.1)	

Tab. 334.1: Gasfamilien nach DVGW-Arbeitsblatt G260

Bezeichnung	Einheit	1. Gasfamilie (S)[1]		2. Gasfamilie (N)		3. Gasfamilie (F)		4. Gasfamilie	
		Gruppe A Stadtgas	Gruppe B Ferngas	Erdgas LL	Erdgas E	Propan	Butan	Erdgas/Luft-Gemisch	Flüssiggas/Luft-Gemisch
Hauptanteil	Vol.-%	H_2: 40 bis 60	H_2: 45 bis 67	CH_4:	CH_4:	C_3H_8:	C_4H_{10}:	CH_4/Luft	z. B. C_3H_8/Luft
Anschlussdruck p_e (Fließdruck am Gerät)	mbar	7,5 bis 15		18 bis 24		47,5 bis 57,5		7,5 bis 15	12 bis 18
Nennwert	mbar	8		20		50		8	15
Brennwert $H_{s,n}$									
Gesamtbereich	kWh/m³	4,6 bis 5,5	5,0 bis 5,9	8,4 bis 13,1		nach DIN 51 622 (→ Tab. 336.1 und Tab. 336.2)		6,0 bis 6,4	7,5
Nennwert	kWh/m³	4,9	5,5						
Schwankungsbereich im örtlichen Versorgungsgebiet	kWh/m³	± 0,3	± 0,3	keine Festlegung				keine Festlegung	± 0,2
Relative Dichte d		0,40 bis 0,60	0,32 bis 0,55	0,55 bis 0,70				0,75 bis 0,85	1,15 bis 1,22
Wobbe-Index $W_{s,n}$									
Gesamtbereich	kWh/m³	6,4 bis 7,8	7,8 bis 9,3	10,5 bis 13	12,8 bis 15,7			7,0	6,8 bis 7,0
Nennwert	kWh/m³			12,4	15,0				
Schwankungsbereich im örtlichen Versorgungsgebiet	kWh/m³	keine Festlegung	keine Festlegung	+ 0,6 − 1,2	+ 0,7 − 1,4			± 0,2	keine Festlegung

[1] 1. Gasfamilie in Deutschland nicht mehr im öffentlichen Versorgungsnetz

Kennwerte und Zustandsgrößen von Brenngasen

characteristics and states of combustable gases

Tab. 335.1: Einige Reingase, die auch in Mischgasen enthalten sein können (Normzustand) nach DIN 1340: 1990-12 und DIN 1871: 1999-5

	Gas	Molekül	Chemische Formel	Brennwert H_s in kWh/m³	Heizwert H_i in kWh/m³	Normdichte $\varrho_{G,n}$ in kg/m³	Relative Normdichte d_n
brennbar	Wasserstoff		H_2	3,51	3,00	0,08988	0,0695
brennbar	Methan		CH_4	11,06	9,97	0,7175	0,5549
brennbar	Ethan (Äthan)		C_2H_6	19,53	17,88	1,3551	1,0481
brennbar	Propan		C_3H_8	28,11	25,88	2,0098	1,5544
brennbar	Butan		C_4H_{10}	37,16	34,32	2,7091	2,0953
brennbar	Kohlenstoff-monoxid		CO	3,51	3,51	1,2506	0,9672
nicht brennbar	Kohlenstoffdioxid		CO_2	–	–	1,9767	1,5289
nicht brennbar	Sauerstoff		O_2	–	–	1,4290	1,1053
nicht brennbar	Stickstoff		N_2	–	–	1,2504	0,9671

Brennwert und Heizwert von Mischgasen (Normzustand)

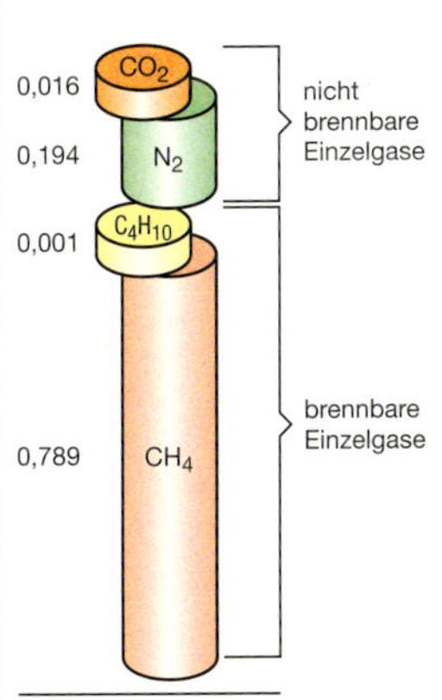

$$H_s = H_{sG1} \cdot v_{G1} + H_{sG2} \cdot v_{G2} + \ldots$$

Beispiel:

$H_s = (11,06 \cdot 0,789 + 37,16 \cdot 0,001)$ kWh/m³

$H_s = 8,764$ kWh/m³

$$H_i = H_{iG1} \cdot v_{G1} + H_{iG2} \cdot v_{G2} + \ldots$$

Beispiel:

$H_i = (9,97 \cdot 0,789 + 34,32 \cdot 0,001)$ kWh/m³

$H_i = 7,900$ kWh/m³

H_s : Brennwert des Mischgases in kWh/m³

$H_{sG1}, H_{sG2}, \ldots$: Brennwert der brennbaren Einzelgase in kWh/m³ (→ Tab. 335.1)

$v_{G1}, v_{G2}, \ldots$: Volumenanteile der brennbaren Einzelgase in Vol.-%/100

H_i : Heizwert des Mischgases in kWh/m³

$H_{iG1}, H_{iG2}, \ldots$: Heizwert der brennbaren Einzelgase in kWh/m³ (→ Tab. 335.1)

Diagr. 335.1: Methanzahl[1] verschiedener Gase

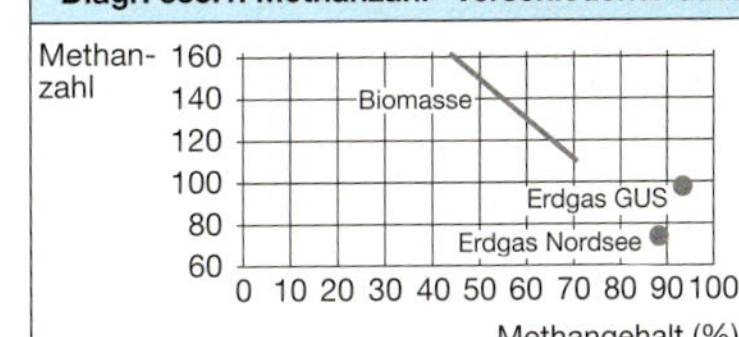

Tab. 335.2: Zusammensetzung und Wärmewerte möglicher Erdgase (Mischgase)

Gas	Anteil der Gas-Komponenten in Vol.-%							Wärmewerte in kWh/m³		Methanzahl[1]
	CH_4	C_2H_6	C_3H_8	C_4H_{10}	CO	CO_2	N_2	H_s	H_i	MZ
Erdgas LL	88,5	1,0	0,1	–	–	0,4	10,0	10,02	9,03	70 bis
Erdgas E	89,6	4,0	0,6	0,7	–	0,4	4,7	11,13	10,03	98

[1] Maß für die Zündneigung und Klopffestigkeit im Motor bei Einsatz gasförmiger Kraftstoffe, vergleichbar mit der Oktanzahl. Eine zu geringe Methanzahl kann zu unerwünschter, frühzeitiger Selbstzündung im Brennraum führen. CO_2 erhöht die Methanzahl. C_3H_8 und C_4H_{10} senken sie.

Kennwerte und Zustandsgrößen von Flüssiggasen

characteristics and states of liquefied petroleum gases

Tab. 336.1: Stoffwerte chemisch reiner Flüssiggase nach TRF 1996

Eigenschaften	Einheit	Propan	Butan
Chemische Formel	–	C_3H_8	C_4H_{10}
Molekularmasse M	g/mol	44,09	58,12
Spezifische Gaskonstante R	kJ/(kg · K)	0,1885	0,1430
Dichte, flüssig bei 0 °C	kg/dm^3	0,53	0,60
Dichte, flüssig bei 15 °C	kg/dm^3	0,51	0,58
Dichte, gasförmig, im Normzustand	kg/m^3	1,97	2,59
Siedepunkt bei 1,013 bar	°C	– 42	– 0,5
Verdampfungswärme bei 0 °C	kJ/kg	378,58	383,86
Spezifische Wärme, flüssig bei 0 °C	kJ/(kg · K)	2,43	2,26
Spezifische Wärme bei konstantem Druck, gasförmig im Normzustand	$kJ/(m^3 \cdot K)$	3,22	4,31
Brennwert H_s	kWh/kg kWh/m^3	13,980 28,112	13,740 37,165
Heizwert H_i	kWh/kg kWh/m^3	12,870 25,883	12,690 34,324
Verhältnis H_s/H_i	–	1,086	1,083
Wobbe-Index W_s	kWh/m^3	22,58	25,70
Wobbe-Index W_i	kWh/m^3	20,79	23,74

Diagr. 336.1: Dampfdruckkurven von Propan und Butan

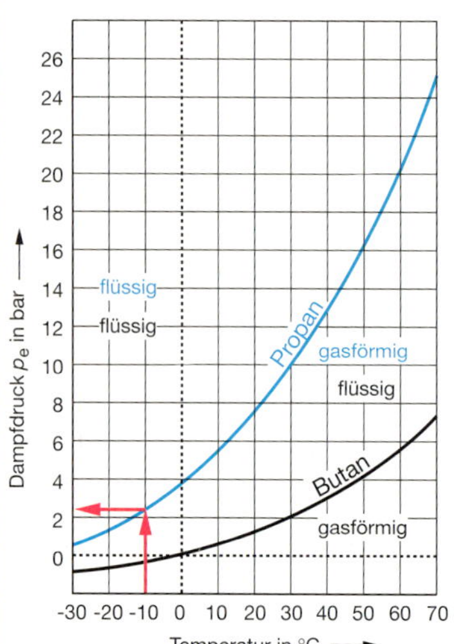

Der Behälterdruck kann für handelsübliche Flüssiggase gemäß Tab. 336.2 aus der zugehörigen Dampfdruckkurve (→ Diagr. 336.1) abgelesen werden.
Der Behälterdruck entspricht dem Dampfdruck.
Er ist für die hier genannten Gase weitgehend unabhängig vom Füllzustand des Behälters.

Tab. 336.2: Flüssiggase in der öffentlichen Gasversorgung (DIN 51 622: 1985-12)

Propan	Handelsübliches Brenngas für Haushalt und Gewerbe	Gemisch aus mindestens 95 % Massenanteilen Propan und Propen; der Propangehalt muss überwiegen. Der Rest darf aus Ethan, Ethen, Butan und Butanisomeren bestehen.
Butan	Handelsübliches Brenngas für den Freizeitbereich z. B. Camping	Gemisch aus mindestens 95 % Massenanteilen Butan- und Butenisomere; der Gehalt an Butanisomeren muss überwiegen. Der Rest darf aus Propan, Propen, Pentan- und Pentenisomeren bestehen.

Tab. 336.3: Entnahmeleistung aus Flüssiggasflaschen bei gasförmiger Entnahme

Flaschengröße (Füllmasse)	5 kg	11 kg	35 kg
Entnahmeleistung in kg/h bei ununterbrochener Gasentnahme	0,2	0,3	0,6

Beispiel:

Bei –10 °C beträgt der Behälterdruck einer Propangasflasche 2,42 bar, sofern die Entnahmeleistung nach Tab. 290.3 nicht überschritten wird.
Aus einer Butangasflasche kann bei –10 °C nichts mehr entnommen werden, weil der Dampfdruck bei – 0,29 bar, d. h. unter dem Umgebungsluftdruck liegt.
Butan kann aus der Butangasflasche wieder entnommen werden, wenn die Temperatur über 0 °C ansteigt. Für die Gasversorgung von Flüssiggasgeräten muss jedoch mindestens ein Fließdruck am Gerät von 50 mbar sichergestellt werden.

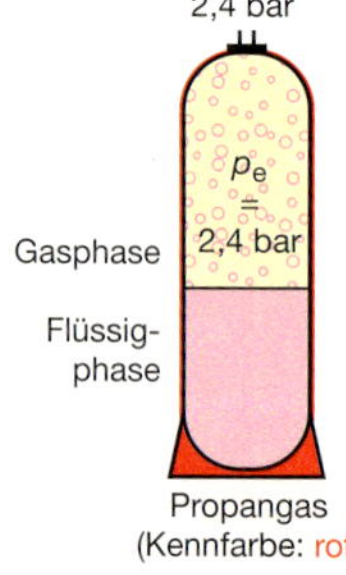

Propangas
(Kennfarbe: rot)

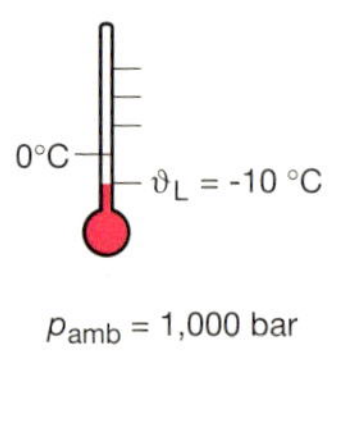

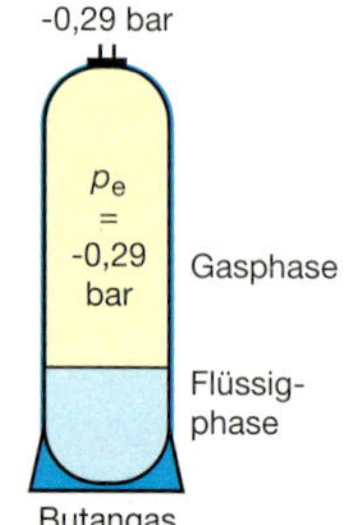

Butangas
(Kennfarbe: blau)

Kennwerte und Zustandsgrößen von flüssigen Brennstoffen

characteristics and states of fluid fuels

Tab. 337.1: Anforderungen an flüssige Brennstoffe

Eigenschaften	Einheit	Heizöle nach DIN 51 603					Normalbenzin
		EL-Standard	EL-schwefelarm	L	M	S	
Dichte ϱ bei 15 °C Dichte ϱ bei 20 °C	kg/m³ kg/m³	≤ 860 –	≤ 860 –	– ≤ 1100	– ≤ 1100	– –	720 bis 770 –
Brennwert H_s	kWh/kg	≥ 12,61	≥ 12,61	–	–	–	–
Heizwert H_i	kWh/kg kWh/dm³	≥ 11,84 ~ 10	≥ 11,84 ~ 10	≥ 10,75 ~ 11,8	≥ 10,69 ~ 11,76	≥ 10,97 –	11,86 –
Kinematische Viskosität bei 20 °C bei 50 °C bei 75 °C bei 100 °C	mm²/s	 ≤ 6,0 ≤ 3,0 – –	 ≤ 6,0 ≤ 3,0 – –	 ≤ 6,0 ≤ 3,0 – –	 – ≤ 40 ≤ 12 –	 – – – ≤ 50	 – – – –
Schwefelgehalt w (S) Wassergehalt Gesamtverschmutzung	Massen-% mg/kg mg/kg	≤ 0,1 ≤ 200 ≤ 24	≤ 0,005 ≤ 200 ≤ 24	≤ 0,2 ≤ 300 –	≤ 0,5 ≤ 300 –	≤ 2,8 ≤ 500 –	0,05 – –

Heizwert und Brennwert von Heizöl *gross caloric value and thermal power of heating oil*

Tab. 337.2: Zusammensetzung

Bausteine		Anteil in %	
		Heizöl EL	Heizöl S
Kohlenstoff	–C–	86,3	85
Wasserstoff	–H	13,4	11,7
Schwefel	–S–	≤ 0,1	≤ 2,8

$$H_s = 16{,}39 - \frac{15{,}78 \cdot \varrho_{15}}{3600} - 0{,}094\, w(\mathrm{S})$$

$$H_i = \frac{H_s}{1{,}065}$$

gilt nur für Heizöl EL

H_s : Brennwert in kWh/kg
ϱ_{15} : Dichte des Heizöles bei 15 °C in kg/m³
w(S): Schwefelanteil im Heizöl in Massen-%
H_i : Heizwert in kWh/kg

Kennwerte und Zustandsgrößen von festen Brennstoffen

characteristics and states of solid fuels

Tab. 337.3: Handelsübliche Kohle

Eigenschaften	Einheit	Anthrazit	Steinkohlen-koks	Steinkohlen-briketts	Braunkohlen-briketts	Torfbriketts
Brennwert H_s	kWh/kg	9,48	8,10	7,72 bis 9,24	5,63	–
Heizwert H_i	kWh/kg	9,24	8,06	7,5 bis 8,9	5,26	5,0
Verhältnis H_s/H_i	–	1,026	1,005	1,03	1,070	–
Kohlenstoffgehalt	Massen-%	85,4	83	65 bis 90	52,5	48,5

Tab. 337.4: Handelsübliches Holz

Eigenschaften	Einheit	Scheitholz		Presslinge
		Nadelhölzer Fichte, Tanne, Kiefer, Lärche	Laubhölzer Buche, Eiche, Birke	aus unbehandeltem Holz
Dichte ϱ (lufttrocken)	kg/dm³	0,43	0,66	1,2
Heizwert H_i (wasser- und aschefrei)	kWh/kg	5,27	5,00	5,42
Heizwert H_i (lufttrocken, d. h. Wasseranteil ca. 20 %)	kWh/kg	4,13	3,83 bis 4,3	4,86
volumenbezogener Heizwert H_i (lufttrocken)	kWh/dm³	1,78	2,53	2,62
Kohlenstoffgehalt	Massen-%	42	40	45
Schwefelgehalt	Massen-%	< 0,1	< 0,1	0,08

Frisch geschlagenes Holz hat einen Wassergehalt von ca. 60 %. Ein hoher Wassergehalt führt zu einer unvollständigen Verbrennung und zu einem deutlich höheren Brennstoffverbrauch.
Bei 45 % statt 20 % Wassergehalt verdoppelt sich der Brennstoffverbrauch. Mindestlagerzeiten → Tab. 351.4.

Wärme aus Brennstoffen *thermal energy from fuels*

Wärmeenergie (Wärmemenge) 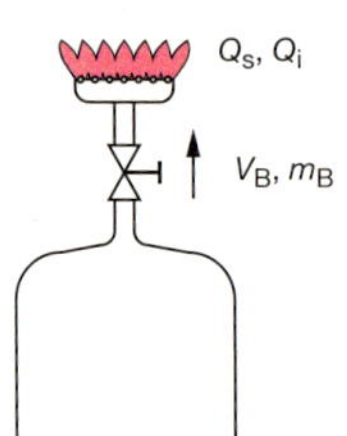	Gasförmige Brennstoffe: $Q_s = V_B \cdot H_{s,B}$ $Q_i = V_B \cdot H_{i,B}$ Feste und flüssige Brennstoffe: $Q_s = m_B \cdot H_s$ $Q_i = m_B \cdot H_i$	Q_s : Wärmemenge nach dem Brennwert in kWh V_B : Brennstoffvolumen bei Betriebszustand in m^3 $H_{s,B}$: Betriebsbrennwert (→ S. 333) in kWh/m^3 Q_i : Wärmemenge nach dem Heizwert in kWh $H_{i,B}$: Betriebsheizwert (→ S. 333) in kWh/m^3 m_B : Brennstoffmasse in kg H_s : Brennwert in kWh/kg (→ Tab. 337.1, Tab. 337.3 und Tab. 336.1) H_i : Heizwert in kWh/kg (→ Tab. 337.1, Tab. 337.3, Tab. 337.4 und Tab. 336.1)
Wärmebelastung 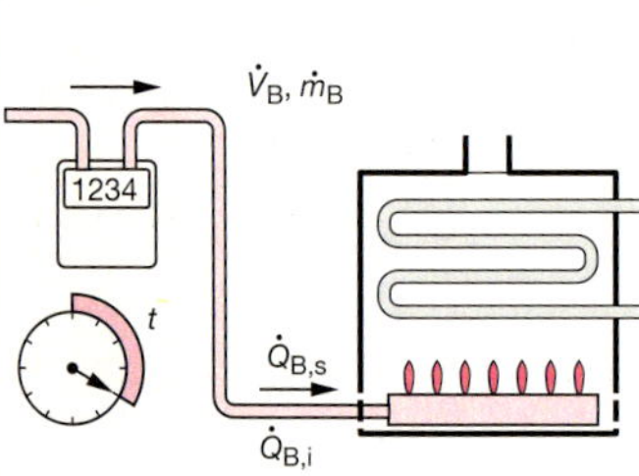	$\dot{Q}_{B,s} = \frac{Q_s}{t}$ $\dot{Q}_{B,i} = \frac{Q_i}{t}$ Gasförmige Brennstoffe: $\dot{Q}_{B,s} = \dot{V}_B \cdot H_{s,B}$ $\dot{V}_B = \frac{V_B}{t}$ $\dot{Q}_{B,i} = \dot{V}_B \cdot H_{i,B}$ Feste und flüssige Brennstoffe: $\dot{Q}_{B,s} = \dot{m}_B \cdot H_s$ $\dot{m}_B = \frac{m_B}{t}$ $\dot{Q}_{B,i} = \dot{m}_B \cdot H_i$	$\dot{Q}_{B,s}$: Wärmebelastung nach dem Brennwert in kW Q_s : Wärmemenge nach dem Brennwert in kWh t : Zeit in h $\dot{Q}_{B,i}$: Wärmebelastung nach dem Heizwert in kW Q_i : Wärmemenge nach dem Heizwert in kWh $\dot{V}_B$: Brennstoffvolumenstrom bei Betriebszustand in m^3/h $H_{s,B}$: Betriebsbrennwert in kWh/m^3 $H_{i,B}$: Betriebsheizwert in kWh/m^3 $\dot{m}_B$: Brennstoffmassenstrom in kg/h (Brennstoffdurchsatz) H_s : Brennwert in kWh/kg H_i : Heizwert in kWh/kg (→ Tab. 336.1, Tab. 337.1, Tab. 337.3 und 337.4)

Die **Nennwärmebelastung $\dot{Q}_{NB}$** ist die Wärmebelastung, die vom Gerätehersteller angegeben wird. (In Deutschland auf H_i bezogen.)

Wärmeleistung (Wärmestrom) 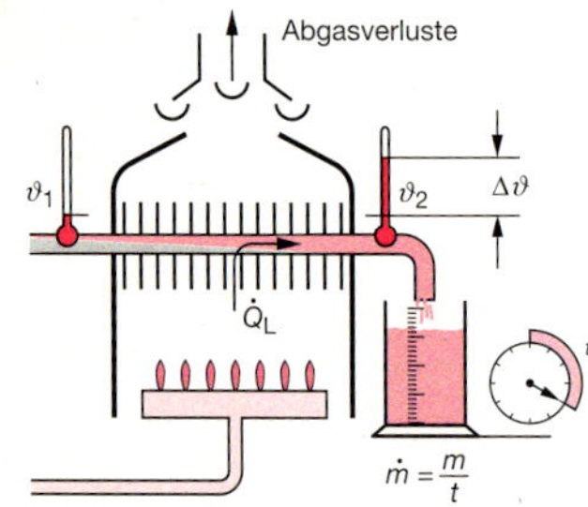	$\dot{Q}_L = \dot{m} \cdot c \cdot \Delta\vartheta$ $\dot{m} = \frac{m}{t}$ $\Delta\vartheta = \vartheta_2 - \vartheta_1$	$\dot{Q}_L$: Wärmeleistung (Wärmestrom) in W $\dot{m}$: Massenstrom in kg/h c : spezifische Wärmekapazität in Wh/(kg · K) (Wasser: c = 1,163 Wh/(kg · K)) $\Delta\vartheta$: Temperaturdifferenz in K m : Masse in kg t : Zeit in h ϑ_1, ϑ_2 : Temperatur in °C

Die **Nennwärmeleistung $\dot{Q}_{NL}$** ist der bei Nennwärmebelastung $\dot{Q}_{NB}$ nutzbar gemachte Wärmestrom.

Geräte- bzw. Kesselwirkungsgrad 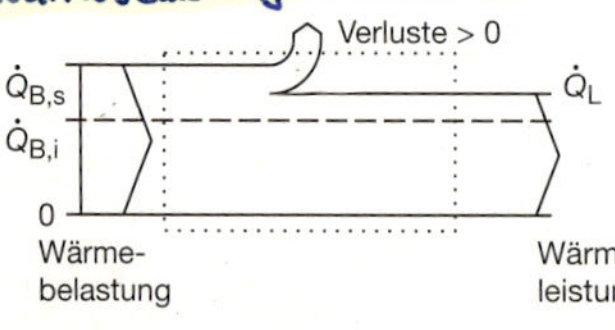	nach dem Brennwert: 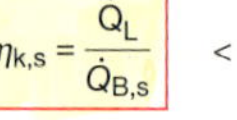 $\eta_{k,s} = \frac{\dot{Q}_L}{\dot{Q}_{B,s}}$ < 1 nach dem Heizwert: 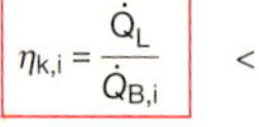 $\eta_{k,i} = \frac{\dot{Q}_L}{\dot{Q}_{B,i}}$ < $\frac{H_s}{H_i}$	$\eta_{k,s}$: Geräte- oder Kesselwirkungsgrad nach dem Brennwert $\dot{Q}_L$: Wärmeleistung in kW $\dot{Q}_{B,s}$: Wärmebelastung nach dem Brennwert in kW $\eta_{k,i}$: Geräte- oder Kesselwirkungsgrad nach dem Heizwert $\dot{Q}_{B,i}$: Wärmebelastung nach dem Heizwert in kW

Wärme aus Brennstoffen *thermal energy from fuels*

Anschlusswert und Einstellwert für gasförmige Brennstoffe

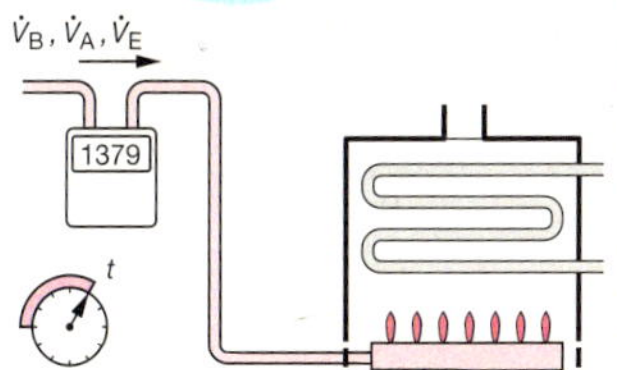

$$\dot{V}_B = \dot{V}_A = \dot{V}_E$$

Unterschiede bestehen in den Einheiten.

$$\dot{V}_A = \frac{\dot{Q}_{NB}}{H_{i,B}}$$

$$\dot{V}_E = \frac{\dot{Q}_{NB}}{H_{i,B}} \cdot \frac{1000}{60}$$

Brennstoffdurchsatz für flüssige Brennstoffe und Flüssiggas

$$\dot{m}_B = \frac{\dot{Q}_{NB}}{H_i}$$

$\dot{V}_B$: Brennstoffvolumenstrom in m^3/h
$\dot{V}_A$: Anschlusswert in m^3/h
$\dot{V}_E$: Einstellwert in l/min
$\dot{Q}_{NB}$: Nennwärmebelastung nach dem Heizwert in kW
$H_{i,B}$: Betriebsheizwert in kWh/m^3 (→ Tab. 333.2)
$\dot{m}_B$: Brennstoffdurchsatz (Heizöl- oder Flüssiggasdurchsatz) in kg/h
H_i : Heizwert (→ Tab. 337.1 oder Tab. 336.1)
1000 : Umrechnungsfaktor in l/m^3
60 : Umrechnungsfaktor in min/h

Verbrennung von Brennstoffen *combustion of fuels*

Verbrennungsvorgang
(vollständige Verbrennung)
Verbrennungsprodukte im Abgas:
CO_2, H_2O, SO_2, NO_x

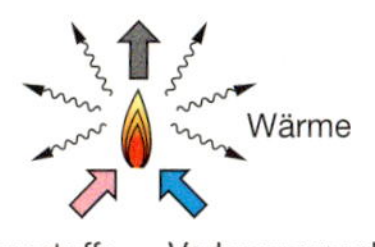

Brennstoff: C, H, S
Verbrennungsluft: N_2, O_2

Beispiel:
Vollständige Verbrennung von Methan

$CH_4 + 2\,O_2 \rightarrow CO_2 + 2\,H_2O + 11{,}06\ kWh/m^3$

Kondensat

Teilreaktionen bei der vollständigen Verbrennung (vereinfacht)

Ausgangselemente			→	Verbrennungsprodukt	+	freigesetzte Wärme (bei 25 °C)
C	+	O_2	→	CO_2	+	5,03 kWh/m^3 (9,4 kWh/kg)
2 H_2	+	O_2	→	2 H_2O (dampff.)	+	3,00 kWh/m^3
2 H_2	+	O_2	→	2 H_2O (flüssig)	+	3,54 kWh/m^3
S	+	O_2	→	SO_2	+	3,68 kWh/m^3 (2,5 kWh/kg)
N_2	+	x O_2	→	2 NO_x		

Weitere Teilreaktionen bei der unvollständigen Verbrennung (vereinfacht)

Ausgangselemente			→	Verbrennungsprodukt	+	freigesetzte Wärme (bei 25 °C)
C	+	1/2 O_2	→	CO	+	1,53 kWh/m^3
C	(+ kein Sauerstoff)		→	C (Ruß)		
n C	+	m H	→	$C_n H_m$		

Tab. 339.1: Verbrennungseigenschaften für Brennstoffe „im Gemisch" mit Luft

Brennstoff	Hauptanteil in Vol-%	Zündgrenzen bei 20 °C in Vol.-%	Zündtemperatur in °C	Zündgeschwindigkeit (Flammengeschwindigkeit) in cm/s	Maximale Flammentemperatur in °C
Acetylen	C_2H_2: 100	2,3 bis 82	335	–	3200[1]
Wasserstoff	H_2: 100	4 bis 75	530	346	2300
Stadtgas	H_2: 40 bis 60	5 bis 38	480 bis 580	117	1750
Kokereigas	H_2: 45 bis 67	5 bis 33	480 bis 600	115	1800
Erdgas LL	CH_4: 81 bis 84	5 bis 15	664 bis 670	38	1850
Erdgas E	CH_4: 84 bis 98	5 bis 15	635 bis 664	43	1900
Propan	C_3H_8: > 95	1,7 bis 10,9	510	47	1925
Butan	C_4H_{10}: > 95	1,4 bis 9,3	465	45	1895
Heizöl EL	C_nH_m-Verb.	–	340	–	1950
Steinkohle	C: 75 bis 85	–	200 bis 300	–	1500
Braunkohle	C: 50 bis 55	–	200 bis 300	–	1400
Holz	C: 35 bis 45	–	200 bis 400	–	1250

[1] bei Verbrennung mit reinem Sauerstoff

Tab. 339.2: Mindestabgasmengen pro Brennstoffeinheit

Brennstoff		Wasserstoff	Erdgas LL	Erdgas E	Propan	Butan	Heizöl EL	Steinkohle	Holz
Einheit		m^3/m^3	m^3/m^3	m^3/m^3	m^3/m^3	m^3/m^3	m^3/kg	m^3/kg	m^3/kg
Mindestabgasmenge	trocken	1,88	7,69	8,89	22,3	29,68	10,49	ca. 8,2	ca. 3,9
	feucht	2,86	9,43	10,93	26,24	34,71	11,97	ca, 8,8	ca. 4,6

Verbrennung von Brennstoffen *combustion of fuels*

Abgasverlust
(nach BImSchV zu messen an Öl- und Gasfeuerungsanlagen)

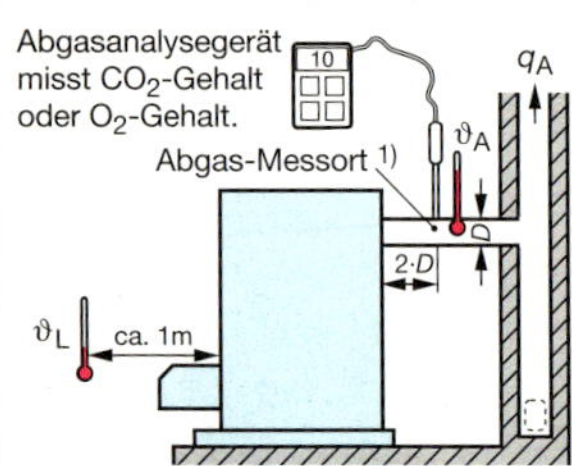

Abgasverlust bei CO_2-Messung:

$$q_A = (\vartheta_A - \vartheta_L)\left(\frac{A_1}{CO_2} + B\right)$$

Abgasverluste bei O_2-Messung:

$$q_A = (\vartheta_A - \vartheta_L)\left(\frac{A_2}{21 - O_2} + B\right)$$

Das Ergebnis der Abgasverlustrechnung ist auf den vollen Prozentwert zu runden.

q_A	: Abgasverlust	in %
ϑ_A	: Abgastemperatur	in °C
ϑ_L	: Verbrennungslufttemperatur	in °C
CO_2	: CO_2-Gehalt (gemessen)	in Vol.%
O_2	: O_2-Gehalt (gemessen)	in Vol.%
A_1; A_2; B	: Berechnungsbeiwerte (→ Tab. 340.1)	

1) Messort mit höchster Abgastemperatur (Kernstrom)

Tab. 340.1: Berechnungsbeiwerte A_1, A_2 und B

Beiwerte	Stadtgas	Kokereigas	Erdgas	Flüssiggas	Flüssiggas-Luft-Gemisch	Heizöl	Steinkohlenkoks[1]	Steinkohle[1]	Holz[1]
A_1	0,35	0,29	0,37	0,42	0,42	0,50	0,71	0,65	0,69
A_2	0,63	0,60	0,66	0,63	0,63	0,68	0,72	0,71	0,70
B	0,011	0,011	0,009	0,008	0,008	0,007	0,003	0,004	0,010

1) Keine Anforderung hinsichtlich der Einhaltung von Mindestwirkungsgraden.

Tab. 340.2: Maximal zulässiger Abgasverlust q_A für neue Öl- und Gasfeuerungsanlagen (ab 1. 1. 98)

Kesselleistung in kW	q_A in %
> 4 ≤ 25	11
> 25 ≤ 50	10
> 50	9

Tab. 340.3: Wasserdampf-Taupunkttemperatur ϑ_T von Erdgas (95 % CH_4) und Heizöl EL in Abhängigkeit vom CO_2-Gehalt

CO_2-Gehalt (Vol-%)	4	5	6	7	8	9	10	11	12	13	14	15
ϑ_T bei Erdgas (°C)	37	41	45	48	51	53	56	58	–	–	–	–
ϑ_T bei Heizöl EL (°C)	28	31	33	36	38	40	42	43	45	47	48	50

Luftverhältniszahl, Luftbedarf und Luftüberschuss

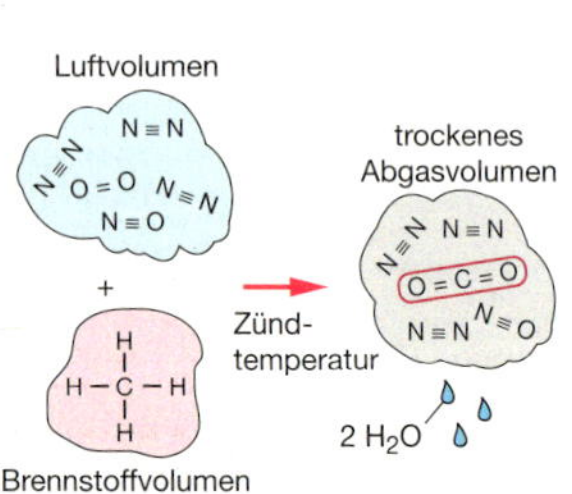

$$\lambda = \frac{CO_{2\,max}}{CO_2}$$

$$\lambda = \frac{O_2}{21 - O_2} + 1$$

$$L_{tats} = \lambda \cdot L_{min}$$

$$n = (\lambda - 1) \cdot 100\,\%$$

λ	: Luftverhältniszahl	
$CO_{2\,max}$	: max. CO_2-Gehalt im Abgas	in Vol.%
CO_2	: gemessener CO_2-Gehalt	in Vol.%
O_2	: gemessener O_2-Gehalt im Abgas	in Vol.%
L_{tats}	: tatsächlicher Luftbedarf	in $\frac{m^3}{m^3}$; $\frac{m^3}{kg}$
L_{min}	: theoretischer Luftbedarf	in $\frac{m^3}{m^3}$; $\frac{m^3}{kg}$
n	: Luftüberschuss	in %

Tab. 340.4: Maximaler CO_2-Gehalt, theoretischer Luftbedarf, üblicher Luftüberschuss und Taupunkttemperatur

Brennstoff	Einheit	Wasserstoff	Erdgas LL	Erdgas E	Propan	Butan	Heizöl EL	Steinkohlenkoks	Steinkohle	Holz
$CO_{2\,max}$	Vol.%	0	11,8	12,0	13,8	14,1	15,42	20,5	18,7	20,3
L_{min}	$\frac{m^3}{m^3}$	2,38	8,4	9,9	24,4	32,3	–	–	–	–
	$\frac{m^3}{kg}$	–	–	–	–	–	11,23	7,4	7,7 bis 8,4	3,5 bis 4,1
λ	–	1,04…1,75	1,05…1,3	1,05…1,3	1,05…1,3	1,05…1,3	1,1…1,3	1,35…1,45	1,3…1,7	1,5…1,9
n	%	4…75	5…30[2]	5…30[2]	5…30[2]	5…30[2]	10…30	35…45	30…70	50…90
ϑ_T[3]	°C	–	55,1	55,6	51,4	50,7	47,0	–	–	–

2) Je nach Brennerart. Die kleineren Werte gelten nur bei guter Vermischung von Luft mit Brenngas.
3) Bei λ = 1,2 und 50 % Luftfeuchte

Verbrennung von Brennstoffen *combustion of fuels*

Diagr. 341.1: Verbrennungsdreieck nach Bunte

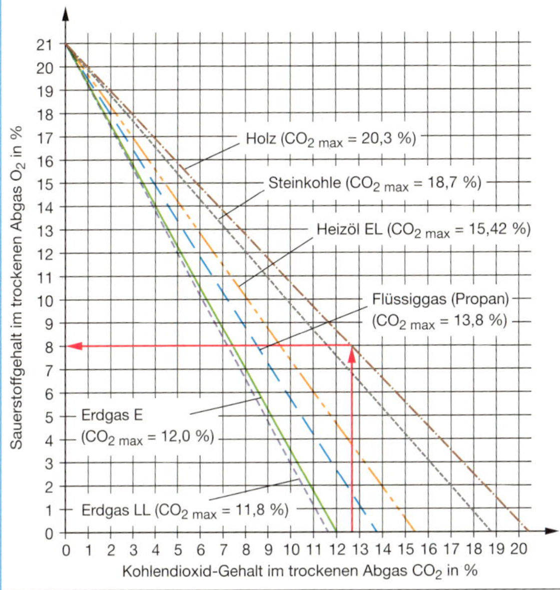

Beispiele:

1. Holz
   $CO_{2\,gem}$ = 12,6 % → O_2 = 8 %
2. Heizöl EL
   $CO_{2\,gem}$ = 13,0 % → O_2 = 3,3 %

Der Sauerstoffgehalt im trockenen Abgas kann auch berechnet werden.
(→ S. 344)

Abb. 295.1: Rußzahl-Vergleichsskala

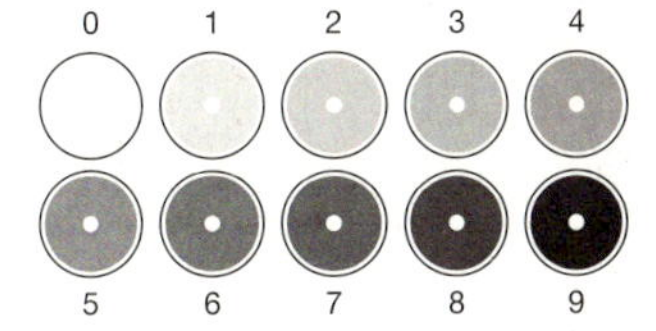

Rußzahl
(nach BImSchV) zu messen an Ölfeuerungsanlagen

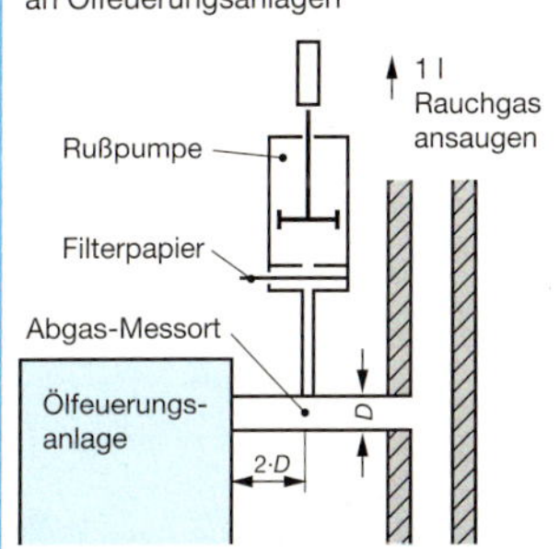

$$R = \frac{R_1 + R_2 + R_3}{3}$$

Notwendig sind mindestens **3 Einzelmessungen**. Ist das Filterpapier merklich feucht oder ungleichmäßig verfärbt, so ist die Messung zu verwerfen. Die Einzelwerte R_1, R_2 und R_3 ergeben sich durch Vergleich des Filterpapieres mit einer Vergleichsskala (→ Abb. 341.1).

R : Rußzahl
R_1; R_2; R_3 : Rußzahl aus den Einzelmessungen

Grenzwerte für R nach BImSchV:
Zerstäubungsbrenner: $R \leq 1$
Verdampfungsbrenner: $R \leq 2$

Diagr. 341.2: Schadstoffbildung in Abhängigkeit von der Verbrennungsluftversorgung

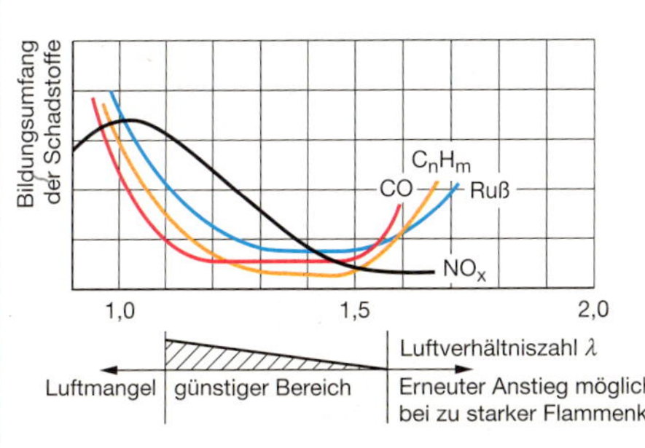

Diagr. 341.3: NO_x-Bildung in Abhängigkeit von der Flammentemperatur und der Verweilzeit der Reaktionspartner in der Verbrennungszone

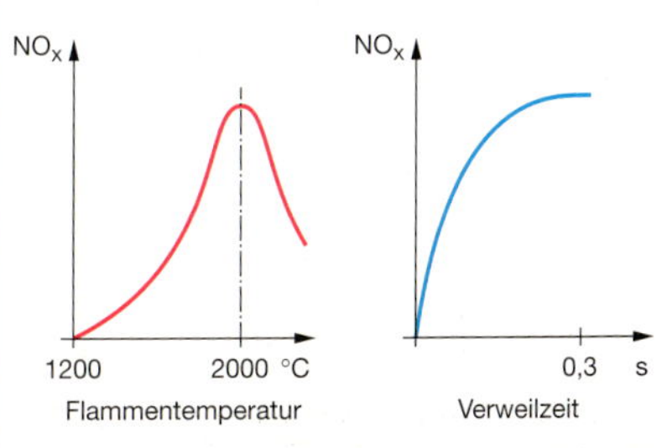

Brennstoffe und Feuerungstechnik

Verbrennung von Brennstoffen *combustion of fuels*

Tab. 342.1: Mögliche Schadstoffe im Abgas

Schadstoffe	Ursachen	Auswirkungen	Gesetze, Verordnungen und Programme
Staub (Sand, Asche, Pollen, Sporen, Fasern)	Verunreinigungen im Brennstoff (z. B. Asche- oder Schwefelgehalt)	Atemnot, Kreislaufbeschwerden, Allergien (Staubpartikel sind Träger anderer Schadstoffe)	MIK-Werte nach TA-Luft
SO_2, SO_3, H_2SO_3, H_2SO_4		saurer Regen, Smog, Bauwerksschäden Waldsterben	
Ruß	Unvollständiger Brennstoffausbrand in der Zündphase, bei örtlicher Abkühlung und beim Erlöschen der Flamme.	Rußpartikel sind Träger der Krebs erregenden polyzyklischen aromatischen Kohlenwasserstoffe (PAK). Rußablagerungen verschlechtern den Wärmedurchgang erheblich.	Bundesimmissionsschutzverordnung (BImschV)
C_nH_m		Unterschiedliche Kohlenwasserstoffe, die zum Teil giftig oder Krebs erregend sind.	
CO	Genereller Sauerstoffmangel oder ungenügende Durchmischung von Brennstoff und Luftsauerstoff	Besonders gefährliches Giftgas. Es ist geruchsneutral, unsichtbar und geschmacklos. Es verdrängt den Sauerstoff aus dem Blutkreislauf und führt somit zum Ersticken.	RAL-Umweltzeichen „Blauer Engel“
NO_x	Luftstickstoff, Brennstoffstickoxid, hohe Verbrennungstemperaturen u. a. (→ Diagr. 341.2 u. 3)	Unterschiedliche, giftige Stickoxide. Sie sind wesentlich an der Ozonbildung beteiligt.	RAL-Umweltzeichen „Blauer Engel“
CO_2	Kohlenstoff im Brennstoff	Entsteht bei jeder Verbrennung fossiler Rohstoffe und hat maßgeblichen Anteil an der vom Menschen verursachten Erwärmung des Klimas (Treibhauseffekt).	CO_2-Minderungsprogramm

Tab. 342.2: Emissionsgrenzwerte für Öl- und Gasfeuerungsanlagen

Verordnungen, Vorschriften	Erläuterungen	Geltungsbereich	Schadstoffgrenze					
			Staub	NO_x		CO	C_nH_m	Rußzahl
			$\frac{mg}{m^3}$	$\frac{mg}{m^3}$	$\frac{mg}{kWh}$	$\frac{mg}{kWh}$	$\frac{mg}{kWh}$	
			im Tagesmittel		0 % O_2[1]	0 % O_2[1]	0 % O_2[1]	
TA-Luft (2002)	Heizöl EL	< 50 MW	20	180 … 250	–	–	–	1
	Gas	< 50 MW	20	100 … 200	–	–	–	–
DIN 4702-1: 1990-3	Heizöl EL				260	110	–	–
	Erdgas (2. Gasfamilie)	< 350 kW			150	100	–	–
	Erdgas (2. Gasfamilie)	> 350 kW			200	100	–	–
Kessel ≤ 2 MW	Flüssiggas (3. Gasfamilie)				300	120	–	–
DIN EN 13836: 2007-06	Gaskessel der Art B (2. Gasfamilie)	> 300 kW			70…260[3]	100	–	–
Kessel ≤ 1 MW	Gaskessel der Art B (3. Gasfamilie)	> 300 kW			91…338[4]	100	–	–
Umweltzeichen „Blauer Engel“	Ölzerstäubungsbrenner RAL-UZ 9	≤ 120 kW			120	60	15	0,5
	Öl-Unit RAL-UZ 46	≤ 70 kW			110	60	15	0,5
	Gas-Spezialheizkessel RAL-UZ 39	≤ 70 kW			70	60	–	–
	Gas-Umlaufwasserheizer RAL-UZ 40	≤ 30 kW			60	60	–	–
	Gas-Unit mit Gbl.brenner RAL-UZ 41	≤ 70 kW			70	60	–	–
	Gas-Brennwertkessel RAL-UZ 61	≤ 70 kW			60	50	–	–
	Gasbrenner mit Gebläse RAL-UZ 81	≤ 120 kW			70	56	–	–
BImschV	Öl	≤ 120 kW			120	–	–	1(2)[2]
	Gas	≤ 120 kW			80	–	–	–

1) Unverdünntes Abgas
2) Zulässiger Wert bei Verdampfungsbrennern
3) Je nach NOx-Klasse: 5 (= 70), 4 (= 100), …
4) Werte dürfen 30 % höher sein als bei 2. Gasfamilie.

Verbrennung von Brennstoffen *combustion of fuels*

Tab. 343.1: Emissionsgrenzwerte bei Feuerungsanlagen für feste Brennstoffe nach BImSchV (1998-01)

Brennstoff	Geltungsbereich	Staub in mg/m_n^3 bei 13 % O_2 im Abgas	Staub in mg/m_n^3 bei 8 % O_2 im Abgas	CO in mg/m_n^3 bei 13 % O_2 im Abgas	Grauwert der Abgasfahne nach Ringelmann-Skala (→ Tab. 343.2)
naturbelassenes Holz	> 15 bis 50 kW	150	–	4000	heller 1
	> 50 bis 150 kW	150	–	2000	heller 1
	> 150 bis 500 kW	150	–	1000	heller 1
	> 500 kW	150	–	500	heller 1
Kohle	> 15 kW	–	150	–	heller 1

Grauwert der Abgasfahne
(nach BImSchV zu bestimmen bei Feuerungsanlagen für **feste Brennstoffe**)

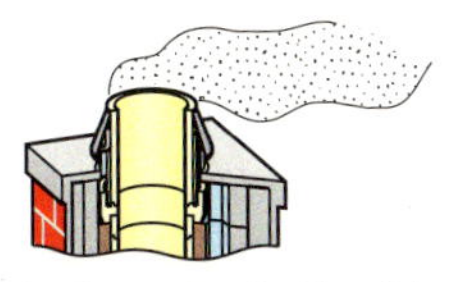

Zur Prüfung des Grauwertes der Abgasfahne ist die Stelle oberhalb der Schornsteinmündung zu betrachten, an welcher der Grauwert am höchsten ist.

Tab. 343.2: Ringelmann Skala

Die Ringelmann-Skala enthält in vier von sechs Feldern Grauwerte zwischen weiß und schwarz; der Anteil schwarzer Färbung beträgt in den Feldern

Grauwert 1	20 %
Grauwert 2	40 %
Grauwert 3	60 %
Grauwert 4	80 %

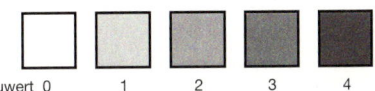

Grauwert 0 1 2 3 4 5

Tab. 343.3: Maximale Kondenswassermenge (theoretisch)

Brennstoff	Kondenswassermenge
Stadtgas	0,89 kg/m^3
Erdgas LL	1,53 kg/m^3
Erdgas E	1,63 kg/m^3
Propan	3,37 kg/m^3
Heizöl	0,88 kg/Liter

Tab. 343.4: Mögliche Belastung des Kondensates bei metallischen Wärmetauschern

Schwermetalle und pH-Wert		Beschaffenheit von unbehandeltem Kondensat bei Heizöl EL	Beschaffenheit von unbehandeltem Kondensat bei Erdgas	Grenzwerte nach Arbeitsblatt ATV-A 251
Blei (Pb)	mg/l	< 0,1	< 0,002	0,2
Chrom (Cr)	mg/l	< 0,1 bis 6	< 0,002	0,15
Kupfer (Cu)	mg/l	< 0,2 bis 1		0,25
Nickel (Ni)	mg/l	< 0,1 bis 6	< 0,002	0,25
Zink (Zn)	mg/l	< 0,2 bis 2		0,5
pH-Wert	–	< 1,8 bis 3,7	4,0	≥ 6,5

Umrechnung von Emissionen der Verbrennungsgase
conversion of emissions of flued gases

Umrechnung der Einheiten von Emissionen mit Umrechnungsfaktoren

$$E_2 = E_1 \cdot F$$

E_2 : Emissionen im Abgas bei Einheit 2
E_1 : Emissionen im Abgas bei Einheit 1
F : Umrechnungsfaktor für die Emissionen (→ Tab. 343.5)

Tab. 343.5: Umrechnungsfaktoren *F* für die Emissionen bei Holzfeuerung nach ÖNORM 7132

gilt nur für Nadelholz bei 30 % Wassergehalt	Staub in mg/m_n^3 bei 13 % O_2	Staub in mg/kWh	CO in ppm bei 13 % O_2	CO in mg/m_n^3 bei 13 % O_2	CO in mg/kWh	NO_x in ppm bei 13 % O_2	NO_x in mg/m_n^3 bei 13 % O_2	NO_x in mg/kWh	C_nH_m in mg/m_n^3 bei 13 % O_2	C_nH_m in mg/kWh
1 ppm bei 13 % O_2 =	–	–	1	1,25	3,07	1	2,05	5,03	–	–
1 mg/m_n^3 bei 13 % O_2 =	1	2,45	0,8	1	2,45	0,49	1	2,45	1	2,45
1 mg/kWh =	0,41	1	0,33	0,41	1	0,2	0,41	1	0,41	1

Beispiel:
Gemessene Abgaswerte bei Brennstoff Nadelholz mit 30 % Wassergehalt:

CO-Emissionen bei O_2-Gehalt im Abgas von 13 % = 271 mg/m_n^3

Staub-Emissionen bei O_2-Gehalt im Abgas von 13 % = 55 mg/m_n^3

Umrechnung der Einheiten der CO-Emissionen von mg/m_n^3 in ppm bei jeweils 13 % O_2-Gehalt im Abgas:

Mit F = 0,8 aus Tab. 343.5 ergibt sich:

$E_2 = E_1 \cdot F$
= 271 · 0,8
= **216,8 ppm** (bei 13 % O_2-Gehalt im Abgas)

Umrechnung der Einheiten der Emissionen von mg/m_n^3 bei 13 % O_2-Gehalt im Abgas in mg/kWh:

CO-Emissionen: E_2 = 271 · 2,45
= **664 mg/kWh**

Staub-Emissionen: E_2 = 55 · 2,45
= **135 mg/kWh**

Umrechnung von Emissionen der Verbrennungsgase

conversion of emissions of flued gases

Emissionen in ppm bezogen auf den Bezugssauerstoffgehalt

$$E_{Bez} = E_{gem} \frac{21 - O_{2\,Bez}}{21 - O_2}$$

$$O_2 = 21 \left(1 - \frac{CO_2}{CO_{2\,max}}\right)$$

(→ Diagr. 341.1)

E_{Bez} : Emissionen bei Bezugssauerstoffgehalt in ppm (= cm^3/m^3)
E_{gem} : gemessene Emissionen im Abgas in ppm
$O_{2\,Bez}$: Bezugssauerstoffgehalt (→ Tab. 344.1) in Vol. %
O_2 : Sauerstoffgehalt im trockenen Abgas in Vol. %
CO_2 : CO_2-Gehalt im trockenen Abgas (gemessen) in Vol. %
$CO_{2\,max}$: maximaler CO_2-Gehalt (→ Tab. 344.3) in Vol. %

Tab. 344.1: Bezugssauerstoffgehalt

Brennstoff	$O_{2\,Bez}$ in Vol. % nach	
	BImSchV	RAL (Blauer Engel)
Gas/Heizöl	3	0
Holz	13	0
Kohle	8	0

Emissionen in mg/m_n^3 bezogen auf den Bezugssauerstoffgehalt

$$E_{m\,Bez} = E_{Bez} \cdot \varrho_n$$

Umrechnung der Einheiten:

$$\frac{cm^3}{m^3} \cdot \frac{kg}{m_n^3} = 10^{-6} \frac{m^3}{m^3} \cdot 10^6 \frac{mg}{m_n^3} = \frac{mg}{m_n^3}$$

$E_{m\,Bez}$: Emissionen bei Bezugssauerstoffgehalt in mg/m_n^3
E_{Bez} : Emissionen bei Bezugssauerstoffgehalt in ppm (= cm^3/m^3)
ϱ_n : Gasdichte des Schadstoffes bei Normbedingungen (1013 mbar und 0 °C) in kg/m_n^3 (→ Tab. 344.2)

Tab. 344.2: Gasdichte ϱ_n in kg/m_n^3 bei Normbedingungen

Schadstoff	Gasdichte
CO_2	1,977
CO	1,25
SO_2	2,931
NO	1,34
NO_2 (NO_x)	2,05
C_3H_8 (C_nH_m)	0,717

Emissionen in mg/kWh im sauerstofffreien Abgas

$$E_w = E_{Bez\,(0\,\%)} \cdot \varrho_n \cdot \frac{V_{A\,tr,min}}{H_{i,n}}$$

E_w : Emissionen in mg/kWh
$E_{Bez\,(0\,\%)}$: Emissionen bei Bezugssauerstoffgehalt von 0 % in ppm (= cm^3/m^3)
ϱ_n : Gasdichte des Schadstoffes bei Normbedingungen (→ Tab. 344.2) in kg/m_n^3
$V_{A\,tr,min}$: Mindestabgasmenge im trockenen Zustand in m_n^3/m_n^3 bzw. m_n^3/kg
$H_{i,n}$: Heizwert des Brennstoffes bei Normbedingungen in kWh/m_n^3 bzw. kWh/kg

Tab. 344.3: Brennstoffkennwerte

Brennstoff	$H_{i,n}$	$V_{A\,tr,min}$	$CO_{2\,max}$
Einheit	kWh/m_n^3	m_n^3/m_n^3	Vol. %
Erdgas LL	9,03	7,69	11,8
Erdgas E	10,03	8,89	12,0
Propan	28,11	22,3	13,8
Butan	37,17	29,68	14,1
Einheit	kWh/kg	m_n^3/kg	Vol. %
Heizöl EL	11,86	10,49	15,4

Beispiel:
Gemessene Abgaswerte bei Brennstoff Erdgas LL:
CO = 25 ppm; CO_2 = 8,6 %

Emissionen in ppm bei Bezugssauerstoffgehalt von 0 %

Mit $CO_{2\,max}$ = 11,8 % aus Tab. 344.3 ergibt sich:

$$O_2 = 21 \left(1 - \frac{8{,}6}{11{,}8}\right) = 5{,}7\ (\%)$$

$$CO_{(0\,\%)} = 25 \frac{21 - 0}{21 - 5{,}7} = \mathbf{34{,}3\ (ppm)}$$

Emissionen in mg/m_n^3 bei Bezugssauerstoffgehalt von 0 %

Mit ϱ_n = 1,25 kg/m_n^3 aus Tab. 344.2 ergibt sich:

$$CO_{(0\,\%)} = 34{,}3 \cdot 1{,}25 = \mathbf{42{,}88\ (mg/m_n^3)}$$

Emissionen in mg/kWh

Mit ϱ_n = 1,25 kg/m_n^3 aus Tab. 344.2 sowie $H_{i,n}$ = 9,03 kWh/m_n^3 und $V_{A\,tr,min}$ = 7,69 m_n^3/m_n^3 aus Tab. 344.3 ergibt sich:

$$CO = 34{,}3 \cdot 1{,}25 \cdot \frac{7{,}69}{9{,}03} = \mathbf{36{,}51\ (mg/kWh)}$$

Wirtschaftlichkeit feuerungstechnischer Wärmeerzeuger

efficiency of flued appliances

Feuerungstechnischer Wirkungsgrad und Geräte- bzw. Kesselwirkungsgrad

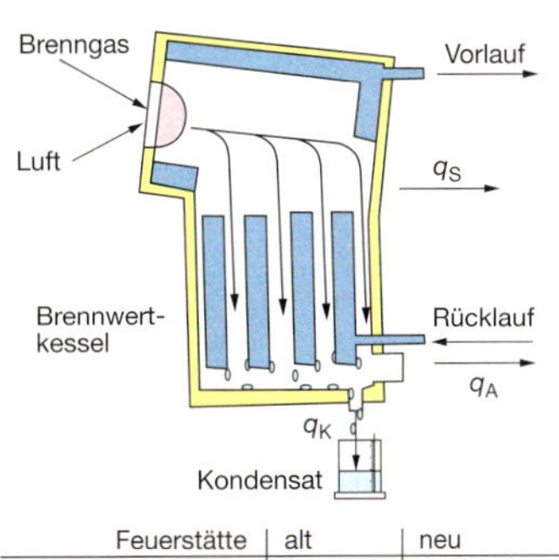

Feuerstätte	alt	neu
Abstrahlungsverluste	bis 20 %	0,4 bis 1 %

Bei Heizwertnutzung:

$$\eta_F = 100\,\% - q_A$$

$$\eta_K = 100\,\% - q_A - q_S - q_B$$

Bei Brennwertnutzung:

$$\eta_{FB} = 100\,\% - q_A + q_K$$

$$\eta_{KB} = 100\,\% - q_A - q_S - q_B + q_K$$

wobei: $q_K = \frac{H_s - H_i}{H_i} \cdot \alpha \cdot 100\,\%$

Für Erdgas bei modul. Brenner:

ϑ_A	22	28	35	40	45	50	55
α	0,95	0,9	0,8	0,7	0,6	0,5	0,4

η_F : feuerungstechnischer Wirkungsgrad in %
q_A : Abgasverluste in %
η_K : Geräte- bzw. Kesselwirkungsgrad in %
q_S : Abstrahlungsverluste in %
q_B : Betriebsbereitschaftsverluste in %
η_{FB} : feuerungstechnischer Wirkungsgrad bei Brennwertnutzung in %
q_K : Wärmegewinn durch Kondensation in %
H_s : Brennwert in kWh/m³
H_i : Heizwert in kWh/m³
α : Kondensatzahl (gibt das Verhältnis der tatsächlichen Kondensatmenge zur theoretisch möglichen an)
ϑ_A : Abgastemperatur in °C

Jahreswirtschaftlichkeit von Kessel und Anlage

annual efficiency of boiler and heating installation

Jahresnutzungsgrad des Kessels (Kesselnutzungsgrad)

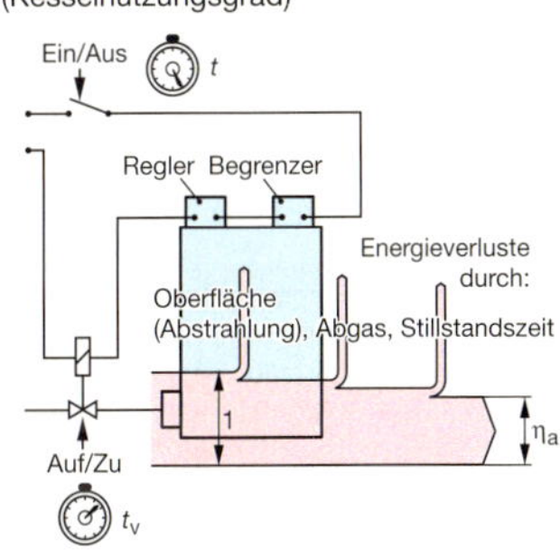

$$\eta_a = \frac{\eta_K}{\left(\frac{1}{\varphi} - 1\right) \cdot q_B + 1}$$

$$\varphi = \frac{t_v}{t}$$

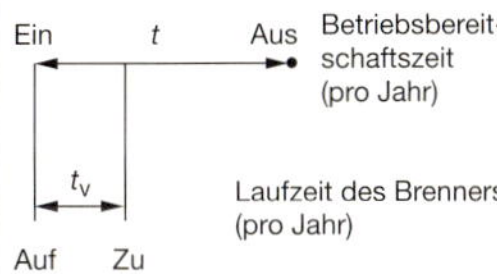

η_a : Jahresnutzungsgrad des Kessels als Dezimalzahl
η_K : Geräte bzw. Kesselwirkungsgrad als Dezimalzahl
q_B : Betriebsbereitschaftsverluste als Dezimalzahl (nach VDI 2067 – Blatt 1; 1983-12 für Betrieb mit gleitender Kesseltemperatur q_B = 0,01 bis 0,03)
φ : Kesselauslastung
t : Betriebsbereitschaftszeit in h/a
t_v : Jahresvollbenutzungsstunden in h/a (→ Tab. 346.1)

Jahreswärmebedarf

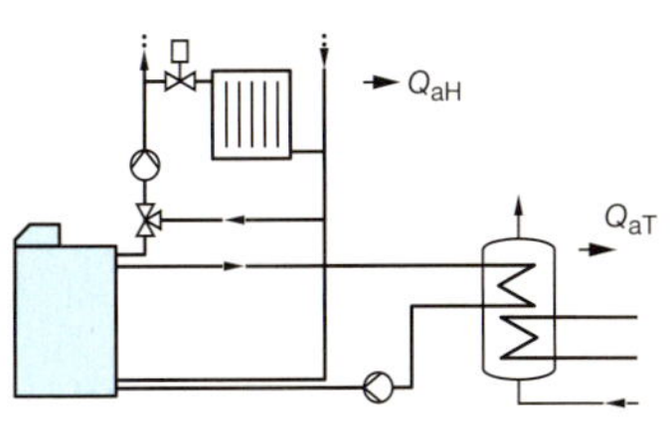

$$Q_a = Q_{aH} + Q_{aT}$$

$$Q_{aH} = t_v \cdot \dot{Q}_{HGeb}$$

Näherungsformel:

$$\dot{Q}_{HGeb} \approx \dot{q}_{Hmax} \cdot A$$

$$Q_{aT} \approx V_a \cdot c \cdot \Delta\vartheta$$

$$V_a = n \cdot V$$

Überschlägig:

V = 9 m³/(Pers. a)
$\Delta\vartheta$ = 40 K

Q_a : Jahreswärmebedarf in kWh/a
Q_{aH} : Jahresgebäudewärmebedarf in kWh/a
Q_{aT} : jährlicher Wärmebedarf für Trinkwassererwärmung in kWh/a
t_v : Jahresvollbenutzungsstunden in h/a (→ Tab. 346.1)
$\dot{Q}_{HGeb}$: Norm-Heizlast des Gebäudes in kW
$\dot{q}_{Hmax}$: max. spezifische Heizleistung in kW/m² (→ Tab. 346.2)
A : beh. Wohnfläche in m²
V_a : jährlicher Warmwasserbedarf in m³/a
$\Delta\vartheta$: Temperaturdifferenz zwischen Warm- und Kaltwasser in K
c : spezifische Wärmekapazität in kWh/(m³ · K)
(Wasser: c = 1,161 kWh/(m³ · K))
n : Anzahl der Personen
V : Warmwasserbedarf (→ Tab. 346.3) in m³/(Pers · a)

Jahreswirtschaftlichkeit von Kessel und Anlage

annual efficiency of boiler and heating installation

Jahresbrennstoffbedarf und Jahresnutzungsgrad der Anlage

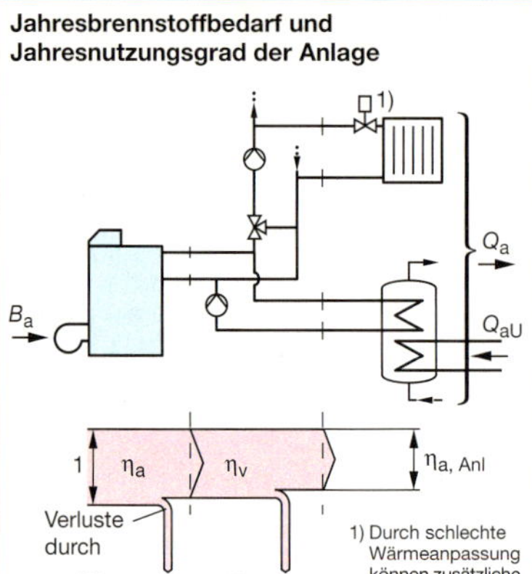

feste und flüssige Brennstoffe:

$$B_a = \frac{Q_a - Q_{aU}}{H_i \cdot \eta_{a,\,Anl}}$$

gasförmige Brennstoffe:

$$B_a = \frac{Q_a - Q_{aU}}{H_{i,B} \cdot \eta_{a,\,Anl}}$$

$$\eta_{a,\,Anl} = \eta_a \cdot \eta_v$$

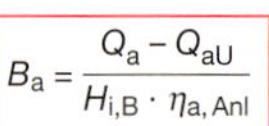

B_a	: Jahresbrennstoffbedarf	in m^3/a; dm^3/a; l/a; kg/a
Q_a	: Jahreswärmebedarf	in kWh/a
Q_{aU}	: Jahreswärmegewinn aus der Umwelt	in kWh/a
H_i	: Heizwert (→ Tab. 336.1) (→ Tab. 337.1) (→ Tab. 337.3 o. → Tab. 337.4)	in kWh/m^3; kWh/dm^3; kWh/kg
$H_{i,B}$	: Betriebsheizwert (→ Tab. 333.2)	in kWh/m^3;
$\eta_{a,\,Anl}$	: Jahresnutzungsgrad der Anlage als Dezimalzahl	
η_a	: Jahresnutzungsgrad des Kessels als Dezimalzahl	
η_v	: Verteilungsnutzungsgrad als Dezimalzahl (→ Tab. 346.4)	

Jahresbrennstoffkosten

Verbrauchsabhängige Abrechnung (→ Tab. 396.1)

$$K_a = B_a \cdot P + Z$$

K_a	: Jahresbrennstoffkosten	in €
B_a	: Jahresbrennstoffbedarf	in m^3/a; l/a; kg/a
P	: Preis für den Brennstoff	in €/m^3 €/l, €/kg
Z	: fixe Kosten	in €

Tab. 346.1: Jahresvollbenutzungsstunden t_v für Heizungsanlagen ohne Trinkwassererwärmung

Gebäudeart	t_v in h/a
Wohnhäuser	ca. 1600
Bürogebäude	ca. 1400
Schulen	ca. 1100

Tab. 346.2: Maximale spezifische Heizleistung $\dot{q}_{H\,max}$ von Gebäuden (ungünstige Bauweise)

Normwert	$\dot{q}_{H\,max}$ in kW/m^2
vor 1977	0,100
WSchV 1982	0,075
WSchV 1995 (≈ EnEV)	0,062

Tab. 346.3: Warmwasserbedarf V im Wohnungsbau nach VDI 2067 (ϑ = 45 °C)

Anspruchskategorie	V in m^3/(Pers · a)
Hohe Ansprüche	22 – 44
Mittlere Ansprüche	11 – 22
einfache Ansprüche	5,5 – 11

Tab. 346.4: Anhaltswerte für η_v

Heizungsart	η_v
Etagenheizung	0,98
Zentralheizung	0,96
Blockheizung	0,93

Tab. 346.5: Ermittlung der monatlichen Heizkostenvorauszahlung in Euro für Heizanlagen mit zentraler Warmwasserbereitung (Richtwerte)

Heizöl Euro/Liter Gas Euro/m^3	beheizbare Wohnfläche in m^2 30	50	70	90	110	130
0,47	38	60	81	98	114	132
0,51	41	64	86	106	123	140
0,54	44	70	92	112	131	149
0,57	47	74	98	119	139	158
0,61	49	78	103	125	147	167
0,64	53	81	108	132	155	177
0,67	55	87	116	143	168	191
0,71	57	91	123	150	175	200
0,74	60	96	128	157	183	209
0,78	63	100	133	163	191	218
0,81	65	105	138	170	199	227

Ohne zentrale Warmwasserbereitung (→ Tab. 396.2)

Diagr. 346.1: Heizölverbrauch in zentralbeheizten Mehrfamilienhäusern in Deutschland 2003/04

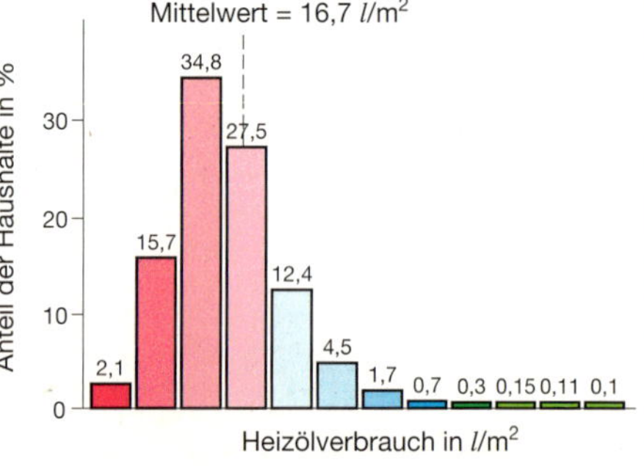

Jährliche CO_2-Emissionen (Treibhausgas)

annual emission of carbon dioxid (greenhouse effect gas)

Diagr. 347.1: CO_2-Emissionen bei Zentralheizungsanlagen für unterschiedliche Brennstoffe bzw. Energieerzeuger

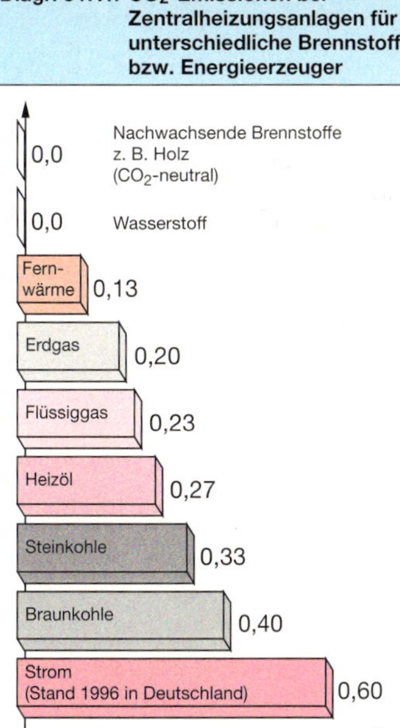

$$m_{aco_2} = B_a \cdot H_s \cdot E_{CO_2}$$

m_{aco_2} : jährliche Masse an CO_2-Emissionen in kg/a

B_a : Jahresbrennstoffbedarf in m³/a; dm³/a; kg/a

H_s : Brennwert (→ Tab. 347.1) in kWh/m³; kWh/dm³; kWh/kg

E_{CO_2} : brennstoffspezifische CO_2-Emissionen (→ Diagr. 347.1) in kg/kWh

Tab. 347.1: Brennwert H_s ausgewählter Energieträger

Energieträger	Brennwert H_s kWh/m³	kWh/dm³	kWh/kg
Nadelholz (lufttrocken)	–	–	4,13
Laubholz (lufttrocken)	–	–	4,75
Holz-Pellets	–	–	4,89 ... 5,42
Wasserstoff	3,51	–	–
Erdgas LL	8,4 ... 10,3	–	–
Erdgas E	10,4 ... 13,1	–	–
Propan	28,112	–	13,980
Butan	37,165	–	13,740
Heizöl EL	–	10,84	12,61
Steinkohlen-Briketts	–	–	7,72 ... 9,24
Braunkohlen-Briketts	–	–	5,63

Anforderungen an die Brennstofflagerung *safety precautions for fuel storage*

Flüssiggas

Tab. 347.2: Zulässige Aufstellungsart von Flüssiggasbehältern

Aufstellungsart	im Freien oberirdisch	im Freien erdgedeckt	im Freien halboberirdisch	innerhalb von besonderen Aufstellungsräumen
Erddeckung		≥ 0,5 m		
zulässige Betriebstemperatur	40 °C	40 °C (oder 30 °C)	40°C	40 °C
zulässiger Betriebsüberdruck	15,6 bar	15,6 bar (oder 12,1 bar)	15,6 bar	15,6 bar
Füllgrenze	85 Vol.-%	85 Vol.-%	85 Vol.-%	85 Vol.-%

Einschränkungen: Die Aufstellung ist nicht zulässig im Bereich von Durchgängen, Durchfahrten, Notausgängen, Feuerwehrzufahrten, Treppen und Fluren sowie in Räumen, deren Fußböden allseitig tiefer liegen als die anschließende Geländeoberfläche. Aufstellräume dürfen keine Öffnungen zu Nachbarräumen besitzen.

Tab. 347.3: Behälterarten und ihre Sicherheitsbereiche

Explosionsgefährdeter Bereich von Flüssiggasbehältern

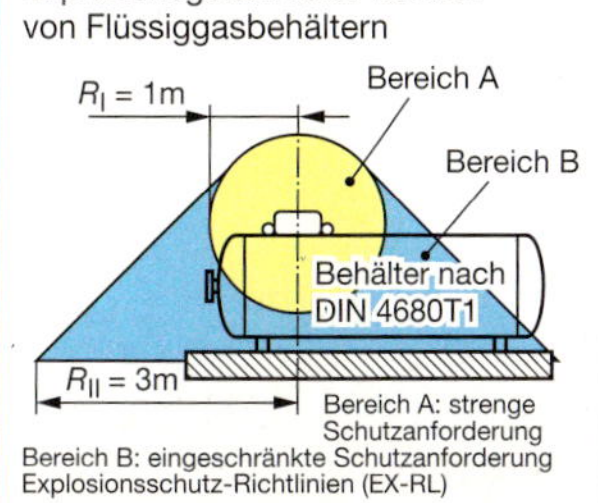

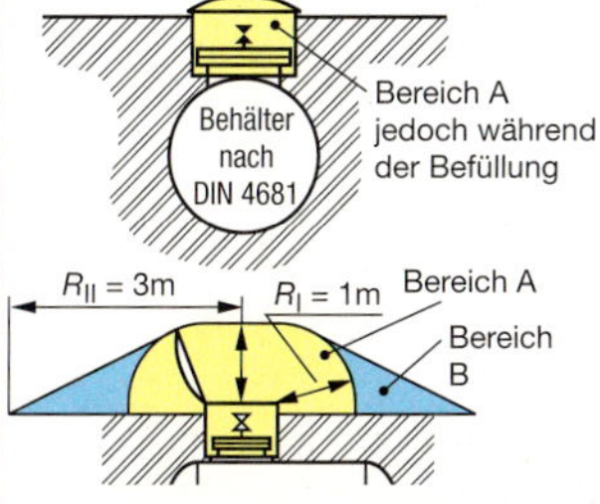

Schutzwand erforderlich, falls Zündquelle/Gerät nicht abschaltbar

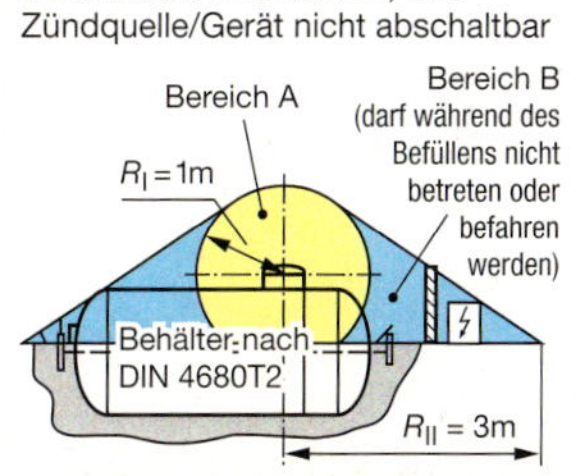

Brennstoffe und Feuerungstechnik

Anforderungen an die Brennstofflagerung *safety precautions for fuel storage*

Abb. 348.1: Mindestabstand zu Kanälen, Schächten, Öffnungen oder notwendige bauliche Maßnahmen

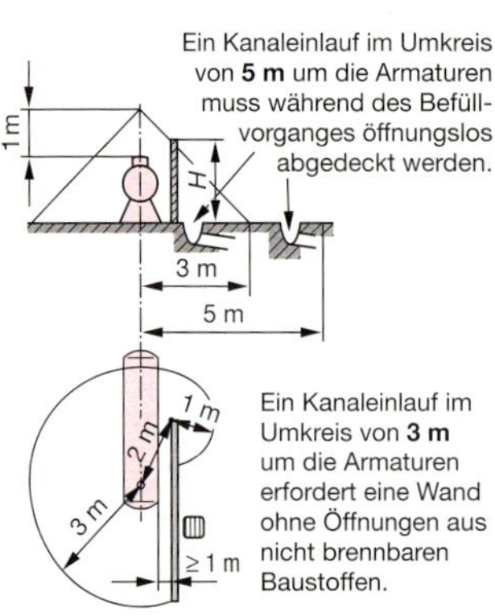
Ein Kanaleinlauf im Umkreis von **5 m** um die Armaturen muss während des Befüllvorganges öffnungslos abgedeckt werden.
1 m
H
3 m
5 m
Ein Kanaleinlauf im Umkreis von **3 m** um die Armaturen erfordert eine Wand ohne Öffnungen aus nicht brennbaren Baustoffen.
1 m
2 m
3 m
≥ 1 m

Zur Reduzierung des Abstandes sind Wände (ohne Öffnungen) aus nichtbrennbaren Baustoffen mit einer Mindesthöhe *H* notwendig.

Abb. 348.2: Anforderungen an die Gebäudewand (wenn Flüssiggasbehälter weniger als 3 m Abstand zur Gebäudewand haben)

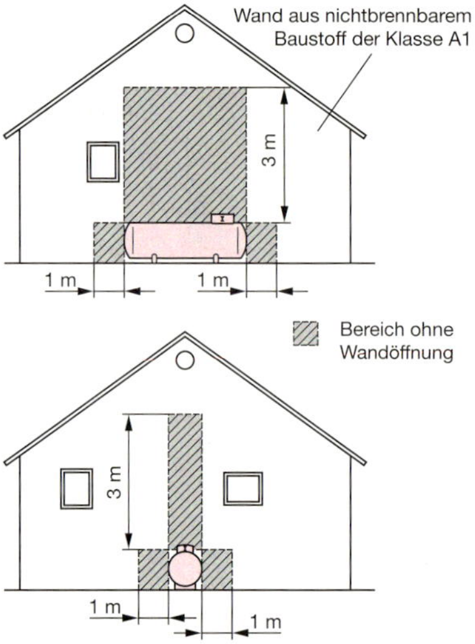

Wand aus nichtbrennbarem Baustoff der Klasse A1

3 m

1 m 1 m

Bereich ohne Wandöffnung

3 m

1 m 1 m

Abb. 348.3: Aufstellung bei einem Dachüberstand von mehr als 0,5 m

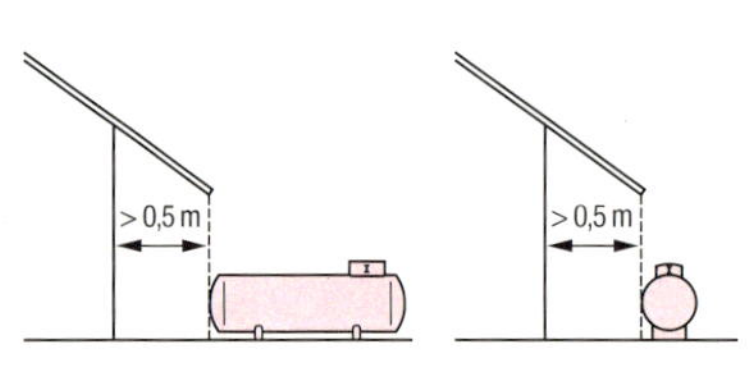
> 0,5 m
> 0,5 m

Abb. 348.4: Schutzwand vor Brandlasten[1)]

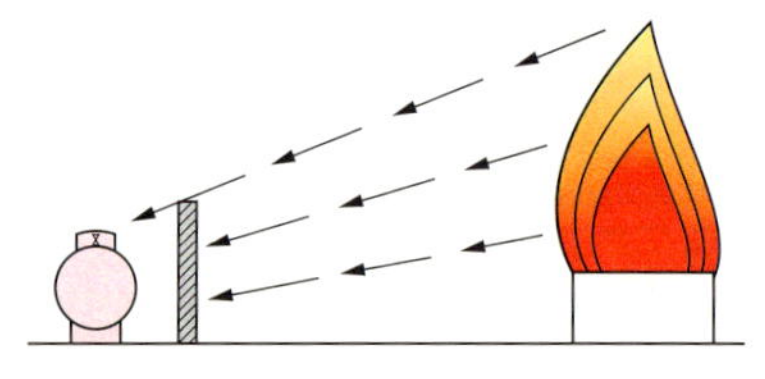

Wand F90 oder Strahlungsschutzblech bei reiner Strahlungswärme

Tab. 348.1: Abstände von Flüssiggasbehältern zu Brandlasten[1)] wenn keine Schutzwand vorhanden ist

Breite der Brandlast in m	≤ 4	4 bis 5	5 bis 6	6 bis 7	7 bis 8	8 bis 9	9 bis 10	10 bis 11	11 bis 12	12 bis 13	13 bis 14
Abstand Behälter zur Brandlast in m	5	6,2	7,2	8	8,7	9,4	10	10,5	11	11,4	11,8

[1)] brennbares Objekt z. B. ein Fahrzeug

Tab. 348.2: Aufstellungsorte von Flüssiggasflaschen und zulässige Lagermengen

Flüssiggasflaschen (5 kg, 11 kg, 33 kg)	Aufstellungsorte				
	in **Schlafräumen**	in **Aufenthaltsräumen**	in **Wohnungen**	in **besonderen Räumen** (Aufstellungsräume)	im **Freien**
Maximale Anzahl der Flüssiggasflaschen	0	1	2	nicht begrenzt	
Zulässiges Füllgewicht	–	≤ 14 kg	≤ 14 kg (jeweils)	> 14 kg	

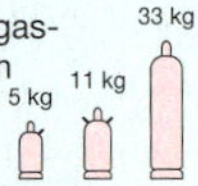

Einschränkungen: Ähnliche Bestimmungen wie bei Flüssiggasbehältern (→ S. 347)

Anforderungen an die Brennstofflagerung *safety precautions for fuel storage*

Explosionsgefährdeter Bereich von Flüssiggasflaschen

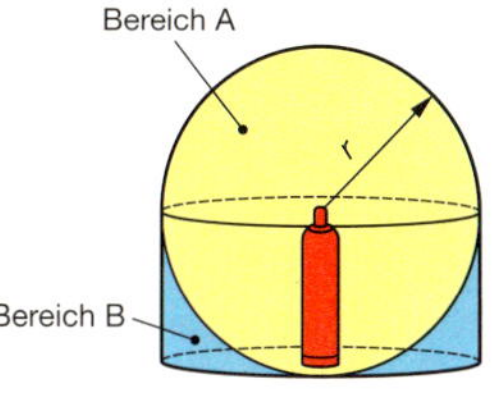

Tab. 349.1: Abmessungen der explosionsgefährdeten Bereiche von Flüssiggasflaschen

bei Entnahme aus der Gasphase	im Freien *r* in m	in Räumen *r* in m
Einzelflasche und Batterien mit **2 bis 6 Flaschen**	1,0	2,0
Batterien mit **mehr als 6 Flaschen**	2,0	3,0

Bereich A: Strenge Schutzanforderungen nach Explosionsschutz-Richtlinie. Darf sich nicht auf Nachbargrundstücke oder öffentliche Verkehrswege erstrecken.

Bereich B: Eingeschränkte Schutzanforderungen nach EX-RL

Innerhalb der Bereiche A und B dürfen sich keine gegen Gaseintritt ungeschützten Kanäle, Schächte oder sonstige Öffnungen befinden.

Bei Einzelflaschen mit einem zulässigen Füllgewicht bis 14 kg und um Flaschenschränke bedarf es keines Ex-Bereiches.

Schutzabstände zu möglichen Wärmestrahlungsquellen

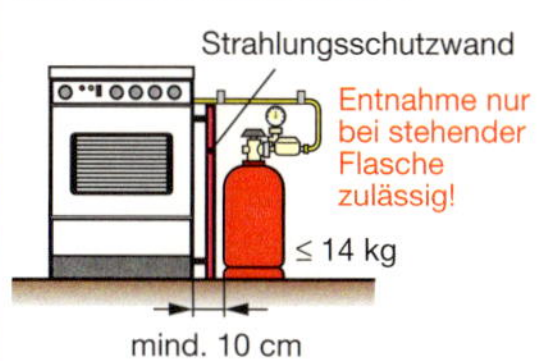

Tab. 349.2: Mindestabstände zu Wärmestrahlungsquellen

Wärmestrahlungs-Quellen	Mindestabstände	
	ohne Strahlungsschutz in cm	mit Strahlungsschutz in cm
von Heizgeräten, Feuerstätten und ähnlichen Wärmequellen	70	30
von Heizkörpern	50	10
von Gasherden und ähnlichen Wärmequellen	30	10

Be- und Entlüftung von Flaschenschränken und Aufstellräumen

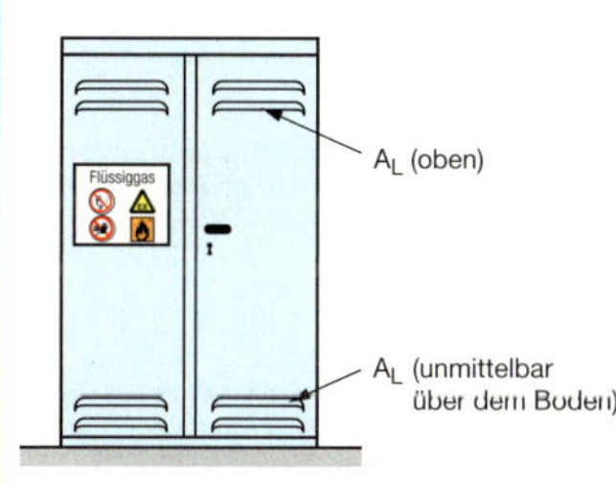

Flaschenschrank:

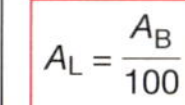

$$A_L = \frac{A_B}{100} \qquad A_L \geq 100\ \text{cm}^2$$

Aufstellraum:

$$A_L = \frac{A_B}{200}$$

A_L : Fläche einer Lüftungsöffnung in cm^2
A_B : Bodenfläche des Schrankes bzw. des Aufstellraumes in cm^2

Heizöl

Vorschriften für die Aufstellung von Behältern für die Heizöllagerung

- Technische Regeln für brennbare Flüssigkeiten (TRbF),
- Gesetz zur Ordnung des Wasserhaushaltes (WHG),
- Gefahrstoffverordnung (GefStoffV),
- Feuerungsverordnung (FeuV),
- DIN 4755 Ölfeuerungsanlagen,
- Bauordnungen und Vorschriften des jeweiligen Bundeslandes,
- ggf. Schutzgebietsverordnung in Wasserschutzgebieten.

Lagermöglichkeiten und Tankwerkstoffe nach DIN 4755: 2004-11

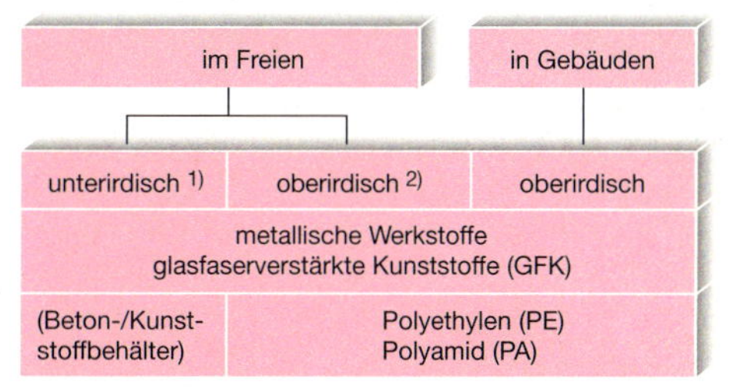

[1] Müssen doppelwandig ausgebildet und mit einem Leckanzeiger versehen sein.
[2] In Deutschland kaum möglich, weil Heizöllagerbehälter und Ölleitungen frostgeschützt einzubauen sind.

Anforderungen an die Brennstofflagerung *safety precautions for fuel storage*

Heizöllagerungen mit Tankarmaturen und Sicherheitseinrichtungen

a) Unterirdische Heizöllagerung mit doppelwandigem Tank (Einstrangsystem)

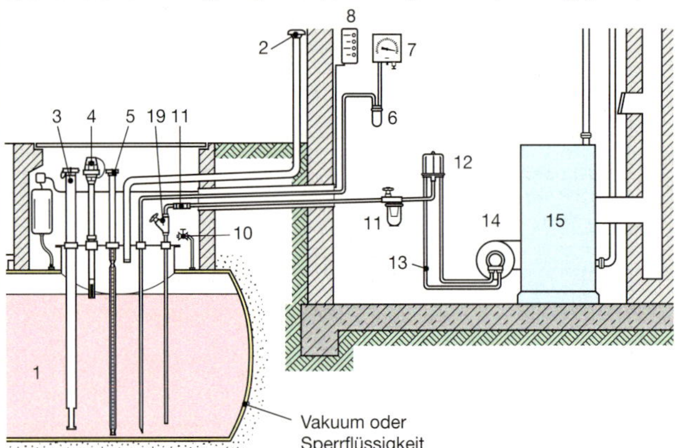

1 Heizöl-Tank
2 Lüftungseinrichtung
3 Fülleinrichtung
4 Grenzwertgeber
5 Peilrohr
6 Kondensatgefäß
7 Inhaltsmessgerät
8 Leckanzeigesystem Klasse II
10 Absperreinrichtung
11 Ölfilter mit vorgeschalteter Absperreinrichtung
12 Entlüftungseinrichtung
13 Schlauchleitung
14 Ölbrenner
15 Heizkessel

b) Oberirdische Heizöllagerung mit geschweißtem Stahltank (Einstrangsystem)

9 öldichte Auffangwanne
16 Fernauslösung für 10
17 Magnetventil (Sicherheitseinrichtung gegen Aushebern)
18 schwimmende Absaugung
19 Absperreinrichtung an angeschlossener Ölleitung

Anforderungen der TRbF 231-1 an die Entnahmeleitungen

In bestimmten Anwendungsgrenzen sind **Rohre** aus Stahl, Kupfer und Aluminium zugelassen.

Die **Rohrverbindungen** müssen dicht, alterungsbeständig und gegen Flammeneinwirkung widerstandsfähig sein.

Uneingeschränkt zugelassen sind Rohrverbindungen durch Schweißen, Hartlöten, Flanschen sowie öldichte Rohrverschraubungen bis DN25.

Die **Rohrleitungen** sind zu befestigen. Bei Wand- und Decken-Durchbrüchen sowie bei erdverlegten Leitungen sind **Schutzrohre** zu verwenden. Undichtheiten müssen leicht erkannt werden können. Schutzrohre sind daher mit leichtem Gefälle zu einer **Kontrollstelle** zu führen.

Fülleinrichtung, Be-, Entlüftungs- und Entnahmeleitung — TR Öl

Fülleinrichtung	Lüftungseinrichtung	Entnahmeleitungen
• Füllstutzen gut zugänglich und günstige Lage zur Straße, (bei Batteriebehältern mindestens 300 mm über der Oberkante des Behälters) • Füllstutzen eindeutig dem Anschluss des Grenzwertgebers zuordnen, • Verschluss-Kappe, • Füllrohr DN50 oder DN80 mit Gefälle zum Behälter, Auslauföffnung endet im unteren Drittel des Behälters, • Grüne Verschlusskappen weisen auf die Eignung und Verwendung von Heizöl EL Schwefelarm hin.	• Anschluss am höchsten Punkt des Behälters, • Lüftungsleitung mind. DN 40, bei standortgefertig. Tanks mind. DN 50, • nicht absperrbar, keine Querschnitts-Verengung, keine Einbauten und stetiges Gefälle zum Heizöl-Tank, • mündet mind. 500 mm über der Füllöffnung und mind. 500 mm über der Erdgleiche • In Überschwemmmungsgebiet Kompensatoren zur Bewegungsaufnahme verwenden und Austrittsöffnung so anordnen, dass kein Wasser eindringen kann.	• Rohrleitungen sind nach TRbF 231-1 auszuführen und so zu bemessen, installieren, prüfen und betreiben, dass sie dauerhaft dicht sind, • Leitungsverlegung möglichst oberirdisch und leicht zugänglich mit stetigem Gefälle zum Heizöl-Tank, • Schutz vor möglicher Beschädigung, • frostsichere Leitungsführung oder Begleitheizung, • Bemessung des Querschnitts der Leitungen → S. 436, • Ölfilter vor der Ölpumpe • Absperreinrichtungen sollen gut zugänglich und leicht zu bedienen sein.

Anforderungen an die Brennstofflagerung *safety precautions for fuel storage*

Tab. 351.1: Allgemeine Anforderungen an Heizöllagerbehälter, nach DIN 4755: 2004-11

Die Behälter:

- aller Bauarten und deren zugehörige Füllsysteme dürfen nur verwendet werden, wenn sie einen bauaufsichtlichen Verwendbarkeitsnachweis haben.
- müssen so gegründet, eingebaut oder aufgestellt werden, dass Verlagerungen und Neigungen, welche die Sicherheit der Behälter oder deren Einrichtungen gefährden, nicht eintreten können. (Z. B. sind Bodensetzungen in Bergbaugebieten oder Hochwasser in Überschwemmungsgebieten zu beachten.)
- für unterirdische Verwendung; müssen doppelwandig ausgebildet und mit einem Leckanzeiger versehen sein.

Tab. 351.2: Mindestabstände für Behälter nach DIN 4755: 2004-11

Unterirdische Behälter		Ortsfeste Behälter in Gebäuden[1]	
zwischen Behältern	40 cm	zwischen Behältern und Wänden auf der Zugangs- und einer anschließenden Seite	40 cm
zum Nachbargrundstück	1 m	auf den übrigen Seiten	25 cm
zu öffentlichen Versorgungsleitungen	1 m	zwischen Rand der Einstiegsöffnung und Decke oder Wand	60 cm
Erdüberdeckung (frostsicher)	mind. 80 cm und max. 1,5 m	zwischen Behälter und Fußboden	10 cm
		zwischen **Batteriebehältern**	5 cm
		zwischen Behältern und Feuerungsanlagen, soweit nicht ein Strahlungsschutz vorhanden ist	1 m

[1] dürfen nicht über Feuerstätten, Rauchrohren, Rauch- oder Heißluftkanälen angeordnet werden.

Tab. 351.3: Zulässige Lagermengen und Anforderungen an die Heizöllagerung in Gebäuden (FeuV)

Lagerort	Lagermenge	Anforderungen
in Wohnungen	bis insgesamt 40 Liter	in Kanistern
	bis 100 Liter	in Behälter
in Räumen außerhalb von Wohnungen	bis 5000 Liter je Gebäude- oder Brandabschnitt	eingeschränkte Raumnutzung, keine Öffnungen zu anderen Räumen außer Türen, Räume belüftbar, Türen dicht und selbstschließend, nur Bodenabläufe mit Heizölsperren oder Leichtflüssigkeitsabscheider.
in Räumen außerhalb von Wohnungen, in denen auch Feuerstätten aufgestellt sind	bis 5000 Liter je Gebäude- oder Brandabschnitt	> 1 m Abstand zu Feuerstätten oder ggf. Strahlungsschutz, Feuerstätten außerhalb des Auffangraumes für auslaufendes Heizöl, Anforderungen ansonsten wie bei Räumen außerhalb von Wohnungen.
in Brennstofflagerräumen	bis 100 000 Liter je Gebäude- oder Brandabschnitt	Raumnutzung ausschließlich zur Brennstofflagerung, durch Wände und Decken dürfen nur bedingt Leitungen geführt werden, Wände, Decke, Fußboden und Stützen müssen feuerbeständig sein, Türen mindestens T-30 und selbstschließend, Räume belüftbar und von der Feuerwehr vom Freien aus beschäumbar, nur Bodenabläufe mit Heizölsperren oder Leichtflüssigkeitsabscheider, Zugänge sind mit der Aufschrift „Heizöllagerung" zu kennzeichnen.

Einschränkungen: Die Aufstellung der Behälter ist nicht zulässig in Durchgängen und Durchfahrten, in Treppenräumen, in allgemein zugänglichen Fluren auf Dächern, sowie in Dach-, Arbeits-, Gast- und Schankräumen.

Holzbrennstoffe

Tab. 351.4: Mindestlagerzeiten für Brennholz

1 Raummeter (≙ 0,6 Festmeter) lufttrockenes Laubholz (ca. 450 kg)

(ca. 2100 kWh)

Holzarten	Lagerzeit
Pappel, Fichte	1 Jahr
Linde, Erle, Birke	1,5 Jahre
Buche, Esche, Obstbäume	2 Jahre
Eiche	2,5 Jahre

Holz möglichst gespalten lagern. Der Lagerort muss trocken, möglichst sonnig und gut belüftet sein.

Tab. 351.5: Anforderungen an Pellets DIN 51 737

Durchmesser	6–10 mm
Länge	15–30 mm
Rohdichte	1,0–1,4 kg/dm³
Heizwert (H_i)	4,89–5,42 kWh/kg
Wassergehalt	< 12,0 Masse-%
Aschegehalt	< 1,5 % (0,8 mg/kg)
Schwefelgehalt	< 0,08 Masse-%
Stickstoffgehalt	< 0,30 Masse-%
Chlorgehalt	< 0,03 Masse-%
Cadmiumgehalt	< 0,5 mg/kg
Chromgehalt	< 8 mg/kg
Quecksilbergehalt	< 0,05 mg/kg
Bleigehalt	< 10 mg/kg
Zinkgehalt	< 100 mg/kg

Gasinstallation *gas installations*

Allgemeines *general knowledge*

Arten von Brenngasanlagen

Erdgasanlage

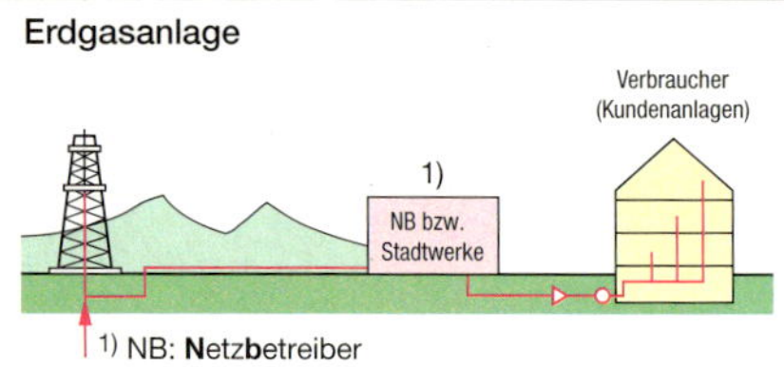

1) NB: **N**etz**b**etreiber

Flüssiggasanlage

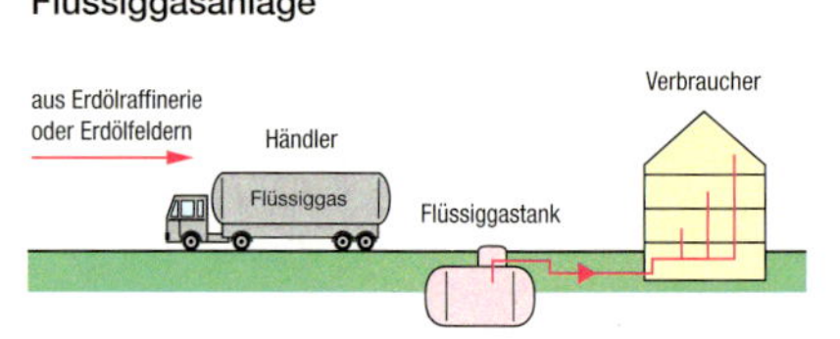

Biogasanlage

Stall

Gülle (Biomasse)

Gärbehälter (Fermenter)

Biogastank

Verbraucher

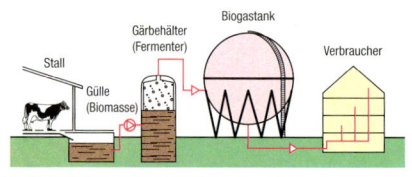

Solarwasserstoffanlage

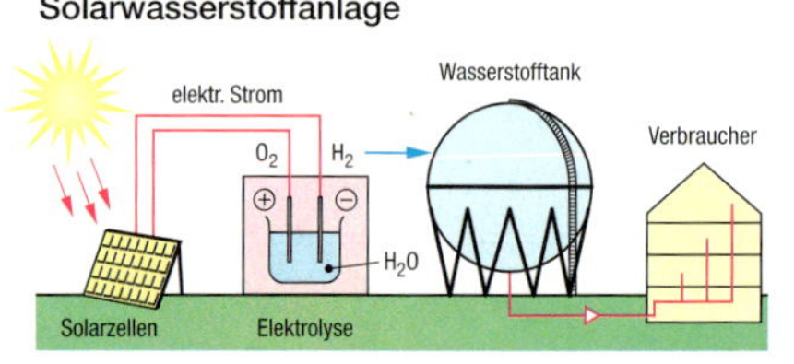

Mögliche Anwendungen beim Verbraucher

Wärme	Kraft + Wärme	Strom + Wärme		Licht + Wärme
Heizkessel	Verbrennungsmotor	Blockheizkraftwerk Stromerzeuger (Gasmotor + Generator) + Wärmetauscher	Brennstoffzelle Stromerzeuger + Wärmetauscher	Glühstrumpf

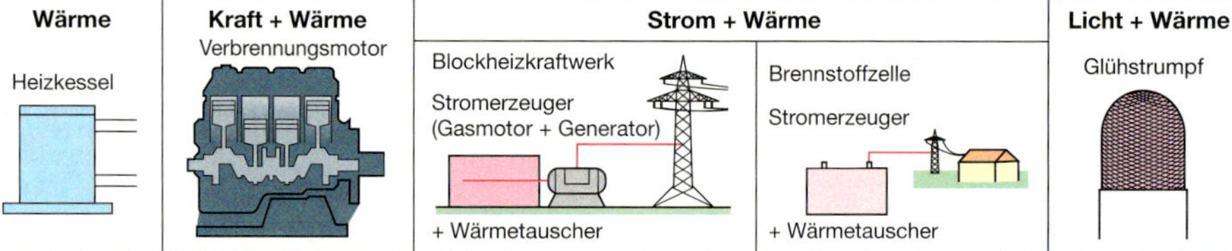

Leitungsabschnitte nach TRGI '86 (Ausgabe 1996)

Schema einer Gasanlage (Kundenanlage)

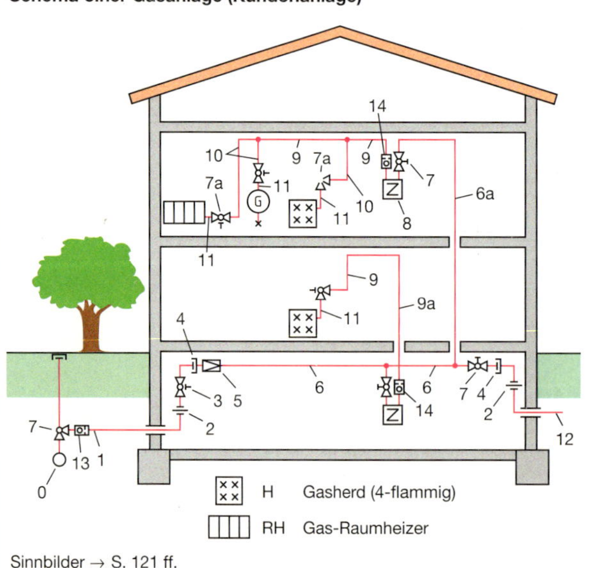

Sinnbilder → S. 121 ff.

0 Versorgungsleitung
1 Hausanschlussleitung
2 Isolierstück
3 Hauptabsperreinrichtung (HAE) (thermisch auslösende HAE)
4 lösbare Verbindung
5 Gasdruck-Regelgerät[1)]
6 Verteilungsleitung (VTL) (führt zu den Gaszählern)
6a VTL (Steigleitung)
7 Absperreinrichtung (AE)
7a Geräteabsperreinrichtung mit integrierter thermisch auslösender AE unmittelbar vor den Gasgeräten
8 Gaszähler
9 Verbrauchsleitung (VBL)
9a VBL (Steigleitung)
10 Abzweigleitung
11 Geräteanschlussleitung
12 Außenleitung (frei verlegt oder erdverlegt)
13 Gas-Strömungswächter (GS)
14 Gasströmungswächter bei mehreren Zählern notwendig, mit angepasstem Schließwert

1) ggf. mit integriertem Gas-Strömungswächter (GS) mit angepasstem Schließwert

Rohrwerkstoffe *pipe materials characteristics*

Tab. 353.1: Verwendungsbereich von Rohren und Schläuchen für Gasleitungen

	Werkstoff bzw. Leitungsart x zulässig – nicht zulässig	DIN	Nach TRGI 2008 sind für **Gase** nach DVGW-Arbeitsblatt G260 – **außer Flüssiggas** – folgende Rohre und Schläuche bis 1 bar Betriebsdruck zulässig.				Nach TRF 1996 sind für **Flüssiggase** (Propan, Propen, Butan, Buten und deren Gemische) folgende Rohre und Schläuche bis 1 bar Betriebsdruck zulässig.[1)]			
			Gasgeräteanschlussleitung	Innenleitung	Außenleitungen: frei verlegt	Außenleitungen: erdverlegt	Innenleitungen: Aufputz	Innenleitungen: Unterputz	Außenleitungen: frei verlegt	Außenleitungen: erdverlegt
Rohrleitungen	Stahlrohre	EN 10 255	x	x	x	nur Schweiß- oder Glattrohrverbindung zulässig	x	x	x	x
		2442	x	x	x	x	x	x	x	x
		EN 10 208-1	x	x	x	x	–	–	–	–
		EN 10 220	x	x	x	x	Geforderte Nennwanddicke ist ab DIN 100 größer als die Normalwanddicke.			
		EN 10 217-1	x	x	x	x	–	–	–	–
	Präzisionsstahlrohre	EN 10 305-1	Mindestwanddicke in mm bis $d_a = 20 \rightarrow 1{,}5$ über $d_a = 20 \rightarrow 2{,}0$		–	–	St 37.0 und St 52.0	–	St 37.0 und St 52.0	–
		EN 10 305-2			–	–		–		–
		EN 10 305-3			–	–	–	–	–	–
	Rohre aus nichtrostend. Stählen	DVGW GW 541(A)	x	x	x	–	–			
	Kupferrohre	DVGW GW 392 (A) EN 1057	Mindestwanddicke: bis $d_a = 22$ mm $\rightarrow$ 1,0 mm bis $d_a = 42$ mm $\rightarrow$ 1,5 mm bis $d_a = 89$ mm $\rightarrow$ 2,0 mm bis $d_a = 108$ mm $\rightarrow$ 2,5 mm über $d_a = 108$ mm $\rightarrow$ 3,0 mm				R220 – in Ringen; R250, R290 – in Stangen Mindestwanddicke: bis $d_a = 22$ mm $\rightarrow$ 1,0 mm bis $d_a = 42$ mm $\rightarrow$ 1,5 mm			
	Rohre und Leitungen aus Kunststoffen	DVGW GW 335 (A)	–	–	–	x	–	–	–	x
		DVGW VP 624 (P)	bis 0,1 bar		–	–	–	–	–	–
Schlauchleitungen	Schläuche für den: • Flaschenanschluss	4815-1,2	–	–	–	–	Schlauchlänge maximal 400 mm	–	–	–
	• Geräteanschluss	3383	bis 0,1 bar	–	–	–	bis 0,1 bar	–	–	–
		3384	x	Axialausgleich	–	–	x	–	–	–

Welche Rohre mit welchen Form- und Verbindungsstücken verwendet werden dürfen und welche Fügetechnik anzuwenden ist, kann den Tab. 354.1 und Tab. 355.1 entnommen werden. Notwendige Maßnahmen zum Korrosionsschutz ergeben sich aus Tab. 357.2. Alle in Gasanlagen eingebauten Teile sollten das DIN-DVGW- bzw. das DVGW-Prüfzeichen tragen. Ansonsten muss die Verwendbarkeit aus Zusatzkennzeichnungen und/oder Herstellerunterlagen nachweisbar sein.

[1)] Rohrleitungen für einen zulässigen Betriebsüberdruck > 0,1 bar (Mitteldruck-Rohrleitungen) unterliegen der Druckbehälterverordnung. Sie sind von einem Sachverständigen zu prüfen, was durch Werks- und/oder Abnahmeprüfzeugnisse nachzuweisen ist. Je nach Werkstoff der Rohrleitung kann eine besondere Kennzeichnungspflicht bestehen.

Rohrverbindungen *pipe connections*

Tab. 354.1: Zugelassene Form- und Verbindungsstücke nach TRGI 2008

Rohrart	DIN – nicht zulässig	Für Gase nach DVGW-Arbeitsblatt G260 – außer Flüssiggas – Gasgeräteanschlussleitung[1]	Innenleitung[1]	Außenleitungen frei verlegt	Außenleitungen erdverlegt
Stahlrohre	EN 10 255	Glattrohrverbindung muss zugfest und thermisch erhöht belastbar sein.			Nur Schweiß- oder Glattrohrverbindung zulässig.
	2442 EN 10 208-1 EN 10 220 EN 10 217-1	• Stahlflansche[4] nach DIN EN 1092-1 • Gusseisenflansche[4] nach DIN EN 1092-2 • Tempergussfittings nach DIN EN 10 242 nur mit Design-Symbol A • Formstücke zum Einschweißen nach DIN EN 10 253-1 • Stahlfittings mit Gewinde nach DIN EN 10 241 • Glattrohrverbindungen nach DIN 3387-1			
Präzisionsstahlrohre		• Glattrohrverbindungen nach DIN 3387-1 • Bördelrohrverbindungen nach DIN 3387-2 nur in Verbindung mit DIN EN 10 305-1 Müssen zugfest und thermisch erhöht belastbar sein.			
– nahtlos	EN 10 305-1			–	–
– geschweißt	EN 10 305-2			–	–
– geschweißt u. maßgewalzt	EN 10 305-3			–	–
Rohre aus nichtrostenden Stählen	DVGW GW 541 (A)	• Pressverbinder nach DVGW 614 (P)			–
Kupferrohre	DVGW GW 392 (A) EN 1057	• Hartlöt- und Schweißverbindungen nach DVGW GW 2 (A) Hartlöten nur mit Kapillarlötfittings und zugelassenen Hartloten und Flussmitteln. Schweißen, insbesondere Schutzgasschweißen ist ab 1,5 mm Wanddicke möglich.3) • Glattrohrverbindungen nach DIN 3387-1 sind zugelassen bis 0,1 bar. Sie müssen zugfest und thermisch erhöht belastbar sein.			
		• Pressverbinder nach DVGW VP 614 (P)			Pressverbinder nur zum Anschluss von Gasgeräten zur Verwendung im Freien
Rohre und Leitungen aus Kunststoffen	DVGW GW 335 (A)	–		–	Formstücke aus PE 80 und PE 100 nach DVGW GW 335 B2 (A) (Elektromuffen)
	DVGW VP 624 (P)	• Verbinder nach DVGW VP 626 (P)		–	–

[1] Lösbare Verbindungen mit nichtmetallischen Dichtungen müssen leicht zugänglich sein.
[2] Nur in Verbindung mit **nichtaushärtendem** Dichtungsmaterial (→ Tab. 357.1).
[3] Schweißarbeiten dürfen nur von qualifizierten Schweißern ausgeführt werden.
[4] Zusammen mit Dichtungen nach DIN 3535-6 bei Innenleitungen oder nach DIN 3535-5 – Typ C bei frei verlegten Außenleitungen

Rohrverbindungen *pipe connections*

Tab. 355.1: Zugelassene Verbindungsarten nach TRF 1996

Rohrart	DIN – nicht zulässig	Für **Flüssiggase** (Propan, Propen, Butan, Buten und deren Gemische) bis 1 bar Betriebsdruck zulässig.[1] Innenleitungen[2] Aufputz	 Unterputz	 Außenleitungen frei verlegt	 erdverlegt
Gewinderohre – mittelschwer – schwer – mit Gütevorschrift	EN 10 255 (2440) EN 10 255 (2441) 2442	• Gewindeverbindung[3] nach DIN EN 10 266 (ISO 7-1) bis DN 50 mit Gewindefittings aus Temperguss (Design-Symbol A) oder Stahlfittings mit Gewinde für Rohrleitungen der Gasphase, • Schweißverbindung[4] • Flanschverbindungen[5]	• Schweißverbindung[4]	• Gewindeverbindung[3] nach DIN EN 10 266 (ISO 7-1) bis DN 50 mit Gewindefittings aus Temperguss (Design-Symbol A) oder Stahlfittings mit Gewinde für Rohrleitungen der Gasphase, • Schweißverbindung[4] • Flanschverbindungen[5]	• Schweißverbindung[4]
Stahlrohre – nahtlos – geschweißt	EN 10 220 (2448) (2458)	• Schweißverbindung[4] • Flanschverbindungen[5]	• Schweißverbindung[4]	• Schweißverbindung[4] • Flanschverbindungen[5]	• Schweißverbindung[4]
Präzisionsstahlrohre – nahtlos – geschweißt	EN 10 305-1 EN 10 305-2	• Klemmverbindungen nach DIN 3387-1 (metallisch dichtend) • Schneidring-verschraubungen nach DIN 2353 in den Werkstoffen nach DIN 3859 bis DN 32 zugelassen.	–	• Klemmverbindungen nach DIN 3387-1 (metallisch dichtend) • Schneidring-verschraubungen nach DIN 2353 in den Werkstoffen nach DIN 3859 bis DN 32 zugelassen.	–
Kupferrohre	EN 1057	• Hartlötverbindungen mit Kapillarlötfittings nach DIN EN 1254-1 bzw. DVGW-Arbeitsblatt GW 6 für Kupferfittings und DVGW-Arbeitsblatt GW 8 für Rotgussfittings zugelassen. Bei Mitteldruckrohrleitungen jedoch nur bis d_a = 35 mm. Mitteldruck-Rohrleitungen (zulässiger Betriebsüberdruck > 0,1 bar) mit einem Außendurchmesser von 42 mm müssen verschweißt werden[4].			
		• Pressverbinder für die Verbindung von Kupferrohren nach DIN EN 1057/GW 392 mit der Kennzeichnung Gas (G), PN1, thermisch erhöht belastbar GT und dem DVGW-Prüfzeichen sind in der Gasphase bis DN 50 zugelassen.			–
Kunststoffrohre aus PE-HD	EN 1555 (8074) (8075)	–	–	–	Verbindung durch • Heizwendel-Schweißen[4] (Elektromuffe) nach DVGW-Arbeitsblätter G472 u. G477

1) Verbindungen von Rohren untereinander sind in Räumen unter Erdgleiche durch Schweißen, Hartlöten oder Schneidringverschraubung herzustellen.

2) Lösbare Verbindungen mit nichtmetallischen Dichtungen müssen leicht zugänglich sein.

3) Nur in Verbindung mit nicht aushärtenden Dichtmitteln. → Tab. 357.1

4) Schweißarbeiten dürfen nur von qualifizierten Schweißern ausgeführt werden. Hierbei dürfen nur normgerechte Formstücke verwendet werden.

5) Mindestanforderungen: Verzinkte Sechskantschrauben (5.6), Sechskantmuttern (5-2) nach AD-Merkblatt W 7 und Dichtungen PN 40 mit Metallarmierung.

Rohrverbindungen *pipe connections*

Anschluss an die Gas-Versorgungsleitung

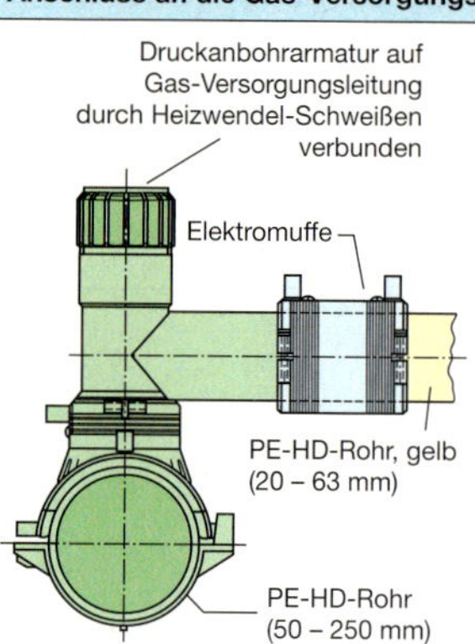

Gas-Hausanschluss (mit Übergang PE-Stahl)

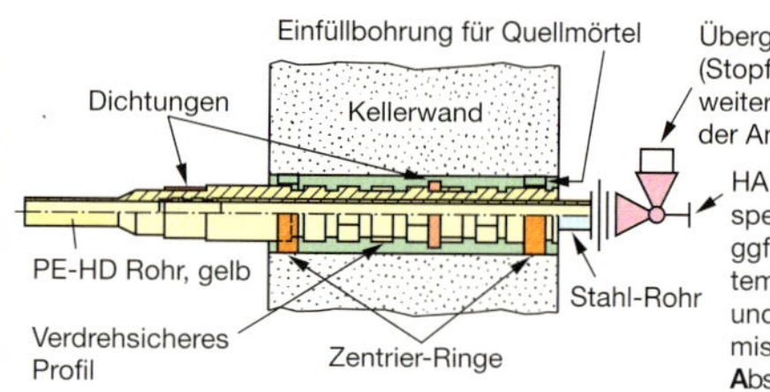

[1] nur notwendig, wenn metallische Rohrleitungsteile bis ins Erdreich gehen

[2] TAE nicht vorgeschrieben

Rohrverbindungen für metallene Gasleitungen[1]

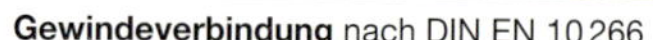

Gewindeverbindung nach DIN EN 10 266

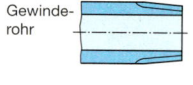

kegeliges Außengewinde, Kegel 1:16

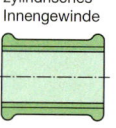

zylindrisches Innengewinde

Gewinderohr

mit Gewindefitting aus Temperguss (Design-Symbol A) nach DIN EN 10 242: 1995-03

Langgewinde (lösbar)

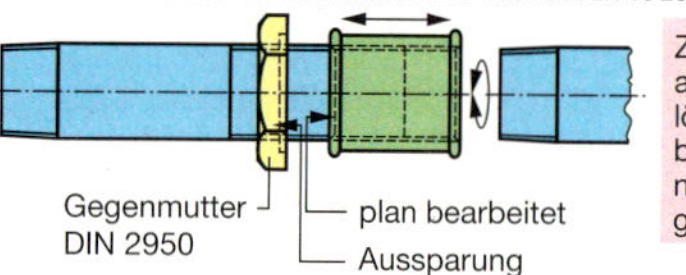

Zugelassen, aber anderen lösbaren Verbindungen nicht gleichwertig.

Verschraubungen (lösbar)

konisch/konisch-dichtend

konisch/kugelig-dichtend

flachdichtend

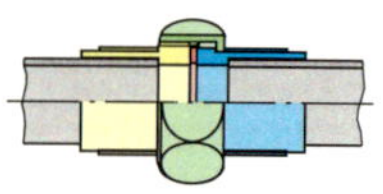

Glattrohrverbindung nach DIN 3387-1 (lösbar)

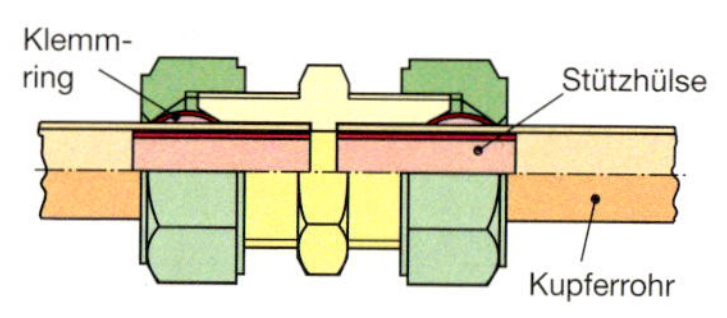

Bördelrohrverbindung nach DIN 3387-2 (lösbar)

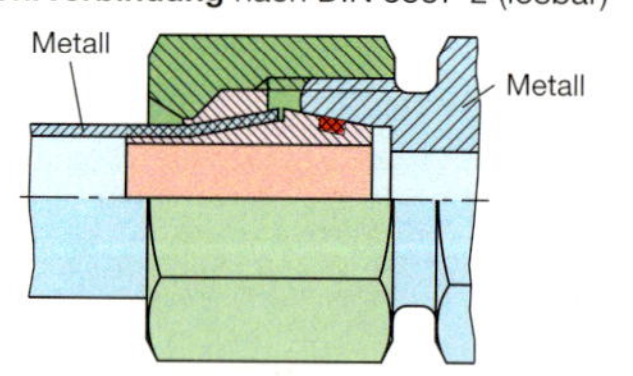

Schneidringverbindung nach DIN 2353

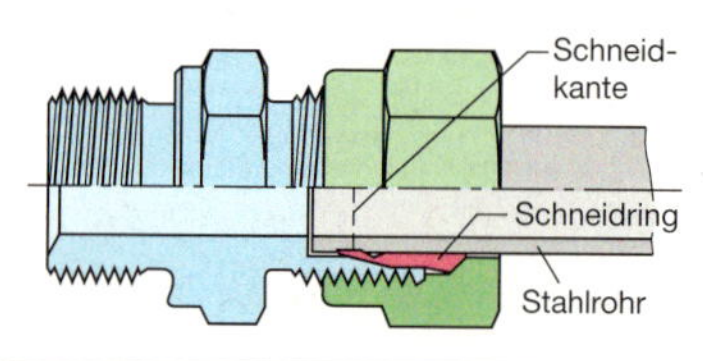

Pressverbindung mit besonderer Kennzeichnung

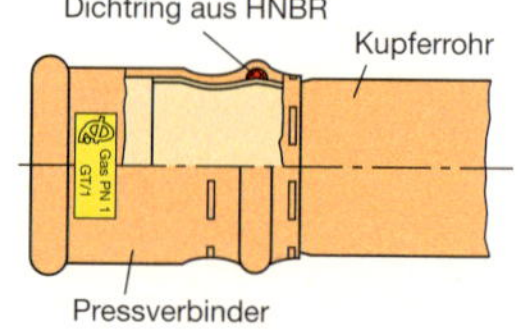

[1] Die Verwendbarkeit ergibt sich aus Tab. 354.1 und Tab. 355.1

Dichtungsmaterial und Korrosionsschutz *sealing materials and corrosion prevention*

Tab. 357.1: Gesamtbereich für den Einsatz[1] nichtmetallischer Dichtungsmaterialien in der Gastechnik

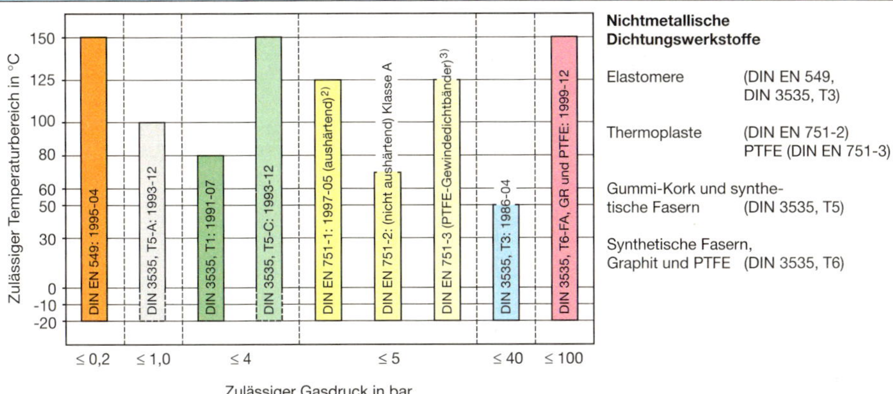

Nichtmetallische Dichtungswerkstoffe

Elastomere	(DIN EN 549, DIN 3535, T3)
Thermoplaste	(DIN EN 751-2) PTFE (DIN EN 751-3)
Gummi-Kork und synthetische Fasern	(DIN 3535, T5)
Synthetische Fasern, Graphit und PTFE	(DIN 3535, T6)

[1] Die Auswahl eines Dichtungsmaterials richtet sich nach Gasdruck, Temperatur und Art der Dichtung.
[2] In den TRGI 2008 ausschließlich nicht aushärtende Gewindedichtmittel zugelassen.
[3] Für metallene Gewindedichtungen nach ISO 7-1 bzw. DIN EN 10 266. Für Flüssiggaslagerung bis 20 bar einsetzbar.

Tab. 357.2: Äußerer Korrosionsschutz

Werkstoff der Rohrleitung	Bei Gasleitungen sind besondere Maßnahmen für den äußeren Korrosionsschutz notwendig.[1]		
	Innenleitungen[2]	Außenleitungen[3]	
		frei verlegt	erdverlegt[6]
Rohre aus Stahl	**Werkseitiger Korrosionsschutz**[4] • Zinküberzüge auf Rohre und Einzelteile, • Gewindefittings aus Temperguss (Design-Symbol A) **Nachträglicher Korrosionsschutz**[5] • Korrosionsschutzbinden, • Beschichtungen oder • Überzüge	**Werkseitiger Korrosionsschutz** • Zinküberzüge auf Rohre und Einzelteile, • Umhüllungen mit Polyethylen, Duroplasten oder Bitumen • Beschichtung mit Epoxidharzpulver **Nachträglicher Korrosionsschutz** • Korrosionsschutzbinden und Schrumpfmaterialien	**Werkseitiger Korrosionsschutz** • Umhüllungen mit Polyethylen DIN 30 670 oder • Umhüllung mit Polypropylen nach DIN 30 678 **Nachträglicher Korrosionsschutz** • Korrosionsschutzbinden und Schrumpfmaterialien
Rohre aus Gusseisen	–	**Werkseitiger Korrosionsschutz** • Umhüllungen mit Polyethylen, Polyethylenfolie oder Zementmörtel, • Zinküberzug mit Deckbeschichtung, • Beschichtung mit Bitumen **Nachträglicher Korrosionsschutz** • Korrosionsschutzbinden und Schrumpfmaterialien	
Rohre aus Kupfer	Unter Putz und verdeckt verlegte Rohrleitungen sind mindestens mit Kunststoffummantelung vor Korrosionsschäden zu schützen.	**Werkseitiger Korrosionsschutz** • Kunststoffummantelung **Nachträglicher Korrosionsschutz** • gleichwertige Nachisolierung an den Verbindungsstellen	

[1] Hierzu gehört auch das Verlegen von Rohrleitungen außerhalb feuchtigkeitsgefährdeter Bereiche.
[2] Unter Putz verlegte Flüssiggas-Leitungen sind ähnlich wie erdverlegte Leitungen zu behandeln.
[3] Auch das Isolierstück stellt eine Korrosionsschutzmaßnahme dar, weil es elektrischen Stromfluss verhindert und dadurch die elektrochemische Korrosion hemmt.
[4] In trockenen Räumen ist ein Korrosionsschutz bei auf Putz verlegten Rohrleitungen nicht unbedingt erforderlich (ausgenommen Präzisionsstahlrohre).
[5] Nur notwendig, wenn die Leitung innerhalb feuchtigkeitsgefährdeter Bereiche verlegt wird.
[6] Die Rohre müssen mindestens von einer 10 cm dicken Sandschicht umgeben sein.

Gas-Armaturen *gas fittings*

Einbauarmaturen in Gasleitungen

Isolierstück	Gas-Kugelhahn	Gasfilter

Nennweite DN	L	L_1	SW 8-kt.	H	L	t	h	SW 6-kt.	SW 8-kt.	H	L	d	DIN 2999 R/R_p
15	–	–	–	90	75	15	44	26	–	72	70	–	1/2
20	–	–	–	90	80	16,3	47	32	–	72	70	–	3/4
25	64	55	60	135	90	19,1	61	–	41	71	97	102	1
32	71	62	70	135	110	21,4	65	–	50	90	122	132	1 1/4
40	72	62	80	180	120	21,4	86	–	55	90	122	132	1 1/2
50	83	73	95	180	140	25,7	92	–	70	112	148	156	2
65	–	–	–	–	–	–	–	–	–	142	224	185	2 1/2

Thermisch auslösende Absperreinrichtung TAE

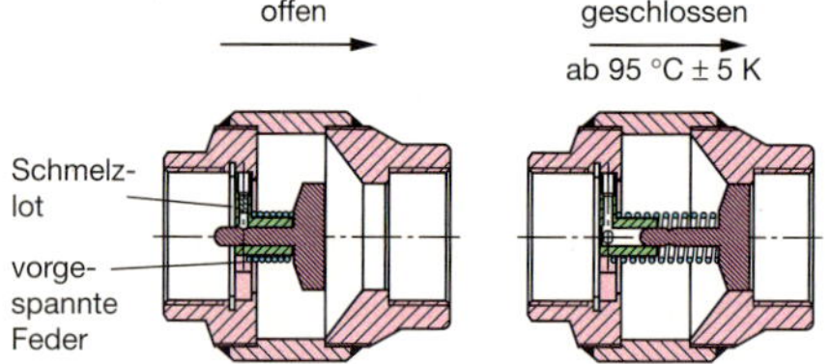

Die Geräteanschlussleitungen müssen **unmittelbar vor** Gasgeräten in Räumen mit einer TAE versehen sein. Dies gilt nicht, wenn die Gasgeräte bereits entsprechend ausgerüstet sind. Sofern Gaszähler und sonstige Bauteile wie bewegliche Verbindungen, Gasfilter, Gasmangelsicherung usw. nicht thermisch erhöht belastbar sind, ist auch vor ihnen eine TAE einzubauen.

Gassteckdose mit integrierter TAE (Sicherheitsanschlussarmatur)

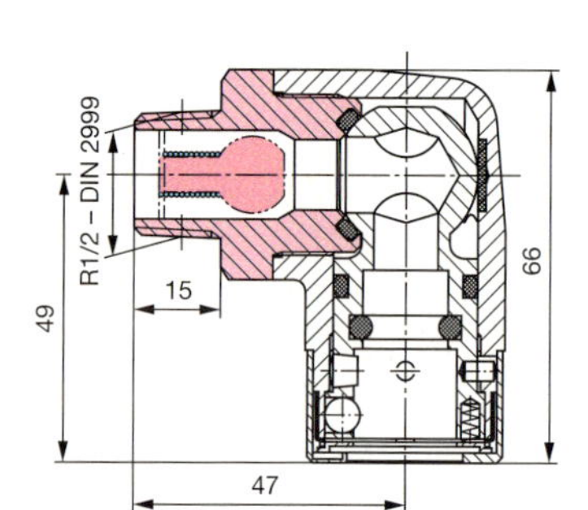

Für Betriebsdrücke bis 100 mbar zugelassen.

Gas-Eck-Kugelhahn mit integrierter TAE

für Einrohrzähler	für Zweirohrzähler

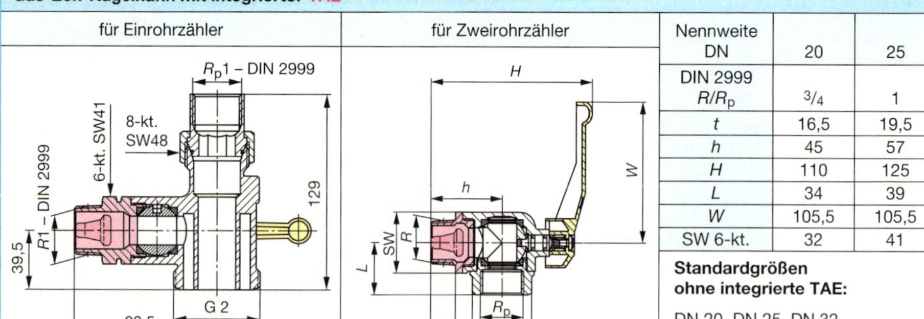

Nennweite DN	20	25
DIN 2999 R/R_p	3/4	1
t	16,5	19,5
h	45	57
H	110	125
L	34	39
W	105,5	105,5
SW 6-kt.	32	41

Standardgrößen ohne integrierte TAE:

DN 20, DN 25, DN 32, DN 40, DN 50

Schmierstoffe

Schmierstoffe für Absperreinrichtungen, Anschlussarmaturen usw. müssen DIN 3536 entsprechen. Die Armaturen dürfen geschmiert, jedoch **nicht zerlegt** werden. Sie sind wie vom Hersteller geliefert einzubauen.

Gas-Strömungswächter *gas flow controller*

Anforderungen nach DVGW-AB G 600-B

Um Eingriffe Unbefugter in die Gasinstallation von Gebäuden zu erschweren bzw. deren Folgen zu minimieren sind passive und aktive Maßnahmen erforderlich. Aktive Maßnahmen haben Vorrang.

Passive Maßnahmen sind:

- Anordnunng der Gasanlage in nicht allgemein zugänglichen Räumen,
- Vermeinden von Leitungsenden, Auslässen und Prüföffnungen vor der Druckregelung bzw. die Verwendung von Sicherheitsstopfen und Sicherheitsklappen,
- Kapselung,
- Spezialschrauben für Flansche,
- Gewindeklebstoffe bzw. Gewindedichtklebstoffe

Aktive Maßnahmen sind:

- Gas-Strömungswächter (GS) nach DVGW-VP 305-1[1)]

- Gasdruckregelgerät mit integriertem Gas-Strömungswächter nach DVGW-VP 200

[1)] Der Gas-Strömungswächter in der Hausanschlussleitung liegt im Zuständigkeitsbereich des GVU. In diesem Bereich werden GS des Typs A, B, C und D nach DVGW VP-305-2 verwendet.

Tab. 359.1: Gas-Strömungswächter nach VP 305-1

Typ[1)]	Bauanforderungen	Einbauort	Typ[1)]	Bauanforderungen	Einbauort
K1	25 bis 100 mbar $f_{S\,max} = 1{,}45$; $\Delta p \leq 2{,}5$ mbar instationäre Prüfung bei $1{,}15 \cdot \dot{V}_N$	vor Druckregelgerät	M1	25 bis 100 mbar $f_{S\,max} = 1{,}8$; $\Delta p \leq 2{,}5$ mbar instationäre Prüfung bei $1{,}15 \cdot \dot{V}_N$	vor Druckregelgerät
K2	0,1 bis 5 bar $f_{S\,max} = 1{,}45$; $\Delta p \leq 15$ mbar instationäre Prüfung bei $1{,}15 \cdot \dot{V}_N$	vor Druckregelgerät	M2	0,1 bis 5 bar $f_{S\,max} = 1{,}8$; $\Delta p \leq 15$ mbar instationäre Prüfung bei $1{,}15 \cdot \dot{V}_N$	vor Druckregelgerät
K3	15 bis 50 mbar $f_{S\,max} = 1{,}45$; $\Delta p \leq 1$ mbar instationäre Prüfung bei $1{,}15 \cdot \dot{V}_N$	hinter Druckregelgerät	M3	15 bis 50 mbar $f_{S\,max} = 1{,}8$; $\Delta p \leq 1$ mbar instationäre Prüfung bei $1{,}15 \cdot \dot{V}_N$	hinter Druckregelgerät

$\dot{V}_N$ = Nennvolumenstrom; $\dot{V}_{S\,max}$ = Schließvolumenstrom; $f_{S\,max} = \dot{V}_{S\,max}/\dot{V}_N$

[1)] Die Ziffern 1 bis 3 kennzeichnen den Betriebsdruckbereich. Der GS-Typ K schließt bei waagerechtem Einbau beim 1,45-fachen des Nennvolumenstroms, der Typ M beim 1,8-fachen. Die Einbaulage hat duch das Eigengewicht des Ventiltellers einen erheblichen Einfluss auf den Schließvolumenstrom. Aus einem senkrecht nach oben durchströmten Typ M wird bei waagerechtem Einbau der Typ K.

Einbau:
Nach TRGI ist der GS unmittelbar nach der HAE bzw. dem Gasdruckregelgerät anzuordnen.

Beispiel: Ein 3-Familienhaus mit Gas-Etagenheizung von je 18 kW. Geheizt wird mit Erdgas E ($H_{i,B} = 9{,}67$ kWh/m³). Ges.: GS
Lösung:

$$\dot{V}_A = \frac{\dot{Q}_{NB}}{H_{i,B}} = \frac{18 \text{ kW}}{9{,}67 \text{ kWh/m}^3} = 1{,}86 \frac{\text{m}^3}{\text{h}}$$

Wird z. B. jeweils ein GS in die Gaszähleranschlussarmatur in waagerechter Einbaulage K3 installiert, beträgt die **Leistungsstufe** der drei GS **2,5** (→ Tab. 359.2). Die Überprüfung der Rohrlänge kann bei K3 entfallen.

Wird z. B. ein GS hinter dem Regler bei senkrechter Einbaulage Typ M3 installiert, dann ist der Summenvolumenstrom:
$\Sigma\dot{V}_A = 3 \cdot 1{,}86 \text{ m}^3/\text{h} = 5{,}58 \text{ m}^3/\text{h}$

Die **Leistungsstufe** des zentralen GS beträgt dann **10**.
Die maximalen Rohrlängen z. B. bei DN 32 können aus Tab. 359.2 entnommen werden.

Tab. 359.2: Auswahl des Gas-Strömungswächters Typ K3 bzw. M3 hinter dem Gas-Druckregler sowie Bemessungsvorgaben für die Leitungslängen

1	2	3	4		5		6	
Summen-Volumenstrom $\Sigma\dot{V}_A$[1)] (m³/h)	Leistungs-Stufe $\dot{V}_{Gas}$ (m³/h) GS-Typ K3 und M3	bis minimal d_i[2)] (mm)	maximale Rohrlänge bei Auswahl eines GS M3, K3 nach Spalte 2: Einzelzuleitung Länge (m)		bei vorhandenen Abzweigen: Verbrauchsleitung Länge (m)		Abzweigleitung Länge (m)	
			M3	K3 (bevorzugen)	M3	K3 (bevorzugen)	M3	K3 (bevorzugen)
≤ 2,0	2,5	13	14	22	7	11	7	11
		16	35	56	17	28	17	28
		20	100	160	50	80	50	80
2,1–3,2	4,0	13	5,5	9	2,5	4,5	2,5	4,5
		16	14	22	7	11	7	11
		20	50	80	25	40	25	40
		25	150	240	75	120	75	120
3,3–4,8	6,0	13	1,5	2	0,8	1	0,8	1
		16	4	6	2	3	2	3
		20	20	32	10	16	10	16
		25	67	107	33	53	33	53
4,9–8,0	10,0	20	3	5	1,5	2,5	1,5	2,5
		25	17	27	8	13	8	13
		32	(66)	106	(33)	53	(33)	53
		39	130	208	65	104	65	104
8,1–12,8 16,0[3)]	16	32	20	32	10	16	10	16
		39	45	72	22	36	22	36

[1)] der Summenvolumenstrom ist die Summe der Anschlusswerte aller Gasgeräte, ohne Berücksichtigung der Gleichzeitigkeit; [2)]gilt für Stahlrohre, für Edekstahlrohre und Kupferrohre; [3)]Die Betriebstauglichkeit ist auch bis zu 16 m³/h abgesichert, wenn sich der Summenvolumenstrom aus der Summe meherer zu versorgender Einzelgasgeräte zusammensetzt

Gas-Strömungswächter *gas flow controller*

Einbau:
Zwischen HAE und Regler bei Betriebsdruck p = 0,1 – 1 bar.

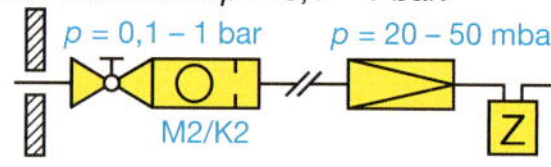

Beispiel:
Bei einem Summenvolumenstrom von $\Sigma\dot{V}_A$ = 3,0 m³/h und einem Druck vor dem Regler von p_e = 800 mbar wird ein GS gemäß dargestelltem Einbau gesucht. Nach Diagr. 360.1 ergibt sich ein GS mit $\dot{V}_N$ = 1,9 m³/h, Leistungsstufe $\dot{V}_{Gas}$ = 2,5.
Gewählt für waager.Einbau: Typ K2

Diagr. 360.1: Auswahl des Gas-Ströunswächters Typ K2 und M2

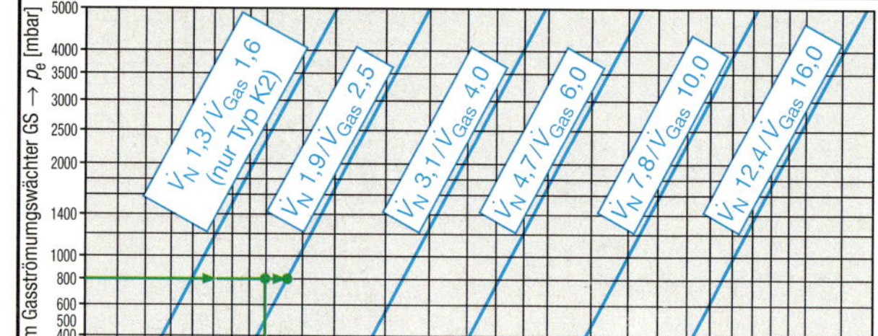

Rohrleitungsbefestigung *pipe supports*

Tab. 360.1: Mindest-Biegeschenkellänge für Kupferrohr

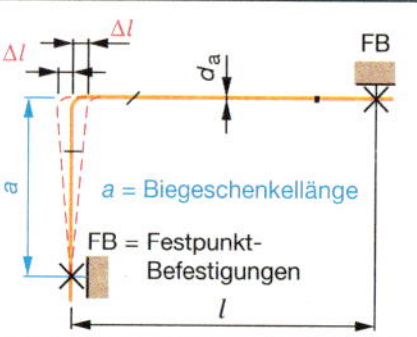

Außendurchmesser d_a in mm	≤ 12	15	18	22	28	35	42	54
Biegeschenkellänge a in mm	470	530	580	640	725	810	890	1010

Rohrbefestigungen müssen brandsicher ausgeführt werden. Die tragenden Teile der Rohrhalterung müssen daher aus nichtbrennbaren Baustoffen bestehen. Für die Befestigung eignen sich Metallspreizdübel ab M 6 (→ Tab. 201.1).
Sie dürfen höchstens mit 100 N belastet werden. Dies entspricht der Gewichtskraft von 10 kg.

Gaszähler *gas meters*

Tab. 360.2: Ein- und Zweistutzengaszähler[1] (Balgengaszähler) DIN EN 1359: 1999-05

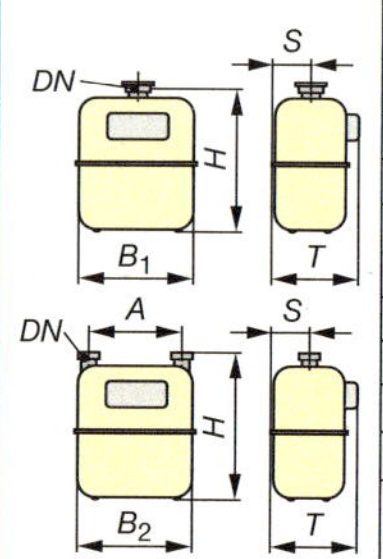

Gaszählergröße	Messbereich in m³/h	Nennweite DN 1-Stutzen	2-Stutzen	Abmessungen in mm (Größtmaße) B_1	B_2	A	H	T	S
G 2,5	0,025 bis 4	25	25	–	–	160	–	–	–
G 4	0,04 bis 6	25 (32)	25 (20)	270	350	250	300	300	100
G 6	0,06 bis 10	25 (32)	25 (32)	270	350	250	370	320	110
G 10	0,10 bis 16	40	40 (32)	425	425	280	450	340	120
G 16	0,16 bis 25	40	40	425	425	280	450	340	150
G 25	0,25 bis 40	50	50	475	475	335	550	460	180
G 40	0,40 bis 65	80 (65)	80 (65)	620	875	510	780	500	200
G 65	0,65 bis 100	80	80 (100)	650	900	640	900	600	250
G 100	1,00 bis 160	100	100	800	1000	710	1100	660	280

Verwendung: G 2,5 und G 4: Haushalt, G 6 bis G 25: Gewerbe, G 40 bis G 250: Industrie.
[1] Gaszähler müssen thermisch erhöht belastbar und entsprechend gekennzeichnet sein („t").

Tab. 360.3: Turbinenradgaszähler EN 12 261: 2002-08

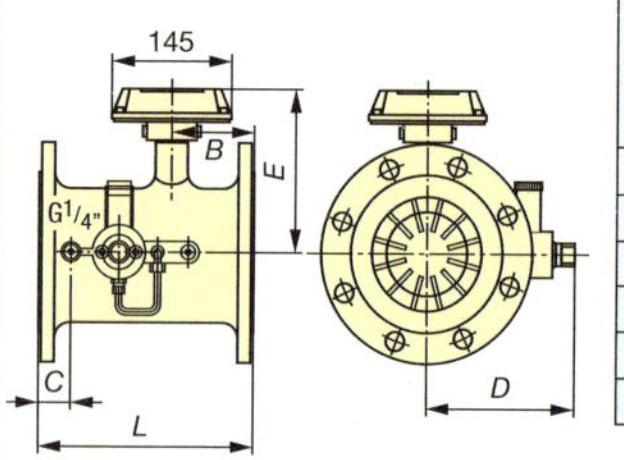

Gaszählergröße	Messbereich in m³/h	Nennweite DN	Abmessungen in mm (gemäß Firmenunterlagen) B	C	D	E	L
G 65	10 bis 100	50	60	45	125	170	150
G 100	8 bis 160	80	100	60	150	175	240
G 160	13 bis 250	100	125	85	175	190	300
G 400	32 bis 650	150	185	125	205	200	450
G 650	50 bis 1000	200	240	175	230	235	600
G 1000	80 bis 1600	250	330	275	300	265	750

Verwendung: G 65 bis G 16000: Industrie

Bemessung der Leitungsanlage

dimensioning of the pipe system

TRGI 2008

Druckverluste

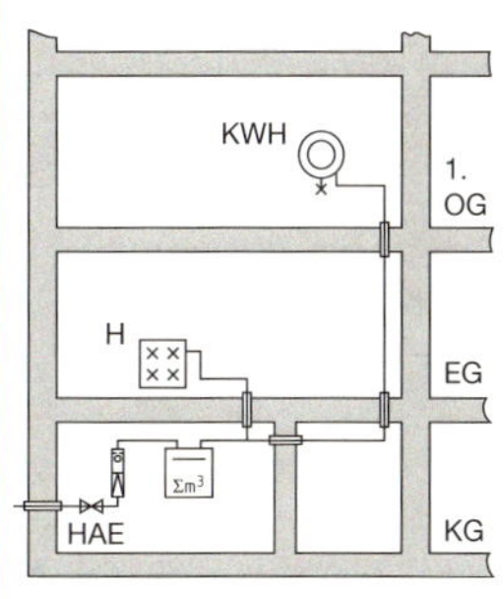

Sinnbilder für Gasanlagen → Tab. 121.2

Der Druckverlust zwischen Gasdruckregler und Gasgerät darf nicht mehr als 3 mbar (300 Pa) betragen.
Geräteanschlussdruck = 20 mbar

$$\Delta p_{TS} = \Delta p_{GA} + \Delta p_H + \Delta p_{GS} + \Delta p_{ZG} + \Delta p_R + \Delta p_{AE}$$

Die Druckverluste werden entlang des Fließweges summiert.

Wobei: $\Delta p_H = (-4 \text{ Pa/m}) \cdot H$ ↑ $+H$

und $\Delta p_R = R \cdot l_B$

mit l_B = Rohrlänge + Längenzuschläge für Formstücke und Bauteile (→ Tab. 364.2)

$\Sigma\Delta p \leq 300$ Pa — Dieser Wert darf nicht überschritten werden.

Für die Bemessung steht das:

- **Tabellenverfahren** (allgemeines Verfahren) und das
- **Diagrammverfahren** (vereinfachtes Verfahren für Einzelzuleitungen und Verteilerinstallationen) → Diagr. 364.1

zur Verfügung.

Δp_{TS}	Druckverlust in einer Teilstrecke	in Pa
Δp_{GA}	Druckverlust der Geräte-Anschluss-armatur (→ Tab. 362.5)	in Pa
Δp_H	Druckverlust oder -gewinn in fallenden/steigenden Leitungen	in Pa
Δp_{GS}	Druckverlust des Gas-Strömungswächters (→ Tab. 362.1 und 363.1)	in Pa
Δp_{ZG}	Druckverlust der Zählergruppe (Zähler u. Anschlussbauteile) (→ Tab. 362.2 und 363.2)	in Pa
Δp_R	Druckverlust durch Rohrreibung	in Pa
Δp_{AE}	Druckverlust zusätzlicher Absperreinrichtungen (→ Tab. 363.5 und 364.1)	in Pa
H	Höhenunterschied	in m
R	Rohrdruckgefälle	in Pa/m
$\Sigma\Delta p$	Summe der Druckverluste entlang des Fließweges	in Pa

(vom Gas-Druckregelgeräteausgang bis zu den Gasgeräten)

Arbeitsschritte für das **Tabellenverfahren:**

1. Leitungsverlauf mit Leitungsschema darstellen.
2. Eintragungen in das Leitungsschema vornehmen:
   a) zu den Gasgeräten (Kurzzeichen nach Tab. 121.2, Nennbelastung $\dot{Q}_{NB}$, Art der Geräteanschlussarmatur, z. B. 15 D bedeutet DN 15 Durchgangsform, Höhe des Geräteanschlusses über dem Leitungsanfang H),
   b) an allen Teilstrecken (Streckenbelastung $\dot{Q}_{SB}$, Erstauswahl des Rohrdurchmessers, Druckgefälle des Rohres R, Berechnungslänge des Rohres l_B, Gaszähler (G...) und Gasströmungswächter (GS)).
3. Ermittlung der Druckverluste: Δp_{GA}, Δp_H, Δp_{GS}, Δp_{ZG}, Δp_R, Δp_{AE} der einzelnen Teilstrecken.
4. Ermittlung der Druckverluste entlang der Fließwege zu den Gasgeräten $\Sigma\Delta p$ unter Berücksichtigung der maximalen Druckverluste von 300 Pa. Ggf. Zweitauswahl der Rohrdurchmesser oder anderer Komponenten.
5. Nach der Bemessung der Teilstrecken, ist die Wirksamkeit der Gasströmungswächter GS zu überprüfen.

Leitungsschema mit Eintragungen

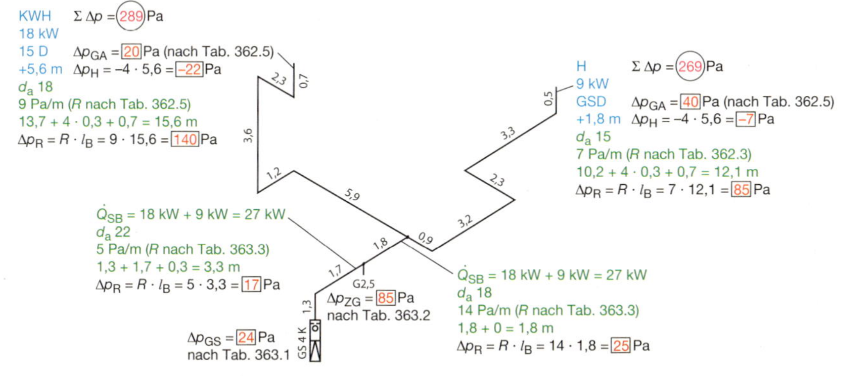

Verbrauchs- und Abzweigleitungen aus Kupfer, GS-Typ K

Bemessung der Leitungsanlage

dimensioning of the pipe system

Druckverluste und Rohrdruckgefälle in Abhängigkeit von der Nennbelastung $\dot{Q}_{NB}$

Tab. 362.1: Gasströmungswächter in Einzelzuleitung und Abzweigleitung

Δp_{GS}	G2,5	G4	G6	G10	G16
Pa	$\dot{Q}_{NB}$ [kW]				
6	8				
8	9				
10	10				
12				42	69
14	11	18	28	47	75
16	12	20	30	50	80
18	13	21	32	53	85
20		22	33	56	89
22	14	23	35	58	93
24	15	24	36	61	97
26		25	38	63	101
28	16	26	39	65	105
30	17	27	41	68	110

bei Verwendung von GS **M** Längenabgleich nach **Tab. 364.3**

Tab. 362.2: Balgengaszähler in Einzelzuleitung

Δp_{ZG}	G2,5	G4	G6	G10	G16
Pa	$\dot{Q}_{NB}$ [kW]				
30	5	8	12	20	25
35	8	14	21	35	44
40	11	18	27	45	57
45	13	21	32	53	68
50	15	24	36	61	77
55	16	27	40	67	85
60	18	29	44	73	92
65	19	31	47	78	99
70	21	33	50	84	106
75	22	35	53	88	112
80	23	37	56	93	118
85	24	39	58	97	123
90	25	40	61	101	128
95	26	42	63	105	134
100	27	43	65	109	138

Tab. 362.3: Rohrdruckgefälle für Kupfer- und Edelstahlrohr in Einzelzuleitung und Abzweigleitung

R	d_a 15	18	22	28	35	42	54	64
Pa/m	$\dot{Q}_{NB}$ [kW]							
0.4			4	10	20	36	71	118
0.6			6	13	26	45	91	150
0.8		3	8	15	31	54	107	177
1.0		4	9	18	35	61	122	200
1.2		5	10	19	39	68	134	220
1.4		6	11	21	42	74	146	240
1.6	3		12	23	46	79	157	255
1.8		7	13	24	49	85	168	275
2.0	4		14	27	53	92	183	300
2.5	5	8	16	31	61	105	205	340
3.0		9	18	34	67	116	225	375
3.5	6	10	20	37	73	126	245	405
4.0		11	22	40	80	138	270	445
5	7	13	25	46	91	157	305	505
6	8	14	27	51	100	173	340	555
7	9	16	30	55	109	188	365	600
8		17	32	59	117	200	395	645
9	10	18	34	63	125	215	420	690
10	11	20	37	69	136	230	455	750

Tab. 362.4: Rohrdruckgefälle für Stahlrohr nach DIN EN 10 255 mittlere Reihe in Einzelzuleitung und Abzweigleitung

R	DN 15	20	25	32	40	50	65
Pa/m	$\dot{Q}_{NB}$ [kW]						
0.4		6	12	27	41	80	164
0.6		8	15	34	52	100	205
0.8	3	9	18	40	61	118	240
1.0	4	11	21	46	70	134	270
1.2	5	12	23	50	76	147	300
1.4		13	25	54	83	159	320
1.6	6	14	27	58	89	171	345
1.8		15	29	62	95	182	365
2.0	7	16	31	68	103	197	400
2.5	8	18	35	77	116	220	450
3.0	9	20	39	84	128	240	490
3.5		22	42	91	138	260	530
4.0	10	24	46	100	151	285	580
5	12	28	52	112	170	325	655
6	13	30	57	123	187	355	715
7	14	33	62	133	200	380	775
8	15	35	67	143	215	410	825
9	16	37	71	152	225	435	875
10	17	41	77	164	245	470	950

Tab. 362.5: Geräteanschlussarmatur mit integrierter TAE

Eckform* (E)

Δp_{GA}	GSD*	DN 15	20	25	32	40	50
Pa	$\dot{Q}_{NB}$ [kW]						
5		7	12	21	37	58	75
10	5	10	16	27	48	75	97
15	6	11	19	32	57	89	115
20		13	21	36	65	101	130
25	7	14	24	40	72	112	144
30	8	15	26	44	78	121	156
35		16	28	47	84	130	168
40	9	17	29	50	89	139	179
45		18	31	53	94	147	189
50	10	19	33	55	99	154	199
55		20	34	58	104	161	208
60		21	36	60	108	168	217
65	11	22	37	63	112	175	225
70		23	38	65	116	181	233
75	12		40	67	120	187	241
80		24	41	69	124	193	249
85		25	42	71	128	199	256
90	13	26	43	73	131	205	264

* Gassteckdose gerechnet mit GS 1,6 K

Durchgangsform (D)**

Δp_{GA}	DN 15	20	25	32	40	50	65
Pa	$\dot{Q}_{NB}$ [kW]						
5	10	21	33	56	83	135	237
10	13	27	43	73	108	175	306
15	16	32	51	86	127	207	362
20	18	36	58	97	144	235	410
25	20	40	64	108	160	259	454
30	21	44	69	117	173	282	493
35	23	47	74	126	186	303	530
40	25	50	79	134	198	322	564
45	26	53	84	142	210	341	596
50	27	55	88	149	220	358	627
55	29	58	92	156	231	375	656
60	30	60	96	162	241	391	684
65	31	63	100	169	250	406	711
70	32	65	103	175	259	421	737
75	33	67	107	181	268	435	762
80	34	69	110	186	276	449	786
85	35	71	114	192	285	463	809
90	36	73	117	197	293	476	832

** gilt auch für einzelne TAE

Bemessung der Leitungsanlage

dimensioning of the pipe system

Druckverluste und Rohrdruckgefälle in Abhängigkeit von der Streckenbelastung $\dot{Q}_{SB}$

Tab. 363.1: Gasströmungswächter in Verbrauchs- und Verteilungsleitungen

Δp_{GS}	GS 2,5	GS 4	GS 6	GS 10	GS 16
Pa	$\dot{Q}_{SB}$ [kW]				
8	10				87
10	11				101
12	12			52	115
14	13			58	128
16	14	22		65	138
18		24	35	73	
20	15	25	37	79	
22	16	26	39	86	
24	17	27	41		
26		28	42		
28	18	29	44		
30	19	30	45		
32	19	31	47		
34	20	32	48		
36		33	51		
38	21	34			

Tab. 363.2: Balgengaszähler in Verbrauchsleitung

Δp_{ZG}	G2,5	G4	G6	G10	G16
Pa	$\dot{Q}_{SB}$ [kW]				
30	5	8	13	22	28
35	9	15	23	39	51
40	12	20	30	53	83
45	14	23	35	74	110
50	16	27	40	92	133
55	18	30	45	108	153
60	20	32	50	123	172
65	21	35	58	137	189
70	23	37	66		
75	24	39	73		
80	25	41	80		
85	27	43	86		
90	28	45			
95	29	47			
100	30	49			

Tab. 363.3: Rohrdruckgefälle für Kupfer- und Edelstahlrohr in Verbrauchs- und Verteilungsleitung

R	d_a 15	18	22	28	35	42	54	64
Pa/m	$\dot{Q}_{SB}$ [kW]							
0.4			5	12	23	40	119	235
0.6			7	14	29	54	167	315
0.8			9	17	34	75	205	380
1.0			10	20	39	94	245	440
1.2		6	11	22	43	110	275	495
1.4			12	24	47	125	305	540
1.6		7	13	25	55	139	330	585
1.8			14	27	63	152	360	630
2.0		8	16	30	74	171	395	690
2.5		9	18	34	93	200	455	790
3.0	6	10	20	38	108	230	510	875
3.5		11	22	41	123	255	560	955
4.0	7	13	24	45	141	285	620	1050
5	**8**	**15**	**27**	**56**	**169**	**330**	**710**	**1200**
6	9	16	30	68	192	Grenze Verteilungsltg.		
7	10	18	33	79	210			
8		19	36	89	230			
9	11	20	38	99	250			
10	**12**	**22**	**41**	**114**	**280**	Grenze Erstauswahl Verbrauchsleitung		
12	14	25	46	131	316			
14	15	27	53	148	345			
16	16	29	61	163	375			

Tab. 363.4: Rohrdruckgefälle für Stahlrohr nach DIN EN 10 255 mittlere Reihe in Verbrauchs- und Verteilungsleitung

R	DN 15	20	25	32	40	50	65
Pa/m	$\dot{Q}_{SB}$ [kW]						
0.4		6	13	30	46	140	350
0.6		9	17	38	71	192	455
0.8		10	20	45	94	235	540
1.0		12	23	55	115	275	620
1.2		13	26	66	132	305	690
1.4	6	14	28	77	148	335	750
1.6		15	30	87	163	365	805
1.8	7	17	32	96	177	395	860
2.0	8	18	35	110	18	430	940
2.5	9	21	39	132	230	495	1060
3.0	10	23	43	151	260	550	1170
3.5		25	47	168	285	600	1270
4.0	11	27	56	190	315	660	1390
5	**13**	**31**	**72**	**220**	**365**	**750**	**1580**
6	14	34	84	245	Grenze Verteilungsltg.		
7	16	36	96	270			
8	17	39	107	295			
9	18	42	118	320			
10	**19**	**45**	**133**	**350**	Grenze Erstauswahl Verbrauchsleitung		
12	21	52	151	390			
14	23	61	168	425			
16	25	70	184	460			

Tab. 363.5: Druckverlust in Absperreinrichtung (DIN EN 331 bzw. DIN 3537-1) nach der Nennbelastung $\dot{Q}_{NB}$ in Verbrauchs- und Verteilungsleitung

Eckform (E)

Δp_{AE}	DN 15	20	25	32	40	50
Pa	$\dot{Q}_{NB}$ [kW]					
5	11	20	33	72	146	205
10	15	25	42	111	206	282
15	17	30	52	142	255	345
20	20	34	67	169	297	399
25	22	38	81	194	334	447
30	24	41	93	216	369	491
35	26	44	105	236	401	532
40	27	47	115	255	430	571

Durchgangsform (D)

Δp_{AE}	DN 15	20	25	32	40	50	65	80
Pa	$\dot{Q}_{NB}$ [kW]							
5	16	33	58	138	234	418	771	1116
10	21	42	92	196	320	557	1013	1459
15	25	52	120	243	389	670	1210	1738
20	28	67	144	284	450	768	1380	1979
25	31	81	165	320	504	856	1532	2194
30	34	93	185	354	553	936	1671	2391
35	37	105	203	384	598	1009	1799	2572
40	39	115	220	413	641	1079	1919	2743

Bemessung der Leitungsanlage

dimensioning of the pipe system

TRGI 2008

Tab. 364.1: Druckverlust in Absperreinrichtung (DIN EN 331 bzw. DIN 3537-1) nach der Nennbelastung $\dot{Q}_{NB}$ in Einzelzuleitung und Abzweigleitung

Eckform (E)*

Δp_{AE}	DN 15	20	25	32	40	50
Pa	$\dot{Q}_{NB}$ [kW]					
5	10	18	29	53	82	106
10	13	23	38	68	106	137
15	16	27	45	81	126	162
20	18	31	51	92	143	183
25	20	34	56	101	158	203
30	21	37	61	110	172	221
35	23	39	66	118	184	237
40	25	42	70	126	196	252
45	26	44	74	133	207	267
50	27	47	78	140	218	280

* Die Druckverluste für Absperreinrichtungen in Eckform gelten auch für Magnetventile.

Durchgangsform (D)

Δp_{AE}	DN 15	20	25	32	40	50	65	80
Pa	$\dot{Q}_{NB}$ [kW]							
5	15	29	47	79	118	191	332	470
10	19	38	61	103	152	247	429	608
15	22	45	72	121	180	292	508	719
20	25	51	82	138	204	331	576	816
25	28	56	90	152	225	366	637	902
30	31	61	98	165	245	398	692	980
35	33	66	105	178	263	428	744	1053
40	35	70	112	189	280	455	792	1121
45	37	74	119	200	296	481	837	1185
50	39	78	125	210	312	506	880	1246

Tab. 364.2: Längenzuschläge für Formteile (metallene Leitung)

d_a	bis 28	35	42	54	64	76, 1/88,9
DN	bis 25	32	40	50	65	80
l_{TA} [m]	0,7	1	1,5	2	2,5	3
l_W [m]	0,3	0,5	0,7	1	1,2	1,5

l_{TA}: T-Stück 90°-Abzweig l_{TW}: 90°-Winkel

Tab. 364.3: Maximale Rohrlänge des GS Typ M (metallene Leitung)

GS M	Geräte-anschluss-armatur	Kupfer- und Edelstahlrohr d_a	Kupfer- und Edelstahlrohr l_{GSmax} m	Stahlrohr nach DIN EN 10 255 DN	mittel l_{GSmax} m	schwer DIN 2442 l_{GSmax} m
2,5	15 E 15 D GSD	**15**	20 21 22	**15**	40 42 44	28 30 31
4	15 E 15 D GSD	**15**	6 7 8			
	15 E 15 D 20 E 20 D/GSD Verteilungsltg.	**18**	17 19 21 23 30	**15**	11 13 14 15 21	8 10 11 12 14
6	15 E 15 D 20 E 20 D/GSD Verteilungsltg.	**18**	4 8 9 11 15	**15**	3 5 6 7 9	2 4 4 5 6
	15 E 15 D 20 E 20 D/GSD Verteilungsltg.	**22**	12 23 26 30 42	**20**	13 24 28 33 45	9 19 22 26 34
10	20 E 20 D/GSD Verteilungsltg.	**22**	4 10 17	**20**	4 10 17	3 7 12
	20 E 20 D/25 E/GSD 25 D Verteilungsltg.	**28**	13 30 34 50	**25**	14 33 38 55	10 25 30 40
16	20 D Verteilungsltg.	**22**	3 8	**20**	3 7	2 5
	20 D/25 E/GSD 25 D Verteilungsltg.	**28**	9 15 22	**25**	9 16 22	7 12 16

Diagr. 364.1: Bemessung von Einzelzuleitungen aus Kupfer oder Edelstahl bis 40 kW (vereinfachtes Verfahren)

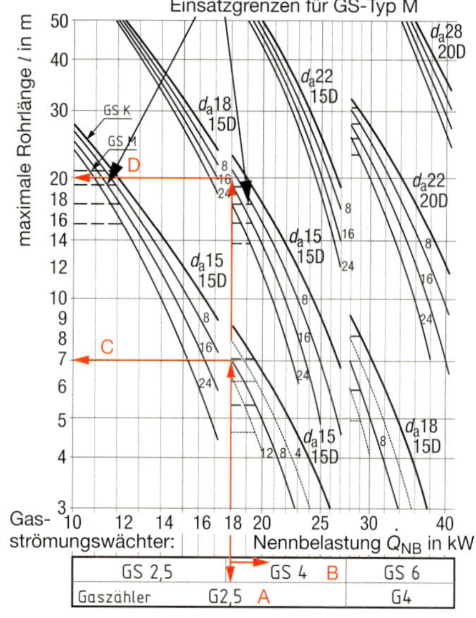

Aufg.: Im Leitungsschema auf S. 361 sei nur der KWH mit 18 kW angeschlossen. Die Leitungslänge sei 18,5 m. Zusätzlich wären 6 Winkel und ein Geräteanschlusshahn 15 D erforderlich.

Lös.: Aus Diagr. 364.1 lässt sich unter $\dot{Q}_{NB}$ = 18 kW die Mindestgröße für den Gaszähler mit **G 2,5** ablesen (siehe A) und der einzusetzende Gasströmungswächter mit **GS 4 Typ K** siehe B).
Im Diagr. befinden sich Kurvenscharen für jede Rohrdimension. Die fett gezeichneten Kurven stehen für die maximale Rohrlänge l_{max} ohne Winkel. Darunter befinden sich Kurven für die Winkelzahl. Man liest bei der nächstgrößeren Winkelzahl ab. Wird bei 18 kW eine senkrechte Linie nach oben gezogen, schneidet die Gerade die Kennlinie d_a 15/8 bei l_{max} = 7 m (siehe C). Hier sei aber eine Leitungslänge von 18,50 m notwendig. Beim Schnittpunkt der senkrechten Linie mit der Kennlinie da 18/8 mm ist l_{max} = 20 m (siehe D). Demnach wäre d_a **= 18 mm** ausreichend.

Flüssiggas-Anlagen *liquefied petroleum gas installations* TRF 1996

Flüssiggasanlage mit Flaschen

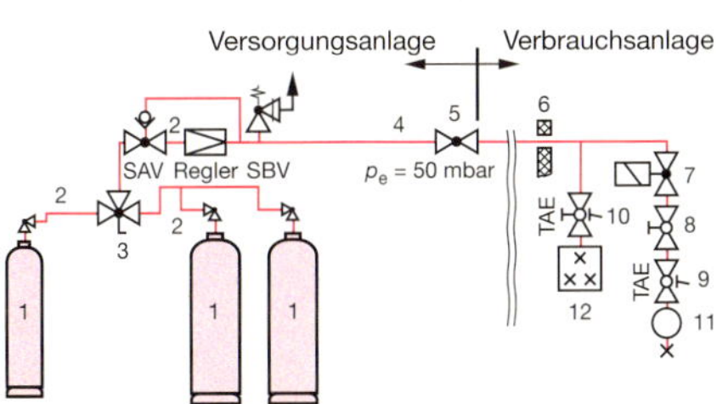

Der Flaschendruck wird einstufig auf den Anschlussdruck von 50 mbar gemindert.

Anforderungen an die Brennstofflagerung → S. 348 ff.

1	Flüssiggasflasche
2	Mitteldruck-Rohrleitung
3	Umschaltarmatur (bei Einflaschenanlage nicht notwendig)
SAV	Sicherheits-Absperrventil (Ansprechdruck: 80 bis 120 mbar)
SBV	Sicherheits-Abblaseventil (Ansprechdruck: 120 bis 150 mbar)
4	Niederdruck-Rohrleitung
5	Hauptabsperreinrichtung (HAE)
6	Hauseinführung
7	Magnetventil – stromlos geschlossen (als zusätzliche Maßnahme bei der Aufstellung von Gasgeräten in Räumen unter Erdgleiche)
8	Geräteabsperreinrichtung
9	Thermisch auslösende Absperreinrichtung (TAE)
10	Absperreinrichtung mit integrierter TAE
11	Gasgerät (Gas-Durchlaufwasserheizer)
12	Gasgerät (3-flammiger Gasherd

Flüssiggasanlagen mit Schlauchverbindungen DIN 4815-2: 1979-06

Als Verbindung zwischen Gasflasche und Druckregelgerät (Mitteldruck-Rohrleitung)

Großflaschen-Druckregelgerät $\dot{m}_B$ = 2,5 bis 4 kg/h p_e = 50 mbar

Umschaltventil

Schläuche nach DIN 4815, Teil 2, Druckklasse 30, max. 400 mm lang

p_e

Füllgewicht > 14 kg

Als Verbindung zwischen Druckregelgerät und Verbrauchsanlage (Niederdruck-Rohrleitung)

Für Flaschen mit einem Füllgewicht bis 14 kg sind in Aufenthaltsräumen nur Druckregelgeräte mit thermischem Absperrelement und einem Manometer zu verwenden. Diese sind direkt an das Flaschenventil anzuschließen.

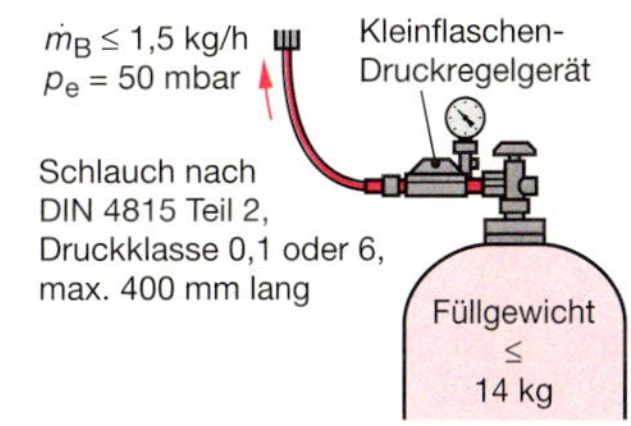

Tab. 365.1: Flüssiggasflaschen DIN 4661

Füllmasse (Füllgewicht)	**425 g**	**5 kg**	**11 kg**	**33 kg**
Rauminhalt in l	1,0	11,8	27,2	79
Masse (leer) in kg	1,8	6,6	13,1	35,5
Masse (voll) in kg	2,225	11,6	24,1	68,5
Außen-Ø in mm	85	230	300	320
Gesamthöhe in mm	320	500	600	1300
Prüfdruck in bar	225	30	30	30

Die Flaschenventile müssen DIN 477 Teil 1 entsprechen. Absperrventil und Anschluss müssen der Bauart nach zugelassen sein.

Vorschriften für den Transport von Flüssiggasflaschen nach Gefahrgut-Verordnung Straße (GGVS)

- Ventile der Flaschen zudrehen und Schutzkappen aufbringen,
- Gefahrenzettel auf Flasche kleben,
- beim Be- und Entladen Motor abstellen,
- brennbare Gase dürfen nur im geschlossenen Aufbau transportiert werden,
- Flaschen gut sichern und befestigen, damit sie in ihrer Lage nicht verrutschen können,
- Feuerlöscher mitführen (6 oder 12 kg),
- es dürfen keine anderen explosiven Stoffe mitgeführt werden,
- Umgang mit Feuer, offenes Licht und Rauchen ist verboten,
- Zwangsbe- und -entlüftung.

Flüssiggas-Anlagen *liquefied petroleum gas installations* TRF 1996

Tab. 366.1: Entnahmezeit t_E aus einer Flüssiggasflasche bei gasförmiger Entnahme in Stunden

Füllmasse (Füllgewicht)	Brennstoffdurchsatz $\dot{m}_B$ in kg/h															
	0,1	0,2	0,3	0,4	0,5	0,6	0,8	1,0	1,2	1,4	1,6	1,8	2,0	2,25	2,5	2,75	3,0
5 kg	50	25	16,7	12,5	10	8,3	6,25	5	4,17	3,57	3,13	2,78	2,5	2,22	2	1,82	1,67
11 kg	110	55	36,7	27,5	22	18,3	13,8	11	9,17	7,86	6,88	6,11	5,5	4,89	4,4	4	3,67
33 kg	330	165	110	82,5	66	55	41,3	33	27,5	23,6	20,6	18,3	16,5	14,7	13,2	12	11
Zulässige Gas-entnahme	ohne Unterbrechung, **Dauerentnahme**						mit 50 % Unterbrechung, wobei Pausenzeiten nicht angerechnet werden.						bei stoßweisem Betrieb (20 min), wobei Pausenzeiten nicht angerechnet werden.				

Eine größere Gasentnahme ist nur aus mehreren Flaschen möglich, weil Flüssiggas aus der flüssigen Phase (bedingt durch den Flaschendruck und die -temperatur) nur langsam in den gasförmigen Zustand übergeht.

Flüssiggas-Anlage mit Flüssiggasbehälter

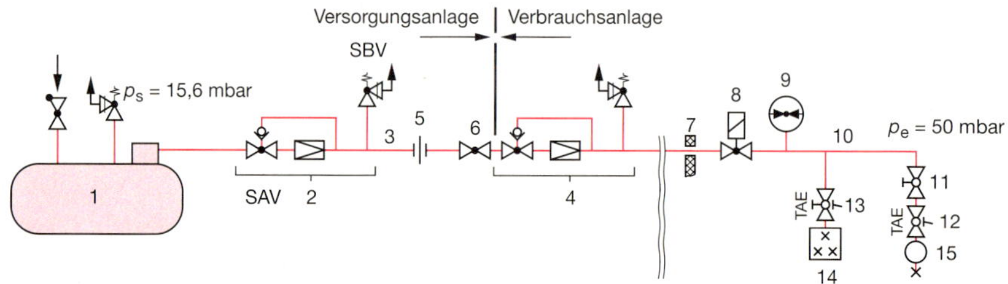

Der Behälterdruck wird zweistufig auf den Anschlussdruck von 50 mbar gemindert.

1 Flüssiggasbehälter
2 Druckregelgerät 1. Stufe mit SAV/SBV
SAV Sicherheits-Absperrventil
SBV Sicherheits-Abblaseventil
3 Mitteldruck-Rohrleitung
4 Druckregelgerät 2. Stufe mit SAV/SBV (Druckregelgeräte 1. und 2. Stufe können auch kombiniert sein.)
5 Isolierstück
6 Hauptabsperreinrichtung (HAE)
7 Hauseinführung
8 Magnetventil – stromlos geschlossen (als zusätzliche Maßnahme bei der Aufstellung von Gasgeräten in Räumen unter Erdgleiche)
9 Manometer
10 Niederdruck-Rohrleitung
11 Geräteabsperreinrichtung
12 Thermisch auslösende Absperreinrichtung (TAE)
13 Absperreinrichtung mit integrierter TAE
14 Gasgerät (3-flammiger Gasherd)
15 Gasgerät (Gas-Durchlaufwasserheizer)

Tab. 366.2: Einteilung der Druckregelgeräte

Geräte-ausführung nach DIN 4811 Teil 5	Nenn-ausgangs-druck in mbar	Nennan-sprechdruck in mbar		Geräte-ausführung nach DIN 4811 Teil 6	Nenn-eingangs-druck in mbar	Eingangs-druckbereich in mbar	Einsatz-temperatur in °C	Druck-stufe	Aus-füh-rung[4)]
		SAV	SBV						
1 a/b[1)]	50	100	130	–	–	–	–20 bis +60	25	f
2 a[2)]	700	–	–	2 b[3)]	700	500 bis 2000	–20 bis +60	16	f
3 a[2)]	700	2000	2500	3 b[3)]	700	500 bis 2500	–20 bis +60	2,5	f
4 a[2)]	700	1000	1300	4 b[3)]	700	500 bis 1250	0 bis +60	2,5	t
5 a[2)]	700	1000	1300	5 b[3)]	700	500 bis 1250	0 bis +60	2,5	t
6 a[2)]	70	100	130	6 b[3)]	70	55 bis 110	0 bis +60	1	t
7 a[2)]	70	100	130	7 b[3)]	70	55 bis 110	–20 bis +60	1	f

[1)] 1. und 2. Regelstufe in einer Einheit
[2)] 1. Regelstufe
[3)] 2. Regelstufe
[4)] „t" thermisch erhöht belastbar; „f" – für Anlagen im Freien (Außenanlagen)

Druckregelgeräte der 2. Regelstufe müssen mit SAV (i. d. R. 100 mbar) und SBV ausgerüstet sein.

Hinweise:
Druckregelgerät 2a darf nur in Verbindung mit Druckregelgerät 2b verwendet werden.
Druckregelgeräte 6a und 7a dürfen nur in Verbindung mit den Druckregelgeräten 6b bzw. 7b verwendet werden.
Die Druckregelgeräte für Behälteranlagen müssen DIN 4811 Teil 5 bzw. Teil 6 entsprechen und fest eingestellt sein.

Flüssiggas-Anlagen *liquefied petroleum gas installations*

TRF 1996

Tab. 367.1: Abmessungen und mögliche Gasentnahme aus der Gasphase

Oberirdischer Lagerbehälter | **Erdgedeckter Lagerbehälter** | **Halboberirdischer Lagerbehälter**

Behälterarten	Oberirdischer Lagerbehälter DIN 4680-1: 1992-05			Erdgedeckter Lagerbehälter DIN 4681-1: 1988-01			Halboberirdischer Lagerbehälter DIN 4680-2: 1992-05		
Behälterdaten	Behältergrößen								
Rauminhalt in *l*	2700	4850	6700	2700	4850	6400	2700	4850	6700
Füllmenge in kg	1200	2100	3035	1200	2100	2900	1200	2100	3035
Füllmenge in *l*	2295	4120	5695	2295	4120	5440	2295	4120	5695
Länge *L* in mm	2460	4255	5840	2460	4255	5500	2520	4320	5840
Durchmesser *D* in mm	1250	1250	1250	1250	1250	1250	1250	1250	1250
Höhe *H* in mm	1600	1600	1600	1800	1800	1800	1450	1450	1450
Höhe H_1 in mm	1400	1400	1400	–	–	–	–	–	–
Abstand *A* in mm	820	820	2620	850	850	850	910	820	2620
Masse leer in kg	640	1050	1170	780	1050	1170	655	1065	1240
Aufstellung/Einlagerung	Grundplatte			Behältergrube			Behältermulde		
Länge *C* in mm	3000	4800	6400	3100	4900	6100	3100	4900	6100
Breite in mm	950	950	950	1850	1850	1850	1850	1850	1850
Dicke (Beton)/Tiefe in mm	> 200	> 200	> 200	1950	1950	1950	850	850	850
mindest. Stahlbeton Güteklasse	B_n 150 / St. Q131			Sandbett 7 bis 15 m^3			Sandbett 4 bis 9 m^3		
Gasentnahme	in kg/h								
kurzzeitig (20 min) im Sommer	35	65	86	43	75	100	37	68	90
kurzzeitig (20 min) im Winter	7	13	17	43	75	100	7	14	18
periodisch (50 %) im Sommer	14	25	35	8	15	20	15	26	37
periodisch (50 %) im Winter	3	5	7	8	15	20	3	5	7
Dauerentnahme im Sommer	11	18	24	6	12	16	12	19	25
Dauerentnahme im Winter	2	4	5	6	12	16	2	4	5

Geringfügige Abweichungen sind je nach Fabrikat möglich. Alle Flüssiggasbehälter, die durch einen hohen Grundwasserspiegel oder mögliches Hochwasser gefährdet sind, müssen zur **Sicherung gegen Auftrieb** z. B. mit Ankerschrauben und Stahlbändern befestigt werden.

Diagr. 367.1: Voraussichtlicher Jahresenergiebedarf (Flüssiggasverbrauch)

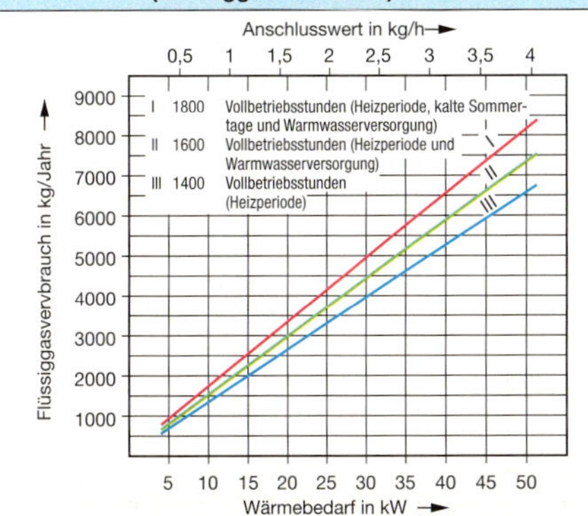

Tab. 367.2: Behältergröße bei gegebenem voraussichtlichem Jahresenergiebedarf (Vorrat für ca. 3 bis 4 Monate in der Heizperiode)

voraussichtlicher Jahresenergiebedarf in kg/Jahr	Behältergröße in *l*	Behältergröße in kg
bis 2 400	2 700	1 200
bis 4 000	4 850	2 100
bis 5 800	6 400	2 900
bis 10 000	12 000	5 000
bis 21 000	24 000	10 700

Für **sehr große Lagermengen** sind erdgedeckte Lagerbehälter mit Nennvolumen von 40 000 *l*, 60 000 *l*, 80 000 *l* und 100 000 *l* genormt.

Ist eine **sehr hohe Gasentnahme** erforderlich, so kann Flüssiggas auch aus der flüssigen Phase entnommen werden. Zwischen 1. und 2. Druckregler ist bei solchen Anlagen ein Verdampfer anzuordnen.

Ermittlung der Rohrdurchmesser für Flüssiggasanlagen

TRF 1996

pipe sizing for liquefied petroleum gas installation

Druckverluste

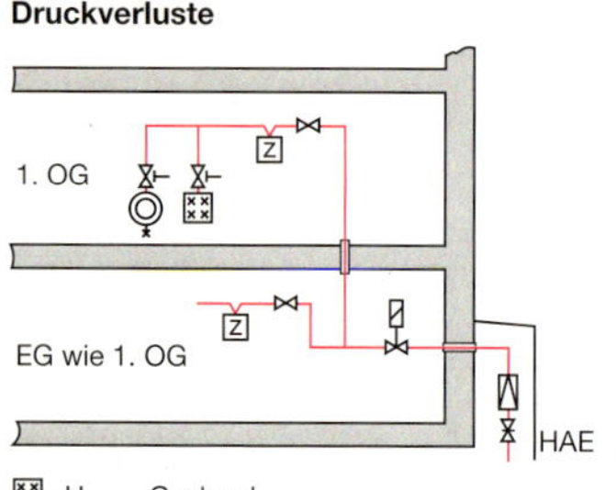

$$\Sigma \Delta p_{TS} \leq 0{,}05\, p_e$$

Der Rohrdurchmesser muss so ausgelegt werden, dass die in den Rohrleitungen auftretenden Druckverluste nicht mehr als 5 % des Betriebsüberdruckes (p_e = 50 mbar) betragen.

Δp_{TS} : Druckverlust in einer Teilstrecke in mbar
p_e : Betriebsüberdruck in mbar

Druckverluste in einer Teilstrecke

Tab. 368.1: Längenzuschläge[1]

Bezeichnung	Symbol	Zuschlag
Absperrventil	⋈	2,0 m
Winkelstück	⌐	0,5 m
T-Stück bei Winkelströmung	┳	0,5 m
Isolierstück	⊣⊢	2,0 m
Kugelhahn	⋈	0,0 m
Magnetventil	⋈	2,5 m

$$\Delta p_{TS} = R \cdot l_B$$

$$l_B = l + \text{Zuschläge}$$

Der Druckverlust in Verbindungen und Armaturen wird durch Längenzuschläge (→ Tab. 368.1) berücksichtigt.

Δp_{TS} : Druckverlust in einer Teilstrecke in mbar
R : Druckgefälle in mbar/m
l_B : Berechnungslänge in m
l : gemessene Länge einer Teilstrecke in m

Zulässiger Druckverlust vom Regler oder Abzweig zur entferntesten Gasverbrauchseinrichtung

Tab. 368.2: Typische Geräteanschlusswerte

Geräteart bzw. Gasverbrauchseinrichtung	Anschlusswert kg/h	Nennweite mm
Gaskühlschrank	0,03	6
Gasleuchte	0,03	6
Gaskocher	0,15 je Brenner	6
Gas-Backofen	0,3	6
Gasherd	0,7	6
Raumheizer	0,8	9
Heizkessel	2,0	12
Vorratswasserheizer	1,5	9
Durchlaufwasserheizer	2,0	12
Kombiwasserheizer	2,5	12

$$\Delta p_{zul} = 0{,}05\, p_e - \Delta p_H - \Delta p_{verbr.}$$

Δp_H darf bis zu einem Höhenunterschied von 10 m vernachlässigt werden.

Im Gegensatz zur TRGI werden in der TRF Druckgewinne durch die Dichte des Gases nicht berücksichtigt.

$$\Delta p_H = \Delta H \cdot f$$

Tab. 368.3: Faktoren *f* für Gasarten

Gasart	*f* in mbar/m
Propan	+0,07
Butan	+0,14
Propan/Butan-Gemisch	+0,10

Δp_{zul} : zulässiger Druckverlust (vom Regler oder Abzweig zur entferntesten Gasverbrauchseinrichtung [GVE]) in mbar
p_e : Betriebsüberdruck in mbar
Δp_H : Druckverlust in steigenden Leitungen in mbar
Δp_{verbr} : bereits verbrauchte Druckverluste bis zum Abzweig in mbar
ΔH : Höhendifferenz in m
f : Faktor für Gasart in mbar/m

Abb. 368.1: Strangschema einer Flüssiggasanlage

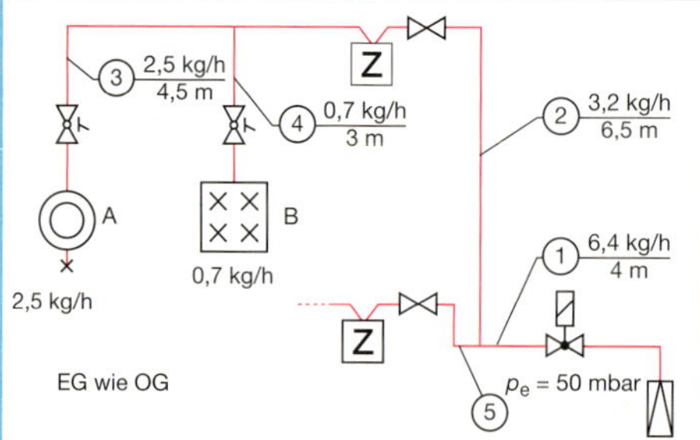

Als Vorbereitung auf die Berechnung ist ein Rohrleitungs- oder Strangschema (→ Abb. 368.1) anzufertigen. Einzutragen sind:

- die Geräteanschlusswerte (→ Tab. 368.2),
- der Flüssiggasdurchsatz in den Teilstrecken unter der Annahme, dass alle Verbrauchsgeräte gleichzeitig in Vollbrandstellung betrieben werden sowie
- die Längen der Teilstrecken einschließlich der Schlauchleitungen.

[1] Für thermisch auslösende Absperreinrichtungen sind in der TRF 1996 keine Längenzuschläge angegeben worden. Bei ähnlicher Gewichtung wie in der TRGI müsste hierfür ein Längenzuschlag von 1,5 m berücksichtigt werden.

Ermittlung der Rohrdurchmesser für Flüssiggasanlagen

TRF 1996

pipe sizing for liquefied petroleum gas installation

Rechengang

Die Berechnung erfolgt in den Abschnitten:

a) Ermittlung der Berechnungslänge, indem Zuschläge für Verbindungen und Armaturen zu den Längen der Teilstrecken (TS) hinzugezählt werden. (T-Stücke sind nur den winklig abzweigenden TS zuzurechnen.)
b) Ermittlung der Summe der Berechnungslängen vom Regler bzw. Abzweig zur entferntesten Gasverbrauchseinrichtung (GVE).
c) Ermittlung des zulässigen Druckverlustes vom Regler bzw. Abzweig zur entferntesten GVE.
d) Ermittlung des zulässigen Druckgefälles vom Regler bzw. Abzweig zur entferntesten GVE.
e) Ermittlung der auf die TS entfallenden Druckverluste.
f) Ermittlung der lichten Rohrweite der beteiligten TS vom Regler bzw. Abzweig zur entferntesten GVE nach Tab. 369.1 unter Verwendung der Ergebnisse aus d) und dem Gasdurchsatz.
* Sind Abzweige vorhanden, so wird die Berechnung bei b) fortgesetzt. Unter c) ist dann zu berücksichtigen, dass der bis zum Abzweig bereits verbrauchte Druckverlust $\Delta p_{verbr.}$ sowie der durch die Dichte des Gases verursachte Druckverlust Δp_H in steigenden Leitungen nicht mehr zur Verfügung steht.

Rechengang nach Formblatt (Beispielwerte → Abb. S. 368)

a)									b)	c)				d)	e)	f)		
1	2	3						4	5	6	7	8	9	10	11	12	13	14
								2+3		s. o.	s. o.	TS aus 11	6-7-8	9:5	10 · 4			
TS	l	Zuschläge[1]						l_B	beteiligte TS zu entfernt. GVE Σl_B	$0{,}05 \cdot p_e$	Δp_H	$\Delta p_{verbr.}$	Δp_{zul}	$R = \Delta p_{zul}/\Sigma l_B$	$\Delta p_{TS} = R \cdot l_B$	versorgte GVE	Flüssiggasdurchsatz	Lichte Rohrweite d_i
			2,0	2,0	0,5	0,5	2,5											
Einheit	m							m	m	mbar	mbar	mbar	mbar	mbar/m	mbar	–	kg/h	mm
1	4,0	Anzahl	–	–	1	–	1	7,0	Regler ↑		–				0,71	A+B+C+D	6,4	**25**
		m			0,5		2,5											
2	6,5	Anzahl	–	1	3	1	–	10,5	24,5	2,5	–	–	2,5	0,102	1,07	A+B	3,2	20
		m		2,0	1,5	0,5												
3	4,5	Anzahl	–	1	1	–	–	7,0	↓		–				0,71	A	2,5	18
		m		2,0	0,5				A									
4	3,0	Anzahl	–	1	–	1	–	5,5	Abzweig ↕ 5,5	2,5	–	1,75	0,75	0,136	0,75	B	0,7	10
		m		2,0		0,5			B									
5		Anzahl																
		m																

[1] Geräteabsperrhähne mit TAE werden hier wie Absperrventile behandelt.

Die lichte Rohrweite ergibt sich aus Tab. 369.1 mit dem Gasdurchsatz (muss in Tabelle größer sein) und dem Druckgefälle (muss in Tab. kleiner sein).

Tab. 369.1: Druckgefälle *R* in mbar/m in Flüssiggasrohrleitungen bei p_e = 50 mbar

Gasdurchsatz in kg/h	5	6	7	8	9	10	12	15	18	20	**25**	32
0,3	0,37	0,15	0,069	0,036	0,020	0,012						
0,5	1,0	0,42	0,19	0,10	0,055	0,033	0,013					
0,8	2,7	1,1	0,49	0,25	0,14	0,083	0,033	0,011				
1	4,2	1,7	0,77	0,40	0,22	0,13	0,052	0,017				
1,5	9,4	3,8	1,7	0,90	0,50	0,29	0,12	0,038	0,016			
2		6,7	3,1	1,6	0,88	0,52	0,21	0,068	0,028	0,016		
2,5			4,8	2,5	1,4	0,82	0,33	0,11	0,043	0,025		
3			6,9	3,6	2,0	1,2	0,47	0,15	0,062	0,036	0,012	
4				6,4	3,5	2,1	0,83	0,27	0,11	0,064	0,021	
5				10,0	5,5	3,3	1,3	0,43	0,17	0,10	0,033	0,010
6					7,9	4,7	1,9	0,61	0,25	0,14	0,048	0,014
8						8,3	3,3	1,1	0,44	0,26	0,085	0,025
10							5,2	1,7	0,69	0,40	0,13	0,040

Gasinstallation

Biogasanlagen *biogas installations*

Tab. 370.1: Mögliche technische Produktion von Biogas

Bereich	Betriebsart
Landwirtschaft	• Milchproduktion, • Fleischproduktion, • Eierfarmen.
Kommune	• Kläranlagen mit biologischer Reinigungsstufe, • Mülldeponien.
Industrie	• Großküchen, • Schlachthöfe, • Fischverarbeitung.

Nutzen von landwirtschaftlichen Biogas-Anlagen

- CO_2-neutrale Erzeugung von Energie,
- Ersatz von fossilen Brennstoffen,
- Verringerung des klimaschädigenden Methanausstoßes aus unkontrollierter Zersetzung,
- Verringerung von Geruchsemissionen bei der Gülleausbringung,
- Verbesserung des Düngewertes der Gülle,
- Ersatz von chemischen Pflanzenschutzmitteln,
- Schutz des Grundwassers.

Biogasproduktion

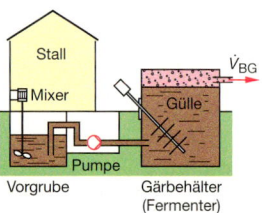

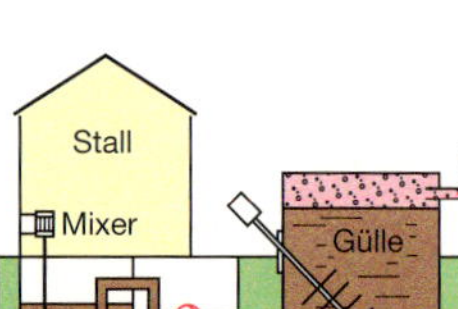

$$\dot{V}_{BG} = \Sigma \dot{V}_{BGT}$$

(wenn mehrere Tierarten)

$$\dot{V}_{BGT} = n_T \cdot G_T \cdot g_T$$

Anfallende Güllemenge und Volumen des Gärbehälters

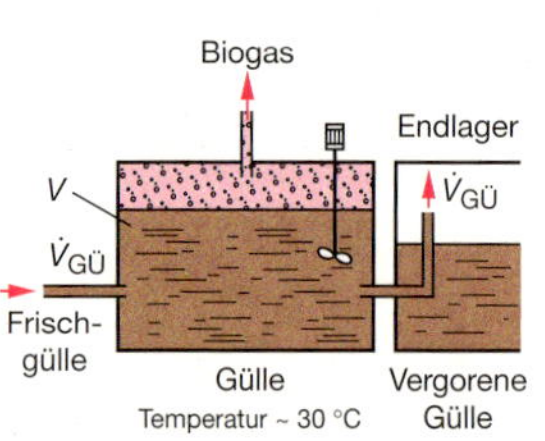

Für die Aufheizung der Gülle kann die Dichte ϱ und die spezifische Wärmekapazität c von Wasser eingesetzt werden.

$$\dot{V}_{GÜ} = \Sigma \dot{V}_{GÜT}$$

$$\dot{V}_{GÜT} = n_T \cdot G_T \cdot a_T$$

$$V = t \cdot \dot{V}_{GÜ} \cdot 1{,}15$$

(15 % Zuschlag für zusätzliches Gasvolumen im Behälter)

$\dot{V}_{BG}$	: Biogasproduktion	in m^3/d
$\dot{V}_{BGT}$	: Biogasproduktion bei einer Tierart	in m^3/d
n_T	: Viehbestand einer Tierart	in Stück
G_T	: Großvieheinheit der Tierart in GVE/Stück (→ Tab. 370.2)	
g_T	: tierartbezogener Biogasertrag je Großvieheinheit (→ Tab. 370.2)	in $m^3/(GVE \cdot d)$
$\dot{V}_{GÜ}$	: anfallende Güllemenge	in m^3/d
$\dot{V}_{GÜT}$	: anfallende Güllemenge bei einer Tierart	in m^3/d
a_T	: Anfall an frischen Ausscheidungen in $m^3/(GVE \cdot d)$ (→ Tab. 370.2)	
V	: Volumen des Gärbehälters	in m^3
t	: mittlere Verweilzeit im Behälter (ca. 25 Tage)	in d

Tab. 370.2: Tierartbezogene Ausscheidungen und Gaserträge

Tierart	Großvieheinheit je Tier G_T in GVE/Stück	Anfall an frischen Ausscheidungen a_T in $m^3/(GVE \cdot d)$	Gasertrag g_T[1] in $m^3/(GVE \cdot d)$
Rinder	0,9	0,062	1,4
Schweine	0,23	0,041	1,5
Geflügel	0,004	(7,0 kg/(GVE · d))	2,7

[1] Werte können bedingt durch die Fütterung um ca. 30 % schwanken.

Tab. 370.3: Biogas-Zusammensetzung

Gaskomponenten	CH_4	CO_2	H_2S	NH_3, H_2, N_2, CO
Anteil der Gaskomponenten in Vol.-%	50 bis 80	20 bis 50	0,01 bis 0,4	Spuren

(Berechnung der Wärmewerte bei bekannter Zusammensetzung (→ S. 335))

Tab. 370.4: Eigenschaften von Biogas (60 % CH_4, 38 % CO_2 und 2 % Restgase)[1]

Eigenschaften	Einheit	Biogas
Heizwert H_i	kWh/m^3	6,0
Dichte ϱ	kg/m^3	1,2
relative Dichte d	–	0,9
Zündtemperatur	°C	700
Max. Zündgeschwindigkeit	cm/s	25
Explosionsbereich	Vol.-%	6 bis 12
Theoretischer Luftbedarf L_{min}	m^3/m^3	5,7

[1] Methanzahl → S. 335

Biogasanlagen *biogas installations*

Gasschema nach Sicherheitsregeln für landwirtschaftliche Biogasanlagen: 1999-07

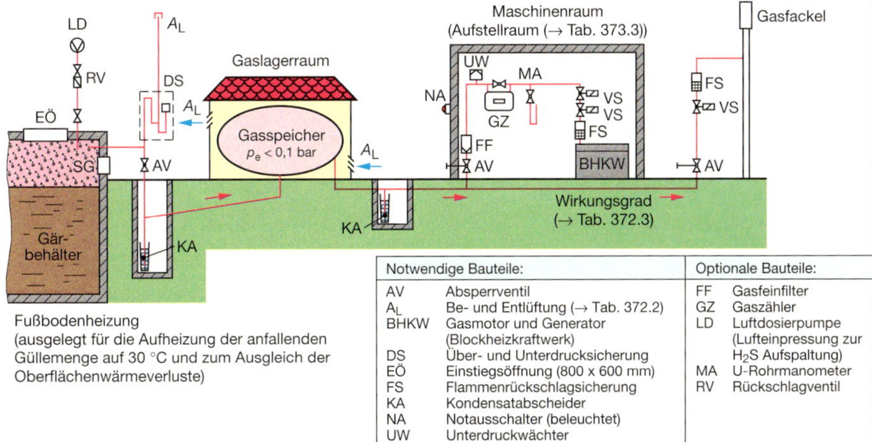

Notwendige Bauteile:		Optionale Bauteile:	
AV	Absperrventil	FF	Gasfeinfilter
A_L	Be- und Entlüftung (→ Tab. 372.2)	GZ	Gaszähler
BHKW	Gasmotor und Generator (Blockheizkraftwerk)	LD	Luftdosierpumpe (Lufteinpressung zur H_2S Aufspaltung)
DS	Über- und Unterdrucksicherung	MA	U-Rohrmanometer
EÖ	Einstiegsöffnung (800 x 600 mm)	RV	Rückschlagventil
FS	Flammenrückschlagsicherung		
KA	Kondensatabscheider		
NA	Notausschalter (beleuchtet)		
UW	Unterdruckwächter		
VS	Ventil selbsttätig schließend		

Tab. 371.1: Gefahren und wichtige Maßnahmen bei der Verwendung von Biogas in landwirtschaftlichen Anlagen

Gefahren	Maßnahmen und Hinweise
Erstickung in Schächten und Behältern	Vor dem Einsteigen für ausreichende Belüftung sorgen.
Explosion durch zündfähige Gas/Luft-Gemische	Armaturen und Rohrleitungen für Nenndruckstufe PN 1 auslegen. Gasbeaufschlagte Anlagenteile auf Dichtheit prüfen. Armaturen zur Gasentnahme gegen unbefugtes Öffnen sichern. Sperrflüssigkeiten in Flüssigkeitsverschlüssen müssen bei nachlassendem Druck selbsttätig wieder zurückfließen. Be- und Entlüftung von Gaslagerräumen und Maschinenraum, Schutzbereiche, ex-geschützte elektrische Einrichtungen in explosionsgefährdeten Räumen, Schutzwand.
Brände	Wände, Decken und Stützen bei Aufstellung des BHKWs in Wohngebäuden feuerbeständig und aus nichtbrennbaren Baustoffen errichten, Vorkehrungen gegen Brandübertragung treffen (Kabelabschottungen, Brandschutzklappen).
Einfrieren der Gülle aber auch der Gasleitung durch Kondensat	frostsichere Verlegung bzw. Gestaltung.
Korrosion durch aggressive Bestandteile wie NH_3 und H_2S	**Kupferleitungen sind nicht beständig gegen Biogas!** Generell Stahlrohrleitungen und die dafür zugelassenen Verbindungsarten nach TRGI 1986/96 verwenden (→ Tab. 353.1, Tab. 354.1). Kunststoffleitungen sind als Anschlussleitung des Gärbehälters und des Folienspeichers sowie unter Erdgleiche zulässig. Sie sind gegen mechanische Beschädigung zu schützen. Entschwefelung empfohlen (Luftdosierpumpe).
Verstopfung der Leitungen	unverzüglich beseitigen.

Tab. 371.2: Be- und Entlüftung von Gaslagerräumen

Gasvolumen	Querschnittsfläche A_L einer Lüftungsöffnung
bis 100 m³	700 cm²
bis 200 m³	1000 cm²
über 200 m³	2000 cm²

Tab. 371.3: Gas-Ottomotor-Blockheizkraftwerke (BHKW)

Elektrische Leistung	Wirkungsgrad[1)]		maximale Vorlauftemperatur
	elektrisch	thermisch	
bis 50 kW	23 bis 30 %	50 bis 65 %	ca. 90 °C
50 bis 500 kW	30 bis 35 %	45 bis 60 %	
über 500 kW	35 bis 42 %	42 bis 55 %	

1) Der Jahresnutzungsgrad der Anlage ist etwas niedriger als der Wirkungsgrad.

Abb. 371.1: Stoff- und Energiefluss in landwirtschaftlichen Biogasanlagen (Winterbetrieb)

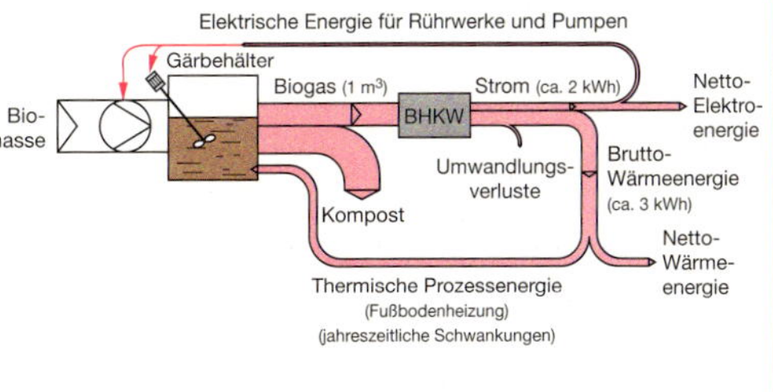

Wärmedämmung des Gärbehälters sowie Leistungsaufnahme und Betriebszeit von Pumpe und Rührwerk beeinträchtigen erheblich den Netto-Energieertrag.

Gasinstallation

Biogasanlagen *biogas installations*

Niederdruck-Biogasspeicher

a) Oberirdische, feste Behälter **und** Folienspeicher in festen Behältern oder Aufstellräumen

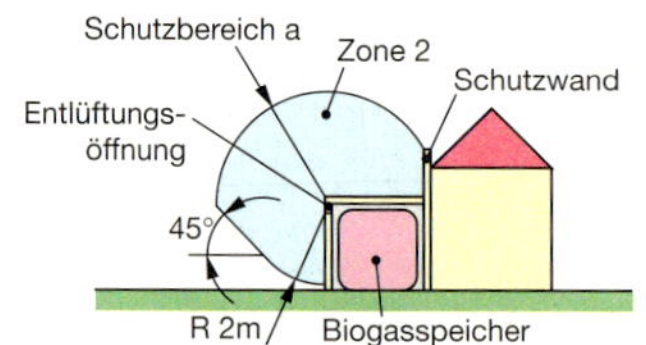

Im Schutzbereich sind Maßnahmen gegen Funkenbildung zu treffen, Kelleröffnungen sind im Schutzbereich nicht zulässig.

b) Foliengasspeicher über Güllelager

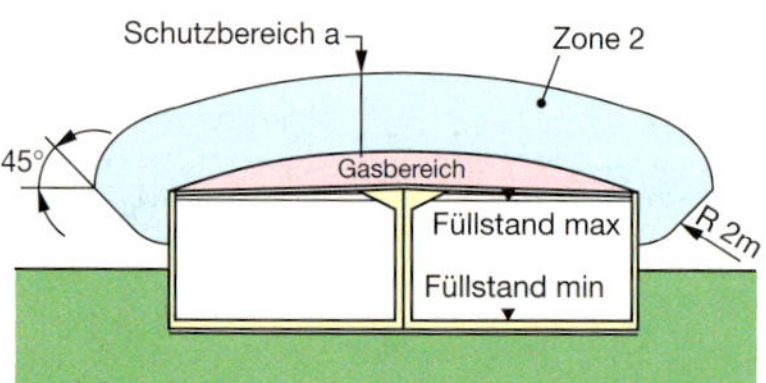

Tab. 372.1: Schutzbereich und Sicherheitsabstand *a* in m

Gasvolumen in m³ je Behälter				Art der Außenwände
bis 300	über 300 bis 1500	über 1500 bis 5000	über 5000	
3 m	6 m	10 m	15 m	nicht brennbar
6 m	10 m	15 m	20 m	brennbar

Schutzbereiche müssen durch Schilder gekennzeichnet werden, z. B. mit der Aufschrift: „Biogasanlage, Explosionsgefahr, Feuer und Rauchen im Umkreis von … m verboten." Die Meterangabe ist gemäß der zugehörigen Schutzbereichstabelle einzutragen.

Tab. 372.2: Schutzbereich und Sicherheitsabstand *a* in m

Maximales Gasvolumen in m³ je Behälter			
bis 300	über 300 bis 1500	über 1500 bis 5000	über 5000
4,5 m	10 m	15 m	20 m

Speichermenge und Gefahrenpotential

Üblicherweise wird ein Biogasspeicher entsprechend der Gasproduktion von einem bis maximal zwei Tagen ausgelegt.
Hinsichtlich der Wärmeenergie entsprechen 10 m³ Biogas etwa 6 Liter Heizöl.

Materialanforderungen an Folienspeicher

gasfest, druckfest, medienbeständig, UV-beständig, temperaturbeständig.
Mindest-Reißfestigkeit > 10 N/cm,
Methangasdurchlässigkeit < 1000 cm³/(m² · d · bar)

Diese Anforderungen erfüllen z. B. EPDM-Gasfolien

c) Sicherheitsabstand ohne und mit Schutzwand

1. ohne Schutzwand

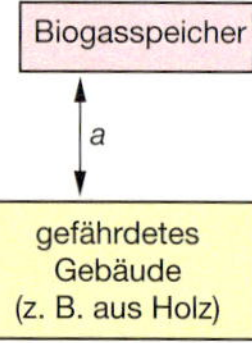

2. Schutzwand zwischen Speicher und Gebäude

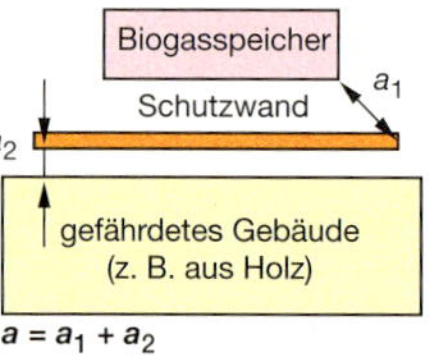

3. Schutzwand an der Gebäudehülle

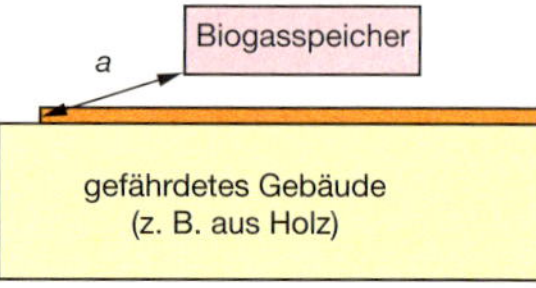

Abstand *a* gemäß Meterangabe in den zugehörigen Schutzbereichstabellen.

Der Sicherheitsabstand kann durch eine feuerhemmende Schutzwand F30 DIN 4102 vermindert werden. Türen in Schutzwänden müssen feuerhemmend sein, T30.

Tab. 372.3: Aufstellräume[1] für Blockheizkraftwerke (BHKW)

Aufstellung in Nebengebäuden ohne Aufenthaltsräume
- lichte Raumhöhe > 2 m,
- BHKW an 3 Seiten zugänglich,
- Türaufschlag in Fluchtrichtung,
- Ölabscheider im Bodenablauf,
- unverschließbare Zu- und Abluftöffnung für Querlüftung von jeweils 175 cm² plus 10 cm² pro 1 kW maximal vom Generator abgegebener elektrischer Leistung,
- beleuchteter Notschalter für BHKW und Gasabsperrventil außerhalb des Aufstellraumes,
- bei Turboladermotoren Zwangsbelüftung mit mindestens 35 m³/h pro 1 kW installierter elektrischer Leistung,
- Elektroinstallation mindestens IP54.

Aufstellung in Wohngebäuden
Bestimmungen wie bei Aufstellung in Nebengebäuden und zusätzlich:
- Wände, Stützen und Decken feuerbeständig, F90 A DIN 4102,
- Türen in feuerbeständigen Wänden mindestens feuerhemmend und selbstschließend.
- Vorkehrungen gegen Brandübertragung (Brandschutzklappen, Kabelabschottungen)
- ebener Boden
- schallentkoppelte Bodenplatte (Sockel)

[1] Für Biogaskessel gilt TRGI 1986/96 (→ Tab. 377.2)

Gasinstallation

Prüfung von Leitungsanlagen *soundness testing and purging of pipe work*

Tab. 373.1: Prüfung von Gasleitungen[1], bevor diese verputzt, verdeckt, beschichtet oder umhüllt sind

Leitungsanlagen nach **TRGI 2008** mit Betriebsdrücken bis 100 mbar

Belastungsprüfung für neu verlegte Leitungen gleich nach deren Fertigstellung (Vorprüfung)

- Leitungen oder Leitungsabschnitte an allen Rohröffnungen mit Stopfen oder Kappen aus metallischen Werkstoffen dicht verschließen (ohne Armaturen, Gasgeräte, Regel- und Sicherheitseinrichtungen, die für den Prüfdruck nicht zugelassen sind und ohne Verbindungen zu Gas führenden Leitungen).
- Druckmessgerät mit Messgenauigkeit von 0,1 mbar (z. B. Luftpumpe mit Rohrfeder-Manometer) an Rohrleitung anschließen.
- In die Rohrleitung mittels Luft oder inertem Gas (z. B. Stickstoff, Kohlendioxid) den **Prüfdruck: p_e = 1 bar** aufgeben. (Keinesfalls Sauerstoff verwenden.)
- Nach **Anpassungszeit** ≥ **10 min** für den Temperaturabgleich und **Prüfzeit = 10 min** Druck am Messgerät kontrollieren. Er darf nicht fallen.

Dichtheitsprüfung (Hauptprüfung)

- Leitungen einschließlich Armaturen an allen Rohröffnungen mit Stopfen oder Kappen aus metallischen Werkstoffen dicht verschließen.
- Geräteanschlussarmaturen schließen, um Gasgeräte und zugehörige Regel- und Sicherheitsarmaturen abzutrennen.
- Druckmessgerät mit einer Messgenauigkeit von 0,1 mbar an Rohrleitung anschließen.
- In die Rohrleitung mittels Luft oder inertem Gas den **Prüfdruck: p_e = 150 mbar** aufgeben. (Keinesfalls Sauerstoff verwenden.)
- Anpassungszeit und Prüfdauer aus folgender Übersicht entnehmen.

Leitungsvolumen	Anpassungszeit	Mindest-Prüfdauer
V < 100 l	10 min	10 min
100 l ≤ V < 200 l	30 min	20 min
V ≥ 200 l	60 min	30 min

- Zeit für Temperaturausgleich abwarten.
- Druck am Druckmessgerät ablesen.
- Während der anschließenden **Mindestprüfdauer** darf der Druck nicht fallen.

Niederdruck- und Mitteldruck-Rohrleitungsanlagen nach **TRF 1996** (Flüssiggas)

Druckprüfung[2]

- Gasentnahmeventile der Flaschen oder Flüssiggasbehälter und Geräteabsperreinrichtungen schließen.
- Eingebaute Druckregelgeräte und Gaszähler ausbauen.
- Verschraubung am Ausgang des Druckreglers lösen und Druckprüfgerät der Klasse 1 an Rohrleitung anschließen.
- In die Rohrleitung mittels Luft oder Stickstoff den **Prüfdruck: p_e = 1,1 · p_z** (1,1fachen Wert des zulässigen Betriebsüberdruckes) **mindestens jedoch 1 bar** aufgeben.
- Mindestens **10 Minuten** zum Temperaturausgleich **abwarten.**
- Druck am Prüfmanometer ablesen.
- Alle Verbindungen der Rohrleitungen mit Lecksuchmitteln nach DIN 30 657 prüfen.
- Druck am Prüfmanometer (frühestens 10 Minuten nach dem ersten Ablesen, d. h. einer **Wartezeit: t_w = 10 min**) auf Druckabfall zur Feststellung der Dichtheit kontrollieren.
- Wird ein Druckabfall festgestellt, Leckstelle(n) suchen, abdichten und erneute Druckprüfung durchführen.
- Nach Abschluss der Druckprüfung Druckregelgeräte wieder anschließen.

Dichtheitsprüfung (unmittelbar vor Inbetriebnahme)

- Mit Druckmessgerät der Messgenauigkeit von 0,1 mbar alle Rohrleitungen bis zu den Einstellgliedern der Geräte mit Luft bei einem **Prüfdruck: p_e = 100 mbar** prüfen.
- Alle lösbaren Verbindungen der Rohrleitungen und alle Ausrüstungsteile der Rohrleitungen mit Lecksuchmitteln prüfen.

Die Leitungen gelten als dicht, wenn nach dem Temperaturausgleich der Prüfdruck während der anschließenden **Prüfdauer: t = 10 min** nicht fällt.

Sonstige Anschlüsse und Verbindungen, wie z. B. mit der Hauptabsperreinrichtung und mit Geräteanschlussleitungen, die bei der Dichtheitsprüfung nicht erfasst werden können, sind unmittelbar nach Gaseinlass unter Betriebsdruck mit Lecksuchmitteln nach DIN EN 14 291 auf Dichtheit zu prüfen.

Die Belastungs- und Dichtheitsprüfung sind unter Angabe der Prüfergebnisse in einem Prüfzeugnis zu dokumentieren.

Ohne eine Bescheinigung über die ordnungsgemäße Herstellung, Errichtung und Druckprüfung ist eine Freigabe zur Inbetriebnahme nicht zulässig.

[1] Erdverlegte Außenleitungen aus PE-HD sind nach DVGW-Arbeitsblatt G 472, Außenleitungen aus Stahl sind nach DVGW-Arbeitsblatt G 462/I und Außenleitungen aus duktilem Gusseisen sind nach DVGW-Arbeitsblatt G 462/II zu prüfen.

[2] Druckprüfung nicht erforderlich, wenn zum Anschluss von Flüssiggasflaschen an Verbrauchsgeräte Schläuche nach DIN 4815 T1 und T2 verwendet werden.

Erforderliche Mittel und Geräte für die Prüfung von Gasleitungen

Druckprüfgerät mit Federmanometer	Lecksuchmittel nach DIN EN 14 291	Druckmessgerät mit einer Messgenauigkeit von 0,1 mbar
		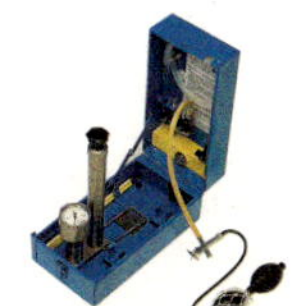

Inbetriebnahme von Leitungsanlagen *initial testing and purging of pipe work*

Tab. 374.1: Prüfungen bei Inbetriebnahme einer Gasleitungsanlage nach TRGI 2008

Inbetriebnahmefall	*vor* dem Einlassen von Gas	*unmittelbar vor* dem Einlassen von Gas	*unmittelbar nach* dem Einlassen von Gas
neu verlegte Leitungsanlagen	• Belastungsprüfung. • Dichtheitsprüfung bzw. kombinierte Belastungs- und Dichtheitsprüfung.	• Besichtigung auf dicht verschlossene (verwahrte) Leitungsöffnungen. • Entweder die zeitlich unmittelbar vorausgehende Dichtheitsprüfung bzw. kombinierte Belastungsprüfung mit dem Ergebnis „für dicht befunden" oder eine Druckmessung mit mindestens dem vorgesehenen Betriebsdruck.	• Prüfung der durch die Dichtheitsprüfung nicht erfassten Anschlüsse und Verbindungsstellen mit Schaum bildenden Mitteln.
stillgelegte Leitungsanlagen	• Inaugenscheinnahme der Leitungsanlage auf einwandfreien baulichen Zustand. • Dichtheitsprüfung bzw. kombinierte Belastungs- und Dichtheitsprüfung (ohne Freilegung der Leitungen).		
außer Betrieb gesetzte Leitungsanlagen		• Besichtigung auf dicht verschlossene (verwahrte) Leitungsöffnungen, wenn Anlage längere Zeit außer Betrieb gesetzt war. • Druckmessung.	• Undichtheiten an Gas führenden Leitungen sind festzustellen durch Gasspürgeräte oder durch Prüfung mit Schaum bildenden Mitteln. • Um zweifelsfreie Sicherheit zu gewährleisten, ist eine Prüfung auf unbeschränkte Gebrauchsfähigkeit durchzuführen (→ Tab. 374.2).
kurzzeitige Betriebsunterbrechung		• Druckmessung. • Beim Wechsel von Gaszählern kann die Kontrolle über den Gaszähler erfolgen.	• Prüfung der Verbindungsstellen mit Schaum bildenden Mitteln.

Tab. 374.2: Gebrauchsfähigkeit einer Gasleitungsanlage nach TRGI 2008

Zustand der Gasleitung	Gasleckmenge bei Betriebsdruck	durchzuführende Maßnahmen
unbeschränkte Gebrauchsfähigkeit	weniger als 1 l/h	Leitungen können weiter betrieben werden, wenn kein Gasgeruch feststellbar ist.
verminderte Gebrauchsfähigkeit	1 bis 5 l/h	Leitungen innerhalb von 4 Wochen nach Feststellung abdichten oder erneuern, anschließend Hauptprüfung.
keine Gebrauchsfähigkeit	größer als 5 l/h	Leitungen unverzüglich außer Betrieb nehmen. Für die Instandsetzung gelten die Festlegungen für neu verlegte Leitungen.

Tab. 374.3: Vorsichtsmaßnahmen bei Gasgeruch

Gasgeruch – was tun?

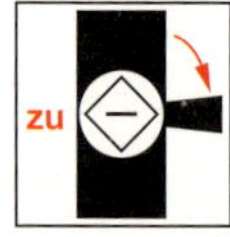

Gasgeruch in Gebäuden	Gasgeruch in Freien
• Alle Flammen löschen, nicht rauchen! • Alle **Fenster und Türen weit öffnen!** • Gaszähler-Absperreinrichtung oder Hauptabsperreinrichtung im Keller schließen! • Keine elektrischen Schalter, keine Stecker, keine Klingeln, keine Telefone benutzen! • Andere Hausbewohner warnen, aber nicht klingeln und Gebäude verlassen! • Erforderlichenfalls Polizei, Feuerwehr und GVU von einem Telefonanschluss außerhalb des Hauses benachrichtigen! • Sichern des Gefahrenbereichs gegen den Zutritt Unbefugter!	• Ist der Gasgeruch auf eine Leckstelle in einer Außenleitung zurückzuführen, so ist diese Leitung mit der vorgesehenen Absperreinrichtung abzusperren! • **Fenster und Türen umliegender Gebäude schließen!** • Offenes Feuer vermeiden, nicht rauchen, kein Feuerzeug benutzen! • Keine elektrischen Schalter, keine Stecker, keine Klingeln benutzen! • Hausbewohner warnen, aber nicht klingeln und Gebäude verlassen! • Sichern des Gefahrenbereichs gegen den Zutritt Unbefugter und erforderlichenfalls Polizei und Feuerwehr von einem Telefonanschluss außerhalb des Gefahrenbereiches alarmieren!

Einteilung der Gasgeräte nach der Abgasführung und der Verbrennungsluftversorgung

classification of gas appliances of the criteria of flue gas conduit and air supply for combustion

Tab. 375.1: Europäisches Klassifikationsschema für die Gasgerätearten (TRGI 2008)

Gasgerät Art		Abgasanlage	Verbrennungsluftversorgung	Strömungssicherung	Art der Luft-Abgasführung		Anordnung Gebläse		Verbrennungsluftumspülung oder erhöh. Dichtheit[1] ja = x	CO_2-Stop = AS AÜE[2] = BS	bisherige nationale Bezeichnung	Nationale Installationsanforderungen nach DVGW-Regelwerk
A	A_1	nein	raumluftabhängig			Abgasabführung und Verbrennungsluftversorgung über Aufstellraum	1	ohne		AS	A	TRGI
B	B_{11}	ja		ja	1	Abgasanschluss an Abgasanlage Mehrfachbelegung (Unterdruck) Verbrennungsluftversorgung über Aufstellraum	1	ohne		BS	B mit Brenner ohne Gebläse	TRGI
	B_{13}						3	vor Brenner		BS		möglich mit „gebläseunterst. Brenner" wie B_{11}
	B_{22}			nein	2	Abgasanschluss an Abgasanlage Mehrfachbelegung (Unter-/Überdruck) Verbrennungsluftversorgung über Aufstellraum	2	hinter WT[3]			B	TRGI besond. Lüftungsbedingungen bei Überdruck am Abgasstutzen
	B_{23}						3	vor Brenner			B mit Brenner ohne Gebläse	
	B_{32}				3	Anschluss an Abgasanlage Mehrfachbelegung (Unterdruck) Verbrennungsluftzufuhr im Außenrohr über Aufstellraum	2	hinter WT	umspült		$D_{3.1}$	G 637/I und TRGI
	B_{33}						3	vor Brenner	umspült		$D_{3.1}$	
C	C_{11}		raumluftunabhängig		1	Luft-Abgasführung durch Außenwand im gleichen Druckbereich	1	ohne			C_1	TRGI
	C_{12}						2	hinter WT	x		$C_{3.3}$	TRGI
	C_{13}						3	vor Brenner	x		$C_{3.3}$	
	C_{21}				2	Anschluss an LAS (1-zügig) Mehrfachbelegung	1	ohne			C_2	nur Gerätebestand nach G 627
	C_{32}				3	Luft-Abgasführung über Dach im gleichen Druckbereich	2	hinter WT	x		$C_{3.2}$	TRGI
	C_{33}						3	vor Brenner	x		$C_{3.2}$	
	C_{42}				4	Anschluss an LAS (2-zügig) Mehrfachbelegung	2	hinter WT	x		$C_{3.1}$	TRGI
	C_{43}						3	vor Brenner	x		$C_{3.1}$	
	C_{52}				5	Luftzuführung und Abgasabführung nach außen in unterschiedliche Druckbereiche	2	hinter WT	x			nur in Verbindung mit gemeinsam zugelassener Abgasanlage
	C_{53}						3	vor Brenner	x			
	C_{82}				8	Abgasanschluss an Abgasanl. Mehrfachbel. (Unterdruck) Verbrennungsluftzuführung über separate Luftleitung	2	hinter WT	x		$D_{3.2}$	G 637/I und TRGI
	C_{83}						3	vor Brenner	x		$D_{3.2}$	

1) Ausführungen ohne „x" erfordern besondere Maßnahmen für die Lüftung des Aufstellraums.
2) AÜE = Abgasüberwachungseinrichtung
3) Wärmetauscher

Luft-Abgasführung von Gas-Feuerstätten der Art A, B und C

TRGI 2008

flueing systems of gas installations

Aufstellmöglichkeiten der Gasgeräte im Gebäude (Auswahl)

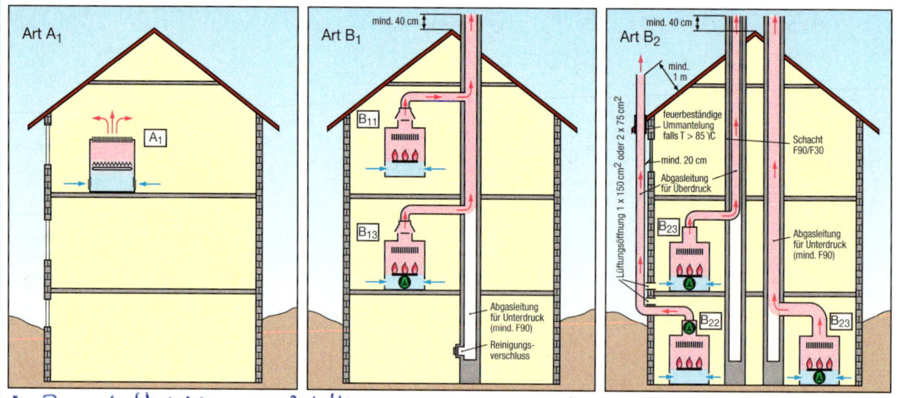

A: Raumluftabhängige Zuluftversorgung, ohne Abgasanlage

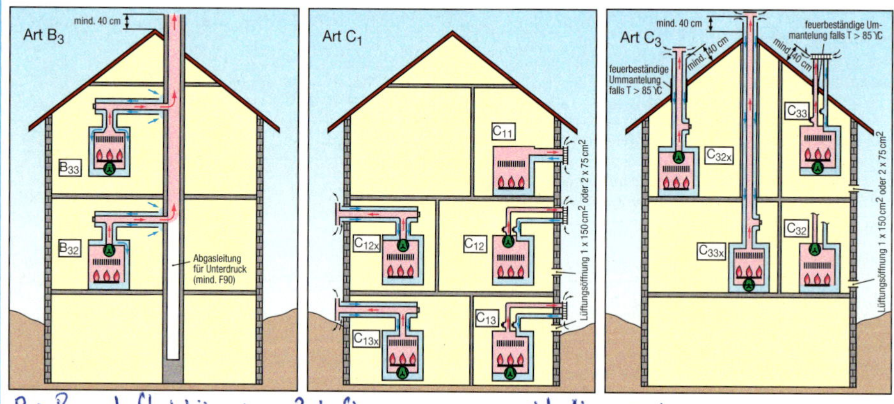

B: Raumluftabhängige Zuluftversorgung, mit Abgasanlage

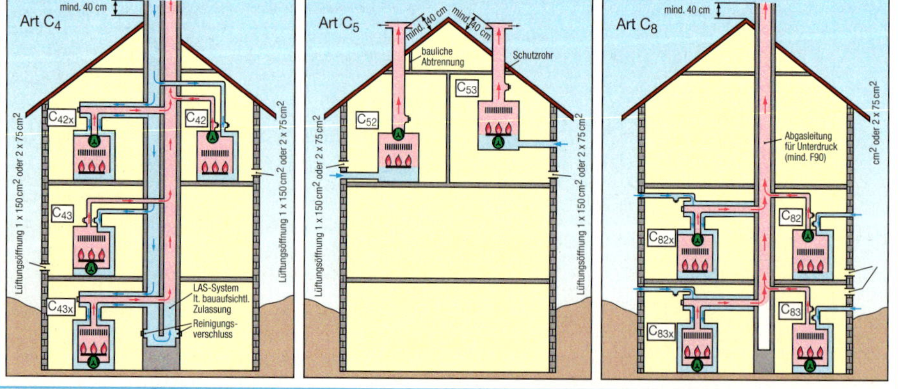

C = Raumluftunabhängige Zuluftversorgung, mit Abgasanlage

Gasinstallation

Gerätekategorie, Gerätekennzeichnung, Aufstellung von Gasgeräten

appliance category, identifying, installation of gas appliances

Tab. 377.1: Kategorien von Gasgeräten nach DIN EN 437: 2003-09

Kategorie	Beispiel	Gerät geeignet für
I (Eingasgeräte)	I_{2ELL}	Gase E und LL der 2. Gasfamilie[1)]
II (Mehrgasgeräte)	$II_{2ELL3B/P}$	Gase E und LL der 2. Gasfamilie sowie für Gase Butan und Propan der 3. Gasfamilie
III (Allgasgeräte)[2)]	$III_{1a2E+3P}$	Gase der Gruppe a der 1. Gasfamilie und für Gase der Gruppe E der 2. Gasfamilie sowie für Gase der Gruppe Propan der 3. Gasfamilie

[1)] Gasfamilien (→ Tab. 334.1) [2)] Die Kategorie III findet keine allgemeine Verwendung.

Kennzeichnung auf dem Geräteschild nach der Gasgeräterichtlinie

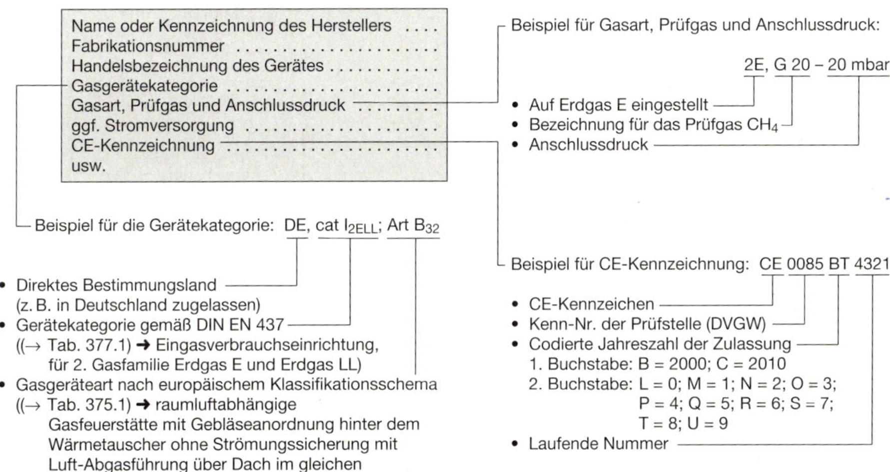
Name oder Kennzeichnung des Herstellers ....
Fabrikationsnummer ....
Handelsbezeichnung des Gerätes ....
Gasgerätekategorie ....
Gasart, Prüfgas und Anschlussdruck ....
ggf. Stromversorgung ....
CE-Kennzeichnung ....
usw.
Beispiel für Gasart, Prüfgas und Anschlussdruck:
2E, G 20 – 20 mbar
• Auf Erdgas E eingestellt
• Bezeichnung für das Prüfgas CH_4
• Anschlussdruck
Beispiel für die Gerätekategorie: DE, cat I_{2ELL}; Art B_{32}
• Direktes Bestimmungsland (z. B. in Deutschland zugelassen)
• Gerätekategorie gemäß DIN EN 437 ((→ Tab. 377.1) ➜ Eingasverbrauchseinrichtung, für 2. Gasfamilie Erdgas E und Erdgas LL)
• Gasgeräteart nach europäischem Klassifikationsschema ((→ Tab. 375.1) ➜ raumluftabhängige Gasfeuerstätte mit Gebläseanordnung hinter dem Wärmetauscher ohne Strömungssicherung mit Luft-Abgasführung über Dach im gleichen Druckbereich)
Beispiel für CE-Kennzeichnung: CE 0085 BT 4321
• CE-Kennzeichen
• Kenn-Nr. der Prüfstelle (DVGW)
• Codierte Jahreszahl der Zulassung
1. Buchstabe: B = 2000; C = 2010
2. Buchstabe: L = 0; M = 1; N = 2; O = 3; P = 4; Q = 5; R = 6; S = 7; T = 8; U = 9
• Laufende Nummer

Tab. 377.2: Allgemeine Festlegungen für Aufstellräume

DVGW-Regelwerk	grundsätzlich unzulässig sind	Gasgeräte Art A	Gasgeräte Art B	Gasgeräte Art C
TRGI 2008 und **TRF 1996**	• notwendige Treppenräume, Räume zwischen notwendigen Treppenräumen und Ausgängen ins Freie und notwendige Flure (Ausnahme: Gebäudeklasse 1 und 2 ~ E+ZFH) • Räume, in denen Ex-Schutz gefordert ist (z. B. Lagerräume für explosionsfähige Stoffe)	• sicherer Luftwechsel notwendig, • Gas-Haushalts-Kochgeräte mit $\dot{Q}$ < 11 kW benötigen einen 15 m^3 großen Aufstellraum mit mindestens einer Tür ins Freie oder einem Fenster, das geöffnet werden kann, • DWH oder RH nur mit Zusatzeinrichtung, die sicherstellt, dass CO-Emissionen im Raum ≤ 30 ppm bleibt.	• nicht im Bad und WC ohne Außenfenster mit freier Lüftung über Sammelschächte oder Kanäle • in Räumen, aus denen Ventilatoren Luft absaugen nur zulässig: – wenn Abgase nach DVGW G 626 mit diesen Ventilatoren über Lüftungs- oder Abgasanlagen abgeführt werden. – wenn sichergestellt ist, dass den Räumen so viel Außenluft zuströmen kann, dass ein gefahrloser Betrieb gesichert ist. • nicht in Räumen mit offener Feuerstätte (z. B. Kamin). Es sei denn sie haben eine eigene Verbrennungsluftversorgung. • nur zulässig, wenn Schutzziele (→ S. 378) eingehalten und gefahrloser Betrieb sichergestellt.	• Art C_x darf unabhängig von Rauminhalt und Raumlüftung aufgestellt werden, Art C ohne $_x$ benötigt eine ins Freie führende Öffnung von 150 cm^2 oder 2 × 75 cm^2, • Art C_1 nur zulässig, wenn Ableitung der Abgase über Dach nicht möglich, • Art C_{11} unmittelbar an Außenwand anbringen, für Art C_1, C_3, C_4, C_5, C_8 u. C_9 nur Originalteile des Herstellers für Leitungen zur Verbrennungsluftzu- und Abgasabführung verwenden. (Diese sind Bestandteile der Gasgeräte.) • In Garagen dürfen nur Gasgeräte der Art C aufgestellt werden.
TRF 1996	• Räume unter Erdgleiche, deren Fußboden allseitig tiefer als 1 m unter Geländeoberfläche liegt.	• unabhängige Heizgeräte nur zulässig, wenn im betreffenden Raum keine gesundheitsgefährdenden CO-Konzentrationen erzeugt werden.	Art B_1 Funktionsprüfung der Abgasanlage von 5 Minuten bei unterschiedlichen Bedingungen (nach TRF 9.15).	

Schutzziele für raumluftabhängige Gasgeräte (Art B) (Aufstellung und Betrieb)

commissioning of room-sealed gas appliances (installation and operation)

Raumluftabhängige Geräte mit Strömungssicherung	Schutzziel Nr. 1 Sicheres Betriebsverhalten im Anfahrzustand (bis 50 kW)	Schutzziel Nr. 2 ausreichende Verbrennungsluftversorgung (bis 35 kW)
Raum-Leistungs-Verhältnis	RLV ≥ 1 m³/1 kW $\Sigma\dot{Q}_{NL}$	RLV ≥ 4 m³/1 kW $\Sigma\dot{Q}_{NL}$

Schutzziel Nr. 1

Hat der Aufstellraum ein Volumen von mindestens 1 m³ je 1 kW Gesamtnennwärmeleistung? – ja → Ziel erreicht

nein ↓

Erreicht der Aufstellraum gemeinsam mit unmittelbar benachbarten Räumen ein Gesamtvolumen von 1 m³ je 1 kW? (Lüftungsöffnungen von 2 × 150 cm² erforderlich) – ja → Ziel erreicht

nein ↓

Hat der Aufstellraum Lüftungsöffnungen ins Freie? (Mindestquerschnitt 2 × 75 cm²) – ja → Ziel erreicht

Schutzziel Nr. 2

Hat der Aufstellraum ein Außenfenster oder Außentüren **und** ein Raumvolumen von 4 m³ je 1 kW Gesamtnennwärmeleistung? – ja → Ziel erreicht

nein ↓

Lässt sich die erforderliche anrechenbare Wärmeleistung **im unmittelbaren Verbrennungsluftverbund** oder **im mittelbaren Verbrennungsluftverbund** durch:

- Kürzen von Türblättern
- Entfernen von Türdichtungen
- Einbeziehen weiterer Verbrennungslufträume,

usw. **erreichen**?

$\Sigma\dot{Q}_{Lanr.} \geq \Sigma\dot{Q}_{NL}$

→ Diagr. 378.1:

– ja → Ziel erreicht

nein ↓

Hat der Aufstellraum eine Verbrennungsluftöffnung direkt ins Freie? (Mindestquerschnitt 1 × 150 cm² bzw. 2 × 75 cm²) – ja → Ziel erreicht

Unmittelbarer Verbrennungsluftverbund

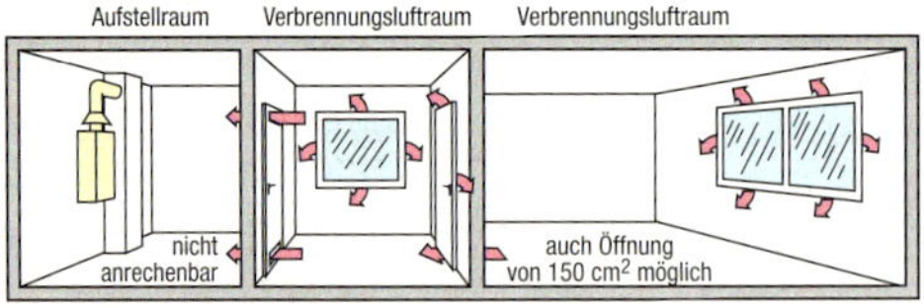

Aufstellraum – Verbrennungsluftraum – Verbrennungsluftraum

nicht anrechenbar – auch Öffnung von 150 cm² möglich

Mittelbarer Verbrennungsluftverbund

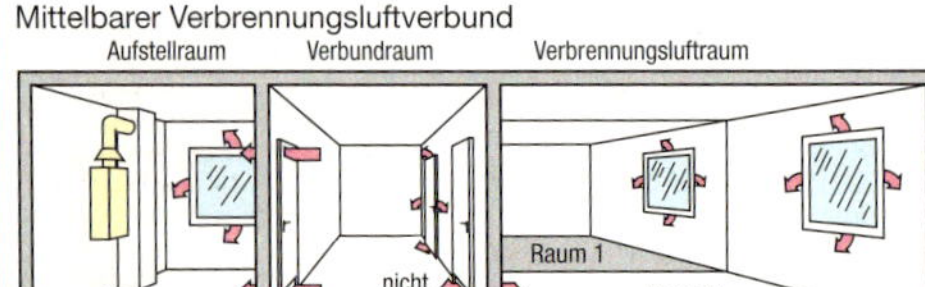

$\Sigma\dot{Q}_{NL}$: Gesamtnennwärmeleistung in kW

$\Sigma\dot{Q}_{Lanr}$: Summe der anrechenbaren Wärmeleistung in kW

Für $\Sigma\dot{Q}_{Lanr}$ sind nur Räume mit Tür ins Freie oder Fenster, das geöffnet werden kann, anrechenbar.

Für $\Sigma\dot{Q}_{NL}$ sind sämtliche raumluftabhängigen Feuerstätten für feste, flüssige und gasförmige Brennstoffe zu berücksichtigen.

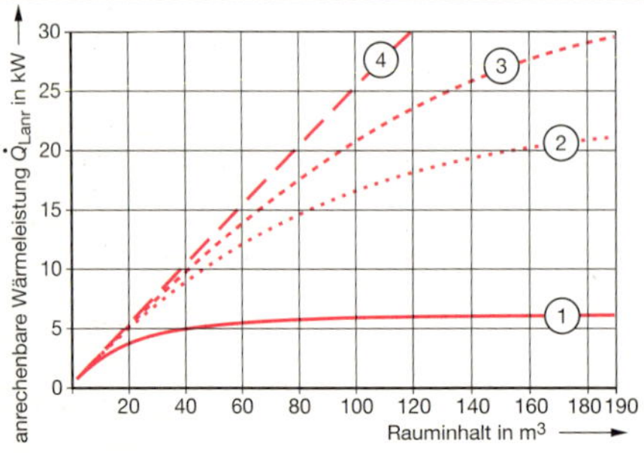

anrechenbare Wärmeleistung $\dot{Q}_{Lanr}$ in kW (0–30); Rauminhalt in m³ (0–190); Kurven 1–4

Diagr. 378.1: Ermittlung der anrechenbaren Wärmeleistung

Kurve 1: Innentür mit dreiseitig umlaufender Dichtung und ungekürztem Türblatt

Kurve 2: Innentür mit dreiseitig umlaufender Dichtung und 1,0 cm gekürztem Türblatt oder Innentür ohne umlaufende Dichtung mit ungekürztem Türblatt

Kurve 3: Innentür mit dreiseitig umlaufender Dichtung und 1,5 cm gekürztem Türblatt oder Innentür ohne umlaufende Dichtung mit 1,0 cm gekürztem Türblatt

Kurve 4: Aufstellraum mit Außenfenster oder -tür sowie Innentür mit Verbrennungsluftöffnung von mind. 150 cm² freiem Querschnitt.

Abgasabführung und Abgasmündung

TRGI 2008 und TRF 1996

flue gas conduit and flue gas outlets

Abstände von Abgasanlagen zu Bauteilen aus brennbaren Baustoffen

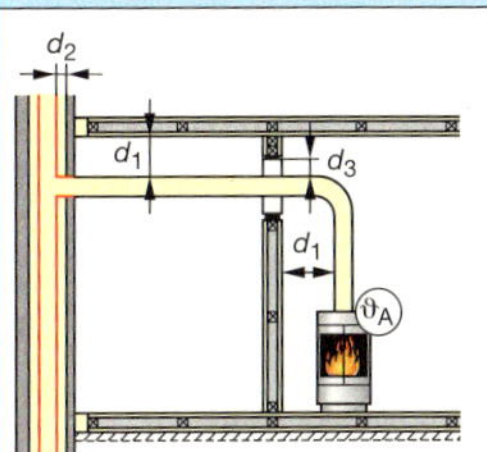

Die Abstände sind zur Belüftung offen zu halten oder mit formbeständigen, nicht brennbaren Baustoffen mit geringer Wärmeleitfähigkeit auszufüllen.

Abgastemperatur in °C	Mindestabstand d_1 vom Verbindungsstück	Mindestabstand d_2 von der Abgasleitung
$\vartheta_A > 300$		40 cm oder 20 cm mit mind. 2 cm dicker Dämmung
$300 > \vartheta_A > 160$		20 cm oder 5 cm mit mind. 2 cm dicker Dämmung
$400 \geq \vartheta_A > 160$	40 cm bei gemischt belegtem Schornstein oder 10 cm mit mind. 2 cm dicker Dämmung	5 cm reichen, wenn Wärmedurchlasswiderstand $R \geq 0{,}12\ m^2\ K/W$ und Feuerwiderst. mind. F90
$160 \geq \vartheta_A > 85$	5 cm	5 cm

[1] $d_3 \geq 20$ cm oder Schutzrohr, bei $\vartheta_A < 160$ °C genügen 5 cm, ist $\vartheta_A < 85$ °C → $d_3 = 0$ cm

Abgasmündungen über Dach

raumluftunabhängige Gasfeuerstätten mit Gebläse, wenn $\dot{Q}_{NL} \leq 50$ kW

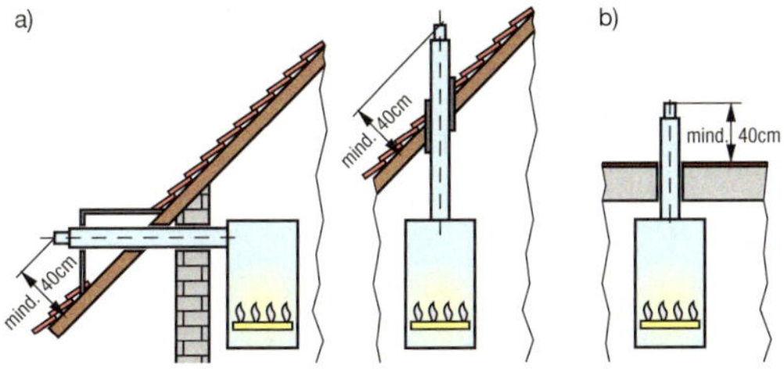

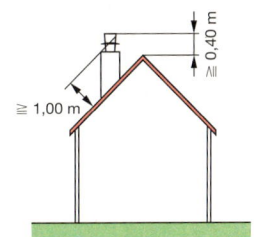

Bei seitlich oder darüber angeordneten Fenstern gelten die Mindestabstände nach Tab. 380.1 für glatte Fassaden. (Originalteile: → Tab. 377.2)

Gasfeuerstätten mit $\dot{Q}_{NL} > 50$ kW

≧ 1,00 m

≧ 0,40 m

Mündungen müssen **Dachaufbauten und Öffnungen zu Räumen** um mindestens 1 m überragen oder 1,5 m von ihnen entfernt sein.

Tab. 379.1: Allgemeine Festlegungen für Abgasmündungen an der Fassade

unzulässige Mündungen	Mindestabstände	Gasgeräte Art C_{11}	Gasgeräte Art C_{12} und C_{13}
in • Schutzzonen für brennbare und explosive Stoffe, • Durchgängen und Durchfahrten, • Luft- und Lichtschächte, • engen Traufgassen, • Loggien und Laubengängen, • Ecklagen von Innenhöfen (Ausnahme: Gasgeräte Art C_{12} und Art C_{13}) • Innenhöfen, wenn deren Länge oder Breite kleiner als Höhe des höchsten angrenzenden Hauses, **auf** • Balkonen **unter** • auskragenden Bauteilen	• **Mündungen an Gebäudevorsprüngen aus brennbaren Baustoffen:** – seitlich und nach unten ≥ 0,5 m, – nach oben ≥ 1,5 m, – nach gegenüber ≥ 1 m, • **Mündungen nahe der Geländeoberfläche** – Rohrunterkante nach unten ≥ 0,3 m • **Mündungen an begehbaren Flächen** – bis 2 m Höhe mit nichtbrennbaren Baustoffen gegen Beschädigung sichern, – für Gasgeräte mit Gebläse, Abstand Rohrunterkante nach unten ≥ 2 m	• **Mindestabstände der Mündungen** – untereinander, seitlich und nach oben ≥ 2,5 m, – zu Lüftungsöffnungen, Fenstern, die geöffnet werden können, und Türen seitlich ≥ 2,5 m, nach oben ≥ 5 m, (Ausnahme: bei Außenwand-Raumheizer mit Emissionen $NO_{x\,(0\,\%)}$ ≤ 150 mg/kWh und $CO_{(0\,\%)}$ ≤ 100 mg/kWh genügt ein Abstand nach oben von 0,3 m) • **Fassadenfläche pro Mündung ≥ 16 m²** • **Mengenbegrenzung** – max. 4 Abgasmündungen übereinander	• **Mindestabstände zu Lüftungsöffnungen** – seitlich ≥ 2,5 m, – nach oben ≥ 5 m, • **Mindestabstände zu Balkonen** – seitlich ≥ 1,5 m, – nach unten ≥ 2,5 m, – nach oben ≥ 5 m, • **Mindestabstände zu Fenstern und Fassadentüren** (→ Tab. 380.1) Zwei Abgasmündungen, deren Abstand untereinander waagerecht und senkrecht weniger als 5 m beträgt, werden als Zweier-Gruppe betrachtet. (→ Tab. 380.1) Weitere Mündungen müssen zu jeder Mündung der Zweier-Gruppe mindestens 5 m waagerecht und senkrecht entfernt sein.

Erforderliche Mindestabstände bei Abgasmündungen von Gasgeräten (Art C_{12} und C_{13})

minimum distances of flued outlets of gas appliances

Tab. 380.1: Mindestabstände zu Fenstern und Fassadentüren nach TRGI 2008

	glatte Fassade	**Fassade mit Vorsprung**	**Fassade in Ecklage** Querfassade ohne Fenster	**Fassade in Ecklage** Querfassade mit Fenster
einzelne Abgasmündung	d > 0,25 m d ≤ 0,25 m	Ist z kleiner oder gleich 0,10 m oder y größer als 5 m, so gilt die glatte Fassade	Ist w kleiner als 0,5 m oder e größer als 5 m, so gilt die glatte Fassade	Ist w kleiner als 0,5 m oder f größer als 5 m, so gilt die glatte Fassade
	a ≥ 0,5 m, b ≥ 1,0 m, c ≥ 5,0 m,	a ≥ 0,75 m, (Maße b, c und d wie bei glatter Fassade)	**wenn: 0,5 m < w ≤ 1 m** a ≥ 0,5 m, e ≥ 0,5 m **wenn: w > 1 m** a ≥ 0,75 m, e ≥ 1,0 m (Maße b, c und d wie bei glatter Fassade)	**wenn: 0,5 m < w ≤ 1 m** a ≥ 0,5 m, f ≥ 2,5 m **wenn: w > 1 m** a ≥ 0,75 m, f ≥ 2,5 m (Maße b, c und d wie bei glatter Fassade)
zwei Abgasmündungen mit senkrechtem und waagerechtem Abstand < 5 m (Zweier-Gruppe)				In diesem Bereich dürfen keine Fenster oder Türen angeordnet sein
	$a_u \geq 0{,}5$ m, $a_o \geq 0{,}02\,\mathbf{x}^2 - 0{,}289\,\mathbf{x} + 1{,}447$ **x: senkrechter Abstand der Abgasmündungen untereinander in m** (Maße b und c wie bei einzelner Abgasmündung)	$a_o \geq 2{,}2$ m, da senkrechter Abstand x = 0 $a_o \geq 0{,}03\,\mathbf{x}^2 - 0{,}4335\,\mathbf{x} + 2{,}1805$ (Maß c wie bei glatter Fassade und einzelner Abgasmündung)	**wenn: 0,5 m < w ≤ 1 m** $a_u \geq 0{,}5$ m, $a_o \geq 0{,}03\,\mathbf{x}^2 - 0{,}4335\,\mathbf{x} + 2{,}1805$ $e_o \geq 0{,}04\,\mathbf{x}^2 - 0{,}578\,\mathbf{x} + 2{,}894$ **wenn: w > 1 m** $a_u \geq 0{,}75$ m, $a_o \geq 0{,}03\,\mathbf{x}^2 - 0{,}4335\,\mathbf{x} + 2{,}1805$ $e_o \geq 0{,}04\,\mathbf{x}^2 - 0{,}578\,\mathbf{x} + 2{,}894$ (Maße b, c und d wie bei glatter Fassade und einzelner Abgasmündung)	**wenn: 0,5 m < w ≤ 1 m** $a_u \geq 0{,}5$ m, $a_o \geq 0{,}03\,\mathbf{x}^2 - 0{,}4335\,\mathbf{x} + 2{,}1805$ f ≥ 2,5 m **wenn: w > 1 m** $a_u \geq 0{,}75$ m, $a_o \geq 0{,}03\,\mathbf{x}^2 - 0{,}4335\,\mathbf{x} + 2{,}1805$ f ≥ 2,5 m (Maße b, c und d wie bei glatter Fassade und einzelner Abgasmündung)

Heizungstechnik *heating installations*

Allgemeine Hinweise für Planung, Ausführung und Betrieb einer Heizungsanlage
general instructions for planning, installing and maintening of heating installations

Erster Kontakt zwischen Kunde und Betrieb (Vorgespräch/Beratung)

- Vorgaben und Erwartungen des Kunden klären.
- Bei bestehenden Gebäuden Energieanalyse durchführen (Energieeinsparpotenzial ermitteln).
- Überschlägige Analyse der notwendigen Arbeiten vornehmen und Vorauswahl geeigneter Systeme treffen.
- Kostenrahmen und Umweltbewusstsein einschätzen (auf Förderprogramme hinweisen).
- Bei schlecht isolierten Gebäuden auch Einsparmöglichkeit durch verbesserten Wärmeschutz ansprechen.

Angebotserstellung

- Mehrere Vorschläge ausarbeiten. Kostengünstige Lösung mit konventioneller Technik sowie moderne und alternative Lösungen anbieten. Ggf. Nachrüstmöglichkeit vorsehen. Nutzen höherer Investitionskosten begründen (weniger Energieeinsatz, niedrigere Betriebskosten, Schonung der Umwelt, Sicherung des Komforts und der Gesundheit).

Auftragsplanung

- Baupläne, Baubeschreibung und ggf. errechneten Heizwärmebedarf nach Energieeinsparverordnung anfordern.
- Wärmedurchgangszahlen ermitteln. (→ S. 382, Daten aus Baubeschreibung und → Tab. 383.1)
- Norm-Heizlast der Räume und gesamte Norm-Heizlast berechnen. (→ S. 384 ff.)
- Raumheizeinrichtungen auswählen und bemessen (schnelle Bedarfsanpassung, gute Temperaturverteilung und hygienische Anforderungen z. B. bei Allergikern beachten). (→ S. 397 ff.)
- Ggf. Warmwasser-Speicher auslegen (angemessenen Komfort berücksichtigen, Wasser- und Wärmeverluste gering halten und hygienische Anforderungen beachten). (→ S. 246 ff., S. 449)
- Wärmeerzeuger auslegen.
  (Nutzung: von Energieträgern mit geringem Anteil umweltschädigender Emissionen,
  " von Energieträgern mit langfristig niedrigen Betriebs- bzw. Energiekosten,
  " der zur Verfügung stehenden Umweltenergien,
  " von Synergie-Effekten z. B. lüftungstechnische Wärmerückgewinnung)
- Leittechnik (Steuerung und Regelung) auswählen (einfache Bedienbarkeit, Zahl der Abschaltungen des Wärmeerzeugers gering halten, raumweise Temperaturregelung, Energie sparende Leittechnik für Pumpen). (→ S. 421 f.)
- Ggf. Schornsteinabmessungen berechnen. (überschlägig nach Diagr. → S. 440 f.)
- Ggf. Absprache mit Bezirksschornsteinfegermeister oder anderen am Projekt beteiligten Gewerken über Berührungspunkte oder Besonderheiten.
- Rohrführung festlegen (Rohrplan oder Strangschema zeichnen).
- Rohrnetzberechnung durchführen. (→ S. 413 ff.)
- Ggf. Größe des Brennstofflagers bestimmen, Genehmigung bei Baubehörde einholen, Anforderungen an Brennstofflagerung beachten sowie Armaturen und Sicherheitseinrichtungen festlegen. (→ S. 347 ff.)
- Ggf. Pufferspeicher bemessen. (→ S. 442)
- Sicherheitstechnische Einrichtungen bemessen. (→ S. 426 ff.)
- Materialliste und Werkzeugliste erstellen.

Auftragsdurchführung

- Terminabsprache mit Kunden und anderen auf der Baustelle tätigen Gewerken.
- Bestellung aller notwendigen Teile (gemäß Materialliste).
- Installation des Heizungssystems und seiner Komponenten (angemessener Schallschutz).
- Dichtheitsprüfung vornehmen und protokollieren (bevor Leitungen isoliert oder überdeckt sind).
- Wärmedämmung von Verteilleitungen und Armaturen. (→ S. 395)
- Gute Einregulierung der Anlage (hierzu gehört auch der hydraulische Abgleich).
- In Absprache mit Kunden bedarfsgerechte Einstellung der Steuer- und Regeleinrichtungen vornehmen (bedarfsgerechter Anlagenbetrieb).
- Abnahmeprüfung und Übergabe an Kunden mit allen notwendigen Unterlagen.
- Ggf. Nachbesserung.

Abrechnung (Wartungsvertrag anbieten)

Während der Betriebsbereitschaft bzw. Funktion

- Regelmäßige Wartung (mindert Abgasverluste, sichert störungsfreien Betrieb).
- Regelmäßige Kontrolle der Verbrauchswerte (Vergleich des Energieverbrauchs mit Planwerten).
- Beratung für Bewohner zum Nutzerverhalten anbieten.
- Ggf. Kontrolle der Luftdichtheit des Gebäudes (Blower-Door-Test).

Wärmedurchgang *thermal conductivity*

Wärmedurchgangszahl und Temperaturverlauf

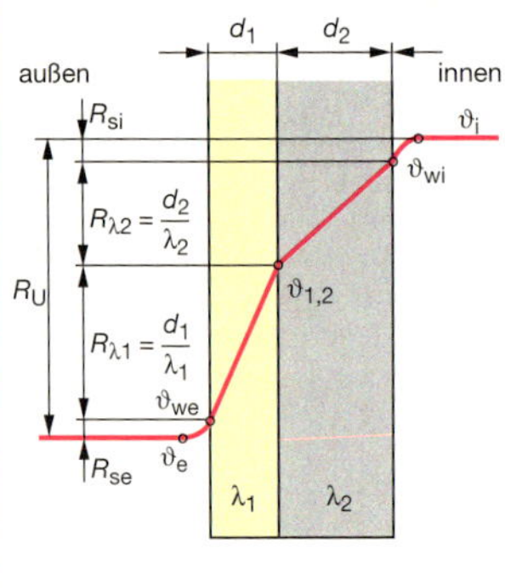

(→ S. 449/450)

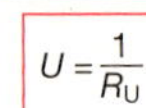

$$U = \frac{1}{R_U}$$ $$U = k$$

$$R_U = R_{se} + R_{\lambda 1} + \ldots + R_{\lambda n} + R_{si}$$

$$R_U = R_{se} + \Sigma R_\lambda + R_{si}$$

$$R_\lambda = \frac{d}{\lambda}$$

Temperaturverlauf:

$$\frac{\vartheta_i - \vartheta_e}{R_U} = \frac{\vartheta_i - \vartheta_{Wi}}{R_{si}} = \ldots = C$$

$$\vartheta_{Wi} = \vartheta_i - C \cdot R_{si}$$

$$\vartheta_{1,2} = \vartheta_{Wi} - C \cdot R_{\lambda 2}$$

$$\vartheta_{we} = \vartheta_{1,2} - C \cdot R_{\lambda 1}$$

U : Wärmedurchgangszahl (U-Wert) in W/(m² · K)
k : Wärmedurchgangszahl (k-Wert) in W/(m² · K)
R_U : Wärmedurchgangswiderstand[1)] in m² · K/W
R_{se}: äußerer Wärmeübergangswiderstand (→ Tab. 382.1) in m² · K/W
R_λ : Wärmeleitwiderstand in m² · K/W
R_{si} : innerer Wärmeübergangswiderstand (→ Tab. 382.1) in m² · K/W
d : Baustoffdicke in m
λ : Wärmeleitfähigkeit des Baustoffes (→ Tab. 383.1) in W/(m · K)
ϑ_i, ϑ_e, … : Temperatur in °C
C : Konstante in W/m²

Misch-*U*-Wert

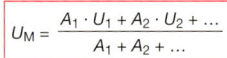

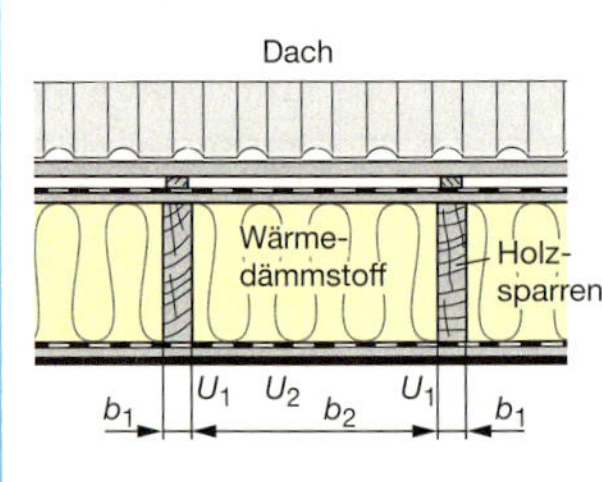

$$U_M = \frac{A_1 \cdot U_1 + A_2 \cdot U_2 + \ldots}{A_1 + A_2 + \ldots}$$

$$A_1 = l_1 \cdot b_1$$ usw.

Für $l_1 = l_2 = \ldots$ gilt:

$$U_M = \frac{b_1 \cdot U_1 + b_2 \cdot U_2 + \ldots}{b_1 + b_2 + \ldots}$$

U_M : Misch-U-Wert in W/(m² · K)
$A_1, A_2, \ldots$: Fläche des Bauteils in m²
$l_1, l_2, \ldots$: Länge des Bauteils in m
$b_1, b_2, \ldots$: Breite des Bauteils in m
$U_1, U_2, \ldots$: U-Wert des Bauteils in W/(m² · K)

Tab. 382.1: Wärmeübergangswiderstände nach DIN EN ISO 6946: 2003-10

Richtung des Wärmestroms	R_{si} in m² · K/W	R_{se} in m² · K/W
Aufwärts ↑	0,10	0,04
Horizontal ⇄	0,13	0,04
Abwärts ↓	0,17	0,04
in hinterlüfteten Hohlräumen bei vorgehängten Fassaden oder in Flachdächern		Hälfte des entsprechenden Wertes nach Tab. 382.2

Tab. 382.2: Wärmeleitwiderstände ruhender Luftschichten R_λ in m² K/W nach DIN EN ISO 6946: 2003-10

Dicke d der Luftschicht in mm	Richtung des Wärmestromes		
	Aufwärts	Horizontal	Abwärts
0	0,00	0,00	0,00
5	0,11	0,11	0,11
7	0,13	0,13	0,13
10	0,15	0,15	0,15
15	0,16	0,17	0,17
25	0,16	0,18	0,19
50	0,16	0,18	0,21
100	0,16	0,18	0,22
300	0,16	0,18	0,23

1) auch Wärmedurchlasswiderstand genannt

Wärmedurchgang *thermal conductivity*

Tab. 383.1: Wärmeleitfähigkeit λ von Baustoffen DIN V 4108-4: 2002-02, DIN EN 12 524: 2000-06

Baustoff	Dichte ϱ in kg/m³	λ in W/(m · K)
Putze, Mörtel und Estriche		
Putzmörtel aus Kalk, Kalkzement und hydr. Kalk	1800	1,0
Leichtmauermörtel Zement-Estrich/-Putz	≤ 700 2000	0,21 1,4
Beton-Bauteile		
Leicht- und Stahlleichtbeton	800 1200	0,39 0,62
Leichtbeton mit porigem Gefüge unter Verwendung von Naturbims	500 800 1200	0,16 0,24 0,41
Bauplatten		
Porenbeton-Bauplatten (Ppl)	600	0,24
Gipskartonplatten	900	0,25
Mauerwerk einschließlich Mörtelfugen		
Vollklinker, Hochlochklinker Vollziegel, Hochlochziegel	1800 1600	0,81 0,68
Hochlochziegel HLzW NM	600 700 800	0,23 0,24 0,26
Kalksandstein	1200	0,56
Porenbeton-Planstein (PP)	300 400 500	0,10 0,13 0,16
Vollblöcke (Vbl, S_W) NM	500 600 700	0,20 0,22 0,27
Vollsteine (V)	500	0,32
Dachbahnen, Dachabdichtungsbahnen		
Bitumendachbahnen	1200	0,17

Baustoff		Dichte ϱ in kg/m³	λ in W/(m · K)
Wärmedämmstoffe			
Polyurethan-Schaum (Treibmittel CO_2)	[1] WLG 035 WLG 040	> 45	0,035 0,040
Mineralische und pflanzliche Faserdämmstoffe	WLG 035 WLG 040 WLG 045 WLG 050	8 bis 500	0,035 0,040 0,045 0,050
Schaumglas	WLG 045 ... WLG 060	100 bis 150	0,045 0,060
Holzfaserdämmplatten	WLG 035 ... WLG 070	110 bis 450	0,035 ... 0,070
Sonstige gebräuchliche Stoffe			
lose Schüttung (Blähperlit) Sand, Kies, Splitt (trocken)		≤ 100 1800	0,06 0,70
Granit Marmor Schiefer		2600 2800 2400	2,80 3,50 2,20
Quarzglas		2500	1,00
Lehmbaustoffe		2000 bis 500	1,1 bis 0,14
Stahl (unlegiert) Kupfer Aluminiumlegierungen		7800 8900 2800	50 380 160
Gummi		1200	0,17
Holzwerkstoffe nach DIN EN 12 524			
Konstruktionsholz (Mittelwert)		600	0,15

[1] Wärmeleitfähigkeitsgruppe

Tab. 383.2: Wärmedurchgangszahl U_w für Fenster und Fenstertüren mit einem Flächenanteil des Rahmens von 30 % an der Gesamtfläche DIN V 4108-4: 2002-02

Art der Verglasung	U_g-Wert[1] in W/(m² · K)	U_f-Wert[2] in W/(m² · K)								
		1,0	1,4	1,8	2,2	2,6	3,0	3,4	3,8	7,0
Einscheibenverglasung	5,7	4,3	4,4	4,5	4,6	4,8	4,9	5,0	5,1	6,1
Zweischeiben-Isolierverglasung	3,3	2,7	2,8	2,9	3,1	3,2	3,4	3,5	3,6	4,4
	2,9	2,4	2,5	2,7	2,8	3,0	3,1	3,2	3,3	4,1
	2,5	2,2	2,3	2,4	2,6	2,7	2,8	3,0	3,1	3,9
	2,1	1,9	2,0	2,2	2,3	2,4	2,6	2,7	2,8	3,6
	1,9	1,8	1,9	2,0	2,1	2,3	2,4	2,5	2,7	3,5
	1,5	1,5	1,6	1,7	1,9	2,0	2,1	2,3	2,4	3,2
	1,1	1,2	1,3	1,5	1,6	1,7	1,9	2,0	2,1	2,9
Dreischeiben-Isolierverglasung	2,3	2,0	2,1	2,2	2,4	2,5	2,7	2,8	2,9	3,7
	2,1	1,9	2,0	2,1	2,2	2,4	2,5	2,6	2,8	3,6
	1,7	1,6	1,7	1,8	1,9	2,1	2,2	2,4	2,5	3,3
	1,3	1,4	1,5	1,6	1,7	1,9	2,0	2,1	2,2	3,1
	0,9	1,1	1,2	1,3	1,4	1,6	1,7	1,8	2,0	2,8
	0,5	0,8	0,9	1,0	1,2	1,3	1,4	1,6	1,7	2,5

[1] Wärmedurchgangszahl der Verglasung, [2] Wärmedurchgangszahl des Rahmens

Berechnung der Norm-Heizlast *calculation of the design heat load* DIN EN 12 831: 2003-03 Bbl. 1: 2008-07

Rechengang:

1. Vorbereitende Schritte:

a) Ermittlung der meteorologischen Daten wie die **Außentemperatur** (→ Tab. 388.1) und das **Jahresmittel der Außentemperatur** (→ Tab. 388.2) sowie Berechnung der Norm-Außentemperatur (→ S. 384)

b) Festlegung des **Status jeden Raumes** (beheizt/unbeheizt) und Ermittlung der **Norm-Innentemperatur** jedes beheizten Raumes (→ Tab. 389.1)

c) Ermittlung der wärmetechnischen Eigenschaften der Bauteile (**U-Werte** berechnen → S. 382 f.) und ggf. **Wärmebrücken** berücksichtigen (→ Tab. 389.2)

2. Berechnung der Norm-Heizlast und der Auslegungsheizlast der beheizten Räume:

d) Berechnung der **Transmissionswärmeverlust-Koeffizienten** (→ S. 385) und Multiplizieren mit der Norm-Temperaturdifferenz, um die **Norm-Transmissionswärmeverluste** (→ S. 384) zu erhalten

e) Berechnung des **Lüftungswärmeverlust-Koeffizienten** (→ S. 386) und Multiplizieren mit der Norm-Temperaturdifferenz, um die **Norm-Lüftungswärmeverluste** (→ S. 386) zu erhalten

f) Berechnung der **zusätzlichen Aufheizleistung** (→ S. 387)

g) Berechnung der **Norm-Heizlast** und der **Auslegungsheizlast** eines beheizten Raumes (→ S. 387)

h) Ggf. zurück zu d), um die Werte eines weiteren beheizten Raumes des Gebäudes zu ermitteln

3. Berechnung der Norm-Heizlast und der Auslegungsheizlast des Gebäudes:

i) Summieren der Norm-Transmissionswärmeverluste sowie der Norm-Lüftungswärmeverluste aller beheizten Räume ohne den Wärmefluss zwischen beheizten Räumen ergibt die **Norm-Heizlast** des Gebäudes (→ S. 387)

j) Summieren der zusätzlichen Aufheizleistung aller beheizten Räume

k) Addieren der Summen aus i) und j) ergibt die **Auslegungsheizlast** des Gebäudes (→ S. 387)

Norm-Wärmeverluste

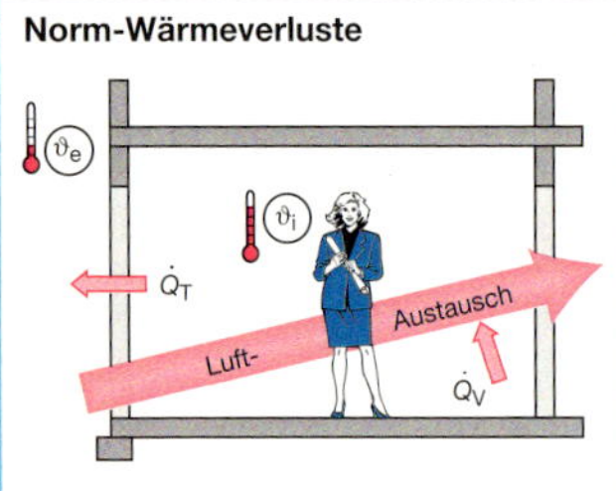

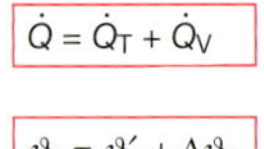

$$\dot{Q} = \dot{Q}_T + \dot{Q}_V$$

$$\vartheta_e = \vartheta_e' + \Delta\vartheta_e$$

Mit $\Delta\vartheta_e$ in Abhängigkeit von der thermischen Zeitkonstante τ des Gebäudes, die z. B. aus der Berechnung des Jahresheizwärmebedarfs im Rahmen des EnEV-Nachweises entnommen werden kann. (→ Tab. 384.2)

$\dot{Q}$: Norm-Wärmeverlust für einen beheizten Raum in W
$\dot{Q}_T$: Norm-Transmissionswärmeverlust in W
$\dot{Q}_V$: Norm-Lüftungswärmeverlust in W
ϑ_e : Norm-Außentemperatur in °C
ϑ_e' : Außentemperatur (→ Tab. 388.1) in °C
ϑ_i : Norm-Innentemperatur (→ Tab. 389.1) in °C
$\Delta\vartheta_e$: Außentemperaturkorrektur in K

Norm-Transmissionswärmeverluste

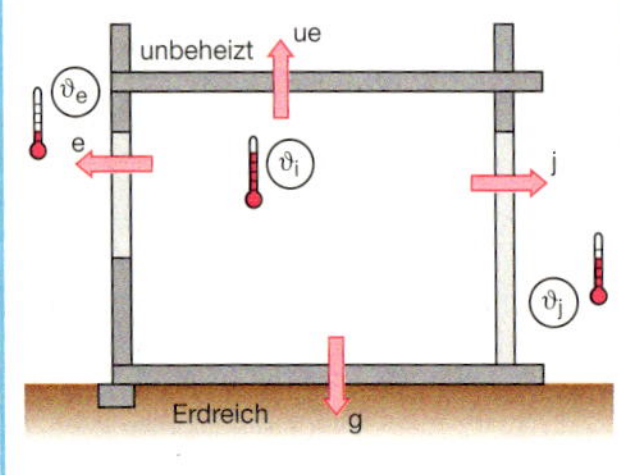

$$\dot{Q}_T = (H_{T,e} + H_{T,ue} + H_{T,j} + H_{T,g}) \cdot (\vartheta_i - \vartheta_e)$$

Tab. 384.2: Außentemperaturkorrektur in Abhängigkeit von τ

τ in h	$\Delta\vartheta_e$ in K
< 100	0
100 bis 140	+1
141 bis 210	+2
211 bis 280	+3
> 280	+4

$\dot{Q}_T$: Norm-Transmissionswärmeverlust in W
$H_{T,e}$: Transmissions-Wärmeverlust-Koeffizient zwischen beheizten Räumen und äußerer Umgebung (e) in W/K
$H_{T,ue}$: Transmissions-Wärmeverlust-Koeffizient zwischen beheizten Räumen und äußerer Umgebung (e) durch unbeheiztem Raum (u) in W/K
$H_{T,j}$: Transmissions-Wärmeverlust-Koeffizient zwischen beheiztem Raum und benachbartem beheizten Raum (j) in W/K
$H_{T,g}$: Transmissions-Wärmeverlust-Koeffizient zwischen beheiztem Raum und Erdreich (g) in W/K
ϑ_e : Norm-Außentemperatur in °C
ϑ_i : Norm-Innentemperatur in °C
ϑ_j : Norm-Innentemperatur des benachbarten beheizten Raumes (→ Tab. 384.1) in °C

Tab. 384.1: Temperaturen von beheizten Nachbarräumen ϑ_j

Wärmefluss vom beheizten Raum an	Nachbarraum in der gleichen Gebäudeeinheit	Nachbarraum einer anderen Gebäudeeinheit (z. B. Apartment)	Nachbarraum eines separaten Gebäudes (beheizt oder unbeheizt)
ϑ_j in °C	wird festgelegt	$\frac{\vartheta_i + \vartheta_{m,e}}{2}$	$\vartheta_{m,e}$ [1]

[1] Jahresmittel der Außentemperatur → Tab. 388.2

Berechnung der Norm-Heizlast *calculation of the design heat load* DIN EN 12 831: 2003-03

Direkte Wärmeverluste an die äußere Umgebung

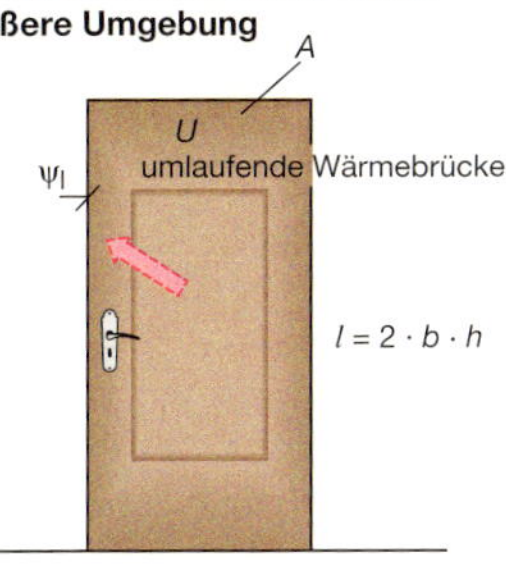

z. B. Außentür

$$H_{T,e} = H_{T,e1} + H_{T,e2} + \ldots$$

mit

$$H_{T,ek} = A \cdot U \cdot e_k + \Psi_l \cdot l \cdot e_l$$

vereinfacht:

$$H_{T,ek} = A \cdot (U + \Delta U_{WB})$$

$\Delta U_{WB} = 0{,}05$ oder $0{,}1$ W/(m^2 · K) je nach bauseitiger Berücksichtigung der Wärmebrücken

z. B. Neubau: 0,05 W/(m^2 · K)
Altbau: 0,1 W/(m^2 · K)

$H_{T,e}$	: Transmissionswärmeverlust-Koeffizient zwischen beheiztem Raum und äußerer Umgebung (e)	in W/K
A	: Fläche des Bauteiles	in m^2
U	: Wärmedurchgangszahl	in W/(m^2 · K)
e_k, e_l	: witterungsbedingte Korrekturfaktoren (Anhaltswerte für e_k und e_l sind 1,0)	–
Ψ_l	: längenbezogener Wärmedurchgangs-Koeffizient der Wärmebrücke (→ Tab. 389.2)	in W/(m · K)
l	: Länge der Wärmebrücke	in m

Wärmeverluste durch unbeheizte Nachbarräume

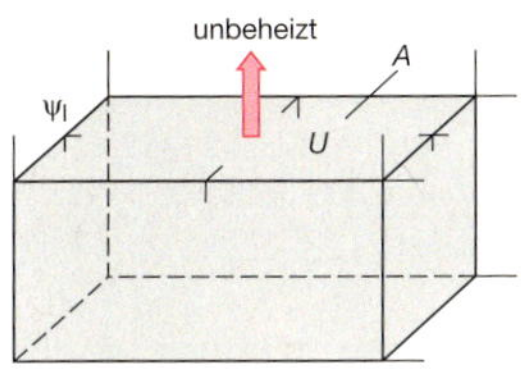

Bei der Decke kann es sich, je nach Aufbau von Wand und Decke, um unterschiedliche Arten von Wärmebrücken handeln, die dann abschnittsweise zu berechnen sind.

$$H_{T,ue} = H_{T,ue1} + H_{T,ue2} + \ldots$$

mit

$$H_{T,uek} = A \cdot U \cdot b_u + \Psi_l \cdot l \cdot b_u$$

wobei k jeweils ein Bauteil ggf. mit thermischer Wärmebrücke ist

$$b_u = \frac{\vartheta_i - \vartheta_u}{\vartheta_i - \vartheta_e}$$

Wenn Temperaturen unbekannt → Tab. 390.1

vereinfacht:

$$H_{T,uek} = A \cdot (U + \Delta U_{WB}) \cdot b_u$$

$H_{T,ue}$	: Transmissionswärmeverlust-Koeffizient zwischen beheiztem Raum (i) und äußerer Umgebung (e) durch unbeheiztem Raum (u)	in W/K
A	: Fläche des Bauteiles	in m^2
U	: Wärmedurchgangszahl	in W/(m^2 · K)
b_u	: Temperatur-Reduktionsfaktor	–
Ψ_l	: längenbezogener Wärmedurchgangs-Koeffizient der Wärmebrücke (→ Tab. 389.2)	in W/(m · K)
l	: Länge der Wärmebrücke	in m
ϑ_i	: Norm-Innentemperatur	in °C
ϑ_u	: Temperatur des unbeheizten Raumes	in °C
ϑ_e	: Norm-Außentemperatur	in °C

Wärmefluss zwischen beheizten Räumen unterschiedlicher Temperatur

$$H_{T,j} = H_{T,j1} + H_{T,j2} + \ldots$$

mit

$$H_{T,jk} = A \cdot U \cdot f_j$$

wobei k jeweils ein Bauteil ist

$$f_j = \frac{\vartheta_i - \vartheta_j}{\vartheta_i - \vartheta_e}$$

$H_{T,j}$	: Transmissionswärmeverlust-Koeffizient zwischen Räumen unterschiedlicher Temperatur	in W/K
A	: Fläche des Bauteiles	in m^2
U	: Wärmedurchgangszahl	in W/(m^2 · K)
f_j	: Temperatur-Reduktionsfaktor	–
ϑ_i	: Norm-Innentemperatur	in °C
ϑ_j	: Temperatur des beheizten Nachbarraumes (→ Tab. 384.1)	in °C
ϑ_e	: Norm-Außentemperatur	in °C

Wärmeverlust an das Erdreich (vereinfacht)

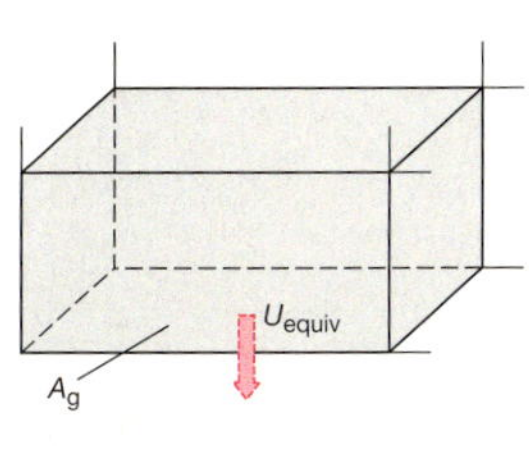

$$H_{T,g} = f_{g1} \cdot f_{g2} \, (A_g \cdot U_{equiv}) \cdot G_w$$

$$f_{g2} = \frac{\vartheta_i - \vartheta_{m,e}}{\vartheta_i - \vartheta_e}$$

Die gleiche Formel gilt auch für erdreichberührte Wandelemente.

$H_{T,g}$	: Transmissionswärmeverlust-Koeffizient des Erdreichs	in W/K
f_{g1}	: Korrekturfaktor für die jährliche Schwankung der Außentemperatur (→ Tab. 390.2)	–
f_{g2}	: Temperatur-Reduktionsfaktor	–
A_g	: Fläche der Bodenplatte	in m^2
U_{equiv}	: äquivalente Wärmedurchgangszahl (→ Tab. 391.1)	in W/(m^2 · K)
G_w	: Korrekturfaktor für die Tiefe bis zum Grundwasser (→ Tab. 390.2)	–
ϑ_i	: Norm-Innentemperatur	in °C
$\vartheta_{m,e}$	: Jahresmittel der Außentemperatur (→ Tab. 388.2)	in °C

Berechnung der Norm-Heizlast *calculation of the design heat load* DIN EN 12 831: 2003-03 Bbl. 1: 2008-07

Norm-Lüftungswärmeverlust

$\dot{V}_{AU}$, $\dot{V}_{FO}$, ϑ_e, ϑ_i, $\dot{V}_{inf}$, $\dot{V}_{min}$, $\dot{V}_{mech}$, ϑ_u, $\dot{V}_{zu,i}$

Hinweis:
Bei fehlenden Angaben zu lufttechnischen Anlagen kann der Lüftungswärmeverlust wie für eine Installation ohne Lüftungsanlage berechnet werden.

$$\dot{Q}_v = H_v \cdot (\vartheta_i - \vartheta_e)$$

$$H_v = \dot{V}_i \cdot C_p$$

mit

$$\dot{V}_i = \max(0{,}5 \cdot \dot{V}_{min}, 0{,}5 \cdot \dot{V}_{inf})$$

wenn ohne Lüftungsanlage

bzw.

$$\dot{V}_i = 0{,}5 \cdot \dot{V}_{inf} + \dot{V}_{zu,j} \cdot f_{v,j} + \dot{V}_{mech}$$

wenn mit Lüftungsanlage, wobei

$$f_{v,i} = \frac{\vartheta_i - \vartheta_u}{\vartheta_i - \vartheta_e}$$

$\dot{Q}_v$: Norm-Lüftungswärmeverlust in W
H_v : Norm-Lüftungswärmeverlust-Koeffizient in W/K
ϑ_i : Norm-Innentemperatur in °C (→ Tab. 389.1)
ϑ_e : Norm-Außentemperatur in °C (→ Tab. 388.1)
$\dot{V}_i$: Lüftungsvolumenstrom in m^3/h
C_p : spezifische Wärmekapazität der Luft in $Wh/(m^3 \cdot K)$; $C_p = 0{,}34\ Wh/(m^3 \cdot K)$
$\dot{V}_{min}$: Hygienischer Mindest-Luftvolumenstrom in m^3/h
$\dot{V}_{inf}$: Infiltrierter Luftvolumenstrom aufgrund von Wind und Auftriebsdruck am Gebäude in m^3/h
$\dot{V}_{zu,j}$: Zuluftvolumenstrom des Raumes in m^3/h
$\dot{V}_{mech}$: Überschuss des Abluftvolumenstromes des Raumes in m^3/h

Ohne Lüftungsanlage

Hygienischer Mindest-Luftvolumenstrom

$$\dot{V}_{min} = n_{min} \cdot V_R$$

$\dot{V}_{min}$: Hygienischer Mindest-Luftvolumenstrom in m^3/h
n_{min} : Mindestluftwechselzahl je Stunde in 1/h (→ Tab. 386.1)
V_R : Raumvolumen in m^3

Tab. 386.1: Mindestluftwechselzahl n_{min}

Raumart	n_{min} in 1/h
bewohnbarer Raum	0,5
Küche ≤ 20 m^3	1,0
Küche ≥ 20 m^3	0,5
WC oder Bad mit Fenster[1]	0,5
Nebenräume	0,0

[1] Innenliegende Daueraufenthaltsräume, Bäder und Toilettenräume sind mit Lüftungsanlagen zu rechnen.

Infiltrierter Luftvolumenstrom

$$\dot{V}_{inf} = 2 \cdot V_R \cdot n_{50} \cdot e \cdot \varepsilon$$

$\dot{V}_{inf}$: Infiltrierter Luftvolumenstrom in m^3/h
V_R : Raumvolumen in m^3
n_{50} : Luftwechselzahl je Stunde bei einer Druckdifferenz von 50 Pa zwischen dem Inneren und Äußeren des Gebäudes in 1/h (→ Tab. 386.2)
e : Koeffizient für Abschirmung – (→ Tab. 387.1)
ε : Höhenkorrekturfaktor – (→ Tab. 391.2)

Tab. 386.2: Luftwechselzahl n_{50} bei 50 Pa Druckunterschied (Luftwechselrate)

Kategorie	n_{50} in 1/h
Nach EnEV errichtete Gebäude mit raumlufttechnischen Anlagen (auch Wohnungslüftungsanlagen)	1,5
Nach EnEV errichtete Gebäude ohne raumlufttechnische Anlagen	3
Nicht nach EnEV errichtete Gebäude mit mittlerer Dichtheit	4
Fälle, die nicht den v. g. Kategorien entsprechen z. B. Wohngebäude im Bestand (wenig dicht)	6
Vorhandensein offensichtlicher Undichtheiten, wie z. B. offene Fugen in der Luftdichtheitsschicht oder der wärmeübertragenden Umfassungsfläche (sehr undicht)	10

Mit Lüftungsanlage

① Zuluftvolumenstrom des Raumes

$\dot{V}_{zu,i}$ und ϑ_u werden vom Anlagenplaner bei der Auslegung bestimmt

$\dot{V}_{zu,i}$: Zuluftvolumenstrom des Raumes in m^3/h
ϑ_u : Zulufttemperatur aus zentrale RLT-Anlage oder aus nachströmender Umgebungsluft in °C. Bei WRG-Anlage kann ϑ_u über deren Rückwärmezahl (→ S. 486) berechnet werden.

② Überschuss des Abluftvolumenstromes des Raumes

$$\dot{V}_{mech} = \dot{V}_{mech,Geb} \frac{V_R}{V_{Geb}}$$

mit: $\dot{V}_{mech,Geb} = \dot{V}_{FO} - \dot{V}_{AU} \geq 0$

$\dot{V}_{mech,Geb}$: Überschuss des Fortluftvolumenstromes aus der RLT-Anlage in m^3/h (wird durch Außenluft ersetzt)
V_R : Raumvolumen in m^3
V_{Geb} : Gebäudevolumen in m^3
$\dot{V}_{FO}$: Fortluftvolumenstrom in m^3/h
$\dot{V}_{AU}$: Außenluftvolumenstrom in m^3/h

Berechnung der Norm-Heizlast *calculation of the design heat load*

DIN EN 12 831: 2003-03
Bbl. 1: 2008-07

Zusätzliche Aufheizleistung
(zum Ausgleich für unterbrochene Beheizung) (vereinfacht)

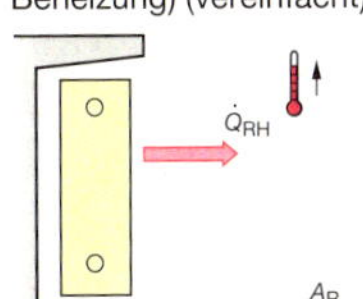

$$\dot{Q}_{RH} = A_R \cdot f_{RH}$$

Nicht zwingend vorgeschrieben, sollte aber mit Bauherrn vereinbart werden.

- $\dot{Q}_{RH}$: zusätzliche Aufheizleistung in W
- A_R : Raumfläche in m^2
- f_{RH} : Korrekturfaktor in W/m^2 (→ Tab. 387.2)

Norm-Heizlast eines beheizten Raumes
(Auslegungs-Heizlast der Raumheizeinrichtungen)

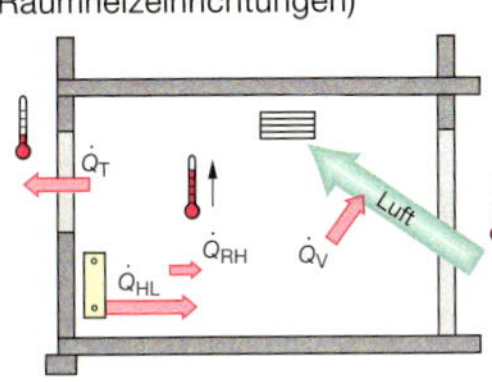

$$\dot{Q}_{HL} = \dot{Q}_T + 0{,}5 \cdot \dot{Q}_V$$

$$\dot{Q}_{HL,\,Ausl.} = \dot{Q}_{HL} + \dot{Q}_{RH}$$

- $\dot{Q}_{HL}$: Norm-Heizlast eines beheizten Raumes in W
- $\dot{Q}_T$: Norm-Transmissionswärmeverlust in W
- $\dot{Q}_V$: Norm-Lüftungswärmeverlust in W
- $\dot{Q}_{RH}$: zusätzliche Aufheizleistung in W
- $\dot{Q}_{HL,\,Ausl.}$: Auslegungsheizlast eines beheizten Raumes in W

Norm-Heizlast des Gebäudes
(Auslegungs-Heizlast der Wärmeversorgungsanlage)

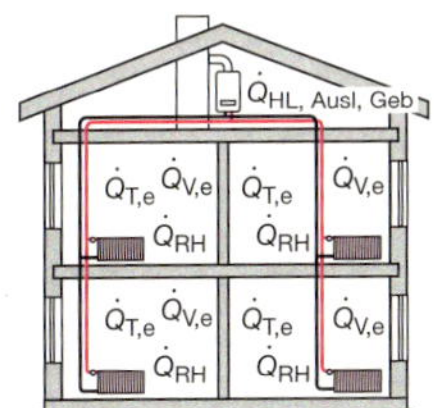

$$\dot{Q}_{HL,Geb} = \Sigma\dot{Q}_{T,e} + \Sigma\dot{Q}_{V,e}$$

$$\dot{Q}_{HL,\,Ausl,\,Geb} = \dot{Q}_{HL,Geb} + \Sigma\dot{Q}_{RH}$$

Die Auslegungsheizlast eines Gebäudes entspricht der Nennwärmeleistung $\dot{Q}_{NL}$ der zu installierenden Wärmeversorgungsanlage.

- $\dot{Q}_{HL,Geb}$: Norm-Heizlast eines Gebäudes in W
- $\Sigma\dot{Q}_{T,e}$: Summe der Norm-Transmissionswärmeverluste ohne den Wärmefluss zwischen beheizten Räumen in W
- $\Sigma\dot{Q}_{V,e}$: Summe der Norm-Lüftungswärmeverluste aller beheizten Räume ohne den Wärmefluss zwischen beheizten Räumen in W
- $\Sigma\dot{Q}_{RH}$: Summe der Aufheizleistung aller beheizten Räume in W
- $\dot{Q}_{HL,\,Ausl,\,Geb}$: Auslegungsheizlast eines Gebäudes in W

Tab. 387.1: Abschirmungskoeffizient *e*

Abschirmungsklasse	Hinweis zu den Standorten	*e*: Beheizter Raum ohne Öffnungen nach außen	*e*: Beheizter Raum mit einer Öffnung nach außen	*e*: Beheizter Raum mit mehr als einer Öffnung nach außen
Keine Abschirmung	Gebäude in windreichen Gegenden, Hochhäuser in Stadtzentren	0	0,03	0,05
Moderate Abschirmung	Gebäude im Freien, umgeben von Bäumen bzw. anderen Gebäuden, Vorstädte	0	0,02	0,03
Gute Abschirmung	Gebäude mittlerer Höhe in Stadtzentren, Gebäude in bewaldeten Regionen	0	0,01	0,02

Tab. 387.2: Wiederaufheizfaktor f_{RH} für eine Luftwechselzahl n = 0,1 1/h (nur Fugenlüftung während der Aufheizzeit)

Wiederaufheizzeit in Stunden	f_{RH} in W/m^2 – Angenommener Innentemperaturabfall während der Absenkung: 1 K			2 K			3 K			5 K		
	Gebäudemasse											
	leicht	mittel	schwer	leicht	mittel	schwer	leicht	mittel	schwer	leicht	mittel	schwer
1	8	8	8	18	21	21	26	34	34	–	–	–
2	5	5	5	10	15	15	15	25	25	43	81	88
3	3	3	3	7	12	12	9	19	20	33	70	79
4	2	2	2	5	9	10	7	17	19	28	63	72

Berechnung der Norm-Heizlast *calculation of the design heat load* DIN EN 12 831: Bbl. 1: 2008

Tab. 388.1: Außentemperaturen ϑ'_e und Jahresmittel der Außentemperatur in °C

Stadt	ϑ'_e	$\vartheta_{m,e}$	Stadt	ϑ'_e	$\vartheta_{m,e}$	Stadt	ϑ'_e	$\vartheta_{m,e}$	Stadt	ϑ'_e	$\vartheta_{m,e}$
Aachen	–12	8,1	Göttingen	–16	8,8	Magdeburg	–14	9,5	Salzgitter	–14	8,5
Augsburg	–14	7,9	Greifswald	–12	8,4	Mainz	–12	10,2	Schwäbisch-Hall	–16	7,9
Baden-Baden	–12	10,2	Güstrow	–12	9,5	Mannheim	–12	10,2	Schwerin	–12	9,5
Bamberg	–16	7,9	Hagen	–12	8,1	Meißen	–14	9,5	Selb	–18	6,3
Berlin	–14	9,5	Halle/Saale	–14	9,5	Mühlheim/Ruhr	–10	8,1	Senftenberg	–16	9,5
Bitterfeld	–14	9,5	Hamburg	–12	8,5	München	–16	7,9	Siegen	–12	6,8
Braunschweig	–14	8,5	Hannover	–14	8,5	Münster, Westf.	–12	8,1	Stade	–10	8,5
Bremen	–12	8,5	Heidelberg	–10	10,2	Neubrandenburg	–14	9,5	Stendal	–14	9,5
Chemnitz	–14	7,9	Heilbronn	–12	10,2	Neumünster	–12	8,5	Stralsund	–10	8,4
Cottbus	–16	9,5	Herne	–10	8,1	Neuruppin	–14	9,5	Straubing	–18	3,0
Darmstadt	–12	10,2	Hildesheim	–14	8,5	Nienburg/Weser	–12	8,5	Stuttgart	–12	10,2
Dortmund	–12	8,1	Hof, Saale	–18	3,0	Nürnberg	–14	7,9	Torgau	–16	9,5
Dresden	–14	9,5	Hoyerswerda	–16	9,5	Oberhausen	–10	8,1	Trier	–10	8,8
Düsseldorf	–10	8,1	Husum	-10	9,0	Oberstdorf	–20	6,8	Tübingen	–16	6,8
Eberswalde	–14	9,5	Ingolstadt, Donau	–16	8,1	Oberwiesenthal	–18	3,0	Ulm/Donau	–14	7,9
Eisenach	–16	8,8	Iserlohn	–12	6,8	Offenbach/Main	–12	10,2	Weimar	–14	7,9
Erfurt	–14	7,9	Jena	–14	7,9	Oldenburg	–10	8,5	Weißwasser	–16	9,5
Erlangen	–16	7,9	Kaiserslautern	–12	6,8	Oranienburg	–14	9,5	Wernigerode	–16	6,8
Essen	–10	8,1	Karlsruhe	–12	10,2	Osnabrück	–12	8,1	Wetzlar	–12	8,8
Finsterwalde	–16	9,5	Kassel	–12	8,8	Paderborn	–12	8,1	Wiesbaden	–10	10,2
Frankfurt/Main	–12	10,2	Kempten, Allgäu	–16	6,8	Passau	–14	7,9	Wilhelmshaven	–10	9,0
Frankfurt/Oder	–16	9,5	Kiel	–10	8,4	Pforzheim	–12	6,8	Wismar	–10	8,4
Freiburg i. Br.	–12	10,2	Koblenz	–12	8,1	Plauen	–16	6,3	Wittenberg	–14	9,5
Garmisch-Part.	–18	6,8	Köln	–10	8,1	Potsdam	–14	9,5	Wolfenbüttel	–14	8,5
Gelsenkirchen	–10	8,1	Konstanz	–12	7,9	Ravensburg	–14	7,9	Wolfsburg	–14	8,5
Gera	–14	7,9	Königsstein, Taunus	–12	6,3	Regensburg	–16	7,9	Worms	–12	10,2
Gießen	–12	6,3	Leipzig	–14	8,7	Remscheid	–12	6,8	Wuppertal	–12	6,8
Görlitz	–16	7,9	Leverkusen	–10	8,1	Rosenheim	–16	7,9	Würzburg	–12	7,9
Goslar	–14	8,5	Lübeck	–10	8,4	Rostock	–10	8,4	Zweibrücke	–12	6,8
Gotha	–14	8,8	Lüneburg	–12	8,4	Saarbrücken	–12	6,8	Zwickau	–14	7,9

Tab. 388.2: Übersicht über Klimazonen und Jahresmittel der Außentemperatur in °C DIN 4710

Zone	Bezeichnung	Repräsentanzstation für Temperatur	$\vartheta_{m,e}$ in °C	Zone	Bezeichnung	Repräsentanzstation für Temperatur	$\vartheta_{m,e}$ in °C
1	Nordseeküste	Bremerhaven	9,0	9	Thüringer Becken und sächsisches Hügelland	Chemnitz	7,9
2	Ostseeküste	Rostock-Warnemünde	8,4	10	Südöstliche Mittelgebirge bis 1000 m	Hof	6,3
3	Nordwestdeutsches Tiefland	Hamburg-Fuhlsbüttel	8,5	11	Erzgebirge, Böhmer- und Schwarzwald oberhalb 1000 m	Fichtelberg	3,0
4	Nordostdeutsches Tiefland	Potsdam	9,5	12	Oberrheingraben und unteres Neckartal	Mannheim	10,2
5	Nordrhein-Westfälische Bucht und Emsland	Essen	8,1	13	Schwäbisch-fränkisches Stufenland und Alpenvorland	Passau	7,9
6	Nördliche und westliche Mittelgebirge, Randgebiete	Bad Marienberg	6,8	14	Schwäbische Alb und Baar	Stötten	6,8
7	Nördliche und westliche Mittelgebirge, zentrale Bereiche	Kassel	8,8	15	Alpenrand und Täler	Garmisch-Partenkirchen	6,8
8	Oberharz und Schwarzwald, mittlere Lage	Braunlage	6,0				

Berechnung der Norm-Heizlast *calculation of the design heat load* DIN EN 12 831: 2003-03

Tab. 389.1: Anhaltswerte für Norm-Innentemperaturen ϑ_i für beheizte Räume und operative Temperaturen

Gebäudetyp/Raum	ϑ_i in °C	Bekleidung, Winter in clo[1)]	Aktivität in met[2)]	Vorausgesagter Prozentsatz Unzufriedener	Operative Temperatur °C, Winter
Wohnungen, Hotelzimmer, WC-Räume	**20**	1,0	1,2	< 6 % < 10 % < 15 %	21,0 bis 23,0 20,0 bis 24,0 19,0 bis 25,0
Badezimmer (und alle anderen Räume f. d. unbekleideten Bereich)	**24**	0,2	1,6	< 6 % < 10 % < 15 %	24,5 bis 25,5 23,5 bis 26,5 23,0 bis 27,0
Büro-/Konferenzräume, Caféteria/Restaurant, Klassenraum/Auditorium	**20**	1,0	1,2	< 6 % < 10 % < 15 %	21,0 bis 23,0 20,0 bis 24,0 19,0 bis 25,0
Kaufhäuser, Museum/Galerie	**16**	1,0	1,6	< 6 % < 10 % < 15 %	17,5 bis 20,5 16,0 bis 22,0 15,0 bis 23,0
Kirchen und beheizte Nebenräume von Wohngebäuden	**15**	1,5	1,3	< 6 % < 10 % < 15 %	16,5 bis 19,5 15,0 bis 21,0 14,0 bis 22,0

1) clo (clothes) = Einheit des Wärmedurchlasswiderstandes der Bekleidung: 1 clo = 0,155 $m^2 \cdot K/W$

2) met (metobolic rate) = Ruheenergieumsatz einer Person in sitzender Position: 1 met = 58 W/m^2

Tab. 389.2: Längenbezogener Wärmedurchgangskoeffizient Ψ von Wärmebrücken DIN EN ISO 14 683

Gebäude mit Darstellung der Lage und des Typs von Wärmebrücken

Beispiel: Transmissions-Wärmeverlust-Koeffizient über Dachfläche bei R2 und IW2

Bauteil	U W/(m²K)	A_i m²	$U \cdot A_i$ W/K
Dach	0,30	50,0	15

Wärmebrücke	Ψ_i W/(m · K)	l_i m	$\Psi_i \cdot l_i$ W/K
Wand/Dach	0,65	30,0	19,5
Trennwand/Dach	0,55	5,0	2,75
		Gesamt	22,25

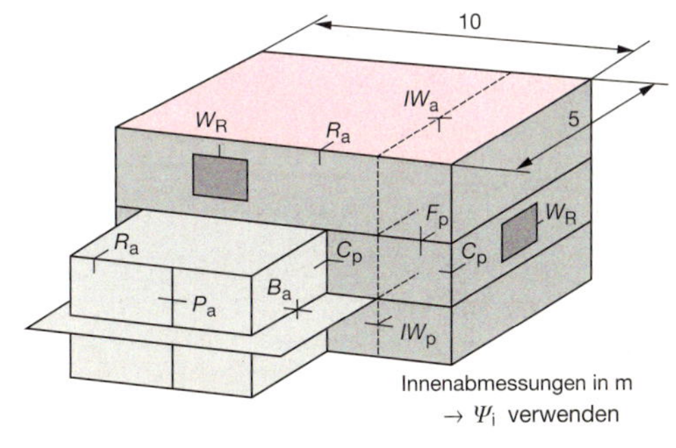

$H_{T,e} = \sum (A\,U + \Psi_i\, l_i) = 15 + 22{,}25 = 37{,}25$ W/K

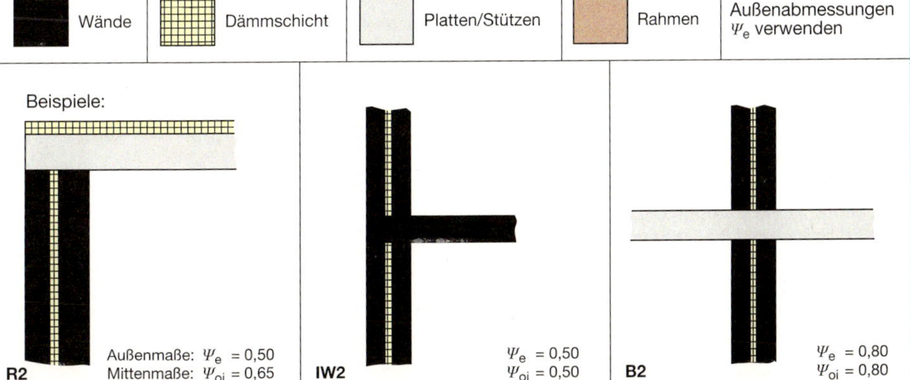

Tab. 390.2: Längenbezogener Wärmedurchgangskoeffizient von Wärmebrücken (Fortsetzung)

Wände	Dämmschicht	Platten/Stützen	Rahmen

Beispiele:

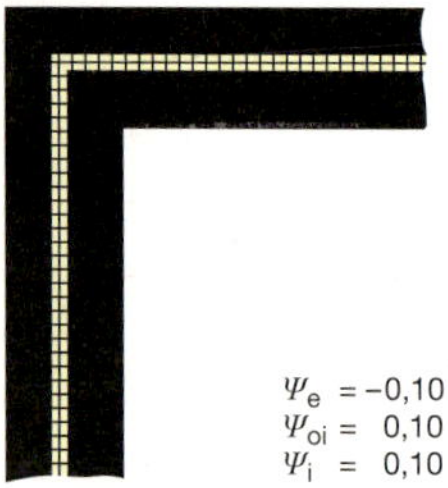

C2: $\Psi_e = -0{,}10$; $\Psi_{oi} = 0{,}10$; $\Psi_i = 0{,}10$

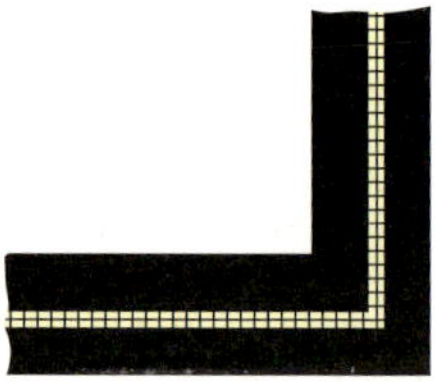

C6: $\Psi_e = 0{,}10$; $\Psi_{oi} = -0{,}15$; $\Psi_i = -0{,}15$

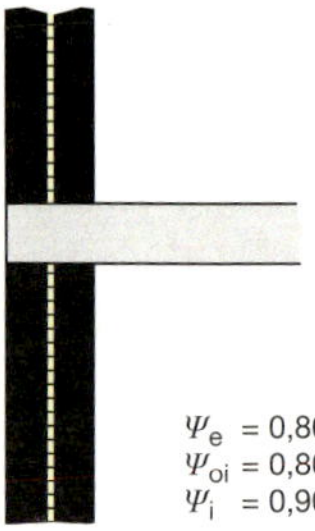

F2: $\Psi_e = 0{,}80$; $\Psi_{oi} = 0{,}80$; $\Psi_i = 0{,}90$

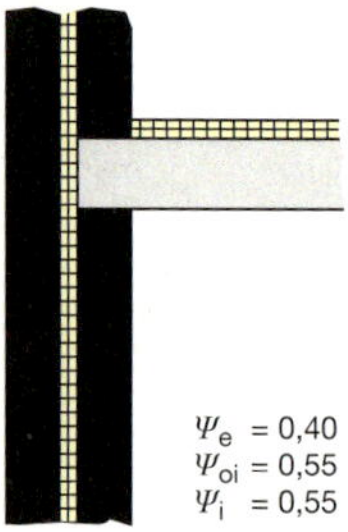

R6: $\Psi_e = 0{,}40$; $\Psi_{oi} = 0{,}55$; $\Psi_i = 0{,}55$

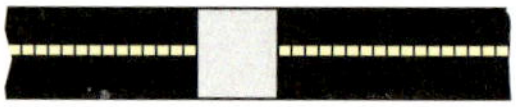

P2: $\Psi_e = 1{,}20$; $\Psi_{oi} = 1{,}20$; $\Psi_i = 1{,}20$

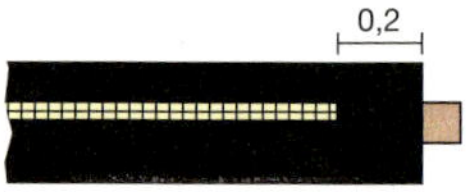

W8 (0,2): $\Psi_e = 0{,}60$; $\Psi_{oi} = 0{,}60$; $\Psi_i = 0{,}60$

Tab. 390.1: Temperatur-Reduktionsfaktor b_u DIN EN 12 831, Bbl. 1: 2008-07

Unbeheizter Raum			b_u
Nachbarräume			
ohne Außenwände, z. B. innen liegende Flure			0,1
mit 1 Außenwand, ohne äußere Türen (mit äußeren Türen)			0,4 (0,5)
mit 2 Außenwänden, ohne äußere Türen (mit äußeren Türen)			0,5 (0,6)
mit 3 Außenwänden, z. B. außen liegende Treppenräume			0,8
Keller			
ohne Fenster / äußere Türen			0,4
mit Fenster / äußere Türen			0,5
Innen liegende Treppenräume mit Gebäudehöhe ≤ 20 m			
KG und EG			0,45
1. OG			0,30
über 1. OG			0,25
Geschlossene Dachräume	Wärmedurchgangszahl U in W/(m² · K)		
Dachaußenfläche	nach außen U_{ue}	zu beheizten Räumen U_{iu}	
undicht (n = 2,5 1/h)	5	1,25 (0,60)	0,85 (0,90)
dicht (n = 0,5 1/h)	2,5	1,25 (0,60)	0,75 (0,85)
	1	1,25 (0,60)	0,55 (0,70)
	0,5	1,25 (0,60)	0,50 (0,65)

Tab. 390.2: Anhaltswerte für Korrekturfaktoren f_{g1} und G_w

Korrekturfaktor für die jährliche Schwankung der Außentemperatur	f_{g1} = 1,45	Abstand zwischen Grundwasserspiegel und Fundamentplatte	Korrekturfaktor für die Tiefe bis zum Grundwasser
		> 1 m	G_w = 1,00
		< 1 m	G_w = 1,15

Heizungstechnik

Berechnung der Norm-Heizlast *calculation of the design heat load* DIN EN 12 831: 2003-03

Tab. 391.1: Äquivalente Wärmedurchgangszahlen U_{equiv} für erdreichberührte Bodenplatte und Wandelemente

Fall	U_{equiv} in W/(m² · K) für erdreichberührte Bodenplatte					
	B'-Wert[1] m	Keine Dämmung	U_{Boden} = 2,0 W/(m² · K)	U_{Boden} = 1,0 W/(m² · K)	U_{Boden} = 0,5 W/(m² · K)	U_{Boden} = 0,25 W/(m² · K)
z = 0 m	2	1,30	0,77	0,55	0,33	0,17
	4	0,88	0,59	0,45	0,30	0,17
	6	0,68	0,48	0,38	0,27	0,17
	8	0,55	0,41	0,33	0,25	0,16
	10	0,47	0,36	0,30	0,23	0,15
	12	0,41	0,32	0,27	0,21	0,14
z = 1,5 m	2	0,86	0,58	0,44	0,28	0,16
	4	0,64	0,48	0,38	0,26	0,16
	6	0,52	0,40	0,33	0,25	0,15
	8	0,44	0,35	0,29	0,23	0,15
	10	0,38	0,31	0,26	0,21	0,14
	12	0,34	0,28	0,24	0,19	0,14
z = 3 m	2	0,63	0,46	0,35	0,24	0,14
	4	0,51	0,40	0,33	0,24	0,14
	6	0,43	0,35	0,29	0,22	0,14
	8	0,37	0,31	0,26	0,21	0,14
	10	0,32	0,27	0,24	0,19	0,13
	12	0,29	0,25	0,22	0,18	0,13

Fall	U_{Wand} W/(m² · K)	U_{equiv} in W/(m² · K) für erdreichberührte Wandelemente			
		z = 0 m	z = 1 m	z = 2 m	z = 3 m
z	0,00	0,00	0,00	0,00	0,00
	0,50	0,44	0,39	0,35	0,32
	0,75	0,63	0,54	0,48	0,43
	1,00	0,81	0,68	0,59	0,53
	1,25	0,98	0,81	0,69	0,61
	1,50	1,14	0,92	0,78	0,68

[1] Der *B'*-Wert wird wie folgt ermittelt:

$$B' = \frac{A_g}{0{,}5 \cdot P}$$

A_g : Fläche der Bodenplatte in m²
P : Umfang der Bodenplatte in m, bei Reihenhaus nur Länge der Außenwände in m

Beispiel: Reihenhaus, $z = 0$, $U_{Boden} = 0{,}5$ W/(m² · K)

7,5 m; 10 m

A_g = 75 m², P = 15 m, B' = 10 m → U_{equiv} = 0,23 W/(m² · K)

Tab. 391.2: Höhenkorrektur-Faktor

Höhe des beheizten Raumes über dem Erdboden in m	ε
0 bis 10	1,0
> 10 bis 20	1,2
> 20 bis 30	1,5
> 30 bis 40	1,7
> 40 bis 50	2,0
> 50 bis 60	2,1
> 60 bis 70	2,3
> 70 bis 80	2,4
> 80 bis 90	2,6
> 90 bis 100	2,8

Für die Berechnung zu verwendende Abmessungen

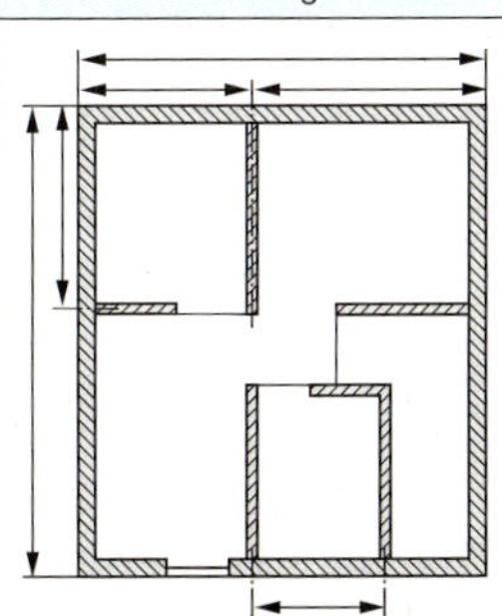

Nach DIN EN 12 831 beziehen sich die **Längen** und **Breiten** bei der Flächenberechnung auf die lichten Rohbaumaße plus Außenwanddicke bzw. halbe Innenwanddicke.

Bei den **Höhen** sind die Geschosshöhen in die Rechnung einzusetzen.

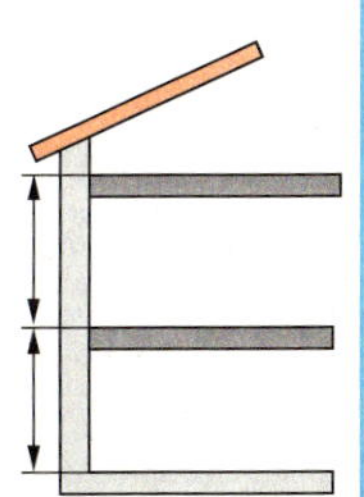

Berechnung der Norm-Heizlast *calculation of the design heat load* DIN EN 12 831: 2003-03

Beispiel:
Gebäudestandort: Berlin. Einzelhaus, leichte Bauart, τ = 150 h, normale Lage, moderate Abschirmung, Luftdichtheit der Gebäudehülle hoch, Wärmebrücken wurden weitestgehend vermieden, ohne Lüftungsanlage, AF mit U_W = 1,3 W/(m² K), IW 24 mit U = 1,2 W/(m² K), IW 11,5 mit U = 1,7 W/(m² K), IT mit U = 2,0 W/(m² K), AW mit U = 0,42 W/(m² K) und DE sowie FB mit jeweils U = 0,3 W/(m² K). Angenommener Innentemperaturabfall bei Nachtabsenkung 2 K, Wiederaufheizzeit 2 Stunden

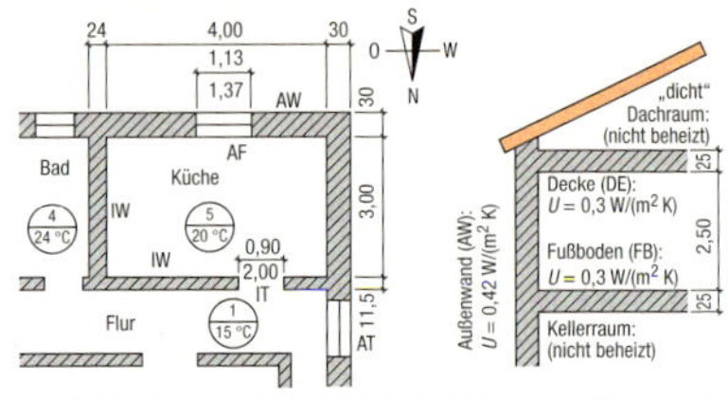

Norm-Innentemperatur	ϑ_i	=	20 °C
Norm-Außentemperatur	ϑ_a	=	−14 °C
Raumdaten			
Raumlänge	l_R	=	4,00 m
Raumbreite	b_R	=	3,00 m
Raumfläche	A_R	=	12,00 m²
Geschosshöhe	h_G	=	2,75 m
Deckendicke	d	=	0,25 m
Raumhöhe	h_R	=	2,50 m
Raumvolumen	V_R	=	30,00 m³

Mindest-Luftwechselrate	n_{min}	=	0,5 1/h
Infiltration			
Luftwechselzahl	n_{50}	=	3 1/h
Koeffizient für Abschirmung	e	=	0,02 –
Höhe über dem Erdboden	h	=	0 m
Höhenkorrektur-Faktor	ε	=	1 –
Zusatzheizleistung			
Wiederaufheizfaktor	f_{RH}	=	10 W/m²

Norm-Transmissionswärmeverlust

1	2	3	4	5	6	7	8	9	10	11	12	13	14	15	16	17
Orientierung	Bauteil	Anzahl	Breite	Höhe bzw. Länge	Bruttofläche	Abzugsfläche	Nettofläche	Wärmedurchgangs-koeffizient	Korrekturwert für Wärmebrücke	korrigierter Wärmedurchgangs-koeffizient	Wärmeverlust an	Temperatur angrenzender Räume	Korrekturfaktor	Wärmeverlust-koeffizient	Transmissions-Wärmeverlust	Transmissions-Wärmeverlust nach draußen
	Typ	k –	b m	h/l m	A' m²	m²	A m²	U W/(m² K)	ΔU_{WB} W/(m² K)	U_C W/(m² K)	e/u b/g	ϑ_u/ϑ_j °C	e_k/b_u f_j/f_{g2}	H_T W/K	$\dot{Q}_T$ W	$\dot{Q}_{T,e}$ W
S	AF	1	1,13	1,37	1,55		1,55	1,3	0,05	1,35	e			2,09	67	67
S	AW	1	4,42	2,75	12,2	1,55	10,61	0,42	0,05	0,47	e			4,98	159	159
W	AW	1	3,36	2,75	9,24		9,24	0,42	0,05	0,47	e			4,34	139	139
N	IT	1	0,9	2	1,80		1,80	2,00		2,00	b	15	0,156	0,56	18	0
N	IW	1	4,42	2,75	12,2	1,8	10,36	1,70		1,70	b	15	0,156	2,75	88	0
O	IW	1	3,36	2,75	9,24		9,24	1,20		1,20	b	24	−0,13	−1,39	−44	0
–	FB	1	3,36	4,42	14,9		14,85	0,30	0,05	0,35	u		0,5	2,60	83	0
–	DE	1	3,36	4,42	14,9		14,85	0,30	0,05	0,35	u		0,65	3,38	108	0
Gesamt-Transmissionswärmeverlustkoeffizient											H_T	=		19,32		
Norm-Transmissionswärmeverlust											$\dot{Q}_T$	=			618	
Norm-Transmissionswärmeverlust ohne den Wärmefluss zw. beheizten Räumen											$\dot{Q}_{T,e}$	=				365

Norm-Lüftungswärmeverlust

Luftvolumenstrom			$\dot{V}_i$ m³/h	H_V W/K	$\dot{Q}_V$ W
aus hygienischem Mindest-Luftwechsel	$\dot{V}_{min}$	=	15		
aus natürlich infiltriertem Luftvolumen	$\dot{V}_{inf}$	=	3,6		
thermisch wirksamer mech. Zuluftvolumenstrom	$\dot{V}_{zu} \cdot f_v$	=	–		
Abluftüberschuss	$\dot{V}_{mech}$	=	–		
thermisch wirksamer Luftvolumenstrom	$\dot{V}_{therm}$	=	15		
Norm-Lüftungswärmeverlustkoeffizient		H_V =		5,1	
Norm-Lüftungswärmeverlust		$\dot{Q}_V$ =			**163**
Norm-Heizlast		$\dot{Q}_{HL}$ =			**781**
Zusätzliche Aufheizleistung		$\dot{Q}_{RH}$ =			**120**
Auslegungsheizlast (Auslegungs-Wärmeleistung der Raumheizeinrichtung)		$\dot{Q}_{HL,Ausl.}$ =			**901**
Anteil an der Auslegungsheizlast des Gebäudes		$\dot{Q}_{T,e} + \dot{Q}_V + \dot{Q}_{RH}$ =			**649**

Energieeinsparverordnung *energy conservation measures* EnEV: 2007-06

Energieeinsparverordnung (EnEV) ersetzt
- a) Wärmeschutzverordnung (WSVO '95)
- b) Heizungsanlagenverordnung (HeizAnlV '98)

Tab. 393.1: Allgemeine Vorschriften

§	Bezug	Anforderungen, Erläuterungen, Definitionen
1	Anwendungs-bereich	Die Verordnung gilt: – für Gebäude, deren Räume unter Einsatz von Energie beheizt oder gekühlt werden und – für Anlagen u. Einrichtungen der Heizungs-, Kühl-, Raumluft- u. der Warmwasservers. in Gebäuden.
2	Begriffe	Wohngebäude: Gebäude, die nach ihrer Zweckbestimmung überwiegend dem Wohnen dienen, einschließlich Wohn-, Alten- und Pflegeheimen sowie ähnlichen Einrichtungen. Heizkessel: aus Kessel und Brenner bestehender Wärmeerzeuger, der zur Übertragung der durch die Verbrennung freigesetzten Wärme an den Wärmerträger Wasser dient. Niedertemperatur-Heizkessel: Heizkessel, der kontinuierlich mit einer Eintrittstemperatur von 35 bis 40 °C funktioniert und in dem es unter bestimmten Umständen zur Kondensation des in den Abgasen enthaltenen Wassers kommen kann. Brennwertkessel: Heizkessel, der für die Kondensation eines Großteils des in den Abgasen enthaltenen Wasserdampfes konstruiert ist. Erneuerbare Energien: Solarenergie, Umweltwärme, Erdwärme und Biomasse für häuslichen Gebrauch. Nennleistung: Größe Wärme- oder Kälteleistung in KW, die im Dauerbetrieb unter Beachtung des vom Hersteller angegebenen Wirkungsgrades als einhaltbar garantiert wird.

Tab. 393.2: Auswirkungen der EnEV auf zu errichtende Gebäude

§	Bezug	Anforderungen, Erläuterungen
3 + 4	Wohn-gebäude und andere Gebäude	Sie sind so auszuführen, dass • der auf die Gebäudenutzfläche bezogene Jahres-Primärenergiebedarf Q''_p sowie • der auf die wärmeübertragende Umfassungsfläche bezogene Transmissionswärmeverlust H'_T die Höchstwerte nach Tab. 394.1 nicht überschreiten.
6	Dichtheit, Mindest-luftwechsel	Sie sind so auszuführen, dass • die wärmeübertragende Umfassungsfläche einschließlich der Fugen dauerhaft luftundurchlässig abgedichtet sind (→ Tab. 393.4) und • der zum Zwecke der Gesundheit und Beheizung erforderliche Mindestluftwechsel sichergestellt ist.
7	Mindest-wärme-schutz	Abgrenzende Bauteile (gegen Außenluft, Erdreich oder Gebäudeteile mit wesentlich niedrigeren Innentemperaturen) so ausführen, dass die Anforderungen des Mindestwärmeschutzes eingehalten werden. Wärmebrücken sind zu vermeiden bzw. zu berücksichtigen.

Tab. 393.3: Auswirkungen der EnEV auf bestehende Gebäude und Anlagen

§	Bezug	Anforderungen, Erläuterungen
9	Änderung von Gebäuden	Änderungen von beheizten oder gekühlten Räumen von Gebäuden sind so auszuführen, dass geänderte Gebäude insgesamt die Höchstwerte nach Tab. 394.1 um nicht mehr als 40 % überschreiten. Die Anforderung gilt als erfüllt, wenn die festgelegten Wärmedurchgangszahlen (→ Tab. 394.2) nicht überschritten werden.
10	Nachrüstung bei Anlagen und Gebäuden *Ausnahme:* selbst genutzte Ein- und Zweifamilienhäuser, solange kein Eigentümerwechsel erfolgt.	**Heizkessel** für flüssige und gasförmige Brennstoffe bis zum 31.12.2006 ersetzen, wenn vor dem 1.10.1978 eingebaut oder aufgestellt. *Ausnahme:* Niedertemperatur-Heizkessel, Brennwertkessel und Heizungsanlagen, mit $\dot{Q}_{NL} < 4$ kW oder $\dot{Q}_{NL} > 400$ kW. Zugängliche **Wärmeverteilungs- und Warmwasserleitungen** sowie Armaturen in nicht beheizten Räumen bis 31.12.2006 nachdämmen (→ Tab. 395.2). Nicht begehbare aber zugängliche **oberste Geschossdecken** beheizter Räume bis zum 31.12.2006 so dämmen, dass $U \leq 0{,}30$ W/(m² · K).
11 + 12	Aufrechterhaltung der energetischen Qualität	Einrichtungen zur Senkung des Energiebedarfs betriebsbereit erhalten und bestimmungsgemäß nutzen. Heizungs- und Warmwasseranlagen sowie raumlufttechnische Anlagen sachgerecht bedienen, warten und instand halten. Die **Wartung** und **Instandhaltung** muss jemand durchführen, der die notwendigen Fachkenntnisse und Fertigkeiten besitzt.

Tab. 393.4: Klassen und Fugendurchlässigkeit von außenliegenden Fenstern, Fenstertüren und Dachflächenfenstern DIN EN 12 207-1: 2000-06

Gebäude mit bis zu 2 Vollgeschossen	Klasse 2	Bei Überprüfung mit $\Delta p = 50$ Pa (innen/außen) darf die Luftwechselzahl von 3/h ohne und 1,5/h mit raumlufttechnischer Anlage nicht überschritten werden.
Gebäude mit mehr als 2 Vollgeschossen	Klasse 3	

Energieeinsparverordnung *energy conservation measures*

EnEV: 2007-06

Tab. 394.1: Höchstwerte des Jahres-Primärenergiebedarfs und des spezifischen Transmissionswärmeverlusts[1]

Verhältnis A/V_e[3] in m^{-1}	Jahres-Primärenergiebedarf Q''_p in kWh/(m² · a) bezogen auf die Gebäudenutzfläche[4]: Wohngebäude außer solchen nach Spalte 3[1]	Wohngebäude mit überwiegender Warmwasserbereitung aus elektrischem Strom	Spezifischer, auf die wärmeübertragende Umfassungsfläche bezogener Transmissionswärmeverlust H'_T in W/(m² · K): Heizfall: $\vartheta_i \geq 19$ °C, Fensterflächenanteil: ≤ 30 %	$\vartheta_i \geq 19$ °C, > 30 %	$12 < \vartheta_i \leq 19$ °C
1	2[2]	3	4	5	6
≤ 0,2	66,00 + 2600/(100 + A_N)	83,80	1,05	1,55	1,35
0,3	73,53 + 2600/(100 + A_N)	91,33	0,80	1,15	1,13
0,4	81,06 + 2600/(100 + A_N)	98,86	0,68	0,95	1,02
0,5	88,58 + 2600/(100 + A_N)	106,39	0,60	0,83	0,96
0,6	96,11 + 2600/(100 + A_N)	113,91	Wohn- 0,55	0,75	0,91
0,7	103,64 + 2600/(100 + A_N)	121,44	gebäude 0,51	0,69	0,88
0,8	111,17 + 2600/(100 + A_N)	128,97	0,49	0,65	0,86
0,9	118,70 + 2600/(100 + A_N)	136,50	0,47	0,62	0,84
1	126,23 + 2600/(100 + A_N)	144,03	0,45	0,59	0,83
≥ 1,05	130,00 + 2600/(100 + A_N)	147,79	0,44	0,58	0,82

[1] Als Nutz-Wärmebedarf für die WW-Bereitung sind 12,5 kWh/(m² · a) anzusetzen. [2] Gebäudenutzfläche: $A_N = 0{,}32 \cdot V_e$
[3] Verhältnis der wärmeübertragenden Umfassungsfläche A bezogen auf das beheizte Gebäudevolumen V_e
[4] Wird in einem Wohngebäude die gesamte Raumluft gekühlt, erhöhen sich die Werte in den Sp. 2 u. 3 um 16,2 kWh/(m² · a).

Beispiel: Für das skizzierte Wohnhaus ist der Höchstwert für den Jahres-Primärenergiebedarf nach EnEV zu ermitteln.

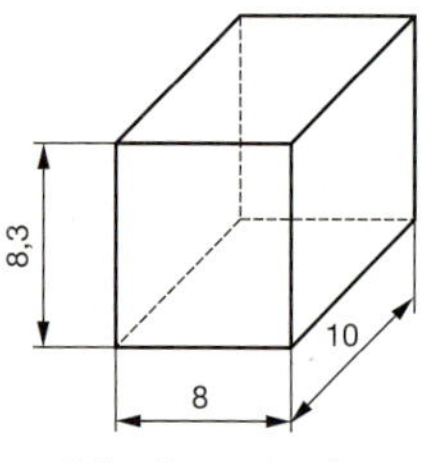

Außenabmessungen in m

1. Wärmeübertragende Umfassungsfläche A:

$$A = 2 \cdot (8 \cdot 10) + 2 \cdot (8 \cdot 8{,}3) + 2 \cdot (10 \cdot 8{,}3) = 459\ \text{m}^2$$

2. Gebäudevolumen V_e und A/V_e-Wert:

$$V_e = 8 \cdot 10 \cdot 8{,}3 = 664\ \text{m}^3$$

$$\frac{A}{V_e} = \frac{459}{664} = 0{,}7\ \text{m}^{-1}$$

3. Für die Gebäudenutzfläche A_N von Wohngebäuden gilt:

$$A_N = 0{,}32 \cdot V_e = 0{,}32 \cdot 664 = 212{,}5\ \text{m}^2$$

4. Maximaler auf die Gebäudenutzfläche bezogener Jahres-Primärenergiebedarf Q''_p:

$$\rightarrow \text{Tab. 394.1} \rightarrow Q''_p = 103{,}64 + \frac{2600}{100 + 212{,}5} = 111{,}96\ \frac{\text{kWh}}{\text{m}^2\text{a}}$$

5. Maximaler Jahres-Primärenergiebedarf Q_p:

$$Q_p = Q''_p \cdot A_N = 111{,}96\ \frac{\text{kWh}}{\text{m}^2\text{a}} \cdot 212{,}5\ \text{m}^2 = \mathbf{23\,791{,}5\ \frac{kWh}{a}}$$

Dieser Wert darf nicht überschritten werden. Hierzu ist eine gute Wärmedämmung oder eine gute Anlagentechnik notwendig. Mindestanforderungen begrenzen hierbei den Variationsbereich.

Tab. 394.2: Maximale Wärmedurchgangszahl U_{max} für Außenflächen von Gebäuden mit normalen Innentemperaturen $\vartheta_i \geq 19$ °C und (niedrigen Innentemperaturen von 12 bis < 19 °C) nach EnEV

Bauteil	allgemein	ersetzt, erstmalig eingebaut	erneuert: Dachhaut bzw. außenseitige Bekleidung	Innenseitige Bekleidung	Dämmschicht eingebaut	Zusätzliche Bekleidung oder Dämmschicht
	U_{max} in W/(m² · K)					
Außenwände	0,45 (0,75)	–	0,35 (0,75)	–	0,35 (0,75)	0,35 (0,75)
Außenliegende Fenster, Fenstertüren, Dachflächenfenster	–	1,7 (2,8)	1,7 (2,8)[1]	–	–	–
Verglasung	–	1,5 (–)[2]	–	–	–	–
Vorhangfassaden	1,9 (3,0)	–	–	–	–	–
Außenliegende Fenster, Fenstertüren, Dachflächenfenster mit Sonderverglasung	–	2,0 (2,8)	2,0 (2,8)[1]	–	–	–
Sonderverglasung	–	1,6 (–)[2]	–	–	–	–
Vorhangfassaden mit Sonderverglasung	2,3 (3,0)	–	–	–	–	–
Decken, Dächer und Dachschrägen	0,30 (0,4)	–	–	–	–	–
Flachdächer	0,25 (0,4)	–	–	–	–	–
Decken und Wände gegen unbeheizte Räume oder Erdreich	–	0,50 (–)[2]	0,40 (–)[2]	0,50 (–)[2]	0,50 (–)[2]	auf der Kaltseite 0,40 (–)[2]

[1] Zusätzliche Vor- und Innenfenster [2] keine Anforderung ( ): für Gebäude mit niedrigen ϑ_i

Energieeinsparverordnung *energy conservation measures* EnEV: 2007-06

Tab. 395.1: Heizungstechnische Anlagen, Warmwasseranlagen

§	Bezug	Anforderungen, Erläuterungen, Definitionen
13	Inbetriebnahme von Heizkesseln	Heizkessel für flüssige und gasförmige Brennstoffe, deren $\dot{Q}_{NL} \geq 4$ kW oder < 400 kW ist, nur in Gebäuden einbauen, wenn sie mit CE-Zeichen versehen sind oder die EG-Wirkungsgradanforderungen erfüllen (→ Tab. 433.2). Gebäude, deren Jahres-Primärenergiebedarf nicht nach Tab. 394.1 begrenzt ist, müssen mit Niedertemperatur- oder Brennwertkesseln ausgestattet werden. Die Heizkessel müssen nach anerkannten Regeln der Technik gegen Wärmeverluste gedämmt sein.

Tab. 395.2: Wärmedämmung von Wärmeverteilungsleitungen[1] sowie Armaturen (EnEV, § 14, Abs. 5)

Zeile	Art der Leitungen/Armaturen	Mindestdicke der Dämmschicht[2]
1	bis d_i = 22 mm	20 mm
2	über d_i = 22 mm bis d_i = 35 mm	30 mm
3	über d_i = 35 mm bis d_i = 100 mm	gleich d_i
4	über d_i = 100 mm	100 mm
5	Leitungen und Armaturen nach den Zeilen 1 bis 4 in Wand- und Deckendurchbrüchen, im Kreuzungsbereich von Leitungen, an Leitungsverbindungsstellen, bei zentralen Leitungsnetzverteilern	1/2 der Dämmschichtdicke der Zeilen 1 bis 4
6	Leitungen von Zentralheizungen nach den Zeilen 1 bis 4, die nach Inkrafttreten der EnEV in Bauteilen zwischen beheizten Räumen verschiedener Nutzer verlegt werden.	1/2 der Dämmschichtdicke der Zeilen 1 bis 4
7	Leitungen nach Zeile 6 im Fußbodenaufbau	6 mm[3]

[1] Leitungen von Zentralheizungen in beheizten Räumen oder in Bauteilen zwischen beheizten Räumen eines Nutzers bedürfen keiner Dämmschicht, wenn Wärmeverluste durch freiliegende Absperreinrichtungen beeinflussbar.
[2] bezogen auf λ = 0,035 W/(mK); mit anderer Wärmeleitfähigkeit Dämmschichtdicke nach → S. 501 (Wärmedurchgang durch Holzzylinder) errechnen oder Tab. 395.3 entnehmen.
[3] Entspricht ca. 9 mm bei handelsüblichem λ = 0,040 W/(mK); mit nicht konzentrischer Dämmung 13 mm.

Tab. 395.3: Mindestdicke der Dämmschicht s_{min} in mm bei unterschiedlicher Wärmeleitfähigkeit (überschlägig)

Wärmeleitfähigkeit der Dämmschicht λ in W/(m · K)	Nennweite in mm												
	8	10	15	20	22	25	32	35	40	50	65	80	100
	Dämmschichtdicke s_{min} in mm												
0,022	8	9	10	10	10	14	15	15	20	25	32	40	50
0,025	10	11	11	12	12	17	18	18	24	30	39	48	60
0,030	15	15	15	16	16	23	24	24	31	39	51	63	78
0,035	**20**	**20**	**20**	**20**	**20**	**30**	**30**	**30**	**40**	**50**	**65**	**80**	**100**
0,040	27	26	26	26	26	38	37	37	50	63	82	100	125
0,045	36	35	32	31	31	48	46	46	62	78	101	124	155
0,050	48	45	40	38	37	59	56	55	76	95	124	152	190
0,055	63	58	50	46	45	73	68	67	92	116	150	185	231

Beispiel:
Bei einer Heizungsanlage sind die Verteilleitungen aus Gewinderohr DIN EN 10255 – DN 25 im Keller mit Kork-Rohrschalen zu dämmen. Gemäß Datenblatt des Herstellers sei λ = 0,045 W/(m · K), wobei Dämmschalen D_i = 33 mm mit Wanddicke 30 mm, 40 mm oder 50 mm geliefert werden könnten.

Lösung: Nach Tab. 395.3 folgt: Mindestdicke der Dämmschicht
s_{min} = 48 mm
→ **gewählt: 50 mm**

Tab. 395.4: Erforderliche Einrichtungen zur Steuerung und Regelung (EnEV, § 14)

Einsatz	Erforderliche Ausstattung	Erläuterungen, Hinweise
Zentralheizung	**zentrale selbsttätig wirkende Einrichtungen** zur Verringerung und Abschaltung der Wärmezufuhr sowie zur Ein- und Ausschaltung elektrischer Antriebe in Abhängigkeit von 1. der Außentemperatur oder einer anderen geeigneten Führungsgröße und 2. der Zeit	zu 1: Außenfühler, ermittelter momentaner Wärmebedarf, meteorologische Daten des Wetterdienstes zu 2: Zeitschaltuhr und Schaltautomatik für Nachtabsenkung, Party und Urlaubszeit
heizungstechnische Anlage	**selbsttätig wirkende Einrichtungen** zur raumweisen Regelung der Raumtemperatur, Gruppenregelung ist in Wohngebäuden nicht zulässig.	Gilt nicht für Einzelheizgeräte für feste oder flüssige Brennstoffe.
Heizungsumwälzpumpe (bei $\dot{Q}_{NL} \geq 25$ kW)	**selbsttätig wirkende Einrichtungen** zur Anpassung der elektrischen Leistungsaufnahme an den Förderbedarf (mindestens in 3 Stufen).	Gilt bei erstmaligem Einbau und Ersatz.
Zirkulationspumpen	**selbsttätig wirkende Einrichtungen** zur Ein- und Ausschaltung	z. B. Zeitschaltuhr oder Bewegungsmelder

Heizkostenverordnung 1989-01 *heating costs regulation* DIN EN 834/835

Tab. 396.1: Verbrauchsabhängige Abrechnung der Heiz- und Warmwasserkosten

§	Bezug	Erläuterungen, Anforderungen	
1	Anwendungsbereich	für die Verteilung der Kosten des Betriebs zentraler Heizungsanlagen und zentraler Warmwasserversorgungsanlagen durch den Gebäudeeigentümer auf die Nutzer der Räume	
4 + 5	Pflicht und Ausstattung zur Verbrauchserfassung	Gebäudeeigentümer hat den anteiligen Verbrauch der Nutzer zu erfassen.	Gebäudeeigentümer hat die Räume mit Ausstattungen zur Verbrauchserfassung zu versehen; Nutzer haben dies zu dulden.
		Nutzer ist berechtigt, vom Gebäudeeigentümer die Erfüllung dieser Verpflichtung zu verlangen.	Ausstattungen müssen für jeweiliges Heizsystem geeignet und ihre technisch einwandfreie Funktion gewährleistet sein.
7 bis 9	Verteilung der Kosten Heizkostenverteiler sind genormt nach DIN EN 834 und DIN EN 835	**Heizungsanlage** • Betriebskosten mindestens 50 %, höchstens 70 % nach dem erfassten Wärmeverbrauch • übrige Kosten nach Wohn- oder Nutzfläche oder umbauten Raum **Betriebskosten:** Brennstoff, Betriebsstrom, Bedienung, Überwachung und Pflege der Anlage, regelmäßige Prüfung, Wartung, Einstellung und Reinigung, Messung nach dem Bundes-Immissionsschutzgesetz, Erfassung und Aufteilung des Wärmeverbrauchs, Mietkosten für Erfassungsgeräte sowie ggf. Kosten für die Öltankreinigung. **Warmwasserversorgungsanlage** • Betriebskosten mindestens 50 %, höchstens 70 % nach dem erfassten Warmwasserverbrauch • übrige Kosten nach Wohn- oder Nutzfläche **Betriebskosten:** Wasserversorgung (Wasserverbrauch, Grundgebühren und Zählermiete, Zwischenzähler, Trinkwasserbehandlung einschließlich Aufbereitungsstoffe) und Wassererwärmung.	

Brennstoffverbrauch der zentralen Warmwasserversorgungsanlage (nach HeizkostenV)

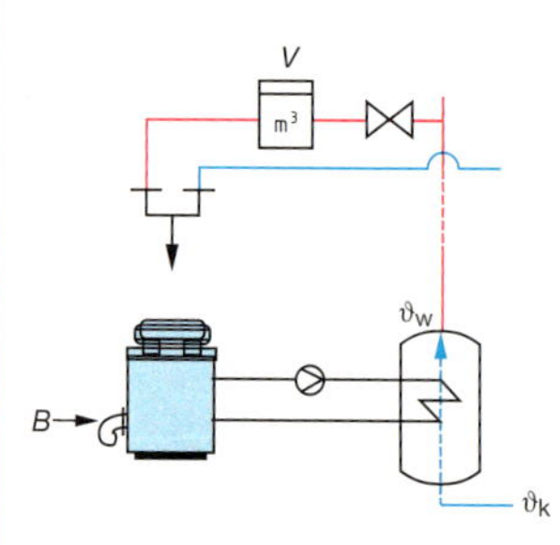

$$B = \frac{2{,}5 \cdot V \cdot (\vartheta_W - \vartheta_K)}{H_i}$$

B : Brennstoffverbrauch der zentralen Warmwasserversorgungsanlage in m³, dm³, kg

V : gemessenes Volumen des benötigten Warmwassers in m³

ϑ_W : mittlere Temperatur des Warmwassers in °C

ϑ_K : mittlere Kaltwassertemperatur (ϑ_K = 10 °C) in °C

H_i : Heizwert in kWh/m³, kWh/dm³, kWh/kg (→ Tab. 333.2, Tab. 336.1, Tab. 337.1, Tab. 337.3 oder Tab. 337.4)

2,5 : gemeinsamer Faktor für spezif. Wärmekapazität und Wirkungsgrad in kWh/(m³ · K)

Tab. 396.2: Ermittlung der monatlichen Heizkostenvorauszahlung in Euro für Heizanlagen ohne zentrale Warmwasserbereitung (Richtwerte)

Heizöl Euro/Liter Gas Euro/m³	beheizbare Wohnfläche in m² 30	50	70	90	110	130
0,47	28	47	61	74	87	100
0,51	31	49	65	79	93	106
0,54	33	52	69	85	100	114
0,57	35	56	74	91	106	123
0,61	38	60	79	96	113	131
0,64	40	64	84	103	120	138
0,67	41	67	89	109	127	145
0,71	43	70	93	114	133	153
0,74	45	74	97	118	140	160
0,78	48	76	101	124	145	167
0,81	50	78	105	129	152	173

mit zentraler Warmwasserbereitung (→ Tab. 346.5)

Tab. 396.3: Anteilige Aufteilung der Heizkosten bei Nutzerwechsel, sofern Zwischenablesung fehlt

Monat	Promille-Anteile je Monat	je Tag
Januar	170	170/31 = 5,48
Februar	150	150/28 = 5,36
März	130	130/31 = 4,19
April	80	80/30 = 2,67
Mai	40	40/31 = 1,29
Juni, Juli, August	40	40/92 = 0,43
September	30	30/30 = 1,00
Oktober	80	80/31 = 2,58
November	120	120/30 = 4,00
Dezember	160	160/31 = 5,16
Gesamt	1000	

Raumheizeinrichtungen *radiators*

Einteilung der Raumheizflächen

Heizkörper		Flächenheizungen		Luftheizgeräte	
Flachheizkörper	(→ S. 399/400)	Wandheizung		Wandgeräte	(→ S. 454 ff.)
Radiatoren	(→ S. 400 … 402)	Deckenheizung	(→ S. 405/406)	Deckengeräte	
Konvektoren	(→ S. 404)	Fußbodenheizung	(→ S. 407 … 412)	Truhengeräte	
Rohrheizkörper	(→ S. 405)			mobile Geräte	

Empfehlungen für das Anbringen von Raumheizflächen (VDI 6030: 2002-09):

- Der U-Wert der Außenwand in den Heizkörpernischen darf nicht kleiner sein als im übrigen Bereich der Außenwand.
- Heizkörper vor Außenfenster sind nur zugelassen, wenn der U-Wert der Fenster **kleiner 1,5 W/(m²·K)** ist und die Heizkörper auf ihrer Fensterseite mit einer Abdeckung versehen sind, deren U-Wert **kleiner als 0,9 W/(m²·K)** ist.

Wärmeübertragung bei Heizkörpern

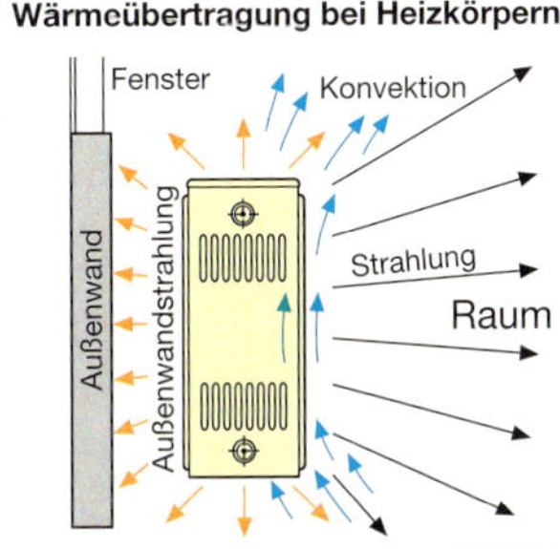

Tab. 397.1: Strahlungsanteile üblicher Heizkörpertypen (Hersteller)

Heizkörpertyp	Typ	Strahlungsanteile in % Raum	Außenwand	Gesamt
Flachheizkörper	10	38	18	56
Typ 11 → Anzahl der Konvektionsschächte	11	25	11	36
	21	20	8	28
→ Anzahl der Heizplatten	22	17	7	24
	33	14	4	18
Stahlröhrenradiator	2-säulig	27	12	39
	3-säulig	20	7	27
	4-säulig	17	5	22
Stahlgliederheizkörper DIN 4703		28	10	38
Gussgliederheizkörper DIN 4703		26	10	36

Heizkörper-Auslegung

Auslegungs-Wärmeleistung

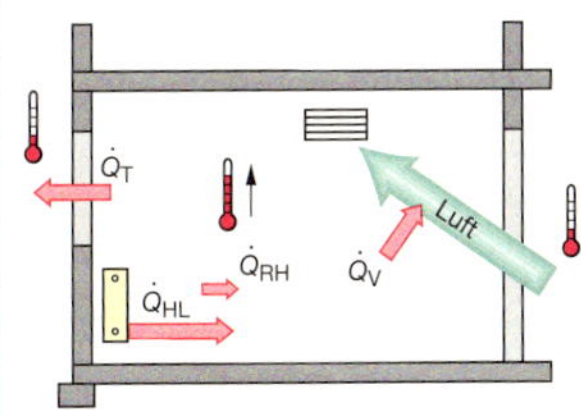

$$\dot{Q}_{HL} = \dot{Q}_T + \dot{Q}_V + \dot{Q}_{RH}$$

nach DIN EN 12 831

$\dot{Q}_{HL}$: Norm-Heizlast eines beheizten Raumes in W
$\dot{Q}_T$: Norm-Transmissionswärmeverlust in W
$\dot{Q}_V$: Norm-Lüftungswärmeverlust in W
$\dot{Q}_{RH}$: zusätzliche Aufheizleistung in W

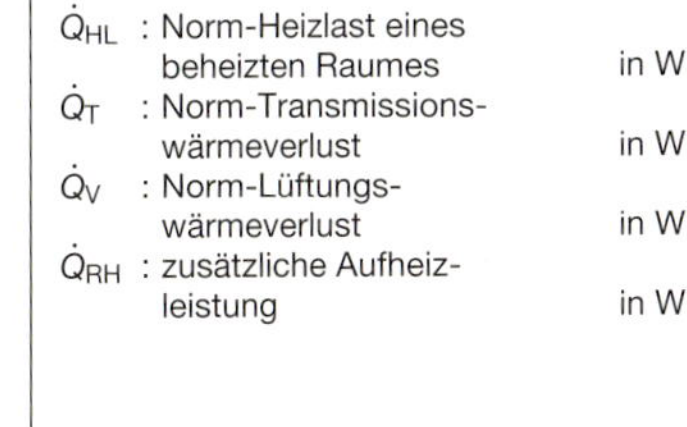

Übertemperatur zwischen Heizkörper und Raum

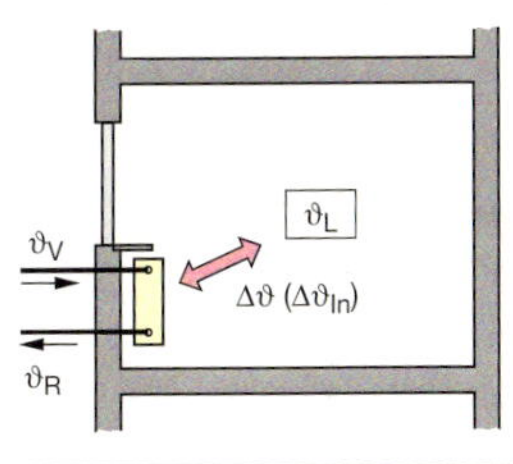

Arithmetische Mittelung:

$$\Delta\vartheta = \frac{\vartheta_V + \vartheta_R}{2} - \vartheta_L$$

Logarithmische Mittelung:

$$\Delta\vartheta_{ln} = \frac{\vartheta_V - \vartheta_R}{\ln\left(\frac{\vartheta_V - \vartheta_L}{\vartheta_R - \vartheta_L}\right)}$$

$\Delta\vartheta$: arithmetisch gemittelte Übertemperatur in K
ϑ_V : Vorlauftemperatur in °C
ϑ_R : Rücklauftemperatur in °C
ϑ_L : Bezugslufttemperatur in °C
$\Delta\vartheta_{ln}$: logarithmisch gemittelte Übertemperatur in K

Heizkörperauslegung nach DIN EN 442-2: 2003-12

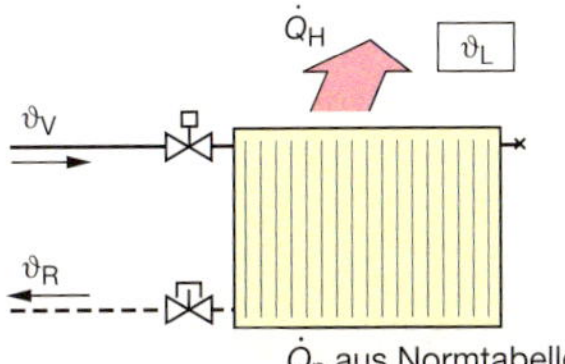

$$\dot{Q}_n = \frac{\dot{Q}_H}{\left(\frac{\Delta\vartheta_{ln}}{\Delta\vartheta_{ln,n}}\right)^n}$$

Normbedingungen:

$\vartheta_V = 75$ °C
$\vartheta_R = 65$ °C
$\vartheta_L = 20$ °C

$\boldsymbol{\Delta\vartheta_{ln,n} = 49{,}83}$ **K**

$\dot{Q}_n$: Normwärmeleistung in W
$\dot{Q}_H$: Auslegungs-Wärmeleistung in W
$\Delta\vartheta_{ln}$: logarithmisch gemittelte Übertemperatur in K
$\Delta\vartheta_{ln,n}$: logarithmisch gemittelte Übertemperatur bei Normbedingungen in K
n : Heizkörperexponent (Herstellerangaben)

Heizkörper-Auslegung *radiator sizing*

Überschlägige Heizkörperbestimmung nach der Auslegungswärmeleistung

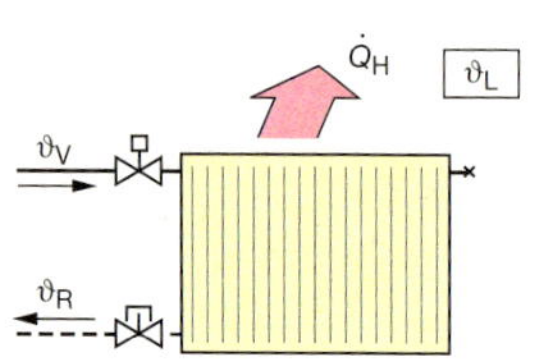

$$\dot{Q}_n = \dot{Q}_H \cdot f_1 \cdot f_2$$

Rechnerische Methode zur Ermittlung von f_1:

$$f_1 = \frac{1}{\left(\frac{\Delta\vartheta_{ln}}{\Delta\vartheta_{ln,n}}\right)^n}$$

- $\dot{Q}_n$: erforderliche Nennwärmeleistung des Heizkörpers nach DIN EN 442 in W
- $\dot{Q}_H$: Auslegungs-Wärmeleistung in W
- f_1 : Umrechnungsfaktor bei abweichenden Temperaturen (für n = 1,3 → Tab. 403.1)
- f_2 : Leistungsminderungsfaktor beim Einbau in Nischen (→ Tab. 398.1)
- $\Delta\vartheta_{ln}$, $\Delta\vartheta_{ln,n}$: logarithmisch gemittelte Übertemperaturen (→ S. 397) in K
- n : Heizkörperexponent (Herstellerangaben) (Je größer der Strahlungsanteil ist, desto kleiner ist der Exponent n)

Wärmeleistung eines vorgegebenen Heizkörpers

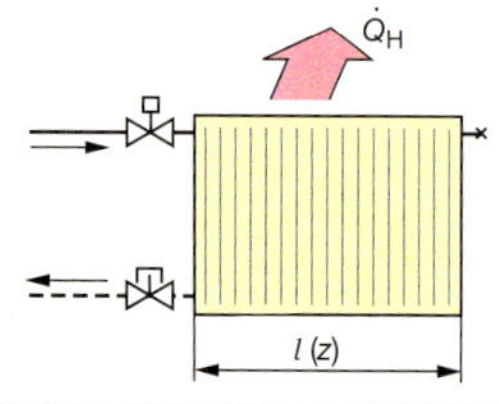

Die Norm-Wärmeleistung nach DIN EN 442 gilt bei ϑ_V = 75 °C, ϑ_R = 65 °C, ϑ_L = 20 °C

Flachheizkörper:

$$\dot{Q}_H = \frac{\dot{q}_n \cdot l}{f_1 \cdot f_2}$$

Hinweis: $\dot{Q}_n = \dot{q}_n \cdot l$

Radiatoren:

$$\dot{Q}_H = \frac{\dot{q}_n \cdot z}{f_1 \cdot f_2}$$

Hinweis: $\dot{Q}_n = \dot{q}_n \cdot z$

- $\dot{Q}_H$: Auslegungswärmeleistung in W
- $\dot{q}_n$: spezifische Normwärmeleistung in W/m
- l : Länge des Flachheizkörpers in m
- f_1, f_2: Umrechnungsfaktoren (siehe oben)

- $\dot{q}_n$: spezifische Normwärmeleistung in W/Glied
- z : Anzahl der Glieder bei Radiatoren

Heizkörper-Minderleistungen durch Einbau in Nischen

Heizkörper freistehend

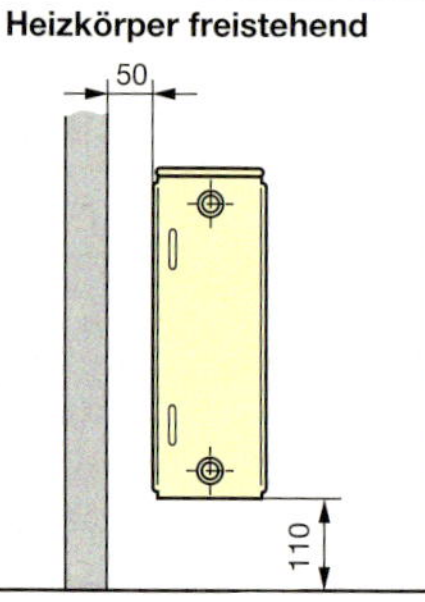

Die Norm-Wärmeleistung nach DIN EN 442 gilt bei einer Vorwandmontage ohne Nische

f_2 = 1,0

Heizkörper eingebaut

mit Mindesteinbaumaßen

f_2 = 1,02 … 1,10

Heizkörper verkleidet

Frontplatte

mit Mindesteinbaumaßen

f_2 = 1,03 … 1,10

Achtung:

Werden die Mindesteinbaumaße nicht eingehalten, vermindert sich sich die Wärmeleistung nach VDI 6030 über die Werte der Tabelle 398.1 je nach Heizkörperbauart noch erheblich.

Bei Unterschreitung des Bodenabstandes oder des Abstandes zur Nischenunterkante z. B. bis auf 20 mm ist bei Flachheizkörpern Typ 33 mit einer Heiz-Minderleistung von 15–20 % zu rechnen, d. h. mit Faktor f_2 = 1,15–1,20.

Tab. 398.1: Leistungsminderung beim Einbau in Nischen und bei Heizkörperverkleidungen

	f_2 bei Nischeneinbau	f_2 mit Heizkörperverkleidung
Mehrreihige Flachheizkörper	1,06 … 1,10	1,03 … 1,05
Einreihige Flachheizkörper mit Konvektoren	1,04 … 1,05	1,04 … 1,08
Einreihige Flachheizkörper ohne Konvektoren	1,02 … 1,03	1,05 … 1,10
Radiatoren	1,04 … 1,05	1,02 … 1,03

Tab. 398.2: Leistungsminderung bei verschiedenen Heizkörperanschlussarten DIN 4703: 2000-10

Heizkörper-Anschlussart	f_2
Oberer Vor- und unterer Rücklaufanschluss	1,00
Unterer Vor- und Rücklaufanschluss[1] (reitender Anschluss), b = Beimischfaktor 8–10	1,04 … 1,15

[1] Ausgenommen sind alle HK-Anschlüsse mit einer internen Zwangsführung des Vorlaufs nach oben, z. B. HK mit intergrierter Ventilgarnitur oder Trennscheiben.

Heizungstechnik

Heizkörper-Auslegung *radiator sizing*

Flachheizkörper

Abmessungen und Typenbezeichnungen (Herstellerangaben)

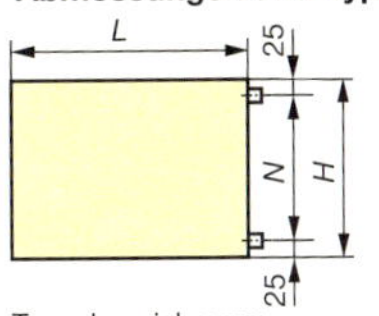

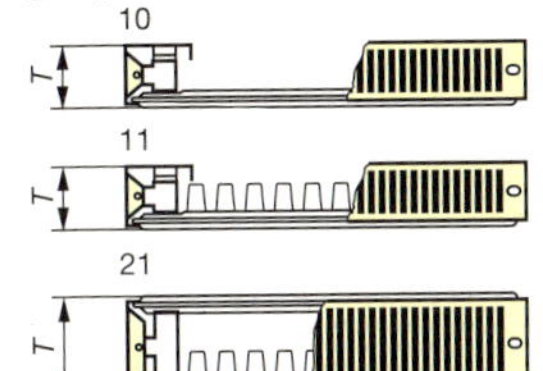

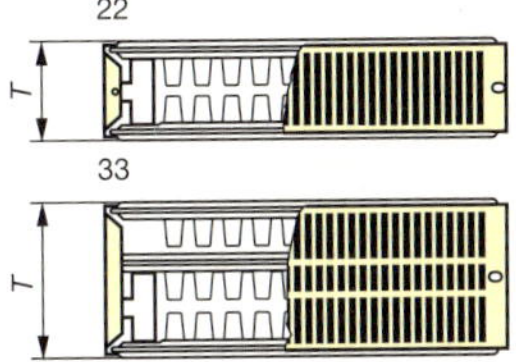

Typenbezeichnung:
z.B. **22** ⟶ Anzahl der Konvektorbleche
⟶ Anzahl der Platten

Baulängen: L = 400 – 3000 mm, Bautiefe T in mm und Bauhöhe H in mm (→ Tab. 399.1 und 399.2)
Einsatzbereich: Heizmittel Wasser bis ϑ_{max} = 110 °C und $p_{s\,max}$ = 10 bar (für Heizmittel Dampf keine Gewährleistung)

Tab. 399.1: Wärmeleistung in W/m bei senkrecht profilierten Flachheizkörpern (Herstellerangaben)

Höhe H in mm	Naben-abstand N in mm	Typ	Exponent n	Wärmeleistung $\dot{q}_n$[1] 75/65/20 °C in W/m	$\dot{q}$ 70/55/20 °C in W/m	$\dot{q}$ 55/45/20 °C in W/m	Anstrich-fläche A' in m²/m	Wasser-inhalt V' in l/m	Masse m' in kg/m
400	350	10	1,255	425	344	222	0,94	2,25	8,20
		11	1,237	697	565	368	2,45	2,25	13,20
		12	1,281	894	719	461	3,38	4,50	19,50
		22	1,283	1207	971	622	4,90	4,50	23,00
		23	1,290	1744	1401	895	7,36	6,75	34,60
500	450	10	1,274	514	414	266	1,17	2,70	10,10
		11	1,255	840	679	439	3,08	2,70	16,40
		12	1,289	1063	854	546	4,25	5,40	24,30
		22	1,288	1441	1158	741	6,16	5,40	28,80
		33	1,296	2081	1670	1065	9,25	8,10	43,10
600	550	10	1,293	602	483	309	1,40	3,15	12,00
		11	1,272	979	789	507	3,72	3,15	19,60
		12	1,297	1229	986	629	5,12	6,30	29,10
		22	1,293	1666	1338	854	7,44	6,30	34,50
		33	1,302	2394	1919	1221	11,16	9,45	51,70
900	850	10	1,294	872	700	447	2,11	4,50	17,70
		11	1,304	1390	1114	708	5,63	4,50	29,20
		12	1,334	1723	1374	865	7,74	9,00	43,40
		22	1,307	2295	1839	1168	11,26	9,00	51,60
		33	1,329	3214	2565	1617	16,90	13,50	77,40

Bautiefe T: Typ 10/11 ⇒ T = 61 mm Typ 12 ⇒ T = 64 mm Typ 22 ⇒ T = 100 mm Typ 33 ⇒ T = 155 mm

Tab. 399.2: Wärmeleistung in W/m bei glattwandigen Flachheizkörpern (Herstellerangaben)

Höhe H in mm	Naben-abstand N in mm	Typ	Exponent n	Wärmeleistung $\dot{q}_n$[1] 75/65/20 °C in W/m	$\dot{q}$ 70/55/20 °C in W/m	$\dot{q}$ 55/45/20 °C in W/m	Anstrich-fläche A' in m²/m	Wasser-inhalt V' in l/m	Masse m' in kg/m
405	350	10	1,293	371	298	190	0,86	2,25	11,30
		11	1,278	622	501	321	2,25	2,25	16,30
		12	1,320	809	647	409	3,18	4,50	22,70
		22	1,310	1131	905	574	4,57	4,50	26,20
		23	1,294	1610	1293	825	6,90	6,75	37,70
505	450	10	1,294	449	361	230	1,12	2,70	14,00
		11	1,280	753	606	388	3,06	2,70	20,30
		12	1,327	959	766	483	4,24	5,40	28,20
		22	1,315	1346	1077	682	6,18	5,40	32,70
		33	1,303	1911	1532	975	9,30	8,10	47,10
605	550	10	1,295	527	423	270	1,41	3,15	15,90
		11	1,282	882	710	455	3,75	3,15	23,50
		12	1,334	1112	886	558	5,16	6,30	33,00
		22	1,319	1557	1245	787	7,50	6,30	38,40
		33	1,311	2212	1771	1124	11,25	9,45	55,60
905	850	10	1,289	751	603	386	2,12	4,50	24,80
		11	1,287	1271	1022	654	5,66	4,50	36,20
		12	1,338	1607	1281	805	7,78	9,00	50,50
		22	1,333	2175	1735	1092	11,32	9,00	58,70
		33	1,335	3156	2516	1583	16,98	13,50	84,40

Bautiefe T: Typ 10/11 ⇒ T = 63 mm Typ 12 ⇒ T = 66 mm Typ 22 ⇒ T = 102 mm Typ 33 ⇒ T = 157 mm

[1] Normwärmeleistung nach DIN EN 442 bei 75/65/20 °C

Heizkörper-Auslegung *radiator sizing*

Flachheizkörper-Anschlussarten

mit integrierter Ventilgarnitur[1) 2)]

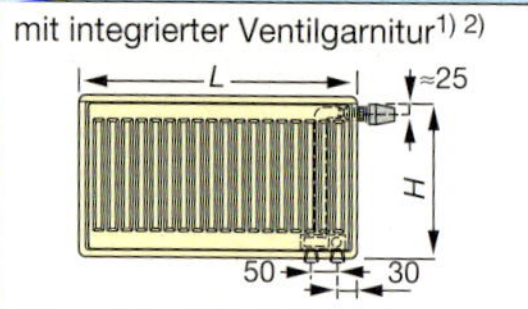

Rohranschluss G 3/4 Außengewinde – unten

mit seitlichem Anschluss

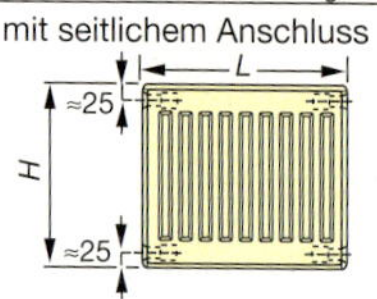

Rohranschluss Rp 1/2 Innengewinde – seitlich

Diagr. 400.1: Kennlinie des Einbauventils Typ N (Herstellerangaben)

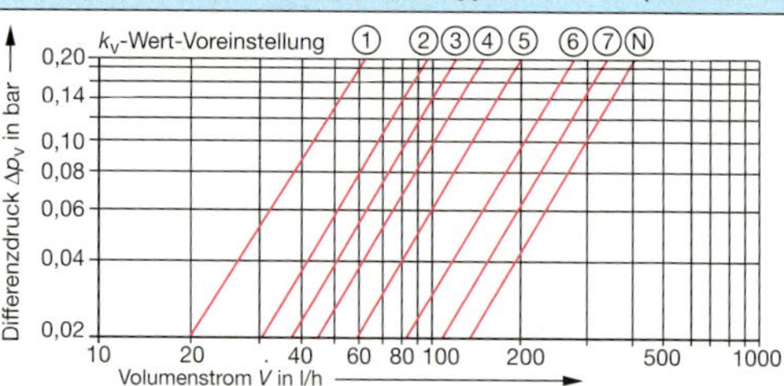

1) Einbauventil – Ausführung mit außenliegender, stufenloser kv-Wert-Voreinstellung ermöglicht ohne Werkzeug geforderten hydraulischen Abgleich

2) gängige Thermostatköpfe direkt oder mit Adapter montieren

Radiatoren

Stahlröhrenradiatoren

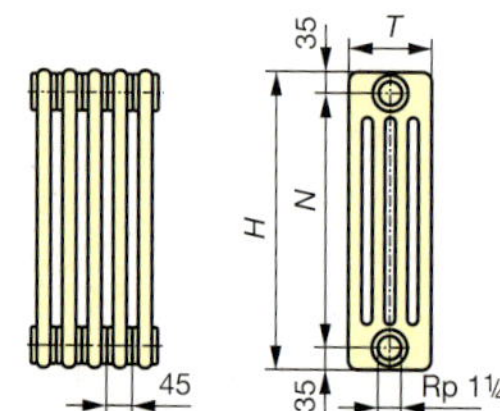

Ventilausführung:

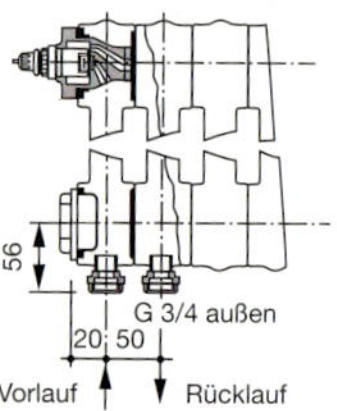

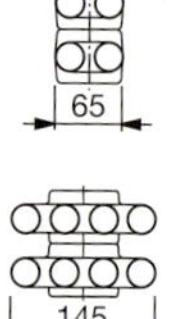

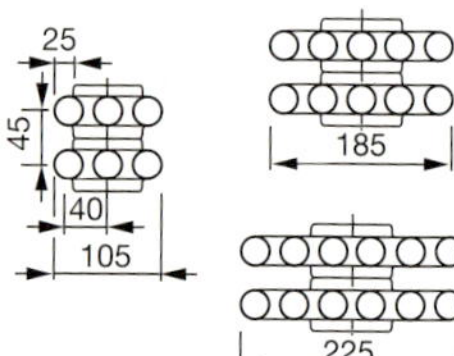

25 45 40 105 145 225

Einsatzbereich (→ Tab. 402.3)

Tab. 400.1: Normwärmeleistung $\dot{q}_n$ in W/Glied von Stahlröhrenradiatoren, Rohr-Ø = 25 mm (Herstellerangaben)

Höhe H in mm	Nabenabstand N in mm	Tiefe T in mm	Wärmeleistung $\dot{q}_n$[1)] in W/Glied	Wasserinhalt V' in l/Glied	Masse m' in kg/Glied
190	120	65	14	0,28	0,32
		105	20	0,40	0,52
		145	26	0,52	0,71
260	190	65	19	0,34	0,42
		105	26	0,48	0,67
		145	33	0,63	0,91
		185	42	0,78	1,16
		225	47	0,93	1,40
300	230	65	22	0,37	0,48
		105	31	0,53	0,75
		145	40	0,69	1,03
		185	48	0,86	1,30
		225	57	1,02	1,57
400	330	65	28	0,45	0,62
		105	41	0,65	0,97
		145	52	0,85	1,31
		185	64	1,06	1,66
		225	75	1,26	2,00
500	430	65	37	0,53	0,76
		105	51	0,77	1,18
		145	65	1,01	1,60
		185	80	1,26	2,01
		225	94	1,50	2,43
600	530	65	44	0,61	0,91
		105	60	0,89	1,39
		145	77	1,17	1,88
		185	95	1,45	2,37
		225	113	1,74	2,86
750	680	65	55	0,73	1,12
		105	75	1,07	1,71
		145	95	1,41	2,31
		185	117	1,75	2,90
		225	137	2,10	3,50

Höhe H in mm	Nabenabstand N n mm	Tiefe T in mm	Wärmeleistung $\dot{q}_n$[1)] in W/Glied	Wasserinhalt V' in l/Glied	Masse m' in kg/Glied
900	830	65	67	0,84	1,33
		105	89	1,25	2,03
		145	112	1,65	2,73
		185	138	2,05	3,44
		225	163	2,45	4,14
1000	930	65	73	0,92	1,47
		105	98	1,37	2,25
		145	124	1,81	3,02
		185	151	2,25	3,79
		225	180	2,69	4,56
1200	1130	65	86	1,08	1,76
		105	116	1,60	2,67
		145	147	2,13	3,59
		185	179	2,65	4,50
		225	209	3,17	5,42
1500	1430	65	106	1,32	2,19
		105	143	1,96	3,31
		145	180	2,60	4,44
		185	215	3,24	5,57
		225	250	3,88	6,70
2000	1930	65	140	1,72	2,90
		105	189	2,56	4,38
		145	237	3,40	5,87
		185	282	4,24	7,35
		225	330	5,08	8,84
2500	2430	65	174	2,12	3,61
		105	236	3,16	5,45
		145	295	4,19	7,29
		185	347	5,23	9,13
		225	403	6,27	10,97

1) Normwärmeleistung nach DIN EN 442 bei 75/65/20 °C
Heizkörperexponent n = 1,3

Heizkörper-Auslegung *radiator sizing*

Fensterbank-Stahlröhrenradiatoren

Abmessungen

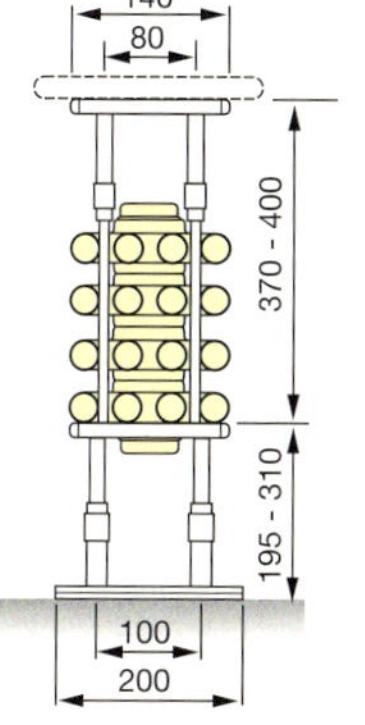

Einsatzbereich (→ Tab. 402.3)

[1]) Normwärmeleistung nach DIN EN 442 bei 75/65/20 °C, HK-Exponent n = 1,3

Tab. 401.1: Normwärmeleistung von Fensterbank-Radiatoren (Herst.)

Höhe H in mm	Gliederzahl	Länge L in mm	Nabenabstand N in mm	Tiefe T in mm	Wärmeleistung $\dot{Q}_n$[1]) in W	Wasserinhalt V in l	Masse m in kg
180	4	1500	1430	145	905	10,4	22,8
				185	1088	13,0	27,3
				225	1284	15,5	31,8
		2000	1930	145	1220	13,6	28,4
				185	1466	17,0	34,4
				225	1731	20,3	40,3
		2500	2430	145	1556	16,8	35,8
				185	1871	20,9	43,2
				225	2209	25,1	50,5
225	5	1500	1430	145	1086	13,0	27,2
				185	1306	16,2	32,8
				225	1528	19,4	38,5
		2000	1930	145	1435	17,0	34,3
				185	1724	21,2	41,7
				225	2060	25,4	49,2
		2500	2430	145	1868	21,0	43,1
				185	2247	26,2	52,3
				225	2627	31,4	61,5
270	6	1500	1430	145	1306	15,6	31,6
				185	1516	19,5	38,4
				225	1783	23,3	45,2
		2000	1930	145	1711	20,4	40,2
				185	2043	25,4	49,1
				225	2403	30,5	58,0
		2500	2430	145	2183	25,2	50,4
				185	2608	31,4	61,4
				225	3066	37,6	72,5
315	7	1500	1430	145	1465	18,2	36,1
				185	1758	22,7	44,0
				225	2049	27,2	51,9
		2000	1930	145	1975	23,8	46,1
				185	2371	29,7	56,4
				225	2763	35,5	66,8
		2500	2430	145	2520	29,4	57,7
				185	3024	36,6	70,6
				225	3524	43,9	83,4

Handtuch-Radiatoren

Abmessungen

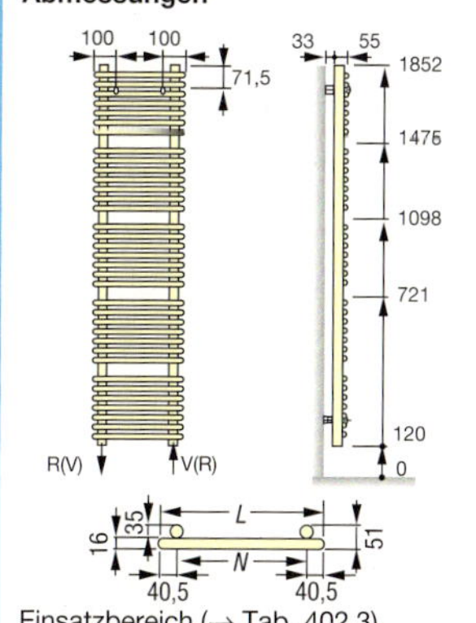

Einsatzbereich (→ Tab. 402.3)

[1]) Normwärmeleistung nach DIN EN 442 bei 75/65/20 °C, HK-Exponent n = 1,3

Tab. 401.2: Normwärmeleistung von Handtuch-Radiatoren (Herstell.)

Höhe H in mm	Nabenabstand N in mm	Breite L in mm	Exponent n	Wärmeleistung 75/65/20[1]) $\dot{Q}_n$ in W	Wärmeleistung 70/55/24 $\dot{Q}$ in W	Wasserinhalt V in l	Masse m in kg
721	451	516	1,22	406	292	2,70	7,90
	551	616	1,21	482	347	2,88	9,08
	701	766	1,19	595	431	3,15	10,85
	951	1016	1,17	781	569	3,60	13,80
1098	451	516	1,24	588	420	4,00	12,20
	551	616	1,22	698	502	4,46	13,92
	701	766	1,19	862	625	5,15	16,50
	951	1016	1,15	1133	830	6,30	20,80
1475	451	516	1,25	764	545	5,40	15,75
	551	616	1,24	906	648	5,86	18,08
	701	766	1,21	1119	806	6,55	21,53
	951	1016	1,18	1470	1068	7,70	27,30
1852	451	516	1,26	934	664	6,80	19,30
	551	616	1,25	1108	790	7,26	22,20
	701	766	1,23	1368	980	7,95	26,55
	951	1016	1,21	1798	1296	9,10	33,80

Heizkörper-Auslegung *radiator sizing*

Gussradiatoren

DIN 4703-1: 1999-12

Abmessungen

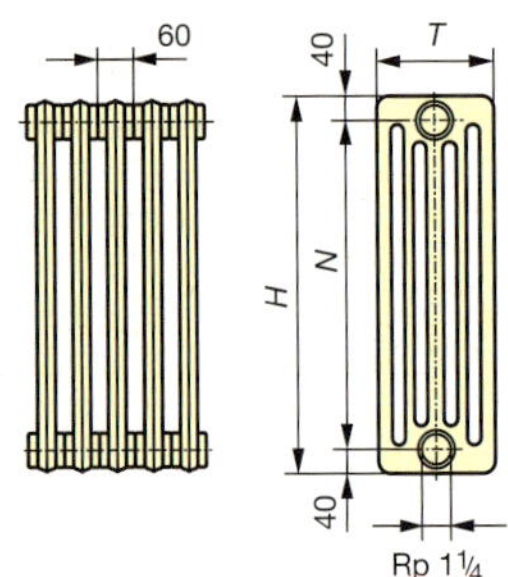

Einsatzbereich (→ Tab. 402.3)

Tab. 402.1: Normwärmeleistung $\dot{q}_n$ in W/Glied von Gussradiatoren nach DIN EN 442 bei $\Delta\vartheta_{ln,n}$ = 50 K

Höhe H in mm	Nabenabstand N in mm	Tiefe T in mm	Wärmeleistung (Exponent n = 1,3) Wasser $\dot{q}_n$ in W/Glied[1]	Dampf $\dot{q}$ in W/Glied[2]	Wasserinhalt V' in l/Glied	Masse m' in kg/Glied
280	200	250	69	128	0,9	4,7
430	350	70	41	76	0,4	2,3
		110	53	97	0,6	3,2
		160	70	129	0,8	4,3
		220	92	169	1,1	5,9
580	500	70	51	95	0,5	3,1
		110	69	128	0,8	4,5
		160	95	175	1,1	5,9
		220	122	224	1,3	7,5
680	600	160	111	204	1,2	7,0
980	900	70	84	154	0,8	5,2
		160	154	284	1,5	9,9
		220	196	361	1,9	13,0

[1] Normwärmeleistung nach DIN EN 442 bei 75/65/20 °C
[2] Sattdampf bei ϑ_m = 100 °C und Raumtemperatur ϑ_L = 20 °C

Stahlradiatoren

DIN 4703-1: 1999-12

Abmessungen

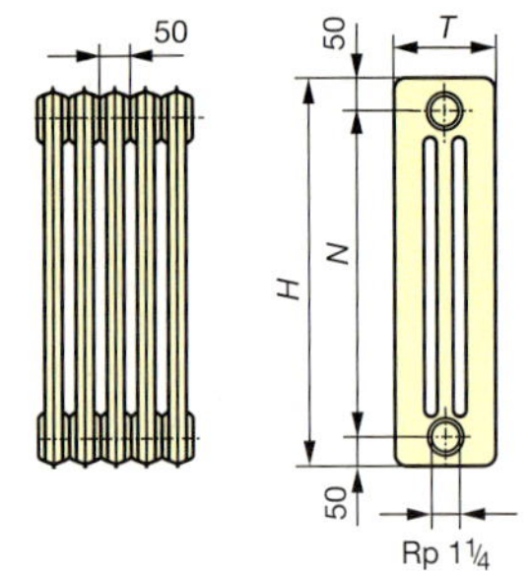

Einsatzbereich (→ Tab. 402.3)

Tab. 402.2: Normwärmeleistung $\dot{q}_n$ in W/Glied von Stahlradiatoren nach DIN EN 442 bei $\Delta\vartheta_{ln,n}$ = 50 K

Höhe H in mm	Nabenabstand N in mm	Tiefe T in mm	Wärmeleistung (Exponent n = 1,3) Wasser $\dot{q}_n$ in W/Glied[1]	Wasserinhalt V' in l/Glied	Masse m' in kg/Glied
300	200	250	58	0,97	1,70
450	350	160	56	0,98	1,55
		220	75	1,21	2,20
600	500	110	55	0,88	1,43
		160	75	1,18	2,06
		220	96	1,57	2,88
1000	900	110	92	1,18	2,43
		160	118	1,72	3,48
		220	154	2,39	4,83

[1] Normwärmeleistung nach DIN EN 442 bei 75/65/20 °C

Tab. 402.3: Zulässige Drücke und Temperaturen für verschiedene Radiatorentypen (Herstellerangaben)

Heizkörper	Druckstufe (PN)	Heizmittel	max. Heizmitteltemperatur ϑ_{max} in °C	max. Betriebsüberdruck $p_{s\,max}$ in bar[1]	Werksprüfdruck p_t in bar[1]	Baustellenprüfdruck min. p_t in bar[1]	Baustellenprüfdruck max. p_t in bar[1]
DIN-Gussradiator	PN 6	Wasser	120	6,0	13,0	1,0	7,8
	PN 2	Dampf[2]	133	2,0	13,0	1,0	2,6
DIN-Stahlradiator	PN 4	Wasser	110	4,0	7,0	1,0	5,2
	PN 6	Wasser	120	6,0	10,0	1,0	7,8
Stahlröhrenradiator:							
Standard T 65–145 mm	PN 12	Wasser	120	12,0	15,6	1,0	15,6
Standard T 185–225 mm	PN 10	Wasser	120	10,0	13,0	1,0	13,0
Fensterbankradiator	PN 10	Wasser	120	10,0	13,0	1,0	10,0
Handtuchradiator:							
Standard	PN 10	Wasser	110	10,0	13,0	1,0	13,0
Flachheizkörper	PN 10	Wasser	120	10,0	13,0	1,0	13,0
Konvektoren	PN 4	Wasser	120	4,0	5,2	1,0	5,2

[1] Gemessen am tiefsten Punkt des Heizkörpers. Alle Prüfdrücke sind Überdrücke.
[2] Für das Heizmittel Dampf wird bei den hier genannten Heizkörpern außer beim DIN Gussradiator keine Gewähr übernommen.

Heizkörper-Auslegung *radiator sizing*

Tab. 403.1: Umrechnungsfaktor f_1 bei abweichenden Auslegungstemperaturen nach DIN EN 442-2: 2003-12, logarithmisch gerechnet, Heizkörperexponent n = 1,3

Vorlauftemperatur ϑ_V in °C	Raumtemp. ϑ_L in °C	Rücklauftemperatur ϑ_R in °C												
		25	30	35	40	45	50	55	60	65	70	75	80	85
90	24	4,56	2,45	1,88	1,57	1,36	1,21	1,10	1,01	0,93	0,87	0,82	0,77	0,73
	22	3,11	2,11	1,69	1,44	1,27	1,14	1,04	0,96	0,89	0,83	0,78	0,74	0,70
	20	2,50	1,87	1,54	1,33	1,19	1,07	0,98	0,91	0,85	0,80	0,75	0,71	0,67
	18	2,13	1,68	1,42	1,24	1,11	1,01	0,93	0,87	0,81	0,76	0,72	0,68	0,65
	15	1,76	1,46	1,26	1,13	1,02	0,93	0,87	0,81	0,76	0,72	0,68	0,64	0,61
	12	1,51	1,29	1,14	1,03	0,94	0,87	0,81	0,76	0,71	0,67	0,64	0,61	0,58
85	24	4,93	2,63	2,00	1,67	1,45	1,29	1,16	1,07	0,99	0,92	0,86	0,81	
	22	3,34	2,26	1,80	1,53	1,34	1,21	1,10	1,01	0,94	0,88	0,82	0,78	
	20	2,67	1,99	1,64	1,41	1,25	1,13	1,04	0,96	0,89	0,84	0,79	0,75	
	18	2,27	1,78	1,50	1,31	1,18	1,07	0,98	0,91	0,85	0,80	0,75	0,72	
	15	1,87	1,54	1,33	1,19	1,07	0,98	0,91	0,85	0,80	0,75	0,71	0,67	
	12	1,60	1,36	1,20	1,08	0,99	0,91	0,85	0,79	0,75	0,70	0,67	0,64	
80	24	5,38	2,83	2,15	1,78	1,54	1,37	1,24	1,13	1,05	0,97	0,91		
	22	3,61	2,42	1,93	1,63	1,43	1,28	1,16	1,07	0,99	0,93	0,87		
	20	2,87	2,12	1,75	1,50	1,33	1,20	1,10	1,01	0,94	0,88	0,83		
	18	2,42	1,90	1,60	1,39	1,24	1,13	1,04	0,96	0,90	0,84	0,79		
	15	1,99	1,64	1,41	1,25	1,13	1,04	0,96	0,89	0,84	0,79	0,75		
	12	1,69	1,44	1,27	1 14	1,04	0,96	0,89	0,83	0,78	0,74	0,70		
75	24	5,90	3,07	2,32	1,92	1,66	1,47	1,32	1,21	1,12	1,04			
	22	3,92	2,61	2,07	1,75	1,53	1,37	1,24	1,14	1,05	0,98			
	20	3,10	2,28	1,87	1,61	1,42	1,28	1,17	1,08	1,00	0,94			
	18	2,61	2,03	1,70	1,48	1,32	1,20	1,10	1,02	0,95	0,89			
	15	2,12	1,75	1,50	1,33	1,20	1,10	1,01	0,94	0,88	0,83			
	12	1,80	1,53	1,34	1,21	1,10	1,01	0,94	0,88	0,82	0,78			
70	24	6,54	3,36	2,52	2,08	1,79	1,58	1,42	1,30	1,19				
	22	4,30	2,84	2,24	1,89	1,64	1,47	1,33	1,22	1,13				
	20	3,38	2,47	2,01	1,73	1,52	1,37	1,25	1,15	1,07				
	18	2,82	2,19	1,83	1,59	1,42	1,28	1,17	1,08	1,01				
	15	2,28	1,87	1,61	1,42	1,28	1,17	1,08	1,00	0,94				
	12	1,93	1,63	1,43	1,28	1,16	1,07	0,99	0,93	0,87				
65	24	7,32	3,70	2,76	2,27	1,94	1,71	1,54	1,40					
	22	4,75	3,11	2,44	2,05	1,78	1,58	1,43	1,31					
	20	3,70	2,69	2,19	1,87	1,64	1,47	1,34	1,23					
	18	3,07	2,37	1,98	1,71	1,52	1,37	1,26	1,16					
	15	2,47	2,01	1,73	1,52	1,37	1,25	1,15	1,07					
	12	2,07	1,75	1,53	1,37	1,24	1,14	1,05	0,98					
60	24	8,32	4,13	3,06	2,50	2,13	1,87	1,68						
	22	5,32	3,44	2,69	2,24	1,94	1,73	1,56						
	20	4,10	2,96	2,39	2,03	1,78	1,60	1,45						
	18	3,38	2,59	2,15	1,86	1,65	1,48	1,35						
	15	2,69	2,19	1,87	1,64	1,47	1,34	1,23						
	12	2,24	1,89	1,64	1,47	1,33	1,22	1,13						
55	24	9,62	4,67	3,43	2,78	2,37	2,07							
	22	6,03	3,86	2,99	2,48	2,15	1,90							
	20	4,60	3,29	2,64	2,24	1,96	1,75							
	18	3,75	2,86	2,36	2,03	1,80	1,62							
	15	2,96	2,39	2,03	1,78	1,60	1,45							
	12	2,44	2,05	1,78	1,58	1,43	1,31							
50	24	11,38	5,39	3,92	3,15	2,67								
	22	6,97	4,39	3,37	2,79	2,40								
	20	5,23	3,70	2,96	2,50	2,17								
	18	4,22	3,19	2,63	2,25	1,98								
	15	3,29	2,64	2,24	1,96	1,75								
	12	2,69	2,24	1,94	1,73	1,56								
45	24	13,93	6,38	4,58	3,65									
	22	8,26	5,11	3,89	3,19									
	20	6,08	4,25	3,37	2,83									
	18	4,84	3,63	2,96	2,53									
	15	3,70	2,96	2,50	2,17									
	12	2,99	2,48	2,15	1,90									

Achtung:
Nur für Umrechnungen nach DIN EN 442 verwenden!

Wärmeleistung bei abweichenden Auslegungstemperaturen (Abstufung nach Grad)

Tab. 403.2: Umrechnungsfaktor f_1 in Bezug auf $\Delta\vartheta_{ln,n}$ = 50 K (n = 1,3)

$\Delta\vartheta$	0 K	1 K	2 K	3 K	4 K	5 K	6 K	7 K	8 K	9 K
20	3,29	3,09	2,91	2,74	2,59	2,46	2,34	2,23	2,12	2,03
30	1,94	1,86	1,78	1,72	1,65	1,59	1,53	1,48	1,43	1,38
40	1,34	1,29	1,25	1,22	1,18	1,15	1,11	1,08	1,05	1,03
50	1,00	0,97	0,95	0,92	0,90	0,88	0,86	0,84	0,82	0,81
60	0,79	0,77	0,76	0,74	0,72	0,71	0,70	0,64	0,67	0,66
70	0,64	0,63	0,62	0,61	0,60	0,59	0,58	0,57	0,56	0,55

Beispiel:

Geg.: $\dot{Q}_H$ = 1600 W, ϑ_L = 24 °C, ϑ_V = 72 °C, ϑ_R = 62 °C

Ges.: ΔT_m, $\dot{Q}_n$

Lös.: $\vartheta_m = (\vartheta_V - \vartheta_R)/2 = (72 + 62)/2 = 67$ °C

$\Delta T_m = \vartheta_m - \vartheta_L = 67 - 24 = 43$ K

$f_1 = 1{,}22$ (Tabelle 403.2)

$\dot{Q}_n = \dot{Q}_H \cdot f_1 = 1600\ \text{W} \cdot 1{,}22 = 1952$ W

Auswahl des Heizkörpers mit Normbedingungen nach EN 442 bei 75/65/20 °C.

Heizkörper-Auslegung *radiator sizing*

Konvektoren

Konvektoreinbau in Nischen

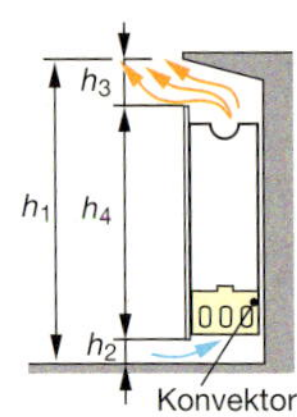

h_1 = Nischenhöhe in mm
h_2 = Lufteintritt in mm
h_3 = Luftaustritt in mm
h_4 = wirksame Schachthöhe in mm

Tab. 404.1: Konvektoren-Wärmeleistung in Heizkörpernischen Bauhöhe H = 70 mm, Bautiefe T = 150 mm, n = 1,41 (Herstellerangaben)

Tiefe T in mm	Länge L in mm	Normwärmeleistung $\dot{q}_n$ in W [1)] $h_1 = 400$, $h_2 = 100$, $h_3 = 100$, $h_4 = 200$	$h_1 = 500$, $h_2 = 100$, $h_3 = 100$, $h_4 = 300$	$h_1 = 600$, $h_2 = 100$, $h_3 = 100$, $h_4 = 400$	$h_1 = 800$, $h_2 = 100$, $h_3 = 100$, $h_4 = 600$	$h_1 = 900$, $h_2 = 100$, $h_3 = 100$, $h_4 = 700$	Masse m in kg	Wasserinhalt V in l
150	1000	923	1113	1278	1508	1580	13,1	1,3
150	1200	1129	1361	1562	1844	1932	15,7	1,4
150	1400	1334	1608	1846	2179	2283	18,2	1,6
150	1600	1642	1979	2272	2682	2810	20,8	1,7
150	1800	1744	2103	2414	2849	2985	23,4	1,8
150	2000	1949	2350	2698	3184	3336	26,0	1,9
150	2200	2155	2598	2982	3520	3688	28,6	2,1
150	2600	2565	3093	3550	4190	4390	33,7	2,3
150	3000	2975	3587	4118	4860	5092	38,9	2,6

Baulänge: L = 0,5 bis 6,0 m, Einsatzbereich: ϑ_{max} = 120 °C, p_s = 6 bar, Prüfdruck p_t = 6,5 bar

[1)] Normwärmeleistung nach DIN EN 442 bei 75/65/20 °C; Umrechnung auf andere Temperaturen (→ S. 403)

Standard-Konvektoren

Abmessungen von Standardkonvektoren

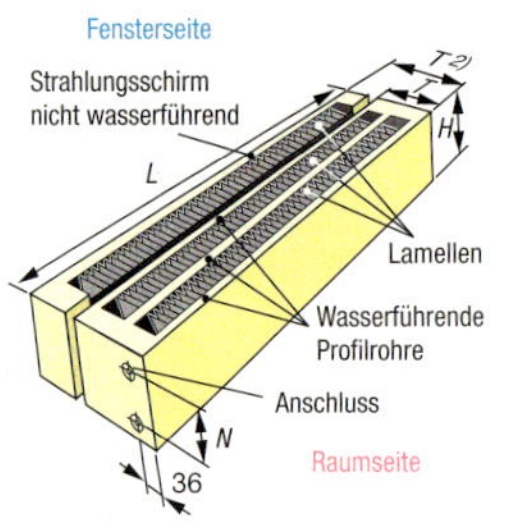

Nabenabstand N in mm:
Anschluss Rp 3/8, (1/2) : $N = H - 36$ mm
Anschluss Rp 3/4 : $N = H - 52$ mm
Baulänge: L = 500 bis 6000 mm

Einsatzbereich:
ϑ_{max} = 120 °C, p_s = 5 bar
Prüfdruck p_t = 6,5 bar

Tab. 404.2: Normwärmeleistung $\dot{q}_n$[1)] in W/m von Standard-Konvektoren nach DIN EN 442 (Herstellerangaben)

Höhe H in mm	Tiefe T in mm	Tiefe T [2)] in mm	Exponent n	Exponent n [2)]	Wärmeleistung $\dot{q}_n$ in W/m	Wärmeleistung $\dot{q}_n$ [2)] in W/m	Wasserinhalt V' l/m	Masse m' in kg/m	Masse m' [2)] in kg/m
280	73	143	1,33	1,32	857	1168	4,80	23,00	37,85
210			1,30	1,29	696	965	3,60	17,35	28,35
140			1,27	1,26	528	733	2,40	11,50	18,85
70			1,24	1,23	356	477	1,20	5,70	9,35
280	134	204	1,36	1,34	1420	1686	7,60	38,30	53,15
210			1,35	1,32	1195	1402	5,70	28,70	39,80
140			1,32	1,29	914	1072	3,80	19,10	26,45
70			1,20	1,24	589	706	1,90	9,45	13,10
280	196	266	1,39	1,36	1990	2177	10,40	53,90	68,75
210			1,37	1,35	1686	1831	7,80	40,35	51,45
140			1,32	1,31	1284	1406	5,20	26,85	34,20
70			1,18	1,24	800	900	2,69	13,30	16,95
280	257	327	1,41	1,38	2547	2637	13,00	69,35	84,20
210			1,38	1,36	2145	2272	9,75	51,90	63,00
140			1,32	1,31	1613	1743	6,50	34,50	41,85
70			1,17	1,23	972	1060	3,25	17,05	20,70

[1)] Normwärmeleistung nach DIN EN 442 bei 75/65/20 °C;
[2)] Ausführung mit integriertem Strahlenschutz an der Fensterseite (→ S. 397)

Bautiefe: T[2)] = 143 mm (2-rohrig) | T = 73 mm (2-rohrig) | T = 134 mm (3-rohrig) | T = 196 mm (4-rohrig) | T = 257 mm (5-rohrig)

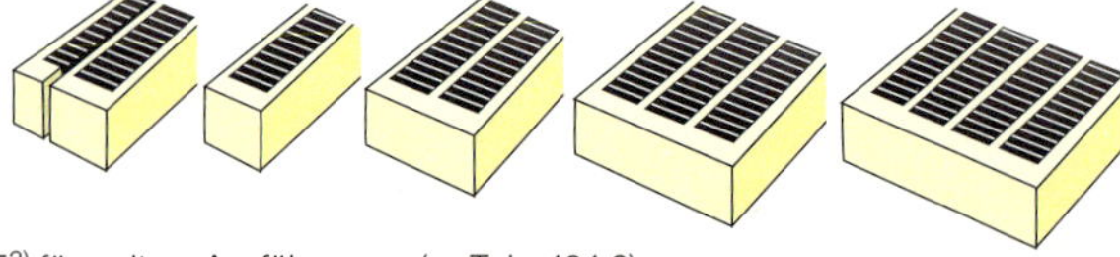

Tiefe T[2)] für weitere Ausführungen (→ Tab. 404.2)

Anordnung in Bodenkanälen

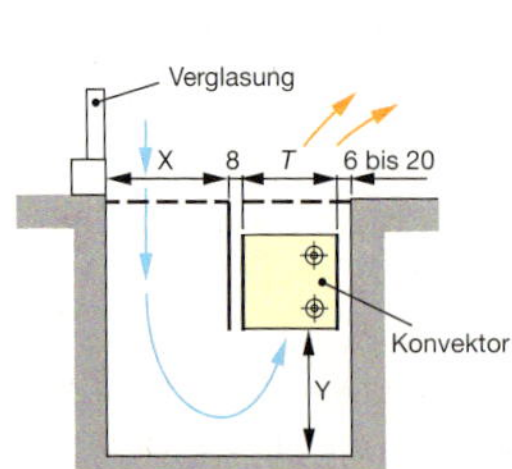

Baumaße: Maß X = Maß Y = mindestens Bautiefe T

Minderleistung:
- Bei offener Anordnung in Bodenkanälen ca. 20 %
- Bei Abdeckung mit Gittern mit 70 % freiem Querschnitt über dem Bodenkanal ca. 35 %

Heizkörper-Auslegung *radiator sizing*

Rohrheizkörper

Glatte Rohre

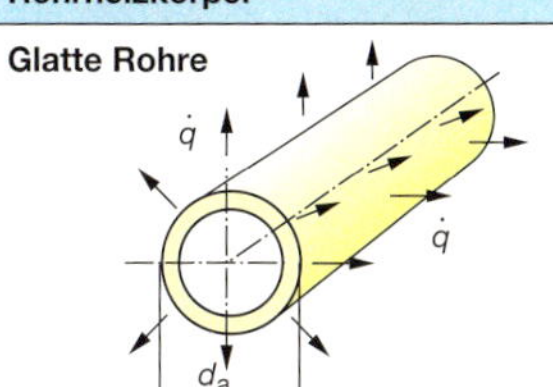

$$\dot{Q} = \dot{q} \cdot l$$

$$\vartheta_m = \frac{\vartheta_V + \vartheta_R}{2}$$

$$\Delta T_m = \vartheta_m - \vartheta_L$$

$\dot{Q}$	: Wärmeabgabe von Rohren	in W
$\dot{q}$	: spezif. Wärmeleistung von Rohren (→ Tab. 405.1 u. 405.2)	in W/m
l	: Länge der Heizrohre	in m
ϑ_m	: mittlere Heizmediumtemperatur	in °C
ϑ_V	: Heizmittel-Vorlauftemperatur	in °C
ϑ_R	: Heizmittel-Rücklauftemperatur	in °C
ΔT_m	: mittlere Temperaturdifferenz	in K
ϑ_L	: Umgebungslufttemperatur	in °C

Tab. 405.1: Spezifische Wärmeleistung $\dot{q}$ in W/m von glatten Rohren

	Gewinderohre DIN EN 10255				Stahlrohre EN 10220			
Nennweite DN	15	20	25	32	40	50	65	80
Außen-Ø in mm	21,3	26,9	33,7	42,4	48,3	60,3	76,1	88,9
$\Delta\vartheta_m$ in K	spezif. Wärmeleistung $\dot{q}$ an die Umgebung in W/m							
80	87	103	124	150	170	207	241	271
75	79	94	114	137	155	189	220	248
70	72	85	102	124	141	170	201	225
65	65	77	92	111	127	154	180	202
60	58	68	82	100	114	137	160	180
58	55	66	79	95	109	130	153	172
56	52	62	74	90	103	124	145	163
54	50	59	71	86	98	117	139	155
52	48	56	68	81	93	112	131	147
50	**44**	**53**	**54**	**78**	**88**	**106**	**124**	**139**
48	42	50	61	73	84	98	116	132
46	39	46	57	68	78	94	110	124
44	37	44	53	65	73	89	103	116
42	35	41	50	60	69	83	97	109
40	33	38	46	57	64	77	91	102

Beispiel:

Geg.: glattes Rohr DN 32 nach DIN EN 10255
Rohrlänge l = 27 m, ϑ_L = 16 °C
ϑ_V = 80 °C, ϑ_R = 60 °C,

Ges.: a) ϑ_m in °C und $\Delta\vartheta_m$ in K
b) $\dot{Q}$ in W

Lös.:

a) $\vartheta_m = (\vartheta_V + \vartheta_R)/2 = (80 + 60)/2 = 70$ °C
$\Delta T_m = \vartheta_m - \vartheta_L$
ΔT_m = 70 °C – 16 °C = 54 K
$\dot{q}$ **= 86 W/m** (→ Tab. 405.1)

b) $\dot{Q} = \dot{q} \cdot l$
$\dot{Q}$ **= 86 W/m · 27 m = 2322 W**

Rippenrohre

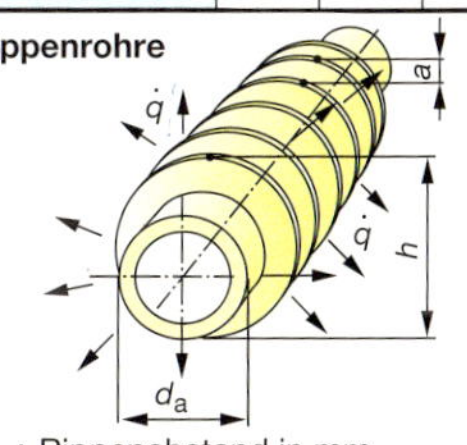

a : Rippenabstand in mm
h : Rippenhöhe in mm
$\dot{q}_n$: Normwärmeleistung in W/m
A'_o : Heizoberfläche in m²/m

Tab. 405.2: Normwärmeleistung $\dot{q}_n$ und spezif. Heizfläche von gewellten Stahlrippenrohren, Exponent n = 1,25 (Herstellerangaben)

DN	Rippenhöhe h in mm	U-Wert in W/(m²·K)	a = 10 mm: $\dot{q}_n$[1] in W/m	a = 10 mm: A'_o in m²/m	a = 12 mm: $\dot{q}_n$[1] in W/m	a = 12 mm: A'_o in m²/m	a = 14 mm: $\dot{q}_n$[1] in W/m	a = 14 mm: A'_o in m²/m
32	25	7,0	513	1,19	482	1,03	461	0,92
	30	8,8	598	1,51	564	1,30	543	1,15
50	30	6,2	682	1,81	635	1,56	607	1,38
	35	7,7	776	2,20	725	1,90	693	1,67
65	35	5,5	880	2,65	824	2,27	784	2,01
	40	6,9	988	3,13	925	2,68	877	2,36

[1] Wärmeleistung nach DIN EN 442 bei 75/65/20 °C (bei glatten Rippen ca. 3 bis 4 % geringere Heizleistung)

Flächenheizungen *radiant panel heating*

Deckenstrahlplatten

Temperaturverteilung im Raum

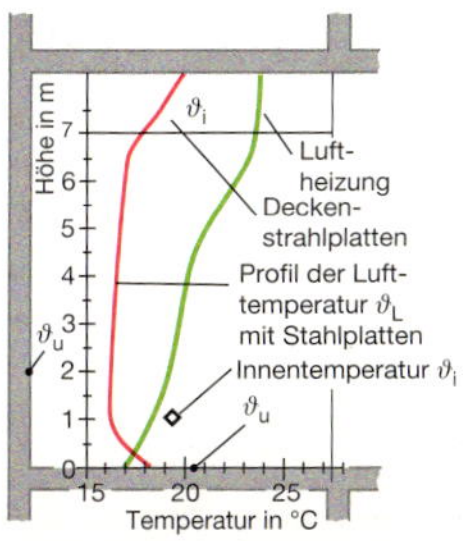

Vorteile der Deckenstrahlplatten-Heizung:

- Lufttemperatur liegt ca. 3 K niedriger als bei der Luftheizung ⇒ **Brennstoffersparnis**. Empfundene Innentemperatur ϑ_i ist als Mittelwert aus Lufttemperatur ϑ_L und mittlerer Umschließungsflächen-Temperatur $\vartheta_{U,m}$ definiert (→ durch Strahlung erwärmte Wände und Boden wirken sich positiv auf die Behaglichkeit aus)
- geringe Temperaturschichtung, ca. 0,3 K/m (→ Abbildung links)
- kein Zug, keine störenden Geräusche, keine Staubaufwirbelung
- uneingeschränkte Nutzung der Boden- und Seitenflächen
- gute Regelbarkeit und geringe Aufheizzeit durch geringere Speichermasse
- Energie sparendes Heizsystem für Räume mit Höhen von 3 bis 30 m
- auch als Decken-Kühlfläche (Berechnung nach DIN EN 14 240) einsetzbar

Nachteil: Wärmeleistung fällt bei sinkender Übertemperatur sehr stark ab. Für Brennwerttechnik kaum geeignet.

Heizungstechnik

Deckenheizungs-Auslegung *sizing of radiant panel heating*

Aufbau der Deckenstrahlplatten

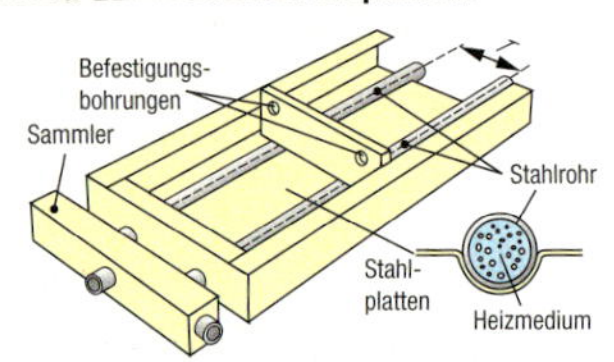

Material: Register aus Stahlrohr 28 × 1,5 DIN EN 10 305-3
Strahlplatten aus Stahlblech s = 1,25 mm
Sammler aus Vierkantrohr 45 × 45 mm

Maße: Baulängen L = 2000 bis 7500 mm
Rohrabstand T = 150 mm, Baubreite B in mm,

Einsatzbereich: Heizmittel Warm- und Heißwasser bis ϑ_{max} = 140 °C und p_{smax} = 12 bar, Prüfdruck p_t = 16 bar

Berechnung mit oberer Wärmedämmung nach DIN EN 14 037:
Dämmschichtdicke 40 mm; Isoliermaterial mit λ = 0,040 W/(m · K) und ϱ = 25 kg/m³ auf der Oberseite mit Aluminium kaschiert

Tab. 406.1: Spezifische Wärmeleistung $\dot{q}$[1] in W/m von Deckenstrahlplatten nach DIN EN 14 037: 2003-08 mit eingelegter Wärmedämmung (ohne Wärmeleistung des Sammlerpaares) (Herstellerangaben)

$\Delta\vartheta$[2] in /K	Typ 300/2 B=300 mm	Typ 450/3 B=450 mm	Typ 600/4 B=600 mm	Typ 750/5 B=750 mm	Typ 900/6 B=900 mm	Typ 1050/7 B=1050 mm	Typ 1200/8 B=1200 mm	Typenübersicht
120	498	677	856	1003	1270	1477	1683	Typ 300/ 2
116	479	650	823	1022	1221	1419	1617	
112	459	624	789	980	1171	1361	1551	
108	440	598	756	939	1122	1304	1486	Typ 450/3
104	421	572	723	899	1073	1248	1422	
100	402	546	691	858	1025	1191	1358	
96	383	520	658	818	977	1136	1294	Typ 600/4
92	364	495	626	778	929	1080	1231	
88	346	470	594	738	882	1025	1168	
84	327	445	563	699	835	970	1106	Typ 750/5
80	309	420	531	660	788	916	1044	
76	291	395	500	621	742	863	983	
72	273	371	469	583	696	810	923	Typ 900/6
68	255	347	439	545	651	757	863	
64	238	323	409	507	606	705	803	
62	229	311	394	489	584	679	774	
58	212	288	364	452	540	628	715	Typ 1050/7
55	199	270	342	425	507	590	627	
50	178	242	305	379	453	527	601	
46	161	219	277	344	411	478	545	
42	145	197	249	309	369	429	489	Typ 1200/8
38	129	175	221	275	328	382	435	
34	113	153	194	241	288	335	382	
30	97	132	167	208	249	289	329	

[1] spezif. Wärmeleistung $\dot{q}$ in W/m gilt für eine ausgebildete turbulente Strömung in den Rohren der Strahlplatten
[2] Übertemperatur $\Delta\vartheta$ wird nach DIN 4703 arithmetisch oder genauer logarithmisch ermittelt (→ S. 397)

Wärmeleistung einer Decken-Heizfläche

$$\dot{Q} = \dot{q} \cdot l \cdot f_s$$

$\dot{Q}$: Wärmeleistung der Decken-Heizfläche in W
$\dot{q}$: spezif. Wärmeleistung (→ Tab. 406.1) in W/m
l : Baulänge der Deckenheizfläche in m
f_s : Korrekturfaktor (→ Tab. 406.2)

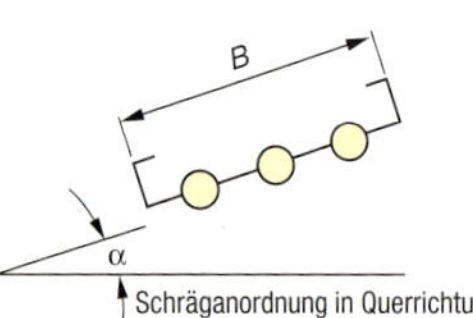

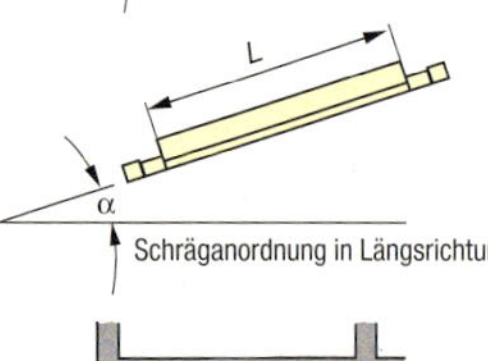

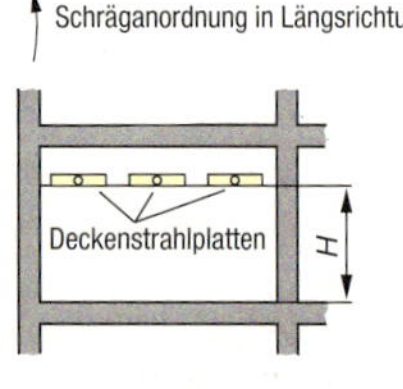

Tab. 406.2: Korrekturfaktor f_s bei Schräganordnung der Deckenstrahlplatten

Winkel α	5	10	15	20	25	30	35	40	45
Korrekturfaktor f_s	1,011	1,022	1,033	1,044	1,055	1,066	1,077	1,088	1,10

Tab. 406.3: Zulässige mittl. Heizwassertemperaturen ϑ_m in °C für Decken-strahl-Heizflächen in Aufenthaltsräumen (Herstellerangaben)

Höhe H in m	Strahlplattenbelegung der Deckenfläche 10 %	15 %	20 %	25 %	30 %	35 %
3	73	71	68	64	58	56
4	115	105	91	78	67	60
5	147	123	100	83	71	64
6		132	104	87	75	69
7		137	108	91	80	74
8		141	112	96	86	80
9			117	101	92	87
10			122	107	98	94

Fußbodenheizungs-Auslegung *sizing of radiant floor heating*

Berechnungsgrößen bei Fußbodenheizungen

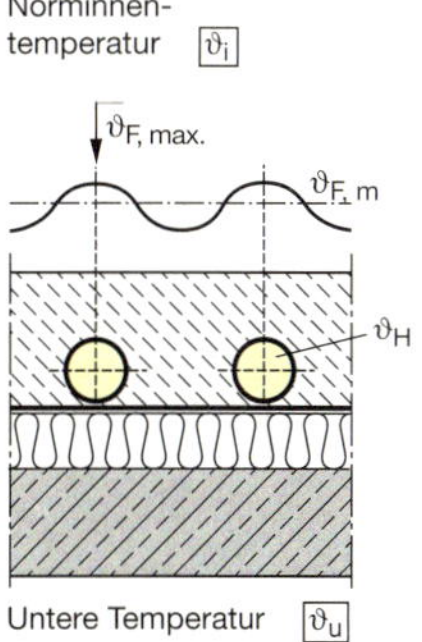

Tab. 407.1: Temperaturen und Grenzwärmestromdichte bei Fußbodenheizungen nach DIN EN 1264-1: 1997-11

Räume	Norminnen-temperatur ϑ_i	Max. Fußbodenoberflächentemperatur $\vartheta_{F,max}$ [1]	Grenzwärme-stromdichte $\dot{q}_{G,max}$
Aufenthaltszonen	20 °C	29 °C (ϑ_i + 9 °C)	100 W/m²
Randzonen ($b \leq 1$ m)	20 °C	35 °C (ϑ_i + 15 °C)	175 W/m²
Bäder	24 °C	33 °C (ϑ_i + 9 °C)	100 W/m²

[1] Temp.-Überschreitung aus wärmephysiologischen Gründen vermeiden. Die Grenzwärmestromdichte ist nach DIN EN 1262-2 errechnet (→ Diagr. 409.1).

$\vartheta_{F,m}$: Mittlere Oberflächentemperatur in °C ($\vartheta_{F,m} < \vartheta_{F,max}$)
$\vartheta_{F,m} - \vartheta_i$: Mittlere Oberflächenübertemperatur in K
ϑ_H : Heizmitteltemperatur in °C,
$\Delta\vartheta_H$: Heizmittelübertemperatur ($\vartheta_H - \vartheta_i$) in K
σ : Spreizung (Differenz zwischen Vor- und Rücklauftemperatur) in K

Diagr. 407.1: Wärmestromdichte $\dot{q}$ [1] mit Basiskennlinie nach DIN EN 1264-2

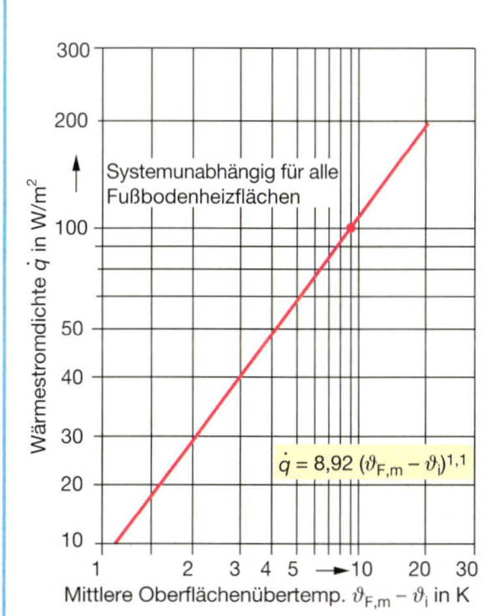

[1] systemunabhängig, gültig für alle Fußbodenheizungssysteme

Diagr. 407.2: Leistungskennlinien mit Grenzkurven für vier unterschiedliche $R_{\lambda,B}$-Werte [2] nach DIN EN 1264-3

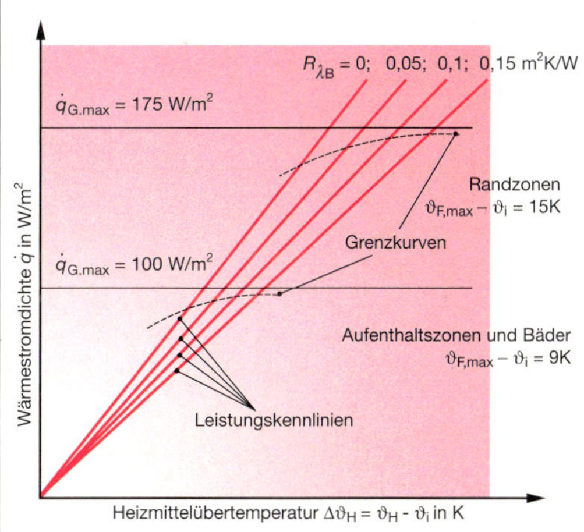

[2] Wärmeleitwiderstand des Fußbodenbelages $R_{\lambda,B}$ in m² · K/W (→ Tab. 409.1)

Tab. 407.2: Wärmeleitfähigkeitswerte λ in W/(m · K) von Materialien bei Warmwasser-Fußbodenheizungen

Material	λ in W/(m · K)	Material	λ in W/(m · K)	Material	λ in W/(m · K)
PB Rohr	0,22	Wärmeleitein-richtung aus Alu	200	PVC 2,5 mm	0,19
PP Rohr	0,22	Wärmeleitein-richtung aus Stahl	52	Linoleum 2,5 mm	0,19
PE-X Rohr	0,35	Zementestrich	1,2 (1,4)	Parkett 10–22 mm	0,2 bis 0,25
Stahlrohr	52	Anhydritestrich	1,2	Fliesen 10 mm	1,00
Kupferrohr	390	Teppiche 6–17 mm	0,08 bis 0,2	Keramikplatten	1,20
PVC Mantelrohr mit eingeschl. Luft	0,15	Korkplatten	0,05	Marmor 30 mm	2,10
PVC Mantelrohr ohne eingeschl. Luft	0,20	PVC-Filz	0,04	Klinkerplatten	0,8

Wärmeleitwiderstand: $R_\lambda = d/\lambda$ (Berechnung → S. 382)

Fußbodenheizungs-Auslegung *sizing of radiant floor heating*

Verlegesysteme von Rohrfußbodenheizungen DIN EN 1264-1

Typ A1 ($a < 5$ mm)

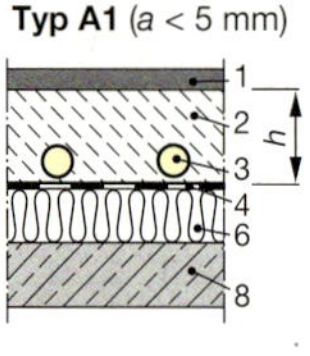

Estrich
$h \geq 45 + d$ (mm)

Typ A2 (a = 5–15 mm)

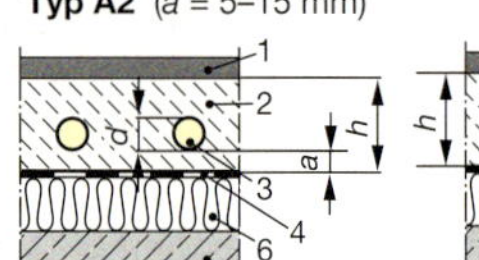

Estrich
$h \geq 50 + d$ (mm)

Typ B

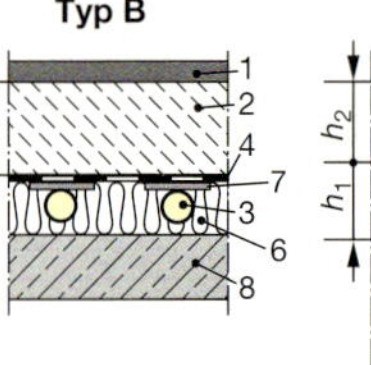

Estrich
$h \geq 45$ mm

Typ C

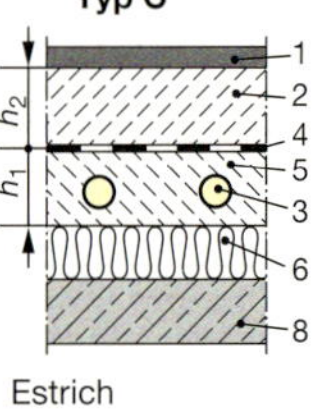

Estrich
$h_1 \geq 20 + d$, $h_2 \geq 45$ mm

Bauteile:
1 Bodenbelag
2 Estrich
3 Heizrohr
4 Abdeckung
5 Ausgleichsestrich
6 Dämmschicht
7 Wärmeleit-Einrichtung
8 tragender Untergrund

Fußbodenheizungs-Berechnung

Beispiel: Grundriss mit Rohr-Verlegeplan

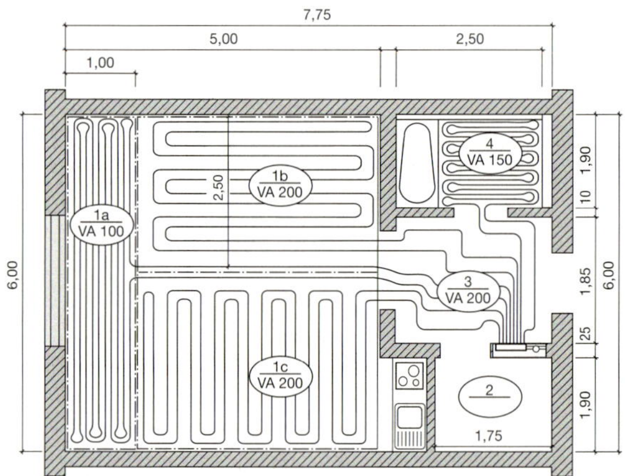

Lastverteilschicht:
Zementestrich ZE 20, h = 62 mm

Dämmschichtaufbau:
Isolierung nach DIN EN 1264 über Räumen mit nicht gleichartiger Nutzung
d = 50 mm, $R_{\lambda,Dä} = 1{,}25\ m^2 \cdot K/W$

Bodenbeläge:
Wohnen u. Garderobe mit Teppich
d = 8 mm, $R_{\lambda,B} = 0{,}100\ m^2 \cdot K/W$

Diele und Bad mit Fliesen
d = 10 mm, $R_{\lambda,B} = 0{,}020\ m^2 \cdot K/W$

Untere Temperatur:
ϑ_u = 10 °C

Nr.	Temp. in °C	Raumbezeichnung	Wärmeleistung $\dot{Q}_{ber}$ in W
1	20	Wohnzimmmer	2400
2	15	Garderobe	0
3	20	Diele	220
4	24	Badezimmer	420

Rechengang: Berechnungsformblatt – Fußbodenheizung (→ S. 411 u. Fortsetzung S. 412)	Spalte
a) Festlegung der Raum-Nr., der Raumbezeichnung, der Norminnen- (DIN EN 12 831) u. der unteren Temperatur	**1, 2, 3, 4**
b) Bestimmung der Raumfläche $\boldsymbol{A_R}$ und der zu heizenden Fläche $\boldsymbol{A_{Fb}}$. In Aufenthaltsräumen eine möglichst vollflächige Verlegung wählen (auch bei Küchen- und Schrankstellflächen). Teilflächen, auf denen mit dem Gebäude fest verbundene Einrichtungsgegenstände stehen (z. B. Kachelöfen, Bade- und Brausewannen), abziehen.	**5 u. 6**
c) Auslegungs-Wärmeleistung $\boldsymbol{\dot{Q}_{HL}}$ nach DIN EN 12 831 berechnen und evt. mit $\boldsymbol{\dot{Q}_{Fb}}$ bereinigen (→ S. 409)	**7**
d) Spezif. Auslegungs-Wärmestromdichte $\boldsymbol{\dot{q}_{Ausl}}$ für den Raum mit der größten Wärmestromdichte (Bäder ausgenommen) berechnen. (→ S. 409).	**8**
e) Wärmeleitwiderstand $\boldsymbol{R_{\lambda,B}}$ des Bodenbelages festlegen oder zur Auslegung einheitliche Fußbodenbeläge annehmen, z. B. $\boldsymbol{R_{\lambda,B} = 0{,}10\ m^2 \cdot K/W}$ **(→ Tab. 409.1)**	**9**
f) Mit der Auslegungs-Wärmestromdichte $\boldsymbol{\dot{q}_{Ausl}}$ des ungünstigsten Raumes, dem Wärmeleitwiderstand $\boldsymbol{R_{\lambda,B}}$ u. dem Verlegeabstand **VA** aus dem Kennlinienfeld eines Systems (Herstellerangabe **→ Diagr. 409.1**) die Heizmittelübertemperatur $\boldsymbol{\Delta\vartheta_H}$ bestimmen (Grenzwärmestromdichte $\boldsymbol{\dot{q}_G}$ darf nicht überschritten werden).	**10, 11**
g) Aufteilung des Raumes in Teilflächen, z. B. in Randzone $\boldsymbol{A_R}$ (maximal Breite von 1 m vor der Außenwand) und in die Aufenthaltszone $\boldsymbol{A_A}$ (Feldgrößen bis max. 40 m²) (→ S. 410)	**12**
h) Mit anzunehmender Spreizung $\boldsymbol{\sigma \leq 5\ K}$ ergibt sich die Auslegungs-Vorlauftemperatur $\boldsymbol{\vartheta_{VAusl}}$ (→ S. 410)	**Tab.- Kopf**
i) Rand-Wärmestromdichte $\boldsymbol{\dot{q}_R}$ aus Diagr. 409.1 ermitteln u. Aufenthalts-Wärmestromdichte $\boldsymbol{\dot{q}_A}$ errechnen (→ S. 410)	**14**
j) Mit errechneter Wärmestromdichte $\boldsymbol{\dot{q}_A}$ ($\boldsymbol{\dot{q}_R}$) und der Verlegefläche die tatsächliche Wärmeabgabe $\boldsymbol{\dot{Q}_{Fb}}$ ermitteln	**15**
k) Rohrlänge $\boldsymbol{L_{Hk}}$ mit dem spezif. Rohrbedarf $\boldsymbol{L_0}$ u. der Teilfläche $\boldsymbol{A_{Fb}}$ errechnen plus den Anbindelängen (→ S. 410)	**16, 17, 18**
l) Aus Wärmeabgabe $\boldsymbol{\dot{Q}_{Hk}}$, plus Wärmeabgabe $\boldsymbol{\dot{Q}_{anb}}$ der Anbindeltg., minus $\boldsymbol{\dot{Q}_d}$ der Durchgangsltg., $\boldsymbol{\dot{q}_{Hk}}$ ermitteln	**19, 20, 21**
m) Auslegungs-Heizmittelstrom $\boldsymbol{\dot{m}_H}$ mit angepasstem $\boldsymbol{\sigma}$ ($\boldsymbol{\Delta\vartheta_H}$ für einzelnen Raum ermitteln → Diagr. 409.1) u. unter Berücksichtigung der Wärmedurchgangswiderstände nach oben ($\boldsymbol{R_o}$) und nach unten ($\boldsymbol{R_u}$) errechnen (→ S. 411)	**22**
m) Mit Massenstrom $\boldsymbol{\dot{m}_H}$ und mit **Diagr. 412.1** das Druckgefälle $\boldsymbol{R}$ und die Fließgeschwindigkeit $\boldsymbol{v}$ festlegen	**25**
n) Das Produkt aus dem Druckgefälle $\boldsymbol{R}$ und der Heizkreislänge $\boldsymbol{L_{Hk}}$ ergibt den Druckverlust $\boldsymbol{\Delta p_{Hk}}$	**26**
p) Drossel-Druckdifferenz $\Delta p_{dr} = \boldsymbol{\Delta p_{max} - \Delta p_{Hk}}$ errechnen und in **Diagr. 412.2** Ventilvoreinstellwerte suchen	**27, 28**

Heizungstechnik

Fußbodenheizungs-Auslegung *sizing of radiant floor heating*

Auslegungs-Wärmeleistung

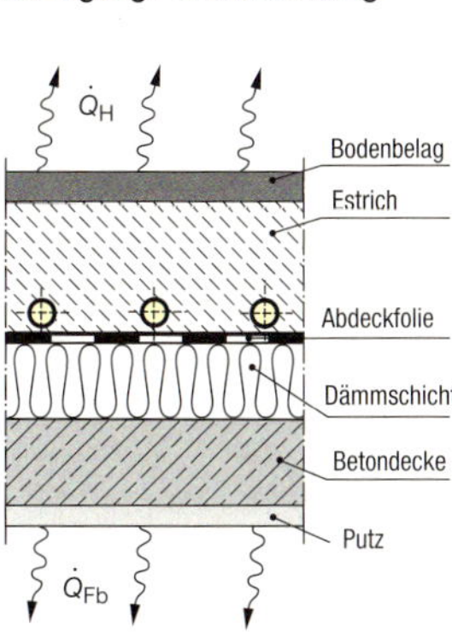

Auslegungs-Wärmeleistung

$$\dot{Q}_H = \dot{Q}_{HL} + \dot{Q}_{Fb}$$

Auslegungs-Wärmestromdichte:

$$\dot{q}_{Ausl} = \frac{\dot{Q}_H}{A_{Fb}}$$

$\dot{Q}_H$: Auslegungs-Wärmeleistung in W

$\dot{Q}_{HL}$: Norm-Heizlast nach DIN EN 12 831 in W

$\dot{Q}_{Fb}$: Wärmeverluste durch den Fußboden nach DIN EN 12 831 in W (Berechnung → S. 384 ff.) (überschlägig ansetzbar mit max. 10 % vom Normheizlast)

$\dot{q}_{Ausl}$: Auslegungswärme Stromdichte in W/m²

A_{Fb} : Fußbodenfläche in m²

[1] Der Auslegungszuschlag ist 0, wenn das Heizsystem eine Steigerung der Wärmeleistung durch die Anhebung der Heizmitteltemperatur zulässt. Eine kurzfristige Überschreitung der maximal zulässigen Oberflächentemperatur (→ Tab. 407.1) ist nach DIN EN 1264 möglich.

Diagr. 409.1: Leistungsdiagramm für Fußbodenheizungen nach DIN EN 1264 (Herstellerangaben)

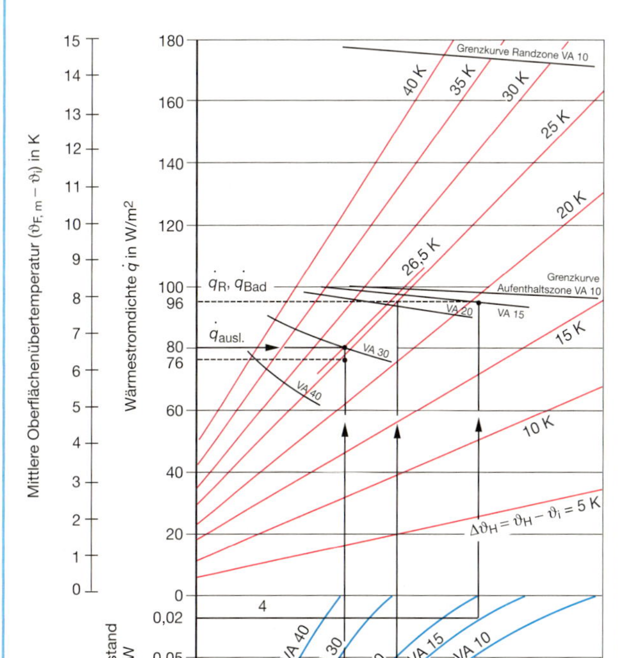

Leistungsdiagramm nach DIN EN 1264 (PE-X Rohr 17 × 2)

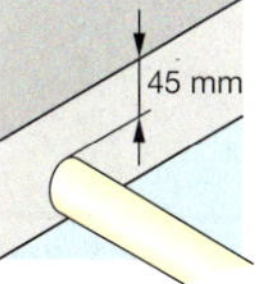

Lastverteilschicht: Zementestrich (Dicke über dem Heizungsrohr $s_ü$ = 45 mm und eine Wärmeleitfähigkeit λ = 1,2 W/(m · K)

Tab. 409.1: Fußbodenbeläge

Art	Wärmeleitwiderstand $R_{\lambda,B}$ in m² · K/W
Teppichboden d = 7 bis 10 mm	0,10 – 0,15
Parkett geklebt d = 10 mm	0,050
Kunststoffbelag d = 5 mm	0,022
Keramische Fliesen geklebt, d = 10 mm	0,010
Keramische Fliesen Mörtelbett, d = 20 mm	0,020
Naturstein (Marmor) Mörtelbett, d = 25 mm	0,015

Der Wärmeleitwiderstandes des Bodenbelages darf maximal

$$R_{\lambda,B} = 0{,}150 \text{ m}^2 \cdot \text{K/W}$$

betragen.

Heizungstechnik

Fußbodenheizungs-Auslegung *sizing of radiant floor heating*

Aufteilung der Heizfläche

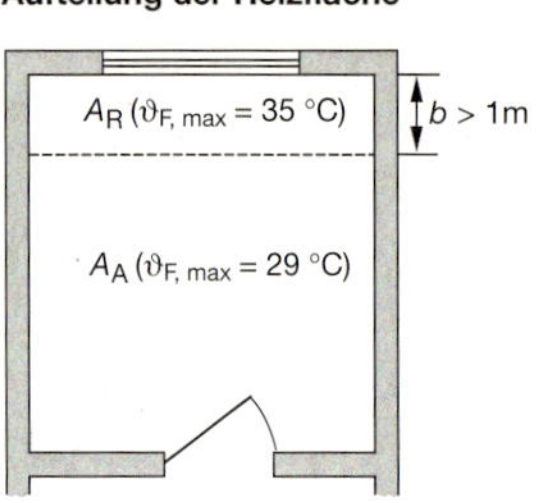

$$A_A = A_{Fb} - A_R$$

$$\dot{q}_{Ausl} = \frac{A_R}{A_{Fb}} \cdot \dot{q}_R + \frac{A_A}{A_{Fb}} \cdot \dot{q}_A$$

Festlegung für die Randzone:
$\dot{q}_R$ nach $\Delta\vartheta_H$-Kurve
(→ Diagr. 409.1)

$$\dot{q}_A = \left(\dot{q}_{Ausl} - \frac{A_R}{A_{Fb}} \cdot \dot{q}_R\right) \cdot \frac{A_{Fb}}{A_A}$$

A_A	: Fläche der Aufenthaltszone	in m²
A_{Fb}	: gesamte Fußbodenfläche	in m²
A_R	: Randzonenfläche	in m²
$\dot{q}_{Ausl}$	: Auslegungswärmestromdichte	in W/m²
$\dot{q}_R$	: Wärmestromdichte in der Randzone	in W/m²
$\dot{q}_A$	: Wärmestromdichte in Aufenthaltszone	in W/m²

Auslegungsvorlauftemperatur bei $\sigma/\Delta\vartheta_H$ < 0,5

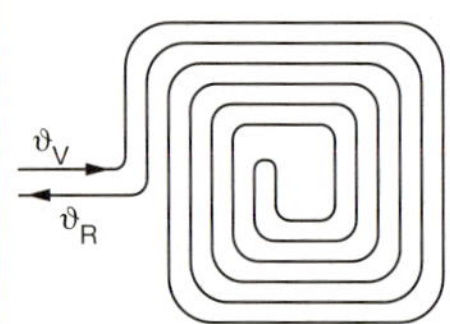

$$\vartheta_{VAusl} = \Delta\vartheta_H + \vartheta_i + \sigma/2$$

$$\Delta\vartheta_H = \vartheta_H - \vartheta_i$$

$$\sigma = (\vartheta_V - \vartheta_i - \Delta\vartheta_H) \cdot 2$$

ϑ_V	: Vorlauftemperatur	in °C
$\Delta\vartheta_H$	: Heizmittelübertemperatur	in K
ϑ_i	: Raumlufttemperatur	in °C
σ	: Temperaturspreizung ($\sigma = \vartheta_V - \vartheta_R$)	in K
(ϑ_R	: Rücklauftemp. in °C)	
ϑ_H	: Heizmitteltemperatur	in °C

Wärmeabgabe der (Teil-)Fläche

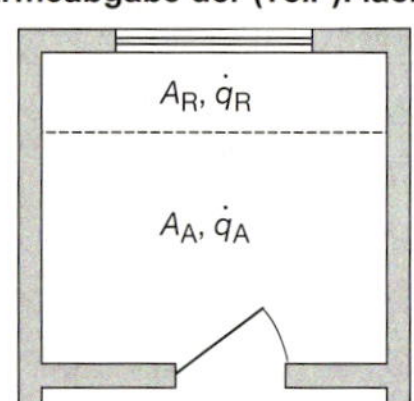

$$\dot{Q}_{Fb} = \dot{q}_{Fb} \cdot A_{Fb}$$

$$\dot{Q}_{Fb} = A_A \cdot \dot{q}_A + A_R \cdot \dot{q}_R$$

$$\dot{Q}_{Fb} = \dot{Q}_A + \dot{Q}_R$$

$\dot{Q}_{Fb}$	: Wärmeabgabe der beheizten Fläche	in W
$\dot{q}_{Fb}$	: Wärmestromdichte	in W/m²
A_{Fb}	: beheizte Fläche	in m²
A_A, A_R	: Aufenthalts- bzw. Randfläche	in m²
$\dot{q}_A$, $\dot{q}_R$	: Wärmestromdichte	in W/m²

Rohrlänge pro Heizkreis

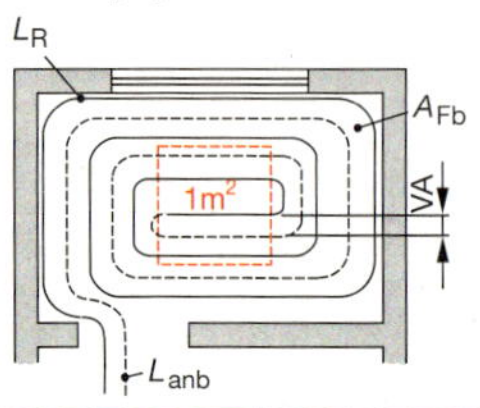

$$L_R = L_0 \cdot A_{Fb}$$

$$L_{Hk} = L_R + L_{anb}$$

L_R	: Rohrlänge einer Fläche	in m
L_0	: spezif. Rohrbedarf (→ Tab. 410.1)	in m/m²
A_{Fb}	: beheizte Fläche bzw. Teilfläche	in m
L_{Hk}	: Rohrlänge des Heizkreises	in m
L_{anb}	: Länge der Anbindeleitungen	in m

Tab. 410.1: spezif. Rohrbedarf L_0 in m/m²

Verlegeabstand VA in cm Verlegte Rohre L_0 in m/m²	10 10	15 6,6	20 5,0	30 3,3	40 2,5	[1] Maximale Heizkreislänge L_R = 100 m … (120 m)
Fläche für max. Heizkreislänge in m² [1]	10 (12)	15 (18)	20 (24)	30 (36)	40 (48)	

Auslegungs-Heizmittelstrom je Heizkreis

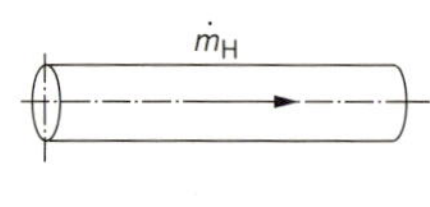

$$\dot{m}_H = \frac{A \cdot \dot{q}_{Hk}}{\sigma \cdot c}\left(1 + \frac{R_o}{R_u} + \frac{\vartheta_i - \vartheta_u}{\dot{q}_{Hk} \cdot R_u}\right)$$

$\dot{m}_H$	: Auslegungs-Heizmittelstrom	in kg/h
A	: beheizte Fläche bzw. Teilfläche	in m²
$\dot{q}_{Hk}$	: Wärmestromdichte	in W/m²
σ	: errechnete Spreizung	in K
c	: spezif. Wärmekapazität (c_{Wasser} = 1,163 Wh/(kg · K))	in Wh/(kg · K)
R_o	: Wärmedurchlasswiderstand nach oben (→ S. 411)	in m² · K/W
R_u	: Wärmedurchlasswiderstand nach unten (→ S. 411)	in m² · K/W
ϑ_i	: Norminnentemperatur	in °C
ϑ_u	: angrenzende Temperatur	in °C

Fußbodenheizungs-Auslegung *sizing of radiant floor heating*

Berechnungsformblatt – Fußbodenheizung

Projekt: **Beispiel S. 408** | System: **PE-X Systemrohr 17 × 2** | Auslegungsvorlauftemperatur ϑ_{Vausl}: **49 °C**

1	2	3	4	5	6	7	8	9	10	11	12	13	14	15	16	17	18	19	20	21	22
Raumnummer (Kreis-Nr.)	Raumbezeichnung[1]	Norminnentemperatur (DIN EN 12 831)	angrenzende, untere Temperatur	Raumfläche	beheizte Raumfläche $A_{Fb} = A_R$ – Blindflächen	Auslegungswärmeleistung	Auslegungs-Wärmestromdichte	Wärmeleitwiderstand des Bodenbelages	Heizmittelübertemperatur	Verlegeabstand	Randfläche bzw. Aufenthaltsfläche A_R; A_R	Spreizung	tatsächliche Wärmestromdichte $\dot{q}_R$; $\dot{q}_A$	Wärmeabgabe der Fläche bzw. Teilfläche	Rohrlänge im Raum	Anbinderohrlänge Vor- u. Rücklaufleitung	Heizkreislänge	Wärmeabgabe Anbindeleitung ≈ 10 W/m · L_{arb}	Wärmeabgabe des HK	Wärmestromdichte HK	Auslegungs-Heizmittelstrom
–	–	ϑ_i	ϑ_u	A_R	A_{Fb}	$\dot{Q}_H$	$\dot{q}_{Ausl}$	$R_{\lambda,B}$	$\Delta\vartheta_H$	VA	$A_R; A_A$	σ	$\dot{q}_R; \dot{q}_A$	$\dot{Q}_{Fb}$	L_R	L_{anb}	L_{Hk}	$\dot{Q}_{anb}$	$\dot{Q}_{Hk}$	$\dot{q}_{Hk}$	$\dot{m}_H$
–	–	°C	°C	m²	m²	W	W/m²	m²K/W	K	cm	m²	K	W/m²	W	m	m	m	W	W	W/m²	kg/h
1a	W	20	10	31,7	30,0	2400	80	0,10	26,5	10	6	5	96	576	60	13	73	130	706	118	152
1b									25	20	10	8	76	760	60	7	67	70	830	83	114
1c									25	20	14	8	76	1064	60	6	66	60	1024[2]	73	142
2	G	15	10	3,3	3,3	0	keine Fußbodenheizung							–	–	–	–	–	–	–	
3	D	20	10	4,6	4,6	220	Wärmeleistung von Anbindeleitungen								–	–	–	–	–	–	–
4	B	24	10	4,8	2,9	420	145	0,02	20	15	2,9	10	96[3]	278[4]	19	5	24	50	328	113	34

[1] W: Wohnen, G: Garderobe, D: Diele, B: Bad; [2] Wärmeabgabe = $\dot{Q}_{Fb} + \dot{Q}_{anb} - \dot{Q}_d$ = 1064 + 60 – 100 = 1024 W ($\dot{Q}_d$ = 10 m durchlaufende Leitung von Heizkreis 1a mit ca. 10 W/m Wärmeleistung)

[3] Grenzwärmestromdichte $\dot{q}_G$ = 96 W/m² (→ Diagr. 409.1)

[4] Restwärmeleistung = 420 – 278 = 142 W (evt. mit Heizkörper ausgleichen)

Wärmedurchgangswiderstand

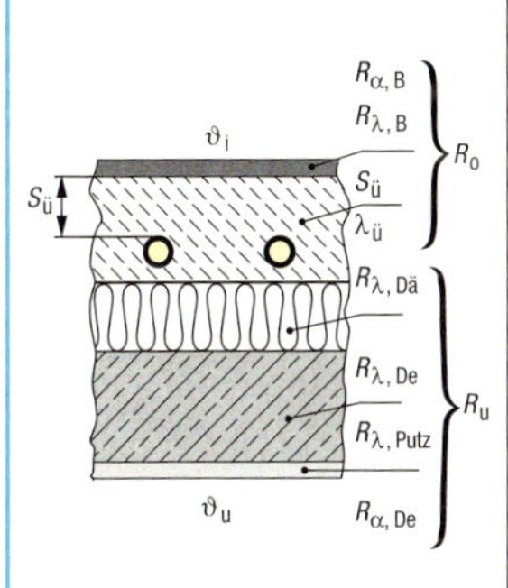

Wärmedurchgangswiderstand nach oben:

$$R_o = R_{\alpha,B} + R_{\lambda,B} + \frac{s_ü}{\lambda_ü}$$

R_o : Wärmedurchgangswiderstand in m²·K/W
$R_{\alpha,B}$: Wärmeübergangswiderstand in m²·K/W ($R_{\alpha,B}$ = 0,10 m²·K/W → Tab. 382.1)
$R_{\lambda,B}$: Wärmeleitwiderstand des Fußbodenbelages in m²·K/W
$\sigma_ü$: Dicke des Estrichs über Heizrohr in m
$\lambda_ü$: Wärmeleitfähigkeit des Estrichs in W/(m·K)

Wärmedurchgangswiderstand nach unten:

$$R_u = R_{\lambda,Dä} + R_{\lambda,De} + R_{\lambda,Putz} + R_{\alpha,De}$$

R_u-Werte für Standarddeckenaufbauten (→ Tab. 411.1)

R_u : Wärmedurchgangswiderstand der Bauteilgruppe in m²·K/W
$R_{\lambda,Dä}$: Wärmeleitwiderstand der Dämmschicht in m²·K/W
$R_{\lambda,De}$: Wärmeleitw. der Decke in m²·K/W
$R_{\lambda,Putz}$: Wärmeleitwiderstand des Deckenputzes in m²·K/W
$R_{\alpha,De}$: Wärmeübergangswiderstand in m²·K/W ($R_{\alpha De}$ = 0,17 m²·K/W → Tab. 382.1)

Wärmedämmung bei Fußbodenheizungen

Tab. 411.1: Mindest-Wärmeleitwiderstand $R_{\lambda,Dä}$ der Wärmedämmung

Wärmedämmung unterhalb der Heizebene	$R_{\lambda,Dä}$ in m²·K/W	R_u in m²·K/W [2]
Decke über Räumen mit gleichartiger Nutzung	≥ 0,75	0,98
Decke über Räumen über gewerblich genutzten Räumen (eingeschränkter Betrieb) oder Erdreich	≥ 1,25	1,48
Decke über Außenluft mit unterschiedlicher Auslegungstemperatur	≥ 1,25–2,00 EnEV 2007[1]	1,48–2,4

[1] **EnEV** 2007: Der U-Wert der Bauteilschichten zwischen Heizfläche und kaltem Medium muss $U \leq$ **0,30 W/(m²·K)** betragen.

[2] **Standarddeckenaufbau:** $R_{\lambda,Dä}$ der Dämmschicht (→ Tab. 412.1), Stahlbetondecke d = 180 mm, Deckenputz d = 15 mm

Heizungstechnik

Fußbodenheizungs-Auslegung *sizing of radiant floor heating*

Wärmedämmung bei Fußbodenheizungen (Aufbauskizzen-Beispiele)

Zwischengeschossdecke (darunter liegender beheizter Raum)	Decken gegen gewerblich genutzte Räume oder auf dem Erdreich	Decken gegen vorhandene Außenluft
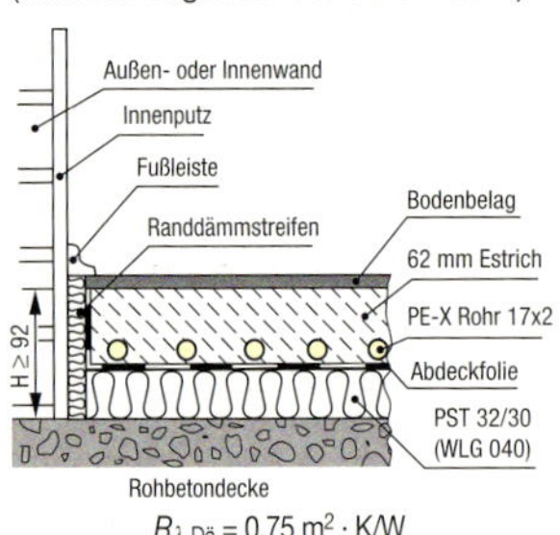	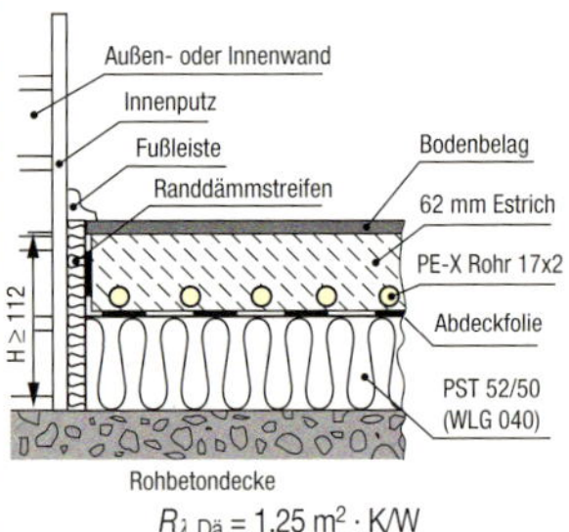	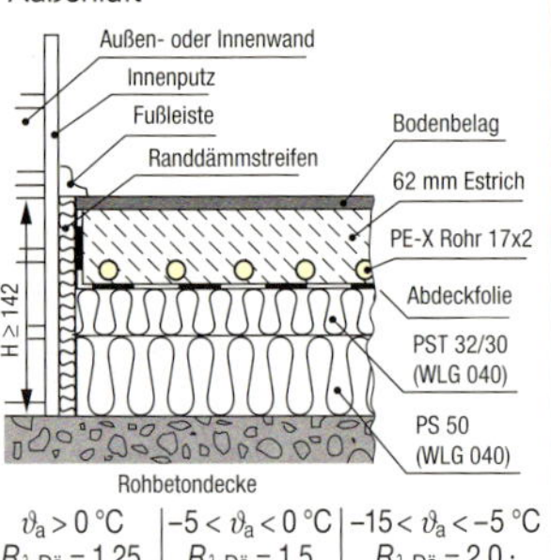
$R_{\lambda,Dä} = 0{,}75\ m^2 \cdot K/W$	$R_{\lambda,Dä} = 1{,}25\ m^2 \cdot K/W$	$\vartheta_a > 0\ °C$: $R_{\lambda,Dä} = 1{,}25$; $-5 < \vartheta_a < 0\ °C$: $R_{\lambda,Dä} = 1{,}5$; $-15 < \vartheta_a < -5\ °C$: $R_{\lambda,Dä} = 2{,}0\ m^2 \cdot K/W$

Lastverteilschicht: Estrich ($h \geq 45 + d$ in mm) nach DIN 18 560 (Zementestr. ZE 20 o. Anhydritestrich AE 20) für den Wohnungsbau für eine Verkehrslast von 1,5 kN/m²; **Dämmschicht: PST 32/30 WLG 040:** Polystyrol als Wärme- und Trittschalldämmung mit d = 32/30 mm, Wärmeleitzahl $\lambda = 0{,}040$ W/(m · K); **PS 50 WLG 040:** Polystyrol als Wärmedämmung d = 50 mm, Wärmeleitzahl $\lambda = 0{,}040$ W/(m · K); Baustoffklasse B2 nach DIN 4102; **Randdämmstreifen:** muss 5 mm Estrichbewegung aufnehmen können, Höhe h = 130–180 mm; **Abdeckfolie:** PE-Folie mind. 0,2 mm dick o. Bitumenpapier $m'' = 100$ g/m²

Druckverluste in Fußboden-Heizungssystemen

Kunststoffrohre für Fußbodenheizungen
(Beispiel)

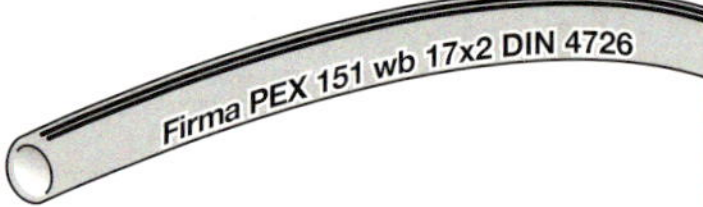

PE-X nach DIN EN 15875
Mindestbiegeradius $r = 5 \times d$

Diagr. 412.1: Druckverluste-Diagramm für Rohre aus PE-X

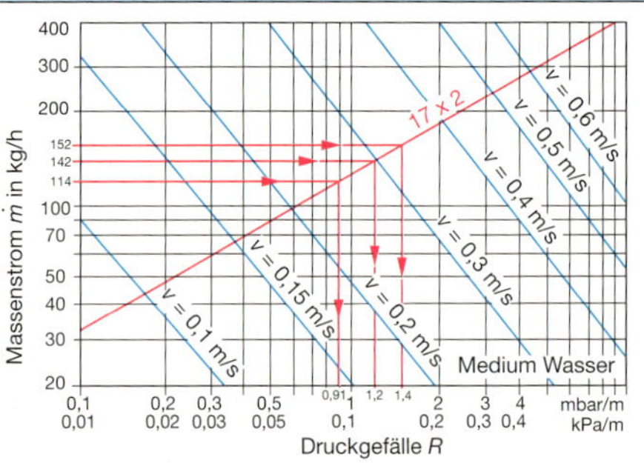

Berechnungsformblatt-Fußbodenheizung
(Fortsetzung von S. 411)

23	24	25	26	27	28
Heizkreis-Nr.	Heizmittelstrom	Druckgefälle (→ Diagr. 412.1)	Druckverlust $\Delta p_{HK} = R \cdot L_{HK}$	Druckdifferenz zu Δp_{max}	Ventilvoreinstellung (→ Diagr. 412.2)
–	$\dot{m}_H$	R	Δp_{HK}	Δp_{dr}[2]	–
	kg/h	mbar/m	mbar	mbar	Umdr.-öffn.
1a	152	1,4	102[1]	0	**11**
1b	114	0,9	60	–60	**5 1/2**
1c	142	1,2	79	–41	**6**
4	34	0,1	3	–11	**3 1/2**

[1] max. Druckverlust: $\Delta p_{max} = \Delta p_{Hk} + \Delta p_{V,\,offen}$ (bei 10/11 Umdr.), $\Delta p_{max} = 102 + 18 = 120$ mbar

[2] $\Delta p_{dr} = \Delta p_{max} - \Delta p_{Hk}$ (zu drosseln → hydr. Abgleich)

Diagr. 412.2: Durchfluss-Diagramm der Heizkreis-Feinregulierventile (Herstellerangaben)

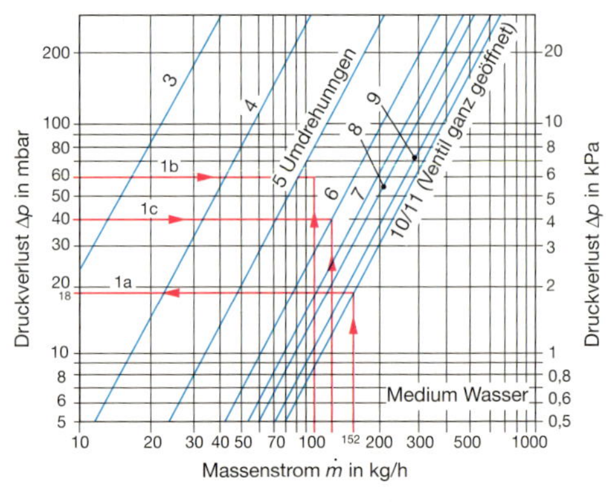

Heizungstechnik

Rohrnetzberechnung und hydraulischer Abgleich

pipe sizing and hydraulic pressure testing

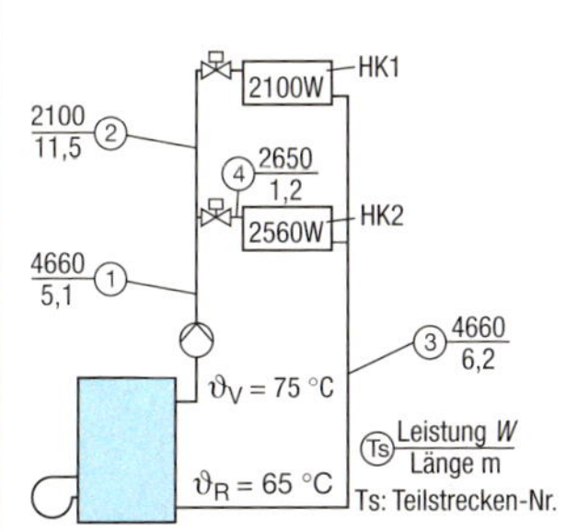

Tab. 413.1: Dichte ϱ von Wasser bei versch. Temperaturen

ϑ in °C	40	60	80	100
ϱ in $\frac{kg}{m^3}$	992,2	983,2	971,8	958,3

$$\Delta p_s = \Sigma (R \cdot l + Z)$$

$$Z = \Sigma\zeta \cdot \frac{\varrho \cdot v^2}{2}$$

Hinweis:
Für einwandfreien Betrieb von Heizungsanlagen wird Dimensionierung des Rohrnetzes für geringen Förderdruck der Pumpe empfohlen.

Vorläufiger Richtwert $\Delta p_{u,v}$ für

- kleine Anlagen: 5000 bis 10 000 Pa
- große Anlagen: 10 000 bis 20 000 Pa

Δp_s : Gesamtdruckverlust des Stromkreises in Pa
$R \cdot l$: Druckverluste aus Rohrreibung in Pa
Z : Druckverluste aus Einzelwiderständen in Pa (→ Diagr. 415.1)
$\Sigma\zeta$: Summe der Widerstandsbeiwerte
ϱ : Dichte des Mediums (→ Tab. 413.1) in kg/m³
v : Strömungsgeschwindigkeit in m/s

Rechengang für Zweirohrheizungen:

a) Ermittlung der Wärmeleistung $\dot{Q}$ durch jede Teilstrecke (z. B. mit Rohrplan).
b) Berechnung der für die Wärmeleistungen notwendigen Massenströme $\dot{m}$ des Heizmittels (→ S. 413).
c) Berechnung des vorläufigen Druckgefälles R_v (→ S. 414) (für den ungünstigsten Stromkreis).
d) Ermittlung der Rohrdurchmesser d (mit Hilfe des vorläufigen Druckgefälles R_v) für jede Teilstrecke dieses Stromkreises (→ S. 415 ff. je nach Rohrmaterial).
e) Ermittlung des R-Wertes für die gewählten Durchmesser der Teilstrecken.
f) Berechnung der Druckverluste durch Rohrreibung $R \cdot l$.
g) Ermittlung der Druckverluste in Einzelwiderständen Z mit ζ-Werten (→ Tab. 414.1, Tab. 414.2 und Diagr. 415.1), jedoch ohne die Einrichtungen für den hydraulischen Abgleich und solchen Einzelwiderständen, für die Druckverlust-Diagramme vorliegen.
h) Berechnung der Druckverluste der Teilstrecken Δp durch Summenbildung der Druckverluste aus f) und g). Ermittlung der Druckverluste in Einzelwiderständen Δp (= Z), für die Druckverlust-Diagramme vorliegen im ganz geöffneten Zustand, jedoch ohne die Einrichtungen für den hydraulischen Abgleich (→ Diagr. 418.1 ff.).
i) Bildung des Gesamtdruckverlustes Δp_s des Stromkreises.
j) Für den ungünstigsten Stromkreis ist der Druckverlust Δp_v des Thermostatventils (bzw. der Rücklaufverschraubung) im ganz geöffneten Zustand zu ermitteln. Für alle weiteren Stromkreise ist Δp_u aus k) bereits bekannt. Somit ergibt sich Δp_v über den hydraulischen Abgleich, d. h. $\Delta p_v = \Delta p_u - \Delta p_s$. (Einstellwerte → Diagr. 419.1 oder Diagr. 419.2).
k) Der Förderdruck der Pumpe Δp_u ergibt sich aus dem ungünstigsten Stromkreis durch Summenbildung von h) und j).
l) Ventilautorität überprüfen (→ S. 419); falls notwendig, Korrektur mit anderem Rohrdurchmesser.
m) Gegebenenfalls zurück zu d) und weiteren Stromkreis berechnen.

a) + b)				d) [c)*]	e)	f)		g)			h)	j)	k)
1	2	3	4	5	6	7	8	9	10	11	12	13	14
Rohrplan				S. 415 ff.	S. 415 ff.	Rohrplan	6 · 7		S. 415 ff.		8 + 11		
Teilstrecke Nr.	Wärmeleistung $\dot{Q}$ W	Temper.-spreizung $\Delta\vartheta$ K	Massenstrom $\dot{m}$ kg/h	Rohrdurchmesser d DN	Druckgefälle R Pa/m	Rohrlänge l m	Druckverl. d. Rohrreibung $R \cdot l$ Pa	Einzelwiderstände $\Sigma\zeta$ –	Geschwindigkeit v m/s	Druckverl. in Einzelwiderst. Z Pa	$\Delta p = R \cdot l + Z$ Pa	Druckverlust am Ventil Δp_V Pa	Förderdruck Δp_u Pa
c)* Das vorläufige Druckgefälle wird nicht in das Formblatt eingetragen.									i) $\Delta p_s = \Sigma (R \cdot l + Z) =$				

Massenstrom des Heizmittels

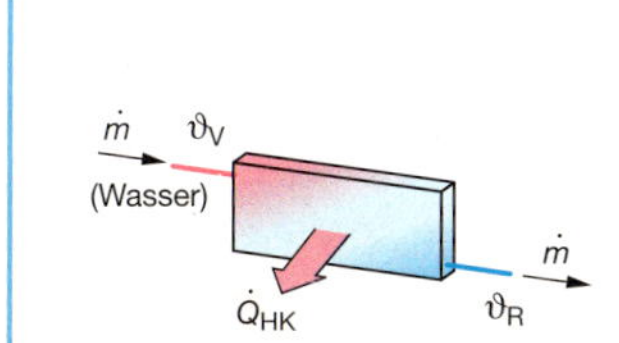

$$\dot{m} = \frac{\dot{Q}_{HK}}{c \cdot \Delta\vartheta}$$

$$\Delta\vartheta = \vartheta_V - \vartheta_R$$

$\dot{m}$: Massenstrom des Heizmittels in kg/h
$\dot{Q}_{HK}$: Wärmeleistung der zu versorgenden Heizfläche(n) in W
c : spezif. Wärmekapazität in Wh/(kg · K) (Wasser: c = 1,163 Wh/(kg · K)
$\Delta\vartheta$: Temperaturunterschied zwischen Vor- und Rücklauf in K (= Temperaturspreizung)

Heizungstechnik

Rohrnetzberechnung und hydraulischer Abgleich

pipe sizing and hydraulic pressure testing

vorläufiges Druckgefälle

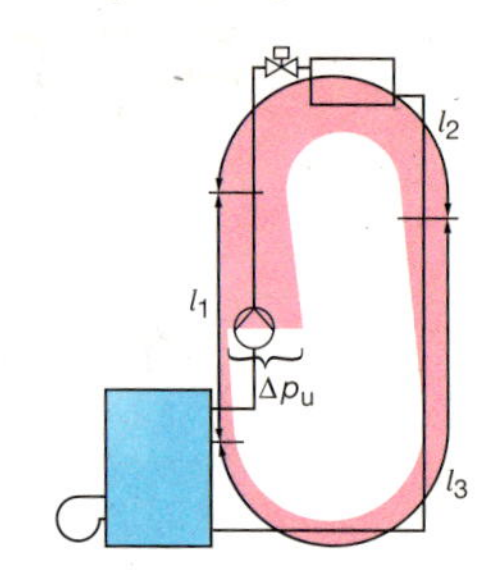

$$R_v = \frac{\Delta p_{u,v} - 0{,}5 \cdot \Delta p_{u,v}}{l}$$

$$l = l_1 + l_2 + \ldots$$

R_v : vorläufiges Druckgefälle in Pa/m
$\Delta p_{u,v}$: vorläufiger Umtriebs- bzw. Förderdruck in Pa (kl. Anlagen: 5000 bis 10 000 Pa gr. Anlagen: 10 000 bis 20 000 Pa)
$0{,}5 \cdot \Delta p_{u,v}$: Überschlägiger Anteil für Einzelwiderstände in Pa
l : gesamte Länge des Stromkreises in m
l_1, l_2 : Länge der Teilstrecken in m

Tab. 414.1: Widerstandsbeiwerte ζ für Formstücke und Armaturen beim Durchströmen von Wasser (Mittelwerte)

Einzelwiderstand	Abk.	Symbol	ζ
Heizkessel	K		2,5
Heizkörper	HK		2,5
Speicher	SP		2,5
T-Stück 90° Durchgang-Trennung Abzweig-Trennung	T_{DT} T_{AT}	$\zeta = 0$; $\zeta = 0{,}3$; $\zeta = 1{,}5$	0,3 1,5
T-Stück 90° Durchgang-Vereinigung Abzweig-Vereinigung	T_{DV} T_{AV}	$\zeta = 0$; $\zeta = 0{,}5$; $\zeta = 1{,}0$	0,5 1,0
T-Stück 90° Gegenlauf	T_G	$\zeta = 3{,}0$; $\zeta = 0$; $\zeta = 3{,}0$	3,0

Einzelwiderstand	Abk.	Symbol	ζ
Hosenstück	Ho	$\zeta = 1{,}5$; $\zeta = 1{,}5$; $\zeta = 0$	1,5
Verteiler (Eintritt) (Austritt)	V_E V_A	$\zeta = 1{,}0$; $\zeta = 0{,}5$	1,0 0,5
90° Bogen	Bo	$r/d = 1$ $r/d = 1{,}5$	0,5 0,3
Überbogen	ÜBo		1,0
Etagenbogen	EBo		0,5

Tab. 414.2: Widerstandsbeiwerte ζ für Armaturen in Abhängigkeit von der Nennweite

Bezeichnung	Symbol	Abk.	Nennweite DN 10 und 15	20 und 25	32 u. 40	> 40
90° Winkel und Winkelverschraubung		W und WV	2,0	1,5	1,0	
Kugelhahn		KH	0,45	0,6	0,8	
Schieber		S	1,0	0,5	0,3	
Schrägsitzventil		SV	3,5	2,5	2,0	
Geradsitzventil		GV	10,0	8,0	6,0	5,0
Eckventil		EV	6,0	3,0	2,0	2,0
Schmutzfänger		SF	7,5	5,0	2,0	1,2
Rückschlagventil		RV	15	13	10	8
Rückschlagklappe		RK	2,8	2,0	2,0	1,5

Beispiel: Ermittlung der Einzelwiderstände für Teilstrecke 1 und 2

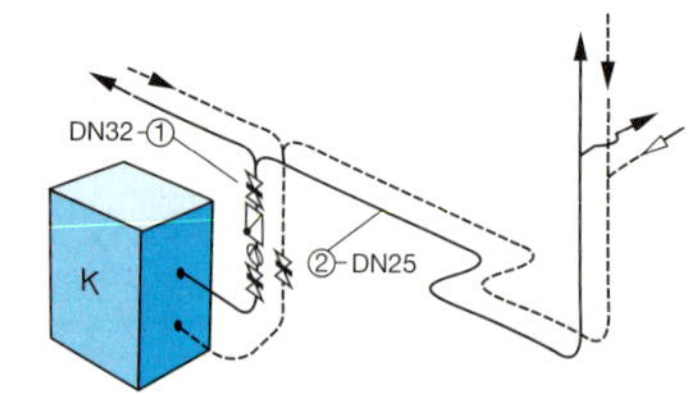

Teilstrecke	Widerstand	ζ-Wert	$\Sigma\zeta$
1	1 K 1 Bo 2 S 1 RK	2,5 0,5 $2 \cdot 0{,}3$ 2,0	5,6
2	1 Ho 3 Bo	1,5 $3 \cdot 0{,}5$	3,0

Heizungstechnik

Rohrnetzberechnung und hydraulischer Abgleich

pipe sizing and hydraulic pressure testing

Diagr. 415.1: Druckverlust *Z* durch Einzelwiderstände (Heizwasser: ϑ = 60 °C)

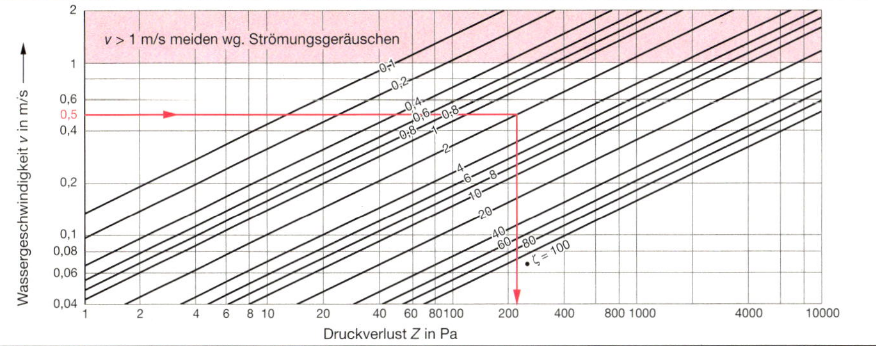

Tab. 415.1: Druckgefälle *R* bei Warmwasserheizungen mit Kupferrohr nach DIN EN 1057 (Heizwasser: ϑ = 80 °C)

	Außendurchmesser × Wanddicke in mm					
R-Wert in Pa/m	12 × 1	15 × 1	18 × 1	22 × 1	28 × 1,5	35 × 1,5
16	23 0,08	47 0,10	84 0,12	154 0,14	284 0,17	556 0,20
20	26 0,10	54 0,12	95 0,14	176 0,16	323 0,19	631 0,22
24	29 0,11	60 0,13	105 0,15	194 0,18	355 0,21	700 0,25
28	31 0,11	66 0,14	115 0,16	212 0,19	390 0,23	760 0,27
35	36 0,13	75 0,16	132 0,18	242 0,22	445 0,26	860 0,31
40	39 0,14	80 0,17	141 0,20	259 0,24	476 0,27	930 0,33
45	42 0,15	86 0,18	151 0,21	277 0,25	508 0,30	990 0,35
50	44 0,16	92 0,20	161 0,23	294 0,27	540 0,31	1050 0,37
55	47 0,17	97 0,21	170 0,24	311 0,28	570 0,33	1110 0,39
60	49 0,18	102 0,22	179 0,25	328 0,30	600 0,35	1170 0,41
65	52 0,19	107 0,23	187 0,27	342 0,31	626 0,36	1220 0,43
70	54 0,20	111 0,24	195 0,28	357 0,33	652 0,38	1270 0,45
80	58 0,21	120 0,26	211 0,30	385 0,35	703 0,41	1370 0,49
90	62 0,23	129 0,27	225 0,32	412 0,38	753 0,44	1460 0,52
100	66 0,24	137 0,29	239 0,34	437 0,40	800 0,47	1550 0,55
110	70 0,26	144 0,31	252 0,36	462 0,42	842 0,49	1640 0,58
120	74 0,27	151 0,32	266 0,38	485 0,44	885 0,52	1720 0,61
130	77 0,28	158 0,34	277 0,39	507 0,46	926 0,54	1800 0,64
140	80 0,29	166 0,35	290 0,41	529 0,48	966 0,56	1880 0,67
150	84 0,30	172 0,37	301 0,43	551 0,50	1000 0,58	1950 0,69
160	87 0,32	179 0,38	312 0,44	571 0,52	1040 0,61	2020 0,72
170	90 0,33	185 0,40	323 0,46	591 0,54	1080 0,63	2090 0,74
180	93 0,34	191 0,41	334 0,48	610 0,56	1110 0,65	2150 0,77
190	96 0,35	198 0,42	344 0,49	629 0,57	1150 0,67	2220 0,79
200	99 0,36	203 0,43	355 0,50	647 0,59	1180 0,69	2290 0,81
220	104 0,38	214 0,46	374 0,53	683 0,62	1250 0,72	2410 0,86
240	109 0,39	225 0,48	393 0,56	717 0,65	1310 0,76	2540 0,90
260	114 0,42	235 0,50	411 0,58	750 0,68	1370 0,80	2650 0,94
280	120 0,44	245 0,53	428 0,61	782 0,71	1420 0,83	2760 0,98
300	125 0,45	255 0,55	445 0,63	813 0,74	1480 0,86	2870 1,02
400	147 0,53	302 0,62	523 0,74	956 0,87	1740 1,01	3370 1,20
500	167 0,61	342 0,73	595 0,85	1080 0,99	1970 1,15	3800 1,35

Obere Zeile: Massenstrom $\dot{m}$ (in kg/h)

Untere Zeile: Wassergeschwindigkeit v (in m/s)

Rohrnetzberechnung und hydraulischer Abgleich

pipe sizing and hydraulic pressure testing

Tab. 416.1: Druckgefälle *R* bei Warmwasserheizungen mit Stahlrohren (Heizwasser: ϑ = 80 °C)

R-Wert in Pa/m	Mittelschwere Gewinderohre DIN EN 10 255 (2440)					Nahtlose Stahlrohre DIN EN 10 220 (DIN 2448)						
	DN 10	DN 15	DN 20	DN 25	DN 32	DN 40	DN 50	DN 65	DN 80	DN 100	DN 125	DN 150
2,4	13,0 0,030	25,7 0,035	59,3 0,050	114 0,055	244 0,070	322 0,075	663 0,090	1520 0,11	2360 0,13	4010 0,14	7200 0,17	11800 0,19
5	20,3 0,050	39,7 0,060	89,5 0,070	172 0,085	370 0,11	485 0,11	995 0,14	2270 0,17	3530 0,19	6040 0,22	10700 0,24	17500 0,28
10	29,6 0,070	58,4 0,085	133 0,11	254 0,13	546 0,16	715 0,17	1460 0,20	3330 0,24	5140 0,28	8720 0,32	15600 0,36	25000 0,40
14	35,8 0,085	70,9 0,10	160 0,13	307 0,15	657 0,19	862 0,20	1780 0,24	4000 0,30	6180 0,34	10500 0,38	18600 0,44	30300 0,50
18	41,3 0,10	81,5 0,12	184 0,15	354 0,18	755 0,22	987 0,24	2030 0,28	4580 0,34	7090 0,38	12100 0,44	21400 0,50	34800 0,55
24	48,5 0,12	94,9 0,14	217 0,18	413 0,20	882 0,26	1160 0,28	2360 0,32	5330 0,40	8250 0,44	14000 0,50	24900 0,60	40400 0,65
28	52,9 0,13	104 0,15	236 0,19	451 0,22	959 0,28	1250 0,30	2570 0,36	5790 0,44	8960 0,48	15300 0,55	27100 0,65	43800 0,70
30	55,8 0,13	112 0,16	256 0,20	482 0,24	1020 0,29	1320 0,31	2665 0,37	6109 0,45	9349 0,50	15960 0,57	28330 0,66	44500 0,72
33	58,1 0,14	115 0,17	261 0,21	498 0,25	1060 0,30	1385 0,32	2816 0,39	6381 0,47	9874 0,53	16660 0,60	26600 0,68	45200 0,73
36	60,8 0,15	120 0,18	273 0,22	519 0,26	1100 0,32	1450 0,34	2940 0,40	6610 0,50	10300 0,55	17400 0,65	29500 0,70	47600 0,75
40	64,5 0,16	127 0,19	298 0,24	545 0,28	1160 0,34	1540 0,36	3110 0,42	7000 0,50	10800 0,60	18400 0,65	32800 0,75	52600 0,85
45	68,8 0,17	136 0,20	309 0,24	583 0,30	1240 0,36	1630 0,38	3300 0,46	7440 0,55	11500 0,60	19500 0,70	34900 0,80	55700 0,90
50	73,1 0,18	144 0,22	325 0,26	615 0,30	1310 0,38	1720 0,40	3490 0,48	7870 0,60	12200 0,65	20600 0,75	36800 0,85	59000 0,95
55	77,6 0,19	151 0,22	344 0,28	645 0,32	1380 0,40	1820 0,42	3650 0,50	8310 0,60	12900 0,70	21700 0,80	38600 0,90	61900 1,0
60	81,3 0,20	159 0,24	360 0,30	679 0,34	1450 0,42	1900 0,44	3830 0,55	8690 0,65	13500 0,70	22700 0,80	40300 0,95	65000 1,1
65	84,6 0,20	167 0,24	376 0,30	707 0,36	1510 0,44	1990 0,46	3990 0,55	9070 0,65	14100 0,75	23700 0,85	41900 1,0	67800 1,1
70	87,9 0,22	173 0,26	391 0,32	738 0,36	1580 0,44	2060 0,48	4150 0,55	9440 0,70	14600 0,80	24700 0,90	43500 1,0	70600 1,1
75	91,6 0,22	180 0,26	406 0,32	766 0,38	1630 0,46	2140 0,50	4320 0,60	9810 0,75	15200 0,80	25500 0,90	45100 1,1	73300 1,2
80	94,9 0,24	186 0,28	419 0,34	798 0,40	1690 0,48	2220 0,50	4470 0,60	10100 0,75	15700 0,85	26400 0,95	46700 1,1	75800 1,2

Obere Zeile: Massenstrom $\dot{m}$ (in kg/h) Untere Zeile: Wassergeschwindigkeit v (in m/s)

Rohrnetzberechnung und hydraulischer Abgleich

pipe sizing and hydraulic pressure testing

Tab. 417.1: Druckgefälle *R* bei Warmwasserheizungen mit Stahlrohren (Heizwasser: ϑ = 80 °C)

R-Wert in Pa/m	Mittelschwere Gewinderohre DIN EN 10 255 (2440)					Nahtlose Stahlrohre DIN EN 10 220 (DIN 2448)						
	DN 10	DN 15	DN 20	DN 25	DN 32	DN 40	DN 50	DN 65	DN 80	DN 100	DN 125	DN 150
80	94,9 0,24	186 0,28	419 0,34	798 0,40	1690 0,48	2220 0,50	4470 0,60	10100 0,75	15700 0,85	26400 0,95	46700 1,1	75800 1,2
90	101 0,24	199 0,30	447 0,36	850 0,42	1800 0,50	2350 0,55	4770 0,65	10800 0,80	16600 0,90	28100 1,0	49600 1,2	80400 1,3
100	107 0,26	211 0,32	474 0,38	900 0,44	1900 0,55	2400 0,60	5050 0,70	11400 0,85	17600 0,95	29700 1,1	52400 1,2	84800 1,4
110	113 0,28	222 0,32	500 0,40	946 0,48	2000 0,55	2620 0,60	5310 0,75	11900 0,90	18500 1,0	31200 1,1	55100 1,3	89000 1,4
120	118 0,28	233 0,34	524 0,42	992 0,50	2090 0,60	2740 0,65	5550 0,75	12500 0,95	19300 1,0	32700 1,2	57600 1,3	93400 1,5
130	123 0,30	246 0,36	548 0,44	1030 0,50	2180 0,60	2860 0,65	5800 0,80	13000 0,95	20100 1,1	34100 1,2	60100 1,4	97100 1,6
140	128 0,32	252 0,38	570 0,46	1070 0,55	2270 0,65	2970 0,70	6020 0,85	13500 1,0	20900 1,1	35400 1,3	62500 1,5	101000 1,6
150	132 0,32	262 0,38	591 0,48	1110 0,55	2350 0,65	3080 0,70	6230 0,85	14000 1,0	21600 1,2	36700 1,3	64800 1,5	105000 1,7
160	137 0,34	271 0,40	611 0,50	1150 0,60	2430 0,70	3190 0,75	6450 0,90	14500 1,1	22400 1,2	37900 1,4	67000 1,6	108000 1,8
170	142 0,34	280 0,40	631 0,50	1190 0,60	2510 0,70	3290 0,75	6640 0,90	15000 1,1	23000 1,2	39100 1,4	69000 1,6	112000 1,8
180	146 0,36	289 0,42	648 0,50	1220 0,60	2600 0,75	3390 0,80	6850 0,95	15400 1,1	23800 1,3	40200 1,4	71100 1,7	115000 1,9
190	151 0,36	299 0,44	668 0,55	1260 0,65	2670 0,75	3490 0,80	7050 0,95	15900 1,2	24500 1,3	41300 1,5	73000 1,7	118000 1,9
200	155 0,38	307 0,46	687 0,55	1290 0,65	2750 0,80	3590 0,85	7240 1,0	16300 1,2	25100 1,3	42400 1,5	74900 1,7	121000 2,0
220	163 0,40	322 0,48	723 0,60	1360 0,70	2890 0,80	3770 0,85	7640 1,0	17100 1,3	26500 1,4	44600 1,6	78700 1,8	127000 2,0
240	171 0,42	337 0,50	757 0,60	1430 0,70	3030 0,85	3940 0,90	7970 1,1	17900 1,3	27700 1,5	46400 1,7	82300 1,9	133000 2,2
260	179 0,44	352 0,50	790 0,65	1490 0,75	3160 0,90	4110 0,95	8310 1,1	18700 1,4	28800 1,5	48600 1,7	85700 2,0	139000 2,2
280	186 0,46	367 0,55	822 0,65	1550 0,80	3290 0,95	4280 1,0	8640 1,2	19400 1,4	29900 1,6	50400 1,8	89100 2,0	144000 2,4
300	206 0,48	401 0,57	897 0,70	1667 0,82	3470 0,98	4500 1,04	8858 1,23	20000 1,50	31230 1,67	56870 1,90	90140 2,10	150200 2,43

Obere Zeile: Massenstrom $\dot{m}$ (in kg/h)

Untere Zeile: Wassergeschwindigkeit v (in m/s)

Diagr. 418.1: Druckverlust von Pumpen-Kugelhähnen P (mit Schwerkraftbremse: P-S), ganz geöffnet

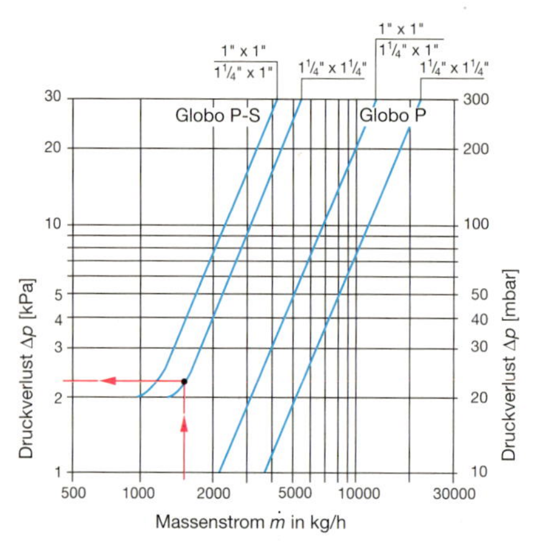

Diagr. 418.2: Druckverluste von Thermostatventilen ohne Voreinstellung, ganz geöffnet (Thermostatkopf mit Ventilunterteil)

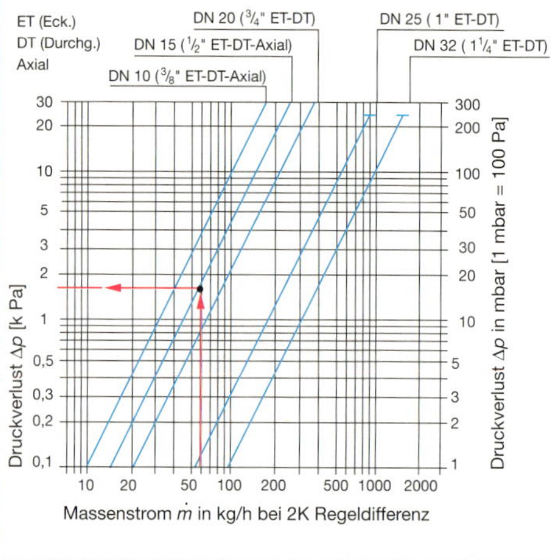

Diagr. 418.3: Auswahldiagramm für Drei- und Vierwege-Mischer mit Druckverlust, ganz geöffnet

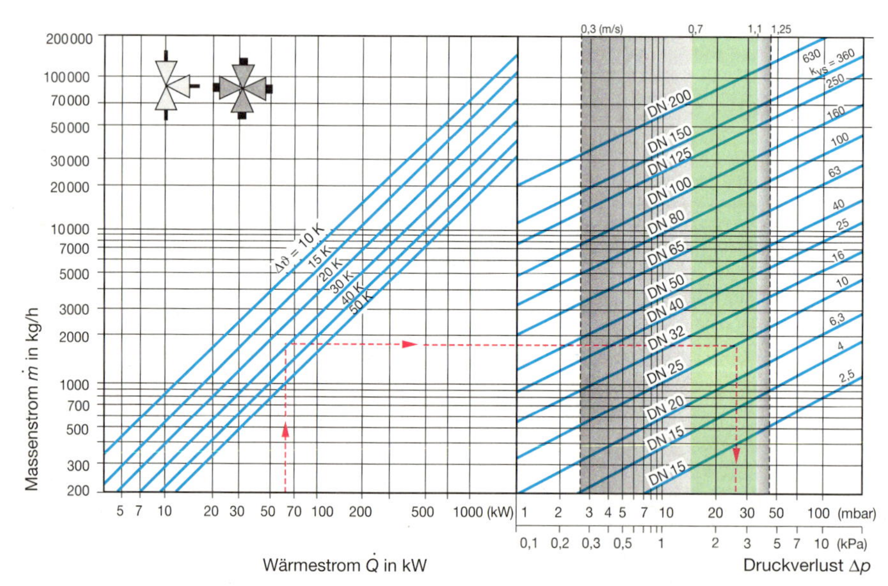

Heizungstechnik

Rohrnetzberechnung und hydraulischer Abgleich

pipe sizing and hydraulic pressure testing

Ventilautorität

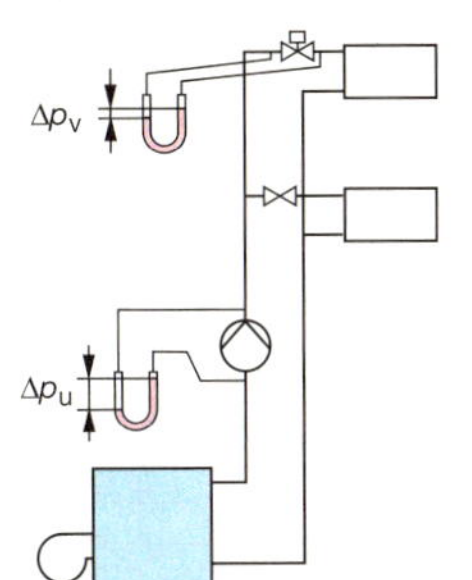

$$a = \frac{\Delta p_v}{\Delta p_u}$$

Hinweis:
Bei der Ventilauswahl ist darauf zu achten, dass die Ventilautorität zwischen 0,3 und 0,7 liegt.
Je größer die Ventilautorität ist, desto kleiner ist der Druckanstieg bei Teillast.

a : Ventilautorität
Δp_v : Druckverlust im Ventil in Pa
Δp_u : Gesamtdruckverlust des Heizkreises in Pa

Übliche Einrichtungen für den hydraulischen Abgleich

- absperrbare Heizkörper-Rücklaufverschraubung
- voreinstellbare Thermostatventile
- Differenzdruckregler (zentral oder strangweise)
- Durchflussregler (i. d. R. bei Einrohrheizungen)

Diagr. 419.1: Heizkörper-Rücklaufverschraubung DN 15 Geradsitzventil (Durchgangsventil)

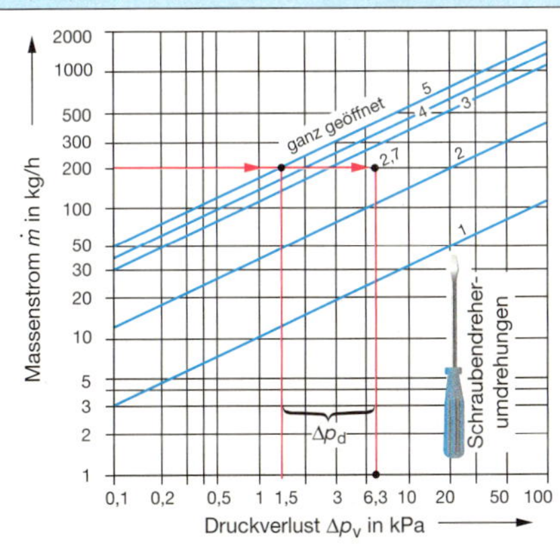

Beispiel:
Massenstrom: $\dot{m} = 200$ kg/h
wirksamer Druck: $\Delta p_{u,w} = 11$ kPa
Druckverlust im Stromkreis ohne HK-RLV: $\Delta p_s = 4{,}7$ kPa

Der einzustellende Druckverlust im Ventil:
$\Delta p_v = \Delta p_{u,w} - \Delta p_s = 11\text{ kPa} - 4{,}7\text{ kPa}$
$\Delta p_v = 6{,}3$ kPa.
Das geschlossene Ventil ist somit um ca. 2,7 Umdrehungen zu öffnen.

Ventilautorität: $a = \frac{\Delta p_v}{\Delta p_{u,w}} = \frac{6{,}3\text{ kPa}}{11\text{ kPa}} = 0{,}57$

Der Druckverlust im Ventil lässt sich auch aufteilen:
$\Delta p_{v,offen} = 1{,}5$ kPa
$\Delta p_d = 4{,}8$ kPa.

Diagr. 419.2: Voreinstellbares Thermostatventil (gilt für Thermostat-Kopf mit Ventilunterteil V-exakt in Eck- und Durchgangsform von DN 10 bis DN 20)

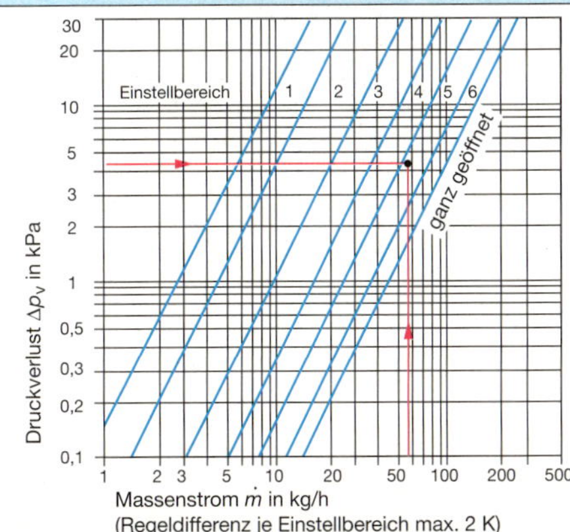

Beispiel: Warmwasserheizung
Ges.: Einstellbereich

Geg.: Wärmeleistung: $\dot{Q}_{HK} = 1280$ W
Temperaturspreizung: $\Delta\vartheta = 20$ K (z. B. 70 °C/50 °C)
wirksamer Druck: $\Delta p_{u,w} = 11$ kPa
Druckverlust im Stromkreis: $\Delta p_s = 6{,}5$ kPa

Berechnung: einzustellender Druckverlust im Thermostatventil: $\Delta p_v = \Delta p_{u,w} - \Delta p_s = 4{,}5$ kPa.

Massenstrom $\dot{m} = \dot{Q}_{HK}/(c \cdot \Delta\vartheta) = 55$ kg/h

Einstellbereich 5

Rohrnetzberechnung und hydraulischer Abgleich

pipe sizing and hydraulic pressure testing

Auswahl automatischer Strangregler (Regulierventile)[1]

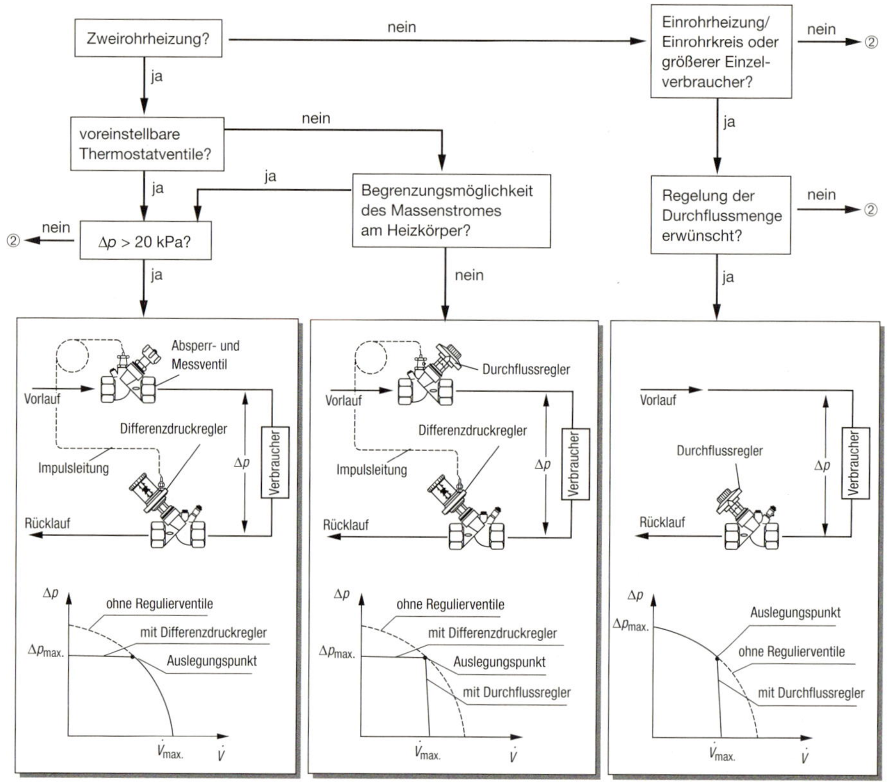

Zweirohrheizung? – nein → Einrohrheizung/ Einrohrkreis oder größerer Einzelverbraucher?

Zweirohrheizung? – ja → voreinstellbare Thermostatventile?

voreinstellbare Thermostatventile? – nein → Begrenzungsmöglichkeit des Massenstromes am Heizkörper?

voreinstellbare Thermostatventile? – ja → Δp > 20 kPa?

Begrenzungsmöglichkeit des Massenstromes am Heizkörper? – ja → Δp > 20 kPa?

Δp > 20 kPa? – nein → ②

Δp > 20 kPa? – ja → Differenzdruckregler

Begrenzungsmöglichkeit des Massenstromes am Heizkörper? – nein → Differenzdruckregler mit Durchflussregler

Einrohrheizung/ Einrohrkreis oder größerer Einzelverbraucher? – nein → ②

Einrohrheizung/ Einrohrkreis oder größerer Einzelverbraucher? – ja → Regelung der Durchflussmenge erwünscht?

Regelung der Durchflussmenge erwünscht? – nein → ②

Regelung der Durchflussmenge erwünscht? – ja → Durchflussregler

[1] Die bedarfsgerechte Differenzdruckbegrenzung an den Thermostatventilen wird im Teillastbereich nur durch Differenzdruckregler und nicht durch Strangregulierventile erreicht.

② ggf. andere Maßnahmen

Ventilkennwerte

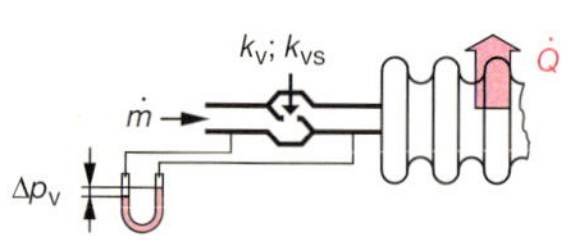

- Der k_v-Wert gibt den Volumenstrom in m³/h bei einem Druckverlust im Ventil von 1 bar (= 100 000 Pa) an.
- Der k_{vs}-Wert gibt den Volumenstrom in m³/h bei voll geöffnetem Ventil (und 1 bar Druckverlust) an (d. h. ohne Stelleinrichtung wie z. B. Thermostatkopf).

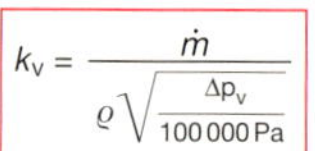

$$k_v = \frac{\dot{m}}{\varrho \sqrt{\frac{\Delta p_v}{100\,000\ \text{Pa}}}}$$

$$\Delta p_v = \left(\frac{\dot{m}}{\varrho \cdot k_v}\right)^2 \cdot 100\,000\ \text{Pa}$$

Hinweis:

$k_v = \dot{V}_1$ bei $\Delta p_1 = 1$ bar

$\frac{\dot{m}}{\varrho} = \dot{V}_2$ bei $\Delta p_2 = \Delta p_v$

k_v; k_{vs}	: Kennwerte des Ventils	in m³/h
$\dot{m}$	: Massenstrom durch das Ventil	in kg/h
Δp_v	: Druckverlust im Ventil	in Pa
ϱ	: Dichte des strömenden Mediums	in kg/m³
100 000 Pa	: Bezugsgröße	

Umwälzpumpen im geschlossenen Heizkreislauf

circulating pumps in fully pumped heating systems

Modellgesetze bei Drehzahländerung

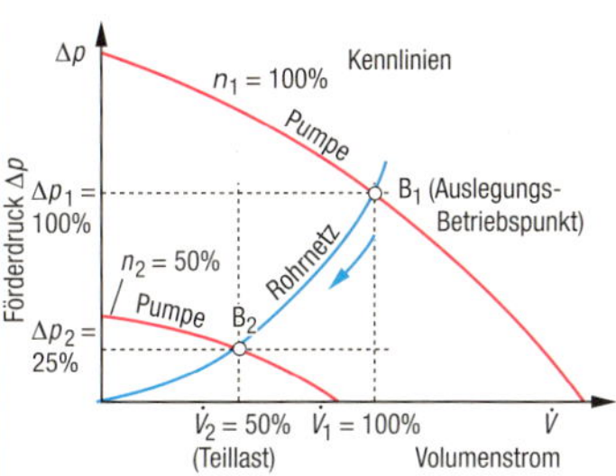

$$\frac{\dot V_2}{\dot V_1} = \frac{n_2}{n_1}$$

$$\Delta p_2 = \Delta p_1 \cdot \left(\frac{n_2}{n_1}\right)^2$$

$$\Delta p_2 = \Delta p_1 \cdot \left(\frac{\dot V_2}{\dot V_1}\right)^2$$

$$P_{ab2} = P_{ab1} \cdot \left(\frac{n_2}{n_1}\right)^3$$

$\dot V_1$	: Volumenstrom im Betriebspunkt 1 (B_1)	in m^3/h
$\dot V_2$	: Volumenstrom in B_2	in m^3/h
n_1	: Drehfrequenz der Pumpe in B_1	in 1/min
n_2	: Drehfrequenz der Pumpe in B_2	in 1/min
Δp_1	: Förderdruck in B_1	in Pa
Δp_2	: Förderdruck in B_2	in Pa
P_{ab1}	: hydraulische Leistung in B_1	in W
P_{ab2}	: hydraulische Leistung in B_2 (→ S. 483)	in W

Rohrnetzkennlinie der Heizungsanlage bei offenen und gedrosselten Ventilen

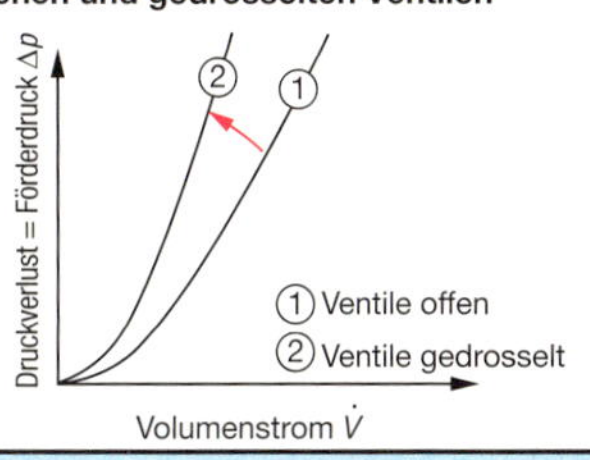

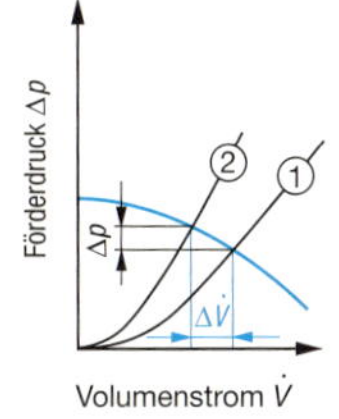

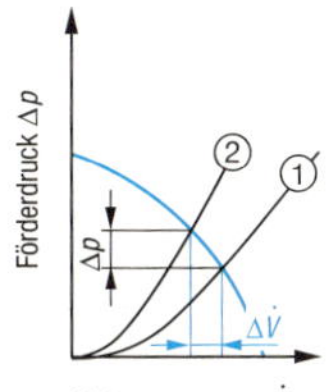

Bei ungeregelten Pumpen mit flacher Kennlinie ergibt sich bei Drosselung ein geringerer Druckanstieg.

Pumpenauslegung und Vergleich der elektrischen Leistungsaufnahme für den Teillastbereich

Beispiel:
Auslegungsdaten (für den Volllastbetrieb B_1): Δp = 20 kPa = 2,0 mWS ; $\dot V = 1{,}9\ m^3/h$
Teillastbetrieb B_2: $\dot V = 0{,}5\ m^3/h$ (≈ 26 % der Volllast)
Auswahl geeigneter Pumpen

Drehzahl-Stufenschaltung

(ungeregelt)

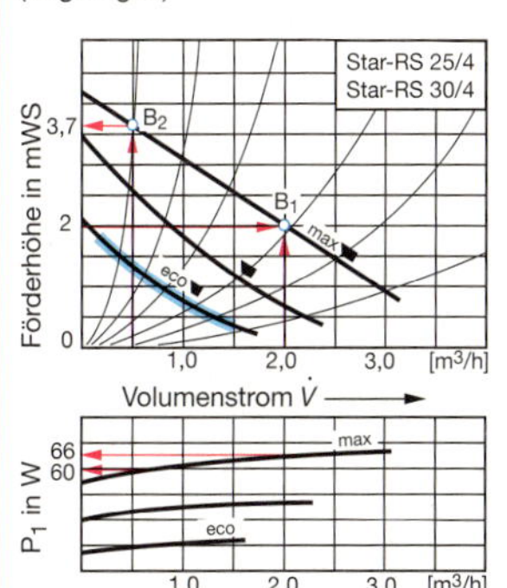

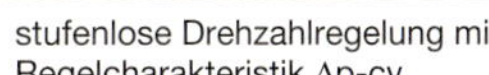

stufenlose Drehzahlregelung mit Regelcharakteristik Δp-cv

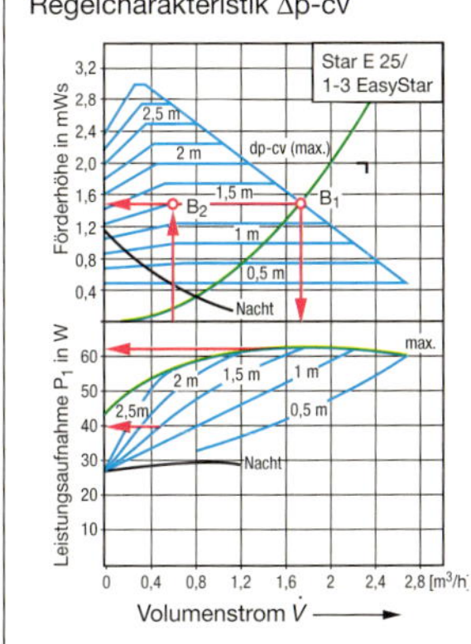

stufenlose Drehzahlregelung mit Energieeffizienzklasse A

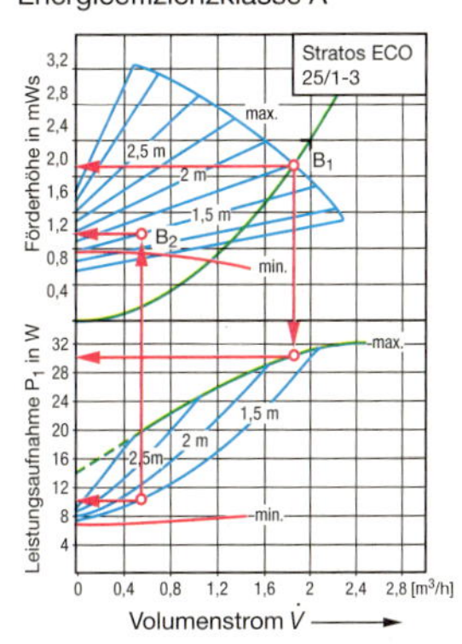

Tab. 421.1: Leistungsaufnahme der Pumpen

Lastfall	Star-RS 25/4[1]	Star-E 25/1-3 EasyStar	Stratos ECO-E 25/1-3
Volllast B_1	P_1 = 66 W (St. max.)	P_1 = 62 W	P_1 = 30 W
Teillast B_2	P_1 = 60 W (St. max.)	P_1 = 39 W	P_1 = 10 W
Nacht/Min.	P_1 = 60 W (St. max.)	P_1 = 30 W	P_1 = 7,5 W
Bewertung	Bezugsgröße	geringere Leistungsaufnahme	geringste Leistungsaufnahme

[1] Diese Möglichkeit des manuellen Umschaltens wird in der Praxis kaum genutzt.

Umwälzpumpen im geschlossenen Heizkreislauf

circulating pumps in fully pumped heating systems

Hinweise zu Pumpenauswahl, Regelung und Pumpeneinbau

- **Elektronikpumpen** wählen, richtig dimensionieren und einstellen → spart Strom und vermindert Geräusche (ab 25 kW Kesselleistung vorgeschrieben → S. 395/EnEV, § 14)
- **Überströmventile** dürfen nicht mit Elektronikpumpen kombiniert werden, weil sie ihr Regelverhalten gegenseitig behindern.
- **Pumpenregelung**
  Maximaler Pumpenförderdruck bei Δp-c (constant) nach Rohrnetzberechnung einstellen. Stromverbrauch durch Umschalten auf Differenzdruckregelung Δp-v (variabel) und Aktivierung des Autopiloten (Nachtbetrieb) weiter senken, d. h. so niedrig einstellen, wie zur einwandfreien Versorgung nötig (→ S. 421).
- **Absperrarmaturen vor und nach der Pumpe** einbauen für Reparaturfall.
- **Pumpen-Schieber oder -Kugelhahn mit Schwerkraftbremse und Luftschleuse** auf der Druckseite der Pumpen installieren, um Luftansammlung in der Umwälzpumpe zu vermeiden.

Abb. 422.1: Kennlinienfeld der STRATOS-Pumpen (Herstellerangaben)

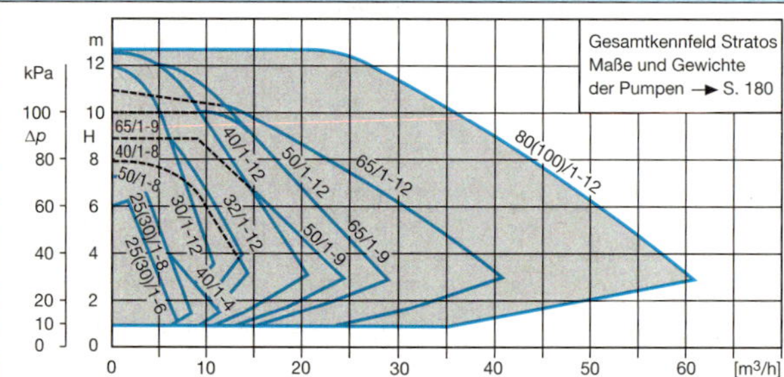

Typenschlüssel

Beispiel:	**Stratos 25/1–6**
Stratos	Verschraubungs- und Flanschpumpe elektronisch geregelt
25	Anschluss Nennweite
1–6	Nennförderhöhen-Bereich in mWS

Nennleistung	90 W
Nenndrehfrequenz	3700 1/min
Stufenlose Leistungsregelung	
Max. Betriebsdruck	10 bar
Temperaturbereich	–10 °C bis +110 °C
Netzanschluss	1 ~ 230 V, 50 Hz

Parallelschaltung

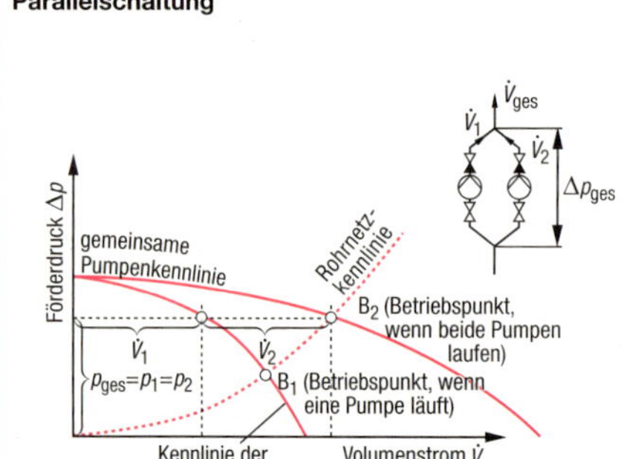

Reihenschaltung

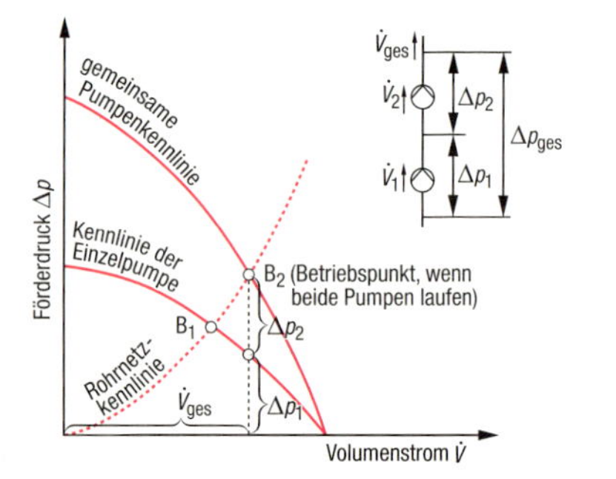

Umtriebsdruck bei Schwerkraftheizungen

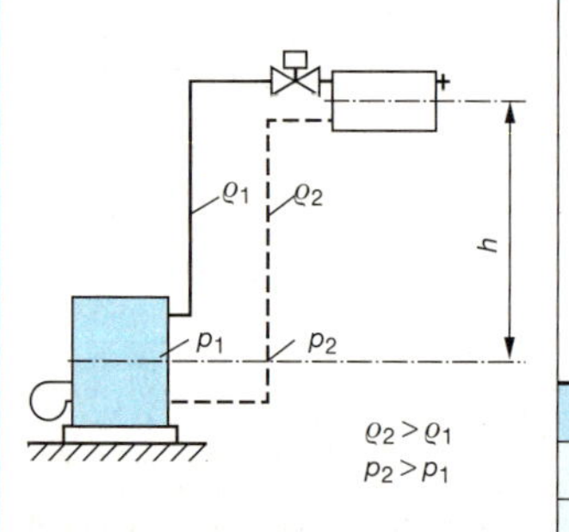

$$\Delta p = h \cdot g \cdot \Delta \varrho$$

$$\Delta \varrho = \varrho_2 - \varrho_1$$

Δp :	Umtriebsdruck	in Pa
h :	Höhenunterschied zwischen Heizkörpermitte und Kesselmitte	in m
g :	Fallbeschleunigung	in m/s²
ϱ_1 :	Dichte des warmen Wärmeträgermediums im Vorlauf	in kg/m³
ϱ_2 :	Dichte des kalten Wärmeträgermediums im Rücklauf	in kg/m³

Tab. 422.1: Dichte von Wasser

Temperatur ϑ in °C	50	60	70	80	90	100
Dichte ϱ in kg/m³	988,0	983,2	977,7	971,8	965,3	958,4

Heizungstechnik

Anforderungen zur Vermeidung von Schäden in Warmwasserheizanlagen

requirements for avoiding damage on hot water heating systems VDI 2035

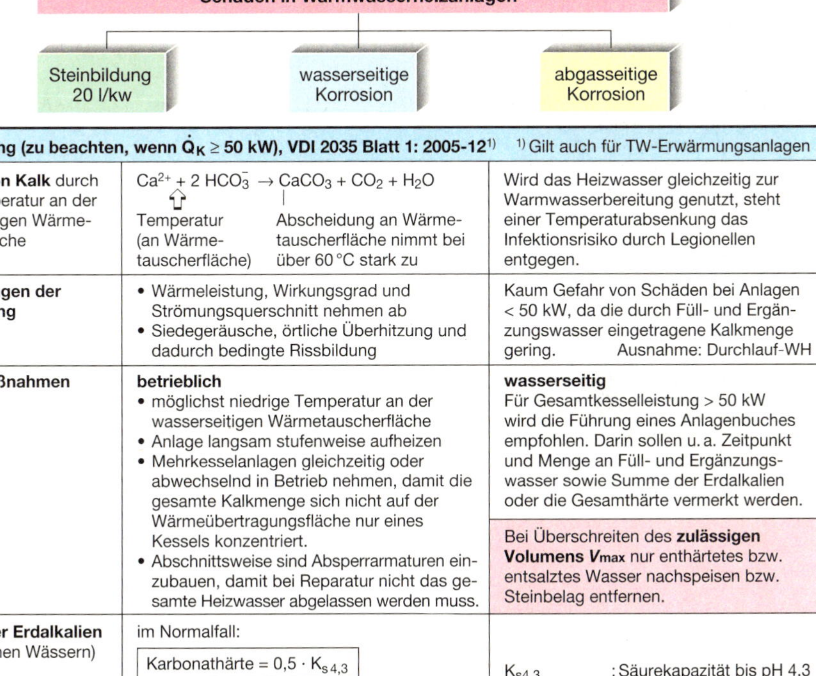

Steinbildung (zu beachten, wenn $\dot{Q}_K \geq 50$ kW), VDI 2035 Blatt 1: 2005-12[1] [1] Gilt auch für TW-Erwärmungsanlagen

Bildung von Kalk durch hohe Temperatur an der wasserseitigen Wärmetauscherfläche (→ S. 47)	$Ca^{2+} + 2\,HCO_3^- \rightarrow CaCO_3 + CO_2 + H_2O$ Temperatur (an Wärmetauscherfläche) ⇧ – Abscheidung an Wärmetauscherfläche nimmt bei über 60 °C stark zu	Wird das Heizwasser gleichzeitig zur Warmwasserbereitung genutzt, steht einer Temperaturabsenkung das Infektionsrisiko durch Legionellen entgegen.
Auswirkungen der Steinbildung	• Wärmeleistung, Wirkungsgrad und Strömungsquerschnitt nehmen ab • Siedegeräusche, örtliche Überhitzung und dadurch bedingte Rissbildung	Kaum Gefahr von Schäden bei Anlagen < 50 kW, da die durch Füll- und Ergänzungswasser eingetragene Kalkmenge gering. Ausnahme: Durchlauf-WH
Schutzmaßnahmen	**betrieblich** • möglichst niedrige Temperatur an der wasserseitigen Wärmetauscherfläche • Anlage langsam stufenweise aufheizen • Mehrkesselanlagen gleichzeitig oder abwechselnd in Betrieb nehmen, damit die gesamte Kalkmenge sich nicht auf der Wärmeübertragungsfläche nur eines Kessels konzentriert. • Abschnittsweise sind Absperrarmaturen einzubauen, damit bei Reparatur nicht das gesamte Heizwasser abgelassen werden muss.	**wasserseitig** Für Gesamtkesselleistung > 50 kW wird die Führung eines Anlagenbuches empfohlen. Darin sollen u. a. Zeitpunkt und Menge an Füll- und Ergänzungswasser sowie Summe der Erdalkalien oder die Gesamthärte vermerkt werden. Bei Überschreiten des **zulässigen Volumens V_{max}** nur enthärtetes bzw. entsalztes Wasser nachspeisen bzw. Steinbelag entfernen.
Summe der Erdalkalien (in natürlichen Wässern)	im Normalfall: Karbonathärte = $0{,}5 \cdot K_{s\,4,3}$ Summe der Erdalkalien ≈ Karbonathärte bei enthärtetem Wasser: Calziumhärte = $c[Ca^{2+}]$ bleibende Härte	$K_{s4,3}$: Säurekapazität bis pH 4,3 in mol/m³ $c[Ca^{2+}]$: Konzentration an [ ] in mol/m³
Richtwerte für Füll- und Ergänzungswasser von Warmwasserheizungen	$V_{max} = 3 \cdot V_{Anl}$ und $V_{Anl} \leq 20$ l/kW $\dot{Q}_K$ mit	V_{max} : zugrunde gelegtes Füll- und Ergänzungswasservolumen in l V_{Anl} : Anlagenvolumen in l $\dot{Q}_K$: Gesamtkesselleistung in kW

$\dot{Q}_K$ in kW	Summe der Erdalkalien in mol/m³	Gesamthärte in °d
≤ 50	keine Anforderung	
> 50 … ≤ 200	≤ 2,0	≤ 11,2
> 200 … ≤ 600	≤ 1,5	≤ 8,4
> 600	< 0,02	< 0,11

Wasseraufbereitung Im Trinkwasserbereich voll enthärtetes Wasser nicht zulässig. Unter Umständen enthärtetes Wasser mit nichtenthärtetem Wasser auf eine Härte von 1 mol/m³ vermischen.	**Enthärtung** und **Entsalzung** **chemische Verfahren:** Enthärtung: Kationenaustauscher (Ca^{2+} bzw. Mg^{2+} werden gegen Na^+ oder H^+ ausgetauscht) Entsalzung: Kationenaustauscher und Anionenaustauscher hintereinander oder Umkehrosmose **physikalische Verfahren:**	**Härtestabilisierung** Zusatz von Polyphosphaten verhindert Steinbildung an der Wärmetauscherfläche (Zulassung gemäß **Trinkwasser-Verordnung** prüfen) Kalk kann in Schlammform ausfallen. Wird mit dem Heizwasser auch Trinkwasser erwärmt, entsprechende Regelungen in **DIN EN 1717** beachten.
Steinentfernung	Kalkbeläge können mit Säuren (Ameisen-, Zitronen-, Salzsäure) aufgelöst werden.	Das Entkalkungsmittel muss materialverträglich sein und nach der Reinigungsphase vollständig aus dem gereinigten Anlagenteil entfernt werden.

Heizungstechnik

Anforderungen zur Vermeidung von Schäden in Warmwasserheizanlagen

requirements for avoiding damage on hot water heating systems VDI 2035

Wasserseitige Korrosion (VDI 2035-Blatt 2: 1998-12)

Korrosion	nur bei Zutritt von Sauerstoff ins Heizungswasser.
	Zutritt kann erfolgen: • mit Füll- und Ergänzungswasser • über durchströmte offene Ausdehnungsgefäße • bei Auftreten von Unterdruck im höchstgelegenen Bereich der Anlage, z. B. bedingt durch dicht schließenden Vierwegemischer oder nicht voll funktionsfähiges Membran-Ausdehnungsgefäß • über gasdurchlässige Bauteile, wie Dichtstellen oder Kunststoffrohre ohne ausreichende Sperrschicht
Korrosionsschäden	**bei Eisenwerkstoffen** • Durchrostung • Schlammbildung (→ verstopfte Anlagenteile, festsitzende Pumpen oder Wärmemengenzähler) • Gaspolsterbildung (→ Fließgeräusche, mangelnde Heizleistung an den obersten Heizkörpern) • Eisencarbonat-Beläge
	bei anderen Werkstoffen Kupfer-Werkstoffe: kaum Korrosionsschäden; möglich sind • Erosionskorrosion und • Entzinkung bei einigen Kupfer-Zink-Legierungen Bei Aluminium-Werkstoffen können zur Vermeidung von Korrosion sowohl bei Enthärtung als auch bei Entsalzung Maßnahmen wie Dosierung von Inhibitoren notwendig sein.
	bei Schäden an Dichtstellen Leckagen durch Frostschutzmittel: Glykol verringert Oberflächenspannung des Wassers und erhöht seine Kriechfähigkeit. Durch Leckagen kann es zu Salzkrusten, Zersetzung des Dichtmaterials und zu unterschiedlichen Korrosionserscheinungen im Dichtbereich kommen.
Korrosionsschutz-maßnahmen	**sachgerechte Planung** (Ziel: Sauerstoffzutritt vermeiden) • Ausdehnungsgefäß richtig auswählen, bemessen und anschließen • richtigen Gasdruck einstellen • sauerstoffdichte Rohrwerkstoffe auswählen • bei Druckhaltung über Druckdiktierpumpen möglichst mit geschlossenem Ausdehnungsgefäß arbeiten
	geeignete **Heizwasserbehandlung**: • Alkalisierung: pH-Wert zwischen 8,2 und 9,5 halten, z. B. durch Zugabe von Trinatriumphosphat, das gleichzeitig die Ausbildung von Kalksteinbelägen unterbindet • Korrosions-Inhibitoren (Korrosionshemmung durch Bildung von Deckschichten) • Sauerstoffentfernung (Einsatz von Hydrazin nach der Feuerungsverordnung (FeuV) wegen gesundheitsgefährdender Wirkung in mehreren Bundesländern untersagt) • Entsalzung usw.
	betriebstechnische Maßnahmen: • Anpassung des (gasseitigen) Vordruckes des Membran-Ausdehnungsgefäßes (MAG) an den statischen Druck der Anlage • regelmäßige Überprüfung der (wasserseitigen) Druckverhältnisse in der Anlage (Soll-Arbeitsbereich → S. 433) ggf. Wasser nachfüllen • jährliche Kontrolle bzw. Anpassung des (gasseitigen) Vordruckes im MAG

Anforderungen zur Vermeidung von Schäden in Warmwasserheizanlagen

requirements for avoiding damage on hot water heating systems VDI 2035

Abgasseitige Korrosion (VDI 2035 Blatt 3: 1999-05)

Korrosion	nur bei Anwesenheit eines Elektrolyten auf der abgasführenden metallischen Oberfläche; bei Unterschreitung der Taupunkttemperatur entsteht ein Elektrolyt durch Bildung von Abgaskondensat
	Grundsätzlich können sich unterschiedliche Stoffe bilden oder vorhanden sein, welche die schädigende Wirkung des Elektrolyten steigern: • schwefelhaltige Brennstoffe: $SO_2 + 1/2\ O_2 + H_2O \rightarrow H_2SO_4$ (Schwefelsäure) • Stickstoff der Verbrennungsluft: $N_2 + 5/2\ O_2 + H_2O \rightarrow 2HNO_3$ (Salpetersäure) • Holz bei Schwelbrand: Ameisen- und Essigsäure • Verunreinigungen der Verbrennungsluft mit Chlorkohlenwasserstoffen (→ Tab. 425.1), Siloxane (aus Körperpflegemittel), FCKW-Restbestände usw. Die meisten dieser Stoffe werden bei Verbrennung nicht verbraucht, sondern bleiben als Katalysator wirksam.
Korrosionsschäden	• Wanddurchbrüche im Kesselbereich: unkontrollierter Austritt von Heizungswasser oder Abgaskondensat • Wanddurchbrüche im Abgasbereich: Durchfeuchtung des Bauwerks • Beläge aus Korrosionsprodukten: Beeinträchtigung der Heizleistung, Anstieg des abgasseitigen Strömungswiderstandes unter Umständen bis zum Betriebsausfall
Korrosionsschutzmaßnahmen	**sachgerechte Planung:** • Abstimmung von Brennstoffen, Werkstoffen und Betriebsweise der Anlage (Brennstoffe wie Heizöl EL, Bio- oder Deponiegas erfordern an Stellen, wo der Taupunkt zeitweise oder dauernd unterschritten wird, besondere Werkstoffe, z. B. nichtrostende Stähle wie: 1.4401, 1.4404, 1.4571, 1.4436 oder 1.4539) • raumluftunabhängige Betriebsweise wählen, wenn Luft im Aufstellraum mit Waschmittel, Lösungsmittel o. Ä. belastet wird
	fachgerechte Ausführung: • Schutzschicht nicht beschädigen • Risse und Spalte vermeiden
	betriebstechnische Maßnahmen: • Chlorkohlenwasserstoff-Quellen ausfindig machen (→ Tab. 425.1) und beseitigen • Hobby- und Heimwerkerarbeiten in Aufstellräumen unterlassen • häufiges Ein- und Ausschalten der Anlage vermeiden • regelmäßige Reinigung der Heizflächen von korrosionsfördernden Belägen am Ende der Heizperiode

Tab. 425.1: Mögliche Quellen von Chlorkohlenwasserstoffen

Privathaushalt		**Industrie und Gewerbe**	
Allgemein	Reinigungsmittel Undichte Kühlschränke oder Kälteanlagen Sprühdosen	Chemische Reinigungen	Reinigungsmittel
		Druckereien	Lösungsmittel
		Metallverarbeitung	Entfettungsbäder, Kühl- und Schmiermittel
Hobby und Heimwerk	Lösungsmittel, Verdünner Entfettungsmittel, Lacke, Abbeizer Kleber, Schaumstoffe, Baustoffe Holzschutz- und Pflanzenschutzmittel Stein- und Kalkentferner	Film- und Folienverarbeitung	Lösungsmittel
		Chemische Industrie	Diverse Grundstoffe
		Lackierbetriebe	Lösungsmittel, Lacke und Abbeizer
		Kältemaschinen	Kältemittel
		Textil- und Papierverarbeitung	Bleichmittel
		Schwimmbäder	Wasseraufbereitungs- und Desinfektionsmittel

Arten von Heizungsanlagen *types of heating systems*

Heizungsanlage (Schema)	Einteilung nach	Beispiele
⑥ Druck, ⑧ Regelung, ⑦ Wärmeabgabe, ④ Umtriebsdruck, ③ Wärmeträger, ⑤ Rohrführung, ① Wärmeerzeuger, ② Energieart	① *Wärmeerzeuger*	Heizkessel, Gastherme, Brennstoffzelle, Wärmepumpe, Sonnenkollektor, (Solarzelle) / Einzel-, Zentral-, Block-, Fernheizung
	② *Energieart* (Art der Energieversorgung)	Festbrennstoff-, Öl-, Gas-, Elektro-, Wärmepumpen-, Erdwärme-, Solar- und kombinierte Heizung
	③ *Wärmeträger*	Warmwasser, Heißwasser, Wasserdampf, Luft, (elektrischer Strom)
	④ *Umtriebsdruck*	Pumpen-, Schwerkraftheizung
	⑤ *Rohrführung/Verteilung*	Einrohr-, Zweirohr-, Tichelmannsystem / untere, geschossweise-horizontale, obere Verteilung
	⑥ *Druck* (Bauart der Heizungsanlage)	offene, geschlossene Anlage; Niederdruck-, Hochdruckanlage
	⑦ *Wärmeabgabe*	Radiatoren-, Konvektoren-, Rohr-, Fußboden-, Wand-, Decken-, Luftheizungen und kombinierte Formen
	⑧ *Regelung*	Handregelung, Thermostatventil, zentrale Einzelraum-Temperaturregelung. usw.

Sicherheitstechnische Einrichtungen für Warmwasserheizungen

safety devices for hot water systems

Anwendungsbereiche

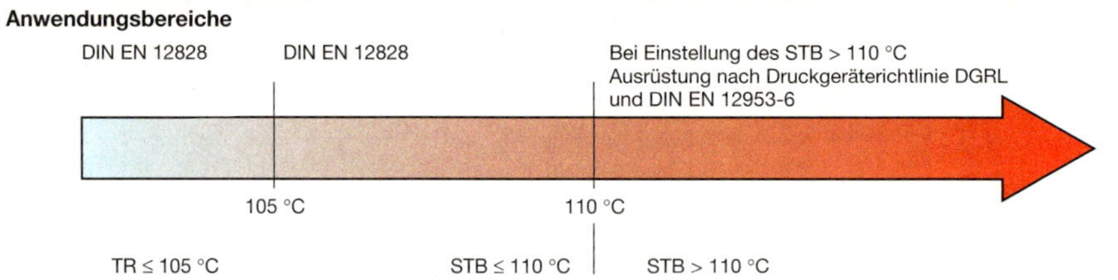

Sicherheitstechnische Einrichtungen für Warmwasserheizungen	DIN EN 12 828
Heizungsanlagen im allgemeinen müssen ausgerüstet sein mit …	sicherheitstechnischen **Einrichtungen gegen die Überschreitung** • **der maximalen Betriebstemperatur,** • **des maximalen Betriebsdruckes.** Diese müssen geplant und ausgelegt werden in Übereinstimmung mit • der Bauart der Heizungsanlage (wie geschlossene oder offene Anlage) • der Art der Energieversorgung • der Art der Energieerzeugung des Wärmeerzeugers • Nennleistung des Wärmeerzeugersystems
Heizungsanlagen bis zu einer maximalen Betriebstemperatur von **105 °C** müssen **mindestens ausgerüstet** sein **mit:**	Einrichtungen zur Überwachung der Betriebsbedingungen wie Temperatur, Druck, Wasserstand (bei offenen Anlagen) – **Temperaturmessgerät** – **Druckmessgerät** – **Temperaturregler (TR)** (TR) – **Befüllungseinrichtung** (F)

Einrichtungen für geschlossene Anlagen	DIN EN 12 828
Schutz gegen Überschreitung der maximalen Betriebstemperatur	– Jeder **Wärmeerzeuger** muss einen **Sicherheitstemperaturbegrenzer** (STB) haben. – Jede indirekt beheizte Anlage muss mit einem **Sicherheitstemperaturwächter** (STW) ausgerüstet sein. – Jeder Wärmeerzeuger muss mit einem **Temperaturregler** ausgestattet sein.

Sicherheitstechnische Einrichtungen für Warmwasserheizungen

safety devices for hot water systems

Einrichtungen für geschlossene Anlagen

DIN EN 12 828

Schutz gegen Überschreitung des maximalen Betriebsdrucks

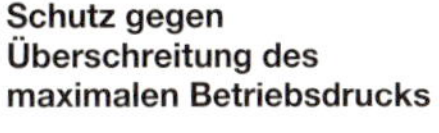

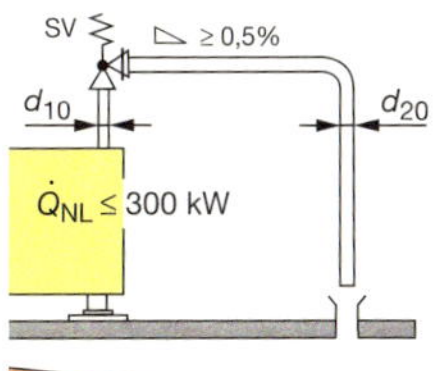

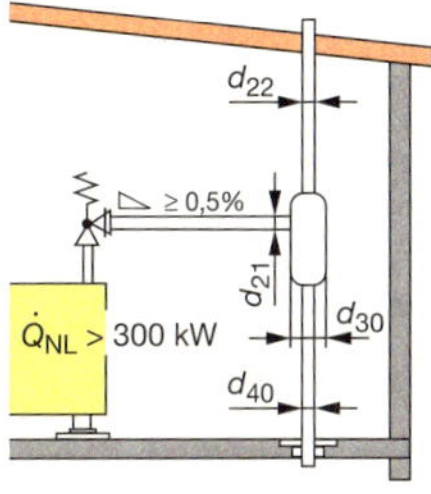

- Jeder **Wärmeerzeuger** muss mindestens ein **Sicherheitsventil** (SV) haben.
- Wenn mehr als ein SV, dann muss kleinstes SV mind. 40 % der Abblasleistung haben.
- Sicherheitsventile müssen prEN 1268-1 entsprechen.
- Nennweite muss mind. DN 15 aufweisen (→ Tab. 430.1 und Tab. 430.2)
- Einbau zugänglich am Wärmeerzeuger oder in unmittelbarer Nähe im Vorlauf ohne Absperrung.
- Einrichtungen für gefahrloses und zufrieden stellendes Abblasen müssen vorhanden sein.
- Jedes Sicherheitsventil ist mit einer eigenen **Ausblaseleitung** auszustatten. (Nennweite mindestens wie SV-Austrittsquerschnitt)
- Einbau eines **Entspannungstopfes** bei Wärmeerzeugern mit mehr als 300 kW Nennleistung (in der Ausblaseleitung, in der Nähe des SV).
  An der tiefsten Stelle des Entspannungstopfes ist eine Wasserabflussleitung zu installieren. An der höchsten Stelle des Entspannungstopfes ist eine Ausblaseleitung für Dampf zu installieren, um diesen gefahrlos ins Freie zu führen (→ S. 430).

> Entspannungstopf kann entfallen, wenn pro Wärmeerzeuger:
> - TR ≤ 105 °C und STB ≤ 110 °C
> - zweiter STB und
> - zweiter Druckbegrenzer eingebaut wird.

Druckbegrenzer (Maximal-Druckbegrenzer)
- Einbau bei jedem direkt beheizten **Wärmeerzeuger über 300 kW** Nennleistung.
- Einstellung so, dass Auslösung vor Ansprechen des SV erfolgt.
- Einbau von Absperrventil und Füll- sowie Entleerungsventil in die Anschlussleitung (Stand der Technik).
- Absperrventil muss gegen unbeabsichtigtes Schließen gesichert sein.
- Einbau möglichst nahe am Wärmeerzeuger.
- Bei indirekt beheizten Wärmeerzeugern ist der Druckbegrenzer nicht erforderlich.

Schutz vor unzulässiger Erwärmung

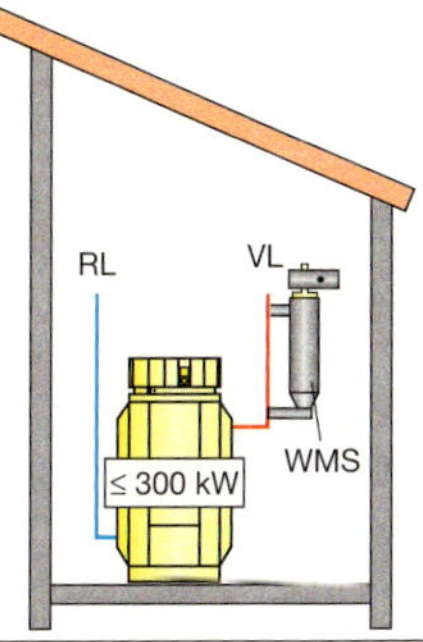

Wassermangelsicherung (WMS)
- Jede geschlossene **Heizungsanlage bzw.** jeder **Wärmeerzeuger** muss eine Wassermangelsicherung haben.

Ausnahmen: Anlagen auf der Sekundärseite eines Wärmetauschers

Alternativ: Mindestdruckbegrenzer oder Durchflussbegrenzer
Alternativ ohne WMS bei Wärmeerzeugern *bis 300 kW Nennwärmeleistung*, wenn sichergestellt ist, dass eine unzulässige Aufheizung im Falle von Wassermangel nicht auftreten kann.

Einbau: Im Wärmeerzeuger oder im Vorlauf nahe des Wärmeerzeugers (ohne Absperreinrichtung)

Für den Fall, dass der Kessel höher angeordnet ist als die meisten Heizkörper, ist eine WMS oder eine andere geeignete Einrichtung bei allen Wärmeerzeugern notwendig.

Aufnahme des maximalen Ausdehnungsvolumens des Heizwassers der Anlage

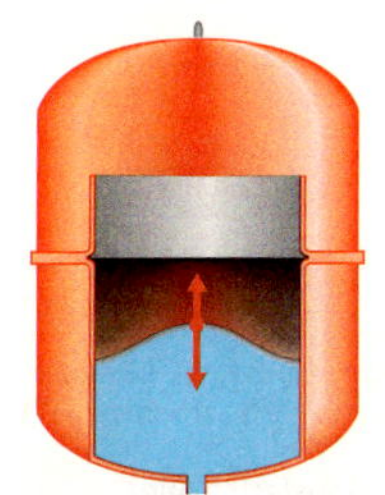

Jede geschlossene **Heizungsanlage** muss ein **Druckausdehnungsgefäß** haben.

Druckausdehnungsgefäße müssen:
- das Ausdehnungsvolumen aufnehmen,
- die Wasservorlage aufnehmen.

Membran-Druckausdehnungsgefäße (MAG) müssen:
- EN 13 831 entsprechen,
- gegen Einfrieren gesichert werden (frostgeschützte Räume),
- vorzugsweise in den Rücklauf oder am tiefsten Punkt der Anlage eingebaut werden.

Zwischen Druckausdehnungsgefäß und Wärmeerzeuger darf keine Absperrung eingebaut werden. Zu Prüfzwecken ist ein gegen unbeabsichtigtes Schließen abgesichertes Kappenventil vorzusehen.
(→ S. 431)

Sicherheitstechnische Einrichtungen für Warmwasserheizungen

safety devices for hot water systems

Einrichtungen für offene Heizungsanlagen

DIN EN 12 828

Offene Anlage

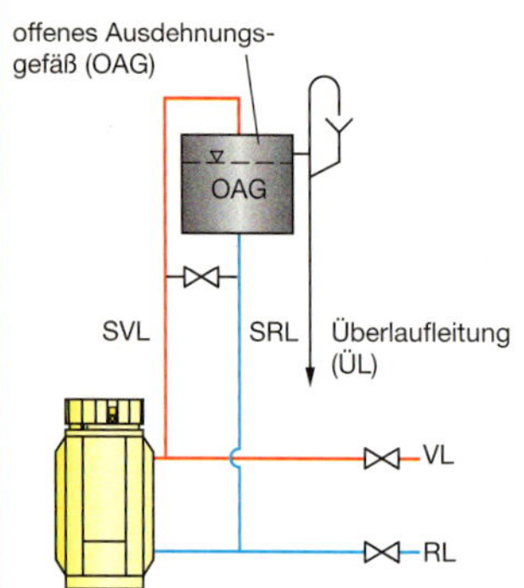

Anforderungen:

- offenes Ausdehnungsgefäß (OAG) am höchsten Punkt der Anlage
- Einfrieren verhindern
- OAG mit Entlüftungs- und Überlaufleitung (nicht absperrbar)
- Sicherheitsvorlauf und Sicherheitsrücklauf (nicht absperrbar)

Vorteile:
- natürliche Begrenzung der Vorlauftemperatur auf 100 °C
- keine betriebsbedingten Druckschwankungen

Nachteile:
- Sauerstoff gelangt ins Heizungswasser → Korrosionsgefahr
- erhöhte Kosten für Material, Montage und Wärmeverluste an SVL, OAG und SRL
- Wasserverluste durch Verdunstung
- Einfriergefahr des OAG

Bemessung der Sicherheitsleitungen:

$$d_{SVL} = 15 + 1{,}4 \cdot \sqrt{\dot{Q}_{NL}}$$

Mindestdurchmesser für d_{SVL} nicht weniger als 19 mm

$$d_{SRL} = 15 + 1{,}0 \cdot \sqrt{\dot{Q}_{NL}}$$

$$d_{ÜL} = d_{SVL} + 1\ \text{DN}$$

d_{SVL} : Innendurchmesser der Sicherheitsvorlaufleitung in mm
$\dot{Q}_{NL}$: Nennwärmeleistung des Wärmeerzeugers in kW
d_{SRL} : Innendurchmesser der Sicherheitsrücklaufleitung in mm
$d_{ÜL}$: Innendurchmesser der Überlaufleitung in mm

Näherungsformel für den Gesamtwasserinhalt der Heizungsanlage

$$V_A \approx v_A \cdot \dot{Q}_{NL}$$

(Alternativ: → Diagr. 431.1)

V_A : Wasserinhalt der Anlage (ohne Pufferspeicher) in dm³
v_A : spezifischer Anlageninhalt in dm³/kW
$\dot{Q}_{NL}$: Nennwärmeleistung des Wärmeerzeugers in kW

Tab. 428.1: spezif. Anlageninhalt v_A in dm³/kW von Heizungsanlagen

ϑ_V/ϑ_R in °C	Röhren- und Stahlradiatoren	Plattenheizkörper	Konvektoren	Fußbodenheizung
90/70	17,0	8,5	6,0	20
80/60	20,5	9,6	6,5	
70/50	26,1	11,4	7,4	
60/40	36,2	14,6	9,1	

Bemessung des offenen Ausdehnungsgefäßes (OAG)

$$V_{n,min} = 2 \cdot V_A \cdot \frac{n}{100}$$

$V_{n,min}$: Mindest-Nennvolumen in dm³
V_A : Wasserinhalt der Anlage in dm³
n : Ausdehnung des Wassers in %
V_n : Nennvolumen des offenen Ausdehnungsgefäßes (→ Tab. 428.3)

Tab. 428.2: Ausdehnung n für Wasser (ohne Frostschutzmittel) bei einer Fülltemperatur von $\vartheta = 10\,°C$

Vorlauftemperatur ϑ_V in °C	40	50	60	70	80	90	100
Ausdehnung n in %	0,72	1,16	1,66	2,24	2,88	3,58	4,34

Tab. 428.3: Maße für offene und geschlossene Ausdehnungsgefäße ohne Membrane (DIN 4807-1: 1991-05)

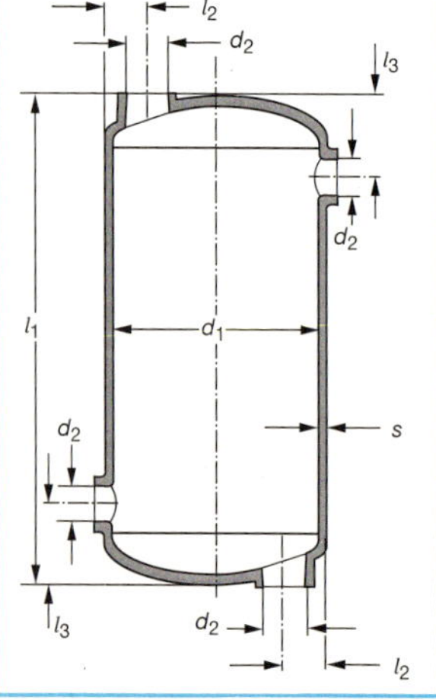

V_n in dm³	d_1 in mm	Anschlussgewinde d_2	l_1 in mm	l_2 in mm	l_3 in mm	s[1] in mm	Masse in kg
30	300	G 1 A	500	50	100	2	14
50	350	G 1 A	580	50	105	2	19
75	400	G 1 1/4 A	670	50	115	2	25
100	400	G 1 1/4 A	870	60	115	2	31
125	500	G 1 1/4 A	700	60	130	2	34
150	500	G 1 1/4 A	850	60	130	3	40
200	500	G 1 1/2 A	1110	60	140	3	49
250	500	G 1 1/2 A	1350	60	140	3	57
300	600	G 1 1/2 A	1180	60	150	3	63
400	650	G 2 A	1310	70	170	3	77
500	700	G 2 A	1420	70	180	4	89
600	700	G 2 1/2 A	1660	80	190	4	103
800	800	G 2 1/2 A	1700	80	200	5	158
1000	800	G 2 1/2 A	2125	80	200	5	190

[1] Für geschlossene Ausdehnungsgefäße nach TRD 702 beträgt die kleinste Wanddicke s auch für die Größen 30 bis 125 Liter 3 mm.

Anmerkung: für Längenmaße gelten Allgemeintoleranzen: DIN 7168-m

Sicherheitstechnische Einrichtungen für Warmwasserheizungen

safety devices for hot water systems

Einrichtungen für geschlossene Heizungsanlagen

DIN EN 12 828

Direkte Beheizung mit Membranausdehnungsgefäß (MAG)

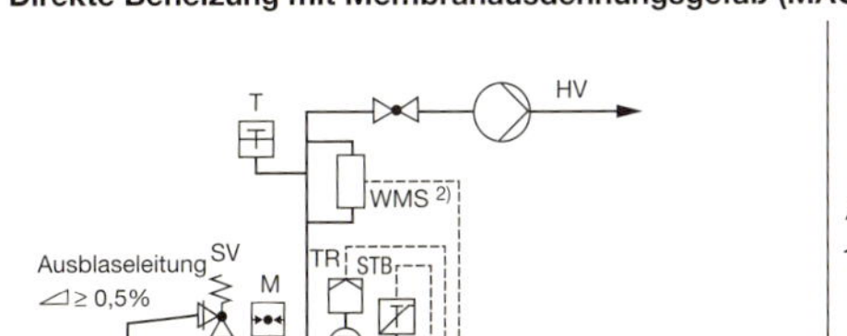

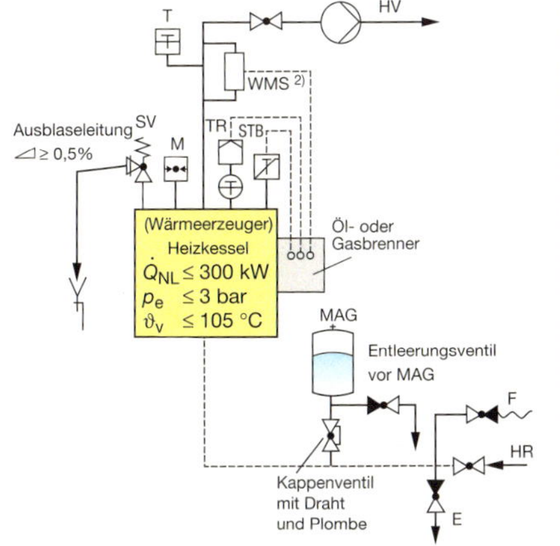

Indirekte Beheizung mit Membranausdehnungsgefäß (→ S. 442)

TR : Temperaturregler
STB : Sicherheitstemperaturbegrenzer
SV : Sicherheitsventil
MAG : Membranausdehnungsgefäß
T : Temperaturmessgerät
WMS : Wassermangelsicherung
M : Druckmessgerät
F : Durchgangsventil mit Rückflussverhinderer
E : Entleerungsventil
HV : Heizungsvorlauf
HR : Heizungsrücklauf

1) Einbau bei jedem direkt beheizten Wärmeerzeuger ≥ 300 kW

2) Für den Fall, dass der Kessel höher angeordnet ist, als die meisten Heizkörper, ist eine Wassermangelsicherung oder eine andere geeignete Einrichtung notwendig (z. B. Mindestdruckbegrenzer oder Durchflussbegrenzer).

3) Entspannungstopf kann entfallen, wenn pro Wärmeerzeuger:
- TR ≤ 105 °C oder STB ≤ 110 °C
- ein zweiter STB und
- ein zweiter Maximal-Druckbegrenzer eingebaut wird.

Beheizung mit festen Brennstoffen

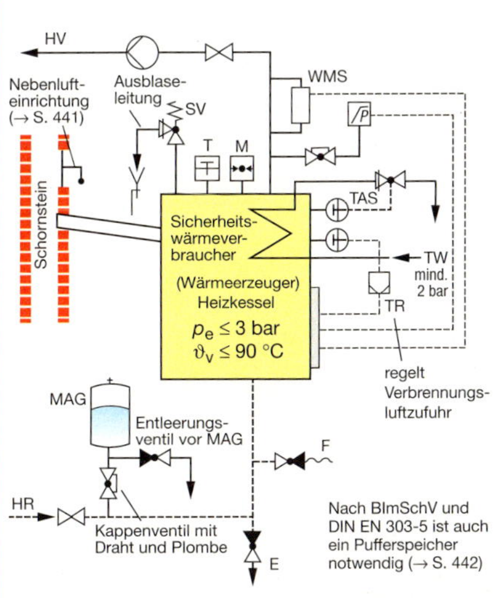

Als sicherheitstechnische Ausrüstung sind vorzusehen:
- Notkühlung (Ein nicht absperrbarer oder bei Übertemperatur automatisch öffnender Sicherheitswärmeverbraucher z. B. mit thermischer Ablaufsicherung ist vorzusehen, um ein Überhitzen zu vermeiden.)
- Zugbegrenzer im Abgasweg (z. B. Nebenlufteinrichtung)
- Verbrennungsluftregler als Kesseltemperaturregler mit max. 90 °C Vorlauftemperatur

TR : Temperatur- bzw. Feuerungsregler
TAS : Thermische Ablaufsicherung als Sicherheitstemperaturbegrenzer
SV : Sicherheitsventil
MAG : Membran-Druckausdehnungsgefäß
M : Manometer
E : Entleerungsventil
TW : Trinkwasser

Bemessung der Sicherheitsventile für Warmwasserheizungen, Ausblaseleitungen, Wasserabflussleitungen und Entspannungstöpfe

sizing of safety valves of hot water heating systems blow out pipes, drainage pipes and sealed expansion vessels

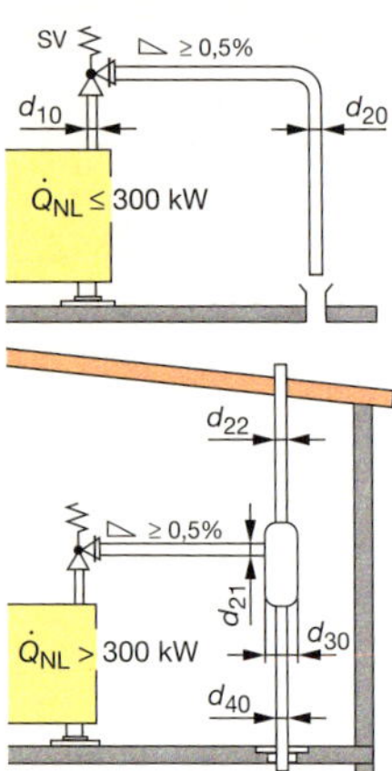

Entspannungstopf ET mit tangentialer Einführung

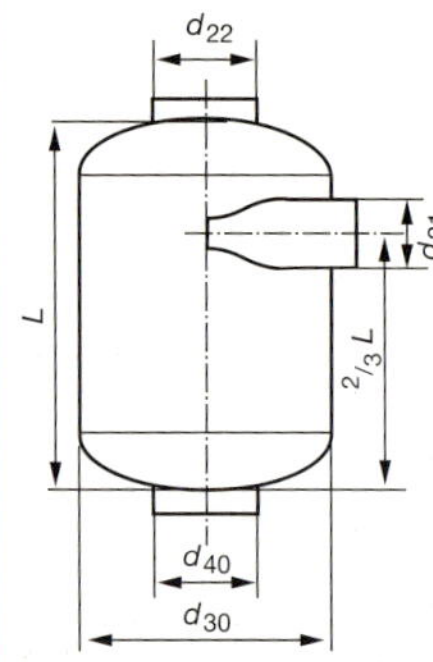

Tab. 430.1: Membran-Sicherheitsventil „H" Heißwasser bis 120 °C, max. 3 bar nach prEN 1268

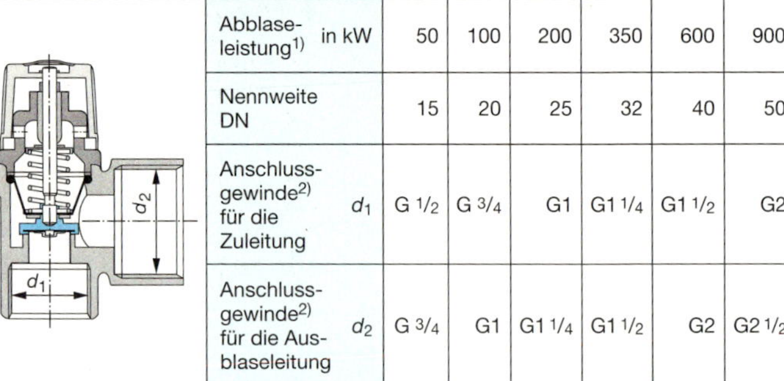

Abblase-leistung[1)]	in kW	50	100	200	350	600	900
Nennweite DN		15	20	25	32	40	50
Anschluss-gewinde[2)] für die Zuleitung	d_1	G 1/2	G 3/4	G1	G1 1/4	G1 1/2	G2
Anschluss-gewinde[2)] für die Aus-blaseleitung	d_2	G 3/4	G1	G1 1/4	G1 1/2	G2	G2 1/2

Tab. 430.2: Maße der Zuleitungen, Ausblaseleitungen, Wasserabflussleitungen und der Entspannungstöpfe für Membran-Sicherheitsventile

Art der Leitung		Längen	Anzahl der Bögen	Mindestdurchmesser und Mindestnennweiten DN					
Zuleitung	d_{10}	≤ 1 m	≤ 1	15	20	25	32	40	50
Ausblaseleitung ohne	d_{20}	≤ 2 m	≤ 2	20	25	32	40	50	65
Entspannungstopf (ET)		≤ 4 m	≤ 3	25	32	40	50	65	80
Ausblaseleitung zwischen SV und ET	d_{21}	≤ 5 m	≤ 2	32	40	50	65	80	100
Ausblaseleitung zw. ET und Ausblaseöffn.	d_{22}	≤ 15 m	≤ 3	40	50	65	80	100	125
Entspannungstopf	d_{30}	≥ 1,7 · d_{30}	0	125	150	200	250	300	400
Wasserabflussleitung des ET	d_{40}	–[3)]	–[3)]	32	40	50	65	80	100

[1)] durch das Sicherheitsventil abzusichernde Wärmeleistung
[2)] nach DIN ISO 228-T1
[3)] keine Anforderungen

Tab. 430.3: Abblaseleistung[1)] bei federbelasteten Vollhub-Sicherheitsventilen (Herstellerangaben)

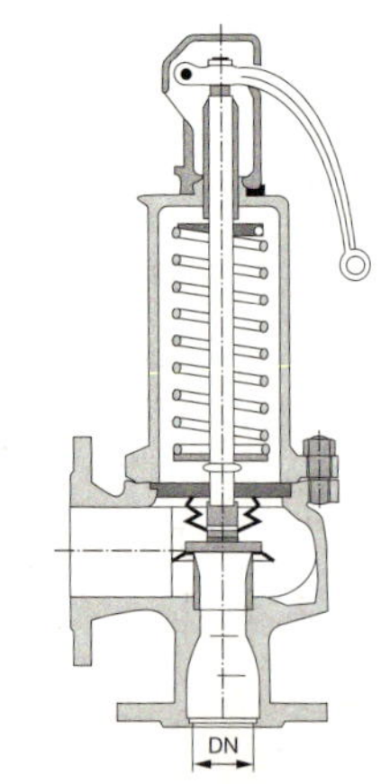

Ansprech-druck (Überdruck)	Nennweite Ventilgröße[1)] DN 32	DN 40	DN 50	DN 65	DN 80	DN 100	DN 125	DN 150
	anwendbar bei einer Kesselleistung von maximal kW	kW	kW	kW	kW	kW	kW	kW
2,5	565	870	1360	2300	3480	5440	7120	9900
3,0	649	1000	1560	2640	4000	6250	8190	11400
4,0	810	1250	1950	3300	5000	7800	10200	14200
5,0	960	1480	2310	3900	5910	9240	12100	16900
6,0	1100	1700	2660	4500	6820	10600	14000	19400
8,0	1390	2140	3350	5660	8580	13400	17600	24500
10,0	1670	2570	4010	6790	10300	16000	21100	29300

[1)] für Sattdampf

Auslegung des Membran-Druckausdehnungsgefäßes (MAG)

sizing of the flexible diaphragram sealed expansion vessel DIN EN 12 828

Gesamtwasserinhalt V_A der Heizungsanlage

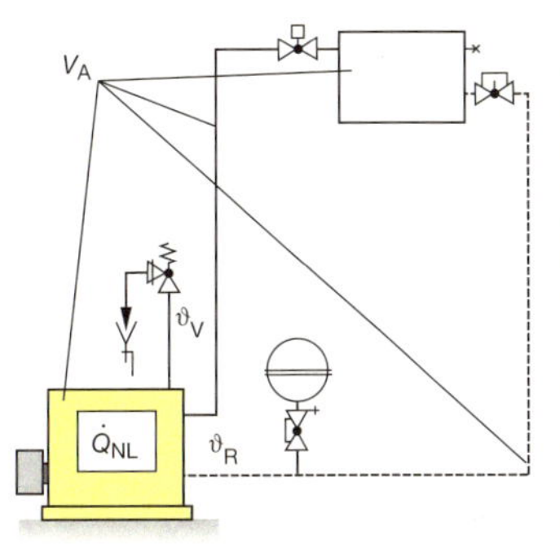

Ggf. auch Pufferspeicher berücksichtigen.

Diagr. 431.1: Durchschnittlicher Gesamtwasserinhalt von Zentralheizungsanlagen (Alternativ: **→ S. 428)**

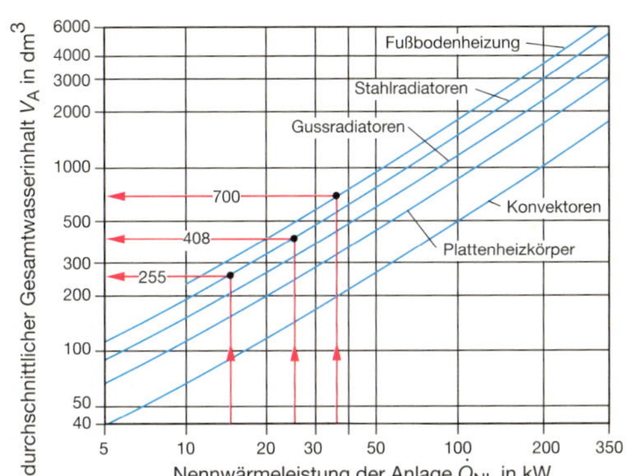

Beispiel 1: Geg.: Heizungsanlage mit $\dot{Q}_{NL}$ = 24 kW und Stahlradiatoren
Lös.: V_A = 408 dm^3 (→ Diagr. 431.1)

Beispiel 2: Geg.: Heizungsanlage mit $\dot{Q}_{NL}$ = 50 kW, wobei die Leistung anteilig zu 70 % auf eine Fußboden- und zu 30 % auf eine Stahlradiatorenheizung aufgeteilt ist.
Lös.: $\dot{Q}_{FBH}$ = 0,70 · 50 kW = 35 kW und $\dot{Q}_{SRH}$ = 15 kW
V_A = 700 dm^3 + 255 dm^3 = 955 dm^3 (→ Diagr. 431.1)

Ausdehnungsvolumen

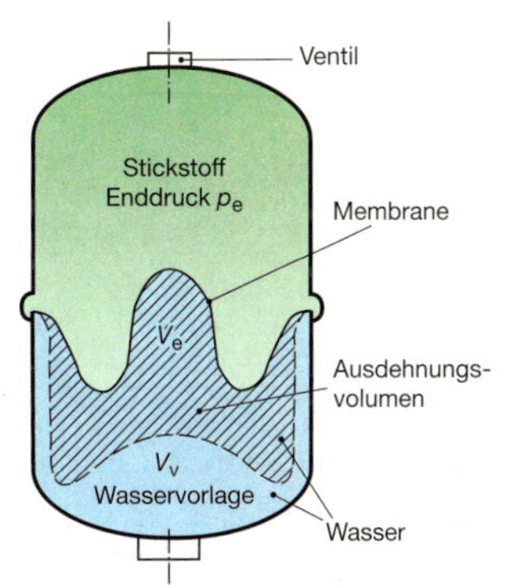

$$V_e = V_A \cdot \frac{e}{100}$$

V_e :	Ausdehnungsvolumen	in dm^3
e :	Ausdehnung (→ Tab. 431.1)	in %
V_A :	Wasserinhalt der Anlage	in dm^3

Tab. 431.1: Ausdehnung *e* in % für Wasser und Wasser-Frostschutzmittel-Gemische bei einer Fülltemperatur von 0 °C

Temperatur ϑ_V in °C	**Wasser**	Wasser-Frostschutzmittel-Gemische (Glykol und ähnliche) Anteiliger Zusatz des Frostschutzmittels 10 %	20 %	30 %	40 %	50 %
0	**0,00**	0,00	0,00	0,00	0,00	0,00
10	**0,01**	0,35	0,67	0,89	1,31	1,63
20	**0,15**	0,50	0,82	1,04	1,46	1,78
30	**0,66**	0,75	1,07	1,29	1,71	2,03
40	**0,93**	1,11	1,43	1,65	2,07	2,39
50	**1,29**	1,53	1,85	2,07	2,49	2,81
60	**1,71**	2,03	2,35	2,57	2,99	3,31
70	**2,22**	2,60	2,92	3,14	3,56	3,88
80	**2,81**	3,22	3,54	3,76	4,18	4,50
90	**3,47**	3,91	4,23	4,45	4,87	5,19
100	**4,21**	4,63	4,95	5,17	5,59	5,91
110	**5,03**	5,47	5,79	6,01	6,43	6,75
120	**5,93**	6,35	6,67	6,89	7,31	7,63
130	**6,90**	7,26	7,58	7,80	8,22	8,54

Diagr. 431.2: Wasservorlage für V_N > 15 dm^3

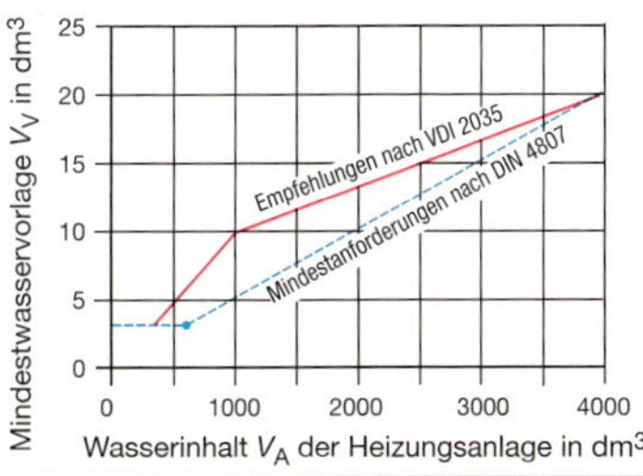

Mindestanforderungen

1. für $V_n \leq 15\ dm^3$:

$$V_V = 0{,}2 \cdot V_n$$

2. für $V_n > 15\ dm^3$:

$$V_V = 0{,}005 \cdot V_A \geq 3\ dm^3$$

V_V :	Wasservorlage	in dm^3
V_n :	Nennvolumen des MAG	in dm^3
V_A :	Wasserinhalt der Anlage	in dm^3

Heizungstechnik

Auslegung des Membran-Druckausdehnungsgefäßes (MAG)

sizing of the flexible diaphragram sealed expansion vessel DIN EN 12 828

Vordruck
(einzustellender Gasüberdruck, wenn die Wasserseite drucklos ist)

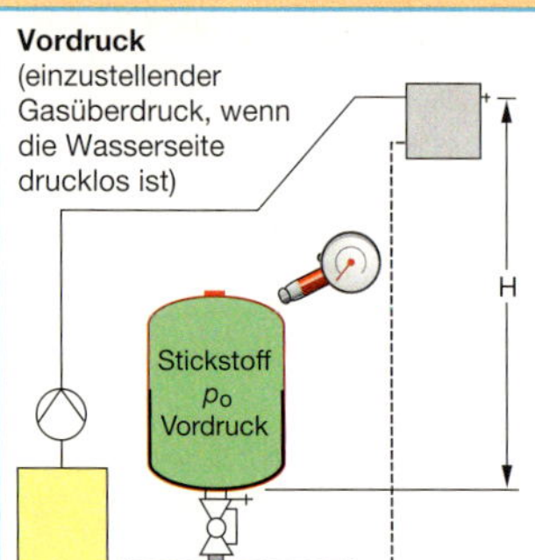

Stickstoff-Fülldruck bei Lieferung des MAG ist üblicherweise 0,5; 1,0; 1,5 oder 1,8 bar

$$p_0 \geq p_{st} + p_D$$

Näherungsformel für Wasser:

$$p_{st} \cong \frac{H}{10}$$

$p_{0,min} = 0{,}7$ bar

p_0 : Vordruck in bar
p_{st} : (hydro)statischer Druck der Wassersäule in bar (→ S. 33)
p_D : Dampfdruck in bar
H : Höhendifferenz zwischen MAG und dem höchsten Punkt der Anlage in m
10 : Umrechnungszahl in m/bar

Tab. 432.1: Dampfdruck p_D nach der Vorlauftemperatur ϑ_V

ϑ_V	p_D (Überdruck)
bis 100 °C	0,0 bar
über 100 °C bis 110 °C	0,5 bar
über 110 °C bis 120 °C	1,0 bar

Enddruck

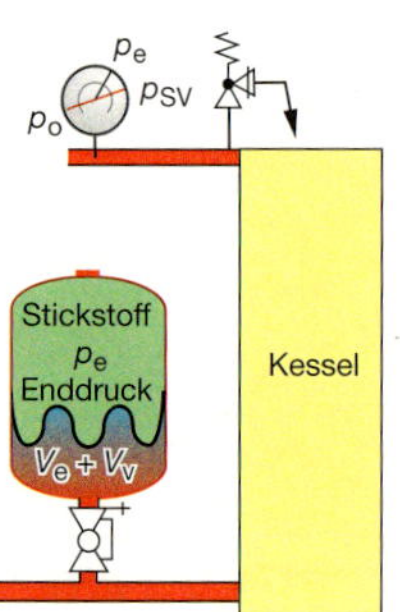

für $p_{SV} \leq 5$ bar:

$$p_e = p_{SV} - 0{,}5 \text{ bar}$$

für $p_{SV} > 5$ bar:

$$p_e = 0{,}9 \cdot p_{SV}$$

p_e : Enddruck im MAG bei maximaler Vorlauftemperatur in bar
p_{SV} : Ansprechdruck des Sicherheitsventils in bar

(Bei größerem Höhenunterschied zwischen SV und MAG ist die hydrostatische Druckdifferenz zwischen den Einbauorten zu berücksichtigen.)

Nennvolumen des MAG

Tab. 432.2: Handelsübliche Größen mit Abmessungen (nach Herstellerangaben)

V_n in dm³	d in mm	h in mm
8	270	216
12	270	290
18	270	369
25	380	319
35	380	407
50	380	539
80	480	600
110	480	780
140	550	780
200	550	950
250	550	1190
300	550	1390
350	550	1650
400	550	1790
500	750	1494
600	750	1624
800	750	2164

Bei Verwendung von Frostschutzmitteln ist darauf zu achten, dass die Membran glykolgemischbeständig ist.

für **Warmwasserheizungsanlage**:

$$V_{n,min} = (V_e + V_V) \cdot \frac{p_e + 1 \text{ bar}}{p_e - p_0}$$

für thermische **Solaranlage**:

$$V_{n,min} = (V_e + V_V + e_K \cdot V_K) \cdot \frac{p_e + 1 \text{ bar}}{p_e - p_0}$$

$V_V = 0{,}015 \cdot V_A \geq 1 \text{ dm}^3$

$$V_e = V_A \cdot \frac{e}{100}$$

$V_{n,min}$: Mindest-Nennvolumen des MAG in dm³
V_n : Nennvolumen des MAG in dm³
V_e : Ausdehnungsvolumen in dm³
V_V : Wasservorlage in dm³
p_e : Enddruck in bar
p_0 : Vordruck in bar
e_K : Anzahl der Kollektoren
V_K : Kollektorinhalt in dm³
V_A : Anlageninhalt in dm³
e : Ausdehnung des Wärmeträgermediums in % (→ Tab. 431.1)
d : Gefäßdurchmesser in mm
h : Gefäßhöhe in mm

Tab. 432.3: Frostschutz von Glythermin NF-Wasser-Mischungen (nach Herstellerangaben)

	Anteiliger Zusatz des Frostschutzmittels				
	10 %	20 %	30 %	40 %	50 %
Kälteschutz bis	–4 °C	–10 °C	–17,5 °C	–28 °C	–42 °C

Auslegung des Membran-Druckausdehnungsgefäßes (MAG)

sizing of the flexible diaphragram sealed expansion vessel DIN EN 12 828

Anlagenfülldruck

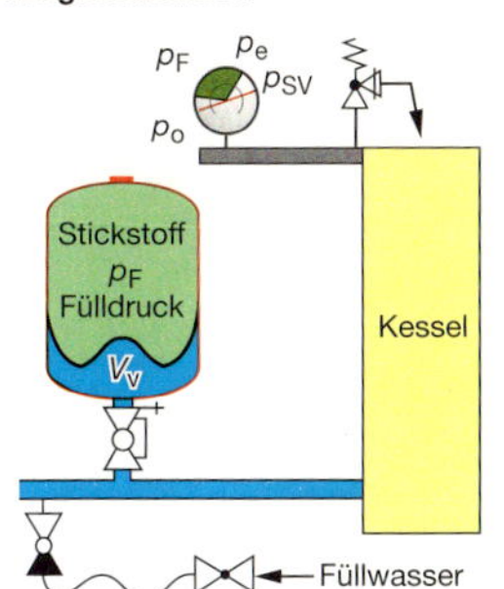

$$p_{F,min} \geq \frac{V_n \cdot (p_0 + 1\text{ bar})}{V_n - V_V} - 1\text{ bar}$$

$$p_{F,max} \leq \frac{(p_e + 1\text{ bar})}{1 + \dfrac{V_e \cdot (p_e + 1\text{ bar})}{V_n \cdot (p_0 + 1\text{ bar})}} - 1\text{ bar}$$

p_F : Anlagenfülldruck in bar
V_n : Nennvolumen des MAG in dm^3
p_0 : Vordruck in bar
V_V : Wasservorlage in dm^3

Tab. 433.1: Schnellauswahl für Membran-Druckausdehnungsgefäße bei 70/50 °C Heizungsanlagen

p_{SV} in bar	2,5			V_n in dm^3	3,0			
p_0 in bar	**0,5**	**1,0**	**1,5**		**0,5**	**1,0**	**1,5**	**1,8**
V_A in dm^3	110	48	–	**8**	130	80	31	–
p_F in bar	1,1	1,6	–		1,1	1,7	2,2	–
V_A in dm^3	160	70	–	**12**	200	120	46	–
p_F in bar	1,0	1,6	–		1,0	1,6	2,2	–
V_A in dm^3	270	130	–	**18**	330	210	95	27
p_F in bar	0,8	1,5	–		0,8	1,4	2,0	2,4
V_A in dm^3	420	240	50	**25**	500	340	180	90
p_F in bar	0,7	1,4	1,9		0,7	1,3	1,9	2,2
V_A in dm^3	640	390	130	**35**	730	540	310	180
p_F in bar	0,7	1,2	1,8		0,7	1,2	1,7	2,1
V_A in dm^3	910	610	220	**50**	1040	780	500	310
p_F in bar	0,7	1,2	1,7		0,7	1,2	1,7	2,0
V_A in dm^3	1460	970	360	**80**	1670	1250	830	560
p_F in bar	0,7	1,2	1,6		0,7	**1,2**	1,7	2,0
V_A in dm^3	2010	1340	490	**110**	2290	1720	1150	760
p_F in bar	0,7	1,2	1,6		0,7	1,2	1,7	2,0
V_A in dm^3	2550	1700	620	**140**	2920	2190	1460	970
p_F in bar	0,7	1,2	1,6		0,7	1,2	1,7	1,9
V_A in dm^3	3650	2430	890	**200**	4170	3130	2080	1390
p_F in bar	0,7	1,2	1,6		0,7	1,2	1,7	1,9

Beispiele:

a) p_{SV} = 3 bar
H = 10 m
$\dot{Q}$ = 60 kW (Stahlradiatoren)
V_A = 1100 dm^3 (→ Diagr. 431.1)
p_0 = 1 bar

→ $\boldsymbol{V_n}$ **= 80 dm³** (bzw. 80 Liter) und p_F = 1,2 bar

b) p_{SV} = 2,5 bar
H = 8 m

$\dot{Q}$ = 18 kW (Konvektoren)
V_A = 108 dm^3 (→ Diagr. 431.1)
p_0 = H/10 = 0,8 bar

→ $\boldsymbol{V_n}$ **= 18 dm³** (bzw. 18 Liter) und p_F = 1,5 bar

Heizkessel *boilers*

Tab. 433.2: EG-Wirkungsgradanforderung[1)] an Warmwasserheizkessel[2)] nach Richtlinie 92/42/EWG

Kesseltyp[3)]	Nennwärmeleistung $\dot{Q}_{NL}$ in kW	bei Volllast $\dot{Q}_{NL}$		bei Teillast 0,3 · $\dot{Q}_{NL}$		Energieeffizienzzeichen[4)]
		durchschn. Wassertemperatur in °C	Wirkungsgrad η_K in % (nach dem Heizwert)	durchschn. Wassertemperatur in °C	Wirkungsgrad η_K in % (nach dem Heizwert)	
Standardheizkessel[5)]	4 … 400	70	≥ 84 + 2 · log $\dot{Q}_{NL}$	≥ 50	≥ 80 + 3 · log $\dot{Q}_{NL}$	★ (★)
Niedertemperatur-Heizkessel einschl. Brennwertkessel für flüssige Brennstoffe			≥ 87,5 + 1,5 · log $\dot{Q}_{NL}$	40	≥ 87,5 + 1,5 · log $\dot{Q}_{NL}$	★★ (★)
Brennwertkessel			≥ 91 + log $\dot{Q}_{NL}$	30	≥ 97 + log $\dot{Q}_{NL}$	★★★ (★)

1) gültig seit 1.1.1998
2) die mit flüssigen oder gasförmigen Brennstoffen beschickt werden
3) Definitionen → Tab. 393.1
4) zusätzlich ★ bei Überschreitung der Anford. um 3 % bei Voll- und Teillast
5) Standardkessel bis 400 kW dürfen seit 1.1.98 nicht mehr zum ständigen Verbleib eingebaut werden

Regler für Heizkessel *controller for boilers*

Außentemperaturgeführte Regelung

Steilheit der Heizkurve

$$S = \frac{\Delta\vartheta_{KV}}{\Delta\vartheta_A}$$

S : Steilheit

$\Delta\vartheta_{KV}$: Kesselvorlauftemperaturänderung in K

$\Delta\vartheta_A$: Außentemperaturänderung in K

AF
– 5°C
SE
STE
Soll
Ist
R
VF
65°C

SE : Sollwerteinsteller
AF : Außentemperaturfühler
STE : Steuereinrichtung
R : Regler
VF : Vorlauftemperaturfühler

Einstellmöglichkeiten an der Regelung:

① Steilheit (z. B. von 0,2 bis 2,6)

② Niveau, nach unten bzw. oben (z. B. um –10 °C bzw. +10 °C)

③ variable Min./Max.-Begrenzung der Kesselvorlauftemperatur

Diagr. 387.1: Heizkurve

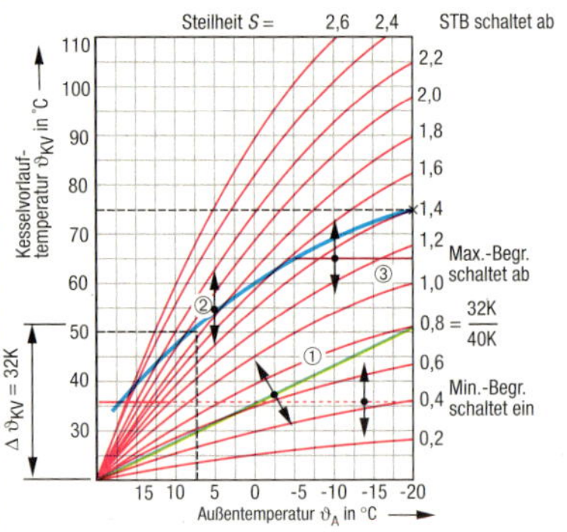

Gasfeuerung *gas fired units*

Ausrüstung eines Gasbrenners ohne Gebläse (atmosphärischer Gasbrenner)

DIN 4788-1: 1977-06

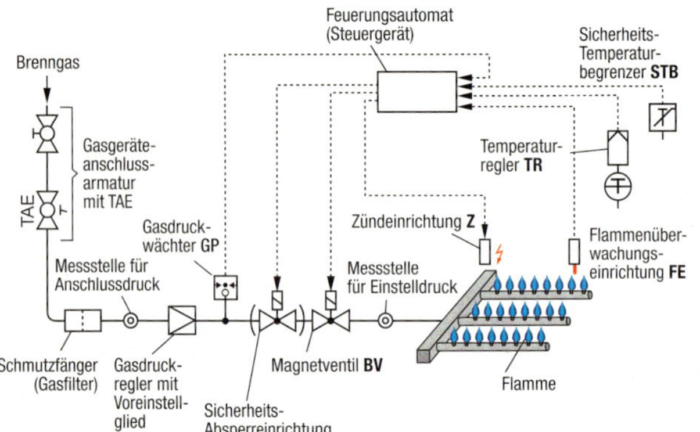

Ablaufsteuerung

normaler Brennerstart (bei Anlauf)	Störabschaltung, Flammenausfall und erfolgloser Wiederstartversuch (im Betrieb)

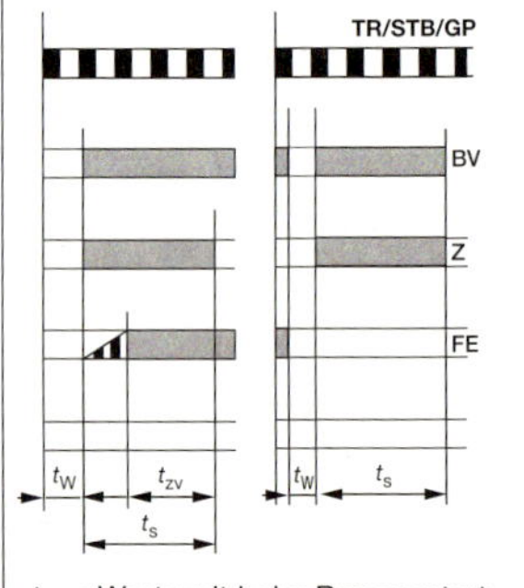

t_W : Wartezeit beim Brennerstart

t_{ZV} : Zündverzögerungszeit

t_S : Sicherheitszeit

Tab. 434.1: Zulässige Sicherheitszeiten für Gasbrenner ohne Gebläse

DIN 4788-1: 1977-06

Brennerwärmebelastung bzw. Startwärmeleist. in kW	mit Gasfeuerungsautomat nach DIN EN 298				mit Zündsicherung[1] nach DIN EN 125	
	maximale Sicherheitszeit		Wiederzündung	Wiederanlauf	max. zulässige Öffnungszeit	max. zulässige Sicherheitszeit als Schließzeit
	bei Anlauf	im Betrieb				
≤ 120	15 s[1] 10 s	30 s[1] 10 s	zulässig		15 s	30 s
> 120 … ≤ 350	15 s[1] 5 s	30 s[1] 5 s	zulässig		15 s	30 s
> 350	10 s[2] 5 s	5 s[1] 1 s	unzulässig		unzulässig	unzulässig

[1] für Brenner mit dauernd brennender Zünd- oder Startflamme

[2] für Brenner mit langsam öffnendem Stellglied (Hauptventil)

Gasfeuerung *gas fired units*

Mindestausrüstung eines Gasbrenners mit Gebläse

DIN EN 676: 2003-11

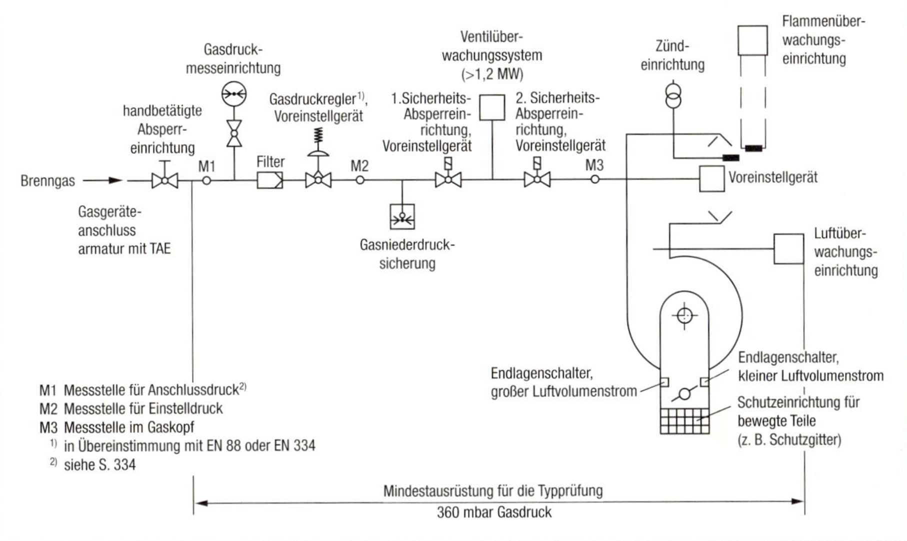

Tab. 435.1: Anforderung an Sicherheitsabsperrventile DIN EN 676

Wärmeleistung in kW	mit Vorspülung			ohne Vorspülung		
	Hauptflamme	Zündflamme		Hauptflamme	Zündflamme	
		≤ 10 %	> 10 %		≤ 10 %	> 10 %
≤ 70	2 x B	B[1]	2 × B	2 × A oder 2 × B + VP	A[2]	2 × A
> 70 ≤ 1200	2 × A	2 × A	2 × A	2 × A + VP	2 × A	2 × A
> 1200	2 × A + VP	2 × A	2 × A	2 × A + VP	2 × A	2 × A

VP = Ventilüberwachungssystem
[1] für Gase der 3. Familie: 2 Ventile Klasse B sind erforderlich
[2] für Gase der 3. Familie: 2 Ventile Klasse A sind erforderlich

Diagr. 435.1: Vorspülzeit (Brennraum)

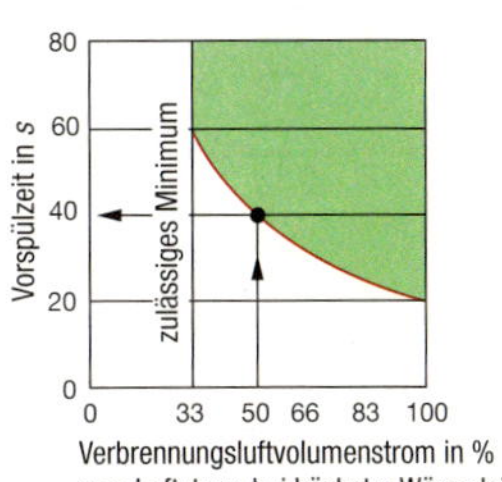

Tab. 435.2: Maximale Startwärmeleistung $\dot{Q}_s$ und Sicherheitszeiten t_s

DIN EN 676: 2003-11

Hauptbrenner	Direkte Zündung des Hauptbrenners bei voller Leistung		Direkte Zündung des Hauptbrenners bei verringerter Leistung		Direkte Zündung des Hauptbrenners bei verringerter Leistung mit Bypass-Startgasversorgung		Zündung des Hauptbrenners durch einen unabhängigen Zündbrenner			
							Zündung des Zündbrenners		Zündung des Hauptbrenners	
Leistung $\dot{Q}_{Fmax}$ in kW	Leistung $\dot{Q}_S$ in kW	Sicherheitszeit t_S in s	Leistung $\dot{Q}_S$ in kW	Sicherheitszeit t_S in s	Leistung $\dot{Q}_S$ in kW	Sicherheitszeit t_S in s	Leistung $\dot{Q}_S$ in kW	Erste Sicherheitszeit t_S in s	Leistung $\dot{Q}_S$ in kW	Zweite Sicherheitszeit t_S in s
≤ 70	$\dot{Q}_{Fmax}$	5	$\dot{Q}_{Fmax}$	5	$\dot{Q}_{Fmax}$	5	≤ 0,1 $\dot{Q}_{Fmax}$	5	$\dot{Q}_{Fmax}$	5
> 70 ≤ 120	$\dot{Q}_{Fmax}$	3	$\dot{Q}_{Fmax}$	3	$\dot{Q}_{Fmax}$	3	≤ 0,1 $\dot{Q}_{Fmax}$	5	$\dot{Q}_{Fmax}$	3
> 120	nicht zulässig		120 kW oder $t_S \cdot \dot{Q}_S \le 100$ (max. t_S = 3 s)				≤ 0,1 $\dot{Q}_{Fmax}$	3	120 kW oder $t_S \cdot \dot{Q}_S \le 150$ (max. t_S = 5 s)	

$\dot{Q}_{Fmax}$: maximale Feuerungswärmeleistung in kW;
$\dot{Q}_S$: maximale Startwärmeleistung, ausgedrückt als Anteil von $\dot{Q}_{Fmax}$

Gasfeuerung *gas fired units*

Gasfeuerungsautomat für Gasbrenner mit Gebläse, Ablaufsteuerung normaler Brennerstart (direkte Zündung des Hauptbrenners)

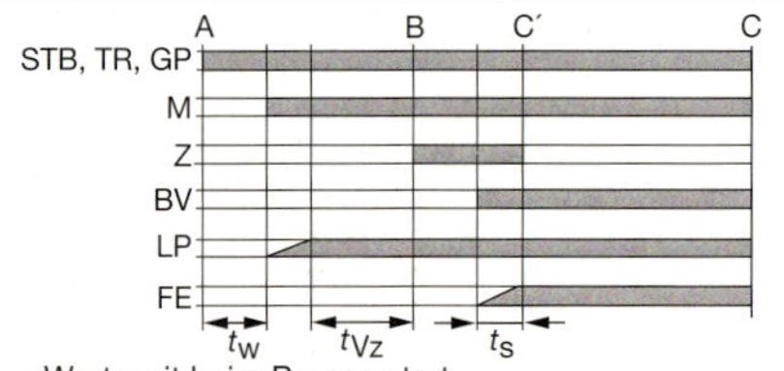

t_w : Wartezeit beim Brennerstart
t_{Vz} : Vorspülzeit (mind. 20 s)
t_s : Sicherheitszeit (max. 3 s bzw. 5 s)

STB: Sicherheitstemperaturbegrenzer
TR: Temperaturregler
GP: Gasdruckwächter
M: Gebläsemotor
Z: Zündeinrichtung
BV: Brennstoffventil (Regeleinrichtung)
LP: Luftdruckwächter
FE: Flammenüberwachungseinrichtung

A: Startbefehl (Einschaltung durch «TR»)
B-C′: Intervall für die Flammenbildung
C′-C: Brennerbetrieb (Wärmeproduktion)
C: Regelabschaltung durch «TR»

Ölfeuerung *oil fired units*

Tab. 436.1: Anforderungen an Heizöl EL

DIN 51 603-1: 2003-09

Dichte (15°C)	kg/m³	≤ 860
Heizwert H_i	kWh/kg	≥ 11,83
Flammpunkt[1]	°C	> 55
Kinematische Viskosität (20 °C)	mm²/s	≤ 6,00
Koksrückstand von 10 % Dest.-Rückstand	Mas.%	≤ 0,3
Wassergehalt	mg/kg	≤ 200

Destillationsverlauf, insgesamt verdampfter Volumenanteil		
– bis 250 °C	Vol.%	< 65
– bis 350 °C	Vol.%	≥ 85
Cloudpoint	°C	≤ 3
Schwefelgeh. (Standard) (schwefelarm)	Mas.%	0,20 0,005
Asche	Mas.%	0,01

Cold Filter Plugging Point (Temperaturgrenzwert der Filtrierbarkeit)		
– bei Cloudpoint = 3 °C	°C	≤ –12
– bei Cloudpoint = 2 °C	°C	≤ –11
– bei Cloudpoint ≤ 1 °C	°C	≤ –10
Gesamtverschmutzung	mg/kg	≤ 24

[1] nach VbF → Gefahrenklasse AIII

Dimensionierung der Leitungen für die Ölzufuhr bei Heizöl EL

DIN 4755

Einstrangsystem

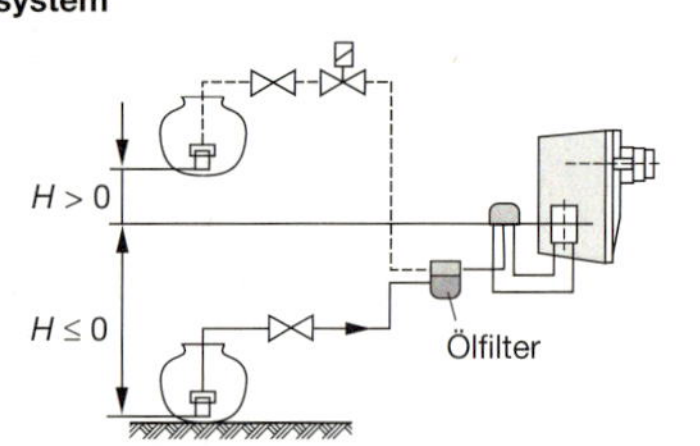

Zweistrangsystem

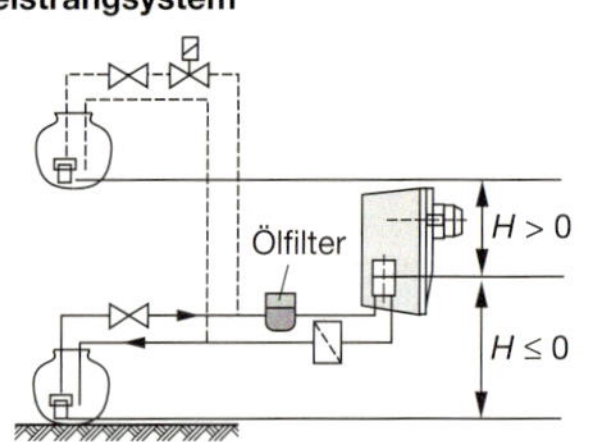

Tab. 436.2: Dimensionierung für Einstrangsystem

Saughöhe H in m	Nenn-Wärmeleistung des Heizkessels (Öldurchsatz in kg/h) bis 28 kW (bis 2,5)			bis 56 kW (bis 5,0)			bis 112 kW (bis 10,0)		
	Innendurchmesser der Rohrleitung in mm								
	4	5	6	4	5	6	5	6	8
	max. Rohrleitungslänge in m[1]								
+4,0	100	100	100	51	100	100	62	100	100
+3,5	95	100	100	47	100	100	58	100	100
+3,0	89	100	100	44	100	100	54	100	100
+2,5	83	100	100	41	100	100	51	100	100
+2,0	77	100	100	38	94	100	47	97	100
+1,5	71	100	100	35	86	100	43	90	100
+1,0	64	100	100	32	79	100	39	82	100
+0,5	58	100	100	29	71	100	35	74	100
0	52	100	100	26	63	100	32	66	100
–0,5	46	100	100	23	56	100	28	58	100
–1,0	40	97	100	20	48	100	24	50	100
–1,5	33	81	100	17	41	84	20	42	100
–2,0	27	66	100	14	33	69	17	34	100

Tab. 436.3: Dimensionierung für Zweistrangsystem

Saughöhe H in m	Innendurchmesser Rohrleitung[2] bei einem Fördervolumen von 45 l/h 6 mm	8 mm	10 mm
	max. Rohrleitungslänge in m[1]		
+4,0	33	100	100
+3,5	31	100	100
+3,0	29	100	100
+2,5	27	100	100
+2,0	25	100	100
+1,5	23	100	100
+1,0	21	100	100
+0,5	19	100	100
0	17	100	100
–0,5	15	93	100
–1,0	13	80	100
–1,5	11	68	100
–2,0	9	56	100
–2,5	7	43	100
–3,0	5	31	75
–3,5	–	19	45

[1] unter Berücksichtigung von 4 Bogen 90°, 1 Absperrventil und 1 Heizölfilter (Filterfeinheit max. 40 µm)
[2] weitgehend leistungsunabhängig

Vor Brenneranschluss Leitungen und Absperrventile mit Luft oder inertem Gas bei mind. 5 bar Überdruck auf Dichtheit prüfen (Prüfdauer: 1 Stunde)

Ölfeuerung *oil fired units*

Öldurchsatz und Auswahl der Zerstäuberdüse bei Ölbrennern

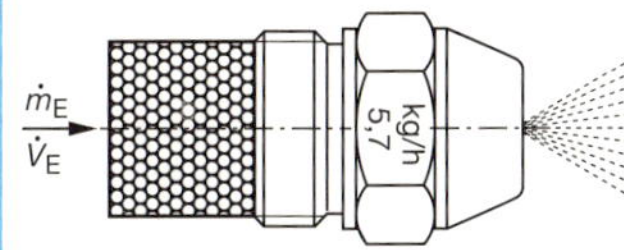

$$\dot{m}_E = \frac{\dot{Q}_{NB}}{H_i}$$

$$\dot{m}_E = \frac{\dot{Q}_{NL}}{H_i \cdot \eta_{K,i}}$$

$$\dot{V}_E = \frac{\dot{m}_E}{\varrho}$$

1 US-Gallone = 3,785 l

(Abkürzung: USgal)

$\dot{m}_E$	: Öldurchsatz	in kg/h
$\dot{Q}_{NB}$	: Nennwärmebelastung	in kW
H_i	: Heizwert (→ Tab. 436.1)	in kWh/kg
$\dot{Q}_{NL}$	: Nennwärmeleistung	in kW
$\eta_{K,i}$	: Wirkungsgrad nach dem Heizwert als Dezimalzahl	
$\dot{V}_E$	: Öldurchsatz	in l/h
ϱ	: Dichte (Heizöl EL: ϱ = 0,84 kg/dm³)	in kg/dm³

Düsenkennzeichnung

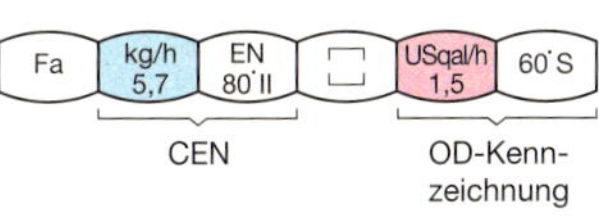

$$p_E = p \cdot \left(\frac{\dot{m}_E}{\dot{m}}\right)^2 \qquad \dot{m}_E = \dot{m} \cdot \sqrt{\frac{p_E}{p}}$$

$$p_E = p \cdot \left(\frac{\dot{V}_E}{\dot{V}}\right)^2 \qquad \dot{V}_E = \dot{V} \cdot \sqrt{\frac{p_E}{p}}$$

p_E	: Zerstäubungsdruck	in bar
p	: Prüfdruck (10 bar oder 7 bar)	in bar
$\dot{m}_E$	: Öldurchsatz	in kg/h
$\dot{m}$	: Nenndurchsatz	in kg/h
$\dot{V}_E$	: Öldurchsatz	in USgal/h
$\dot{V}$	: Nenndurchsatz	in USgal/h

Normbereich nach DIN EN 293

Nenndurchsatz bei Prüfdruck 10 bar in kg/h	Nenndurchsatz bei Prüfdruck 7 bar in USgal/h
1,52	0,40
1,71	0,45
1,90	0,50
2,09	0,55
2,28	0,60
2,47	0,65
2,85	0,75
3,23	0,85
3,80	1,00
4,16	1,10
4,56	1,20
4,75	1,25
5,13	1,35
5,70 ↔	1,50
6,27	1,65
6,65	1,75

Tab. 437.1: Sprühwinkel[1] und Sprühmuster[2] gemäß OD-Kennzeichnung

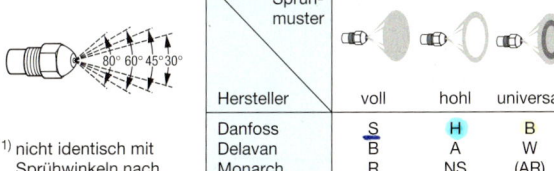

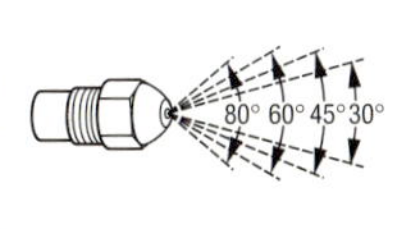

[1] nicht identisch mit Sprühwinkeln nach CEN-Kennzeichnung

Hersteller \ Sprühmuster	voll	hohl	universal
Danfoss	S	H	B
Delavan	B	A	W
Monarch	R	NS	(AR)
Steinen	S	H	Q

[2] nach CEN-Kennzeichnung: I sehr voll; II voll; III hohl; IV sehr hohl

Der Öldurchsatz nach CEN-Kennzeichnung bezieht sich auf einen Prüfdruck von 10 bar bei einer **Viskosität** des Heizöls von 3,4 mm²/s und einer Dichte von 0,84 kg/dm³. Durch die **Ölvorwärmung** lässt sich das Heizöl feiner zerstäuben und damit besser verbrennen.
Erhältlich sind Öldüsen im **Durchsatzbereich** von 1,25 kg/h bis 110 kg/h.

Diagr. 437.1: Zerstäubungsdruck und Öldurchsatz von Zerstäuberdüsen

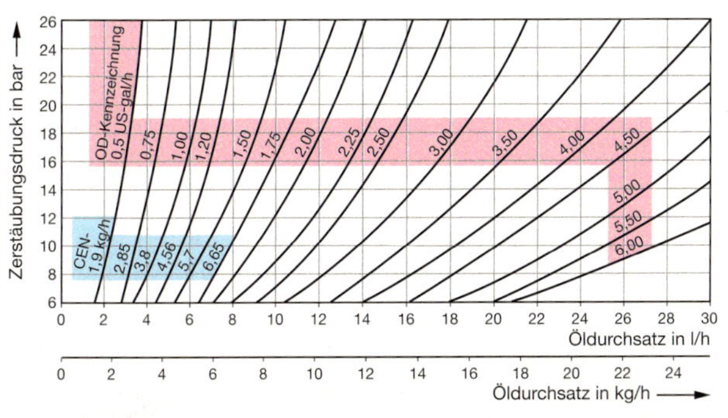

Diagr. 437.2: Veränderung der Viskosität von Heizöl EL

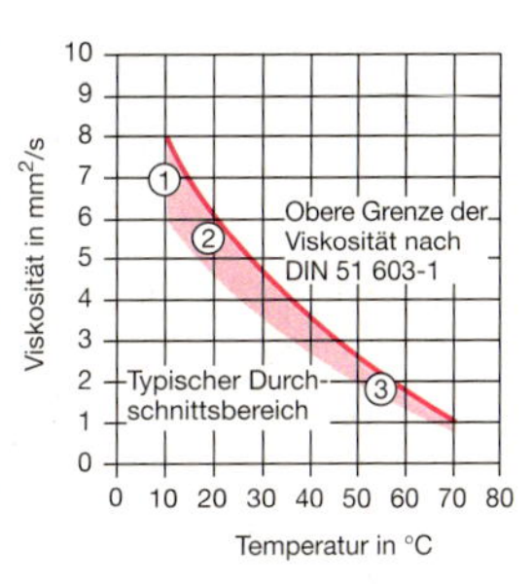

Punkt 1: im Öltank
Punkt 2: in der Ölpumpe
Punkt 3: nach der Ölvorwärmung kurz vor der Düse

Heizungstechnik

Ölfeuerung *oil fired units*

Ölfeuerungsautomat, Anschluss-Schema und Ablaufsteuerung für normalen Brennerstart

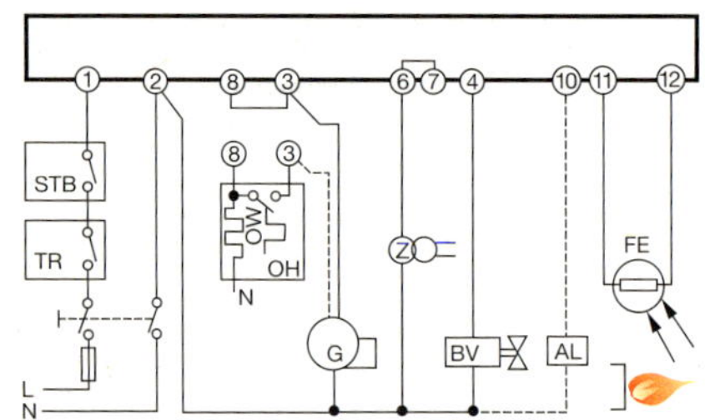

STB : Sicherheitstemperaturbegrenzer
TR : Temperaturregler
OH : Ölvorwärmer
OW : Freigabethermostat (OH)
G : Gebläsemotor
Z : Zündeinrichtung
BV : Magnetventil
AL : Alarmeinrichtung
FE : Flammenüberwachungs-Einrichtung (bei Gelbbrenner z. B. Fotowiderstand bei Blaubrenner z. B. UV-Fühler)

A´ : Beginn der Inbetriebsetzung bei Brennern mit Ölvorwärmer
A : Beginn der Inbetriebsetzung bei Brennern ohne Ölvorwärmer
B : Eingang des Flammensignals
C : Ende der Inbetriebsetzung
D : Regelabschaltung durch »TR«
t_W : Wartezeit für die Ölvorwärmung
t_1 : Vorspülzeit (ca. 25 s)
t_3 : Vorzündzeit (ca. 25 s)
t_{3n} : Nachzündzeit (ca. 2 s)
t_s : Sicherheitszeit (→ Tab. 438.1)

Tab. 438.1: Maximale Sicherheitszeiten für Ölzerstäubungsbrenner — DIN 4787: 1981-09

Öldurchsatz in kg/h	Sicherheitszeiten t_s in s		Bei Flammenausfall	
	beim Anlauf	im Betrieb	Wiederzündung[2]	Wiederanlauf
bis 30	10[1]	10[1]	zulässig	zulässig
über 30	5	1	nicht zulässig	zulässig

[1] Für ölbefeuerte Warmlufterzeuger nach DIN 4794 Teil 2 gelten 5 Sekunden.
[2] Die Zündeinrichtung muss spätestens nach 1 Sekunde zugeschaltet sein.

t_s ist die längst zulässige Zeitspanne, während der das Steuergerät die Brennstoffzufuhr freigibt, ohne dass eine Flamme gemeldet wird.

t_s-Anlauf: Zeitspanne zwischen Beginn und Ende der Brennstoffzufuhr

t_s-Betrieb: Zeitspanne zwischen Erlöschen der Flamme und Unterbrechung der Brennstoffzufuhr

Systematische Suche der Ursache von Betriebsstörungen

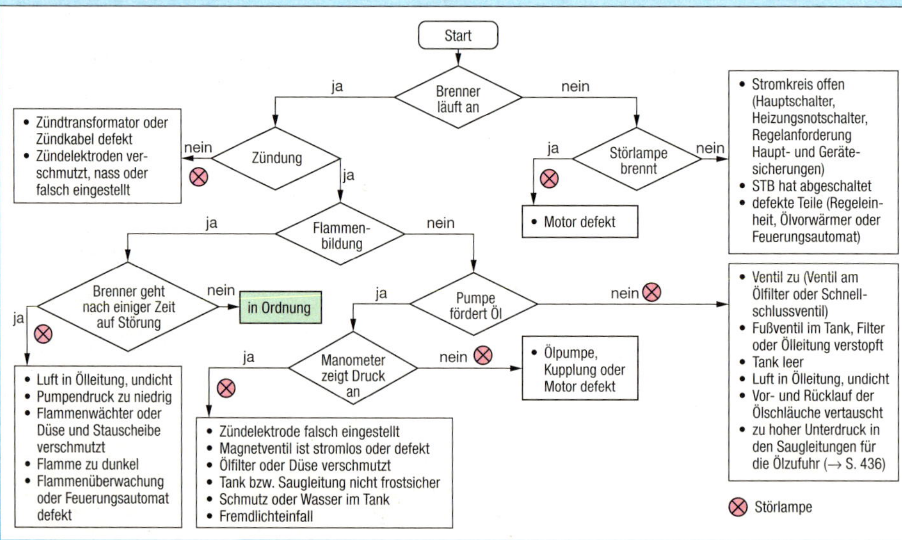

Aufstellräume *rooms for heating appliances*

Feuerungsverordnung (FeuV): 1998-03

Tab. 439.1: Anforderungen an die Aufstellung von Feuerstätten[1] FeuV; § 4

Feuerstätten dürfen nicht aufgestellt werden	Raumluftabhängige Feuerstätten in Räumen, aus denen **Luft abgesaugt** wird, dürfen nur aufgestellt werden, wenn	Raumluftabhängige Gasfeuerstätten mit Strömungssicherung und $\dot{Q}_{NL} \geq 7$ kW dürfen in Wohnungen nur aufgestellt werden, wenn	Gasfeuerstätten ohne Einrichtungen (wie z. B. Flammenüberwachung), die ein Eintreten **unverbrannter Gase** in den Aufstellraum vermeiden, dürfen nur in Räumen aufgestellt werden, bei denen
• in Treppenräumen, außer in Wohngebäuden mit maximal 2 Wohnungen, • in notwendigen Fluren (Rettungswegen), • in Garagen (ausgenommen raumluftunabhängige Feuerstätten).	• gleichzeitiger Betrieb der Feuerstätte und der luftabsaugenden Anlagen durch Sicherheitseinrichtungen verhindert wird, • die Abgasführung durch Sicherheitseinrichtungen überwacht wird, • die Abgase der Feuerstätte über die luftabsaugenden Anlagen abgeführt werden oder • durch die Bauart oder die Bemessung der luftabsaugenden Anlagen sichergestellt ist, dass kein gefährlicher Unterdruck entstehen kann.	durch Einrichtungen an den Feuerstätten (z. B. Abgasüberwachung) sichergestellt ist, dass Abgase nicht in den Aufstellraum eintreten können.	durch mechanische Lüftungsanlagen während des Betriebes der Feuerstätte ein stündlich mindestens fünffacher Luftwechsel sichergestellt ist. Für Gas-Haushalts-Kochgeräte genügt ein Luftvolumenstrom von 100 m^3/h.

[1] u. a. sind auch thermisch beständige Brennstoffleitungen (bis 650 °C), thermisch (bei 100 °C) auslösende Absperreinrichtungen für die Brennstoffzufuhr, Abstände oder Abschirmungen der Feuerstätten von brennbaren Baustoffen vorgeschrieben.

Eigene Aufstellräume (für gasförmige und flüssige Brennstoffe; $\dot{Q}_{NL} > 50$ kW) FeuV; § 5

Zuluftöffnung ins Freie

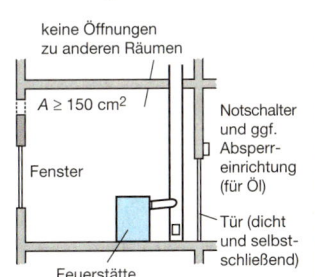

keine Öffnungen zu anderen Räumen

$A \geq 150$ cm²

Fenster

Notschalter und ggf. Absperreinrichtung (für Öl)

Tür (dicht und selbstschließend)

Feuerstätte

für $\Sigma \dot{Q}_{NL} \leq 50$ kW:

$$A = 150 \text{ cm}^2$$

für $\Sigma \dot{Q}_{NL} > 50$ kW:

$$A = 150 \text{ cm}^2 + \frac{2 \text{ cm}^2}{\text{kW}} \cdot (\Sigma \dot{Q}_{NL} - 50 \text{ kW})$$

Allgemeine Festlegungen für Aufstellräume von Gas-Feuerstätten (→ S. 377 f.)

A : lichter Querschnitt der Zuluftöffnung in cm²

$\Sigma \dot{Q}_{NL}$: Summe der im Aufstellraum installierten Nennwärmeleistung in kW (raumluftabhängige und raumluftunabhängige Feuerstätten)

Die **Abgase** von Feuerstätten für flüssige oder gasförmige Brennstoffe können in Schornsteine oder Abgasleitungen aus nicht brennbaren Baustoffen eingeleitet werden. Eine Brandübertragung zwischen Geschossen muss verhindert werden.

Verbrennungsluftleitungen

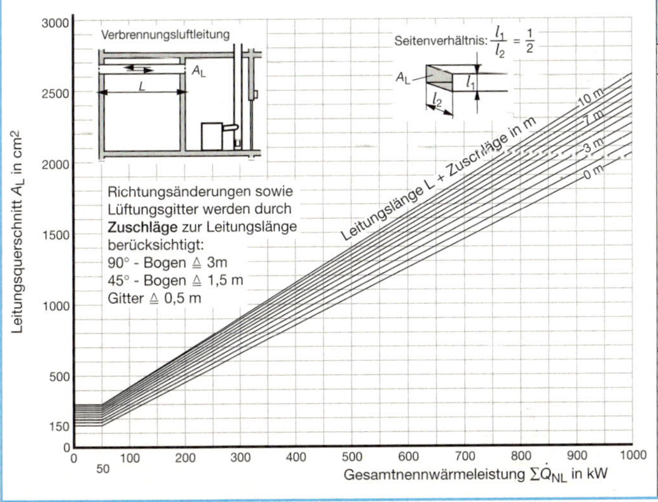

Verbrennungsluftversorgung bei der Aufstellung von raumluftabhängigen Ölgeräten in Räumen TRÖI

$\dot{Q}_{NL}$	Mindestanforderungen
≤ 35 kW	Rauminhalt reicht aus, wenn der Raum mind. eine Tür oder ein Fenster, das geöffnet werden kann und einen Rauminhalt von mind. 4 m³/kW Nennleistung des Ölgerätes hat. Alternativ 1: Verbrennungsluftverbund zwischen Aufstellraum und Räumen mit Verbindung **zum Freien** mit Luftöffnungen von mind. 150 cm². Alternativ 2: siehe unten.
> 35 bis ≤ 50 kW	Eine ins Freie führende Öffnung von mindestens 150 cm² **oder** zwei ins freie führende Öffnungen von je mind. 75 cm² bzw. entsprechende Verbrennungsluftleitungen.

Heizräume (für feste Brennstoffe; $\dot{Q}_{NL} > 50$ kW)

rooms for heating appliances (for solid fuel) FeuV; § 6

Öffnungen ins Freie

Feuerbeständig

Heizraum
$V \geq 8$ m³
$H \geq 2$ m

Tür in Fluchtrichtung aufschlagend

Ins Freie
$A_1 \geq 150$ cm²

Feuerbeständig

$A_2 \geq 150$ cm²

Feuerhemmend zum Flur / ins Freie

$$A_{ges} = 300\ \text{cm}^2 + 2\ \frac{\text{cm}^2}{\text{kW}} \cdot (\Sigma \dot{Q}_{NL} - 50\ \text{kW})$$

$A_{ges} = A_1 + A_2$

A_1 und A_2 müssen nicht die gleiche Größe haben.

Die **Abgase** von Feuerstätten für feste Brennstoffe **müssen in Schornsteine** eingeleitet werden.

A_{ges}	: lichter Querschnitt der Öffnungen ins Freie	in cm²
A_1	: obere Öffnung	in cm²
A_2	: untere Öffnung	in cm²
$\Sigma \dot{Q}_{NL}$	: Summe der im Heizraum installierten Nennwärmeleistung	in kW

Schornsteine und deren Abstand zu brennbaren Bauteilen

chimneys and her distance to inflammable building-materials

Anforderungen

Schornsteine müssen:

- gegen Rußbrände beständig sein,
- in Gebäuden eine Feuerwiderstandsdauer von mindestens 90 Minuten haben,
- unmittelbar auf dem Baugrund gegründet oder auf einem feuerbeständigen Unterbau errichtet sein; es genügt ein Unterbau aus nichtbrennbaren Baustoffen für Schornsteine in Gebäuden geringer Höhe, für Schornsteine, die oberhalb der obersten Geschossdecke beginnen sowie für Schornsteine an Gebäuden,
- durchgehend sein; sie dürfen insbesondere nicht durch Decken unterbrochen sein und
- für die Reinigung Öffnungen mit Schornsteinreinigungsverschlüssen haben.

Abstand des Schornsteins zu brennbaren Bauteilen > 200 mm, wenn Abgastemperatur < 160 °C genügen 50 mm Abstand.

Diagramme zur Schornsteinbemessung (überschlägig)

diagrammes for estimated sizing of the chimney

Randbedingungen

- Die Querschnittsflächen der Abgasstutzen, der Verbindungsstücke und der Schornsteine (Abgasanlagen) sind jeweils gleich.
- Die gestreckte Länge der Verbindungsleitung (Abgasleitung) beträgt 1/4 der wirksamen Schornsteinhöhe (Abgasleitung) bzw. maximal 2 m.
- Geodätische Höhe 250 m über NN.
- Der Widerstandsbeiwert ζ (Zeta-Wert) für Richtungsänderungen beträgt 1,6. Er deckt z. B. die Verluste eines Rauchrohranschlusses mit Winkel von 90° und eine Umlenkung von 45°.

Die Zeta-Werte stimmen mit denen aus der Raumlufttechnik überein (→ S. 476 ff.)

Diagr. 440.1: Gasfeuerungsanlagen ohne Gebläse, 100 °C ≤ ϑ_A < 120 °C

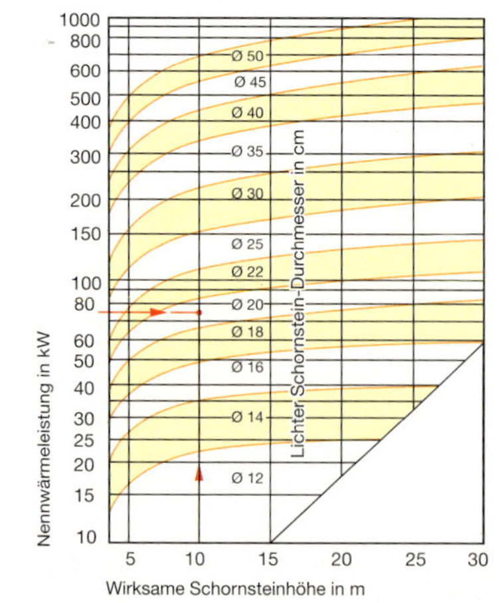

Diagr. 440.2: Gas/Öl-Feuerungsanlagen mit Zugbedarf, 140 °C ≤ ϑ_A < 190 °C

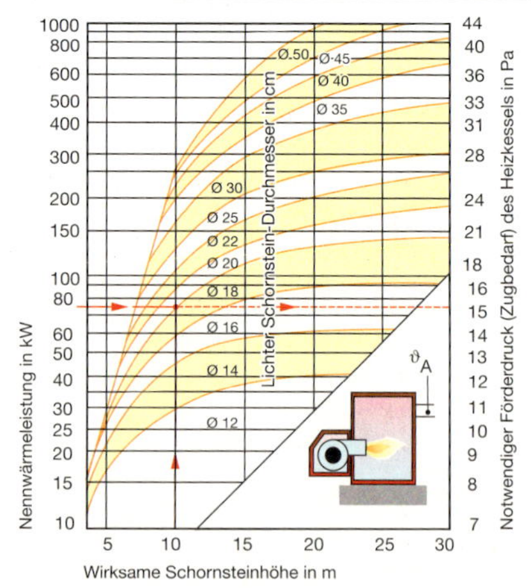

Heizungstechnik

Diagramme zur überschlägigen Bemessung des Schornsteins

diagrammes for estimated sizing of the chimney

Diagr. 441.1: Holz-Feuerungsanlagen, $\vartheta_A \geq 240\,°C$, mit Zugbedarf

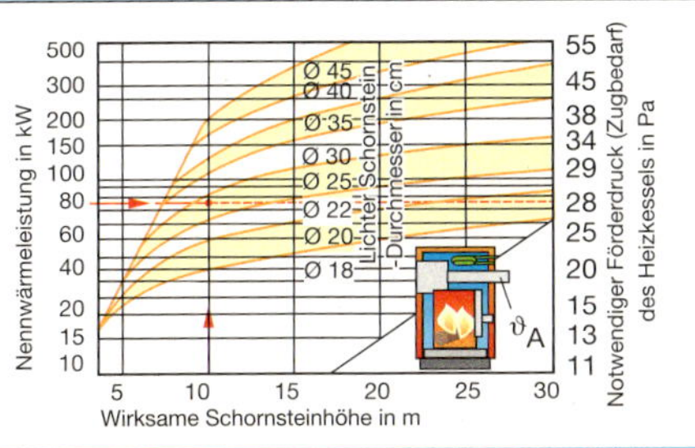

Diagr. 441.2: offene Kamine, $\vartheta_A = 80\,°C$

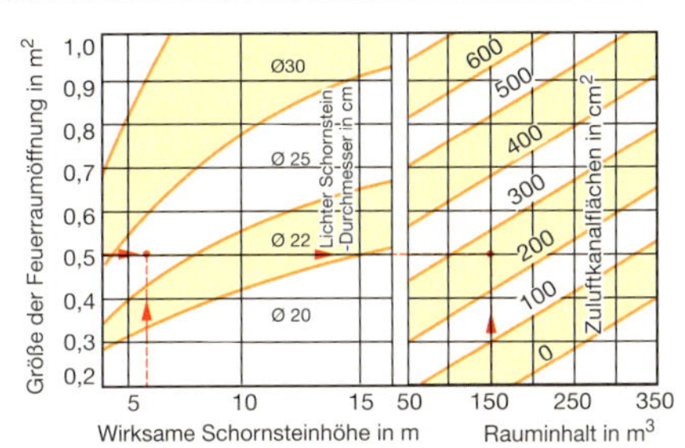

Bemessung von selbsttätig arbeitenden Nebenluftvorrichtungen (Zugbegrenzer)

sizing of automatically working flue limiting control devices

Zugbegrenzer

Nebenluft

Nebenluftklappe

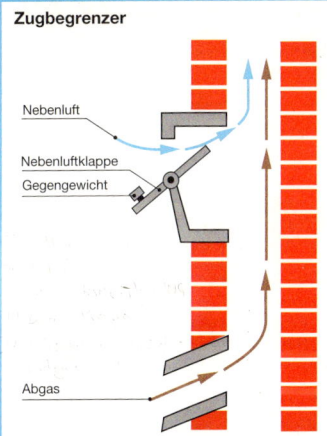

Gegengewicht

Abgas

Tab. 441.1: Ausführungsarten von Schornsteinen

Ausführungsart[1]	Wärmedurchlass-widerstand	Beispiel	
I	$\geq 0{,}65\ m^2 \cdot K/W$	dreischalig mit Wärmedämmung und Hinterlüftung	
II	$< 0{,}65\ m^2 \cdot K/W$ $\geq 0{,}22\ m^2 \cdot K/W$	ein- und zweischalig gemauert mit Wandungsdicke ab ca. 20 cm	
III	$< 0{,}22\ m^2 \cdot K/W$ $\geq 0{,}12\ m^2 \cdot K/W$	einschalig gemauert mit Wandungsdicke bis ca. 20 cm	

[1] Wärmedurchlasswiderstandsgruppe

Anhaltswerte für den Einsatzbereich von Zugbegrenzern DIN 4795: 1991-04

Tab. 441.2: Einsatzbereich von Zugbegrenzern für Schornsteine bis H = 20 m und $\dot{Q}_{NL} \leq 350$ kW

Wärmedurchlasswiderstandsgruppen[1] Schornsteinquerschnitt I und II cm²	III cm²	empfohlene Gruppe der Zugbegrenzer
100 bis 160	100 bis 220	min. 1
über 160 bis 220	über 220 bis 300	min. 2
über 220 bis 300	über 300 bis 400	min. 3
über 300 bis 400	über 400 bis 500	min. 4
über 400 bis 500	über 500 bis 750	min. 5
über 500 bis 750		6

[1] nach Tab. 441.1

Vorteile:

- sorgt für nahezu konstanten Schornsteinzug,
- begrenzt Abgasverluste,
- erleichtert die optimale Brennereinstellung,
- mindert die Gefahr der Schornsteinversottung

Nachteil:

- Wärmeverluste aus dem Aufstell- bzw. Heizraum

Diagr. 441.3: Grenzkurven zur Gruppeneinteilung

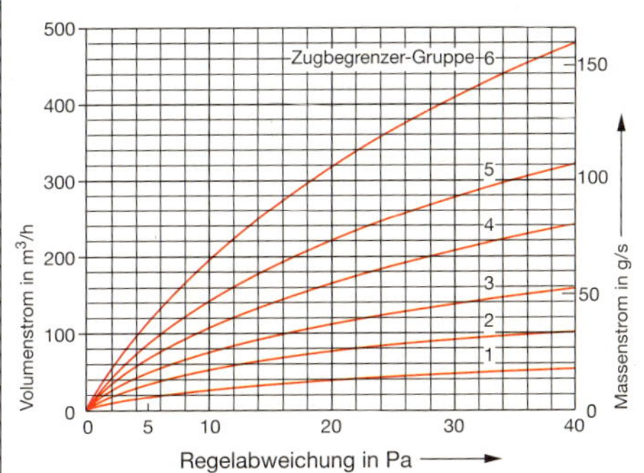

Ein Einstelldruck unter 10 Pa ist nicht zulässig. Der benötigte Zugbedarf ist durch Messung zu überprüfen und sicherzustellen.

Pufferspeicher für Festbrennstoffkessel
puffer-storage for solid fuel boilers

Pufferspeicherinhalt

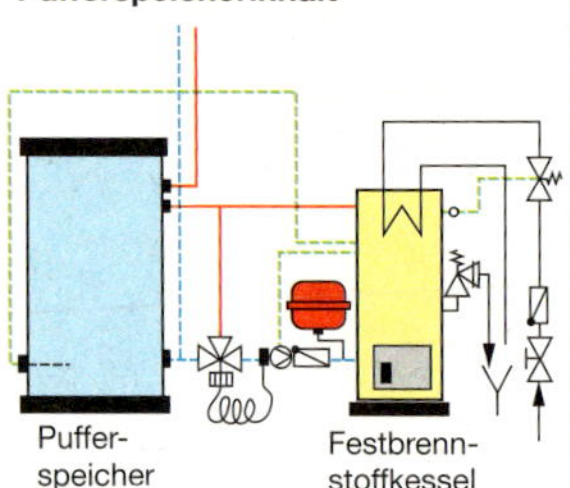

Sicherheitstechnische Einrichtungen nach DIN EN 12 828 (→ S. 429)

Vorteile bei Dimensionierung nach b):
- stets günstiger Volllastbetrieb,
- bessere Brennstoffnutzung,
- Senkung der Umweltbelastung,
- Verringerung des Wartungsaufwandes,
- Verbesserung von Sicherheit und Komfort.

a) nach DIN EN 303-5: 1999-06

(gilt nur, wenn: $\dot{Q}_{k,min} \geq 0{,}3\ \dot{Q}_{NL}$)

$$V_{PU,min} = 15 \cdot \dot{Q}_{NL} \cdot t_B \cdot \left[1 - 0{,}3 \cdot \frac{\dot{Q}_{HL}}{\dot{Q}_{k,min}}\right]$$

b) nach Herstellerempfehlung:

$$V_{Pu} = \frac{\dot{Q}_{NL} \cdot t_B}{\varrho_w \cdot c \cdot (\vartheta_{Pu,max} - \vartheta_{Pu,min})}$$

Grenzwerte: $\vartheta_{Pu,\,max} = 85\ °C$
$\vartheta_{Pu,\,min} = 20\ °C$

Die Nutzbarkeit der im Pufferspeicher befindlichen Wärme ist abhängig von der Rücklauftemperatur des Heizkreises.

$V_{Pu,min}$	: minimaler Pufferspeicherinhalt	in l
$\dot{Q}_{NL}$	: Nennwärmeleistung des Kessels	in kW
$\dot{Q}_{HL}$	: Norm-Heizlast (DIN EN 12 831) (→ S. 384)	in kW
t_B	: Abbrandzeit einer Füllung	in h
$\dot{Q}_{K,min}$	: kleinstmögliche Kesselleistung	in kW
15	: Umrechnungsfaktor	in l/(kW · h)
V_{Pu}	: Pufferspeicherinhalt	in l
ϱ_w	: mittlere Dichte des Heizungswassers (→ Tab. 45.2)	in kg/dm^3
c	: spezif. Wärmekapazität des Heizungswassers	in Wh/(kg · K)
$\vartheta_{Pu,max}$	: max. Pufferspeichertemperatur	in °C
$\vartheta_{Pu,min}$	: min. Pufferspeichertemperatur	in °C

Fernwärmeanlagen *district heating systems*

DIN 4747-1: 2003-11

Schematische Darstellung und Begriffe

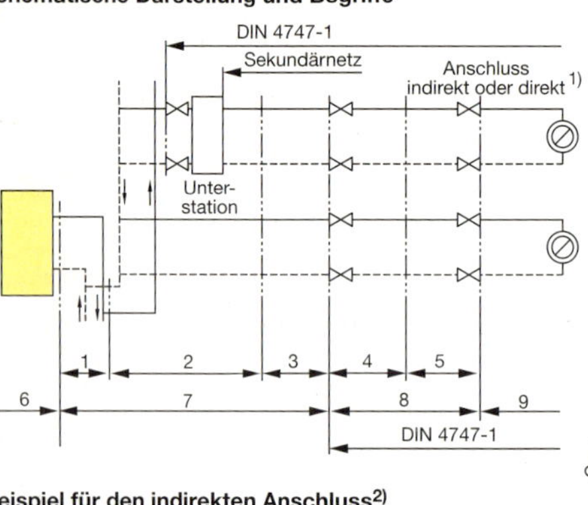

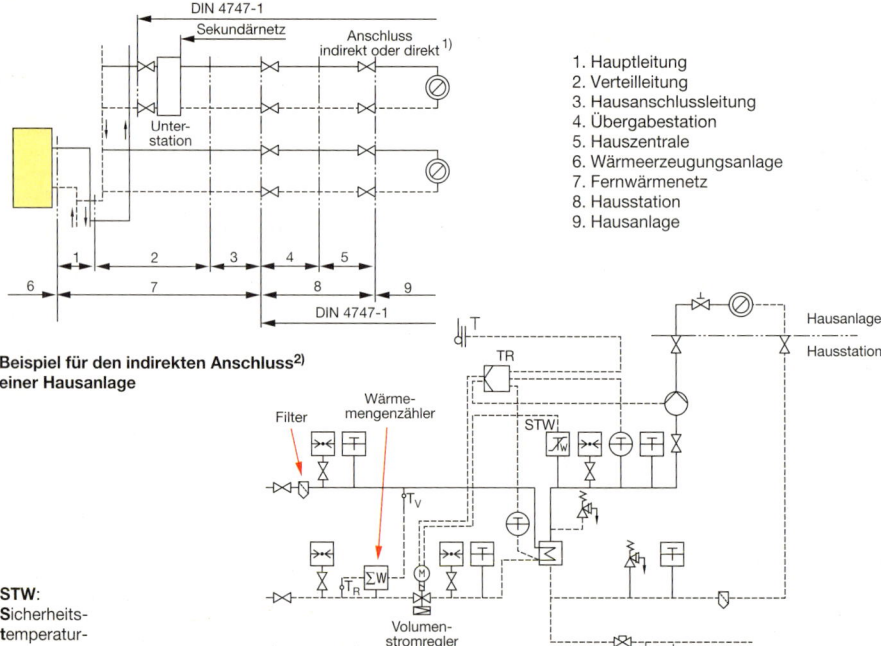

1. Hauptleitung
2. Verteilleitung
3. Hausanschlussleitung
4. Übergabestation
5. Hauszentrale
6. Wärmeerzeugungsanlage
7. Fernwärmenetz
8. Hausstation
9. Hausanlage

Beispiel für den indirekten Anschluss[2] einer Hausanlage

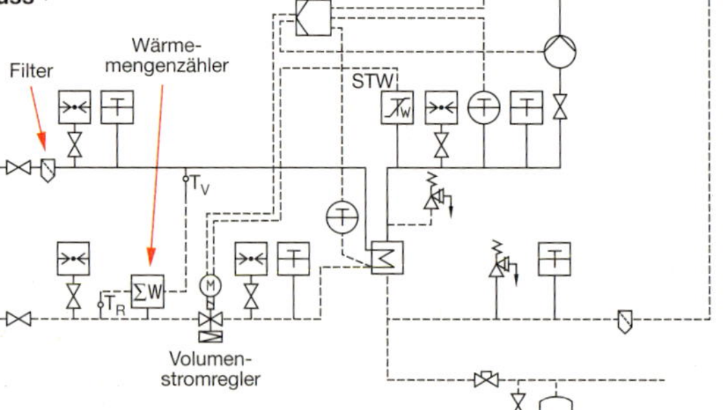

STW:
Sicherheits-
temperatur-
wächter
(geprüft und gekennzeichnet nach DIN 3440)
Weitere Symbole → S. 120 ff. und S. 429

[1] Direkter Anschluss ist nach den **T**echnischen **A**nschluss**b**edingungen (TAB) vieler **F**ernwärme**v**ersorgungs**u**nternehmen (FVU) für Neuanschlüsse nicht mehr zulässig.
[2] mit Wärmetauscher.

(Trinkwassererwärmung mit Fernwärme → S. 250)

Dampfheizungsanlagen *steam heating*

Wärmemenge, Wärmeinhalt (Enthalpie)

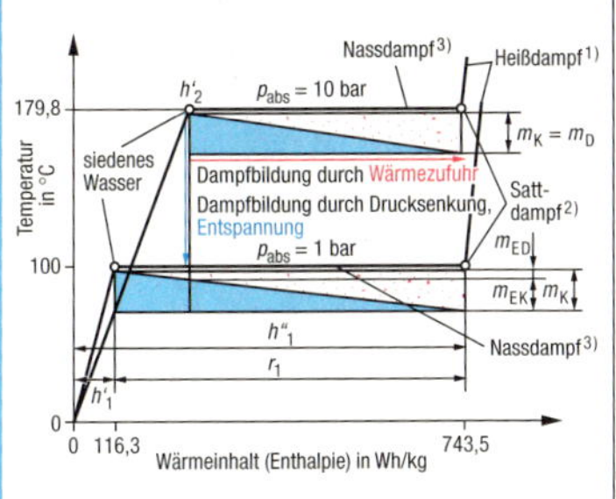

[1] überhitzter Dampf
[2] Wasser ist vollständig verdampft, trocken
[3] nicht alles Wasser ist verdampft, feucht

$$Q_V = m_D \cdot r$$ $$Q_K = m_K \cdot r$$

$$h'' = h' + r$$

$$h' = \vartheta_S \cdot c$$

verwendete Indizes:
2 **vor** der Entspannung
1 **nach** der Entspannung

Ändert sich der Druck p_e, so ändern sich ϑ_S, h', h'', r, v', v'' und die Dichte des Dampfes ϱ'' (→ Tab. 48.1).

Masse von Dampf, Kondensat und Entspannungsdampf

$$m_D = m_K$$

$$m_{ED} = m_K \cdot \left(\frac{h'_2 - h'_1}{r_1}\right)$$

- Q_V : Verdampfungswärme in Wh
- m_D : Dampfmasse in kg
- r : spezif. Verdampfungswärme in Wh/kg
- Q_K : Kondensationswärme in Wh
- m_K : Kondensatmasse in kg
- h'' : spezifische Enthalpie des Sattdampfes in Wh/kg
- h' : spezifische Enthalpie des siedenden Wassers (Kondensats) in Wh/kg

(h' bei 0 °C ist per Definition 0 Wh/kg)

- ϑ_S (ϑ_D) : Siedetemperatur der Flüssigkeit (Dampftemperatur) in °C
- c : spezifische Wärmekapazität der Flüssigkeit in Wh/(kg · K) (Wasser: c = 1,163 Wh/(kg · K))
- m_{ED} : Masse des Entspannungsdampfes in kg

Dampfleistung, Massen- und Volumenströme

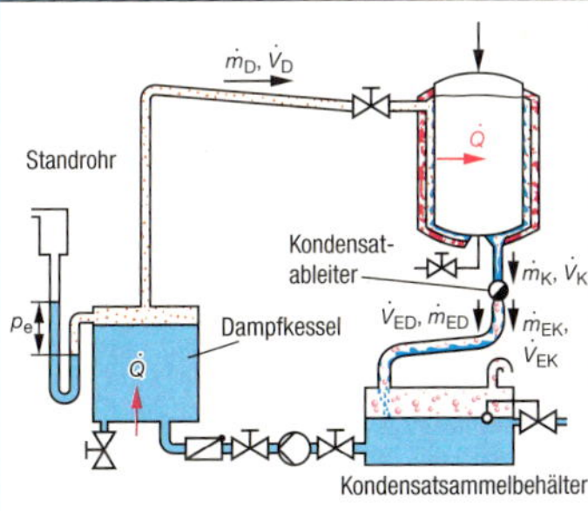

Tab. 443.1: Einteilung der Kessel mit ϑ > 110 °C nach der Druckgeräterichtlinie (DGRL)

Kategorie I	V > 2 Liter, p_e > 0,5 bar $p_e \cdot V$ < 50 bar · Liter
Kat. II	V > 2 Liter, 0,5 bar < p_e < 32 bar 50 bar · Liter < $p_e \cdot V$ < 200 bar · Liter
Kat. III	2 Liter < V < 1000 Liter 0,5 bar < p_e < 32 bar 200 bar · Liter < $p_e \cdot V$ < 3000 bar · Liter
Kat. IV	alle übrigen Kessel für die gilt: V > 2 Liter und p_e > 0,5 bar

Je größer das Produkt $p_e \cdot V$, desto größer ist das Gefahrenpotenzial und desto schwieriger ist das Aufstellungs- und Genehmigungsverfahren.

$$\dot{Q} = \dot{m}_D \cdot r$$ $$\dot{Q} = \dot{m}_K \cdot r$$

$$\dot{Q} = \frac{Q}{t}$$ $$\dot{m} = \frac{m}{t}$$

vor dem Kondensatableiter:

$$\dot{V}_D = \dot{m}_D \cdot v''_2$$

$$\dot{V}_K = \dot{m}_K \cdot v'_2$$

nach dem Kondensatableiter:

$$\dot{V}_E = \dot{V}_{ED} + \dot{V}_{EK}$$

$$\dot{V}_{ED} = \dot{m}_{ED} \cdot v''_1$$

$$\dot{V}_{EK} = (\dot{m}_K - \dot{m}_{ED}) \cdot v'_1$$

- $\dot{Q}$: Dampfleistung in W
- $\dot{m}_D$: Massenstrom des Dampfes in kg/h
- r : spezif. Verdampfungswärme in Wh/kg
- $\dot{m}_K$: Massenstrom des Kondensates in kg/h
- t : Zeit in h
- $\dot{V}_D$: Volumenstrom des Dampfes in dm³/h
- v'' : spezifisches Volumen des trockenen Dampfes in dm³/kg
- $\dot{V}_K$: Volumenstrom des Kondensates in dm³/h
- v' : spezifisches Volumen des Kondensates in dm³/kg
- $\dot{V}_E$: Gesamtvolumenstrom nach dem Kondensatableiter in dm³/h
- $\dot{V}_{ED}$: Volumenstrom des Entspannungsdampfes in dm³/h
- $\dot{V}_{EK}$: Volumenstrom des entspannten Kondensats in dm³/h

Nennweitenberechnung von Dampf- und Kondensatleitungen

Tab. 443.2: Übliche Strömungsgeschwindigkeiten, die sich in der Praxis bewährt haben

Heißdampfleitung: v_{max} = 50 m/s

Sattdampfleitung:
- ($p_e \leq$ 1bar) : v = 10 ... 15 m/s
- (p_e = 1 ... 4 bar) : v = 15 ... 20 m/s
- (p_e > 4 bar) : v_{max} = 25 m/s

Kondensatleitung:
- vor Kondensat-Ableiter : $v \leq$ 0,5 m/s
- nach Kondensat-Ableiter : $v \leq$ 10 m/s

$$d = \sqrt{\frac{4 \cdot \dot{V}}{v \cdot \pi \cdot 3600}}$$

π = 3,14 …

- d : Rohr-Innendurchmesser in m
- $\dot{V}$: Volumenstrom in m³/h
- v : Strömungsgeschwindigkeit in m/s (→ Tab. 443.2)
- 3600 : Umrechnungszahl in s/h

Heizungstechnik

Dampfheizungsanlagen *steam heating*

Sicherheitstechnische Grundausrüstung für Dampfkessel der Gruppe II — DIN 4750 und TRD 701

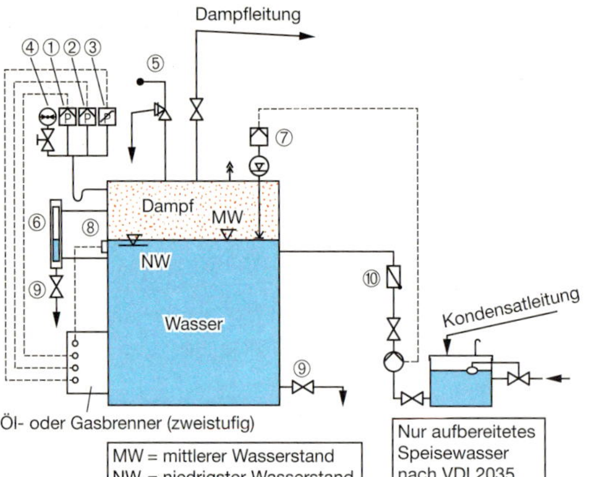

① **Druckregler Stufe 1**
② **Druckregler Stufe 2** (oder ggf. Druckregler für modul. Brenner)
③ **Druckwächter**
④ **Manometer** (entsprechend dem Betriebsdruck der Anlage)
⑤ **Sicherheitsventil** (für Betriebsüberdruck bis 0,5 bar gewichtsbelastet sonst federbelastet) **oder** unabsperrbares **Standrohr** bis zu Betriebsüberdruck von 0,5 bar
⑥ **Wasserstandsanzeige**
⑦ **Wasserstandsregler**
⑧ **Wassermangelschalter** (= Wassermangelsicherung)
⑨ **Schnellschlussventil** (zur Entschlammung)
⑩ **Rückschlagorgan**

Bei Festbrennstofffeuerung anstatt:
① und ② → Membrandruckregler,
③ → Überdruckpfeife,
⑧ → Wassermangelpfeife.

Grundsätzliche Verlegeregeln für die Leitungen

Dampfleitungen:
- Strömungsgeschwindigkeit begrenzen (→ Tab. 443.2)
- Kondensatbildung vermeiden (gute Wärmedämmung)
- anfallendes Kondensat abführen (Pfützen vermeiden)
  - Mindestgefälle 1 : 100 in Strömungsrichtung
  - gleiche Fließrichtung von Dampf u. Kondensat
  - alle Tiefpunkte entwässern (mind. alle 20 m) (sägezahnförmiger Rohrleitungsverlauf)
- Anschlussleitungen der Verbraucher von oben an die Dampfleitung anschließen

Kondensatleitungen:
- sollen beim Abschalten der Anlage leerlaufen, um Wasserschläge beim erneuten Anlaufen sowie Korrosion und Frostschäden zu vermeiden
- sind zumeist „Dampfleitungen" mit besonders hohem Wassergehalt, d. h. wie bei Dampfleitungen
  - Strömungsgeschwindigkeit begrenzen (→ Tab. 443.2)
  - gute Wärmedämmung
  - Mindestgefälle 1 : 100 in Strömungsrichtung
  - gleiche Fließrichtung von Entspannungsdampf und Kondensat
- Anschluss der Zuleitungen von oben an die Kondensatleitung (stoßfreie Einmündung)

Kondensatableiter

Aufgabe: Sie müssen Kondensat staufrei ableiten und auch Luft ableiten, aber Dampf zurückhalten

Diagr. 444.1: Bemessung von Kugelschwimmer-Kondensatableitern mit automatischer Entlüftung (Hersteller)

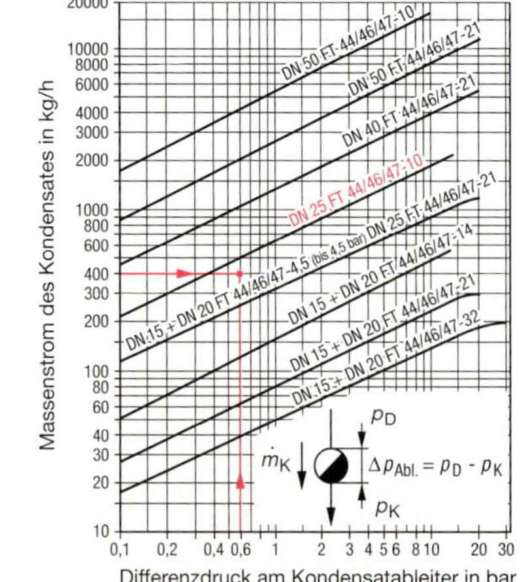

Tab. 444.1: Auswahlkriterien für Kondensatableiter

++ sehr günstig
\+ geeignet
o ungünstig
– nicht empfehlenswert

Merkmale	Kugelschwimmer-Kondensatableiter[1]	Thermodynamische Kondensatableiter	Thermische Kapsel-kondensatableiter	Schnellentleerer-Kondensatableiter
Anpassung an Druckschwankungen	++	++	++	+
Anpassung an Lastschwankungen	++	++	++	+
Durchsatz bezogen auf das Gewicht	o	++	++	+
Korrosionsbeständigkeit	+	++	+[2]	o/–
Druckstufen bzw. Lagerhaltung	o	++	++	++
Entlüftungseigenschaften	++[3]	o	++	++
Beständigkeit gegen Wasserschlag	–	++	+	–
Schmutzempfindlichkeit	+	++	++	++
Kondensatableitung: s = stetig, u = unstetig	s	u	s/u	s/u
Unverzügliche Kondensatableitung	++	++	+	++
Einbaulage: b = beliebig, v = vorgeschrieben	v	b	b	b
Hoher Betriebsdruck	++	++	+	o
Überhitzter Dampf	+	+	o	–

[1] Kugelschwimmer-Kondensatableiter sind regelungstechnisch die besten Ableiter
[2] mit Gehäuse aus Edelstahl
[3] nur mit automatisch der Sattdampfkurve folgendem Entlüfter

Heizungstechnik

Alternative Heizsysteme *alternative heating systems*

Tab. 445.1: Alternative bzw. erneuerbare Energien

Ursachen	Sonne				Erde	Mond
Energieart	Wasserkraft	Windkraft	Solarstrahlung	Biomasse	Geothermik	Gravitation
Nutzung	Wasserkraft-werke	Windkraft-werke	Wärmepumpen, Kollektoren, Solarzellen, Meeresströmungskraftwerke	Heizkraft-werke (BHKW)	Geothermische Heizkraftwerke	Gezeitenkraft-werke

Wärmepumpe/Kältemaschine

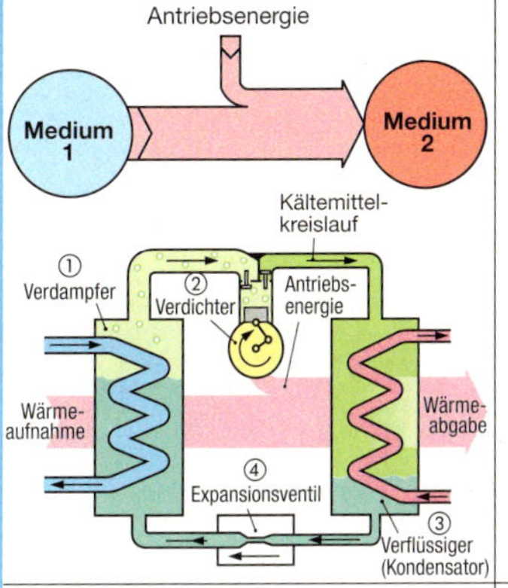

Eine Wärmepumpe/Kältemaschine ist ein Gerät, das die Temperatur eines Kältemittels von einem niedrigeren Tempraturniveau mit Hilfe von Antriebsenergie auf ein höheres Temperaturniveau anhebt und so den Wärmetransport entgegen dem natürlichen Verlauf ermöglicht.
Als Kältemittel eignen sich Stoffe, die schon bei sehr niedriger Temperatur verdampfen und eine höhere Verdampfungswärme haben. → S. 50.

① Im **Verdampfer** wird flüssiges Kältemittel bei geringerem Druck verdampft. Dabei wird dem Medium 1 bei niedriger Temperatur Wärme entzogen.

② Vom **Verdichter** wird der Kältemitteldampf auf ein höheres Druck- und Temperaturniveau gebracht.

③ Im **Verflüssiger** kondensiert das Kältemittel bei höherer Temperatur und gibt dabei im Verdampfer aufgenommene Wärme sowie die durch das Verdichten zugeführte Energie als Wärme an das Mediuim 2 wieder ab.

④ Über das **Expansionsventil** wird das Kältemittel auf den niedrigeren Druck des Verdampfers entspannt. Dabei kühlt es ab. Der Kreislauf ist geschlossen.

Wärmepumpe/Kältemaschine

Nutzen als **Wärmepumpe**, d. h. bei höherer Temperatur wird Wärme an ein Medium, z. B. Heizungswasser oder Raumluft abgegeben.

Leistungszahl:

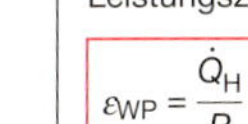

$$\varepsilon_{WP} = \frac{\dot{Q}_H}{P}$$

$$\varepsilon_{WP} = \frac{T_{max}}{T_{max} - T_{min}}$$

(Jahres)-Arbeitszahl:

$$\beta_{WP} = \frac{Q_H}{W}$$

- ε_{WP} : Leistungszahl der Wärmepumpe[1]
- $\dot{Q}_H$: Heizwärmeleistung (vom Verflüssiger abgegeben) in kW
- P : Antriebsleistung in kW
- T_{max} : Heiz-Vorlauftemperatur in K
- T_{min} : Wärmequellen-Temperatur in K
- β_{WP} : (Jahres)-Arbeitszahl der Wärmepumpe
- Q_H : innerhalb eines Jahres vom Verflüssiger abgegebene Heizwärmemenge in kWh
- W : innerhalb desselben Jahres aufgenommene Antriebsenergie des Verdichters in kWh

Nutzen als **Kältemaschine**, d. h. bei niedrigerer Temperatur wird einem Medium Wärme entzogen, z. B. aus der Luft eines Kühlraumes.

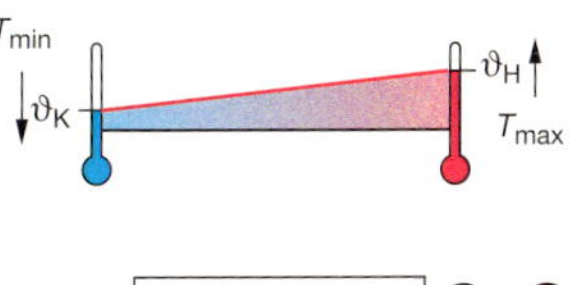

Leistungszahl:

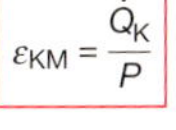

$$\varepsilon_{KM} = \frac{\dot{Q}_K}{P}$$

$$\varepsilon_{KM} = \frac{T_{min}}{T_{max} - T_{min}}$$

- ε_{KM} : Leistungszahl der Kältemaschine
- $\dot{Q}_K$: Kühlwärmeleistung (vom Verdampfer aufgenommen) in kW
- P : Antriebsleistung in kW
- T_{min} : Wärmequellen-Temperatur (Kühlraum-Temp.) in K
- T_{max} : Heiz-Vorlauftemperatur (Temperatur bei Wärmeabgabe) in K

Synergieeffekt

Synergie: Energie, die für die gemeinsame Erfüllung von Aufgaben genutzt wird bzw. zur Verfügung steht.

Nutzung als **Wärmepumpe und gleichzeitig als Kältemaschine.**

$$\varepsilon_{max} = \varepsilon_{WP} + \varepsilon_{KM}$$

- ε_{max} : Leistungszahl bei gemeinsamer Aufgabenerfüllung
- ε_{WP} : Leistungszahl der Wärmepumpe
- ε_{KM} : Leistungszahl der Kältemaschine

[1] Der COP-Wert (Coefficient Of Performance) ist wie die Leistungszahl der Wärmepumpe definiert. Dieser Wert berücksichtigt aber auch die Antriebsenergie der Hilfsaggregate. Er wird nach einer definierten Messmethode (DIN EN 255) ermittelt und ist ein Gütekriterium für Wärmepumpen.

Wärmepumpe/Kältemaschine *heat pumpe/refridgerating machine*

Diagr. 446.1: Kreisprozess der Wärmepumpe/Kältemaschine

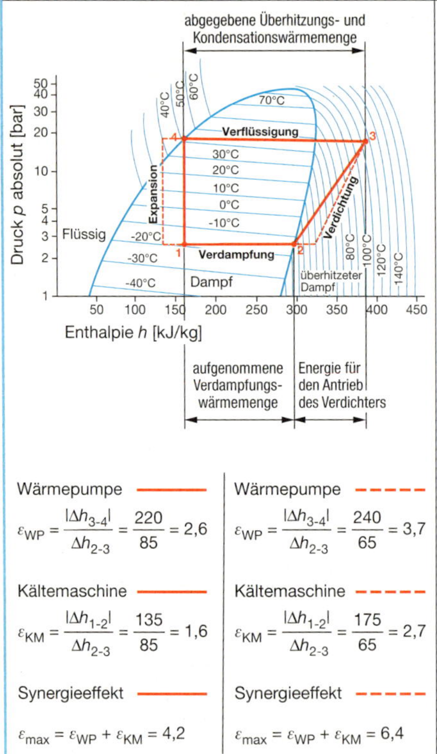

Wärmepumpe (durchgezogene Linie)	Wärmepumpe (gestrichelte Linie)
$\varepsilon_{WP} = \frac{\lvert\Delta h_{3\text{-}4}\rvert}{\Delta h_{2\text{-}3}} = \frac{220}{85} = 2{,}6$	$\varepsilon_{WP} = \frac{\lvert\Delta h_{3\text{-}4}\rvert}{\Delta h_{2\text{-}3}} = \frac{240}{65} = 3{,}7$
Kältemaschine (durchgezogene Linie)	**Kältemaschine** (gestrichelte Linie)
$\varepsilon_{KM} = \frac{\lvert\Delta h_{1\text{-}2}\rvert}{\Delta h_{2\text{-}3}} = \frac{135}{85} = 1{,}6$	$\varepsilon_{KM} = \frac{\lvert\Delta h_{1\text{-}2}\rvert}{\Delta h_{2\text{-}3}} = \frac{175}{65} = 2{,}7$
Synergieeffekt (durchgezogene Linie)	**Synergieeffekt** (gestrichelte Linie)
$\varepsilon_{max} = \varepsilon_{WP} + \varepsilon_{KM} = 4{,}2$	$\varepsilon_{max} = \varepsilon_{WP} + \varepsilon_{KM} = 6{,}4$

Aus dem „**log p-h-Diagramm**" lassen sich die einzelnen Arbeitsgänge als Strecken ablesen:

1-2 Verdampfung
2-3 Verdichtung
3-4 Verflüssigung
4-1 Expansion

Das hier verwendete Kältemittel liegt im Zustand 1 bei $\vartheta_1 = -20$ °C und $p_1 = 2{,}5$ bar als Nassdampf vor. Bis zur vollständigen **Verdampfung** bei $\vartheta_2 = -15$ °C nimmt es eine spezifische Verdampfungswärme von $\Delta h_{1\text{-}2} = h_2 - h_1 = 135$ kJ/kg auf.

Zur Verdichtung auf $p_3 = 19$ bar wird eine spezifische Energie von $\Delta h_{2\text{-}3} = h_3 - h_2 = 85$ kJ/kg benötigt. Dabei erhöht sich die Temperattur auf $\vartheta_3 = 110$ °C.

Bei **Verflüssigung** im Kondensator wird zuerst die Überhitzungswärme und anschließend die Kondensationswärme frei. Dass diese Energie abgegeben wird, lässt sich auch am Vorzeichen der Rechnung erkennen. Demnach wird hierbei die Wärmemenge $\Delta h_{3\text{-}4} = h_4 - h_3 = -220$ kJ/kg abgegeben. Im Zustand 4 bei $\vartheta_4 = 40$ °C und $p_4 = 19$ bar ist das Kältemittel wieder verflüssigt.

Die Strecke 4-1 stellt den Vorgang bei der **Expansion** dar. Dabei fallen der Druck und die Temperatur auf den Anfangszustand ab. Der Kreisprozess kann erneut beginnen.

Von praktischem Nutzen ist das log p-h-Diagramm auch, weil damit die Leistungszahlen ε_{WP}, ε_{KM} und ε_{max} ermittelt werden können.

Die Leistungszahl der Wärmepumpe ε_{WP} ergibt sich aus dem Verhältnis der abgegebenen Wärmemenge zur Antriebsenergie des Verdichters.

Die Leistungszahl der Kältemaschine ε_{KM} ergibt sich aus dem Verhältnis der aufgenommenen Verdampfungswärme zur Antriebsenergie des Verdichters.

Darüber hinaus können Veränderungen am Kreisprozess, wie sie sich z. B. durch einen Zwischen-Wärmetauscher ergeben, verdeutlicht werden (gestrichelte rote Linien).

Tab. 446.1: Wärmepumpe-System für die Raumheizung, Übersicht der Kombinationsmöglichkeiten

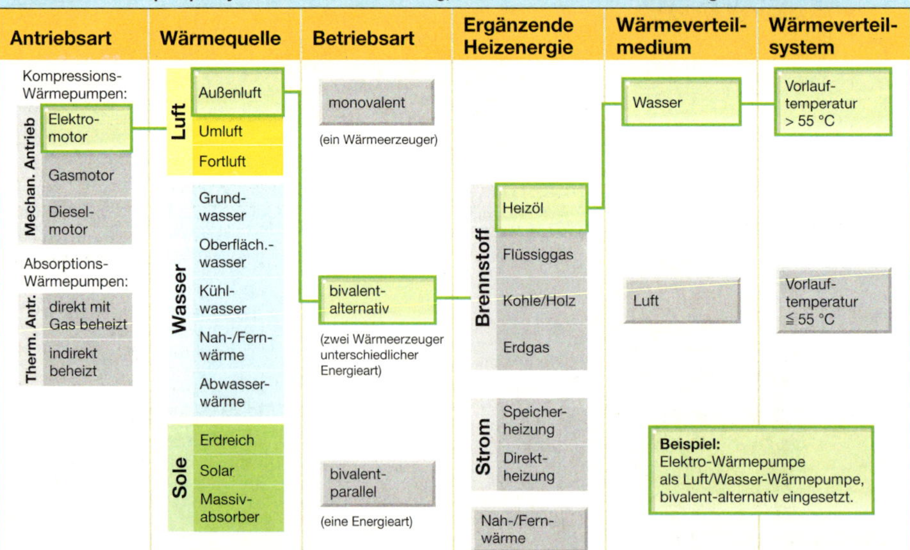

Heizungstechnik

Wärmepumpe *heat pump*

Tab. 447.1: Wärmequellen (Auswahl)

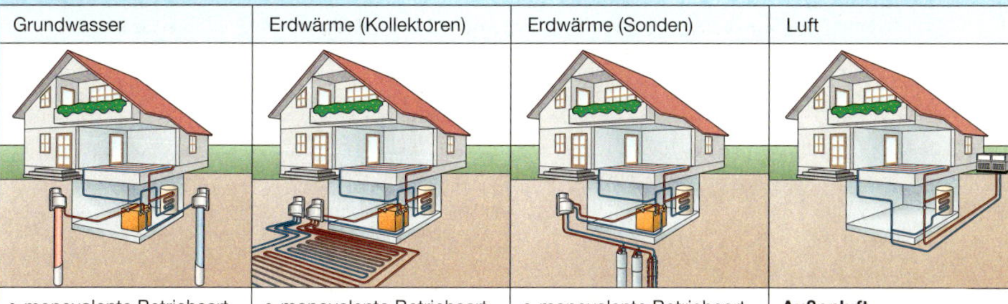

Grundwasser	Erdwärme (Kollektoren)	Erdwärme (Sonden)	Luft
• monovalente Betriebsart möglich • gleichbleibend Temperatur 7 bis 12 °C • Jahresarbeitszahl $\beta_{WP} > 5$ möglich • Saug- und Schluckbrunnen sowie Pumpe erforderlich • Brunnenabstand mind. 8 m • Wärmemenge ≈ 6 kWh/m³ • Zwischenkreis-WT wegen schwankender Wasserqualität empfohlen • Wärmequellenanlage genehmigungspflichtig (Wasser-Wirtschaftsamt)	• monovalente Betriebsart möglich • gleichbleibend Temperatur 7 bis 13 °C in 2 m Tiefe (→ Diagr. 447.1) • Jahresarbeitszahl $\beta_{WP} > 4$ möglich • großflächige im Erdreich verlegte Rohrsysteme erforderlich (1,2 bis 1,5 m tief, gleiche Stranglänge < 100 m, einzeln absperrbar) • Erforderliche Erdreichfläche für die Heizleistung → Diagr. 447.2	• monovalente Betriebsart möglich • gleichbleibend Temperatur • Jahresarbeitszahl $\beta_{WP} > 5$ möglich • platzsparende Erschließung der Wärmequelle • besonders für kleine Grundstücke geeignet • Sondenabstand > 5 m • VDI-Richtwert 50 W/m • Bohrungen bis 100 m Tiefe • Wärmequellenanlage genehmigungspflichtig (Wasser-Wirtschaftsamt) • Kosten ca. 30 bis 50 €/m	**Außenluft** • meist bivalent-alternative Betriebsart möglich • schwankende Temperatur • Jahresarbeitszahl $\beta_{WP} > 3$ möglich • insbesondere im Winter wird ε_{WP} zu gering • Wärmequelle überall zu erschließen **Fortluft** • bei kontrollierter Wohnungslüftung möglich • abhängig von Menge und Teperaturniveau der Abluft → S. 464

Diagr. 447.1: Jahrestemperaturverlauf im Erdreich

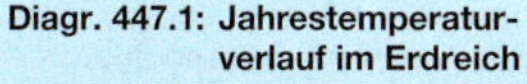

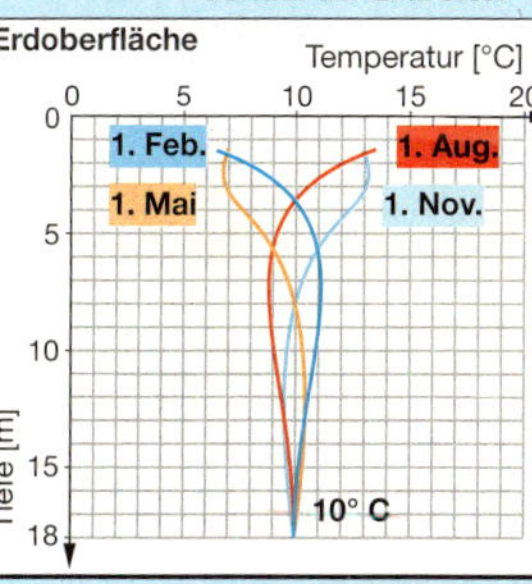

Diagr. 447.2: Erforderliche Erdreichfläche bei Erdwärme-Kollektoren

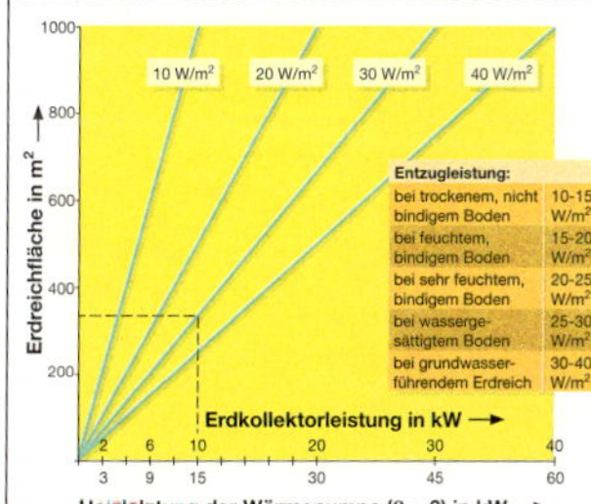

Benennung der Wärmepumpen nach DIN EN 255

Beispiel: B 5 W 35

1. Wärmequelle = Sole mit 5 °C

2. Wärmeverteilmedium = Wasser mit 35 °C

Medium	Abkürzung
Luft (air)	A
Sole (brine)	B
Wasser (water)	W

Blockheizkraftwerk (BHKW)

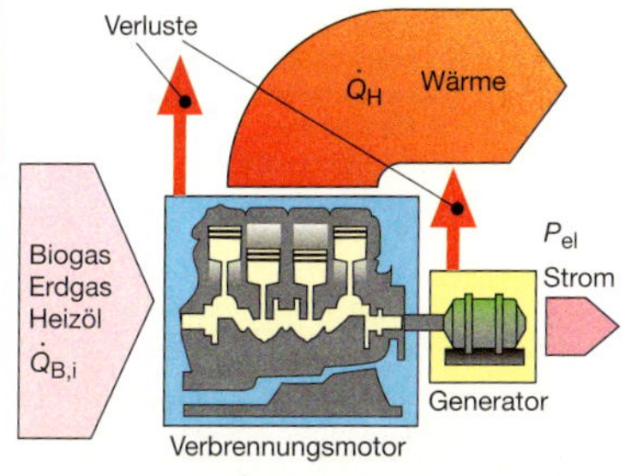

Wirkungsgrade → Tab. 371.3

$$\eta_{th} = \frac{\dot{Q}_H}{\dot{Q}_{B,i}}$$

$$\eta_{el} = \frac{P_{el}}{\dot{Q}_{B,i}}$$

$$\eta_{ges} = \eta_{th} + \eta_{el}$$

η_{th} : thermischer Wirkungsgrad

$\dot{Q}_H$: Wärmeleistung in kW

$\dot{Q}_{B,i}$: Brennstoffleistung (Wärmebelastung) nach dem Heizwert in kW

für Gas: $\dot{Q}_{B,i} = \dot{V}_B \cdot H_{i,B}$

für Heizöl: $\dot{Q}_{B,i} = \dot{m}_B \cdot H_i$ (→ S. 338)

η_{el} : elektrischer Wirkungsgrad

P_{el} : elektrische Leistung in kW

η_{ges} : Gesamtwirkungsgrad

Heizungstechnik

Solaranlagen *solar heating systems*

Einflussfaktoren für die Auslegung einer Solaranlage

- Standort (→ Diagr. 449.1)
- Dachneigung (Kollektor-Neigungswinkel α)
- Dachausrichtung (Kollektorausrichtung nach Süden)
- Warmwasserbedarf
- Heizungsunterstützung (bei FB-Heizg. sinnvoll)

Optimaler Kollektor-Neigungswinkel

Verwendung der Solarwärme für	α_{opt}
Schwimmbadwasser- und/oder Trinkwassererwärmung	30 … 45°
Trinkwassererwärmung und Heizungsunterstützung	45 … 53°

Speichervolumen und durchschnittliche Mindest-Wärmemenge für die Trinkwassererwärmung

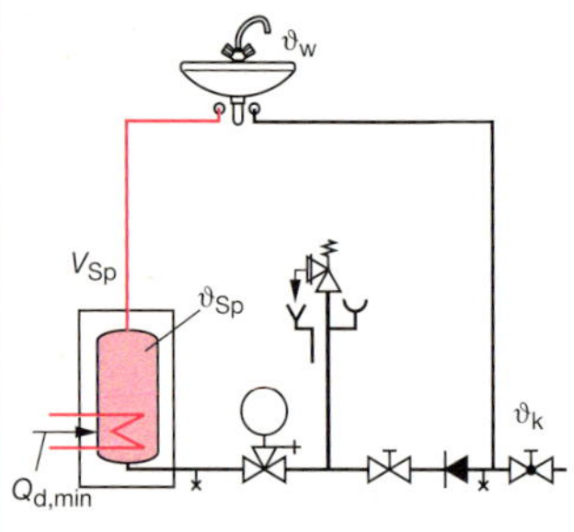

Tab. 448.1: Warmwasserbedarf V_P (nach VDI 2067)

Gebäudeart	V_P in l/(d · Pers.) (bei ϑ_W = 45 °C)
Im Wohnungsbau	
hohe Ansprüche	60 … 120
mittlere Ansprüche	**30 … 60**
einfache Ansprüche	15 … 30
In Hotelbetrieben, Pensionen, Heimen	
Zimmer mit Bad und Dusche	170 … 260
Zimmer mit Bad	135 … 196
Zimmer mit Dusche	74 … 135
Heime, Pensionen	37 … 74

$$V_{Sp} = b \cdot V_{Sp,\,min}$$

$$V_{Sp,\,min} = \frac{V_P \cdot n \cdot (\vartheta_W - \vartheta_k)}{(\vartheta_{Sp} - \vartheta_k)}$$

Hinweis:
In **Speicher-Wärmeerwärmern** können Legionellenprobleme auftreten. Ab $V_{Sp} > 400\ l$ sind solche Speicher daher nur mit täglicher Nachheizung auf 60 °C zugelassen (DVGW-Arbeitsblatt W551). Um den Energiegewinn nicht zu gefährden, sollten bei größeren Anlagen **Heizwasser-Pufferspeicher** eingesetzt werden, bei denen das Trinkwasser hygienisch im Durchlauf erwärmt wird. Heizwasser-Pufferspeicher dienen auch der solaren Heizungsunterstützung.

$$Q_{d,\,min} = V_P \cdot n \cdot \varrho \cdot c \cdot (\vartheta_W - \vartheta_k)$$

- V_{Sp} : Speichervolumen in l
- b : Bevorratungszeit in d (1,5 bis 2,5-facher Tagesbedarf)
- $V_{Sp,\,min}$: Mindest-Speichervolumen in l/d
- V_P : Warmwasserbedarf in l/(d · Pers.) (→ Tab. 448.1)
- n : Personenzahl in Pers.
- ϑ_W : Warmwassertemperatur an der Zapfstelle in °C
- ϑ_k : Kaltwassertemperatur in °C ($\vartheta_k \approx 10$ °C)
- ϑ_{Sp} : Temperatur des Warmwassers im Speicher in °C ($V_{Sp} \leq 400\ l$: ϑ_{Sp} = 50 bis 60 °C; $V_{Sp} > 400\ l$: ϑ_{Sp} = 60 °C)
- $Q_{d,\,min}$: durchschnittliche Mindest-Wärmemenge in W · h/d
- ϱ : Dichte in kg/l (Wasser: $\varrho \approx 1{,}00$ kg/l)
- c : spezif. Wärmekapazität in W · h/(kg · K) (Wasser: c = 1,163 W · h/(kg · K))

Kollektorfläche und Wärmetauscherfläche im Speicher

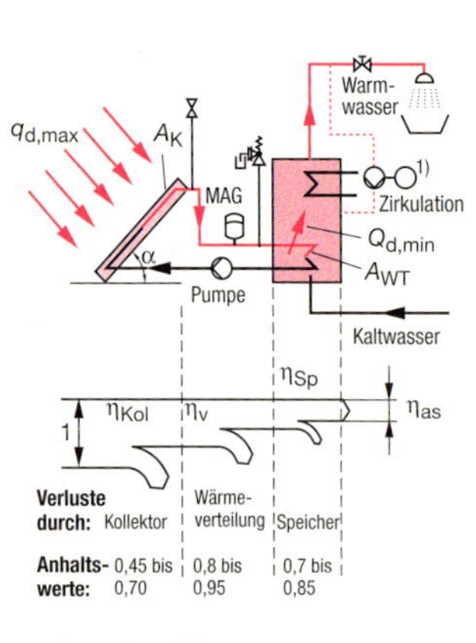

$$A_K = \frac{Q_{d,\,min} \cdot f_1}{q_{d,\,max} \cdot \eta_{as}}$$

$$\eta_{as} = \eta_{Kol} \cdot \eta_V \cdot \eta_{Sp}$$

Hinweis:
Anzustreben sind 100 % Deckung des Wärmebedarfs für die Warmwasserbereitung in der wärmsten Jahreszeit. Eine größere Kollektorfläche ist nur sinnvoll, wenn die Wärme über einen längeren Zeitraum gespeichert werden kann.

$$A_{WT} \approx 0{,}3 \cdot A_K$$

- A_K : Kollektorfläche in m²
- $Q_{d,\,min}$: durchschnittliche Mindest-Wärmemenge in kW · h/d
- f_1 : Korrekturfaktor bei abweichender Kollektorausrichtung (→ Tab. 449.1)
- $q_{d,\,max}$: maximale wirksame Globalstrahlung bei vorgesehener Kollektorneigung in kW · h/(m² · d) (→ Diagr. 449.2)
- η_{as} : Jahressystemwirkungsgrad der Anlage als Dezimalzahl
- η_{Kol} : Kollektorwirkungsgrad als Dezimalzahl (→ Diagr. 449.3)
- η_V : Verteilungswirkungsgrad als Dezimalzahl (→ Anhaltswerte)
- η_{Sp} : Speicherwirkungsgrad als Dezimalzahl (→ Anhaltswerte)
- A_{WT} : Wärmeübertragungsfläche des im Speicher befindlichen Wärmetauschers in m²

Solaranlagen *solar heating systems*

Tab. 449.1: Korrekturfaktor f_1 bei abweichender Kollektorausrichtung

260°	250°	240°	230°	220°	210°	200°	190°	180°	170°	160°	150°	140°	130°	120°	110°	100°
1,34	1,23	1,16	1,10	1,07	1,04	1,02	1,00	1,00	1,01	1,03	1,07	1,13	1,20	1,32	1,44	1,54
W ←			SW ←					S			→ SO					→ O

Beispiel:

0° N, 90° O, 180° S, 270° W, SW 230°, SO

Diagr. 449.1: Jährliche Globalstrahlung auf eine nicht geneigte ebene Fläche

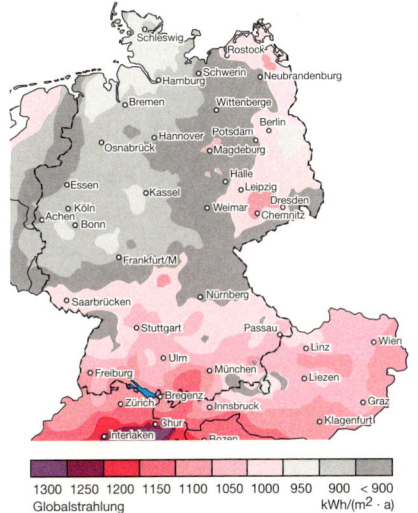

1300 1250 1200 1150 1100 1050 1000 950 900 < 900
Globalstrahlung kWh/(m² · a)

Diagr. 449.2: Wirksame Globalstrahlung in Abhängigkeit von der Kollektorneigung α (Würzburg)

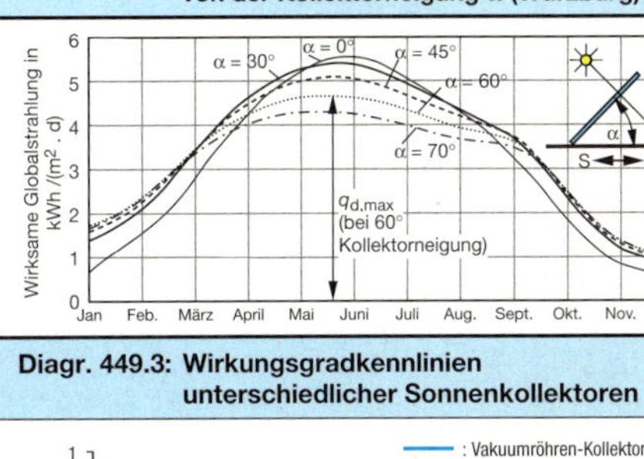

Diagr. 449.3: Wirkungsgradkennlinien unterschiedlicher Sonnenkollektoren

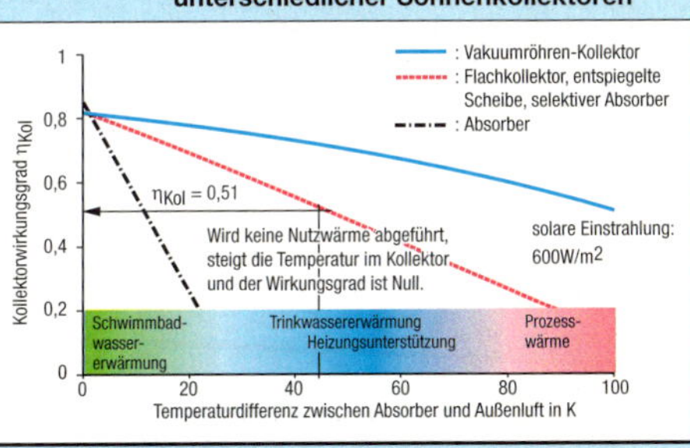

Vorgefertigte thermische Solaranlagen und ihre Bauteile

DIN EN 12 976-1: 2001-03

Einteilung thermischer Solaranlagen:

- *vorgefertigte Anlagen für die häusliche Warmwasserbereitung*
  a) integrierte Kollektor-Speicheranlagen
  b) Thermosiphon-Anlagen
  c) Anlagen mit erzwungener Umwälzung
- *kundenspezifische Anlagen für die häusliche Warmwasserbereitung und/oder Raumheizung*
  a) Anlagen mit erzwungener Umwälzung zusammengestellt unter Verwendung dokumentierter Bauteile und Bauweisen
  b) einzeln entworfene und zusammengestellte Anlagen

Anforderungen

Allgemeines
- Eignung für Trinkwasser
- Frostbeständigkeit
- Übertemperaturschutz (für Anlage und Werkstoffe)
- Schutz gegen Verbrühen
- Rücklaufschutz
- Druckbeständigkeit
- elektrische Sicherheit

Werkstoffe
- Werkstoffe, die im Freien eingesetzt werden, müssen mindestens 10 Jahre gegen UV-Strahlung und anderen Wetterbedingungen beständig sein

Bauteile und Rohrleitungen
- Montagerahmen (muss Schnee und Windlast standhalten)
- Rohrleitungen dürfen nicht verstopfen
- Pumpe, Wärmetauscher, Speicher und Temperaturfühler der Regeleinrichtung müssen bestimmte Normen erfüllen.

Sicherheitsausrüstung

1. Sicherheitsventil
Es muss gegen die höchste Temperatur, die auftreten kann sowie gegen das Wärmeträgermedium beständig sein.
Die Größe des Sicherheitsventils muss auf geeignete Weise nachgewiesen werden.

Tab. 449.2: Nennweite des Sicherheitsventils

Kollektorfläche A_K in m²	50	100	200	350	600
Ventilgröße[1] DN	15	20	25	32	40

[1] Größe des Eintrittsquerschnitts

Hinweis: Es dürfen nur Sicherheitsventile eingesetzt werden, die für max. 6 bar und 120 °C ausgelegt sind und die Kennbuchstaben „D/G/H" oder „H" tragen.

2. Sicherheits- und Ausdehnungsleitung
Falls Anlage mit Sicherheitsleitung ausgerüstet, darf diese nicht absperrbar sein. Sicherheits- und Ausdehnungsleitung müssen so bemessen sein, dass im Falle des Abblasens an keiner Stelle der zulässige Druck überschritten wird.

3. Ausblaseleitung
Falls Anlage mit Ausblaseleitung ausgerüstet, darf sich darin kein Wasser ansammeln, die Leitung darf nicht einfrieren und austretender Dampf muss gefahrlos abgeleitet werden können.

Raumlufttechnik *air conditioning*

Raumklima und Behaglichkeit *room climato and comfortableness*

Einflussgrößen auf die Behaglichkeit in Räumen

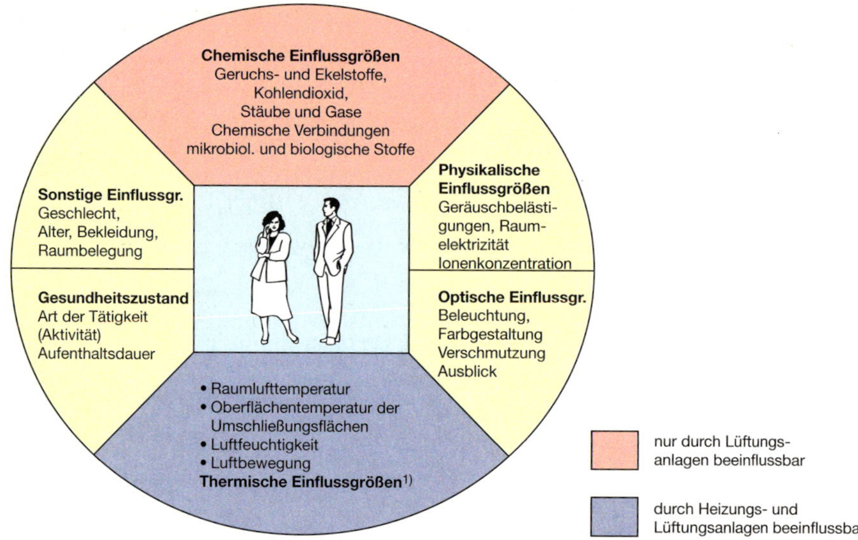

[1)] Die thermischen Einflussgrößen sind für das Wärme- und Kälteempfinden des Menschen von größter Bedeutung.

Thermische Behaglichkeit *thermal comfortableness*

Tab. 450.1: Mittlere biophysikalische Daten des Menschen

Masse	m = 60 ... 70 kg	Zahl der Atemzüge	$n \approx$ 16 min^{-1}
Rauminhalt	$V \approx$ 60 dm^3	Atemluftmenge	$\dot{V} \approx$ 0,5 m^3/h
Oberfläche	A = 1,7 ... 1,9 m^2	Mittlere Hauttemperatur	ϑ = 32 ... 33 °C
Körpertemperatur	ϑ = 37 °C	Dauerleistung	$P \approx$ 85 W
Pulsschläge	n = 70 ... 80 min^{-1}	CO_2-Gehalt der ausgeatmeten Luft	K = 2 ... 4 %
Grundumsatz (ruhend)	P = 70 ... 80 W	CO_2-Ausatmung (ruhend)	V = 10 ... 20 l/h

Tab. 450.2: Wärmeerzeugung durch Personen bei unterschiedlichen Aktivitäten DIN EN 13 779: 2007-09

Art der Tätigkeit (Aktivität)	Gesamtwärmeabgabe[1)] in met[2)]	Gesamtwärmeabgabe[1)] W/Person	Sensible Wärme W/Person
Zurückgelehnt	0,8	80	55
Entspannt sitzend	1,0	100	70
Sitzende Tätigkeit (Büro, Schule)	1,2	125	75
Stehend, leichte körperliche Tätigkeit (Einkäufer, Leichtindustrie)	1,6	170	85
Stehend, mittelschwere Tätigkeit (Verkäufer, Maschinenarbeit)	2,0	210	105
Gehend bei etwa 5 km/h	3,4	360	120

[1)] Gesamtwärmeabgabe durch Strahlung, Leitung und Konvektion bei einer Lufttemperatur von 24 °C.
[2)] Metobolic Rate = Ruheenergieumsatz einer Person in sitzender Position: 1 met = 58 W/m^2 Körperoberfläche; für eine Person werden etwa **1,8 m^2** Körperoberfläche zugrunde gelegt.

Tab. 450.3: Wärmedurchlasswiderstand *R* der Bekleidung in m^2 · K/W

Bekleidung	Ohne Kleidung	Leichte Sommerkleidung	Mittlere Kleidung	Warme Kleidung
R in m^2 · K/W	0,0	0,093	0,155	0,232
R in clo[1)]	0,0	0,6	1,0	1,5

[1)] clo (clothes) = Einheit des Wärmedurchlasswiderstandes der Bekleidung: 1 clo = 0,155 m^2 · K/W

Thermische Behaglichkeit *thermal comfortableness*

Diagr. 451.1: Zulässigkeitsbereich der Raumlufttemperatur

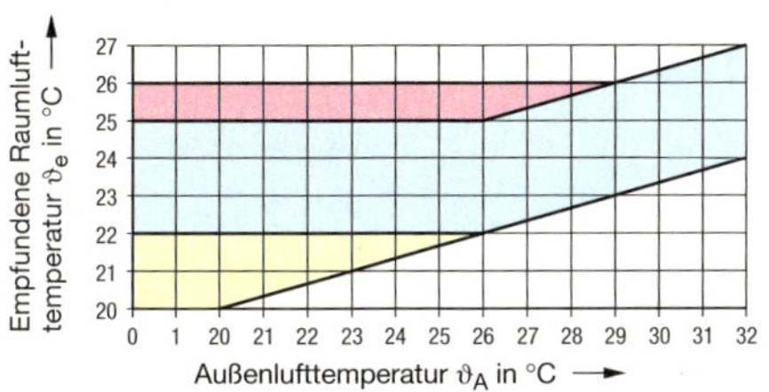

Die **empfundene** Raumtemperatur ist das arithmetische Mittel der örtlichen Lufttemperatur und Strahlungstemperatur der Umgebungsoberflächen.

Voraussetzungen:

- Tätigkeiten mit Energieumsatz 0,8–1,2 met
- Leichte bis mittlere Bekleidung
- Raumluftgeschwindigkeit und Turbulenzgrad im zulässigen Bereich (→ Diagr. 451.2)

Kennzeichnung:

⇒ empfohlene Raumtemperatur

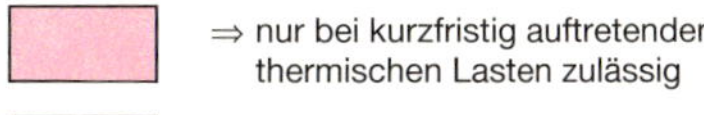
⇒ nur bei kurzfristig auftretenden thermischen Lasten zulässig

⇒ nur bei turbulenzarmen Lüftungssystemen zulässig

Diagr. 451.2: Werte mittlerer Luftgeschwindigkeiten im Behaglichkeitsbereich

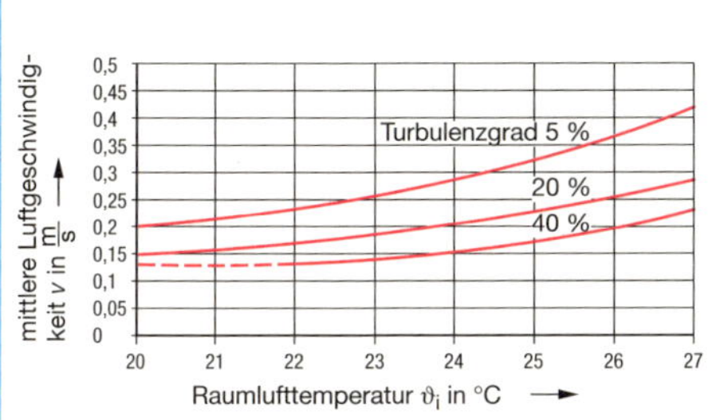

$$\text{Turbulenzgrad Tu} = \frac{\text{Abweichung der Momentanwerte}}{\text{mittlere Luftgeschwindigkeit}} = \frac{v_{84} - v_{50}}{v_{50}}$$

- v_{84} = Raumluftgeschw., die 84 % der Zeit unterschritten wird
- v_{50} = Raumluftgeschw., die 50 % der Zeit unterschritten wird
- Die Werte gelten für die Aktivitätsstufe I und einem Wärmedurchlasswiderstand der Kleidung $R \approx 0{,}12\ m^2 \cdot K/W$.
- Die Luftgeschwindigkeit ist in den Höhen 0,1; 1,1 und 1,7 m über dem Fußboden zu messen.
- Eine minimale Luftbewegung ist für den konvektiven Wärme- und Stofftransport erforderlich.
- Die Kurve für Tu = 40 % gilt auch für Tu > 40 %.
- **Ohne Messung wird Tu mit 40 % angesetzt.**

Diagr. 451.3: Behaglichkeitsfeld mit Umschließungsflächen- und Raumlufttemperatur

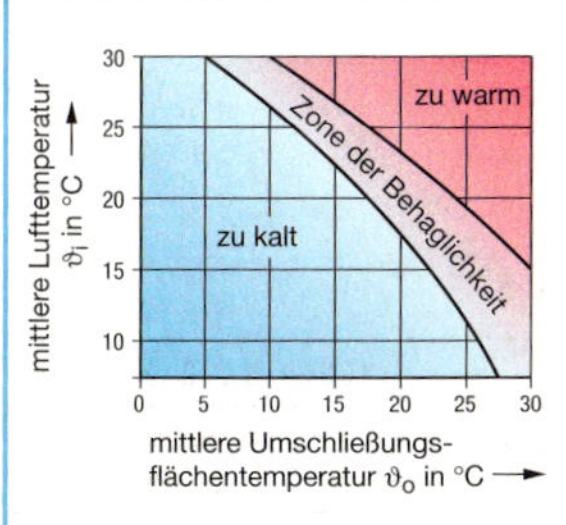

Tab. 451.1: Innere Oberflächen-Temperatur ϑ_{0i} in Räumen bei ϑ_i = 20 °C[1]

Bauteile		Außentemperaturen ϑ_a in °C						
		–15	–10	–5	0	5	10	15
Fenster, Außentür:	Einfachverglasung	–3	2	5	7	10	13	17
	Doppelverglasung	7	10	11	13	15	17	18
	Isolierverglasung	12	14	15	16	17	18	19
Außenwand:	U-Wert 1,2 W/(m²·K)	14,5	15,6	16	17	17,5	18,5	19
	U-Wert 1,0 W/(m²·K)	14,5	16	17	17,5	18	18,5	19
	U-Wert 0,5 W/(m²·K)	17,5	18	18,5	18,8	19	19,3	19,5

[1] Gerundete Anhaltswerte aus Diagrammen

Hinweise:
- Der Mittelwert aus Luft- und mittlerer Umgebungsflächen-Temperatur ist die empfundene Raumtemperatur.
- Durch verbesserte Wärmedämmung der Außenbauteile erhöht sich ϑ_{0i}, dadurch ist eine geringere Raumlufttemperatur möglich ⇒ Energieeinsparung

Diagr. 451.4: Zusammenhang zwischen Raumlufttemperatur ϑ_i und relativer Luftfeuchte φ

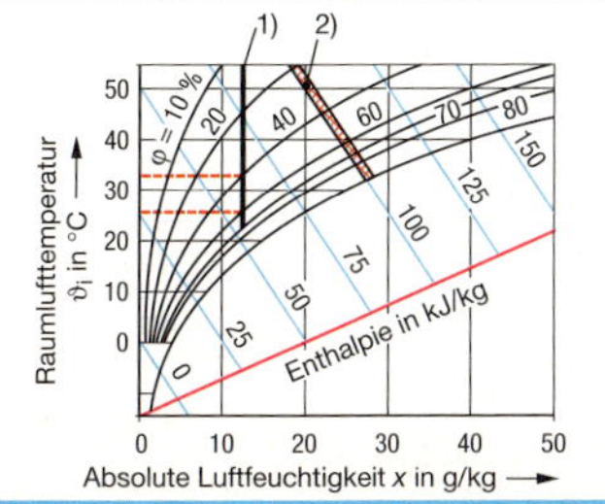

[1] **Schwülekurve:** Bei einem normal gekleideten ruhenden Menschen beginnt in unseren Breiten die Schweißbildung etwa bei einem Wassergehalt der Luft von x = 12 g/kg.
Man sieht, dass z. B. die Schweißbildung bei einer Luftfeuchte φ = 60 % bei ϑ = 25 °C und bei φ = 40 % erst bei ϑ = 32 °C beginnt.
Bei körperlicher Tätigkeit gelten niedrigere Werte.

[2] **Arbeitsgrenzkurve:** Grenzwerte für Luftfeuchtigkeit und Raumlufttemperatur. Oberhalb ist der Aufenthalt einer ruhenden Person für längere Zeit (ca. 30–60 min) nicht mehr ohne Entwärmungspause möglich.

Zustand des Luftstromes *state of air supply*

Tab. 452.1: Zusammensetzung trockener reiner Luft

Gas	Chem. Formel	Vol.-%	Dichte ϱ_n in kg/m³
Stickstoff	N_2	78,09	1,251
Sauerstoff	O_2	20,93	1,429
Argon	Ar	0,9325	1,783
Kohlendioxid	CO_2	0,03	1,977
Wasserstoff	H_2	0,01	0,090
Neon	Ne	0,0018	0,899
Helium	He	0,0005	0,178
Krypton	Kr	0,0001	3,733
Xenon	Xe	0,000009	5,896

Tab. 452.2: Abnahme des Luftdruckes und der Temp. mit der Höhe (Normalatmosphäre, DIN ISO 2533: 1997-11)

Höhe h in km	Luftdruck p_{amb} in hPa	Temperatur ϑ in °C
0	1013	15
0,5	951	11,8
1,0	899	8,5
2,0	795	2,04
4,0	616	–11
6,0	472	–24
10,0	264	–50
15,0	120	–55

Tab. 452.3: Zustandsgrößen von gesättigter Luft bei 1013 hPa

ϑ in °C	ϱ_{tr} in kg/m³	ϱ_s in kg/m³	C_P in Wh/(m³ · K)	x_s in g/kg	h_s in Wh/kg	r in Wh/kg
–20	1,396	1,395	0,388	0,63	–5,14	788,6
–15	1,368	1,367	0,380	1,01	–3,50	788,4
–14	1,363	1,362	0,379	1,11	–3,14	788,3
–13	1,358	1,357	0,377	1,22	–2,78	788,2
–12	1,353	1,352	0,376	1,34	–2,44	788,0
–11	1,348	1,347	0,374	1,46	–2,08	788,0
–10	1,342	1,341	0,373	1,60	–1,69	788,0
–9	1,337	1,336	0,371	1,75	–1,31	787,8
–8	1,332	1,331	0,370	1,91	–0,92	787,8
–7	1,327	1,325	0,368	2,08	–0,53	787,8
–6	1,322	1,320	0,367	2,27	–0,01	787,8
–5	1,317	1,315	0,366	2,47	0,31	787,8
–4	1,312	1,310	0,364	2,69	0,75	787,5
–3	1,308	1,306	0,363	2,94	1,19	787,4
–2	1,303	1,301	0,362	3,19	1,64	787,4
–1	1,298	1,295	0,360	3,47	2,11	787,4
0	1,293	1,290	0,359	3,78	2,61	694,4
1	1,288	1,285	0,357	4,07	3,11	693,9
2	1,284	1,281	0,356	4,37	3,38	693,3
3	1,279	1,275	0,354	4,70	4,11	692,8
4	1,275	1,271	0,353	5,03	4,64	692,2
5	1,270	1,266	0,352	5,40	5,14	691,4
6	1,265	1,261	0,351	5,79	5,69	690,6
7	1,261	1,256	0,349	6,21	6,28	690,0
8	1,256	1,251	0,348	6,65	6,78	689,4
9	1,252	1,247	0,347	7,13	7,47	688,9
10	1,248	1,242	0,345	7,68	8,11	688,1
11	1,243	1,237	0,344	8,15	8,78	687,5
12	1,239	1,232	0,342	8,75	9,47	686,9
13	1,235	1,228	0,341	9,35	10,17	686,1
14	1,230	1,223	0,340	9,97	10,89	685,6
15	1,226	1,218	0,339	10,76	11,61	684,7
16	1,222	1,214	0,337	11,40	12,44	684,2
17	1,217	1,208	0,336	12,10	13,28	683,6
18	1,213	1,204	0,335	12,90	14,08	682,8
19	1,209	1,200	0,334	13,80	15,03	682,2

ϑ in °C	ϱ_{tr} in kg/m³	ϱ_s in kg/m³	C_P in Wh/(m³ · K)	x_s in g/kg	h_s in Wh/kg	r in Wh/kg
20	1,205	1,195	0,332	14,9	16,05	681,4
21	1,201	1,190	0,331	15,6	17,00	680,8
22	1,197	1,185	0,329	16,6	17,80	680,0
23	1,193	1,181	0,328	17,7	18,86	679,4
24	1,189	1,176	0,327	18,8	20,02	678,8
25	1,185	1,171	0,326	20,4	21,05	678,0
26	1,181	1,166	0,324	21,4	22,33	677,5
27	1,177	1,161	0,322	22,6	23,50	676,9
28	1,173	1,156	0,321	24,0	24,81	676,1
29	1,169	1,151	0,320	25,6	26,19	675,6
30	1,165	1,146	0,318	27,6	27,69	675,0
31	1,161	1,141	0,317	28,8	29,11	674,4
32	1,157	1,136	0,316	30,6	30,61	673,6
33	1,154	1,131	0,314	32,5	32,25	673,1
34	1,150	1,126	0,313	34,4	33,97	672,2
35	1,146	1,121	0,311	36,6	35,86	671,7
36	1,142	1,116	0,310	38,8	45,27	671,1
37	1,139	1,111	0,309	41,1	39,58	670,6
38	1,135	1,107	0,308	44,5	41,56	669,7
39	1,132	1,102	0,306	46,0	43,75	669,2
40	1,128	1,097	0,305	48,8	46,08	668,3
42	1,121	1,086	0,302	54,8	50,86	666,9
44	1,114	1,076	0,299	61,3	56,11	665,6
46	1,107	1,065	0,296	68,9	62,14	664,4
48	1,100	1,054	0,293	77,7	68,67	663,1
50	1,093	1,043	0,290	86,2	76,00	661,7
55	1,076	1,013	0,282	114,0	97,88	658,3
60	1,060	0,981	0,273	152,0	126,94	655,0
65	1,044	0,946	0,263	204,0	166,39	651,4
70	1,029	0,909	0,252	276,0	221,11	648,1
75	1,014	0,868	0,241	382,0	300,28	644,7
80	1,000	0,823	0,229	545,0	422,50	641,1
85	0,986	0,773	0,215	828,0	634,40	637,8
90	0,973	0,718	0,200	1400	1061,4	634,2
95	0,959	0,656	0,182	3120	2356,7	630,6
100	0,947	0,589	0,164	–	–	627,2

ϑ : Lufttemperatur in °C
ϱ_{tr} : Dichte der trockenen Luft in kg/m³
ϱ_s : Dichte der feuchten Luft in kg/m³ (gesättigt)
C_P : spezifische Wärmekapazität in Wh/(m³ · K)
x_s : absolute Luftfeuchte gesättigter Luft in g/kg (Sättigungsdampfmenge)
h_s : Wärmeinhalt (Enthalpie) gesättigter Luft in Wh/kg
r : Verdampfungswärme in Wh/kg

Zustand des Luftstromes *state of air supply*

Luftmassenstrom

$$\dot{m} = \dot{V} \cdot \varrho$$

- $\dot{m}$: Luftmassenstrom in kg/h
- $\dot{V}$: Luftvolumenstrom in m^3/h
- ϱ : Dichte der Luft in kg/m^3 (druck- und temperaturabhängig) (→ Tab. 452.3) (Normdichte: $\boldsymbol{\varrho_n = 1{,}29\ kg/m^3}$)

Luftfeuchte

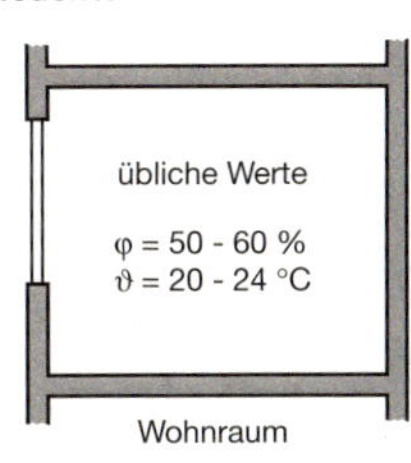

$$\varphi = \frac{x}{x_S}\ 100\ \%$$

- φ : relative Luftfeuchte in %
- x : absolute Feuchte in g/kg
- x_S : absolute Luftfeuchte gesättigter Luft in g/kg (→ Tab. 452.3)

Lufterwärmung

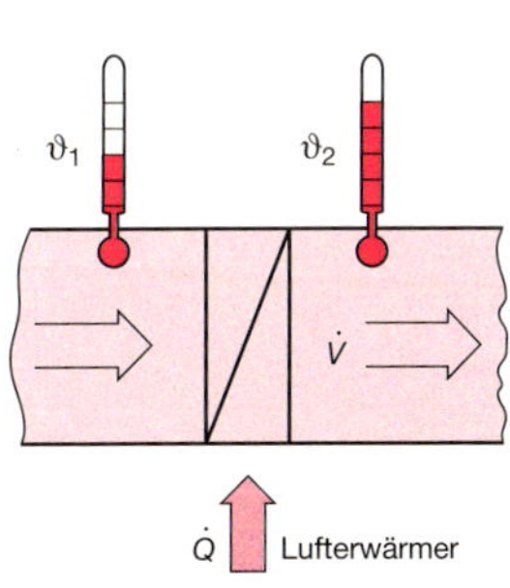

$$\dot{Q} = \dot{m} \cdot c_p \cdot (\vartheta_2 - \vartheta_1)$$

$$\dot{m} = \dot{V} \cdot \varrho$$

$$\dot{Q} = \dot{V} \cdot \varrho \cdot c_p \cdot (\vartheta_2 - \vartheta_1)$$

$$\dot{Q} = \dot{V} \cdot C_P \cdot (\vartheta_2 - \vartheta_1)$$

$$C_P = c_p \cdot \varrho$$

- $\dot{Q}$: Wärmeleistung in W
- $\dot{m}$: Luftmassenstrom in kg/h
- c_p : spezifische Wärmekapazität für Luft in Wh/(kg · K); $c_p = 0{,}278 \approx 0{,}28$ Wh (kg · K)
- ϑ_1 : Temperatur vor der Erwärmung in °C
- ϑ_2 : Temperatur nach der Erwärmung in °C
- C_P : spezifische Wärmekapazität für Luft in $Wh/(m^3 \cdot K)$
- $\dot{V}$: Luftvolumenstrom in m^3/h
- ϱ : Dichte der Luft in kg/m^3 (→ Tab. 452.3)

Bei $\boldsymbol{\vartheta = 20\ °C}$ und $\boldsymbol{p_{abs} = 1013\ mbar}$ ist $C_P = c_p \cdot \varrho$
$C_P = 0{,}28\ Wh/(kg \cdot K) \cdot 1{,}2\ kg/m^3 \cong \boldsymbol{0{,}34\ Wh/(m^3 \cdot K)}$ (bei konstantem Druck)
→ Näherungswert ausreichend für die Praxis, weil ϑ und ϱ ständig wechseln

Tab. 453.1: Richtwerte für Raumlufttemperatur und die relative Luftfeuchte

Raumart	Raumlufttemperatur ϑ in °C	Relative Feuchte φ in %	Raumart	Raumlufttemperatur ϑ in °C	Relative Feuchte φ in %
Wohnräume	20	30 – 60	Hallenbäder	26 – 30	60 – 70
Bäder	24	50 – 75	Unterrichtsräume	20	ca. 60
Duschräume	22 – 25	70 – 85	Turnhallen	15 – 18	50 – 75
Büroräume	20	50 – 60	Kinos, Theater	20	50 – 60
Gaststätten	20	ca. 55	Werkstätten	14 – 18	40 – 60

Tab. 453.2: Mittlerer Staubgehalt[1)] der Luft (aus VDI-Handbuch: Reinhaltung der Luft)

Messort	Mittlere Konzentration in mg/m^3	Messort	Mittlere Konzentration in mg/m^3
Landgegend:		Wohnräume	1 ... 2
bei Regen	0,05	Warenhäuser	2 ... 5
bei Trockenheit	0,10	Werkstätten	1 ... 10
Großstadtgebiet:		Zementfabriken	100 ... 200
Wohngegend	0,10	Abgase von	
Industriegebiet	0,3 ... 0,5	Kokskesseln	10 ... 200

1) Zusammensetzung des Staubes:
Anorganische Stoffe: Sand, Ruß, Kohle, Asche, Kalk, Metalle, Steinstäubchen, Zement u. a.
Organische Stoffe: Pflanzenteilchen, Samen, Pollen, Sporen, Härchen, Textilfasern, Mehl u. a.

Raumlufttechnische Anlagen

DIN EN 13 779: 2007-09

air conditioning installations

Einteilung der Lufttechnik

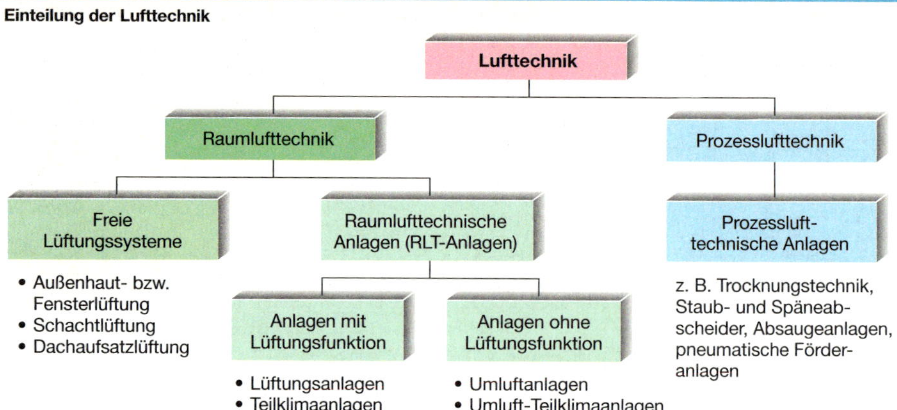

- Außenhaut- bzw. Fensterlüftung
- Schachtlüftung
- Dachaufsatzlüftung

- Lüftungsanlagen
- Teilklimaanlagen
- Klimaanlagen

- Umluftanlagen
- Umluft-Teilklimaanlagen
- Umluft-Klimaanlagen

z. B. Trocknungstechnik, Staub- und Späneabscheider, Absaugeanlagen, pneumatische Förderanlagen

Aufgaben der raumlufttechnischen Anlagen

Aufgaben je nach angestrebtem Raumklima:	Maßnahmen:
• Abführen von Luftverunreinigungen aus Räumen: Geruchsstoffe, Schadstoffe, Ballaststoffe	➔ stetige Lufterneuerung (Lüftung) und/oder geeignete Luftbehandlung (Filterung)
• Abführen sensibler (trockener, fühlbarer) Wärmelasten aus Räumen: Heizlasten, Kühllasten • Abführen latenter (feuchter, nicht fühlbarer) Wärmelasten aus Räumen: Enthalpieströme von Befeuchtungs- und Entfeuchtungslasten	➔ geeignete thermodynamische Luftbehandlung und begrenzt auch durch Lufterneuerung
• Schutzdruckhaltung: Druckhaltung in Gebäuden zum Schutz gegen ungewollten Luftaustausch	➔ unterschiedliche maschinell zu- und abgeführte Luftmassenströme

Tab. 454.1: Klassifikation und Benennung von RLT-Anlagen

Thermodynamische Luftbehandlungsfunktionen		RLT-Anlagen mit Lüftungsfunktion
Anzahl	Art	*Lüftungstechnische Anlage*
keine	O	Lüftungsanlage (AUL, MIL, FOL)
eine	H, K, B, E	Lüftungsanlage (AUL oder MIL)
zwei	HK, HB, HE, KB, KE, BE	Teilklimaanlage (AUL oder MIL)
drei	HKB, HKE, KBE, HBE	Teilklimaanlage (AUL oder MIL)
vier	HKBE	Klimaanlage (AUL oder MIL)

Abkürzungen nach DIN EN 13 779:

Luftarten:
FOL = Fortluft; **AUL** = Außenluft
UML = Umluft; **MIL** = Mischluft

Thermodynamische Luftbehandlung:
O = ohne Behandlung; **H** = Heizen
K = Kühlen; **B** = Befeuchten; **E** = Entfeuchten

Beispiel: HKBE-MIL Klimaanlage mit Lüftungsfunktion zum Heizen, Kühlen, Be- und Entfeuchten mit Mischluft (Außen- und Umluft)

Tab. 454.2: Klassifizierung der Abluft (ABL) und der Fortluft (FOL) DIN EN 13 779: 2007-09

Kategorie	Einordnung	Beschreibung
ABL 1/ FOL 1	Abluft mit geringem Verunreinigungsgrad	Luft aus Räumen, deren Hauptemissionsquellen die Baustoffe, das Bauwerk selbst und menschliche Stoffwechselausscheidungen sind; Nichtraucherräume
ABL 2/ FOL 2	Abluft mit mäßigem Verunreinigungsgrad	Luft aus Aufenthaltsräumen mit den gleichen Verunreinigungsquellen wie Kategorie 1, jedoch mit etwas mehr Verunreinigungen; Rauchen ist gestattet
ABL 3/ FOL 3	Abluft mit hohem Verunreinigungsgrad	Luft aus Räumen, in denen emittierte Feuchte, Arbeitsverfahren, Chemikalien usw. die Luftqualität wesentlich beeinträchtigen
ABL 4/ FOL 4	Abluft mit sehr hohem Verunreinigungsgrad	Luft, die Gerüche und Verunreinigungen enthält, deren Konzentrationen höher liegen, als für die Raumluft in Aufenthaltsräumen erlaubt ist

Tab. 454.3: Wiederverwendung der Abluft und Verwendung von Überströmluft DIN EN 13 779: 2007-09

ABL 1 → geeignet als Umluft und Überströmluft
ABL 2 → nicht geeignet als Umluft, kann als Überströmluft in Toiletten, Waschräumen, Garagen verwendet werden

ABL 3 → nicht als Umluft oder Überströmluft geeignet
ABL 4 → nicht als Umluft oder Überströmluft geeignet

Raumlufttechnische Anlagen

DIN EN 13 779: 2007-09

air conditioning installations

RLT-Anlage

Graphische Symbole nach DIN EN 12 792 (→ Tab. 122.1)

Tab. 455.1: Kennzeichnung der Luftarten nach DIN EN 13 779: 2005-05

Luftart	Kennzeichnung durch Kurzzeichen[1)]	Kurzzeichen[2)]	Farbe
Außenluft	AUL	ODA	grün
Fortluft	FOL	EHA	braun
Abluft	ABL	ETA	gelb
Umluft	UML	RCA	orange
Mischluft	MIL	MIA	verschiedene Farben
Zuluft	ZUL	SUP	blau
Raumluft	RAL	IDA	grau
Überströmluft	ÜBL	TRA	grau
Sekundärluft	SEL	SEC	orange

[1)] nach DIN EN 13 779: 2005-05 [2)] nach DIN EN 13 779: 2007-09

Klassifizierung der Außenluft nach DIN EN 13 779: 2007-09

AUL 1 (ODA 1) → saubere Luft, die nur zeitweise staubbelastet sein darf (z. B. Pollen);
AUL 2 (ODA 2) → Außenluft mit hoher Konzentration an Staub oder Feinstaub und/oder gasförmigen Verunreinigungen;
AUL 3 (ODA 3) → Außenluft mit sehr hoher Konzentration an gasförmigen Verunreinig. und/oder Staub oder Feinstaub;

- AUL 1 gilt, wenn die WHO-Richtlinien u. alle nationalen Normen zur Qualität der AUL eingehalten werden.
- AUL 2 gilt, wenn die WHO-Richtlinien u. Normen zur Qualität der AUL um einen Faktor bis zu 1,5 überschreiten.
- AUL 3 gilt, wenn die WHO-Richtlinien u. Normen zur Qualität der AUL um einen Faktor von mehr als 1,5 überschreiten.

Tab. 455.2: Abkürzungen für Bauelemente und Anlagen

Luftförderung, Luftbehandlung	Luftverteilung	Mess-, Steuerungs- und Regelungstechnik (MSR)	Raumlufttechnische Baueinheiten
VE Ventilator	LL Luftleitung	S Schalter	GR Gerät
LF Luftfilter	KL Klappe, allgemein	T Taster	KAZ Kammerzentrale
LH Lufterwärmer	VT Ventil, Armatur	DF Druckfühler	WE Wärmeerzeuger
LK Luftkühler	LVS Luftschieber	FF Feuchtefühler	WRG Wärmerückgewinner
LB Luftbefeuchter	LBL Luftblende	TF Temperaturfühler	AGR Außengerät
LE Luftentfeuchter	VR Volumenstromregler	MKL Klappe m. Motorantrieb	DKAZ Dachkammerzentrale
TA Tropfenabscheider	MIS Mischsteller	RG Regler	ZGR Zentralen-Gerät
SD Schalldämpfer	LD Luftdurchlass	ST Stellglied	RGR Raum-Gerät

Einteilung von RLT-Anlagen nach dem Luftsystem

Unterdruck ⊖

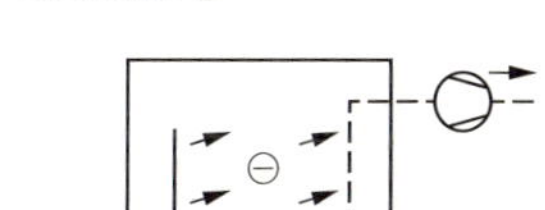

Fortluftsystem (Sauglüftung) nur zur Entlüftung; die Zuluft wird angesaugt, wenn nötig erwärmt

Überdruck ⊕

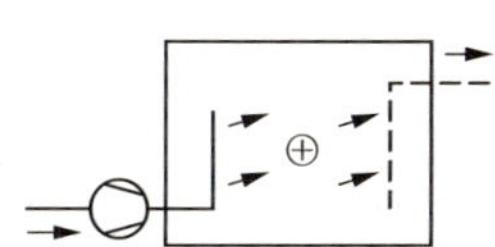

Außenluftsystem (Drucklüftung) nur Belüftung; die Raumluft (Ab- bzw. Fortluft wird hinausgedrückt)

Gleichdruck ⊜

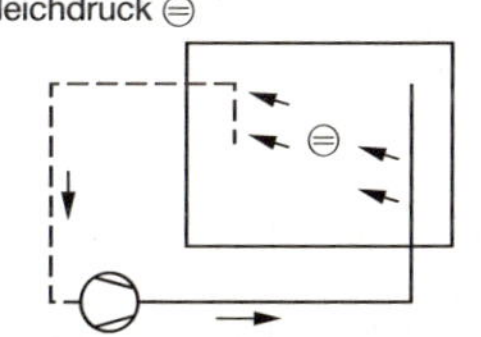

Umluftsystem (keine Lüftung); es herrscht weder Über- noch Unterdruck, z. B. bei einer Luftheizung

Überdruck ⊕

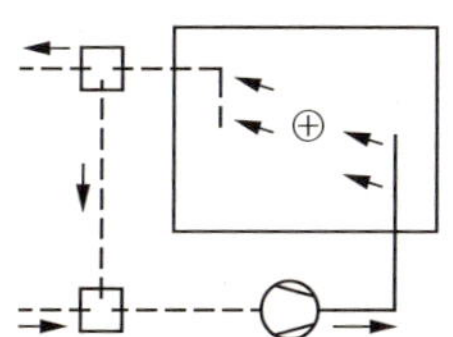

Mischluftsystem, Um- und Außenluftanteile je nach Klappenstellung, die Fortluft wird hinausgedrückt

Über-, Unter- oder Gleichdruck

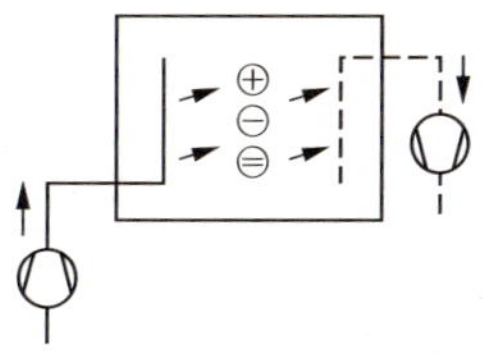

Außen- und Fortluftsystem, Be- und Entlüftung ist getrennt; $\dot{V}_{ZUL} < \dot{V}_{ABL}$ = Unterdruck oder $\dot{V}_{ZUL} > \dot{V}_{ABL}$ = Überdruck

Über-, Unter- oder Gleichdruck

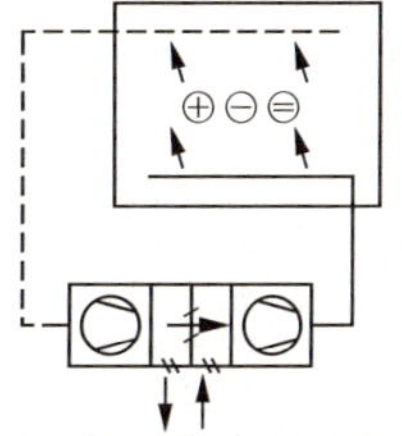

Misch- und Fortluftsystem zur Be- und Entlüftung; je nach Luftmengen Über- oder Unterdruck, Misch- oder Außenluftbetrieb

Lüftungsanlagen – Luftwechselzahlen *ventilation systems – rate of air change*

Außenluftvolumenstrom nach Luftwechselzahl

$$\dot{V}_{AUL} = \beta \cdot V_R$$

$\dot{V}_{AUL}$: Außenluftvolumenstrom in m³/h
β : Luftwechselzahl in 1/h
V_R : Volumen des zu belüftenden Raumes in m³

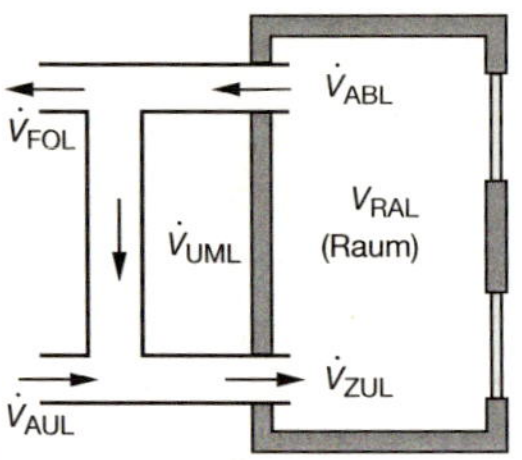

$\dot{V}_{UML}$: Umluftvolumenstrom
$\dot{V}_{FOL}$: Fortluftvolumenstrom
$\dot{V}_{ABL}$: Abluftvolumenstrom
$\dot{V}_{AUL}$: Außenluftvolumenstrom

Tab. 456.1: Empfohlene Luftwechselzahlen β

Raumart	β in 1/h	Raumart	β in 1/h
Wohnräume nach WSVO 1995	0,3 … 0,8	Hörsäle, Vortragsräume	6 … 8
Aborte in Wohnungen	2 … 4	Kinos, Theater: mit Rauchverbot	4 … 6
Aborte in Bürogebäuden	3 … 6	ohne Rauchverbot	5 … 8
Ausstellungshallen	2 … 3	Krankenhäuser:	
Büroräume	4 … 8	Krankenzimmer	3 … 5
EDV-Anlagen	30 und mehr	Operationssäle	15 … 20
Farbspritzräume	20 … 50	Wohnungsküchen	8 … 20
Gasträume, Restaurants:		Mittel- und Großküchen	15 … 20
Raucher	6 … 12	Läden, Verkaufsräume	4 … 8
Nichtraucher	4 … 8	Schulen-Klassenräume	4 … 5
Hallenbäder:		Schulen Turnhallen	2 … 3
Schwimmhallen	3 … 6	Waren- bzw. Kaufhäuser	4 … 6
Duschräume	10 … 15	Werkstätten	3 … 6
Umkleideräume	8 … 10	Versammlungsräume	5 … 10

Hinweise: Die Luftwechselzahlen sind Erfahrungswerte, sie dienen nur als Kontrollwerte für die weiteren Volumenstromermittlungen. Bei einer Mischluftanlage kann bei tieferen Temperaturen der Außenluftanteil aus Energiespargründen reduziert werden.

Außenluftvolumenstrom nach der Außenluftrate

$$\dot{V}_{AUL} = n \cdot AR$$

$\dot{V}_{AUL}$: Außenluftvolumenstrom in m³/h
n : Anzahl der Personen
AR : Mindest-Außenluftrate in m³/(h · Pers.)
(→ Tab. 457.1, 457.2 und 457.3)

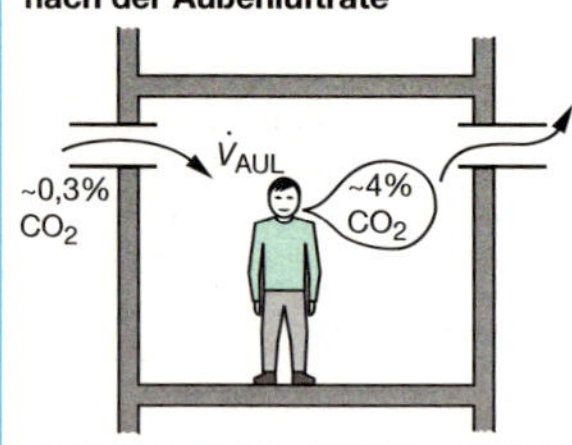

Achtung!
In Räumen mit zusätzlichen Geruchsquellen, z. B. Tabakrauch, soll AR um 20 m³/(h · Pers.) erhöht werden.

Aus Energiespargründen kann $\dot{V}_{AUL}$ bei Außentemperaturen von 26 °C bis 32 °C und von 0 °C bis –12 °C stufenweise auf minimal 50 % reduziert werden.

Schadstoffbezogener Außenluftvolumenstrom

$$\dot{V}_{AUL} = \frac{\dot{V}_{SM}}{K_I - K_A}$$

oder

$$\dot{V}_{AUL} = \frac{\dot{V}_{SM}}{AGW - K_A}$$

CO-Emission in einer Garage:

$$\dot{V}_{SM} = V_{CO} \cdot f_A \cdot n$$

$\dot{V}_{AUL}$: Außenluftvolumenstrom in m³/h
$\dot{V}_{SM}$: stündlich im Raum anfallende Schadstoffmenge in m³/h
K_I : zugelassene Schadstoffkonzentration in 10^{-6} m³/m³
AGW: Arbeitsplatzgrenzwert in ppm (1 ppm = 1 cm³/m³ = 10^{-6} m³/m³) (→ Tab. 459.1)
K_A : vorhandene Schadstoffkonzentration der Außenluft in 10^{-6} m³/m³
V_{CO} : CO-Volumenausstoß in m³/PKW (→ S. 460)
f_A : Auslastungsfaktor in 1/h
n : Anzahl der PKW-Garagenstellplätze

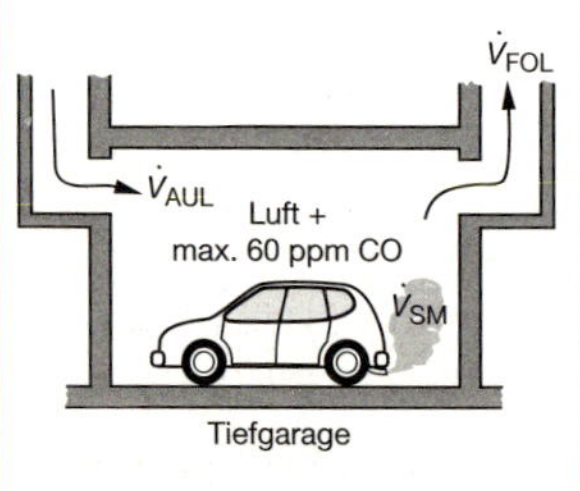

Tab. 456.2: Auslastungsfaktor f_A für Garagen

Wohnhausgaragen	f_A = 0,6 1/h
Öffentliche Parkgaragen	f_A = 0,8 … 1,5 1/h

Raumlufttechnik

Lüftungsanlagen – Luftwechselzahlen *ventilation systems – rate of air change*

Tab. 457.1: Personenbezogene Mindest-Außenluftrate *AR*

Raumart	Beispiel	*AR* in $m^3/(h \cdot Pers.)$	*AR* in $m^3/(h \cdot m^2)$
Arbeitsräume	Einzelbüro Großraumbüro	40 60	4 6
Versammlungs-räume	Konzertsaal, Theater, Konferenzraum	20	12 … 20
Wohnräume	Hotelzimmer Ruhe- und Pausenraum	30[1] 30	–[1] –
Unterrichtsräume	Lesesaal Klassen- u. Seminarraum, Hörsaal	20 30	12 15
Räume mit Publikumsverkehr	Verkaufsraum Gaststätte	20 30	4 … 12 8
Sportstätten	Turn- und Sporthalle mit Zuschauern	20	–
Sonstige Räume	Schutzraum, EDV-Raum	–[2]	–[2]

[1] siehe auch Tab. 463.2
[2] Im Einzelfall nach Funktion und Auflage gesondert ermitteln.

Tab. 457.2: Außenluftrate *AR* nach der Raumluftqualität (RAL) in $m^3/(h \cdot Pers.)$
Standardwerte nach DIN EN 13 779: 2007-11

Kategorie[1]	RAL 1	RAL 2	RAL 3	RAL 4
Nicht-raucher-zone	72	45	29	18
Raucher-zone	144	90	58	36
CO_2-Kon-zentration in ppm[2]	< 350	< 500	< 800	< 1200

[1] Klassifizierung der Raumluftqualität (RAL) nach DIN EN 13 779: 2007-11: 1 (hohe), 2 (mittlere), 3 (mäßige), 4 (niedrige) Raumluftqualität
[2] Erhöhung der CO_2-Konzentration gegenüber der Außenluft-CO_2-Konzentration

Tab. 457.3: Außenluftrate *AR* nach den Arbeitsstättenrichtlinien

Art der Tätigkeit	*AR* in $m^3/(h \cdot Pers.)$			Räume oder Arbeitsstätten
	normal	zusätzliche Belastung[1]	starke Geruchs-belästigung[2]	
statische Tätigkeit im Sitzen	20 … 40	30 … 40	40	z. B. Büros, Kinos, Messehallen, Lager, Verkaufsräume
Sehr leichte körperliche Tätigkeit im Stehen oder Sitzen	40 … 60	50 … 60	60	z. B. Gaststätten, Großraum-büros, Gerätemontagehallen, Werkstätten
Leichte körperliche, handwerkliche Tätigkeit	50 … 65	60 … 65	70	z. B. Werkstätten, Montage-hallen, Schweißereien
Mittelschwere bis schwere hand-werkliche Tätigkeit	> 65	> 75	> 85	Heiße und staubige Betriebs-stätten, z. B. Gießereien

Anmerkungen: [1] Gerüche, Tabakrauch, zusätzliche Wärmebelastung
[2] intensive Gerüche, gesundheitsschädigende Gase oder Dämpfe (AGW-Werte)

Tab. 457.4: Außenluftrate *AR* in Verkaufsstätten nach VDI 2082: 1988-12

Raumart	Besetzung	ohne Geruchsver-schlechterung *AR* in		mit Geruchsver-schlechterung[3] *AR* in	
	in $Pers./m^2$	$m^3/(h \cdot Pers.)$	$m^3/(h \cdot m^2)$	$m^3/(h \cdot Pers.)$	$m^3/(h \cdot m^2)$
Verkaufsräume[1]	0,1 bis 0,15[2]	bis 40	6	bis 60	9
Verkaufsräume mit geringer Besetzung (z. B. Möbelhäuser)[1]	0,05	bis 15	2	–	–
Dienstleistungsräume mit Publikumsverkehr[1]	nach Personenzahl	30	6	45	12
Personal-Aufenthaltsräume[1]	nach Personenzahl	30	–	40	–
Personal-Umkleideräume	–	–	–	–	18
Lebensmittelverarbeitungs- und -vorbereitungsräume	nach Personenzahl	–	–	45	12
Werkstätten und Ateliers[1]	nach Personenzahl	30	6	45	12
Lager ohne Kühleinrichtung	nach Personenzahl	30	3	45	9

[1] Bei Außenlufttemperaturen ϑ_a über 26 °C bis 32 °C und unter 0 °C bis –12 °C kann der Volumenstrom linear bis auf 50 % vermindert werden, ebenso in verkaufsschwachen Zeiten.
[2] 0,15 $Pers./m^2$ entspricht dem Arbeitsstätten-Richtlinienwert von 40 $m^3/(h \cdot Pers.)$
[3] nicht in normalen Verkaufsräumen: Ausnahmen z. B. Grillstation, Frischfisch-Abteilung

Lüftungsanlagen – Luftwechselzahlen *ventilation systems – rate of air change*

Außenluftrate bei Hallenbädern

$$AR = \frac{\sigma\,(x_s - x_r)}{\varrho_s\,(x_r - x_a)}$$

$$\dot{V}_{AUL} = A \cdot AR$$

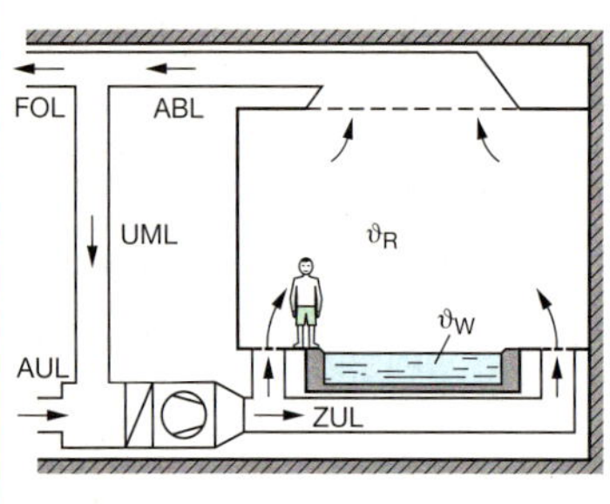

AR : Außenluftrate	in $m^3/(h \cdot m^2)$
σ : Verdunstungszahl (→ Tab. 458.1)	in $kg/(h \cdot m^2)$
x_r : zulässiger Wassergehalt der Raumluft ($\varphi \approx 60\,\%$) (→ S. 453)	in g/kg
ϱ_s : Dichte der feuchten Raumluft	in kg/m^3
x_a : Wassergehalt der Außenluft (siehe Bedingungen)	in g/kg
x_s : absolute Luftfeuchtigkeit gesättigter Raumluft (Luftwerte → Tab. 452.3)	in g/kg
$\dot{V}_{AUL}$: Außenluftvolumenstrom	in m^3/h
A : Wasseroberfläche	in m^2

Bedingungen:	
Raumlufttemperatur:	ϑ_R = 28 bis 30 °C
Wassertemperatur:	ϑ_W = 2 bis 3 K tiefer als ϑ_R
angenommener Wassergehalt der Außenluft:	Sommer φ = 50 bis 60 % → $x_a \approx 5 - 9$ g/kg Winter φ = 60 bis 70 % → $x_a \approx 2 - 4$ g/kg

Tab. 458.1: Außenluftrate *AR* zur Entfeuchtung von Hallenbädern

Schwimmbadtyp	Verdunstungszahl σ in $kg/(h \cdot m^2)$	Außenluftrate *AR* in $m^3/(h \cdot m^2)$ [1]		
		errechnete Werte (nach o. g. Bedingungen) im Sommer	im Winter	Werte nach VDI 2089: 1978-12 [3]
Privatschwimmbad	10	15	6,6 [2]	30 – 40
Öffentliches Hallenbad	20	31	13	65 – 70
Wellenbad	30	46	20	80 – 85

[1] Als Grundfläche ist die Wasseroberfläche *A* in m^2 einzusetzen.
[2] Aus Gründen der Geruchsfreiheit ist $AR_{min} = 10\ m^3/(h \cdot m^2)$ anzusetzen.
[3] Nach VDI 2089 ergeben sich höhere Werte, die jedoch erfahrungsgemäß zu hoch sind.

Tab. 458.2: Richtwerte zur Lufterneuerung für gewerbliche Küchen VDI 2052: 1984-03

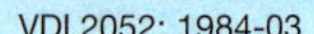

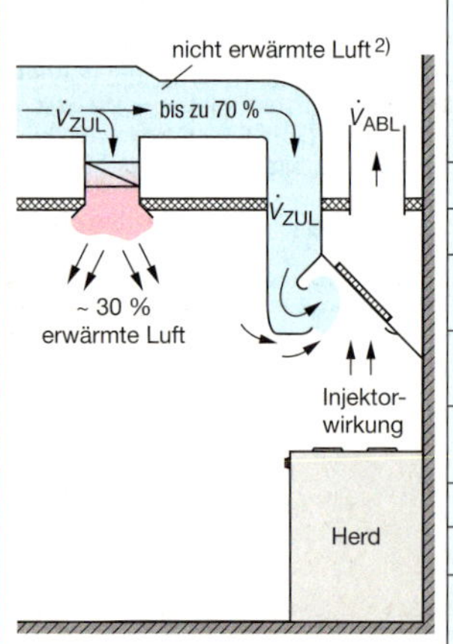

Küchenart	Lufterneuerungswerte in $m^3/(h \cdot m^2)$ [1]: Im gesamten Bereich	Bei räumlich getrennten Küchenbereichen: Koch- u. Garbereich	Brat-, Grill-, Backbereich	Spülbereich	Nebenräume
Imbissstube	80	–	120	–	–
Gaststätte, Cafeteria	60	105	120	120	45
Kantine, Kasino, Mensa	90	105	120	120	45
Krankenhaus-Hauptküche	90	105	120	150	45
Krankenhaus-Verteilerküche	90	–	–	–	–
Altenheimküche	60	105	120	120	45
Aufbereitungsküche	80	105	120	120	60
Fern-, Froster-Küche, Bord-, Zentraldienst-Küche	90	120	120	–	60

[1] Die Luftwechselzahl β in 1/h erhält man, indem man die Tabellenwerte durch die Raumhöhe teilt, z. B.: Gaststätte, Raumhöhe h = 3 m, Luftwechselzahl $\beta = 60\ m^3/(h \cdot m^2) : 3\ m = 20\ 1/h$.
[2] Zur Reduzierung der Heizkosten kann der größte Teil der Zuluft über einen Schlitz am Haubenrand zugeführt werden, nur ein kleiner Zuluftstrom muss erwärmt werden (→ Skizze).

Lüftungsanlagen – Luftwechselzahlen *ventilation systems – rate of air change*

Tab. 459.1: Arbeitsplatzgrenzwerte (AGW) für bestimmte Gefahrenstoffe TRGS 900: 2006-11

Stoff	Chemische Formel	AGW-Werte ml/m³ (ppm)	AGW-Werte mg/m³	Gefahrensymbol[2]	Gefährlichkeit[4]
Aceton	C_3H_6O	500	1200	F	–
Acrylnitril[1]	**C_3H_3N**	**3**	**7**	**F, T**	**IIIA2[3], H**
Ammoniak	NH_3	20	14	T	Y
Asbestfasern[1]	**–**	**–**	**2**	**a**	**IIIA1[3]**
Benzol[1]	**C_6H_6**	**1**	**3,2**	**F, T**	**IIIA1[3], H**
Blei u. Bleiverbindungen	Pb	–	0,1 E	–	Z
Brom	Br	–	0,7	–	–
Butan	C_4H_{10}	1000	2400	F	–
Buchen-, Eichenholz[1]	staubfein	**–**	**2 E**	**–**	**IIIA1[3]**
Cadmium u. Cd-Verb.[1]	**Cd**	**–**	**0,015 E**	**T**	**IIIA2[3]**
Chlor	Cl_2	0,5	1,5	T	Y
Cyclohexanon	$C_6H_{10}O$	20	80	F	H, Y
Ethanol	C_2H_6O	500	960	F	Y
Formaldehyd	HCHO	0,5	0,62	T	Y, H
Hydrazin[1]	**N_2H_4**	**0,1**	**0,13**	**T**	IIIA2[3], H, Sa
Kohlenstoffdioxid	CO_2	5000	9000	–	–
Kohlenstoffmonoxid	CO	30	35	F, T	Z
Nickeloxid[1]	**NiO**	**–**	**0,5 E**	**–**	**IIIA1[3], Sh**
Nikotin	$C_{10}H_{14}N_2$	–	0,5	T	H
Ozon	O_3	0,1	0,2	–	–
Phenol	C_6H_6O	2	7,8	T	H
Polychlor. Biphenyle	**(PCB)**	**0,05**	**0,5**	**T**	**IIIB[3], H, Z**
anorg. Quecksilberverb.	Hg-Verb.	–	0,1 E	T	H, Sh
Schwefeldioxid	SO_2	0,5	1,3	T	Y
Schwefelsäure	H_2SO_4	–	0,1 E	C	Y
Terpentinöl	–	100	560	Xn	Sh
Tetrachlorethylen (Per)	C_2Cl_4	50	345	Xn	IIIB, H
Trichlorethylen (Tri)	C_2HCl_3	50	270	Xn	IIIB, H
Vinylchlorid[1]	**C_2H_3Cl**	**2**	**5**	**F, T**	**IIIA1[3], H**
Wasserstoffperoxid	H_2O_2	1	1,4	O, C	Sh

[1] frühere **TRK**-Werte für krebserregende Stoffe; die Einhaltung wird von den Berufsgenossenschaften weiterhin empfohlen

[2] Bedeutung der Kennbuchstaben für das Gefahrensymbol nach **TRK**.

[3] Gefährlichkeit nach der **TRK-Einstufung** (ältere Wertigkeit):
- **IIIA1:** wirken beim Menschen krebserregend
- **IIIA2:** wirken beim Tierversuch krebserregend
- **IIIB:** Begründeter Verdacht auf krebserzeugende Wirkung beim Menschen.
- **A:** Risiko der Fruchtschädigung ist ist sicher nachgewiesen.
- **D:** Fruchtschädigung ist noch nicht sicher beweisbar.

[4] **Abkürzungen nach neuer TRGS 900:**
- **A:** alveolengängige Fraktion
- **E:** einatembare Fraktion
- **Y:** Risiko der Fruchtschädigung braucht bei Einhaltung des **AGW**-Wertes nicht befürchtet werden.
- **Z:** Risiko der Fruchtschädigung kann auch bei Einhaltung des **AGW**-Wertes nicht ausgeschlossen werden.
- **H:** Hautresorption; diese Stoffe können leicht durch die Haut in die Blutbahn gelangen.
- **Sa:** atemwegssensibilisierende Stoffe (Allergische Erscheinungen können auch bei Einhaltung des **AGW**-Wertes auftreten)
- **Sh:** Hautsensibilisierende Stoffe

TRGS: Technische Regeln für Gefahrenstoffe

AGW: Nach der Gefahrenstoffverordnung (GefStoffV) ist der Arbeitsplatzgrenzwert (AGW) der Grenzwert für die zeitlich gewichtete durchschnittliche Konzentration eines Stoffes in der Luft am Arbeitsplatz in Bezug auf einen gegebenen Zeitraum bei dem akute oder chronische schädliche Auswirkungen auf die Gesundheit im Allgemeinen nicht zu erwarten sind. AGW-Werte sind Schichtmittelwerte bei in der Regel täglich achtstündiger Arbeitszeit an 5 Tagen pro Woche.

Beachte: Die bisherigen **T**echnische **R**icht**k**onzentration (**TRK**) sowie die technisch begründeten **M**aximale **A**rbeitsplatz-Luft**k**onzentrationen (**MAK**) wurden aus den technischen Regeln gestrichen.

Tab. 459.2: Richtwerte für Schadstoffemissionen von Kraftfahrzeugen VDI 2053-1: 1995-08

Fahrzeug	Betriebsart	Spezif. Verbrauch $\dot{q}$ in l/(h · PKW)	Spezif. Abgasvolumen $\dot{V}$ in m³/(h · PKW)	CO-Gehalt in Vol.-%	Spezif. CO-Volumen $\dot{V}_{CO}$ in m³/(h · PKW)
PKW (Otto- oder Dieselmotor)	Leerlauf bei kaltem Motor	1,34	11,0	5,0	0,55
	Leerlauf bei warmem Motor	1,24	10,5	4,5	0,47
	stockende Fahrt ($v \approx 10$ km/h)	2,16	17,5	2,9	0,60
	freie Fahrt in der Ebene	4,74	38,4	2,7	1,04
	freie Fahrt bei 4 % Steigung	5,70	30,4	3,2	1,20

K_I: Maximal zulässige CO-Konzentrationen nach der Garagenverordnung der Bundesländer:

$$K_{I\,CO} = 100 \text{ ppm} = 100 \cdot 10^{-6} \text{ m}^3 \text{ CO/m}^3 \text{ Luft}$$

K_A: Vorhandene Schadstoffkonzentration der Außenluft:
- $K_{A\,CO}$ = ca. 30 · 10^{-6} m³CO/m³ Luft an Straßen mit starkem Verkehr
- $K_{A\,CO}$ = 10 bis 20 · 10^{-6} m³CO/m³ Luft an Straßen mit durchschnittlichem Verkehr
- $K_{A\,CO}$ = 0 bis 5 · 10^{-6} m³CO/m³ Luft in Wohngebieten

Lüftungsanlagen – Luftwechselzahlen *ventilation systems – rate of air change*

CO-Schadstoffvolumenstrom pro PKW

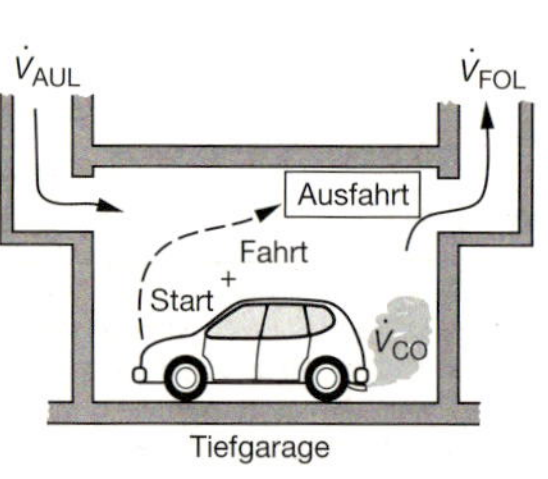

$$V_{CO} = V_{COS} + V_{COF}$$

Startphase:

$$V_{COS} = \dot{v}_{CO} \cdot t_S$$

Startzeit: $t_S \approx 20\ s = 0{,}0055\ h$

Fahrt in der Garage:

$$V_{COF} = \dot{v}_{CO} \cdot t_F$$

Fahrtzeit:

$$t_F = \frac{s}{10\ km/h}$$

V_{CO}	: CO-Volumenausstoß	in m^3/PKW
V_{COS}	: CO-Volumenausstoß in der Startphase	in m^3/PKW
t_S	: Startzeit des PKW	in h
$\dot{v}_{CO}$	: spezifischer CO-Volumenausstoß (→ Tab. 459.2)	in m^3/(h · PKW)
V_{COF}	: CO-Volumenausstoß bei stockender Fahrt ($v \approx 10$ km/h)	in m^3/PKW
t_F	: Fahrtzeit	in h
s	: mittlerer Fahrweg in der Garage	in km

Freie Lüftungssysteme (ohne Ventilator) *free ventilation systems (without fan)*

Einteilung der freien Lüftung DIN 1946-1: 1988-10

Arten:	Weitere Einflussgrößen:
• Außenhautlüftung (Fugen- oder Fensterlüftung) • Schachtlüftung (DIN 18017-1) • Dachaufsatzlüftung	einseitige oder zweiseitige Querlüftung Einzel- oder Sammelschachtlüftung mit konstantem oder veränderlichem Strömungsquerschnitt

Die Ausgleichsströmung erfolgt durch Fugen oder festgelegte Öffnungen.

Druckdifferenz bei freier Lüftung

Horizontale Druckverteilung:

Winddruck:

$$\Delta p = 4/3 \cdot p_{Stau}$$

$$p_{Stau} = \varrho_a/2 \cdot v^2$$

Δp	: Druckdifferenz	in Pa
p_{Stau}	: Winddruck	in Pa (N/m^2)
ϱ_a	: Dichte der Außenluft (→ Tab. 452.3)	in kg/m^3
v	: Windgeschwindigkeit (→ Tab. 460.1)	in m/s

Vertikale Druckverteilung:

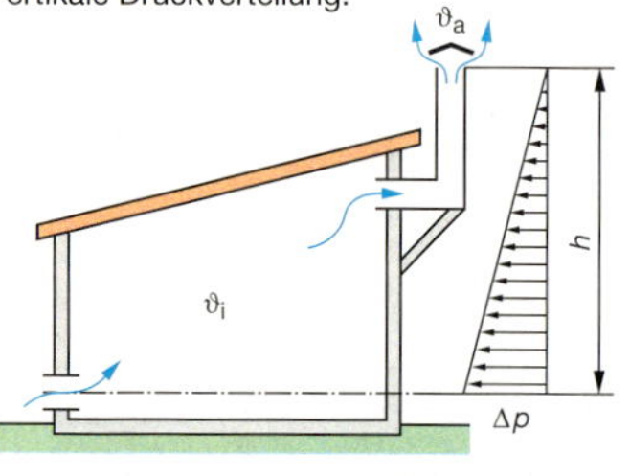

Auftriebsdruck:

$$\Delta p = \Delta\varrho \cdot g \cdot h$$

$$\Delta\varrho = \varrho_a - \varrho_i$$

Δp	: Druckdifferenz	in Pa
$\Delta\varrho$	: Dichteunterschied der Luft	in kg/m^3
ϱ_i	: Dichte der Schachtluft	in kg/m^3
ϱ_a	: Dichte der Außenluft	in kg/m^3
g	: Fallbeschleunigung	in m/s^2
h	: wirksame Höhe	in m

Tab. 460.1: Windgeschwindigkeiten *v* (Beaufort-Skala)

Windstärke	Bezeichnung	Windwirkung	*v* in m/s[1)] von	bis	Windstärke	Bezeichnung	Windwirkung	*v* in m/s[1)] von	bis
0	still	Rauch senkrecht	0	0,2	7	heftig	Baumbewegung	13,9	17,1
1	leise	Rauch schräg	0,3	1,5	8	fast Sturm	Stämme biegen	17,2	20,7
2	leicht	eben fühlbar	1,6	3,3	9	Sturm	Ziegel fallen	20,8	24,4
3	schwach	Blattbewegung	3,4	5,4	10	starker Sturm	Bäume brechen	24,5	28,4
4	mäßig	Zweigbewegung	5,5	7,9	11	schwerer Sturm	Dächer „fliegen“	28,5	32, 6
5	frisch	Astbewegung	8,0	10,7	12	Orkan	Mauern stürzen	32,7	36,9
6	stark	Heulen	10,8	13,8	> 12	starker Orkan	Totalschäden	> 37[2)]	

1) Zur Winddruckberechnung p_{Stau}

2) Windstärke 13–17 (Tropenstürme bis 80 m/s)

Raumlufttechnik

Freie Lüftungssysteme (ohne Ventilator) *free ventilation systems (without fan)*

Diagr. 461.1: Spezif. Luftdurchlässigkeit $\dot{v}$ durch Fenster und Außentüren nach DIN EN 12 207

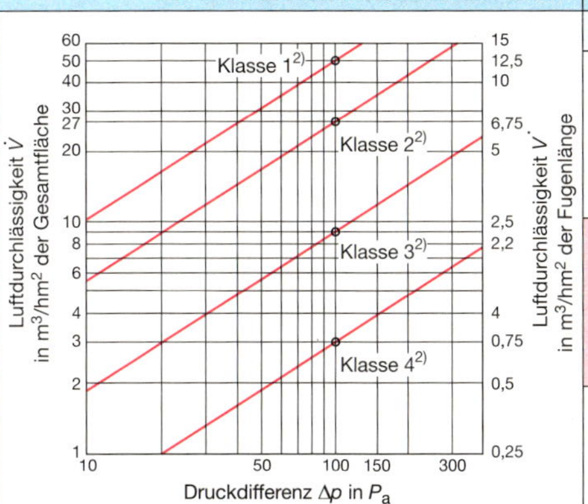

²⁾ Dichtheitsklassen 1 bis 4

Tab. 461.1: Ungefähre Luftwechselzahlen β[1] bei Fensterlüftung

Art der Fensterlüftung	β in 1/h
Fenster, Türen geschlossen	0 … 0,5
Fenster gekippt, Rollladen geschlossen	0,3 … 1,5
Fenster gekippt, Rollladen offen (Dauerlüftung)	0,8 … 4
Fenster halb geöffnet	5 … 10
Fenster ganz geöffnet (Stoßlüftung)	9 … 15
Fenster und Türen geöffnet, gegenüberliegend	25 … 40

Achtung: Der notwendige Luftwechsel in Wohnräumen sollte im Winter 0,3 … 0,8 1/h betragen. Neue, dichte Fenster nach DIN EN 12 207 erreichen je nach Klassifizierung 1 – 4 β = 0,01 – 0,1 $^1/_h$ bei Δp = 10 Pa, so dass die Fugenlüftung nicht ausreicht. Die Gefahr der Schadstoffanreicherung im Raum besteht.

¹⁾ Luftwechselzahlen schwanken durch die Einflussgrößen: Windgeschwindigkeit, Fugendichtheit, Fugenlänge, Fenstergröße, Rollladenausführung, Lage des Raumes usw.

Tab. 461.2: Auftriebsdruck in Lüftungsschächten $\Delta\varrho \cdot g$ in Pa/m senkrechte Schachthöhe (g = 9,81 m/s²)

Außentemperatur ϑ_a in °C	Temperatur im Schachtinneren ϑ_i (≈ Raumtemperatur) in °C											
	2	4	6	8	10	12	14	16	18	20	22	24
+15	–	–	–	–	–	–	–	0,039	0,128	0,206	0,248	0,363
+10	–	–	–	–	–	0,088	0,177	0,255	0,343	0,422	0,500	0,579
+5	–	–	0,049	0,138	0,216	0,304	0,392	0,471	0,559	0,638	0,716	0,795
0	0,088	0,177	0,275	0,363	0,441	0,530	0,618	0,697	0,785	0,863	0,942	1,020
–5	0,324	0,412	0,510	0,596	0,677	0,765	0,853	0,932	1,020	1,099	1,177	1,256
–10	0,569	0,657	0,755	0,844	0,922	1,020	1,099	1,177	1,265	1,344	1,422	1,501
–15	0.824	0,912	1,010	1,099	1,177	1,265	1,354	1,432	1,521	1,599	1,678	1,756

Schachtlüftung

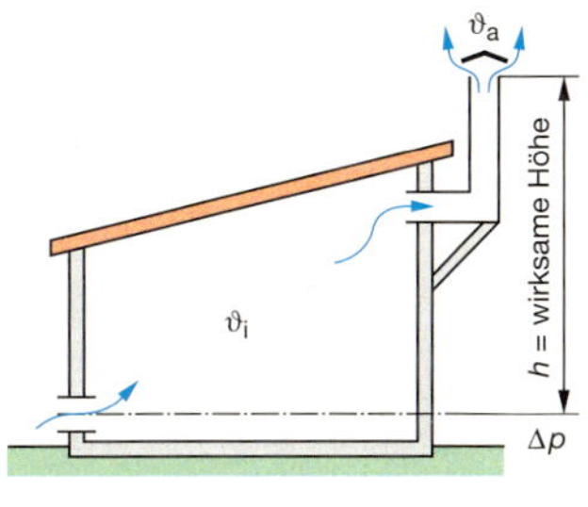

Diagr. 461.2: Auftriebsgeschwindigkeit v bei $\Delta\vartheta$ = 1 K[1]

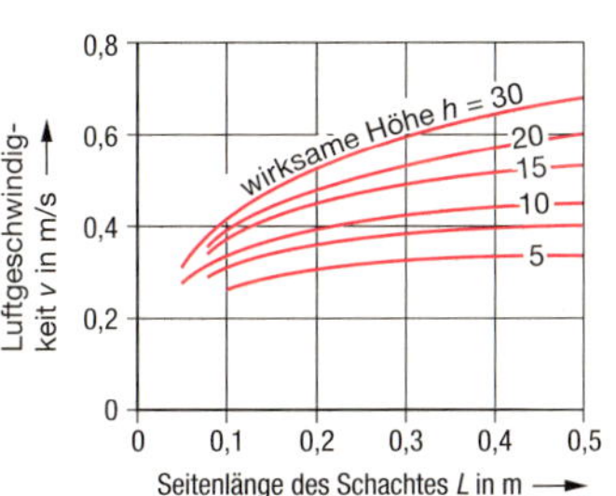

Gilt für quadratischen Schachtquerschnitt!

¹⁾ Bei anderen Temperaturdifferenzen ist mit $\sqrt{\Delta\vartheta}$ zu multiplizieren ($\Delta\vartheta = \vartheta_i - \vartheta_a$)

Dachaufsatzlüftung

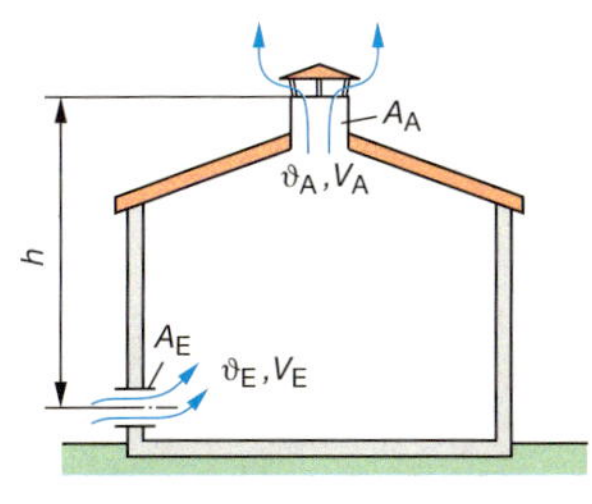

Diagr. 461.3: Austrittsgeschwindigkeit v_A bei der Dachaufsatzlüftung

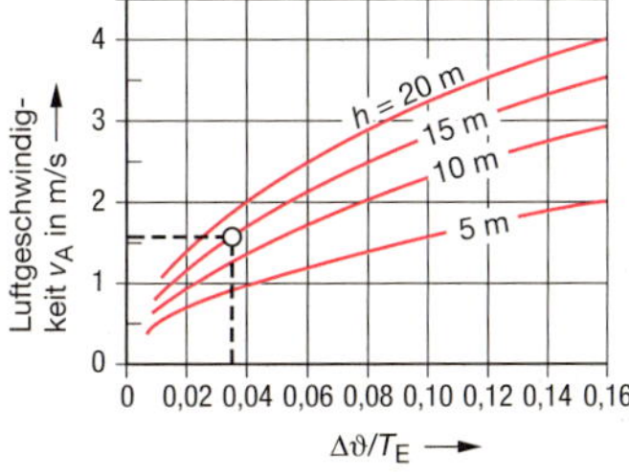

Beispiel:

Geg.:
Maschinenhalle h = 15 m
ϑ_E = 20 °C (T_E = 293 K)
ϑ_A = 30 °C

Ges.:
v_A in m/s

Lös.:
$\Delta\vartheta = \vartheta_A - \vartheta_E$
$\Delta\vartheta$ = 30 – 20 = 10 K
$\Delta\vartheta/T_E$ = 10/293 = 0,034
→ $\boldsymbol{v_A}$ **= 1,6 m/s**

Bedingung: Eintrittsquerschnitt A_E = Austrittsquerschnitt A_A

Luftheizungsanlagen *warm air heating systems*

Wärmeleistung im Winter

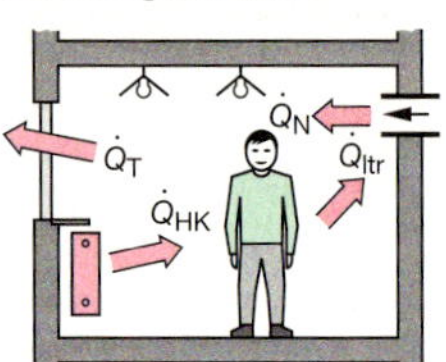

$$\dot{Q}_N = \dot{Q}_T - \dot{Q}_{HK} - \dot{Q}_{ltr}$$

(ohne Lüftungsanteil)

$\dot{Q}_N$	: Gesamtwärmeleistung	in W
$\dot{Q}_T$	: Transmissionswärmebedarf nach DIN EN 12 831	in W
$\dot{Q}_{HK}$	: Wärmeleistung der Heizkörper (Zusatzheizung)	in W
$\dot{Q}_{ltr}$	: innere trockene Wärmeleistung (S. 467)	in W

Zuluftstrom im Heizungsbetrieb
(Umluftbetrieb)

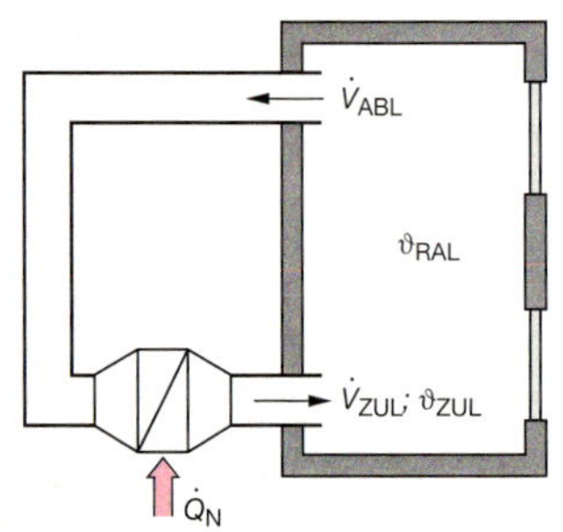

$$\dot{V}_{ZUL} = \frac{\dot{Q}_N}{C_P\,(\vartheta_{ZUL} - \vartheta_{RAL})}$$

$\dot{V}_{ZUL}$	: Zuluftvolumenstrom	in m³/h
$\dot{Q}_N$	: Gesamtwärmeleistung	in W
C_P	: spez. Wärmekapazität der Luft (Luft: $C_P \approx 0{,}34$ Wh/(m³ · K)) (genaue Werte → Tab. 452.3)	in Wh/(m³ · K)
ϑ_{ZUL}	: Zulufttemperatur (Registeraustrittstemp.)	in °C
ϑ_{RAL}	: Raumlufttemperatur	in °C

Tab. 462.1: Zulässige Zuluftübertemperaturen $\Delta\vartheta_ü = \vartheta_{ZUL} - \vartheta_{RAL}$

Art der Anlagen	$\Delta\vartheta_ü$ in K
Komfortanlagen	8 … 12
gewerbliche Anlagen	10 … 20
Industrieanlagen	15 … 25

$\Delta\vartheta_ü$ ist abhängig von: Luftdurch-durchlass, Lüftungsanteil, Luftführung, Raumhöhe, Volumenstrom, Aufenthaltsbereich, Regelung usw.

Luftführungsarten in Räumen

Die Wirksamkeit einer Lüftung wird auch gemessen an der Fähigkeit verbrauchte Raumluft in der Aufenthaltszone durch frische Außenluft zu ersetzen und Schadstoffe abzuführen, dies hängt wesentlich von der Art der Luftführung in den Räumen ab:

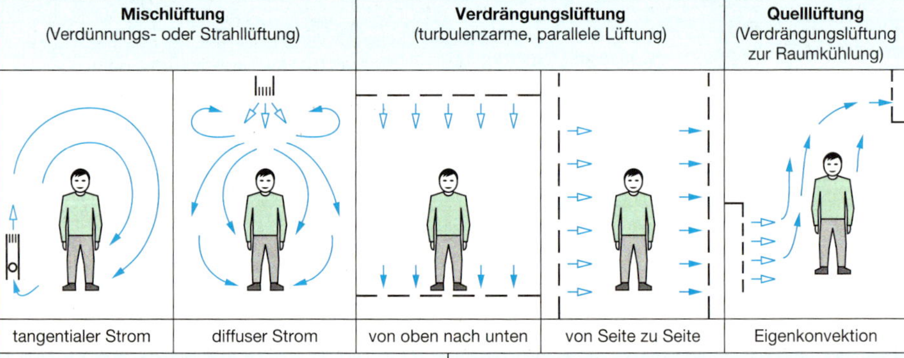

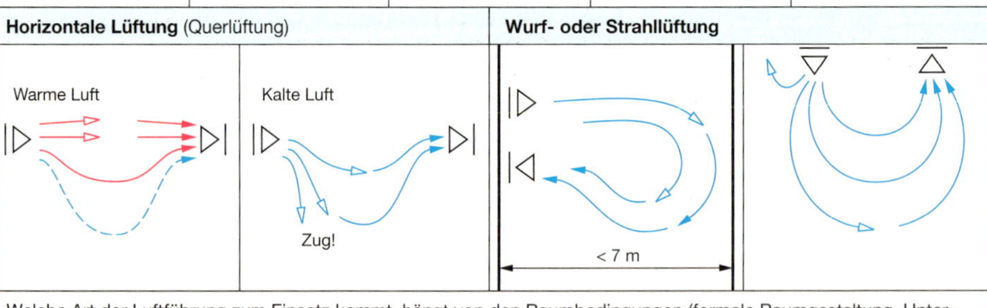

Welche Art der Luftführung zum Einsatz kommt, hängt von den Raumbedingungen (formale Raumgestaltung, Unterhängdecken, Platz für Kanäle, Luftauslässe usw.) ab, vor allem auch davon, welche Temperaturverhältnisse vorwiegend auftreten (Heizung oder Kühlung, zulässige Temperaturdifferenzen).

Lüftung von Wohnungen *ventilation of accomodations*

Aufgaben der Wohnungslüftung

Die Lüftung einer Wohnung soll eine ausreichende Innenraum-Luftqualität für den Menschen sicherstellen. Luftbelastungen speziell in Wohnungen entstehen durch:

- menschliche Stoffwechselprodukte (Wasserdampf, CO_2-Emissionen, Körpergeruchsstoffe),
- Wasserdampf und Geruchsstoffe aus haushaltsüblichen Tätigkeiten (Kochen) und Zimmerpflanzen,
- Haushaltsprodukte (Reinigungsmittel, Kosmetika),
- Einrichtungsgegenstände (Möbel, Teppiche, Teppichböden, Gardinen, ...),
- Staubentwicklung und mikrobiologische Belastungen (Keime, Pilzsporen, Milben, ...) aus Textilien und von Haustieren und Pflanzen,
- Baumaterialien, Holzschutzmittel, Lacke, Kleber, Hobbyprodukte,
- Verbrennungsprodukte durch innere Feuerstellen (Gasherde, offene Kamine, Öfen, ...) und durch Rauchen,
- Radonbelastung durch natürliche Radioaktivität (→ S. 465/466).

Einfluss der CO_2-Konzentration auf die Luftqualität

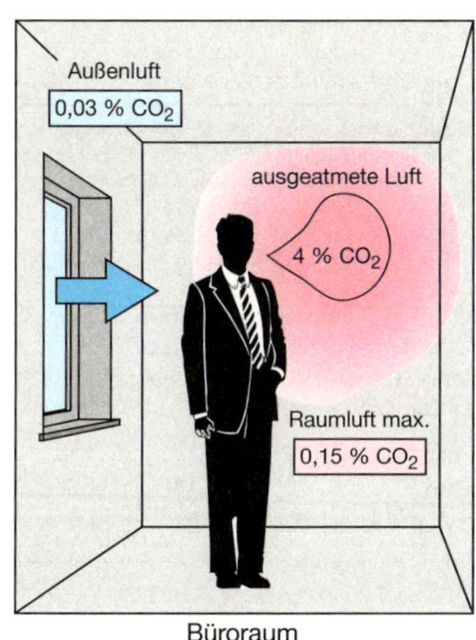

Büroraum

Diagr. 463.1: Erforderliche Frischluftrate $\dot{V}_{AU}$ nach Pettenkofer

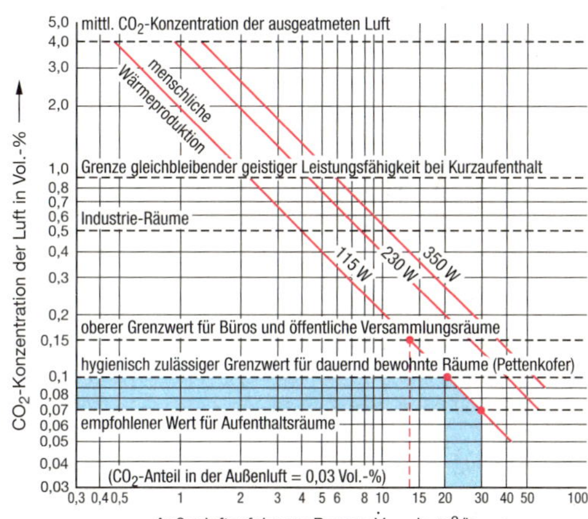

Beispiel: Bürotätigkeit bei Aktivitätsstufe I: $\dot{Q}_{ab} \approx 115$ W
$\dot{V}_{AUL}$ = 30 m³/(h · Pers.) empfohlener Wert
$\dot{V}_{AUL}$ = 20 m³/(h · Pers.) zulässiger Wert
$\dot{V}_{AUL}$ = 13 m³/(h · Pers.) oberer Wert

Tab. 463.1: Durchschnittliche Feuchtigkeitsabgabe $\dot{m}_D$ verschiedener Emittenten in Wohnungen

Emittent	$\dot{m}_D$ in g/h	Emittent	$\dot{m}_D$ in g/h
Topfpflanzen	15	Spülmaschine	220
Gummibaum	25	Waschmaschine	350
Mensch, schlafend	40	Kochen	900
Mensch, arbeitend	180	Wannenbad	1100
Wäschetrocknung-4,5 kg	220	Duschbad	1700

Mittelwert aller Wasserdampf-Emittenten bezogen auf eine Person $\dot{m}_D \approx$ **140 g/h**

Richtwerte für Wohnräume:

Raumlufttemperatur: ϑ **= 18 – 26 °C**
relative Luftfeuchtigkeit: φ **= 30 – 60 %**

Tab. 463.2: Planmäßige Außenluftvolumenströme für die drei Wohnungsgruppen — DIN 1946-6: 1998-10

Wohnungsgruppe	Wohnungsgröße[1] A in m²	Geplante Belegung n in Personen	Planmäßige Außenluftvolumenströme $\dot{V}_{AUL}$ mit zugehörigem Luftwechsel[2] β – freie Lüftung[3]: $\dot{V}_{AUL}$ in m³/h	freie Lüftung: β in 1/h	maschinelle Lüftung[4]: $\dot{V}_{AUL}$ in m³/h	maschinelle Lüftung: β in 1/h
I	≤ 50	bis 2	60	≥ 0,45	60	≤ 0,45
II	> 50 ≤ 80	bis 4	90	≤ 0,70 > 0,45	120	≤ 0,90 > 0,60
III	> 80	bis 6	120	≤ 0,60	180	≤ 0,85

Ohne Berücksichtigung fensterloser Räume

[1] Wohnfläche innerhalb der Gebäudehülle;
[2] Ermittelt aus den Volumenströmen und der Wohnungsgröße für eine Raumhöhe von 2,5 bis 2,6 m;
[3] Entspricht der Grundlüftung bei maschineller Lüftung;
[4] Luftvolumenströme bei Bedarfslüftung;
Grundlüftung: bauphysikalisch bedingter Luftwechsel, **Bedarfslüftung:** hygienisch bedingter Luftwechsel

Lüftung von Wohnungen *ventilation of accomodations*

Tab. 464.1: Planmäßige Abluftvolumenströme $\dot{V}_{ABL}$ für fensterlose Räume DIN 1946-6: 1998-10

Raum	$\dot{V}_{ABL}$ in m³/h bei Betriebsdauer ≥12 h	beliebig
Küche – ständige Lüftung	40	60
Küche – Intensivlüftung	200	200
Kochnische	40	60
Baderaum (auch mit WC)[1]	40	60
WC-Raum[1]	20	30

- Überström-Luftdurchlass $A_{mind.}$ = 150 cm²
- Angenommener Druckunterschied in windschwacher Gegend Δp = 4 Pa und in windstarker Gegend Δp = 8 Pa (→ DIN 4701)
- Bei maschineller Be- und Entlüftung darf $\dot{V}_{ABL}$ maximal 10 % größer als $\dot{V}_{AUL}$ sein.

1) Werte entsprechen auch der DIN 18017

Freie Lüftung

Tab. 464.2: Außenluftvolumenströme $\dot{V}_{ALD}$ für die Bemessung von Außenwand-Luftdurchlässen (berechnet nach DIN 1946-6: 1998-10)

Wohnungsgruppe (→ Tab. 463.2)	Querlüftung (Grundlüftung) $\dot{V}_{QALD}$ in m³/h	Schachtlüftung (Grundlüftung) $\dot{V}_{SALD}$ in m³/h	Maschinelle Lüftung (Grundlüftung) $\dot{V}_{MALD}$ in m³/h	Maschinelle Lüftung (Bedarfslüftung) $\dot{V}_{MALD}$ in m³/h
I	≥ 90	≥ 29	≥ 16	≥ 16
II	>132 … ≤ 150	> 40 … ≤ 59	> 20 … ≤ 46	> 50 … ≤ 76
III	< 192	< 70	< 50	< 110

- $\dot{V}_{AUL}$ (→ Tab. 463.2)
- angenommene Raumhöhe h = 2,5 m
- Fugendurchlasskoeffizient der Fenster a_F < 0,3 m³/(h · m · Pa$^{2/3}$)
- Natürliche Luftwechselzahlen:

Querlüftung β_Q = 0,12 1/h
Schachtlüftung β_S = 0,25 1/h
Masch. Lüftung β_M = 0,35 1/h

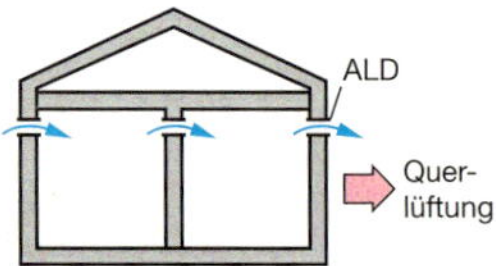

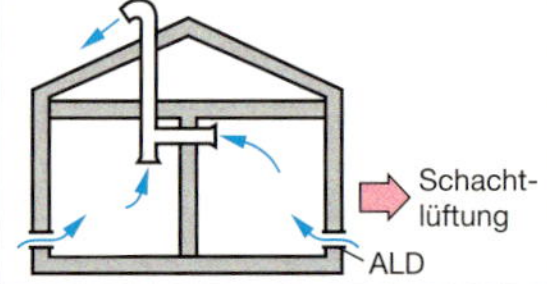

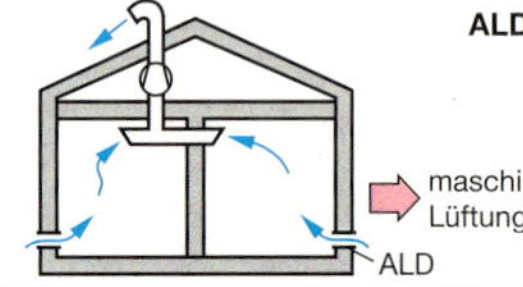

ALD: Außenwandluftdurchlass

Um bei geringen Auftriebskräften ($\Delta p \leq$ 4 Pa) eine ausreichende freie Lüftung sichern zu können, ist bei der nach **DIN V 4108-7** empfohlenen **Dichtheit der Gebäudehülle** ($n_{50} \leq$ 3/h: der Luftwechsel bei 50 Pa Prüfdruck darf nicht größer als 3 pro Stunde sein) der Einsatz von **Außenwandluftdurchlässen (ALD)** unerlässlich. Nach DIN 1946-6 stellt sich bei Wohnungen ohne oder mit geschlossenem ALD mit Querlüftung durchschnittlich ein Luftwechsel von 0,12 1/h und bei denen mit Schachtlüftung ein Luftwechsel von 0,25 1/h ein.

Erzwungene (maschinelle) Lüftung

Zu- und Abluftanlage mit WRG und Wärmepumpe (Typ F)

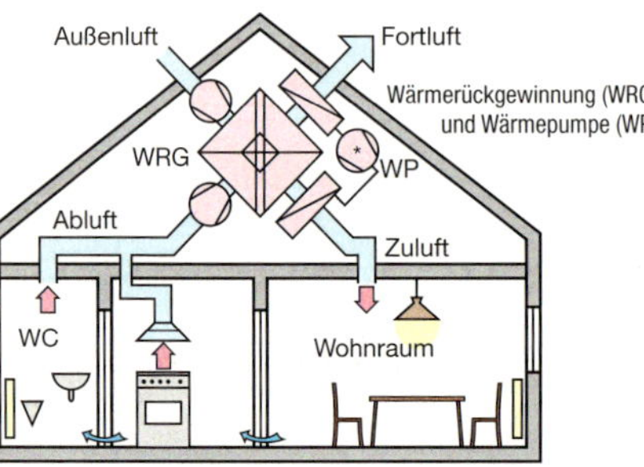

Tab. 464.3: Arten der kontrollierten Wohnungslüftung

Typ	Einteilung	Wärmerückgewinnung (WRG)	Zusatzeinrichtung
A	dezentral (Einzelraumlüftung)	ohne WRG[1]	
B		mit WRG[2]	
C	zentrale Abluftanlagen	ohne WRG[1]	
D		mit WRG[2]	
E	zentrale Zu- und Abluftanlagen	mit WRG[2]	mit Wärmetauscher mit Wärmepumpe
F			
G		mit WRG[2] und Abgaswärmenutzung	mit Wärmetauscher
H			mit Wärmepumpe

Nach WSVO95: 1) Muss auf Luftwechselzahlen zwischen 0,3 .. 0,8 1/h einstellbar sein. 2) Der zeitliche Mittelwert des Luftwechsels darf 0,5 … 1,0 1/h betragen, **mind. 60 %** der Wärme muss zurückgewonnen werden.

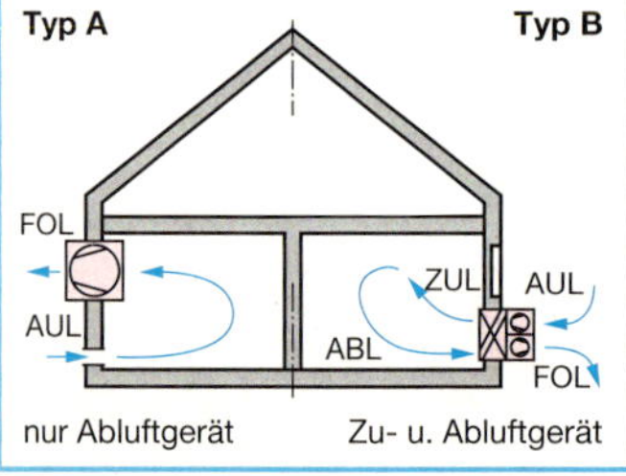

nur Abluftgerät Zu- u. Abluftgerät

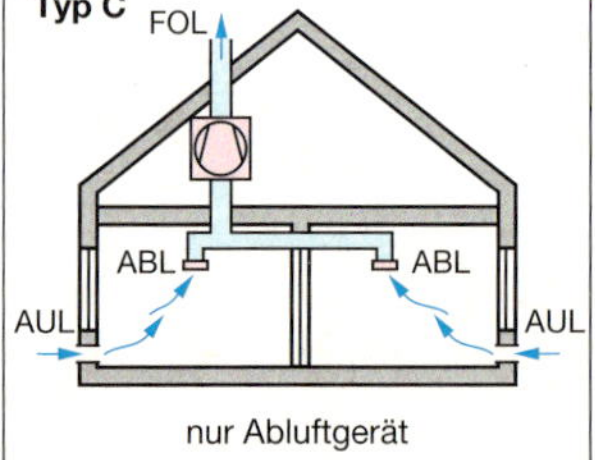

nur Abluftgerät

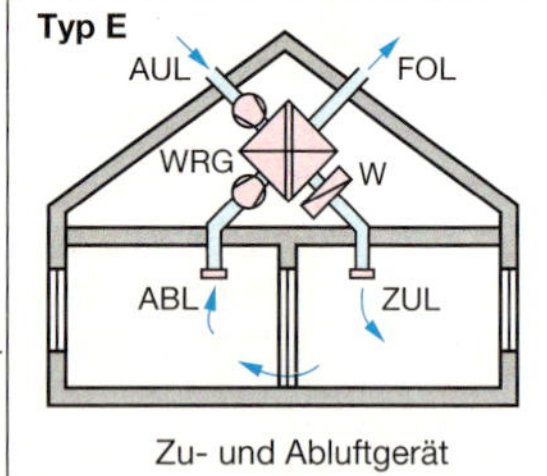

Zu- und Abluftgerät

Raumlufttechnik

Lüftung von Wohnungen *ventilation of accomodations*

Entstehung und Wirkung der Radonbelastung in Wohngebäuden

- Radon ist ein radioaktives chemisches Element deren Ausgangsstoff Uran ist.
- Radon ist ein Zerfallsprodukt, die Entstehung ist vereinfacht dargestellt in Diagr. 465.1.
- Radon kann sich in Räumen ansammeln und stellt eine Gefahr für die Gesundheit des Menschen dar.

Diagr. 465.1: Entstehung von Radon

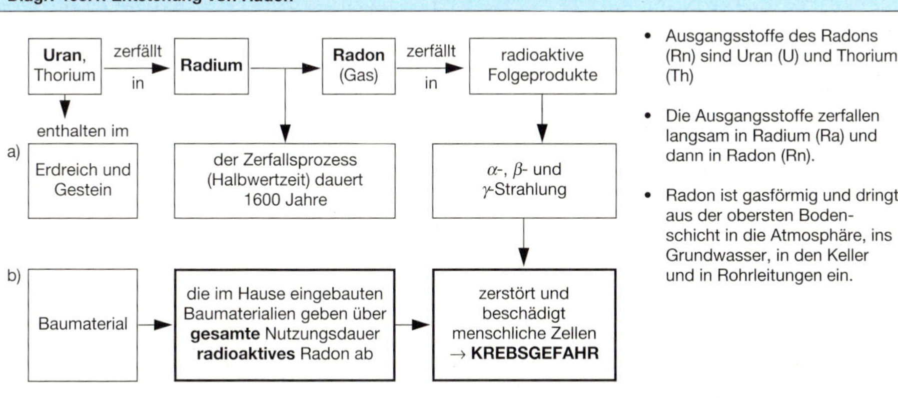

- Ausgangsstoffe des Radons (Rn) sind Uran (U) und Thorium (Th)
- Die Ausgangsstoffe zerfallen langsam in Radium (Ra) und dann in Radon (Rn).
- Radon ist gasförmig und dringt aus der obersten Bodenschicht in die Atmosphäre, ins Grundwasser, in den Keller und in Rohrleitungen ein.

Radonvorkommen in der BRD

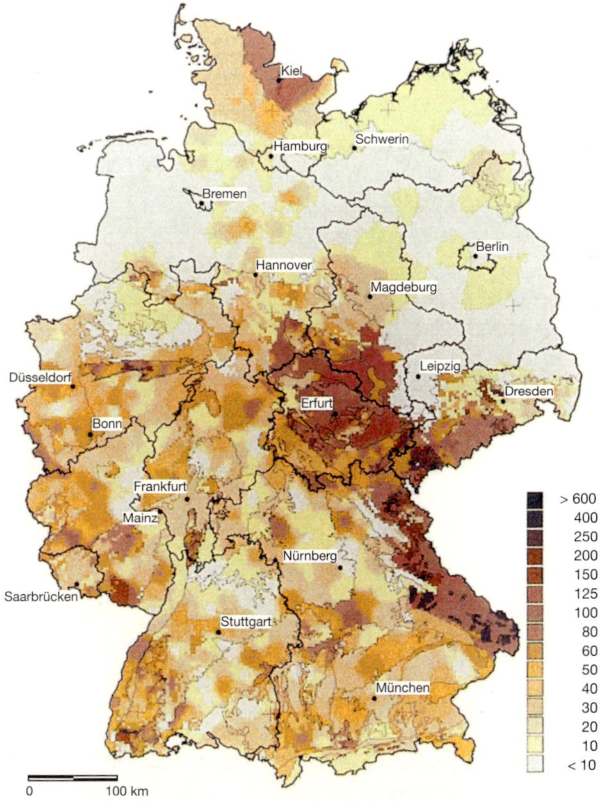

Radioaktivitätskonzentration in der Bodenluft

	Flächenanteile	
> 600 kBq/m³	112 km²	0,03 %
400 bis 600	1 318 km²	0,37 %
250 bis 400	1 136 km²	0,32 %
200 bis 250	1 350 km²	0,38 %
150 bis 200	2 144 km²	0,60 %
125 bis 150	9 513 km²	2,66 %
100 bis 125	12 321 km²	3,45 %
80 bis 100	15 810 km²	4,43 %
60 bis 80	24 271 km²	6,80 %
50 bis 60	20 611 km²	5,78 %
40 bis 50	28 082 km²	7,78 %
30 bis 40	34 356 km²	9,63 %
20 bis 30	47 067 km²	13,20 %
10 bis 20	69 775 km²	19,56 %
< 10 kBq/m³	88 359 km²	24,77 %

Lüftung von Wohnungen *ventilation of accomodations*

Tab. 466.1: Angaben über zulässige Radonkonzentrationen in Räumen

Gesetz bzw. Empfehlung	Grenzwertangabe A in Bq/m²	1 Bequerell (Bq) = 1 Zerfall/s = 1 s^{-1}
Deutsches Radonschutzgesetz (3. Entwurf 2005)	100 Bq/m³ für Neubauten	1 Bq ist eine sehr kleine Einheit, z. B. gibt 1 g Ra 226 → A = 3,7 · 10^{10} Bq ab.
EU-Empfehlung (1990)	200 Bq/m³ für Neubauten 400 Bq/m³ für Altbauten	• Das Radonvorkommen in der BRD ist sehr unterschiedlich → S. 465 • Radon ist krebserregend, es verursacht vor allem Lungenkrebs • Bei Verdacht Radonbelastung durch Chemiker oder Wohnraumanalytiker feststellen lassen.
WHO-Empfehlung (2000)	100 Bq/m³ Jahresdurchschnitt Bestwert: 50 Bq/m³	
Nachweislich wird Lungenkrebs hervorgerufen bei	≥ **140 Bq/m³**	

Wie Radon in das Gebäude eindringt

Radon gelangt in die Raumluft vor allem durch
- **Konvektion** aus den Erdboden, über die Bodenplatte oder die Kellerwände (Risse, Fugen),
- **Emission** aus Baumaterialien, die mineralische Bestandteile enthalten, z. B. Ziegel, Mörtel, Erdreich.

Beispiel: (→ siehe Bild)

Die Aktivität der Porenluft beträgt A → 20 kBq/m³

Dies ergibt folgende Belastungen:
- Nach der Karte „Radonvorkommen in Deutschland" (S. 465) betrifft dies 75 % der Fläche der BRD
- d. h. erhöhte Radonkonzentration in der Raumluft bis zu 300 Bq/m³ durch Konvektionseintrag oder bis zu 150 Bq/m³ durch Emissionsausstoß ist möglich

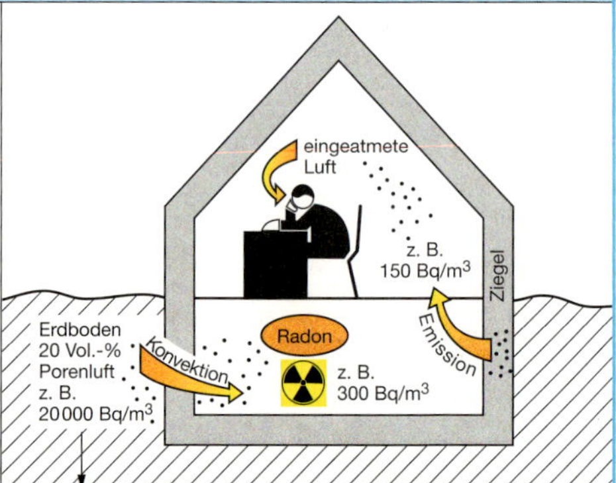

Minimierung der Radonbelastung in Wohnräumen

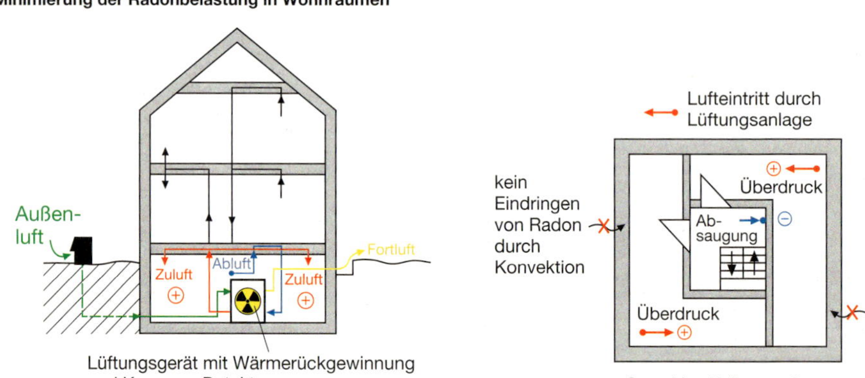

Lüftungsgerät mit Wärmerückgewinnung und Kernspur-Detektor

Grundriss Kellergeschoss

Minimierungsmaßnahmen:

- Radonminimierung durch gezielte Wohnungslüftung, durch eine ausgewogene Zu- und Abluftbilanz in den Kellerräumen, evt. mit Radonüberwachung.
- Abdichten der Kellerwände zum Erdreich hin.
- In leichteren Fällen regelmäßiges Lüften durch Einbau eines Ventilators, der die radonbelastete Luft aus den Kellerräumen hinaus befördert.
- Informationen zur Radonbelastung von den Landratsämtern, den Stadtverwaltungen oder beim Verband privater Bauherren (www.vpb.de).

Luftkühlung *air cooling*

Kühllast im Sommerbetrieb

$\dot{Q}_A$: Transmission durch Wände und Fenster sowie Strahlung durch Fensterflächen

$$\dot{Q}_{Ktr} = \dot{Q}_A + \dot{Q}_{Itr}$$

$$\dot{Q}_{Itr} = \dot{Q}_{Ptr} + \dot{Q}_B + \dot{Q}_M$$

$$\dot{Q}_B = \dot{q}_B \cdot A$$

$$\dot{Q}_{Ptr} = \dot{q}_{Ptr} \cdot n$$

$\dot{Q}_{Ktr}$	: gesamte Kühllast	in W
$\dot{Q}_A$	: äußere Kühllast (→ S. 468)	in W
$\dot{Q}_{Itr}$	: innere trockene Kühllast	in W
$\dot{Q}_{Ptr}$	: Wärmeabgabe der Menschen	in W
$\dot{Q}_B$	: Kühllast der elektrischen Beleuchtung	in W
$\dot{Q}_M$	: Kühllast der elektr. Geräte und Maschinen (→ Tab. 468.2 und 3)	in W
$\dot{q}_B$	: Wärmeabgabe der Beleuchtung (→ Tab. 468.1)	in W/m^2
A	: Wohnungsfläche	in m^2
$\dot{q}_{Ptr}$	: trockene Wärmeabgabe des Menschen (→ Tab. 467.1)	in W/Pers.
n	: Anzahl der Menschen	

Tab. 467.1: Wärme- und Wasserdampfabgabe des Menschen (Durchschnittswerte nach VDI 2078)

Wärmeabgabe	bei Raumlufttemperatur in °C für physisch nicht tätige Personen					Personen bei mittelschwerer Arbeit				
	18	**20**	**22**	**24**	**26**	**18**	**20**	**22**	**24**	**26**
Sensible Wärme $\dot{q}_{Ptr}$ in W (durch Strahlung u. Konvektion)	**100**	**95**	**90**	**75**	**70**	**155**	**140**	**120**	**110**	**95**
Latente Wärme $\dot{q}_{Pf}$ in W (durch Verdunstung)	25	25	30	40	45	115	130	150	160	175
Gesamtwärmeabgabe in W	125	120	120	115	115	270	270	270	270	270
Wasserdampfabgabe in g/h	35	35	40	60	65	165	180	215	230	255

Sensible Wärme: trockene, fühlbare Wärme; **Latente Wärme:** feuchte, nicht fühlbare Wärme

Zuluftvolumenstrom im Sommerbetrieb

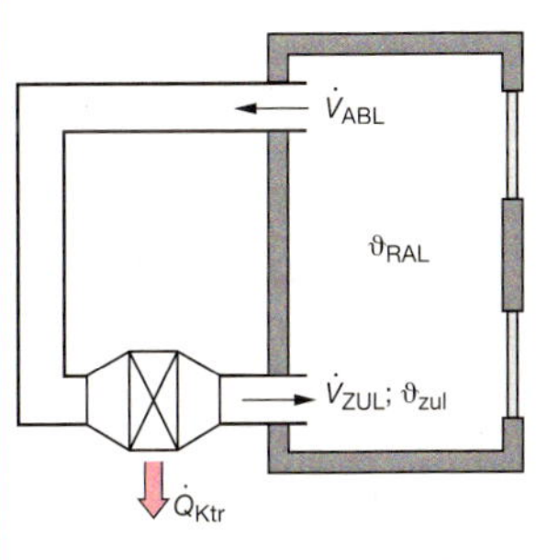

$$\dot{V}_{ZUL} = \frac{\dot{Q}_{Ktr}}{C_P \cdot (\vartheta_{RAL} - \vartheta_{ZUL})}$$

$\dot{V}_{ZUL}$	: Zuluftvolumenstrom	in m^3/h
$\dot{Q}_{Ktr}$	: trockene Kühllast	in W
C_P	: spezifische Wärmekapazität der Luft in Wh/(m$^3\cdot$K) ($C_P \approx 0{,}34$ Wh/(m$^3\cdot$K)) (genaue Werte → Tab. 452.3)	
ϑ_{ZUL}	: Zulufttemperatur	in °C
ϑ_{RAL}	: Raumlufttemperatur	in °C

Tab. 467.2: Zulässige Zuluftuntertemperaturen $\Delta\vartheta_u = \vartheta_{RAL} - \vartheta_{ZUL}$

Zuluftführung durch Einblasen der Luft …	$\Delta\vartheta_u$ in K
… direkt im Aufenthaltsbereich	2 … 4
… nicht direkt im Aufenthaltsbereich, z. B. über Lochdecken	4 … 7
… oberhalb der Aufenthaltszone	7 … 10
… bei Hochdruckanlagen mit starker Sekundärluftansaugung	≥ 15

Zuluft- und Umluftvolumenstrom

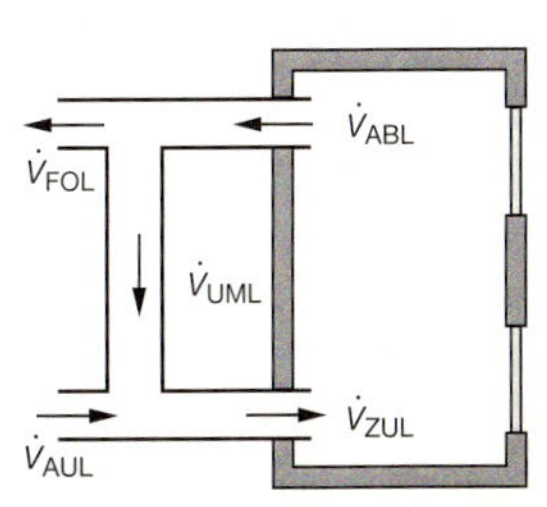

$$\dot{V}_{ZUL} = \dot{V}_{AUL} + \dot{V}_{UML}$$

$\dot{V}_{ZUL}$	: Zuluftvolumenstrom	in m^3/h
$\dot{V}_{AUL}$	: Außenluftvolumenstrom	in m^3/h
$\dot{V}_{UML}$	: Umluftvolumenstrom	in m^3/h

Luftkühlung *air cooling*

Innere Kühllasten

Tab. 468.1: Wärmeabgabe der Beleuchtung $\dot{q}_B$

Werte für übliche Räume	$\dot{q}_B$ in W/m²
Beleuchtung mit Glühlampen	50 … 150
Beleuchtung mit Leuchtstofflampen	10 … 30
Leuchten mit Absaugung	5 … 20

Tab. 468.2: Wärmeabgabe verschiedener elektrischer Geräte $\dot{Q}_M$

Gerät	Anschlusswert P in W	Benutzungsdauer in min/h	Wassermenge in g/h	Wärmeabgabe sensible W. **$\dot{Q}_M$ in W**	Wärmeabgabe Gesamtw. $\dot{Q}_M$ in W
Computer (PC)	100 … 150	60	–	**40 … 50**	40 … 50
Bildschirm	60 … 90	60	–	**20 … 30**	20 … 30
Drucker	20 … 30	15	–	**5 … 7**	20 … 30
Waschmaschine	3000	60	2100	**1450**	3000
Kühlschrank (100 l)	100	60	–	**300**	300
Kühlschrank (200 l)	175	60	–	**500**	500
Fernsehgerät	175	60	–	**175**	175
Kaffeemaschine	500	30	100	**180**	250
Haartrockner	1000	30	240	**350**	500
Kochplatte	1000	30	400	**250**	500

Tab. 468.3: Wärmeabgabe $\dot{Q}_M$ von Drehstrom-Asynchronmotoren bei Volllast

Nennleistung P_{el} in kW Wirkungsgrad η_{el}	0,2 0,63	0,5 0,70	0,8 0,73	1,1 0,77	1,5 0,78	2,2 0,80	3,0 0,81	**5,5** **0,85**	7,5 0,86	15 0,89	22 0,91	40 0,92
Wärmeabgabe $\dot{Q}_M$ in W	**74**	**150**	**216**	**253**	**330**	**440**	**570**	**825**	**1050**	**1650**	**1980**	**3200**

Beispiel: 3 Drehstrommotore mit jeweils P_{el} = **5,5 kW**, Belastungsfaktor = 0,80, Gleichzeitigkeitsfaktor = 0,70
Lösung: $\dot{Q}_M = 5500\ \text{W} \cdot (1 - \mathbf{0{,}85}) \cdot 3 \cdot 0{,}80 \cdot 0{,}70 = \mathbf{825\ W} \cdot 3 \cdot 0{,}80 \cdot 0{,}70 = \mathbf{1386\ W}$

Äußere Kühllast

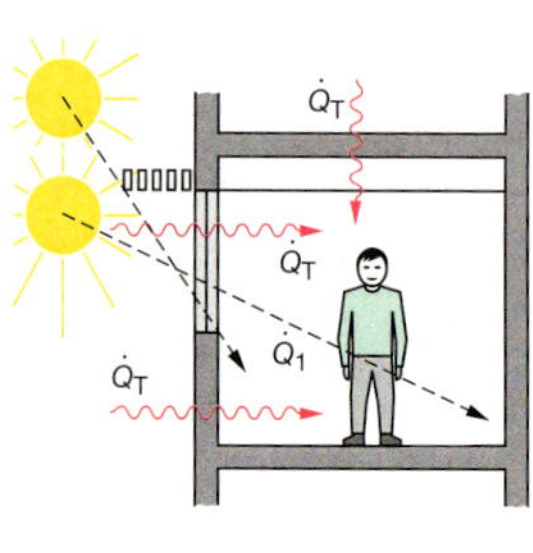

$$\dot{Q}_A = \dot{Q}_{Str} + \dot{Q}_T$$

$$\dot{Q}_1 = \dot{q}_{Str} \cdot A_M \cdot g$$

Transmission:

$$\dot{Q}_T = A \cdot U \cdot (\vartheta_a - \vartheta_i)$$

$\dot{Q}_A$	: äußere Kühllast	in W
$\dot{Q}_{Str}$	: Eingestrahlter Wärmestrom (Berechnung → S. 469)	in W
$\dot{Q}_T$	: Transmissionswärmestrom	in W
$\dot{Q}_1$	: Direkte Wärmestrahlung durch zweifach verglastes Fenster	in W
$\dot{q}_{Str}$	: Sonneneinstrahlungswerte (→ Tab. 468.4)	in W/m²
A_M	: Maueröffnung	in m²
g	: Glasflächenanteil (→ Tab. 469.1)	
$\dot{Q}_T$	: Transmissionswärmestrom	in W
A	: Fläche	in m²
U	: Wärmedurchgangszahl (→ Berechnung und Werte S. 382)	in W/(m² · K)

Tab. 468.4: Überschlägige Sonneneinstrahlungswerte $\dot{q}_{Str}$ bei Doppelverglasung (geographische Breite 50°)

Fensterart	$\dot{q}_{Str}$[1] in W/m² vertikale Flächen		horizontale Fl.
	Ost/West	Süd	–
Doppelfenster	450 … 500	350 … 400	550 … 650

[1] Bei Überschlagsrechnungen kann im **Juli/August** etwa mit nebenstehenden Zahlenwerten für den maximalen Wärmeeinfall durch Sonnenstrahlung bei nicht beschatteten Fenstern ohne Sonnenschutz gerechnet werden.

Tab. 468.5: Temperaturen angrenzender, nicht klimatisierter Räume und des Erdreichs im Sommer (VDI 2078)

Nicht ausgebaute Dachräume[1]	40 … 50 °C	angrenzendes Erdreich	20 °C
Ausgebaute Dachräume	35 °C	Raum zwischen Schaufenster u. Innenfenster[2]	35 … 45 °C
Sonstige Nachbarräume	30 °C		

[1] je nach Konstruktion und Durchlüftung
[2] je nach Sonnenschutz

Luftkühlung *air cooling*

Tab. 469.1: Überschlagswerte *g* für Glasflächenanteil bei verschiedenen Fensterkonstruktionen

Fensterbauart	Innere Maueröffnung A_M in m^2 (Maueröffnungsmaß)									
	0,5	1,0	1,5	2,0	2,5	3,0	4,0	5,0	6,0	8,0
Holzfenster, einfach o. doppelt verglaste Verbundfenster	0,47	0,58	0,63	0,67	0,69	0,71	0,72	0,73	0,74	0,75
Holzdoppelfenster	0,36	0,48	0,55	0,60	0,62	0,65	0,68	0,69	0,70	0,71
Metallfenster	0,56	0,77	0,83	0,86	0,87	0,88	0,90	0,90	0,90	0,90
Schaufenster, Oberlichte	0,90									
Balkontür mit Glasfüllung	0,50									

Abschläge: für Fenster mit senkrechtem Mittelstück −0,05; für Fenster mit Sprossen −0,03

Eingestrahlter Wärmestrom

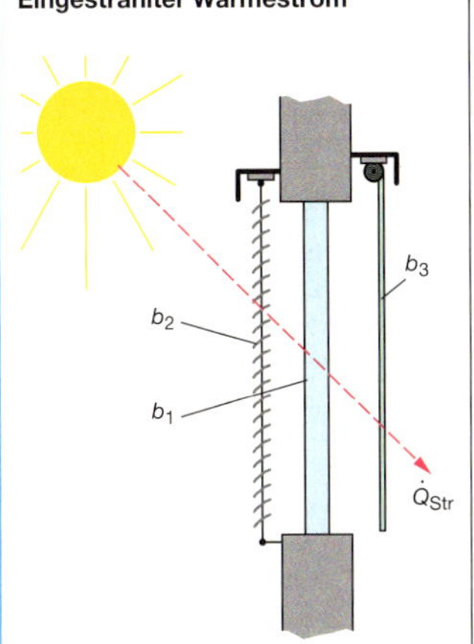

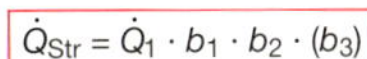

$$\dot{Q}_{Str} = \dot{Q}_1 \cdot b_1 \cdot b_2 \cdot (b_3)$$

$\dot{Q}_{Str}$: Eingestrahlter Wärmestrom mit und ohne Sonnenschutz in W

$\dot{Q}_1$: Direkte Wärmestrahlung durch ein zweifach verglastes Fenster in W (→ S. 468)

b_1 : Sonnendurchlassfaktor für verschiedene Glasarten (→ Tab. 469.2)

b_2, b_3 : Sonnendurchlassfaktoren für verschiedene Sonnenschutzvorrichtungen (→ Tab. 469.2)

Tab. 469.2: Sonnendurchlassfaktoren *b* bei Verglasungen und Sonnenschutzeinrichtungen nach VDI 2078

Gläser	b_1	Zusätzliche Sonnenschutzvorrichtungen	b_2; b_3
Tafelglas nach DIN 1249:		**Außen:**	
Einfachverglasung	1,1	Jalousie, Öffnungswinkel 45°	0,15
Doppelverglasung	**1,0**	Stoffmarkise, oben und unten ventiliert[1]	0,3
Dreifachverglasung	0,9	Stoffmarkise, oben und seitlich anliegend[1]	0,4
		Rollläden, Fensterläden	0,3
Absorptionsglas:		**Zwischen den Scheiben:**	
Einfachverglasung	0,75	Jalousie, Öffnungswinkel 45°:	
Doppelverglasung (innen Tafelglas)	0,65	unbelüfteter Zwischenraum	0,5
Vorgehängte Absorptionsscheibe (mind. 5 cm freier Luftspalt)	0,50	belüfteter Zwischenraum, je nach Luftstrom	0,2 … 0,4
Reflexionsglas:		**Innen:**	
		Jalousie, Öffnungswinkel 45°	0,7
Einfachverglas. Metalloxidbelag außen	0,65	Vorhänge, hell aus Baumwolle, Chemiefaser[2]	0,5
Doppelverglasung (Reflexionsschicht auf der Innenseite der Außenscheibe)		Kunststofffolien	
		absorbierend	0,7
Belag aus Metalloxid	0,55	metallisch reflektierend	0,35
Belag aus Edelmetall (z. B. Gold)	0,45		

[1] Vorausgesetzt ist die völlige Beschattung der Glasfläche durch die Markise.
[2] Bei dunklen Vorhängen sind die Werte um 0,2 zu erhöhen.

Achtung: Bei der Wahl des Sonnenschutzes und der Fenstergröße ist im Zusammenhang mit dem Gesamtenergieverbrauch eines Gebäudes nicht nur die Kühllastspitze zu beachten, sondern auch der Beleuchtungsenergieaufwand und der solare Wärmegewinn im Winter durch die Fenster. Am energiegünstigsten sind daher bewegliche Sonnenschutzvorrichtungen, die im Sommer die Wärmestrahlung abhalten, aber noch ausreichend Licht in den Raum lassen und im Winter den möglichen Wärmegewinn gestatten.

Klimaanlagen *air conditioning*

Bauteile und Aufbau einer Klimaanlage

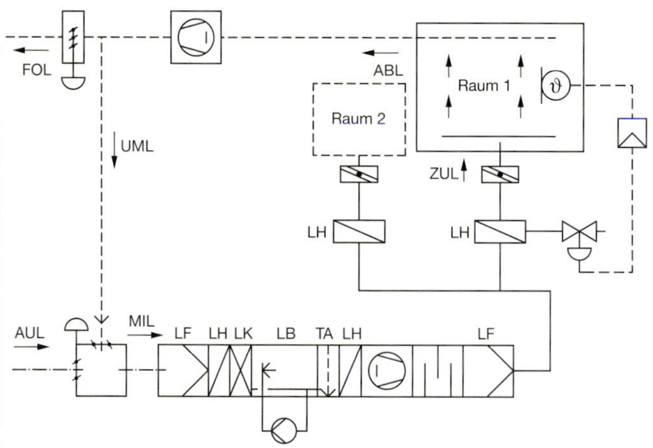

Symbole (→ S. 122)

Aufgaben einer Klimaanlage:

- **Reinigung** der Mischluft (MIL) und der Zuluft (ZUL) mit Luftfilter (LF)
- **Erwärmung** der Zuluft (ZUL) mit Vor- und Nacherwärmer (LH)
- **Kühlung** der Zuluft (ZUL) mit Luftkühler (LK)
- **Entfeuchtung** der Zuluft (ZUL) durch den Luftkühler (LK)
- **Befeuchtung** der Zuluft (ZUL) durch den Luftbefeuchter (LB)
- Raumlüftung durch Außenluftbeimischung
- Automatische Temperatur- und Feuchtigkeitsregelung
- Weitere Aufgaben z. B. Druckhaltung, Wärmerückgewinnung

Tab. 470.1: Bauarten von Klimaanlagen

Nur-Luft-Anlagen	**Einkanal-Klimaanlagen** mit konstantem Luftvolumenstrom			**Einkanal-Klimaanlagen** mit variablem Luftvolumenstrom
	Einzonen-Anlagen	Mehrzonen-Anlagen • mit Nacherwärmer • mit Wechselklappen	mit örtlichen Kühl- und Heizflächen (Kühldecken)	mit örtlichen Kühl- und Heizflächen (Kühldecken)
	Zweikanal-Klimaanlagen mit konstantem Luftvolumenstrom	**Zweikanal-Klimaanlagen** mit variablem Luftvolumenstrom	**Zweikanal-Klimaanlagen** mit örtlichen Heiz- u. Kühlflächen	

Luft-Wasser-Anlagen	Anlagen mit örtlichen Nacherwärmern oder Kühlern	**Induktions-Klimaanlagen**			**Ventilator-Konvektoren**
		Zweirohrsystem[1] • mit Umschaltung • ohne Umschalt.	Vierrohrsystem[1] • mit Ventilsteuerung • mit Klappensteuerg.	mit variablem Zuluft-Volumenstrom	• mit örtlicher oder zentraler Außenluftversorgung • nur mit Umluftbetrieb

[1] Anzahl der wasserführenden Leitungen am Induktionsgerät im Raum

Tab. 470.2: Zusammensetzung der sensiblen und latenten Kühllast bzw. Kühlerleistung

Trockene Kühllast $\dot{Q}_{ktr}$ nach VDI 2078: 1996-07		Kühlerleistung einschließlich Lüftungsanteil	
Äußere Wärmequellen • Transmission aus Nebenräumen • Sonnenwärme durch Glasflächen • Sonnenwärme durch Außenwände • Sonnenwärme durch Flachdächer	 (→ Tab. 468.5) (→ S. 469) (→ S. 468) (→ S. 468)	**Sensible Kühllast** $\dot{Q}_{Ktr} = \dot{V}_{ZUL} \cdot c_P\,(\vartheta_i - \vartheta_{ZUL})$	(→ S. 467)
Innere Wärmequellen • Sensible Wärmeabgabe der Menschen • Beleuchtungswärme • Wärmeabgabe durch Geräte und Maschinen	 (→ Tab. 467.1) (→ Tab. 468.1) (→ Tab. 468.2/3)	**Latente Kühllast** $\dot{Q}_{Kf} = \dot{m}_W \cdot r$ (freiwerdende Kondensationswärme bei der Wasserausscheidung an der Kühleroberfläche) $\dot{m}_W$ = Wasserdampfmenge, die im Raum entsteht und der Zuluft entzogen wird r = Verdampfungswärme des Wassers	(→ S. 471) (→ Tab. 452.3)
Bei Umluftbetrieb und trockener Kühleroberfläche ist die Kühllast = Kühlerleistung		**Kühlung und Entfeuchtung der Außenluft** $\dot{Q}_{tr} = \dot{V}_{AUL} \cdot c_p \cdot (\vartheta_{AUL} - \vartheta_{ZUL})$ $\dot{Q}_f = \dot{m}_W \cdot r$	 (→ S. 467) (→ S. 471)

Klimaanlagen *air conditioning*

Entfeuchtung der Luft

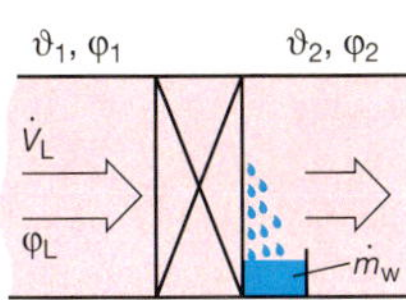

$$\dot{Q}_f = \dot{V}_L \cdot \varrho_L \cdot \frac{(x_1 - x_2)}{1000} \cdot r$$

anfallender Wassermassenstrom $\dot{m}_W$:

$$\dot{m}_W = \dot{V}_L \cdot \varrho_L \cdot \frac{(x_1 - x_2)}{1000}$$

$\dot{Q}_f$	: Entfeuchtungswärme	in W
$\dot{V}_L$	: Luftvolumenstrom	in m³/h
ϱ_L	: Dichte der Luft	in kg/m³
x_1	: absolute Feuchte der Luft im Zustand 1	in g/kg
x_2	: absolute Feuchte der Luft im Zustand 2	in g/kg
r	: Verdampfungswärme des Wassers (Rechenwerte → Tab. 452.3)	in Wh/kg
$\dot{m}_W$	: Wassermassenstrom	n kg/h
1000	: Umrechnungszahl	in g/kg

Enthalpie (Wärmeinhalt) feuchter Luft

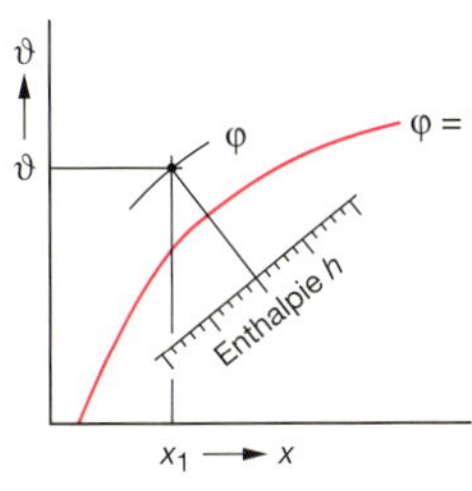

$$h = c_P \cdot \vartheta + \frac{c_{WD} \cdot x \cdot \vartheta}{1000} + \frac{r \cdot x}{1000}$$

$r \cdot x$ = latente (feuchte) Wärme

$c_P \cdot \vartheta + \frac{c_{WD} \cdot x \cdot \vartheta}{1000}$ =
sensible (trockene) Wärme

$\frac{c_{WD} \cdot x \cdot \vartheta}{1000}$ =
ist ein vernachlässigbarer kleiner Wert

h	: Enthalpie (Wärmeinhalt) feuchter Luft	in Wh/kg
c_P	: spezif. Wärmekapazität der Luft (c_P = 0,28 Wh/(kg · K))	in Wh/(kg · K)
ϑ	: Temperatur der feuchten Luft	in °C
c_{WD}	: spezif. Wärmekapazität von Wasserdampf (c_{WD} = 0,57 Wh/(kg · K))	in Wh/(kg · K)
x	: absolute Luftfeuchte	in g/kg
r	: Verdampfungswärme (→ Tab. 452.3)	in Wh/kg
1000	: Umrechnungszahl	in g/kg

Gesamtwärmeleistung feuchter Luft

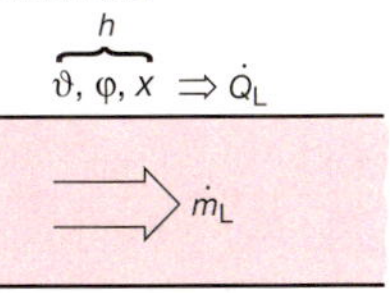

$$\dot{Q}_L = \dot{m}_L \cdot h$$

$$\dot{m}_L = \dot{V}_L \cdot \varrho$$

$\dot{Q}_L$	: Gesamtwärmeleistung der Luft	in W
$\dot{m}_L$	: Luftmassenstrom	in kg/h
h	: Wärmeinhalt der Luft (→ Tab. 452.3)	in Wh/kg
$\dot{V}_L$	: Luftvolumenstrom	in m³/h
ϱ	: Dichte der Luft (→Tab. 452.3)	in kg/m³

Kühlmethoden bei Klimaanlagen

1. Freie Kühlung mit kälterer Außenluft (mechanische oder freie Lüftung)

2. Kühlung mit Grundwasser (mit Brunnenanlage und Wärmetauscher in der Klimazentrale)

3. Kühlung mit Kreislaufwasser (Wasserrückkühlung durch Wasserverdunstung)

4. Kühlung durch Kälteanlagen (mit Kältemittelkreislauf → S. 445)

Verdampfereinbau		Verflüssigereinbau	
Direkte Kühlung: Verdampfer im Gerät	Indirekte Kühlung: Verdampfer außerhalb	Luftkühlung mit Ventilator	Wasserkühlung mit Pumpe

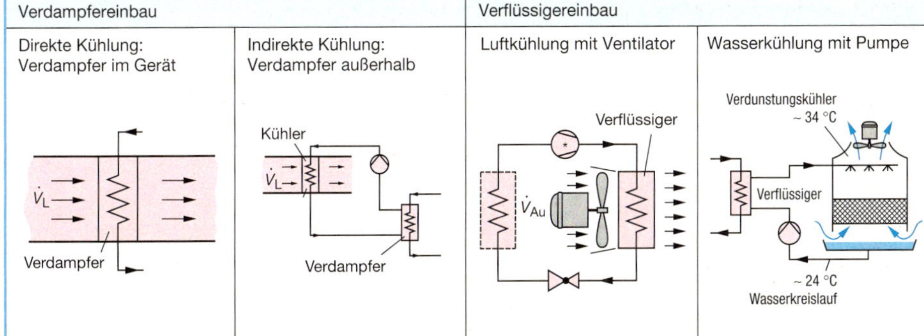

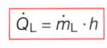

Raumlufttechnik

Zustandsänderung feuchter Luft mit dem Mollierdiagramm

The psychometric chart shows the relationship between the dry and wet bulb temperatures at different relative humidities of air

Luftmischung

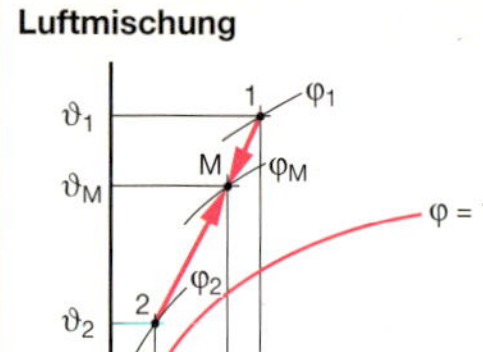

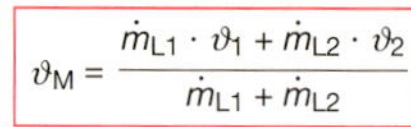

$$\vartheta_M = \frac{\dot{m}_{L1} \cdot \vartheta_1 + \dot{m}_{L2} \cdot \vartheta_2}{\dot{m}_{L1} + \dot{m}_{L2}}$$

ϑ_M	: Mischungstemperatur	in °C
$\dot{m}_{L1}$	: warmer Luftmassenstrom	in kg/h
$\dot{m}_{L2}$	: kalter Luftmassenstrom	in kg/h
ϑ_1	: Temperatur; warme Luft	in °C
ϑ_2	: Temperatur; kalte Luft	in °C

Lufterwärmung

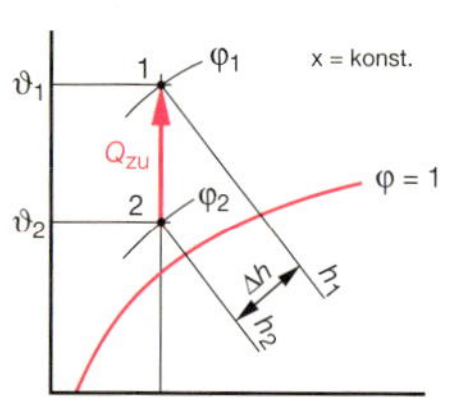

$$\dot{Q}_{ZU} = \dot{m}_L \cdot (h_1 - h_2)$$

$\dot{Q}_{zu}$	: zugeführte Wärmeleistung	in W; kJ/h
$\dot{m}_L$	: Luftmassenstrom	in kg/h
h_1	: Wärmeinhalt der warmen Luft	in Wh/kg; kJ/kg
h_2	: Wärmeinhalt der kalten Luft	in Wh/kg; kJ/kg

3,6 kJ = 1 Wh

Luftbefeuchtung

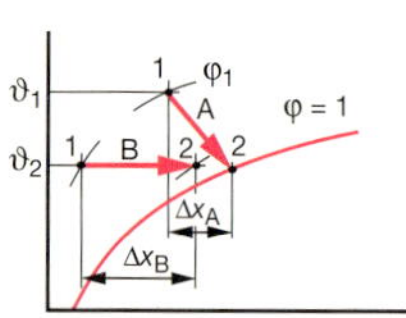

A: Befeuchtung mit Wasser
(Luft kühlt ab (h = konstant)

$$\dot{m}_W = \dot{m}_L \cdot \Delta x_A$$

B: Befeuchtung mit Dampf
(Lufttemperatur bleibt gleich)

$$\dot{m}_D = \dot{m}_L \cdot \Delta x_B$$

$\dot{m}_W$	: Wassermassenstrom	in g/h
$\dot{m}_L$	: Luftmassenstrom	in kg/h
Δx	: Differenz der absoluten Luftfeuchten	in g/kg
$\dot{m}_D$	: Wasserdampfmassenstrom	in g/h

Luftkühlung ($\vartheta_K > \vartheta_{TP}$)

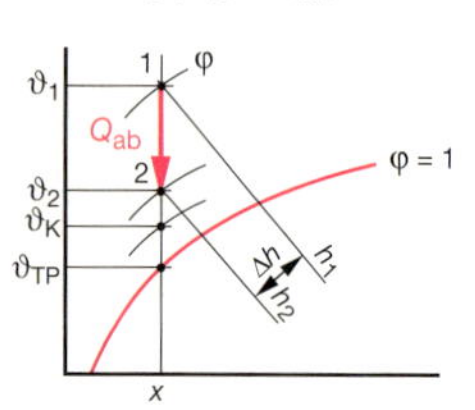

$$\dot{Q}_{ab} = \dot{m}_L \cdot (h_1 - h_2)$$

ϑ_K : Kühlertemperatur
ϑ_{TP} : Taupunkttemperatur

$\dot{Q}_{ab}$	: abzuführende Wärmeleistung	in W; kJ/h
$\dot{m}_L$	: Luftmassenstrom	in kg/h
h_1	: Wärmeinhalt der warmen Luft	in Wh/kg; kJ/kg
h_2	: Wärmeinhalt der kalten Luft	in Wh/kg; kJ/kg

3,6 kJ = 1 Wh

Luftkühlung ($\vartheta_K < \vartheta_{TP}$)

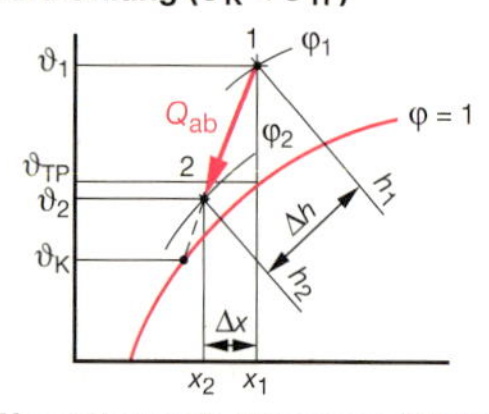

$$\dot{Q}_{ab} = \dot{m}_L \cdot (h_1 - h_2)$$

$\dot{Q}_{ab}$	: abzuführende Wärmeleistung	in W; kJ/h
$\dot{m}_L$	: Luftmassenstrom	in kg/h
h_1	: Wärmeinhalt der warmen Luft	in Wh/kg; kJ/kg
h_2	: Wärmeinhalt der kalten Luft	in Wh/kg; kJ/kg

Wasserausscheidung am Kühler
Die Luft kühlt an der Kühleroberfläche bis zur Taupunkttemperatur ab. Bei $\varphi = 1$ wird Wasser ausgeschieden.

$$\dot{m}_W = \dot{m}_L \cdot \Delta x$$

$$\Delta x = x_1 - x_2$$

$\dot{m}_W$	: ausgeschiedener Wassermassenstrom	in g/h
$\dot{m}_L$	: Luftmassenstrom	in kg/h
Δx	: Differenz der absoluten Feuchten	in g/kg

Zustandsänderung feuchter Luft mit dem Mollierdiagramm

The psychometric chart shows the relationship between the dry and wet bulb temperatures at different relative humidities of air

Diagr. 473.1: Mollier-Diagramm für feuchte Luft (h-x Diagramm) bei einem Gesamtdruck von 1013 hPa

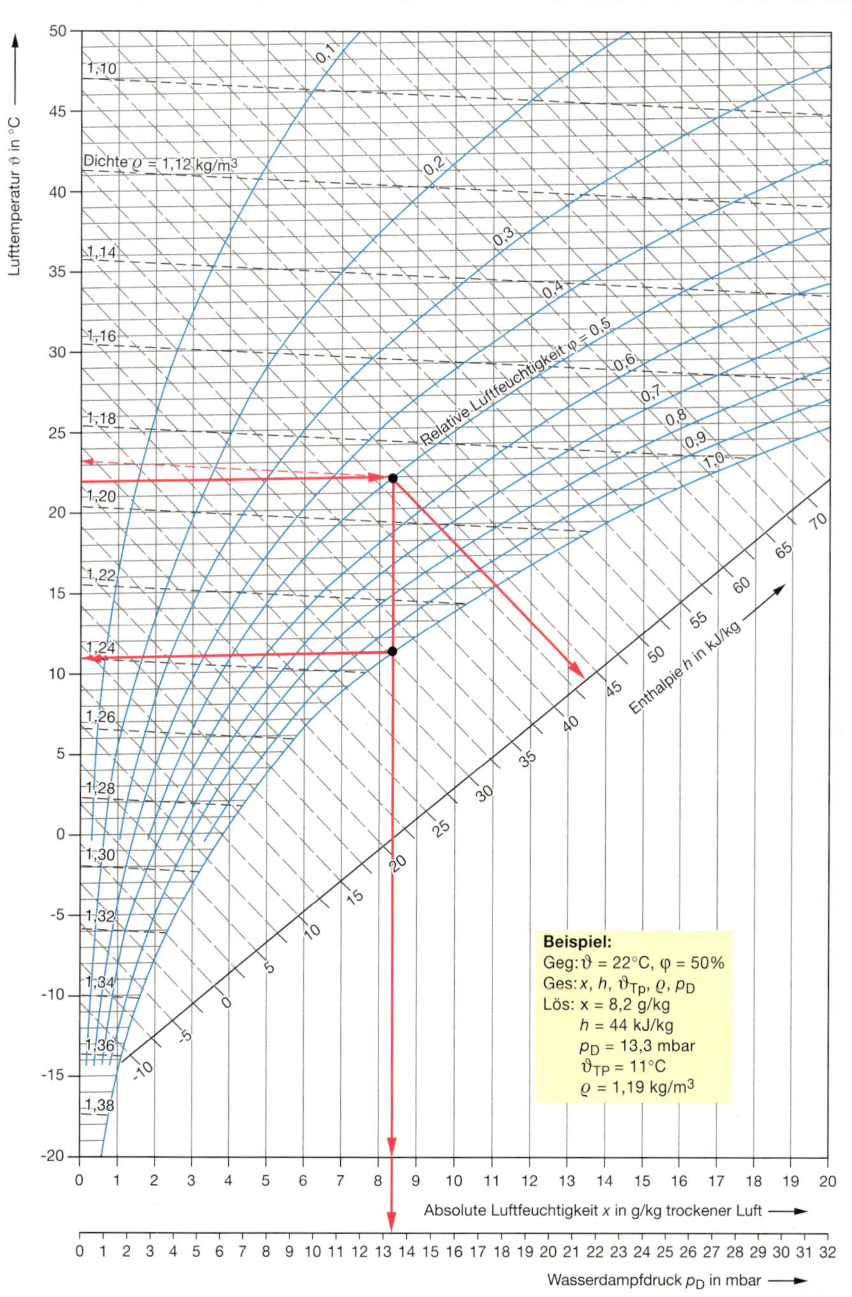

Beispiel:

Geg: $\vartheta = 22°C$, $\varphi = 50\%$

Ges: x, h, ϑ_{Tp}, ϱ, p_D

Lös: $x = 8{,}2$ g/kg

$h = 44$ kJ/kg

$p_D = 13{,}3$ mbar

$\vartheta_{TP} = 11°C$

$\varrho = 1{,}19$ kg/m³

Luftleitungen und Formstücke *ventilating ducts and shaped parts*

Luftleitungen

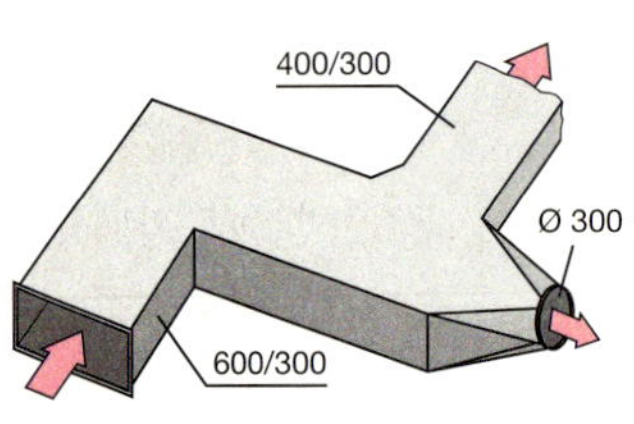

Aufgabe:
Förderung der Luft in Räume oder Abführung aus Räumen.

Anforderungen an das Material:
innen glatt, nicht Staub ansammelnd, leicht zu reinigen, nicht hygroskopisch (nicht Wasser anziehend), nicht brennbar, korrosionsbeständig, leicht und luftdicht

Luftleitungen aus Stahlblech

Tab. 474.1: Kantenlängen *a* (*b*) in mm für rechteckige Luftleitungen aus Stahllech DIN EN 1505: 1998-02

100	150	200	250	300	400	500	600	• **Kantenlängen sind Innenmaße**
800	1000	1200	1400	1600	1800	2000	–	• Fertigung: F = gefalzt, S = geschweißt

Bezeichnungs-beispiel:	Kanal	DIN ...	Fertigung	Druckklasse		a x b x l	Werkstoff
	Kanal	DIN EN 1505	F	1	–	500 x 400 x 2000	Stahl-verzinkt

Werkstoff: Blech EN 10 327 – DX51D + Z 275 (Stahlblech mit beidseitiger Zinkauflage von 275 g/m²)

Tab. 474.2: Zulässige Luftleckrate f_{max} von rechteckigen Luftleitungen aus Blech DIN EN 1507: 2006-07

Luftdichtheitsklasse		Grenzwert der Luftleckrate f_{max} in l/(s · m²)	Grenzwerte des stat. Drucks p_s[2] in Pa			
			negativ für alle Druckklassen	positiv bei Druckklasse		
				1	2	3
A	ohne Anforderungen	$0{,}027 \cdot p_s^{0,65}$	200	400	–	–
B	erhöhte Anforderungen	$0{,}009 \cdot p_s^{0,65}$	500	400	1000	2000
C	hohe Anforderungen	$0{,}003 \cdot p_s^{0,65}$	750	400	1000	2000
D[1]	höchste Anforderungen	$0{,}001 \cdot p_s^{0,65}$	750	400	1000	2000

[1] Luftleitungssystem für besondere Anwendungen
[2] Statische Druckdifferenz zwischen Innen- und Umgebungsdruck

Nach DIN EN 1507 sind die Druckgrenzwerte bei den entsprechenden Luftdichtheitsklassen festgelegt. Die notwendigen Blechstärken ergeben sich aus diesen Vorgaben.

Tab. 474.3: Maße für Luftleitungen mit rundem Querschnitt DIN EN 1506: 2007-09

d_1[1] in mm	**63**	**80**	**100**	**125**	150	**160**	**200**	**250**	300	**315**	355
A_C[2] in m²	0,0031	0,0050	0,0078	0,0123	0,0177	0,0201	0,0314	0,0491	0,0707	0,0779	0,0989
A_i[3] in m²/m	0,197	0,251	0,314	0,393	0,471	0,502	0,628	0,785	0,943	0,990	1,11
d_1[1] in mm	**400**	450	**500**	560	**630**	710	**800**	900	**1000**	1120	**1250**
A_C[2] in m²	0,126	0,159	0,196	0,246	0,312	0,396	0,503	0,636	0,785	0,985	1,23
A_i[3] in m²/m	1,26	1,41	1,57	1,76	1,98	2,23	2,51	2,83	3,14	3,52	3,93

[1] Nenndurchmesser d_1 = Innendurchmesser; Vorzugsmaße sind **fett** gedruckt
[2] Querschnittsfläche A_C in m² [3] Leitungsoberfläche A_i in m²/m
Werkstoff: Blech EN 10 327 – DX51D + Z 275 (Stahlblech mit beidseitiger Zinkauflage von 275 g/m²)

Tab. 474.4: Klassifizierung von Luftleitungen mit rundem Querschnitt aus Blech DIN 12 237: 2003-07

Luftdichtheitsklasse		Grenzwert des statischen Drucks p_s[2] in Pa		Grenzwerte der Luftleckrate f_{max} in l/(s · m²)
		Positiv	Negativ	
A	ohne Anforderungen	500	500	$0{,}027 \cdot p_s^{0,65}$
B	erhöhte Anforderungen	1000	750	$0{,}009 \cdot p_s^{0,65}$
C	hohe Anforderungen	2000	750	$0{,}003 \cdot p_s^{0,65}$
D[1]	höchste Anforderungen	2000	750	$0{,}001 \cdot p_s^{0,65}$

[1] Luftleitungssysteme für besondere Anwendungen
[2] Statische Druckdifferenz zwischen Innen- und Umgebungsdruck

Luftleitungen und Formstücke *ventilating ducts and shaped parts*

Tab. 475.1: Arten von Stoßverbindungen bei Blechkanälen

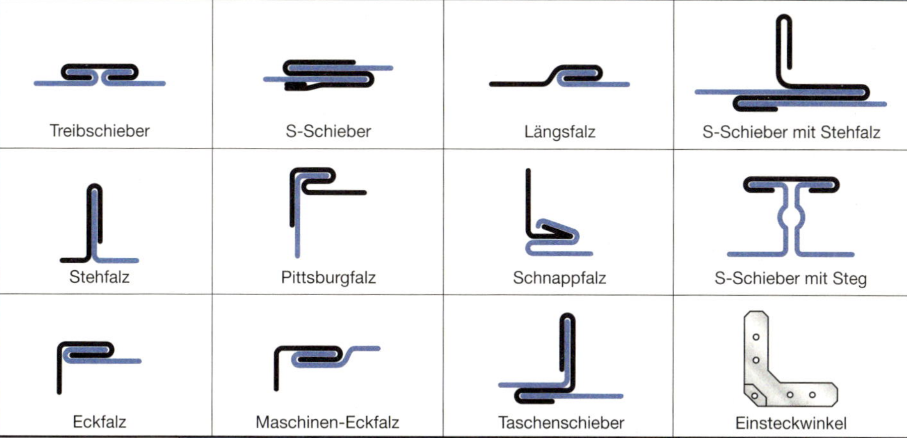

Wickelfalzrohre

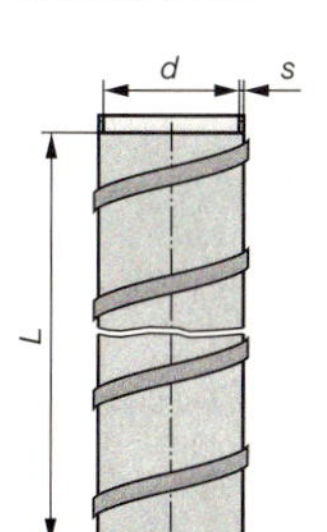

Tab. 475.2: Nennweiten und Luftdichtheitsklasse nach DIN EN 12 237: 2003-03

Nennweiten nach DIN EN 1506 d in mm					Luftdichtheitsklasse[1]	Grenzwert des stat. Druckes p_e in Pa	
						Positiv	Negativ
63	**80**	**100**	**125**	150	A	500	500
160	**200**	**250**	300	**315**	B	1000	750
355	**400**	450	**500**	560	C	2000	750
630	710	**800**	900	**1000**	D	2000	750
1120	**1250**	–	–	–			

[1] Luftdichtheitsklasse → Tab. 474.4

Fett gedruckte Nennweiten bevorzugen; Nennweite entspricht Innendurchmesser

Tab. 475.3: Errechnete Blechdicken s[1] für Wickelfalzrohre nach DIN EN 12 237

d in mm	80 bis 300	315 bis 560	600 bis 900	1000 bis 1250
s in mm	0,5	0,6	0,8	1,0

[1] ab DN 200 mit Doppelsicke

Werkstoff: Blech EN 10 327 – DX52D + Z 275 (Stahlblech mit beidseitiger Zinkauflage von 275 g/m²)
Standardlängen: DN 80–450 ⇒ l = 3 m oder 5 m; DN 500–1250 ⇒ l = 3 m

Flexible Rohre

Alu-Rohr-flexibel

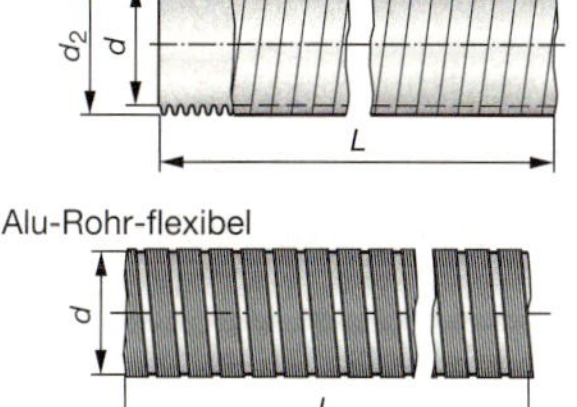

Tab. 475.4: Nennweiten und mechanische Anforderungen für flexible Luftleitungen nach DIN EN 13 180: 2002-03

Nennweiten		Druck	Nennweiten		Druck
d[1] in mm	d_2 in mm	p_e[2] in Pa	d[1] in mm	d_2 in mm	p_e[2] in Pa
63[2]	70	±3150	**250**	259	±2000
80	87	±3150	**315**	324	±2000
100	107	±3150	355	365	±1600
125	132	±3150	**400**	410	±1600
160	168	±2500	450	461	±1250
200	208	±2500	**500**	511	±1000

Bemerkung:
[1] Nennweite entspricht dem Innendurchmesser Fettgeschriebene Zahlen geben empfohlene Größen nach EN 1506
[2] Zulässige Über- und Unterdrücke (Herstellerangaben)

Werkstoffauswahl: Stahl galvanisch verzinkt; ein- oder mehrlagiges Aluminium; nichtrostender Stahl

Rohreigenschaften: Biegeradius $r \geq 1{,}5 \cdot d$ (halbflexible Ausführung), nicht stauch- und streckbar, DN 63-200
Biegeradius $r \geq 1{,}0 \cdot d$ (mittelflexible Ausführung), stauch- und streckbar, DN 63-500
Biegeradius $r \geq 1{,}0 \cdot d$ (vollflexible Ausführung), gut stauch- und streckbar, DN 80-315
Wärmeisoliertes Rohr mit Mineral- oder Glaswollisolierung, Isolierstärke s = 25 oder 50 mm

Statischer Prüfdruck p_s für die entsprechenden Dichtheitsklassen:
Dichtheitsklasse A → Prüfdruck p_s = +/–400 Pa
Dichtheitsklasse B → Prüfdruck p_s = +/–1000 Pa; wenn p_{Nenn} > 100 Pa, dann Prüfdruck p_s = > 1000 Pa
Dichtheitsklasse C → Prüfdruck p_s = +/–1000 Pa; wenn p_{Nenn} > 100 Pa, dann Prüfdruck p_s = > 1000 Pa
Der Prüfdruck p_s muss fünf Minuten aufrechterhalten bleiben; nach dieser Zeit ist der Luftleckstrom zu registrieren.

Luftleitungen und Formstücke *ventilating ducts and shaped parts*

Tab. 476.1: Formstücke für runde Luftleitungen nach DIN EN 1506: 2007-09 mit Widerstandsbeiwerten ζ

Bogen-90°, glatt (BGE)[1]

r/d	0,5	1	2	4
ζ	0,9	0,33	0,19	0,15

Bogen-45°, glatt (BGE)

r/d	1	2
ζ	0,1	0,05

Bogen-90°, aus Segmenten (BSE)

r/d	0,5	0,75	1,0	1,5
ζ (3 Seg.)	1,3	0,8	0,5	0,3
ζ (5 Seg.)	1,1	0,6	0,4	0,25

Übergangsstück (SSE) stumpf

A_2/A_1	0,2	0,4	0,6	0,8
ζ	0,4	0,3	0,2	0,1

Übergangsstück (USE) konisch, symmetrisch

Übergangsstück (UAE) konisch, asymmetrisch

Verengung: $\alpha = 10 - 45°$

A_2/A_1	0,2	0,4	0,6	0,8	1,0
ζ	0,08	0,08	0,06	0,02	0,0

Abzweigstück-90° (ATE)

v_1/v_2	0,4	0,6	0,8	1,0
ζ_2	7,0	3,4	2,1	1,5

Abzweigstück-45° (AYE)

ζ_2-Werte

v_1/v_2	0,4	0,6	0,8	1,0
$\alpha = 60°$	5,0	2,2	1,3	0,8
$\alpha = 45°$	3,5	1,3	0,7	0,4

Hosenstück (HSE)

α	10°	30°	45°	60°
ζ	0,1	0,3	0,7	1,0

Abzweigstück-90°

Trennung	
ζ	1,4

Tab. 476.2: Formstücke für Luftleitungen mit Rechteckquerschnitt nach DIN EN 1505 mit Widerstandsbeiwerten ζ

Bogen-90°

a/b	0,25	0,5	1,0	2,0
ζ	2,1	1,7	1,2	0,6

Bogen-90° mit Leitblech

r/a	0	0,2	0,4	0,6	0,8
ζ	1,4	0,7	0,6	0,7	1,1

Bogen-90° / Krümmer-90°

b/a	0,25			0,5			0,75–3,0		
r/a	0,75	1,0	1,5	0,75	1,0	1,5	0,75	1,0	1,5
ζ	0,55	0,45	0,3	0,45	0,3	0,2	0,4	0,2	0,15

Übergangsstück symmetrisch

Übergangsstück asymmetrisch

Erweiterung: Werte für ζ

A_1/A_2	$\alpha = 5°$	7,5°	10°	15°	20	> 30°
0,5	0,07	0,09	0,13	0,21	0,27	0,28
0,33	0,11	0,16	0,22	0,36	0,48	0,50

ζ-Werte für runde und quadratische Luftleitungen sind bei Verengungen und Erweiterungen identisch.

Abzweigstück-90°

Abzweig

v_3/v_1	0,4	0,6	0,8	1,0
ζ_3	7,0	3,4	2,1	1,5

Vereinigung

v_3/v_1	0,5	0,6	0,8	1,0
ζ_3	0,4	0,9	1,3	1,5

Abzweigstück-90°

Zusammenführung	
ζ	1,4

Hosenstück

r/b	0,5	0,75	1,0	1,5
ζ	1,0	0,5	0,25	0,15

[1] Toleranzen und Spiel für Luftleitungen und Formstücke nach DIN EN 1505/06

Luftleitungen und Formstücke *ventilating ducts and shaped parts*

Tab. 477.1: ζ-Werte für Ein- und Ausströmöffnungen, Doppelbögen und Einbauten

Bogen-90° (Leitbleche)

□	
ζ	0,35

Einströmöffnung

Ø	ζ	0,9	0,6
□	ζ	1,25	0,7

Einströmöffnung

r/d	0,25	0,5	0,75	1,0
ζ	0,2	0,1	0,05	0,05

Einströmöffnung (Ø □)

α	15°	30°	45°	60°
ζ	0,5	0,3	0,3	0,4

Außen- und Fortluftgitter

ζ	10

Jalousieklappen

α	0°	15°	30°	45°	60°
ζ	0,25	0,7	2,2	6,5	20

Jalousieklappen

α	0°	15°	30°	45°	60°
ζ	0,35	1,1	3,3	10	30

Etagenstück (Ø □)

l/d	0,5	1	2
ζ	1,6	1,9	2,1

U-Bogen (Ø □)

l/d	1	2	3	4
ζ	3,5	1,7	1,6	1,5

Deckenluftgitter

ζ	2,0

Tab. 477.2: Verbindungsarten für Luftleitungen und Formstücke aus Blech

Verbindungen an Luftleitungen	Verbindungen an Formstücken	Hinweis
Glattes Ende mit Steckverbindung (Rohr, Steckverbinder, l_P, mit Dichtung, ohne Dichtung)	Glattes Ende mit Muffenverbindung (Formstück, Muffe, l_P, mit Dichtung, ohne Dichtung)	Steckverbinder oder Muffe mit Rohr bzw. Formstück zusammenstecken und nach Bedarf mit Schrauben, Nieten oder Dichtungsband befestigen. Wickelfalzrohre werden vorzugsweise bis zu d = 800 mm durch Stecken verbunden, für größere Durchmesser werden eher Flanschverbindungen mit Flanschverbinder und Flachflansche angewendet.
Leitungsende mit Sicke und Flanschverbinder (Rohr, Flachflansch, Flanschverbinder)	Formstückende mit Sicke (Rohr, l_P, Formstück, ohne Dichtung)	
Leitungsende mit aufgeschweißtem Flansch 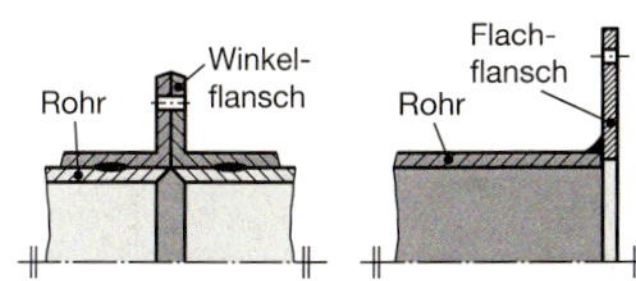	Flachflanschverbindung DIN EN 12 220 mit Leitung und Formstück 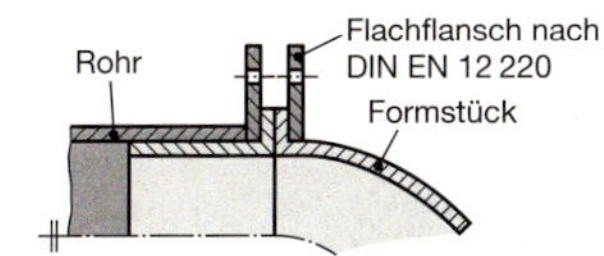 	

Tab. 477.3: Überlappungslänge l_P bei Überlappungsverbindungen DIN EN 1506: 2007-09

Nenndurchmesser d in mm	63 bis 315	> 315 bis 800	> 800 bis 1250
Überlappungslänge l_P in mm	≥ 25	≥ 50	≥ 100

Bei Stoßverbindungen sind die Durchmesser der zu verbindenden Luftleitungen an der Verbindungsstelle gleich.

Raumlufttechnik

Luftverteilung in Rohren und Kanälen *volume of air flow in pipes and ducts*

Luftvolumenstrom

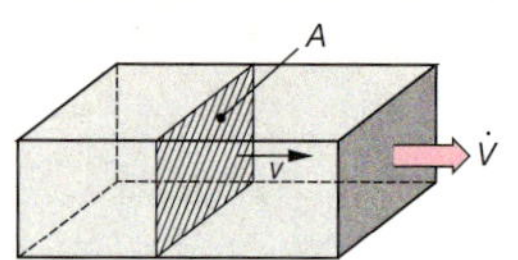

$$\dot{V} = A \cdot v \cdot 3600$$

$\dot{V}$	: Luftvolumenstrom	in m³/h
A	: lichter Kanalquerschnitt	in m²
v	: Strömungsgeschwindigkeit	in m/s
3600	: Umrechnungsfaktor	in s/h

Tab. 478.1: Luftgeschwindigkeiten *v* in m/s in RLT-Anlagen (Niederdruckanlagen)

Niederdruckanlagen[1]	für Komfort-[2] anlagen	für Industrie-anlagen
Hauptkanäle	4 ... 8	6 ... 12
Abzweigkanäle	3 ... 5	5 ... 8
Anschlussstücke	3 ... 4	4 ... 6
Zuluftdurchlässe[3]	(1,5) 3 ... 4	3 ... 5
Ab- und Umluftgitter	2 ... 3	3 ... 4
Außenluftgitter	3 ... 4	4 ... 6

[1] Bei Hochdruckanlagen werden im Hauptkanal v = 12 ... 15 m/s und im Abzweigkanal v = 7 ... 10 m/s erreicht.
[2] Die Geschwindigkeit ist abhängig vom zulässigen Geräuschpegel, von der Ausbildung der Formstücke, der Kanalbefestigung und der Raumnutzung.
[3] Bei Quelllüftung über den Fußboden v < 0,2 m/s, bei Weitwurfdüsen v > 10 m/s

Druckgefälle R_K in geraden, rauen Rohren

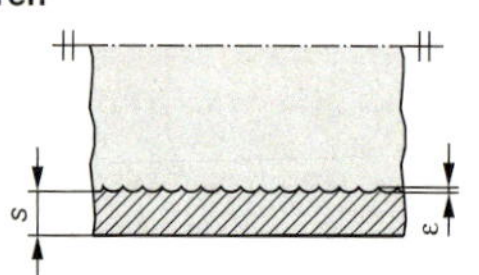

$$R_K = R_0 \cdot f$$

R_K	: Druckgefälle in geraden rauen Rohren	in Pa/m
R_0	: Druckgefälle in geraden glatten Rohren (→ Diagr. 479.1)	in Pa/m
f	: Korrekturfaktor (→ Diagr. 478.1)	

Tab. 478.2: absolute Rauigkeit ε in mm

Kanalwerkstoff	Rauigkeit ε
glatter Blechkanal	0,0 mm
gefalzter Blechkanal	0,15 mm
Betonkanal, glatt	0,5 mm
Betonkanal, rau	1,0 ... 3,0 mm
Faserzementrohre	0,15 mm
PVC/PE-Rohre	0,01 mm
flexible Schläuche	0,6 ... 2,0 mm
gemauerte Kanäle	3,0 ... 5,0 mm

Diagr. 478.1: Korrekturfaktor *f* bei verschiedenen Kanalwerkstoffen

Hinweis:
Die Korrekturfaktoren sind vom Druckgefälle abhängig.

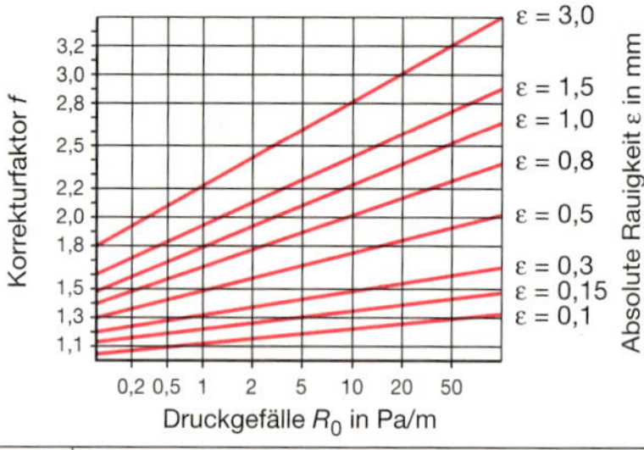

Druckverluste in RLT-Anlagen

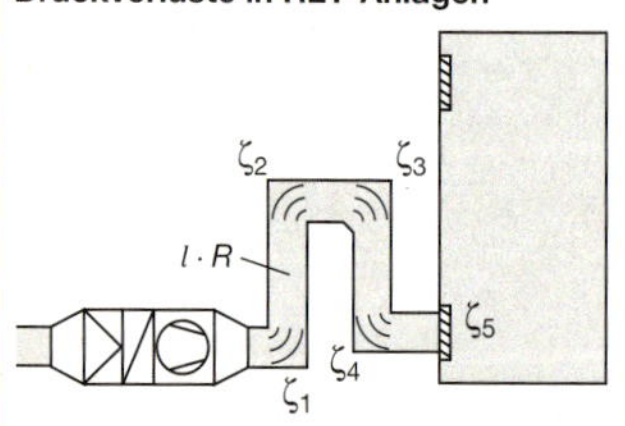

$$\Delta p = l \cdot R_K + Z$$

$$Z = \Sigma\zeta \cdot \frac{\varrho \cdot v^2}{2}$$

Δp	: Gesamtdruckverluste	in Pa
l	: Kanallänge	in m
R_K	: Druckgefälle in geraden rauen Rohren	in Pa/m
Z	: Druckverluste durch Einzelwiderstände	in Pa
ϱ	: Dichte der Luft (→ Tab. 452.3)	in kg/m³
$\Sigma\zeta$	: Summe der Einzelwiderstände (dimensionslos)	
v	: Strömungsgeschwindigkeit	in m/s

Hydraulischer (gleichwertiger) Durchmesser[1]

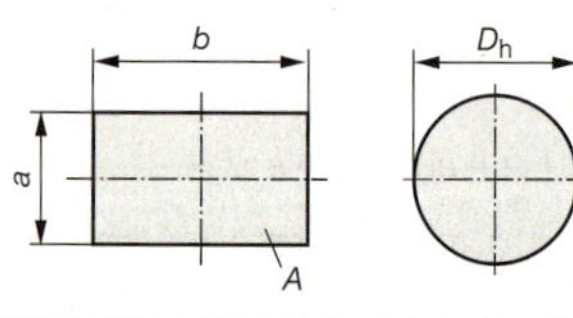

$$D_h = \frac{2 \cdot a \cdot b}{a + b}$$

oder

$$D_h = \frac{4 \cdot A}{U}$$

D_h	: hydraul. Durchmesser	in mm; m
A	: Querschnitt der Leitung	in mm²; m²
U	: benetzter Umfang der Leitung	in mm; m
a, b	: Seiten der rechteckigen Luftleitung	in mm; m

[1] Bei rechteckigen Luftleitungen mit den Kantenlängen a und b ist der hydraulische Durchmesser zu verwenden, in dem der gleiche Druckabfall bei gleicher Luftgeschwindigkeit und gleichem Rauigkeitswert herrscht.

Raumlufttechnik

Luftverteilung in Rohren und Kanälen *volume of air flow in pipes and ducts*

Diagr. 479.1: Druckgefälle R_0 in glatten Lüftungsrohren (ϑ = 20 °C, p_{abs} = 1013 hPa, ϱ_L = 1,2 kg/m³)

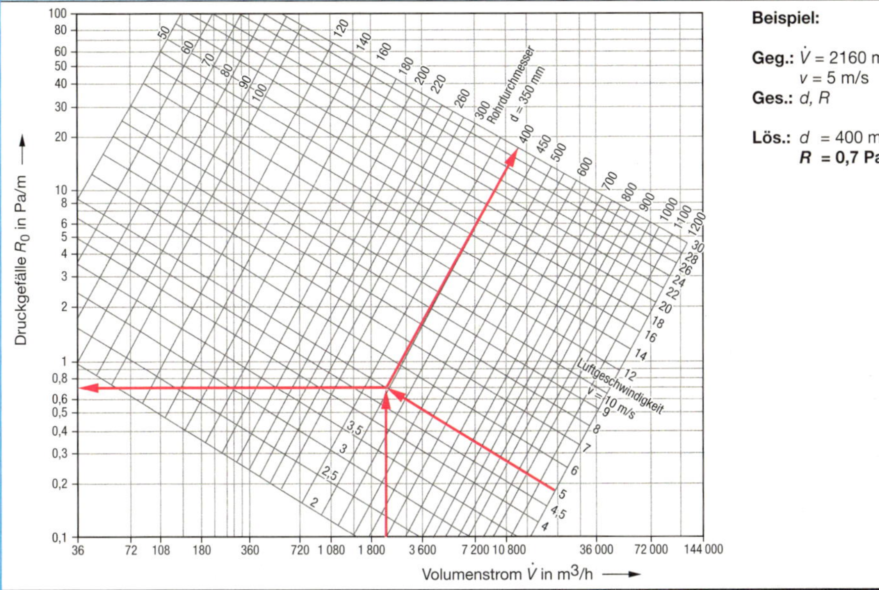

Beispiel:

Geg.: $\dot{V}$ = 2160 m³/h
v = 5 m/s

Ges.: *d, R*

Lös.: d = 400 mm
R **= 0,7 Pa/m**

Diagr. 479.2: Druckgefälle *R* in Wickelfalzrohren (ϑ = 20 °C, p_{abs} = 1013 hPa) (Herstellerangaben)

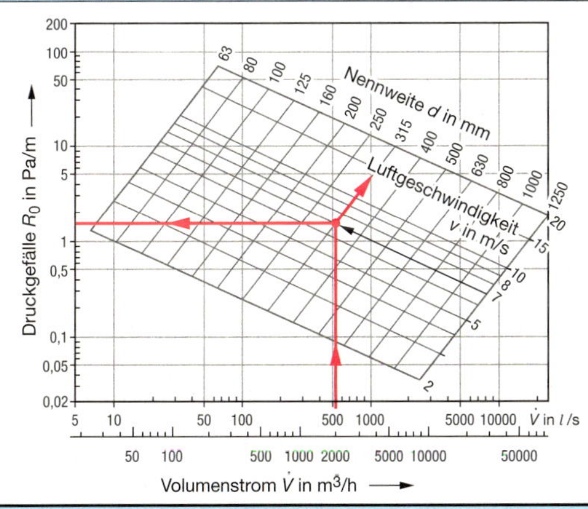

Beispiel:

Geg.: $\dot{V}$ = 2000 m³/h, l = 12 m, Hauptkanal

Ges.: *R* in Pa/m und Δp in Pa

Lös.: Annahme: v = 7 m/s (→ Tab. 478.1)

Gewählt: d = 315 mm,
⇒ ***R* = 1,5 Pa/m**

$\Delta p = R \cdot l$ = 1,5 Pa/m · 12 m

Δp = 18 Pa

Tab. 479.1: Druckverluste Δp von Bauteilen in Geräten und Luftleitungen (DIN EN 13 779 und Herstellerangaben)[1]

Bauteile	Δp in Pa	Bauteile	Δp in Pa
Filter F5–F7, rein[2]	100–250	Schalldämpferteil	30 – 80
Filter F8–F9[2]	150–400	Tropfenabscheider	20 – 70
Lufterwärmer[3]	40–100	Ventilatorgehäuse	20 – 70
Luftkühler [3]	100–200	Jalousieklappen[4]	10 – 30
Luftein-/-auslass	10– 70	Brandschutzklappen	10 – 30
Befeuchter	50–150	Wärmerückgewinnung	100 – 250

[1] Anlagenberechnung grundsätzlich nach Herstellerangaben; [2] Anfangsdruckverlust: Enddruckverl. bei Filter G4 ca. 250 Pa bei Taschenfilter F9 ca. 400 Pa;
[3] abhängig von der Bauart
[4] auch Drosselklappen: offen 5–20 Pa je nach Drosselung 30–100 Pa

Tab. 479.2: Druckverluste *Z* durch Einzelwiderstände für $\Sigma\,\zeta$ = 1 und ϱ_L = 1,2 kg/m³ (→ S. 478)

Geschwindigkeit v in m/s	2,0	2,5	3,0	3,5	4	4,5	5	6	7	8	9	10	12
Druckverlust Z in Pa	2,4	3,75	5,4	7,35	9,6	12,15	15	21,6	29,4	38,4	48,4	60	86,4

Druckverluste in Lüftungs- und Klimaanlagen

pressure losses in ventilation and air conditioning systems

Diagr. 480.1: Druckgefälle R in flexiblen Rohren bei ϑ = 20 °C, p_{abs} = 1013 hPa (Herstellerangaben)

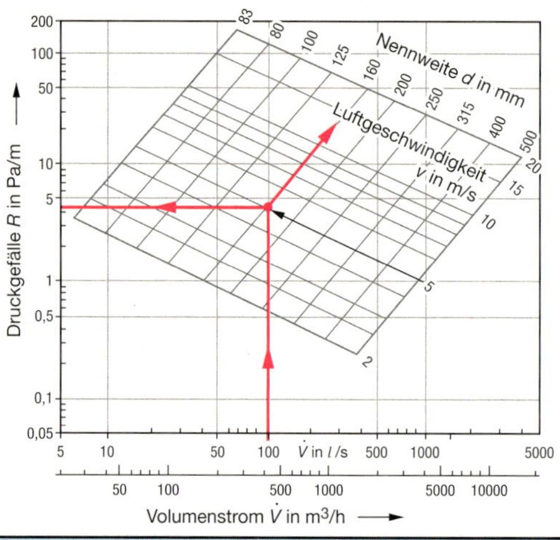

Beispiel:

Geg.: $\dot{V}$ = 100 dm³/s, l = 6 m
Abzweigkanal

Ges.: R in Pa/m und Δp in Pa

Lös.: Annahme v = 5 m/s
(→ Tab. 478.1)
Gewählt: d = 160 mm
⇒ $\boldsymbol{R}$ **= 4,5 Pa/m**
$\Delta p = R \cdot l$
Δp = 4,5 Pa/m · 6 m = **27 Pa**

Lüftungskanalnetz-Berechnung

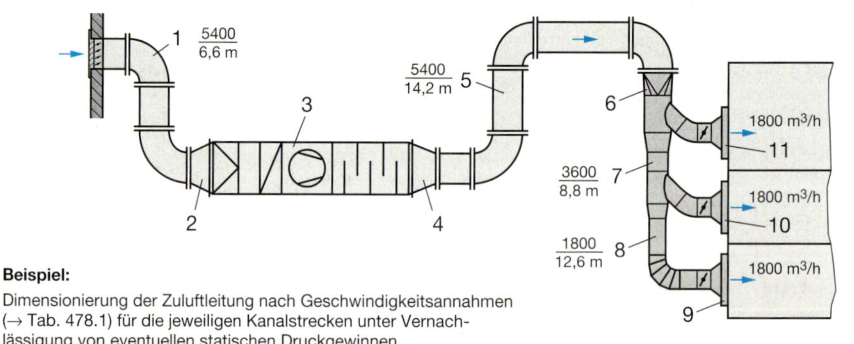

Beispiel:

Dimensionierung der Zuluftleitung nach Geschwindigkeitsannahmen (→ Tab. 478.1) für die jeweiligen Kanalstrecken unter Vernachlässigung von eventuellen statischen Druckgewinnen.

Rechengang:	Spalte (→ Tab. 481.1)
a) Ermittlung der erforderlichen Zuluftvolumenströme für jeden einzelnen Raum (S. 456/467)	
b) Skizzenhafte Darstellung der Kanalführung und Festlegung der Zuluftdurchlässe.	
c) Festlegung in einzelne Teilstreckenlängen mit den entsprechenden Volumenströmen.	**1, 2, 3, 9**
d) Ermittlung der Luftgeschwindigkeiten (→ S. 478).	**4**
e) Festlegung des ungünstigsten Kanalzuges, d. h. des Kanalzuges mit den größten Druckverlusten.	
f) Dimensionierung der Teilstrecken nach dem gewünschten R-Wert und der geeigneten Geschwindigkeit oder nach der möglichen Kanalgröße (→ Diagr. 479.1). Wenn notwendig, Umrechnung des rechteckigen Querschnitts auf den hydraulischen (gleichwertigen) Durchmesser (→ S. 478).	**5, 6, 7, 8, 10**
g) Bestimmung der Widerstandsbeiwerte der Formteile (→ S. 476 und 477) und der Einzelwiderstände der Bauteile (→ Tab. 479.1). Beide Werte sollen nach Möglichkeit mit Herstellerangaben genau festgelegt werden.	**12**
h) Berechnung und Addition der Rohrreibungsverluste $l \cdot R$ und der Einzelwiderstände Z (→ S. 478)	**11, 13**
i) Ermittlung des statischen Gesamtdruckes der Anlage und des dynamischen Druckes am Ventilatorausgang zur Bestimmung des Ventilatorförderdruckes (→ S. 482).	**14**
k) Durch Vergleich der Druckverluste in den verschiedenen Kanalzügen kann der Druckdifferenzenabgleich vorgenommen werden.	

Druckverluste in Lüftungs- und Klimaanlagen

pressure losses in ventilation and air conditioning systems

Tab. 481.1: Berechnungsformular zur Kanalnetzberechnung (→ Beispiel S. 480)

1	2	3	4	5	6	7	8	9	10	11	12	13	14	
Teilstrecken-Nr.	Volumenstrom	Volumenstrom	Luftgeschwindigkeit	Querschnittsfläche der Luftltg.	Abmessung: Breite	Abmessung: Höhe	Durchmesser oder hydr. Durchmesser	Länge der Teilstrecke	Druckgefälle	Reibungsverlust	Widerstandsbeiwert	Einzelwiderstand	Statische Druckdifferenz	
Nr.	$\dot{V}_h$	$\dot{V}_s$	v	A	a	b	d (d_h)	l	R	$R \cdot l$	$\Sigma\zeta$	Z	$\Delta p = l \cdot R + Z$	
–	m^3/h	m^3/s	m/s	m^2	m	m	m	m	Pa/m	Pa	–	Pa	Pa	**Bemerkungen:**
1	5400	1,5	3,1	0,48	0,8	0,6	0,68	6,6	0,15	1,0	10,8	62,3	63,3	Wetterschutz $\zeta = 10$, Bögen $\zeta = 2 \cdot 0{,}4$
2	5400	1,5	3,1/2,3	0,64	0,8	0,8	0,80	–	–	–	0,28	0,9	0,9	Erweiterung $\zeta = 0{,}28$
3	5400	1,5	2,3	0,64	0,8	0,8	0,80	–	–	–	–	–	270,0	Bauteile in Zentralgerät
4	5400	1,5	2,3/5,0	0,30	0,6	0,5	–	–	–	–	0,07	1,0	1,0	Verengung $\zeta = 0{,}07$
5	5400	1,5	5,0	0,30	0,6	0,5	0,55	14,2	0,48	6,8	1,2	18,0	24,8	Bögen $\zeta = 3 \cdot 0{,}4 = 1{,}2$
6	5400	1,5	5,0/7,5	0,20	–	–	0,50	–	–	–	0,06	2,0	2,0	Übergang □/Ø $\zeta = 0{,}06$
7	3600	1,0	8,0	0,125	–	–	0,40	8,8	1,5	13,2	0,06	2,3	15,5	Wickelfalzrohr, Vereng. $\zeta = 0{,}06$
8	1800	0,5	6,4	0,078	–	–	0,315	12,6	1,3	16,4	0,33	8,1	24,5	Seg.-Bogen $\zeta = 0{,}33$
9	1800	0,5	6,5	–	–	–	–	–	–	–	–	–	30,0[1]	[1] Zuluftdurchlass
													432,0	Δp_{St} = statische Druckdifferenz
10	1800	0,5	6,4	0,078	–	–	0,315	–	–	–	0,5	12,3	12,3 + 30[1]	Abzweig $\zeta = 0{,}4$, Bogen $\zeta = 0{,}1$
11	1800	0,5	6,4	0,078	–	–	0,315	–	–	–	0,5	12,3	12,3 + 30[1]	Abzweig $\zeta = 0{,}4$, Bogen $\zeta = 0{,}1$

Δp der Bauteile (Apparate) im Zentralgerät:
Filter (F7) = 120 Pa
Erhitzer = 60 Pa
Ventilatorgehäuse = 50 Pa
Schalldämpfer = 40 Pa
$\Sigma \Delta p_{AP}$ = 270 Pa

Druckdifferenzen-abgleich:	TS 10 = TS 8 bis 9 = 54,5 Pa → $\Delta p_{diff} = 54{,}5 - 42{,}3 = 12{,}2$ Pa TS 11 = TS 7 bis 9 = 70,0 Pa → $\Delta p_{diff} = 70{,}0 - 42{,}3 = 27{,}7$ Pa	Ausgleich durch Drosseleinrichtungen
Ventilator-Druck-differenz:	$\Delta p_V = \Delta p_{st} + \Delta p_{dyn} = 431\ \text{Pa} + \varrho/2 \cdot v^2_{St}$ $\Delta p_V = 432\ \text{Pa} + 1{,}2/2\ \text{kg/m}^3 \cdot (12\ \text{m/s})^2 = \mathbf{518{,}4\ Pa}$	Die Luftgeschwindigkeit v_{St} am Stutzen aus Ventilatordiagramm (→ Diagr. 482.1)

Ventilatoren für RLT-Anlagen *fans for ventilation systems*

Tab. 481.2: Bauarten von Ventilatoren

Axialventilatoren			Radialventilatoren		Querstromvent.
Wandventilator	ohne Leitrad	mit Leitrad	rückwärts gekrümmte Schaufeln	vorwärts gekrümmte Schaufeln	–
für Fenster u. Wandeinbau	bei geringen Drücken	bei höheren Drücken	bei hohen Drücken und Wirkungsgraden	bei geringen Drücken und Wirkungsgraden	für niedr. Drücke geringer Platzbed.

Freilaufende Radialventilatoren (ohne Ventilatorgehäuse) mit frequenzumformergeregeltem Direktantrieb (ohne Keilriementrieb) haben einen hohen Ventilatorwirkungsgrad auch bei niedrigen Drehzahlen, sind Energie sparender und haben einen geringeren Wartungsaufwand.

Tab. 481.3: Einteilung der Ventilatoren nach der Druckerhöhung

Arten	Niederdruckventilator	Mitteldruckventilator	Hochdruckventilator
Gesamtförderdruck Δp in Pa	< 700	< 700 bis 3000	< 3000 bis 30000

Ventilatoren für RLT-Anlagen *fans for ventilation systems*

Ventilatorleistung

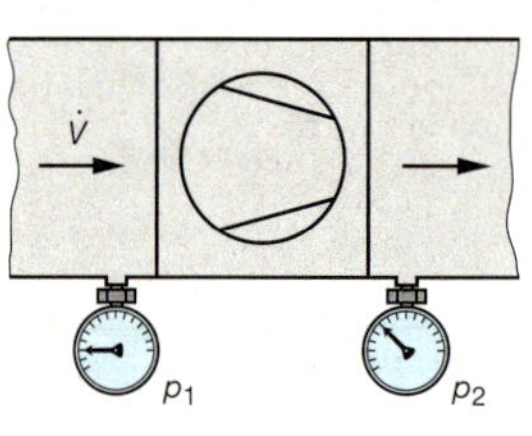

$$P_{ab} = \frac{\dot{V} \cdot \Delta p_V}{3600}$$

$$\Delta p_V = p_2 - p_1$$

$$P_V = \frac{\dot{V} \cdot \Delta p_V}{3600 \cdot \eta_V}$$

$$P_{zu} = \frac{P_V}{\eta_M}$$

P_{ab}	: Ventilatorleistung	in W
$\dot{V}$	: Luftvolumenstrom	in m³/h
Δp_V	: Ventilatordruck	in Pa
3600	: Umrechnungsfaktor	in s/h
P_V	: Leistungsbedarf an der Ventilatorwelle	in W
η_V	: Ventilatorwirkungsgrad (→ Diagr. 482.1)	
P_{zu}	: Leistungsaufnahme des E-Motors	in W
η_M	: Motorwirkungsgrad	

Ventilatordruck

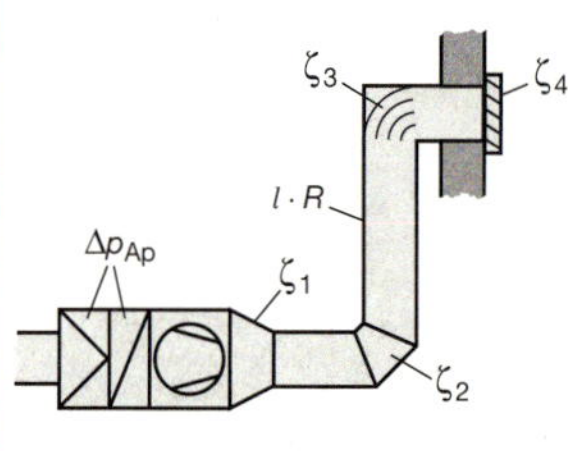

$$\Delta p_V = \Delta p_{st} + \Delta p_{dyn}$$

$$\Delta p_{st} = \Sigma\,(l \cdot R + Z) + \Delta p_{Ap}$$

$$\Delta p_{dyn} = \varrho/2 \cdot v_{St}^2$$

$\varrho \approx 1{,}2$ kg/m³ (genaue Werte (→ Tab. 452.3)

Δp_V	: Ventilatordruck	in Pa
Δp_{st}	: statischer Anlagendruck	in Pa
Δp_{dyn}	: dynamischer Druck	in Pa
$l \cdot R$	: Druckverluste in geraden Kanalstrecken	in Pa
Z	: Druckverluste durch Einzelwiderstände	in Pa
Δp_{AP}	: Druckverluste in den Apparateteilen (→ Tab. 479.1)	in Pa
ϱ	: Dichte der Luft	in kg/m³
v_{St}	: Geschwindigkeit am Ventilatordruckstutzen (→ Diagr. 482.1)	in m/s

Diagr. 482.1: Ventilatordiagramm – Radialventilator mit vorwärts gekrümmten Schaufeln (Herstellerangaben)

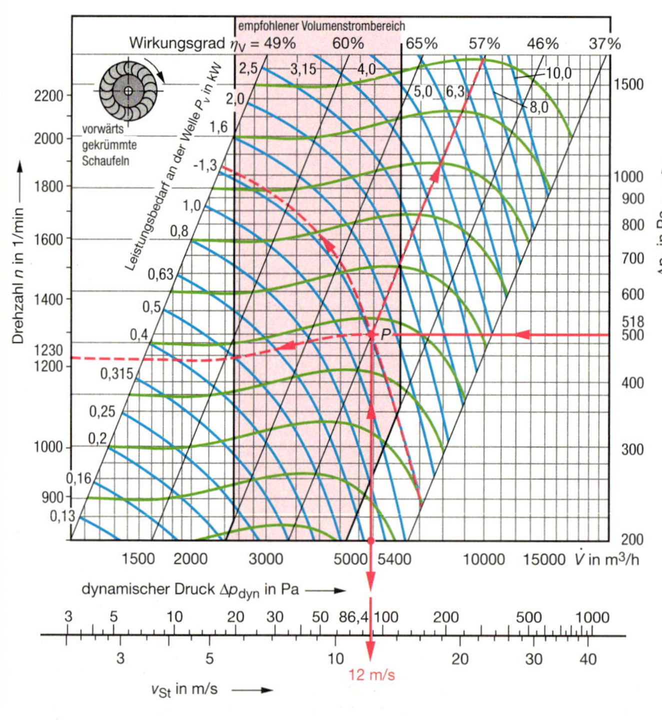

Ventilatorauswahl:
Festlegung des Betriebspunktes P mittels Volumenstrom $\dot{V}$ und Gesamtdruckverlustes Δp_V aus der Kanalnetzberechnung (→ Tab. 481.1). Der Punkt P soll im Bereich des optimalen Wirkungsgrades η_V liegen oder geringfügig rechts davon. Dann können die Ventilatordaten abgelesen werden: Leistungsbedarf P_V, Wirkungsgrad η_V, Drehzahl n, Luftgeschwindigkeit am Druckstutzen v_{St} und der dynamische Druck p_{dyn}.

Beispiel: (→ S. 481)

Geg.: $\dot{V} = 5400$ m³/h
$\eta_M = 0{,}8$
$\Delta p_V = 518$ Pa

Lös.: $P_V = 1{,}36$ kW
$\eta_V = 0{,}57$
$n = 1230$ 1/min
$v_{St} = 12$ m/s
$\Delta p_{dyn} = 86{,}4$ Pa
$P_{ZU} = 1{,}36 \text{ kW}/\eta_M$
$P_{ZU} = 1{,}36 \text{ kW}/0{,}8$
$P_{ZU} = 1{,}70$ kW

Ventilatoren für RLT-Anlagen *fans for ventilation systems*

Modellgesetze bei Drehzahländerung

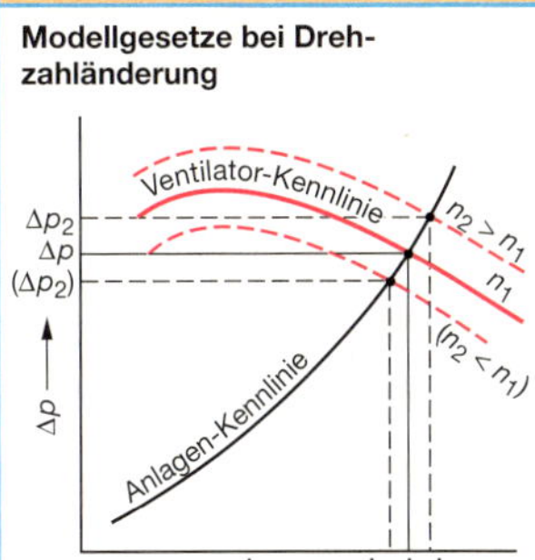

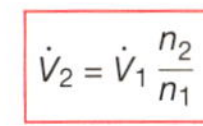

$$\dot{V}_2 = \dot{V}_1 \frac{n_2}{n_1}$$

$$\Delta p_2 = \Delta p_1 \left(\frac{n_2}{n_1}\right)^2$$

$$P_{zu\,2} = P_{zu\,1} \left(\frac{n_2}{n_1}\right)^3$$

$\dot{V}_1$	: Volumenstrom 1	in m^3/h
$\dot{V}_2$	: Volumenstrom 2	in m^3/h
n_1	: Drehfrequenz 1 des Ventilators	in 1/min
n_2	: Drehfrequenz 2 des Ventilators	in 1/min
Δp_1	: Ventilatordruck 1	in Pa
Δp_2	: Ventilatordruck 2	in Pa
$P_{zu\,1}$	: Leistungsaufnahme 1 des Ventilators	in W
$P_{zu\,2}$	: Leistungsaufnahme 2 des Ventilators	in W

(→ S. 421)

Filter für RLT-Anlagen *air filters for ventilating systems*

Luftfilter

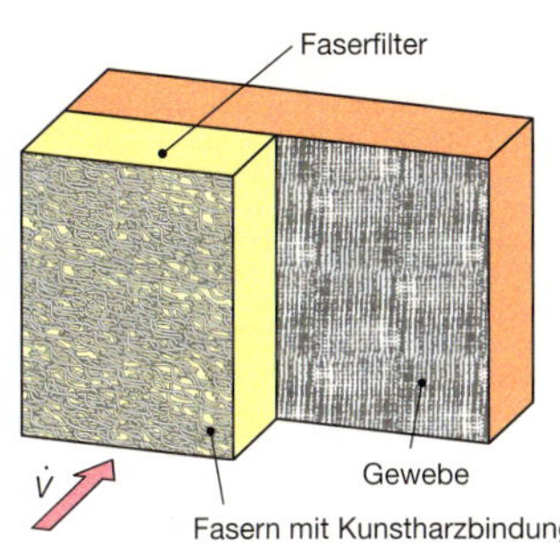

Aufgabe:

Luftfilter sind Geräte und Komponenten der Luftaufbereitung, mit denen teilchen- und gasförmige Verunreinigungen aus der Luft gefiltert und abgeschieden werden.

Filterbauarten:

Material: Metall-, Faser-, Aktivkohle-, Ölbad- und Elektrofaserfilter
Benutzung: Wegwerffilter (Einmalfilter), Dauerfilter (Regenerierfilter)
Filterklasse: (→ Tab. 483.1)
Betriebsart: Stationär-, Umlauf-, Band- und Elektrofilter
Bauart: Schrägstrom-, Rundluft-, Trommel-, Umlauf-, Kessel- und Taschenfilter
Einbauart: Kanal-, Wand- und Deckenfilter

Tab. 483.1: Luftfilter-Klasseneinteilung DIN EN 779: 2003-05

Filterklasse	Mittlerer Abscheidegrad A_m in %	Mittlerer Wirkungsgrad E_m in %	Bezeichnung/ Partikeldurchmesser d_p	Einsatzbereich	Bemerkung
G1 G2 G3 G4	50 … < 65 65 … < 80 80 … < 90 > 90	– –	Grobstaubfilter/ $d_p \approx$ 50–500 µm	Vorfilter Filter für untergeordnete Anforderungen	**Abscheidegrad A_m:** Prozentangabe des abgeschiedenen synthetischen Prüfstaubes nach DIN 24 185. **Wirkungsgrad E_m:** Messgröße in Prozent, die über den Abscheidegrad eines einströmenden Testaerosols aus DEHS mit einer Partikelgröße von 0,4 µm ermittelt wird. (DEHS: **D**i-**E**thyl-**H**exyl-**S**ebacat)
F5 F6 F7 F8 F9	– – – – –	> 40 … 60 > 60 … 80 > 80 … 90 > 90 … 95 > 95	Feinstaubfilter/ $d_p \approx$ 0,5–50 µm	Hochwertige Filter für RLT-Anlagen und Vorfilter für Reinräume	

Tab. 483.2: Schwebstoff-(H) und Hochleistungs-Schwebstofffilter (U)-Klasseneinteilung DIN EN 1822: 2008-04

Filterklasse	Mittlerer Abscheidegrad A_m in %	Mittlerer Wirkungsgrad E_m in %	Bezeichnung/ Partikeldurchmesser d_p	Einsatzbereich	Bemerkung
H10 H11 H12 H13 H14 U15 U16 U17	85 95 99,5 99,95 99,995 99,9995 99,99995 99,999995	– – – – – – – –	Schwebstofffilter/ $d_p \approx$ 0,0–1 µm	Schwebstofffilter für höchste Ansprüche an die Luftreinheit	**Abscheidegrad A_m:** Durch integrale Messung der Partikelkonzentration (Prüfaerosol aus flüssigen Schwebestoffen) vor und nach dem Filter, mit örtlich feststehenden Probenahmesonden nach DIN EN 1822. H = HEPA-Filter (High Efficiency Particulate Air Filter) U = ULPA-Filter (Ultra Low Penetration Air Filter)

Staubspeicherfähigkeit: Sie hängt vom Filtermedium und der Filterfläche ab.
Druckdifferenz im Betrieb: Sie hängt von der Filterfläche, von der geometrischen Anordnung des Filtermediums und der Masse des eingespeicherten Staubes ab.

Filter für RLT-Anlagen *air filters for ventilating systems*

Luftfilter-Druckdifferenz

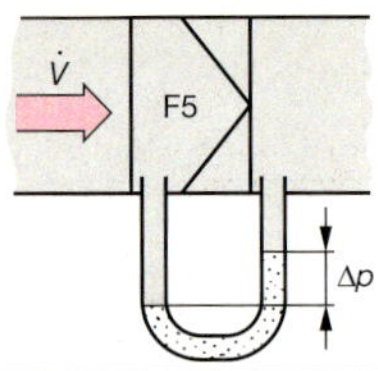

Tab. 484.1: Zulässige Differenzdrücke Δp bei Luftfiltern (bei v = 2–3m/s)

Luftfilterarten nach DIN EN 779	Anfangsdruck-differenz Δp in Pa	Max. Enddruck-differenz Δp in Pa
Grobstaub-Filter	30 bis 50	250
Feinstaub-Filter	50 bis 150	450
Schwebstoff-Filter	100 bis 250	1000 bis 1500

Werte gelten bei einer Einströmgeschwindgkeit v = 2–3 m/s

Tab. 484.2: Empfohlene Filterklasse je Filterstufe nach DIN EN 13 779 (Filterklassen DIN EN 779 → Tab. 483.1)

Außenluftqualität (→ S. 455)	Raumluftqualität (→ Tab. 457.2) RAL 1	RAL 2	RAL 3	RAL 4
AUL 1 (ODA 1)	F9	F8	F7	F5
AUL 2 (ODA 2)	F7 + F9	F5 + F8	F5 + F7	F5 + F6
AUL 3 (ODA 3)	F7 + GF[1] + F5	F7 + GF[1] + F9	F5 + F7	F5 + F6

[1] GF bedeutet Gasfilter (Aktivkohlefilter) und/oder chemische Filter.

Filterwechsel bei Nennvolumenstrom, normalen Staubkonzentrationen (→ Tab. 453.2) bis zur Erreichung der Enddruckdifferenz:

- Grobstaub-Filter ca. 2000 Betriebsstunden, max. nach einem Jahr
- Feinstaub-Filter ca. 4000 Betriebsstunden, max. nach 2 Jahren (Grobstaub-Filter vorgeschaltet)
- Schwebstoff-Filter 1 bis 2 Jahre (Grob- und Feinstaub-Filter vorgeschaltet)

Achtung! Nach **DIN EN 13 779 „Anwendung von Luftfiltern in raumlufttechnische Anlagen – Büro- und Versammlungsräume“** werden u. a. zwei Filterstufen empfohlen. Erste Stufe F5, wenn möglich F7, und in der zweiten Stufe F7, wenn möglich F9. Die Filter dürfen nicht selbst zur Quelle von gesundheits- und geruchsbelastenden Bestandteilen der Luft werden.

Tab. 484.3: Größenverteilung von Verunreinigungen in der Außenluft

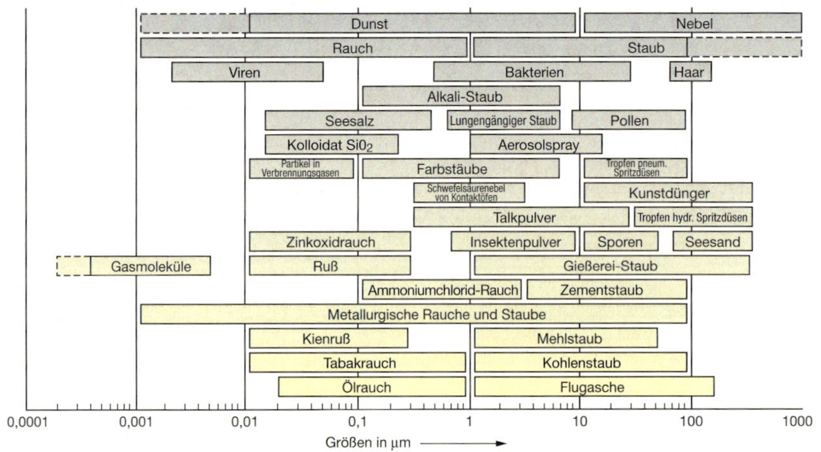

Lufterwärmer/-kühler in einer Kammeranlage *airheating/cooler in a chamber unit*

Lamellenrohr-Wärmetauscher (WT)

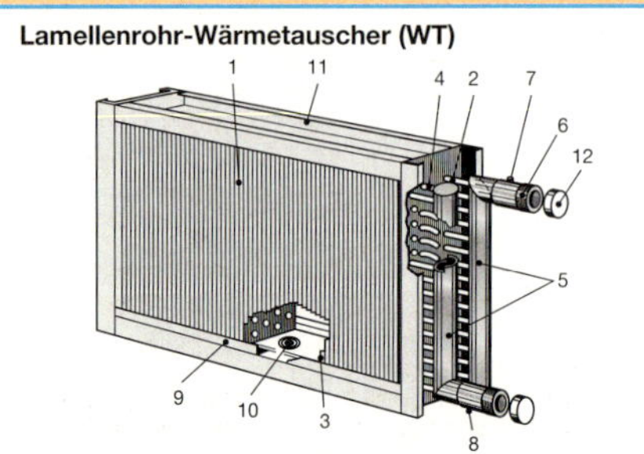

Bauteile:

1 Wärmetauscherfläche	7 Entlüftung
2 Kernrohr	8 Entleerung
3 Lamelle	9 Schwitzwasserwanne
4 Umlenkbogen	10 Kondensatentleerungsmuffe
5 Sammelrohr	11 Anschlussrahmen
6 Gewindestutzen	12 Schutzkappe

Werkstoffe:

WT mit Cu-Rohren und Alu-Lamellen, Sammler aus Stahl
WT mit Cu-Rohren und korrosionsgeschützten Alu-Lamellen
WT aus Stahl – verzinkt

Auswahl nach Wärmeleistung: Berechnung (→ S. 453)
Auswahl der **WT** in der **Praxis** nach **Herstellerangaben**

Luftauslässe *extract air fittings*

Zu- und Abluftdurchlässe

Beispiel 1: Konferenzraum

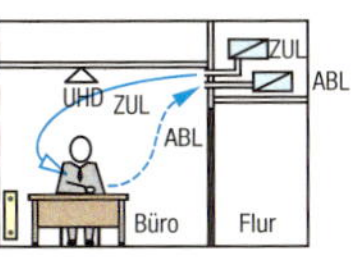

Beispiel 2: Einzelbüro

Luftführung:
Luftführungsarten in Räumen (→ S. 462)

Auswahl des Luftdurchlasses – Grundregeln:

- Die Luftführung von unten nach oben bietet Vorteile in Bezug auf Behaglichkeit und Luftqualität.
- Quellluftauslässe im Wandbereich h_{max} = 0,8 m und v_{max} = 0,2 m/s
- Obere Wand- oder Deckenauslässe (Schlitz- oder Drallauslässe) sind hinsichtlich Volumenstrom, Strömungsgeschwindigkeit, Zuluftüber- bzw. -untertemperatur (→ Tab. 462.1/467.2) u. Streubreite genau zu bemessen.
- Luftauslässe in Niederdruckanlagen (Luftgeschw. → Tab. 478.1) sollten wegen der genaueren Luftverteilung mengenregulierbar sein.
- Die Lage der Abluftdurchlässe soll bei Quelllüftungen und in Räumen, in denen geraucht wird, oben sein und möglichst nahe an Quellen schlechter Luft (Aborte, Küchenherde usw.)
- In Räumen $h < 2{,}2$ m diffuse Wandauslässe mit horizontalen Strahlen, Quellluft- oder Fußbodenauslässe, bei $h > 4$ m in Strahlrichtung verstellbare Auslässe zur Leistungsanpassung verwenden.

Decken-Luftauslässe

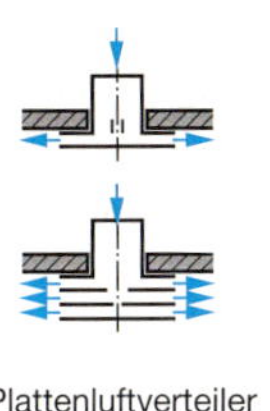

Plattenluftverteiler

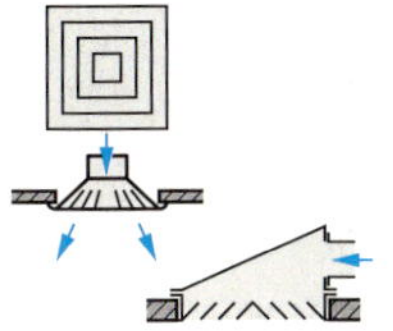

Quadratische Luftverteiler

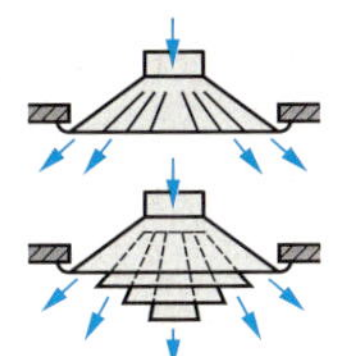

runde konische Luftverteiler

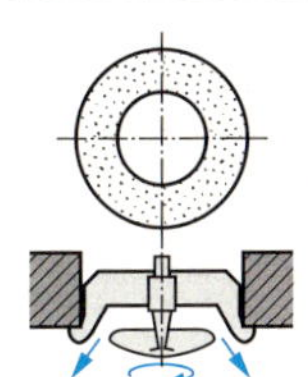

Tellerauslass

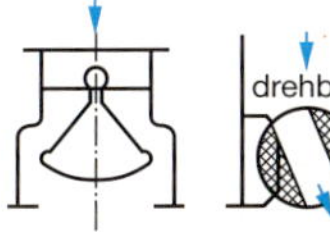

Schlitzauslässe

Lochplattendurchlässe

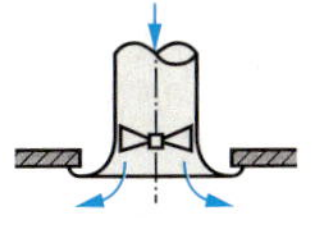

Drallauslass

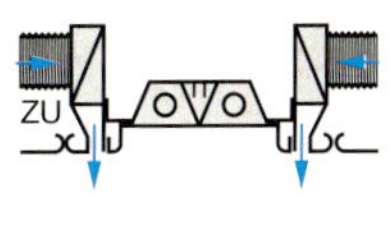

Klimaleuchte

Wand-Luftauslässe

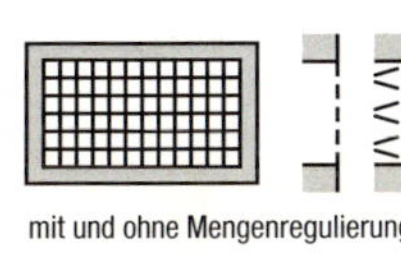

mit und ohne Mengenregulierung

Loch- und Drahtgitter

Stege drehbar

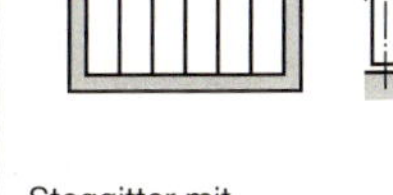

Steggitter mit senkrechten Lamellen

Stege drehbar

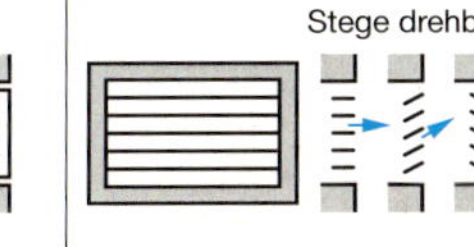

Steggitter mit waagerechten Lamellen

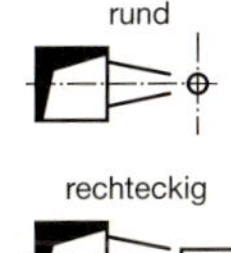

Düsen

Jalousie

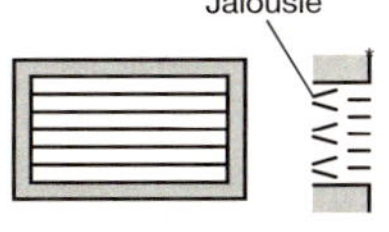

Steggitter mit Luftumlenkung und Mengenregelung

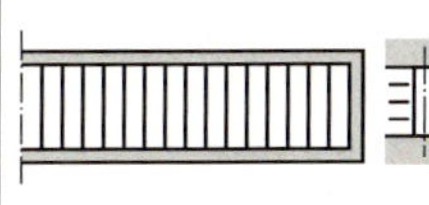

Schlitzgitter

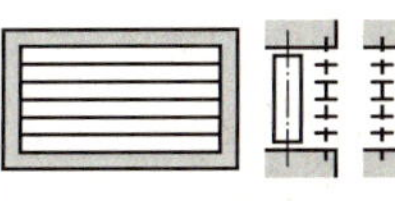

Steggitter mit doppelter Luftumlenkung, waagerecht und senkrecht

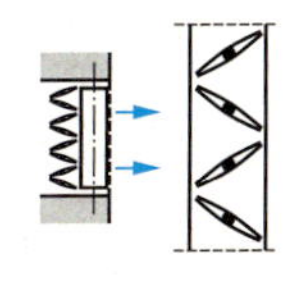

Steggitter mit gegenläufigen Drosselelementen

Raumlufttechnik

Aufbau von Lüftungs- und Klimazentralen

air conditioning units for ventilation and air conditioning plants

Kastengeräte

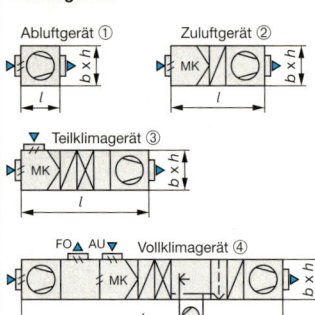

Abluftgerät ①
Zuluftgerät ②
Teilklimagerät ③
Vollklimagerät ④

Tab. 486.1: Kastengeräte-Abmessungen (Herstellerangaben)[1)]

Luftvolumenstrom von – bis $\dot{V}_h$ in m³/h	Breite/ Höhe b/h in cm	Länge l des Gerätes bei Kombination Abluft ① l in cm	Zuluft ② l in cm	Teilklima ③ l in cm	Vollklima ④ l in cm
1600– 4000	63/63	63	156	265	445
2500– 6300	80/80	80	190	240	513
4000– 10000	100/100	100	234	417	605
6300– 16000	125/125	125	284	338	688
10000– 25000	160/160	160	354	408	811
16000– 40000	194/194	194	459	517	059
25000– 63000	240/270	240	488	558	1132
31500– 80000	240/300	300	584	634	1354
40000–100000	240/380	300	614	684	1414

[1)] Maße sind je nach Hersteller sehr unterschiedlich.
[2)] Neben den Geräten Platz für Montage und Wartung vorsehen.

Wärmerückgewinnung (WRG) *heat recovery*

Rückwärmezahl (Heizbetrieb)
(Sensible Wärmemenge, die rückgewonnen werden kann)

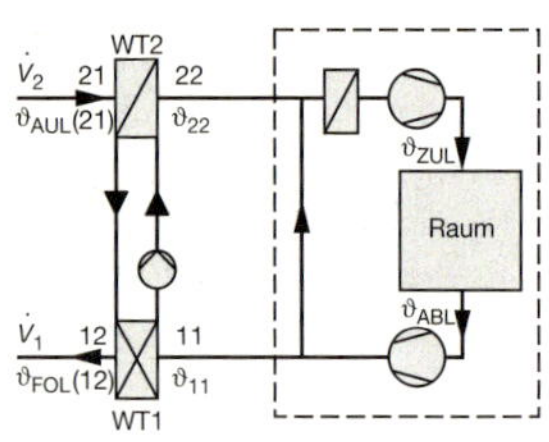

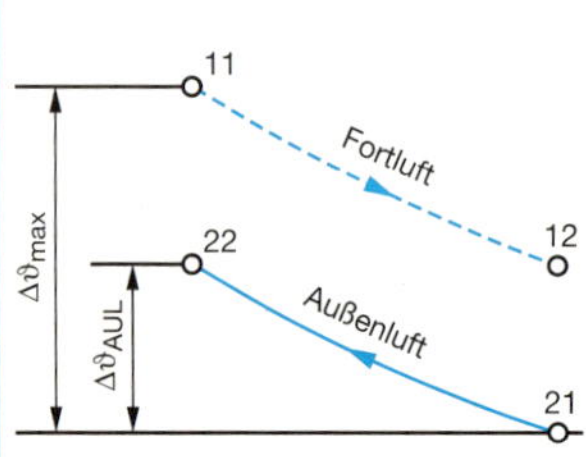

Bei Volumenstromverhältnis $\dot{V}_1/\dot{V}_2$ = gilt:

$$\Phi = \frac{\vartheta_{22} - \vartheta_{21}}{\vartheta_{11} - \vartheta_{21}}$$

$$\dot{Q}_R = \Phi \cdot \dot{Q}_1$$

$$\dot{Q}_1 = \dot{V}_1 \cdot C_P \cdot \Delta\vartheta_{max}$$

$$\Delta\vartheta_{max} = \vartheta_{11} - \vartheta_{21}$$

$$\Delta\vartheta_{AUL} = \vartheta_{22} - \vartheta_{21}$$

Φ	: Rückwärmezahl[1)] (Φ = Phi)	
ϑ_{22}	: Temperatur nach WT 2	in °C
$\vartheta_{AUL(21)}$	: Außenlufttemperatur	in °C
ϑ_{11}	: Temperatur vor WT 1	in °C
$\dot{Q}_R$	: rückgewonnene Wärmeleistung	in W
$\dot{Q}_1$	: Wärmeleistung der Fortluft	in W
$\dot{V}_1$	: Fortluftvolumenstrom	in m³/h
C_P	: spezifische Wärmekapazität der Luft (Luft: $C_P \approx 0{,}34$ Wh/(m³ · K))	in Wh/(m³ · K)
$\Delta\vartheta_{max}$	: maximale Temperaturdifferenz	in K
$\vartheta_{FOL(12)}$	: Fortlufttemperatur	in °C
$\Delta\vartheta_{AUL}$	: Außenluft-Temperaturdifferenz	in K

[1)] Bei Taupunktunterschreitungen im WT 1 erhöht sich die Rückwärmezahl maximal um den Faktor 1,1.

Rückfeuchtezahl (Heizbetrieb)
(nur latenter Wärme-Stoffaustausch)

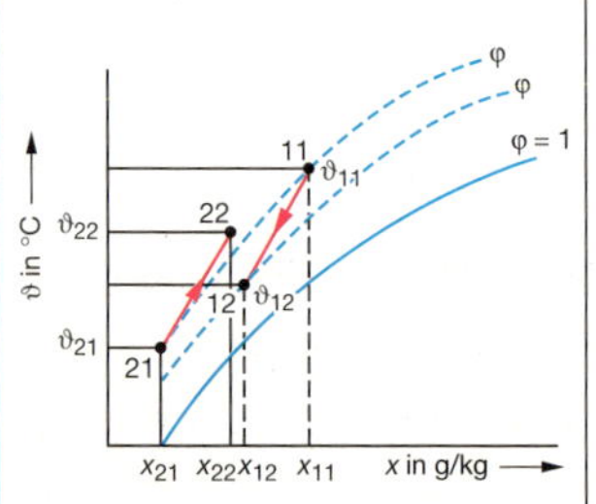

$$\Psi = \frac{x_{22} - x_{21}}{x_{11} - x_{21}}$$

Ψ	: Rückfeuchtezahl (Ψ = Psi)	
x_{22}	: absolute Feuchte nach WT 2	in g/kg
$x_{AUL(21)}$	: absolute Feuchte der Außenluft	in g/kg
x_{11}	: absolute Feuchte vor WT 1	in g/kg

Raumlufttechnik

Wärmerückgewinnung (WRG) *heat recovery*

Tab. 487.1: Wärmerückgewinnungsverfahren – Übersicht nach VDI 2071

Kategorie		Bezeichnung Symbol n. DIN 1946-1	Aufbau	Rückwärmezahl Φ[1)] Rückfeuchtezahl Ψ	Übertragung von Schad- und Geruchsstoffen von der Fort- zur Außenluft
I	Rekuperative Systeme[2)]	**Trennflächenwärmetauscher:** a) Platten-WT 	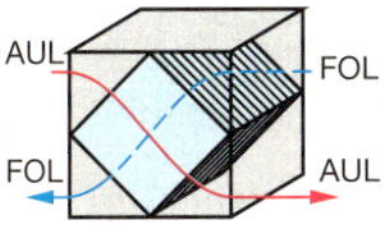	$\Phi = 0{,}4 - 0{,}8$ $\Psi = 0{,}0$	geringe Übertragung möglich, Vorsicht bei belasteter Fortluft
		b) Röhren-WT	ohne Bild	$\Phi = 0{,}3 - 0{,}5$; $\Psi = 0{,}0$	
II	Regenerative Systeme[3)]	**Kreislaufverbund-WT** a) Kompakt-WT 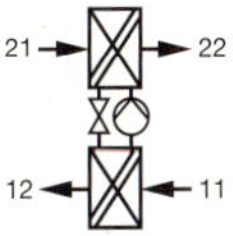	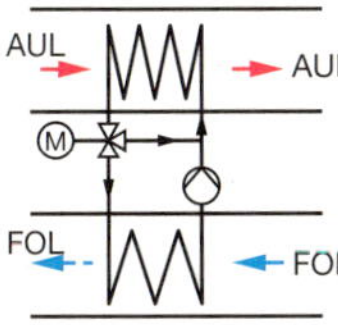	$\Phi = 0{,}3 - 0{,}6$ $\Psi = 0{,}0$	auch bei technischen Defekten und Betriebsstörungen keine Übertragung möglich
		b) Gegenstromschicht-WT	ohne Bild	$\Phi = 0{,}7 - 0{,}8$ $\Psi = 0{,}0$	
		Wärmerohr-Wärmetauscher:[4)] 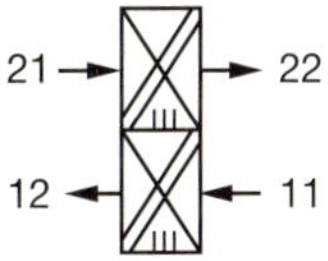	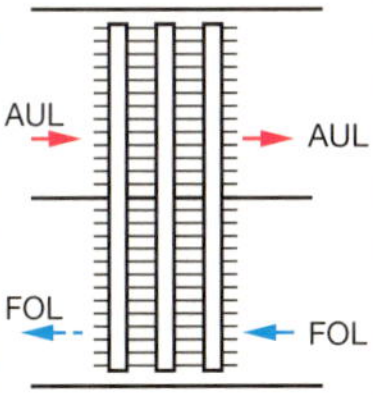	$\Phi = 0{,}4 - 0{,}7$ $\Psi = 0{,}0$	mit geeigneten Hilfseinrichtungen keine Übertragung auch bei Defekten möglich
III		**Rotations-WT:** a) Sorptions-WT[5)] 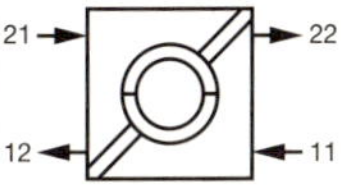 b) Kondensations-WT[6)]	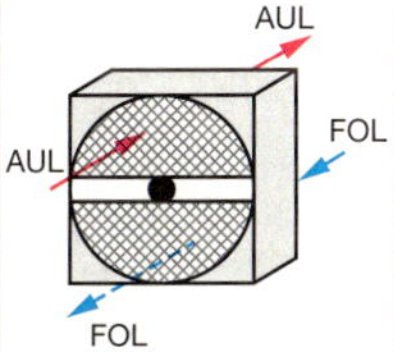	$\Phi = 0{,}7 - 0{,}9$ $\Psi = 0{,}6 - 0{,}7$ $\Phi = 0{,}6 - 0{,}9$ $\Psi = 0{,}1 - 0{,}2$	geringe Übertragung ist möglich, Vorsicht bei belasteter Fortluft
IV	Wärmepumpe	**Wärmepumpe:** a) Kompressor-WP 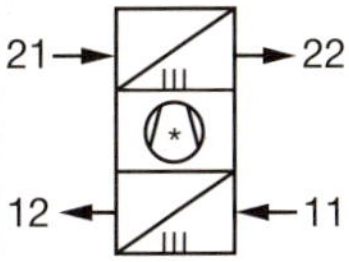	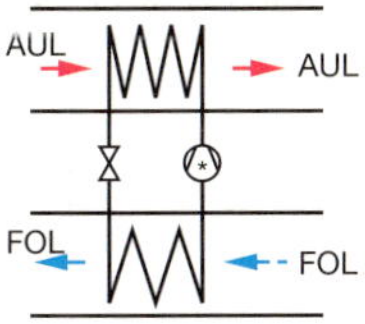	$\Phi > 1{,}0$ (Leistungszahl ε (→ S. 445)) $\Psi = 0{,}0$	auch bei technischen Defekten und Betriebsstörungen keine Übertragung möglich

1) Ohne Kondensation der Luftfeuchte, die in der Abluft enthalten ist.
2) Beim Rekuperativsystem werden feste Austauschflächen verwendet, wobei in der Regel nur sensible Wärme übertragen wird.
3) Beim Regenerativsystem finden Speichermassen Verwendung, die Wärme oder Feuchte oder beides aufnehmen und wieder abgeben.
4) Beim Wärmerohr (heat pipe) werden evakuierte Rippenrohre verwendet, in denen eine Flüssigkeit (meist Kältemittel) bei konstanter Temperatur verdampft bzw. sich verflüssigt.
5) mit hygroskopische Speichermasse; 6) ohne hygroskopische Speichermasse

Schallschutz *sound insulation*

Ventilatorgeräusche

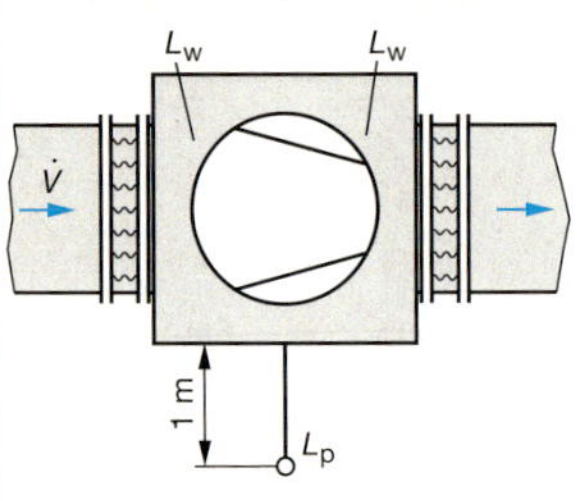

Tab. 488.1: Ventilator-Schalldaten zum Beispiel S. 480/81 (Herstellerangaben)

$\dot{V}_h$ in m^3/h	n in 1/min	L_w in dB (A)	$L_{w\,okt}$ in dB (A) bei Frequenz (Hz) 250	500	1000	2000	4000	L_p in dB (A)
4500	1000	80	68	74	77	72	65	48
	1400	82	70	76	79	74	67	52
	1800	86	74	80	83	78	71	57
6300	1120	87	75	81	84	79	72	55
	1400	87	75	81	84	79	72	56
	1800	88	76	82	85	80	73	58

L_w : abgestrahlte Gesamtschallleistung des Ventilators in dB (A)
$L_{w\,okt}$: Oktav-Schallleistungspegel bei Oktavmittenfrequenz in Hertz (Hz)
L_p : Schalldruckpegel in 1 m Abstand zum Ventilatorteil in dB (A)

Schalldämpfer

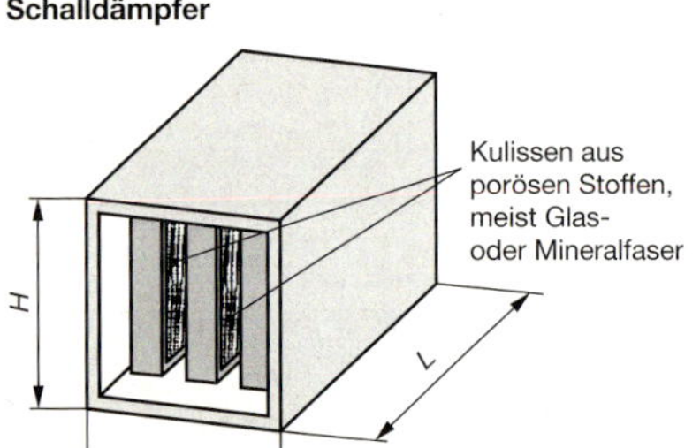

Tab. 488.2: Einfügungsdämpfung D_E eines Absorptionsschalldämpfers Höhe (H = 800 mm, Breite B = 800 mm – Herstellerangaben)

Länge in mm	D_E in dB bei Frequenz in Hz (→ S. 41) 250	500	1000	2000	4000	8000
800	20	20	22	16	12	11
1000	24	25	26	20	14	13
1250	30	32	34	25	18	17
1600	37	37	41	29	21	19

Tab. 488.3: Richtwerte für den Schalldruckpegel L_p in Räumen DIN EN 13 779: 2007-09 (DIN 1946-2: 1994-01)

Art des Raumes	Beispiel	Anforderungen hoch L_p in dB (A)	niedrig L_p in dB (A)	Art des Raumes	Beispiel	Anforderungen hoch L_p in dB (A)	niedrig L_p in dB (A)
Arbeitsräume	Einzelbüro Großraumbüro Werkstatt	30 35 50	40 45 [1]	Unterrichtsräume	Lesesaal Klassenraum Hörsaal, Seminar	30 35 35	35 45 40
Versammlungsräume	Konzertsaal Theater, Kino Konferenzraum	25 30 30	35 35 40	Räume mit Publikumsverkehr	Museum Gaststätten Verkaufsraum	28 35 45	35 50 50
Wohnräume	Hotelzimmer	30[2]	40[2]	Sportstätten	Turn-/Sporthalle Schwimmbad	35 40	50 50
Sozialräume	Pausenraum Waschraum, WC Ruheraum	30 40 30	40 50 40	Sonstige Räume	Fernsehstudio EDV-Raum Küche	25 40 40	30 60 60

[1] Der Wert kann produktionsbedingt wesentlich höher ausfallen. [2] Nachtwerte (22 bis 6 Uhr) liegen um 5 dB (A) niedriger.

Tab. 488.4: Zulässiger Schalldruckpegel L_p am Arbeitsplatz nach Arbeitsstättenrichtlinie

Art der Tätigkeit	L_p in dB (A)	Art der Tätigkeit/des Raumes	L_p in dB (A)
Überwiegend geistige Tätigkeit	55	sonstige Tätigkeiten[1]	85
einfache mechanisierte Bürotätigkeit	70	Pausen-, Sanitäts-, Bereitschafts-, Liegeräume	55

[1] maximale Überschreitung 5 dB (A), bei höheren Werten ist **Gehörschutz** zu tragen

Tab. 488.5: Zulässiger Schalldruckpegel L_p auf die Nachbarschaft VDI 2058: 1988-06

Gebiet, Einwirkungsort	L_p in dB (A) tags	nachts	Gebiet, Einwirkungsort	L_p in dB (A) tags	nachts
in gewerblichen Gegenden	70	70	ausschließlich Wohngebiet	50	35
in vorwiegend gewerblichen Gegenden	65	50	Kurgebiet, Krankenhausgebiet	45	35
Gewerbegebiet u. Wohngebiet gemischt	60	45			
vorwiegend Wohngebiet	55	40	Innerhalb von Wohnungen	35	25

Kurzzeitige Überschreitung der Werte außerhalb um ≤ 30 dB (A), nachts um ≤ 20 dB (A) und innen um ≤ 10 dB (A)

Brandschutz in RLT-Anlagen *fire precautions in ventilating systems*

Brandschutz

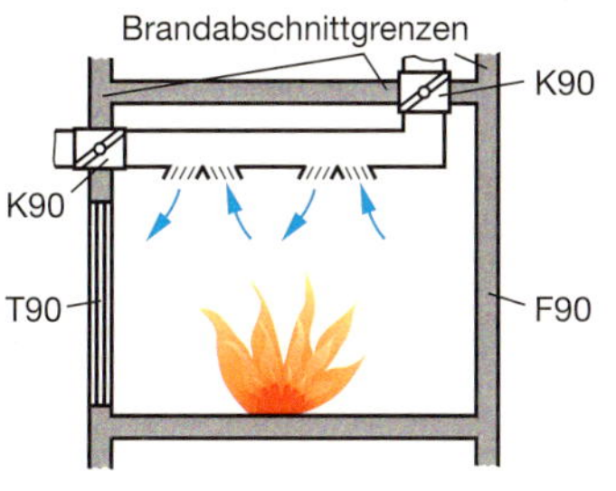

Achtung! RLT-Anlagen müssen technische Einrichtungen erhalten, die Feuer- und Rauchausbreitung in Gebäuden verhindern.

Brandabschnitte:

- einzelne Geschosse (Wohnungen);
- Lüftungszentralen;
- begrenzte Gebäudeteile, z. B. Büroräume bis 1000 m^2 (höchstens 5 Stockwerke);
- Krankenhäuser, Hotels, Heime bis max. 500 m^2 (höchstens 3 Stockwerke);
- Einzelräume mit erhöhter Brandgefahr oder mit großer Personenzahl;
- betriebswichtige Räume oder technische Räume (Restaurants, Küchen, Öllagerräume, Computerräume, Heizräume);
- Steigzonen (Schächte).

Bezeichnungsbeispiel für eine Lüftungsleitung **L 60 A:**

L : Rohre und Formstücke für Lüftungsleitungen (→ Tab. 139.1)

60 : Feuerwiderstandsklasse, Feuerwiderstandsdauer 60 Minuten (→ Tab. 139.1)

A : Baustoffklasse, nichtbrennbares Material (→ Tab. 138.2)

Feuerfeste Lüftungsleitung

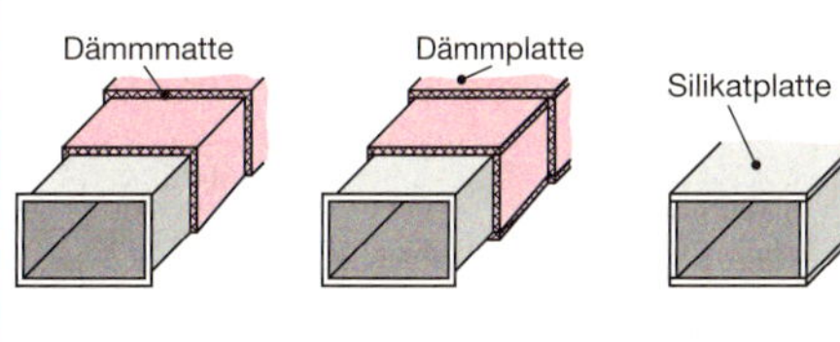

Blechkanal mit Dämmmatten — Blechkanal mit Dämmplatten — Lüftungsleitung aus Dämmplatten

Tab. 489.1: Feuerwiderstandsdauer t_F für Luftleitungen und -schächte DIN 4102-6

Gebäude	t_F in min bei der Überbrückung von Decken	Brandwände	Flur- u. Trennwände F 30 oder F 90
bis 2 Vollgeschosse	–	90	30
3–5 Vollgeschosse	30	90	30
> 5 Vollgeschosse	60	90	30
Hochhäuser	90	90	30

Tab. 489.2: Möglichkeiten der Leitungsführung durch verschiedene Brandabschnitte (I, II, III)

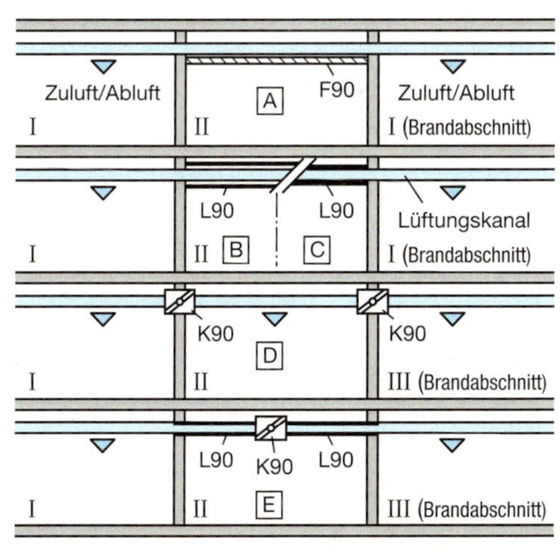

A: Untergehängte Decke F 90 (Gipskarton- oder Zementbrandschutzbauplatten)

B: Lüftungsleitung mit feuerbeständiger Ummantelung L 90 (Silikat-Brandschutzbauplatten) (Stahlblechleitungen sind nicht brennbar, entsprechen jedoch keiner Feuerwiderstandsklasse)

C: Ausführung der Lüftungsleitung in der Feuerwiderstandsklasse L 90 (Silikat-Brandschutzbauplatten)

D: Zwei Brandschutzklappen K 90 in beiden Flurwänden

E: Lüftungsleitung L 90 mit einer Brandschutzklappe K 90

I, II, III: verschiedene Brandabschnitte

Feinblechbearbeitung *sheet metal weathering*

Dach-Grundlagen *roofs basics*

Bezeichnungen am Dach

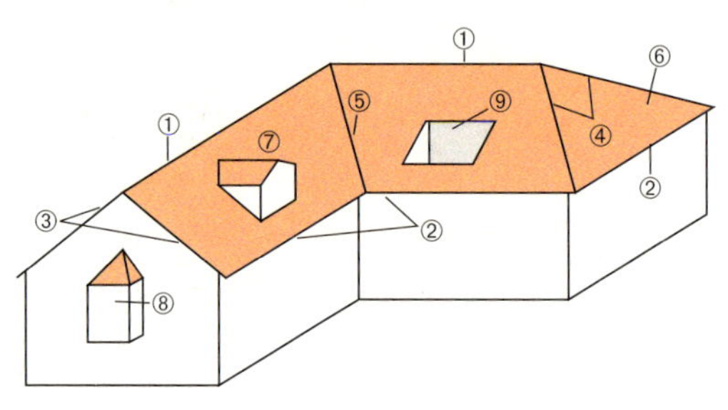

1 First
obere waagerechte Dachkante
2 Traufe
untere waagerechte Dachkante
3 Ortgang
Kante zwischen Dach/Giebel
4 Grat
Außenstoß zweier Dachflächen
5 Kehle
Innenstoß zweier Dachflächen
6 Walm
schräger, gedeckter Giebelabschluss
7 Gaube hier: Satteldachgaube (Dachaufbau)
8 Erker (Gebäudeanbau)
9 Loggia (Dacheinbau)

Dachformen

Satteldach | Mansarddach | Walmdach | Krüppelwalmdach | Pultdach

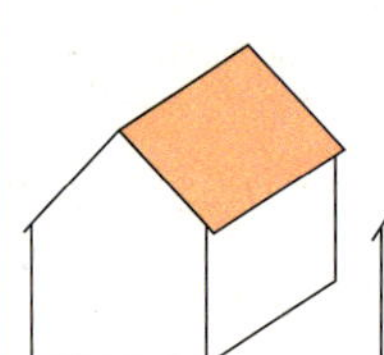

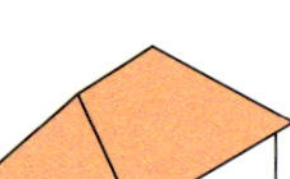
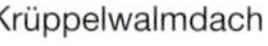
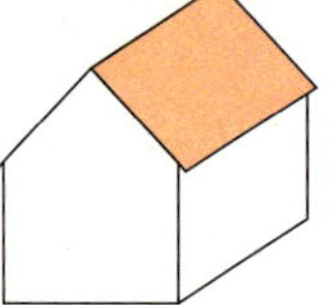
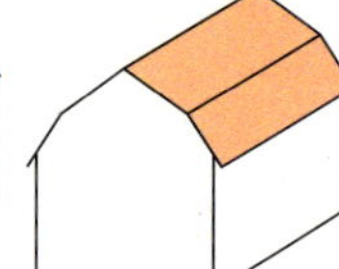
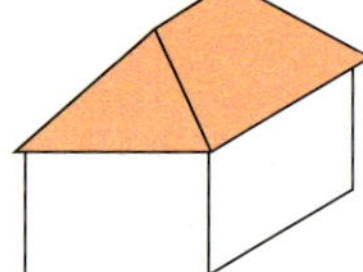

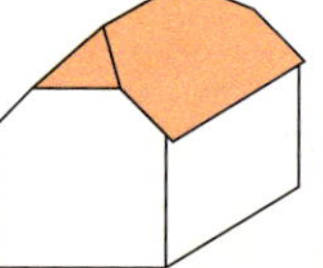
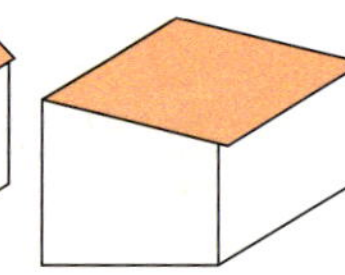

Sheddach | Segmentdach | Turmdach | Zeltdach | Kegeldach

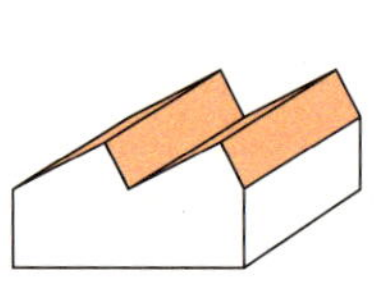
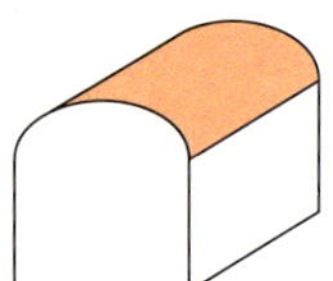
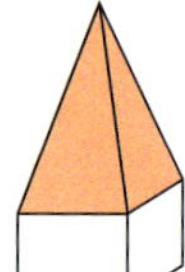
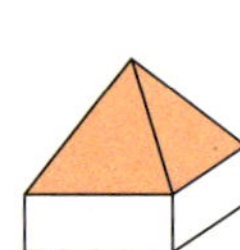

Gaubenformen

Satteldachgaube | Schleppdachgaube | Rundgaube | Spitzgaube | Fledermausgaube

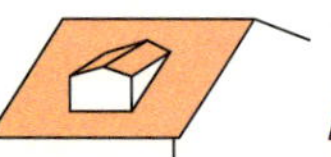
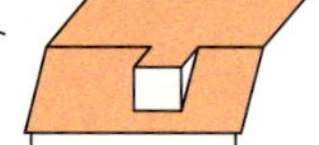
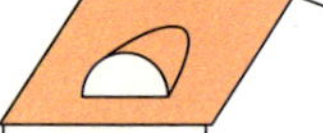
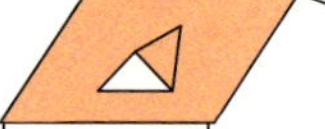
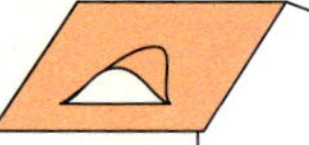

Rinnenformen

Halbrundrinnen | Kastenrinne | Trapezrinnen

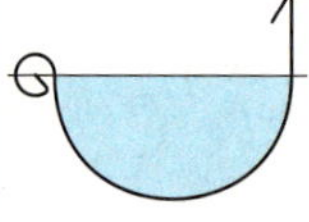
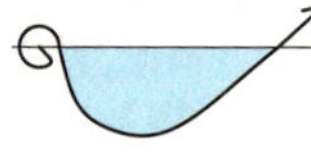
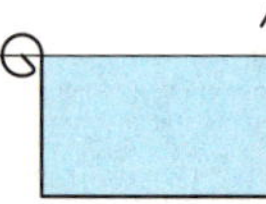

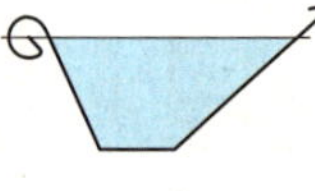

Dach-Grundlagen *roofs basics*

Kehlformen

Profil	Ausführung	Einsatzbereich
	Standardausführung	Dachneigung über 30° greift weit unter die Ziegel
	Kehlblech mit Stehfalz	Dächer mit unterschiedlicher Neigung: Stehfalz vermeidet Überspülung
	Kehlblech mit Ziegelauflage	Dächer mit geringer Neigung: bessere Wasserführung durch Falz
	Kehlblech in vertiefter Ausführung	Dächer mit Neigung unter 7°: Fassung von größeren Wasservolumenströmen
	Kehlrinne	Aufgabe wie herkömmliche Kastenrinne; Rinne muss gleichen Querschnitt wie Kastenrinnen und Notüberlauf aufweisen

Längenmaße beim Dach

Sparrenlänge	$l_s = \sqrt{h_D^2 + \left(\frac{l_D}{2}\right)^2}$	l_s : Sparrenlänge in m h_D : Dachhöhe in m l_D : Dachbreite in m
Walm- und Gratlänge beim Walmdach	$l_G = \sqrt{l_W^2 + \left(\frac{l_D}{2}\right)^2}$ $l_W = \sqrt{h_D^2 + \left(\frac{l_1 - l_2}{2}\right)^2}$	l_G : Gratlänge in m l_W : Walmlänge in m l_1 : Dachlänge 1 in m l_2 : Dachlänge 2 in m
Kehllänge	$l_K = \sqrt{l_s^2 + \left(\frac{l_D}{2}\right)^2}$	l_K : Kehllänge in m
Dachoberfläche	Satteldach: $A_O = 2 \cdot l_1 \cdot l_S$ Walmdach: $A_O = 2 \cdot \left(\frac{l_1 + l_2}{2} \cdot l_S + \frac{l_D \cdot l_W}{2}\right)$	A_O: Dachoberfläche in m^2 l_1 : Dachlänge 1 in m l_2 : Dachlänge 2 in m l_S : Sparrenlänge in m l_W : Walmlänge in m l_D : Dachbreite in m

Feinblechbearbeitung

Dachrinnen, Regenfallrohre *gutters, downfall pipes*

Tab. 492.1: Dachrinnen — DIN EN 612: 2005-04 & Herstellerangaben

	Nenngröße[1]	Teiligkeit	a in mm	e[2] in mm	d in mm	f	g[2] in mm	Nenndicke s in mm bei Werkstoffen: Al	Cu/St	Zn	NRS[3]	A in cm²
halbrunde Dachrinne (Rinnenquerschnitt A)	200	10	40	80	16	≤ 3 mm	8	0,7	0,6	0,65	0,5	25
	250	8	50	105	16		10	0,7	0,6	0,65	0,5	43
	280	7	55	127	18		11	0,7	0,6	0,70	0,5	63
	333	6	55	153	18		11	0,7	0,6	0,70	0,5	92
	400	5	65	192	20		11	0,8	0,7	0,80	0,6	145
	500	4	75	250	20		21	0,8	0,7	0,80	0,6	245
kastenförmige Dachrinne (Rinnenquerschnitt A)	200	10	40	70	16	≤ 3 mm	8	0,7	0,6	0,65	0,5	29
	250	8	50	85	16		10	0,7	0,6	0,65	0,5	47
	333	6	55	120	18		10	0,7	0,6	0,70	0,5	90
	400	5	65	150	20		10	0,8	0,7	0,80	0,6	135
	500	4	75	200	20		20	0,8	0,7	0,80	0,6	220

[1] = Zuschnittbreite in mm [2] Herstellerangaben [3] NRS: nichtrostender Stahl

Halbrunde Hängedachrinne	EN 612	-	333	-	Cu	-	Y
Bezeichnung	Norm	-	Zuschnitt	-	Werkstoff	-	Wulst

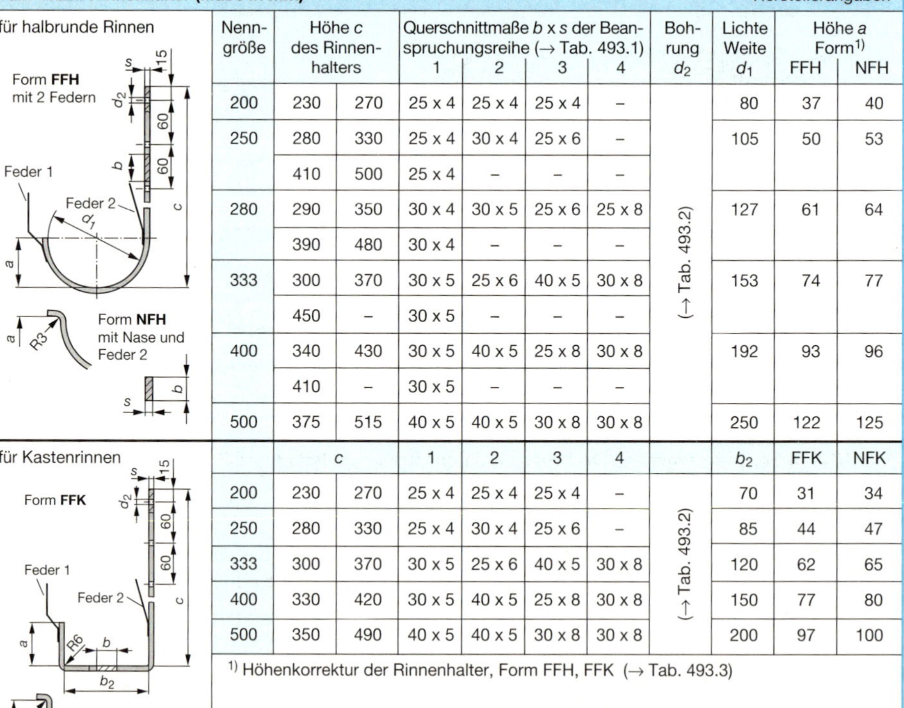

Tab. 492.2: Rinnenhalter (Maße in mm) — Herstellerangaben

	Nenngröße	Höhe c des Rinnenhalters		Querschnittmaße $b \times s$ der Beanspruchungsreihe (→ Tab. 493.1): 1	2	3	4	Bohrung d_2	Lichte Weite d_1	Höhe a Form[1]: FFH	NFH
für halbrunde Rinnen	200	230	270	25 x 4	25 x 4	25 x 4	–	(→ Tab. 493.2)	80	37	40
	250	280	330	25 x 4	30 x 4	25 x 6	–		105	50	53
		410	500	25 x 4	–	–	–				
	280	290	350	30 x 4	30 x 5	25 x 6	25 x 8		127	61	64
		390	480	30 x 4	–	–	–				
	333	300	370	30 x 5	25 x 6	40 x 5	30 x 8		153	74	77
		450	–	30 x 5	–	–	–				
	400	340	430	30 x 5	40 x 5	25 x 8	30 x 8		192	93	96
		410	–	30 x 5	–	–	–				
	500	375	515	40 x 5	40 x 5	30 x 8	30 x 8		250	122	125
für Kastenrinnen		c		1	2	3	4		b_2	FFK	NFK
	200	230	270	25 x 4	25 x 4	25 x 4	–	(→ Tab. 493.2)	70	31	34
	250	280	330	25 x 4	30 x 4	25 x 6	–		85	44	47
	333	300	370	30 x 5	25 x 6	40 x 5	30 x 8		120	62	65
	400	330	420	30 x 5	40 x 5	25 x 8	30 x 8		150	77	80
	500	350	490	40 x 5	40 x 5	30 x 8	30 x 8		200	97	100

[1] Höhenkorrektur der Rinnenhalter, Form FFH, FFK (→ Tab. 493.3)

Dachrinnen, Regenfallrohre *gutters, downfall pipes*

Tab. 493.1: Beanspruchungsreihen für Rinnenhalter

Rinnenhalter-abstand in mm	Reihe bei üblicher Beanspruchung	Reihe bei hoher Beanspruchung
700 ± 40	1	3
800 ± 40	2	4
900 ± 40	3	–

Tab. 493.2: Bohrungsdurchmesser d_2 für Rinnenhalter

Rinnenhalterstärke s	Bohrung d_2
≤ 5 mm	6 mm
> 5 mm	8 mm

Tab. 493.3: Höhenkorrektur der Rinnenhalter bei Form

Form	8 mm kürzer bei	Form	10 mm kürzer bei
FFH	s = 6 mm und 8 mm	FFK	s = 6 mm und 8 mm

Tab. 493.4: Vorzugsmaßnahmen für Rinnenhaltefedern

Feder 1	Feder 2
24 x 1,25 x 100	20 x 1 x 80

Zulässiges Gefälle I von Hängedachrinnen

I = 1 ... 3 mm/m	durch Dehnungsausgleicher und Unterkonstruktion verursachte Wasserrückstände stellen keinen Mangel dar!

Tab.493.5: Verbindung von Rinnenstößen

Werkstoff	Verbindungsarten
Al	mit Dichteinlage nieten (Überlappung ≥ 40 mm), hartlöten (z. B. L-Al Si 12), schweißen
Cu	einreihig nieten und weichlöten (z. B. S-Sn97Cu3), zweireihig nieten mit Dichteinlage, hartlöten
St, NRS	einreihig nieten und weichlöten (z. B. S-Pb60Sn 40), zweireihig nieten mit Dichteinlage
Zink	weichlöten mit min. 10 mm Lötbreite (z. B. S-Pb58Sn40Sb2)

Tab. 493.6: Dehnungsausgleich bei Dachrinnen

mögliche Längenänderung infolge Temperaturdifferenzen bis 100 K (–20 °C bis +80 °C) ist einzuplanen

Hochpunktschiebenaht Rinnenteile überlappen ca. 60 bis 80 mm

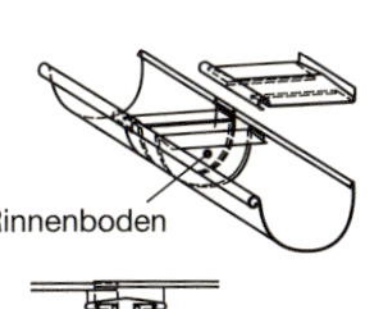

Elastomer-Dehnungsausgleicher an beliebiger Stelle in Rinnenüberlappung einsetzen

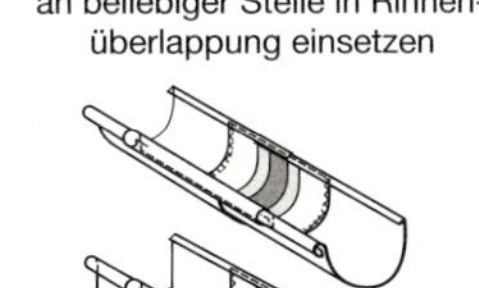

Tiefpunktschiebenaht mit Rinnenkessel

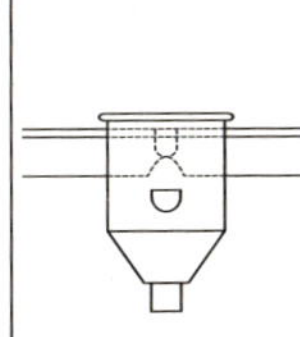

Tiefpunktschiebenaht oder Einhangstutzen

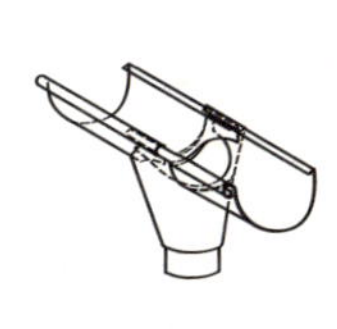

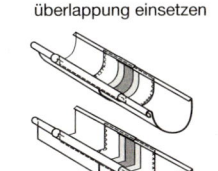

Tab. 493.7: Abstand von Dehnungsausgleichern DIN 18 339: 1998-05

Einsatzbereich	Werkstoff	Abstand
eingeklebten Einfassungen und Shedrinnen, Rinneneinhänge	Al, Cu, St, NRS, Zn	6 m
bei Hängedachrinnen ≤ 500 mm Zuschnitt	Al, Cu, St, NRS, Zn	15 m
> 500 mm Zuschnitt		10 m
innenliegende, nicht eingeklebte Rinnen	Al, Cu, St, NRS, Zn	10 m
≤ 500 mm Zuschnitt	Al, Cu, Zn	8 m
> 500 mm Zuschnitt	St, NRS	14 m

Tab. 493.8: Werkstoffzuordnung bei Dachrinnen, Rinnenhaltern und Befestigungsmitteln

Dachrinne	Rinnenhalter	Befestigungsmittel
verzinkter Stahl	feuerverzinkter Stahl	St/NRS
Aluminium	feuerverzinkter Stahl, Aluminium	St/NRS
Titanzink	feuerverzinkter Stahl, feuerverzinkter Stahl mit Zink ummantelt	St/NRS
Kupfer	verzinkter Stahl mit Kupfer ummantelt, Kupfer-Flachprofil	Cu/NRS/St[1]
NRS	NRS, feuerverzinkter Stahl, feuerverzinkter Stahl mit NRS ummantelt	NRS/Cu/St[1]
Kunststoff	feuerverzinkter Stahl feuerverzinkter Stahl mit Kunststoff ummantelt	St/NRS

[1] verzinkter Stahl bei ummantelten Rinnenhaltern

Dachrinnen, Regenfallrohre *gutters, downfall pipes*

Tab. 494.1: Rinneneinhangstutzen für halbrunde Rinnen (Maße in mm) DIN 18461: 1989-02

	Nenngröße halbrunde Rinne	Nenngröße kreisförmiges Rohr	Außendurchmeser d	Breite b	Höhe h min.	Einstecklänge c ± 1
Form G gerade	200	60	58	115	60	35
	250	80	78	140	65	40
	280	80	78	165	80	40
	333	100	98	185	95	45
	400	120	118	210	105	50
Form S schräg	280	80	105	120	80	–
	333	100	125	140	93	–
	400	120	140	170	113	–

Tab. 494.2: Regenfallrohre, halbrunde und kastenförmige Dachrinnen aus Metall

Anzuschließende Dachgrundfläche bei max. Regenspende r = 300 l/(s · ha)[1]	Regenwasserabfluss[2,3] $\dot{V}_{r\,zul}$	Regenfallrohr Nenngröße[5]	Regenfallrohr Querschnitt	Teiligkeit	zugeordnete Dachrinne halbrund Nenngröße Zuschnitt	halbrund Rinnenquerschnitt	kastenförmig Nenngröße Zuschnitt	kastenförmig Rinnenquerschnitt
in m²	in l/s	in mm	in cm²	1	in mm	in cm²	in mm	in cm²
37	1,1	60	28	10	200	25	200	28
57	1,7	70	38	–	–	–	–	–
83	2,5	80	50	8	250	43		
					280	63		
150	4,5	100	79	6	333	92	333	90
243[4]	7,3	120	113	5	400	145	400	135
270	8,1	125	122	–	–	–	–	–
443	13,3	150	177	4	500	245	500	220

Tab. 494.3: Regenfallrohre, halbrunde und kastenförmige Dachrinnen aus PVC hart

Anzuschließende Dachgrundfläche bei max. Regenspende r = 300 l/(s · ha)[1]	Regenwasserabfluss[2,3] $\dot{V}_{r\,zul}$	Regenfallrohr Außendurchmesser	Regenfallrohr Nenngröße	Regenfallrohr Querschnitt	zugeordnete Dachrinne halbrund Nenngröße[6]	halbrund Rinnenquerschnitt	kastenförmig Rinnenquerschnitt
in m²	in l/s	in mm	in mm	in cm²	in mm	in cm²	in cm²
20	0,6	50	50	17	80	34	22
37	1,1	63	63	28	80	34	34
57	1,7	75	70	38	100	53	53
97	2,9	90	90	56	125	73	73
170	5,1	110	110	86	150	101	100
243	7,3	125	125	113	180	137	137
483	14,5	160	160	188	250	245	225

[1] Ist die örtliche Regenspende größer als 300 l/(s · ha), muss mit den entsprechenden Werten gerechnet werden.

[2] Die angegebenen Werte resultieren aus trichterförmigen Einläufen.
Bei zylindrischen Einläufen sind die anzuschließenden Dachgrundflächen um etwa 30 % zu reduzieren.

[3] Berechnung des Regenwasserabflusses (→ S. 314).

[4] In DIN 1986 Teil 2 nicht enthalten.

[5] Regional sind auch Regenfallrohre mit den Nenngrößen 76 und 87 noch üblich. Die anzuschließenden Dachgrundflächen sind entsprechend umzurechnen.

[6] Entspricht der lichten Weite in mm.

Dachrinnen, Regenfallrohre *gutters, downfall pipes*

Tab. 495.1: Maße von kreisförmigen und quadratischen Regenfallrohren

Nenn-größe	Durchmesser d_i[1)] in mm	Weite b_i[1)] in mm	Nenndicke s in mm Al	Cu	St	Zn	NRS
60	60	60	0,7	0,6	0,6	0,65	0,5
80	80	80	0,7	0,6	0,6	0,65	0,5
100	100	100	0,7	0,6	0,6	0,65	0,5
120	120	120	0,7	0,7	0,7	0,7	0,6
150[2)]	150	–	0,7	0,7	0,7	0,7	0,6

[1)] Innenmaße am oberen Ende = weites Rohrende
[2)] DN 150 nicht als quadratisches Regenfallrohr

Tab. 495.2: Rohrbogen für kreisförmige Regenfallrohre (Maße in mm)

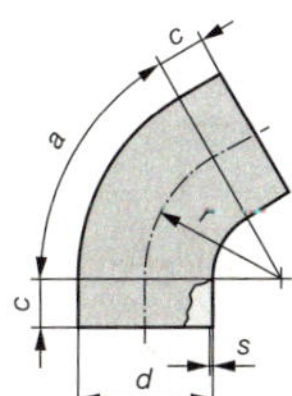

Nenngröße	d[1)]	α	r	Einsteck-länge c	Dicke s Al	Cu	St	Zn	NRS
60	60			30	0,7	0,6	0,6	0,7	0,5
80	80	40°	d_i x 1,75	35	0,7	0,6	0,6	0,7	0,5
100	100	60°	oder	35	0,7	0,6	0,6	0,7	0,5
120	120	72°	d_i x 1,35	40	0,7	0,7	0,6	0,8	0,6
150	150			40	0,7	0,7	0,7	0,8	0,6

[1)] Innenmaß am oberen Ende = weites Rohrende (Herstellerkennzeichnung)

Tab. 495.3: Längsnahtausführung bei Regenfallrohren und Rohrbogen

Ausführung	Al	Cu	St	Zn	NRS	Falz- bzw. Nahtbreite (min.)
weichgelötet	–	+[1)]	–	–	–	5 mm[2)]
hartgelötet	–	+	–	–	–	3 mm[2)]
Falz durchgesetzt	+	+	+	+	+	6 mm[3)]
geschweißt	+	+	+[5)]	+	+	[4)]

+ = zulässig; – nicht zulässig
[1)] S-Sn97Cu3 nach DIN EN 29 453 oder gleichwertig
[2)] gebundene Nahtbreite
[3)] außen gemessen
[4)] Nahtbreite abhängig vom Schweißverfahren
[5)] anschließend feuerverzinkt nach DIN 50 976

Tab. 495.4: Rohrschellen für kreisförmige und rechteckige Regenfallrohre

Rohrschellen für kreisförmige Regenfallrohre

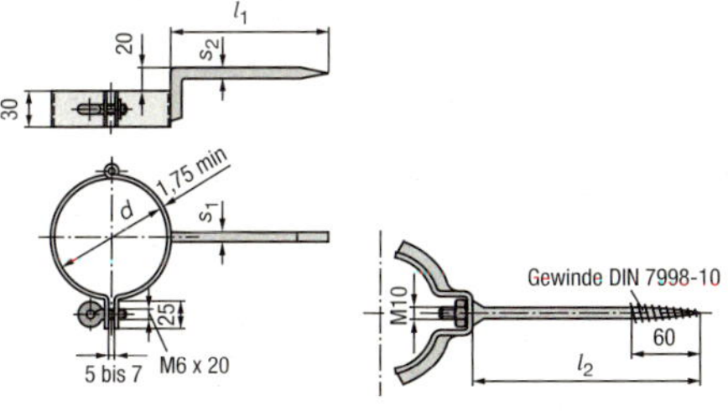

Rohrschellen für quadratische Regenfallrohre

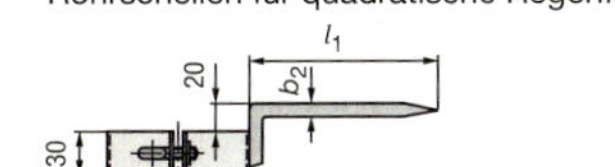

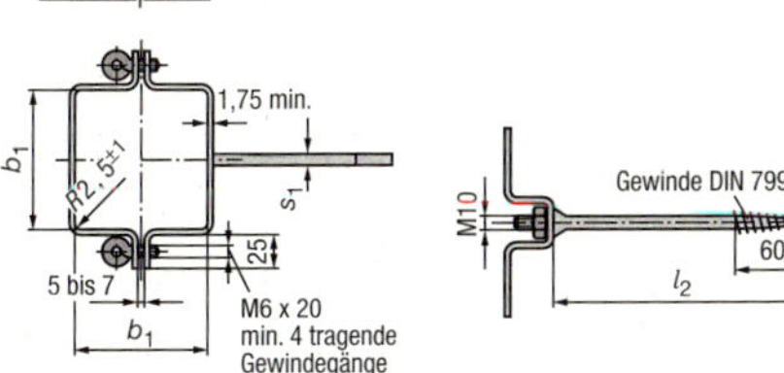

Nenn-größe[1)]	d in mm	b_1 in mm	$l_1 \pm 5$ in mm		$b_2 \times s_1$ in mm x mm	l_2[2)] ± 5 in mm		
60	60	62	140	200	10 x 6	100	–	–
80	80	82	140	200	10 x 6 oder 8 x 8	100	200	250
100	100	102	140	200	10 x 6 oder 8 x 8	100	200	250
120	120	122	140	200	10 x 6 oder 8 x 8	100	200	250
150	150		140	200	10 x 6 oder 8 x 8	100	200	250

[1)] Regional sind auch Rohrschellen für kreisförmige Regenfallrohre mit Nenngrößen 76 und 87 üblich.
[2)] Vorzugsmaße

Blecheindeckung von Dächern *sheet weathering*

Tab. 496.1: Zusammenbau verschiedener Metalle (Metallkombinationen)

	Al	Pb	Cu	Zn	NRS	St
Al	X	X	–	X	X	X
Pb	X	X	X	X	X	X
Cu	–	X	X	–	X	–[1)]
Zn	X	X	–	X	X	X
NRS	X	X	X	X	X	X
St	X	X	–	X	X	X

Al = Aluminium
St = Feuerverzinkter Stahl
Pb = Blei
Cu = Kupfer (-legierung)
Zn = Titanzink
NRS = Nichtrostender Stahl

X = zulässig;
– = nicht zulässig

[1)] Stahlstifte von Hohlnieten sind im Außenbereich zulässig

Galvanische Verkupferung von verzinkten Klempnerbauteilen kann Korrsion verstärken, ist daher als Korrosionsschutz ungeeignet!

Tab. 496.2: Falzarten

Stehfalz: Einsatzbereich als Längsnaht

Winkelstehfalz
Mindestdachneigung: ≥ 35°

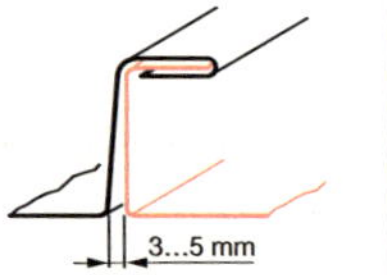

3...5 mm

Doppelstehfalz

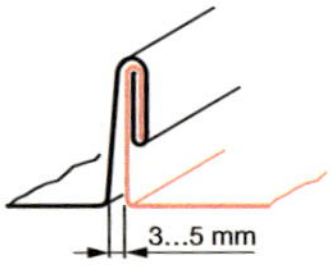

3...5 mm

Querfalz: Einsatzbereich als Quernaht

einfacher Querfalz

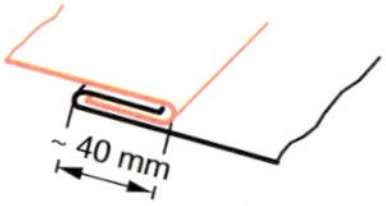

~ 40 mm

doppelter Querfalz

~ 40 mm

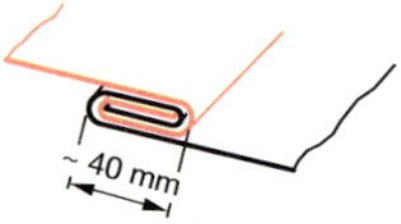

Tab. 496.3: Regendichte Quernähte bei unterschiedlicher Dachneigung

Unterteilung	Dachneigung		Anforderung an regendichte Quernähte
Sonderkonstruktionen	< 3 °	< 5,2 %	wasserdichte Ausführung (→ Tab. 496.4)
Flachdach (Sonderfall)	3° ... 7°	5,2 % ... 12,3 %	
Flachgeneigtes Dach	7° ... 25°	12,3 % ... 46,6 %	≥ 7° Doppelter Querfalz (ohne Dichtband) ≥ 10° Einfacher Querfalz mit Zusatzfalz
Steildach	> 25 °	> 46,6 %	Einfacher Querfalz

Tab. 496.4: Wasserdichte Quernähte

Werkstoff	Mindest-überlappung in mm	Verbindungsart versetzt nieten[1)]	doppelter Falz[1)]	weich-löten	einreihig nieten und weichlöten	Hart-löten	Schutzgas-schweißen
Al	40	X	X	–	–	–	X
Cu	40[2)]	X	X	–	X	X	X
St	40	X	X	–	X	–	–
Zn	10 ... 15	–	–	X	–	–	–
NRS	40[2)]	X	–	–	X	–	X

[1)] mit Dichteinlage nach Herstellerangabe X = geeignet
[2)] gilt nicht, wenn geschweißt oder hartgelötet – = nicht geeignet

Tab. 496.5: Zulässige Dachneigung bei Schiebequernähten zur Aufnahme von Längenänderungen

≥ 25° (= 46,6 %)	≥ 10° (= 17,6 %)	≥ 7° (= 12,3 %)	≥ 3° (= 5,2 %)
Einfacher Querfalz	Einfacher Querfalz mit Zusatzfalz	Doppelter Querfalz nur bei Tafeldeckung	Falz und Gefällestufe
~ 40 mm	~ 100 mm ~ 250 mm	~ 40 mm	~ 30 mm ~ 60 mm

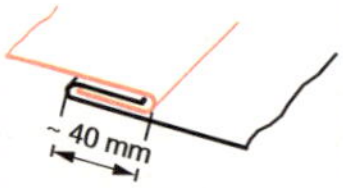

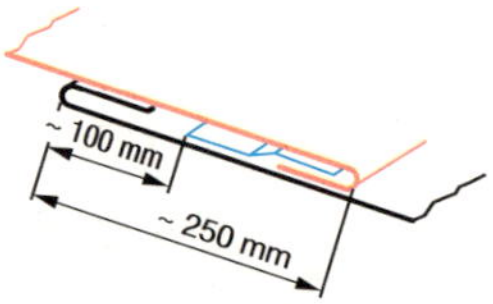

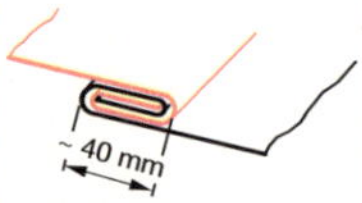

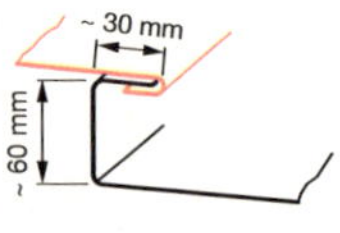

Feinblech-bearbeitung

Blecheindeckung von Dächern *sheet weathering*

Tab. 497.1: Metalldach: Werkstoffe, Mindestdicken, Scharenlängen, Haftenanzahl und -abstände

DIN 18339: 2002-12

Gebäudehöhe		0 m … 8 m				> 8 m … 20 m			> 20 m … 50 m	
Bandbreite	in mm	600	700	800	1000	600	700	800	600	700
Scharenbreite[1]	in mm	520	620	720	920	520	620	720	520	620
Dachflächen-bereich	Hafte in Stücke/m²	4				5			6	
	max. Abstand in mm	500	420	360	28	400	330	280	330	280
Dachrand- und eckbereich	Haft ein Stücke/m²	4				6			8	
	max. Abstand in mm	500	420	360	28	330	280	240	250	210
Werkstoff	max. zulässige Scharenlänge[2] in mm	Mindestwerkstoffdicke in mm								
Aluminium	10	0,7	0,8	0,8	unzul.	0,7	0,8	unzul.	0,7	unzul.
Kupfer	10	0,6	0,6	0,7	unzul.	0,6	0,6	unzul.	0,6[3]	unzul.
Zink (Titanzink)	10	0,7	0,7	0,8	unzul.	0,7	0,7	unzul.	0,7	unzul.
verzinkter Stahl	14	0,6	0,6	0,6	0,7	0,6	0,6	0,6	0,6	0,6
NRS	14	0,4	0,4	0,5	unzul.	0,4	0,4	0,5	0,4	0,4

[1] bei Doppelstehfalz mit fertiger Falzhöhe 25 mm; andere Aufkanthöhen: Scharenbreite umrechnen

[2] bei größerer Scharenlänge: Dehnungsausgleich z. B. mit Schiebenaht, Gefällesprung (→ Tab. 496.5)

[3] im Bereich hoher Windbelastung empfiehlt sich Blechstärke 0,7 mm

Tab. 497.2: Haftausführungen

Haftleiste | Hakenhaft | Plattenhaft | Zahnhaft

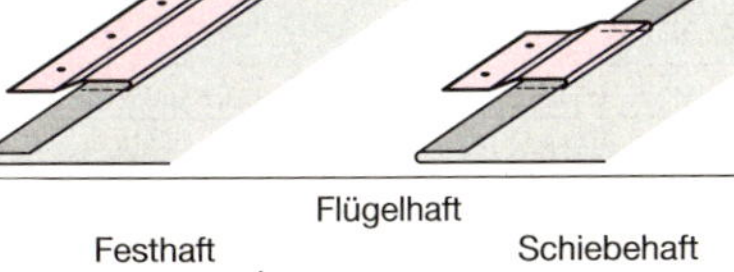

Flügelhaft: Festhaft | Schiebehaft

Maschinenhaft: Festhaft | Schiebehaft

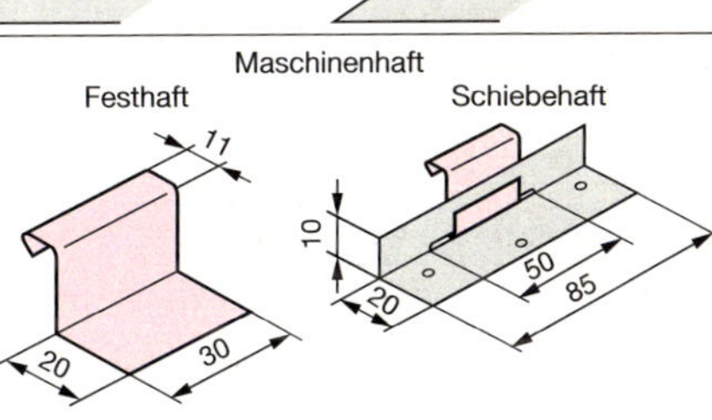

Tab. 497.2: Befestigungsmittel für Hafte

Blechwerkstoff[1]	Hafte: Werkstoff	Hafte: Dicke in mm	Befestigungsmittel[2] – geraute Nägel: Werkstoff	geraute Nägel: Ø x Länge mm x mm	Senkkopfschrauben: Werkstoff	Senkkopfschrauben: Ø x Länge mm x mm
Titanzink	Titanzink	≥ 0,7	feuerverz. Stahl	≥ (2,8 x 25)	feuerverz. Stahl	≥ (4 x 25)
	feuerverz. Stahl	≥ 0,6				
	Aluminium	≥ 0,8				
feuerverz. Stahl	feuerverz. Stahl	≥ 0,6	feuerverz. Stahl	≥ (2,8 x 25)	feuerverz. Stahl	
	Aluminium	≥ 0,8				
Aluminium	Aluminium	≥ 0,8	Aluminium	≥ (3,8 x 25)	feuerverz. Stahl	
	NRS	≥ 0,4	NRS	≥ (2,5 x 25)	NRS	
Kupfer	Kupfer	≥ 0,6	Kupfer	≥ (2,8 x 25)	Messing NRS Kupfer	
NRS	NRS	≥ 0,4	Kupfer NRS	≥ (2,8 x 25)		
	Kupfer	≥ 0,6				
Blei	Kupfer	≥ 0,6	Kupfer	≥ (2,8 x 25)		≥ (4 x 30)

[1] erforderliche Schalungsdicke bei Dachdeckung: ≥ 24 mm, bei Blei ≥ 30 mm

[2] je Haft mindestens 2 Stück mit Einbindetiefe ≥ 20 mm

Wanddickenbestimmung von Stahlrohren und Rohrleitungselementen

wall thickness gauging of steel pipes and piping components DIN EN 13 480-3: 2002-08

Geforderte Mindestwanddicke

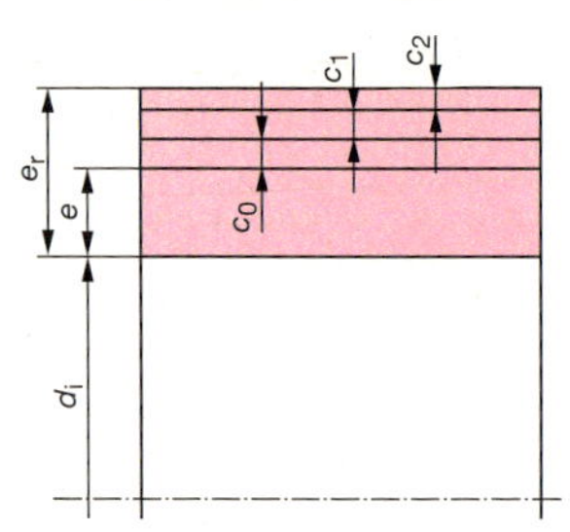

$$e_r = e + c_0 + c_1 + c_2$$

e_r : geforderte Mindestwanddicke einschließlich Zuschlägen und Toleranzen in mm
e : rechnerische Mindestwanddicke in mm
c_0 : Korrosions- und Erosionszuschlag in mm
c_1 : Absolutwert der Minustoleranz nach Herstellerangaben in mm
c_2 : Zuschlag für mögliche Wanddickenabnahme bei der Fertigung (z. B. aufgrund von Biegen) in mm

Zeitunabhängige zulässige Spannung

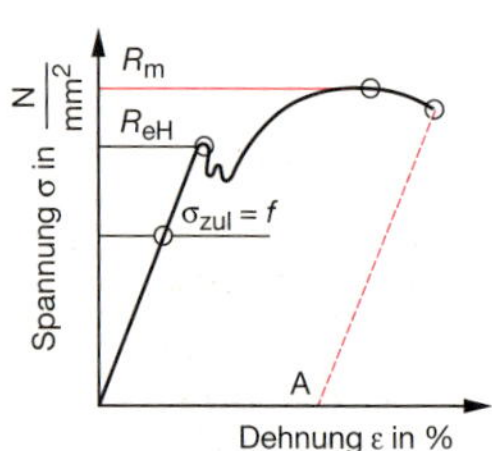

Nichtaustenitische Stähle:

$$f = \min \left\{ \frac{R_{eH\,t}}{1{,}5} \text{ oder } \frac{R_{p\,0{,}2\,t}}{1{,}5} ; \frac{R_m}{2{,}4} \right\}$$

Für Stähle ohne besondere Qualitätsüberwachung muss f durch 1,2 dividiert werden.
Für unlegierte und niedriglegierte Stähle gilt näherungsweise:

$$R_{p\,0{,}2\,t} = R_m \cdot \frac{720 - t}{1400}$$

f : Wert der zulässigen Spannung in N/mm²
$R_{eH\,t}$: obere Streckgrenze bei Berechnungstemperatur in N/mm²
$R_{p\,0{,}2\,t}$: 0,2 %-Dehngrenze bei Berechnungstemperatur in N/mm²
R_m : Zugfestigkeit in N/mm²
t : Temperatur in °C

rechnerische Mindestwanddicke für nahtlose gerade Rohre unter Innendruck bei vorwiegend ruhender Beanspruchung

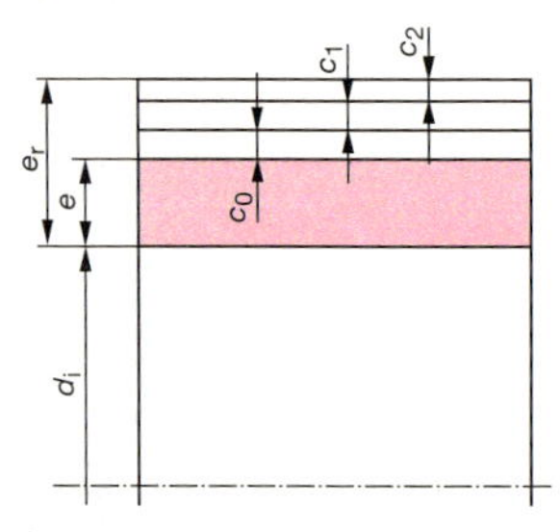

Wenn $d_a/d_i \leq 1{,}7$:

$$e = \frac{p_c \cdot d_i}{2 \cdot f \cdot z - p_c}$$

Wenn $d_a/d_i > 1{,}7$:

$$e = \frac{d_i}{2} \left(\sqrt{\frac{f \cdot z + p_c}{f \cdot z - p_c}} - 1 \right)$$

d_a : Außendurchmesser in mm
d_i : Innendurchmesser in mm
e : rechnerische Wanddicke in mm
p_c : Berechnungsdruck in N/mm² (1 bar = 0,1 N/mm²)
f : Wert der zulässigen Spannung in N/mm²
z : Schweißnahtfaktor
Bei Bauteilen, für die:
- nachgewiesen wird, dass die Gesamtheit der Nähte keine Fehler aufweist $z = 1$
- Stichproben einer Prüfung unterzogen wurden $z = 0{,}85$
- lediglich eine Sichtprüfung durchgeführt wurde $z = 0{,}7$

Tab. 498.1: Druckbehälterstähle nach DIN EN 10 028-2: 2003-09

Kurzname	Werkstoffnummer	bisheriger Kurzname	Lieferzustand	Hauptgüteklasse	Zugfestigkeit R_m in N/mm²	Streckgrenze R_{oH}/Dehngrenze $R_{p\,0,2}$ in N/mm² (bei Erzeugnisdicke ≦ 16 mm)						Bruchdehnung A_5 in %
						20 °C	100 °C	200 °C	300 °C	400 °C	500 °C	
P 235 GH	1.0345	H I	N	UQ	360…480	235	214	182	153	133	–	24
P 265 GH	1.0425	H II	N	UQ	410…530	265	241	205	173	150	–	22
P 295 GH	1.0481	17 Mn 4	N	UQ	460…580	295	268	228	192	167	–	21
P 355 GH	1.0473	19 Mn 6	N	UQ	510…650	355	323	275	232	202	–	20

Wanddickenbestimmung von Stahlrohren und Rohrleitungselementen

wall thickness gauging of steel pipes and piping components

Senkrechte Abzweige in zylindrischen Grundkörpern nach AD-B 9

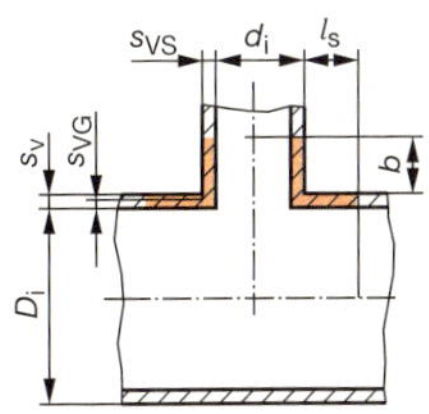

$$s_V = \frac{s_{VG}}{v_A}$$

$$b = \sqrt{(D_i + s_{VG}) \cdot s_{VG}}$$

$$l_s = 1{,}25 \cdot \sqrt{(d_i + s_{VS}) \cdot s_{VS}}$$

Bei gleicher zulässiger Spannung der Werkstoffe von Grundkörper und Abzweig gilt:

$$v_A = \frac{b + l_s \cdot \left(\frac{s_{VS}}{s_{VG}}\right) + s_{VS}}{b + s_{VS} + \frac{d_i}{2} + \left(\frac{d_i}{D_i}\right) \cdot (l_s + s_{VG})} \leq 1$$

s_V : rechnerische Wanddicke am Ausschnittsrand in mm
s_{VG} : rechnerische Wanddicke des Grundkörpers ohne Ausschnitt (nach Formel → S. 498) in mm
v_A : Faktor zur Berücksichtigung von Verschwächungen durch Ausschnitte
b : mittragende Breite des Grundkörpers in mm
D_i : Innendurchmesser des Grundkörpers in mm
l_s : mittragende Länge des abzweigenden Stutzens in mm
d_i : Innendurchmesser des Abzweigs in mm
s_{VS} : rechnerische Wanddicke des Abzweigs (nach Formel → S. 498) in mm

Rohrabschluss durch gewölbte Böden nach AD-B 3 unter Innendruck

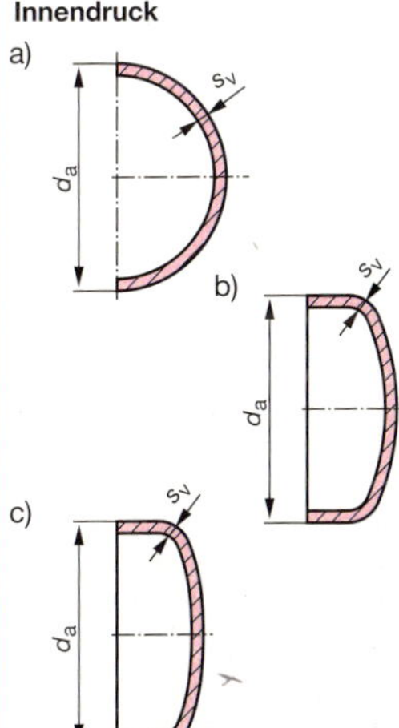

$$d_a = d_i + 2 \cdot e_r$$

$$s_v = \frac{d_a \cdot p_c \cdot \beta}{4 \cdot f \cdot v} \geq 2 \text{ mm}$$

$$s_N \geq s_v + c_0 + c_1 + c_2$$

v = 0,5 bis 1.
Der Wert hängt von der Werkstoffgüte und von der Schweißnahtprüfung ab. Nahtlose Rohre v = 1.

s_v : rechnerische Wanddicke in mm
d_a : Außendurchmesser in mm
p_c : Berechnungsdruck in N/mm² (1 bar = 0,1 N/mm²)
β : Berechnungsbeiwert für gewölbte Vollböden
a) Halbkugelform β = 1,1
b) Korbbogenform β = 1,8 (DIN 28 013)
c) Klöpperform β = 2,5 (DIN 28 011)
f : Wert der zul. Spannung in N/mm²
v : Verschwächungsfaktor
s_N : Nennwanddicke in mm

Tab. 499.1: Auswahl gewölbter Böden DIN 28 013 (b) und DIN 28 011 (c)

Nennwanddicke s_N in mm	Außendurchmesser d_a in mm											
	26,9	42,4	60,3	88,9	139,7	219,1	323,9	355,6	406,4	457	508	600
3	b, c	b, c	b, c	b, c	b, c	b, c	b, c	b, c	b, c	b, c	b, c	b, c
4		b, c	b, c	b, c	b, c	b, c	b, c	b, c	b, c	b, c	b, c	b, c
5		b	b, c	b, c	b, c	b, c	b, c	b, c	b, c	b, c	b, c	b, c
6			b	b, c	b, c	b, c	b, c	b, c	b, c	b, c	b, c	b, c
7					b, c	b, c	b, c	b, c	b, c	b, c	b, c	b, c
8					b, c	b, c	b, c	b, c	b, c	b, c	b, c	b, c
9						b, c	b, c	b, c	b, c	b, c	b, c	b, c
10						b, c	b, c	b, c	b, c	b, c	b, c	b, c

Wärmeübertragung *heat transfer*

Wärmeleitung

mehrschichtige ebene Wand

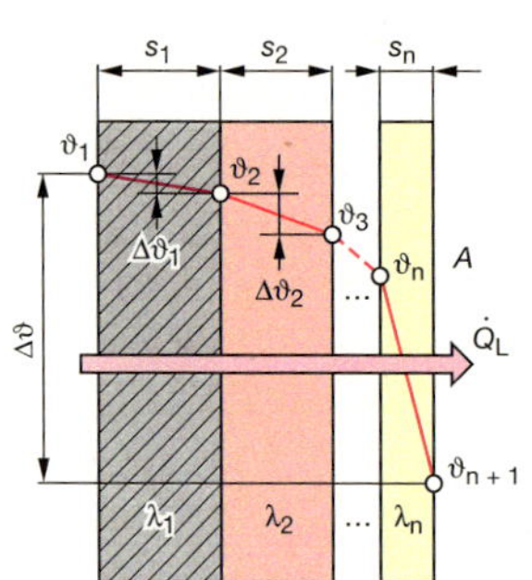

$\Delta\vartheta = \Delta\vartheta_1 + \Delta\vartheta_2 + \ldots + \Delta\vartheta_n$
$\Delta\vartheta_1 = \vartheta_1 - \vartheta_2$
$\Delta\vartheta_2 = \vartheta_2 - \vartheta_3$
$\Delta\vartheta_n = \vartheta_n - \vartheta_{n+1}$

$$\dot{Q}_L = \frac{A \cdot \Delta\vartheta}{\frac{s_1}{\lambda_1} + \frac{s_2}{\lambda_2} + \ldots + \frac{s_n}{\lambda_n}}$$

$\Delta\vartheta = \vartheta_1 - \vartheta_{n+1}$

Der flächenbezogene Wärmestrom ist in jeder Schicht gleich groß.

Temperaturverlauf:

$$\frac{\dot{Q}_L}{A} = \frac{\Delta\vartheta_1}{\frac{s_1}{\lambda_1}} = \frac{\Delta\vartheta_2}{\frac{s_2}{\lambda_2}} = \frac{\Delta\vartheta_n}{\frac{s_n}{\lambda_n}} = \dot{q}$$

$$\Delta\vartheta_1 = \frac{s_1}{\lambda_1} \cdot \dot{q}$$

$$\Delta\vartheta_2 = \frac{s_2}{\lambda_2} \cdot \dot{q}$$

$\vdots$

$\dot{Q}_L$:	Wärmestrom durch Wärmeleitung	in W
A :	Wärmeübertragungsfläche	in m²
$\Delta\vartheta$:	Temperaturdifferenz	in K
ϑ_1; ϑ_2; ϑ_3; ϑ_{n+1} :	Temperatur	in °C
s_1; s_2; s_n :	Schichtdicke	in m
λ_1; λ_2; λ_n :	Wärmeleitfähigkeit (→ Tab. 44.1, 49.1–2, 383.1 und Tab. 500.1)	in W/(m · K)
$\dot{q}$:	spezifischer Wärmestrom	in W/m²

Tab. 500.1: Wärmeleitfähigkeit λ

Werkstoff	λ in W/(m · K)
Asche	0,71
Email	0,9 … 1,2
Kesselstein	0,08 … 2,3
Ruß	0,07 … 1,2
Schamottestein	0,5 … 1,3
Stahl (unlegiert)	50
X 12 CrNi 18-8	15

einschichtige Rohrwand

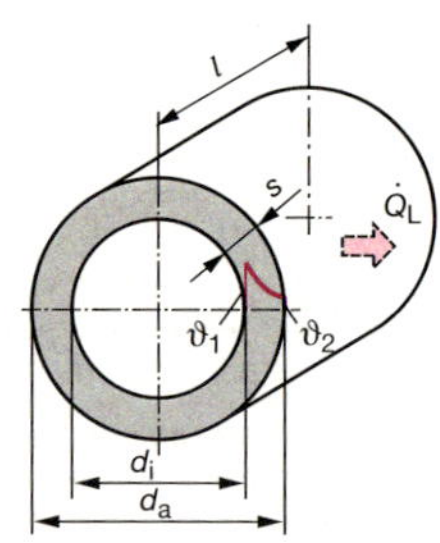

$$\dot{Q}_L = \frac{2 \cdot \pi \cdot l \cdot \lambda \cdot \Delta\vartheta}{\ln\left(\frac{d_a}{d_i}\right)}$$

Näherungsformel:

$$\dot{Q}_L \approx \frac{\lambda}{s} \cdot \pi \cdot d_m \cdot l \cdot (\vartheta_1 - \vartheta_2)$$

$$d_m = \frac{d_a + d_i}{2}$$

$\dot{Q}_L$:	Wärmestrom durch Wärmeleitung	in W
l :	Rohrlänge	in m
λ :	Wärmeleitfähigkeit (→ Tab. 44.1, 49.1–2, 383.1 und Tab. 500.1)	in W/(m · K)
$\Delta\vartheta$:	Temperaturdifferenz $\Delta\vartheta = \vartheta_1 - \vartheta_2$	in K
d_a :	äußerer Durchmesser	in m
d_i :	innerer Durchmesser	in m
d_m :	mittlerer Durchmesser	in m
s :	Wanddicke	in m

Wärmeübergang (Konvektion)

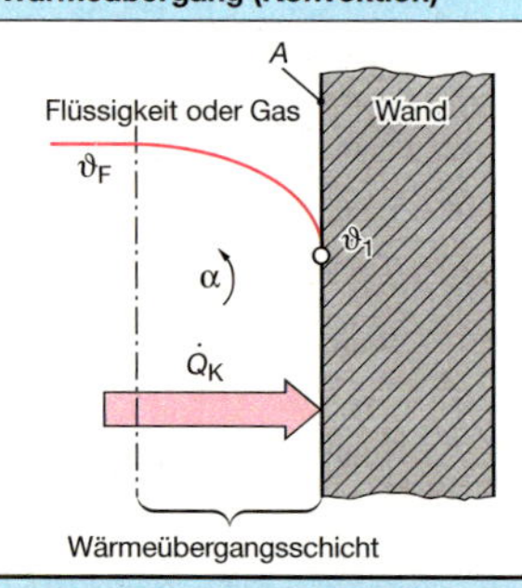

$$\dot{Q}_K = \alpha \cdot A \cdot \Delta\vartheta$$

$\Delta\vartheta = \vartheta_F - \vartheta_1$

$\dot{Q}_K$:	Wärmestrom durch Konvektion	in W
α :	Wärmeübergangszahl (→ Tab. 500.2)	in W/(m² · K)
A :	Wärmeübertragungsfläche	in m²
$\Delta\vartheta$:	Temperaturdifferenz	in K
v :	Strömungsgeschwindigkeit	in m/s
ϑ :	Mittlere Temperatur des strömenden Mediums	in °C

Tab. 500.2: Näherungswerte für Wärmeübergangszahl α in W/(m² · K)

- Wasser im Kessel oder Behälter
  - ruhend, nicht siedend: $\alpha \approx$ 600 … 2500
  - gerührt, nicht siedend: $\alpha \approx$ 1200 … 4000
  - siedend und wallend: $\alpha \approx$ 2000 … 8000
- kondensierender Wasserdampf an einer Wand: $\alpha \approx$ 7000 … 15 000

- Längs angeströmte Platten und Rohre:
  Luft: für $v \leq 5$ m/s
  $$\alpha \approx 6{,}2 + 4{,}2 \cdot v$$
  für $v > 5$ m/s
  $$\alpha \approx 7{,}15 \cdot v^{0{,}78}$$

(→ Tab. 51.3)

- Strömung im geraden Rohr:
  Luft und Rauchgas: $$\alpha \approx 4{,}4 \cdot \frac{v^{0{,}75}}{d_i^{0{,}25}}$$
  Wasser: für d_i = 0,015 … 0,1 m
  $$\alpha \approx 3370\,(1 + 0{,}014\,\vartheta)\,v^{0{,}85}$$

Wärmeübertragung *heat transfer*

Wärmedurchgang

ein- und mehrschichtige ebene Wand

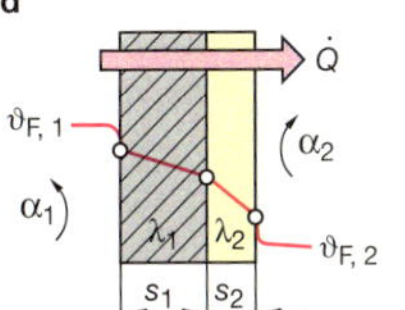

$$\dot{Q} = U \cdot A \cdot \Delta\vartheta \qquad U = k$$

$$\Delta\vartheta = \vartheta_{F,1} - \vartheta_{F,2}$$

$$\frac{1}{U} = \frac{1}{\alpha_1} + \Sigma\frac{s_j}{\lambda_j} + \frac{1}{\alpha_2}$$

ein- und mehrschichtiger Hohlzylinder

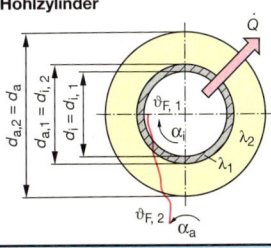

$$\dot{Q} = \dot{q} \cdot l \qquad \dot{q} = U_u \cdot \Delta\vartheta \qquad \Delta\vartheta = \vartheta_{F,1} - \vartheta_{F,2}$$

einschichtig:

$$U_u = \frac{\pi}{\frac{1}{\alpha_i \cdot d_i} + \frac{1}{2 \cdot \lambda}\left[\ln\left(\frac{d_a}{d_i}\right)\right] + \frac{1}{\alpha_a \cdot d_a}}$$

mehrschichtig:

$$U_u = \frac{\pi}{\frac{1}{\alpha_i \cdot d_i} + \Sigma\frac{1}{2 \cdot \lambda_j}\left[\ln\left(\frac{d_{a,j}}{d_{i,j}}\right)\right] + \frac{1}{\alpha_a \cdot d_a}}$$

$\dot{Q}$: Wärmestrom in W
U : Wärmedurchgangszahl in W/(m² · K) (→ Tab. 501.1)
A : Wärmeübertragungsfläche in m²
$\Delta\vartheta$: Temperaturdifferenz in K
s : Wanddicke in m
α : Wärmeübergangszahl in W/(m² · K) (→ Tab. 500.2)
λ : Wärmeleitfähigkeit in W/(m · K)
$\dot{q}$: Wärmestrom durch einen Hohlzylinder von 1 m Länge in W/m
l : Länge des Hohlzylinders in m
U_u: mit dem Umfang multiplizierte Wärmedurchgangszahl in W/(m · K)
d_i : Innendurchmesser in m
d_a : Außendurchmesser in m

Tab. 501.1: Wärmedurchgangszahlen *U* für die überschlägige Berechnung

Fluid und Wärmetauscherfläche	*U* in W/(m² · K)	Beispiel für einen Apparat
Gas (Luft) durch Stahl an Gas (Luft)	4 … 200	Rohrbündelwärmeaustauscher
Gas (Luft) durch Stahl an Flüssigkeit	6,4 … 400	
Wasser durch Stahl an Wasser	250 … 1400	
Dampf durch Kupfer an Wasser	800 … 1200	Rührbehälter
Dampf durch Stahl an Öl	200 … 300	Rohrbündelverdampfer

Wärmeaustauscher (WT)

Parallelstrom (Gleichstrom)

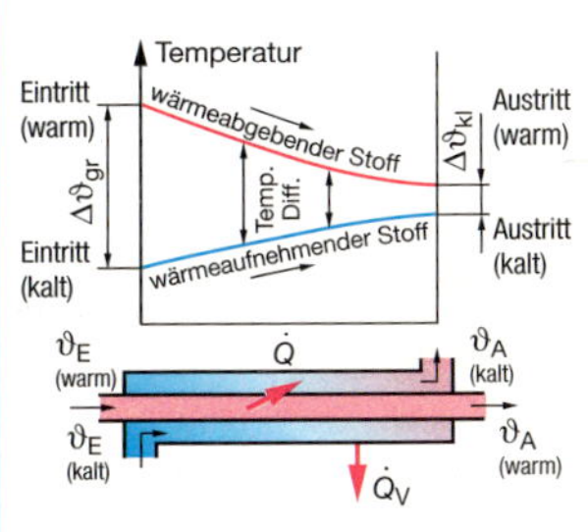

Gegenstrom

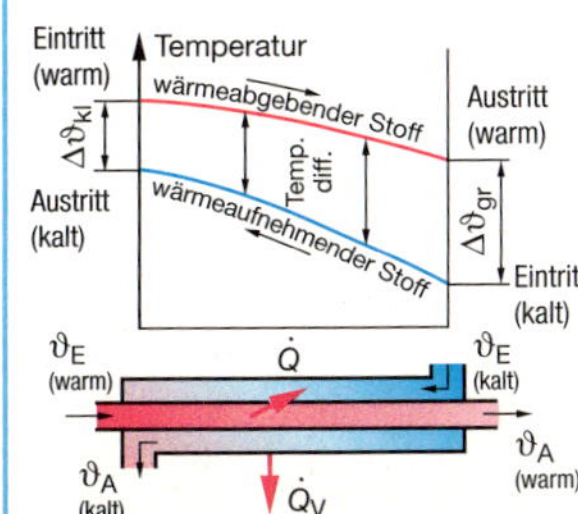

Über die Wärmeübertragungsfläche transportierte Leistung

$$\dot{Q} = U \cdot A \cdot \Delta\vartheta_m \qquad \dot{Q} = U_u \cdot l \cdot n \cdot \Delta\vartheta_m$$

für $\Delta\vartheta_{gr} > \Delta\vartheta_{kl}$:

$$\Delta\vartheta_m = \frac{\Delta\vartheta_{gr} - \Delta\vartheta_{kl}}{\ln\left(\frac{\Delta\vartheta_{gr}}{\Delta\vartheta_{kl}}\right)}$$

für $\Delta\vartheta_{gr} = \Delta\vartheta_{kl}$:

$$\Delta\vartheta_m = \Delta\vartheta_{gr} = \Delta\vartheta_{kl}$$

Abgegebene bzw. aufgenommene Wärmeleistung (wenn Wärmeverlust $\dot{Q}_V = 0$):

a) ohne Kondensation oder Verdampfung

$$\dot{Q} = \dot{m} \cdot c \cdot \Delta\vartheta$$

b) mit Kondensation oder Verdampfung

$$\dot{Q} = \dot{m} \cdot \Delta h$$

Maximal austauschbare Wärmeleistung ergibt sich aus der Rückwärmezahl (→ S. 487)

$\dot{Q}$: Wärmeleistung in W
U : Wärmedurchgangszahl in W/(m² · K)
A : Wärmeübertragungsfläche in m²
$\Delta\vartheta_m$: logarithmische mittlere Temperaturdifferenz in K
U_u : mit dem Umfang multiplizierte Wärmedurchgangszahl in W/(m·K)
l : Länge der WT-Rohre in m
n : Anzahl der parallel liegenden WT-Rohre
$\Delta\vartheta_{gr}$; $\Delta\vartheta_{kl}$: große bzw. kleine Temperaturdifferenz in K

Jeweils für die durchströmenden Medien:

$\dot{m}$: Massenstrom in kg/h
c : spezifische Wärmekapazität in Wh/(kg · K)
$\Delta\vartheta$: Änderung der Temperatur in K
Δh : Änderung der spezifischen Enthalpie in Wh/kg

Biegeumformen von Behälterblechen *sheet metal forming*

Zuschnittsermittlung für 90°-Biegungen — DIN 6935: 1975-10

Biegebeispiel

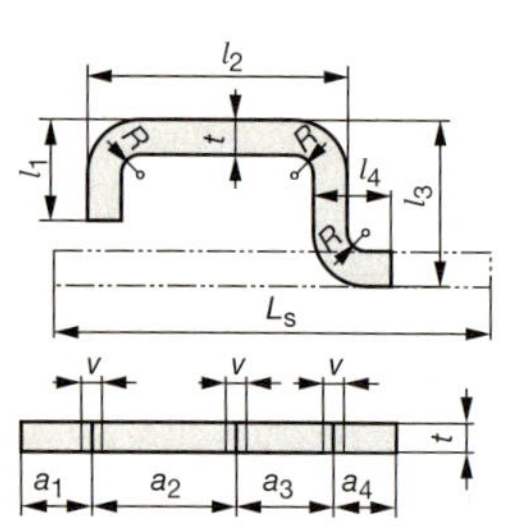

$$L_s = l_1 + l_2 + l_3 + \ldots - n \cdot v$$

$$a_1 = l_1 - v/2$$

$$a_2 = l_2 - v$$

$$a_3 = l_3 - v$$

$$a_4 = l_4 - v/2$$

L_s	: gestreckte Länge	in mm
l_1, l_2, l_3	: Länge der Schenkel (Außenmaße)	in mm
R	: Biegeradius	in mm
t	: Blechdicke	in mm
n	: Anzahl der Biegestellen	
v	: Ausgleichswert (Verkürzung je Biegestelle)	in mm
a_1, a_2, a_3	: Abstand der Anreißlinien	in mm

Tab. 502.1: Ausgleichswerte *v* in mm für Biegewinkel $\alpha = 90°$ — AWF 5975, Beiblatt zu DIN 6935: 1983-02

Biegeradius *R* in mm	Ausgleichswert *v* in mm je Biegestelle für Blechdicke *t* in mm																
	0,3	0,4	0,6	0,8	1,0	1,5	2,0	2,5	3,0	3,5	4,0	5,0	6,0	8,0	10,0	12,0	15,0
1,0	0,9	1,0	1,3	1,7	1,9												
1,6	1,0	1,3	1,6	1,8	2,1	2,9											
2,5	1,4	1,6	2,0	2,2	2,4	3,2	4,0	4,8									
4,0	2,0	2,2	2,5	2,8	3,0	3,7	4,5	5,2	6,0	6,9	7,7						
6,0	2,9	3,0	3,3	3,4	3,8	4,5	5,2	5,9	6,7	7,5	8,3	9,9	11,6				
10	4,6	4,7	5,0	5,1	5,5	6,1	6,7	7,4	8,1	8,9	9,6	11,2	12,7	15,9	19,3		
16	7,1	7,2	7,5	7,7	8,1	8,7	9,3	9,9	10,5	11,2	11,9	13,3	14,8	17,8	21,0	24,2	29,1
20	8,8	8,9	9,2	9,3	9,8	10,4	11,0	11,6	12,2	12,8	13,4	14,9	16,3	19,3	22,3	25,4	30,2
25	11,0	11,1	11,3	11,5	11,9	12,6	13,2	13,8	14,4	15,0	15,6	16,8	18,2	21,1	24,1	27,0	31,8
32					15,0	15,6	16,2	16,8	17,4	18,0	18,6	19,8	21,0	23,8	26,7	29,6	35,2
40					18,4	19,0	19,6	20,2	20,8	21,4	22,0	23,2	24,5	26,9	29,7	32,6	37,0
50					22,7	23,3	23,9	24,5	25,1	25,7	26,3	27,5	28,8	31,2	33,6	36,4	40,7

Zuschnittermittlung für Teile mit beliebigem Biegewinkel — DIN 6935: 1975-10

Gestreckte Länge

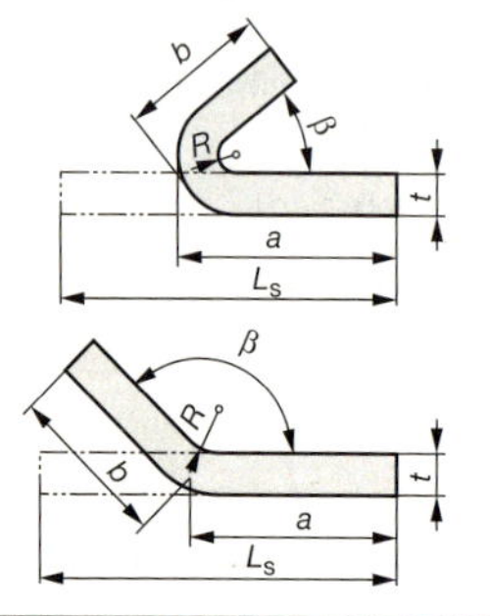

$$L_s = a + b - v$$

L_s	: gestreckte Länge	in mm
a, b	: Länge der Schenkel	in mm
v	: Ausgleichswert (Verkürzung je Biegestelle)	in mm
t	: Blechdicke	in mm
R	: Biegeradius	in mm
β	: Biegewinkel	in °
z	: Korrekturfaktor (→ Diagr. 502.1 oder Tab. 503.1)	

Diagr. 502.1: Korrekturfaktor *z*

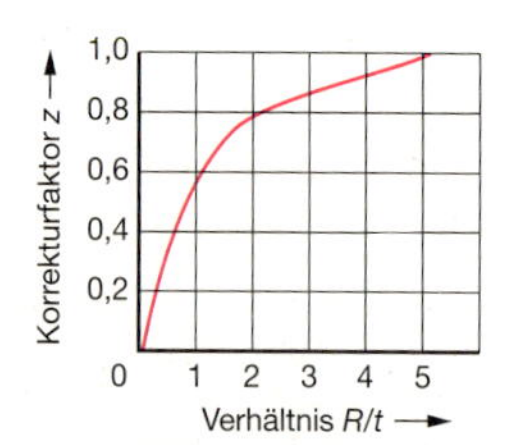

Ausgleichswert für 0° < β ≤ 90°:

$$v = 2(R + t) - \pi \cdot \left(\frac{180° - \beta}{180°}\right) \cdot \left(R + \frac{t}{2} \cdot z\right)$$

Ausgleichswert für 90° < β ≤ 165°:

$$v = 2(R + t) \cdot \tan \frac{180° - \beta}{2} - \pi \cdot \left(\frac{180° - \beta}{180°}\right) \cdot \left(R + \frac{t}{2} \cdot z\right)$$

Ausgleichswert für 165° < β ≤ 180°:

$$v = 0$$ (vernachlässigbar klein)

Umformen von Behälterblechen *sheet metal forming*

Tab. 503.1: Korrekturfaktor z[1)]

R/t	0,25	0,5	0,75	1,0	1,5	2,0	2,5	3,0	3,5	4,0	4,5	5,0	5,5	6,0
z	0,35	0,5	0,59	0,65	0,74	0,8	0,85	0,91	0,93	0,95	0,98	1,0	1,02	1,04

1) Der Korrekturfaktor kann mit der Formel $z = 0{,}65 + 0{,}5 \cdot \log R/t$ berechnet werden.

Beispiel:

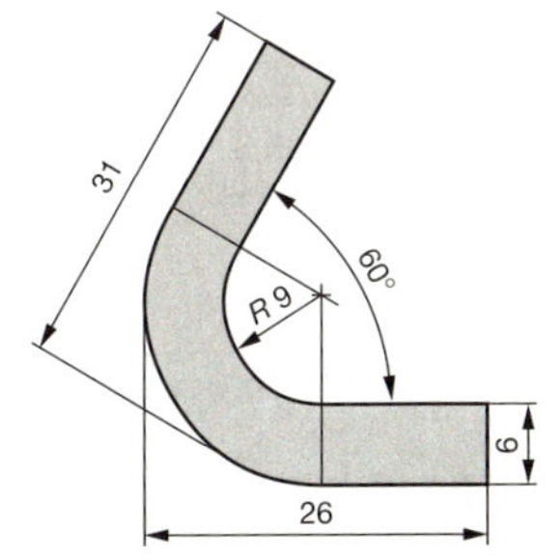

Geg.: Biegeteil mit Biegewinkel $\beta = 60°$, $R = 9$ mm, $t = 6$ mm, $a = 26$ mm, $b = 31$ mm

Ges.: L_s in mm

Lös.: $R/t = 9/6 = 1{,}5 \rightarrow \mathbf{z = 0{,}74}$ (→ Tab. 452.1)

$$v = 2(R + t) - \pi \cdot \left(\frac{180° - \beta}{180°}\right) \cdot \left(R + \frac{t}{2} \cdot z\right)$$

$$v = 2(9 + 6) - \pi \cdot \left(\frac{180° - 60°}{180°}\right) \cdot \left(9 + \frac{6}{2} \cdot 0{,}74\right) \text{ mm} = \mathbf{6{,}5\ mm}$$

$L_s = a + b - v = 26 \text{ mm} + 31 \text{ mm} - 6{,}5 \text{ mm} = 50{,}5 \text{ mm}$,

$\mathbf{L_s \approx 51\ mm}$

Tab. 503.2: Kleinste zulässige Biegeradien für das Kaltbiegen von Flachstahlerzeugnissen DIN 6935: 1975-10

Mindestzugfestigkeit R_m in N/mm²	Kleinster Biegeradius[1)] R in mm für Blechdickenbereich t in mm														
	0 ...1,0	1,1 ...1,5	1,6 ...2,5	2,6 ...3,0	3,1 ...4,0	4,1 ...5,0	5,1 ...6,0	6,1 ...7,0	7,1 ...8,0	8,1 ...10,0	10,1 ...12,0	12,1 ...14,0	14,1 ...16,0	16,1 ...18,0	18,1 ...20,0
bis 390	1	1,6	2,5	3	5	6	8	10	12	16	20	25	28	36	40
391 bis 490	1,2	2	3	4	5	8	10	12	16	20	25	28	32	40	45
491 bis 640	1,6	2,5	4	5	6	8	10	12	16	20	25	32	36	45	50

1) Die Wert gelten für Biegearbeiten quer zur Walzrichtung und für Biegewinkel $\alpha \leq 120°$.
Beim Biegen längs zur Walzrichtung und Biegewinkel $\alpha > 120°$ ist der Wert der nächsthöheren Blechdicke zu wählen.

Rückfederung beim Biegen VDI 3389: 1973-12

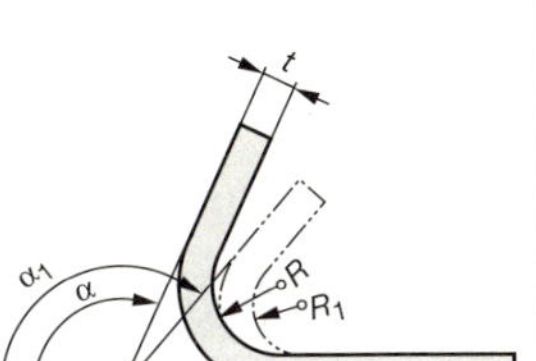

Winkel am Werkzeug

$$\alpha_1 = \frac{\alpha}{k_R}$$

Radius am Werkzeug

$$R_1 = k_R \cdot (R + 0{,}5 \cdot t) - 0{,}5 \cdot t$$

α_1:	Winkel am Werkzeug (vor der Rückfederung)	in °
α :	Biegewinkel (Winkel am Werkstück)	in °
k_R:	Rückfederungsfaktor	
R_1:	Radius am Werkzeug (vor der Rückfederung)	in mm
R :	Biegeradius (am Werkstück)	in mm
t :	Blechdicke	in mm

Tab. 503.3: Rückfederungsfaktor k_R

Werkstoff der Biegeteile	Rückfederungsfaktor k_R für das Verhältnis R/t										
	1,0	1,6	2,5	4	6,3	10	16	25	40	63	100
S 235 JR	0,98	0,98	0,98	0,97	0,96	0,94	0,91	0,87	0,82	0,74	0,64
S 275 JR	0,98	0,98	0,98	0,98	0,98	0,97	0,96	0,94	0,92	0,87	0,84
C 15	0,98	0,98	0,98	0,96	0,94	0,91	0,86	0,78	0,67	0,51	0,25
X 10 CrNi18-8	0,99	0,98	0,97	0,95	0,93	0,89	0,84	0,76	0,63	–	–
Cu Zn37 (CW508L)	0,97	0,97	0,96	0,95	0,94	0,93	0,89	0,86	0,83	0,77	0,73
Cu-DHP-R220	0,98	0,97	0,97	0,96	0,95	0,93	0,90	0,85	0,79	0,72	0,60
Al 99,5	0,99	0,99	0,99	0,99	0,98	0,98	0,97	0,97	0,96	0,95	0,93
Al Si 1 Mg Mn	0,98	0,98	0,97	0,96	0,95	0,93	0,90	0,86	0,82	0,76	0,72
Al Cu 4 Mg 1	0,98	0,98	0,98	0,98	0,97	0,97	0,96	0,95	0,93	0,91	0,87

Behälterbleche *sheet metals for vessels*

Tab. 504.1: Kaltband aus Stahl DIN EN 10140: 2006-09

Werkstoffe	alle Stähle, außer nichtrostende und hitzebeständige Stähle
maximale Walzbreite	600 mm
Kantenausführung	geschnittene Kanten (GK), Sonderkanten (SK) auf Bestellung möglich
Grenzabmaße	normal (Klasse A), eingeschränkte Grenzabmaße (Klasse B) oder Präzisionsabmaße (Klasse C) auf Bestellung möglich
Bestellbeispiel	Bestellung eines Kaltbandes von 2 mm Dicke, eingeschränkte Grenzabmaße der Dicke, Breite b = 200 mm, geschnittene Kanten aus DC03+A-MA nach EN 10139 **Kaltband EN 10140 – 2,00 x 200GK Stahl EN 10139 – DC03+A-MA**

Tab. 504.2: Warmgewalztes Stahlblech, $s \geq 3$ mm DIN EN 10029: 1991-10

Werkstoffe	unlegierte und legierte Stähle (auch nichtrostende Stähle) mit R_e < 700 N/mm²			
Walzbreite	≥ 600 mm			
Nenndicke	3 mm ≤ s ≤ 250 mm			
Kantenausführung	geschnittene oder brenngeschnittene Kanten			
Grenzabmaße	Grenzabmaße der Dicke nach Klassen A, B, C und D eingeteilt, gewünschte Klasse bei Bestellung angeben			
	Klasse A	Klasse B	Klasse C	Klasse D
	Unteres Grenz abmaß abhängig von der Nenndicke	Konstantes unteres Grenzabmaß von 0,3 mm	Unteres Grenzabmaß Null, oberes abhängig von der Nenndicke	Symmetrisch zum Nennwert verteilte Grenzabmaße, abhängig von der Nenndicke
Bestellbeispiel	Bestellung eines Bleches mit Nenndicke s = 10 mm, Grenzabmaße der Dicke nach Klasse A, Nennbreite b = 2000 mm, geschnittene Kanten, Nennlänge l = 4500 mm, normale Ebenheitstoleranzen aus Stahl S 275JR nach DIN EN 10025: **Blech EN 10029 – 10A x 2000 x 4500 Stahl EN 10025 – S 275JR**			

Tab. 504.3: Zulässige Werkstoffe zur Herstellung von Druckbehältern aus unlegierten und legierten Stählen AD-Merkblatt W1: 1998-02

Stähle mit Anwendungsgrenzen in der Erzeugnisdicke						andere Stähle	
Kurzname	Werkstoffnummer	Erzeugnisdicke s in mm	Kurzname	Werkstoffnummer	Erzeugnisdicke s in mm	Kurzname	Werkstoffnummer
S235JRG1	1.0036	≤ 12	P275SL	1.1100	≤ 60	P275N	1.0486
S235JRG2	1.0038	≤ 150	P235GH (HI)	1.0345	≤ 150	P275NH	1.0487
S235J2G3	1.0116		P265GH (HII)	1.0425		P355N	1.0562
S275JR	1.0044		P295GH	1.0481		P355NH	1.0565
S275J2G3	1.0144		P355GH	1.0473		P460N	1.8905
S355J2G3	1.0570		16Mo3	1.5415		P460NH	1.8935
S355K2G3	1.0595		13CrMo4-5	1.7335		11MnNi5-3[1]	1.6212
P235S	1.0112	≤ 60	10CrMo9-10	1.7380		12Ni19[1]	1.5680
P265S	1.0130		11CrMo9-10	1.7383	≤ 60	X8Ni9[1]	1.5662

[1] Dauereinsatztemperatur ≤ 50 °C

Tab. 504.4: Zulässige Werkstoffe zur Herstellung von Druckbehältern aus nichtrostenden Stählen[1) 2)] DIN EN 10028-7: 2008-02

Kurzname	Werkstoffnummer	Kurzname	Werkstoffnummer	Kurzname	Werkstoffnummer
X5CrNi18-10[1]	1.4301	X2CrNiMoN17-13-3[1]	1.4429	X6CrNiMoTi17-12-2[1]	1.4571
X2CrNi19-11[1]	1.4306	X2CrNiMo18-14-3[1]	1.4435	X6CrNiTiB18-10[2]	1.4941
X2CrNiN18-10[1]	1.4311	X5CrNiMo17-13-3[1]	1.4436	X6CrNi18-10[2]	1.4948
X2CrNiMo17-12-2[1]	1.4404	X2CrNiMo18-15-4[1]	1.4438	X8NiCrAlTi32-21[2]	1.4959
X2CrNiMoN17-12-2[1]	1.4406	X6CrNiTi18-10[1]	1.4541	X8CrNiNb16-13[2]	1.4961

[1] Dauereinsatztemperatur bis 550 °C
[2] Einsatz > 550 °C, wenn Eignungsfeststellung für die vorgesehene Temperatur vorliegt

Bestellung eines Bleches aus X5CrNi18-10, Werkstoffnummer 1.4301 nach EN 10028-7 mit Nenndicke s = 16 mm, Breite b = 2000 mm, Länge l = 5000 mm, Toleranzen für Maße, Form und Masse nach EN 10029, Grenzabmaße der Dicke Klasse A, Ausführung 1D[3], Prüfbescheinigung 3.1[4]:

Blech EN 10029-16A x 2000 x 5000, Stahl EN 10028-7 – X5CrNi18-10 + 1D, Prüfbescheinigung 3.1 oder
Blech EN 10029-16A x 2000 x 5000, Stahl EN 10028-7 1.4301 + 1D, Prüfbescheinigung 3.1

[3] Warmgewalzt, wärmebehandelt, gebeizt, zunderfrei (→ DIN EN 10028-7)
[4] nach DIN EN 10204 (→ S. 149)

Sachwortverzeichnis

B

C

D

E

F

G

H

I

J

K

L

M

N

O

P

Q

R

S

T

U

V

W

Arbeits- und Umweltschutz *protection of labour and environmental protection*

Gefahrstoffverordnung: Kennzeichnung gefährlicher Stoffe

GefStoffV: 1993-10

Gefahrenbezeichnung; Gefahrensymbol	Kennbuchstabe; Hinweise auf besondere Gefahren	Gefahrenbezeichnung; Gefahrensymbol	Kennbuchstabe; Hinweise auf besondere Gefahren	Gefahrenbezeichnung; Gefahrensymbol	Kennbuchstabe; Hinweise auf besondere Gefahren
Sehr giftig	**T+** (T: toxic) R26 R27 R28 R39	Reizend	**Xi** (X: für Andreaskreuz i: irritating) R26 R37 R38 R41 R43	Brandfördernd	**O** (O: oxidizing) R8 R9 R11
Giftig	**T** (T: toxic) R23 R24 R25 R39 R48	Hochentzündlich	**F+** (F: flammable) R12	Explosionsgefährlich	**E** (E: explosive) R2 R3
Gesundheitsschädlich	**Xn** (X: für Andreaskreuz n: noxious) R20 R21 R22 R40 R42 R48	Leichtentzündlich	**F** (F: flammable) R11 R12 R13 R15 R17	Krebserzeugend	**T** (T: toxic) R45
Ätzend	**C** (C: corrosive) R34 R35	Entzündlich –	– R10	Fruchtschädigend	**T** (T: toxic) R47

Gefahrstoffverordnung: Hinweise auf besondere Gefahren (R-Sätze)

Hinweis	Bedeutung	Hinweis	Bedeutung
R1	In trockenem Zustand explosionsgefährlich	R23	Giftig beim Einatmen
R2	Durch Schlag, Reibung, Feuer oder andere Zündquellen explosionsgefährlich	R24	Giftig bei Berührung mit der Haut
R3	Durch Schlag, Reibung, Feuer oder andere Zündquellen besonders explosionsgefährlich	R25	Giftig beim Verschlucken
R4	Bildet hochempfindliche explosionsgefährliche Metallverbindungen	R26	Sehr giftig beim Einatmen
R5	Beim Erwärmen explosionsfähig	R27	Sehr giftig bei Berührung mit der Haut
R6	Mit und ohne Luft explosionsfähig	R28	Sehr giftig beim Verschlucken
R7	Kann Brand verursachen	R29	Entwickelt bei Berührung mit Wasser giftige Gase
R8	Feuergefahr bei Berührung mit brennbaren Stoffen	R30	Kann bei Gebrauch leicht entzündlich werden
R9	Explosionsgefahr bei Mischung mit brennbaren Stoffen	R31	Entwickelt bei Berührung mit Säure giftige Gase
R10	Entzündlich	R32	Entwickelt bei Berührung mit Säure sehr giftige Gase
R11	Leichtentzündlich	R33	Gefahr kumulativer Wirkungen
R12	Hochentzündlich	R34	Verursacht Verätzungen
R13	Hochentzündliches Flüssiggas	R35	Verursacht schwere Verätzungen
R14	Reagiert heftig mit Wasser	R36	Reizt die Augen
R15	Reagiert mit Wasser unter Bildung leichtentzündlicher Gase	R37	Reizt die Atmungsorgane
R16	Explosionsgefährlich in Mischung mit brandfördernden Stoffen	R38	Reizt die Haut
R17	Selbstentzündlich an der Luft	R39	Ernste Gefahr irreversiblen Schadens
R18	Bei Gebrauch Bildung explosionsfähiger/leichtentzündlicher Dampf-Luftgemische möglich	R40	Irreversibler Schaden möglich
R19	Kann explosionsfähige Peroxide bilden	R41	Gefahr ernster Augenschäden
R20	Gesundheitsschädlich beim Einatmen	R42	Sensibilisierung durch Einatmen möglich
R21	Gesundheitsschädlich bei Berührung mit der Haut	R43	Sensibilisierung durch Hautkontakt möglich
R22	Gesundheitsschädlich beim Verschlucken	R44	Explosionsgefahr bei Erhitzung unter Einschluss
		R45	Kann Krebs erzeugen
		R46	Kann vererbbare Schäden verursachen
		R47	Kann Missbildungen verursachen
		R48	Gefahr ernster Gesundheitsschäden bei längerer Exposition